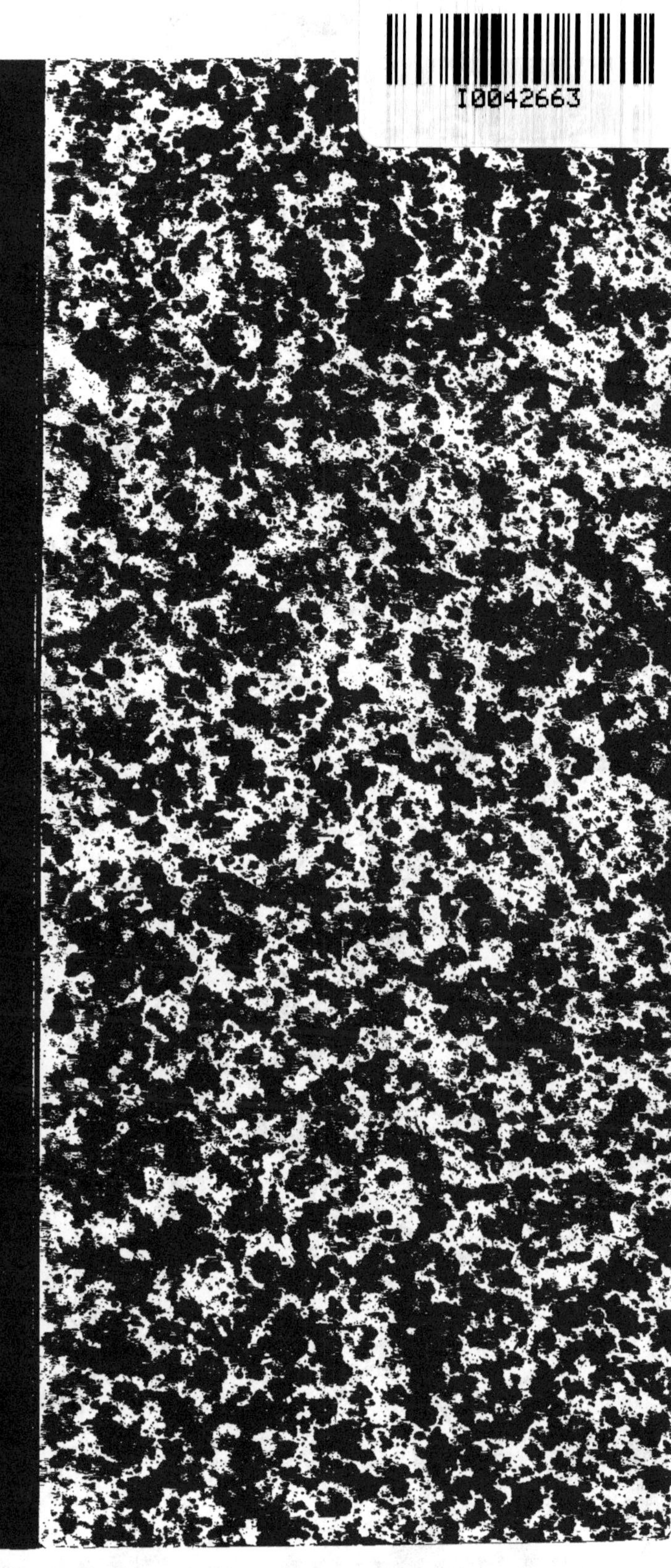

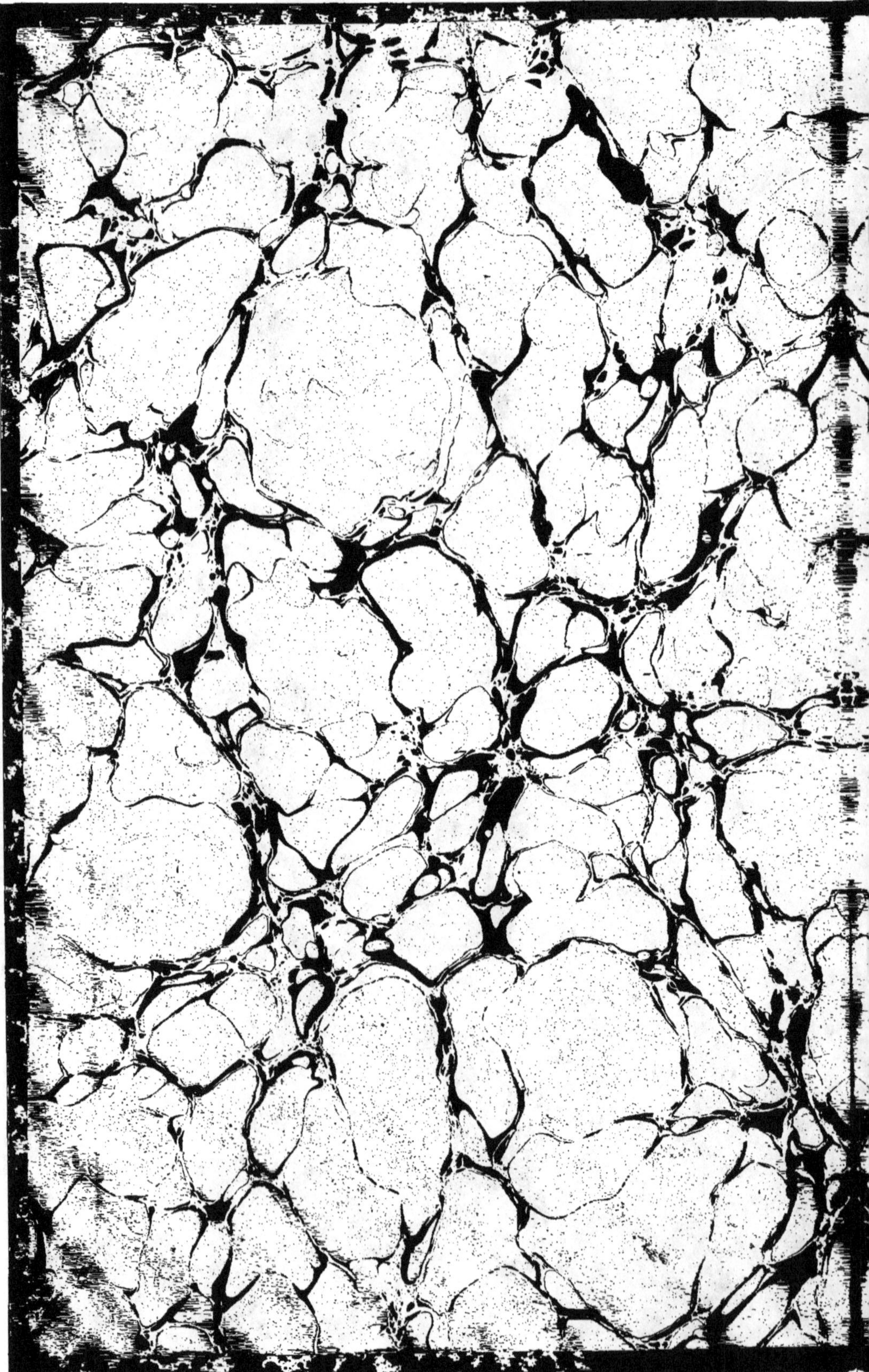

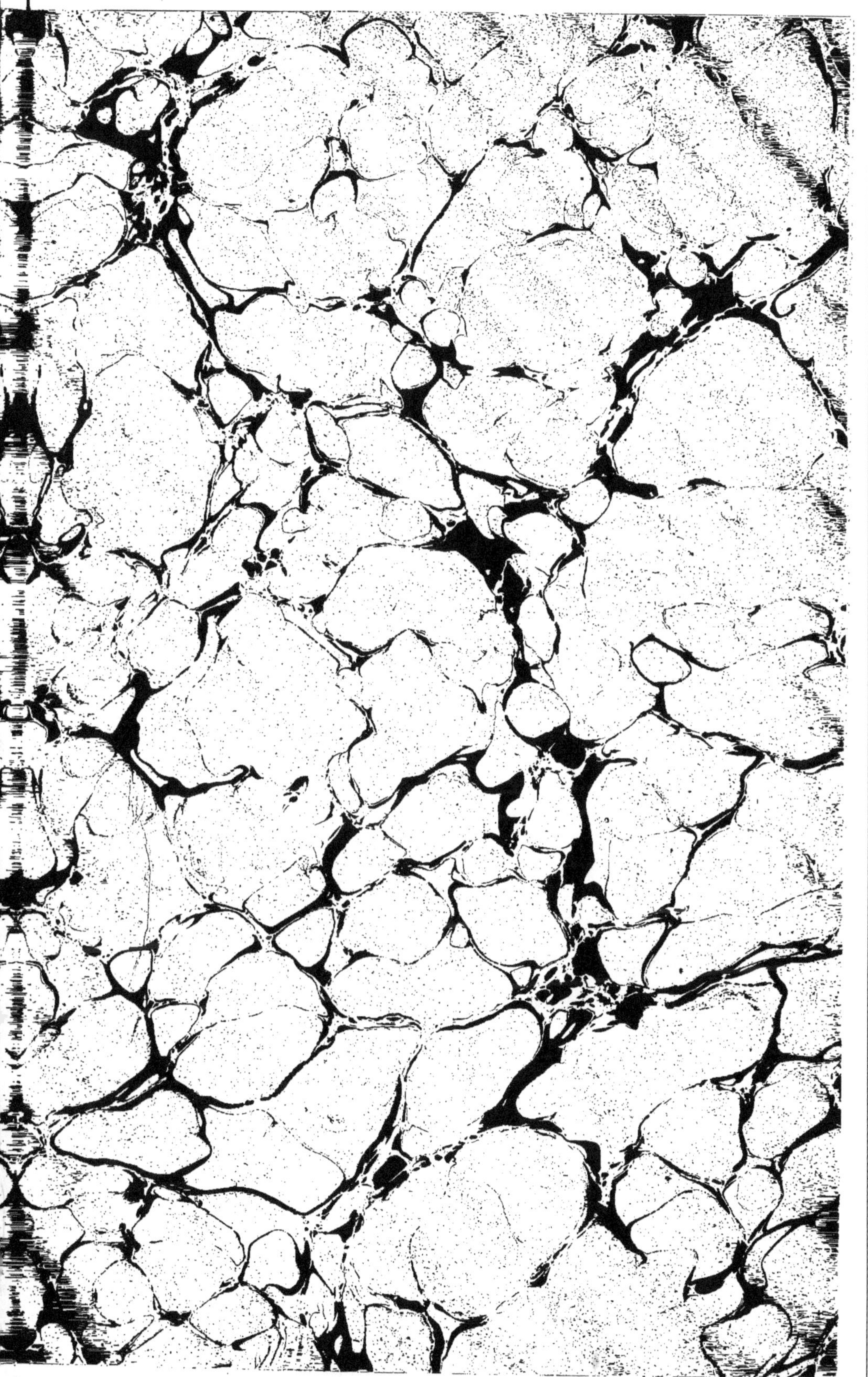

SYNOPSIS AVIUM

NOUVEAU
MANUEL D'ORNITHOLOGIE

PAR

Alphonse DUBOIS

DOCTEUR EN SCIENCES NATURELLES,
CONSERVATEUR AU MUSÉE ROYAL D'HISTOIRE NATURELLE DE BELGIQUE,
CHEVALIER DE L'ORDRE DE LÉOPOLD,
MEMBRE DU COMITÉ INTERNATIONAL ET PERMANENT D'ORNITHOLOGIE,
DE LA COMMISSION PERMANENTE D'ÉTUDE DES COLLECTIONS DU MUSÉE DE L'ÉTAT INDÉPENDANT DU CONGO,
MEMBRE HONORAIRE, CORRESPONDANT OU EFFECTIF DE PLUSIEURS SOCIÉTÉS SAVANTES.

PREMIÈRE PARTIE

(1899-1902)

BRUXELLES
H. LAMERTIN, éditeur
20, RUE DU MARCHÉ-AU-BOIS

1902

SYNOPSIS AVIUM

SYNOPSIS AVIUM

NOUVEAU MANUEL D'ORNITHOLOGIE

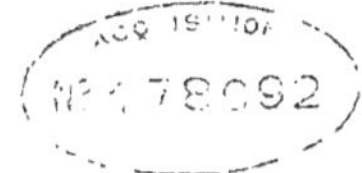

PAR

Alphonse DUBOIS

DOCTEUR EN SCIENCES NATURELLES,
CONSERVATEUR AU MUSÉE ROYAL D'HISTOIRE NATURELLE DE BELGIQUE,
CHEVALIER DE L'ORDRE DE LÉOPOLD,
MEMBRE DU COMITÉ INTERNATIONAL ET PERMANENT D'ORNITHOLOGIE,
DE LA COMMISSION PERMANENTE D'ÉTUDE DES COLLECTIONS DU MUSÉE DE L'ÉTAT INDÉPENDANT DU CONGO,
MEMBRE HONORAIRE, CORRESPONDANT OU EFFECTIF DE PLUSIEURS SOCIÉTÉS SAVANTES.

PREMIÈRE PARTIE

(1899-1902)

BRUXELLES
H. LAMERTIN, éditeur
20, RUE DU MARCHÉ-AU-BOIS

1902

INTRODUCTION

Chargé de l'étude des collections mammalogiques et ornithologiques du *Musée Royal d'histoire naturelle de Belgique* et de celui de l'*État Indépendant du Congo*, j'ai pu constater mainte fois combien l'absence d'un nouveau manuel d'Ornithologie était regrettable.

Depuis le *Conspectus avium* du prince Bonaparte (1850-54) et le *Hand-list of genera and species of Birds* de G. R. Gray (1869-71), la Science a fait d'immenses progrès et le nombre des espèces s'est considérablement accru, grâce surtout à l'exploration de l'Afrique centrale et des îles de l'Océanie. J'ai donc pensé que le moment était venu de publier mon *Synopsis avium*, auquel je travaille depuis plus de quatorze ans, et que certaines circonstances m'ont empêché de faire paraître plus tôt.

Certes, la tâche n'était pas facile, mais j'espère que mes efforts auront abouti à produire une œuvre utile, qui facilitera beaucoup les recherches indispensables à l'étude des Oiseaux. Je sais bien que je ne contenterai pas tout le monde ; mais quel est celui qui aurait la prétention de faire en ce genre un travail parfait ? — Ce n'est pas avec les ressources et les documents dont nous disposons aujourd'hui que cela est possible, aussi me contenterai-je d'apporter ma part à un grand travail, que d'autres pourront compléter et rectifier quand le moment sera venu.

Il importe aussi de faire remarquer que mon *Synopsis avium* est un simple manuel se bornant à indiquer, pour chaque espèce ou variété, la synonymie et les principaux auteurs à consulter. Je ne pouvais entrer dans d'autres détails sans donner trop d'extension à l'ouvrage, ce qui aurait dépassé le but que je voulais atteindre. J'ai cependant ajouté l'habitat, chose indispensable pour la détermination exacte de certaines formes. Pour chaque famille j'ai aussi renvoyé, en note, aux travaux monographiques, quand il en existe, et au Catalogue du Musée Britannique (1), dans lequel on trouve de bonnes descriptions anglaises. Mais je n'ai pu m'astreindre à adopter la manière de voir de certains auteurs de ce Catalogue et à en suivre la classification. Du reste, on n'est pas encore parvenu à se mettre d'accord sur une classification naturelle et internationale; presque chaque auteur a la sienne, mais aucune n'a le don de plaire aux autres.

Le Prof. Huxley a été le promoteur d'une classification basée principalement sur les formes et les relations des os du palais et de la base du crâne. Le résultat de ses savantes recherches n'a pas toujours été heureux, car nous trouvons les familles les plus disparates réunies dans un même ordre, et les groupes qui se rapprochent par leur forme générale et leurs mœurs sont souvent disloqués et placés dans des ordres différents. C'est ce qui a empêché son adoption.

Quelques années plus tard M. P.-L. Sclater, et plus récemment M. R.-B. Sharpe, tout en admettant le groupement général du Prof. Huxley, y apportèrent cependant des modifications fort rationnelles. Dans un autre ordre d'idées nous avons les classifications du Prof. Sundevall, de M. Max Fürbringer, ainsi que celle que j'ai proposée en 1891 (2) et que je modifie légèrement aujourd'hui.

Une classification linéaire parfaite est impossible, et quoi que l'on fasse pour obtenir un groupement naturel, il y aura toujours des groupes qui font exception à la règle; si l'on veut mettre ceux-ci dans la section qui leur conviendrait d'après certaines considérations anatomiques, on aura toujours ces assemblages disparates dont certains systèmes nous donnent l'exemple.

(1) *Catalogue of the Birds in the British Museum.* 27 vol. in-8° avec plˢ col. (1874-1898).

(2) Dubois, *Revue des derniers systèmes ornithologiques et nouvelle classification proposée pour les Oiseaux* (*Mémoires de la Soc. Zool. de France*, t. IV, 1891).

Dans la classification adoptée pour le *Synopsis avium* j'ai conservé les deux sous-classes admises par le Prof. Sundevall : les *Gymnopædes* et les *Ptilopædes*. Il est, en effet, rationnel de réunir dans une même division les Oiseaux qui naissent nus et très faibles, et de mettre dans une autre, ceux qui naissent couverts de duvet et dans un état déjà assez avancé pour pouvoir souvent prendre leurs ébats dès leur sortie de l'œuf (1). Il en est des Oiseaux comme des Mammifères : plus ils sont faibles en venant au monde, plus ils sont supérieurs par leur organisation.

Ce sont donc les *Gymnopædes* qui doivent venir en tête de la classe. Au point de vue géologique, il serait plus juste de les placer à la fin, la Nature procédant toujours de l'imparfait au parfait, mais cela n'a pas d'importance ici.

Parmi les *Gymnopædes*, quels sont les Oiseaux les plus parfaits? — Ici encore les ornithologistes ne sont pas d'accord. Les uns veulent que ce soient les Turdidés, les autres, les Préhenseurs ou Perroquets. Je n'ai jamais pu constater en quoi l'organisation d'une Grive pouvait être plus parfaite que celle d'un Perroquet; aussi, ai-je admis la manière de voir de Bonaparte, Altum, Brehm, A. Milne-Edwards et autres, qui placent les Préhenseurs en tête de la classe. Ce sont, en effet, de tous les Oiseaux ceux dont l'organisation est la plus élevée. Les Perroquets se distinguent des autres animaux de leur classe, par le développement uniforme de leur sens : aucun chez eux n'est atrophié, et aucun non plus n'est extraordinairement développé aux dépens des autres. Au point de vue intellectuel, leur supériorité est incontestable : ils ont toutes les qualités et tous les défauts des Singes. « Leur naturel, dit Brehm, est un mélange des qualités et des défauts les plus opposés, or un pareil assemblage de facultés ne peut indiquer qu'un grand développement de l'intelligence. » Il est aussi à remarquer que les Préhenseurs ont des pieds plus charnus et à plante plus épaisse

(1) Les Engoulevents, certains du moins, font cependant exception : ils naissent couverts de duvet comme de vrais *Ptilopædes*. Mais avant de les placer dans la seconde sous-classe, il faudrait savoir si tous les Caprimulgidés naissent dans cet état. Les Stéatornithidés et les Podargidés se trouvent peut-être dans le même cas.

que les autres Oiseaux, ce qui leur permet de s'en servir comme d'une main pour porter au bec certains aliments, faculté que les autres Oiseaux n'ont pas et qui dénote encore une supériorité. Leur langue charnue donne aussi plus de développement au sens du goût.

La disposition des doigts m'a engagé à faire suivre les Préhenseurs par les autres zygodactyles, comme cela est admis par la plupart des auteurs. Du reste, une classification a pour but de faciliter la connaissance des êtres, et de rendre possible l'étude des groupes composés d'animaux ayant certains caractères en commun; toutes les classifications récentes atteignent ce but.

Si l'on est assez généralement d'accord sur la composition des familles, on ne parvient pas à s'entendre sur la place que chacune d'elles doit occuper dans la série des Oiseaux. Je pense être parvenu à les grouper d'une manière satisfaisante dans un ordre assez naturel.

J'ai admis l'espèce et la variété ou sous-espèce conformément à la description que j'en ai donnée dans le temps : « *L'Espèce est la réunion des individus descendant l'un de l'autre ou de parents communs, et de ceux qui leur ressemblent ou n'en diffèrent que par des caractères d'un ordre très secondaire, ce qui porte à les considérer comme descendant d'une même souche. Les Variétés se comportent de la même manière que les espèces proprement dites, mais elles sont soumises au retournement dès que les causes qui les ont fait naître ont disparu* (1). »

On sait que des espèces différentes peuvent s'unir, même à l'état sauvage, et produire des hybrides féconds, qui tiennent du père et de la mère, sans toutefois ressembler complètement ni à l'un, ni à l'autre. D'autre part le climat, le régime et autres causes peut-être encore, occasionnent souvent des changements assez sensibles dans le système de coloration ou dans la taille pour produire des variétés ou sous-espèces. Les hybrides féconds, au contraire, différant plus fortement de leurs ascendants, semblent parfois s'ériger directement en espèce. En voici un cas que j'ai

(1) A. Dubois, *Manuel de zoologie*, p. 106 (1882).

signalé il y a quelques années (1). Le Musée de Bruxelles possède un Faisan qui ressemble en tous points au *Phasianus formosanus* de Formose; et cependant notre individu n'est qu'un simple hybride, né dans l'ancien Jardin Zoologique de notre ville, qui a eu pour père un *Ph. torquatus* et pour mère, la poule d'un *Ph. versicolor*. Il y a donc lieu de supposer qu'à l'île Formose, située non loin de la Corée et du Japon, on a introduit primitivement des *Ph. torquatus* et des *Ph. versicolor*, propres à ces pays. Les hybrides nés du croisement de ces deux espèces, ont fini par remplacer dans cette île les types dont ils dérivent et à produire une forme nouvelle, connue aujourd'hui sous le nom de *Ph. formosanus*. Sans aller si loin, un fait semblable paraît se produire dans notre pays où l'on a introduit, outre le Faisan de Colchide, des Faisans à collier et des Faisans de Mongolie; ces trois espèces se croisent entre elles et les individus pur sang deviennent presque partout de plus en plus rares.

Il résulte des nombreuses observations qui ont été faites :

1° Que des espèces voisines peuvent s'unir et produire de nouvelles variétés ou même des espèces distinctes, au bout d'un nombre plus ou moins considérable de générations;

2° Que les variétés peuvent se perpétuer en conservant leurs caractères propres et se comporter comme de véritables espèces, ou bien retourner à l'une des espèces souches, si les conditions qui les ont fait naître ont disparu;

3° Qu'une variété peut à la longue se modifier assez profondément pour rendre impossible un croisement fécond avec l'espèce ou avec la variété dont elle dérive (2).

L'observation vient donc confirmer la loi émise par Wallace et qui est ainsi formulée : « *Chaque espèce a pris naissance en coïncidence géographique et chronologique, avec une autre espèce très voisine et préexistante.* »

Parmi les espèces et variétés décrites comme nouvelles dans

(1) Voir ma *Faune ill. des Vert. de la Belg.*, *série des Oiseaux*, II, p. 58.

(2) Voy. à ce sujet : Darwin, *De l'origine des espèces*; du même, *De la Variation des animaux et des plantes*; Wallace, *La sélection naturelle*.

ces dernières années, plus d'une seront à supprimer quand elles seront mieux connues, soit qu'elles ne reposent que sur un sujet unique reconnu comme aberration, soit parce que leurs caractères distinctifs soient insuffisants. Mais j'ai tenu à indiquer autant que possible tout ce qui a été décrit, afin d'attirer l'attention des ornithologistes sur certaines nouveautés douteuses.

Pour la nomenclature, j'ai suivi les règles généralement admises. Cependant je n'ai pu me décider à conserver un nom spécifique devenu générique; ainsi je ne dirai pas avec certains auteurs : *Regulus regulus* (Lin.), *Petronia petronia* (Lin.), mais je prendrai pour dénomination spécifique la plus ancienne après celle de Linné, et j'écrirai : *Regulus cristatus*, Koch., *Petronia stulta* (Gm.).

J'ai adopté pour les sous-espèces le terme de *Variété*, admis avec raison par beaucoup d'ornithologistes et d'une manière plus générale en Entomologie. Quelques auteurs confondent l'*aberration* avec la *variété :* l'albinisme ou le mélanisme total ou partiel est une *aberration* ou monstruosité, et c'est naturellement un phénomène accidentel; tandis que la *Variété* est une légère déviation du type spécifique, mais qui se perpétue en conservant ses caractères. On peut aussi employer le terme de *sous-espèce*, mais il n'indique pas aussi bien, me semble-t-il, les rapports qui existent entre l'espèce type et les formes qui en dérivent. Mais, à quoi reconnait-on un type spécifique? — C'est là une question à laquelle il n'est pas possible de répondre, aussi est-on obligé de considérer comme type la forme la plus anciennement connue, ce qui ne veut donc pas dire qu'elle soit l'ancêtre des variétés qui se groupent autour d'elle, mais bien que toutes ont une même origine. Quant au terme de *Race*, il doit être uniquement réservé aux animaux domestiques.

J'ai bien regretté de ne pas toujours trouver au Musée de Bruxelles des sujets de comparaison; cette insuffisance m'a empêché de résoudre bien des questions spécifiques. Pendant la première période des trente-trois années de mes fonctions de Conservateur de la section des Vertébrés supérieurs (Mammifères et Oiseaux), j'ai pu augmenter considérablement ces collections, soit par des achats, soit par des échanges, sans compter les nombreux dons faits à l'Établissement. Malheureusement, la collection primitive contient un grand nombre d'Oiseaux dont le pays d'origine n'est pas connu, qui perdent par conséquent toute leur valeur scientifique, et qu'il ne m'est pas permis de remplacer.

Le Directeur de notre Musée Royal d'histoire naturelle, M. Ed. Dupont, peut être un savant géologue, mais les animaux de notre époque paraissent l'intéresser fort peu. Il en résulte que, depuis 1893, il m'est interdit d'acquérir des peaux de Mammifères ou d'Oiseaux, à moins que ce ne soient des types de genres non encore représentés dans nos collections. Mais, avec nos formalités administratives, il est fort difficile de compléter le généra sans augmenter en même temps le nombre des espèces en général. Et pourquoi cette restriction? — Notre budget est assez élevé pour pouvoir consacrer annuellement trois à quatre mille francs aux collections des Vertébrés supérieurs. Sur les 11,898 espèces et variétés d'Oiseaux mentionnées dans la première partie de mon *Synopsis,* 4,153 seulement sont représentées au Musée de Bruxelles, et parfois même d'une manière incomplète. On reconnaîtra que cette proportion est bien faible pour un Établissement fondé sous Marie-Thérèse en 1772, mais qui ne prit de l'extension qu'à partir de 1842, époque où la Ville de Bruxelles le céda à l'État.

J'ai tenu à faire connaître cette situation décourageante, afin que mes successeurs et mes honorables Confrères ne puissent un jour me reprocher un manque de zèle à la fin de ma carrière scientifique.

Bruxelles, Mars 1902.

TABLE SYSTÉMATIQUE

DES ORDRES ET DES FAMILLES

II

TABLE DES PLANCHES

SYNOPSIS AVIUM

SUBCL. I. — GYMNOPÆDES

ORD. I. — PSITTACI (1)

FAM. I. — STRINGOPIDÆ

1. STRINGOPS

Strigops, Gray (1845); *Strigopsis*, Bp. (1850); *Stringopsis*, Van d. Hoev. (1855); *Stringops*, Finsch (1867).

1. HABROPTILUS, Gray, *Gen. B.* II, p. 427, pl. 105. — Nouv.-Zélande.
   1. *Var.* GREYI, Gray, *Ibis*, 1862, p. 230; *habroptilus*, Sharpe (nec Gr.), *Voy. Ereb. et Terr. Birds*, pl. 7. — Nouv.-Zélande N.

FAM. II. — CACATUIDÆ

SUBF. I. — CACATUINÆ

2. MICROGLOSSUS

Solenoglossus (2) Ranz. (1821); *Microglossus*, Géof. St-Hil (1821 23); *Microglossum*, Vig. (1825); *Microglossa*, Voigt (1831); *Eurhynchus*, Less. (1831); *Macroglossum*, Tem. (1849).

2. ATERRIMUS (Gm.); Gould, *B. Austr., Suppl.* pl. 61; *gigas*, Lath.; *goliath*, Kuhl.; *nigerrimum*, Less.; *intermedia*, Schleg. — Iles Papous, Nouv.-Guinée, Australie N.
   2. *Var.* ALECTO (Temm.), *Disc. Faun. Jap.* p. XVII; *minor*, Salvad. — Iles Arrou.
3. SALVADORII, Meyer, *Ibis*, 1895, p. 145. — M[ts] Arfak, N.-Guinée.

3. CALYPTORHYNCHUS

Calyptorhynchus, Vig. et Horsf. (1826); *Banksianus*, Less. (1831).

4. BAUDINI, Vig. *in Lear's Parr.* pl. 6; Bourj. *Perr.* pl. 73. — Australie S.-W.

(1) Voy. O. FINSCH, *Die Papageien*, 1867-68. — A. REICHENOW, *Conspectus Psittacorum*, 1881. — T. SALVADORI, *Catalogue of the Birds in the Brit. Mus.* 1891, vol. XX *(Psittaci)*.

(2) Le terme de *Solenoglossus* a priorité, mais il donne une fausse idée de la structure de la langue.

5. FUNEREUS (Shaw); Bourj. *Perr.* pl. 70; Gould, *B. Austr.* V, pl. 11; *funeralis*, Sw. — Austr.S.-E., Tasmanie.

3. *Var.* XANTHONOTA (Gould), *B Austr.* V, pl. 12. — Austr. S., Tasmanie.

6. BANKSI (Lath.); Gould, *B. Austr.* V, pl. 7; *cookii*, Tem.; *magnificus*, Shaw; *temminckii*, Bourj. *Perr.* pl. 72 (nec Kuhl). — Australie E., du Port Denison à Victoria.

4. *Var.* MACRORHYNCHA (Gould), *P. Z. S.* 1842, p. 138; *B Austr.* V, pl. 8. — Australie N.

5 *Var.* STELLATA (Wagl.); *naso*, Gould, *B. Austr.* V, pl. 9. — Australie W.

7. VIRIDIS (Vieill.); *solandri*, Tem.; *temminckii*, Kuhl.; *leachii*, Gould, *B. Austr.* V, pl. 10. — Australie E.

4. CALLOCEPHALON

Corydon, Wagl. (1832 nec Less.); *Callocephalon*, Less. (1837); *Callicephalus*, Agass. (1846); *Callocephala*, Rchw. (1881); *Callocephalus*, Salvin (1882).

8. GALEATUM (Lath.); Gould, *B. Austr.* V, pl. 14; *australe*, Less.; *rubrogaleatus*, Bourj. *Perr.* pl^{s} 75, 75bis, 75ter. — Australie S.-E. et Tasmanie.

5. CACATUA

Cacatua, Briss. (1760); *Plyctolophus*, Vieill. (1816); *Pluctolophus*, Nitz. (1848); *Plissolophus*, Glog. (1842); *Eolophus*, Bp. (1854); *Ducorpsius* et *Lophochroa*, Bp. (1857); *Camptolophus*, Sundev. (1872).

9. GALERITA (Lath.); Gould, *B. Austr.* V, pl. 1; *licmetorhynchus*, Bp. — Australie, Tasmanie.

10. TRITON (Tem.); Sharpe, *B. New Guin.* pt. XX, pl. 2; *sulphureus*, Less (nec Gm.); *cyanopis*, Blyth.; *æquatorialis*, Gr. (nec Tem.); *macrolophus*, Rosenb.; *eleonora*, Finsch; *galerita*, Rams. (nec Lath.) — Nouv.-Guinée, îles Papous, Louisiades, Moluques.

6. *Var.* TROBRIANDI, Finsch, *Samoafahrten*, p. 208. — Iles Trobriands.

11. PARVULA (Bp.); *citrinus*, Rosenb.; *sulphurea*, auct. plur. (part.); *buffoni*, Finsch; Rchw. *Vogelb.* pl. IV, f. 1. — Timor, Semao.

7. *Var.* OCCIDENTALIS, Hart. *Novit. Zool.* V, p. 120. — Sumbawa, Lombock, Flores.

12. SULPHUREA (Gm.); Bourj. *Perr.* pl. 80; *æquatorialis*, Tem.; *luteocristatus*, Finsch. — Célèbes, Bouton, Togian.

8. *Var.* DJAMPEANA, Hart. *Novit. Zool.* IV, p. 164. — Djampea.

13. CITRINOCRISTATA (Fras.), *P. Z. S.* 1844, p. 38; Rchnw. *Vogelb.* pl. IV, f. 2; *chrysolophus*, Tem.; *croceus*, Homey. — Sumba.

14. LEADBEATERI (Vig.), *P Z. S.* 1831, p. 61; Gould, *B. Austr.* V, pl. 2; *erythropterus*, Sw. — Austr. S. et S.-W.

15. ALBA (P.-L. Müll.); *cristatus*, Lin. (nec descr.); Hahn, *Papag.* pl. 69; *leucolophus*, Less.; *cristatella*, Wall. — Halmahera et îles voisines.

16. OPHTHALMICA, Sclat. *P. Z. S.* 1864, p. 188; *ducorpsii*, Scl. (nec J. et Puch.) *P. Z. S.* 1862, p. 141, pl. 14. — Nouv.-Bretagne.

17. MOLUCCENSIS (Gm.); *rosaceus*, Lath.; Lear, *Parr.* pl. 2; *erythrolophus*, Less; *rubrocristatus*, Bourj. *Perr.* pl. 78. — Céram, Amboine.

18. GYMNOPIS, Sclat. *P. Z. S.* 1871, pp. 490, 493 et fig. — Australie S.

19. SANGUINEA, Gould, *B. Austr.* V, pl. 3. — Australie N. et E.

9. *Var.* GOFFINI (Finsch), *Ned. Tijdschr. Dierk.* I, *Berigt*, p. XXIII; *sanguinea*, auct. plur. — Ile Ténimber.

20. DUCORPSI, Jacq. et Pucher., *Voy. Pôle Sud*, pl. 26, f. 1; Scl. *P. Z. S.* 1864, pl. 17; *ducrops*, Bp.; *ducropsi*, Gr.; *learii*, Finsch. — Iles Salomon.

21. HÆMATUROPYGIA (P. L. S. Müll.); *philippinarum*, Gm.: Bourj. *Perr.* pl. 81; Rchw. *Vogelb.*, pl. 32, f. 2. — Philippines et iles Soulou.

22. ROSEICAPILLA, Vieill.; *eos*, Kuhl; Tem. *Pl. col.* 81; *rosea*, Vieill. *Gal. Ois.* I, 2, p. 5, pl. 25. — Australie.

6. LICMETIS

Licmetis, Wagl. (1832).

23. NASICA (Tem.), *Pl. col.* 331; *tenuirostris*, Kuhl; Bourj. *Perr.* pl. 76. — Austr. N.-E., E. et S.

24. PASTINATOR, Gould, *P. Z. S.* 1840, p. 175. — Australie W.

SUBF. II. — CALOPSITTACINÆ

7. CALOPSITTA

Calopsitta, Less. (1832); *Leptolophus*, Sw (1832); *Callipsittacus*, Agass. (1846); *Calopsittacus*, Rams. (1878).

25. NOVÆ-HOLLANDIÆ (Gm.); Gould, *B. Austr.* V, pl. 45; *auricomis*, Sw. *Zool. Ill.* pl. 112. — Austr., sauf le Queensland N.-E.

FAM. III. — PSITTACIDÆ

SUBF. I. — PSITTACINÆ

8. PSITTACUS

Psittacus, Lin. (1758); *Androglossa*, Vig (1825); *Rhodurus*, Sundev. (1872).

26. ERITHACUS, Lin.; Levaill. *Perr.* pls 99, 100, 103; Hahn, *Papag.* pl. 22. — Afrique équatoriale.

10. *Var.* MEGARHYNCHA, Hart. *Kat. Vög. Senck. Mus.* p. 157. — Afrique W.

27. TIMNEH, Fras. *P. Z. S.* 1844, p. 38; Levaill, *Perr.* pl. 102; *carycinurus*, Rchnw. *Journ. f. Orn.* 1881, p. 262. — Libéria, Sierra Leone.

9. CORACOPSIS

Coracopsis, Wagl. (1832); *Vigorsia*, Sw. (1837); *Vaza*, Gray (1855); *Vasa*, Schl. (1864).

28. VASA (Shaw); *obscurus*, Bechst.; M.-Edw. et Grand. *Hist. Madag. Ois.* I, pl. 1; *melanorhyncha*, Finsch. — Madagascar.
29. NIGRA (Lin.); Levaill. *Perr.* pl. 82. — Madagascar.
30. COMORENSIS, Peters, *Sitzb. der Berl. Akad. Wissensch.* 1854, p. 371. — Iles Comores.
31. BARKLYI, E. Newt. *P. Z. S.* 1867, p. 346, pl. 22. — Iles Seychelles.
   11. *Var* SIBILANS, M.-Edw. et Oust. *Compt.-Rend.* CI, p. 220 (1885). — G^de Comore, Anjouan.

10. DASYPTILUS

Dasyptilus, Wagl. (1832); *Psittrichas*, Less. (1837).

32. PESQUETI (Less.), *Ill. de Zool.* pl. 1; Rchw. *Vogelb.* pl. 18, f. 2; *fulgidus*, Less. — Nouv.-Guinée.

SUBF. II. — PIONINÆ

11. CHRYSOTIS

Chrysotis, Sw. (1837); *Androglossus*, Gr. (1840); *Amazona*, Less. (1847); *Oenochrus*, Bp. (1854); *Onochrus*, Bp. (1856); *Androglossa*, Rchnw. (1881).

33. GUILDINGI (Vig.), *P. Z. S.* 1836, p. 80; Bourj. *Perr.* pl. 64. — Ile St-Vincent.
34. AUGUSTA (Vig.); Gr. *Gen. B.* II, pl. 104; *havanensis*, Kuhl (nec Gm.) — Ile Dominique.
35. VINACEA (Max. Wied); Hahn, *Papag.* pl. 37; *columbinus*, Spix; Bourj. *Perr.* pl. 65. — Brésil S., Paraguay, rép. Argentine N.
36. VERSICOLOR (P. L. S. Müll.); *cyanorhynchus*, Bodd.; *havanensis*, Gm.; *Pl. enl.* 360; *cyanopis*, Vieill.; *bouqueti*, Scl. (nec Bechst.), *P. Z. S.* 1874, p. 323, 1875, pl. 11; *cyanops*, Finsch. — Ile Ste-Lucie.
37. BOUQUETI (Bechst.); Levaill. *Perr.* pl. 135; *cærulifrons*, Shaw; *cyaneocapillus*, Vieill.; *cyanocephalus*, Sw.; *nichollsi*, Lawr. — Ile Dominique.
38. GUATEMALÆ, Hartl.; Scl. *Ibis*, 1860, p. 44; Rchnw. *Vogelb.* pl. 19, f. 2; *pulverulenta*, Lawr. (nec Gm.) — Mexique S., Honduras, Guatémala.
   12. *Var.* VIRENTICEPS, Salvad. *Cat. B. Br. Mus.* XX, p. 280; *guatemalæ*, auct. plur. (nec Hartl.) — Costa-Rica, Veragua.
39. FARINOSA (Bodd.); *Pl. enl.* 861; *pulverulentus*, Gm.; Levaill. *Perr.* pl^s 85, 92. — Guyane, Brésil N.-E.
40. INORNATA, Salvad., *Cat. B. Br. Mus.* XX, p. 281; FARINOSA, auct. plur. — De Panama au Brésil et Bolivie.

41. MERCENARIA (Tsch.), *Faun. Per.* pl. 27; *canipalliata*, Cab., *Journ. f. Orn.* 1874, p. 105.	Colombie, Ecuador, Pérou.
42. AMAZONICA (Briss); *Pl. enl.* 547, 839; *æstivus*, Gm. (nec Lin.); *luteus*, Gm.; *luteolus*, Lath.; Levaill. *Perr.* pl^{s} 92, 110, 110bis; *agilis*, Léot. (nec Lin.)	Guyane, Vénéz., Trin., Colombie, Amazone.
43. ÆSTIVA (Lin.); *Pl. enl.* 120; *amazonicus*, auct. plur. (nec Briss. et Lin.); *guttatus*, Bodd.	Brés., Parag., Argent.
13. *Var.* XANTHOPTERYX, Berl. *Orn. Monatsb.* IV, p. 173.	Bolivie E.
44. OCHROPTERA (Gm.); *Ibis*, 1895, pl. 9, f. 1; *lactifrons*, Lawr.	Vénézuéla.
14. *Var.* CANIFRONS, Lawr., *Ann. N. Y. Ac.* II, 1883, p. 381.	Ile Aruba.
45. ROTHSCHILDI, Hartert, *Ibis*, 1893, p. 123, pl. 9, f. 2.	Ile Bonaire.
46. OCHROCEPHALA (Gm.); *pæcilorhynchus*, Wagl.; Souancé, *Ic. Perr.* pl. 28.	Vénézuéla, Trin., Col., Ecuad., Pérou E.
15. *Var.* PANAMENSIS, Cab. *Journ. f. Orn.* 1874, p. 349.	Panama, Veragua, Col.
47. AUROPALLIATA (Less.); *flavinuchus*, Gould; id. *Voy. Sulphur*, pl. 27.	Amérique centr. W.
48. LEVAILLANTI, Gr. (nec Less.); Levaill. *Perr.* pl. 86; *xanthops*, Wagl. (nec Spix); *oratrix*, Ridgw.	Mexique, Tres Marias, Honduras.
49. NATTERERI, Finsch, *Journ. f. Orn* 1864, p. 411.	Rio Mamoré, Brés. W.
50. DUFRESNEANA (Shaw); Levaill. *Perr.* pl. 91; *cæligena*, Lawr.; *cæruligena*, Rchnw.	Guyane.
51. RHODOCORYTHA, Salvad. *Ibis*, 1890, p. 370; *dufresneana*, auct. plur. (nec Shaw); *P. Z. S.* 1880, pl. 9, f. 2.	Brésil S.-E.
52. VIRIDIGENALIS, Cass.; Souancé, *Ic. Perr.* pl. 31 (fig. inf.); *coccineifrons*, Souancé; Rchnw. *Vogelb.* pl. 19, f. 6; *viridigena*, Salvad.	Mexique E.
53. FINSCHI, Sclat. *P. Z. S.* 1864, p. 298; 1874, pl. 34; *viridigenalis*, auct. plur. (nec Cass.); Scé, *Ic. Perr.* pl. 31 (fig. sup.)	Mexique W.
54. DIADEMATA, Finsch (part.); *diadema*, Spix; Souancé, *Ic. Perr.* pl. 32; *Cat. B. Br. Mus.* XX, pl. 7, f. 2.	Vallée de l'Amazone.
16. *Var.* SALVINI, Salvad. *Cat. l. c.* p. 300, pl. 7, f. 3; *diademata* (part.) auct. plur.; *viridigenalis*, auct. plur.	Amér. centr., Colombie, Rio Négro.
17. *Var.* LILACINA (Less.), *Cat. l. c.* pl. 7, f. 1; *viridigenalis*, auct. plur.; *hecki*, Rchnw. *Journ. f. Orn.* 1891, p. 217, pl. 1, f. 2.	Ecuador W.
55. AUTUMNALIS (Lin.); Levaill. *Perr.* pl. 111; *aurantius*, Vieill.; *æstivalis*, Bp.	Du Mex. E. à l'Honduras, île Ruatan.
56. XANTHOPS (Spix); *hypochondriacus*, Licht.; Souancé, *Ic. Perr.* pl. 33.	Brésil E. et centr.
57. BRASILIENSIS (Lin.); *cyanotis*, Tem. et Kuhl; *erythrurus*, Kuhl; Levaill. *Perr.* pl. 106.	Brésil S.

58. BODINI, Finsch, *P. Z. S.* 1873, p. 369, pl. 49. — Vénéz., Guyane angl.
59. FESTIVA (Lin.); *Pl. enl.* 840; Levaill. *Perr.* pl. 129. — Vallée du l'Amazone.
60. CHLORONOTA, Souancé, *Ic. Perr.* pl. 29; *Cat. B. Br. Mus.* XX, pl. 8; *festiva* (part.) auct. plur. (nec Lin.) — Vallée de l'Amazone.
61. VITTATA (Bodd.); *Pl. enl.* 792; *dominicensis*, Gm.; Levaill. *Perr.* pl. 108. — Porto-Rico.
62 PRETREI (Tem.), *Pl. col.* 492; *vernus*, Licht. — Brésil S.-E., Uruguay.
63. TUCUMANA, Cab., *Journ. f. Orn.* 1885, p. 221. — Rép Arg. : Tucuman.
64. ALBIFRONS (Sparrm.); Souancé, *Ic. Perr.* pl. 30; *apophœnica*, Rchnw. (fem.) — Du Mex. au Costa-Rica.
65. XANTHOLORA, Gray; Sclat. *P. Z. S.* 1873, p. 157, pl. 26. — Yucatan, ile Cozumel, Honduras.
66. VENTRALIS (Müll.); *Pl. enl.* 548; *sallæi*, Scl. *P. Z. S.* 1857, pp. 224, 234. — St-Domingue.
67. LEUCOCEPHALA (Lin.); *Pl. enl.* 335; Rchnw. *Vogelb.* pl. 19, f. 5. — Cuba.
  18. *Var.* CAYMANENSIS, Cory, *Auk*, III, p. 497 (1886). — Grand Cayman.
  19. *Var.* BAHAMENSIS, Bryant, *Pr. Bost. Soc. N. H.* XI, p. 65. — Iles Bahamas.
68. COLLARIA (Lin.); *leucocephalus*, auct. plur.; *vinaceicollis*, Lafr.; *Pl. enl.* 549. — Jamaïque.
69. AGILIS (Lin.); Levaill. *Perr.* pl. 105; *signatus*, Shaw.; *minor*, Vieill.; *virescens*, Bechst. — Jamaïque.

12. PACHYNUS

Graydidascalus, Bp. (1854); *Graydidactylus*, Bp. (1856); *Pachynus*, Rchnw. (1881).

70. BRACHYURUS (Tem. et Kuhl); *viridissimus*, Sw. *Zool. Ill.* pl. 155; *pumilio*, Spix; Bourj. *Perr.* pl. 56. — H^t-Amazone et Ecuador.

13. PIONUS

Pionus, Wagl. (1832); *Pionias*, Finsch (1868).

71. MENSTRUUS (Lin.); *Pl. enl.* 384; *cyanogula*, Bodd. — Brésil, Bol., Ecuad., Pérou.
  20. *Var.* RUBRIGULARIS, Cab. *Journ. f. Orn.* 1881, p. 222. — Mex., Amér. centr.
  21. *Var.* REICHENOWI, Heine, *Journ. f. Orn.* 1884, p. 264. — Brésil N., Guyane.
  22. ? *Var.* COBALTINA (Mass. et Scé.), *Rev. et Mag. de Zool.* 1854, p. 74. — Colombie.
72. SORDIDUS (Lin.); Levaill. *Perr.* pl. 104; Rchnw. *Vogelb.* pl. 10, f. 4. — Vénézuéla.
73. CORALLINUS, Bp.; Rchnw. *Vogelb.* pl. 26, f. 1; *sordidus*, auct. plur.; *corallirostris*, Bp. — Colombie, Ecuador.

74. MAXIMILIANI (Kuhl); *flavirostris*, Spix; *siy*, Souancé, *Ic. Perr.* pl. 34, f. 1. — Brésil S.-E., Paraguay.

23. *Var.* BRIDGESI, Boucard, *Hum. Bird*, I, p. 27. — Bolivie.

24. *Var.* LACERA; *lacerus*, Heine, *Journ. f. Orn.* 1884, p. 265. — Tucuman, Argentine.

75. TUMULTUOSUS (Tsch.); *Faun. Peruana*, p. 270; Rchnw. *Vogelb.* pl. 26, f. 2. — Pérou, Bolivie.

76. SENILOIDES (Bp.); Souancé, *Ic. Perr.* pl. 36: *gerontodes*, Finsch. — Colombie, Ecuador.

77. SENILIS (Spix); Bourj. *Perr.* pl. 60: Rchnw. *Vogelb.* pl. 10, f. 6. — Du Mexique S. à Costa-Rica.

78. CHALCOPTERUS (Fras.), *P. Z. S.* 1840, p. 59; Souancé, *Ic. Perr.* pl. 35. — Colombie, Ecuador.

79. FUSCUS (Müll.); *violaceus*, Bodd.: *Pl. enl.* 408; *purpureus*, Gm.: Levaill. *Perr.* pl. 115. — Guyane, Amaz. infér., Rio Negro.

14. DEROPTYUS

Deroptyus, Wagl. (1832): *Derotypus*, Bp. (1830).

80. ACCIPITRINUS (Lin.); Rchnw. *Vogelb.* pl. 10, f. 5; *coronatus*, Lin.: *Pl. enl.* 526; *violaceus*, Gm. (nec Bodd.) — Guyane, Amaz. jusqu'à l'Ecuador.

15. TRICLARIA

Triclaria, Wagl. (1832).

81. CYANOGASTRA (Vieill.); Bourj. *Perr.* pl. 57; Rchnw. *Vogelb.* pl. 26, f. 8; *malachitaceus*, Spix. — Brésil S.-E.

16. PIONOPSITTA

Pionopsitta, Bp. (1854): *Caica*, Gr. (1855) nec Bp.; *Pyrilia*, Bp. (1856): *Pionopsittacus*, Sundev. (1872); *Eucinetus*, Rchnw. (1881).

82. MELANOTIS (Lafr.), *Rev. Zool.* 1847, p. 67; Des Murs, *Ic Orn.* pl. 60. — Bolivie.

83. PILEATA (Scop.); *mitratus*, Wied; Tem. *Pl. col.* 207. — Brésil S.-E., Parag.

84. PYRRHOPS, Salv., *Ibis*, 1876, p. 495; Salvad., *Cat. B. Br. Mus* XX, p. 341, pl. 9. — Ecuador.

85. AMAZONINA (Des M.), *Rev. Zool.* 1845, p. 207; id. *Ic. Orn.* pl. 15; *desmursii*, Gr. — Colombie.

86. HÆMATOTIS (Scl. et Salv.), *Ibis*, 1860, pp. 300 et 401, pl. 13. — Du Mex. S. au Veragua.

87. PULCHRA, Berl., *Ornith. Monastb.* 1897, p. 175. — Colombie W.

88. COCCINEICOLLARIS (Lawr.), *Ann. Lyc. N. Y.* VII, p. 475; *hæmatotis*, auct. plur. — Panama.

89. HISTRIO (Bodd. nec Müll.); Rchnw. *Vogelb.* pl. 24, f. 6; *Pl. enl.* 774; *pileatus*, Gm. (nec Scop.); *caica*, Lath.; Levaill. *Perr.* pl. 133. — Guyane, Bas-Amaz.

90. BARRABANDI (Kuhl), *Consp. Psitt.* p. 61 ; Levaill. *Perr.* pl. 134; Rchnw. *Vogelb.* pl. 24, f. 4. — Haut-Amazone jusqu'aux Andes.
91. PYRILIA (Bp.); Souancé, *Ic. Perr.* pl. 26; *typica*, Bp.; *pyrilias*, Finsch ; *pyrillus*, Rchnw. — Colombie, Vénéz.

17. GYPOPSITTA

Gypopsitta, Bp. (1856); *Gypopsittacus*, Salvad. (1891).

92. VULTURINA (Illig.); Bourj. *Perr.* pl. 59; Rchnw. *Vogelb.* pl. 24, f. 7. — Bas-Amazone.

18. UROCHROMA

Pyrrhulopsis, Bp. (1854) nec Rchnb.; *Touit!* Gr. (1855); *Urochroma*, Bp. (1856); *Urochroa*, Sund. (1872); *Euchroura*, Rchnw. (1881).

93. CINGULATA (Scop.); *Pl. enl.* 791, f. 1; *batavica*, Bodd.; *melanopterus*, Gm.; Levaill. *Perr.* pl. 69; Rchnw. *Vogelb.* pl. 24, f. 2; *micropterus*, Kuhl. — Vénézuéla et Trinidad.
94. MELANONOTA (Licht.); Bourj. *Perr.* pl. 95; *wiedi*, Allen. — Brésil S.-E.
95. PURPURATA (Gm.); Souancé, *Ic. Perr.* pl. 27; *porphyrurus*, Shaw; *viridicauda*, Gr. *List Psitt.* p. 88; Rchnw. *Vogelb.* pl. 24, f. 3. — Guyane, Brésil N.-E.
96. SURDA (Ill.); Hahn, *Papag.* pl. 40; *chryseurus*, Sw. *Zool. Ill.* pl. 141. — Brésil S.-E.
97. HUETI (Tem.), *Pl. col.* 491; Bourj. *Perr.* pl. 93. — Guyane, Vénéz., Ecuador, Pérou E.
98. DILECTISSIMA, Scl. et Salv., *P. Z. S.* 1870, p. 788, pl. 47. — Vénézuéla.
99. STICTOPTERA, Scl., *P. Z. S.* 1862, p. 112, pl. 11. — Colombie (Bogota).
100. EMMÆ, Berl., *Journ. f. Orn.* 1889, p. 202 *(descr. nulla)*; Salvad. *Cat. B. Br. Mus.* XX, p. 357. — Colombie (Bogota).

19. CAICA

Caica, Bp. (1850); *Pionites*, Heine (1890).

101. MELANOCEPHALA (Lin.); *Pl. enl.* 527; Levaill. *Perr.* pl. 119; *badiceps*, Guér. — Guyane, Amaz. jusqu'au Rio Negro.
   25. *Var.* PALLIDA, Berl., *Journ. f. Orn.* 1889, p. 317. — Pérou E., Ecuador E.
102. LEUCOGASTRA (Ill.); Bourj. *Perr.* pl. 58; *badiceps*, Lear, *Parr.* pl. 1; *melanocephalus* (part.) auct. plur. — Bas-Amazone.
   26. *Var.* XANTHOMERA, Gr.; Scl. *P. Z. S.* 1877, p. 419; 1879, pl. 28. — Haut-Amazone.

20. POICEPHALUS

Poicephalus, Sw. (1837); *Piocephalus*, Gr. (1840); *Pæocephalus*, Strickl. (1841); *Poiecephalus*, *Poiocephalus*, Agass. (1842-46); *Pæocephalus*, Bp. (1856); *Phæocephalus*, Hartl. (1857).

103. ROBUSTUS (Gm.); Levaill. *Perr.* pl. 136; *levaillanti*, Lath; Hahn, *Papag.* pl. 55; *flammipes*, Bechst. — Afrique S.

104. FUSCICOLLIS (Kuhl); *pachyrhynchus*, Hartl., *Syst. Verz. Ges. Mus.* p. 88; id. *Orn. W. Afr.* p. 167; *magnirostris*, Bp.; *robustus* (part.) auct. plur. — Guinée sup., Loango.

27. *Var.* SUAHELICA; *suahelicus*, Rchnw. *Journ. f. Orn.* 1898, p. 314. — Zambèze.

28. *Var.* ANGOLENSIS, Rchnw. *Journ. f. Orn.* 1898, p. 314. — Angola, Damara.

105. GULIELMI (Jard.), *Contr. to Orn.* 1849, p. 64, pl. 28. — De la Côte d'Or au Cong.

29. *Var.* AUBRYANA, Souancé, *Rev. et Mag. de Zool.* 1856, p. 216; *lecomtei*, Verr. — Gabon, Congo, Angola.

30. *Var.* MASSAICA, Fisch. et Rchnw. *Journ. f. Orn.* 1884, p. 179. — Massaïland.

106. RUBRICAPILLUS, Forb. et Rob. *Bull. Liverp. Mus.*, I, p. 15. — Afrique W.

107. FUSCICAPILLUS (Verr. et Des M.); Rchnw. *Vogelb.* pl. 20, f. 8; *cryptoxanthus*, Pet. — Afrique S.-E.

108. FLAVIFRONS (Rüpp.), *Syst. Ueb. Vög. N.-O. Afr.* pp. 81, 94, pl. 31. — Choa, Abyssinie.

31. *Var.* CRASSA; *crassus* (Sharpe), *Journ. Linn. Soc.* XVII, p. 429; ? *bohndorffi*, Sharpe, *Ibis*, 1884, p. 359. — Ndoruma, Afr. équat.

109. CITRINOCAPILLUS, Heugl., *Orn. N.-O. Afr.* I, 2, p. 744, pl. 26; Rchnw. *Vogelb.* pl. 20, f. 6. — Abyssinie.

110. SENEGALUS (Lin.); *Pl. enl.* 288; Levaill. *Perr.* pl. 116, 117; *senegalensis*, Sw. — Afr. N.-W., Gambie.

32. *Var.* VERSTERI (Goff.); Finsch, *Ned. Tijdschr. Dierk.* I, *Ber.* p. XVI; *senegalus*, auct. plur. — Région du Niger.

111. RUFIVENTRIS (Rüpp.), *Syst. Ueb. Vög. N.-O. Afr.* pp. 83, 94, pl. 32; *simplex*, Rchnw. (fem.), *Journ. f. Orn.*, 1887, p. 55. — De l'Abyssinie au Massaïland.

112. MEYERI (Rüpp.) in *Cretzschm. Atlas*, p. 18, pl. 11; Rchnw. *Vogelb.* pl. 7, f. 1; *xanthopterus*, Heugl. — Afrique N.-E., Sennaar, Uganda.

33. *Var.* MATSCHIEI, Neum. *Journ. f. Orn.* 1898, p. 501. — Afrique E.

34. *Var.* DAMARENSIS, Neum. *Op. cit.* — Afrique S.-W.

35. *Var.* REICHENOWI, Neum. *Op. cit.* — Région du Quango.

36. *Var.* ERYTHREÆ, Neum., *Orn. Monastb.* 1899, p. 25. — Bogosland.

37. *Var.* TRANSVAALENSIS, Neum. *Op. cit.* — Transvaal.

113. RÜPPELLI (Gr.), *P. Z. S.* 1848, p. 125, pl. 5. — Du Gabon au Damara.

SUBF. III. — CONURINÆ

21. ANODORHYNCHUS

Anodorhynchus, Spix (1824); *Anodontorhynchus*, Agass. (1846); *Cyanopsitta*, Bp. (1854); *Anoplorhynchus*, Sundw. (1872); *Cyanopsittacus* (part.), Salvad. (1891).

114. HYACINTHINUS (Lath.); *augustus* (Shaw); *maximiliani*, — Brésil centr. et Mato-

Spix, *Av. Bras.* pl. 11; *cobaltina*, Bourj. *Perr.* pl. 16. — grosso.

115. LEARI (Bp.); Souancé, *Ic. Perr.* pl. 1, f. 1; *hyacinthinus*, Vieill. *Gal. Ois.* pl. 24. — Brésil?

116. GLAUCUS (Vieill.); Bourj. *Perr.* pl. 14; Souancé, *Ic. Perr.* pl. 1, f. 2. — Brésil S., Paraguay, Uruguay.

117. SPIXI (Wagl.); Scl., *P. Z. S.* 1878, p. 976, pl. 61; Bourj. *Perr.* pl. 15; *hyacinthinus*, Spix. — Bahia.

22. ARA

Ara, Cuv. (1799); *Paracus*, Rafin. (1815); *Macrocercus*, Vieill. (1816); *Arara*, Spix (1824); *Sittace* (part.), Wagl. (1832); *Araclanga*, Glog. (1824); *Primolius*, Bp. (1857).

118. ARARAUNA (Lin.); Dubois, *Orn. Gal.* pl. 36; Levaill. *Perr. I*, pl. 3; *cæruleus*, Gm.; Rchnw. *Vogelb.* pl. 2, f. 1. — Amér. trop. au S. de Panama.

119. CANINDE (Wagl.), Mon. Psitt. p. 674; *azaræ*, Rchnw., *Journ. f. Orn.* 1881, p. 267. — Paraguay.

120. MACAO (Lin.); *Pl. enl.* 12; Rchnw. *Vogelb.* pl. 9, f. 5; *aracanga*, Gm.; Levaill. *Perr.* pl^s 2 et 2bis; *coccinea*, Rchnw. — Amérique trop.

121. CHLOROPTERA, Gray; *macao*, auct. plur. (nec Lin.); Levaill. *Perr.* pl. 1; Rchnw. *Vogelb.* pl. 9, f. 4. — Du Guatém. à la Guyane, Amaz., Bol.

122. TRICOLOR (Bechst.); Levaill. *Perr.* pl. 5; *Pl. enl.* 641. — Cuba.

123. MILITARIS (Lin.); Levaill. *Perr.* pl. 4; Rchnw. *Vogelb.* pl. 1, f. 1. — Du Mexique au Pérou et Bolivie.

38. *Var.* AMBIGUA (Bechst.); Levaill. *Perr.* pl. 6; *militaris*, auct. plur.; *buffoni*, Brm. — Du Véragua à l'Ecuador W.

124. RUBRIGENA; *rubrogenis*, Lafr.; Des M., *Ic. Orn.* pl. 72; *lafresnayi*, Finsch. — Bolivie.

125. SEVERA (Lin.); *Pl. enl.* 383; Levaill. *Perr.* pl. 8; *castaneifrons*, Lafr. *Rev. Zool.* 1847, p. 66. — Amér. trop. au S. de Panama.

126. MARACANA (Vieill.); Rchnw. *Vogelb.* pl. 9, f. 6; *illigeri*, Tem. et Kuhl; *purpureo-dorsalis*, Spix. — Brésil, Paraguay.

39. *Var.* COULONI, Sclat., *P. Z. S.* 1876, p. 255; *illigeri*, Tsch (nec Tem.) — Pérou.

127. AURICOLLIS (Cass.); *primoli*, Bp.; Souancé, *Ic. Perr.* pl. 2; *auritorques*, Mass. et Scé. — Matogrosso, Bolivie, Paraguay.

128. MACAVUANNA (Gm.); *Pl. enl.* 864; Levaill. *Perr.* pl. 7; *makawuanna*, Gm.; *manilatus!* Bodd.; *modesta*, Rchnw. — Guyane, Amaz., Ecuador, Pérou.

129. NOBILIS (Lin.); Bourj. *Perr.* pl. 22; *frontatus*, Vig.; *macrognathos*, Spix; *cayana*, Less. — Brésil.

40. *Var.* HAHNI (Souancé); id. *Ic. Perr.* pl. 6; *nobilis*, auct. plur. — Guyane, Trinidad, Rio Brancho

23. RHYNCHOPSITTA

Rhynchopsitta, Bp. (1854); *Rhynchopsittacus*, Salvad. (1891).

130. PACHYRHYNCHA (Sw.); Souancé, *Ic. Perr.* pl. 5; *strenuus*, Lich.; *pascha*, Wagl. — Mexique, Texas.

24. CONURUS

Conurus, Kuhl (1820); *Psittacara*, Vig. (1825); *Eupsittula*, Bp. (1853); *Nandayus, Cyanoliseus, Heliopsitta* et *Evopsitta*, Bp. (1854); *Maracana*, Des M. (1855); *Aratinga*, Bp. (1856); *Ogonorhynchus*, Gray (1859); *Eupsittaca*, Cab. (1862); *Gnathosittaca*, Cab. (1864); *Conuropsis*, Salvad. (1891).

131. PATAGONUS (Vieill.), *N. Dict.* XXV, p. 367; *patagonicus*, Voigt. — La Plata, Patagonie.

41. *Var.* CYANOLYSEA (Molina); *patagonica*, auct. plur.; Bourj., *Perr.* pl. 19; *byroni*, Childr. — Chili.

132. ICTEROTIS, Mass. et Souancé; id. *Ic. Perr.* pl. 19; *heinei*, Cab. *Journ. f. Orn.* 1864, p. 414. — Colombie, Ecuador.

133. ACUTICAUDATUS (Vieill.); Des M. *Icon. Orn.* pl. 31; Souancé, *Ic. Perr.* pl. 4; *cyanops*, Gr.; *fugax*, Burm.; *glaucifrons*, Leyb. — Bolivie, Parag., Urug., Argentine N.

42 *Var.* HÆMORRHOUS (Spix); *acuticaudatus*, auct. plur. (nec Vieill.); *cœruleofrontata*, Bourj. *Perr.* pl. 17; *modestus*, Licht. — Brésil.

134. GUAROUBA (Gm.); Bourj. *Perr.* pl. 18; *luteus*, Lath.; *carolinæ*, Spix; *chloropterus*, Vieill. — Brésil N.-E.

135. SOLSTITIALIS (Lin.); *Pl. enl.* 323; Levaill. *Perr.* pl[s] 18, 19 et 20; *luteus*, Bodd; *guarouba*, Hahn (nec Gm.). — Guyane, Rio Brancho.

136. JENDAYA (Gm.); Rchnw. *Vogelb.* pl. 2, f. 5; *chrysocephalus*, Spix; *cruentus*, Less. — Brésil E.

43. *Var.* AURICAPILLA (Licht.); Bourj. *Perr.* pl[s] 42, 42bis; *jendaya*, auct. plur; *pyrocephalus*, Hahn.; *aurifrons*, Spix; *meridionalis*, Pelz. — Brésil E.

137. CAROLINENSIS (Lin.); *Pl. enl.* 499; Levaill. *Perr.* pl. 33; *ludovicianus*, Gm.; *thalassinus*, *luteocapillus*, Vieill. — Etats-Unis S.

138. MELANOCEPHALUS et *nenday* (Vieill.); Bourj. *Perr.* pl. 20; *armillaris*, Licht; *nandaya*, Scl. — Paraguay.

139. WEDDELLI, Deville; Souancé, *Ic. Perr.* pl. 13; Des M., in *Casteln. Expéd. Am. du Sud, Ois.* p. 13, pl. 2; *poliocephalus* et *senex*, Natt. — Brésil, Bolivie, Pérou, Ecuador.

140. MITRATUS, Tsch.; id. *Faun. Per. Aves*, p. 271, pl. 26, f. 2; *hilaris*, Burm. — Pérou, Bol., Tucuman.

141. ERYTHROGENYS (Less.); Souancé, *Ic. Perr.* pl. 22; *rubrolarvatus*, Mass. et Scé. — Ecuador, Pérou.

142. FRONTATUS, Cab.; Rchnw. *Vogelb.* pl. 22, f. 7; ? *lunatus*, Bechst.; ? *cervicalis*, Wagl. — Pérou, Ecuador.

143. FINSCHI, Salv., *Ibis*, 1871, p. 91, pl. 4.	Véragua, Costa-Rica
144. WAGLERI, Gray, *Gen. B.* II, p. 413, pl. 102; *erythrochlorus*, Hartl.; *gnatho*, Licht.	Colombie, Vénézuéla
145. EUOPS (Wagl.), *Mon. Psitt.* p. 638, pl. 24, f. 2; Souancé, *Ic. Perr.* pl. 7, f. 1; *guianensis*, d'Orb. (nec Gm.)	Cuba.
146. CHLOROPTERUS, Souancé; id. *Ic. Perr.* pl. 7 (fig. sup.)	St-Domingue.
147. LEUCOPHTHALMUS et *notatus* (Müll.); *Pl. enl.* 167, 407; *pavua*, Bodd.; *gujanensis*, Gm.; Levaill. *Perr.* pl[s] 14, 15; *guianensis*, Vig.; *propinquus*, Scl.	De la Colombie et la Guyane à l'Amaz.
44. *Var.* CALLOGENYS, Salvad., *Cat. B. Br. Mus.* XX, p. 188.	Ecuador E.
148. MAUGEI (Souancé); id. *Ic. Perr.* pl. 8; *pavua* (part.) Finsch; *gundlachi*, Cab.	Porto-Rico, île Mona, St-Domingue.
149. HOLOCHLORUS, Sclat., *P. Z. S.* 1859, p. 368.	Mexique S. jusqu'au Nicaragua.
45. *Var.* BREVIPES, Baird, *Ann. Lyc. N. Y.* 1871, p. 54.	Ile Socorro, Mex. W.
150. RUBRITORQUIS, Sclat., *P. Z. S.* 1886, p. 539, pl 56.	S.Salvador, Nicaragua.
151. CACTORUM (Max. Wied); Souancé, *Ic. Perr.* pl. 10; *flaviventer*, *caixana*, Spix.	Brésil.
152. NANUS (Vig.); Lear, *Parr.* pl. 12; Bourj. *Perr.* pl. 24; Souancé, *Ic. Perr.* pl. 12 (fig. sup.)	Jamaïque.
153. AZTEC, Souancé, *Ic. Perr.* pl. 12 (fig. inf.); *frontalis*, Natt.; Rchnw. *Vogelb.* pl. 33, f. 5.	Mex. S, Amér. centr.
154. ÆRUGINOSUS (Lin.); *plumbeus*, Gm.; *pertinax*, auct. plur. (nec Lin.); Rchnw. *Vogelb.* pl. 17, f. 5.	Guyane, Vénézuéla.
46. *Var.* CHRYSOPHRYS, Sw.; Scé, *Ic. Perr.* pl. 11; *chrysogenys*, Mass. et Scé.	Guyane, Rio Négro.
47. *Var.* ARUBENSIS, Hart., *Ibis*, 1893, p. 249.	Aruba.
48. *Var.* OCULARIS, Scl. et Salv., *P. Z. S.* 1864, p. 367; Rchnw. *Vogelb.* pl. 17, f. 1.	Véragua, Panama.
155. PERTINAX (Lin.); *Pl. enl.* 528; Levaill. *Perr.* pl[s] 34, 36; *carolinensis*, Kuhl. (nec Gm.); *xanthogenius*, Bp.; *xantholæmus*, Scl.; Rchnw. *Vogelb.* pl. 17, f. 8.	Ile St-Thomas, Ile Ste-Croix.
156. CANICULARIS (Lin.); Levaill. *Perr.* pl. 40; *petzii*, Leibl.; Hahn, *Papag.* pl. 64; Souancé, *Ic. Perr.* pl. 9; *eburnirostrum*, Less.	Mexique, Amér. centr.
49. *Var.* AUREA (Gm.); *Pl. enl.* 838; Dubois, *Orn. Gal.* pl. 45; Levaill. *Perr.* pl. 41; *canicularis*, auct. plur. (nec Lin.); *brasiliensis*, Lath.	Guyane, Amaz., Bol., Brésil, Parag.

25. LEPTOSITTACA

Leptosittaca, Berl. et Stolzm. (1894).

157. BRANICKII, Berl. et Stolzm., *Ibis*, 1894, p. 402, pl. 11.	Pérou.

26. HENICOGNATHUS

Leptorhynchus, Sw. (1837) nec Du Bus, 1835; *Enicognathus*, Gr. (1840 nec Dum. et Bibr.); *Stylorhynchus*, Less. (1842); *Henicognathus*, Agass. (1846).

158. LEPTORHYNCHUS (King.); Lear, *Parr.* pl. 11; Bourj. *Perr.* pl. 21; *ruficaudus*, Sw.; *erythrofrons*, Less.; *rectirostris*, Hahn. — Chili.

27. MICROSITTACE

Microsittace, Bp. (1854); *Dasyrrhinus*, Rchnb. *teste* Finsch (1867).

159. FERRUGINEUS (Müll.); *Pl. enl.* 85; *smaragdinus*, Gm.; Levaill. *Perr.* pl. 21; *pyrrhurus*, Rchnb. — Du Chili à Magellan.

28. PYRRHURA

Aratinga, Bp. (1854 nec Spix); *Pyrrhura*, Bp. (1856).

160. CRUENTATA (Max. Wied); Tem. *Pl. col.* 338; *erythrogaster*, Licht.; *cyanogularis*, Spix; *lichtensteini*, Vig.; *tiriba*, Less.; Bourj. *Perr.* pl. 25. — Brésil E. de Bahia à Rio-Janeiro.

161. VITTATA (Shaw); Rchnw. *Vogelb.* pl. 22, f. 2; *frontalis*, Vieill.; *undulatus*, Ill.; *fasciatus*, Spix; Levaill. *Perr.* pl. 17. — Brésil S.-E.

50. *Var.* CHIRIPEPE (Azara), *Apunt. H. N. Parag.* I, p. 429. — Paraguay.

162. BORELLII, Salvad., *Boll. Mus. Zool. ed Anat. comp. R. Univ. Torino*, IX, n° 190. — Paraguay.

163. LEUCOTIS (Licht.); *minus*, Spix; Bourj. *Perr.* pl. 28. — Brésil E.

164. EMMA, Salvad., *Cat. B. Br. Mus.* XX, p. 217, pl. 1; *cyanopterus*, Scl. et Salv. (nec Bodd.) — Vénézuéla.

165. PICTA (Müll.); *Pl. enl.* 144; *cyanopterus*, Bodd.; *versicolor*, *anaca*, Gm.; *squammosus*, Lath.; Levaill. *Perr.* pl. 16. — Trinid., Guyane, Brésil N.

166. LUCIANI (Deville); Souancé, *Ic. Perr.* pl. 14; *roseifrons*, Gr.; *cyanopterus*, Scl. et Salv. (1867). — Haut-Amazone, Pérou.

167. EGREGIA (Sclat.), *Ibis*, 1881, p. 130, pl. 4. — Guyane angl.

168. CALLIPTERA (Mass. et Sou.); Souancé, *Ic. Perr.* pl. 17; *flavala*, Verr. — Colombie.

169. MELANURA (Spix); Bourj. *Perr.* pl. 26; Hahn, *Papag.* pl. 78. — Haut-Amazone depuis le Rio-Négro.

170. SOUANCEI (Verr.), *Rev. et Mag. de Zool.* 1858, p. 437, pl. 12. — Ecuad., Nauta (Pérou).

51. *Var.* BERLEPSCHI, Salvad., *Cat. B. Br. Mus.* XX, p. 224, pl. 2, f. 1. — Pérou E.

171. RUPICOLA (Tsch.), *Faun. Per.* p. 272, pl. 26, f. 1; *Cat. B. Br. Mus.*, XX, pl. 2, f. 2. — Pérou.

172. MOLINÆ (Mass. et Scé.); Souancé, *Ic. Perr.* pl. 15; *pyrrhura*, Bp.; *phœnicurus*, Natt. — Matto-Grosso, Boliv., Argentine N.
173. DEVILLEI (Mass. et Scé.); Souancé, *l. c.* pl. 16. — Bolivie.
174. LEPIDA (Ill.); *perlatus*, Spix; Bourj. *Perr.* pl. 27; *chlorogenys*, Wagl. — Bas-Amazone.
175. RHODOGASTRA (Natt.); Sclat., *P. Z. S.* 1864, p. 298, pl. 24. — Brésil centr.
176. HÆMATOTIS, Souancé, *Rev. et Mag. de Zool.* 1857, p. 97; id., *Ic. Perr.* pl. 18. — Vénézuéla.
177. RHODOCEPHALA (Sclat. et Salv.), *P. Z. S.* 1870, p. 787; Salvad., *Cat. B. Br. Mus.* XX, pl. 3. — Vénézuéla.
178. HOFFMANNI, Cab.; Sclat. et Salv., *Exot. Orn.* pl. 81. — Costa-Rica, Véragua.

29. MYIOPSITTA

Myiopsitta, Bp. (1854); *Myopsittacus*, Salvad. (1891).

179. MONACHA (Bodd.); *Pl. enl.* 768; Rchnw. *Vogelb* pl. 17, f. 7; *murinus*, Gm.; *cotorra*, Vieill.; ? *calita*, Jard. et Selby, *Ill. Orn.* pl. 82; *griseicollis*, Des M.; *calito* et *calita*, Gr. et auct. plur.; *canicollis*, Gr. — Bolivie, Parag., Uruguay, Argentine.
  52. *Var.* LUCHSI (Finsch), *Papag.* II, p. 121; *Cat. B. Br. Mus.* XX, pl. 4; *murinoides*, Scé. (nec Tem.) — Bolivie.

30. BOLBORHYNCHUS

Bolborhynchus, Bp. (1857).

180. AYMARA (d'Orb.); Souancé, *Ic. Perr.* pl. 23; *murinoides*, Tem.; *canicollis*, Bp. (nec Wagl.); *brunniceps*, Burm.; *aguava*, Schl. — Bolivie, Argent. W., Chili.
181. RUBRIROSTRIS (Burm.), *Journ. f. Orn.* 1860, p. 243. — Argent. W., Mendoza, Chili.
182. AURIFRONS (Less.), *Cent. Zool.* p. 63, pl. 18; Bourj. *Perr.* pl. 45; *sitophagus*, Tsch.; *agilis*, Licht. — Pérou.
  53. *Var.* ORBIGNESIA (Bp.); Scé., *Ic. Perr.* pl. 24, f. 1; *orbygnyi*, Finsch. — Pérou S.-W., Chili N.-W., Bol.
183. ANDICOLA (Finsch), *P. Z. S.* 1874, p. 90; *Cat. B. Br. Mus.* XX, pl. 5; *orbignesius*, Tacz. — Pérou.
184. PANYCHLORUS (Salv. et Godm.), *Ibis*, 1882, p. 211, pl. 9. — Guyane angl.
185. LINEOLATUS (Sclat.); Rchnw. *Vogelb.* pl. 28, f. 1; *lineola*, Cass.; *tigrina*, Scé.; *catharina*, Bp. — Du Mex. S. au Véragua.

31. PSITTACULA

Psittacula, Ill. (1811); *Psittaculus*, Spix (1824); *Agapornis*, Sw. (1837 nec Selby).

186. COELESTIS (Less.); Souancé, *Ic. Perr.* pl. 40. — Ecuador, Pérou.
 34. *Var.* LUCIDA, Ridgw., *Pr. U. S. Nat. Mus.* X, p. 538. — Colombie.
187. XANTHOPS, Salvad., *Novit. Zool.* II, p. 19, pl. 2, f. 2. — Pérou.
188. CONSPICILLATA, Lafr.; Souancé, *Ic. Perr.* pl. 41. — Colombie, Ecuador E.
189. SCLATERI, Gray; *Cat. B. Br. Mus.* XX, p. 244, pl. 6: *melanorhyncha*, Natt.; *modesta*, Cab. (fem.) — Ecuador, Pérou.
190. PASSERINA (Lin.); Bourj. *Perr* pl^s 49, 50; Dubois, *Orn. Gal.* pl. 60 A; *gregarius*, Spix; *virida*, Ridgw. *Pr. U. S. Nat. Mus.* X, p. 539. — Brésil.
 35. *Var.* CRASSIROSTRIS, Tacz., *P. Z. S* 1885, p. 72. — Pérou E.
 36. *Var.* FLAVESCENS, Salvad., *Cat. B. Br. Mus.* XX, p. 248; *cyanopygia*, Gr. (nec Scé.) — Bolivie.
191. CYANOPYGIA, Souancé; id. *Ic. Perr.* pl. 42; *insularis*, Ridgw; *pallida*, Brewst. — Mexique W., Tres Marias.
192. SPENGELI, Hartl., *P. Z. S.* 1885, p. 614, pl. 38, f. 1: *cyanoptera*, Cass. (nec Bodd.); *exquisita*, Ridgw. — Colombie N., Panama.
193. GUIANENSIS (Sw.); Scé, *Ic. Perr.* pl. 39; *cyanoptera*, Gr.; *cyanochlora*, Natt.; Hartl. *P. Z. S* 1885, p. 615, pl. 38, f. 2; *passerina*, auct. plur.; *deliciosa*, Ridgw. — Trinidad, Guyane, Vénézuéla, Colombie, Amazone.

32. BROTOGERYS

Brotogerys, Vig. (1825); *Tirica* et *Psittovius*. Bp. (1854); *Sittace*, Gr. (1870).

194. TIRICA (Gm.); *tiriacula* (part. Bodd; Rchnw. *Vogelb.* pl. 17, f. 6; *viridissimus*, Tem. et Khl.; *acutirostris*, Spix; *rufirostris*, Licht. nec Gm. — Brésil E., Guyane angl.
195. XANTHOPTERA (Spix); Bourj. *Perr.* pl. 25; Rchnw. *Vogelb.* pl. 28, f. 7; *chiriri* (!) Vieill.; *virescens*, Hahn (nec Gm.) *Papag.* pl. 50. — Brésil, Bol., Pérou E.
196. VIRESCENS (Gm.); Levaill., *Perr.* pl. 57; *versicolurus* (!) Müll. — Amazone, du Parag. au Pérou.
197. PYRRHOPTERA (Lath.); *griseocephalus*, Less.; *griseifrons*, Bourj. *Perr.* pl. 86. — Ecuador W., Pérou N.-W.
198. JUGULARIS (Müll.); *Pl. enl.* 837; *tiriacula* (part.) Bodd.; *tovi*, Gm.; *toui*, Lath.; *tirica*, Khl. (nec Gm.); *chrysopogon*, Less.; Rchnw. *Vogelb.* pl. 28, f. 5; *subcæruleus*, Lawr. — Mexique S., Amér. centr., Colombie.
199. DEVILLEI (Gray); *jugularis*, auct. plur. (nec Müll.); Levaill. *Perr.* pl. 59. — Vallée sup^re de l'Amaz. et du Rio-Négro.
200. FERRUGINEIFRONS, Lawr., *Ibis*, 1880, p. 238. — Colombie (Bogota).

201. GUSTAVI, Berl. *Ibis*, 1889, p. 181, pl. 6. — Pérou E.

202. CHRYSOPTERA (Lin.); *cayennensis*, Sw., *Zool. Ill.* pl 1; *vaillanti*, Sw.; *tuipara*, auct. plur. — Guyane, Vénézuéla.

57. *Var.* TUIPARA (Gm.); *aurifrons*, Cass.; *notatus*, Scl.; Rchnw. *Vogelb.* pl. 28, f. 3. — Amazone infér.

58. *Var.* CHRYSOSEMA, Natt.; Finsch, *Papag.* II, pl. 3. — Brésil N.

203. TUI (Gm.); *passerinus* (part.) Bodd; Rchnw. *Vogelb.* pl. 28, f. 4; Levaill. *Perr.* pl. 70; *cassini*, Gr. — Brésil W., Ecuador E., Pérou E.

SUBF. IV. — PALÆORNITHINÆ

33. ECLECTUS

Muscarinus (part.) Less. (1831); *Eclectus*, Wagl. (1832); *Psittacodis* (part.), Wagl. (1832); *Polychlorus*, Sclat. (1857).

204. PECTORALIS (Müll.); *Pl. enl.* 514; *polychlorus*, Scop.; Rchnw. *Vogelb.* pl. 11, f. 3. 4; *magnus*, Gm.; *grandis*, Less.; *linnæi*, Wagl.; Hahn, *Papag.* pl. 77; *puniceus*, Bp.; *cardinalis*, Wall (nec Bodd.) — Des îles Papous aux îles Salomon.

205. RORATUS (Müll.); *Pl. enl.* 683; *grandis*, Gm.; Levaill. *Perr.* pl. 126; *polychlorus* auct. plur. (nec Scop.) — Halmahera et îles voisines.

206. CARDINALIS (Bodd.); *Pl. enl.* 518; *puniceus*, Gm.; *intermedius*, Bp.; *grandis*, auct. plur. (nec Gm.); *amboinensis*, Fch. — Amboine, Céram, Bourn.

207. RIEDELI, Mey., *P. Z. S.* 1881, p. 917; Scl. *ibidem*, 1883, pl. 26. — Iles Ténimber.

208. WESTERMANNI (Bp.); Scl. *P. Z. S.* 1857, p. 226, pl. 127 (mas.) — ?

209. ? CORNELIÆ, Bp., *P. Z. S.* 1849, p. 143, pl. 11; — ? *westermanni* (fem.), Rchnw. — Ile Sumba?

34. GEOFFROYUS

Geoffroyus, Bp. (1850); *Rhodocephalus*, Rchnw. (1881).

210. PERSONATUS (Shaw); Levaill. *Perr.* pl[s] 112, 113; *geoffroyi*, Bechst.; *jukesii*, Gr. — Timor, Semao, Wetter.

59. *Var.* RHODOPS (Gr.); Salvad. *P. Z. S.* 1878, p. 80; *personatus*, auct. plur.; *fuscicapillus*, Wagl.; *schlegeli*, Salvad.; *geoffroyi* (part.) auct. plur. — Amboine, Céram et îles voisines.

60. *Var.* FLORESIANA (Salvad.). *Cat. B. Br. Mus.* XX, p. 406; *personatus* et *jukesii*, auct. plur. — Flores.

61. *Var.* SUMBAVENSIS, Salvad, *l. c.*, p. 407. — Sumbawa.

62. *Var.* KEYENSIS (Schleg.); Finsch., *Papag.* II, p 956; *capistratus*, Gr. (nec Bechst.) — Iles Ké.

63. *Var.* Timorlaoensis, Mey., *Sitzb. und Abh. Gesell. Isis*, I, p. 15; *keyensis*, auct. plur.	Iles Ténimber.
64. *Var.* Aruensis (Gr.), *P. Z. S.*, 1858, pp. 183, 196; *personatus* (part.) auct. plur.	Iles Arrou, Nouv.-Guinée S.
65. *Var.* Orientalis (Mey.) *Abh. u. Ber. Kgl. Zool. Mus. Dresd.* (1890-91), p. 4.	Nouv.-Guinée N.-E.
66. *Var.* Sudestiensis (De Vis), *Ann. Rep. on Brit. New-Guin.* p. 58.	Ile Sudest.
211. tjindanæ, Mey., *Notes Leyd. Mus.* XIV, p. 267.	Ile Soemba.
212. pucherani, Bp.; Rchnw. *Vogelb.* pl. 11, f. 4; *personatus* (part.) auct. plur.	Nouv.-Guinée N.-W. et iles Papous occid.
67. *Var.* Jobiensis (Mey.), *Sitzb. K. Ak. Wissench. Wien*, 1874, p. 225.	Ile Jobi.
68. *Var.* Mysorensis (Mey.), *op. cit.*, p. 225.	Ile Mysori.
69. ? *Var.* Dorsalis, Salvad., *Ann. Mus. Civ. Gen.* VII, p. 758.	Nouv.-Guinée, Andai.
213. cyanicollis (Müll.); Rchnw. *Vogelb.* pl. 27, ff. 7, 8.	Halmahera, Batjan, Morty.
214. obiensis (Finsch), *Papag.* II, p. 389; *cyanicollis*, auct. plur.	Obi, Batjan.
215. heteroclitus (Hombr. et Jacq.); Rchnw. *Vogelb.* pl. 27, f. 2; *cyaniceps*, Jacq. et Puch; *agrestis*, Tristr.	Iles Salomon, Nouv.-Bret., Nouv.-Irl.
216. simplex (Mey.), *Verh. k. z.-b. Gesell. Wien*, 1874, p. 39; Rchnw. *Vogelb.* pl. 27, f. 1.	Nouv.-Guinée E.

35. PRIONITURUS

Prioniturus, Wagl. (1832); *Urodiscus*, Bp. (1854).

217. platurus (Vieill.); *setarius*, Tem. *Pl. col.* 15; *spatuliger*, Bourj. *Perr.* pl. 53; *wallacei*, Gould.	Célèbes, Togian, Siao, Bouton.
70. *Var.* Talautensis, Hart., *Novit. Zool.* 1898, p. 89.	Iles Talaut.
218. flavicans, Cass.; Gould, *B. Asia*, VI, pl. 13; *flavinuchus*, Rosenb.	Célèbes, Togian, Sangir.
219. montanus, Grant, *Ibis*, 1895, p. 466.	Luçon N.
220. verticalis, Sharpe, *Ibis*, 1894, p. 248, pl. 6.	Iles Soulou.
221. discurus (Vieill.), *Gal. des Ois.* I, p. 7, pl. 26; *spatuliger* (fem.) Bourj. *Perr.* pl. 53bis.	Philippines.
71. *Var.* Suluensis, W. Blas., *Journ. f. Orn.* 1890, p. 140.	Iles Soulou.
72. *Var.* Mindorensis, Steere, *List B. and M. Philipp.* p. 6.	Mindoro.
222. platenæ, W. Blas., *Ornis*, IV, p. 305 (1888); *cyaneiceps*, Sharpe, *Ibis*, 1888, p. 194.	Palawan.
223. luconensis, Steere, *List B. and M. Philipp.* p. 6; *discurus*, auct. plur.	Luçon.

36. MASCARINUS

Mascarinus, Less. (1831); *Coracopsis*, Gr. (1833 nec Wagl.

224. DUBOISI, Forbes, *Ibis*, 1879, p. 300, fig ; *mascarinus*, Lin.; *Pl. enl.* 35; Levaill. *Perr.* pl. 139; *madagascariensis*, Less; ? *obscurus*, Lin. — Ile Réunion (*éteint*).

37. TANYGNATHUS

Tanygnathus, Wagl. (1832); *Erythrostomus*, Sw. 1837.

225. GRAMINEUS (Gm.); Levaill. *Perr.* pl. 121; *Pl. enl.* 862. — Bourou.
226. LUCONENSIS (Briss.); *Pl. enl.* 287; *marginatus*, Müll.; *gala*, Bodd.; *pileatus*, Scop.; *olivaceus*, Gm.; *luzonensis*, Brügg. — Philippines, îles Soulou.
227. SALVADORII, Grant, *Ibis*, 1896, p. 562; *luconensis*, (part.), Salvad. — Mantanani.
228. MEGALORHYNCHUS (Bodd.); Levaill. *Perr.* pl. 83; *Pl. enl.* 713; *macrorhynchus*, Gm.; *nasutus*, Lath.; *morotensis*, Schleg. — Iles Papous occid., Halmahera, Sangir, Togian.
  73. *Var.* ? SUMBENSIS, Mey. *Verh. Z. B. Ges. Wien*, XXXI, p. 762. — Sumba.
229. TALAUTENSIS, Mey et Wigl., *Abh. Mus. Dresd.* 1894-95, nº 9, p. 2. — Iles Talaut.
230. AFFINIS, Wall., *P. Z. S.* 1863, p. 20; *megalorhynchus* et *macrorhynchus* (part.) auct. plur.; *intermedius*, Schl. — Moluques mérid.
231. SUBAFFINIS, Sclat., *P. Z. S.* 1883, pp. 51, 55, 194, 200. — Iles Ténimber.
232. MULLERI (Tem.); Souancé, *Icon. Perr.* pl. 45; *sumatranus*, Raffl.; *albirostris*, Wall. *P. Z. S.* 1862, p. 336 (juv.) — Célèbes, Soula.
  74. *Var.* EVERETTI, Tweed.; Salvad. *Cat. B. Br. Mus.* XX, pl. 10. — Samar, Panay, Mindanao.
  75. *Var.* SANGIRENSIS, Mey. *Journ. f. Orn.* 1894, p. 113. — Sangir.
  76. *Var.* BURBIDGEI, Sharpe, *P. Z. S.* 1879, p. 313; *Cat. B. Br. Mus.* XX, pl. 11. — Iles Soulou.

38. PALÆORNIS

Palæornis, Vig. (1825); *Belocercus*, Müll. et Schl. (1839-44); *Belurus*, Bp. (1854).

233. EUPATRIA (Lin.); *Pl. enl.* 239, 642; Levaill. *Perr.* plˢ 30, 73; *alexandri*, auct. plur. (nec Lin.); *cucullatus*, Lear, *Parr.* pl. 32. — Ceylan.
  77. *Var.* NEPALENSIS (Hodgs.); *alexandri*, auct. plur. (nec Lin.); *eupatria*, auct. plur. (nec Lin.); *sivalensis*, Hutt. *Str. Feath.* I, p. 335. — Inde N. et centr.

78. *Var.* INDOBURMANICA, Hume. *Str. Feath.* VII, p. 459; *alexandri*, auct. plur.	Indo-Chine W.
79. *Var.* MAGNIROSTRIS, Ball. *J. A. S. B.* XLI, p. 278.	Iles Andaman.
234. WARDI, E. Newt. *P. Z. S.* 1867, p. 346: *Ibis*, 1876, pl. 6.	Seychelles.
235. EQUES (Bodd.); *Pl. enl.* 215: *bitorquatus*, Kl.: *echo*, A. Newt.: *borbonicus*, Bp.: Levaill. *Perr.* pl. 59.	Ile Maurice.
236. TORQUATA (Briss.); *Pl. enl.* 550, 551: Levaill. *Perr.* pl[s] 22, 23; *layardi*, Blyth.: *manillensis*, Bechst.; *rufirostris*, Less. (Lin.?)	Inde, Ceylan, Indo-Chine.
80. *Var.* DOCILIS (Vieill.); *torquata*, auct. plur.; *cubicularis*, Rüpp., *Syst. Ueb.* p. 95: *parvirostris*, Bp.	Afrique trop. au N. de l'Équateur.
237 ? INTERMEDIA, Rothsch., *Nov. Zool.* II, p. 492 (aberration ?	Inde.
238. CYANOCEPHALA Lin.: Levaill. *Perr.* pl[s] 74, 75, 76: *purpureus*, Müll.; *erythrocephalus*, Gm.; *bengalensis*, auct. plur. (nec Briss.); *rosa*, auct. plur. nec Bodd.).	Inde, Ceylan.
239. BENGALENSIS (Briss., Gm.; *Pl. enl.* 888; *rosa*, Bodd.; *cyanocephalus*, auct. plur. nec Lin.); ? *bodini*, Russ, *Gefied. Welt*, VII, 359.	Bengal E., Indo-Chine, Chine S.
240. SCHISTICEPS, Hodgs.: Souancé, *Icon. Perr.* pl. 43: Gould, *B. As.* VI, pl. 8; *Hodgsoni*, Finsch.; Rchnw. *Vogelb.* pl. 13, f. 4.	Inde N.
81. *Var.* FINSCHI, Hume; *Cat. B. Br. Mus.* XX, p. 458, pl. 12.	Birmanie.
241. EXSUL, A. Newt., *Ibis*, 1872, p. 33; *id.* 1875, pl. 7.	Ile Rodriguez.
242. COLUMBOÏDES, Vig.; Gould, *B. As.* VI, pl. 7; *peristerodes*, Fch.; Rchnw. *Vogelb.* pl. 13, f. 3.	Inde S.
243. CALTHROPÆ, Layard; Scé, *Icon. Perr.* pl. 45; *gironieri*, Verr.; *viridicollis*, Cass.	Ceylan.
244. DERBYANA, Fras., *P. Z. S.* 1850, p. 245. pl. 25; David et Oust. *Ois. Chine*, p. 1, pl. 1; *melanorhynchus* part., auct. plur. (nec Wagl.).	Népaul, Arracan, Chine S.-W.
82. *Var.* SALVADORII, Oust., *Bull. Soc. Zool. Fr.* XVIII, pp. 19, 20.	Setchouan, Thibet chinois.
245. ALEXANDRI (Lin.); Levaill. *Perr.* pl. 51; *bimaculatus*, Sparrm.; *osbeckii*, Lath.; *pondicerianus* part., auct. plur.; *javanicus*, Gr.	Java, Bornéo S.
83. *Var.* FASCIATA (Müll.); *Pl. enl.* 517; *pondicherianus*, *borneus*, Gm.; *melanorhynchus*, Wagl.; *vibrisca*, Gr.; *lathami*, Fsch.	Inde N.-E., Chine S., Indo-Chine, iles Andaman.
246. CANICEPS, Blyth.; Gould, *B. of Asia*, VI, pl. 5; Rchnw. *Vogelb.* pl. 13, f. 1.	Iles Nicobar.
247. MODESTA, Fras.: *lucianæ*, Verr.; Gould, *B. As.* VI, pl. 4; *barbatus* (part.) auct. plur.	Sumatra, Chine S.-W.

248. NICOBARICA, Gould, *B. As.* VI, pl. 6 ; *erythrogenys*, Blyth (nec Less.) et auct. plur. ; Rchnw. *Vogelb.* pl. 13, f. 2. — Iles Nicobar.

84. *Var.* TYTLERI, Hume, *J. A. S. B.* 1874, p. 108 ; *erythrogenys* (part.), auct. plur. — Iles Andaman.

249. LONGICAUDA (Bodd.) ; Levaill. *Perr.* pl. 72 ; *malaccensis*, Gm. ; *barbatulatus*, Bechst. ; *erythrogenys*, Less. ; *longicaudatus*, Fsch. — Malacca, Singapour, Sumat., Bornéo, etc.

39. POLYTELIS

Polytelis, Wagl. (1832) ; *Barrabandius*, Bp. (1850) ; *Polyteles*, Gould (1863).

250. BARRABANDI (Sw.), *Zool. Ill.* I, pl. 59 ; Bourj. *Perr.* pl[s] 4, 6 ; *rosaceus*, Vig. — Austr. S. et S.-E.

251. MELANURA et *anthopeplus* (Vig.) ; Bourj. *Perr.* pl[s] 5, 7 ; Gould, *B. Austr.* V, pl. 16. — Australie mérid.

40. SPATHOPTERUS

Spathopterus, North, *Ibis*, 1895, p. 339.

252. ALEXANDRÆ (Gould), *P. Z. S.* 1863, p. 232 ; id. *B. Austr.* suppl. pl. 62. — Austr. N. et centr.

41. PTISTES

Ptistes, Gould (1865).

253. ERYTHROPTERUS (Gm.) ; Bourj. *Perr.* pl. 35 ; Gould, *B. Austr.* V, pl. 18 ; *melanotus*, Shaw. — Austr. E.

85. *Var.* COCCINEOPTERA, Gould, *Handb. B. Austr.* II, p. 39 ; *erythropterus* (part.) auct. plur. — Austr. N. et N.-W.

254. JONQUILLACEUS (Vieill.) ; *erythropterus* (part.) auct. plur. (nec Gm.) ; Bourj. *Perr.* pl. 35*b*. ; *vulneratus*, Wagl. — Timor.

86. *Var.* WETTERENSIS, Salvad. *Cat. B. Br. Mus.* XX, p. 484. — Ile Wetter.

42. APROSMICTUS

Aprosmictus, Gould (1842).

255. CYANOPYGIUS (Vieill.) ; *tabuensis*, Lath. ; *scapulatus*, Bechst. ; Rchnw. *Vogelb.* pl. 3, f. 4 ; Gould, *B. Austr.* V, pl. 17 ; *insignissimus*, Gould (aberration). — Australie E.

256. CHLOROPTERUS, Rams. *Pr. Lin. Soc. N. S. W.* III, p. 251 ; *broadbenti*, Sharpe. — Nouv.-Guinée S.-E.

257. CALLOPTERUS, D'Alb. et Salvad. ; Gould, *B. New Guin.* pt. X, pl. 1. — Nouv.-Guinée centr.

258. AMBOINENSIS (Lin.); *Pl. enl.* 240. — Amboine, Céram.

87. *Var.* BURUENSIS, Salvad. *Ann. Mus. Civ. Gen.* VIII, p. 371; *amboinensis* (part.) auct. plur. — Bourou.

88. *Var.* DORSALIS (Q. et Gaim.), *Voy. Astr. Zool.* I, p. 234, pl. 21, f. 3. — Nouv.-Guinée N.-W., îles Papous occ.

89. *Var.* SULAENSIS, Rchnw. *Journ. f. Orn.* 1881, p. 128; *dorsalis* (part.), Wall. — Iles Soula.

259. HYPOPHONIUS (S. Müll.); Finsch, *Papag.* II, p. 254 — Halmahera.

43. PYRRHULOPSIS

Pyrrhulopsis, Rchnb. (1850); *Prosopœa*, Bp. (1856).

260. SPLENDENS (Peale), *U. S. Expl. Exped* (1848), p. 127, pl. 34, f. 1; Rchnw. *Vogelb.* pl. 16, f. 4; *tabuensis* (part.) Schleg. — Iles Fidji.

261. TABUENSIS (Gm.); Lear, *Parr.* pl. 16; *atrogularis*, Peale, *op. cit.* pl. 33. — Iles Fidji.

90. *Var.* KOROENSIS (Layard), *Ibis*, 1876, pp. 143, 391, 394; *tabuensis*, auct. plur. (nec Gm.); *hysginus*, auct. plur.; ? *anna*, Cass. — Ile Koro (Fidji).

91. *Var.* TAVIUNENSIS (Lay.), *Ibis*, 1876, pp. 141, 391; *anna*, Rchnw. (nec Bourj.); *tabuensis*, Rchnw. *Vogelb.* pl. 16, f. 1; *hysgina*, Tristr. — Ile Taviuni (Fidji).

262. PERSONATA (Gray), *Pr. Zool. Soc.* 1848, p. 21, pl. 3; Rchnw. *Vogelb.* pl. 16, f. 3. — Iles Fidji.

44. PSITTACELLA

Psittacella, Schleg. (1871).

263. BREHMI (Rosenb.); Schl., *Ned. Tijdschr. Dierk.* IV, p. 35; Gould, *B. New Guin.* pt. IV, pl. 4; Rchnw. *Vogelb.* pl. 23, f. 2. — Monts Arfak (Nouv.-Guinée).

92. *Var.* PALLIDA, A. B. Mey., *Zeitschr. f. ges. Orn.* 1886, p. 3. — Monts Stanley (id.).

264. PICTA, Rothsch., *Ibis*, 1897, p. 112, pl. 3. — Nouv.-Guinée S.-E.

265. MODESTA (Rosenb.); Schl., *Ned. Tijdschr. Dierk.* IV, p. 36. — Monts Arfak.

266. MADARASZI, A. B. Mey., *Zeitschr. f. ges. Orn.* 1886, p. 4, pl. 1, f. 1; Gould, *l. c.* pt. XXII, pl. 3. — Nouv.-Guinée S.-E.

45. PSITTINUS

Psittinus, Blyth (1842); *Dichrognathus*, Rchnw. (1881).

267. INCERTUS (Shaw); Rchnw. *Vogelb.* pl 15, f. 5; *malaccensis*, Lath.; Bourj. *Perr.* pl. 92; *reticulata*, Less.; *azureus*, Tem. — Ténasserim, Malacca, Sumatra, Bangka, Bornéo.

46. BOLBOPSITTACUS

Bolbopsittacus, Salvad., *Cat B. Br. Mus.* XX, p. 503 (1891).

268. LUNULATUS (Scop.); *torquatus*, Gm.; Lear, *Parr.* pl 40; *loxia*, Cuv.; Bourj. *Perr.* pl. 94; *loxias*, Finsch, *Papag.* II, p. 618. — Ile Luçon.
 93. *Var.* INTERMEDIA, Salvad. *Cat. l. c.* p. 505, pl. 13. — Philippines (?).
 94. *Var.* MINDANENSIS (Steere), *List B. M. Philipp.* p. 6; *lunulata* (part.) auct. plur. — Mindanao, Panaon.

47. AGAPORNIS

Agapornis, Selby (1836); *Poliopsitta*, Bp. (1854); *Poliopsittacus*, Sundev. (1872).

269. MADAGASCARIENSIS (Briss.); *Pl. enl.* 791, f. 2; *canus*, Gm.; Rchnw. *Vogelb.* pl. 20, f. 5; Bourj. *Perr.* pl. 96. — Madagascar (1).
270. TARANTA (Stanl.); Bourj. *Perr.* pl. 99; Rchnw. *Vogelb.* pl. 20, f. 2. — Abyssinie, Choa.
271. PULLARIA (Lin.); Bourj. *Perr.* pl. 90; *guineensis*, Briss.; *xanthops*, Heugl.; *Journ. f. Orn.* 1863, p. 271. — Afr. trop. W. et centr.
272. FISCHERI, Rchnw., *Journ. f. Orn.* 1887, pp. 54, 220 — Victoria Nyanza, Ugogo.
273. PERSONATA, Rchnw., *ibidem*, pp. 40, 55, 320. — Idem.
274. ROSEICOLLIS (Vieill.); Bourj. *Perr.* pl. 91; Rchnw. *Vogelb.* pl. 20, f. 1. — Afrique S.
275. LILIANA, Shell., *Ibis*, 1894, p. 466, pl. 12. — Nyassaland.
276. SWINDERENIANA (Kuhl.); Bourj. *Perr.* pl. 98; Rchnw. *Vogelb* pl. 20, f. 4. — Libéria.
277. ZENKERI, Rchnw., *Orn. Monatsb.* 1893, p. 112; *Journ. f. Orn.* 1896, pl. 2, f. 1. — Cameron, Manyema.

48. LORICULUS

Psittaculus, Sw. (1836 nec Spix); *Loriculus*, Blyth (1849); *Licmetulus*, Bp. (1856); *Coryllis*, Finsch (1868).

278. VERNALIS (Sparrm.); Rchnw. *Vogelb.* pl. 15, f. 4; *indicus*, Kuhl (fem.); *apicalis* (part.), Scé. — Inde, Indo-Chine W., Malacca, iles Andaman, Nicobar.
279. PUSILLUS, Gr.; Rchnw. *Vogelb.* pl. 15, f. 1 (fem.); *vernalis*, auct. plur. (nec Sparrm.); *galgulus*, auct. plur. (nec Lin.); *javanica*, Finsch. — Java.
280. FLOSCULUS, Wall., *Pr. Zool. Soc.* 1863, pp. 484, 488. — Flores.

(1) Introduit aux îles Maurice, de la Réunion, Rodriguez, Anjouan et Mafia.

281. EXILIS, Schleg., *Ned. Tijdschr. Dierk.* III, p. 185; Rowl. *Orn. Misc.* II, pl. 59. — Célèbes.

282. CHRYSONOTUS, Sclat., *Ibis*, 1872, p. 324, pl. 11 (défect.); *regulus*, auct. plur. (nec Scé); *occipitalis*, auct. plur. — Cébu (Philippines).

283. PHILIPPENSIS (Briss.); *Pl. enl.* 520, f. 1; *culacissi*, Vieill.; *rubrifrons*, Vig.; Bourj. *Perr.* pl. 87. — Luçon.

95. *Var.* OCCIPITALIS (Finsch), *Ibis*, 1874, p. 208. — Mindanao.

96. *Var.* REGULUS, Souancé; Rowl. *Orn. Misc.* II, pl. 58; *occipitalis*, auct. plur. — Iles Panay, Negros.

284. MINDORENSIS, Steere, *List B. and M., Exped. to the Philipp.* p. 6. — Mindoro.

285. SIQUIJORENSIS, Steere, *op. cit.* p. 6. — Siquijor (Philip.).

286. INDICUS (Briss.); *asiaticus*, Lath.; *philippensis*, Bourj. *Perr.* pl. 89, fig. sup.; *edwardsi*, Blyth. — Ceylan.

287. APICALIS, Souancé; *melanopterus*, Gr.; *hartlaubi*, Wald.; Tweed. *P. Z. S.* 1877, pl. 82, f 1; *worcesteri*, Steere. — Philippines mérid.

288. BONAPARTEI, Souancé: Salvad. *Ibis*, 1891, p. 48, pl. 3. — Iles Soula.

289. GALGULUS (Lin.); *Pl. enl.* 190, f. 2; *pumilus*, Scop.; *cyanеopileata*, Bourj. *Perr.* pl 88. — Malac., Sum., Bangka, Bornéo, etc.

290. SCLATERI, Wall., *Pr. Zool. Soc.* 1862, p. 336, pl. 38. — Iles Soulou.

97. *Var* RUBRA, Mey. et Wig., *Abh. Mus. Dresd.* 1896-97, n° 2, p. 9. — Iles Peling et Banggai.

291. QUADRICOLOR, Wald. *Ann. and Mag. N. H.* IX, p. 398; *Cat. B. Br. Mus.* XX, pl. 15. — Iles Togian.

292. STIGMATUS (Müll. et Schl.); Rchnw. *Vogelb.* pl. 15, f. 7. — Célèbes.

98. *Var.* AMABILIS, Wall.; *Cat. B. Br. Mus.* XX, pl. 14. — Halmahera, Batjan.

293. CATAMENE, Schleg.; Rowl. *Orn. Misc.* II, pl. 57. — Sangir.

294 AURANTIIFRONS, Schleg., *Ned. Tijdschr. Dierk.* IV, p. 9; Gould, *B. New Guin.* pt. V, pl. 11. — Nouv.-Guinée, Mysol.

99. *Var.* MEEKI, Hartert, *Nov. Zool.* II, p. 62. — Ile Fergusson.

295 TENER, Sclat., *P. Z. S.* 1877, p. 107; id. *Rowl. Orn. Misc.* II, pl. 72, ff. 2, 3. — Ile du Duc d'York.

SUBF. V. — NASITERNINÆ

49. NASITERNA

Micropsitta! Less. (1831); *Nasiterna*, Wagl. (1832); *Micropsites*, Geoff. (1836).

296. BRUIJNI, Salvad., *Ann. Mus. Gen.* VII, pp. 715, 753, 907; Gould, *B. New Guin.* pt. VI, pl. 10. — Monts Arfak (Nouv.-Guinée).

297. PYGMÆA (Quoy et G.), *Voy. de l'Astrol. Zool.* I, p. 232, pl. 21; Bourj. *l. c.* pl. 100. — Nouv.-Guinée N.-W. et îles voisines.

298. FINSCHI, Rams., *Pr. Linn. Soc. N. S. W.* VI, pp. 180, 720; *mortoni*, Rams. — Iles Salomon.

299 NANINA, Tristr., *Ibis*, 1891, p. 608 (fem.). — Bugotu (îles Salomon).

300. KEIENSIS, Salvad.; Gould, *B. New Guin.* pt. VI, pl. 13; *aruensis*, Salvad.; *pygmæa* (part.) Schl. et Rosenb. — Iles Key et Arrou.

301. AOLÆ, Grant, *Pr. Zool. Soc.* 1888, p. 189, pl. 10, f. 2. — Guadalcanar (îles Salomon).

302. MISORIENSIS, Salvad.; Gould, *B. New Guin.* pt. VI, pl. 9; *geelwinkiana* (part.) auct. plur. — Ile Misori.

303. MAFORENSIS, Salvad.; Gould, *l. c.* pl. 8; *geelwinkiana* (part.) auct. plur. — Ile Mafor.

304. PUSIO, Sclat., *Pr. Zool. Soc.* 1865, p. 620, pl. 36; *salomonensis*, Schl.; *pusilla*, Rams. — Ile Duc York, Nouv.-Bret., Nouv.-Guin. S.-E.

100. *Var.* BECCARII, Salvad., *Ann. Mus. Gen.* VIII, p. 396; Gould, *l. c.* pt. VI, pl. 11. — Côtes de la baie Geelwink.

SUBF. VI. — PLATICERCINÆ

50. PLATYCERCUS

Platycercus, Vig. (1825).

305. ELEGANS (Gm.); *pennantii*, Lath.; Gould, *B. Austr.* V, pl. 23; var. *nobbsi*, Lay. — Austr. E., île Norfolk.

101. ? *Var.* NIGRESCENS, Rams., *Tab. List*, p. 34. — Queensland.

306. ADELAIDÆ, Gould, *B. Austr.* V, pl. 22; *adelaidensis*, Gd.; Rchnw. *Vogelb.* pl. 6, f. 4. — Australie S. et centr.

307. FLAVEOLUS, Gould; id. *l. c.* pl. 25; Rchnw. *Vogelb.* pl. 6, f. 3. — Victoria, Nouv.-Galles du S.

308. FLAVIVENTRIS (Tem.); Gould, *l. c.* pl. 24; Bourj. *Perr.* pl. 29; *flavigaster*, Vig.; *xanthogaster*, Steph.; *caledonicus*, Wagl. — Victoria, Tasmanie.

309. PALLIDICEPS (Vig.); Sclat. *P. Z. S.* 1872, p. 883; *palliceps*, Vig.; Bourj. *Perr.* pl. 31; Gould, *l. c.* pl. 26; *cœlestis*, Less. — Australie E. et centr.

102. *Var.* AMATHUSIA, Gould; *cyanogenys*, Gould, *l. c.* suppl. pl. 63. — Australie N.

310. BROWNI (Tem.); Bourj. *Perr.* pl. 33; Gould, *l. c.* pl. 31; *venustus*, Brown (nec Tem.) et auct. plur. — Australie N.

311. ERYTHROPEPLUS, Salvad. *Pr. Zool. Soc.* 1891, p. 130, pl. 12. — Australie.

312. EXIMIUS (Shaw); Gould, *l. c.* pl. 27; *capitatus*, Shaw. — Austr. S.-E., Tasm.

313. SPLENDIDUS, Gould, *B. Austr.* pl. 28; *eximius* (part.) auct. plur. — Australie E. et centr.

314. IGNITUS, Leadb.; Gould, *l. c.* pl. 30. — Nouv.-Galles du S.

315. MASTERSIANUS, Rams., *Pr. Linn. Soc. N. S. W.* II, p. 27. — Nouv.-Galles du S.

316. ICTEROTIS (Tem.); Gould, *l. c.* pl. 29; *stanleyi*, Vig. — Australie S.-W.

317. XANTHOGENYS, Salvad. *Cat. B. Br. Mus.* XX, p. 555, pl. 16. — Australie ?
318. OCCIDENTALIS, North, *Rec. Austr. Mus.* II, p. 83. — Australie N.-W.

51. PORPHYROCEPHALUS

Purpureicephalus, Bp. (1854); *Porphyreicephalus*, Rchnw. (1883); *Porphyrocephalus*, Heine (1890).

319. SPURIUS (Kuhl); *pileatus*, Vig.; Gould, *l. c.* pl. 32; *purpureocephalus*, Quoy et G., *Voy. Astrol. Zool.* pl. 22; *rufifrons*, Less. — Australie W.

52. BARNARDIUS

Barnardius, Bp. (1854); *Platycercus* (part.) auct. plur.

320. BARNARDI (Lath.); Bourj. *Perr.* pl. 32; Gould, *l. c.* pl. 21; *typicus*, Bp. — Austr. S. et S.-E.
321. SEMITORQUATUS (Quoy et G.), *Voy. Astrol. Zool.* pl. 22; Gould, *l. c.* pl. 19. — Austr. W. et S.-W.
322. ZONARIUS (Shaw); *baueri*, Tem.; Gould, *l. c.* pl. 20; *cyanomelas*, Kuhl. — Australie S. et centr.

53. PSEPHOTUS

Psephotus, Gould (1845).

323. HÆMATORRHOUS, Bp.; *hæmatogaster* (part.) auct. plur.; Gould, *B. Austr.* pl. 33. — Nouv.-Galles du S.
324. XANTHORRHOUS, Bp.; *hæmatogaster* (part.) Gould; Rchnw. *Vogelb.* pl. 23, f. 3; *xanthorrhoa*, Gould. — Australie S.
103. *Var.* PALLESCENS, Salvad. Cat. *l. c.* p. 563. — Baie de Cooper.
325. PULCHERRIMUS, Gould; id. *B. Austr.* V, pl. 34; *multicolor* (part.) Schl. — Australie E.
326. CHRYSOPTERYGIUS, Gould, *P. Z. S.* 1857, p. 220; id. *B. Austr.* suppl. pl. 64. — Australie N.
327. MULTICOLOR (Tem.); Gould, *l. c.* V, pl. 35. — Austr. S. et S.-E.
328. HÆMATONOTUS, Gould; id. *B. Austr.* V, pl. 36. — Austr. S. et S.-E.

54. EUPHEMA

Nanodes, Sw. (1829 nec Vig. et H.); *Euphema*, Wagl. (1832); *Euphemia*, Schl. (1864); *Neophema*, Salvad. (1891).

329. BOURKEI (Mitch.); Gould, *l. c.* pl. 43; Rchnw. *Vogelb.* pl. 14, f. 2. — Austr. S. et S.-E.
330. VENUSTA (Tem.); *chrysostomus*, Kuhl; Gould. *l. c.* pl. 37; Bourj. *Perr.* pl. 10; Rchnw. *Vogelb.* pl. 14, f. 7. — Nouv.-Galles du S., Austr. S., Tasman.

331. ELEGANS, Gould, *l. c.* pl. 38 ; Rchnw. *l. c.* pl. 33, f. 8. Australie mérid.
332. CHRYSOGASTRA (Lath.); Rchnw. *l. c.* pl. 14, f. 6 ; *aurantia*, Gould, *l. c.* pl. 39. Austr. S.-E., Tasman.
333. PETROPHILA, Gould, *l. c* pl. 40 ; Rchnw. *l. c.* pl. 33, f. 9. Australie S.-W.
334. PULCHELLA (Shaw); Gould, *l. c.* pl. 41 ; *edwardsi*, Bechst.; Levaill. *Perr.* pl. 68. Australie S.-E.
335. SPLENDIDA, Gould, *l. c.* pl. 42; Rchnw. *l. c.* pl 14, f. 1. Australie mérid.

55. CYANORHAMPHUS

Cyanorhamphus, Bp. (1854).

336. ULIETANUS (Gm.); Vig. *Zool. Journ.* I, p. 533, *suppl.* pl. 3 ; *tannaensis*, Finsch. Ulietea (îles Société).
337. ERYTHRONOTUS (Kuhl) ; *novæ-seelandiæ*, Gm. (nec Sparrm.); *pacificus*, auct. plur. ; *phaeton*, Des M , *Icon. Orn.* pl. 16 ; *forsteri*, Gr. Otaheite, Oriadea (îles Société).
338. UNICOLOR (Vig.); Bourj. *Perr.* pl. 34 ; ? *hochstetteri*, Reisch. Ile Antipode.
339. MAGNIROSTRIS, Forb. et Rob., *Bull. Liverp. Mus.* I, p. 21. Tahiti.
340. NOVÆ-ZEALANDIÆ (Sparrm.); *pacificus*, Gm.; Lear, *Parr.* pl. 26; *novæ-guineæ*, Bp.; *forsteri*, Fsch. ; Rchnw. *l. c.* pl. 16, f. 7 ; *rowleyi*, Bull. Nouv.-Zélande.
104. *Var.* AUCKLANDICA, Bp., *Naumannia*, 1856, *Beit.* n. 190. Iles Auckland.
105. *Var.* COOKI (Gr.); Bull , *B. N. Zeal.* 2e ed. p. 145 (1880); *rayneri*, Gr. Iles Norfolk.
106. *Var.* SUBFLAVESCENS, Salvad.; id. *Cat. B. Br. Mus.* XX, pl. 17. Ile Lord Howe.
107. *Var.* ERYTHROTIS (Wagl.); Bull., *l. c.* p. 145 ; *pacificus*, auct. plur. Ile Macquarie.
108. *Var.* SAISSETI, Verr. et Des M., *Rev. Mag. de Zool.* 1860, p. 387. Nouv.-Calédonie.
109. *Var.* CYANURA (Salvad.), *Cat. l. c.* p. 587, pl. 18. Ile Raoul (Kermadec).
341. AURICEPS (Kuhl) ; Rchnw. *Vogelb.* pl. 21, f. 4; *malherbii*, Gr. (nec Scé); *novæ-zealandiæ*, Bourj. (nec auct.), *Perr.* pl. 37. Nouv.-Zélande.
110. *Var.* INTERMEDIA, Rchnw. *Journ. f. Orn.* 1881, p. 44. Nouv.-Zélande.
111. *Var.* MALHERBEI, Scé, *Icon. Perr.* pl. 48; *alpinus*, auct. plur. Nouv.-Zél., île Sud.
112. *Var.* FORBESI, Rothsch., *Pr. Zool. Soc.* 1893, p. 529. Ile Chatham.

56. NYMPHICUS

Nymphicus, Wagl. (1832); *Plectolophus*, Bourj. (1837).

342. CORNUTUS (Gm.); Bourj. *Perr.* pl. 12; *P. Z. S.* 1879, pl. 44; *bisetis*, Lath. Nouv.-Calédonie.

345. UVÆENSIS, Layard, *Pr. Zool. Soc.* 1882, p. 408, pl. 26, f. 2. — Ile Uvéa (îles Loyalty).

57. NANODES

Nanodes, Vig. et Horsf. (1826); *Lathamus*, Less. (1831).

344. DISCOLOR (Shaw); Gould, *B. Austr.* V, pl. 47; Levaill. *Perr.* plˢ 50, 62; *lathami* et *humeralis*, Bechst.; *rubrifrons*, Less. — Austr. S.-E., Tasman.

58. MELOPSITTACUS

Melopsittacus, Gould (1840).

345. UNDULATUS (Shaw); Bourj. *Perr.* pl. 8; Gould, *l. c.* pl. 44. — Australie.

59. PEZOPORUS

Pezoporus, Illig. (1811).

346. FORMOSUS (Lath.); Levaill. *l. c.* pl. 32; Gould, *l. c.* pl. 46; Rchnw. *l. c.* pl. 14, f. 8; *terrestris*, Shaw. — Austr. S. et W., Tasmanie.

60. GEOPSITTACUS

Geopsittacus, Gould (1861).

347. OCCIDENTALIS, Gould, *P. Z. S.* 1861, p. 100; id. *B. Austr.*, *Suppl.* pl. 66. — Austr. S. et S.-W.

FAM. IV. — NESTORIDÆ

61. NESTOR

Nestor, Less. (1831); *Centrourus*, Sw. (1837); *Centrurus*, Strickl. (1841).

348. NOTABILIS, Gould, *B. Austr. suppl.* pl. 60; Rchnw. *Vogelb.* pl. 18, f. 4. — Nouv.-Zél., île Sud.

349. MERIDIONALIS (Gm.); *nestor*, Lath.; *australis*, Shaw; *hypopolius*, Forst.; Gould, *l. c.* pl. 58. — Nouv.-Zélande.

113. *Var.* MONTANA (Haast), *Journ. f. Orn.* 1868, p. 242. — Ile Steward.

114. *Var.* OCCIDENTALIS, Bull, *Ibis*, 1869, p. 40. — Nouv.-Zél., île Sud.

115. *Var.* SUPERBA, Bull., *Ess. Orn. N. Zeal.* p. 11. — Nouv.-Zélande.

350. ESSLINGI, Souancé; Gould, *l. c. Suppl.* pl. 59; *meridionalis* Var., Bull. — ?

351. PRODUCTUS, Gould, *l. c.* V, pl. 6 (éteint). — Ile Philippe.

352. NORFOLCENSIS, Pelz., *Sitzungsb K. K. Ac. Wiss.* XLI, p. 322 (éteint). — Ile Norfolk.

FAM. V. — TRICHOGLOSSIDÆ

62. CHALCOPSITTA

Chalcopsitta, Bp. 1849; *Chalcopsittacus*, Salvad. (1876).

353. ATER (Scop.); Rchnw. *Vogelb.* pl. 11, f. 5; *novæ-guineæ* (Gm.); Levaill. *Perr.* pl. 49. — Nouv.-Guin. W., Salwatty, Batanta.

116. *Var.* BERNSTEINI, Rosenb., *Journ. f. Orn.* 1861, p. 46; *ater* (part.) auct. plur. — Mysol.

354. INSIGNIS, Oust., *Assoc. Sc. de France, Bull.* n° 533, p. 247 (1878); *bruijnii*, Salvad. — Ile Amberpon (Geelw.).

355. ? STAVORINI (Less.), *Voy. Coq., Zool.* I, p. 355; *paragua* (part.) Gr. (1). — Waigiou.

356. DUYVENBODEI, A. Dubois, *Bull. Mus. roy. d'H. N. de Belg.* III, p. 113, pl. 5. — Nouv.-Guinée N.-E.

357. SCINTILLATUS (Tem.), *Pl. col.* 569 (juv.); Bourj. *Perr.* pl. 51; *rubrifrons*, Gr. *P. Z. S.* 1858, p. 182, pl. 135. — Nouv.-Guinée W., îles Arrou.

117. *Var.* CHLOROPTERA, Salvad., *Ann. Mus. Civ. Gen.* IX, p. 15; *scintillatus*, auct. plur. — Nouv.-Guinée S.-E.

63. EOS

Eos, Wagl. (1832).

358. CYANOGENYS (Fsch.); *cyanogenia*, Bp., *P. Z. S* 1850, p. 27, pl. 14. — Iles Mafor, Pulo Manin, Mysore.

359. RETICULATA (S. Müll.); *borneus!* Less.; *cyanostriata*, Gr. *Gen. B.* pl. 103. — Iles Ténimber.

360. HISTRIO (Müll.); Levaill. *Perr.* pl. 53; Rchnw. *Vogelb.* pl. 31, f. 1; *indicus*, Gm.; *coccineus*, Lath. — Sangir.

118. *Var.* TALAUTENSIS, Mey., *Journ. f. Orn.* 1894, p. 240. — Ile Talaut.

119. *Var.* CHALLENGERI, Salvad., *Cat. B. Br. Mus.* XX, p. 22; *indica*, Scl. — Ile Nanusa.

361. CARDINALIS (Gr.); Fsch. *P. Z. S.* 1869, p. 128, pl. 11; Rchnw. *l. c* pl. 33, f. 4. — Iles Salomon.

362. RUBRA (Gm.); *borneus*, Lin.; *moluccensis*, Lath.; Levaill. *Perr.* pl[s] 44, 93; *cæruleatus* et *cyanurus*, Shaw; *squamatus*, Schl. (nec Bodd.); *bernsteinii*, Rosenb.; *schlegeli*, Finsch; *kuhni*, Rothsch. — Moluques méridion. : Bouru, Céram, Amboine, etc.

363. SEMILARVATA, Bp.; id. *Pr. Zool. Soc.* 1850, p. 27, pl. 15. — ?

364. WALLACEI (Finsch), *Journ. f. Orn.* 1864, p. 411; *squamatus*, Bodd. (juv.); Levaill. *Perr.* pl. 51; *guebiensis* (part.) Gm.; *cochinchinensis*, var. Gr. — Waigiou, Guebé, Batanta, Mysol.

(1) Cet oiseau n'existe dans aucun musée. M. Salvadori pense qu'il se rapporte à l'*insignis*, Oust.

120. *Var.* Insularis, Guillem., *Pr. Zool. Soc.* 1885, p. 565, pl. 34. — Iles Weeda (Halmahera).

365. riciniata (Bechst.); Levaill. *Perr.* pl. 54; *guenbiensis*, Scop.; *guebiensis* (part.) et *variegatus*, Gm.; *cochinchinensis*, Lath.; *isidorii*, Sw. — Halmahera et îles voisines.

366. rubiginosa (Bp.); id. *P. Z. S.* 1850, p. 26, pl. 16; Rchnw. *Vogelb.* pl. 30, f. 6. — Iles Puinipet (Carolines).

367. fuscata, Blyth; Finsch, *Pap.* II, pl. 6; Rchnw. *l. c.* pl. 31, f. 9; *leucopygialis*, Rosenb.; *incondita*, Mey., *Zeitschr. f. ges. Orn.* 1886, p. 6, pl. 1, f. 2. — Nouv.-Guinée, Jobi, Salwatty.

64. LORIUS

Lorius, Vig. (1825); *Domicella*, Wagl. (1832).

368. lory (Lin.); *Pl. enl.* 168; Levaill. *l. c.* pl^s 123, 124; *atricapillus*, Gm.; *tricolor*, Steph.; Rchnw. *l. c.* pl. 11, f. 2; *cyanauchen*, Rosenb. — Nouv.-Guinée N.-W., Salwatty, Batanta, Waigiou, Mysol.

121. *Var.* Erythrothorax, Salvad., *Ann. Mus. Civ. Gen.* X, p. 32; *guglielmi*, Rams. — Côte S. de la baie Geelwink.

122. *Var.* Jobiensis, Mey., *Sitzb. K. Ak. Wiss. Wien*, LXX, p. 329. — Miosnom, Jobi.

123. *Var.* Cyanauchen (S. Müll.); Fras. *Zool. typ.* pl. 55; *mysorensis*, Mey. — Mysore.

124. *Var.* Salvadorii (Mey.), *Abh. u. Ber. Kgl. Z. A. Mus. Dresd.* 1890-91, n° 4, p. 6. — Nouv.-Guinée N.-E.

125. *Var.* Rubiensis (Mey.), *ibidem*, 1892-93, p. 10. — Ile Rubi.

369. hypoenochrous, Gr.; id. *Pr. Z. S.* 1861, p. 436; Rchnw. *l. c.* pl. 31, f. 5. — Ile Sudest (Louisiades).

126. *Var.* Devittata, Hart., *Nov. Zool.* V, p. 530; *hyponochrous*, auct. plur. — Nouv. – Guinée E., Nouv. - Hanovre, Nouv. - Irlande, Nouv. - Bretagne.

370. domicella (Lin.); Levaill. *Perr.* pl. 95; *atricapilla*, Wagl.; Rchnw. *l. c.* pl. 3, f. 7. — Céram, Amboine.

371. chlorocercus, Gould; Scl. *P. Z. S.* 1867, p. 183, pl. 16; Rchnw. *l. c.* pl. 31, f. 8. — Iles Salomon.

372. tibialis, Sclat. *P. Z. S.* 1871, pp. 499, 544, pl. 40. — ?

373. garrulus (Lin.); Levaill. *Perr.* pl. 96; Rchnw. *l. c.* pl. 3, f. 5. — Halmahera.

127. *Var.* Flavopalliata, Salvad., *Ann. Mus. Civ. Gen.* X, p. 33; *garrulus*, auct. plur. — Obi, Batjan, Morotai, Raou.

65. PHIGYS

Phigys (1), Gray (1870 nec Less.); *Calliptilus*, Sundev. (1872).

374. SOLITARIUS (Lath.); Levaill. *Perr.* pl. 64; *vaillanti* et *coccineus*, Shaw; *phigy*, Bechst.	Iles Fidji.

66. VINI

Vini, Less. (1831); *Brotogeris*, Rchnb. (1850 nec Vig.).

375. AUSTRALIS et *fringillaceus* (Gm.); Levaill. *Perr.* pl. 71; *pipilans*, Lath.; *euchloris*, Wagl.; *porphyreocephalus*, Sw.	Iles Samoa et des Amis.
376. KUHLI (Vig.); *coccinea*, Less. *Ill. Zool.* pl. 28; *interfringillacea*, Bourj. *Perr.* pl. 83.	Iles Washington et Fanning.

67. CORIPHILUS

Coriphilus, Wagl. (1832); *Brotogeris*, Sw. (1837 nec Vig.); *Corythophilus*, Agass. (1846); *Coriophilus*, Sundev. (1872).

377. TAITIANUS et *varius* (Gm.); *Pl. enl.* 455, f. 2; *peruvianus!* Müll.; *cyaneus*, Sparrm.; Levaill. *Perr.* pl. 65; *sparmanni*, Bechst.; *sapphirinus*, Forst.	Iles de la Société.
378. ULTRAMARINUS (Kuhl); *smaragdinus*, Hombr. et Jac.; *dryas*, Gould; id. *Voy. Sulph.* pl. 26; *goupilii*, Hombr. et Jacq. *Voy. Pôle S.* pl. 24bis, f. 3.	Iles Marquises.

68. TRICHOGLOSSUS

Trichoglossus, Vig. et Horsf. (1826); *Australasia*, Less. (1831); *Psitteuteles*, Bp. (1854); *Ptilosclera*, Bp. (1857).

379. HÆMATODES (Lin.); Levaill. *Perr.* pl. 47; *capistratus*, Bechst.; *cyanogrammus*, auct. plur. (nec Wagl.).	Timor.
128. *Var.* FORTIS, Hart., *Novit. Zool.* V, p. 120.	Sumba.
380. FORSTENI, Bp., *Consp.* I, p. 3; Finsch, *Papag.* II, p. 826; *immarginatus*, Blyth.	Sumbawa.
129. *Var.* DJAMPEANA, Hart., *Novit. Zool.* IV, p. 172.	Djampea.
381. CYANOGRAMMUS (Wagl.); *Pl enl.* 61; *hæmatodus*, Bodd. (nec Lin.); Levaill. *Perr.* pl. 25; *capistratus*, var. Müll.; *nigrogularis*, Gr. (part.).	Amboine, Céram, Bouru, Goram, îles Papous occ.
130. *Var.* MASSENA, Bp.; Rchnw. *Vogelb.* pl. 8, f. 2; *deplanchei*, Verr. et Des M.	Nouv.-Guinée S.-E. et les archipels voisins jusqu'à la Nouv.-Calédonie.

(1) Gray a attribué à tort le terme générique de *Phigys* à Lesson (*Traité d'Orn.*, p. 193), car cet auteur a employé ce terme comme dénomination *française* de sa seconde tribu des Loris.

131. *Var.* FLAVICANS, Cab. et Rchnw. *Journ. f. Orn.* 1876, p. 324; *cyanogrammus*, Scl. — Nouv.-Hanovre, îles de l'Amirauté et de l'Échiquier.

132. *Var.* NIGROGULARIS, Gray; Salvad. *Voy. Chall. Birds*, pl. 20. — Nouv.-Guinée S., îles Arrou.

133. *Var.* MITCHELLI (Gr.), *P. Z. S.* 1871, p. 499, pl. 41. — ?

134. *Var.* CÆRULEICEPS, D'Alb. et Salvad., *Ann. Mus. Civ. Gen.* XIV, p. 41. — Nouv.-Guinée S.

382. ? COCCINEIFRONS, Gr., *P. Z. S.* 1858, p. 183 (hybride?). — Iles Arrou.

383. NOVÆ-HOLLANDIÆ et *multicolor* (Gm.); *Pl. enl.* 743; *semicollaris*, Lath.; Levaill. *Perr.* pl. 24; *hæmatopus!* auct. plur.; *swainsoni*, Jard. et Selby. — Australie E., S.-E., Tasmanie.

384. ? VERREAUXIUS, Bp., *Rev. Mag. de Zool.* 1854, p. 157 (hybride?). — Australie S.

385. RUBRITORQUES, Vig. et Horsf.; Gould, *B. Austr.* V, pl. 49; *rubritorquatus*, Fsch; Rchnw. *Vogelb.* pl. 8, f. 3 — Australie N.-W.

386. ROSENBERGI, Schleg., *Ned. Tijdschr. Dierk.* IV, p. 9. — Ile Mysore.

387. ORNATUS (Lin.); *Pl. enl.* 552; Levaill. *Perr.* pl. 52 — Célèbes, Buton, Togian.

388. FLAVOVIRIDIS (Wall.). *P. Z. S.* 1862, p. 337, pl. 39. — Iles Soula.

389. MEYERI (Wald.), *Ann. and Mag. N. H.* VIII, p. 281. — Célèbes N.

135. *Var.* BONTHAINENSIS, Mey., *Sitz. u. Abh. Ges. Isis*, 1884, 1, p. 16. — Célèbes S. (Monts Bonthain).

390. EUTELES (Tem.), *Pl. col.* 568; Bourj. *Perr.* pl[s] 43, 44*b*; *ochreocephalus*, Blyth. — Timor, Flores, Wetter, Lettie, Babbar, Timorlaut.

391. WEBERI, Büttik., *Zool. Ergebn.* III, p. 290, pl. 17, f. 1. — Flores.

392. CHLOROLEPIDOTUS (Kuhl); Gould, *B. Austr.* V, pl. 50; *matoni*, Lath.; *viridis*, Less. — Australie E. et S.

136. *Var.* NEGLECTA, Rchnw.; *neglectus*, Rchnw. *Orn. Monatsb.* 1898, p. 4. — Queensland N.

393. VERSICOLOR (Vig.), in Lear's *Ill. Parr.* pl. 36; Gould, *B. Austr.* V, pl. 51. — Australie N. et W.

69. GLOSSOPSITTA

Centrourus, Gr. (1840 nec Sw.); *Glossopsitta*, Bp. (1854); *Glossopsittacus*, Sundev. (1872).

394 GOLDIEI (Sharpe), Gould's *B. New Guin.* pt. XIV, pl. 3. — Nouv.-Guinée S.-E.

395. DIADEMATA (Fsch.); *diadema!* Verr. et Des M., *Rev. Mag. Zool.* 1860, p. 390. — Nouv.-Calédonie.

396. CONCINNA (Shaw); Gould, *B. Austr.* V, pl. 52; *australis*, Lath (nec Gm.); *rubrifrons*, Bechst. — Australie S. et S.-E., Tasmanie.

397. PORPHYROCEPHALA (Dietr.); Gould, *l. c.* pl. 53; *florentis*, Bourj. *Perr.* pl. 84. — Australie W. et S.

398. PUSILLA (Shaw); Levaill. *Perr.* pl. 63; Gould, *l. c.* pl. 54; *nuchalis*, Bechst. — Australie S. et S.-E., Tasmanie.

72. HYPOCHARMOSYNA

Hypocharmosyna, Salvad. *Cat. B. Br. Mus.* XX, p. 72 (1891).

399. WILHELMINÆ (Mey.), *Journ. f. Orn.* 1874, p. 56; Rchnw. *Vogelb.* pl. 29, f. 4. — Nouv.-Guinée S.-E.

400. PLACENS (Bourj.), *Perr.* pl. 46; *placentis!* Tem. *Pl. col.* 553. — Nouv.-Guinée, îles Papous W., Arrou, Moluques.

401. SUBPLACENS (Sclat.), *P. Z. S.* 1876, p. 519; Gould, *B. New Guin.* pt. V, pl. 10. — Nouv.-Guinée S.-E. et îles voisines.

402. RUBRONOTATA (Wall.), *P. Z. S.* 1862, p. 165; Rchnw. *Vogelb.* pl. 29, f. 1. — Salwatty, Nouv.-Guinée W.

403. KORDOANA (Mey.), *Verh. Z. B. Gesellsch. Wien*, XXIV, p. 38. — Ile Mysori.

404. RUBRIGULARIS (Sclat.), *P. Z. S.* 1881, p. 451. — Nouv.-Bretagne.

405. AUREOCINCTA (Layard); Rowl., *Orn. Misc.* p. 261, pl. 36; *amabilis*, Rams. — Iles Fidji.

406. PALMARUM (Gm.); Forst., *Icon. Ined.* pl. 48. — Nouv.-Hébrides.

407. ? PYGMÆA (Gm.); *Ibis*, 1873. p. 31, pl. 1; *palmarum*, (fem.), Layard, *Ibis*, 1880, p. 339. — Iles Sandwich?

73. CHARMOSYNA

Charmosyna, Wagl. (1832); *Pyrrhodes*, Sw. (1837); *Charmosynopsis* (part.), Salvad. (1877).

408. PULCHELLA, Gr.; id. *P. Z. S.* 1859, p. 158; Rchnw. *l. c.* pl. 29, f. 3; Gould, *B. New Guin.* pt. III, pl. 4; *pectoralis*, Rosenb. — Nouv.-Guinée.

409. MARGARITÆ, Tristr., *Ibis*, 1879, p. 442, pl. 12; Rchnw. *l. c.* pl. 29, f. 7. — Iles Salomon.

410. PAPUENSIS (Gm.); Levaill. *Perr.* pl. 77; Rchnw. *l. c.* pl. 29, f. 5; *lichtensteini*, Bechst. — Nouv.-Guinée N.-W.

411. STELLÆ, Mey., *Zeitschr. f. Ges. Orn.* 1886, p. 9, pl. 2; Gould, *l. c.* pt. XXIV, pl. 4; *josephinæ*, Sharpe (nec Finsch). — Nouv.-Guinée S.-E.

412. JOSEPHINÆ, Finsch, *Atti Soc. Ital. Sc. Nat.* XV, p. 427; Gould, *l. c.* pt. III, pl. 3. — Nouv.-Guinée N.-W.

413. ATRATA, Rothsch., *Ibis*, 1898, p. 438. — Nouv.-Guinée S.

74. OREOPSITTACUS

Oreopsittacus, Salvad. (1877).

414. ARFAKI (Mey.), *Verh. Z. B. Gesellsch. Wien*, XXIV, — Monts Arfak (Nouv.-

p. 37; Rchnw. *l. c.* pl. 29, f. 2; Gould, *l. c.* pt. III, pl. 3. — Guinée).

415. GRANDIS, Grant, *Ibis*, 1896, p. 258; *viridigaster*, De Vis. — Nouv.-Guinée S.-E.

FAM. VI. — CYCLOPSITTACIDÆ

75. NEOPSITTACUS

Neopsittacus, Salvad. (1875).

416. MUSCHENBROEKI (Rosenb.); Rowl. *Orn. Misc.* II, pl. 44; Rchnw. *l. c.* pl. 29, f. 8. — Nouv.-Guinée.

417. PULLICAUDA, Hart., *Novit. Zool.* III, p. 17; *viridiceps*, De Vis, *Ibis*, 1897, p. 371. — Nouv.-Guinée angl., monts Stanley.

418. IRIS (Tem.), *Pl. col.* 567; Bourj. *Perr.* pl. 44. — Timor.

137. *Var.* RUBRIPILEUM, Salvad., *Cat. B. Br. Mus.* XX, p. 88; *iris*, auct. plur. — Timor E.

76. CYCLOPSITTA

Cyclopsitta, Rchnb. (1850); *Opopsitta*, Sclat. (1860); *Cyclopsittacus*, Sundev. (1872).

419. SALVADORII, Oust., *Bull. Ass. Sc. France*, 1880, p. 172; id. *Nouv. Arch. Mus.* sér. 2, VIII, p. 301, pl. 12. — Nouv.-Guinée E.

420. EDWARDSI, Oust., *Ann. Sc. nat. Zool.* 1885, n. 3, p. 1. — Nouv.-Guinée N.-E.

421. DESMARESTI (Garn.), *Voy. Coq. Zool.* I, p. 600, pl. 35; Bourj. *Perr.* pl. 85. — Nouv.-Guinée N.-E.

138. *Var.* OCCIDENTALIS, Salvad., *Ann. Mus. Civ. Gen.* VII, p. 910; Sh., Gould's *B. New Guin.* pt. XIX, pl. 3; *desmaresti*, auct. plur. — Nouv.-Guinée N.-W., Salwatty, Batanta.

139. *Var.* BLYTHI, Wall., *P. Z. S.* 1864, pp. 284, 294; *desmaresti*, auct. plur. — Mysol.

422. CERVICALIS, Salvad. et D'Alb., *Ann. Mus. Civ. Gen.* VII, p. 811; Gould, *B. New Guin.* pt. X, pl. 2. — Nouv.-Guinée S.-E.

423. COXENI, Gould, *P. Z. S.* 1867, p. 182; id. *B. Austr., Suppl.* pl. 65. — Australie E.

424. MACCOYI, Gould, *P. Z. S.* 1875, p. 314; id. *B. New Guin.* pt. I, pl. 10; *macleayana*, Rams. — Australie N.-E.

425. DIOPHTHALMA (Hombr. et Jacq.); Jacq. et Puch., *Voy. Pôle S., Zool.* III, p. 107, pl. 25; *coccineifrons*, Sharpe; id. Gould's *B. New Guin.* pt. XXIII, pl. 3; *aruensis*, Nehrk (nec Schleg.). — Nouv.-Guinée, Waigiou, Salwatty, Mysol.

140. *Var.* ARUENSIS (Schleg.); Gould, *l. c.* pt. IX, pl. 5. — Arrou, Nouv.-Guin. S.

426. VIRAGO (Hart.), *Nov. Zool.* II, p. 61. — Iles Fergusson.

427. INSEPARABILIS (Hart.), *Ibis*, 1899, p. 123. — Ile Sudest.

428. GUGLIELMI III (Schleg.), *Ned. Tijdschr. Dierk.* III, p. 252. — Nouv.-Guinée N.-W., Salwatty.

429 SUAVISSIMA, Sclat., *P. Z. S.* 1876, p. 520, pl. 54; *nanus,* De Vis. — Nouv.-Guinée S.-E.

430. MELANOGENYS (Finsch); *melanogenia*, Rosenb.; Gould, *l. c.* pl. VII, pl. 12; *fuscifrons*, Salvad. — Iles Arrou, Nouv.-Guinée S.

431. NIGRIFRONS (Rchnw.), *Journ. f. Orn.* 1891, p. 217. — Nouv.-Guinée N.

141. *Var.* AMABILIS, Rchnw., *Journ. f. Orn.* 1891, p. 432. — Nouv.-Guinée S.-E.

432. MACILWRAITHI, Rothsch., *Ibis*, 1898, p. 285; *Novit. Zool.* V, pl. 18, f. 2. — Nouv.-Guinée S.

ORD. II. — SCANSORES

SUBORD. I. — ZYGODACTYLÆ

FAM. I. — INDICATORIDÆ (1)

77. INDICATOR

Indicator, Vieill. (1816); *Prodotes*, Nitzsch (1840); *Melignothes*, Cass. (1856); *Melignostes,* Heine (1860); *Pseudofringilla*, Hume (1873); *Pseudospiza*, Sharpe (1876).

433. XANTHONOTUS, Blyth; Gould, *B. Asia*, VI, pl. 48; *radcliffii*, Hume, *Ibis*, 1872, p. 10. — Himalaya.

434. ARCHIPELAGICUS, Tem., *Pl. col.* 543, f. 2; *malayanus*, Sharpe, *P. Z. S.* 1878, p. 794. — Malacca, Bornéo.

435. SPARRMANNI, Steph.; *indicator*, Gm.; *albirostris* et *levaillanti*, Tem., *Pl. col.* 367; *leucotis*, Sw.; *flaviscapulatus*, Rüpp.; *pallidirostris*, Heugl. — Afrique tropicale.

436. MAJOR, Steph.; Levaill. *Ois. Afr.* V, pl. 241, f. 1; *flavicollis*, Sw.; *proditor*, Nitz.; *barianus*, Heugl. — Afrique tropicale.

142. *Var.* BÖHMI, Rchnw., *Journ. f. Orn.* 1891, p. 39. — Afrique tropicale E.

437. VARIEGATUS, Less.; Levaill. *Ois. Afr.* V, pl. 241, f. 2; *maculicollis*, Sundev. — Afrique S. et S.-E.

143. *Var.* STICTITHORAX, Rchnw., *J. f. Or.* 1877, p. 110. — Caméron.

438. MACULATUS, Gray, *Gen. B.* II, p. 451, pl. 113. — Afrique W. de Sénégambie au Gabon.

439. MINOR, Steph.; Levaill. *Ois. Afr.* V, pl. 242; *minimus*, Tem., *Pl. col.* 542, f. 1; *buphagoides*, Leadb.; *diadematus*, Rüpp.; *pachyrhynchus*, Heugl. — Afrique tropicale et S.

440. PYGMÆUS, Rchnw., *Journ. f. Orn.* 1892, p. 132. — Victoria Nyanza.

441. CONIROSTRIS (Cass.), *Pr. Ac. N. Sc. Philad.* 1856, p. 156; 1859, pl. 2. — De la Côte d'Or au Gabon.

442. EXILIS (Cass.), *Pr. Ac. N. Sc. Philad.* 1856, p. 157; 1859, pl. 1, f. 1. — Du Gabon au Congo.

(1) Voy.: Shelley, *Cat. Birds Brit. Mus.* XIX, p. 1 (1891).

78. MELIGNOMON

Melignomon, Rchnw. (1898).

443. ZENKERI, Rchnw., *Orn. Monatsb.* 1898, p. 22. — Jaunde.

79. PRODOTISCUS

Prodotiscus, Sundev. (1850); *Hetærodes*, Cass. (1856).

444. REGULUS, Sundev.; Rowl., *Orn. Misc.* I, p. 208, pl. (fig. inf.). — Natal.

445. INSIGNIS (Cass.), *Pr. Ac. N. Sc. Philad.* 1856, p. 157; 1859, pl. 1, f. 2. — Afrique équatoriale.

446. ZAMBESIÆ, Shell., *Ibis*, 1894, p. 8. — Nyassaland.

FAM. II. — CAPITONIDÆ (1)

SUBF. I. — MEGALÆMINÆ

80. POGONORHYNCHUS

Pogonias, Ill. (1811) occupé par des Poissons; *Pogonorhynchus*, v. d. Hoev. (1833); *Laimodon*, Gray (1841); *Pogonorhamphus*, Des. M. (1854); *Erythrobucco* et *Melanobucco*, Shell. (1889).

447. DUBIUS (Gm.); Levaill. *Ois. Parad.* II, pl. 19; *sulcirostris*, Leach; *erythromelas*, Vieill., *Gal. Ois.* pl. 32; *major*, Cuv. — De Sénégambie au Niger.

448. ROLLETI (Defil.), *Rev. Zool.* 1853, p. 290; Heugl., *Ibis*, 1861, p. 123, pl. 5, f. 1. — Afrique N.-E. et centr.

449. BIDENTATUS (Shaw).; Levaill. *Barbus, Suppl.* pl. 48, f. K; *lævirostris*, Leach; *leuconotus*, Vieill. — De la Côte d'Or à Angola.

144. *Var.* ÆQUATORIALIS, Shell., *Ibis*, 1889, p. 476; *Cat. B. Br. Mus.* XIX, pl. 1; *bidentatus*, auct. plur. — Afrique équatoriale.

450. MELANOPTERUS (Peters); *albiventris*, Verr., *P. Z. S.* 1859, p. 393, pl. 157. — Afrique E.

451. LEVAILLANTI (Vieill.), Levaill. *Barbus*, p. 85, pl. A; *eogaster*, Cab., *Journ. f. Orn.* 1876, p. 92, pl. 2, f. 1. — Congo W.

451 bis. MACCLOUNII (Shell.), *Ibis*, 1899, p. 377, pl. 6. — Plateau du Tanganyka.

452. LEUCOCEPHALUS (Defil.); Heugl., *Ibis*, 1861, p. 123, pl. 10, f. 2. — Afrique N.-E. et équatoriale E.

453. ALBICAUDA, Shell., *Ibis*, 1881, p. 117; *abbotti*, Richm., *Auk*, 1897, p. 164. — Afrique E.

(1) Voy.: Goffin, *Mus. Pays-Bas, Buccones* (1863); Marshall, *Monogr. Capitonidæ* (1871); Shelley, *Cat. Birds Brit. Mus.* XIX, p. 13 (1891).

454. SENEX, Rchnw., *Journ. f. Orn.* 1887, p. 59.	Ukamba (Afrique E.).
455. LEUCOGASTER, Bocage, *Jorn. Lisb.* pt. XXI, 1877, p. 63.	Quillengues.
456. ABYSSINICUS (Lath.); *tridactyla,* Gm.; *rubrifrons,* Sw., *Zool. Ill.* II, pl. 68; *saltii,* Stanl.; *hæmatops,* Wagl.; *brucii,* Rüpp.	Afrique N.-E.
457. RUBRIFACIES, Rchnw., *Journ. f. Orn.* 1892, p. 25.	Kimoani (Afr. équat.).
458. TORQUATUS (Dum.); *nigrithorax,* Cuv.; *personatus,* Tem., *Pl. col.* 201; *leucomelas,* Ayres, *Ibis,* 1871, p. 261.	Afrique S.
145. *Var.* CONGICA, Rchnw., *Orn. Monatsb.* 1898, p. 200.	Congo.
146. *Var.* IRRORATA, Cab., *Journ. f. Orn.* 1878, pp. 205, 239; *torquatus,* auct. plur.	Afrique tropicale E.
459. ZOMBÆ (Shell.); *Melanobucco zombæ,* Shell., *Ibis,* 1893, p. 10.	Nyassaland, Zambèze.
460. VIEILLOTI (Leach.); Levaill. *Barbus, Suppl.* f. D; Marsh., *Monogr. Capit.* p. 21, pl. 11; *fuscescens,* Vieill.; *rubescens,* Tem.; *senegalensis,* Licht.	Afrique tropicale au N. de l'Équateur.
461. UNDATUS (Rüpp)., *Neue Wirb., Vög.* p. 52, pl. 20, f. 2.	Afrique N.-E.

81. TRICHOLÆMA

Tricholæma, Verr. (1855).

462. HIRSUTUM (Sw.), *Zool. Ill.* II, pl. 72; *flavipunctata,* Verr.; id. *Rev. et Mag. Zool.* 1855, pl. 14.	De Sierra Leone au Congo.
147. *Var.* ANSORGII, Shell., *Ibis,* 1896, p. 133.	Uganda.
148. *Var.* GABONENSIS, Shell., *ibidem.*	Gabon, Caméron.
149. *Var.* STICTILÆMA, Rchnw., *Orn. Monatsb.* 1896, p. 77.	Afrique centrale.
463. STIGMATOTHORAX, Cab., *Journ f. Orn.* 1878, pp. 205, 240; *Cat. B. Br. Mus.* XIX, pl. 2, f. 1.	Afrique E.
464. BLANDI Lort Phil., *Ibis,* 1897, p. 448; 1898, pl. 9, f. 1.	Somaliland.
465. MELANOCEPHALUM (Cretzschm.), *in Rüpp. Atlas,* p. 41, pl. 28; *bifrenatus,* Hempr. et Ehr., *Symb. Phys.* pl. 8, f. 2.	Afrique tropicale au N. de l'Équateur.
466. LACRYMOSUM, Cab., *Journ. f. Orn.* 1878, pp. 205, 240.	Afrique équatoriale E. jusqu'à Zanzibar.
467. AFFINE, Shell., *P. Z. S.* 1879, p. 680; *Cat. B. Br. Mus.* XIX, pl. 2, f. 2.	Afrique S.-E.
468. FLAVIBUCCALE, Rchnw., *Orn. Monatsb.* 1893, p. 30.	Afrique centrale E.
469. LEUCOMELAN (Bodd.); Levaill. *Barbus,* II, pl[s] 29, 30, 31; *niger,* Gm.; *rufifrons,* Steph.; *stephensii,* Leach; *unidentatus,* Licht.; *leucomelas,* auct. plur.	Afrique S.
470. DIADEMATUM (Heugl.), *Ibis,* 1861, pp. 124, 126, pl. 5, f. 3.	Afrique équatoriale.
471. FRONTATUM (Cab.), *Journ. f. Orn.* 1880, p. 351, pl. 2, f. 1.	Angola.
472. MASSAICUM (Rchnw.), *Journ f. Orn.* 1887, p. 59.	Massailand.

82. GYMNOBUCCO

Gymnobucco, Bp (1850); *Gymnocranus*, Heine (1860); *Heliobucco*, Shell. (1889).

473. CALVUS (Lafr.); Marsh., *Monogr. Capit.* p. 136, pl. 54; *peli*, Hartl., *Orn. W. Afr.* p. 173. — De Libéria au Congo.
474. BONAPARTEI, Hartl.; Marsh., *Op. cit.* p. 137, pl. 55; *fulginosa*, Cass. — Du Caméron au Congo et Niam-Niam.
475. CINEREICEPS, Sharpe, *Ibis*, 1891, p. 122. — Monts Elgon, Afr. E.

83 SMILORHIS

Smilorhis, Sundev. (1872).

476. LEUCOTIS, Sundev.; Marsh., *Op. cit.* p. 131, pl. 52. — Afrique S.-E.
150. *Var.* KILIMENSIS, Shell., *Ibis*, 1889, p. 477. — Afrique E.
477. WHYTEI, Shell., *Ibis*, 1893, p. 11, pl. 1. — Nyassaland.

84. BARBATULA

Barbatula, Less. (1837); *Xylobucco*, Bp. 1850; *Buccanodon*, Verr. (1857); *Cladurus*, Rchnw. (1877); *Lignobucco*, Rchnw. (1887.

478. DUCHAILLUI, Cass.; Marsh., *Monogr. Capit.* p. 113, pl. 46; *formosa*, Verr. — De Libéria au Gabon.
151. *Var.* UGANDÆ, Rchnw., *Journ. f. Orn.* 1892, p. 23. — Uganda.
479. PUSILLA (Dum.); Levaill., *Barbus*, pl. 32; Marsh., *Op. cit.* pl. 48; *parvus*, Cuv. (nec Gm.); *rubrifrons*, Vieill.; *chrysoptera*, Sw.; *barbatula*, Tem.; *minuta*, Gurn. — Afrique S.
480. MINUTA, Bp., *Consp. av.* I, p. 144; *pusilla*, auct. plur. (nec Dum.). — Afrique tropicale au N. de l'Équateur.
481 AFFINIS, Rchnw., *Orn. Centralbl.* 1879, p. 114; id. *Journ. f. Orn.* 1879, p. 342. — Afrique E.
482. UROPYGIALIS, Heugl.; Marsh. *Op. cit.* p. 121, pl. 49, f. 1. — Afrique N.-E. jusqu'à Mombasa.
483. CHRYSOCOMA (Tem.), *Pl. col.* 536, f. 2; Marsh. *l. c.* pl. 49; *aurifrons*, Heugl. — Afrique tropicale au N. de l'Équateur.
484. EXTONI, Layard, *Ibis*, 1871, p. 226; *chrysocoma*, Bocage (nec Tem.). — Afrique S.-E.
485. ERYTHRONOTA (Cuv.); Levaill. *Barbus*, pl. 37; *atroflava*, Gr.; Marsh. *Op. cit.* pl. 50, f. 1. — De Libéria au Congo.
486. BILINEATA (Sundev.); Marsh. *Op. cit.* pl. 50, f. 2; *Cat. B. Br. Mus.* XIX, pl. 3, f. 2. — Afrique S.-E.
152. *Var.* CHRYSOPYGA, Shell., *Ibis*, 1889, p. 477; *Cat. B. Br. Mus.* XIX, pl. 3, f. 1. — De Libéria à la Côte d'Or.
153. *Var.* JACKSONI, Sharpe, *Ibis*, 1898, p. 147. — Mau (Afrique E.)

487. LEUCOLÆMA, Verr ; Marsh. *Op. cit.* p. 129, pl. 51 ; *subsulphurea*, Sharpe et Bouv. (nec Fras.) ; *bilineata*, Rchnw. 1877 (nec Sundev.). — Afrique équatoriale.
488. CORYPHÆA, Rchnw., *Journ. f. Orn.* 1892, p. 181. — Caméron.
489. SUBSULPHUREA, Fras., *P. Z. S.* 1843, p. 3 ; *flavimentum*, Verr. — Du Gabon au Volta (Afr. W.)
154. *Var.* FISCHERI, Rchnw. *Orn. Centralbl.* 1880, p. 181. — Zanzibar.
490. SCOLOPACEA (Tem.) ; Marsh. *Op. cit.* p. 115, pl. 47 ; *stellatus*, Jard. et Fras. ; *flavisquamata*, Verr. ; *consobrinus*, Rchnw. *Journ. f. Orn.* 1887, p. 309. — De Sénégambie au Gabon.

85. STACTOLÆMA

Stactolema, Marshall (1870) ; *Barbatula* (part.), auct. plur.

491. ANCHIETÆ (Bocage), *P. Z. S.* 1869, p. 436, pl. 29 ; Marsh. *Op. cit.* pl. 73. — Benguela.
492. SOWERBYI, Sharpe, *Ibis*, 1898, p. 297, pl. 12, f. 1. — Mashonaland.
493. OLIVACEUM, Shell., *Ibis*, 1880, p. 334, pl. 7. — Afrique E.
494. SIMPLEX, Fisch. et Rchnw., *Journ. f. Orn.* 1884, p. 180. — Afrique E.
495. WOODWARDI, Shell., *Ibis*, 1896, p. 133, 1897, pl. 10. — Zoulouland.
496. LEUCOMYSTAX (Sharpe), *Ibis*, 1892, p. 310. — Sotik (Afr. centr. E.).

86. CALORHAMPHUS

Calorhamphus, Less. (1839) ; *Megalorhynchus*, Eyton (1839).

497. FULIGINOSUS (Tem.) ; Marsh. *Monogr. Capit.* p. 177, pl. 71. — Bornéo.
155. *Var.* HAYI (Gray) ; *lathami*, Raffl. ; Marsh. *Op. cit.* pl. 72 ; *sanguinolentus*, Less. ; *spinosus*, Eyton. — Ténassérim S., Malacca, Sumatra.

87. MEGALÆMA

Megalaima, Gray (1842) ; *Chotorhea* et *Cyanops*, Bp. (1854).

498. VIRENS (Bodd.) ; Levaill. *Barbus*, II, pl. 20 ; *grandis*, Gm. — Chine S., Indo-Chine W.
156. *Var.* MARSHALLORUM, Swinh., *Ann. and Mag. N. H.* 1870, p. 348 ; *grandis*, Gould, *Cent. Himal.* pl. 46 (nec Gm.) ; *virens*, auct. plur. (nec Bodd.). — Himalaya.
499. CORVINA (Tem.), *Pl. col.* 522 ; Marsh. *l. c.* pl. 23. — Java.
500. JAVENSIS (Horsf.) ; Marsh. *Op. cit.* pl. 20 ; *kotorea*, Tem. ; *tristis*, Drap. — Java.
501. CHRYSOPOGON (Tem.) ; Marsh. *Op. cit.* pl. 18. — Malacca, Sumatra.
157. *Var.* CHRYSOPSIS, Goff. ; Marsh. *Op. cit.* pl. 17. — Bornéo.
502. VERSICOLOR (Raffl.) ; Marsh. *Op. cit.* pl. 22 ; *rafflesii*, Less. ; *var. borneensis*, Blas. — Malacca, Sumatra, Bornéo.

503. ASIATICA (Lath.); Marsh. *Op. cit.* pl. 29; *cæruleus*, Dum.; *cyanicollis*, Vieill.; *cyanops*, Cuv.; *cæruleigula*, Hodgs. *Icon. Pass.* pl. 322. — Himalaya, Inde N.-E. au Ténassérim N.

504. DAVISONI, Hume, *Str. F.* 1877, p. 108; *Cat. B. Br. Mus.* XIX, pl. 4, f. 1. — Ténassérim centr.

505. ROBUSTIROSTRIS (Baker), *J. Bombay Soc.* X, p. 356. — Cachar N.

506. RUBESCENS (Baker), *Novit. Zool.* III, p. 258. — Cachar N.

507. FLAVIFRONS (Cuv.); Levaill. *Barbus*, pl. 55; Marsh. *Op. cit.* pl. 30; *aurifrons*, Tem. — Ceylan.

508. ARMILLARIS (Tem.), *Pl. col.* 89, f. 1; Marsh. *Op. cit.* pl. 28. — Java.

509. HENRICII (Tem.), *Pl. col.* 524; Marsh. *Op. cit.* pl. 31; *moluccensis*, Hartl.; *oorti*, Gr. — Malacca, Sumatra, Bornéo.

510. INCOGNITA, Hume, *Str. F.* 1874, pp. 442, 486; *Cat. B. Br. Mus.* XIX, pl. 4, f. 3. — Ténassérim central.

511. PULCHERRIMA, Sharpe, *Ibis*, 1888, p. 393, pl. 2, f. 2. — Bornéo N.-W.

512. FRANKLINI (Blyth); Gould, *B. Asia*, VI, pl. 50; Marsh. *Op. cit.* pl. 24; *igniceps*, Hodgs. — Himalaya E., Assam, Manipour.

513. RAMSAYI, Wald., *Ann. and Mag. N. H.* 1875, p. 400; *Cat. B. Br. Mus.* pl. 4, f. 2. — Birmanie, Ténassérim.

514. OORTI (S. Müll.); Marsh. *Op. cit.* p. 59, pl. 27. — Malacca, Sumatra.

515. MYSTACOPHANES (Tem.), *Pl. col.* III p. 315; *quadricolor*, Eyt.; *humei*, Marsh. *Monogr. Capit.* pl[s] 19, 21; *nebulosa*, Marsh. — Ténass. S., Malacca, Sumatra, Bornéo.

516. MONTICOLA (Sharpe), *Ann. and Mag. N. H.* 1889, p. 424. — Bornéo N.-W.

517. NUCHALIS, Gould, *P. Z. S.* 1862, p. 283. — Formose.

518. FABER, Swinh., *Ibis*, 1870, p. 96, pl. 4; Marsh. *Op. cit.* pl. 25. — Ile Hainan.

519. LAGRANDIERI, Verr.; Marsh. *Op. cit.* pl. 34. — Cochin-Chine.

520. PHÆOSTRIATA, Marsh. *Op. cit.* p. 99, pl. 41; *flavostrictus*, Tem., *Pl. col.* 527; *flavostriata*, Gr.; *phaiosticta*, Bp. — Cochin-Chine.

521. ZEYLONICA (Gm.); Marsh. *Op. cit.* pl. 40; *caniceps*, auct. plur. (nec Frankl.); *viridis*, Bp. — Inde S. et Ceylan.

522. CANICEPS (Frankl.); Marsh. *Op. cit.* pl[s] 89, 91; *inornata*, Wald. *Ann. N. H.* 1870, p. 219. — Inde.

523. LINEATA (Vieill.); *caniceps*, Hodgs.; *hodgsoni*, Bp.; Marsh. *Op. cit.* pl[s] 36, 37; *maclellandi*, Horsf. et Moore; *viridis*, Goff. (nec Bodd.). — Himalaya, Assam, Birmanie, Java.

524. VIRIDIS (Bodd.); *Pl. enl.* 870; Marsh. *Op. cit.* pl. 35; *sykesi*, Hayes. — Inde S.

88. XANTHOLÆMA

Xantholæma, Bp. (1854); *Mesobucco*, Shell. (1889).

525. DUVAUCELI (Less.); Marsh. *Op. cit.* pl. 33, ff. 1, 2; *tri-* — Malacca, Sumatra,

maculatus, Gr. ; *frontalis*, Tem. *Pl. col.* 536, f. 1 ; *gutturalis*, Boie. ; *quadricolor*, Eyt.	Bornéo.
526. CYANOTIS (Blyth) ; Marsh. *Op. cit.* pl. 33, f. 3.	Himal. E., Ténassérim.
527. EXIMIA (Sharpe) ; *Mesobucco eximius*, Sharpe, *Ibis*, 1892, p. 324.	Bornéo N.-W.
528. HÆMATOCEPHALA (P. L. S. Müll.) ; Marsh. *Op. cit.* pl. 42 ; *hæmacephalus*, Müll. ; *Pl. enl.* 746, f. 2 ; *flavigula*, Bodd. ; *philippensis* et *lathami*, Gm. ; *indicus*, Lath. ; *rubricollis*, Cuv. ; *luteus*, Less. ; *rafflesius*, Boie ; *rubrifrons*, Gr.	Inde, Ceylan, Indo-Chine W., Malacca, Sumatra, Philippines.
529. RUBRICAPILLA (Gm.) ; Marsh. *Op. cit.* pl. 44 ; Levaill. *Barbus*, pl. 56 ; *barbiculus*, Cuv.	Ceylan.
530. AUSTRALIS (Horsf.) ; Marsh. *Op. cit.* pl. 32 ; *cyanocephalus*, Reinw. ; *gularis*, Tem. *Pl. col.* 89, f. 2.	Java.
531. MALABARICA (Blyth), *J. As. Soc. Beng.* 1847, pp. 386, 465.	Inde S.
532. ROSEA (Dum.) ; Marsh. *Op. cit.* pl. 43 ; *rosaceicollis*, Vieill.	Java, Sumatra, Bali.
533. INTERMEDIA, Shell., *Cat. B. Br. Mus.* XIX, p. 97 ; *rosea*, Wald. (nec Dum.).	Iles Négros, Cébu.

89. PSILOPOGON

Psilopogon, S. Müll. (1835) ; *Pseudobucco*, Des Murs (1849) ; *Buccotrogon*, v. Kreling (1852).

534. PYROLOPHUS, S. Müll. ; Marsh. *Op. cit.* pl. 53 ; *torquatus*, Krel.	Malacca, Sumatra.

90. TRACHYPHONUS

Trachyphonus, Ranz. (1821) ; *Tamatia*, Hempr. et Ehr. (1828) ; *Cucupicus*, Less. (1828) ; *Micropogon*, Tem (1830) ; *Polysticte*, Smith (1836) ; *Trachylæmus*, Rchnw. (1891).

535. CAFER (Vieill.) ; Levaill. *Promer.* pl. 32 ; Marsh. *Op. cit.* pl. 56 ; *vaillantii*, Ranz. ; *sulphuratus*, Lafr. ; *quopopa*, Smith.	Afrique S.-E.
536. SUAHELICUS, Rchnw., *Journ. f. Orn.* 1887, p. 60 ; *cafer*, Shell. (nec Vieill.).	Afrique E.
537. VERSICOLOR, Hartl., *Abh. nat. Verein. Bremen*, 1882, p. 208 ; id. *Ibis*, 1886, p. 111.	Afrique équatoriale.
538. ERYTHROCEPHALUS, Cab., *Journ. f. Orn.* 1878, p. 206, pl. 2, ff. 1, 2.	Afrique E.
539. SHELLEYI, Hartl., *Ibis*, 1886, pp. 105, 111, pl. 5.	Somaliland.
540. MARGARITATUS (Rüpp.), *Cretzschm. Atlas, Vög.* p. 30, pl. 20 ; *erythropygos*, Hempr. et Ehr. ; Tem. *Pl. col.* 490 ; *margaritaceus*, Tem.	Afrique N.-E.
541. BOEHMI, Fisch. et Rchnw., *Journ. f. Orn.* 1884, p. 179.	Afrique E.

542. UROPYGIALIS, Salvad., *Mem. Acc. Torino*, XLIV (1894), p. 551. — Somaliland.

543. DARNAUDI (Prév. et Des M.); *squamiceps*, Heugl.; Marsh. *Op. cit.* pl. 58; *arnaudi*, auct. plur. (1). — Afrique équatoriale et Haut-Nil.

544. EMINI, Rchnw., *Journ. f. Orn.* 1891, p. 149. — Afrique centrale E.

545. PURPURATUS, Verr.; Marsh. *Op. cit.* pl. 60. — Du Camér. au Gabon.

158. *Var.* ELGONENSIS, Sharpe, *Ibis*, 1891, p. 122. — Mont Elgon (Afr. E.).

546. GOFFINI (Schleg.); Marsh. *Op. cit.* p. 149, pl. 59. — Libéria, Côte d'Or.

159. *Var.* TOGOËNSIS, Rchnw. *Journ. f. Orn.* 1891, pp. 378, 394; 1897, pl. 1, f. 2. — Togoland.

SUBF. II. — CAPITONINÆ

91. CAPITO

Capito, Vieill. (1816); *Nystastes*, Glog. (1827); *Eubucco*, Bp. (1850); *Micropogon*, Tem. (1830).

547. AUROVIRENS (Cuv.); Marsh. *Monogr. Capit.* p. 155, pl. 62. — Ecuador, Pérou.

548. MACULICORONATUS, Lawr.; Scl., *Ibis*, 1862, pl. 1; Marsh. *Op. cit.* pl. 61. — Panama, Colombie.

549. HYPOLEUCUS, Salvin, *Ibis*, 1898, p. 154. — Colombie (Valdivia).

550. SQUAMATUS Salvin, *Ibis*, 1876, p. 494, pl. 14. — Ecuador.

551. QUINTICOLOR, Elliot, *Nouv. Arch. Muséum*, I, Bull. (1865) p. 76, pl. 4, f. 1; Marsh. *Op. cit.* pl. 65. — Colombie.

552. CAYANNENSIS (Briss.); *niger*, Müll.; Marsh. *Op. cit.* pl. 63; *erythronothus*, Bodd.; *rubricollis*, Vieill.; *erythrocephalus*, Gray. — Guyane.

553. PUNCTATUS, Less.; Des M. *Icon. Orn.* pl. 20; *aurifrons*, Vig.; *flavicollis*, Bp.; *auricollis*, Bp.; *peruvianus*, Scl. (nec Cuv.); *auratus*, Goff. (nec Dum.); *amazonicus*, Scl. et Salv. — De la Colombie au Pérou et Bolivie.

554. AURATUS (Dum.); Levaill. *Barbus*, pl. 27; *peruvianus*, Cuv.; *aureus*, Tem.; *amazonicus*, Dev. et Des M.; *niger*, Bartl. (nec Müll.). — Guyane, Amazone, Rio Negro.

555. RICHARDSONI, Gray, *Gen. B.* II, pl. 106; *Cat. B. Br. Mus.* XIX, pl 5, f. 5; *sulphureus*, Eyt. — Ecuador.

155bis. STEERII, Scl. et Salv. *P. Z. S.* 1878, p. 140, pl. 12. — Pérou.

556. GRANADENSIS, Shell., *Cat. B. Br. Mus.*, XIX, p. 115, pl. 5, f. 5; *richardsoni*, auct. plur. — Colombie.

557. AURANTIICOLLIS, Scl., *P. Z. S.* 1857, p. 267; Marsh. *Op. cit.* pl. 70; *hartlaubi*, Scl. (nec Lafr.). — Haut-Amazone.

558. VERSICOLOR (P. L. S. Müll.); Marsh. *Op. cit.* pl. 68; *pictus*, Bodd.; *elegans*, Gm.; Lev. *Barbus*, pl. 34; *maynalensis*, Vieill. — Bolivie, Pérou.

(1) Plusieurs auteurs écrivent *arnaudi*, mais c'est *darnaudi* qu'il faut écrire, l'espèce étant dédiée à Darnaud.

559. GLAUCOGULARIS, Tsch.; id. *Faun. Per.* pl. 24, f. 2; Marsh. *Op. cit.* pl. 67; *erythrocephalus*, Tsch. et Cab.; *tschudii*, Scl. — Pérou.

560. BOURCIERI et *hartlaubi* (Lafr.), *Rev. et Mag. de Zool.* 1849, pl^s 4, 6, p. 116; *capistratus*, Eyt. — Colombie, Ecuador.

160. *Var.* SALVINI, Shell., *Cat. B. Br. Mus.* XIX, p. 119, pl. 5, f. 4. — De Costa Rica à Panama.

92. TETRAGONOPS

Tetragonops, Jard. (1855).

561. RHAMPHASTINUS, Jard., *Edinb. Phil. Journ.* 1855, p. 404; 1856, pl. 4; Marsh. *Op. cit.* pl. 1. — Ecuador.

562. FRANTZII, Scl., *Ibis*, 1864, p. 371, pl. 10; Marsh. *Op. cit.* pl. 2. — Costa Rica.

FAM. III. — RHAMPHASTIDÆ (1)

93. RHAMPHASTOS

Rhamphastos, Lin. (1758); *Tucaius*, Bp. (1854); *Burhynchus*, *Tucanus* et *Ramphodryas*, Cass. (1867).

563. TOCO, Müll.; *Pl. enl.* 82; Gould, *Mon. Ramph.* éd. 2, pl. 1; *magnirostris*, Sw.; *albogularis*, Cass. — De la Guyane à l'Argentine et Bolivie.

564. CARINATUS, Sw., *Zool. Ill.* I, pl. 45; Gould, *Op. cit.* pl. 2; *piscivorus*, Lin.; *tucanus*, Shaw (nec Lin.); *callorhynchus*, Wagl.; *sulphuratus*, Less. — Du S. du Mexique au Nicaragua.

161. *Var.* BREVICARINATA, Gould, *Op. cit.* pl. 3; *approximans*, Cab.; *carinatus*, auct. plur. — De Costa Rica au N. de la Colombie.

565. TOCARD, Vieill.; Levaill. *Ois. Par.* pl. 9; Gould, *Op. cit.* pl. 4; *ambiguus*, Tsch.; *swainsoni*, Gould. — Du Nicaragua à l'Ecuador W.

162. *Var.* AMBIGUA; *ambiguus*, Sw., *Zool. Ill.* III, pl. 168; Gould, *l. c.* pl. 5; *abbreviatus*, Cab. — De la Colombie au Pérou et Vénézuéla.

566. TUCANUS, Lin.; *Pl. enl.* 262; *erythrorhynchus*, Gm.; Gould, *Op. cit.* pl. 6; *levaillanti*, Wagl. — Guyane, Brésil N.

567. INCA, Gould; id. *Mon. Ramph.* éd. 2, pl. 7. — Bolivie, Pérou E.

568. CUVIERI, Wagl.; Gould, *Op cit.* pl. 8; *forsterorum*, Wagl. — Colombie, Ecuador, Haut-Amazone.

569. CULMINATUS, Gould, *Op. cit.* pl. 11. — De Col. au Pérou E.

570. CITREOLÆMUS, Gould: id. *Op. cit.* pl. 9. — Colombie.

571. OSCULANS, Gould; id. *Op. cit.* pl. 10. — Guyane, Rio Negro.

572. ARIEL, Vig.; Gould, *Op. cit.* pl. 12; *temmincki*, *erythrosoma*, Wagl. — Brésil E.

573. VITELLINUS, Licht.; Gould; *Op. cit.* pl. 13; Lev. *Ois. Par.* pl. 7. — Trinidad, Vénézuéla, Guyane, Bas-Amaz.

(1) Voy.: Gould, *Monogr. Rhamphastidæ*, éd. 1 (1834) et éd. 2 (1854); Sclater, *Cat. Birds Brit. Mus.* XIX, p. 122 (1891).

574. DICOLORUS, Lin.; Gould, *Op. cit.* pl. 14; *chlororhynchus*, Tem.; *pectoralis*, Shaw; *tucai*, Licht.	Brésil S.-E., Paraguay.

94. ANDIGENA

Andigena, Gould (1850); *Ramphomelus*, Bp. (1854).

575. HYPOGLAUCUS Gould; id. *Op. cit.* pl. 38.	De Col. au Pérou W.
576. CUCULLATUS, Gould; id. *Op. cit.* pl. 39.	Bolivie, Pérou.
577. LAMINIROSTRIS, Gould; id. *Op. cit.* pl. 37.	Ecuador, Pérou W.
578. NIGRIROSTRIS (Waterh.); Gould, *Op. cit.* pl. 40; *melanorhynchus*, Sturm.	Colombie.
163. *Var.* SPILORHYNCHA; *spilorhynchus*, Gould, *P. Z. S.* 1854, p. 115.	Colombie W., Ecuad.
579. BAILLONI (Vieill.); Gould, *Op. cit.* pl. 41; *croceus*, Jard. et Selby, *Ill. Orn.* I, pl. 6.	Brésil S.-E.

95. PTEROGLOSSUS

Pteroglossus, Ill. (1811); *Aracari*, Less. (1828); *Pyrosterna* et *Beauharnaisius*, Bp. (1854); *Grammarhynchus*, Gould (1854).

580. ARACARI (Lin.); *Pl. enl.* 166; Gould, *Op. cit.* pl. 15; *atricollis*, Müll.	Guyane, Bas-Amazone.
164. *Var.* WIEDI, Sturm.; Gould, *Op. cit.* pl. 16.	Brésil E.
165. *Var.* FORMOSA; *formosus*, Cab., *Journ. f. Orn.* 1862, p. 332.	Vénézuéla.
581. PLURICINCTUS, Gould; id. *Op. cit.* pl. 17; *pœcilosternus*, Gould.	De Colombie au Pérou, Haut-Amazone.
582. CASTANOTIS, Gould; id, *Op. cit.* pl. 19.	Amérique mér. trop.
583. TORQUATUS (Gmel.); Gould, *Op. cit.* pl. 20; *ambiguus*, Less.; *regalis*, Licht.; *nuchalis*, Cab.	Amérique centr., Colombie, Vénézuéla.
584. FRANTZII, Cab., *Journ. f. Orn.* 1862, p. 333.	Costa Rica, Chiriqui.
585. ERYTHROPYGIUS, Gould; id. *Op. cit.* pl. 21 (fig. inf.).	Ecuador.
166. *Var.* SANGUINEA, Gould, *Op. cit.* pl. 21 (fig. sup.).	Colombie N.
586. BITORQUATUS, Vig.; Gould, *Op. cit* pl. 26.	Bas-Amazone.
167. *Var.* STURMI, Natt.; Gould, *Op. cit.* pl. 27.	Rio Madeira.
587. FLAVIROSTRIS, Fras.; Gould, *Op. cit.* pl. 29; *azaræ*, Gould (nec Vieill.), *Op. cit* éd. 1, pl. 17; *mariæ*, Gould, *Op. cit.* éd. 2, pl. 30.	Colombie, Ecuador, Haut-Amazone.
588. AZARÆ (Vieill.); Gould, *Op. cit.* pl. 28; *nigridens*, Tem.	Guyane, Rio Negro.
589. HUMBOLDTI, Wagl.; Gould, *Op. cit.* pl. 22.	Haut-Amazone.
590. INSCRIPTUS, Sw., *Zool. Ill.* II, pl. 90; Gould, *Op. cit.* pl. 23.	Guyane, Bas-Amazone.
591. VIRIDIS (Lin.); Gould, *Op. cit.* pl. 24; *glaber*, Lath.	Guyane, Bas-Amazone.
168. *Var.* DIDYMA; *Pt. didymus*, Scl., *P. Z. S.* 1890, p. 403; *Cat. B. Br. Mus.* XIX, pl. 6.	Haut-Amazone.
592. BEAUHARNAISI, Wagl.; Gould, *Op. cit.* pl. 25; *uloco-*	Haut-Amazone.

mus, Gould; *pœppigii*, Wagl.; *lepidocephalus*, Nitzsch.

96. SELENIDERA

Selenidera, Gould (1837); *Piperivorus*, Bp. (1834); *Ramphastoides*, Cass.

593. MACULIROSTRIS (Licht.); Gould, *Op. cit.* pl. 31; *maculatus*, Vieill. — Brésil S.
594. GOULDII (Natt.); Gould, *Op. cit.* pl. 32. — Bas-Amazone.
595. LANGSDORFFI (Wagl.); Gould, *Op. cit.* pl. 33. — Haut-Amazone.
596. REINWARDTI (Wagl.); Gould, *Op. cit.* pl. 35. — Haut-Amaz., Ecuad. E.
597. NATTERERI (Gould); Gould, *Op. cit.* pl. 34. — Guyane, Bas-Amazone.
598. PIPERIVORA (Lin.); *Pl. enl.* 577, 729; Gould, *Op. cit.* pl. 36; *culik*, Wagl. — Guyane, Bas-Amazone.
599. SPECTABILIS, Cass., *Pr. Ac. Sc. Phil.* 1857, p. 214; id. *Journ. Ac. Sc. Phil.* IV, sér. 2, p. 1, pl. 1. — Nicaragua, Costa Rica, Veragua.

97. AULACORHAMPHUS

Aulacorhynchus, Gould (1834); *Aulacoramphus*, Gr. (1840); *Ramphoxanthus*, Bp. (1854).

600. SULCATUS (Sw.); Tem. *Pl. col.* 356; Gould, *Op. cit.* pl. 42. — Vénézuéla.
601. ERYTHROGNATHUS, Gould, *Ann. N. H.* ser. 4, XIV, p. 184; *Cat. B. Br. Mus.* XIX, pl. 7. — Vénézuéla.
602. CALORHYNCHUS, Gould, *Ann. N. H.* ser. 4, XIV, p. 183; *Cat. B. Br. Mus.* XIX, pl. 8. — Colombie N., Vénézuéla.
603. DERBIANUS; id. Gould, *Op. cit.* pl. 43. — Ecuad., Pérou, Bolivie.
604. WHITELYANUS, Salv. et Godm., *Ibis*, 1882, p. 83; *Cat. B. Br. Mus.* XIX, pl. 9. — Guyane anglaise.
605. PRASINUS (Licht.); Gould, *Op. cit.* pl. 47. — Mexique S., Guatémala, Honduras.
  169. *Var.* WAGLERI (Sturm), *Mon. Ramph.* II, pl. 7; Gould, *Op. cit.* pl. 48; *pavoninus*, Gd. — Mexique W.
606. ALBIVITTATUS (Boiss.); Gould, *Op. cit.* pl. 49; *phæolæmus*, Gd.; *microrhynchus*, Sturm, *Mon. Ramph.* II, pl. 8. — Colombie, Vénézuéla, Ecuador.
607. HÆMATOPYGIUS (Gould); id. *Op. cit.* pl. 45; *sex-notatus*, Gd.; *castaneorhynchus*, Gould, *Op. cit.* pl. 44. — Colombie, Ecuador.
608. CÆRULEICINCTUS (d'Orb)., *Voy. Ois.* p. 382, pl. 66, f. 2; Gould, *Op. cit.* pl. 46; *lichtensteini*, Sturm. — Bolivie, Pérou S.
609. CÆRULEIGULARIS, Gould; id. *Op. cit.* pl. 51. — Costa Rica, Veragua
610. CYANOLÆMUS, Gould, *P. Z. S.* 1866, p. 24; *Cat. B. Br. Mus.* XIX, pl. 10. — Ecuador W.
611. ATROGULARIS (Sturm.); Gould, *Op. cit.* pl. 50. — Pérou W.
  170. *Var.* DIMIDIATA; *dimidiatus*, Ridgw., *P. U. S. Nat. Mus.* IX, p. 93. — Vénézuéla.

FAM. IV. — GALBULIDÆ (1)

SUBF. I. — GALBULINÆ

98. UROGALBA

Urogalba, Bp. 1854 : *Urocex*, Cab. et H. 1863.

612. PARADISEA Lin. : *Pl. enl.* 271 : Levaill. *Ois. Parad.* II. pl. 52 : Sclat., *Mon. Jac. and Puff-birds*. pl. 1, f. 1. — Guyane, Bas-Amazone.

613. AMAZONUM, Scl., *P. Z. S.* 1855, p. 14 : id. *Mon.* pl. 1, f. 2. — Haut-Amazone.

99. GALBULA

Galbula, Briss. 1760 : *Caucalias*, Cab. et H. 1863.

614. VIRIDIS, Lath. : Scl. *Mon.* pl. 2 : Levaill. *Ois. Par.* pl^s 47, 48 : *galbula*, Lin. : *rubricollis*, Steph. : *viridicauda*, Sw. : *quadricolor*, Verr. — Guyane, Bas-Amazone, Vénézuéla.

615. RUFO-VIRIDIS, Cab. : Scl. *Op. cit.* pl. 3 : *ruficauda*, Sw. nec Cuv. : *maculicauda*, Scl., *Contr. Orn.* 1852, p. 29. — Bolivie, Brésil.

616. RUFICAUDA, Cuv. : Scl. *Op. cit.* pl. 4 : *macroura*, Vieill. : *leptura*, Sw. — Colombie, Vénézuéla, Trinidad, Guyane.

617. MELANOGENIA, Scl., *Contr. Orn.* 1852, p. 61, pl. 90 : id. *Mon.* pl. 5. — Du S. du Mexique à l'Ecuador W.

618. TOMBACEA, Spix ; Scl. *Op. cit.* pl. 6 : *cyanescens*, Dev. — Colombie, Ecuador, Haut-Amazone.

171. *Var.* FUSCICAPILLA, Scl. *P. Z. S.* 1855, p. 13, pl. 77. — Colombie.

172. *Var.* PASTAZÆ, Tacz. et Berl., *P. Z. S.* 1883, p. 107. — Ecuador E.

619. ALBIROSTRIS, Lath. ; Scl., *Mon.* pl. 7 ; *flavirostris*, Vieill : *chalcocephala*, Devil. ; Des M., *Expl. de Cast. Ois.* pl. 9, f. 2. — Guyane, Amazone, Ecuador E.

620. CYANEICOLLIS, Cass. ; Scl., *Mon.* pl. 8 ; *cyanopogon*, Cab. : *albirostris*, Burm. — Bas-Amazone, Rio Madeira.

621. LEUCOGASTRA, Vieill. : Gray, *Gen. B.* I. pl. 29 : Scl., *Op. cit.* pl. 9 : *albiventris*, Cuv. : *ænea*, Tem. — Bas-Amazone, Guyane.

622. CHALCOTHORAX, Scl., *P. Z. S.* 1854, p. 110 : id. *Mon.* pl. 10 : *leucogastra* part. Scl. — Ecuador E., Amazone.

100. BRACHYGALBA

Brachygalba, Bp. 1854 : *Brachycex*, Cab. et H. 1863.

623. LUGUBRIS Sw. : Sclat., *Mon.* pl. 11 ; *inornata*, Scl. : *chalcoptera*, Rchnb. — Guyane, Bas-Amazone.

(1) Voy. : Sclater, *A Monograph of the Jacamars and Puff-Birds (Galbulidæ et Bucconidæ)* 1882 ; id. *Cat. B. Br. Mus.* XIX, p. 161 (1891).

173. *Var*. FULVIVENTRIS, Scl. *Mon*. pl. 11; id, *Cat. B. Br. Mus*. XIX, p. 172. — Colombie, Ecuador E.

624. GOERINGI, Scl. et Salv., *P. Z. S*. 1869, p. 253, pl. 18; Scl. *Mon*. pl. 12. — Vénézuéla.

625. SALMONI, Scl. et Salv., *P. Z. S*. 1879, p. 535; Scl. *Op. cit*. p. 13. — Antioquia (Colombie).

626. ALBIGULARIS (Spix); Scl. *Mon*. pl. 14. — Haut-Amazone.

627. MELANOSTERNA, Scl., *P. Z. S*. 1855, p. 15; id. *Mon*. pl. 15; *albiventris*, Cab. — Brésil W., Bolivie E.

101. JACAMARALCYON

Jacamaralcyon, Less. (1831); *Cauax*, Cab. (1847).

628. TRIDACTYLA (Vieill.); Scl. *Op. cit*. pl. 16; *ceycoides*, Such; *brasiliensis*, Less.; *armata*, Sw. — Brésil.

102. GABALCYORHYNCHUS

Galbalcyrhynchus! Des M. (1845); *Jacamaralcyonides*, Des M. (1845); *Cauecias*, Cab. (1851); *Alcyonides*, Rchnb. (1851); *Gabalcyorhynchus*, Cab. (1851).

629. LEUCOTIS, Des M.; id. *Icon. Orn*. pl. 7; Scl. *Mon*. pl. 17. — Haut-Amazone.

SUBF. II. — JACAMEROPINÆ

103. JACAMEROPS

Jacamerops, Less. (1831); *Lamprotila*, Sw. (1837); *Lamproptila*, Agass. (1848).

630. GRANDIS (Gm.); Scl., *Op. cit*. pl 18; *jacamaciri*, Shaw; *platyrhyncha*, Sw. — Guyane, Amaz., Ecuad., Colombie, Véragua.

631. ? ISIDORI, Deville, *Rev. Zool*. 1849, p. 55; Des M., *Exp. Cast. Ois*. pl. 10 (mélanisme?). — Pérou.

FAM. V. — BUCCONIDÆ (1)

104. BUCCO

Bucco, Briss. (1760); *Cyphos*, Spix (1824); *Nystactes*, Glog. (1827); *Tamatia*, Less. (1831); *Chaunornis*, Gray (1841); *Nystalus*, *Hypnelus*, *Nothriscus*, *Argicus* et *Notharcus*, Cab. et H. (1863).

632. COLLARIS, Lath.; Scl., *Mon. Jac. and Puff-Birds*, p. 61, pl. 19; *capensis*, Lin. — Guyane, Amazone.

633. MACRORHYNCHUS, Gm.; Levaill. *Ois. Parad*. II, pl. 39; Scl., *Op. cit*. pl. 20. — Guyane, Bas-Amazone.

(1) Voy.: Sclater, *Mon. Galbulidæ et Bucconidæ* (1882); id. *Cat. B. Br. Mus*. XIX, p. 178.

174. *Var.* DYSONI, Scl.; id. *Mon.* pl. 21; *gigas*, Bp.; *leucocrissus* et *napensis*, Scl.; *albicrissus*, Cab. — De l'Amérique centr. au Haut-Amazone.

634. HYPERRHYNCHUS (Bp.); Scl., *P. Z. S.* 1855, pl. 105; id. *Monogr.* pl 22; *giganteus*, Pelz. — Amazone.

635. SWAINSONI, Gray; Scl., *Monogr.* pl. 23; *macrorhynchos*, Sw., *Zool. Ill.* sér. 1, II, pl. 99. — Brésil S.-E.

636. PECTORALIS, Gray, *Gen. B.* I, p. 74, pl. 26; Scl., *Op. cit.* pl. 24. — Panama, Colombie.

637. ORDI, Cass., *Pr. Ac. Nat. Sc. Phil.* 1851, p. 154, pl. 8; Scl., *Op. cit.* pl. 25. — Amazone.

638. TECTUS, Bodd; Scl., *Op. cit.* pl. 26; *melanoleucos*, Gm.; Levaill. *Ois. Parad.* pl. 40. — Guyane, Brésil N.-E. Bas-Amazone.

639. PICATUS, Scl., *P. Z. S.* 1855, p. 194; id. *Monogr.* p. 81. — Haut-Amazone.

640. SUBTECTUS, Scl., *P. Z. S.* 1860, p. 296; id. *Monogr.* pl. 27. — Du Vérag. à l'Ecuad. W.

641. MACRODACTYLUS (Spix); Scl., *Op. cit.* pl. 28; *cyphos*, Wagl. — De Colombie au Pérou.

642. RUFICOLLIS (Wagl.); Scl., *Op. cit.* pl. 29; *gularis*, d'Orb. et Lafr. — Colombie N.

643. BICINCTUS (Gould); Scl., *Op. cit.* pl. 30; *bitorquata*, Sw. — Vénézuéla (Cayenne ?).

644. TAMATIA, Gmel.; Scl., *Op. cit.* pl. 31, f. 1; *maculata*, Cuv.; *hypnalea*, Cab. — Guyane, Bas-Amazone.

645. PULMENTUM (Bp.); Scl., *P. Z. S.* 1855, p. 194, pl. 106; id. *Monogr.* pl. 31, f. 2. — Haut-Amaz., Ecuador.

646. MACULATUS (Gmel.); Scl., *Op. cit.* pl. 32; *somnolentus*, Licht. — Brésil S.-E.

175. *Var.* STRIATIPECTUS. Scl.; id. *Monogr.* pl. 33; *maculatus*, Pelz. — Bolivie, Brésil W.

647. CHACURU, Vieill.; Scl., *Op. cit.*, pl. 34; *melanotis*, Tem., *Pl. col.* 94; *strigilatus*, Licht.; *leucotis*, Sw. — Bolivie, Brésil S., Paraguay.

648. STRIOLATUS Pelz.; Scl. et Salv., *Exot. Orn.* pl. 77; Scl., *Op. cit.* pl. 35. — Brésil W., Ecuador E., Pérou.

649. RADIATUS, Scl., *P. Z. S.* 1853, p. 122, pl. 50; id. *Monogr.* pl. 36; *ruficervix*, Bp. — Du Véragua à l'Ecuador.

176. *Var.* FULVIDA; *fulvidus*, Salv. et Godm., *Biol. centr. Amér.* II, p. 514; *radiatus*, auct. plur. — Ecuador W.

105. MALACOPTILA

Malacoptila, Gray (1841).

650. FUSCA (Gmel.); Scl., *Op. cit.* pl. 37; *unitorques*, Du Bus; *nigrifusca*, Scl.; *nigritorques*, Cab. — Amérique mér. trop.

651. RUFA (Spix); Scl., *Op. cit.* pl. 38; *senilis*, Tsch. — Brésil N., Amazone.

652. TORQUATA (Hahn); Scl., *Op. cit.* pl. 39; *striatus*, Spix; Dubois, *Orn. Gal.* pl. 22; *fuscus*, Licht. — Brésil S.-E.

653. PANAMENSIS, Lafr.; Scl., *Op. cit.* pl. 40; *aspersa*, Scl.; *poliopis*, Scl.; *blacica*, Cab.; *inornata*, Scl. et Salv. — Panama, Chiriqui.

177. *Var.* COSTARICENSIS, Cab. et Heine, *Mus. Hein.* IV, p. 135. — Costa Rica.
178. *Var.* MYSTACALIS, Lafr., *Rev. Zool.* 1850, p. 215, pl. 3. — Colombie, Vénézuéla.
179. *Var.* ÆQUATORIALIS, Cab. et Heine, *Mus. Hein.* IV, p. 135. — Ecuador, Pérou.
654. INORNATA (Du Bus); Scl., *Op. cit.* pl. 41; *veræ-pacis*, Scl. et Salv. — Guatémala.
180. *Var.* FULIGINOSA, Richm., *Pr. U. S. Nat. Mus.* XVI, p. 512. — Nicaragua.
655. FULVIGULARIS, Scl., *P. Z. S.* 1853, p. 123; id. *Op. cit.* pl. 42; *pyrrholæma*, Bp. — Bolivie.
656. SUBSTRIATA, Scl., *P. Z. S.* 1853, p. 123, pl. 51; id. *Op. cit.* pl. 43. — Colombie.

106. MICROMONACHA

Micromonacha, Scl. (1881).

657. LANCEOLATA (Deville); Scl., *Op. cit.* pl. 44. — Haut-Amazone, Ecuador W.

107. NONNULA

Nonnula, Sclat. (1853).

658. RUBECULA (Spix); Scl., *Op. cit.* pl. 45, f. 1; *phaioleucos*, Tem., *Pl. col.* 323, f. 2; *rufalbinus*, Cuv. — Bas-Amazone, Brésil E.
181. *Var.* CINERACEA, Scl., *Op. cit.* pl. 45, f. 2. — Haut-Amazone.
659. RUFICAPILLA (Tsch.); Scl., *Op. cit.* pl. 46, f. 1. — Haut-Amazone.
182. *Var.* FRONTALIS, Scl.; id. *Op. cit.* p. 139. — Colombie et Panama.
660. BRUNNEA, Scl., *Ibis*, 1881, p. 600; id. *Monogr.* pl. 46, f. 2. — Colombie, Ecuador, Pérou.

108. HAPALOPTILA

Hapaloptila, Sclat. (1881).

661. CASTANEA, Verr., *Rev. Mag. Zool.* 1866, p. 355, pl. 19; Scl., *Op. cit.* pl. 47. — Colombie, Ecuador.

109. MONASA

Monasa, Vieill. (1816; *Lypornix*, Wagl. (1827); *Scotocharis*, Glog. (1827); *Monastes*, Nitzsch (1840); *Monacha*, Scl. (1891).

662. NIGRA (Müll.); *Pl. enl.* 512; Scl., *Op. cit.* pl. 48; *australis*, *cinereus* et *tranquillus*, Gm.; *calcaratus*, Lath.; *ater*, Bodd. — Guyane, Bas-Amazone.
663. FLAVIROSTRIS, Strickl., *Contr. Orn.* 1850, p. 47, pl. 48; Scl., *Op. cit.* pl. 49; *axillaris*, Lafr. — Colombie, Ecuador, Haut-Amazone.

664. MORPHEUS (Hahn); Scl., *Op. cit.* pl. 50; *personata*, Vieill., *Gal. Ois.* p. 23, pl. 36; *leucops*, Licht.; *albifrons*, Spix. — Brésil E., Bas-Amazone.
665. PERUANA, Scl., *P.Z.S.* 1855, p. 194; id. *Op. cit.* pl. 51. — Ecuador, Haut-Amaz.
666. GRANDIOR, Scl. et Salv., *P. Z. S.* 1868, p. 327; id. *Op. cit.* pl. 52; *peruana*, Lawr. — Nicaragua, Costa Rica.
667. PALLESCENS, Cass., *Proc. Acad. Sc. Philad.* 1860, p. 134, 1864, pl. 4; Scl., *Op. cit.* pl. 53. — Colombie N.
668. NIGRIFRONS (Spix); Scl., *Op. cit.* pl. 54; *unicolor*, Wagl. — Amazone, Bolivie.

110. CHELIDOPTERA

Chelidoptera, Gould (1836).

669. TENEBROSA (Pall.); Scl., *Op. cit.* pl. 55, f. 1; *tenebrio*, Tem., *Pl. col.* 323, f. 1; *albipennis*, Bp. — Vénézuéla, Guyane, Amazone.
  183. *Var.* BRASILIENSIS, Scl. *Cat. A. B.* p. 275; id. *Op. cit.* pl. 53, f. 2; *tenebrosa*, auct. plur. — Brésil S.-E.

FAM. VI. — CUCULIDÆ (1)

SUBF. VI. — CUCULINÆ

111. COCCYSTES

Coccystes, Glog. (1834); *Oxylophus*, Sw. (1837); *Coccyzus* (part.), Vieill. (1823).

670. GLANDARIUS (Lin.); Dress. *B. Eur.* pl. 300; *pisanus*, Gm.; *abyssinicus*, Lath.; *melissophonus*, Vieill.; *gracilis, macrurus*, Brh.; *maculatus*, C. Dubois, *Ois. Eur.* pl. 113. — Europe méridionale, Asie S.-W., Afrique.
671. COROMANDUS (Lin.); Levaill. *Ois. Afr.* pl. 213; *collaris*, Vieill.; *coromandelicus*, Müll. — Asie S. et S.-E., îles de la Sonde, Philippines, Célèbes.
672. JACOBINUS (Bodd.); *Pl. enl.* 872; Levaill. *Ois. Afr.* pl. 208; *melanoleucus*, Gm.; *serratus*, Steph. (nec Sparrm.); *edolius*, Cuv. (part.); *serratoïdes*, Hodgs.; *afer*, Gr.; *pica*, H. et Ehr. — Afrique au S. du Sahara, Inde, Ceylan, Indo-Chine.
  184. *Var.* HYPOPINARIA, Cab. et H., *Mus. Hein.* IV, p. 47; *Cat. B. Br. Mus.* XIX, pl. 11, f. 2. — Afrique S.-E. et S.-W.
  185. *Var.* CAROLI, Norm., *Ibis*, 1888, p. 407; *Cat. l. c.* pl. 11, f. 1. — Gabon.
673. CAFER (Licht.); Levaill. *Ois. Afr.* pl. 209; *afer*, Leach; *levaillanti*, Sw.; *ater*, Rüpp. (nec Gm.). — Afrique tropicale.

(1) Voy. : Shelley, *Cat. B. Br. Mus.* XIX, p. 209 (1891).

674. SERRATUS (Sparrm.); *ater*, Gm.; Levaill. *Op. cit.* pl. 207; *edolius*, Cuv. (part.). — Afrique S.

675. ALBONOTATUS, Shell., *Pr. Zool. Soc.* 1881, p. 594; *serratus*, Cab., *Journ. f. Orn.* 1878, p. 237. — Afrique E., de Usambara à Mombasa.

112. PACHYCOCCYX

Pachycoccyx, Cab. (1882).

676. AUDEBERTI (Schl.). *Notes Leyd. Mus.* 1879, p. 99; M.-Edw. et Grand., *Hist. Madag. Ois.* I, p. 178, pl. 66. — Madagascar.

677. VALIDUS (Rchnw.), *Orn. Centralbl.* 1879, p. 139; *brazzæ*, Oust. — Afrique équatoriale.

113. CALLIECHTHRUS

Simotes, Blyth (1846, nec Fisch. 1829, Mamm.); *Calliechthrus*, Cab. et H. (1862).

678. LEUCOLOPHUS (Müll.); Gould, *B. New-Guin.* IV, pl. 42; *albivertex*, Blyth. — Nouv.-Guinée, Waigiou, Mysol.

114. SURNICULUS

Surniculus, Less. (1831); *Pseudornis*, Hodgs. (1839); *Cacangelus*, Cab. et H. (1862).

679. LUGUBRIS (Horsf.), *Zool. Res. Java*, pl. 58; *albopunctulatus*, Drap.; *dicruroides*, Hodgs.; *velutinus*, Tweed. (nec Sharpe). — Asie S. et S.-E., îles de la Sonde.

680. MUSCHENBROEKI, Mey. *in Rowl. Orn. Miscell.* III, p. 164. — Batjan.

681. VELUTINUS, Sharpe, *Tr. Linn. Soc.* ser. 2, *Zool.* I, p. 320. — Mindanao, Malamaui, Basilan (Philipp.).

115. HIEROCOCCYX

Hierococcyx, S. Müll. (1839-44).

682. SPARVERIOIDES (Vig.); Gould, *Cent. Himal. B.* pl. 53; *strenuus*, Gould, *B. As.* VI, pl. 42. — Japon, Asie E., Bornéo, Philippines.

683. BOCKI, Wardl. Rams., *Ibis*, 1886, p. 157. — Sumat., Bornéo N.-W.

684. VARIUS (Vahl); Jerd., *B. Ind.* I, p. 329; *ejulans*, Sundev.; *nisoides*, Blyth. — Inde, Ceylan, Indo-Chine W.

685. FUGAX (Horsf.); *lathami*, Gr.; *vagans*, Müll.; *nisicolor*, Hodgs.; *flaviventris*, Strickl. (nec Scop.); *hyperythrus*, Gould, *B. As.* pl. 431; *pectoralis*, Cab. — De l'Amour à Malacca, îles de la Sonde, Philippines.

686. NANUS, Hume, *Str. F.* 1877, p. 490. — Tenassérim, îles Salanga, Bornéo N.-W.

687. CRASSIROSTRIS, Wald., *Ann. and Mag. N. H.* 1872, p. 305; id. *Tr. Z. S.* VIII, p. 116, pl. 13. — Célèbes.

116. CUCULUS

Cuculus, Lin. 1758 ; *Nicoclarius*, Bp. 1854 : *Penthoceryx*, *Heteroscenes*, Cab. 1862.

688. MICROPTERUS, Gould ; *concretus*, S. Müll. : *affinis*, Hay : *striatus*, Gr. : *fasciatus*, Burm. ; *swinhoei*, Cab. et H. : *michieanus*, Swinh. — Asie S. et E., Japon, îles de la Sonde jusqu'à Ternate.

689. GULARIS, Steph : Levaill. *Ois. Afr.* pl^s 20, 21 : *lineatus*. Sw., *B. W. Afr.* II. pl. 18 : *ruficollis*, Heugl. ; *leptodetus*. Cab. et H. ; *aurantiirostris*. Sharpe. — Afrique.

690. CANORUS, Lin. ; Dubois, *Fne. ill. Vert. Belg. Ois.* pl. 161 : *capensis*. Müll. ; *hepaticus*. Sparrm. : *borealis*, Pall. ; *telephonus*, Heine : *libanoticus*, Tristr. : *peninsula*, Stejn. — Europe et Asie jusqu'au 70°, Afrique.

691. POLIOCEPHALUS, Lath. : *intermedius* Vahl. : *striatus*, Drap. ; *himalayanus*, Vig. : Gould, *Cent.* pl. 54 : *optatus*. Gould ; *fucatus*. Peale : *indicus* et *canorinus*. Cab. et H. : *kelungensis* et *monosyllabicus*, Swinh. : *canoroides*, auct. plur. — Asie orientale, Japon, Inde, Arch. malais, Nouvelle - Guinée, Australie N.

186. *Var.* ROCHII, Hartl., *P. Z. S.* 1862. p. 224 ; *clamosus*. Coq. nec Lath. — Madagascar, île Maurice.

692. SATURATUS, Horsf., *J. A. S. Beng.* XII. 1843, p. 942 : Blanf. *P. Z. S.* 1893. pp. 315-319. — Himalaya.

693. SOLITARIUS, Steph. : Levaill. *Ois. d'Afr.* pl. 206 : *rubeculus*, Sw. : *capensis*, auct. plur. nec Müll. : *heuglini*. Cab. et H. — Afrique.

694. STORMSI, A. Dubois. *Bull. Mus. roy. d'H. N. Belg.* V, p. 3, pl. 2. — Tanganyka.

695. GABONENSIS, Lafr., *Rev. et Mag. de Zool.* 1853, p. 60. — Du Gabon au Congo.

696. AURIVILLII, Sjöst., *Journ. f. Orn.* 1892, p. 313. — Caméron.

697. CLAMOSUS, Lath. : Levaill. *Ois. d'Afr.* pl^s 204, 205 ; *nigricans*. Sw., *Zool. Ill.* ser. 2. I. pl. 7 : *chalybeus*, Heugl : *serratus*, Sharpe nec Sparrm.. — Afrique tropicale et S. à partir du 10° l. N.

698. PALLIDUS, Lath : *variegatus* et *cinereus*, Vieill. : *inornatus*. Vig. et Horsf. : Gould, *B. Austr.* pl. 85 : *albostrigatus*, Vig. et Horsf. ; *poliogaster*. S. Müll : *occidentalis*. Cab. et H. — Australie, Tasmanie, Ternate ?

699. SONNERATI, Lath. : Jerd., *B. Ind* I. p. 325 : *pravata*, Horsf. ; *rufovittatus*, Drap. ; *fasciolatus*. S. Müll. ; *venustus*, Jerd. : *tenuirostris*, Hume. — Inde, Ceylan, Indo-Chine W., îles de la Sonde.

117. CERCOCOCCYX

Cercococcyx, Cab. 1882.

700. MECHOWI, Cab. *Journ f. Orn.* 1882, p. 230 ; 1897, pl. 1, f. 1. — Angola.

118. CACOMANTIS

Cacomantis, S. Müll. (1842); *Polyphasia* et *Gymnopus*, Blyth (1843); *Ololygon*, Cab. et H. (1862).

701. FLABELLIFORMIS (Lath.); *rufulus* et *pyrrhophænus*, Vieill.; *cineraceus*, *incertus*, Vig. et Horsf.; Gould, *B. Austr.* IV, pl. 86. — Australie, Tasmanie.

702. MERULINUS (Scop.); *Pl. enl.* 814; *flavus*, Gm.; *sepulcralis* et *lanceolatus*, S. Müll.; *lineatus*, Pucher.; *borneensis*, Bp.; *threnodes* et *rufoviridis*, Cab. et H.; *tenuirostris*, Jerd.; *dysonomus*, Heine; *rufiventris*, Jerd. — Asie centrale et S.-E., îles de la Sonde, Philippines.

703. VARIOLOSUS (Horsf.); *tymbonomus*, S. Müll.; *dumetorum*, Gould, *P. Z. S.* 1845, p. 19. — Austr., Timor, Nouv.-Guinée, Moluques.

704. INSPERATUS (Gould), *B. Austr.* IV, pl. 87; *assimilis*, Gr.; *infaustus*, Cab. et H.; *tymbonomus*, Grant. — Iles Papous, Salomon, Arrou, Moluques.

705. VIRESCENS (Brüggem.), *Abh. nat. Ver. Brem.* V, p. 59; *æruginosus*, Salvad. — Célèbes, Bouru.

706. CASTANEIVENTRIS, Gould, *B. Austr.* suppl. pl. 57; *assimilis*, Salvad. (nec Gray); *arfakianus*, Salvad., *Orn. Pap.* I, p. 49. — Australie N., Nouv.-Guinée, îles Arrou.

707. BRONZINUS, Gray, *P. Z. S.* 1859, p. 164. — Nouvelle-Calédonie.

708. SIMUS (Peale), *U. S. Expl. Exped.* p. 134, pl. 37, f. 1 (1848). — Iles Fidji et Nouvelles-Hébrides.

709. INFUSCATUS (Hartl.); Finsch et Hartl., *Faun. Centr. Polynes.* p. 31, pl. 5, f. 1. — Iles Fidji.

710. PASSERINUS (Vahl); *niger*, Blyth; *tenuirostris*, Gr. *Ill. Ind. Z.* II, pl. 34, f. 1; *brevipennis*, Hodgs. — Inde, Ceylan, Java, Sumatra.

119. MISOCALIUS

Misocalius, Cab. (1862); *Nisocalius*, Gr. (1870).

711. PALLIOLATUS (Lath.); *osculans*, Gould, *B. Austr.* IV, pl. 88. — Australie, îles Arrou, Kei, Batjan.

720. CHRYSOCOCCYX

Chrysococcyx, Boie (1827); *Chalcites*, Less. (1831); *Lampromorpha*, Vig. (1831); *Chalcococcyx*, *Lamprococcyx*, Cab. (1862); *Metallococcyx*, Rchnw. (1896).

712. SMARAGDINEUS (Sw.); *cupreus*, Shaw (nec Bodd.); Vieill. *Gal. Ois.* I, p. 33, pl. 42; *splendidus*, Gr.; *intermedius*, Verr. — Afrique tropicale et méridionale.

713. FLAVIGULARIS, Shell., *P. Z. S.* 1879, p. 679, pl. 50. — Côte d'Or (Afrique W.)

714. KLAASI (Steph.); Levaill. *Ois. d'Afr.* pl. 212; *resplendens*, Heine. — Afrique tropicale et méridionale.

715. CUPREUS (Bodd.); *Pl. enl.* 657; Levaill. *Op. cit.* pl^s 210, 211; *auratus*, Gm.; *chalcopepla*, Vig.; *chrysochlorus*, Cab. et H.; *chrysites*, Heine. — Afrique tropicale et méridionale.

716. XANTHORHYNCHUS (Horsf.); Gould, *B. Asia*, VI, pl. 47; *amethystina*, Vig.; *limborgi*, Tweed., *P. Z. S.* 1877, p. 366. — Indo-Chine, îles de la Sonde.

717. MACULATUS (Gm.); *lucidus*, Blyth (nec Gm.); *xanthorhynchus*, Hodgs. (nec Horsf.); *plagosus*, Bp. (nec Lath.); *hodgsoni*, Horsf. et Moore; Gould, *B. Asia*, VI, pl. 46; *schomburgki*, Gd.; *smaragdinus*, auct. plur. (nec Sw.). — Himalaya, Birmanie, Siam, Malacca, Sumatra.

718. MEYERI, Salvad., *Ann. Mus. Civ. Genov.* VI, p. 82; Gd., *B. New-Guin.*, pt. V, pl. 12. — Nouvelle-Guinée.

719. BASALIS (Horsf.); *lucidus*, Gould, *B. Austr.* IV, pl. 86, pt. (fem. et juv.); *chalcites*, Blyth. — Australie, îles Arrou, Timor, Flores, Lombock, Java.

720. LUCIDUS (Gm.); Tem. *Pl. col.* 102, f. 1; *versicolor*, Lath.; *metallicus*, Vig. et Horsf.; *nitens*, Forst. — Australie E., Nouvelle-Zélande.

187. *Var.* POLIURA; *L. poliurus*, Salvad., *Orn. Pap.*, app. p. 49. — Ile Tarawai (Nouvelle-Guinée).

188. *Var.* PLAGOSA; *plagosus*, Lath.; *lucidus*, Tem. *Pl. col.* 102, f. 2 et auct. plur.; *chalcites*, Ill. — Austr., Nouv.-Guinée S., îles Salomon.

189. *Var.* MALAYANA (Raffl.); *chalcites*, Blyth (nec Ill.); *basalis*, auct. plur. (nec Horsf.); *minutillus*, Gould, *B. Austr.* suppl. pl. 56. — Malacca, Java, Philip., Bornéo, Flores, N.-Guinée, Salom.

190. *Var.* POECILURA, Gray, *P. Z. S.* 1861, p. 431; *lucidus*, auct. plur.; *russata*, Gd.; *minutillus*, auct. plur. (nec Gd.). — Nouvelle-Guinée, Amboine, Mysol, Goram, Australie N.

721. RUFICOLLIS (Salvad.), *Ann. Mus. Civ. Gen.* 1875, p. 913. — Monts Arfak (Nouv.-Guinée N.-W.).

722. POECILUROIDES (Salvad.), *Op. cit.* 1878, p. 460. — Nouvelle-Guinée.

723. MISORIENSIS (Salvad.), *Op. cit.* 1875, p. 914. — Ile Misori.

724. CRASSIROSTRIS (Salvad.), *Op. cit.* 1878, p. 460; *palliolatus*, Schl. (nec Lath.). — Goram, Amboine, Halmahera, Ternate, Kei, Nouv.-Guinée.

121. COCCYZUS

Coccyzus, Vieill. (1816); *Coccygus*, Boie (1826); *Coccygon*, Glog. (1827); *Curcus*, Boie (1831); *Erythrophrys*, Sw. (1837); *Coccyguis*, Nitzsch (1840); *Nesococcyx*, Cab. et H. (1862).

725. LANSBERGI, Bp., *Consp. av.* I, p. 112. — Panama, Col., Vénéz.

726. FERRUGINEUS, Gould, *P. Z. S.* 1843, p. 105; id. *Zool. Voy. « Sulphur »*, p. 40, pl. 29. — Iles Cocos.

727. MINOR (Gm.); *Cat. B. Br. Mus.* XIX, pl. 12, f. 2; *seniculus*, Lath.; *nesiotes*, Cab. — Amér. centr., Antilles, jusqu'à l'Amazone.

191. *Var.* MAYNARDI, Ridgw., *Man. N. Am. B.* p. 274; *Cat. B. Br. Mus.* XIX, pl. 12, f. 3.	Bahama, Floride, Jamaïque, St-Doming.
192. *Var.* DOMINICÆ, Shell., *Cat. B. Br. Mus.* XIX, p. 306, pl. 12, f. 1.	Iles Dominique et Porto-Rico.
728. MELANOCORYPHUS, Vieill.; Tacz. *Orn. Pérou*, III, p. 189; *melanorhynchus*, Cuv.; *surniculus*, Burm.	Amérique méridion., tropic. et tempérée.
729. AMERICANUS et *dominicus* (Lin.); Dubois, *Fne ill. Vert. Belg. Ois.* pl. 162; *carolinensis*, Wils., *Am. Orn.* IV, p. 13, pl 28, f. 1; *pyrrhopterus*, Vieill.; *cinerosus*, Wern.; *julieni*, Lawr.; *bairdi*, Scl.; *euleri*, Cab.	Amér. du 59° l. N. au 32° l. S., Antilles; accid. Europe W., Belgique.
193. *Var.* OCCIDENTALIS, Ridgw., *Man. N. Am. B.* p. 273.	États-Unis W., Mexiq.
730. ERYTHROPHTHALMUS (Wils.), *Am. Orn.* IV, p. 16, pl. 28, f. 2.	Amér. sept. du 49° l. N. à la Col. et Cuba.
731. CINEREUS, Vieill.; Pucher., *Rev. Mag. de Zool.* 1852, p. 477; Scl. et Huds., *Argent. Orn.* II, p. 38, pl. 13.	Paraguay, Argentine.
732. PUMILUS, Strickl., *Contr. Orn.* 1852, p. 28, pl. 82.	Trinidad, Vénéz., Col.

122. URODYNAMIS

Urodynamis, Salvad. (1880).

733. TAITIENSIS (Sparrm.); Cass., *U. S. Expl. Exped.* pl. 22, f. 2 (1858); *perlatus*, Vieill.; *cuneicauda*, Peale.	Iles du Pacifique : de la Nouvelle-Zélande aux îles Salomon.

123. EUDYNAMIS

Eudynamys, Vig. et Horsf. (1826); *Dynamene*, Steph. (1836).

734. HONORATA, *scolopaceus* et *niger* (Lin.); Levaill. *Ois. d'Afr.* pls 214, 216; *indicus*, Lath.; *crassirostris*, Steph.; *orientalis*, Horsf. (nec Lin.); *maculata*, Gr.; *nigra*, *ceylonensis* et *chinensis*, *malayana*, Cab. et H.	Asie S. et S.-E. depuis la Chine, Ceylan, îles de la Sonde jusqu'à Flores.
735. MINDANENSIS (Lin.); *variegatus*, Scop.; *panayanus*, Gm.; Sonn., *Voy. Nouv.-Guin.* pl. 78.	Philippines et Sangir.
736. ORIENTALIS et *punctatus* (Lin.); *ransomi*, Bp.; *picatus*, Gr.; Salvad., *Orn. Pap. et Mol.* I, p. 359.	Moluques.
737. CYANOCEPHALA (Lath.); Salvad., *Op. cit.* p. 365; *flindersii*, Vig. et Horsf.; *australis*, Sw.	Australie, Nouvelle-Guinée jusqu'à Goram et Timor.
738. RUFIVENTER (Less.), *Voy. Coq., Zool.* I, p. 623; *Pl. enl.* 771; *picatus*, S. Müll.; *punctatus*, Bp.	Nouvelle-Guinée et îles voisines.
739. MELANORHYNCHA, S. Müll., *Verh. Land en Volk*, p. 176, (1839-44); *facialis*, Wall.; *orientalis*, Peale.	Célèbes et îles Soula.

124. MICRODYNAMIS

Microdynamis, Salvad. (1878).

740. PARVA, Salvad, *Ann. Mus. Civ. Gen.* VII, p. 986; *rollesi*, Rams. — Nouvelle-Guinée.

125. RHAMPHOMANTIS

Rhamphomantis, Salvad. (1879).

741. MEGARHYNCHUS (Gray), *P. Z. S.* 1858, pp. 184, 195. — Nouvelle-Guinée, iles Arrou.

126. SCYTHROPS

Scythrops, Lath. (1790).

742. NOVÆ-HOLLANDIÆ, Lath.; Tem *Pl. col.* 290; Gould, *B. Austr.* IV, pl. 90; *australasiæ*, Shaw; *australis*, Sw.; *præsagus*, Reinw. — Australie, Nouv.-Guinée, iles Papous, Moluques, Célèbes, Flores.

SUBF. II. — CENTROPODINÆ

127. CENTROPUS

Centropus, Ill. (1811); *Polophilus*, Leach (1814); *Corydonyx*, Vieill. (1816); *Centrococcyx*, *Pyrrhocentor*, *Nesocentor*, Cab. et H. 1862).

743. ATERALBUS, Less.; id. *Voy. Coq.*, *Zool.* I, pt. 1, p. 348, pt. 2, p. 620, pl. 34. — Nouv.-Irlande, Nouv.-Bretagne.

744. MILO, Gould, *P. Z. S.* 1856, p. 136; id. *B. New-Guin.* IV, pl. 44. — Ile Guadalcanar (Salomon).

745. GOLIATH, Bp., *Consp.* I, p. 108; Salvad. *Orn. Pap. et Mol.* I, p. 382. — Iles Batjan et Halmahera.

746. MENEBIKI, Less. et Garn., *Voy. Coq.*, *Zool. atlas*, pl. 33; Salvad. *Op. cit.* I, p. 378. — Nouv.-Guinée, Salwati, Jobi, Mysol, Batanta.

194. *Var.* ARUENSIS (Salvad.), *Ann. Mus. Civ. Gen.* XII, p. 317; *menebiki*, auct. plur. — Iles Arrou.

747. VIOLACEUS, Quoy et Gaim., *Voy. Astrol.*, *Zool.* I, p. 299, *atlas*, pl. 19. — Nouv.-Irlande, Nouv.-Bretagne.

195. *Var.* CHALIBEA (Salvad.), *Ann. Mus. Civ. Gen.* VII, p. 915. — Ile Misori (baie Geelwink).

748. BERNSTEINI, Schl., *Ned. Tijdschr. v. Dierk.* III, p. 251; Levaill. *Ois. d'Afr.* pl. 322? — Nouvelle-Guinée.

749. SPILOPTERUS, Gray, *P. Z. S.* 1858, p. 184. — Iles Kei.

750. MINDORENSIS (Steere), *List Birds and Mam. Philipp.* p. 12. — Mindoro (Philippines).

751. STEERII, Bourns et Worc., *Occ. Pap. Minnes. Acad.* I, p. 14. — Mindoro.

752. NIGRICANS (Salvad.), *Ann. Mus. Civ. Gen.* IX, p. 17; *melanurus*, Rams. (nec Gould); *spilopterus*, Sharpe (nec Gray). — Nouvelle-Guinée S.-E.

753. PHASIANUS (Lath.); Levaill. *Ois. d'Afr.* pl. 223; *variegatus* et *leucogaster*, Leach, *Zool. Misc.* I, pl^s 51, 52; *gigas*, Steph.; *giganteus*, Vieill.; *macrourus* et *melanurus*, Gould, *B. Austr.* pl. 92. — Australie.

754. CHLORORHYNCHUS, Blyth, *J. A. S. Bengal.* XVIII, p. 105. — Ceylan.

755. RECTUNGUIS, Strickl., *P. Z. S.* 1846, p. 804. — Malacca, Sum., Bornéo.

756. SINENSIS (Steph.); *bubutus*, Horsf.; *philippensis*, auct. plur. (nec Cuv.); *castanopterus*, Steph.; *eurycercus*, Hay; *rufipennis*, Blyth (nec Ill.); *validus*, Heine; *intermedius*, *maximus* et *acheenensis*, Hume. — Inde, Ceylan, Chine, Indo-Ch., Malacca, îles de la Sonde.

757. PURPUREUS, Shell., *Cat. B. Br. Mus.* XIX, p. 348, pl. 13; *bubutus*, Raffl. (nec Horsf.); *nigrirufus*, Schl. (part.), *Mus. P.-B. Cuculi*, p. 64. — Sumatra, Java.

758. KANGEANENSIS, Vorderm., *Natuurk. Tijdschr. Nederl. Indie*, 1893, p. 190. — Archipel Kangean.

759. VIRIDIS (Scop.); Sonn., *Voy. Nouv.-Guin.* pl. 80; *ægyptius*, Gm.; *rufipennis*, Ill.; *philippensis*, Cuv.; *pyrrhopterus*, Vieill. — Philippines.

760. MADAGASCARIENSIS (Briss.); M.-Edw. et Grand., *Hist. Madag. Ois.* pl^s 67, 68, 69, 70, 84; *toulou*, Müll.; *melanorhynchus*, Bodd.; *tolu*, Gm.; *superciliosus*, Hartl.; *lafresnayanus*, Verr.; *sakalava*, *leucuropyga*, Grandid. — Madagascar.

761. INSULARIS, Ridgw., *P. U. S. Nat. Mus.* XVII, p. 373. — Iles Aldabra et Assomption.

762. BENGALENSIS (Gm.); *rufinus*, Cuv.; *lathami*, Vieill.; *tecticauda*, Hodgs., *Icon ined.*, *Passeres*, pl. 349, n° 495; *pygmæus*, Hodgs; *lepidus*, Mc Clel. (nec Horsf.); *dimidiatus viridis*, Blyth (nec Scop.); *lignator*, Swinh. — Inde S., Himalaya E., Chine S., Indo-Chine, Formose.

763. JAVANICUS (Dumt.); *lepidus*, *affinis*, Horsf.; *pumilus*, Less.; *molkenboeri* et *medius*, Bp.; *moluccensis*, Cab. et H.; *javanensis*, Wald. — Bengale E., Chine, Indo-Chine, îles de la Sonde, Philipp., Mol., Célèbes.

764. NIGRORUFUS (Cuv.); Levaill. *Ois. d'Afr.* pl. 220; *bicolor*, Vieill.; *grilli*, Hartl. — Afrique méridionale.

765. EPOMIDIS, Bp., *Consp.* I, p. 107; Hartl., *Orn. W. Afr.* p. 186. — Côte d'Or (Afr. W.).

766. LEUCOGASTER (Leach); *francisi*, Bp., *Consp.* I, p. 107; Hartl., *Op. cit.* p. 186. — De Libéria au Cameroun.

767. FLECKI, Rchnw., *Orn. Monatsb.*, 1893, p. 84; id. *Journ. f. Orn.* 1894, pl. 4. — Damara.

768. ANSELI, Sharpe, *P. Z. S.* 1874, p. 204, pl. 33, f. 1; *savorgnani*, Oust. — Gabon, Tanganyka.

769. ? FISCHERI, Rchnw., *Journ. f. Orn.* 1887, p. 57; ? *anseli, juv.* — Victoria Nyanza.

770. MONACHUS, Rüpp., *Neue Wirb.* p. 57, pl. 21, f. 2. — Afrique tropicale.

771. CUPREICAUDUS, Rchnw., *Orn. Monatsb.* 1896, p. 53. — Afrique S.-W.

772. SENEGALENSIS (Lin.); Levaill. *Ois. d'Afr.* pl. 219; *ægyptius,* Gm.; *pyrrholeucus,* Vieill. — Afrique tropicale.

196. *Var.* BURCHELLI, Sw., *Anim. Menag.* p. 321; Rchnw., *Orn. Monatsb.* 1896, p. 53; *natalensis,* Shell. *Ibis,* 1882, p. 246. — Afrique S.-E.

197. *Var.* FASCIIPYGIALIS, Rchnw., *Orn. Monatsb.* 1898, p. 23. — Zambèze.

773. SUPERCILIOSUS, Hempr. et Ehr.; Rüpp., *Neue Wirb., Vög.* p. 56, pl. 21, f. 1. — Afrique tropicale E. et S.-W.

774. MELANOPS, Less.; *nigrifrons,* Peale, *U. S. Expl. Exped.* 1848, p. 137, pl. 38, f. 1. — Philippines.

775. CELEBENSIS, Quoy et Gaim., *Voy. Astrol., Zool.* I, p. 230, pl. 20; *bicolor,* Less. — Célèbes.

198. *Var.* RUFESCENS, Mey. et Wig., *Abh. Mus. Dresden,* 1896-97, n° 2, p. 11. — Célèbes E.

776. ANDAMANENSIS, Beavan, *Ibis,* 1867, p. 321; Wald., *Ibis,* 1873, p. 305, pl. 11. — Iles Andaman.

777. UNIRUFUS (Cab. et H.), *Mus. Hein.* IV, p. 118, note. — Philippines.

SUBF. III. — PHŒNICOPHAINÆ

128. SAUROTHERA

Saurothera, Vieill. (1816).

778. DOMINICENSIS, Lafr., *Rev. Mag. de Zool.* 1847, p. 355; *vetulus,* Less. (nec Lin.); *pluvialis,* Tem. (nec Gm.). — Saint-Domingue.

779. VETULA (Lin.); Gosse, *Ill. B. Jamaica,* pl. 74; *jamaicensis,* Lafr. — Jamaïque.

780. MERLINI, d'Orb., *Hist. nat. Cuba,* p. 152, pl. 25; *gigantea,* Lafr. — Cuba.

781. BAHAMENSIS, Bryant, *Pr. Bost. Soc. nat. Hist.* IX, 1864, p. 280. — Iles Bahama.

199. *Var.* ANDRIA, Mill., *Auk,* 1894, p. 164. — Ile Andros (Bahama).

782. VIEILLOTI, Bp., *Consp.* I, p. 97; id. *P. Z. S.* 1857, p. 234; *vetula,* Vieill. (nec Lin.), *Gal. Ois.* I, pl. 38. — Porto-Rico et Saint-Thomas.

129. HYETORNIS

Hyetornis, Sclat. (1862); *Hyetomantis,* Cab. (1862).

783. PLUVIALIS (Gm.); *jamaicensis,* Hartl.; *cinnamomeiventris,* Lafr.; Des M., *Icon. Orn.* pl. 65. — Jamaïque.

784. FIELDI, Cory, *Auk,* 1895, p. 278. — Saint-Domingue.

130. PIAYA

Piaya et *Coccycua*, Less. (1831); *Pyrrhococcyx*, Cab. (1848); *Coccyzusa*, Cab. et H. (1863).

785. CAYANA (Lin.); *ridibundus*, Gm.; *macrocercus*, Vieill.; *cayanensis*, Sw.; *macroura*, Gamb.; *circe*, Bp.; *nigricrissa*, Scl.; *columbinus*, Cab.; *mesurus*, *pallescens* et *guianensis*, Cab. et H.; *cabanisi*, Allen. — Amérique centrale et méridion. jusqu'au 35° l. Sud.

200. *Var*. MEXICANA (Sw.); *mehleri*, Bp.; *viridirostris*, Würt.; *thermophila*, Scl., *P. Z. S.* 1859, p. 368. — Mexique.

786. MELANOGASTRA (Vieill.); *caixana*, Spix, *Av. Bras.* pl. 43, f. 1; *brachyptera*, Less; *corallirhynchus*, Less. — Guyane, Amazone jusqu'à l'Ecuador E.

787. MINUTA et *rutilus*, Vieill.; *monachus*, Cuv.; *minor*, Schl.; *gracilis*, Heine, *Journ. f. Orn.* 1863, p. 356. — De Panama et Guyane au 16° l. S.

131. ZANCLOSTOMUS

Zanclostomus, Sw (1837).

788. JAVANICUS (Horsf.); id. *Zool. Res. Java*, pl. 57; *rubrirostris*, Drap.; *chrysogaster*, Cuv.; *erythrorhyncha*, Less. — De Ténassérim à Malacca, îles de la Sonde.

132. TACCOCUA

Taccocua, Less. (1831); *Acentetus*, Cab. et H. (1863).

789. SIRKEE (Gray), *Ill. Ind. Zool.* I, pl. 28; *leschenaulti*, Less.; *chrysogaster*, Royle (nec Cuv.); *cuculoides*, Smith; *infuscata* et *affinis*, Blyth. — Inde et Ceylan.

133. RHOPODYTES

Rhopodytes, Cab. et H. (1862); *Poliococcyx*, Sharpe (1873).

790. VIRIDIROSTRIS (Jerd.); id. *Ill. Ind. Orn.* pl. 3; *jerdoni*, Blyth. — Inde S. et Ceylan.

791. TRISTIS (Less.); id. *Bél. Voy. Ind. or. Zool.* pl. 1; *longicaudatus*, Blyth; *montanus*, Hodgs., *Icon. ined. Passeres*, pl. 342, f. 212. — Inde, Indo-Chine, Malacca.

792. ELONGATUS (S. Müll.), *Tijdschr. Nat. Gesch.* 1835, p. 342, pl. 9, f. 1. — Sumatra.

793. BORNEENSIS (Bp.), *Consp. Vol. Zygod.* p. 5. — Bornéo.

794. DIARDI (Less.); Des M., *Icon. Orn.* pl. 19; *sumatranus*, auct. plur. (nec Rafil.); *nigriventris*, Peale, *U. S. Expl. Exped.* 1848, p. 140, pl. 39, f. 1. — De Ténassérim à Malacca et Sumatra.

795. SUMATRANUS (Raffl.); *crawfurdii*, Gr., *Zool. Misc.* I, p. 3, pl. 3. — Ténassérim, Malacca, îles de la Sonde.

796. KANGEANENSIS, Vorderm., *Nat. Tijdschr. Nederl. Ind.*, 1893, p. 188. — Iles Kangean.

134. RHINORTHA

Rhinortha, Vig. (1830); *Bubutus*, Less. (1831); *Anadænus*, Sw. (1837); *Idiococcyx*, Boie (1855).

797. CHLOROPHÆA (Raffl.); *rufescens*, Sw.; *caniceps*, Vig.; *duvaucelii*, Less.; *isidori*, Less., in *Bél. Voy. Ind. or. Zool.* pl. 2; *badius*, Gr.; *chlorocephalus* et *viridirostris*, Vig.; *lucidus*, Blyth; *ruficauda*, Peale, *U. S. Expl. Exped.* pl. 39, f. 2. — Ténassérim, Malacca, Sumatra, Bornéo.

135. PHOENICOPHAËS

Phœnicophœus, Steph. (1815); *Phœnicophaus*, Vieill. (1816); *Malcoha*, Cuv. (1817); *Phœnicophaës* et *Melias*, Glog. (1827); *Alectorops*, Verr. (1855).

798. PYRRHOCEPHALUS (Forst.); Levaill. *Ois. d'Afr.* V, pl. 224; *leucogaster*, Steph.; *ceylonensis*, Licht. — Ceylan.

136. RHAMPHOCOCCYX

Rhamphococcyx, Cab. et H. (1862); *Rhinococcyx*, Sharpe (1873); *Dryococcyx*, Sharpe (1877); *Urococcyx* Shell. (1891).

799. CALORHYNCHUS (Tem.), *Pl. col.* 349; *melanogaster*, Blyth (nec Vieill.). — Célèbes.

800. CURVIROSTRIS (Shaw et Nod.), Levaill. *Op. cit.* pl. 225; *tricolor*, Steph.; *viridis*, Vieill.; *melanognathus*, Horsf.; *viridirufus*, S. Müll. — Java.

801. ERYTHROGNATHUS (Raffl.) nec Horsf., *Trans. Lin. Soc.* XIII, p. 287; *viridis*, Blyth. — Ténassérim S., Malacca, Sumatra, Bangka.

802. MICRORHINUS (Berl.), *Novit. Zool.* II, pp. 70-72. — Bornéo, Natunas.

803. ÆNEICAUDUS (Verr.), *Rev. et Mag. de Zool.* 1855, p. 357. — Iles Mentawei.

804. HARRINGTONI (Sharpe), *Trans. Linn. Soc. Zool.* I, pp. 321, 351 (1877). — Palawan.

137. CEUTHMOCHARES

Ceuthmochares, Cab. et H. (1862).

805. FLAVIROSTRIS (Sw.), *B. W. Afr.* II, p. 183, pl. 19; *æneus*, auct. plur. (nec Vieill.). — Du Sénégal à la Côte d'Or.

806. AEREUS (Vieill.); Levaill. *Ois. d'Afr.* V, pl. 215; *aëratus,* Steph.; *æneus,* Hartl. et Mont.; *intermedius,* Sharpe.	D'Angola au Cameron, Congo, Niam-Niam.
807. AUSTRALIS, Sharpe, *P. Z. S.* 1873, p. 609; *æneus,* auct. plur.	Afrique S.-E., de Usaramo au Natal.

138. DASYLOPHUS

Dasylophus, Sw. (1837).

808. SUPERCILIOSUS (Cuv.); Gray, *Gen. B.* II, pl. 116; *ornatus,* Blyth.	Ile Luçon.

139. LEPIDOGRAMMUS

Lepidogrammus, Rchb. (1849).

809. CUMINGI (Fras.); id. *Zool. Typ.* pl. 53; *barrotii,* Eyd. et Soul., *Voy. Bonite, Zool.* p. 89, pl. 6; *decorus,* Bp.	Ile Luçon.

140. COUA

Coua, Cuv. (1817); *Serisomus,* Sw. (1837); *Glaucococcyx* et *Cochlothraustes,* Cab. et H. (1862).

810. CÆRULEA (Lin.); Levaill. *Op. cit.* pl. 218; Vieill. *Gal. Ois.* pl. 41.	Madagascar N. et E.
811. REYNAUDII, Pucher., *Mag. de Zool.* 1845, p. 5, pl. 56; *ruficeps,* Bp.	Madagascar N. et N.-E.
812. SERRIANA, Pucher., *Mag. de Zool.* 1845, p. 3, pl. 55; *serrisiana,* Bp.	Madagascar N.-E.
813. CRISTATA (Lin.); Levaill. *Op. cit.* p. 217; M.-Edw. et Grand., *Hist. Madag. Ois.* pl. 44.	Madagascar N. et E.
201. *Var.* PYROPYGA, Grand.; M.-Edw et Grand., *Op. cit.* pl. 45.	Madagascar W.
814. VERREAUXI, Grand.; M.-Edw. et Gr., *Op. cit.* pl. 47.	Madagascar S.
815. RUFICEPS, Gray, *Gen. B.* II, pl. 115; M.-Edw. et Grand., *Op. cit.* pl. 53.	Madagascar N.-W.
816. OLIVACEICEPS (Sharpe); M.-Edw. et Grand., *Op. cit.* pl. 54, 55.	Madagascar W.
817. CURSOR, Grand.; M.-Edw. et Grand., *Op. cit.* pl. 57.	Madagascar S.-W.
818 COQUERELI, Grand.; M.-Edw. et Grand., *Op. cit.* pl. 58.	Madagascar W.
819. GIGAS (Bodd.); M.-Edw. et Grand., *Op. cit.* pl. 51; *madagascariensis,* Gm.; *virescens,* Vieill.	Madagascar S. et W.
820. DELALANDEI (Tem.), *Pl. col.* 440; M.-Edw. et Grand., *Op. cit.* pl. 50.	Madagascar E.

SUBF. IV. — NEOMORPHINÆ

141. CARPOCOCCYX

Carpococcyx, Gray (1840).

821. RADIATUS (Tem.); *radiceus*, Tem., *Pl. col.* 538. — Bornéo.
822. VIRIDIS, Salvad., *Ann. Mus. Civ. Gen.* 1879, p. 187. — Sumatra.
823. RENAULDI, Oust., *Bull. Mus. Paris,* 1896, p. 314. — Annam.

142. NEOMORPHUS

Neomorphus, Glog. (1827); *Cultrides*, Pucher. (1845).

824. GEOFFROYI (Tem.), *Pl. col.* 7; *torquatus*, Ill. (fide Cab. et H.). — Brésil.
825. SALVINI, Scl., *P. Z. S.* 1866, p. 60, pl. 5. — Du Nicarag. au Pérou.
826. PUCHERANI (Deville); Des M., *Casteln. Expéd. Ois.* p. 18, pl⁸ 6, 7; *rufipennis*, Scl. (nec Gray), *P. Z. S.* 1864, p. 249. — Haut-Amazone.
827. RUFIPENNIS, Gray, *P. Z. S.* 1849, p. 63, pl. 10. — Guyane.
828. RADIOLOSUS, Salv., *P. Z. S.* 1878, p. 439, pl. 27. — Ecuador.

143. GEOCOCCYX

Geococcyx, Wagl. (1831); *Leptostoma*, Sw. (1837).

829. MEXICANUS (Gm.); Cass., *Ill. B. Calif.* p. 213, pl. 36; *californiana*, Less.; *viaticus*, Licht.; *variegata*, Wagl.; *bottæ*, Less.; *marginata*, Kp.; *longicauda*, Sw.; *velox*, Karw. — États-Unis S.-W., Californie, Mexique.
830. AFFINIS, Hartl.; Gray, *Gen. B.* II, pl. 114; *mexicanus*, auct. plur. (nec Gm.). — Mexique, Guatémala.

144. MOROCOCCYX

Morococcyx, Scl. (1862).

831. ERYTHROPYGUS (Less.); Des M., *Icon. Orn.* pl. 66; *erythropygia*, Gray. — Du Mexique au Costa Rica.

SUBF. V. — DIPLOPTERINÆ

145. DIPLOPTERUS

Diplopterus, Boie (1826).

832. NÆVIUS (Lin.); *punctulatus*, Gm.; *galeritus*, Ill.; *chochi, chiriri, ruficapillus, septorum*, Vieill.; *lessoni*, Bp.; *excellens*, Scl., *Cat. Am. B.* p. 321. — Amérique centrale et méridion. jusqu'au 25° l. Sud.

146. DROMOCOCCYX

Dromococcyx, Wied (1832); *Geotacco*, Verr. (1849).

833. PHASIANELLUS (Spix), *Av. Bras.* I, p. 53, pl. 42; *macrourus*, Verr.; *mexicanus*, Bp.; *rufigularis*, Lawr. — Du Mexique à la Colombie et Brésil.

834. PAVONINUS (Pelz.), *Orn. Bras.* p. 270. — De la Guyane au Rio Négro.

SUBF. VI. — CROTOPHAGINÆ

147. CROTOPHAGA

Crotophaga, Lin. (1766).

835. MAJOR, Gm.; *Pl. enl.* 102, f. 1; *americanus*, Shaw. — Amérique méridionale jusqu'à La Plata.

836. ANI, Lin.; Vieill., *Gal. Ois.* I, p. 35, pl. 43; *Pl. enl.* 102, f. 2; *minor*, Less.; *rugirostra*, *lævirostra* Sw. — États-Unis S., Antilles, Amérique centr. et mérid. (23° l. S.).

837. SULCIROSTRIS, Sw.; *casasii*, Less.; id. *Cent. Zool.* pl. 11; *semisulcata*, Sw.; *sulcata*, Licht. — Du Rio Grande au Pérou.

148. GUIRA

Guira, Less. (1831); *Octopteryx*, Kp. (1836); *Ptiloleptus*, Sw. (1837).

838. PIRIRIGUA (Vieill.), *Gal. Ois.* pl. 44; *guira*, Gm.; *cristatus*, Sw. — Brésil, Paraguay.

FAM. VII. — PICIDÆ (1)

SUBF. I. — PICINÆ

149. GEOCOLAPTES

Geocolaptes, Sw. (1831); *Agripicus*, Malh. (1861).

839. OLIVACEUS (Gm.); *arator*, Cuv.; Malh., *Mon. Picid.* pl. 111, ff. 1, 2; *terrestris*, Burch.; Levaill. *Ois. d'Afr.* pl[s] 254, 255. — Colonie du Cap, Natal.

150. COLAPTES

Colaptes, Sw. (1827); *Cucupicus*, Less. (1828); *Soroplex*, Glog. (1842); *Geopicus*, Malh. (1849); *Malherbipicus*, *Pituipicus*, Bp. (1854); *Theiopicus*, Malh. (1861).

840. AURATUS (Lin.); Malh., *Mon. Picid.* pl. 109, ff. 5-7; var. *luteus*, Bangs, *Auk*, 1898, p. 177. — Amérique septentr., de l'Alaska et la baie d'Hudson jusqu'à la Californie.

(1) Voy.: Malherbe, *Monogr. des Picidées* (1861-62); Ed. Hargitt, *Cat. B. Brit. Mus.* XVIII (1890).

202. *Var.* CHRYSOCAULOSA (Gundl.), *Ann. Lyc. N. H. N. York*, 1838, p. 273. — Cuba.

203. *Var.* GUNDLACHI, Cory, *Auk*, 1886, pp. 498, 502. — Grand Cayman.

841. CHRYSOIDES (Malh.), *Op. cit.* pl. 109, ff. 1-4. — Calif., Arizona, Sonora.

204. *Var.* BRUNNESCENS, Anth., *Auk*, 1895, p. 347. — Basse-Californie.

842. MEXICANUS, Sw; Malh., *Op. cit.* pl. 110, ff. 4, 5; *cafer!* Gm.; *lathami*, *rubricatus*, Wagl.; *collaris*, Vig.; *rufipileus*, Ridgw. — États-Unis W., Californie, Mexique, Guadeloupe.

843. MEXICANOIDES, Lafr.; *collaris*, Bp.; *rubricatus*, Mahl., *Op. cit.* pl. 110, ff. 1, 2; *submexicanus*, Sundev. — Guatémala, Mexique S.

844. AYRESI, Audub., *B. Am.* pl. 494; *hybridus*, Baird. — Missouri sup., Colombie angl., Californie.

845. CAMPESTRIS (Vieill.); Malh., *Op. cit.* pl. 108, ff. 1, 2; *chrysosternus*, Sw. — Brésil S. et E. jusqu'à Buenos Ayres, Bol.

846. AGRICOLA (Malh.), *Op. cit.* pl. 108, ff. 4, 5; *campestroides*, Bp.; *subcampestris*, Rchb; *australis*, Burm. — Du Brésil S. à la Patagonie.

847. RUPICOLA, d'Orb., *Voy. Am. mér.* pl. 62; Malh., *Op. cit.* pl. 113, f. 2; *longirostris*, Cab. — Bolivie, Tucuman.

848. PUNA, Licht.; Tacz., *Orn. Pér.* III, p. 94; *rupicola*, auct. plur. (nec d'Orb.); Malh., *Op. cit.* pl. 113, f. 1. — Pérou.

849. CINEREICAPILLUS, Rchb. *Scans. Pic.* p. 416, pl. 680, ff. 4489-90; *stolzmanni*, Tacz., *P. Z. S.* 1880, p. 209. — Pérou N.

850. PITIUS (Mol.); *chilensis*, Garn. et Less., *Voy. Coq.* I, p. 241, pl. 32; Malh., *Op. cit.* pl. 111, ff. 4-5; *pitiguus*, Bridg. — Chili.

151. HYPOXANTHUS

Hypoxanthus, Bp. (1854).

851. RIVOLII (Boiss.); Malh., *Op. cit.* pl. 112, ff. 1-2; *elegans*, auct. plur. nec Sw. — Colombie, Vénézuéla.

205. *Var.* BREVIROSTRIS, Tacz. *P. Z. S.* 1874, p. 446; *æquatorialis*, Dubois, *Bull. Acad. Roy. Belg.* XLVII (1879), p. 823. — Colombie W., Ecuador, Pérou.

852. ATRICEPS, Scl. et Salv., *P. Z. S.* 1876, p. 254. — Pérou E., Bolivie.

152. GECINUS

Gecinus, Boie (1831). *Brachylophus*, Sw. (1837); *Chloropicus*, Malh. (1848); *Venilia*, Bp. (1850).

853. VIRIDIS (Lin.); Dubois, *Fne ill. Vert. Belg. Ois.* pl. 139; *persicus*, Gm.; *pinetorum*, *frondium*, *virescens*, Brehm; *karelini*, Brandt; *saundersi*, Tacz. — Europe jusqu'au 62° l. N., Asie Mineure, Perse.

206. *Var.* SHARPEI, Saund.; Dress., *B. Eur.* V, p. 89, pl. 286; *galliciensis*, Seoane. — Espagne, Portugal.

834. VAILLANTI (Malh.); id. *Mon. Pic.* pl. 82, ff. 1-3; *algirus,* Lev. jr. — Maroc, Algérie.

207. *Var.* KOENIGI, Erl., *Orn. Monatsb.* 1897, p. 187. — Tunisie.

835. AWOKERA (Tem.), *Pl. col.* 585; Malh., *Op. cit.* pl. 80, ff. 1, 2. — Japon.

836. SQUAMATUS (Vig.); Gould, *Cent. B. Him.* pl. 48; *flavirostris, zarudnoi,* Menzb. — Himalaya, Cachemire, Afghanistan N.

837. GORII, Harg., *Ibis,* 1887, p. 74; Aitchis., *Trans. Lin. Soc.* 1889, pl. 6, f. 1. — Afghanistan S.

838. VITTATUS (Vieill.); *affinis,* Raffl.; *dimidiatus,* Horsf.; Malh., *Op. cit.* pl. 76, fig. 4-6. — Indo-Chine E., Siam, Java, Sumatra.

859. VIRIDANUS (Blyth); *dimidiatus,* auct. plur. (nec Horsf.); *vittatus,* auct. plur. (nec Vieill.); *weberi,* Müll., *Orn. Ins. Salanga,* p. 69. — Indo-Chine W., Malacca, Siam.

860. STRIOLATUS (Blyth); Malh., *Op. cit.* pl. 77, ff. 1, 2; *xanthopygius,* Hodgs. — Inde, Ceylan, Indo-Chine.

861. CANUS (Gm.); Dubois, *Fne ill Vert. Belg. Ois.* pl. 160; *norvegicus,* Lath.; *viridi-canus,* Mey. et W.; *chlorio,* Pall.; *caniceps,* Nils; *jessoensis* et *perpallidus,* Stejn. — Europe et Asie du 40° l. N. au cercle polaire et Japon.

862. GUERINI (Malh.); *Op. cit.* pl 80, ff. 4, 5; *tancolo,* Gould, *B. Asia,* VI, pl. 35. — Chine centrale et S., Formose.

863. OCCIPITALIS (Vig.); Gould, *Cent. B. Him.* pl. 47; Malh., *Op. cit.* pl. 77, ff. 4, 5. — Himalaya, Indo-Chine.

864. CHLOROLOPHUS (Vieill.); Malh., *Op. cit.* pl. 74, ff. 1, 2; *nepalensis,* Gr.; *sericeocollis* et *sericollis,* Hodgs. — Népaul, Himal. S.-E., Bengale, Indo-Ch.

865. RODGERI, Hart., *Novit. Zool.* V, p. 508. — Malacca.

866. CHLOROGASTER (Jerd.); *xanthoderus,* Malh., *Op. cit.* pl. 75, ff. 1, 2; *chlorophanes,* Blyth. — Inde S., Ceylan.

867. PUNICEUS (Horsf.); Malh., *Op. cit.* pl. 74, ff. 5, 6. — Ténass. S., Malacca.

208. *Var.* OBSERVANDA (Hart.), *Novit. Zool.* III, p. 542. — Iles de la Sonde, Malacca S.

868. ERYTHROPYGIUS, Elliot, *N. Arch. du Mus. Bull.* I, p. 76, pl. 3 (1865). — Cochin-Chine, Laos.

209. *Var.* NIGRIGENIS, Hume, *Pr. A. S. B.* 1874, p. 106; *erythropygius,* auct. plur. (nec Elliot); Rams., *P. Z. S.* 1874, p. 212, pl. 35. — Pégou, Ténassérim N. et Siam.

153. CHLORONERPES

Chloronerpes, Sw. (1837); *Chrysopicus* (pt.), Bp. (1854); *Lampropicus,* Malh. (1861); *Craugasus,* Cab. et H. (1862).

869. CHRYSOCHLORUS (Vieill.); Malh., *Op. cit.* pl. 84, ff. 1, 2; *macrocephalus,* Spix; *aurulentus,* Wagl. (nec Ill.); *brasiliensis,* auct. plur. (nec Sw.); Malh., pl. 85, ff. 1, 2. — Brésil S. et Paraguay.

870. BRASILIENSIS (Sw.), *Zool. Ill.* pl. 20; *polyzonus*, Valenc.; Malh., *Op. cit.* pl. 83, ff. 1, 2. — Brésil (Bahia).

871. XANTHOCHLORUS, Scl. et Salv., *P. Z. S.* 1875, p. 237; *Cat. B. Br. Mus.* XVIII, pl. 1. — Vénézuéla W., Antioquia.

872. CAPISTRATUS, Bp.; Malh., *Op. cit.* pl. 83, ff. 4, 5; *polyzonus*, auct. plur. (nec Valenc.). — Haut-Amazone jusqu'à la Guyane anglaise.

873. ERYTHROPSIS (Vieill.); Malh., *Op. cit.* pl. 87, ff. 1, 2; *erythrops*, Wagl.; *erythropes*, Cab. et H. — Brésil.

874. LEUCOLÆMUS (Malh.), *Op. cit.* II, p. 145, pl. 85, ff. 3, 4; *isidori*, Malh. — De Matto-Grosso à la Colomb. et Ecuad. E.

875. FLAVIGULA (Bodd.); *chlorocephalus*, Gm.; Malh., *Op. cit.* pl. 86, ff. 4, 5; *icterocephalus*, Lath.; *flavigularis*, Scl. — Guyane et Amaz. jusqu'au Pérou N.-E.

876. AURULENTUS (Tem.), *Pl. col.* 59, f. 1; *xanthotænia* et *maculipennis*, Wagl.; *auratus*, Vieill. (nec Lin.). — Brésil S. et Argentine.

877. CALLOPTERUS, Lawr., *Ann. Lyc. Nat. Hist. N.-York*, 1862, p. 476. — De Colombie au Veragua.

878. SIMPLEX, Salv., *P. Z. S.* 1870, p. 212. — Chiriqui, Costa Rica.

879. ÆRUGINOSUS, Gray; Malh., *Op. cit.* pl. 90, ff. 1, 2; *yucatanensis*, Scl. (nec Cabot). — Mexique S. et E.

880. ? PERSPICILLATUS (Malh.), *Op. cit.* II, p. 176, pl. 114, f. 1, 2. — Colombie, île Trinidad.

881. AURICULARIS, Salv. et Godm., *Ibis*, 1889, p. 381. — Guerrero (Mexique).

210. *Var.* GODMANI, Harg., *Cat. B. Br. Mus.* XVIII, p. 85. — Jalisco (Mexique).

882. RUBIGINOSUS (Sw.), *Zool. Ill.* I, pl. 14; *campileus*, d'Orb., *Voy. Am. mér.* IV, pl. 63, f. 2; *canipileus*, Gr.; *warscewiczii*, Rchb.; *tucumanus*, Cab. — De la Guyane et Vénézuéla jusqu'au Tucuman.

211. *Var.* GULARIS, Harg., *Ibis*, 1889, p. 230. — Antioquia.

212. *Var.* YUCATANENSIS (Cabot), *Bost. Journ. N. H.* 1845, p. 92; *canipileus*, auct. plur. (nec Gr.); *uropygialis*, Cab. — Amérique centrale, Colombie, Vénézuéla, Ecuador.

154. CAMPOTHERA

Dendromus, Sw. (1837 nec Smith; *Campethera*, Gr. 1841); *Chrysopicos*, Malh. (1848); *Stictopicus*, Malh. (1861); *Ipagrus*, *Stictocraugus*, *Cnipotheres*, Cab. et H. (1863).

883. NUBICA (Gm.); Malh., *Op. cit.* pl. 93, ff. 2-5; *æthiopicus*, Hempr. et Ehr. — De la Nubie et Soudan à l'Équateur.

884. NEUMANNI, Rchnw., *Orn. Monatsb.* 1896, p. 132. — Lac Naiwascha.

885. NOTATA (Licht.); Malh., *Op. cit.* pl. 95, ff. 4, 5. — Afrique S.

886. PUNCTATA (Valenc.); *punctuligerus*, Wagl.; Malh., *Op. cit.* pl. 92, ff. 4-6; *punctulatus*, Drap. — De la Côte d'Or au Sénégal et Niger.

887. BALIA (Heugl.), *Orn. N.-O. Afr.* p. 810; *punctuligerus*, Cab. (nec Wagl.). — Afrique centr. N.-E. jusqu'au Niam-Niam.

888. ABINGDONI (Smith); *chrysurus*, Sw.; Malh., *Op. cit.* pl. 94, ff. 4, 5; *smithii*, Gurn. (nec Malh.); *var. lineata*, Cass. — Afrique tropicale W. et méridionale.

213. *Var.* MOMBASSICA (Fisch. et Rchnw.), *Journ. f. Orn.* 1884, p. 262. — Mombasa.

889. SMITHII (Malh.), *Rev. Zool.* 1845, p. 403; *abingtoni*, auct. plur. (nec Smith); *brucei*, Malh., *Op. cit.* pl. 93, f. 1. — Afrique S. et S.-W.

890. CAILLIAUDI (Malh.), *Rev. Zool.* 1849, p. 540; id. *Mon.* II, p. 167; *malherbei*, Cass., *Journ. Acad. Philad.* 1863, p. 459, pl. 51, f. 3; *imberbis*, Sundev. — Zanzibar.

891. SCRIPTORICAUDA, Rchnw., *Orn. Monatsb.* 1896, p. 131; *cailliaudi* (part.), Harg. (nec Malh.), *Cat. B. Br. Mus.* XVIII, p. 102. — Lamo, Mozambique.

892. BENNETTI (Smith); *variolosa*, Licht.; Malh. *Op. cit.* pl. 93, ff. 1, 2; *guttatus*, Bp. — Natal, Transvaal, Zambèze, lac Ngami.

214. *Var.* CAPRICORNI (Strickl. et Scl.), *Contr. Orn.* 1852, p. 155; *nigrogularis*, Bocage; *bennetti*, auct. plur. (nec Smith). — Afrique S.-W.

893. TÆNIOLÆMA (Rchnw. et Neum.), *Orn. Monatsb.* 1895, p. 73. — Afrique équatoriale centrale E.

894. MACULOSA (Valenc.); Malh., *Op. cit.* pl. 92, f. 3; *olivaceus*, Gr.; *brachyrhynchus*, Sw.; *rufoviridis*, Malh.; *vestita*, Cass. — Du Sénégal à la Côte d'Or et Niam-Niam.

895. PERMISTA (Rchnw.), *Journ. f. Orn.* 1876, p. 97; *brachyrhynchus*, auct. plur. (nec Sw.); Malh., pl. 91, f. 6. — Gabon, Congo.

896. TULLBERGI (Sjöst.), *Journ. f. Orn.* 1892, p. 113. — Caméron.

897. CAROLI (Malh.); id., *Op. cit.* pl. 91, f. 4. — Du Gabon à Libéria et le Niam-Niam.

898. NIVOSA (Sw.); Malh., *Op. cit.* pl. 92, ff. 1, 2; *pardinus*, Cab. et H.; *congicus*, Bocage. — Afrique équator. W.

155. CHRYSOPTILUS

Chrysoptilus, Sw. (1831); *Chrysopicus* (pt.), Bp. (1854).

899. MELANOCHLORUS (Gm.); Malh., *Op. cit.* pl. 87bis, ff. 4, 5; *chlorozostus*, Wagl.; Malh., pl. 87bis, ff. 1, 2; *buffoni*, Bp.; *cristatus* (pt.), Cab. et H. — Brésil méridional et Paraguay.

900. CRISTATUS (Vieill.); *chlorozostus*, Licht. (nec Wagl.); *leucofrenatus*, Leyb. — Brésil S., Paraguay, Argentine.

215. *Var.* MELANOLÆMA (Malh.), *Op. cit.* pl. 89, ff. 7, 8. — Chili, Bolivie.

901. ICTEROMELAS (Vieill.); Malh., *Op. cit.* pl. 88, ff. 1, 2; *nattereri*, Malh.; *meriani*, Hartl. — Matto-Grosso (Brésil).

902. CHRYSOMELAS (Malh.), *Op. cit.* pl. 89, ff. 1, 2; *flavilumbis*, Sundev. — Brésil E.

903. MARIÆ, Hargitt, *Ibis*, 1889, p. 59. — Pérou N.-E.

904. PUNCTIGULA (Bodd.); *Pl. enl.* 613; *cayennensis*, Gm. — Guyane, Trinidad.

216. *Var.* GUTTATA (Spix); *guttifer*, Rchnb.; *cayennensis*, Bp. (nec Gm.), Malh. pl. 87, ff. 4-5; *punctigularis*, *speciosus*, Scl.; *punctipectus*, Cab. et H. — Haut-Amazone, Colombie, Vénézuéla.

905. ATRICOLLIS (Malh.), *Op. cit.* pl. 88, f. 4; *peruvianus*, Rchnb. — Pérou.

156. CHRYSOPHLEGMA

Chrysophlegma, Gould (1849); *Chloropicos* (1849) et *Calopicus* (1861), Malh.

906. MINIATUM (Forst.); Gr. et Hardw., *Ill. Ind. Zool.* pl. 30, f. 1. — Java.

217. *Var.* NIASENSIS; *Chr. niasense*, Büttik., *Notes Leyd. Mus.* XVIII, p. 169. — Ile Nias.

218. *Var.* MALACCENSIS (Lath.); Sclat., *P. Z. S.* 1863, p. 211; *miniatus*, auct. plur. (nec Forst.); Malh. (pt.) pl. 76, ff. 1, 2. — Ténassérim S., Malacca, Sumatra, Bangka, Bornéo.

907. MENTALE (Tem.), *Pl. col.* 384; Malh. pl. 75, ff. 4, 5; *squamicollis*, Less.; *gularis*, Wagl. — Java.

219. *Var.* HUMEI; *Chr. humii*, Harg., *Ibis*, 1889, p. 231. — Ténass. S., Malacca, Sumatra, Bornéo.

908. FLAVINUCHA (Gould); Gr., *Gen. B.* pl. 109; Malh., *Picid.* pl. 75, ff. 1-3; *flavigula*, Hodgs. — Himalaya, Assam, Cachar, Ténassérim.

909. PIERREI, Oust., *Le Naturaliste*, 1889, p. 44. — Cochin-Chine.

910. RICKETTI, Styan. *Ibis*, 1898, p. 429. — Fohkien.

911. WRAYI. Sharpe. *P. Z. S.* 1888, p. 279; *Cat. B. Br. Mus.* XVIII, pl. 2. — M[ts] Perak (Malacca).

912. MYSTACALE; *mystacalis*, Salvad. *Ann. Mus. Gen.* XIV, p. 182; Harg. *Ibis*, 1886, p. 265. — Sumatra.

157. MESOSPILUS

Gauropicoides! Malh. (1861); *Mesospilus*, Sundev. (1872).

913. RAFFLESI (Vig.); Malh., *Op. cit.* pl. 72, ff. 1-3; *amictus*, Gr.; *labarum*, Less. — Ténassérim, Malacca, Sumatra, Bornéo.

158. GECINULUS

Gecinulus, Blyth (1845); *Spaniopicoides*, Malh. (1861); *Geciniscus*, Cab. et H. (1863).

914. GRANTIA (Mc Clell.); Malh., *Op. cit.* pl. 72, ff. 5, 6. — Inde N.

220. *Var.* VIRIDANA; *G. viridanus*, Slat., *Ibis*, 1897, p. 176. — Fohkien N.-W.

915. VIRIDIS, Blyth, *J. A. S. B.* 1862, p. 341; *scotochlorus*, Sundev. — Pegou, Ténassérim, Malacca.

159. ASYNDESMUS

Asyndesmus, Coues (1866).

916. TORQUATUS (Wils.), *Am. Orn.* III, p. 31, pl. 20, f. 3; Malh. pl. 96, ff. 1-5. — États-Unis W., du Texas au 51° l. N.

160. MELANERPES

Melanerpes, *Leuconerpes*, *Tripsurus*, Sw. (1837); *Melampicus*, Malh. (1849); *Trichopicus*, *Linnæipicus*, Bp. (1854); *Phymatoblepharus*, Rchnb. (1854); *Meropicus*, *Columbipicus*, Malh. (1861); *Cactocraugus*, Cab. et H. (1863).

917. ERYTHROCEPHALUS (Lin.); Malh., *Op. cit.* pl. 97, ff. 1-3; *Pl. enl.* 117; *obscurus*, Gm. — États-Unis W., de l'Arizona au 50° l. N.

918. CANDIDUS (Otto); *dominicanus*, Vieill.; Malh., pl. 101, ff. 1, 2; *melanopterus*, Neuw. — Brésil E. et S., Bolivie, Parag., Urug., Arg.

919. FORMICIVORUS (Sw.), *Phil. Mag.* 1827, p. 439; *striatipectus*, Zel. — Mexique et Amérique centrale.

221. *Var.* MELANOPOGON (Tem.), *Pl. col.* 451; *formicivorus*, auct. plur. (nec Sw.); *bairdi*, Coues. — Amérique N.-W., du 20° au 55° l. N.

222. *Var.* ANGUSTIFRONS, Coop., *B. Calif. ed. Baird.* p. 405. — Basse-Californie.

920. FLAVIGULA (Malh.), *Picid.* pl. 99, ff. 5, 6; *flavigularis*, Scl. — Colombie.

921. XANTHOLARYNX, Rchnb.; Malh., *Op. cit.* pl. 100, f. 6. — Mexique?

922. CRUENTATUS (Bodd.); (*Synops.* Pl. II, f. 1); *hirundinaceus*, Gm.; Malh., *Op. cit.* pl. 98, ff. 4, 5, 6; *ischnorhynchus*, *meropirostris*, Wagl. — Amérique mérid., du 20° l. S. au 10° l. N.

923. HARGITTI, Dubois (*Synops.* Pl. II, f. 2); *Melanerpes sp. inc.*, Dubois, *P. Z. S.* 1897, p. 783. — ?

924. RUBRIFRONS (Spix); Malh., *Op. cit.* pl. 98, f. 1, 2; *melanocephalus*, Mahl. — Guyane, Brésil N., Trinidad.

925. PORTORICENSIS (Daud.); Malh., *Op. cit.* pl. 97, f. 5; *rubidicollis*, Vieill. — Porto Rico.

926. CHRYSAUCHEN, Salv., *P. Z. S.* 1870, p. 213. — Veragua, Panama.

927. PULCHER, Sclat., *P. Z. S.* 1870, p. 330; *Cat. B. Br. Mus.* XVIII, pl. 3. — Colombie.

928. FLAVIFRONS (Vieill.); Malh., *Op. cit.* pl. 100, ff. 2-4; *rubriventris*, Vieill., *Gal. Ois.* pl. 27; *coronatus*, Licht.; *erythrogaster*, Beckl. — Brésil S., Paraguay.

929. CACTORUM (Lafr. et D'Orb.), *Voy. Am. mér.* pl. 62, f. 2. — Pérou, Bolivie, Uruguay, Argentine.

930. HERMINIERI (Less.); Des M., *Icon. Orn.* pl. 38; Malh., *Op. cit.* pl. 100, f. 1. — Guadeloupe.

161. CENTURUS

Centurus, Sw. (1837); *Zebrapicus*, Malh. (1848-49).

931. PUCHERANI (Malh.); id. *Op. cit.* pl. 103, ff. 1, 2; *aurifrons*, Less. (nec Wagl.); *gerini*, Malh.	Amérique centrale, Colombie, Ecuador.
932. RADIOLATUS (Wagl.); Malh., pl. 104, ff. 5, 6; *albifrons*, Sw.	Jamaïque.
933. SUPERCILIARIS (Tem.), *Pl. col.* 433; Malh., pl. 102, ff. 1-3.	Cuba.
934. NYEANUS, Ridgw., *Auk*, III, p. 336.	Ile Watlings (Bahama).
223. *Var.* BLAKEI, Ridgw., *Auk*, III, p. 337.	Abaco (Bahama).
224. *Var.* BAHAMENSIS, Cory, *Auk*, IX, p. 270.	Grande Bahama.
935. CAYMANENSIS, Cory, *Auk*, III, pp. 499, 502.	Grand Cayman.
936. CAROLINUS (Lin.); *Pl. enl.* 692; Malh., pl. 103, ff. 7, 8; *zebra*, Bodd.; *griseus*, Vieill.; *erythrauchen*, Wagl.	Amérique N.-E. du Texas au Canada.
937. DUBIUS (Cabot); *erythrophthalmus*, Licht.; Malh., pl. 105, ff. 1, 2; *albifrons*, Gr. (nec Sw.); *leei*, Ridgw.	Yucatan, île Cozumel, Honduras.
225. *Var.* CANESCENS, Salv., *Ibis*, 1889, p. 370.	Ile Ruatan (Honduras).
938. TRICOLOR (Wagl.); Malh., *Op. cit.* pl. 106, ff. 1, 2; *subelegans*, Bp. (1850); *rubriventris*, Lawr. (nec Sw.).	Colombie, Vénézuéla W.
226. *Var.* TERRICOLOR, Berl., *Ibis*, 1880, p. 113.	Orénoque, Trinidad.
939. RUBRIVENTRIS, Sw.; Malh., *Op. cit.* pl. 107, f. 1; *aurifrons*, Bp. (nec Wagl.); *pygmæus*, Ridgw.	Yucatan, îles Cozumel et Bonacca.
940. AURIFRONS (Wagl.); Malh., pl. 104, ff. 1-3; *flaviventris*, Sw. (nec Vieill.); *subelegans*, Bp. (1837); *ornatus*, Less.	Texas, Mexique N.-E.
227. *Var.* SANTACRUZI, Bp.; Malh., pl. 105, ff. 4, 5; *grateloupensis*, Less.; *chrysogenys*, Vig.; *erythrophthalmus*, Rchnb.; *polygrammus* et *albifrons*, Cab.	Mexique S., San Salvador, Honduras, Guatémala.
228. *Var.* HOFFMANNI, Cab., *Journ. f. Orn.* 1862, p. 322.	Nicaragua, Costa Rica.
941. UROPYGIALIS, Baird; *sulfuriventer*, Rchnb.; *kaupii*, Malh., pl. 106, ff. 4, 5.	Californie, Arizona, Mexique W.
942. ELEGANS (Sw.); Malh., pl. 102, ff. 5, 6.	Mexique S. et W.
943. HYPOPOLIUS (Wagl.); Malh., pl. 103, ff. 4, 5.	Mexique S.
944. STRIATUS (Müll.); Malh., pl. 107, ff. 3, 4.	Haïti et St-Domingue.

162. SPHYROPICUS

Pilumnus, Bp. (1854 nec Leach); *Sphyrapicus*, Baird (1858); *Cladoscopus*, Cab. et H. (1863).

945. VARIUS (Lin.); Malh., pl. 37, ff. 2, 4; *atrothorax*, Less.	Amérique sept. E., du 62° à Cuba et S. du Groenland.
229. *Var.* NUCHALIS, Baird, *B. N. Am.* p. 103, pl. 35, f. 1; *varius* (pt.) auct. plur.	Amérique N.-W. jusqu'au Mexique.

946. RUBER (Gm.); Audub., *B. Am.* IV, pl. 266; Malh., pl. 34, ff. 1, 2; *flaviventris* et *niger*, Vieill. — Amérique N.-W., de l'Alaska à la Calif.

947. THYROIDEUS (Cass.); Malh., pl. 37, f. 1; *nataliæ*, Malh.; *williamsoni*, Newb.; Malh. pl. 36, f. 4; *rubrigularis*, Scl. — Amér. N.-W. jusqu'au Mexique central.

163. HYPOPICUS

Hypopicus, Bp. (1854); *Xylurgus*, Cab. et H. (1863).

948. HYPERYTHRUS (Vig.); Gould, *Cent. B. Him.* pl. 1; ? *flavirostris*, David. — Himalaya jusqu'en Cochin-Chine.

230. *Var.* POLIOPSIS, Swinh., *P. Z. S.* 1863, p. 268; *subrufinus*, Cab. et H. — Chine N.

164. PICUS

Picus, Lin. (1758); *Dendrocopos*, Koch (1816); *Dryobates*, Boie (1826); *Dendrodromas*, Kp. (1829); *Leuconotopicus*, Malh. (1845); *Dyctiopicus*, *Pipripicus*, *Phrenopicus*, *Leiopicus*, Bp (1854); *Piculus*, Brch. (1855); *Pyroupicus*, Malh. (1861); *Dendrotypes*, *Xylocopus*, *Threnopipo*, *Dictyopipo*, *Dendrocoptes*, *Liopipo*, Cab. et H. (1863).

949. MAJOR, Lin.; Dubois, *Fne. ill. Vert. Belg. Ois.* pl. 155; *pinetorum*, *pityopicus*, *frondium*, *montanus*, Brch.; *brevirostris*, Rchnb. — Europe et Asie, du 40° l. N. au 70°.

231. *Var.* CISSA, Pall., *Zoogr. Rosso-Asiat.* I, p. 412; *kamtschaticus*, Dyb. et Tacz.; *purus*, Stejn. — Sibérie E., Kamtschatka.

232. *Var.* POELZAMI, Bodg.; Radde, *Orn. Cauc.* pl. 20. — Caucase.

233. *Var.* LEUCOPTERA, Salvad., *Atti R. Acc. Sc. Tor.* VI, p. 129; *leptorhynchus*, Severtz. — Turkestan, Mongolie W.

234. *Var.* JAPONICA (Seeb.), *Ibis*, 1882, p. 24. — Japon, îles Couriles.

235. *Var.* CANARIENSIS, Koen., *Journ. f. Orn.* 1890, p. 350, pl. 2. — Iles Canaries.

950. NUMIDICUS, Malh., *Op. cit.* pl. 18, ff. 1-3. — Algérie, Tunisie.

236. *Var.* MAURITANA (Brch.), *Naum.* 1855, p. 274. — Maroc.

951. CABANISI, *luciani*, *mandarinus* et *gouldi*, Malh.; id. *Op. cit.* pl. 17. — Chine.

952. HIMALAYENSIS. Jard. et Selby, *Ill. Orn.* III, pl. 116; *himalayanus*, Vig.; Malh. pl. 19, ff. 3, 4. — Inde N.-W., Afghanistan N.-E.

953. MAJOROIDES, Hodgs.; Malh, *Op. cit.* pl. 16, ff. 1, 2; *darjellensis*, Blyth.; *desmursi*, Verr. — Népaul, Sikhim, Thibet, Setchouan W.

954. CATHPHARIUS, Blyth.; Malh., *Op. cit.* pl. 23, ff. 7, 8. — Himalaya, Népaul.

955. PYRRHOTHORAX, Hume, *Str. F.* X, p. 150; *Cat. B. Br. Mus.* XVIII, pl. 4. — Manipour.

956. PERNYI, Verr., *Rev. et Mag. de Zool.* 1867, p. 271. — Thibet E., Chine W.

957. SYRIACUS, Hempr. et Ehr.; Malh., *Op. cit.* pl. 20, f. 4; *fuliginosus*, Licht.; *cruentatus*, Antin. (nec Bodd.), *Naum.* 1856, p. 411, pl. 2; *feliciæ*, Malh., pl. 28, ff. 8, 9; *khan*, Filippi. — Asie Mineure, Palestine, Perse W.

958. ASSIMILIS, Bp.; Malh., pl. 19, ff. 1, 2; *scindeanus*, Horsf. et Moore. — Asie S. W.

959. ARIZONÆ, Harg., *Ibis*, 1886, p 115; *stricklandi*, auct. plur. (nec Malh.); *fraterculus*, Ridgw. — De l'Arizona à la Sierra Madre.

960. VILLOSUS, Lin.; Malh., pl. 21, ff. 1, 2; *leucomelas*, Bodd.; *martini*, Bp.; *rubricapillus*, Nutt.; *canadensis*, Gm.; *phillipsi*, Audub.; *auduboni*, Sw.; *cuvieri*, Malh. — Amérique sept. : des Mont. Rocheuses à l'Atlantique et de la Floride au 60° l. N.

237. *Var.* MAYNARDI, Ridgw., *Man. N. Am. B.* p. 282; *insularis*, auct. plur. (nec Gould). — Iles Bahama.

238. *Var.* HARRISI, Audub., *B. N. Am.* pl. 261; *hyloscopus*, Cab et H. — Amérique N.-W., de l'Alaska au Mex.

239. *Var.* MONTICOLA, Anth.; *montana*, Anth. *Auk*, XIII, p. 32, XV, p. 54 — Du Nouveau-Mexique à Montana.

961. JARDINEI, Malh., *Op. cit.* pl. 25, ff. 4, 5; *harrisi*, Hoffm. (nec Audub.). — Amérique centr., de Panama au 20° l. N.

240. *Var.* SANCTORUM (Nels.), *Auk*, XIV, p. 50. — Chiapas, Guatémala.

962. PUBESCENS, Lin.; Audub., *B. N. Am* pl. 263; *medianus*, Sw.; *lecontei*, Jones; Malh., *Op. cit.* pl. 40, f. 7. — Amérique N. et E., du 65° l. N. à la Caroline.

241. *Var.* GAIRDNERI, Aud.; Baird, *B. N. Am.* pl. 85, ff. 2, 3; *leucurus* Hartl.; *turati*, Malh., *Op. cit.* pl. 29, fig. 5, 6; *homorus*, Cab et H.; *oreœcus*, Batch.; *fumidus*, Mayn. — Amérique N.-W., du 60° jusqu'au Nouv.-Mex. et l'Arizona, à l'ouest des Mont. Rocheuses.

242. *Var.* NELSONI, Oberh., *P. U. S. Nat. Mus.* XVIII, p. 549. — Alaska.

243. *Var.* MERIDIONALIS, Sw., *Faun. Bor.-Am.* II, p. 308; Oberh., *l. c.* p. 547. — S. des É.-U., du Texas à la Caroline du S.

963. STRICKLANDI, Malh.; id. *Op. cit.* pl. 28 (fem. et mas. juv.); *cancellatus*, Scl. (nec Wagl.). — Mexique S.-E.

964. NUTTALLI, Gamb.; Malh., pl. 24, ff 8, 9; *wilsoni*, Malh. — Californie, Orégon.

965. SCALARIS, Wagl.; Malh., pl. 27, ff. 1-4; *gracilis*, Less.; *parvus*, Cabot; *bairdi*, Malh.; *vagatus* et *orizabœ*, Cass.; *sinaloensis*, Ridgw. — Texas, Nouveau-Mexique, Arizona, Mexique, Yucatan.

244. *Var.* LUCASANA (Xant.), *Pr. Acad. Philad.* 1859, p. 302. — Basse-Californie.

245. *Var.* GRAYSONI, Lawr., *Mem. Bost. Soc. N. H.* II, p. 294 — Iles Tres Marias.

966. BOREALIS, Vieill., *Ois. Am. sept.* II, p. 66, pl. 122; *querulus*, Bp.; *vieillotii*, Wagl.; *leucotis*, Bp. — États-Unis S. E. jusqu'au Texas.

967. MINOR, Lin.; Dubois, *Fne. ill. Vert. Belg. Ois.* pl. 158; *striolatus*, Macg.; *hortorum*, *herbarum*, *crassirostris*, *pusillus*, Brch.; *ledouci*, Malh. — Europe, Sibérie S., Mongolie, Algérie, Açores.

246. *Var.* PIPRA, Pall.; *Kamtschatkensis*, Bp.; Malh, pl. 26, ff. 1, 2; *immaculatus*, Stejn. — Sibérie N., Kamtschatka, île Behring.

247. *Var.* QUADRIFASCIATA, Radde, *Orn. Cauc.* p. 315, pl. 19, f. 5. — Caucase.

248. *Var.* DANFORDI, Harg., *Ibis*, 1883, p. 172. — As. Min., Turq., Grèce.

968. LIGNARIUS, Mol.; Malh., pl. 26, ff. 9-11; *melanocephalus*, King.; *puncticeps*, d'Orb., *Voy. Am. mér.* pl. 64, f. 1; *kingii*, Gould; *kaupii*, Hartl.; *gradatus*, Licht. — Pérou, Chili, Bolivie, Argentine.

969. MIXTUS, Bodd.; *Pl. enl.* 748, f. 1; *bicolor*, Gm.; Malh., pl. 34, ff. 1-3; *variegatus*, Lath.; *maculatus*, Vieill. — Brésil S., Uruguay, Paraguay, Argentine, Chili.

970. CANCELLATUS, Wagl.; *wagleri*, Bp.; Malh., pl. 29, ff. 1-3; *maculatus*, Burm. — Brésil S. (St-Paul).

971. MACEI, Vieill.; Tem., *Pl. col.* 59, f. 2; *pyriceps*, Hodgs.; *wagleri*, Hartl. (nec Bp.); *westermani*, Blyth. — Himalaya, Bengale.

972. ATRATUS, Blyth; Wald., *Ibis*, 1876, p. 343, pl. 9; *harmandi*, Oust. — Indo-Chine W., du Manipour au Ténass.

973. BRUNNEIFRONS, Vig.; Malh., *Op. cit.* pl. 18, ff. 5, 6; *auriceps*, Vig.; *incognitus*, Scully. — Himalaya N.-W., Cachemir, Afghan.

974. ANALIS, Horsf.; Malh., *Op. cit.* pl. 24, ff. 5, 6; *pectoralis*, Blyth. — Indo-Chine, Malacca, Sumatra, Java, Madura, Lombock.

975. ANDAMANENSIS, Blyth, *J. A. S. B.* 1859, p. 412; Jerd., *B. Ind.* I, p. 275. — Iles Andaman.

976. LEUCONOTUS, Bechst.; Dress. *B. Eur.* V, pl. 279; Dubois, *Fne. ill. Vert. Belg. Ois.* pl. 156. — Europe centr. jusqu'au 66° l. N., Sibérie S., Corée.

249. *Var.* CIRRIS, Pall., *Zoogr.* I, p. 410; *uralensis*, Bp.; Malh., *Op. cit.* pl. 23, ff. 4, 5; *leuconotus*, auct. plur. — Russie centrale, Sibérie centrale et E.

250. *Var.* SUBCIRRIS, Stejn., *Pr. U. S. Nat. Mus.* 1886, p. 113; *leuconotus* et *uralensis*, auct. plur. — Japon.

251. *Var.* LILFORDI, Sharpe et Dress., *Ann. and Mag. N. H.* 1871, p. 436; *leuconotus*, auct. plur. — Europe S.-E., Asie-Mineure.

977. INSULARIS, Gould; id. *B. Asia*, VI, pl. 16. — Formose.

252. *Var.* NAMIYEI, Stejn., *Pr. U. S. Nat. Mus.* 1886, p. 116. — Ile Main (Japon).

978. MEDIUS, Lin.; Dubois, *Fne. Ill. Vert. Belg. Ois.* pl. 157; *cyanædus*, Pall.; *quercuum*, *etc.* Brm. — Europe centr. et méridion., Caucase.

253. *Var.* SANCTI-JOHANNIS, Blanf., *Ibis*, 1873, p. 226. — Asie Mineure, Perse.

979. MAHRATTENSIS, Lath.; Gould, *Cent. B. Him.* pl. 51; *hæmàsoma*, Wagl.; *aurocristatus*, Tick.; *blanfordi*, Blyth. — Inde, Ceylan, Indo-Chine.

165. TRIDACTYLIA

Picoides! Lacep. (1801); *Tridactylia*, Shaw (1815); *Apternus*, Sw. (1831); *Pipodes*, Glog. (1842).

980. TRIDACTYLUS (Lin.); Gould, *B. Eur.* III, pl. 232; Dubois, — Europe, Sibérie mérid.

Ois. Eur. pl. 112; *hirsuta*, Steph.; *variegatus*, Valenc.; *europæus*, Less.; *alpinus*, *montanus*, *septentrionalis*, *longirostris*, Breh. — Amour, Mongolie.

254. *Var.* Crissoleuca (Bp.); Malh., *Op. cit.* pl. 40, ff. 1-5; *camtschatcensis*, Licht.; *albidior*, Stejn. — Sibérie centrale et N., Kamtschatka.

981. dorsalis, Baird, *B. N. Am.* p. 100, pl. 85, f. 1. — Amér. sept. N.-W.

982. americana, Breh.; Malh., *Op. cit.* pl. 39, ff. 1-2; *hirsutus*, auct. plur. (nec Steph.); *undulata*, Cab. et H.; *fasciatus*, Coop. — Amérique septentr. du 40° au 60° l. N. à l'E. des Mont. Roch.

255. *Var.* Alascensis, Nels., *Auk*, 1884, p. 165. — De l'Alaska à la baie d'Hudson.

983. arctica (Sw.), *Faun. Bor.-Am.*, *Birds*, II, p. 313, pl. 57; Malh., pl. 39, ff. 5, 6. — Amér. septentr. du 39° au 57° l. N.

984. funebris, Verr., *N. Arch. Mus.* VI, *Bull.* 33, n° 2, VIII, pl. 1. — Chine W.

166. XENOPICUS

Xenopicus, Baird (1858); *Xenocraugus*, Cab. et H. (1863).

985. albolarvatus (Cass.); Malh., *Op. cit.* pl. 101, ff. 3, 4. — Amérique N.-W., de la Colombie angl. au S. de la Californie.

167. DENDROPICUS

Dendropicus, Malh. (1849); *Erythronerpes*, Rchnb. (1854); *Pardipicus*, Bp. (1854); *Ipoctonus*, *Ipopatis* et *Thripias*, Cab. et H. (1863).

986. cardinalis (Gm.); Levaill., *Ois. d'Afr.* pl. 253; *fucescens*, Vieill.; *fulviscapus*, Licht.; *capensis*, Steph.; *chrysopterus*, Cuv.; *hartlaubii*, Malh., *Op. cit.* pl. 43, ff. 1-3 et pl. 44, ff. 1, 2. — Afrique méridionale, de l'Angola et du Zambèze au Cap.

256. *Var.* Zanzibari, Malh., *Op. cit.* I, p. 201; *cardinalis* et *hartlaubii*, auct. plur. — De Loanda au Congo et du Zambèze à Lamu.

987. minutus (Tem.), *Pl. col.* 197, f. 2; Malh., *Op. cit.* pl. 45, ff. 4, 5. — Sénégal.

988. hemprichii (Ehrenb.); Rüpp., *Syst. Uebers.* pl. 35; Malh., pl. 43, ff. 5, 6. — Abyssinie, Choa, Somaliland, Kordofan.

989. lafresnayi, Malh., *Op. cit.* I, p. 204, pl. 44, f. 4. — De l'Angola à la Côte d'Or.

990. poecilolæmus, Rchnw., *Orn. Monatsb.* 1893, p. 30. — Afrique centrale.

991. lepidus (Cab. et H.), *Mus. Hein.* IV, p. 118. — Abyssinie.

992. sharpei, Oust., *N. Arch. Mus.* II, 1879, p. 62. — Afr. W., Haut Ogowé.

993. abyssinicus (Stanl.); *desmursi*, Malh., *Op. cit.* pl. 42, ff. 5, 6; *melanauchen*, Heugl. — Abyssinie, Choa.

994. gabonensis (Verr.); Harg., *Ibis*, 1883, p. 444, pl. 12, f. 1; *nigriguttatus*, Verr. (femelle). — Gabon, Caméron.

995. LACUUM, Rchnw., *Orn. Monatsb.* 1893, p. 178. — Karevia (Afr. centr.).

996. REICHENOWI, Sjöst., *Orn. Monatsb.* 1893, p. 138. — Caméron.

997. LUGUBRIS, Hartl., *Orn. W. Afr.* p. 178; Harg., *Ibis*, 1883, pl. 12, f. 2; *gabonensis*, auct. plur. (nec Verr.). — Fantée, Aguapim.

998. OBSOLETUS (Wagl.); Malh., *Op. cit.* pl. 45, ff. 1, 2; *murinus*, Sundev. (nec Malh.); *hedenborgi*, Sundev. — Sennaar, Kordofan jusqu'à la Sénégambie.

999. NAMAQUUS (Licht.); Levaill. *Ois. d'Afr.* pl. 251; *mystaceus*, Vieill.; *punctatus*, Vieill. (nec Cuv.); *biarmicus*, Cuv.; Malh., *Op. cit.* pl. 42, ff. 4-6; *diophrys*, Steph.; *schoensis*, Shell. (nec Rüpp.); *decipiens*, Sharpe. — Afrique centr. et mér.: de la colonie du Cap au 8° l. S.

1000. SCHOENSIS (Rüpp.); id. *Syst. Ueber.* p. 88, pl. 33; *schoanus*, Heugl. — Du Choa au Niam-Niam et Somaliland.

168. YUNGIPICUS

Yungipicus Bp. (1854); *Bæopipo* et *Ipopulus*, Cab. et H. (1863); *Iyngipicus*, Harg. (1882).

1001. SEMICORONATUS, Malh.; id. *Op. cit.* pl. 34, f. 8; *rubricatus*, Blyth; *meniscus*, Malh., pl. 35, ff. 2-4. — Sikhim, Boutan, Assam.

1002. SCINTILLICEPS, Swinh., *Ibis*, 1863, p. 96 et 1871, p. 392; Gould, *B. As.* VI, pl. 21. — Chine.

257. *Var.* DOERRIESI, Harg., *Ibis*, 1881, p. 598; Gould, *B. As.* VI, pl. 22; *mitchelli*, Radde (nec Malh.); *scintilliceps*, Tacz. — Sibérie S.-E. jusqu'à la Corée, île Askold.

258. *Var.* KALEENSIS, Swinh., *Ibis*, 1863, p. 390; *nesiotis*, Cab. et H. — Chine E., Formose, Hainan.

1003. PYGMÆUS (Vig.); *moluccensis*, Hodgs.; *zizuki*, Gray; *mitchelli*, Malh., *Op. cit.* pl. 32, ff. 1, 2; *scintilla*, Bp. — Himalaya, Bengale.

1004. WATTERSI, Salvad. et Gig., *Atti della R. Accad. Sc. Tor.* XX, p. 825. — Formose.

1005. KISUKI (Tem.), *Pl. col.* 585; Malh., pl. 36, ff. 1, 2; KOGERA, Malh. — Japon.

259. *Var.* SEEBOHMI, Harg., *Ibis*, 1884, p. 100; *kisuki*, auct. plur. — Ile Main et Yesso (Japon), Oussouri, Corée.

260. *Var.* NIGRESCENS, Seeb., *Ibis*, 1887, p. 177; *Cat. B. Br. Mus.* XVIII, pl. 5. — Iles Loo Choo.

1006. AURANTIIVENTRIS (Salvad.), *Atti R. Accad. Sc. Tor.* III, p. 524; Gould, *B. As.* VI, pl. 23. — Bornéo.

1007. PUMILUS, Harg., *Ibis*, 1881, p. 599. — Ténassérim, Malacca.

1008. CANICAPILLUS (Blyth); Gould, *B. As.* VI, pl. 27; *trisulensis*, Bp. — De Birmanie et Cachar à Malacca.

1009. PICATUS, Harg., *Ibis*, 1882 p. 41; *Cat. B. Br. Mus.* XVIII, pl. 6, f. 1. — Bornéo N.-W.

1010. AURITUS (Eyt.); *moluccensis*, Gm.; *variegatus*, Wagl. (nec Lath.); Malh., *Op. cit.* pl. 33, ff. 8-10; *sondaicus*, Blyth; *fusco-albidus* et *frater*, Salvad. — Malacca, Siam, Cochin-Chine, iles de la Sonde.

1011. GRANDIS, Harg., *Ibis*, 1882, p. 45; *Cat. B. Br. Mus.* XVIII, pl. 6, f. 2. — Lombok, Flores.

261. *Var.* EXCELSIOR, Hart., *Nov. Zool.* V, p. 461. — Ile Alor.

1012. NANUS (Vig.); Gould, *B. As.* VI, pl. 34. — Himalaya N.-W.

1013. HARDWICKII (Jerd.); Gould, *Op. cit.* pl. 28; *cinereigula*, Malh.; *nanus*, auct. plur. (nec Vig.). — Inde centrale.

1014. GYMNOPHTHALMUS (Blyth); Gould, *Op. cit.* pl. 32; *nanus*, Malh. (pt. pl. 33, ff. 1-3. — Inde S., Ceylan.

262. *Var.* PENINSULARIS, Harg., *Ibis*, 1882, p. 48; Gould, *Op. cit.* pl. 33; *nanus*, Malh. (pt.) pl. 33, ff. 4, 5. — Inde jusqu'à Belgaum au N.

1015. MACULATUS (Scop.); Gould, *Op. cit.* pl. 30. — Panay, Guimaras, Négros, Cebu (Philip.).

263. *Var.* VALIDIROSTRIS (Blyth), *Cat. B. Mus. As. Soc.* p. 64; *flavinotus*, Malh. — Luçon, Mindoro, Marinduque (Philip.).

1016. LEYTENSIS, Steere, *List B. et Mam. Philip.* p. 9. — Lyte, Samar (Philip.).

1017. FULVIFASCIATUS, Harg., *Ibis*, 1881, p. 598; Gould, *Op. cit.* pl. 31; *basilanica*, Steere. — Mindanao, Basilan (Philippines).

1018. MENAGEI, Bourns et Worc., *Occ. Pap. Minnes. Acad.* I, p. 14. — Sibuyan (Philippines).

1019. RAMSAYI, Harg., *Ibis*, 1881, p. 598; Gould, *Op. cit.* pl. 24. — Iles Soulou et Tawi-Tawi.

1020. TEMMINCKI (Malh.); id. *Op. cit.* pl. 36, f. 3; Gould, *Op. cit.* pl. 25. — Célèbes.

169. ELEOPICUS

Dendrobates, Sw. (1831) nec Wagl. 1830 (Batraciens); *Eleopicus*, *Capnopicus* et *Callipicus*, Bp. (1854); *Campias* et *Phæonerpes*, Cab. et H. (1863).

1021. OLEAGINUS (Licht.); Malh., *Op. cit.* II, p. 53, pl. 57, ff. 6, 7. — Mexique S., Yucatan.

1022. CABOTI, Mahl., *Op. cit.* II, p. 53, pl. 57, f. 1; *oleaginus* (pt.) auct. plur. — Amérique centrale.

1023. FUMIGATUS (Lafr. et d'Orb.), *Voy. Am. mér.* IV, p. 380, pl. 65, f. 1; Malh., *Op. cit.* pl 57, ff. 3, 4. — De la Col. au Pérou, Bolivie, Argentine.

1024. SANGUINOLENTUS (Sclat.), *P. Z. S.* 1859, p. 60, pl. 151; Malh., *Op. cit.* pl. 43bis, f. 6. — Honduras.

264. *Var.* REICHENBACHI (Cab. et H.), *Mus. Hein.* IV, p. 141; *rubidus*, Sundev., *Consp. Av. Picin.* p. 35. — Vénézuéla.

1025. CALLONOTUS (Waterh.); Des M., *Icon. Orn.* pl. 59; Malh., pl. 30, ff. 1, 2; *cardinalis*, Less. (nec Gm.). — Ecuador W.

265. *Var.* PERUVIANA, Tacz., *Orn. Pér.* III, p. 80; *callonotus* (pt.), auct. plur. — Pérou N.

1026. SANGUINEUS (Licht.); Malh., *Op. cit.* pl. 60, ff. 4, 5; *rubescens*, Vieill.; *albertuli*, Bp. — Guyane, Vénézuéla.

1027. KIRTLANDI (Malh.), *Op. cit.* pl. 58, f. 1. — Brésil N., Surinam.

1028. NIGRICEPS (Lafr. et d'Orb.), *Voy. Am. mér.* IV, p. 380, pl. 65, f. 2; Malh., *Op. cit.* pl. 59, ff. 1, 2; *malherbii*, Sclat. — Bolivie, Pérou E., Ecuador.

1029. MURINUS (Malh.); id. *Op. cit.* pl. 58, ff. 5-7. — Bahia, Goyaz (Brésil).

1030. DIGNUS (Scl. et Salv.), *P. Z. S.* 1877, p. 20, pl. 1. — Antioquia (Colombie).

266. *Var.* VALDIZANI (Berl. et Stolzm.), *Ibis*, 1894, p. 401. — Pérou central.

1031. PASSERINUS (Lin.); *Pl. enl.* 345, f. 2; Malh., *Op. cit.* pl. 62, ff. 4, 5; *senegalensis*, Gm.; *tephrodops*, Wagl.; *striolatus*, Less. — Guyane, Brésil N.

1032. TÆNIONOTUS (Rchnb.), *Scans. Picinæ*, p. 354, pl. 625, ff. 4164-65. — Brésil E.

1033. FRONTALIS (Cab.), *Journ. f. Orn.* 1883, p. 110. — Tucuman.

1034. AGILIS (Cab. et H.), *Mus. Hein.* IV, p. 147. — De la Col. au Pérou

1035. OLIVINUS (Malh.); id. *Op. cit.* pl. 59, ff. 4, 5. — Du Brésil et Bolivie à l'Argentine.

1036. FIDELIS (Harg.), *Ibis*, 1889, p. 59; *Cat. B. Br. Mus.* XIII, pl. 7. — Colombie.

1037. SPILOGASTER (Wagl.); ? *squamosus*, Vieill.; *ruficeps*, Rchnb. (nec Spix); *adspersus*, Bp.; Malh., *Op. cit.* pl. 60, ff. 7-8. — Brésil mérid., Uruguay, Argentine.

1038. MACULIFRONS (Spix), *Av. Bras.* I, p. 62, pl. 56, f. 1; *affinis*, Sw. (fem.); Malh., *Op. cit.* pl. 61, ff. 6, 7; *albipes*, Sundev. — Bahia (Brésil).

1039. CASSINI (Malh.), *Op. cit.* pl. 58, ff. 2, 3; *sedulus*, Cab. et H. — Guyane.

1040. RUFICEPS (Spix), *Av. Bras.* I, p. 63, pl. 56, ff. 2, 3; *hæmatostigma*, Scl. et Salv. (nec Malh.). — Brésil N. et N.-E.

1041. AFFINIS (Sw.), *Zool. Ill.* pl. 78 (nec fem.); *passerinus*, auct. plur. (nec Lin.); *selysii*, Scl.; Malh., pl. 62, ff. 1, 2. — Brésil E.

1042. HÆMATOSTIGMA (Malh.), *Op. cit.* II, p. 72, pl. 61, ff. 2-5; *hilaris*, Cab. et H.; *ruficeps*, var. Pelz. — Ecuador, Pérou, Bolivie, Brésil W.

1043. KIRKII (Malh.); id. *Op. cit.* pl. 59, ff. 7-8. — Vénézuéla, Guyane anglaise, Trinidad.

1044. CECILIÆ (Malh.), *Op. cit.*, pl. 60, ff. 1, 2. — Colombie, Ecuador W.

170. MESOPICUS

Mesopicus, Malh. (1849); *Scolecotheres*, Rchnb. (1854); *Camponomus*, Cab. et H. (1863); *Polipicus*, Cass. (1863).

1045. GOERTAN (P. L. S. Müll.); Malh., *Op. cit.* pl. 63, ff. 1, 2; *immaculatus*, Sw.; *spodocephalus*, Breh. (nec Bp.); Malh., pl. 63, ff. 4, 5. — Kordofan, Sennaar, Abyssinie, Niam-Niam.

267. *Var.* Poliocephala (Gr.); Rchnb., *Scans. Picin.* pl. 676, ff. 4473-74; Dubois, *P. Z. S.* 1897, p. 783; *poicephalus*, Sw.
De Sénégambie à l'Angola.

1046. spodocephalus (Bp.); *poiocephalus*, Rüpp., *Syst. Uebers.* p. 86, pl. 34 (nec Sw.); *rhodeogaster*, Fisch. et Rchnw.
Choa, Lado, Massailand.

1047. griseocephalus (Bodd.); *Pl. enl.* 786, f. 2; *menstruus*, Scop.; *capensis* et *manillensis*, Gm; Levaill. *Ois. d'Afr.* plˢ 248, 249; *caniceps*, *obscurus*, Wagl.
Du Cap au Transvaal et à l'Angola.

1048. pyrrhogaster (Malh.); id. *Op. cit.* pl. 8, ff. 9, 10.
Côte d'Or, Sierra Leone.

1049. ellioti (Cass.), *Pr. Acad. Philad.* 1863, p. 197.
Afrique W., du Muni à Landana.

1050. johnstoni (Shell.), *P. Z. S.* 1887, p. 122; *Cat. B. Br. Mus.* XVIII, pl. 9.
Caméron.

1051. africanus (Cass.), *Pr. Ac. Philad.* 1859, p. 141 (nec Gray); *xantholophus*, Harg., *Cat. B. Br. Mus.* XVIII, pl. 8; *pecilei*, Oust.
Gabon, Congo, Niam-Niam.

171. XIPHIDIOPICUS

Xiphidiopicus, Bp. (1854).

1052. percussus (Tem.), *Pl. col.* 390, 424; Malh., *Op. cit.* pl. 86, ff. 1, 2; *rüppellii*, Wagl.
Cuba.

172. BLYTHIPICUS

Blythipicus, Bp. (1854); *Pyrrhopicus*, *Plinthopicus*, Malh. (1861); *Lepocestes*, Cab. et H. (1863); *Sapheopipo*, Harg. (1890).

1053. pyrrhotis (Hodgs.); Malh., *Op. cit.* pl. 49, ff. 4, 5.
Inde N. et N.-E., Indo-Chine W., Malacca.

268. *Var.* Sinensis (Rick.), *Ibis*, 1897, pp. 453, 603.
Kuatun (Chine).

1054. porphyromelas (Boie); Malh., *Op. cit.* pl. 49, ff. 1, 2; *rubiginosus*, Sw.; *melanogaster*, Hay.
Ténassérim, Malacca, Sumatra, Bornéo.

1055. noguchii (Seeb.), *Ibis*, 1887, p. 178, pl. 7.
Iles Loo Choo.

173. MIGLYPTES

Meiglyptes, Sw. (1837); *Stugnopicus*, Malh. (1861); *Miglyptes*, Hume. (1879).

1056. tristis (Horsf.); Malh., *Op. cit.* pl. 48, ff. 1, 2; *poicilosophus*, Tem. *Pl. col.* 197, f. 1.
Java.

1057. grammithorax (Malh)., *Op. cit.* pl. 48, ff. 4, 5; *tristis*, auct. plur.
Ténass., Malacca, Sumatra, Bornéo, etc.

1058. tukki (Less.); *brunneus*, Eyt.; *luridus*, Nitz.; *fuscus*, Peale; *pectoralis*, auct. plur. (nec Lath.); Malh., *Op. cit.* pl. 47, ff. 5, 6; *marginatus*, Reinw.
Malacca, Singapore, Sumatra, Bornéo.

1059. INFUSCATUS, Salvad., *Ann. Mus. Civ. Genov.*, 1887, p. 531. — Ile Nias (Sumatra W.).
1060. JUGULARIS, Blyth., *J. A. S. B.* XIV, p. 195; Malh. II, p. 11. — Birmanie, Ténassérim, Siam, Cochin-Chine.

174. MICROPTERNUS

Micropternus, Blyth. (1845); *Phaiopicus*, Malh. (1848).

1061. BRACHYURUS (Vieill.); Malh., *Op. cit.* pl. 46, ff. 4, 5; *badius*, Raffl.; *squamigularis*, Sundev. — Ténassérim, Malacca, iles de la Sonde.
1062. PHÆOCEPS, Blyth.; *Blythii*, Malh.; *rufinotus*, Bp.; Malh. pl. 46, ff. 1, 2; *burmanicus*, Hume; *rufus*, Gr., Hardw. *Ill. Ind. Zool.* pl. 29, f. 2. — Inde N.-E. et centr. Indo-Chine.
1063. GULARIS, Jerd.; *jerdoni*, Malh., *Op. cit.* pl. 47, ff. 1, 3. — Inde, Ceylan.
1064. BADIOSUS (Tem.), Bp. *Consp. av.* I, p. 113; Salvad., *Ucc. Born.* p. 58. — Bornéo.
1065. FOKIENSIS (Swinh.), *P. Z. S.* 1863, pp. 87, 267. — Fokien (Chine E.).
1066. HOLROYDI, Swinh., *Ibis*, 1870, p. 95. — Ile Hainan.

175. BRACHYPTERNUS

Brachypternus, Strickl. (1841); *Brachypternopicus*, Malh. (1845); *Brahmapicus*, Malh. (1849).

1067. AURANTIUS et *bengalensis* (Lin.); Malh., *Op. cit.* pl. 69, ff. 5, 6; *nuchalis*, Wagl.; *chrysonotus*, Less.; *hemipodius*, Sw.; *melanochrysos*, Hodgs.; *dilutus*, Blyth. — Inde N. et N.-W., Bengale, Cachar.
 269. *Var.* PUNCTICOLLIS (Malh.), *Op. cit.* pl. 70, ff. 1, 2; *micropus*, Blyth; *aurantius*, auct. plur. (nec Lin.); *chrysonotus*, auct. plur. (nec Less.); *intermedius*, Legge. — Inde S., Ceylan N.
1068. ERYTHRONOTUS (Vieill.); Malh. pl. 69, ff. 1, 2; *neglectus*, Wagl.; *ceylonus*, Cuv.; *sonneratii*, Less. — Ceylan.

176. TIGA

Tiga, Kp. (1836); *Chrysonotus*, Sw. (1837); *Chloropicoides*, Malh. (1849).

1069. JAVANENSIS (Ljung); *tiga*, Horsf.; *tridactylus*, Sw.; *intermedius*, Blyth; *rubropygialis*, Malh. pl. 70, f. 5 et pl. 71, ff. 5, 6; *rufa*, Stolicz. — Indo-Chine, Malacca, Java, Bali, Bornéo, Sumatra.
1070. SHORII (Vig.); Malh. pl. 71, ff. 1, 2; *striaticeps*, Rchb. — Inde N. et E.
1071. EVERETTI, Tweed., *P. Z. S.* 1878, p. 612, pl. 37. — Palawan.
1072. BORNEONENSIS (Pl. I) A. Dubois, *P. Z. S.* 1897, p. 782. — Bornéo.

177. NESOCELEUS

Nesoceleus, Scl. et Salv. (1873).

1073. FERNANDINÆ (Vig.); Ram. de la Sagra, *Hist. nat. Cuba*, pl. 24; Malh., *Op. cit.* pl. 113, ff. 4, 5. — Cuba.

178. CELEUS

Celeus, Boie (1831); *Celeopicos*, Malh. (1849); *Cerchneipicus*, Bp. (1854); *Xanthopicus*, Malh. (1861); *Crocomorphus*, Harg. (1890).

1074. FLAVESCENS (Gm.); Malh., *Op. cit.* pl. 53, ff. 1, 2. — Brésil E. et S. jusqu'à Bahia.

1075. LUGUBRIS (Malh.); id. *Op. cit.* pl. 54, ff. 1, 2. — Bolivie, Brésil S.

1076. KERRI, Harg., *Ibis*, 1891, p. 605. — Pilcomays.

1077. OCHRACEUS (Spix), *Av. Bras.* I, p. 59, pl. 51, f. 1; Malh. pl. 54, ff. 5, 6. — Brésil N.-E.

1078. ELEGANS (Müll.); *fusco-fulvus*, Bodd; *cinnamomeus*, Gm.; Malh. pl. 56, ff. 1, 2. — Vénézuéla, Trinidad, Brésil N.

270. *Var.* IMMACULATA; *immaculatus*, Berl. *Ibis*, 1880, p. 113. — Panama?

1079. REICHENBACHI (Malh.), *Op. cit.* II, p. 28, pl. 56, ff. 4, 5. — Guyane, Vénézuéla.

1080. JUMANA (Spix) *Av. Bras.* I, p. 57, pl. 47, ff. 1, 2; Malh. pl. 55, ff. 1, 2; *castaneus*, Sw. (nec Wagl.) — Brésil N., au S. jusqu'au Rio Madeira.

271. *Var.* CITREOPYGIA, Scl. et Salv. *P. Z. S.* 1867, pp. 753, 758; *jumana*, auct. plur. — Pérou N.-E., Ecuador.

1081. RUFUS (Gm.); *Pl. enl.* 694, f. 1; Malh. pl. 50, ff. 6, 7. — Guyane, Brésil N.

1082. UNDATUS (Lin.); *multifasciatus*, Malh. pl. 50, ff. 4, 5. — Para, Bas-Amazone.

1083. LORICATUS (Rchb.); *mentalis*, Cass.; *fraseri*, Malh. pl. 43bis, f. 5; *squamatus*, Lawr.; *pholidotus*, Sundev. — De Costa Rica au Pérou N.-W.

1084. CASTANEUS (Wagl.); Malh. pl. 50, ff. 1, 2; *badiodes*, Less., *Cent. Zool.* pl. 14. — Du Mexique S. au Costa Rica.

1085. GRAMMICUS (Malh.), pl. 51, ff. 4, 5; *verreauxii*, Malh. pl. 51, ff. 1, 2. — Guyane franç., Haut-Amazone, Ecuador E., Pérou N.-E.

1086. SPECTABILIS, Sclat. et Salv., *P. Z. S.* 1880, p. 161; *Cat. B. Br. Mus.* XVIII, pl. 10. — Ecuador.

1087. TORQUATUS (Bodd.); *Pl. enl.* 863; *multicolor*, Gm.; Malh. pl. 52, ff. 1, 2; *scutatus*, Wagl.; *thoracinus*, Less. — Guyane, Brésil N.

1088. TINNUNCULUS (Wagl.); Malh. pl. 52, ff. 4, 5. — De Bahia et Matto Grosso au Paraguay.

272. *Var.* OCCIDENTALIS, Harg., *Ibis*, 1889, p. 230; id. *Cat. B. Br. Mus.* XVIII, p. 439, pl. 11. — Pérou N.-E., Brésil W.

1089. FLAVUS (Müll.); *Pl. enl.* 509; *citrinus*, Bodd.; *exal-* — Guyane, Brésil N., *bidus*, Gm. ; Malh. pl. 55, ff. 4-6; *flavicans*, Lath. ; *subflavus*, Scl. — Bolivie, Ecuador, Pérou N.-E.

1090. SEMICINNAMOMEUS, Rchb., *Scans. Pic.* p. 407, pl. 661, f. 4386; *flavus*, Scl. et Salv. (nec Müll.) — Vénézuéla, Trinidad.

179. CHRYSOCOLAPTES

Chrysocolaptes, Blyth. (1843); *Indopicus*, Malh. (1849); *Reinwardtipicus*, Bp. (1854); *Xylolepes*, Cab. et H. (1863).

1091. FESTIVUS (Bodd.); *Pl. enl.* 696; *goensis*, Gm.; Malh. pl. 66, ff. 1, 2; *humeralis*, Wagl.; *elliotti*, Jerd.; *melanotus*, Blyth. — Inde, Ceylan.

1092. STRICTUS (Horsf.); Malh. pl. 65, ff. 1, 3; *peralaimus*, Wagl.; *sultaneus*, Sundev. — Java.

1093. GUTTACRISTATUS (Tick.); *sultaneus*, Hodgs.; Malh. pl. 64, ff. 1, 2; *strictus*, auct. plur. (nec Horsf.); *delesserti*, Malh. pl. 64, ff. 4, 5; *baccha*, Rchb. — Inde, Indo-Chine, Malacca.

1094. ERYTHROCEPHALUS, Sharpe, *Trans. Lin. Soc.* 1877, XXX, pp. 315, 350, pl. 46, f. 1. — Palawan.

1095. STRICKLANDI (Layard); *carlotta*, Malh. pl. 67, ff. 1-4; *ceylonus*, Jerd. — Ceylan.

1096. HÆMATRIBON (Wagl.); Malh. pl. 68, ff. 1-3; *spilolophus*, Vig. — Luçon, Calayan.

1097. SAMARENSIS, Steere, *List B. and Mam. Phil.* p. 8. — Samar, Leythe.

1098. LUCIDUS (Scop.); *Pl. enl.* 691; *philippinarum*, Lath.; Malh. pl. 66, ff. 3, 4; *palalaca*, Wagl.; *aurantius*, auct. plur. (nec Lin.); *maculiceps*, Sharpe. — Mindanao, Basilan, Négros (Philip.).

1099. RUFOPUNCTATUS, Harg. *Ibis*, 1889, p. 231; *Cat. B. Br. Mus.* XVIII, pl. 12. — Ile Panaon (Philip.).

1100. XANTHOCEPHALUS, Wald. et Lay. *Ibis*, 1872, p. 99, pl. 4. — Ile Négros (Philip.).

1101. VALIDUS (Tem.), *Pl. col.* 378, 402; Malh. pl. 9, ff. 5, 6. — Malacca, îles de la Sonde.

180. CAMPOPHILUS

Campephilus, Gray (1840); *Megapicus*, Malh. (1849); *Phlæoceastes*, Cab. (1862); *Cuiparchus*, *Scapaneus*, *Ipocrantor*, Cab. et H. (1863).

1102. PRINCIPALIS (Lin.); Malh. pl. 1, ff. 4, 5; *Auk.* XV, pl. 3. — États-Unis S.-E.

273. *Var.* BAIRDI, Cass., *Pr. Acad. Philad.* 1863, p. 322; *principalis*, auct. plur. (nec Lin.) — Cuba.

1103. IMPERIALIS (Gould); Malh. pl. 1, ff. 1, 2. — Mexique W.

1104. LEUCOPOGON (Valenc.); *boiei*, Wagl.; Malh. pl. 3, ff. 1, 2; *atriventris*, d'Orb., *Voy. Am. mér.* pl. 63, f. 1; *corrientès*, Gr. — Bolivie, Brésil S., Uruguay, Argentine.

1105. RUBRICOLLIS (Bodd.); *Pl. enl.* 612; Malh. pl. 8, ff. 6, 7. — Guyane jusqu'au Haut-Amaz. et Ecuad. E.

1106. TRACHELOPYRUS (Malh.), pl. 8, ff. 2, 3; *rubricollis*, Tacz. — Amazone : du Para au Pérou central, Bolivie N.

1107. MELANOLEUCUS (Gm.); *albirostris*, Vieill.; Malh. pl. 4, ff. 1, 3; *comatus*, Neuw. — Guyane, Vénézuéla, Colombie, Brésil, Ecuador, Pérou.

1108. MALHERBEI, Gray, *Gen. B.* II, p. 436, pl. 108; *anais*, Less.; *pollens* et *verreauxi*, Bp. — Colombie jusqu'au Véragua, Vénéz. W.

1109. GUATEMALENSIS (Hartl.); Malh. pl. 7, ff. 1, 5; *lessonii*, Less.; *odoardus*, Bp.; *regius*, Licht.; *erythrops*, Scl. (nec Valenc.) — Amérique centrale : du 23° l. N. au Véragua.

1110. GUAYAQUILENSIS (Less.); *albirostris*, Scl. (nec Vieill.); *sclateri*, Malh. pl. 8, f. 1 et pl. 35, f. 8. — Ecuador W., Pérou N.-W.

1111. POLLENS (Bp.); *grayi*, Malh. pl. 5, ff. 1-4; *mesoleucus* et *albifrenatus*, Rchb. — Colombie N. et W., Ecuador W.

1112. ROBUSTUS (Licht.); Malh. pl. 3, ff. 4, 5; *percoccineus*, Bp. — Brésil S. et E., Paraguay.

1113. HÆMATOGASTER (Tschudi) *Faun. Per.* pl. 25; Malh. pl. 9, ff. 1-3. — De la Colombie jusqu'au Pérou centr.

274. *Var.* SPLENDENS, Harg. *Ibis*, 1889, p. 58; *hæmatogaster*, auct. plur. — Antioquia, Véragua.

1114. MAGELLANICUS (King.); Malh. pl. 2, ff. 1, 2; *jubatus*, Lafr. — Chili, Patagonie, Magellan.

181. HEMICERCUS

Hemicercus, Sw. (1837); *Micropicus*, Malh. (1849).

1115. CONCRETUS (Tem.), *Pl. col.* 90, ff. 1, 2; *hartlaubi*, Malh. pl. 41, ff. 1, 3, 5, 6. — Java.

1116. SORDIDUS (Eyton); *concretus*, auct. plur. (nec Tem.); Malh. pl. 41, f. 2; *coccometopus*, Rchb. *Scans. Pic.* pl. 656, ff. 4364-65; *brookeanus*, Salvad. — Malacca, Sumatra, Bangka, Bornéo.

1117. CANENTE (Less.), *Cent. Zool.* p. 215, pl. 73; *canens*, Bp.; *var. orientalis*, Sundev. — Indo-Chine, Malacca.

275. *Var.* CORDATA, Jerd.; id. *Ill. Ind. Orn.* pl. 40; *canente*, auct. plur. — Inde S.

182. HEMILOPHUS

Hemilophus, Sw. (1837); *Mulleripicus*, *Lichtensteinipicus*, Bp. (1854); *Alophonerpes*, Rchb. (1854); *Macropicus*, Malh. (1861); *Microstictus*, Harg. (1890).

1118. PULVERULENTUS (Tem.) *Pl. col.* 389; *gutturalis*, Valenc.; Malh., pl. 15, ff. 4-6; *mackloti*, Wagl.; *mülleri*, Bp. — Inde N.-E., Indo-Ch., Malacca, îles de la Sonde.

1119. FULVUS (Quoy et Gaim.), *Voy. Astrol. Zool.* p. 228, pl. 17, f. 2; Malh., pl. 14, ff. 1, 2. — Célèbes N.

1120. WALLACEI (Tweed.), *Ann. and Mag. N. H.* 1877, XX, p. 533; *fulvus*, auct. plur. — Célèbes S.

1121. FULIGINOSUS (Tweed.) *Ann. and Mag. N. H.* XX, p. 534; *P. Z. S.* 1877, pl. 83. — Mindanao (Philippines).

1122. FUNEBRIS (Valenc.); Malh. pl. 15, ff. 1, 2; *lichtensteini*, Wagl.; *modestus*, Vig.; *punctatus*, Less. — Luçon, Calayan (Philippines).

183. THRIPONAX

Thriponax, Cab. et H. (1863).

1123. JAVENSIS (Horsf.); *leucogaster* (Valenc.); Malh. pl. 13, ff. 4, 5; *horsfieldi*, Wagl.; *fulvigaster*, Drap. — Ténass.S., Malacca, îles de la Sonde, Philip.

276. *Var.* SULUENSIS, Blas., *Journ. f. Orn.* 1890, p. 140. — Iles Soulou.

1124. CRAWFURDI (Gray); Hume, *Str. F.* 1879, pp. 87, 409; *leucogaster* et *javensis*, auct. plur. — Birmanie.

1125 PECTORALIS, Tweed., *P. Z. S.* 1878, pp. 340, 379; *Cat. B. Br. Mus.* XVIII, pl. 13. — Leyte, Panaon (Philippines).

1126. PHILIPPENSIS, Steere, *List B and Mam. Philipp.* p. 8. — Guimaras, Masbate.

1127. MINDORENSIS, Steere, *Op. cit.* p. 8. — Mindoro.

1128. HODGEI (Blyth.), *J. A. S. B.* 1860, p. 105; 1870, pl. 2, p. 241. — Iles Andaman.

1129. HODGSONI (Jerd.); id. *Ill. Ind. Orn.* pl. 5; Malh. pl 13, ff. 1, 2. — Inde S.

1130. FELDENI (Blanf.), *J. A. S. B.* 1863, p. 75; *jerdoni*, Cab. et H.; *crawfurdi*, auct. plur. (nec Gray.) — Indo-Chine.

1131. HARGITTI, Sharpe, *Ibis*, 1884, p 317, pl. 8. — Palawan.

1132. RICHARDSI (Tristr.), *P. Z. S.* 1879, p. 386, pl. 31; *kalinowskii*, Tacz. *P. Z. S.* 1887, p. 607. — Corée, Japon.

184. CEOPHLOEUS

Ceophlœus, Cab. et H. (1863).

1133. LINEATUS (Lin.); Malh., pl. 12, ff. 4-7; *scapularis*, Lawr. (nec Vig.); *mesorhynchus*, Cab. et H.; var. *occidentalis*, Sundev. — Amérique mér.: du 10° l. N. (Costa Rica) au 20° l. S.

1134. SCAPULARIS (Vig.); Malh, pl. 10, ff. 1, 2; *similis*, Less.; *leucorhamphus*, Rchb.; *delattrii*, Bp. — Mexique, Amérique centrale.

1135. FUSCIPENNIS (Sclat.); Malh., pl. 61, f. 1; *lineatus* (pt.) Tacz. — Ecuador W., Pérou N.

1136. ERYTHROPS (Valenc.); Des M., *Icon. Orn.* pl. 27; *melanotis*, Sundev. — Brésil E. et S., Argentine E.

1137. GALEATUS (Tem.), *Pl. col.* 171; Malh., pl. 11, ff. 1-3. — Brésil S., du 20° au 30° l. S.

185. DRYOCOPUS

Dryocopus, Boie (1826); *Carbonarius*, Kp. (1829); *Dryotomus*, Sw. (1837); *Dryopicus*, Malh. (1849); *Hylatomus*, Baird (1858); *Phlœotomus*, Cab. et H. (1863).

1138. MARTIUS (Lin.); *niger*, Briss.; Dubois, *Ois. Eur.* II, pl. 109; *pinetorum*, *alpinus*, Breh. — Région paléarctique du 38° au 60° l. N.
1139. PILEATUS (Lin.); Malh. pl. 11, ff. 5, 6. — Amérique sept. jusqu'au 63° l. N.
277. *Var.* ABIETICOLA, Bangs, *Auk*, 1898, p. 176. — Amérique N.-E.
1140. SCHULZI (Cab.), *Journ. f. Orn.* 1883, p. 102. — Tucuman (Argentine).

SUBF. II. — PICUMNINÆ

186. PICUMNUS

Picumnus, Tem. (1825); *Asthenurus*, Sw. (1828); *Piculus*, Géoff. (1832); *Vivia*, Hodgs. (1837); *Microcolaptes*, Bp. (1854); *Pipiscus*, *Craugiscus*, Cab. et H. (1863); *Nesoctites*, Harg. (1890).

1141. RUFIVENTRIS (Bp.); Malh., pl. 118, f. 2; *rufiventer*, Rchb. — Ecuador E., Haut-Amazone.
1142. CINNAMOMEUS, Wagl.; Malh., pl. 119, ff. 4, 5. — Colombie N.
1143. CASTELNAUI, Malh., *Mon. Pic.* II, p. 280; *castelnaudi*, Scl. et Salv. — Pérou N.-E., Rio Napo.
1144. LEUCOGASTER, Pelz., *Orn. Bras.* pp. 241, 333, 442; *castelnaui*, Malh., pl. 117, ff. 1, 2 (pas le texte). — Brésil N.: Rio Branco et Rio Cauamé.
1145. FUSCUS, Pelz., *Orn. Bras.* pp. 242, 335, 442. — Rio Guaporé (Brésil).
1146. TEMMINCKI, Lafr.; *exilis*, Tem., *Pl. col.* 371, f. 2 (nec Licht.); *buffoni*, Malh., pl. 116, ff. 3, 4 (nec Lafr.); *ruficollis*, Sundev. — Brésil S., Paraguay.
1147. CIRRHATUS, Tem., *Pl. col.* 371, f. 1; *minuta*, Vieill. (nec Lin.); *minutissimus*, Neuw (nec Gm.); *cayennensis*, Lafr.; Malh., pl. 120, ff. 1-3; *azaræ*, Cab. et H. — Brésil E. et S. Paraguay.
1148. PILCOMAYENSIS, Harg., *Ibis*, 1891, p. 606. — Pilcomayo (Bolivie).
1149. MINUTISSIMUS (Gm.); Vieill. *Gal. Ois.* I, pl. 28; *minimus*, Shaw.; *minutus*, Lath. (nec Lin.); *cayennensis*, Steph.; *spilogaster*, Sundev. — Guyane.
1150. ORBIGNYANUS, Lafr., *Rev. Zool.* 1843, pp. 7, 111; *exilis*, Malh. — Argentine N.
1151. SCLATERI, Tacz., *P. Z. S.* 1877, p. 327. — Pérou N.-W., Ecuador W.
1152. SAGITTATUS, Sundev., *Consp. av. Picin.* p. 103. — Matto-Grosso S.
1153. STEINDACHNERI, Tacz., *P. Z. S.* 1882, p. 40, pl. 2, ff. 1, 2. — Pérou N.-E.
1154. JELSKII, Tacz., *P. Z. S.* 1882, p. 41, pl. 2, f. 3; *albosquamatus*, auct. plur. (nec Lafr. et d'Orb.) — Pérou central.
1155. NEBULOSUS, Sundev., *Consp. av. Picin.* p. 103. — Pérou.

1156. PYGMÆUS (Licht.); Malh., pl. 115, ff. 3-5; *ocellatus*, Wagl. — Brésil E.

1157. ASTERIAS, Sundev., *Consp. av. Picin.* p. 97. — Brésil.

1158. GUTTIFER, Sundev., *Op. cit.* p. 101. — Brésil W.

1159. ALBOSQUAMATUS, Lafr. et d'Orb., *Voy. Am. mér.* IV, p. 380, pl. 64, f. 2; Malh., pl. 115, f. 2. — Bolivie.

1160. LEPIDOTUS, Cab. et H., *Mus. Hein.* IV, p. 14; *squamiger*, Sundev. — Guyane.

1161. SQUAMULATUS, Lafr.; Malh., pl. 117, ff. 3, 4; *squamulosus*, Bp. — Colombie, Vénézuéla.

1162. OBSOLETUS, Allen, *Bull. Am. Mus.* IV, art. 5, p. 55. — Vénézuéla.

1163. IHERINGI, Berl., *Ibis*, 1884, p. 441; *Zeitschr. ges. Orn.* II, pl. 9, f. 1. — Brésil S.

1164. MINUTUS (Lin.); *exilis*, Licht.; *lichtensteini*, Lafr.; *hypoxanthus*, Rchb.; *guttatus*, Malh., pl. 119, f. 3; *buffoni* (pt.), Sclat. — Brésil jusqu'au Pérou.

278. *Var.* UNDULATA, Harg., *Ibis*, 1889, p. 354. — Guyane.

279. *Var.* SALVINI, Harg., *Ibis*, 1894, p. 117. — ?

1165. BUFFONI, Lafr.; *Pl. enl.* 786; *guttatus*, Rchb. (nec Malh.); *exilis*, Malh., pl. 116, ff. 5, 6 (nec Licht.); *guttifer*, Gr. (nec Sundev.) — Guyane française.

1166. PUNCTIFRONS, Tacz., *Orn. Pérou*, III, p. 65. — Pérou centr. et N.-E.

1167. LAFRESNAYEI, Malh., *Op. cit.*, II, p. 282, pl. 118, ff. 4, 5. — Ecuador E.

1168. AURIFRONS, Pelz., *Orn. Bras.* pp. 241, 334, 442. — Haut-Amazone.

1169. BORBÆ. Pelz., *Op. cit.*, pp. 241, 334, 442. — Haut-Amazone jusqu'au Pérou.

1170. FLAVIFRONS, Harg., *Ibis*, 1889, p. 229; *Cat. B. Br. Mus.* XVIII, pl. 14, ff. 1, 2; *buffoni*, Scl. et Salv. (nec Lafr.) — Pérou E.

280. *Var.* WALLACEI, Harg., *Ibis*, 1889, p. 230; Cat. *l. c.* pl. 14, f. 3. — Haut-Amazone.

1171. OLIVACEUS, Lafr.; Malh., pl. 120, ff. 4-6; *granadensis*, Scl. (pt.); *flavotinctus*, Ridgw. — Colombie W., Costa Rica, Honduras.

281. *Var.* GRANADENSIS, Lafr.; Malh., pl. 118, f. 3. — Colombie, Ecuador, Vénézuéla.

1172. INNOMINATUS, Burton; Malh., pl. 117, ff. 5, 6; *nipalensis*, *rufifrons*, Hodgs. — Himalaya, Assam, Ténassérim, Malacca, Sumatra.

1173. CHINENSIS, Harg., *Ibis*, 1881, p. 228, pl. 7; *innominata*, David. — Chine.

1174. MICROMEGAS, Sundev., *Consp. av. Picin.* p. 95; *passerinus*, Sallé; *lawrencii*, Cory. — St-Domingue, Haïti.

187. VERREAUXIA

Verreauxia, Hartl. (1857); *Nannopipo*, Cab. et H. (1863); *Blax*, Rchnw. (1894).

1175. AFRICANA (Verr.); Malh., pl. 118, f. 1; *gymnophthal-* — Gabon, Caméron.

mus, Rchnw., *Orn. Monastb.* 1894, p. 126; *Journ. f. Orn.* 1896, pl. 3, f. 1.

188. SASIA

Sasia, Hodgs. (1832); *Microcolaptes*, Gr. (1840); *Comeris*, Hodgs. (1841); *Picumnoides*, Malh. (1862).

1176. OCHRACEA, Hodgs.; Gould, *B. As.* VI, pl. 40; *lacrymosa*, Lafr.; *abnormis*, Hume et Dav. (nec Tem.). — Népaul, Sikhim, Assam, Cachar.

1177. ABNORMIS (Tem.), *Pl. col.* 371, f. 3; Malh., pl. 115, f. 1; *everetti*, Harg., *Cat. B. Br. Mus.* XVIII, p. 559, pl. 15 (juv.) — Malacca, Sumatra, Nias, Bornéo.

SUBF. III. — YUNGINÆ

189. YUNX

Jynx, Lin. (1746); *Torquilla*, Briss. (1760); *Yunx*, Lin. (1766); *Iynx*, Licht. (1793).

1178. TORQUILLA, Lin.; Dubois, *Fne ill. Vert. Belg. Ois.* pl. 154; *punctata*, *arborea*, Brch.; *japonica*, Bp. — Europe, Asie, Japon jusqu'au 62° l. N., Afr. N., Sén., Abys.

1179. PECTORALIS, Vig.; *indica*, Gould, *B. Asia*, VI, pl. 38. — Afrique S. et W.

1180. PULCHRICOLLIS, Hartl., *Ibis*, 1884, p. 28, pl. 3. — Afr. équator. E., Caméron.

1181. ÆQUATORIALIS, Rüpp.; id. *Uebers. Vög. N.-O. Afr.*, pp. 93, 95, pl. 37. — Abyssinie S., Choa.

SUBORD. II. — HETERODACTYLÆ

FAM. VIII. — TROGONIDÆ (1)

190. PHAROMACRUS

Pharomachrus, De la Llave (1831); *Calurus*, Sw. (1837); *Antisianus* (d'Orb.), *Caliurus*, Agass. (1846); *Cosmurus*, Rchnb. (1854); *Tanypeplus*, Cab. et H. (1863).

1182. MOCINNO, La Llave; Gould, *Mon. Trog.* pl. 1 (éd. 2); *pavoninus*, Tem., *Pl. col.* 372 (nec Spix); *resplendens*, Gould; *paradiseus*, Bp.; *var. costaricensis*, Bouc., *P. Z. S.* 1878, p. 48. — Du Guatémala au Véragua.

1183. ANTISIENSIS (d'Orb.), *Voy. Am. mér.* p. 381, pl. 66, f. 1; Gould, *Op. cit.* pl. 2; *pulchellus*, *peruvianus*, *fulgidus*, Gould, *Op. cit.*, pl. 3. — Vénézuéla, Colombie, Ecuador, Bolivie.

1184. AURICEPS, Gould, *Op. cit.* pl. 4; *heliactin*, Cab. et H. — De Colomb. au Pérou.

(1) Voy. Gould, *Monogr. Trogonidæ* (1838), éd. 2 (1858); Ogilvie-Grant, *Cat. Birds Brit. Mus.* XVII, p. 429 (1892).

282. *Var.* XANTHOGASTRA, Turati et Salvad., *P. Z. S.* 1874, p. 652; *hargitti*, Oust. — Colombie.
1185. PAVONINUS (Spix); Gould, *Op. cit.* pl. 5. — Haut-Amaz., Rio-Négro.

191. EUPTILOTIS

Euptilotis, Gould (1858); *Leptuas*, Cab. et H. (1863).

1186. NEOXENUS, Gould, *Op. cit.*, pl. 6. — Mexique.

192. TEMNOTROGON

Temnotrogon, Bp. (1854); *Tmetotrogon*, Cab. et H. (1863).

1187. ROSEIGASTER (Vieill.); Gould, *Op. cit.*, pl. 32; *rhodogaster*, Tem.; *domicellus*, Cuv. — St-Domingue.

193. PRIONOTELUS

Temnurus, Sw. (1837, nec Less. 1831); *Priotelus*, Gr. (1840); *Prionotelus*, Rchnb. (1850).

1188. TEMNURUS (Tem.), *Pl. col.* 326; *albicollis*, Sw. — Cuba.

194. TROGON

Trogon, Lin. (1766); *Trogonurus*, *Curucujus*, Bp. (1854); *Pothinus*, *Aganus*, *Hapalophorus*, *Troctes*, Cab. et H. (1863).

1189. MEXICANUS, Sw.; Gould, *Op. cit.*, pl. 7; *glocitans*, Licht. — Mexique, Guatémala.
1190. PERSONATUS, Gould; id. *Op. cit* pl. 10; *heliothrix*, Tsch.; *assimilis*, Gould; *propinquus*, Cab. et H. — De Colombie au Pérou, Bol., Vénéz., Guyane.
1191. COLLARIS, Vieill.; Gould, *Op. cit.* pl. 13; *castaneus*, Spix; *auratus*, Sw.; *rosalba*, Cuv.; *eytoni*, Fras.; *elegans*, Licht. (nec Gould); *virginalis*, *exoptatus*, Cab. et H.; *curucui*, Hahn. — Amérique tropicale méridionale.
1192. ELEGANS, Gould; id. *Op. cit.* pl. 9. — Guatém., Nicaragua.
1193. AMBIGUUS, Gould; id. *Op. cit.* pl. 8; *mexicanus*, Baird (nec Sw.) — Mexique.
1194. PUELLA, Gould; id. *Op. cit.* pl. 11; *xalapensis*, Du Bus, *Esq. Orn.* pl. 2; *luciani*, Less. — Du Mexique à Chiriqui.
1195. AURANTEIVENTRIS, Gould; id. *Op. cit.* pl. 12; *sallæi*, Bp. — Guatémala, Véragua.
1196. ATRICOLLIS, Vieill.; Gould, *l. c.* pl. 14; *rufus*, Gm. (fém.); *lepturus*, Sw.; *meridionalis*, Dev. et Des M.; *sulphureus*, Des M.; *chrysochlorus*, Natt.; *devillei*, Cab. — Amérique méridionale jusqu'au 30° l. S.

283. *Var.* TENELLA; *tenellus*, Cab., *Journ. f. Orn.* 1862, p. 173; Gould, *l. c.* pl. 15; *auranteiventris*, Lawr. (nec Gould).	De Panama au Nicaragua.
1197. CHRYSOMELAS, Richm., *P. U S. Nat. Mus.* XVI, p. 513.	Nicaragua.
1198. VIRIDIS et *strigilatus*, Lin.; *Pl. enl.* 195 et 765; Gould, *l. c.* pl. 21; *leverianus*, Shaw.; *violaceus*, Spix; *albiventer*, Cuv.; *melanopterus*, Sw.; *venustus*, Cab. et H.	Amérique méridionale jusque vers le 25° l. S.
287. *Var.* CHIONURA; *chionurus*, Scl. et Salv., *P. Z. S.* 1870, p. 843; *eximius*, Lawr.	Panama, Colombie, Ecuador.
1199. BAIRDI, Lawr.; Gould, *l. c.* pl. 23.	Costa-Rica, Panama.
1200. CITREOLUS, Gould; id. *l. c.* éd. I, pl. 13; *capistratum*, Less.	Mexique.
1201. MELANOCEPHALUS, Gould; id. *l. c.* éd. II, pl. 27.	Mex. S. au Costa-Rica.
1202. CALIGATUS Gould; id. *l. c.* pl. 16; *concinnus*, Lawr.; *lepidus, braccatus*, Cab. et H.	Du S. du Mexique jusqu'à l'Ecuador.
1203. MERIDIONALIS, Sw.; Gould, *l. c.* pl. 17; ? *violaceus*, Gm.; ? *sulphureus*, Spix; *violaceus, caligatus* et *crissalis*, Cab. et H.	De la Guyane holl. à la Colombie, Trinidad.
1204. RAMONIANUS, Dev. et Des M.; Gould, *l. c.* pl. 18.	Ecuador, Pérou.
1205. VARIEGATUS, Spix; Gould, *l. c.* pl. 19; *purpuratus*, Sw.; *behni*, Gould, *l. c.* pl. 20.	Bolivie, Brésil S.
1206. BOLIVIANUS, Grant, *Cat. B. Br. Mus.* XVII, p. 470, pl. 15; *variegatus*, Scl. et Salv.	Ecuador, Pérou, Bolivie W.
1207. SURUCURA, Vieill.; Gould, *l. c.* ed. I, pl. 15; *curucui*, C. Dubois, *Orn. Gal.*, p. 63, pl. 39 (nec Gm.); *curucuru*, Gray; *leucurus*, Sw.	Uruguay, Paraguay.
1208. AURANTIUS, Spix, *Av. Bras.* I, p. 47, pl. 36; Gould, *l. c.* ed. II, pl. 24; *chrysogaster*, Sw.	Brésil, Guyane.
1209. MELANURUS, Sw.; Gould, *l. c.* pl. 29; *curucui*, Gm. (nec Lin.); *strigilatus*, Spix (nec Lin.); *nigricaudata*, Gould; *mesurus*, Cab. et H.	Amérique méridionale jusque vers le 20° l. S.
1210. MACRURUS, Gould; id. *l. c.* pl. 30.	Panama, Colombie.
1211. MASSENÆ, Gould; id. *l. c.* pl. 31; *hoffmanni*, Cab. et H.; *erythonothus*, Müll.	Amérique centrale.
1212. CLATHRATUS, Salv., *P. Z. S.* 1866, p. 75; Gould, *l. c.* pl. 28.	Panama, Costa-Rica.

195. HAPALODERMA

Apaloderma, Sw. (1837); *Hapaloderma*, Agass. (1846).

1213. NARINA (Steph.); Gould, *l. c.* pl. 34.	De l'Abyssinie au Cap, Angola.
288. *Var.* CONSTANTIA, Sh. et Uss.; Gould, *l. c.* pl. 35.	De Fantée au Calabar.
1214. RUFIVENTRE (Pl. II, f. 3), Dubois, *P. Z. S.* 1896, p. 999.	Tanganika.
1215. VITTATUM, Shell., *P. Z. S.* 1882, p. 306; *Cat. B. Br. Mus.* XVII, pl. 16.	Afrique équator. E.

196. HARPACTES

Harpactes, Sw. (1837); *Hapalurus*. Rchb. (1850); *Duvaucelius*, *Pyrotrogon*, *Oreskios*, Bp (1854); *Orescius*, Cab. et H. (1863).

1216. DIARDI (Tem.), *Pl. col.* 541; Gould, *l. c.* pl. 38. — Malacca S., Sum., Born.
1217. KASUMBA (Rafll.); Gould, *l. c* pl. 10; *fasciatus*, Tem., *Pl. col.* 321 (nec Gm.); *temminckii*, Gould. — Malacca S., Sumatra, Bornéo.
1218. FASCIATUS (Pen.); Gould, *B. Asia*, pl. 75; *malabaricus*, Gould. — Inde W. et centr., Ceylan.
1219. ARDENS (Tem.), *Pl. col.* 404; Gould, *Mon.*, pl. 39; *rhodiosternus*, Peale. — Philippines.
1220. WHITEHEADI, Sharpe, *Ibis*, 1888, p. 395, pl. 12. — Bornéo N.
1221. ERYTHROCEPHALUS (Gould); id. *l. c.* pl. 43; *hodgsoni*, Gd.; *nipalensis*, Hodgs. — Inde jusqu'à Malacca.
286. *Var.* FLAGRANS (Müll.), *Tijdschr. Nat. Ges.*, p. 338, pl. 8, f. 2. — Sumatra.
1222. DUVAUCELI (Tem.), *Pl. col.* 291; Gould, *l. c.* pl. 40; *rutilus*, Gray. — Tenass. S., Malacca, Sum., Billit., Born.
1223. ORRHOPHÆUS (Cab. et H.), *Mus. Hein.* IV, p. 156; *rutilus*, Gould (nec Vieill.). — Malacca S.
287. *Var.* VIDUA, Grant, *Cat. B. Br. Mus.* XVII, p. 501. — Bornéo N.-W.
1224. ORESKIOS (Tem.), *Pl. col.* 181; Gould, *l. c.* pl. 46; *orescius*, Blyth; *gouldi*, Bp. — Indo-Chine, Malacca, Iles de la Sonde.
1225. DULITENSIS, Grant, *Cat. B. Br. Mus.* XVII, p. 502, pl. 17. — Bornéo N.-W.

197. HAPALARPACTES

Apalharpactes, Bp. (1854); *Aphalharpactes*, Horsf. et M.; *Hapalarpactes*, Cab. et H. (1863).

1226. REINWARDTI (Tem.), *Pl. col.* 124; Gould, *l. c.* pl. 44; *orescius*, Blyth. — Java.
1227. MACKLOTI (Müll.), *Tijdschr. Nat. Ges.* 1835, p. 336, pl. 4, f. 1; Gould, *l. c.* pl. 45; *reinwardti*, Horsf. et M. (nec Tem.). — Sumatra.

SUBORD. III. — AMPHIBOLÆ

FAM. IX. — MUSOPHAGIDÆ (1)

198. TURACUS

Turacus, Cuv. (1800); *Corythaix*, Ill. (1811); *Opæthus*, Vieill. (1816); *Corythrix*, Flem. (1822); *Spelectos*, Wagl. (1827).

1228. LEUCOTIS (Rüpp.), *Neue Wirb.*, *Vög.* p. 8, pl. 3; Schl. et West., *Toerak.*, p. 13, pl. 15. — Bogos, Abyssinie, Choa.

(1) Voy. Schlégel et Westerm., *Monogr. Toerako's* (1860); Shelley, *Cat. Birds Brit. Mus.* XIX, p 435 (1891).

1229. PERSA (Lin.); Schl. et West., *Toerak.*, p. 16, pl. 9; *africanus*, Shaw. — De Sénégambie au Congo.

288. *Var.* BÜTTNERI, Rchnw., *Journ. f. Orn.* 1891, p. 375. — Togoland.

1230. BUFFONI (Vieill.); Jard. et Sel., *Ill. Orn.* pl. 122; Schl. et West., *l. c.* p. 17, pl. 10; *purpureus*, Cuv.; *senegalensis*, Sw.; *meriani*, Schl. — Du Congo au Sénégal.

289. *Var.* ZENKERI, Rchnw., *Journ. f. Orn.* 1896, p. 9. — Caméron.

1231. LIVINGSTONI, Gray, *P. Z. S.* 1864, p. 44; *cabanisi*, Rchnw., *Journ. f. Orn.* 1883, p. 221; 1885, pl. 5, ff. 3, 4. — Afrique E., de l'Ugogo au Zambèze.

290. *Var.* SCHALOWI (Rchnw.), *Journ. f. Orn.* 1891, pp. 147, 210. — Benguéla, Mossamedes.

291. *Var.* REICHENOWI (Fisch.), *Orn. Centralbl.*, 1880, p. 174; *Journ. f. Orn.* 1885, p. 123, pl. 5, f. 5. — Monts Nguru (Afr. E.)

292. *Var.* CHALCOLOPHUS, Neum., *Orn. Monatsb.* 1895, p. 87; *Journ. f. Orn.* 1899, p. 73. — Afrique E.

1232. CORYTHAIX (Wagl.); *persa*, Vieill. (nec Lin.); *musophaga*, C. Dubois, *Orn. Gal.*, p. 2, pl. 2; *albocristatus*, Strickl.; Schl. et West., *l. c.* pl. 11. — Afrique S. à partir du Zambèze.

1233. EMINI (Rchnw.), *Orn. Monatsb.* 1893, p. 30. — Afrique centr. tropic.

1234. SCHUETTI (Cab.), *Orn. Centralbl.* 1879, p. 180; *Journ. f. Orn.* 1885, pl. 5, f. 2. — Afrique centrale, Angola.

293. *Var.* SHARPEI, Rchnw., *Orn. Monatsb.* 1898, p. 182. — Niam-Niam.

1235. MACRORHYNCHUS (Fras.); Gr. *Gen. B.* pl. 95; Schl. et West., *l. c.* pl. 7. — Du Gabon à la Sénégambie.

1236. MERIANI (Rüpp.); Schl. et West., *l. c.* pl. 18; *verreauxi*, Schl. — Caméron, Congo.

1237. FISCHERI (Rchnw.), *Orn. Centralbl.* 1878, p. 88; *Journ. f. Orn.* 1878, pl. 4, f. 1. — Kilimandjaro, Zanzibar.

1238. ERYTHROLOPHUS (Vieill.); Schl. et West., *l. c.* pl. 6; *paulina*, Tem., *Pl. col.* 23; *igniceps*, Less. — De Sierra-Leone à l'Angola.

1239. LEUCOLOPHUS, Heugl., *Syst. Uebers.*, p. 45; Schl. et West., *l. c.* pl. 4. — Afr. centr. du Nil Blanc sup. au Niam-Niam.

1240. HARTLAUBI (Fisch. et Rchnw.), *Journ. f. Orn.* 1884, p. 52; 1885, pl. 5, f. 1. — Massailand, Kilimandjaro.

1241. RUSPOLII, Salvad., *Ann. Mus. Civ. Gen.* XVI (1896), p. 44. — Somaliland.

199. GALLIREX

Gallirex, Less. (1844).

1242. PORPHYREOLOPHUS (Vig.); Schl. et West., *l. c.* pl. 3; *burchellii*, Smith, *Ill. Zool. S. Afr.* pl. 35; *anais*, Less. — Afrique S. à partir du Zambèze.

294. *Var.* CHLOROCHLAMYS, Shell., *Ibis*, 1881, p. 118; *porphyreolophus*, auct. plur. — Afrique E. du Zambèze à l'Abyssinie.

200. MUSOPHAGA

Musophaga, Isert (1789); *Phimus*, Wagl. (1827).

1243. VIOLACEA, Isert; Schl. et West., *l. c.* pl. 1; Sw., *B. W. Afr.* p. 218, pl. 19; *regius*, Shaw. — De Sénégambie au Caméron.
1244. ROSSÆ, Gould; Jard. *Contr. Orn.* 1851, p. 137, pl. 81; Schl. et West. pl. 2; *böhmii*, Schal. — De l'Angola au Tanganika, Niam-Niam.

201. CORYTHÆOLA

Corythæola, Heine (1860).

1245. CRISTATA et *gigantea* (Vieill.); Levaill., *H.-N. Promér., etc.* pl. 19; Schl. et West., *l. c.* pl. 12; *gigas*, Steph.; *cyaneus*, Gr. — Afr. W. et centr. de Sénégamb. au Congo, Niam-Niam.

202. SCHIZORHIS

Schizorhis, Wagl. (1829); *Corythaixoides*, Smith (1833); *Colophimus*, Smith (1836); *Ichthierax*, Kp. (1844).

1246. AFRICANA (Lath.); Schl. et West., *l. c.* pl. 16; *senegalensis*, Licht.; *variegata*, Vieill. — Du Congo à la Sénégambie.
1247. ZONURA, Rüpp. *Neue Wirb. Vög.* p. 9, pl. 4; Schl. et West., *l. c.* pl. 17. — Abyssinie, Nil-Blanc, Niam-Niam.
1248. LEUCOGASTER, Rüpp.; Schl. et West., *l. c.* pl. 15; var. *pallidirostris*, Hildebr., *Journ. f. Orn.*, 1878, p. 237. — Afr. E. du 8° l. N. au 8° l. S., Nil Blanc.
1249. CONCOLOR (Smith); id. *Ill. S. Afr.* pl. 2; Schl. et West., *l. c.* pl. 13; *feliciæ*, Less. — Afr. S. du 10° l. S. au Cap.

203. GYMNOSCHIZORHIS

Gymnoschizoris, Schalow (1886).

1250. PERSONATA (Rüpp.); Schl. et West., *l. c.* pl. 14. — Choa.
1251. LEOPOLDI (Shell.), *Ibis*, 1881, p. 117, pl. 2. — Afrique E. de l'Ugogo à l'Équateur.

FAM. X. — COLIIDÆ (1)

204. COLIUS

Colius, Briss. (1760); *Rhabdocolius*, *Urocolius*, Bp. (1854).

1252. STRIATUS et *panayensis*, Gm.; Levaill. *Ois. d'Afr.* — Afrique S. à partir du

(1) Voy. : Sharpe, *Cat. Birds Brit. Mus.* XVII, p. 338 (1892).

pl. 256; *macrura*, Scop. (nec Lin.); *minor*, Cab.; *intermedius*, Shell., *Ibis*, 1885, p. 311. — Zambèze.

1253. LEUCOCEPHALUS, Rchnw. *Orn. Centralbl.* 1879, p. 114. — Afrique E.

1254. NIGRICOLLIS, Vieill.; Levaill. *Ois. d'Afr.* pl. 259. — Congo, Niam-Niam.

295. *Var.* NIGRISCAPALIS, Rchnw. *Berl. Allg. deut. Orn. Gesel. Feb.* 1892, p. 3. — Caméron.

1255. LEUCOTIS, Rüpp., *Mus. Senckenb.* III, p. 42, pl. 2, f. 1; *Cat. B. Br. Mus.* XVII, pl. 12, f. 1. — Abyssinie, Choa.

296. *Var.* AFFINIS, Sharpe, *Cat. B. Br. Mus.* XVII, p. 342, pl. 12, f. 2; *leucotis*, auct. plur. — Région du Nil Blanc.

1256. DONALDSONI, Sharpe, *P. Z. S.* 1895, p. 495, pl 28. — Somaliland.

1257. CAPENSIS et *erythropus*, Gm.; *Pl. enl.* 282, f. 1; *colius*, Lin.; *leuconotus*, Lath.; *erythropygius*, Vieill. — Afrique S.

1258. CASTANONOTUS, Verr., *Rev. et Mag. Zool.* 1855, p. 351. — De l'Angola au Gabon.

1259. ERYTHROMELON, Vieill.; Levaill. *Ois. d'Afr.* pl. 258; *indicus*, Lath.; *coromandelicus*, Licht.; *carunculatus*, Steph.; *senegalensis*, Less. (nec Gm.); *quiriva*, Rüpp.; *erythromelas*, Cab. et H. — Afrique S. à partir du Zambèze et de l'Angola.

297. *Var.* LACTEIFRONS, Sharpe, *Cat. B. Br. Mus.* XVII, p. 345. — Damara.

298. *Var.* PALLIDA, Rchnw. *Orn. Monatsb.* 1896, p. 4. — Kionga (Afr. E.)

1260. MACROURUS (Lin.); *Pl. enl.* 282, f. 2; Gray, *Gen. B.* pl. 96; *senegalensis*, Gm. — Sénégambie, Gabon, Abyssinie, Choa.

ORD. III. — ANISODACTYLÆ

FAM. I. — CORACIIDÆ (1)

SUBF. I. — LEPTOSOMATINÆ

205. LEPTOSOMA

Leptosomus, Vieill. (1816); *Crombus*, Rchb. (1825); *Leptosoma*, Sclat. (1865).

1261. DISCOLOR (Herm.); *Pl. enl.* 587, 588; *æneus*, Bodd.; *afer*, Gm.; *africanus*, Steph.; *viridis*, Vieill. *Gal. Ois.* pl. 40; *crombus*, Less.; *madagascariensis*, Rchb. — Madagascar, Mayotte, Anjouan (îles Comores).

299. *Var.* GRACILIS, M.-Edw. et Oust., *C. R. Acad. Sc.*, 1885, p. 220; *Ann. Sc. nat. Zool.* 1887, n° 5, p. 219. — Grande Comore.

(1) Voy.: Sharpe, *Catalogue of the Birds in the Brit. Mus.* XVII (1892); Dresser, *A Monograph of the Coraciidæ* (1894).

SUBF. II. — BRACHYPTERACIINÆ

206. BRACHYPTERACIAS

Brachypteracias, Lafr. (1834); *Chloropygia*, Sw. (1837).

1262. LEPTOSOMUS (Less.), *Ill. Zool.* pl. 20; *Mag. de Zool.* 1834, pl. 31; *collaris*, Pucher. — Madagascar.

207. GEOBIASTES

Geobiastes, Sharpe (1871).

1263. SQUAMIGERA (Lafr.); Des M., *Icon. Orn.* pl. 39. — Madagascar.

208. ATELORNIS

Atelornis, Pucher (1846); *Corapitta*, Bp. (1854).

1264. PITTOIDES (Lafr.), *Mag. de Zool.* 1834, pl. 32; *Ibis*, 1871, pl. 8. — Madagascar E.

1265. CROSSLEYI, Sharpe, *P. Z. S.* 1875, p. 74, pl. 14. — Madagascar E.

209. URATELORNIS

Uratelornis, Rothsch., *Novit. Zool.* II, p. 479 (1895).

1266. CHIMÆRA, Rothsch., *Op. cit.*; id. III, pl. 2. — Madagascar.

SUBF. III. — CORACIINÆ

210. CORACIAS

Coracias, Lin. (1758); *Galgulus*, Briss. (1760); *Coraciura*, Bp. (1854).

1267. INDICA, Lin.; *Pl. enl.* 285; *bengalensis*, Lin.; *nævius*, Vieill. (nec Licht.) — Asie S. et S.-W., Ceylan.

1268. AFFINIS, Mc Clell.; Gray, *Gen. Birds*, pl. 21. — Népaul, Indo-Chine.

1269. GARRULA, Lin.; Dubois, *Fne ill. Vert. Belg. Ois.* pl. 163; *germanicus*, *planiceps*, Brch.; *loquax*, Licht. — Europe, Asie W., Afrique.

1270. ABYSSINICA, Bodd.; *Pl. enl.* 326; *senegalensis*, Gm.; Levaill. *Ois. Parad.* pl. 25; *albifrons*, Steph.; *caudatus*, Vieill. (nec Lin.) — Afrique tropicale.

1271. LORTI, Shell.; *Ibis*, 1885, p. 399. — Choa, Somaliland.

1272. CAUDATA, Lin.; Des M., *Icon. Orn.* pl. 28; *angolensis*, Shaw. — Afrique S.

1273. SPATULATA, Trim., *P. Z. S.* 1880, p. 30; *dispar*, Bocage. — Afrique S.-E. jusqu'au Tanganyka.

1274. WEIGALLI, Dress., *Ann. and Mag. N. H.* 1890, p. 351; id. *Monogr. Corac.* pl. 6. — Newala, Afr. E.

1275. NÆVIA, Daud.; Levaill., *Ois. Parad.* pl. 29; *nuchalis*, Sw.; *levaillanti*, Tem.; *pilosa*, Gray. — Afrique tropicale.

1276. MOSAMBICA, Dress., *Ibis*, 1890, p. 385; *pilosa*, Gurn. (nec Lath.); *nuchalis*, Lay. (nec Sw.); *nævia*, Sharpe (nec Daud.); *olivaceiceps*, Sharpe. — Afrique S.

1277. TEMMINCKI (Vieill.); *papuensis*, Quoy et Gaim., *Voy. Astrol.* pl. 16; *pileata*, Bp. — Célèbes.

1278. CYANOGASTRA, Cuv.; Jard. et Selby, *Ill. Orn.* III, pl. 123. — Sénégambie.

211. EURYSTOMUS

Eurystomus, Vieill. (1816); *Colaris*, Cuv. (1817); *Cornopio*, Cab. et H. (1860).

1279. GLAUCURUS (P. L. S. Müll.); *Pl. enl.* 501; Mil.-Edw. et Grand., *Ois. Madag.* pl. 80; *madagascariensis*, Herm.; *violaceus*, Vieill. — Madagascar, Anjouan.

1280. AFER (Lath.); Levaill. *Ois. Parad.* pl. 35; *africana*, Shaw.; *purpurascens* et *rubescens*, Vieill.; *orientalis*, Rüpp. (nec Lin.); *viridis*, Wagl. — Afrique tropicale.

300. *Var.* RUFOBUCCALIS, Rchw., *Journ. f. Orn.* 1892, p. 27. — Uganda.

1281. GULARIS, Vieill.; Jard. et Selby, *Ill. Orn.* II, pl. 409; *collaris*, Vig. — De Libéria au Gabon.

1282. ORIENTALIS (Lin.); *Cat. B. Br. Mus.* XVII, pl. 2, f. 1; *cyanicollis* et *fuscicapillus*, Vieill.; *pacificus*, Moll. et Dillw. (nec Lath.) — Indo-Chine, îles de la Sonde, Philippines.

301. *Var.* LÆTIOR, Sharpe, *P. Z. S.* 1890, p. 551. — Inde, Ceylan.

302. *Var.* PACIFICA (Lath.); Gould, *B. Austr.* II, pl. 17; *orientalis*, auct. plur. (nec Lin.); *australis*, Sw.; *crassirostris*, D'Alb. (nec Scl.) — Australie, Moluques jusqu'à Célèbes.

303. *Var.* CALONYX, Hodgs.; *Cat. B. Br. Mus.* XVII, pl. 2, f. 2. — Chine, Indo-Chine W., Himalaya, Bornéo.

304. *Var.* CRASSIROSTRIS, Sclat. *P. Z. S.* 1869, p. 121; *waigiouensis*, Ell. — Nouv.-Guinée, Waigiou, Nouv.-Irlande et Nouv.-Bretagne.

305. *Var.* SOLOMONENSIS, Sharpe, *Cat. B. Br. Mus.* XVII, p. 40, pl. 3, f. 1. — Iles Salomon.

1283. AZUREUS, Gray, *P. Z. S.* 1860, p. 346; *Cat. B. Br. Mus.* XVII, pl. 3, f. 2. — Iles Batjan, Halmahera.

FAM. II. — MOMOTIDÆ (1)

212. UROSPATHA

Urospatha, Salvad. (1872).

1284. MARTII (Spix), *Av. Bras.* II, p. 64, pl. 60; *semirufus*, Scl. — De Costa-Rica à l'Amazone supér.

(1) Voy.: R.-B. Sharpe, *Cat. Birds Brit. Mus.* XVII, p. 313 (1892).

213. PRIONIRHYNCHUS

Crypticus, Sw. (1837 nec Lafr.); *Prionirhynchus*, Scl. (1857).

1285. PLATYRHYNCHUS (Leadb.); Jard. et Selby, *Ill. Orn.* III, pl. 106. — Du Haut-Amazone au Costa-Rica.
1286. CARINATUS (Du Bus); Scl., *P. Z. S.* 1857, pl. 128. — Amérique centrale.

214. EUMOMOTA

Eumomota, Scl. (1857); *Spathophorus*, Cab. et H. (1860).

1287. SUPERCILIARIS (Sandb.); Jard. et Selby, *Ill. Orn.* IV, pl. 18; *apiaster*, Less.; *yucatanensis*, Cabot. — Du Costa-Rica au Yucatan.

215. MOMOTUS

Momotus, Briss. (1760); *Baryphonus*, Vieill. (1816); *Prionites*, Ill. (1811).

1288. BRASILIENSIS, Lath.; *Pl. enl.* 370; *momota*, Lin.; *cyanocephalus*, Vieill. — Guyane, Amazone jusqu'au Rio-Négro.
306. *Var.* PARENSIS, Sharpe, *Cat. B. Br. Mus.* XVII, p. 320. — Para.
307. *Var.* BARTLETTI, Sharpe, *Op. cit.* p. 320, pl. 9; *brasiliensis*, auct. plur. — De Colombie au Pérou.
308. *Var.* IGNOBILIS, Berl., *Journ. f. Orn.* 1889, p. 307 (1). — Pérou E., Ecuador E.
309. *Var.* SUBRUFESCENS, Scl.; *Cat. B. Br. Mus.* XVII, pl. 10, f. 1; *swainsoni*, Scl. et Salv. — De Panama au Matto Grosso.
310. *Var.* VENEZUELÆ, Sharpe, *Cat. l. c.* p. 321. — Vénézuéla.
1289. NATTERERI, Scl., *P. Z. S.* 1857, p. 251. — Brés., Haut-Amaz., Bol.
1290. MICROSTEPHANUS, Scl., *P. Z. S.* 1857, p. 251; *Cat. l. c.* pl. 10, f. 2. — Colombie.
311. *Var.* ARGENTICINCTA (Sharpe), *Cat. l. c.* p. 323. — Santa Rita (Ecuador).
1291. ÆQUATORIALIS, Gould, *P. Z. S.* 1857, p. 223; *Cat. l. c.* pl. 11. — Colombie, Ecuador.
1292. LESSONI, Less.; Des M., *Ic. Orn.* pl. 62; *psalurus*, Bp. — Du Mexique au Vérag.
1293. SWAINSONI, Scl., *Cat. am. B.* p. 265; *bahamensis*, Sw.; Jard. et Selby, *Ill. Orn.* IV, pl. 45. — Iles Trinidad et Tabago.
1294. CÆRULEICEPS (Gould); *cæruleocephalus*, Jard. et Selby, *Ill. Orn.* IV, pl. 42; *subhuta*, Less. — Mexique E.
1295. MEXICANUS, Sw.; *martii*, Jard. et Selby (nec Spix), *Ill. Orn.* I, pl. 23. — Mexique.
312. *Var.* SATURATA, Nels., *Auk*, 1897, p. 49. — Mexique W.
1296. CASTANEICEPS, Gould, *P. Z. S.* 1854, p. 154. — Guatémala.

(1) Les *M. bartletti* et *M. brasiliensis ignobilis*, Berl., me paraissent appartenir à la même variété.

216. BARYPHTHENGUS

Baryphonus (pt.) Vieill. (1818); *Baryphthengus*, Cab. et H. (1860).

1297. RUFICAPILLUS (Vieill.), *Gal. Ois.* II, p. 319, pl. 190; *tutu*, Ranz.; *rubricapillus*, Steph.; *levaillanti*, Less.; *cyanogaster*, Scl.; ?*melancholicus*, Gr.; ? *dombeyi*, Less. — Brésil.

217. ASPATHA

Aspatha, Sharpe, *Cat. B. Br. Mus.* VII, p. 331 (1892).

1298. GULARIS (Lafr.), *Rev. Zool.* 1840, p. 130. — Guatémala.

218. HYLOMANES

Hylomanes, Licht. (1838).

1299. MOMOTULA, Licht.; Gray, *Gen. Birds*, I, pl. 24. — Du Mexique au Guatémala.

FAM. III. — TODIDÆ (1)

219. TODUS

Todus, Lin. (1766).

1300. VIRIDIS, Lin.; Sw., *Zool. Ill.* 2e sér. pl. 66. — Jamaïque.

1301. SUBULATUS, Gray, *Gen. B.* p. 63, pl. 22; *dominicensis*, Lafr.; *angustirostris*, Lafr. — Haïti et St-Domingue.

1302. MULTICOLOR, Gould, *Icon. Av.* pl. 2; Ram. de la Sagra, *Hist. nat. Cuba*, pl. 22; *portoricensis*, Less. — Cuba.

1303. PULCHERRIMUS, Sharpe, *Ibis*, 1874, p. 353, pl. 13, f. 3. — Jamaïque.

1304. HYPOCHONDRIACUS, Bryant, *Pr. Bost. Soc. N. H.* XI, p. 39; *viridis*, Desm. (nec Lin.), *Hist. nat. Tang. etc.* pl. 67; *mexicanus*, Less. — Porto-Rico.

FAM. IV. — MEROPIDÆ (2)

220. DICROCERCUS

Dicrocercus, Cab. et H. (1863).

1305. HIRUNDINEUS (Licht.); Levaill. *H. N. Guêp.* III, p. 35, pl. 8; *hirundinaceus*, Vieill.; *tawwa*, Boie; *taiva*, Cuv.; *hirundo*, Schal. — Afrique S.

313. *Var.* FURCATA (Stanl.); *azuror*, Less.); *hirundinaceus*, auct. plur.; *chrysolaimus*, Jard. et Selby, *Ill. Orn.* II, pl. 99. — Afrique équatoriale.

(1) Voy.: Sharpe, *Cat. Birds Br. Mus.*, p. 333 (1892).
(2) Voy.: Dresser, *Monogr. Merop.* (1884); Sharpe, *Op. cit.*, p. 41 (1892).

221. MELITTOPHAGUS

Melittophagus, Boie (1828); *Meropiscus*, Sundev. (1849); *Sphecophobus*, *Coccolarynx*, Rchb. (1852); *Spheconax*, *Melittias*, Cab. et H. (1860).

1306. PUSILLUS (P. L. S. Müll.); Dress. *Monogr. Mer.* pl. 25; *bicolor*, Bodd.; *erythropterus*, Gm.; *collaris*, Vieill.; *minutus*, Bonn. et V.; *minullus*, Cuv. — Afrique N.-E. et W. de Sénégambie au Caméron.

314. *Var.* MERIDIONALIS, Sharpe, *Cat. B. Br. Mus.* VII, p. 45, pl. 1, f. 4; *pusillus*, auct. plur. — Afrique S. jusqu'au Congo.

315. *Var.* CYANOSTICTA, Oust.; *Cat. Op. cit.* pl. 1, f. 3; *pusillus*, auct. plur. — Du Choa au Zanzibar.

1307. VARIEGATUS (Vieill.); *sonninii*, Boie; Dress. *Monogr.* pl. 24; *cyanipectus*, Verr.; *angolensis*, Cab. et H. (nec Gm.) — De Sénégambie au Congo et Afr. équat.

1308. LAFRESNAYII (Guér.); *variegatus*, auct. plur. (nec Vieill.); *lefebvrii*, Des M., *Icon. Orn.* pl. 34. — Abyssinie, Choa.

1309. OREOBATES, Sharpe, *Ibis*, 1892, p. 320. — Afrique centrale E.

1310. GULARIS (Shaw et Nod.); Dress., *Monogr.* pl^s 28, 29. — Côte-d'Or, Libéria.

316. *Var.* AUSTRALIS, Rchw., *Journ. f. Orn.* 1885, p. 222. — Congo, Angola.

1311. BULLOCKI (Vieill.); *cyanogaster*, Sw., *B. W.-Afr.* pl. 8. — Sennaar, Sénégambie au Congo.

317. *Var.* FRENATA (Hartl.), *Journ. f. Orn.* 1854, p. 257. — Afrique N.-E.

1312. BOLESLAVSKII (Pelz.); Dress. *Mon.* pl. 33. (Var. accidentelle?) — Sénégambie, Afr. N.-E.

1313. BULLOCKOIDES (Smith), *Ill. S. Afr.* pl. 9; *albifrons*, Cab. et H.; *smithii*, Schl. — Afrique S. et S.-E.

1314. REVOILII, Oust., *in Revoil*, *Faun. et Flor. Somalis*, *Ois.* p. 5, pl. 1. — Somaliland.

1315. LESCHENAULTI (Vieill.); Dress. *Op. cit.*, pl. 27; *quinticolor*, V. — Java.

318. *Var.* SWINHOEI (Hume); *quinticolor*, auct. plur. Dress., *Op. cit.* pl. 26. — Asie S. et S.-E.

222. MEROPS

Merops, Lin. (1758); *Melittotheres*, *Tephrærops*, *Melittophas*, *Aerops*, *Phlothrus*, *Blepharomerops*, Rchnb. (1852); *Cosmærops*, Cab. et H. (1860); *Bombylonax*, Heine (1859); *Archimerops*, Hartl. 1860.

1316. MUELLERI (Cass.), *J. Philad. Acad.* 1857, p. 37; Dress. *Monogr.* pl. 30. — De la Côte-d'Or au Gabon.

1317. BICOLOR, Bodd.; Dress. *Op. cit.* pl. 7; *americanus*, Müll.; *badius*, Gm.; *castaneus*, Lath.; *hypoglaucus*, Rchb. — Philippines.

319. *Var.* SUMATRANA, Raffl.; Dress., *Op. cit.* pl. 6; — Asie S.-E., Java, Su-

badius et *bicolor*, auct. plur.; *cyanopygius*, Less.; *rochechouardi*, Heude. — matra, Bornéo.

1318. APIASTER, Lin.; Dubois, *Fne ill. Vert. Belg.*, *Ois.* pl. 165; *congener*, Lin.; *apiarius*, Steph.; *hungariæ*, *elegans*, Brm. — Europe centr. et mér., Asie S.-W., Afr.

1319. PERSICUS, Pall.; Dress. *Op. cit.* pl. 16; *ægyptius*, Forsk.; *superciliosus*, Licht. (nec Lin.); *savignyi*, Aud.; *Dubois, Ois. Eur.* pl. 118; *chrysocercus*, Cab. et H. — Afrique, Europe S., Asie S.-W.

1320. SUPERCILIOSUS, Lin.; Dress. *Op. cit.*, pl. 17; *ruficapillus*, Vieill.; *vaillanti*, Bp. — Madagascar et îles Comores, Afrique S.-E.

1321. PHILIPPINUS, Lin.; Gould, *B. Asia*, I, pl. 36; *javanicus*, Horsf.; *daudini*, Cuv.; *typicus*, Hodgs.; *var. Celebensis*, Blas. — Asie S. et S.-E., Philippines, îles de la Sonde, Célèbes, Timor.

320. *Var.* SALVADORII, Mey., *Ibis*, 1891, p. 293. — Nouv.-Bretagne.

1322. ORNATUS, Lath.; Gould, *B. Austr.* II, pl. 16; Dress. *l. c.* pl. 14; *melanurus*, Vig. et Horsf.; *thouinii*, Müll.; *modestus*, Oust. — Australie, îles Papous, Mol., Céléb., Flores, Lombock.

1323. ALBICOLLIS, Vieill.; Dress. *Op. cit.* pl. 13. — Afrique tropicale et E.

1324. VIRIDIS, Lin.; Dress., *B. Eur.* V, pl. 297; id. *Monogr.* pl^s 8, 9; *coromandus*, Lath.; *indicus*, Jerd. — Asie méridionale.

321. *Var.* MUSCATENSIS, Sharpe; Dress., *Monogr.* pl. 10. — Arabie.

1325. VIRIDISSIMUS, Sw., *B. W. Afr.* II, p. 82; Dubois, *Ois. Eur.* pl. 18^a; *viridis*, auct. plur. — Afrique N.-E., Sénégambie.

1326. CYANOPHRYS (Cab. et H.), *Mus Hein.* II, p. 137; Heugl., *Orn. N.-O. Afr.* pl. 6. — Arabie S.

1327. BOEHMI, Rchw., *Journ. f. Orn.* 1882, p. 233, pl. 2, f. 3; Dress., *Op. cit.* pl. 12. — Afrique E.

1328. NUBICUS, Gm.; Dress., *Op. cit.* pl. 20; *superbus*, Penn.; *cæruleocephalus*, Lath. — Afrique équatoriale.

1329. NUBICOIDES, Des M.; Dress., *Op. cit.* pl. 21; *natalensis*, Rchb. — Afrique S.-E. et S.-W. jusqu'au Congo.

1330. MALIMBICUS, Shaw; Dress., *Op. cit.* pl. 19; *bicolor*, auct. plur. (nec Bodd.) — De la Côte-d'Or au Gabon.

1331. BREWERI (Cass.); Dress., *Op. cit.* pl. 5. — Du Gabon au Congo.

223. MEROPOGON

Meropogon, Bp. (1850); *Pogonomerops*, Cab. et H. (1860).

1332. FORSTENI, Bp.; Gould, *B. As.* I, pl. 39; Dress., *Op. cit.* pl. 4. — Célèbes.

224. NYCTIORNIS

Nyctinomus et *Nyctiornis*, Sw. (1831); *Alcemerops*, I. Geoff.; *Bucia* (1836) et *Napophila*, Hodgs. (1841).

1333. ATHERTONI, Jard. et Selby, *Ill. Orn.* II, pl. 58; — Inde, Indo-Chine.

Dress., *Op. cit.* pl. 3; *nipalensis*, Hodgs.; *cæruleus*, Sw.; *amherstiana*, Royle; *paleazureus*, Less.; *cyanogularis*, Jerd.; *meropura*, Hodgs.

1334. AMICTA (Tem.), *Pl. col.* 310; Dress *Op. cit.* pl[s] 1, 2; *malaccensis*, Cab. et H. — Ténassérim S., Malacca, Sumatra, Bornéo.

FAM. V. — IRRISORIDÆ (1)

225. IRRISOR

Irrisor, Less. (1831).

1335. VIRIDIS (Licht. 1793); Levaill., *H. N. Promérops*, pl[s] 1, 2 et 3; *erythrorhynchus*, auct. plur. (nec Lath.) — Afr. S. à partir de l'Angola et Mombasa.

322. *Var.* ERYTHRORHYNCHA (Lath.); *purpureus*, Shaw et Mil.; *melanorhynchos*, Licht.; *senegalensis*, Vieill.; *blythii*, Heugl. — Afrique tropicale W., N.-E. et centrale.

1336. BOLLEI, Hartl., *Journ. f. Orn.*, 1858, p. 445; *Cat. B. Br. Mus.* XVI, pl. 2. — Côte-d'Or.

323. *Var.* JACKSONI, Sharpe; *Cat. B. Br. Mus.* XVI, pl. 3, f. 1. — Afrique centrale E.

226. SCOPTELUS

Scoptelus, Cab. et H. (1860).

1337. ATERRIMUS (Steph.); *pusillus*, Sw., *B. W. Afr.* II, p. 120. — Sénégambie.

324. *Var.* NOTATA; *notatus*, Salvin, *Cat. B. Br. Mus.* XVI, p. 22; *cyanomelas*, *aterrimus* et *pusillus* (pt.) auct. plur. — Afrique N.-E.

1338. CASTANEICEPS, Sharpe, *Ibis*, 1871, p. 414; Salv., *Cat. l. c.* pl. 3, f. 2. — Côte-d'Or.

1339. ANCHIETÆ, Bocage, *J. Sc. Lisb.*, 1892, p. 254. — Benguéla.

227. RHINOPOMASTUS

Rhinopomastus, Smith (1828).

1340. CYANOMELAS (Vieill.); Levaill., *H.-N. Prom.*, pl[s] 5, 6; *purpurea*, Burch.; *unicolor*, Wagl.; *smithii*, Jard.; *aterrimus*, Finsch et Hartl. — Afrique S. jusqu'au Benguéla et le Zambèze au N.

1341. MINOR (Rüpp.), *Syst. Uebers.* p. 28, pl. 8. — Afrique N.-E.

1342. CABANISI (Pl. III), De Fil., *Rev. et Mag. de Zool.*, 1853, p. 289; *ichterorhynchus*, Heugl. — Nil Blanc, Afr. E.

(1) Voy.: Osb. Salvin, *Cat. Birds Brit. Mus.* XVI, p. 16 (1892).

FAM. VI. — UPUPIDÆ (1)

228. UPUPA

Upupa, Lin. (1758).

1343. EPOPS, Lin.; Dubois, *Fne. ill. Vert. Belg. Ois.* pl. 166; *vulgaris*, Pall.; *bifasciata*, Brm.; *senegalensis*, Sw.; *major*, Gr. — Europe, Asie, Afrique.

1344. INDICA, Hodgs., *Icon. ined. in Br. Mus. Passeres*, pl[s] 26, 27, f. 1; *Ceylonensis*, Rchb.; *nigripennis*, Horsf. et Moore; *longirostris*, Jerd. — Inde, Ceylan, Indo-Chine, Hainan.

1345. MARGINATA, Bp.; M.-Edw. et Grand., *H.-N. Madag. Ois.* pl[s] 93-95. — Madagascar.

1346. SOMALENSIS, Salvine, *Cat. B. Br. Mus.* XVI, p. 13, pl 1. — Somaliland.

1347. AFRICANA, Bechst.; *minor*, Shaw; Levaill., *H. N. Prom.* III, pl. 23; *cristatella*, Vieill.; *capensis*, Sw.; *decorata*, Hartl. — Afrique méridionale jusqu'au Congo au N.

FAM. VII. — BUCEROTIDÆ (2)

229. RHINOPLAX

Rhinoplax, Glog. (1842); *Cranoceros*, Rchb. (1849); *Buceroturus*, Bp. (1850).

1348. VIGIL (Forst.); Elliot, *Monogr. Bucerot.* pl. 10; *scutata*, Bodd.; *galeatus*, Gm. — Ténassérim S., Malacca, Sumatra, Bornéo.

230. BUCORVUS

Bucorvus, Less. (1831); *Tragopan*, Gr. (1841); *Tmetoceros*, Cab. (1847); *Bucorax*, Sundev. (1849).

1349. ABYSSINICUS (Bodd.); Elliot, *Monogr. Bucerot.* pl. 1; *carunculatus*, Wagl. — Abyssinie, Sennaar, Kordofan.

325. *Var.* GUINEENSIS (Schl.); *abyssinicus*, auct. plur. (nec Bodd.); *pyrrhops*, Ell, *Op. cit.* pl. 2. — De la Côte-d'Or au Congo.

1350. CAFER (Schl.); Ell., *Op. cit.* pl. 3; *leadbeateri*, Vig.; *abyssinicus*, auct. plur. (nec Bodd.) — Afrique S.

231. CRANORRHINUS

Cassidix, Bp. 1850 nec Less.); *Cranorrhinus*, Cab. et H. (1860).

1351. CASSIDIX (Tem.) *Pl. col.* 210; Ell., *Op. cit.* pl. 16. — Célèbes.

(1) Voy.: O. Salvin, *Cat. Birds Brit. Mus.* XVI, p. 3 (1892).

(2) Voy.: Elliot, *Monogr. Bucerotidæ* (1877); A. Dubois, *Rec. crit de la fam. des Bucerotidés* (1881); Ogilvie Grant, *Cat. Birds Brit. Mus.* XVII, p. 347 (1892).

1352. LEUCOCEPHALUS (Vieill.); Ell., *Op. cit.* pl. 19; *sulcatus*, Tem., *Pl. col.* 69. — Mindanao, Camiguin (Philipp.)

1353. CORRUGATUS (Tem.), *Pl. col.* 531; Ell., *Op. cit.* pl. 17; *gracilis*, Tem. *Pl. col.* 535 (fem.); *rugosus*, Begb.; *migratoria*, Maing. — Iles de la Sonde, Malacca.

1354. WALDENI, Sharpe, *Tr. Lin. Soc.* 1879, p. 322; Ell., *Op. cit.* pl. 18. — Guimaras, Panay (Philippines.)

232. BUCEROS

Buceros, Lin. (1758); *Meniceros*, Glog. (1842).

1355. RHINOCEROS, Lin.; Ell., *Op. cit.* pl. 4; *rhinoceroides* et *sublunatus*, Bp. — Malacca, Sumatra, Bornéo.

326. *Var.* SILVESTRIS, Vieill.; Ell., *Op. cit.* pl. 5; *diadematus*, Dumt.; *lunatus*, Tem. *Pl. col.* 546. — Java.

233. DICHOCEROS

Dichoceros, Glog. (1842); *Homraius*, Bp. (1854).

1356. BICORNIS (Lin.); Ell., *Op. cit.* pl. 6; *cavatus*, Shaw; *cristatus*, Vieill.; *homrai*, Hodgs. — Indo-Chine, Malacca, Sumatra.

234. HYDROCORAX

Hydrocorax, Briss. (1760); *Platyceros*, Cab. et H. (1860).

1357. PLANICORNIS (Merr.); Ell., *Op. cit.* pl. 7; *hydrocorax*, Lin.; *platyrhynchus*, Pears. — Luçon, Marinduque (Philipp.)

327. *Var.* MINDANENSIS, Tweed. *P. Z. S.* 1877, p. 543; Ell., *Op. cit.* pl. 8. — Mindanao, Basilan (Philipp.)

1358. SEMIGALEATUS, Tweed., *P. Z. S.* 1878, p. 279; Ell., *Op. cit.* pl. 9. — Samar, Panaon, Leyte (Philippines).

235. ANTHRACOCEROS

Anthracoceros, Rchb. (1849); *Hydrocissa*, Bp. (1850); *Limnophalus*, Ell. (1872); *Gymnolæmus*, Grant (1892).

1359. CORONATUS (Bodd.); Ell., *Op. cit.* pl. 11; *pica*, Scop.; *malabaricus*, var. β et γ, Lath.; *violaceus* et *monoceros*, Shaw. — Inde, Ceylan.

1360. CONVEXUS (Tem.), *Pl. col.* 530; Ell., *Op. cit.* pl. 12; *intermedius*, Blyth. — Malacca, îles de la Sonde.

1361. MALABARICUS (Gm.); Ell., *Op. cit.* pl. 13; *albirostris*, Shaw et Nod.; *nigralbus*, Hodgs.; *leucogaster*, Blyth.; *coronata*, Godw.-Aust.; *fraterculus*, Ell., *Op. cit.* pl. 14. — Indo-Chine.

328. *Var.* AFFINIS, Blyth. *J. As. Soc. Beng.* 1849, p. 803. Inde, Himalaya.

1362. MALAYANUS (Raffl.); Ell., *Op. cit.* pl. 15; *anthracicus*, Tem. *Pl. col.* 529; *antarcticus*, Sw.; *bicolor*, Eyt.; *elliotti*, Hay; *nigrirostris*, Blyth. Malacca, Sumatra, Bornéo.

1363. MONTANI (Oust.); Ell., *Op. cit.* pl. 25. Iles Soulou.

1364. MARCHII, Oust., *Le Nat.* 1885 (avril) p. 108; *lemprieri*, Sharpe, *P. Z. S.* 1885 (mai) p. 446, pl. 26. Palawan.

236. CERATOGYMNA

Ceratogymna, Bp. (1854); *Sphagolobus*, Cab. et H. (1859).

1365. ELATA (Tem.); Ell., *Op. cit.*, pl. 23; *elatus*, Tem., *Pl. col.* 521, f. 1; *cultratus*, Sundev. Afrique W.

1366. ATRATA (Tem.), *Pl. col.* 558; Ell., *Op. cit.* pl. 24; *poensis*, Fras. Afrique trop. W. et Centr.

237. BYCANISTES

Bycanistes, Cab. et H. (1860).

1367. CRISTATUS (Rüpp.), *Faun. Abyss. Vögel*, p. 3, pl. 1; Ell., *Op. cit.* pl. 26. De l'Abyssinie au Zambèze.

1368. SUBCYLINDRICUS (Sclat.), *P. Z. S.* 1870, p. 668, pl. 39 (*fem.*); Ell., pl. 29; *subquadratus*, Cab., *Journ. f. Orn.* 1880, p. 350, pl. 1 (*mas.*) Angola, Niam-Niam.

1369. CYLINDRICUS (Tem.), *Pl. col.* 521, f. 2; Ell., *Op. cit.* pl. 30; *casuarinus*, Gr. Du Gabon à Libéria.

1370. ALBOTIBIALIS (Cab. et Rchnw.), *Journ. f. Orn.* 1877, pp. 19, 103, pl. 1. Afrique W.

1371. BUCCINATOR (Tem.), *Pl. col.* 284; Ell., *Op. cit.*, pl. 27. Afrique S. et S.-E.

1372. LEUCOPYGIUS, Dubois, *Bull. Mus. R. d'H. N. de Belg.* III, 1884, p. 202, pl. 10, f. 1 (1). Niam-Niam, Congo.

238. PHOLIDOPHALUS

Pholidophalus, Elliot (1878).

1373. FISTULATOR (Cass.); Ell., *Op. cit.* pl. 32; *leucostigma*, Schl. Afrique W. du Congo à la Sénégambie.

1374. SHARPEI (Elliot); id. *Op. cit.* pl. 33; *fistulator*, var., Dubois, *Bull. Mus. R. d'H. N. Belg.* III, p. 204, pl. 11. Afrique W., de Angola au Niger.

239. RHYTIDOCEROS

Rhyticeros, Rchb. (1849); *Calao*, Bp. (1854); *Rhytidoceros*, Cab. et H. (1860).

1375. PLICATUS (Forst.); Ell., *Op. cit.* pl. 37; *ruficollis*, Halmahera, Moluques,

(1) C'est bien à tort que le Dr Reichenow rapporte cette espèce au *B. sharpei* (*Journ. f. Orn.* 1894, p. 94), dont elle diffère considérablement.

Vieill.; Tem. *Pl. col.* 557; *papuensis*, Rosenb.; *flavicollis*, Rams. — îles Papous, Salomon, etc.

1376. NARCONDAMI, Hume; Ell., *Op. cit.* pl. 38. — Iles Narcondam.

1377. EVERETTI, Hart., *Orn. Monastb.* 1897, p. 117. — Iles Sumba.

1378. SUBRUFICOLLIS, Blyth.; Ell., *Op. cit.* pl. 36; *plicatus*, auct. plur.; *pusaran*, Tick. (part.) — Indo-Chine W., Sumatra, Bornéo.

1379. UNDULATUS (Shaw); Ell., *Op. cit.* pl. 35; *javanicus*, Shaw; *niger*, Vieill.; *plicatus*, auct. plur. (nec Forst.); *pusaran*, Blyth; *obscurus*, Cab. et H. (nec Gm.) — Indo-Chine W., Malacca, îles de la Sonde.

240. ANORRHINUS

Anorrhinus, Rchb. (1849); *Berenicornis*, Bp. (1854); *Ortholophus*, *Ptilolæmus*, Grant (1892).

1380. GALERITUS (Tem.), *Pl. col.* 520; Ell., *Op. cit.* pl. 42; *carinatus*, Blyth. — Malacca, Sumatra, Bornéo.

1381. ALBOCRISTATUS (Cass.); Ell., *Op. cit.* pl. 40; *macrourus*, Bp. — Gabon, Camér., Congo.

329. *Var.* LEUCOLOPHA (Sharpe); Ell., *Op. cit.* pl. 41; *albocristatus*, auct. plur. (nec Cass.) — Côte-d'Or.

1382. COMATUS (Raffl.); Ell., *Op. cit.* pl. 39; *lugubris*, Begb. — Malacca, Sumatra, Bornéo.

1383. TICKELLI (Blyth); Ell., *Op. cit.* pl. 43. — Ténassérim., Birman.

1384. AUSTENI, Jerd., *Ibis*, 1872, p. 6; *tickelli*, auct. plur. (nec Blyth). — Asalu, Cachar N.

241. ACEROS

Aceros, Hodgs. (1844).

1385. NEPALENSIS, Hodgs.; Ell., *Op. cit.* pl. 45; *leucostigma*, Salvad. — Himalaya S.-E.

242. PENELOPIDES

Penelopides, Rchnb. (1849).

1386. PANINI (Bodd.); Ell., *Op. cit.* pl. 21; *panayensis*, Scop.; *insculptus*, Dumt.; *sulcirostris*, Wagl. — Guimaras, Panay, Négros, Masbade (Phil.)

1387. MANILLÆ (Bodd.); Ell., *Op. cit.* pl. 20; *manillensis*, Gm.; *panini*, auct. plur. (part.). — Luçon, Marinduque, Cataguan (Philipp.)

330. *Var.* MINDORENSIS, Steere, *List Birds and Mam. Philipp.* p. 13. — Mindoro (Philipp.)

331. *Var.* AFFINIS, Tweedd.; Ell., *Op. cit.* pl. 22. — Mindanao (Philipp.)

332. *Var.* BASILANICA, Steere, *List Birds and Mam. Philipp.* p. 13. — Basilan (Philipp.)

333. *Var.* SAMARENSIS, Steere, *Op. cit.* p. 13. — Samar, Leyte, Dinagat.

243. HYDROCISSA

Hydrocissa, Bp. (1850).

1388. EXARATUS (Tem.), *Pl. col.* 211; Ell., *Op. cit.* pl. 46. — Célèbes.

244. LOPHOCEROS

Lophoceros, Hempr. et Ehr. (1828); *Rhynchoceros*, Glog. (1842); *Grammicus*, Rchnb. (1849); *Ocyceros*, Hume (1873).

1389. BIROSTRIS (Scop.); Ell., *Op. cit.* pl. 48; *gingínianus*, Lath.; *oxyurus*, Wagl.; *cinerascens*, Hodgs.; *bicornis*, Jerd. — Inde.

1390. NASUTUS (Lin.); Levaill., *Ois. d'Afr.* pl. 236; Ell., *Op. cit.* pl. 47; *nasica*, *hastatus*, Cuv.; *forskalii*, Hempr. et Ehr.; *pœcilorhynchus*, Lafresn. — Afrique N.-E. et W.

334. *Var.* EPIRHINA (Sundev.); *nasutus*, *var. caffer*, Sundev.; *nasutus*, auct. plur. — Afrique S.

1391. PALLIDIROSTRIS, Finsch et Hartl., *Vög. Ostafr.* p. 871; *dubia*, Dubois, *Bull. Mus. R. d'H. N. Belg.* III, p. 213, pl. 10, f. 2. — Benguéla, Tanganyka.

335. *Var.* NEUMANNI, Rchnw., *Journ. f. Orn.* 1894, p. 230. — Masailand.

1392. MELANOLEUCUS (Licht.); Ell., *Op. cit.* pl. 49; *coronatus*, Shaw (nec Bodd.); *alboterminatus*, Büttik. — Afrique au S. du 5° lat. N.

1393. FASCIATUS (Shaw): Ell., *Op. cit.* pl. 50, f. 1. — Afrique tropic. centr.

336. *Var.* SEMIFASCIATA (Hartl.); Ell., *Op. cit.* pl. 50, f. 2. — De Sénégambie au Niger.

1394. GRANTI, Hart., *Novit. Zool.* II (1895), p. 55. — Aruwimi (Congo).

245. ALOPHIUS

Alophius, Hempr. et Ehr. (1828); *Tockus*, Less. (1831).

1395. EMPRICHII (Ehrenb.); Ell., *Op. cit.* pl. 52; *limbatus*, Rüpp., *Faun. Abyss. Vög.* p. 5, pl. 2, f. 1. — Afrique N.-E.

1396. GRISEUS (Lath.); Ell., *Op. cit.* pl. 54; *cineraceus*, Tem. — Inde W.

337. *Var.* GINGALENSIS (Shaw); Ell., *Op. cit.* pl. 55; *gingala*, Vieill.; *pyrrhopygus*, Wagl.; *griseus*, Lay. (part.). — Ceylan.

1397. DECKENI (Cab.); V. d. Deck., *Reisen*, III, p. 36, pl. 6; Ell., *Op. cit.* pl. 57; *bocagei*, Oust. — Afrique E.

338. *Var* JACKSONI, Grant, *Ibis*, 1891, p. 127; *Cat. B. Br. Mus.* XVII, pl. 13. — Torquel.

339. *Var.* SIBBENSIS (Sharpe), *Ibis*, 1895, p. 382. — Sibbe (Somaliland).

1398. HARTLAUBI (Gould); Ell., *Op. cit.* pl. 58; *naytglassi*, Schl. — Afrique W.

1399. FLAVIROSTRIS (Rüpp.), *Faun. Abyss. Vög.* p. 6, pl. 2, f. 2; Ell., *Op. cit.* pl. 51. — Afrique E. du 15° l. N. au 5° l. S.

340. *Var.* LEUCOMELAS, Licht.; Cab. et H., *Mus. Hein.* II, p. 166; *flavirostris,* auct. plur. — Afrique S.

341. *Var.* ELEGANS, Hartl., *P. Z. S.* 1865, p. 86, pl. 4. — Afrique S.-W.

342. *Var.* SOMALIENSIS, Rchnw., *Journ. f. Orn.* 1894, p. 96. — Somaliland.

1400. ERYTHRORHYNCHUS (Tem.); Ell., *Op. cit.* pl. 56; *rufirostris,* Sundw. — Afrique, au S. du 17° l. N.

343. *Var.* MEDIANA; *Loph. medianus,* Sharpe, *P. Z. S.* 1895, p. 498. — Somaliland.

344. *Var.* DAMARENSIS (Shell.), *Ibis,* 1888, p. 66; *Cat. B. Br. Mus.* XVII, pl. 14. — Damara.

1401. MONTEIRI (Hartl.), *P. Z. S.* 1865, pl. 5; Ell., *Op. cit.* pl. 53. — Damara, Benguéla.

1402. CAMURUS (Cass.); Ell., *Op. cit.* pl. 59; *pulchrirostris,* Schl., *Ned. Tijd. Dierk.* I, p. 74, pl. 4. — Afrique W. et centr.

FAM. VIII. — ALCEDINIDÆ (1)

SUBF. I. — DACELONINÆ

246. CLYTOCEYX

Clytoceyx, Sharpe (1880).

1403. REX, Sharpe, *Ann. and Mag. N. H.* VI (1880), p. 231; Gould, *B. N.-Guin.* IV, pl. 9. — Nouv.-Guinée S.-E.

247. DACELO

Dacelo, Leach (1815); *Paralcyon,* Glog. (1827); *Choucalcyon,* Less. (1831); *Nycticeyx,* Glog. (1842); *Sauromarptis,* Cab. et H. (1860).

1404. GIGAS (Bodd.); Sharpe, *Monogr. Alc.* pl. 112; *undulata,* Scop.; *fusca,* Gm.; *gigantea,* Lath.; Gould, *B. Austr.* II, pl. 18. — Australie.

1405. LEACHII, Vig. et Horsf; Gould, *B. Austr.* II, pl. 19; Sharpe, *Op. cit.* pl. 113. — Australie N. et E.

345. *Var.* CERVINA, Gould, *B. Austr.* II, pl. 20; Sharpe, *Op. cit.* pls 114 et 115; *cervicalis,* Kp.; *salusii,* Jacq. et Puch.; *occidentalis,* Gould. — Australie N.-W.

346. *Var.* INTERMEDIA, Salvad., *Ann. Mus. Genov.* IX, p. 21; *leachii,* auct. plur. — Nouv.-Guinée S.-E.

1406. GAUDICHAUDI, Quoy et Gaim., *Voy. Uranie, Zool.* p. 112, pl. 25; Sharpe, *Op. cit.* pl. 116; *var.* — Nouv.-Guinée, Salawati, Batanta, Wai-

(1) Voy.: Sharpe, *Monogr. Alcedinidæ* (1869); id. *Cat. Birds Brit. Mus.* XVII, p. 93 (1892).

Aruensis, Mey., *Ibis*, 1889, p. 557; *kubaryi*, Mey., *Ibis*, 1890, p. 414. — giou, Arou, etc.

1407. TYRO, Gray, *P. Z. S.* 1858, p. 71, pl. 133; Sharpe. *Op. cit.* pl. 117; *gaudichaudi* (part.) Schl.; *cyanophrys*, Salvad. — Iles Arou.

247. MELIDORA

Melidora, Less. (1831).

1408. MACRORHINA (Less.), *Voy. Coq., Zool.* pl. 31bis, f. 2; Sharpe, *Op. cit.* pl. 120; *eufrosiæ*, *macrorhynchus*, Less.; *euphrosinæ*, Rchnb.; *euphrasiæ*, Bp.; *goldiei*, Rams.; *collaris*, Sharpe. — Nouv.-Guinée, Salawati, Waigiou, Mysol.

347. *Var.* JOBIENSIS, Salvad., *Orn. Pap. et Mol.* I, p. 502. — Iles Jobi.

248. CITTURA

Cittura, Kp. (1848).

1409. CYANOTIS (Tem.), *Pl. col.* 262; Sharpe, *Op. cit.* pl. 119. — Célèbes.

1410. SANGHIRENSIS, Sharpe, *P. Z. S.* 1868, p. 270, pl. 27; id. *Op. cit.* pl. 118. — Sanghir.

249. MONACHALCYON

Monachalcyon, Rchnb. (1851); *Caridonax*, Cab. et H. (1860).

1411. MONACHUS (Gray); Sharpe, *Op. cit.* pl. 98; *princeps*, Gr. et Forst. — Célèbes.

348. *Var.* INTERMEDIA, Hart., *Novit. Zool.* 1897, p. 163. — Tawaya (Célèbes).

1412. CAPUCINUS, Mey. et Wig., *Abh. Mus. Dresden*, 1896-1897, n° 2, p. 12. — Célèbes E.

1413. CYANOCEPHALUS (Forst.); *princeps* (pt.) auct. plur. (nec Forst.); *monachus*, auct. plur. (nec Gray); Sharpe, *Op. cit.* (part.) pl. 98, f. 3. — Célèbes.

1414. FULGIDUS (Gould); id. *B. Asia*, I, pl. 46; Sharpe, *Op. cit.* pl. 99. — Lombock, Flores.

251. TANYSIPTERA

Tanysiptera, Vig. (1825); *Uralcyon*, Heine (1859).

1415. NYMPHA, Gray; Sharpe, *Op. cit.* pl. 104. — Nouv.-Guinée N.-W.

1416. DANÆ, Sharpe; id. in Gould, *B. New.-Guin.* IV, pl. 49. — Nouv.-Guinée S.-E.

1417. NIGRICEPS, Scl., *P. Z. S.* 1877, p. 105; Gould, *B. New. Guin.* IV, pl. 50. — Ile du Duc York.

1418. SYLVIA, Gould; id. *B. Austr. suppl.* pl. 6; Sharpe, *Op. cit.* pl. 100. — Australie N.-E.

349. *Var.* SALVADORIANA, Rams., *Pr. Lin. Soc. N. S. W.* 1878, p. 259. — Nouv.-Guinée S.-E.

1419. DORIS, Wall., *Ibis*, 1862, p. 350; Sharpe, *Op. cit.* pl. 101; *sabrina* et *dea* (pt.) Schleg. — Morotai (Moluques).

1420. EMILIÆ, Sharpe, *Monogr. Alc.* pl. 102; *sabrina* (pt.) Schl. — Ile Raou (Moluques).

1421. SABRINA, Gray, *P. Z. S.* 1860, p. 347, pl. 170; Sharpe, *Op. cit.* pl. 103. — Ile Kaioa (Moluques).

1422. HYDROCHARIS, Gray; Sharpe, *Op. cit.* pl. 106. — Iles Arrou.

1423. ACIS, Wall., *P. Z. S.* 1863, p. 23; Sharpe, *Op. cit.* p. 275; *dea* (pt.), Schleg. — Ile Bourou (Moluques).

1424. ELLIOTI, Sharpe; id. *Op. cit.* pl. 105; *waldeni*, Schl. — Ile Koffiao (Moluques).

1425. MARGARETHÆ, Heine, *Journ. f. Orn.* 1859, p. 406; Sharpe, *Op. cit.* pl. 108; *isis*, Gr.; *dea* (pt.) Schl. — Gilolo, Batjan (Moluques).

1426. OBIENSIS, Salvad., *Ann. Mus. Genov.* X, 1877, p. 302; *dea* (pt.) Schl. — Ile Obi (Moluques).

1427. GALATEA, Gray, *P. Z. S.* 1859, p. 154; Sharpe, *Op. cit.* pl. 110; *dea*, auct. plur. (nec Lin.); *rosenbergii*, Kp. — Nouv.-Guinée, Salawati, Batanta, Waigiou, Guebeh.

350. *Var.* RUBIENSIS, Wig., *Abh. Zool. Mus. Dresd.* 1890-1891, nº 4, p. 8. — Ile Rubi (Nouv.-Guinée N.-W.)

351. *Var.* MINOR, Salvad. et D'Alb. *Ann. Mus. Genov*, 1875, p. 815; *microrhyncha*, Sharpe; Gould, *B. New. Guin.* IV, pl. 57; *galeata*, auct. plur. (nec Gr.) — Nouv.-Guinée S.-E.

352. *Var.* ROSSELIANA, Tristr., *Ibis*, 1889, p. 557. — Ile Rossel (Louisiades).

353. *Var.* MEYERI, Salvad., *Agg. Orn. Pap.* I, p. 54, *galatea*, Mey. (nec Gray). — Nouv.-Guinée N.-W. et S.-E. centr.

1428. DEA (Lin.); *Pl. enl.* 116; *nais*, Gr.; Sharpe, *Op. cit.* pl. 109. — Amboine, Ceram, Monawolka, Boano, Manipa.

1429. RIEDELI, Verr., *Nouv. Arch. Mus.* II, *Bull.* p. 21, pl. 3, f. 1; Sharpe, *Op. cit.* pl. 111; *schlegeli*, Rosenb. — Ile Misori (Nouv.-Guinée).

1430. CAROLINÆ, Schl., *Ned. Tijdschr. Dierk.* IV, p. 13; Gould, *B. New. Guin.* IV, pl. 47. — Ile Mafor (Nouv.-Guinée).

251. HALCYON

Halcyon, Sw. (1820); *Entomothera*, Horsf. (1820); *Callialcyon*, Bp. (1850); *Chelicutia*, Rchb. (1851); *Actenoides*, Hombr. et Jacq. (1853); *Cancrophaga*, *Cyanalcyon*, Bp. (1854); *Pagurothera*, *Entomobia*, *Sauropatis*, *Caridagrus*, *Astacophilus*, Cab. et H. (1860).

1431. COROMANDUS; *coromanda*, Lath.; Sharpe, *Op. cit.* pl. 57; *coromandelicus*, Vig.; *lilacina*, Sw.; *calipyga*, Hodgs.; *coromandeliana*, Gr.; *schlegeli*, Bp. — Asie S.-E, Japon, Indo-Chine, iles de la Sonde, Philipp.

354. *Var.* RUFA, Wall., *P. Z. S.* 1862, p. 338. — Célèbes, Sanghir.

1432. BADIUS, Verr.; Sharpe, *Op. cit.* pl. 58. — De Libéria au Congo.

1433 SMYRNENSIS (Lin.); Sharpe, *Op. cit.* pl. 59; Dubois, *Ois. Eur.* pl. 116ª; *fusca*, Bodd. — Asie S. et S.-E., Asie Min., Palestine.

355. *Var.* SATURATIOR, Hume, *Str. F.* II, p. 531; *smyrnensis*, auct. plur. — Iles Andamans et Nicobars.

1434. GULARIS (Kuhl); Sharpe, *Op. cit.* pl. 60; *rufirostris*, Kitl.; *melanoptera*, Tem.; *ruficollis*, Sw.; *smyrnensis*, *var. albogularis*, Blyth; *fusca*, Martens. — Philippines.

1435. CYANIVENTRIS (Vieill.); Sharpe, *Op. cit.* pl. 61; *melanoptera*, Horsf.; *omnicolor*, Tem., *Pl. col.* 135; *multicolor*, Kp. — Java.

1436. PILEATUS (Bodd.); Sharpe, *Op. cit.* pl. 62; *atricapilla*, Gm.; Gould, *B. Asia*, I, pl. 45; *brama*, Less.; *puella*, Von Kr. — Asie S. et S.-E. et ses îles jusqu'à Célèbes.

1437. SEMICÆRULEUS (Forsk.); Rüpp., *Neue Wirb.* pl. 24, f. 1; Sharpe, *Op. cit.* pl. 64 (fig. de l'ad.); *leucocephala*, Müll.; *swainsoni*, Smith; *ætæon*, Less.; *rufiventer*, Sw.; *erythrogastra*, Gr. (nec Gm.). — Afrique tropicale.

356. *Var.* ERYTHROGASTRA, Gould; Sharpe, *Op. cit.* pl. 63; *jagoensis*, Darw. — Ile St-Jago (îles du Cap Vert).

357. *Var.* SWAINSONI, Smith, *S. Afr. Journ.* 1834, p. 143; *pallidiventris*, Cab., *Journ. f. Orn.* 1880, p. 349; *semicærulea*, auct. plur. (nec Forsk.). — Afrique S. et centrale.

1438. ALBIVENTRIS (Scop.); Sharpe, *Op. cit.* pl. 65; *fuscicapilla*, Lafr.; *vaillanti*, Tem.; *striata*, Drap. — Afrique S.

358. *Var.* ORIENTALIS, Peters, *Journ. f. Orn.* 1878, p. 134; Sharpe, *Op. cit.* pl. 66. — Afrique E. et Congo.

1439. CHELICUTI (Stanl.); *striolata*, Licht.; *variegata*, Vieill.; *pygmæa*, Cretz.; *damarensis*, Strickl.; *chelicutensis*, Sharpe, *Op. cit.* pl. 67. — Presque toute l'Afrique.

1440. IRRORATUS, Rchnb.; *senegaloides* (!) Smith, *Zool. S. Afr.* pl. 63; Sharpe, *Op. cit.* pl. 68. — Afrique E., du Natal au Zanzibar.

1441. SENEGALENSIS (Lin.); *Pl. enl.* 594; Sharpe, *Op. cit.* pl. 70; *cancrophaga*, Heugl. — Afrique tropicale.

359. *Var.* CYANOLEUCA (Vieill.); Sharpe, *Op. cit.* pl. 69; *senegalensis*, auct. plur. — Presque toute l'Afrique.

1442. MALIMBICUS (Shaw); Sharpe, *Op. cit.* pl. 72; *cinereifrons*, Vieill.; *cyanescens*, Cab. et Rchnw. — Du Gabon à l'Angola et le Niam-Niam.

360. *Var.* FORBESI, Sharpe, *Cat. B. Br. Mus.* XVII, p. 247, pl. 6, f. 2; *cinereifrons* et *malimbica*, auct. plur.; *dryas*, Sharpe (nec Hartl.). — Du Caméron au Sierra-Leone.

361. *Var.* TORQUATA, Sw., *B. W. Afr.* II, p. 99; *Cat. B. Br. Mus.* XVII, pl. 6, f. 1; *cinereifrons* et *malimbica* (pt.) auct. plur. — Sénégambie.

1443. DRYAS, Hartl., *Journ. f. Orn.* 1854, p. 2; Sharpe, *Op. cit.* pl. 71. — Gabon et îles voisines

1444. FORTIS, Rchnw., *Orn. Monatsb.* 1893, p. 202. — Sénégal.

1445. ALBICILLUS (Cuv.); Salvad., *Orn. Pap. et Mol.* I, p. 470. — Iles Mariannes.

362. *Var.* SAUROPHAGA, Gould; id. *Voy.* « *Sulphur* », p. 33, pl. 19; *albicilla*, auct. plur. (nec Cuv.); Sharpe, *Op. cit.* pl. 73; *cyanoleuca*, Bp. — Iles Mol., Papous, Louisiades, Salomon, Nouv.-Irlande.

363. *Var.* ADMIRALITATIS, Sharpe, *Cat. B. Br. Mus.* XVII, p. 251. — Iles de l'Amirauté.

1446. GODEFFROYI, Finsch, *P. Z. S.* 1877, p. 408. — Iles Marquises.

1447. ALBONOTATUS, Rams., *Pr. Linn. Soc. N. S. W.* IX, p. 863. — Nouv.-Bretagne.

1448. LEUCOPYGIUS (Verr.); Sharpe, *Op. cit.* pl. 74. — Iles Salomon.

1449. LAZULI (Tem.), *Pl. col.* 508; Sharpe, *Op. cit.* pl. 76. — Amboine, Céram.

1450. DIOPS (Tem.), *Pl. col.* 272; Sharpe, *Op. cit.* pl. 77. — Moluques.

1451. MACLEAYI, Jard. et Selby, *Ill. Orn.* pl. 101; Sharpe, *Op. cit.* pl. 78; *incinctus*, Gould; *lazulinus*, Bp.; *jacquinoti*, Gr. — Australie, Nouv.-Guinée S.-E.

1452. WINCHELLI, Sharpe, *Trans. Lin. Soc.*, 2e sér., I, p. 318, pl. 47; *alfredi*, Oust. — Philippines, îles Soulou.

1453. NIGROCYANEUS, Wall., *P. Z. S.* 1862, p. 165, pl. 19; Sharpe, *Op. cit.* pl. 75; *diopsioides*, Muschenbr. — Nouv.-Guinée N.-W., Salawati, Batanta.

1454. STICTOLÆMUS (Salvad.), *Ann. Mus. Genov.* IX, p. 20; Gould, *B. New-Guin.* IV, pl. 58; *nigrocyanea*, D'Alb. — Nouv.-Guinée S.

1455. QUADRICOLOR (Oust.), *Le Natural.* 1880, p. 323; Gould, *B. New-Guin.* IV, pl. 56. — Nouv.-Guinée N.

1456. PYRRHOPYGIUS, Gould; Sharpe, *Op. cit.* pl. 79; Gould, *B. Austr.* II, pl. 22. — Australie.

1457. CINNAMOMINUS, Sw., *Zool. Ill.* 1821, II, pl. 67; Sharpe, *Op. cit.* pl. 80. — Ile Guam (îles Mariannes.)

364. *Var.* RUFIGULARIS, Sharpe, *Cat. B. Br. Mus.* XVII, p. 260; *cinnamomina*, Sharpe, *Monogr. Alc.* pl. 80 (fig. centr.); *cinammomina* (fem.?) — ?

365. *Var.* MEDIOCRIS, Sharpe, *Cat. l. c.* p. 260; *cinnamomina* (pt.) Fch. *reichenbachi* (mas ?) — Ile Ponapé.

366. *Var.* REICHENBACHI (Hartl.), *Wiegm. Arch.* 1852, p. 131; *cinnamomina* (pt.) Sharpe. — Iles Pelew.

367. *Var.?* PELEWENSIS, Wigl. *Abh. Kg. Zool. Mus. Dresd.* 1890-91, n° 6, p. 15; *reichenbachi*, auct. plur.; *cinnamomina* (pt.) Salvad. — Iles Pelew.

1458. AUSTRALASIÆ (Vieill.); Sharpe, *Op. cit.* pl. 81; *coronata*, Müll. — Timor, Wetter, Lombock.

368. *Var.* MINOR, Mey., *Zeitschr. Ges. Orn.* I, p. 196. — Timor-laut.

1459. SACER (Gm.); Sharpe, *Op. cit.* pl. 85; *vitiensis*, Peale, *U. S. Expl. Exped.* 1848, p. 156, pl. 144; *superciliosa*, Gr.; *tuta* (pt.) Cass. — Iles Fidji et Tonga.

1460. JULIÆ (Heiné), *Journ. f. Orn.* 1860, p. 184; Sharpe, *Op. cit.* pl. 86; *grayi*, Schleg. — Nouv.-Hébrides.

1461. OCCIPITALIS (Blyth.), *J. A. S. Beng.* XV, p. 369; Cass., *U. S. Expl. Exped.* 1858, p. 205, pl. 19, f. 1. — Iles Nicobars.

1462. PEALEI, Finsch et Hartl., *Faun. Centralpolyn.* p. 40; *albifrons*, Peale; *tuta*, Cass. (nec Gm.), *U. S. Expl. Exped.* 1858, Birds, pp. 192, 206 (pt.) — Ile Tutuila (Samoa).

1463. TUTUILÆ, Sharpe; *coronata*, Peale, *U. S. Expl. Exped.* 1848, p. 156, pl. 160; *tuta*, Cass., *U. S. Expl. Exped.* 1858, pl. 15, f. 1. — Ile Tutuila (Samoa).

1464. TRISTRAMI, Layard, *Ibis,* 1880, p. 460, pl. 15; Gould, *B. New. Guin.* IV, pl. 54. — Iles Salomon et Nouv.-Bretagne.

369. *Var.* TANNENSIS, Sharpe, *Cat. B. Br. Mus.* XVII, p. 266. — Ile Tanna (Nouv.-Hébrides).

1465. SANCTUS, Vig. et Horsf.; Gould, *B. Austr.* II, pl. 21; Sharpe, *Op. cit.* pl. 91. — Australie jusqu'à la Nouv.-Calédon., îles Salomon, Papous, Mol., Célèbes, Java, Sumatra, etc.

370. *Var.* VAGANS, Less.; Sharpe, *Op. cit.* pl. 90; *sancta*, auct. plur.; *norfolkensis*, Tristr. — Nouv.-Zélande, ile Norfolk.

371. *Var.* PACHYRHYNCHA, Rchnw. *Orn. Monatsb.* 1898, p. 48. — Nouv.-Poméranie.

1466. CASSINI, Finsch et Hartl., *Faun. Centralpolyn.* p. 40; *vitiensis*, Cass. (pt.), *U. S. Expl. Exped.* 1858, p. 210, pl. 16, f. 1. — Iles Fidji.

1467. CHLORIS (Bodd.); Sharpe, *Op. cit.* pl. 87; *collaris*, Scop.; *chlorocephala*, Gm. — Java, Sum. jusqu'aux Mol. et Philipp.

372. *Var.* ARMSTRONGI, Sharpe, *Cat. B. Br. Mus.* XVII, p. 277, pl. 7, f. 1; *collaris* et *chloris*, auct. plur. — Indo-Chine W., Malacca, Sumatra, Bornéo W.

373. *Var.* VIDALI, Sharpe, *Cat. l. c.* p. 278; *chloris*, auct. plur. — Inde W.

374. *Var.* ABYSSINICA (Licht.), *Nomencl. Av.* p. 67; *chloris*, auct. plur. — Côtes de la mer Rouge.

1468. ANACHORETA, Rchnw., *Orn. Monatsb.* 1898, p. 47. — Iles Anachorètes.

1469. SORDIDUS, Gould; id. *B. Austr.* II, pl. 23; Sharpe, *Op. cit.* pl. 88; *grayi*, Cab. et H. — Australie N. et N.-E., îles Arrou.

375. *Var.* COLONA, Hart., *Novit. Zool.* III, p. 244. — Louisiades.

1470. FORSTENI, Bp.; Sharpe, *Op. cit.* pl. 89. — Célèbes.

1471. SALOMONIS, Rams.; Sharpe, *Cat. B. Br. Mus.* XVII, p. 280, pl. 7, f. 2; *chloris* et *juliæ* (nec Heine), auct. plur. — Iles Salomon, Louisiades, Nouv.-Bret., Nouv.-Irl. et Nouv.-Hébrides.

376. *Var.* SUVENSIS, Sharpe, *Cat. B. Br. Mus.* XVII, p. 281. — Suva (îles Fidji).

377. *Var.* HUMEI, Sharpe, *ibidem*, p. 281, pl. 8; *chloris,* auct. plur. — Siam, Malacca, Sumatra.

378. *Var.* MEYERI, Sharpe, *ibidem*, p. 282. Iles Togian
379. *Var.* DAVISONI, Sharpe, *ibidem*, p. 282 ; *collaris* et *chloris*, auct. plur. Iles Andaman.
1472. FUNEBRIS (Bp.); Sharpe, *Op. cit.* pl. 92. Halmahera, Ternate.
1473. HOMBRONI (Bp.); Sharpe, *Op. cit.* pl. 84 ; *variegata*, Jac. et Puch. (nec Bonn.) *Voy. Pôle S. Zool.* III, p. 101, pl. 23, f. 2. Mindanao (Philipp.)
1474. CONCRETUS (Tem.), *Pl. col.* 346 ; Sharpe, *Op. cit.* pl. 83 ; *varia*, Eyt. Ténassér. S., Malacca, Sumatra, Bornéo.
1475. LINDSAYI (Vig.); Gray, *Gen. B.* pl. 27 ; Sharpe, *Op. cit.* pl. 82 ; *lessoni*, Vig. Ile Luçon (Philipp.)
380. *Var.* MOSELEYI, Steere, *List B. et Mam. Philipp.* p. 11. Ile Negros (Philipp.)

253. TODIRHAMPHUS

Todirhamphus, Less. (1828); *Coporhamphus*, Glog. (1842).

1476. VENERATUS (Gm.) ; Sharpe, *Op. cit.* pl. 93 ; *divina*, Less. ; *nullitorques*, Peale, *U. S. Expl.*, 1848, p. 155, pl. 42, f. 1. Iles de la Société.
381. *Var.* YOUNGI, Sharpe, *Cat. B. Br. Mus.* XVII, p. 289. Ile Morea (Société).
1477. RECURVIROSTRIS, Lafr. ; Sharpe, *Op. cit.* pl. 94 ; *platyrostris*, Gould ; *minima*, Peale, *U. S. Expl.*, 1848, pl. 145. Iles Samoa.
1478. TUTUS (Gm.); Sharpe, *Op. cit.* pl. 95; *sacra*, auct. plur. (nec Gm.) Iles de la Société.

254. CARCINEUTES

Lacedo, Rchb. (1851); *Carcineutes*, Cab. et H. (1860).

1479. PULCHELLUS (Horsf.); Sharpe, *Op. cit.* pl. 96; *amabilis*, Hume, *Str. F.* I, p. 474. Indo-Chine W., Sumatra, Java.
1480. MELANOPS (Bp.); Sharpe, *Op. cit.*, pl. 97. Bornéo.

255. SYMA.

Syma, Less. (1828).

1481. TOROTORO, Less. ; *Voy. Coq.*, *Zool.* pl. 31 ; Sharpe, *Op. cit.* pl. 55 ; *lessonia*, Sw. Nouv.-Guinée, Mysol, Waigiou.
382. *Var.* FLAVIROSTRIS (Gould); id. *B. Austr. suppl.* pl. 7 ; Sharpe, *Op. cit.* pl. 56. Cap York.
383. *Var.* TENTELARE, Hart., *Novit. Zool.* III, p. 534. Iles Arrou.
1482. MEGARHYNCHA, Salvad., *Ann. Mus. Genov.* XVI, p. 70. Nouv.-Guinée S.-E.

256. MYIOCEYX

Myioceyx, Sharpe (1871).

1483. RUFICEPS (Hartl.), *Orn. W. Afr.* p. 262; Sharpe, *Op. cit.* pl. 53. — Côte-d'Or.

1484. LECONTEI (Cass.); Sharpe, *Op. cit.* pl. 54. — Gabon.

257. ISPIDINA

Ispidina, Kp. (1848).

1485. PICTA (Bodd.); Gray, *Gen. B.* pl. 28; Sharpe, *Op. cit.* pl. 51; *cæruleus*, Gm.; *pusilla*, Shaw; *nutans*, Vieill.; *ultramarina*, Daud.; *cyanotis*, Sw.; *purpurea*, Des M. — Afrique tropicale.

1486. NATALENSIS (Smith); Sharpe, *Op. cit.* pl. 52; *nitida*, Kp.; *picturata*, Schl.; *picta*, auct. plur. — Afrique S.-E.

1487. LEUCOGASTRA (Fras.); Sharpe, *Op. cit.* pl. 50. — De Sierra-Leone au Congo.

1488. MADAGASCARIENSIS (Lin.); *Pl. enl.* 778, f. 1; Sharpe, *Op. cit.* pl. 49; *rufulus*, Lafr. — Madagascar.

258. CEYCOPSIS

Ceycopsis, Salvad. (1869).

1489. FALLAX (Schl.); *Ned. Tijdschr.* III, p. 187; Sharpe, *Op. cit.* pl. 48. — Célèbes, Sanghir.

259. CEYX

Ceyx, Lacép. (1801); *Ceycis*, Glog. (1842); *Therosa*, S. Müll. (*teste*, Bp. 1850).

1490. TRIDACTYLA (Pall.); *Pl. enl.* 778, f. 2; Sharpe, *Op. cit.* pl. 40; *rubra*, Bodd.; *purpurea*, *erythaca*, Gm.; *luzoniensis*, Steph.; *microsoma*, Burt. — Inde, Ceylan, Indo-Chine.

1491. DILLWYNNI, Sharpe, *P. Z. S.* 1868, p. 591; id. *Op. cit.* pl^s 42, 43; *tridactyla*, auct. plur.; *sharpii*, Salvad. — Bornéo, Nias.

1492. RUFIDORSA, Strickl.; Sharpe, *Op. cit.* pl. 41; *eucrythra*, Sharpe; *innominata* et *dillwynni* (pt.), Sharpe. — Malacca, Sumatra, Bornéo N.-W., Palawan, Mindoro.

1493. INNOMINATA, Salvad., *Atti R. Accad. Sc. Torino*, IV, p. 465; *rufidorsa*, auct. plur. (nec Strickl.); *rubra*, Vorderm. — Java, Lombock, Flores.

1494. MELANURA, Kp.; Sharpe, *Op. cit.* pl 39; *samarensis*, Steere. — Philippines.

384. *Var.* BASILANICA, Steere, *List Birds et Mam. Phil.* p. 10. — Basilan.

385. *Var.* Mindanensis, Steere, *l. c.*; *platenæ*, Blas. — Mindanao.

1495. nigrirostris, Bourns et Worc., *Occ. Pap. Minnes. Acad.* I, p. 13. — Panay, Cebu, Négros.

1496. cajeli, Wall., *P. Z. S.* 1863, p. 25, pl. 5; Sharpe, *Op. cit.* pl. 44. — Bourou (Moluques).

1497. wallacei, Sharpe, *P. Z. S.* 1868, p. 270; id. *Monogr.* pl. 45; *lepida*, Wall. — Ile Soula.

1498. lepida, Tem., *Pl. col.* 595, f. 1; Sharpe, *Op. cit.* pl. 46; *uropygialis*, Gray. — Moluques.

1499. sacerdotis, Rams., *Journ. Lin. Soc. Zool.* XVI, p. 128; *solitaria*, Grant. — Nouv.-Bretagne, îles Salomon.

1500. suluensis, W. Blas., *Journ. f. Orn.* 1890, p. 141; *malamaui*, Steere. — Iles Soulou, Basilan.

1501. margaretæ, W. Blas., *l. c.*, p. 141; *bournsii*, Steere. — Iles Soulou, Basilan.

1502. cyanopectus, Lafr.; Sharpe, *Mon. Alc.* pl. 17; *cincta*, Jard. — Luçon, Marinduque.

386. *Var.* Steerei, Sharpe, *Cat. B. Br. Mus.* XVII, p. 187; *philippinensis* (pt.) Steere (nec Gould). — Mindoro.

387. *Var.* Philippinensis, Gould; Sharpe, *Op. cit.* pl. 37. — Luçon.

1503. argentata, Tweedd.; id. *P. Z. S.* 1878, p. 108, pl. 6. — Mindanao, Dinagat.

388. *Var.* Flumenicola, Steere, *List B. et M. Philipp.* p. 10. — Leyte, Samar.

1504. gentiana, Tristr., *Ibis*, 1879, p. 438, pl. 11. — San-Christoval (Salomon).

1505. solitaria, Tem. *Pl. col.* 595, f. 2; Sharpe, *Op. cit.* pl. 38; *meninting*, auct. plur. (nec Horsf.) — Iles Papous, Arrou, Nouv.-Irlande.

SUBF. II. — ALCEDININÆ

260. ALCEDO

Alcedo, Lin. (1758).

1506. ispida, Lin.; Dubois, *Faune ill. Vert. Belg. Ois.* pl. 164; *subispida*, *advena*, Brm.; *pallasii*, Rchb.; *sindiana*, Hume. — Europe jusqu'au 60° l. N., Asie centrale, Afrique N.

389. *Var.* Bengalensis, Briss.; *indica*, *sondaica*, Rchb.; *japonica*, Bp.; *minor*, Schl.; *moluccensis*, Wall. (nec Blyth.) — Asie méridionale, Japon, Arch. Indien.

390. *Var.* Taprobona, Kleinschm., *Ornith. Monatsb.* 1894, p. 126. — Ceylan.

391. *Var.* Floresiana, Sharpe, *Cat. B. Br. Mus.* XVII, p. 151. — Ile Flores.

1507. ispidoides, Less.; *moluccensis*, Blyth.; Sharpe, *Monogr.* pl. 4. — Célèbes, îles Moluques, Papous, Salomon.

1508. semitorquata, Sw., *Zool. Ill.* III, pl. 151; *azureus*, Less.; *quadribrachys*, auct. plur. (nec Bp.) — Afrique S. et E.

1509. EURYZONA, Tem.; Sharpe, *Op. cit.* pl. 8; *nigricans*, Blyth. — Ténass. S., Malacca, îles de la Sonde.

1510. GRANDIS, Blyth.; Sharpe, *Op. cit.* pl. 3; Gould, *B. Asia*, I, pl. 52. — Himalaya E.

1511. QUADRIBRACHYS, Bp.; Sharpe, *Cat. B. Br. Mus.* XVII, pl. 4, f. 1. — De Sénégambie à la Côte-d'Or.

392. *Var.* GUENTHERI, Sharpe, *Cat.* p. 156, pl. 4, f. 2; *quadribrachys* (pt.) auct. plur. — Du Congo au Gabon et Niger.

1512. MENINTING, Horsf.; Tem., *Pl. col.* 239, f. 2; *asiatica*, Sw., *Zool. Ill.* I, pl. 50; Sharpe, *Monogr.* pl. 5; *verreauxi*, de la Berge. — Ténass. S., Malacca, îles de la Sonde, Palawan, Célèbes.

393. *Var.* BEAVANI, Wald., *Ann. and Mag. N. H.* 1874, p. 158; *meninting* et *asiatica*, auct. plur.; *rufigastra*, Wald. — Inde, Indo-Chine, îles Andaman.

1513. BERYLLINA, Vieill.; Sharpe, *Op. cit.* pl. 9; *cærulescens*, Vieill. (nec Gm.); *biru*, Horsf.; Tem., *Pl. col.* 239, f. 1. — Java, Lombock.

261. CORYTHORNIS

Corythornis, Kp. (1848).

1514. CRISTATA (Lin.); *vintsioides*, Eyd. et Gerv.; Sharpe, *Op. cit.* pl. 10. — Madagascar, îles Comores.

1515. CYANOSTIGMA (Rüpp.), *Neue Wirb. Vög.*, p. 70, pl. 24, f. 2; *cristata*, auct. plur. (nec Lin.); *hartlaubi*, Gray. — Afrique trop. jusqu'au Cap Bonne-Espér.

1516. GALERITA (Müll.); *cæruleocephala*, Gm.; Sharpe, *Op. cit.* pl. 12; *cyanocephala*, Shaw; *nais*, Kp. — Du Gabon à l'Angola et îles voisines.

262. ALCYONE

Alcyone, Sw. (1837).

1517. AZUREA (Lath.); Gould, *B. Austr.* II, pl. 25; Sharpe, *Op. cit.* pl. 13; *tribrachys*, Shaw; *cyanea*, Less.; *australis*, Sw.; *diemenensis*, Gould. — Australie, Tasmanie.

394. *Var.* PULCHRA, Gould; Sharpe, *Op. cit.* pl. 14. — Australie N. et N.-W.

1518. LESSONI, Cass.; Sharpe, *Op. cit* pl. 15, f. 2; *azurea*, Less. (nec Lath.); *affinis*, Rams. (nec Gray). — Nouv.-Guinée et îles voisines, îles Arrou,

395. *Var.* AFFINIS, Gray, *P. Z. S.* 1860, p. 348; Sharpe, *Op. cit.* pl. 15, f. 1; *azurea*, Schl. (nec Lath). — Moluques.

1518bis. WEBSTERI, Hart., *Through N.-Guin.*, p. 371; id. *Ibis*, 1899, p. 278, pl. 3. — Nouv.-Hanovre.

1519. LÆTA, De Vis, *Rep. Orn. spec.* 1894, p. 2. — Nouv.-Guinée S.-E.

1520. PUSILLA (Tem.), *Pl. col.* 595, f 3; Sharpe, *Op. cit.* pl. 16. — Austr. N., Nouv.-Guinée, îles Papous et Moluques.

1521. RICHARDSI, Tristr., *Ibis*, 1882, p. 134, pl. 4. — Ile Rendova (Salomon).

263. PELARGOPSIS

Pelargopsis, Glog. (1842); *Rhamphalcyon*, *Hylcaon*, Rchb. (1851).

1522. MELANORHYNCHA (Tem.), *Pl. col.* 391; Sharpe, *Op. cit.* pl. 29. — Célèbes, Banka et Togian.

396. *Var.* DICHRORHYNCHA, Mey. et Wig.; *Abh. Mus. Dresd.* 1896-97, n° 2, p. 12. — Célèbes N.-E., îles Peling, Banggai, Soula.

397. *Var.* EUTREPTORHYNCHA, Hart., *Novit. Zool.* V, p. 128. — Soula Mangoli.

1523. AMAUROPTERA (Pears.); Sharpe, *Op. cit.* pl. 30; *leucocephala* (pt.), Schl. — Bengale E., Indo-Chine W., Malacca.

1524. LEUCOCEPHALA (Gm.); Sharpe, *Op. cit.* pl. 31; *javana*, Bodd.; *gurial*, Rchb. (nec Pears.) — Bornéo.

398. *Var.* INTERMEDIA, Hume, *Str. F.* I, p. 449; *fraseri*, Ball. (nec Sharpe). — Iles Nicobar.

399. *Var.* GOULDI, Sharpe, *Ibis*, 1870, p. 63; id. *Monogr.* pl. 32. — Philippines.

400. *Var.* GIGANTEA, Wald., *Ann. and Mag. N. H.*, 1874, p. 123. — Philippines.

1525. GURIAL (Pears.); Sharpe, *Op. cit.* pl. 34; *leucocephala*, auct. plur. (nec Gm.); *capensis*, *brunniceps*, Jerd. — Ceylan, Inde, Assam, Manipour.

401. *Var.* MALACCENSIS, Sharpe, *P. Z. S.* 1870, p. 67. — Malacca.

402. *Var.* FLORESIANA, Sharpe, *ibidem*, p. 68; id. *Monogr.* p. 111, pl. 36. — Flores.

403. *Var.* BURMANICA, Sharpe, *ibidem*; id. *Monogr.* pl. 35; *leucocephala* et *capensis*, auct. plur. — Iles Andaman, Indo-Chine.

404. *Var.* FRASERI, Sharpe, *P. Z. S.* 1870, p. 65; id. *Monogr.* pl. 33; *leucocephala*, *capensis*, *javana*, *amauroptera* (pt.) auct. plur. — Java, Sumatra, Billiton, Bornéo, Malacca.

264. CERYLE

Ceryle, Boie (1828); *Ispida*, Sw. (1837); *Megaceryle*, *Chloroceryle*, Kp. (1848); *Amazonis*, Rchb. (1851); *Streptoceryle*, Bp. (1854); *Ichthynomus*, Cab. et Heine (1860).

1526. RUDIS (Lin.); Sharpe, *Monogr. Alc.* pl. 19; *bitorquata*, *ficincta*, Sw.; *leucomelas*, Brm.; Dubois, *Ois. Eur.* pl. 115. — Europe S.-E., Asie S.-W., Afrique.

405. *Var.* VARIA, Strickl., *Ann. and Mag. N. H.* VI, p. 418; *rudis* (pt.), auct. plur.; *leucomelanura*, Rchb. — Beloutchistan, Inde, Ceylan, Chine.

1527. LUGUBRIS (Tem.), *Pl. col.* 548; *guttata*, auct. plur. (nec Bodd.); Sharpe, *Op. cit.* pl. 18. — Himalaya, Chine, Corée, Japon.

1528. MAXIMA (Pall.); Sharpe, *Op. cit.* pl. 20; *guttata*, Bodd.; *afra*, Shaw; *gigantea*, Sw. — Afrique tropicale.

406. *Var.* Sharpei, Gould, *Ann. and Mag. N. H.* 1869, p. 271; Sharpe, *Op. cit.* pl. 21. — Du Gabon au Congo.

1529. torquata (Lin.); Sharpe, *Op. cit.* pl. 22; *cyanea*, Vieill.; *cinerea*, Bonn. et Vieill.; *cæsia*, Rchb. — Amérique centr. et mérid. en partie.

407. *Var.* Stellata (Meyen), *Nova Acta*, 1834, p. 93, pl. 14; *torquata*, auct. plur. (nec Lin.) — Chili, Bolivie, Pérou.

408. *Var.* Stictipennis, Lawr., *Pr. U. S. Nat. Mus.* VIII, p. 623; *torquata* (pt.), auct. plur. — Ile de la Guadeloupe (Antilles).

1530. alcyon (Lin.); Audub., *B. Am.* pl. 77; Sharpe, *Op. cit.* pl. 23; *domingensis*, Rchb. — Amér. sept., centr., Antilles.

1531. amazona (Lath.); Sharpe, *Op. cit.* pl. 24; *rubescens*, Vieill.; *vestita*, Dumt.; *leucosticta*, Rchb. — Amér. centr. et mérid. jusqu'au N. de Patag.

1532. americana (Gm.); Sharpe, *Op. cit.* pl. 26; *brasiliensis*, Gm.; *viridis*, Vieill.; *chalcites*, Rchb. — Amér. mérid. trop.

409. *Var.* Cabanisi (Tsch.); Sharpe, *Op. cit.* pl. 25. — Pérou.

410. *Var.* Septentrionalis, Sharpe, *Cat. B. Br. Mus.* XVII, p. 134; *americana* et *cabanisi* (pt.) auct. plur. — Basse-Calif., Sud des États-Unis jusqu'à Panama.

1533. inda (Lin.); Sharpe, *Op. cit.* pl. 27; *viridirufa*, Bodd; *bicolor*, Gm.; *indica*, Drap. — Du Nicaragua à l'Amaz. et Brésil.

1534. superciliosa (Lin.); Sharpe, *Op. cit.* pl. 28. — Bolivie, Brésil, Guyane, Trinidad.

411. *Var.* Stictoptera, Ridgw.; Sharpe, *Cat. B. Br. Mus.* XVII, p. 139, pl. 5, f. 2. — Du Mexique à Panama.

412. *Var.* Æquatorialis, Sharpe, *Cat. l. c.* p. 140, pl. 5, f. 1. — Ecuador.

ORD. IV. — MACROCHIRES

FAM. I. — STEATORNITHIDÆ (1)

265. STEATORNIS

Steatornis, Humboldt. (1810).

1535 caripensis, Humb.; Humb. et Bonpl. *Rev. d'Obs. Zool.* II, p. 141, pl. 44; *peruvianus*, Tacz. — Vénézuéla, Trinidad, Guyane, Colombie, Ecuador, Pérou.

(1) Voy. pour les *Steatornithidæ*, les *Podargidæ* et les *Caprimulgidæ*: Hartert, *Catalogue of the Birds in the Brit. Mus.*, XVI, pp. 511 à 654.

FAM. II. — PODARGIDÆ

SUBF. I. — ÆGOTHELINÆ

266. ÆGOTHELES

Ægotheles, Vig. et Horsf. (1825).

1536. CRINIFRONS (Bp.), *Consp.* I, p. 57; Salvad. *Orn. Pap.* I, p. 521; *psilopterus*, Gray, *P. Z. S.* 1860, p. 345.	Halmahera, Batjan.
1537. INSIGNIS, Salvad., *Ann. Mus. Civ. Gen.* VI, p. 916; *Ibis*, 1896, pl. 6.	Monts Arfak (Nouv.-Guinée).
1538. PULCHER, Hart., *Ibis*, 1899, p. 121.	Nouv.-Guinée angl.
1539. ALBERTISI, Scl., *P. Z. S.* 1873, p. 696.	Mts Arfak (Nouv.-Guin).
413. *Var.* DUBIA; *Æ. dubius*, A.-B. Mey. *Sitz. Ak. Wiss. Wien.*, LXIX, p. 75.	Monts Arfak (Nouv.-Guinée).
1540. SALVADORII, Hart.; *Cat. B. Br. Mus.* XVI, p. 649.	Monts Astrolabes (Nouv.-Guinée).
1541. RUFESCENS, Salvad., *Ann. Mus. Civ. Gen.* XVI, p. 71.	Moroka (Nouv.-Guinée S.-E.)
1542. PLUMIFERA, Rams., *Pr. Lin. Soc. N. S. Wales*, VIII, p. 21; Salvad., *Ibis*, 1884, p. 354.	Nouv.-Guinée.
1543. AFFINIS, Salvad., *Ann. Mus. Civ. Gen.* VII, p. 917; *Ibis*, 1896, pl. 7.	Monts Arfak, Nouv.-Guinée.
1544. WALLACEI, Gray, *P. Z. S.* 1859, p. 154; Mey., *Zeitschr. Ges. Orn.* I, p. 278, pl. 17, f. 4; Gould's *B. New Guin.*, pt. XXI, pl. 4; *brachyurus*, Schl.	Nouv.-Guinée, îles Arrou.
1545. BENNETTI, Salvad. et d'Alb., *Ann. Mus. Civ. Gen.* VII, p. 816; *loriæ*, Salvad., *ibidem*, XXIX, p. 564.	Nouv.-Guinée S.-E.
1546. NOVÆ-HOLLANDIÆ (Lath.); Gould, *B. Austr.* II, pls 1, 2; *vittatus*, Lath.; *cristatus*, Shaw; *lunulatus*, Jard. et Selby, *Ill. Orn.* pl. 149; *leucogaster*, Gould.	Australie et Tasmanie.
1547. SAVESI, Lay. et Tristr., *Ibis*, 1881, p. 132, pl. 4.	Nouv.-Calédonie.

SUBF. II. — PODARGINÆ

267. BATRACHOSTOMUS

Batrachostomus, Gould (1838); *Bombycistomas*, Hay (1841); *Otothrix*, Gr. (1859).

1548. AURITUS (Gray); Gould, *Icon. Av.* II, p. 13, pl. 7; *fullertonii*, Hay, *Journ. A. S. Beng.* 1841, p. 574.	Malacca, Sumatra, Bornéo.
1549. HARTERTI, Sharpe, *Ibis*, 1892, p. 323; *Cat. B. Br. Mus.* XVI, pl. 14.	Bornéo N.-W.
1550. SEPTIMUS, Tweed., *P. Z. S.* 1877, p. 542; id. *Voy. Challenger*, p. 13, pl. 2.	Mindanao S.-W.
1551. MICRORHYNCHUS, Grant, *Ibis*, 1895, p. 463.	Luçon N.

1552. POLIOLOPHUS, Hart., *Notes Leyd. Mus.* 1892, p. 63. — Sumatra W.

1553. STELLATUS (Gould), *P. Z. S.* 1837, p. 43; Tweed. *P. Z. S.* 1877, p. 436, pl. 47; *javensis*, Blyth. (nec Horsf.); *parvulus*, Schleg.; *stictopterus*, Cab. et H. — Malacca, Sumatra, Bornéo.

1554. MIXTUS, Sharpe, *Ibis*, 1893, p. 117. — Bornéo N.-W.

1555. JAVANENSIS (Horsf.), *Zool. Res. Java*, pl. 37; *cornutus*, Tem. *Pl. col.* 159; *adspersus*, Brüggem. — Java, Sumatra, Bornéo, Palawan.

1556. MENAGEI, Bourns et Worc., Occ. Pap. Minnes. Acad. I, p. 11. — Panay (Philippines).

1557. HODGSONI (Gray), *P. Z. S.* 1859, p. 101, pl. 152; *castaneus*, Hume. — Himalaya E.

1558. AFFINIS, Blyth., *Journ. As. Soc. Beng.* 1847, p. 1180; *Cat. B. Br. Mus.* XVI, p. 643. — Malacca, Bornéo N.-W.

1559. MONILIGER, Blyth., *l. c.* 1849, p. 806; Tweed. *P. Z. S.* 1877, pl[s] 48, 49; *punctatus*, Hume. — Ceylan, Inde S.

268. PODARGUS

Podargus, Vieill. (1819).

1560. PAPUENSIS, Quoy et Gaim. *Voy. Astrolabe, Ois.* pl. 13; Gould, *B. Austr. suppl.* pl. 7; *plumiferus*, Gould, *ibidem*, pl. 6. — Iles Papous, Australie N. et E.

1561. STRIGOIDES, *megacephalus* et *gracilis* (Lath.); *cinereus*, Vieill.; *australis*, Steph.; *cuvieri*, Vig. et Horsf.; Gould, *B. Austr.* II, pl. 4; *stanleyanus*, *humeralis*, Vig. et Horsf.; Gould, *l. c.* pl. 3; *gouldi*, Mast.; ?*brachypterus*, Gould. — Australie, Tasmanie.

1562. PHALÆNOIDES, Gould, *B. Austr.* II, pl. 5; *vincendoni*, Hombr. et Jacq., *Voy. Pôle Sud*, pl. 21, f. 1. — Australie N. et W.

1563. OCELLATUS, Quoy et Gaim., *Voy. Astrolabe, Ois.* pl. 14; *superciliaris*, Gray. — Nouv.-Guinée et îles voisines.

414. *Var.* MARMORATA (Gould), *B. Austr. suppl.* pl. 8. — Austr. N., E. et S.-E.

415. *Var.* MEEKI, Hart., *Bull. B. O. Club*, VIII, p. 8; *Ibis*, 1899, p. 126. — Iles Sudest, Louisiades.

416. *Var.* INTERMEDIA, Hart., *Ibis*, 1896, p. 253. — Iles d'Entrecasteaux et Trobriands.

FAM. III. — CAPRIMULGIDÆ

SUBF. I. — NYCTIBIINÆ

269. NYCTIBIUS

Nyctibius, Vieill. (1817); *Nyctornis*, Nitzsch (1840).

1564. BRACTEATUS, Gould; Scl. et Salv., *Exot. Orn.* pl. 20; *rufus*, Cab. — Amérique équatoriale.

1565. LEUCOPTERUS (Wied); Des M., *Icon. Orn.* plˢ 49, 50. — Brésil E.

1566. JAMAICENSIS et *griseus* (Gm.); Gosse, *B. Jamaica*, p. 41, pl. 6; *pallidus*, Gosse; *pectoralis*, Gd. — Mexique, Amérique centrale, Antilles.

417. *Var.* CORNUTA (Vieill.); Tschudi, *Fauna Per.* p. 123. — Amérique mér. trop.

1567. LONGICAUDATUS (Spix), *Av Bras.* II, pl. 1. — Hᵗ-Amaz., Ecuador, Pérou, Guyane.

1568. ÆTHEREUS (Wied.); Cass., *U. S. Expl. Exp.*, p. 190, *Orn. atl.* pl. 14. — Brésil.

1569. GRANDIS (Gm.); Jard. et Selby, *Ill. Orn.* pl. 89; Gr. *Gen. B.* pl. 16. — Amérique mér. trop.

SUBF. II. — CAPRIMULGINÆ

270. LUROCALIS

Lurocalis, Cass. (1851).

1570. SEMITORQUATUS (Gm.); *Pl. enl.* 734; Tsch., *Faun. Per.* p. 130, pl. 6; *gouldi* (Gray), *Gen. B.* I, pl. 18. — Guyane, Bas-Amazone.

418. *Var.* NATTERERI (Tem.), *Pl. col.* 107. — Brésil.

1571. RUFIVENTRIS, Tacz., *Orn. Pérou*, I, p. 209. — De Colombie au Pérou.

271. PODAGER

Podager, Wagl. (1832).

1572. NACUNDA (Vieill.); *campestris*, Licht.; *diurnus*, Tem. *Pl. col.* 182. — Amérique mér. trop. jusqu'en Patagonie.

272. NYCTIPROGNE

Nyctiprogne, Bp. (1854); *Podochætes*, Scl. (1866).

1573. LEUCOPYGIA; *leucopygus* (Spix), *Av. Bras.* II, p. 3, pl. 3; *minutus*, Bp. — Brésil, Guyane.

273. CHORDEILES

Chordeiles, Sw. (1831).

1574. VIRGINIANUS (Gm.); Audub., *Orn. Biogr.* II, p. 273, pl. 147; *popetu*, ? *variegatus*, Vieill.; *americanus*, Wils., *Am. Orn.* V, p. 65, pl. 40. — De la baie d'Hudson jusqu'au Brésil.

419. *Var.* HENRYI, Cass., *Ill. B. Cal. et Tex.* p. 233; Baird, *B. N. Am.* p. 153, pl. 17; *sennetti*, Coues. — Mexique, États-Unis W. jusqu'à l'Illinois à l'E.

420. *Var.* CHAPMANI, Coues, *Auk.*, 1888, pp. 37, 272, 396. — Floride.

421. *Var.* MINOR, Cab. *Journ. f. Orn.* 1856, p. 5; *gundlachi*, Lawr. — Antilles.

422. *Var.* ASERRIENSIS, Cher., *Auk.*, XIII, p. 136. — Costa-Rica.

1575. ACUTIPENNIS (Bodd.); *Pl. enl.* 732; *acutus, brasilianus,* Gm.; *semitorquatus,* Wied.; *labeculatus,* Jard.; *sapiti,* Bp.; *hirundinaceus,* Spix; *stenopterus,* Pelz. — Amérique méridionale jusqu'au 40° l. S.

423. *Var.* PRUINOSA; *pruinosus,* Tsch.; id. *Faun. Per.* pl. 6, f. 2; *peruvianus,* Peale. — Pérou W.

424. *Var.* TEXENSIS, Lawr.; Baird, *B. N. Am.* p. 154, pl. 44. — Californ. S., Texas jusqu'au Costa-Rica.

1576. RUPESTRIS (Spix), *Av. Bras.* II, p. 2, pl. 2; Tacz., *Orn. Pérou,* I, p. 214. — Amazone et Pérou.

274. NANNOCHORDEILES

Nannochordeiles, Hart., *Ibis,* 1896, p. 374.

1577. PUSILLUS (Gould), *P. Z. S.* 1861, p. 182. — Guyane, Brésil.

275. EUROSTOPUS

Eurostopodus, Gould (1837); *Eurostopus,* Hart. (1892).

1578. ALBIGULARIS (Vig. et Horsf.); Gould, *B. Austr.* II, pl. 7; *mystacalis,* Tem. *Pl. col.* 410; *guttatus,* Vig. et Horsf. *(pullus).* — Australie, Nouv.-Guinée.

1579. ARGUS, Rosenb.; *guttatus,* auct. plur. (nec Vig. et Horsf.); Gould, *B. Austr.* II, pl. 8. — Australie, îles Arrou, Nouv.-Irlande.

1580. NIGRIPENNIS, Rams., *Pr. Linn. Soc. N. S. W.* VI, p. 843; *nobilis,* Tristr., *Ibis,* 1882, p. 134, pl. 3. — Iles Salomon.

276. LYNCORNIS

Lyncornis, Gould (1838).

1581. CERVINICEPS, Gould, *Icon. av.* II, pl. 4; *bourdilloni,* Hume, *Stray F.* III, p. 302. — Indo-Chine W., Inde S.

1582. MACROTIS (Vig.), *P. Z. S.* 1831, p. 97; Tweed., *Trans. Z. S.* IX, p. 159. — Luçon (Philippines).

1583. MINDANENSIS, Tweed. *P. Z. S.* 1878, p. 944; *Cat. B. Br. Mus.* XVI, p. 605, pl. 13. — Mindanao (Philipp.)

1584. MACROPTERUS, Bp., *Consp.* I, p. 62; Wall., *Ibis,* 1860, p. 141. — Célèbes.

1585. TEMMINCKI, Gould, *Icon. av.* II; Wald. *Ibis,* 1872, p. 369. — Malacca, Sumatra, Bornéo.

1586. PAPUENSIS (Schleg.), *Ned. Tijdschr. Dierk.* III, p. 340; Salvad. *Orn. Papuas.* I, p. 534; *Eurostopodus astrolabæ,* Rams. — Nouv.-Guinée, Salwatti.

277. MACROPSALIS

Macropsalis, Scl. (1866).

1587. LYRA (Bp.), *Consp. av.* I, p. 59; Cass., *Journ. Ac. Phil.* II, pl. 14. — Vénézuéla, Colombie, Ecuador, Pérou.
1588. KALINOWSKII, Berl. et Stolzm., *Ibis*, 1894, p. 399. — Pérou central.
1589. SEGMENTATA (Cass.), *Pr. Ac. Phil.* 1849, p. 238; Tacz., *Orn. Pérou*, I, p. 233. — Colombie, Ecuador, Bolivie, Pérou.
1590. FORCIPATA (Nitzsch); Burm., *Syst. Ueb.* II, p. 380; *megalurus*, Licht.; *Limbatus*, Cass.; *creagra*, Bp; *Hydropsalis ypanemæ*, Pelz. — Brésil S.-E.

278. HYDROPSALIS

Hydropsalis, Wagl. (1832); *Psalurus*, Sw. (1837).

1591. TORQUATA (Gm.); *psalurus*, Tem., *Pl. col.* 157, 158; *fissicaudus*, Merr.; *macropterus*, Sw. — Brésil, sauf la partie la plus méridionale.
425. *Var.* FURCIFERA (Vieill.); Scl. et Huds., *Argent. Orn.* II, p. 15, pl. 12; *psalurus*, Burm.; *torquata*, Lee; *azaræ*, Wagl.; *pallescens*, Pelz. — Matto-Grosso et Bolivie E. jusque vers le 40° l. S.
1592. CLIMACOCERCUS, Tsch.; id. *Faun. Per.* p. 128, pl. 6, f. 1; *trifurcata*, Tsch. — Brésil, Ecuador et Pérou E.
426. *Var.* SCHOMBURGKI, Scl., *P. Z. S.* 1866, p. 142. — Guyane.

279. SCOTORNIS

Scotornis, Sw. (1837).

1593. CLIMACURUS (Vieill.), *Gal. Ois.* I, p. 195, pl. 122; *longicaudus*, Drap.; *wiederspergii*, Rchb.; *climaturus*, Sw.; *nigricans*, Salvad., *Atti Soc. Ital. Sc. nat.* XI, p. 450; *finschii*, Gr. — Afrique tropicale au Nord de l'Équateur.

280. MACRODIPTERYX

Macrodipteryx, Sw. (1837); *Semeiophorus*, Gould (1838); *Cosmetornis*, Gr. (1840).

1594. LONGIPENNIS (Shaw.); *africanus*, Sw. *B. W. Afr.* II, p. 62, pl. 5; *macrodipterus*, Hart. (nec Afz.). — De l'Abyssinie occ. à la Sénég. et au Niger.
1595. VEXILLARIUS (Gould), *Icon. av.* II, pl. 3; *C. spekei*, Scl., *Ibis*, 1864, p. 114, pl. 2; *burtoni*, Gr.; *sperlingi*, Sharpe. — Afrique tropicale au Sud de l'Équateur.

281. HELEOTHREPTUS

Amblypterus, Gould (1837 nec Agass.); *Eleothreptus*, Gr. (1840).

1596. ANOMALUS (Gould), *P. Z. S.* 1837, p. 105; id. *Icon. av.* pl. 11. — Brésil centr. et S., rép. Argentine.

282. SIPHONORHIS

Siphonorhis, Scl. (1861).

1597. AMERICANUS (Lin.); Scl., *P. Z. S.* 1861, p. 77; 1866, p. 144. — Jamaïque.

283. NYCTIDROMUS

Nyctidromus, Gould (1838); *Eucapripodus*, Less. (1843).

1598. ALBICOLLIS et *guianensis* (Gm.); *Pl. enl.* 733; *laticaudus*, Drap.; *derbyanus*, Gould, *Icon. av.* II, pl. 11; *affinis*, Gr.; *grallarius*, Bp.; *americanus*, Cass. (nec Lin.) — Amérique tropicale du Mexique au Matto-Grosso.

427. *Var.* MERRILLI, Senn., *Auk*, 1888, p. 44. — Texas, Mexique N.

284. STENOPSIS

Stenopsis, Cass. (1851).

1599. CANDICANS, Pelz., *P. Z. S.* 1866, p. 588; *leucurus*, Vieill. (pt.); ?*langsdorffi*, Pelz. (fem.), *P. Z. S.* 1866, p. 589. — Brésil S.

1600. CAYENNENSIS (Gm.); *Pl. enl.* 760; *leopetes*, Jard. et S., *Ill. Orn.* II, pl. 87; *cayanus*, Lath.; *odontopteron*, Less.; ? *albicauda*, Lawr. — Nord de l'Amérique méridion. jusqu'au 3° l. N.

1601. RUFICERVIX, Scl., *P. Z. S.* 1866, p. 140, pl. 14; *decussatus*, Cab. (nec Tsch.); ?*platura*, Pelz. *P. Z. S.* 1866, p. 589. — Nord de l'Amér. mér. jusqu'à l'Écuador.

1602. LONGIROSTRIS (Bp.); Burm. *Syst. Ueb. Th. Bras.* II, p. 387; *bifasciatus*, Gould, *P. Z. S.* 1837, p. 22; *conterminus*, Peale; *reticulatus*, Gr.; *andinus*, Landb. — Brésil W., Bolivie, Chili jusqu'à la Patagonie.

1603. DECUSSATA (Tsch.); id. *Faun. Per.* p. 126, pl. 5; *æquicaudatus*, Peale; ? *macrorhyncha*, Salvad., *Atti Soc. Ital. Sc. nat.* XI, p. 160. — Pérou.

285. OTOPHANES

Otophanes, Brewst., *Auk*, 1888, p. 88.

1604. MACLEODI, Brewst., *l. c.*; Allen, *Auk*, 1891, p. 320, pl. 1. — Mexique.

286. PHALÆNOPTILUS

Phalænoptilus, Ridgw. (1880).

1605. NUTTALLI (Aud.), *B. Amer.* VII, p. 350, pl. 495; *P. n. californicus*, Ridgw., *Man. N. A. B.* p. 588. — États-Unis W., Mexique.

428. *Var.* NITIDA; *nitidus*, Brewst., *Auk*, 1887, p. 147. — Texas, Arizona.

287. ANTROSTOMUS

Antrostomus, Nutt. (1840).

1606. CAROLINENSIS (Gm.); Aud. *Orn. Biog.* I, pl. 52; *lucifugus*, Bartr.; *brachypterus*, Steph. — Du S. des Ét.-Unis à la Colombie, Antilles.

1607. RUFUS (Bodd.); *Pl. enl.* 735; *rutilus*, Burm.; *ornatus*, Scl. *P. Z. S.* 1866, p. 586, pl. 45; *cortapau*, Pelz. — Amérique méridionale tropicale.

1608. SERICEOCAUDATUS, Cass., *Pr. Ac. Phil.* IV, p. 238, pl. 12. — Brésil.

1609. SALVINI, Hart., *Ibis*, 1892, p. 287; *macromystax*, Baird., Brew. et Ridgw. (nec Wagl.); Salv. et Godm., *Biol. Centr. Am.* pl. 58. — Mexique, Yucatan.

1610. RIDGWAYI, Nels., *Auk*, 1897, p. 50. — Guerrero (Mexique).

1611. VOCIFERUS (Wils.), *Amer. Orn.* V, p. 71, pl. 41; *clamator*, Vieill.; *vociferans*, Koenig-Warth. — États-Unis E. jusqu'au Guatémala.

429. *Var.* MACROMYSTAX (Wagl.), *Isis*, 1831, p. 533; *arizonæ*, Brewst., *Bull. Nutt. Orn. Club.* VI, p. 69. — Arizona, Mexique, Guatémala.

1612. CUBANENSIS, Lawr., *Ann. Lyc. Nat. Hist. N. Y.* 1862, p. 260; *vociferus*, auct. plur. — Cuba.

1613. SATURATUS, Salv., *P. Z. S.* 1870, p. 203; *rufomaculatus*, Ridgw.; Salv. *Biol. Centr. Am.* pl. 58. — Costa-Rica, Panama.

1614. NIGRESCENS, Cab. in *Schomb. Guiana*, III, p. 710; Tacz. *Orn. Pérou*, I, p. 218; *semitorquatus*, Gray (nec Gm.), *Gen. B.* I, pl. 17. — Amérique méridionale tropicale.

1615. WHITELYI, Salv., *Ibis*, 1885, p. 438; *Cat. B. Br. Mus.* XVI, pl. 12. — Guyane anglaise.

1616. PARVULUS (Gould), *P. Z. S.* 1837, p. 22; Scl. *P. Z. S.* 1866, p. 138, pl. 13. — Amérique mérid. de la Colombie à la Rép. Argentine.

1617. MACULICAUDUS (Lawr.), *Ann. Lyc. N. Y.* VII, p. 459; Scl., *P. Z. S.* 1866, p. 586, pl. 46. — De Colombie au Pérou (Andes).

1618. YUCATANICUS (Hart.), *Cat. B. Br. Mus.* XVI, p. 575; Salv. et Godm., *Biol. Centr. Am.* pl. 58[a]. — Yucatan.

1619. OCELLATUS (Tsch.), *Wiegm. Arch.* 1844, p. 268; id. *Faun. Per.* pl. 5. — Brésil, Pérou, Ecuad.

1620. ROSENBERGI (Hart.), *Ibis*, 1896, p. 253. — Colombie W.

288. CAPRIMULGUS

Caprimulgus, Lin. (1758); *Nyctichelidon*, Renn. (1831).

1621. EUROPÆUS, Lin.; Dubois, *Faun. ill. Vert. Belg. Ois.* I, p. 145, pl. 32; *punctatus*, Mey. et W.; *vulgaris*, Vieill.; *maculatus*, Brm.; *smithi*, Bp.; *foliorum* et *peregrinus*, Brm.; ? *capensis*, Verr. — Europe, Asie W., Afr. N., E. et S.

430. *Var.* UNWINI, Hume, *Ibis*, 1871, p. 406; *pallidus*, — Asie S.-W. et centrale.

Severtz.; *pallens*, Dress.; *europæus*, Scully (nec Lin.)

431. *Var.* PLUMIPES, Prjevals., in *Rowl. Orn. Misc.* II, p. 158; id. *Ibis*, 1877, p. 243; *ægyptius*, Scully (nec Licht.) — Mongolie, Turkestan, Afghanistan.

432. *Var.* MERIDIONALIS, Hart., *Ibis*, 1896, p. 370. — Europe S., Afr. N.-W.

1622. RUFICOLLIS, Tem.; Gould, *B. Eur.* II, pl. 52; Dub., *Ois. Eur.* I, pl. 31; *rufitorquis* et *rufitorquatus*, Vieill.; *torquatus*, *latirostris*, *brachyurus* et *macrourus*, Brm. — Afrique N.-W., Europe S.-W.

1623. RUFIGENA, Smith, *Ill. Zool. S. Afr.* pl. 100; *damarensis*, Strickl.; *europæus*, Barr. — Afrique S.

1624. FRÆNATUS, Salvad., *Ann. Mus. Civ. Gen.* 1884, p. 118. — Choa.

1625. FERVIDUS, Sharpe, ed. *Layard's B. S. Afr.* p. 86; *pectoralis*, Strickl. et Scl. (nec Cuv.); *shelleyi*, Bocage. — Angola, Damaras.

1626. DONALDSONI, Sharpe, *Ibis*, 1895, p. 380. — Somaliland.

1627. PECTORALIS, Cuv.; Lev. *Ois. d'Afr.* I, pl. 49; *asiaticus*, Vieill. (nec Lath.); *africanus*, Steph.; *atrovarius*, Sundev.; *dominicus*, Bp. — Afrique S.

1628. MADAGASCARIENSIS, Sganz., *Mém. Soc. d'H. N. Strasb.* 1840, p. 28; M.-Edw. et Grand., *Madag. Ois.*, pls 77, 78. — Madagascar.

433. *Var.* ALDABRENSIS, Ridgw., *P. U. S. Nat. Mus.* XVII, p. 373. — Ile Aldabra.

1629. TRISTIGMA, Rüpp., *Neue Wirbelth.* p. 105; id., *Syst. Uebers.* p. 14, pl. 3; *lentiginosus*, Smith., *Ill. Zool. S. Afr.* p. 41, pl. 101. — Afrique S. et E.

1630. MACROURUS, Horsf., *Trans. Linn. Soc.* XIII, p. 142; Jerd., *B. Ind.* I, p. 195. — Indo-Chine, Himalaya E.

434. *Var.* ALBONOTATA (Tick.), *Journ. As. Soc. Beng.* XI, p. 580; Jerd., *B. Ind.* I, p. 194. — Inde N. et centr.

435. *Var.* NIPALENSIS, Hodgs. *Icon. ined. in M. B.*; Hart. *Ibis*, 1896, p. 373. — Népaul, Himalaya W.

436. *Var.* SCHLEGELI, Gray; *ambiguus*, Hart., *Ibis*, 1896, p. 373; *macrurus*, Gould, *B. Austr.* II, pl. 9; *salvadorii*, Sharpe, *P. Z. S.* 1875, p. 99, pl. 22, f. 1. — Arch. Indien, Australie N. et Queensland.

1631. ATRIPENNIS, Jerd., *Ill. Ind. Or.* pl. 24; id. *B. Ind.* I, p. 196; *spilocercus*, Gr.; *maharattensis*, Kel. (nec Sykes). — Inde S., Ceylan.

1632. ANDAMANICUS, Hume, *Str. F.* 1873, p. 470, 1874, pp. 162, 493. — Iles Andaman.

1633. MANILLENSIS, Gray; Wald., *Trans. Zool. Soc.* IX, pp. 160, 410. — Philippines.

437. *Var.* CELEBENSIS, Grant, *Ibis*, 1894, p. 519. — Célèbes.

1634. PHALÆNA, Hartl. et Finsch, *P. Z. S.* 1872, p. 91; Finsch, *Journ. Mus. Godeffr.* 1875, p. 13, pl. 2. — Iles Pelew.

1635. POLIOCEPHALUS, Rüpp., *Neue Wirbelth.* p. 106; id. *Syst. Uebers.* p. 15, pl. 4. — Abyssinie, Galla.

1636. MONTICOLUS, Frankl., *P. Z. S.* 1831, p. 116; *sticto-mus*, Swinh. *Ibis*, 1863, p. 250. — Inde, Chine S., Indo-Chine.

1637. AFFINIS, Horsf.; *europæus*, Rafll.; *bisignatus*, Boie; *arundinaceus*, Bp.; Jacq. et Puch., *Voy. Pôle Sud. Ois.* pl. 21, f. 2; *faberi*, Mey. — Java, Sum., Bornéo, Lomb., Sumbawa, Timor, Célèbes.

1638. GRISEATUS, Gray.; Wald., *Trans. Z. S.* IX, p. 159; *Cat. B. Br. Mus.* XVI, pl. 11. — Luçon (Philippines).

1639. FOSSII, Hartl., *Orn. W. Afr.* p. 23; Fch. et Hartl., *Vög. O. Afr.* p. 123, pl. 1; *welwitschii*, Bocage; *mossambicus*, Peters. — Afrique tropicale entre le 4° l. N. et le 18° l. S.

438. *Var.* CLARA; *clarus*, Rchw., *Ber. Jan.-Sitz. d. Orn. Ges.*, p. 1 (1892). — Afrique équatoriale E.

1640. NIGRISCAPULARIS, Rchw., *Orn. Monatsb.* 1893, p. 31. — Sconga (Afrique centr.)

1641. JOTAKA, Tem et Schl.; *Faun. Jap. aves*, p. 37, pl. 12; *indicus*, Pelz.; *dytiscivorus*, Swinh.; *melanopo-gon*, Salvad.; *innominatus*, Hume. — Japon, Chine, Indo-Chine, Himalaya E., îles de la Sonde, Nouv.-Guinée.

1642. INDICUS, Lath.; Jerd. *Ill. Ind. Orn.* pl. 24; *cineras-cens*, Vieill.; *kelaarti*, Blyth. — Inde, Ceylan.

1643. INORNATUS, Heugl., *Orn. N.-O. Afr.* I, p. 129; *cin-namomeus*, Sharpe, *Ibis*, 1871, p. 414. — Afr. N.-E. et N.-W.

1644. ASIATICUS, Lath.; Gr. et Hardw., *Ill. Ind. Orn.* I, pl. 34. — Inde, Ceylan, Indo-Chine W.

1645. NUBICUS, Licht.; *infuscatus*, Cretz., *Rüpp. Atl.* p. 6, pl. 6; *poliocephalus*, Heugl. (nec Rüpp.); *tama-ricis*, Tristr.; id. *Ibis*, 1866, p. 73, pl. 2. — Choa, Nubie, Palestine.

1646. TORRIDUS, Phillips., *B. O. C.* 1898; *Ibis*, 1899, p. 303. — Somaliland.

1647. MAHRATTENSIS, Syk.; Gould, *B. Asia.* I, pl. 19; *are-narius*, Blyth. — Afghanistan, Inde N.-W.

1648. ÆGYPTIUS, Licht.; Shell., *B. Egypt.* p. 175, pl. 8; *isabellinus*, Tem., *Pl. col.* 379; *arenicolor*, Severtz. — Afrique N. et N.-E., Asie S.-W.

1649. EXIMIUS, Tem., *Pl. col.* 398. — Sennaar.

1650. NATALENSIS, Smith, *Ill. Zool. S. Afr. Birds*, pl. 99. — Afrique S.-E.

439. *Var.* FULVIVENTRIS, Hartl., *Journ. f. Orn.*, 1861, p. 102; *accræ*, Shell., *Ibis*, 1875, p. 379. — Afrique tropicale W.

1651. BINOTATUS, Bp.; *Consp.* I, p. 60; Hartl., *Orn. W.-Afr.* p. 22. — Côte-d'Or.

1652. CONCRETUS, Bp.; Sharpe, *P. Z. S.* 1875, p. 100, pl. 22, f. 2; *borneensis*, Gr. — Bornéo, Biliton.

1653. ENARRATUS, Gray, *Ann. and Mag. N. H.* 1871, p. 428; M.-Edw. et Grand., *Hist. nat. Madag. Ois.* pl. 79. — Madagascar E.

1654. PULCHELLUS, Salvad., *Ann. Mus. Civ. Gen.* XIV (1879), p. 195. — Sumatra W.

FAM. IV. — CYPSELIDÆ (1)

SUBF. I. — CYPSELINÆ

289. CYPSELUS (2)

Apus, Scop. (1777, nec Pall.); *Micropus*, Mey. et Wolf (1810, nec Lin.); *Cypselus*, Illig. (1811); *Brachypus*, Mey. (1815).

1655. MELBA (Lin.); Gould, *B. Eur.* II, pl. 35, f. 2; Dubois, *Faun. ill. Vert. Belg. Ois.* II, pl. 322; *alpina*, Scop.	Région alpine de l'Eur. centr. et mér., de l'Asie S.-W. et de l'Afr. N.
440. *Var.* AFRICANA; *africanus*, Tem. *Man. d'Orn.* 1815, p. 270 (note); *gularis*, Steph.; *gutturalis*, Vieill.; *melba*, auct. plur. (nec Lin.)	Région alpine de l'Afr. E. et S.
1656. WILLSI (Hart.), *Novit. Zool.* III, p. 231.	Madagascar E.
1657. ÆQUATORIALIS, Müll., *Naumannia*, 1851, p. 27; id. *Nouv. Ois. d'Afr.* pl. 7; *rüppelli*, Heugl.	Afrique équatoriale E.
441. *Var.* NIANSÆ, Rchw., *Journ. f. Orn.* 1887, p. 61.	Victoria Nyanza.
1658. APUS (Lin.); Dubois, *Faun. ill. Vert. Belg. Ois.* I, pl. 33; *murarius*, Mey. et W.; *niger*, Leach; *vulgaris*, Steph.; *turrium*, Brm.; *aterrimus*, Heugl.; *balstoni*, Bartl.; *shelleyi*, Salvad.	Europe, Afrique, Madagascar.
442. *Var.* ACUTICAUDA, Jerd. *B. Ind.*, suppl. p. 870; *pekinensis*, Swinh. *P. Z. S.* 1870, p. 435.	Asie, Afrique E.
443. *Var.* MURINA; *murinus*, Brm., *Vogelf.* p. 46; *apus*, auct. plur.; *pallidus*, Shell.; *Ibis*, 1870, p. 445; Dress., *B. Eur.* IV, p. 597, pl. 268.	Madère, Canaries, Espagne, Afr., Golfe Persique.
1659. BARBATUS, Scl., *P. Z. S.* 1865, p. 599; *apus*, auct. plur.	Afrique S.
1660. UNICOLOR, Jard., *Edinb. Journ. nat. et geogr. Sc.* I, p. 242, pl. 6; Jard. et Selby, *Ill. Orn.* pl. 83; *murarius*, Heinek.	Iles Madère, Canaries.
1661. PACIFICUS (Lath.); *leucopyga*, Pall.; *australis*, Gould; id. *B. Austr.* II, pl. 11; *vittatus*, Jard. et Selby, *Ill. Orn.* IV, pl. 39.	Baical, Mongolie, Chine, Indo-Chine, Japon jusqu'à l'Australie.
1662. LEUCONYX, Blyth.; Jerd. *B. Ind.* I, p. 179.	Himalaya, Inde centr.
1663. CAFFER, Licht.; *pygargus*, Tem. *Pl. col.* 460.	Afrique S.

(1) Voy.: Hartert, *Catalogue of the Birds in the Brit. Mus.* XVI, pp. 434 à 518.

(2) Les auteurs récents ont souvent adopté de préférence la dénomination de *Micropus*; mais Linné a créé ce terme pour un genre de plantes, ce qui empêche de l'adopter en ornithologie; il existe également un genre *Micropus* dans les Lépidoptères (1816) et dans les Poissons (1831).

444. *Var.* Streubeli, Hartl, *Journ. f. Orn.* 1861, p. 418; *caffer*, auct. plur.; *orientalis* et *gularis*, Heugl.	Abyssinie, Bogos, Congo.
1664. horus et *affinis var. horus*, Heugl., *Orn. N.-O. Afr.* I, p. 147; *affinis*, Boc.; *Sharpii*, Bouv.; *finschi*, Boc., *Orn. Angola*, p. 159.	Congo, Angola, Kilimanjaro, Abyssinie.
1665. toulsoni, Bocage, *Jorn. Lisb.* 1869, p. 339; id. *Orn. Angola*, p. 158.	Congo, Loanda, Angola.
1666. affinis, Hardw.; Gr. et Hardw. *Ill. Ind. Zool.* I, pl. 35, f. 2; *parvus*, Less. (nec Licht.); *nipalensis*, Hodgs.; *montanus*, Jerd.; *abyssinicus*, Streub.; *galilejensis*, Antin.	Afrique, Palestine, Inde, Ceylan.
445. *Var.* Koenigi (Rchnw.), *Orn. Monatsb.* 1894, p. 102.	Tunisie.
1667. subfurcatus, Blyth., *J. As. Soc. Beng.* XVIII, p. 807; *affinis*, auct. plur.; *leucopygialis*, Cass *Pr. Ac. Phil.* V, p. 58, pl. 13.	Bengale, Chine, Indo-Chine, Malacca, Java, Sumatra.
1668. andicolus, Lafr. et d'Orb.; d'Orb. *Voy. Am. mér.* p. 358, pl. 42, f. 2.	Andes, du Pérou à la rép. Argentine.
1669. montivagus, d'Orb., *Voy. Am. mér.* p. 357, pl. 42, f. 1.	Pérou, Bolivie.
1670. ? myoptilus, Salvad., *Ann. Mus. Civ. Gen.* XXVI (1888), p. 228.	Choa.

290. AËRONAUTES

Aëronautes, Hart., *Cat. B. Br. Mus.* XVI, p. 459 (1892).

1671. melanoleucus (Baird), *Pr. Ac. Phil.* 1854, p. 118; id., *B. N. Amer.* p. 141, pl. 18; *saxatilis*, Coues.	États-Unis W. jusqu'au Guatémala.

291. PANYPTILA.

Panyptila, Cab. (1847); *Pseudoprocne*, Streub. (1848).

1672. cayanensis (Gm.); *Pl. enl.* 725, f. 2; Cab. *Wiegm. Arch.* 1847, p. 345.	De la Colombie à la Guyane, Brésil.
1673. sanctihieronymi, Salv., *P. Z. S.* 1863, p. 190, pl. 22.	Guatémala.

292. TACHORNIS

Cypsiurus (!) Less. (1843); *Tachornis*, Gosse (1847)

1674. parva (Licht.); *ambrosiacus*, Tem., *Pl. col.* 460, f. 2; *myochrous*, Rchnw., *Journ. f. Orn.* 1886, p. 116.	Afrique équatoriale.
446. *Var.* Gracilis, Sharpe, *P. Z. S.* 1871, p. 315; *parvus* et *ambrosiacus*, auct. plur. (nec Tem.)	Côte-d'Or, Gabon, Zanzibar, Madagascar.
1675. batassiensis, Gray; *palmarum*, Gr. et Hardw., *Ill. Ind. Zool.* I, pl. 35, f. 1.	Inde, Ceylan, Assam.

1676. INFUMATA (Scl.), *P. Z. S.* 1865, p. 602; Jerd. *Ibis*, 1871, p. 355, pl. 10; Gould, *B. Asia*, I, pl. 20; *tinus*, Swinh.; *tectorum*, Jerd.; *minusculus*, Salvad. — Chine, Indo-Chine, Malacca, Bornéo, Java.

1677. PHOENICOBIA, Gosse, *B. Jamaica*, p. 58, pl. 9; *cayennensis*, Sallé; *iradii*, Lemb. — Jamaïque, Cuba, Haïti, St-Domingue.

293. CLAUDIA

Claudia, Hart., *Cat. B. Br. Mus.* XVI, p. 469 (1892).

1678. SQUAMATA (Cass.); *Cypselus squamatus*, Cass.; Scl. *P. Z. S.* 1865, p. 605, pl. 33; *marginipennis*, Natt. — Guyane, Brésil, Pérou E.

SUBF. II. — CHÆTURINÆ

294. CHÆTURA

Chætura, Steph. (1826); *Acanthylis*, Boie (1826); *Hirundapus*, Hogs. (1836); *Pallene*, Less. (1837); *Hemiprocne*, Nitzsch (1840); *Hirundinapus*, Scl. (1865); *Rhaphidura*, Oates (1883).

1679. CAUDACUTA (Lath.; Gould, *B. Austr.* II, pl. 10; *ciris*, Pall.; *fusca* et *australis*, Steph.; *macroptera*, Sw., *Zool. Ill.* pl. 42. — Mongolie S.-E., Sibérie E., Japon, Australie, Tasmanie.

447. *Var.* NUDIPES, Hodgs.; *leuconotus*, Deless., *Mag. Zool.* 1840, *Ois.* pl. 20; *fusca*, Blyth.; *caudacuta*, Tyth.; *gigantea*, Hume et Crip. (nec Tem.) — Himalaya.

1680. GIGANTEA (Tem.), *Pl. col.* 364. — Malacca, iles de la Sonde, Palawan.

448. *Var.* INDICA, Hume, *Str. F.* I, pp. 131, 471; *caudacuta*, Blyth.; *gigantea*, Jerd., *B. Ind.* I, p. 172. — Inde S., Ceylan, iles Andaman.

1681. CELEBENSIS, Scl., *P. Z. S.* 1865, p. 608. — Célèbes.

1682. COCHINCHINENSIS, Oust., *Bull. Soc. Philom.* 1878, p. 52; *klæsii*, Bütt., *Not. Leyd. Mus.* IX, p. 40. — Cochinchine, Sum. W.

1683. ZONARIS (Shaw.); *albicollis*, Vieill.; *collaris*, Tem., *Pl. col.* 195; *torquata*, Streub. — Amérique tropicale.

449. *Var.* ALBICINCTA, Cab., *Journ. f. Orn.* 1862, p. 165; *minor*, Lawr. — Guyane anglaise.

450. *Var.* PALLIDIFRONS, Hart., *Ibis*, 1896, p. 368. — Antilles.

1684. BISCUTATA, Scl., *P. Z. S.* 1865, p. 609, pl. 34. — Brésil S. et E.

1685. SEMICOLLARIS (Sauss.), *Rev. Mag. Zool.* 1859, p. 118; Scl. et Salv., *Exot. Orn.* p. 52, pl. 3. — Mexique.

1686. PELAGICA (Lin. 1758); Wils. *Am. Orn.* V, p. 48, pl. 39; *pelasgia*, Lin. (1766).	Amérique N.-E. du Labrador au Mexique.
1687. VAUXI (Towns.); Baird, *B. N. Am.* p. 145, pl. 18.	Amérique N.-W. de la Colombie anglaise au Guatémala.
451. *Var.* GAUMERI, Lawr., *Ann. N.-Y. Ac.* II, p. 246; *yucatanica*, Lawr. *l. c.* III, p. 156; *peregrinator*, Lawr., *l. c.* III, p. 273.	Mexique S., Yucatan, Costa-Rica.
1688. CINEREICAUDA (Cass.), *Pr. Ac. Sc. Phil.* V, p. 58, pl. 13; ? *oxyura*, Vieill.; *oxyura*, auct. plur.; *poliura*, Scl. (nec Tem.)	Brésil.
1689. SPINICAUDA (Tem.), *Pl. col.* 726, f. 1; Boie, *Isis*, 1826, p. 971.	Guyane, Trinidad.
1690. FUMOSA, Salv., *P. Z. S.* 1870, p. 204.	Véragua, Colombie N.
1691. POLIURA (Tem.); *Pl. col.* 726, f. 2; Tacz. *Orn. Pérou*, I, p. 229; *brachyura*, Jard.; *brachycerca*, Scl. et Salv. *P. Z. S.* 1867, p. 758, pl. 34.	Haut-Amaz. jusqu'au Para, Guyane et les Petites Antilles.
1692. SCLATERI, Pelz., *Orn. Bras.* pp. 16, 56; *occidentalis*, Berl. et Tacz., *P. Z. S.* 1883, p. 569.	Ecuador, Pérou, Brésil W.
1693. CINEREIVENTRIS, Scl., *Cat. Am. B.* p. 283; id. *P. Z. S.* 1863, pl. 14, f. 1; *spinicauda*, Burm. (nec Tem.)	Brésil E.
452. *Var.* GUIANENSIS, Hart., *Cat. B. Br. Mus.* XVI, p. 486; *cinereiventris*, auct. plur.	Guyane, Vénézuéla, Trinidad, Grenada.
1694. ACUTA (Gm.); *poliura*, Lawr.; *dominicana*, Lawr., *Ann. N. Y. Ac. Sc.* I, p. 255; *colardeaui*, Lawr., *Auk*, 1891, p. 59.	Petites Antilles.
1695. LAWRENCEI, Ridgw., *P. U. S. nat. Mus.* XVI, p. 43.	Grenada (Antilles).
1696. PICINA, Tweed., *P. Z. S.* 1878, p. 944, pl. 59.	Mindanao, Leite.
1697. NOVÆGUINEÆ, d'Alb. et Salvad., *Ann. Mus. Civ. Gen.* XIV, p. 55.	Nouv.-Guinée (vallée du Fly).
1698. SABINEI, Gray; Hartl., *Orn. W.-Afr.* p. 25; *bicolor*, Gr., *Zool. Misc.* p. 7.	Afrique tropicale W.
1699. USSHERI, Sharpe, *Ibis*, 1870, p. 483; *Cat. B. Br. Mus.* XVI, pl. 10.	Sénégal, Côte-d'Or.
1700. ANCHIETÆ, Sousa, *Jorn. Sc. Lisb.* 1887, pp. 93, 105.	Benguela.
1701. STICTILÆMA, Rchnw., *Orn. Centralbl.* 1879, p. 114; id. *Journ. f. Orn.* 1885, p. 127; *gierræ*, Oust.	Afrique E.
1702. CASSINI, Scl., *P. Z. S.* 1863, p. 205; *sabinei*, Cass.; *hartlaubi*, Jard.	Congo, Gabon.
1703. BOEHMI, Schal., *Orn. Centralbl.* 1882, p. 183; *cassini*, Böh.	Kakoma (Afrique E.)
1704. GRANDIDIERI, Schleg., *P. Z. S.* 1866, p. 421; M. Edw. et Grand., *Madag. Ois.* pl. 71; *coquerelli*, Schl. et Pol.	Madagascar.
1705. SYLVATICA (Tick.), *J. As. Soc. Beng.* XV, p. 284; Jerd. *B. Ind.* I, p. 170.	Inde.

1706. LEUCOPYGIALIS (Blyth.); *coracina*, Bp.; Schl., *Handl. Dierk.* pp. 221, 479, *Vog.* pl. 2, f. 14. — Ténassérim, Malacca, Sumatra, Bornéo.

295. NEPHOECETES

Cypseloides (!), Streub. (1848); *Nephocætes*, Baird (1858); *Nephœcetes*, Scl. (1859).

1707. RUTILUS (Vieill.); Léot., *Ois. Trinidad*, p. 87; *robini*, Less.; *Tr. d'Orn.* p. 270. — Guyane, Trinidad, Vénézuéla.

1708. BRUNNEITORQUES (Lafr.), *Rev. Zool.* 1844, p. 81; *rutila*, auct. plur. (nec Vieill.); Scl. et Salv., *Ibis*, 1860, p. 37, pl. 3. — Du Mexique jusqu'au Pérou.

1709. NIGER (Gm.); Gosse, *B. Jamaica*, p. 63, pl. 10. — Antilles.

453. *Var.* BOREALIS (Kenn.), *Pr. Ac. Nat. Sc. Phil.* 1857, p. 202; Scl., *P. Z. S.* 1859, p. 236; *niger*, auct. plur. — Amérique N.-W., de la Colombie angl. à Costa-Rica.

1710. CHERRIEI (Ridgw.), *Pr. U. S. Nat. Mus.* XVI, p. 44. — Costa-Rica.

1711. FUMIGATUS (Streub.); Scl., *P. Z. S.* 1865, p. 615. — Brésil, Pérou, Ecuad.

1712. SENEX (Tem.), *Pl. col.* 397; *temminckii*, Streub. — Brésil.

296. COLLOCALIA

Collocalia, Gray (1840); *Salangana*, Streub. (1848).

1713. LOWI (Sharpe), *P. Z. S.* 1879, p. 333; *labuanensis?*, *Ibis*, 1879, p. 116. — Palawan, Bornéo N., Nias, Sumatra W.

1714. WHITEHEADI, Grant, *Ibis*, 1895, p. 451. — Luçon N., Negros.

1715. FUCIPHAGA (Thunb.); *unicolor*, Jerd.; *concolor*, Blyth.; *nidifica*, auct. plur.; *salangana*, Streub.; *vanikorensis*, Quoy et G., *Voy. Astr.* p. 206, pl. 12, f. 3; *inquietus*, Kittl.; *francica*, Tweed.; *linchi*, Tristr.; *cinerea*, Layard. — Archipel malais, Himalaya W., Ceylan, Seychelles, Negros.

454. *Var.* BREVIROSTRIS (Mc Clel.), *P. Z. S.* 1839, p. 155. — Himal. E., Manipour.

1716. LEUCOPHÆA (Peale); *cinerea*, Cass., *U. S. Expl. Exp.* p. 183, pl. 12, f. 4; *vanicorensis* (pt.), Fch. et Hartl.; *fuciphaga*, Finsch (nec Thunb.), *P. Z. S.* 1877, p. 740. — Tahiti et îles Marquises.

1717. INNOMINATA, Hume, *Stray Feath.* I, p. 294, II, pp. 160, 493; *maxima*, Hume, *ibidem*, IV, p. 223. — Ténassérim, Andaman S.

1718. FRANCICA (Gm.); M.-Edw. et Grand., *Hist. Madag. Ois.* p. 198, pl. 72; *spodiopygia*, Peale, U. S. *Expl. Exp.* 1848, p. 170, pl. 49; 1858, pl. 12, f. 3; *terræ-reginæ*, Rams.; *infuscata*, Salvad. — Iles Fidji, Samoa, Salomon, Ternate, Nouv.-Guinée, Australie N., îles Maurice et Bourbon.

455. *Var.* INEXPECTATA, Hume, *Stray Feath.* 1873, p. 296. — Andaman S., Malacca S.

456. *Var.* GERMANI, Oust., *Bull. Soc. Philom.* 1876, p. 1; *merguiensis*, Hart.; *spodiopygia*, auct. plur. — Ténassérim, îles Mergui.

1719. LEUCOPYGIA, Wall., *P. Z. S.* 1863, p. 384. — Nouv.-Calédonie, îles Loyalty.

1720. TROGLODYTES, Gray, *Gen. B.* I, pl. 19. — Iles Philippines.

1721. UROPYGIALIS, Gray; id. in *Cruise of the « Curaçoa »*, p. 356, pl. 2, f. 2. — Nouv.-Hébrides, Nouv.-Calédonie.

1722. MARGINATA, Salvad., *Atti R. Ac. Sc. Tor.* XVII, p. 448; *cebuensis*, Kut., *Journ. f. Orn.* 1882, p. 171. — Cébu, Guimaras (Philippines).

1723. LINCHI, Horsf. et Moore; Pelz., *Reise Novara*, Vög. p. 39, pl. 2, f. 2 et pl. 6, f. 2; *fucifaga*, auct. plur.; *affinis*, Tytl. et Beav., *Ibis*, 1867, p. 318. — Iles Andaman, Nicobars, Malacca, îles de la Sonde, Luçon.

1724. ESCULENTA (Lin.); *hypoleuca*, Gr., *P. Z. S.* 1858, p. 170; *viridinitens* et *spilura*, Gr., *Ann. and Mag. Nat. Hist.* 1866, p. 120. — Moluques, îles Papous, Australie N., îles Salomon.

1725. NEGLECTA, Gray, *Ann. and Mag. Nat. Hist.* 1866, p. 121. — Timor.

1726. NATALIS, Lister, *P. Z. S.* 1888, p. 250. — Ile Christmas (Java S.-W.)

SUBF. III. — MACROPTERYGINÆ

297. MACROPTERYX

Macropteryx, Sw. (1832); *Pallestre*, Less. (1837); *Dendrochelidon*, Boie (1837); *Chelidonia*, Streub. (1848); *Palæstra*, Agass. (1876).

1727. CORONATA (Tick.); Gould, *B. Asia*, I, pl. 21; *longipennis*, Jerd.; *schisticolor*, Bp. — Inde, Ceylan, Indo-Chine W.

1728. LONGIPENNIS (Rafin.); Tem. *Pl. col.* 83, f. 1; *klecho*, Horsf. — Ténassérim, Malacca, îles de la Sonde.

1729. WALLACEI (Gould); id. *B. Asia*, I, pl. 23. — Célèbes, île Soula.

1730. MYSTACEA (Less.), *Voy. Coq. Zool.* pl. 22; Gould, *B. Asia*, pl. 24; *mystacalis*, Rosenb. — Iles Papous, Salomon et du Duc York.

457. *Var.* WOODFORDIANA, Hart., *Novit. Zool.* III, p. 19. — Guadalcanar.

1731. COMATA (Tem.), *Pl. col.* 268; Gould, *B. Asia*, I, pl. 25. — Indo-Ch. W., îles de la Sonde, Cél., Timor.

458. *Var.* MAJOR, Hart., *Novit. Zool.* IV, p. 11. — Philippines.

FAM. V. — TROCHILIDÆ (1)

298. HEMISTEPHANIA

Doryfera, Gould (1847, nec Illig.); *Doryphora*, Cab. et H. (1860, praeocc. in entomolog.); *Hemistephania*, Rchb. (1854).

1732. JOHANNÆ (Bourc.); Gould, *Mon. Troch.* II, pl. 87; *violifrons*, Gd.; *euphrosinæ* (fem.) Muls. et Verr.; *guianensis*, Bouc., *Hum. B.* 1893, p. 10. — Guyane anglaise, Haut-Amazone, Colomb., Ecuador.

(1) Voy.: Gould, *A monograph of the Trochilidæ* avec supplément. — Mulsant, *Histoire naturelle des Oiseaux-Mouches.* — Salvin, *Cat. of Birds Brit. Mus.*, XVI, pp. 27 à 433. — E. Simon, *Catalogue des espèces actuellement connues de la famille des Trochilides*, Paris, 1897.

1733. LUDOVICIÆ (Bourc. et Muls.); Gould, *l. c.* pl. 88. — Vénézuéla, Col., Bol.

459. *Var.* RECTIROSTRIS (Gould), *l. c. suppl.*; Tacz., *Orn. Pérou*, I, p. 284. — Ecuador, Pérou.

460. *Var.* VERAGUENSIS (Salv.), *P. Z. S.* 1867, p. 154; id., *Biol. Centr. Am.* pl. 55, f. 1; Gould, *l. c. suppl.* pl. 22. — Costa-Rica, Panama.

299. ANDRODON

Androdon, Gould (1863).

1734. ÆQUATORIALIS, Gould; id. *Mon. Troch. suppl.* pl. 1. — Colombie, Ecuador.

300. RHAMPHODON

Grypus, Spix (1824, nec Germ.); *Ramphodon*, Less. (1831).

1735. NÆVIUS (Dumt.); Tem. *Pl. col.* 120, f. 3; Gould, *l. c.* pl. 1; *ruficollis*, Spix; *maculatus*, Less. — Brésil S.

301. GLAUCIS

Glaucis, Boie (1831).

1736. HIRSUTA (Gm.); Gould, *l. c.* pl[s] 5, 6; *brasiliensis*, Lath.; *ferrugineus*, Wied; *dominicus*, Licht.; *superciliosus* et *mazeppa*, Less.; *affinis*, Lawr.; *melanura*, *lanceolata*, Gould, *l. c.* pl[s] 7, 8, 9; *ænea*, Lawr.; *rojasi*, *roraimæ*, *columbiana*, Bouc. — Amérique centrale et méridionale tropicale.

1737. DOHRNI (Bourc.); Gould, *l. c.* pl. 10; *chrysurus*, Rchb.; *spixi*, Gould, *l. c.* pl. 2. — Brésil.

302. THRENETES

Threnetes, Gould (1852); *Dnophera*, Heine (1863).

1738. ANTONIÆ (Bourc. et Muls.); Gould, *l. c.* pl. 5. — Guyane française.

1739. RUCKERI (Bourc.); Gould, *l. c.* pl. 11. — Amérique centrale.

1740. FRASERI (Gould), *l. c.* pl. 12. — Ecuador.

1741. LEUCURUS (Lin.); Gould, *l. c.* pl. 13. — Guyane hollandaise.

461. *Var.* CERVINICAUDA, Gould; id. *l. c.* pl. 14. — Haut-Amaz., Colomb., Ecuad. E., Bol.

303. PHAETHORNIS

Phæthornis, Sw. (1827); *Ptyonornis*, *Ametrornis*, *Eremita*, Rchb. (1854); *Orthornis*, *Guyornis*, *Pygmornis*, Bp. (1854); *Toxoteuches*, Cab. et H. (1860); *Mesophila*, *Momus*, *Pygornis*, Muls. et Verr. (1865); *Anisoterus*, *Milornis*, Muls. (1875).

1742. AUGUSTI (Bourc.); Gould, *l. c.* pl. 29; Muls. *Hist. Nat. Ois.-Mouches* I, p. 75, pl. 5. — Colombie, Vénézuéla, Guyane anglaise.

1743. PRETREI (Less. et Del.); Gould, *l. c.* pl. 28; *superciliosus*, auct. plur. (nec Lin.); *garleppi*, Bouc.	Brésil E. et centr.
1744. GOUNELLEI, Bouc., *Hum. Bird*, I, p. 17.	Brés. (Bahia, Minas).
1745. SYRMATOPHORUS, Gould, *Contr. Orn.* 1851, p. 129; id. *Mon. Troch.* pl. 20; *columbianus*, Bouc.	Colombie, Ecuador.
462. *Var.* BERLEPSCHI, Hart., *Novit. Zool.* I, p. 56.	Ecuador W.
1746. HISPIDUS (Gould); id. *Mon. Troch.* pl. 22; *oseryi*, Bourc. et Muls.; *villosus*, Lawr.	Colombie, Ecuador E., Bolivie.
1747. BOLIVIANUS, Gould, *Intr. Troch.* p. 42.	Bolivie.
1748. SUPERCILIOSUS (Lin.); Gould, *l. c.* pl. 17; *affinis*, Pelz.; *malaris*, Nordm.	Guyane française.
463. *Var.* CONSOBRINA; *consobrinus*, Rchb., *Aufz. d. Col.* p. 14; *moorei*, Lawr., *Ann. Lyc. N. Y.* VI, p. 258; *fraterculus*, Gould, *l. c.* pl. 18.	Haut-Amazone, Colombie, Ecuador.
464. *Var.* GUIANENSIS, Bouc., *Hum. Bird* I, p. 17.	Guyane anglaise.
1749. BARONI, Hart., *Ibis*, 1897, p. 426.	Ecuador W.
1750. LONGIROSTRIS (Less. et Del.); Gould, *l. c.* pl. 19; *cephalus*, Bourc. et Muls.; *cassinii*, Lawr.; *panamensis*, Bouc.	Amérique centrale, Colombie N.
1751. MEXICANUS, Hart., *Ibis*, 1897, p. 425.	Mexique.
1752. ANTHOPHILUS (Bourc. et Muls.); Gould, *l. c.* pl. 24.	Vénézuéla, Colombie.
1753. EURYNOME (Less.), *Hist. Nat. Troch.* p. 91, pl. 31; Gould, *l. c.* pl. 16; *melanotis*, Nordm.	Brésil méridional.
1754. SQUALIDUS (Natt.); Tem. *Pl. col.* 120, f. 1; *leucophrys*, Nordm.; *intermedius*, Gould (nec Less.), *Mon. Troch.* pl. 30.	Brésil méridional.
1755. RUPURUMI, Bouc., *Hum. Bird*, 1892, p. 1.	Guyane anglaise.
1756. BOURCIERI (Less.), *Hist. Nat. Troch.* p. 62, pl. 18; Gould, *l. c.* pl. 25; *abnormis*, Rchb.; *whitelyi*, Bouc.	Guyane, Haut-Amaz., Ecuador E.
1757. PHILIPPII (Bourc. et Muls.); Gould, *l. c.* pl. 21; *defilippii*, Rchb.	Bolivie, Haut-Amaz.
1758. GUYI (Less.); *Hist. Nat. Troch.* p. 119, pl. 44; Gould, *l. c.* pl. 26; *typus*, Bp.	Vénézuéla, Trinidad.
465. *Var.* EMILIÆ (Bourc. et Muls.); *apicalis*, Tsch., *Fauna Per.* p. 243; *yaruqui*, Cass (nec Bourc.)	De Costa-Rica jusqu'au Pérou.
1759. YARUQUI (Bourc.); Gould, *l. c.* pl. 27.	Ecuador.
1760. LONGUEMAREUS (Less.), *Hist. Nat. Troch.* pp. 15, 162, pl. 2; Gould, *l. c.* pl. 31; *intermedius*, Less., *l. c.* p. 65, pl. 19.	Guyane, Vénézuéla E., Trinidad.
1761. NATTERERI, Berl., *Ibis*, 1887, p. 289; *longuemareus*, Pelz. (nec Less.); *chapadensis*, Allen, *Bull. Amer. Mus.* V, p. 122.	Matto-Grosso.
1762. APHELES, Heine, *Journ. f. Orn.* 1884, p. 235.	Pérou N.
1763. IDALIÆ (Bourc. et Muls.); Muls., *Hist. Nat. Ois.-Mouches*, I, p. 90, pl. 8; *obscura*, Gould, *Mon.*	Brésil.

Troch. pl. 38; *viridicaudata*, Gould, *l. c.* pl. 33; *aspasiæ*, Gould.

1764. ADOLPHI, Gould, *Mon. Troch.* I, pl. 35. — Mex. S.-E., Am. centr.

1765. STRIIGULARIS, Gould, *Mon. Troch.* pl. 37; *amaura*. Bourc. — Vénézuéla, Colombie.

466. *Var.* ATRIMENTALIS, Lawr., *Ann. Lyc. N. Y.* VI, p. 260. — Ecuador, Haut-Amaz.

1766. GRISEIGULARIS, Gould; id. *Mon.* pl. 36; *aspasiæ*, Bourc. et Muls.; *zonura*, Gould. — Colombie, Ecuador, Pérou.

1767. RIOJÆ, Berl., *Ibis*, 1889, p. 182. — Pérou N.

1768. EPISCOPUS, Gould; id. *Mon. Troch.* pl. 39, f. 2; *whitelyi*, Bouc. — Guyane anglaise.

1769. PYGMÆUS (Spix); Gould, *l. c.* pl. 41; *brasiliensis* et *rufigaster*, Vieill.; *davidianus*, Less.; *eremita*, Gould, *l. c.* pl. 40. — Guyane, Brés., Haut-Amaz., Bolivie.

467. *Var.* NIGRICINCTA (Lawr.); Gould, *l. c.* pl. 39, f. 1. — Haut-Amazone.

1770. STUARTI, Hart., *Ibis*, 1897, p. 442. — Bolivie E.

304. EUTOXERES

Eutoxeres, Rchb. (1849); *Myiætina*, Bp. (1854).

1771. AQUILA (Bourc.); Gray, *Gen. B.* I, pl. 36. — Colombie.

468. *Var.* SALVINI, Gould, *Ann. and Mag. N. H.* 1868, p. 456. — Costa-Rica, Panama.

469. *Var.* HETERURA, Gould, *ibidem*, p. 455. — Ecuador E.

470. *Var.* BARONI, Hart., *Novit. Zool.* I, p. 54, f. 3. — Rio-Pescado (Ecuad.)

1772. CONDAMINEI (Bourc.); Gould, *Mon. Troch.* pl. 4. — Ecuador, Pérou E.

305. SPHENOPROCTUS

Pampa (!) Rchb. (1854); *Sphenoproctus*, Cab. et H. (1860).

1773. CURVIPENNIS (Licht.); *pampa*, Less., *Hist. Nat. Ois.-Mouches*, suppl. p. 127, pl. 15; *campyloptera*, Rchb. — Mexique.

1774. LESSONI (Simon), *Cat. des Troch.* p. 8; *pampa*, auct. plur. (nec Less.) — Guatémala.

306. CAMPYLOPTERUS

Campylopterus, Sw. (1826); *Sæpiopterus*, *Platystylopterus*, Rchb. (1854); *Loxopterus*, Cab. et H. (1860).

1775. LARGIPENNIS (Bodd.); *campylopterus*, *cinereus*, Gm.; *latipennis*, Lath.; Gould, *l. c.* pl. 48. — Guyane

471. *Var.* OBSCURA, Gould, *l. c.* pl. 49; *æquatorialis*, Gould. — Amazone du Para aux Andes, Bolivie.

1776. ENSIPENNIS (Sw.), *Zool. Ill* II, pl. 107; Gould, *l. c.* pl. 46. — Trinidad, Tobago, Vénézuéla E.

1777. HEMILEUCURUS (Licht.); *delattrii*, Less.; Gould, *l. c.* pl. 45. — Amérique centrale.

1778. LAZULUS (Vieill.); Gould, *l. c.* pl 44; *falcata*, Less.; *castanurus*, Du Bus; *ceciliæ* (part.) Benv.; *gæringi*, Bouc. (aberr.) — Vénézuéla, Colombie, Ecuador.

1779. VILLAVICENCIO (Bourc.); Gould, *l. c.* pl. 42; *splendens*, Lawr. — Ecuador, Haut-Amaz.

1780. PHAINOPEPLUS, Salv. et Godm., *Ibis*, 1879, p. 202; *Gould's Monogr.* suppl. pl. 3. — Sierra-Nevada (Colombie N.)

1781. RUFUS, Less.; Gould, *l. c.* pl. 50. — Guatémala.

1782. HYPERYTHRUS, Cab.; Gould, *l. c.* pl. 51. — Guyane anglaise.

307. EUPETOMENA

Eupetomena, Gould (1852); *Prognornis*, Rchb. (1854).

1783. MACRURA (Gmel.); *forcipatus*, Lath.; *hirundinacea*, Less., *Hist. Nat. Ois.-Mouches*, pl. 25, suppl. pl. 39; Gould, *l. c.* pl. 42. — Brésil E.

472. *Var.* PRASINA, Simon, *Cat. des Troch.* p. 9. — Guyane, Matto-Grosso.

473. *Var.* HIRUNDO, Gould; Muls., *Hist. Nat. Ois.-Mouches*, IV, p. 145, pl. 114. — Pérou E.

308. FLORISUGA

Florisuga, Bp. (1850); *Melanotrochilus*, Desl. (1880).

1784. MELLIVORA (Lin.); Gould, *l. c.* pl. 113; *fimbriatus*, Lin.; *flabelliferus*, Gould, *l. c.* pl. 114; *ferrugineiceps*, Rchb.; *guianensis*, *peruviana*, Bouc. — Amérique tropicale.

1785. ? SALLEI, Bouc., *Huming Bird*, I, p. 18 (1891). — Mexique S.

1786. FUSCA (Vieill.); *atra*, Steph.; Gould, *l. c.* pl. 115; *leucopygius*, Spix; *atratus*, Licht.; *niger*, Sw.; *lugubris*, Less. *Hist. Nat. Ois.-Mouches*, pl[s] 38, 39. — Brésil.

309. APHANTOCHROA

Aphantochroa, Gould (1854); *Phæochroa*, Gould (1861).

1787. CUVIERI (Del. et Bourc.); Gould, *l. c.* pl. 52. — Costa-Rica, Panama, Col. N., Vénéz.

1788. ROBERTI (Salv.), *P. Z. S.* 1861, p. 354; Gould, *l. c.* pl. 53. — Guatémala, Honduras.

1789. CIRRHOCHLORIS (Vieill.); Gould, *l. c.* pl. 54; *campylostylus*, Licht.; *simplex*, Less., *Hist. Nat. Ois.-Mouches*, p. 119, pl. 33. — Brésil.

310. TALAPHORUS

Talaphorus, Muls. (1874); *Aphantochroa*, *Leucippus*, *Agyrtria* (part.), auct. plur.; *Thaumasius*, Scl. (1879).

1790. HYPOSTICTUS (Gould), *P. Z. S.* 1862, p. 124; ?*alexandria*, Bouc. — Ecuador, Pérou, Bolivie.

1791. TACZANOWSKII (Sclat.), *P. Z. S.* 1879, p. 146; Sharpe, *Gould's Mon. Troch.* suppl pl. 52. — Pérou.

1792. CHLOROCERCUS (Gould), *P. Z. S.* 1866, p. 194; Tacz. *Orn. Pér.* I, p. 399. — Haut-Amazone.

1793. VIRIDICAUDA; *Leucippus viridicauda*, Berl., *Ibis*, 1883, p. 493; *chionogaster*, Scl. et Salv. (nec Tsch.) — Pérou (Huiro).

311. PATAGONA

Patagona, Gray (1840); *Hypermetra*, Cab. et H. (1860).

1794. GIGAS (Vieill.), *Gal. Ois.* I, p. 296, pl. 180; Gould, *l. c.* pl. 232; *tristis*, Less.; *gigantea*, d'Orb.; *peruviana* et *boliviana*, Bouc. — Ecuad., Bolivie, Pérou, Chili, Arg. (Andes).

312. LEUCIPPUS

Leucippus, Bp. (1849); *Doleromyia*, Bp. (1854); *Dolerisca*, Cab. et H. (1860).

1795. CHIONOGASTER (Tsch.), *Faun. Per.* p. 247, pl. 22, f. 2; Gould, pl. 290; *leucogaster*, Tsch. (nec Gm.); *hypoleucus*, Gould; *turneri*, Bourc.; *nigrirostris*, Rchb. — Pérou, Bolivie.

474. *Var.* PALLIDA, Tacz., *P. Z. S.* 1874, p. 542; id. *Orn. Per.* I, p. 402. — Pérou (Huanta).

1796. FALLAX (Bourc.); Gould, *l. c.* pl. 56; *fulviventris*, *cervina*, Gould; *pallida*, Richem. — Colombie N., Vénéz., île Margarita.

313. AGYRTRIA

Thaumantias, Bp. (1854 nec Eschs.); *Agyrtria*, *Uranomitra*, Rchb. (1854); *Leucolia*, Muls. (1875); *Cyanomyia*, *Hylocharis* (part.) auct. plur.; *Amazilia* (part.) Salv.

1797. TEPHROCEPHALA (Vieill.); Less, *Ois.-Mouches*, pl. 62; *albiventris*, Less., *l. c.* pl. 76; Gould, *l. c.* pl. 301; *vulgaris*, Wied; *thaumantias*, Rchb. — Brésil.

1798. TOBACI (Gm.); *maculatus*, Vieill.; *viridissima*, Less., *Ois.-Mouches*, pl. 75; *viridipectus*, Rchb.; *linnæi*, Bp.; *maculicauda*, Gould. — Guyane, Trinidad, Vénézuéla, Amazone, Brésil.

475. *Var.* Terpna, Heine, *Journ. f. Orn.* 1863, p. 184. Vénéz., Col. (Andes).
1799. luciæ (Lawr.), *Pr. Ac. Philad.* 1867, p. 233. Honduras.
1800. apicalis (Gould), *Intr. Troch* p. 154; Muls. *Hist. Nat. Ois.-Mouches,* I, p. 252. Colombie.
1801. nitidicauda (Elliot), *Ibis,* 1878, p. 48. Guyane.
1802. nigricauda (Elliot), *Ibis,* 1878, p. 47. Brésil (Bahia).
1803. fluviatilis (Gould), *Intr. Troch.* p. 154; Sharpe, *Gould's Mon.* suppl. pl. 51. Pérou, Ecuador E.
1804. bartletti (Gould), *P. Z. S.* 1866, p. 194; Sharpe, *Gould's Mon* suppl. pl. 50. Haut-Amazone (Pérou E.)
1805. lactea (Less.), *Ois.-Mouches,* pl. 56, suppl. p. 98; *speciosa,* Bouc. Brésil.
1806. candida (Bourc. et Muls.), Gould, *Mon. Troch.* pl. 292; ?*senex,* Less. (aberr.?); *margaritacea,* Rchb. Amérique centrale.
1807. brevirostris (Less.), *Ois.-Mouches,* pl. 77; Gould, *l. c.* pl. 298; *versicolor,* Nordm. Brésil S. et E.
476. *Var.* Affinis, Gould, *Mon. Troch.* pl. 299. Brésil S.-E.
1808. alleni (Elliot), *Auk,* VI, p. 263. Bolivie (Yungas).
1809. leucogaster (Gm.); Gould, *l. c.* pl. 294; *albirostris,* Less., *l. c.* pl. 78; *mellisuga,* Bp. Guyane, Brésil N.
1810. viridiceps (Gould), *P. Z. S.* 1860, p. 307; id. *l. c.* pl. 295. Ecuador.
1811. milleri (Bourc.); Gould, *l. c.* pl. 296. Colombie, Rio-Négro.
1812. nitidifrons (Gould), *P. Z. S.* 1860, p. 308; id. *l. c.* pl. 297. ?
1813. niveipectus, Cab. et H., *Mus. Hein.* III, p. 33; *chionopectus,* Gould, *l. c.* pl. 293. Guyane, Vénézuéla, Trinidad.
477. *Var.* Whitelyi, Bouc., *Hum. Bird,* 1893, p. 8. Guyane anglaise.
1814. franciæ (Bourc. et Muls.); Gould, *l. c.* pl. 287; ?*Uran. columbiana* (fem.), Bouc. Colombie.
1815. cyaneicollis (Gould), *P. Z. S.* 1853, p. 61; id. *l. c.* pl. 288; *pelzelni,* Tacz. Colombie, Pérou.
1816. salvini (Brewst.), *Auk,* 1893, p. 214. Sonora (Mexique).
1817. microrhyncha (Elliot), *Ibis,* 1876, p. 316; Muls., *Hist. Nat. Ois.-Mouches,* IV, p. 172, pl. 119. Honduras?

314. POLYERATA

Damophila (part.), Rchb. (1854); *Polyerata,* Heine (1863); *Arinia,* Muls. (1877).

1818. neglecta (Elliot), *Ibis,* 1877, p. 140; *bicolor,* d'Orb. et Lafr. (nec Less.) Bolivie.
1819. amabilis (Gould), *P. Z. S.* 1851, p. 115; id. *Mon. Troch.* V, p. 341. De Costa-Rica à l'Ecuador.
478. *Var.* Decora, Salv., *Cat. B. Br. Mus.* XVI, p. 238. Chiriqui.
1820. rosenbergi, Bouc., *Hum. Bird,* V, p. 399. Colombie.

1821. REINI, Berl., *Ornith. Monatsb.* 1897, p. 58. — Ecuador W.
1822. BOUCARDI (Muls.), *Hist. Nat. Ois.-Mouches*, IV, p. 194, pl. 121. — Costa-Rica.

315. CYANOPHAIA

Cyanophaia, Rchb. (1854); *Lepidopyga*, Rchb. (1855); *Emilia*, Muls. (1865).

1823. CÆRULEIGULARIS (Gould), *P. Z. S.* 1850, p. 163; id. *Mon.* pl. 346; *duchaissingii*, Bourc.; *cærulescens*, Rchb.; *cælina*, Bourc. — Colombie N. jusqu'à Costa-Rica.
1824. GOUDOTI (Bourc.); Gould, *l. c.* pl. 345. — Colombie.
1825. LUMINOSA (Lawr.), *Ann. Lyc. N.-Y.* VII, p. 458. — Colombie.

316. SAUCEROTTEA

Saucerottea, Bp. (1850); *Hemithylaca*, Cab et H. (1860); *Hemistilbon*, *Erythronota*, Gould (1861); *Eratina*, *Eratopsis*, *Erasuria*, Heine (1863); *Ariana*, *Lisoria*, Muls. (1865); *Eucephala* et *Eriocnemis* (part.) auct. plur.

1826. CHLOROCEPHALA (Bourc.); Gould, *l. c.* pl 332; ?*Chlor. malvina*, Rchb. — ?
1827. CYANIFRONS (Bourc. et Muls.); Gould, *l. c.* pl. 323. — Colombie, Vénézuéla.
1828. TYPICA, Bp.; Gould, *l. c.* pl. 321; *saucerottii*, Bourc. et Del. — Colombie.
1829. SOPHIÆ (Bourc. et Muls.); Gould, *l. c.* pl. 322; *caligatus*, Gould; *warzewiczi* et *hoffmanni*, Cab. et H.; *braccata*, Heine. — Costa-Rica, Vénézuéla (Andes), Colombie.
1830. ALFAROANA (Underw.) *Ibis*, 1896, p. 441. — Costa-Rica.
1831. VIRIDIGASTER (Bourc.); Gould, *l. c.* pl. 314; *viridiventris*, *iodura*, Rchb.; *incultus*, Ell. (melan.); *nunezi*, Bouc. (melan.) — Colombie.
1832. ?LAWRENCEI (Elliot), *Auk*, VI, p. 209. — Bogota?
1833. EDWARDI (Del. et Bourc.); Gould, *l. c.* pl. 318; *edwardsii*, Gray. — Panama.
1834. NIVEIVENTRIS (Gould), *Mon.* pl. 319; *niveiventer*, Gould. — Costa-Rica, Panama.
1835. ERYTHRONOTA (Less.), *Ois.-Mouches*, p. 181, pl. 61; *antiqua*, Gould, *l. c.* pl. 316. — Trinidad.
   479. *Var.* ALICIÆ (Richm.), *Auk*, 1895, p. 368. — Ile Margarita (Vénéz.)
   480. *Var.* FELICIÆ (Less.); Gould, *l. c.* pl, 317. — Vénézuéla.
   481. *Var.* WILLSI, Bouc., *Hum. Bird*, 1892, p. 8; *tobaci*, Salv. (nec Gmel.) — Iles Tobago, Granada.
1836. ELEGANS (Gould), *P. Z. S.* 1860, p. 307; id. *Mon. Troch.* pl. 320; *incertus*, Muls. — ?
1837. CUPREICAUDA (Salv. et Godm.), *Ibis*, 1884, p. 452; Sharpe, *Gould's suppl. Troch.* pl. 56. — Guyane anglaise.

1838. SUMICHRASTI (Salv.), *Cat. B. Br. Mus.* XVI, p. 213, pl. 7, f. 2 ; *Saucerottea sumichrasti*, Simon, *Cat. Troch.*, p. 13, n° 105. — Mexique S.
1839. OCAI (Gould), *Mon. Troch.* pl. 289. — Mexique.
1840. CYANURA (Gould), *l. c.* pl. 315. — Guatémala, Nicaragua.
1841. DEVILLEI (Bourc.); Gould, *l. c.* pl. 313; *arsinoe*, *dumerili*, Salv. (nec Less.); *mariæ*, Ell. (nec Bourc.) — Guatémala.
1842. BERYLLINA (Licht.); Gould, *l. c.* pl. 312; *arsinoe*, Less.; *mariæ*, Bourc. — Mexique S.

317. AMAZILIA

Amazilia, Rchb. (1849); *Pyrrhophæna*, Cab. et H. (1860); *Eranna*, Heine (1863); *Myletes*, *Ariana*, Muls. (1873).

1843. RIEFFERI (Bourc.); Gould, *l. c.* pl. 311; *fuscicaudatus*, Fras.; *aglaiæ*, Bourc. et Muls.; *dubusi*, Bourc.; *suavis*, Cab. et H.; *jucunda*, Heine. — Amérique centrale, Colombie, Ecuador.
1844. LUCIDA, Elliot, *Ann. and Mag. N. H.* 1877, XX, p. 404. — Colombie.
1845. CASTANEIVENTRIS, Gould, *P. Z. S.* 1856, p. 150; id. *Mon. Troch.* pl. 310. — Colombie.
1846. CERVINIVENTRIS, Gould, *P. Z. S.* 1856, p. 150; id. *l. c.* pl. 319; *yucatanensis*, Ridgw. (part.) — Mexique E.
482. *Var.* CHALCONOTA, Oberh., *Auk*, 1898, p. 32. — Rio-Grande, Texas S., Mexique E.
1847. YUCATANENSIS (Cabot); Gould, *l. c.* pl. 308; *cerviniventris*, Salv. 1866 (nec Gould). — Guatémala, Yucatan.
1848. FORRERI, Bouc., *Hum. Bird*, 1893, p. 7. — Mazatlan (Mexique).
1849. DUMERILI (Less.), *Suppl. Ois.-Mouches*, p. 172, pl. 36; Gould, *l. c.* pl. 305; *norrisi*, Bourc. (nec *Ag. norrisi*, Elliot). — Ecuador.
1850. ALTICOLA, Gould, *l. c.* pl. 304. — Ecuad. S., Pérou.
1851. LEUCOPHÆA, Rchb.; Gould, *l. c.* pl. 306; *amazilicula*, Rchb. — Pérou W.
1852. PRISTINA, Gould, *l. c.* pl. 303; *amazili*, Less., *Voy. Coq.* pl. 31, f. 3; *latirostris*, Bp. (nec Sw.); *lessoni*, Muls. et Verr. — Pérou W.
1853. GRAYSONI, Lawr. *Ann. Lyc. N.-Y.* VIII, p. 404. — Iles Tres-Marias (Mex.)
1854. CINNAMOMEA (Less.); *rutila*, Del.; *corallirostris*, Bourc. et Muls.; Gould, *l. c.* pl. 307. — Mexique, Guatémala, Costa-Rica.

318. CYANOMYIA (1)

Cyanomyia, Bp. (1854); *Uranomitra*, Rchb. (1854).

1855. CYANOCEPHALA (Less.), *Ois.-Mouches, suppl.* p. 134, pl. 18; Gould, *l. c.* pl. 286; *faustina*, Rchb.; *lessoni*, Cab. et H. — Mexique E., Honduras.

(1) Voy. aussi au genre *Agyrtria*.

483. *Var.* GUATEMALENSIS (Gould), *Intr. Troch.* p. 148. Guatémala.

1856. VERTICALIS (Licht.); *quadricolor*, Rchb. et auct. plur. (nec Vieill.); Gould, *l. c.* pl. 284; *ellioti*, Berl. Mexique N. et W.

1857. VIOLICEPS (Gould), *l. c.* pl. 285. Mexique W.

484. *Var.* VIRIDIFRONS (Elliot), *Ibis*, 1876, p. 314; Sharpe, *Gould's Suppl. Troch.* pl. 49. Mexique W.

1858. GUERRERENSIS, Salv. et Godm., *Biol. Centr. Am.* Aves, II, p. 290. Guerrero (Mexique).

319. PHÆOPTILA

Circe, Gould (1857, nec Mert.); *Phæoptila*, Gould (1861); *Iache*, Ell.

1859. SORDIDA (Gould); id. *Mon. Troch.* pl. 340; *zonura*, Gould (fem.) Mexique S. et W.

1860. LATIROSTRIS (Swains.); Gould, *l. c.* pl. 338; *lessoni*, Del.; *lazula*, Rchb.; *circe*, Bp.; *magica*, Muls. et Verr.; Muls. *Ois.-Mouches*, pl. 33. Mexique.

1861. LAWRENCEI (Berl.), *Ibis*, 1887, p. 292. Iles Tres-Marias.

1862. DOUBLEDAYI (Bourc.); Gould, *l. c.* pl. 339; *nitida*, Salv. et Godm., *Ibis*, 1889, p. 240. Mexique S. et W.

320. EUCEPHALA (1)

Eucephala, Rchb. (1854); *Ulysses*, Muls. (1875); *Chrysuronia* (part.) auct. plur.

1863. GRAYI (Del. et Bourc.); Gould, *l. c.* pl. 330. Colombie S., Ecuador.

1864. HUMBOLDTI (Bourc. et Muls.); Gould, *l. c.* pl. 327; *viridicaudatus*, Lawr. (fem.) Ecuador W., Colombie S.-W.

321. BASILINNA

Basilinna, Boie (1831); *Heliopædica*, Gould (1858).

1865. LEUCOTIS (Vieill.); *lucidus*, Shaw; *melanotus*, Sw.; Gould, *l. c.* pl. 64; *cuculiger*, Licht.; *arsennii*, Less., *Ois.-Mouches*, pl. 2. Mexique, Guatémala, Arizona S.

1866. XANTHUSI (Lawr.); Gould, *l. c.* pl. 65; *xantusi* (fem.), *castaneocauda* (mas.) Lawr. Basse-Californie.

322. HYLOCHARIS (2)

Hylocharis, Boie (1831); *Sapphironia*, Bp. (1854); *Chrysuronia* (part.) auct. plur.

1867. RUFICOLLIS (Vieill.); *chrysura*, Less., *Suppl. Ois.-Mouches*, p. 107, pl. 4; Gould, *l. c.* pl. 329. Brésil S., Bol., Paraguay, Rép. Argent.

(1) Voir pour les autres espèces généralement placées dans ce groupe, les genres *Chlorestes*, *Saucerottea*, *Thalurania* et *Timolia*.

(2) Voir aussi le genre *Agyrtria*.

485. *Var.* Maxwelli, Hart., *Novit. Zool.* V, p. 519. — Mato-Grosso.

1868. elicíæ (Bourc. et Muls.); Gould, *l. c.* pl. 328. — Guatém., Costa-Rica.

1869. sapphirina (Gmel.); Gould, *l. c.* pl. 342; *fulvifrons*, Lath.; *latirostris*, Max.; *brasiliensis* et *guianensis*, Bouc. — Guyane, Vénézuéla, Brésil, Colombie.

1870 cyanea (Vieill.); Less., *Ois.-Mouches*, pl. 71; Gould, *l. c.* pl. 344; *bicolor*, Less. — Guyane, Vénézuéla, Brésil.

486. *Var.* Viridiventris, Berl., *Ibis*, 1880, p. 113. — Amazone, Brésil.

323. CHRYSURONIA (1)

Chrysuronia, Bp. (1850); *Chrysurisca*, Cab. et H. (1860).

1871. oenone (Less.), *Suppl. Ois.-Mouches*, p. 157, pl. 30; Gould, *l. c.* pl. 325; *cæruleiceps*, Gould et auct. plur. *(juv.)*; *longirostris*, Berl. — Ecuador, Colombie, Vénéz., Trinidad.

487. *Var.* Neera (Less. et Del.); *josephinæ*, Bourc. et Muls.; Gould, *l. c.* pl. 326; *cæruleicapilla*, Gould; *buckleyi*, Bouc. — Haut-Amazone, Bolivie.

324. CHLORESTES

Chlorestes, Rchb. (1854); *Eucephala* (part.) auct. plur.; *Halia*, Muls. (1865).

1878. cæruleus (Vieill.); Gould, *l. c.* pl. 335; *audeberti*, Less., *Ois.-Mouches*, pl. 51; *mentalis*, Cab.; *compsa*, Heine (fem.) — Trinidad, Vénézuéla, Guyane, Brésil.

488. *Var.* Cyanogenys, Max.; *wiedi*, Less. *Suppl. Ois.-Mouches*, p. 150, pl. 26. — Brésil E.

1873. hypocyaneus (Gould), *P. Z. S.* 1860, p. 306; id. *Monogr.* pl. 334; *pyropygia*, Salv. et Godm. *Ibis*, 1881, p. 596, pl. 16 (mâle très adulte). — Brésil.

489. ? *Var.* Subcærulea (Elliot), *Ibis*, 1874, p. 87. — Brésil ?

325. DAMOPHILA

Damophila, Rchb. (1854); *Juliamyia*, Bp. (1854).

1874. juliæ (Bourc.); *feliciana*, Less.; *typica*, Bp.; Gould, *l. c.* pl. 337. — Colombie, Ecuador.

1875. panamensis, Berl., *Journ. f. Orn.* 1884, p. 313; *juliæ*, Scl. et Salv. (nec Bourc.); *typica*, Lawr. (nec Bp.) — Panama.

(1) Voy. les genres *Eucephala* et *Hylocharis* pour les autres espèces placées par les auteurs dans le genre *Chrysuronia*.

326. CHLOROSTILBON

Chlorostilbon, Gould (1853); *Chlorolampis, Prasitis* et *Panychlora*, Cab. et H. (1860); *Chloanges*, Heine (1863); *Merion, Chrysomirus*, Muls. (1875).

1876. AUREIVENTRIS (d'Orb. et Lafr.) ? *cinereis* et ? *cinereicollis* (Vieill.); *flavifrons*, Gould; *phaeton*, Bourc.; Gould, *l. c.* pl. 354; *bicolor*, Cab. et H.; *splendidus*, auct. plur. (nec Vieill.) — Bolivie, Brésil S., Paraguay, Rép. Argentine.

1877. PUCHERANI (Bourc.); *similis*, Bp.; *prasinus*, Gould, *l. c.* pl. 355 (nec Less.); *nitidissima*, Rchb.; *igneus*, Gould; *egregius*, Heine; *insularis*, Lawr.; *wiedi*, Bouc. — Brésil E. et S.

1878. AURICEPS, Gould, *Mon. Troch.* pl. 350; *forficatus*, Ridgw. *Pr. U. S. Nat. Mus.* VIII, p. 574. — Mexique.

1879. CANIVETI (Less.), *Suppl. Ois.-Mouches*, p. 174, pl[s] 37, 38; Gould, *l. c.* pl. 351. — Mexique S. et E.

490. *Var.* OSBERTI, Gould, *l. c.* pl. 354. — Guatémala.

491. *Var.* SALVINI (Cab. et H.), *Mus. Hein.* III, p. 48. — Costa-Rica.

1880. ANGUSTIPENNIS (mas.) et *gibsoni* (fem.) (Fras.); Gould, *l. c.* pl. 353; *chrysogaster*, Bourc.; *peruana*, Heine (nec Gould); *haberlini*, Ell., Muls. (nec Rchb.); *speciosa*, Bouc. — Colombie.

1881. HABERLINI (Rchb.), *Aufz. d. Col.* p. 7; id. *Troch. Enum.* p. 4, pl. 703, f. 4578-80; *smaragdina*, Cab. et H.; *nitens*, Lawr.; *chrysogaster*, Bouc. — S[ta]-Martha (Colombie N.)

1882. INEXPECTATUS (Berl.), *Orn. Centralbl.* 1879, p. 63. — Colombie.

1883. MELANORHYNCHUS, Gould, *P. Z. S.* 1860, p. 308; *chrysogaster*, Gd. (nec Fras.); *angustipennis*, Ell. (nec Fras.) — Colombie S., Ecuador.

1884. PUMILUS, Gould, *Ann. and Mag. N. H.* 1872, IX, p. 195; *comptus*, Berl., *Ibis*, 1887, p. 296. — Colombie S. et W., Ecuador W.

1885. ASSIMILIS, Lawr., *Ann. Lyc. N.-Y.* VII, p. 292; *panamense*, Bouc. — Chiriqui, Panama.

1886. CARRIBÆUS, Lawr., *Ann. Lyc. N.-Y.* X, p. 2; *atala* (1), auct. plur. (nec Less.) — Vénézuéla, Trinidad, Curaçoa.

1887. PRASINUS (Less.), *Ois.-Mouches*, p. 188, pl. 65; *brevicaudatus*, Gould; *media, meliphila*, Pelz. — Guyane, Brésil N.

492. *Var.* SUBFURCATA (Berl.), *Ibis*, 1887, p. 297. — Guyane anglaise.

493. *Var.* DAPHNE (Bp.), *Rev. Zool.* 1854, p. 255; Gould, *Intr. Troch.* p. 177; *napensis*, Gould; *prasinus* (part.) auct. plur. — Haut-Amazone, Pérou, Ecuador, Colombie.

(1) M. E. Simon fait remarquer que le *Tr. atala* de Lesson, est une espèce très douteuse et différant complètement de l'oiseau auquel les auteurs récents sont convenus de donner le nom de *C. atala* (*Cat. Troch.* p. 18).

1888. PERUANUS, Gould, *Intr. Troch.* p. 179; *Cat. B. Br. Mus.* XVI, p. 57, pl. 4, f. 2; ?*phæopygos*, Tsch. et auct. plur. — Pérou.

494. *Var.* STUBELI, Mey., *Zeitschr. Ges. Orn.*, 1884, p. 206. — Bolivie.

1889. POORTMANI (Bourc.); Gould, *Mon. Troch.* pl. 358; *esmeralda*, Rchb. — Colombie, Ecuador.

495. *Var.* EUCHLORIS (Rchb.), *Aufz. d. Col.* p. 7; *poortmani major*, Berl. *Journ. f. Orn.* 1884, p. 313. — Colombie.

1890. MICANS (Salv.), *Cat. B. Br. Mus.* XVI, p. 71, pl. 4, f. 1. — ?

1891. RUSSATUS (Salv. et Godm.), *Ibis*, 1881, p. 597; Sharpe, *Gould's Suppl. Troch.* pl. 59. — Colombie N.

1892. ALICIÆ (Bourc.); Gould, *Mon. Troch.* pl. 357; *macuIicollis* et *mellisuga*, Rchb.; *aurata*, Cab. et H. — Vénézuéla.

1893. STENURUS (Cab. et H.), *Mus. Hein.* III, p. 50; Sharpe, *Gould's Suppl.* pl 58; *acuticaudus*, Gould; *aliciæ*, Wyatt. (nec auct.) — Vénézuéla, Colombie.

327. SMARAGDOCHRYSIS

Smaragdochrysis, Gould (1861).

1894. IRIDESCENS, Gould, *Mon. Troch.* pl. 359. — Brésil.

328. SPORADINUS

Sporadinus, Bp. (1854); *Ricordia*, Rchb. (1854); *Sporadicus*, Cab. et H. (1860); *Erasmia*, Heine (1863); *Marsyas*, Muls. (1875).

1895. MAUGÆI (Vieill.); Gould, *l. c.* pl. 349; *ourissa*, Bp.; *gertrudis*, Gundl. — Porto-Rico.

1896. RICORDI (Gerv.), *Mag. d. Zool.* 1835, pl[s] 41, 42; Gould, *l. c.* pl. 348; *parzudakii*, Less.; *ramondii*, Rchb.; *bracei*, Lawr. — Cuba, îles Bahama, Floride.

1897. ELEGANS (Vieill.); Gould, *l. c.* pl. 347; *swainsoni*, Less., *Ois.-Mouches*, pl. 70. — Saint-Domingue.

329. PTOCHOPTERA

Ptochoptera, Elliot (1874).

1898. IOLÆMA (Rchb.), *Troch. Enum.* p. 4, pl. 705, ff. 4588-89. — Brésil S.

330. PANTERPE

Panterpe, Cab. et H. (1860).

1899. INSIGNIS, Cab. et H., *Mus. Hein.* III, p. 43; Gould, *l. c.* pl. 336. — Costa-Rica.

331. TIMOLIA

Timolia, Muls. (1875); *Thalurania* et *Eucephala* (part.) auct. plur.; *Gmelinus*, Bouc. (1892).

1900. SMARAGDINEA (Gould); *smaragdo-cærulea*, Gould, *Mon. Troch.* pl. 331; *lerchi*, Muls. et Verr.; Sharpe, *Gould's Suppl.* pl. 57. — Bahia (Brésil).

1901. BICOLOR (Gm.); *wagleri*, Less., *Ois.-Mouches*, p. 203, pl. 73; Gould, *l. c.* pl. 109. — Ile Dominica.

332. NEOLESBIA

Neolesbia, Salv. (1892); *Cyanolesbia* (part.) Berl.

1902. NEHRKORNI (Berl.), *Journ. f. Orn.* 1887, p. 326; id. *Zeitschr. Ges. Orn.* IV, p. 178, pl. 3, f. 1. — Colombie.

333. THALURANIA

Thalurania, Gould (1848); *Eucephala* (part.), auct. plur.; *Glaucopis*, Burm. (1856, nec Hübn.)

1903. CHLOROPHANA, Simon, *Cat. de la fam. des Trochil.* p. 20 (1897). — Bahia (Brésil).

1904. CÆRULEO-LAVATA (Gould), *P. Z. S.* 1860, p. 306; id. *Mon. Troch.* pl. 333. — Saint-Paul (Brésil).

1905. SCAPULATA (Gould), *Intr. Troch.* p. 166; Salv., *Cat. B. Br. Mus.* XVI, p. 243. — Guyane.

1906. GLAUCOPIS (Gmel.); Gould, *l. c.* pl. 99; *frontalis*, Lath.; *pileatus*, Max.; *luciæ*, Lawr. — Brésil.

1907. TOWNSENDI, Ridgw., *Pr. U. S. Nat. Mus.* X, p. 590. — Honduras.

1908. WATERTONI (Bourc.); Gould, *l. c.* pl. 100. — Guyane, Brésil N.

1909. COLUMBICA (Bourc.); Gould, *l. c.* pl. 106; *puella*, Rchb.; *valenciana*, Bouc. — Vénézuéla, Colombie.

496. *Var.* VENUSTA, Gould, *l. c.* pl. 108; Hart. *Nov. Zool.* IV, p. 149. — Amérique centrale.

1910. NIGROFASCIATA, Gould, *l. c.* pl. 104; *viridipectus*, Gould; *tschudii*, Scl. et Salv. (nec Gould). — Haut-Amazone, Colombie, Ecuador.

1911. BALZANI, Simon, *Novit. Zool.* III, p. 259. — Bolivie E.

1912. TSCHUDII, Gould, *P. Z. S.* 1860, p. 312; id. *l. c.* pl. 103; *furcatus*, Tsch. (nec Gm.); *nigrofasciata* (part.) Salv. et Ell. — Pérou.

497. *Var.* JELSKII, Tacz., *P. Z. S.* 1874, pp. 138, 542; *boliviana*, Bouc.; *tschudii*, Salv. (pt.) — Bolivie.

1913. ERIPHILE (Less.), *Suppl. Ois.-Mouches* p. 148, pl. 25; Gould, *l. c.* pl. 108; *lydia*, Rchb. — Brésil.

1914. FANNYÆ (Bourc. et Del.); *verticeps*, Gould, *l. c.* pl. 107. — Colombie, Ecuador.

498. *Var.* HYPOCHLORA, Gould; id. *Suppl. Troch.* pl. 28. — Ecuador.

1915. FURCATA (Gmel.); Gould, *l. c.* pl. 101; *gyrinno*, Rchb.; *forficata*, Cab. et H. — Guyane.

499. *Var.* FURCATOIDES, Gould, *l. c.* pl. 101 (sub. *T. furcata*); *forcipata* et *subfurcata*, Heine; *furcata*, Pelz., Sim. — Brésil N.

1916. REFULGENS, Gould, *P. Z. S.* 1852, p. 9; id. *Mon. Troch.* pl. 102. — Trinidad, Vénéz. E., Guyane anglaise.

334. EUPHERUSA

Eupherusa, Gould (1857); *Elvira*, Muls. et Verr. (1865); *Clotho*, Muls. (1875); *Callipharus*, Ell. (1878); *Lawrentius*, Bouc. (1893).

1917. EXIMIA (Del.); Gould, *l. c.*, pl. 324. — Guatémala.

1918. EGREGIA, Scl. et Salv., *P. Z. S.* 1868, p. 389; *eximia*, Lawr. (nec Del.) — Costa-Rica, Véragua.

1919. POLYOCERCA, Elliot, *Ann. and Mag. N. H.* 1871, p. 266; Gould, *Suppl. Troch.* pl. 55. — Mexique W. et S.

1920. NIGRIVENTRIS, Lawr., *Pr. Ac. Philad.* 1867, p. 232; Sharpe, *Gould's Suppl. Troch.* pl. 54. — Costa-Rica, Véragua.

1921. CHIONURA (Gould), *P. Z. S.* 1850, p. 162; id. *Mon. Troch.* pl. 300; *niveicauda*, Lawr. — Costa-Rica, Panama.

1922. CUPREICEPS, Lawr., *Ann. Lyc. N.-Y.* VIII, p. 348; Gould, *Suppl. Troch.* pl. 53; *eæruleiceps* (lapsus) Muls. — Costa-Rica.

335. CHALYBURA

Chalybura et *Cyanochloris*, Rchb. (1854); *Hypuroptila*, Gould (1854); *Methon*, Muls. (1865).

1923. BUFFONI (Less.), *H. N. Troch.* p. 34, pl. 15; Gould, *l. c.* pl. 89; *æneicauda*, Lawr. — Vénézuéla, Colombie.

1924. CÆRULEIGASTER (Gould); id. *l. c.* pl. 91; *cæruleiventris*, Rchb.; *cæruleogularis*, Muls. — Colombie.

1925. UROCHRYSEA (Gould), *P. Z. S.* 1861, p. 198; id. *l. c.* pl. 90. — Panama, Col. N.-W.

1926. ISAURÆ (Gould), *P. Z. S.* 1861, p. 199. — Costa-Rica, Véragua.

1927. INTERMEDIA, Hart., *Novit. Zool.* I, p. 44. — Ecuador..

1928. MELANORRHOA, Salv., *P. Z. S.* 1864, p. 584; Muls. *H. N. Ois.-Mouches* I, p. 174, pl. 14; Gould, *Suppl. Troch.* pl. 10; *carmioli*, Lawr. — Nicaragua et Costa-Rica.

336. PETASOPHORA

Petasophora, Gray (1840); *Praxilla*, *Telesiella*, Rchb. (1854); *Telesilla*, Cab. et H. (1860); *Pinarolæma*, Gould (1860).

1929. SERRIROSTRIS (Vieill.); Gould, *l. c.* pl. 223; *petasophora*, Max.; Tem. *Pl. col.* 203, f. 3; *crispus*, Spix; *gouldi*, Bp.; *chalcotis*, Rchb. — Brésil, Bolivie E.

1930. IOLATA, Gould, *l. c.* pl. 225; *anais*, Less., *H. N. Troch.* p. 146, pl. 55; Gould, *l. c.* pl. 224. — Vénéz., Col., Ecuad., Pérou, Bolivie.

500. ? *Var.* CORUSCANS (aberr.?), Gould, *P. Z. S.* 1847, p. 9; id. *Mon. Troch.* pl. 226; *rubrigularis*, Ell. — Colombie?

1931. GERMANA, Salv. et Godm., *Ibis*, 1884, p. 451; Sharpe, *Gould's Suppl. Troch.* pl. 11. — Guyane anglaise.

1932. THALASSINA (Sw.); Gould, *l. c.* pl. 227; *anais*, Less. *Ois.-Mouches suppl.* p. 104, pl. 3. — Mexique, Guatémala.

1933. CYANOTIS (Bourc. et Muls.); Gould, *l. c.* pl. 228; *anais*, Less., *H. N. Troch.* p. 151, pl. 57. — Vénéz., Col., Ecuad., Pérou, Bolivie.

501. *Var.* CABANIDIS, Heine, *Journ. f. Orn.* 1863, p. 182; *cabanisi*, Lawr. — Costa-Rica.

1934. BUCKLEYI (Gould), *Ann. and Mag. N. H.* 1880, p. 489; id. *Mon. Troch. suppl.* pl. 8 (1). — Bolivie.

1935. DELPHINÆ (Less.), *Rev. Zool.* 1839, p. 41; id. *Ill. Zool.* pl. 64; Gould, *l. c.* pl. 229. — Amér. centr., Col., Vénéz., Trin., Guy., Bol., Ecuad.

337. AVOCETTULA

Avocettula, Rchb. (1849); *Avocettinus*, Bp. (1850); *Streblorhamphus*, Cab. et H. (1860).

1936. RECURVIROSTRIS (Sw.), *Zool. Ill.* II, pl. 105; Gould, *l. c.* pl. 201; *avocetta*, Less.; *lessoni* et *carolus*, Bp. — Guyane française.

338. LAMPORNIS

Lampornis, Swains. (1827); *Anthracothorax*, *Smaragdites*, Boie (1831); *Floresia*, *Hypophania*, *Margarochrysis*, Rchb. (1854); *Eudoxa*, Heine (1863); *Crinis*, Muls. (1875).

1937. MANGO (Lin.); *porphyrurus*, Shaw; Gould, *l. c.* pl. 81; *floresii*, Bp. — Jamaïque.

1938. NIGRICOLLIS (Vieill.); *quadricolor*, *atricapillus*, *mango*, Vieill.; Gould, *l. c.* pl. 74; *violicauda*, auct. plur. (nec Bodd.); *obscurus*, Bouc. — Amérique tropicale.

502. *Var.* IRIDESCENS, Gould, *Intr. Troch.* p. 65. — Ecuador.

1939. PREVOSTI (Less.), *H. N. Col.* p. 87, pl. 24; Gould, *l. c.* pl. 75; *thalassinus*, Ridgw.; *hendersoni*, Cory, *Auk*, 1887, p. 177. — Mexique, Amérique centr., Vénézuéla.

1940. VERAGUENSIS, Gould, *Mon. Troch.* pl. 76. — Véragua, Costa-Rica.

1941. GRAMINEUS (Gmel.); Gould, *l. c.* pl. 77; *maculatus*, Gm.; *pectoralis*, *gularis*, Lath.; *marmoratus*, Vieill. — Trin., Vénéz. E., Guy., Brésil N.

(1) M. E. Simon pense que l'unique exemplaire connu du British Museum, n'est peut-être qu'un mélanisme incomplet de l'une des espèces précédentes.

1942. DOMINICUS (Lin.); *margaritaceus*, Gm.; *aurulentus*, Vieill.; Gould, *l. c.* pl. 80. — Saint-Domingue, Haïti.
1943. VIRGINALIS, Gould, *l. c.* pl. 80; *ellioti*, Cory, *Auk*, 1890, p. 374. — Porto-Rico, Saint-Thomas.
1944. VIRIDIS, Aud. et Vieill., *Ois. dorés*, I, p. 39, pl. 15; Gould, *l. c.* pl. 78. — Porto-Rico, Saint-Thomas.

339. ANTHOCEPHALA

Metallura (part.), Rchb. (1854); *Anthocephala*, Cab. et H. (1860).

1945. FLORICEPS (Gould), *P. Z. S.* 1853, p. 62; id. *Mon. Troch.* pl. 202. — Colombie N.
1946. BERLEPSCHI, Salv., *Ibis*, 1894, p. 120. — Bogota (Colombie).

340. CHRYSOLAMPIS

Chrysolampis, Boie (1831).

1947. MOSQUITUS (Lin.); Gould, *l. c.* pl. 204; *elatus, pegasus*, Lin.; *carbunculus, guianensis, striatus*, Gm.; *reichenbachi*, Cab. et H.; *gigliolii*, Oust. (Oiseau fabriqué); *moschitus*, auct. plur. — Amérique méridionale tropicale.
1948. CHLOROLÆMUS, Ell., *Ann. and Mag. N. H.* 1870, p. 346; *calosoma*, Ell. *Ibis*, 1872, p. 351. — Brésil (Bahia).

341. EULAMPIS

Eulampis, Boie (1831); *Sericotes*, Rchb. (1854).

1949. JUGULARIS (Lin.); Gould, *l. c.* pl. 82; *auratus, venustissimus, cyanomelas, violaceus*, Gm.; *bancrofti*, Lath.; *granatinus*, Vieill.; *jugularis eximius*, Berl. — Petites Antilles, de Nevis à St-Vincent.
1950. HOLOSERICEUS (Lin.); Less. *H. N. Col.* p. 76, pl. 20; Gould, *l. c.* pl. 83; *longirostris* (fem.), Gould, *Intr. Troch.* p. 69. — Petites Antilles, de St-Tomas aux Barbades.
503. *Var.* CHLOROLÆMA, Bp., *Rev. Zool.* 1854, p. 250; Gould, *l. c.* pl. 84; *holosericeus* (part.), auct. plur. — Ile Grenada.

342. POLYTMUS

Polytmus, Briss. (1760); *Smaragdites*, Boie (1831); *Chrysobronchus*, Bp. (1854); *Psilomycter*, Hart. (1899).

1951. THAUMANTIAS (Lin.); *viridis*, Aud. et Vieill., *Ois. dorés*, I, p. 101, pl. 41; *chrysobronchus*, Shaw; *virescens*, Dum.; Gould, *l. c.* pl. 230; *leucochlorus*, Heine. — Guyane, Trinidad, Vénézuéla.

504. *Var.* Andina; *thaumantias andinus,* Sim. *Cat. Troch.* p. 24. — Colombie.

1952. viridissimus (Vieill.); *virescens,* Max. (nec Dum.); *theresiæ,* da Silva; *viridicaudus,* Gould, *l. c.* pl. 231; *chrysurus,* Burm. — Guyane, Vénézuéla E.

505. *Var.* Leucorrhous, Scl. et Salv., *P. Z. S.* 1867, pp. 584, 753; Tacz., *Orn. Pér.* I, p. 373. — Haut-Amazone, Rio-Négro.

343. LEUCOCHLORIS

Leucochloris, Rchb. (1854).

1953. albicollis (Vieill.); Tem. *Pl. col.* 203, f. 2; Gould, *l. c.* pl. 291; *albogularis,* Spix; *vulgaris,* Max. — Brésil S., Paraguay.

344. AITHURUS

Aithurus, Cab. et H. (1860); *Polytmus,* Rchb. (1849 nec Briss.); *Æthurus,* Simon (1897).

1954. polytmus (Lin.); Gould, *l. c.* pl. 98; ? *forficatus,* Lin.; *cephalatra,* Less.; *maria,* Gosse; *taylori,* Rothsch., *Ibis,* 1894, p. 548 (aberr.) — Jamaïque.

345. TOPAZA

Topaza, Gray (1840).

1955. pella (Lin); Gould, *Mon. Troch.* pl. 66. — Guyane, Brésil N.

1956. pyra, Gould, *P. Z. S.* 1846, p. 85; id. *Monogr.* pl. 65. — Rio-Négro, Ecuad. E.

346. OREOTROCHILUS

Oreotrochilus, Gould (1847); *Orotrochilus,* Cab. et H. (1860); *Alcidius,* Bouc. (1895).

1957. chimborazo (Del. et Bourc.); Gould, *Monogr.* pl. 69. — Ecuad. (Chimborazo).

506. *Var.* Pichincha (Bourc. et Muls.); Gould, *l. c.* pl. 68; *jamesoni,* Jard., *Contr. Orn.* 1849, p. 42, 1850, pl. 43. — Ecuad. (Pichincha et Cotopaxi).

1958. estellæ (d'Orb. et Lafr.); Gould, *l. c.* pl. 70; *ceciliæ,* Less. — Pérou S., Bol. (Andes).

1959. leucopleurus, Gould, *P. Z. S.* 1847, p. 10; id. *Mon. Troch.* pl. 71. — Rép. Argent. et Chili (Andes).

1960. bolivianus, Boucard, *Hum. Bird,* 1893, p. 7; *stolzmanni,* Salv., *Novit. Zool.* II, p. 17. — Pérou, Bolivie (Andes).

1961. adela (d'Orb. et Lafr.); id. *Voy. Am. mér.* IV, p. 377, pl. 61, f. 2; Gould, *l. c.* pl. 73. — Bolivie (Andes).

1962. melanogaster, Gould, *P. Z. S.* 1847, p. 10; id. *Mon. Troch.* pl. 72. — Pérou (Andes).

347. UROCHROA

Urochroa, Gould (1856).

1963. BOUGUERI (Bourc.); Gould, *l. c.* pl. 57. — Ecuador E. (Napo).
1964. LEUCURA, Lawr., *Ann. Lyc. N. Y.* VIII, p. 43; *bougueri* (part.) Salv. — Ecuador centr. et S.

348. STERNOCLYTA

Sternoclyta, Gould (1858).

1965. CYANIPECTUS, Gould, *P. Z. S.* 1846, p. 86; id. *Mon. Troch.* pl. 68. — Vénézuéla N.

349. EUGENES

Eugenes, Gould (1856).

1966. FULGENS (Sw.); Gould, *l. c.* pl. 52; *rivolii*, Less. *Ois.-Mouches*, p. 48, pl. 4; *clemenciæ* (fem.), Less. *l. c.* p. 115, pl. 8; *viridiceps*, Bouc. — Arizona, Mexique, Guatémala.
1967. SPECTABILIS (Lawr.), *Ann. Lyc. N. Y.* VIII, p. 472; Salv., *Ibis*, 1869, p. 316. — Costa-Rica.

350. COELIGENA

Cœligena, Less. (1832); *Delattria*, Bp. 1850; *Chariessa*, Heine (1863); *Himelia*, Muls. (1875).

1968. CLEMENTIÆ (Less.), *Ois.-Mouches*, p. 216, pl. 80; Gould, *l. c.* pl. 60. — Mexique.
1969. HENRICI (Less. et Del.); Gould, *l. c.* pl. 62; *henrica*, Gr. — Mex. S., Guatémala.
1970. MARGARETHÆ (Salv. et Godm.), *Ibis*, 1889, p. 239. — Sierra Madre del sur (Mex.)
1971. PRINGLEI, Nels., *Auk*, 1897, p. 51. — Oaxaca, Guerr. (Mex.)
1972. VIRIDIPALLENS (Bourc. et Muls.); Gould, *l. c.* pl. 63. — Guatémala.
1973. SYBILLÆ, Salv. et Godm., *Ibis*, 1892, p. 327. — Nicaragua.
1974. HEMILEUCA (Salv.), *P. Z. S.* 1864, p. 584; Muls., *Ois.-Mouches*, IV, p. 187, pl. 118. — Costa-Rica.

351. OREOPYRA

Oreopyra, Gould (1860).

1975. LEUCASPIS, Gould, *P. Z. S.* 1860, p. 312; id. *Mon. Troch.* pl. 264; ?*castaneiventris* (fem.), Gould. — Chiriqui (Panama).
1976. CINEREICAUDA, Lawr., *Ann. Lyc. N. Y.* VIII, p. 483, IX, p. 125; *castaneiventris* (part.), Lawr. — Costa-Rica.

1977. CALOLÆMA, Salv., *P. Z. S.* 1864, p. 584; Muls., *Ois.-Mouches,* IV, p. 164, pl. 117; *venusta*, Lawr. — Costa-Rica.

507. *Var.* PECTORALIS, Salv., *Cat. B. Br. Mus.* XVI, p. 308. — Costa-Rica.

352. LAMPROLÆMA

Lamprolæma, Gould (1860).

1978. RHAMI (Less.); Gould, *Mon. Troch.* pl. 61. — Mex. S., Guatémala.

353. CLYTOLÆMA

Clytolæma, Gould (1853).

1979. RUBINEA (Gm.); *rubineus* et *obscurus*, Gm.; Gould, *l. c.* pl. 249; *ruficaudatus*, Vieill. — Brésil S.

354. PHÆOLÆMA

Phaiolaima, Rchb. (1854); *Phæolæma*, Cab. et H. (1860).

1980. RUBINOIDES (Bourc. et Muls.); Gould, *l. c.* pl. 268; *granadensis*, Cab. et H., *Mus. Hein.* III, p. 30. — Colombie.

1981. CERVINIGULARIS, Salv., *Cat. B. Br. Mus.* XVI, p. 325, pl. 8, f. 2. — Ecuador.

1982. ÆQUATORIALIS, Gould, *Mon. Troch.* IV, pl. 264; *rubinoides*, Scl. — Ecuador.

355. AGAPETA

Agapeta, Heine (1863); *Aphantochroa* (part.) auct.; *Placophorus*, Muls. (1875).

1983. GULARIS (Gould), *P. Z. S.* 1860, p. 310; id. *Mon. Troch.* pl. 55. — Ecuador E., Pérou E.

356. LAMPRASTER

Lampraster, Tacz. (1874).

1984. BRANICKII, Tacz., *P. Z. S.* 1874, pp. 140, 543, pl. 21, f. 1. — Pérou.

357. HELIODOXA

Heliodoxa, Gould (1849); *Leadbeatera*, Bp. (1850); *Aspasta*, Heine (1863); *Hypolia*, Muls. (1875); *Xanthogenyx*, d'Hamonv. (1883).

1985. XANTHOGONYS, Salv. et Godm., *Ibis*, 1882, p. 80; *salvini*, d'Hamonv.; *Aphant. alexandri* (fem.), Bouc. — Guyane anglaise.

1986. JAMESONI (Bourc.); Gould, *l. c.* pl. 95. — Ecuador.

1987. JACULA, Gould, *P. Z. S.* 1849, p. 96; id. *Mon. Troch.* pl. 94; *henryi*, Lawr.; *berlepschi*, Bouc. — Costa-Rica, Panama, Colombie.

1988. LEADBEATERI (Bourc. et Muls.); Gould, *l. c.* pl[s] 96, 97; *otero*, Tsch.; *grata*, Bp.; *typica*, *sagittata*, Rchb.; *parvula*, Berl. — Colombie, Ecuador, Pérou, Bolivie.

508. *Var.* SPLENDENS, Gould, *Intr. Troch.* p. 74. — Vénézuéla.

358. HYLONYMPHA

Hylonympha, Gould (1873).

1989. MACROCERCA, Gould, *Ann. and Mag. N. H.* 1873, p. 429; id. *l. c. suppl.* pl. 27. — Amazone?

359. POLYPLANCTA

Polyplancta, Heine (1863); *Clytolæma* (part.) auct.

1990. AURESCENS (Gould), *P. Z. S.* 1846, p. 88; id. *l. c.* pl. 250; *azurescens* (!), Muls. et Verr. — Haut-Amazone, Rio-Négro.

360. IOLÆMA

Ionolaima, Rchb. (1854); *Iolæma*, Gould (1856).

1991. LUMINOSA, Elliot, *Ibis*, 1876, p. 188; *Cat. B. Br. Mus.* XVI, pl. 8, f. 1. — ?

1992. SCHREIBERSI (Bourc.); Gould, *l. c.* pl. 93; *frontalis*, Lawr. — Haut-Amaz., Ecuador E.

1993. WHITELYANA, Gould, *Ann. and Mag. N. H.* X, p. 52; Sharpe, *Gould's suppl.* pl. 12. — Pérou E.

361. EUGENIA

Eugenia, Gould (1856); *Eriocnemis* (part.) auct. plur.; *Saturia* (Muls.); *Helianthea* (part.), Elliot.

1994. IMPERATRIX, Gould, *P. Z. S.* 1855, p. 192; id. *Mon. Troch.* pl. 234. — Ecuador.

1995. ISAACSONI (Parz.); Gould, *l. c.* pl. 272; Muls., *Ois.-Mouches*, II, p. 299, pl. 61. — Colombie?

362. HELIANTHEA

Helianthea, Gould (1848); *Diphlogæna* (part.) Gould (1854); *Hypochrysia*, Rchb. (1854); *Calligenia*, *Eudosia*, Muls. (1876); *Bourciera* (part.), Ell.

1996. LUTETIÆ (Del. et Bourc.); Gould, *l. c.* pl. 238. — Colombie, Ecuador.

1997. TRAVIESI (Muls. et Verr.), *Ann. Soc. Linn. Lyon*, 1866, p. 199; Muls., *Ois.-Mouches*, III, p. 2, pl. 66; Sharpe, *Gould's suppl.* pl. 21. — Colombie.

1998. INSIGNITA (Du Bus), *Bull. Acad. R. Brux.* 1842, pt. 1, p. 524; *helianthea*, Less.; *typica*, Bp.; *porphyrogaster*, Muls. — Colombie.

1999. BONAPARTEI (Boiss.); Gould, *l. c.* pl. 236; *aurogaster*, Fras. — Colombie.

2000. EOS, Gould, *P. Z. S.* 1848, p. 11; id. *Mon.* pl. 237. — Vénézuéla.

2001. VIOLIFERA (Gould); id. *Mon.* pl. 239. — Bolivie.

2002. OSCULANS, Gould, *P. Z. S.* 1871, p. 503; Sharpe, *Gould's suppl.* pl. 18; Muls. *Ois.-Mouches*, II, p. 310, pl. 64. — Pérou S.

2003. DICHROURA, Tacz., *P. Z. S.* 1874, pp. 138, 543; Gould, *Suppl. Troch.* pl. 19; Muls. *Ois.-Mouches*, II, p. 309, pl. 63; *dichrura*, Simon. — Pérou N.

2004. HESPERUS (Gould), *Ann. and Mag. N. H.* 1865, p. 129; Muls., *Ois.-Mouches*, II, p. 302, pl. 62; Sharpe, *Gould's suppl.* pl. 16. — Ecuador.

2005. EVA (Salv.), *Ibis*, 1897, p. 264. — Pérou E.

2006. IRIS, Gould, *P. Z. S.* 1853, p. 61; id. *Mon.* pl. 247; *buckleyi*, Berl. — Ecuador, Pérou, Bolivie.

2007. AURORA, Gould, *P. Z. S.* 1853, p. 61; id. *Mon.* pl. 248; *warszewiczi*, Rchb. — Pérou, Bolivie.

363. BOURCIERIA

Bourcieria, Bp. (1850); *Conradinia*, Rchb. (1854); *Polyœna*, Heine (1863).

2008. TORQUATA (Boiss.); Gould, *l. c.* pl. 251. — Colombie, Ecuador.

2009. FULGIDIGULA, Gould, *l. c.* pl. 252. — Ecuador.

2010. CONRADI (Bourc.); Gould, *l. c.* pl. 253. — Vénézuéla, Colombie.

2011. INSECTIVORA (Tsch.), *Faun. Per.* p. 248, pl. 23, f. 1; Sharpe, *Gould's suppl.* pl. 20; *fulgidigula*, Rchb. — Pérou.

2012. INCA, Gould, *Contr. Orn.* 1852, p. 136; id. *Mon.* pl. 254. — Pérou, Bolivie.

364. LAFRESNAYA

Lafresnaya, Bp. (1850); *Entima*, Cab. et H. (1860); *Euclosia*, Muls. et Verr. (1865).

2013. SAULÆ (Del. et Bourc.); *gayi*, Bourc.; Gould, *l. c.* pl. 86. — Vénézuéla, Colombie Ecuador, Pérou.

2014. FLAVICAUDATA (Fras.); Gould, *l. c.* pl. 85; *lafresnayi*, Boiss.; *cinereo-rufa* et *Homoph. lawrencei*, Bouc. (Aberr.) — Colombie.

365. LAMPROPYGIA

Cœligena, Bp. (1850 nec Less.); *Lampropygia*, *Homophania*, Rchb. (1854); *Pilonia*, Muls. (1876).

2015. COELIGENA (Less.), *H. N. Troch.* p. 141, pl. 53; *typica*, Bp. — Vénézuéla.
509. *Var.* COLUMBIANA, Ell., *Ibis*, 1876, p. 57; *typica*, Gould; *l. c.* pl. 253; *lessoni*, Muls. et Verr. — Colombie, Ecuador.
510. *Var.* BOLIVIANA, Gould, *Intr. Troch.* p. 137; Muls., *Ois.-Mouches*, III, p. 13, pl. 67. — Bolivie.
2016. PRUNELLI (Bourc. et Muls.); Gould, *Mon. Tr.* pl. 257. — Colombie, Vénéz. W.
511. *Var.* ASSIMILIS (Ell.), *Syn. Troch.* p. 78. — Colombie.
2017. PURPUREA (Gould), *Mon. Troch.* pl. 256. — Colombie.
2018. WILSONI (Del. et Bourc.); Gould, *l. c.* pl. 258. — Col. S. et E., Ecuad.

366. DOCIMASTES

Docimastes, Gould (1849); *Docimaster*, Bp. (1850).

2019. ENSIFERUS (Boiss.); Gould, *l. c.* pl. 233; *derbyanus*, Fras.; *schliephacki*, Heine, *Journ. f. Orn.* 1863, p. 215; *ensifer*, Sim. — Vénézuéla, Colombie, Ecuador.

367. PTEROPHANES

Pterophanes, Gould, 1849; *Lepidoria*, Muls. et Verr. (1865).

2020. TEMMINCKI (Boiss.); Gould, *l. c.* pl. 178; *cyanopterus*, Fras.; *peruvianus*, Bouc. — Colombie, Ecuador, Pérou, Bolivie.

368. AGLÆACTIS

Aglæactis, Gould (1848); *Aglaïactis*, Cab. et H. (1860).

2021. CUPREIPENNIS (Bourc. et Muls.); Gould, *l. c.* pl. 179; *æquatorialis*, Cab. et H. *Mus.-Hein.* III, p. 70. — Colombie, Ecuador, Pérou.
512. *Var.* PARVULA, Gould, *Intr. Troch.* p. 106. — Pérou, Bolivie.
513. *Var.* CAUMATONOTA, Gould, *l. c. Suppl.* pl. 49; *olivaceocauda*, Lawr. — Pérou.
2022. CASTELNAUDI (Bourc. et Muls.); Gould, *l. c.* pl. 180. — Pérou.
2023. ALICIÆ, Salv., *Ibis*, 1896, p. 264. — Pérou N.
2024. PAMELA (d'Orb. et Lafr.); d'Orb. *Voy. Am. mér.* IV, p. 375, pl. 60, f. 1; Gould, *l. c.* pl. 181. — Bolivie.

369. PANOPLITES

Boissonneaua, Rchb. (1854 sed descr. nulla); *Panoplites*, Gould (1854); *Callidice*, *Galenia*, Muls. et Verr. (1865); *Alosia*, Muls. (1875); *Boissonneauxia*, Sim. (1897).

2025. JARDINEI (Bourc.); Gould, *l. c.* pl. 112; Muls., *Ois.-Mouches*, II, p. 233, pl. 51. — Ecuador.

2026. MATTHEWSI (Bourc.); Gould, *l. c.* pl. 113. Ecuador, Pérou.
2027. FLAVESCENS (Lodd.); Gould, *l. c.* pl. 111; *paradisea*, Boiss.; *judith*, Benv. Vénézuéla, Colombie, Ecuador.

370. ENGYETE

Engyte, *Derbyomyia*, Rchb. (1854); *Erebenna*, Muls. et Verr. (1865); *Eriocnemis* (part.), auct. plur.; *Engyete*, Sim. (1897).

2028. DERBYI (Del. et Bourc.); *derbyanus*, Bp.; Gould, *l. c.* pl. 279; *derbyi longirostris*, Hart. Colombie, Ecuador.
2029. ALINÆ (Bourc.); Gould, *l. c.* pl. 280. Colombie, Ecuador.
2030. DYBOWSKII (Tacz.), *P. Z. S.* 1882, p. 39; id. *Orn. Pérou*, I, p. 394. Pérou.

371. SPATHURA

Spathura, Gould (1849); *Steganurus* et *Steganura*, Rchb. (1849); *Uralia*, Muls. et Verr. (1865); *Himalia*, Muls. (1875).

2031. UNDERWOODI (Less.) mas., *H. N. Troch.* p. 105, pl. 37; Gould, *l. c.* pl. 162; *kieneri* (fem.), Less., *l. c.* p. 165, pl. 65; *remigera* et *spatuligera*, Rchb. Vénézuéla, Colombie.
514. *Var.* BRICENOI, Hart., *Novit. Zool.* VI, p. 72. Mérida (Vénézuéla).
2032. MELANANTHERA (Jard.), *Contr. Orn.* 1851, p. 111, pl. 20; Gould, *l. c.* pl. 163. Ecuador.
2033. SOLSTITIALIS, Gould, *Ann. and Mag. N. H.* 1871, p. 62; id. *Mon. suppl.* pl. 37; ? *cissiura*, Gould, *l. c.* pl. 166. Ecuador, Pérou.
2034. PERUANA, Gould, *Mon. Troch.* pl. 164. Pérou.
2035. ADDÆ (Bourc.); *rufocaligatus*, Gould, *l. c.* pl. 165. Bolivie.
2036. ANNÆ, Berl. et Stolzm., *Ibis*, 1894, p. 398; *peruana*, Tacz. (nec Gould). Pérou centr.

372. ERIOCNEMIS (1)

Eriopus, Gould (1847, nec Treitsch.); *Eriocnemis*, *Threptia*, *Phemonœ*, Rchb. (1849); *Niche*, *Pholoë*, *Nania*, *Eriona*, Muls. (1875).

2037. VESTITA (Longuem.); Gould, *l. c.* pl. 275; *uropygialis*, Fras.; *glomata*, Less.; *ridolphi*, Benv. Vénézuéla, Colombie, Ecuador.
2038. VENTRALIS, Salv., *Cat. B. Br. Mus.* XVI, p. 364, pl. 9, f. 2. Colombie.
2039. SMARAGDINIPECTUS, Gould, *Ann. and Mag. N. H.* 1868, I, p. 322; *evelinæ*, Hart., *Novit. Zool.* I, p. 59 (fem. pullus). Ecuador.
2040. NIGRIVESTIS (Bourc.); Gould, *l. c.* pl. 276. Ecuador.

(1) Voir aussi les genres : *Saucerottea* et *Eugenia*.

2041. BERLEPSCHI, Hart., *Novit. Zool.* IV, p. 531. — Colombie.

2042. GODINI (Bourc.); Gould, *l. c.* pl. 277. — Ecuador.

2043. CUPREIVENTRIS (Fras.); Gould, *l. c.* pl^s 270, 271; *simplex* (pullus), Gould; *aurea*, Mey.; *dyselius*, Ell. (melan.), *Cat. B. Br. Mus.* XVI, pl. 9, f. 1; *albogularis*, Bouc. (aberr.) — Vénézuéla, Colombie, Ecuador.

2044. ?CHRYSORAMA, Elliot, *Ann. and Mag. N. H.* 1874, p. 375; Muls., *Ois-Mouches*, III, p. 44, pl. 69. — Colombie?

2045. LUCIANI (Bourc.); Gould, *l. c.* pl. 273. — Ecuador.

2046. CATHARINA, Salv., *Ibis*, 1897, p. 265. — Pérou E.

2047. SAPPHIROPYGIA, Tacz., *P. Z. S.* 1874, pp. 139, 145; Sharpe, *Gould's Mon. suppl.* pl. 50. — Pérou.

2048. GLAUCOPOIDES (d'Orb. et Lafr.); *orbignyi*, Bourc. et Muls.; Gould, *l. c.* pl. 278. — Bolivie (Valle grande).

2049. MOSQUERA (Del. et Bourc.); Gould, *l. c.* pl. 274; *E. mosquera bogotensis*, Hart.; *mosquerai*, Sim. — Colombie, Ecuador.

2050. AURELIÆ (Bourc. et Muls.); Gould, *l. c.* pl. 283; *russata*, Gould. — Colombie, Ecuador.

515. *Var.* ASSIMILIS, Elliot, *Bull. Soc. Zool. Fr.* 1876, p. 227; *affinis*, Tacz., *P. Z. S.* 1882, p. 39. — Pérou, Bolivie.

2051. LUGENS (Gould); id. *Mon. Troch.* pl. 282 (fem.); *squamata*, Gould, *l. c.* pl. 281 (mas.). — Ecuador.

373. UROSTICTE

Urosticte, Gould (1853).

2052. BENJAMINI (Bourc.); Gould, *l. c.* pl. 190; Muls., *Ois.-Mouches*, III, p. 101, pl. 77. — Ecuador.

2053. INTERMEDIA, Tacz., *P. Z. S.* 1882, p. 36; id. *Orn. Pérou*, I, p. 351. — Pérou.

2054. RUFICRISSA, Lawr., *Ann. Lyc. N. Y.* VIII, p. 44; Muls. *l. c.* pl. 78; Gould, *Suppl. Troch.* pl. 24. — Ecuador, Colombie.

374. PHLOGOPHILUS

Phlogophilus, Gould (1860).

2055. HEMILEUCURUS, Gould, *P. Z. S.* 1860, p. 310; id. *Mon.* pl. 360. — Ecuador (Napo).

375. ADELOMYIA

Adelomyia, Bp. (1854); *Adelisca*, Cab. et H. (1860).

2056. MELANOGENYS (Fras.); *sabinæ*, Bourc. et Muls.; *maculata*, Gould, *l. c.* pl. 199; *chlorospila*, Gould; *simplex*, Bouc. (aberr.) — Colombie, Ecuador, Pérou.

516. *Var.* Cervina, Gould, *Ann. and Mag. N. H.* 1872, p. 453; Sharpe, *Gould's suppl.* pl. 46. — Colombie.
2057. æneotincta, E. Simon, *Mém. Soc. Zool. Fr.* 1889, p. 223; *melanogenys*, Gould (nec Fras.) *l. c.* pl. 198. — Vénézuéla.
2058. inornata (Gould); id. *l. c.* pl. 197. — Bolivie.

376. HELIANGELUS

Heliangelus, Gould (1848); *Parzudakia, Anactoria, Diotima*, Rchb. (1854); *Heliotrypha*, Gould (1854); *Heliotryphon*, Cab. et H. (1860); *Nodalia*, Muls. (1873); *Peratus, Helymus*, Muls. (1875); *Warzewiczia*, Bouc. (1892).

2059. barrali (Muls. et Verr.); *Cat. B. Br. Mus.* XVI, p. 166, pl. 6, f. 2; *squamigularis*, Gould. — Colombie.
2060. speciosus (Salv.); *Heliotr. speciosa*, Salv., *Cat. l. c.* p. 167, pl. 6, f. 1; *simoni*, Bouc. — Colombie.
2061. rothschildi (Bouc.), *Hum. Bird*, 1892, p. 25. — Colombie.
2062. viola, Gould, *P. Z. S.* 1853, p. 61; id. *Mon.* pl. 241. — Ecuad., Pér., Bolivie.
2063. exortis (Fraser); *parzudakii*, Long. et Parz. (nec Less.); Gould, *l. c.* pl. 240; *dispar*, Rchb. — Colombie, Ecuador.
2064. micrastur, Gould, *Ann. and Mag. N. H.* 1872, p. 195; id. *Suppl.* pl. 23; *micraster*, Sim. — Ecuador S., Pérou.
2065. clarissæ (Long.); id. *Mag. Zool.* 1842, *Ois.* pl. 26; Gould, *l. c.* pl. 241; *libussa*, Rchb.; *taczanowskii*, Pelz.; *dubius*, Hart. — Colombie, Vénézuéla.
517. *Var.* Claudiæ, Hart., *Novit. Zool.* II, p. 484. — Colombie.
2066. henrici, Bouc., *Hum. Bird*, 1891, p. 26; *laticlavius*, Salv., *Cat. B. Br. Mus.* XVI, p. 160, pl. 5, f. 1. — Ecuador.
2067. strophianus (Gould); id. *l. c.* pl. 243. — Ecuador.
518. *Var.* Violicollis, Salv., *Cat. l. c.* p. 162, pl. 5, f. 2. — Ecuador.
2068. spencei (Bourc.); Gould, *l. c.* pl. 244. — Vénézuéla (Andes).
2069. amethysticollis (d'Orb. et Lafr.); d'Orb. *Voy. Am. mér. Ois.* p. 376, pl. 8, f. 2; Gould, *l. c.* pl. 245; *amethystina*, Muls. et Verr. — Pérou, Bolivie.
2070. mavors, Gould, *P. Z. S.* 1848, p. 12; id. *l. c.* pl. 246. — Colombie, Vénézuéla.

377. METALLURA

Metallura, Gould (1847); *Urolampra*, Cab. et H. (1860); *Lavinia*, Muls. (1875).

2071. phoebe (Less. et Del.), *Rev. Zool.* 1839, p. 17 (1); *opacus*, Licht; *cupreicauda*, Gould; id. *l. c.* pl. 191; *opaca*, Salv., *Cat. B. Br. Mus.* XVI, p. 150. — Pérou, Bolivie.
2072. jelskii, Cab., *Journ. f. Orn.* 1874, p. 99; Muls., *Ois.-Mouches*, III, p. 109, pl. 79. — Pérou centr.

(1) Rapporté à tort au *Chlorostilbon prasinus*, Less. (Voy. E. Simon, *Cat. Troch.* p. 32).

2073. CHLOROPOGON (Cab. et H.), *Mus.-Hein.* III, p. 68. ?
2074. EUPOGON, Cab., *Journ. f. Orn.* 1874, p. 97; *hedvigæ*, Tacz. Pérou centr.
2075. BARONI, Salv., *Ibis*, 1893, p. 449; *Novit. Zool.* I, pl. 4, ff. 3, 4. Ecuador.
2076. SMARAGDINICOLLIS (d'Orb. et Lafr.); d'Orb., *Voy. Am. mér.* IV, p. 375, pl. 59, f. 2; Gould, *l. c.* pl. 196; *peruviana*, Bouc. Col. (Santa-Martha), Pérou, Bol.
519. *Var.* SEPTENTRIONALIS, Hart., *Novit. Zool.* VI, p. 73. Pérou N.
2077. WILLIAMI (Del. et Bourc.); Gould, *l. c.* pl. 193. Colombie S.
2078. TYRIANTHINA (Lodd.); Gould, *l. c.* pl. 195; *allardi*, Bourc.; *paulinæ*, Boiss.; *griseocyanea*, Bouc. (aberr.) Vénéz., Col., Ecuad., Pér., Bol.
520. *Var.* QUITENSIS, Gould, *Intr. Troch.* p. 112. Ecuador.
2079. PRIMOLINA, Bourc.; Gould, *Mon. Troch.* pl. 194; *primolii*, Gould; Sharpe, *Gould's suppl.* pl. 45. Ecuador.
2080. ATRIGULARIS, Salv., *Ibis*, 1893, p. 449; *Novit. Zool.* I, pl. 4, ff. 1, 2. Ecuador.
2081. ÆNEICAUDA, Gould; id. *l. c.* pl. 192. Pérou S., Bolivie.
2082. MALAGÆ, Berl., *Journ. f. Orn.* 1897, p. 90. Bolivie E. (Malaga).

378. CHALCOSTIGMA.

Chalcostigma, Rchb. (1854); *Lampropogon*, Bp. (1854); *Eupogonus*, Muls. et Verr. (1865); *Ramphomicron* (part.), auct. plur.

2083. HERRANI (Del. et Bourc.); Gould, *l. c.* pl. 187. Ecuador, Colombie.
2084. RUFICEPS (Gould); id. *l. c.* pl. 188. Bolivie.
521. *Var.* AUREOFASTIGATA, Hart., *Nov. Zool.* VI, p. 74. Ecuador S., Pérou N.
2085. HETEROPOGON (Boiss.); id. *Mag. Zool.* 1840, pl. 12; Gould, *l. c.* pl. 184; *coruscus*, Fras. Colombie.
2086. OLIVACEA (Lawr.), *Ann. Lyc. N. Y.* VIII, p. 44; Muls., *Ois.-Mouches*, III, p. 169, pl. 85; Sharpe, *Gould's suppl.* pl. 44. Pérou.
2087. STANLEYI (Bourc. et Muls.); Gould, *l. c.* pl. 185. Ecuador.
521. *Var.* VULCANI (Gould), *Contr. Orn.* 1852, p. 135; id. *l. c.* pl. 186. Bolivie.
2088. PURPUREICAUDA, Hart., *Ibis*, 1898, p. 291. Colombie.

379. OPISTHOPRORA

Avocettinus, Bp. (1854 nec 1849); *Opisthoprora*, Cab. et H. (1860).

2089. EURYPTERA (Lodd.); Gould, *l. c.* pl. 200; *georginæ*, Bourc. Colombie.

380. EUSTEPHANUS

Eustephanus, Rchb. (1849); *Sephanoides*, Bp. (1850); *Thaumaste*, Rchb. (1854); *Stokesiella*, Bp. (1854).

2090. GALERITUS (Molina); Gould, *l. c.* pl. 263; *kingi*, Vig.; *sephanoides*, Less., *Ois.-Mouches*, p. 69, pl. 14; id. *Suppl.* pl. 5; *forficatus*, Gould. — Chili et île Juan Fernandez.
2091. BURTONI, Bouc., *Hum. Bird*, 1891, p. 18. — ?
2092. FERNANDENSIS (King); Gould, *l. c.* pls 266, 267; *stokesi*, King (fem.); *cinnamomea*, Gerv.; *robinson*, Del. et Less. — Ile Juan Fernandez.
2093. LEYBOLDI, Gould, *Ann. and Mag. N. H.* 1870, p. 406; id. *Troch. suppl.* pl. 25. — Ile Masafuera.

381. CYANOLESBIA

Cynanthus, Sw. (1837 nec 1827); *Cyanolesbia*, Stejn. (1885).

2094. KINGI (Less.), *H. N. Troch.* p. 107, pl. 38; *cyanurus*, Steph.; Gould, *l. c.* pl. 172; *forficatus*, Sw. (nec Lin.); *gorgo*, Rchb. — Colombie (Bogota).
   523. *Var.* MARGARETHÆ (Heine), *Journ. f. Orn.* 1863, p. 213. — Vénéz. (Caracas, Valencia).
   524. *Var.* CAUDATA, Berl., *Journ. f. Orn.* 1892, p. 454. — Vénéz. (Mérida).
   525. *Var.* MOCOA (Del. et Bourc.), *Rev. Zool.* 1846, p. 311; *smaragdinicauda*, Gould, *Mon. Troch.* pl. 173. — Colombie S., Ecuador.
   526. *Var.* SMARAGDINA (Gould), *P. Z. S.* 1846, p. 85; *mocoa*, Rchb. (part.); *bolivianus*, Gould, *Suppl. Troch.* pl. 40. — Pérou, Bolivie.
   527. *Var.* EMMÆ, Berl., *Journ. f. Orn.* 1892, p. 452. — Col. (Antioquia).
2095. BERLEPSCHI, Hart., *Ibis*, 1899, p. 127. — Vénézuéla (Cumana).
2096. COELESTIS (Gould), *Intr. Troch.* p. 102; *forficata* (part.), Ell.; *cyanurus*, Scl. — Colombie S., Ecuador.

382. POLYONOMUS

Polyonomus, Heine (1863); *Leobia*, Muls. (1876); *Sappho*, auct. plur. (nec Rchb.); *Cynanthus* (part.), Tacz.

2097. CAROLI (Bourc.); Gould, *l. c.* pl. 177. — Pérou.
2098. GRISEIVENTRIS (Tacz.), *P. Z. S.* 1883, p. 72; *Novit. Zool.* II, pl. 2, f. 1. — Pérou.

383. LESBIA

Lesbia, Less. (1832); *Cometes*, Gould (1841); *Sappho*, Rchb. (1849); *Sparganura*, Cab. et H. (1860).

2099. SPARGANURA (Shaw); Gould, *l. c.* pl. 174; *chrysurus*, Cuv.; *sappho*, Less.; *Ois.-Mouches*, p. 105, pl^s 27, 28; *chrysochloris*, Less. — Bolivie, Chili, Rép. Argentine.
2100. PHAON (Gould); id. *l. c.* pl. 175. — Bolivie (Andes).

384. PSALIDOPRYMNA

Psalidoprymna, *Agaclyta*, Cab. et H. (1860); *Lesbia*, auct. plur.

2101. VICTORIÆ (Bourc. et Muls.); *amaryllis*, Bourc.; Gould, *l. c.* pl. 170; *æquatorialis*, Bouc. — Colombie, Ecuador.
2102. EUCHARIS (Bourc.); Gould, *l. c.* pl. 171. — Colombie W.
2103. NUNA (Less.), *Ois.-Mouches* p. 169, pl. 35; Gould, *l. c.* pl. 169; *gouldi*, d'Orb. et Lafr. (nec Lodd.); *bifurcata*, Rchb.; *boliviana*, Bouc. — Pérou, Bolivie.
528. *Var.* JULIÆ, Hart., *Novit. Zool.* VI, p. 75. — Pérou N.
2104. GOULDI (Lodd.); Gould, *l. c.* pl. 167; *calurus*, Du Bus; *sylphis*, Less. — Colombie.
529. *Var.* CHLORURA (Gould), *P. Z. S.* 1871, p. 504; *gouldi* (part.), auct. plur. — Pérou.
530. *Var.* GRACILIS (Gould); id. *l. c.* pl. 168; *gouldi* (part.), auct. plur. — Ecuador.

385. ZODALIA

Zodalia, Muls. (1876).

2105. GLYCERIA (Bp.); Gould, *l. c.* pl. 176; *mossai*, Cab. et H. — Colombie (Popayan).
2106. ORTONI (Lawr.), *Ann. Lyc. N. Y.* IX, p. 269; Gould, *Suppl.* pl. 38. — Ecuador.

386. RHAMPHOMICRON

Ramphomicron, Bp. (1850).

2107. MICRORHYNCHUM (Boiss.); Gould, *l. c.* pl. 189; Muls., *Ois.-Mouches*, III, p. 162, pl. 84. — Colombie, Ecuador, Vénézuéla (Merida).
2108. DORSALE, Salv. et Godm., *Ibis*, 1880, p. 172, pl. 5; Sharpe, *Gould's suppl.* pl. 43. — Colombie N.

387. OXYPOGON

Oxypogon, Gould (1848).

2109. LINDENI (Boiss.); Gould, *l. c.* pl. 183. — Vénézuéla.

2110. GUERINI (Boiss.); Gould, *l. c.* pl. 182; *parvirostris*, Fras. — Colombie.

2111. STUBELI, Mey., *Zeitschr. Ges. Orn.* I, p. 204. — Col. (volc. Tolima).

2112. CYANOLÆMUS, Salv. et Godm., *Ibis*, 1880, p. 172, pl. 4, f. 2; Sharpe, *Gould's suppl.* pl. 41. — Colombie N.

388. OREONYMPHA

Oreonympha, Gould (1869).

2113. NOBILIS, Gould, *P. Z. S.* 1869, p. 295; id. *Mon. Troch. suppl.* pl. 42. — Pérou S.

389. AUGASTES

Augastes, Gould (1849); *Lamprurus*, Rchb. (1854).

2114. SUPERBUS (Vieill.); *scutatus*, Natt. in Tem. *Pl. col.* 299, f. 3; Gould, *l. c.* pl. 221; *nattereri*, Less., *Ois.-Mouches*, p. 75, pl. 16. — Brésil S. et E.

2115. LUMACHELLUS (Less.); Gould, *l. c.* pl. 222. — Brésil S. et E.

390. SCHISTES

Schistes, Gould (1851).

2116. ALBOGULARIS, Gould; id. *l. c.* pl. 220; *personatus*, Gould, *l. c.* pl. 219. — Ecuador.

2117. GEOFFROYI (Bourc. et Muls.); Gould, *l. c.* p. 218. — Col., Ecuad., Bolivie.

391. HELIOTHRIX

Heliothrix, Boie (1831).

2118. AURITUS (Gm.); Gould, *l. c.* pl. 213; *leucocrotophus*, Vieill.; *nigrotis* (fem.) Less.; *longirostris*, Gould, *P. Z. S.* 1862, p. 124. — Amér. mérid. trop. jusqu'à l'Amazone.

2119. AURICULATUS (Nordm.); Gould, *l. c.* pl. 214; *poucheti*, Bp.; *phænolæma*, Gould, *l. c.* pl. 215; *phænoleuca*, Hartl. — Brésil, Ecuador, Colombie.

2120. BARROTI (Bourc.); Gould, *l. c.* pl. 217; *purpureiceps*, Gould, *l. c.* pl. 216; *violifrons*, Gould, *Intr. Troch.* p. 122. — Amérique centrale, Colombie, Ecuador.

392. HELIACTIN

Heliactin, Boie (1831); *Heliactinia*, Rchb. (1854); *Heliactinus*, Burm. (1854).

2121. CORNUTUS (Max.); Gould, *l. c.* pl. 212; *dilophus*, Vieill.; *chrysolopha*, Less., *Ois.-Mouches*, p. 55, pl[s] 7 et 8, et *suppl.* pl. 32. — Brésil.

393. THAUMASTURA

Thaumastura, Bp. (1850).

2122. CORA (Less. et Garn.), *Voy. Coq.* pl. 13, f. 4; Gould, *l. c.* pl. 153. — Pérou W.

394. RHODOPIS

Rhodopis, Rchb. (1854).

2123. VESPER (Less.), *Ois.-Mouches*, p. 85, pl. 19; Gould, *l. c.* pl. 154. — Pérou W.

531. *Var.* ATACAMENSIS (Leyb.), *An. Univ. de Santiago, Chile*, XXXII, p. 43 (1869); Mart., *Journ. f. Orn.* 1875, p. 442. — Pérou, Chili N.

395. HELIOMASTER

Heliomaster, Bp. (1850); *Calliperidia, Lepidolarynx*, Rchb. (1854); *Ornithomyia*, Bp. (1854).

2124. SQUAMOSUS (Tem.), *Pl. col.* 203, f. 1; *mesolencus*, Tem., *Pl. col.* 317, f. 1; Gould, *l. c.* pl. 262; *temmincki* (pull.), Less. — Brésil.

2125. FURCIFER (Shaw.); *caudacutus* (mas. pull.) et *azaræ* (fem.), Vieill.; *regis*, Schr.; *angelæ*, Less.; *Ill. Orn.* pl[s] 45, 46; Gould, *l. c.* pl. 263; *inornatus* (pull.), Burm. — Brésil S., Paraguay, Rép. Argentine.

396. FLORICOLA

Heliomaster, Bp. (1854 nec 1850); *Floricola*, Elliot (1878).

2126. LONGIROSTRIS (Vieill.); Gould, *l. c.* pl. 259; *superbus*, Shaw.; Less., *Ois.-Mouches*, p. 40, pl. 2, *Suppl.* pl. 33; *sclateri*, Cab. et H. — Trinidad, Vénézuéla, Guyane, Amazone.

532. *Var.* PALLIDICEPS (Gould), *Intr. Troch.* p. 139. — Mexique, Amér. centr.

533. *Var.* STUARTÆ (Lawr.), *Ann. Lyc. N. Y.* VII, p. 291 (1860); *longirostris*, auct. plur.; *stewartæ* (err.), Salv. — Colombie.

534. *Var.* ALBICRISSA (Gould), *P. Z. S.* 1871, p. 504. — Ecuador.

2127. CONSTANTI (Del.); Gould, *l. c.* pl. 260; *leocadiæ*, Bourc.; *pinicola*, Gould, *l. c.* pl. 261; *leocardiæ*, Salv. — Mexique, Guatémala, Costa-Rica.

397. CALOTHORAX

Calothorax, Gray (1840); *Lucifer*, Rchb. (1849); *Manilia*, Muls. et Verr. (1865); *Callithorax*, Simon (1897).

2128. LUCIFER (Sw.); *cyanopogon*, Less., *Ois.-Mouches*, p. 50, pl. 5; Gould, *l. c.* pl. 143; *simplex* (fem.), — Mexique.

Less.; *corruscus*, Licht.; *tendali*, Rchb.; *labrador*, Bp. (nec Bourc.)

2129. PULCHRA, Gould; id., *Mon. Troch.*, pl. 144. Mexique (Oaxaca).

398. MYRTIS

Myrtis, Rchb. (1854); *Zephyritis*, Muls. et Verr. (1865); *Eudosia*, Muls. (1875); *Eulidia*, Muls. (1877).

2130. FANNYÆ (Less.); *fanny*, Less.; Gould, *l. c.*, pl. 151; *labrador*, Bourc. Ecuador, Pérou W.

2131. YARRELLI (Bourc.); Gould, *l. c.*, pl. 152. Pérou S., Bolivie W.

399. MYRMIA

Myrmia, Muls. (1875); *Calothorax* et *Acestrura* (part.), auct. plur.

2132. MICRURA (Gould), *Mon. Troch.*, pl. 148. Pérou N., Ecuador S.

400. CATHARMA

Catharma, Elliot (1876).

2133. ORTHURA (Less.), *Troch.*, pp. 85, 88, pls 28, 29. Vénézuéla, Guyane.

401. CALLIPHLOX

Calliphlox, Boie (1831).

2134. AMETHYSTINA (Gmel.); Gould, *l. c.*, pl. 159; *brevicauda*, Spix; Less., *Ois.-Mouches*, p. 150, pl. 47. Trinid., Guy., Vénéz., Brésil, Ecuador.

535. *Var.* AMETHYSTOIDES (Less.), *Troch.*, p. 79, pls 25, 26, 27; *roraimæ*, Bouc. Amérique méridionale tropicale E. et centr.

402. PHILODICE

Philodice, *Egolia*, Muls. et Verr. (1865); *Calliphlox* et *Doricha* (part.), auct. plur.

2135. MITCHELLI (Bourc.); Gould, *l. c.*, pl. 160. Colombie, Ecuador.

2136. BRYANTÆ (Lawr.), *Ann. Lyc. N. Y.* VIII, p. 483; Muls., *Ois.-Mouches* IV, p. 42, pl. 103; Gould, *Suppl.*, pl. 53. Costa-Rica, Panama.

2137. EVELYNÆ (Bourc.); Gould, *l. c.*, pl. 156; *bahamensis*, Bryant. Bahamas (Nassau, New-Provid. et Andros).

2138. LYRURA (Gould); id., *Mon. suppl.*, pl. 54. Bahamas (Long. Isl. et Inagua).

403. DORICHA

Doricha, Elisa, Rchb. (1854); *Amathusia*, Muls. et Verr. (1865); *Amalusia*, Muls. (1877).

2139. HENICURA (Vieill.); Gould, *l. c.*, pl. 157; *heteropygia*, Less., *Ois.-Mouches*, p. 72, pl. 15; *swainsoni*, Less., *Troch.*, pl. 66; *enicura*, auct. plur. — Guatémala.
2140. ELIZÆ (Less. et Del.); Gould, *l. c.*, pl. 155; *elisæ*, Sim. — Mexique S., Yucatan.

404. TILMATURA

Tryphæna, Gould (1849, nec Ochs. 1816); *Tilmatura*, Rchb. (1854).

2141. DUPONTI (Less.), *Suppl. Ois.-Mouches*, p. 100, pl. 1; Gould, *l. c.*, pl. 158; *cœlestis*, *zemes*, Less.; *lepida*, Rchb. — Guatémala.

405. TROCHILUS

Trochilus, Lin. (1766); *Cynanthus*, Boie (1831); *Archilochus*, Rchb. (1855).

2142. COLUBRIS, Lin.; Gould, *l. c.*, pl. 131; *aureigaster*, Lawr.; *aurigularis*, Heine. — États-Unis, Am. centr., Berm., Baham.
2143. ALEXANDRI, Bourc. et Muls.; Gould, *l. c.*, pl 132. — Californie, Mexique N.
2144. VIOLAJUGULUM, Jeffr., *Auk*, 1888, p. 168. — Calif. (Sta Barbara).

406. SELASPHORUS

Selasphorus, Swains. (1831).

2145. FLORESII, Gould, *Mon. Troch.*, pl. 139; *rubromitratus*, Ridgw. — Mexique (Balanos), Californie.
2146. PLATYCERCUS (Sw.); Gould, *l. c.*, pl. 140; *tricolor* et *montanus*, Less. — États-Unis, Mexique, Guatémala.
2147. ARDENS, Salv., *P. Z. S.*, 1870, p. 209; Muls., *Ois.-Mouches* IV, p. 103, pl. 108. — Panama.
2148. UNDERWOODI, Salv., *Ibis*, 1897, p. 441. — Costa-Rica.
2149. FLAMMULA, Salv., *P. Z. S.*, 1864, p. 586; Muls., *l. c.*, pl. 107; Sharpe, *Gould's suppl.*, pl. 31. — Costa-Rica.
2150. TORRIDUS, Salv., *P. Z. S.*, 1870, p. 208; id., *Cat. B. Br. Mus.* XVI, p. 395. — Panama (Chiriqui).
2151. SCINTILLA, Gould, *Mon. Troch.*, pl. 138; Muls., *l. c.*, pl. 109. — Costa-Rica, Chiriqui.
2152. RUFUS (Gmel.); Gould, *l. c.*, pl. 137; *collaris*, Vieill.; *swainsoni*, *sasin*, Less., *Ois.-Mouches*, pl. 66; *alleni*, Hensh.; *henshawi*, Ell. (1). — Amérique N.-W., Mexique.

(1) Cette espèce, qui émigre au Mexique, a deux livrées : une d'été à dos vert *(S. alleni)* et une d'hiver à dos roux *(S. rufus)*.

407. ACESTRURA

Acestrura, Gould (1861); *Polymnia*, Muls. et Verr. (1865).

2153. MULSANTI (Bourc.); Gould, *l. c.*, pl. 145; *cyanopogon*, d'Orb. et Lafr. (nec Less.) — Col., Ecuad., Bol., Pér., Haut-Amaz.
2154. HELIODORI (Bourc.); Gould, *l. c.*, pl. 147; *decoratus*, Gould, *l. c.*, pl. 146. — Vénézuéla, Colombie, Ecuador.

408. CHÆTOCERCUS

Chætocercus, Gray (1855); *Osalia*, Muls. et Verr. (1865).

2155. ROSÆ (Bourc. et Muls.); Gould, *l. c.*, pl. 149. — Vénézuéla, Colombie.
2156. JOURDANI (Bourc.); Gould, *l. c.*, pl. 150. — Trinidad.
2157. BURMEISTERI, Sclat., *P. Z. S.*, 1887, p. 638. — Tucuman.

409. POLYXEMUS

Polyxemus, Muls. (1877); *Chætocercus* (part.), auct. plur.

2158. BOMBUS (Gould), *P. Z. S.*, 1870, p. 803; Muls., *Ois.-Mouches* IV, p. 123, pl. 111. — Ecuador, Pérou.
2159. BERLEPSCHI (Simon), *Mém. Soc. Zool. Fr.*, 1889, p. 230. — Ecuador (Napo).

410. ATTHIS

Atthis, Rchb. (1854).

2160. HELOISÆ (Less. et Del.); Gould, *l. c.*, pl. 141. — Mexique S.
2161. ELLIOTI, Ridgw., *Pr. U. S. Nat. Mus.* I, p. 9; *heloisæ*, Scl. et Salv., *Ibis*, 1859, p. 129. — Guatémala.
2162. ? MORCOMI, Ridgw., *Auk*, 1898, p. 325. — Arizona.

411. STELLULA

Stellula, Gould (1861); *Stellura*, Muls. et Verr. (1865).

2163. CALLIOPE, Gould; id., *l. c.*, pl. 142. — Amér. N.-W., Mex.

412. CALYPTE

Calypte, Gould (1856); *Leucaria*, Muls. (1875); *Atthis* (part.), auct. plur.

2164. ANNÆ (Less.), *Ois.-Mouches*, p. 205, pl. 74; Gould, *l. c.*, pl. 135; *icterocephalus*, Nutt. — Californie.
2165. COSTÆ (Bourc.); Gould. *l. c.*, pl. 134; *costai*, Sim. — Californie.
2166. HELENÆ (Lemb.), *Aves de la Isla Cuba*, p. 70, pl. 10, f. 2; Gould, *l. c.*, pl. 136; *boothi*, Gundl.; *elviræ*, Muls. et Verr. — Cuba.

413. MELLISUGA

Mellisuga, Briss. (1760); *Dyrinia*, Muls. et Verr. (1865).

2167. MINIMA (Lin.); Gould, *l. c.*, pl. 133; *minutulus*, Vieill.; *vieilloti*, Shaw.; *humilis*, Gosse; *catherinæ*, Sallé; *nigra*, Gr. — Jamaïque, Saint-Domingue.

414. ORTHORHYNCHUS

Orthorhynchus, Cuv. (1799-1800); *Bellona*, Muls. et Verr. (1865).

2168. CRISTATUS (Lin.); Gould, *l. c.*, pl. 205; *puniceus*, Gm.; *pileatus*, Lath.; *emigrans*, Lawr. — Barbades, Grenada, Grenadines.

2169. ORNATUS (Gould), *l. c.*, pl. 206; *hectoris*, Muls. et Verr.; *superba*, Bouc. — Ile Saint-Vincent.

2170. EXILIS (Gmel.); Gould, *l. c.*, pl. 207; *cristatellus*, Lath.; *chlorolophus*, Bp. — Petites-Antilles, de Ste-Lucie à Ste-Croix.

415. CEPHALOLEPIS

Cephallepis, Lodd. (1830, nec Raf. 1810); *Cephalolepis*, Cab. et H. (1860); *Stephanoxis*, E. Simon (1897).

2171. DELALANDEI (Vieill.); Tem., *Pl. col.* 18, ff. 1, 2; Gould, *l. c.*, pl. 208; *versicolor*, Vieill.; *beskii*, Pelz. — Brésil S.

2172. LODDIGESI (Gould); id., *l. c.*, pl. 209. — Brésil S.

416. KLAIS

Klais, *Guimetia*, Rchb. (1854); *Clais*, auct. plur.

2173. GUIMETI (Bourc. et Muls.); Gould, *l. c.*, pl. 110; *merritti*, Lawr. — Amér. centr., Col., Vénéz., Ecuador, Haut-Amaz.

417. ABEILLIA

Abeillia, Bp. (1849); *Baucis*, Rchb. (1854); *Myiabeillia*, Bp. (1854).

2174. TYPICA, Bp.; Gould, *l. c.*, pl. 211; *abeillei*, Del. et Less. — Mexique, Guatémala.

418. MICROCHERA

Microchera, Gould (1858).

2175. ALBOCORONATA (Lawr.), *Ann. Lyc. N. Y.* VI, p. 137, pl. 4; Gould, *l. c.*, pl. 116. — Panama.

2176. PARVIROSTRIS (Lawr.), *Pr. Ac. Phil.*, 1865, p. 39; Gould, *Suppl.*, pl. 30. — Nicarag., Costa-Rica.

419. LOPHORNIS

Lophornis, Less. (1829); *Bellatrix*, Boie (1831); *Lophorinus*, Bp. (1854); *Polemistria*, Cab. et H. (1860); *Telamon*, *Paphosia*, Muls. et Verr. (1865); *Dialia*, *Idas*, *Aurinia*, Muls. (1875).

2177. CHALYBÆUS (Vieill.); Tem., *Pl. col.* 66, f. 2; Gould, *l. c.*, pl. 124; *festivus*, Licht.; *mystax*, Spix; *vieilloti*, *audeneti*, Less. — Brésil S.

2178. VERREAUXI (Bourc.); Gould, *l. c.*, pl. 125; *hauxwelli*, Bouc. — Col., Ecuad., Pérou, Haut-Amaz.

2179. INSIGNIBARBIS, Simon, *Bull. Soc. Zool. Fr.* XV, p. 17. — Colombie.

2180. PAVONINUS, Salv. et Godm., *Ibis*, 1882, p. 81; Sharpe, *Gould's suppl.*, pl. 36. — Guyane anglaise.

2181. MAGNIFICUS (Vieill.); Gould, *l. c.*, pl. 119; *helios*, Spix; *decorus*, Licht.; *strumaria*, Less., *Ois.-Mouches*, pls 42, 43. — Brésil S. et E.

2182. ORNATUS (Bodd.); Less., *Ois.-Mouches*, pl. 41; Gould, *l. c.*, pl. 117; *auratus*, Bp. — Trinid., Vénéz., Guy., Amaz. infér.

2183. GOULDI (Less.), *Troch.*, p. 103, pl. 36; Gould, *l. c.*, pl. 118; *reginæ*, Schreib. — Amaz. infér.

2184. STICTOLOPHUS, Salv. et Ell., *Ibis*, 1873, p. 280; *reginæ*, Gould (nec Schreib.), *l. c.*, pl. 122. — Vénézuéla, Colombie, Ecuador.

2185. REGULUS, Gould; id., *l. c.*, pl. 120; *lophotes*, Gould. — Pérou, Bolivie.

2186. DELATTREI, Less.; Gould, *l. c.*, pl. 121. — De Panama au Pérou.

2187. HELENÆ (Del.); Gould, *l. c.*, pl. 123; Muls., *Ois.-Mouches*, pl. 91, f. 2. — Du Mexique mérid. au Costa-Rica.

2188. ADORABILIS, Salv., *P. Z. S.*, 1870, p. 207; Gould, *l. c.*, *Suppl.* pl. 35. — Chiriqui.

420. PRYMNACANTHA

Gouldia, Bp. (1850, nec Adams); *Popelairea*, Rchb. (1854); *Gouldomyia*, Bp. (1854); *Prymnacantha*, Cab. et H. (1860); *Tricholopha*, Heine (1863); *Mytinia*, Muls. (1875).

2189. POPELAIREI (Du Bus), *Esq. Orn.* pl. 6; Gould, *l. c.*, pl. 127; *tricholopha*, Rchb. — Colombie, Ecuador, Pérou.

2190. LANGSDORFFI (Bonn. et Vieill.); Less., *Ois.-Mouches*, pl. 26, *suppl.*, pl. 16; Gould, *l. c.*, pl. 128; *hirundinaceus*, Spix. — Brésil.

536. *Var.* MELANOSTERNON, Gould, *Ann. and Mag. N. H.*, 1868, I, p. 323. — Pérou, Bolivie.

2191. CONVERSI (Bourc. et Muls.); Gould, *l. c.*, pl. 129; *æquatorialis*, Berl. et Tacz. — De Costa-Rica à l'Ecuador.

2192. LETITIÆ (Bourc.); Gould, *l. c.*, pl. 130. — Bolivie.

421. DISCURA

Platurus, Less. (1829, nec Latr.); *Discosura*, Bp. (1849); *Discura*, Rchb. (1854).

2193. LONGICAUDA (Gould); Gould, *l. c.*, pl. 126; *platurus*, Lath.; *bilophus*, Tem., *Pl. col.* 18, f. 3; *ligonicaudus*, Gould *(lapsus calami)*. — Guyane, Brésil.

422. LODDIGESIA

Loddigesia, Gould (1849); *Loddigesiornis*, Bp. (1850); *Mulsantia*, Rchb. (1854); *Thaumantoessa*, Heine (1863).

2194. MIRABILIS (Bourc.); Gould, *l. c.*, pl. 161. — Pérou centr.

ORD. V. — PASSERES

SUBORD. I. — TRACHEOPHONÆ

FAM. I. — PTEROPTOCHIDÆ (1)

423. SCYTALOPUS

Scytalopus, Gould (1836); *Sylviaxis*, Less. (1840); *Agathopus*, Selby (1858).

2195. MAGELLANICUS (Gm.); *fuscus*, Gould; Jard. et Sel., *Ill. Orn.*, pl. 19; *niger*, Sw.; Puch., *Voy. Pôle S., Zool.*, pl. 19, f. 5. — Colombie, Ecuador, Pérou, Chili, Patag.

537. *Var.* ALBIFRONS, Landb., *Wiegm. Arch.*, 1857, p. 273. — Chili.

2196. UNICOLOR, Salv., *Novit. Zool.* II, p. 15; *acutirostris*, Tacz. (nec Tsch.) — Pérou.

2197. SPELUNCÆ (Ménétr.), *Mém. Ac. Sc. St-Pétersb.*, sér. VI, I, p. 527, pl. 13, f. 1. — Brésil S. (Minas).

2198. SENILIS (Lafr.), *Rev. Zool.*, 1840, p. 103; Scl., *Ibis*, 1874, p. 194. — Colombie.

2199. OBSCURUS (King), *Zool. Journ.* III, 1828, p. 429; *fuscoides*, Lafr., *Contr. Orn.*, 1851, p. 149. — Chili.

2200. GRISEICOLLIS (Lafr.), *Rev. Zool.*, 1840, p. 103; *nanus*, Less.; *squamiger*, Lafr., *l. c.* — Colombie, Vénézuéla.

2201. ACUTIROSTRIS, Tsch., *Faun. Per. Av.*, p. 183. — Pérou.

2202. SYLVESTRIS, Tacz., *P. Z. S.*, 1874, pp. 138, 531. — Bolivie, Pérou, Col.

2203. INDIGOTICUS (Max.); *albiventris*, Ménétr., *Mém. Ac. Sc. St-Pétersb.*, sér. VI, I, p. 525, pl. 13, f. 2; — Brésil S.-E.

(1) Voy.: P.-L. Sclater, *Cat. Birds Brit. Mus.* XV, p. 337 (1890).

albogularis, Gould; *undulatus,* Jard., *Contr. Orn.*, 1851, p. 117, pl. 76, f. 1.

2204. SUPERCILIARIS, Cab., *Journ. f. Orn.*, 1883, p. 105, pl. 2, f. 2. — Tucuman (Argent.)

2205. FEMORALIS, Tsch., *Faun. Per. Av.*, p. 182; *macropus,* Berl. et Stolzm., *P. Z. S.*, 1896, p. 387. — Pérou.

2206. BOLIVIANUS, Allen, *Bull. A. M. N. H.* II, p. 98. — Bolivie.

2207. ANALIS (Pl. III, f. 2), Lafr., *Rev. Zool.*, 1840, p. 104; *micropterus,* Scl., *P. Z. S.*, 1858, p. 69. — Colombie, Ecuador.

2208. ARGENTIFRONS, Ridgw., *P. U. S. Nat. Mus.*, 1891, p. 475. — Costa-Rica.

424. MERULAXIS

Merulaxis, Less. (1830); *Malacorhynchus,* Ménétr. (1835); *Platyurus,* Sw. (1837); *Sarochalinus,* Cab. (1847).

2209. RHINOLOPHUS (Max.); *ater,* Less., *Cent. Zool.*, p. 88, pl. 30; *corniculatus,* Sw.; *cristatellus,* Ménétr. — Brésil S.-E.

425. LIOSCELES

Liosceles, Sclat. (1864).

2210. THORACICUS, Scl., *P. Z. S.*, 1864, p. 609, pl. 38. — Rio-Madeira.

2211. ERITHACUS, Scl., *Cat. B. Br. Mus.* XV, p. 345. — Ecuador W.

426. ZELEDONIA

Zeledonia, Ridgw. (1888).

2212. CORONATA, Ridgw., *P. U. S. Nat. Mus.* XI, p. 538. — Costa-Rica.

427. PTEROPTOCHUS

Pteroptochos, Kittl. (1831).

2213. RUBECULA, Kittl., *Mém. Ac. Sc. St-Pétersb.*, 1831, p. 179, pl. 2; *rufogularis,* d'Orb., *Voy. Ois.*, pl. 7, f. 3. — Chili S.

2214. ALBICOLLIS, Kittl., *l. c.*, p. 180, pl. 3; *medius,* Less., *Ill. Zool.*, pl. 60. — Chili, Argentine W.

428. RHINOCRYPTA

Rhinomya, Geoff. et d'Orb. (1832); *Rhinocrypta,* Gray (1841).

2215. LANCEOLATA, I. Geoff. et d'Orb., *Mag. de Zool.*, 1832, *Ois.*, pl. 3; d'Orb., *Voy.*, pl. 7, f. 1. — Argent. W., Patag. N.

2216. FUSCA, Scl. et Salv., *Nomencl.*, pp. 76, 161; id., *Ibis,* 1874, pl. 8. — Argentine W.

429. HYLACTES

Hylactes, King (1830); *Megalonyx*, Less. (1830); *Leptonyx*, Sw. (1832).

2217. TARNII, King; *ruficeps*, d'Orb. et Lafr.; d'Orb., *Voy. Ois.*, pl. 8, f. 1. — Chili S., Patag. W.

2218. CASTANEUS, Phil. et Landb.; Scl. et Salv., *Exot. Orn.*, p. 57, pl. 29. — Chili (Andes).

2219 MEGAPODIUS (Kittl.), *Mém. Ac. Sc. St-Pétersb.*, 1831, p. 182, pl. 4; *rufus*, Less., *Cent. Zool.*, p. 200, pl. 66; *macropus*, Sw., *Zool. Ill.*, pl. 117. — Chili N. et centr.

430. ACROPTERNIS

Acropternis, Cab. (1859); *Ommatornis*, Scl. (1874).

2220. ORTHONYX (Lafr.); id., *Mag. Zool.*, 1844, pl. 53. — Colombie, Vénézuéla.

538. *Var.* INFUSCATA; *Acr. infuscatus*, Salvad. et Festa, *Boll. Mus. Tor.*, n° 362, 1899, p. 34; *orthonyx* (part.), Scl. — Ecuador.

431. TRIPTORHINUS

Triptorhinus, Cab. (1847).

2221. PARADOXUS (Kittl.), *Mém. prés. Ac. Sc. St-Pétersb.*, 1831, p. 184, pl. 5; *chilensis*, Ménétr.; *lepturus*, Sw.; *magellanicus*, Phil. — Chili S.

FAM. II. — CONOPOPHAGIDÆ (1)

432. CORYTHOPIS

Corythopis, Sundev. (1836).

2222. CALCARATA (Max.), *Beitr.* III, p. 1101; *Burm. Syst. Uebers.* III, p. 58; *delalandi*, Less. — Brésil S.-E.

2223. ANTHOIDES (Cuv.); Puch., *Arch. Mus. Paris.* VII, p. 334 (1855); *humivagans*, Tacz.; *torquata*, Tsch. — Guyane, Amaz. jusqu'à l'Ecuad. et Pérou.

2224. ?NIGROCINCTA, d'Orb. et Lafr.; d'Orb., *Voy. Ois.*, p. 187, pl. 6, f. 2; ?*anthoides*. — Bolivie.

433. CONOPOPHAGA

Conopophaga, Vieill. (1816).

2225. AURITA (Gm.); *Pl. enl.* 822; *leucotis*, Gm.; Vieill., *Gal. Ois.*, I, p. 203, pl. 127. — Guyane franç., Ecuad.

(1) Voy.: P.-L. Sclater, *Cat. Birds Brit. Mus.* XV, p. 329 (1890).

2226. MELANOGASTRA, Ménétr., *Mém. Ac. Sc. St-Pétersb.*, sér. VI, I, p. 537, pl. 15, f. 2. — Brésil centr.

2227. PERUVIANA, Des M., *Voy. Casteln. Ois.*, p. 50, pl. 16, f. 1; *torrida*, Scl., *P. Z. S.*, 1858, p. 68. — Haut-Amaz., Ecuador.

2228. ARDESIACA, Lafr. et d'Orb.; id. *Voy. Ois.*, p. 188. — Bolivie, Ecuador.

2229. CASTANEICEPS, Scl., *P. Z. S.*, 1857, p. 47; *ardesiaca*, Tscb. (pt.); *gutturalis*, Scl. (fem.) — Pérou N., Colombie.

539. *Var.* BRUNNEINUCHA, Berl. et Stolzm., *P. Z. S.*, 1896, p. 385. — Pérou centr.

2230. LINEATA (Max.); *vulgaris*, Ménétr., *Mém. Ac. Sc. St-Pétersb.*, sér. VI, I, p. 534, pl. 14, f. 1. — Brésil S. et E.

2231. DORSALIS, Ménétr., *l. c.*, p. 533, pl. 14, f. 2. — Brésil S.

2232. MELANOPS (Vieill.); Scl., *P. Z. S.*, 1858, p. 286; *perspicillata*, Licht.; *ruficeps*, Sw., *Nat. Libr.* X, p. 155, pl. 16. — Bahia (Brésil).

540. *Var.* ?NIGRIGENYS, Less.; Ménétr., *l. c.*, p. 536, pl. 15, f. 1; *maximiliani*, Cab. et H. (? *melanops*, fem.) — Brésil S.-E.

2233. RUSHYI, Allen, *Bull. A. M. N. H.* II, p. 96. — Bolivie.

FAM. III. — FORMICARIIDÆ (1)

SUBF. I. — GRALLARIINÆ

434. GRALLARICULA

Grallaricula, Sclat. (1858).

2234. FLAVIROSTRIS, Scl., *P. Z. S.*, 1858, pp. 68, 283; *costaricensis*, Lawr., *Ann. Lyc. N. Y.* VIII, p. 346. — Du Costa-Rica à l'Ecuador.

2235. FERRUGINEIPECTUS, Sclat., *P. Z. S.*, 1857, p. 129. — Vénézuéla.

2236. NANA (Lafr.), *Rev. Zool.*, 1842, p. 334; Scl., *P. Z. S.*, 1855, p. 145. — De la Colombie à la Guyane anglaise.

2237. LORICATA, Scl., *P. Z. S.*, 1857, p. 129; 1858, p. 284. — Vénézuéla.

2238. CUCULLATA, Sclat., *P. Z. S.*, 1856, p. 29, pl. 119. — Colombie.

435. GRALLARIA

Grallaria, *Myrmothera*, Vieill. (1816); *Myioturdus*, *Myiotrichas*, Boie (1826 et 1831); *Colobathris*, *Codonistris*, Glog. (1842); *Hypsibemon*, Cab. (1847).

2239. PERSPICILLATA, Lawr., *Ann. Lyc. N. H. N. Y.* VII, pp. 303, 326; Salv. et God., *Biol. Centr. Am.*, pl. 53, f. 2. — De Costa-Rica à Panama.

(1) Voy. : P.-L. Sclater, *Cat. Birds Brit. Mus.* XV, p. 176 (1890).

2240. LIZANOI, Cherr., *P. U. S. Nat. Mus.*, 1891, p. 342. Costa-Rica.

2241. INTERMEDIA, Ridgw., *P. U. S. Nat. Mus.* VI, p. 406. Costa-Rica.

2242. OCHROLEUCA (Max.), *Beitr.* III, p. 1032; Scl., *P. Z. S.*, 1858, p. 282. Brésil S.-E.

2243. MACULARIA (Tem.); Burm., *Syst. Uebers.* III, p. 50. Guyane, Amazone.

2244. DIVES, Salv., *P. Z. S.*, 1864, p. 582; id. *Biol. Centr. Am.*, pl. 53, f. 1. Nicarag., Costa-Rica.

2245. FULVIVENTRIS, Sclat., *P. Z. S.*, 1858, pp. 68, 282; id., *Cat. B. Br. Mus.* XV, pl. 20. Ecuador E.

2246. ANDICOLA (Cab.), *Journ. f. Orn.*, 1873, p. 318, pl. 4, f. 3. Pérou centr.

2247. MODESTA, Sclat., *P. Z. S.*, 1855, p. 89, pl. 94. Colombie.

2248. BREVICAUDA (Bodd.); *Pl. enl.* 706, f. 1; *tinniens*, Gm.; *minor*, Tacz., *P. Z. S.*, 1882, p. 33. Guyane, Amazone, Ecuador, Colombie.

2249. SIMPLEX, Salv. et Godm., *Ibis*, 1884, p. 451. Guyane anglaise.

2250. RUFICAPILLA, Lafr., *Rev. Zool.*, 1842, p. 333; Scl., *P. Z. S.*, 1855, p. 145. Colombie, Ecuador.

541. *Var.* NIGRO-LINEATA, Berl.; Scl., *Cat.*, *l. c.*, p. 321. Mérida (Vénézuéla).

542. *Var.* ALBILORIS, Tacz., *P. Z. S.*, 1880, p. 201. Pérou.

2251. PRZEWALSKII, Tacz., *P. Z. S.*, 1882, p. 33. Pérou N.-E.

2252. RUFULA, Lafr., *Rev. Zool.*, 1843, p. 99; Scl., *P. Z. S.*, 1855, p. 145. De Colombie au Pérou.

543. *Var.* OBSCURA, Berl. et Stol., *P. Z. S.*, 1896, p. 385. Pérou centr.

2253. GRISEONUCHA, Scl. et Salv., *P. Z. S.*, 1870, p. 786. Mérida (Vénézuéla).

2254. HYPOLEUCA, Scl., *P. Z. S.*, 1855, pp. 88, 145. Colombie, Ecuador.

2255. ERYTHROTIS, Scl. et Salv., *P. Z. S.*, 1876, p. 357; Scl., *Cat.*, *l. c.*, pl. 18. Bolivie.

2256. ERYTHROLEUCA, Scl., *P. Z. S.*, 1873, p. 783. Pérou S.-W.

2257. MONTICOLA, Lafr.; Des M., *Icon. Orn.*, pl. 53; *quitensis*, Less. Colombie W., Ecuad.

2258. FLAVOTINCTA, Scl., *Ibis*, 1877, p. 445, pl. 9. Colombie.

2259. NUCHALIS, Scl., *P. Z. S.*, 1859, p. 441. Ecuador.

2260. RUFICEPS, Scl., *P. Z. S.*, 1873, p. 729; id., *Ibis*, 1877, p. 444, pl. 8. Colombie.

2261. RUFO-CINEREA, Scl. et Salv., *P. Z. S.*, 1879, p. 526; Scl., *Cat.*, *l. c.*, pl. 19. Colombie.

2261bis. OCHRACEIVENTRIS, Nels., *P. Soc. Washington*, XII, p. 62. Mexique W.

2261ter. SPATIATOR, Bangs, *P. Soc. Washington*, XII, p. 177. Sta-Martha (Colombie).

2262. IMPERATOR, Lafr., *Rev. Zool.*, 1842, p. 333; *rex*, auct. plur. (nec Gm.); *imperatrix*, Cab. et H. Brésil S.

544. *Var.* INTERCEDENS, Berl. et Leverk., *Ornis*, VI, p. 27. Bahia.

2263. VARIA (Bodd.); *Pl. enl.* 702; *rex*, Gm.; *grallarius*, Lath.; *fusca*, Vieill., *Gal. Ois.*, pl. 154. Guyane, Bas-Amaz., Brésil N.

2264. HAPLONOTA, Sclat., *Ibis*, 1877, p. 442; id. *Cat.*, *l. c.*, pl. 17. Vénézuéla.

2265. GUATEMALENSIS, Prév., *Voy. Vénus*, *Zool.*, p. 199, pl. 4. Guatémala.

545. *Var.* MEXICANA, Sclat., *P. Z. S.*, 1861, p. 381; *guatemalensis*, Scl. (1856, nec Prév.) — Mexique S.

546. *Var.* PRINCEPS, Scl. et Salv., *P. Z. S.*, 1869, p. 418; *guatemalensis* (pt.), auct. plur. — Costa-Rica, Véragua.

2266. REGULUS, Sclat., *P. Z. S.*, 1860, p. 66. — Col., Guyane angl., Ecuador.

2267. GIGANTEA (Pl. IV, f. 1), Lawr., *Ann. L. N. Y.* VIII, p. 345. — Ecuador.

2268. SQUAMIGERA, Prév., *Voy. Vénus, Zool.*, p. 198, pl. 3. — Col., Vénéz., Ecuad., Pérou, Bolivie.

2269. EXCELSA, Berl., *Ornith. Monatsb.* I, p. 11. — Mérida (Vénézuéla).

436. THAMNOCHARIS

Thamnocharis, Sclat. (1890).

2270. DIGNISSIMA (Scl. et Salv.), *P. Z. S.*, 1880, p. 160, pl. 17. — Ecuador E.

437. PITTASOMA

Pittasoma, Cass. (1860).

2271. MICHLERI, Cass., *Pr. Ac. Sc. Philad.*, 1860, p. 189. — Panama, Véragua.

2272. ZELEDONI, Ridgw., *P. U. S. Nat. Mus.* VI, p. 414. — Costa-Rica.

438. CHAMÆZA

Chamæza, Vig. (1825).

2273. BREVICAUDA (Vieill.); *campanisona*, Licht.; *meruloides*, Vig.; Jard. et Sel., *Ill. Orn.* I, pl. 11; *marginatus*, Max. — Brésil S. et E.

2274. OLIVACEA, Tsch.; id., *Faun. Per.*, p. 178; *marginata*, Scl., *P. Z. S.*, 1855, p. 145. — Bolivie, Pérou, Colombie, Vénézuéla.

547. *Var.* FULVESCENS, Salv. et Godm., *Ibis*, 1882, p. 79. — Guyane anglaise.

548. *Var.* COLUMBIANA, Berl. et Stolzm., *P. Z. S.*, 1896, p. 385. — Colombie.

2275. NOBILIS, Gould, *Ann. N. H.*, sér. 2, XV, p. 344; Tacz., *Orn. Pér.* II, p. 79. — Haut-Amazone, Ecuador.

2276. MOLLISSIMA, Sclat., *P. Z. S.*, 1855, p. 89, pl. 95. — Colombie (Bogota).

SUBF. II. — FORMICARIINÆ

439. FORMICARIUS

Formicarius, Bodd. (1783); *Myrmornis*, Herrm. (1783); *Myiothera*, Ill. (1811); *Myocincla*, Sw. (1837).

2277. COLMA (Gm.); *Pl. enl.* 821; *cayennensis*, Bodd.; *tetema*, — Brésil S.-E.

fuscicapilla, Vieill.; *ruficeps*, Spix, *Av. Bras.* I, p. 72, pl. 72, f. 1.

2278. NIGRIFRONS, Gould, *Ann. N. H.*, sér. 2, XV, p. 344; *cayanensis*, Pelz. (nec Bodd.) — Guyane, Amazone, Colombie, Ecuador.

2279. ANALIS (Lafr.); d'Orb., *Voy. Ois.*, p. 191, pl. 6bis, f. 1. — Bolivie, Pérou E.

549. *Var.* NIGRICAPILLA, Ridgw., *P. U. S. Nat. Mus.* XVI, p. 675; *analis*, auct. plur. — Costa-Rica.

550. *Var.* CRISSALIS (Cab.), *Journ. f. Orn.*, 1861, p. 96; *analis*, auct. plur.; *hoffmanni*, Salv. (nec Cab.) — Guyane.

551. *Var.* DESTRUCTA, Hart., *Novit. Zool.* V, p. 493. — Ecuador.

552. *Var.* SATURATA, Ridgw., *P. U. S. Nat. Mus.* XVI, p. 677; *analis*, *crissalis* et *hoffmanni*, auct. plur. — Trinidad, Vénézuéla, Colombie N.-E.

553. *Var.* HOFFMANNI (Cab.), *Journ. f. Orn.*, 1861, p. 95. — De Panama au S.-W. de Costa-Rica.

554. *Var.* UMBROSA, Ridgw., *P. U. S. Nat. Mus.* XVI, p. 681; *hoffmanni*, auct. plur. (nec Cab.) — Costa-Rica E., Nicaragua.

2280. MONILIGER, Sclat., *P. Z. S.*, 1856, p. 294. — Mex. S., Guatémala, Honduras angl.

555. *Var.* PALLIDA, Lawr., *Ann. N. Y. Ac. Sc.*, 1882, p. 288. — Yucatan.

2281. RUFIPECTUS, Salv., *P. Z. S.*, 1866, p. 73, pl. 8. — Véragua.

2282. THORACICUS, Tacz. et Berl., *P. Z. S.*, 1885, p. 101. — Ecuador (Machay).

440. PHLOGOPSIS

Phlegopsis, Rchb. (1850); *Phlogopsis*, Scl. (1858).

2283. NIGROMACULATA (Lafr. et d'Orb.); d'Orb., *Voy. Ois.*, p. 190, pl. 6bis, f. 3. — Amazone, Ecuador E.

556. *Var.* BOWMANI, Ridgw., *P. U. S. Nat. Mus.* X, p. 524. — Bas-Amazone.

2284. MACLEANNANI, Lawr., *Ann. L. N. Y.* VII, p. 285; Scl. et Salv., *Exot. Orn.*, pl. 9. — Nicarag., Costa-Rica, Panama.

2285. SATURATA, Richm., *P. U. S. Nat. Mus.* XVIII, p. 625. — Nicaragua.

2286. TRIVITTATA (Sclat.), *P. Z. S.*, 1857, p. 46; 1858, p. 278. — Amazone.

2287. ERYTHROPTERA (Gould), *Ann. N. H.*, sér. 2, XV, p. 345. — Guyane, Amazone.

2288. ? NOTATA, Allen, *Bull. A. M. N. H.* II, p. 97. — Bolivie.

441. RHOPOTERPE

Rhopoterpe, Cab. (1847).

2289. TORQUATA (Bodd.); *Pl. enl.* 700, f. 1; *formicivorus*, Gm.; *palikour*, Ménétr. — Guyane, Ecuador.

2290. STICTOPTERA, Salv., *Ibis*, 1893, p. 264. — Nicaragua.

442. GYMNOPITHYS

Gymnopithys, Bp. (1854); *Anoplops*, Cab. (1859); *Rhegmatorhina*, Ridgw. (1887).

2291. RUFIGULA (Bodd.); *Pl. enl.* 644, f. 2; *pectoralis*, Lath.; *rufigula*, Cab.; *rufigularis*, Scl. — Guyane, Bas-Amaz.

2292. MELANOSTICTA (Scl. et Salv.), *P. Z. S.*, 1880, p. 160. — Ecuador E.

2293. GYMNOPS (Ridgw.), *P. U. S. Nat. Mus.* X, p. 525. — Bas-Amazone.

2294. LEUCASPIS (Sclat.), *P. Z. S.*, 1854, p. 253, pl. 70. — Colombie, Amazone.

2295. BICOLOR (Lawr.), *Ann. Lyc. N. Y.* VIII, p. 6. — Panama.

557. *Var.* OLIVASCENS (Ridgw.), *P. U. S. Nat. Mus.* XIV, p. 460. — Honduras, Nicaragua, Costa-Rica, Chiriq.

558. *Var.* RUFICEPS, Salv. et Godm., *Biol. Centr. Amer.* II, p. 222. — Colombie.

443. PITHYS

Pithys, Vieill. (1823); *Dasyptilops*, Cab. (1859).

2296. ALBIFRONS (Gm.); *Pl. enl.* 707, f. 1; *leucops*, Vieill. — Guyane, Amazone, Ecuador, Colombie.

559. *Var.* PERUVIANA, Tacz., *Orn. Pérou* II, p. 73. — Pérou centr.

2297. LUNULATA, Scl. et Salv., *P. Z. S.*, 1873, p. 276, pl. 26; ?*pœcilonota*, Scl. et Salv., id., 1866, p. 186. — Haut-Amazone.

2298. ?CRISTATA, Pelz., *Orn. Bras.*, pp. 89, 166. — Rio-Vaupé (Brésil).

2299. ?GRISEIVENTRIS, Pelz., *Orn. Bras.*, pp. 89, 167. — Rio-Madeira (Brésil).

444. HYPOCNEMIS

Hypocnemis, Cab. (1847); *Myrmoborus*, Cab. et H. (1859).

2300. CANTATOR (Bodd.); *Pl. enl.* 700; f. 2; *tintinnabulatus*, Gm.; *campanella*, Vieill.; *striatus*, Spix, *Av. Bras.*, pl. 40, f. 2. — Guyane, Amazone, Ecuador.

560. *Var.* PERUVIANA, Tacz., *Orn. Pérou* II, p. 61. — Pérou.

2301. FLAVESCENS, Sclat., *P. Z. S.*, 1864, p. 609. — Guyane fr., Rio-Négro.

561. *Var.* SUBFLAVA, Cab., *Journ. f. Orn.*, 1873, p. 65. — Pérou W. (Monterico).

2302. HYPOXANTHA, Scl., *P. Z. S.*, 1868, p. 573, pl. 43. — Haut-Amaz., Ecuador.

2303. POECILONOTA (Cuv.); Cab., *Wiegm. Arch.*, 1847, pt. I, p. 213, pl. 4, f. 2. — Guyane, Bas-Amaz.

2304. LEPIDONOTA, Scl. et Salv., *P. Z. S.*, 1880, p. 160; *Cat. B. Br. Mus.* XV, pl. 16; *pœcilonota*, auct. plur. — Haut-Amazone, Ecuador, Colombie.

2305. SCHISTACEA, Scl., *P. Z. S.*, 1858, p. 252. — Haut-Amazone.

2306. LEUCOPHRYS (Tsch.), *Faun. Per., Aves*, p. 176, pl. 11, f. 2; *myiotherinus*, Spix (pt.); *angustirostris*, Cab.; *erythrophrys*, Scl., *P. Z. S.*, 1854, p. 253, pl. 72, f. 1. — Amazone, Guyane, Vénézuéla, Colombie.

2307. MYIOTHERINA (Spix), *Av. Bras.* II, p. 30, pl. 42, f. 1 (nec f. 2); *thamnophiloides*, Vogl; *melanolæma*, — Haut-Amazone, Ecuador, Pérou.

Scl., *P. Z. S.*, 1854, p. 254, pl. 72, f. 2; *melanosticta*, Scl., *l. c.*, pl. 73.

562. *Var.* ELEGANS, Sclat., *P. Z. S.*, 1857, p. 47. — Colombie.

2308. LUGUBRIS (Cab. et H.), *Mus. Hein.* II, p. 9. — Rio-Madeira (Brésil).

2309. MELANURA, Scl. et Salv., *P. Z. S.*, 1866, p. 186. — Haut-Amazone.

2310. MELANOPOGON, Scl., *P. Z. S.*, 1857, p. 130; 1858, p. 253. — Guyane, Amazone.

2311. MACULICAUDA, Pelz., *Orn. Bras.*, pp. 89, 164. — Amazone, Brés. centr.

2312. HEMILEUCA, Scl. et Salv., *P. Z. S.*, 1866, p. 186. — Haut-Amazone.

2313. NÆVIA (Gm.); *Pl. enl.* 823, f. 2; *punctulata*, *guttata*, Des M., *Voy. Casteln. Ois.*, pl. 17, f. 3; ? *margaritifera*, Pelz. — Haut-Amazone.

2314. THERESÆ (Des M.), *Voy. Casteln. Ois.*, p. 51, pl. 16, f. 2. — Haut-Amaz., Ecuad.

2315. NÆVIOIDES (Pl. III, f. 3) (Lafr.), *Rev. Zool.*, 1847, p. 69; Scl., *P. Z. S.*, 1858, p. 254. — De Costa-Rica à l'Ecuador W.

2316. STELLATA, Scl. et Salv., *P. Z. S.*, 1880, p. 160. — Ecuador E.

445. MYRMECIZA (1)

Drymophila, Sw. (1824, nec Tem.); *Myrmeciza*, Gray (1841); *Myrmonax*, Cab. (1847).

2317. LONGIPES (Vieill.); Sw., *Zool. Ill.*, sér. 2, pl. 23; *swainsoni*, Berl. — Vénézuéla, Guyane.

563. *Var.* BOUCARDI, Berl., *Ibis*, 1888, p. 129. — Vérag., Panama, Col.

564. *Var.* ALBIVENTRIS, Chapm., *Auk* X, p. 343. — Trinidad.

2318. LÆMOSTICTA, Salv., *P. Z. S.*, 1864, p. 582; id., *Biol. Centr. Amer.*, pl. 51, f. 1. — Costa-Rica, Véragua.

565. *Var.* STICTOPTERA, Lawr., *Ann. Lyc. N. Y.* VIII, p. 132. — Costa-Rica.

2319. NIGRICAUDA, Salv. et Godm., *Biol. Centr. Amer.* II, p. 230. — Ecuador.

2320. CINNAMOMEA (Gm.); *Pl. enl.* 560, f. 2; *albicollis* (fem.), Vieill. — Guyane.

2321. RUFICAUDA (Max.), *Beitr.* III, p. 1060; Scl., *P. Z. S.*, 1858, p. 248. — Brésil S. et E.

2322. SQUAMOSA, Pelz., *Orn. Bras.*, p. 87, 162. — Brésil S. et E.

2323. LORICATA (Licht.); Ménétr., *Mém. Acad. St-Pétersb.*, sér. VI, I, pl. 4, ff. 1, 2; *leucopus*, Sw.; ? *yarrellii*, Leadb. — Brésil S. et E.

2324. ATROTHORAX (Bodd.); *Pl. enl.* 701, f. 2; *alapi*, Gm.; *melanura*, Ménétr., *Mém. Acad. St-Pétersb.*, sér. VI, I, p. 508, pl. 8, ff. 1, 2. — Guyane, Brésil, Bolivie.

566. *Var.* MAYNANA, Tacz., *P. Z. S.*, 1882, p 32; id., *Orn. Pér.* II, p. 60. — Pérou (Yurimaguas).

(1) Voy. aussi le genre *Myrmelastes*.

2325. PELZELNI, Sclat., *Cat. B. Br. Mus.* XV, p. 283; *rufi-cauda*, Pelz. (nec Max.) — Guyane fr., Bas-Amazone.

2326. HEMIMELÆNA, Scl., *P. Z. S.*, 1857, p. 48; 1858, p. 249; ?*guttatus*, d'Orb. — Bolivie, Pérou, Ecuad.

567. *Var.* SPODIOGASTRA, Berl. et Stolzm., *Ibis*, 1894, p. 397. — Pérou centr.

446. HETEROCNEMIS

Holocnemis, Strickl. (1844, nec Schil. Coleop.); *Heterocnemis*, Scl. (1855).

2327. NÆVIA (Gm.); *Pl. enl.* 823, f. 1; Strickl., *Contr. Orn.*, 1849, pl. 18; *lineatus*, Gm.; *flammata*, Strickl. — Guyane.

2328. LEUCOSTIGMA (Pelz.), *Orn. Bras.*, pp. 86, 160; *sim-plex*, Scl., *P. Z. S.*, 1868, p. 573. — Guyane, Amazone, Colombie.

568. *Var.* SATURATA, Salv., *Ibis*, 1885, p. 427. — Guyane anglaise.

2329. ARGENTATUS (Des M.), *Voy. Casteln.*, *Ois.*, p. 53, pl. 17, f. 2; *albiventris*, Pelz. — Guyane, Amazone, Ecuador.

2330. ?HYPOLEUCA, Ridgw., *P. U. S. Nat. Mus.* X, p. 523. — Bas-Amazone.

447. PERCNOSTOLA

Percnostola, Cab. et H. (1859).

2331. FUNEBRIS (Licht.); *Pl. enl.* 644, f. 1 (fem.); *rufus*, Bodd.; *rufifrons*, Gm.; *cæsius*, Cuv.; Scl., *P. Z. S.*, 1855, pl. 82. — Guyane, Amazone.

569. *Var.* MINOR, Pelz., *Orn. Bras.*, pp. 86, 159. — Rio-Négro.

2332. FORTIS, Scl. et Salv., *P. Z. S.*, 1867, p. 980, pl. 45. — Haut-Amaz., Ecuador.

448. GYMNOCICHLA.

Gymnocichla, Scl. (1858).

2333. NUDICEPS (Cass.), *Pr. Ac. Philad.* V, p. 106, pl. 6; *P. rufigularis* et *M. ferruginea*, Lawr., *Ann. Lyc. N. Y.* VII, pp. 293, 470. — Panama, Colombie N.

2334. CHIROLEUCA, Scl. et Salv., *P. Z. S.*, 1869, p. 417; *nudiceps*, Moore. — Honduras, Costa-Rica.

449. PYRIGLENA

Pyriglena, Cab. (1847).

2335. LEUCOPTERA (Vieill.); *domicella*, Licht.; *trifasciata*, Sw.; id., *Zool. Ill.*, sér. 2, pl. 27; *melanura*, Strickl. — Brésil S. et E.

2336. ATRA (Sw.); Burm., *Syst. Uebers.* III, p. 60; *maura*, Ménétr. — Bas-Amazone, Brésil S. et E.

2337. PICEA, Cab., *Wiegm. Arch.* XIII, 1, p. 212; *atra*, Tsch. Pérou, Ecuador.
2338. BERLEPSCHI, Hart., *Ibis*, 1898, p. 292. Ecuador N.
2339. SERVA, Scl., *P. Z. S.*, 1858, pp. 66, 247. Ecuador, Pérou.

450. MYRMOCHANES

Myrmochanes, Allen (1889).

2340. HYPOLEUCUS, Allen, *Bull. A. M. N. H.* II, p. 95. Bolivie.

451. CERCOMACRA

Cercomacra, Sclat. (1858).

2341. CÆRULESCENS (Vieill.); Ménétr., *Mém. Acad. St-Pétersb.*, sér. VI, I, p. 499, pl. 6, ff. 1, 2. Brésil S. et E.
570. *Var.* CINERASCENS, Scl., *P. Z. S.*, 1854, p. 112. Guyane, Amazone.
2342. NAPENSIS, Scl., *P. Z. S.*, 1868, p. 572; *cinerascens*, Scl. (1858). Ecuador, Guyane.
2343. TYRANNINA, Scl., *P. Z. S.*, 1855, pp. 90, 147, pl. 98; *H. schistacea* et *D. rufiventris*, Lawr. Mexique S. jusqu'à Panama et de la Col. à la Guyane.
571. *Var.* APPROXIMANS, Pelz., *Orn. Bras.*, pp. 85, 158. Brésil centr., Ecuad.
2344. ROSENBERGI, Hart., *Ibis*, 1898, p. 292. Ecuador N.
2345. NIGRICANS, Sclat., *P. Z. S.*, 1858, p. 245; *maculosa* et *maculicaudis*, Scl., *Cat. B. Br. Mus.* XV, p. 268. Panama, Colombie, Ecuador, Trinidad.
572. *Var.* CARBONARIA, Scl. et Salv., *Nomencl.*, pp. 73, 161; *nigricans*, Pelz. Rio-Négro.
2346. MELANARIA (Ménétr.), *Mém. Acad. St-Pétersb.*, sér. VI, I, p. 500, pl. 9, f. 2. Brésil centr.
573. *Var.* HYPOMELÆNA, Scl., *Cat. B. Br. Mus.* XV, p. 268. Pérou S.-W.

452. RHAMPHOCÆNUS

Rhamphocænus, Vieill. (1819); *Acontistes*, Sund. (1835); *Scolopacinus*, Bp. (1837); *Microbates*, Scl. et Salv. (1873).

2347. MELANURUS, Vieill.; id., *Gal. Ois.*, pl. 128; *longirostris*, Licht.; *rectirostris*, Sw., *Zool. Ill.*, sér. 1, pl. 140; *gladiator*, Max. Brésil.
574. *Var.* ALBIVENTRIS, Scl., *Ibis*, 1883, p. 95; *melanurus*, auct. plur. Guyane, Vénézuéla, Amazone.
2348. RUFIVENTRIS (Bp.); Gr., *Gen. B.*, pl. 47, f. 2; *sanctæmarthæ*, Scl., *P. Z. S.*, 1861, p. 380. Amérique centr. et Colombie.
2349. CINEREIVENTRIS, Scl., *P. Z. S.*, 1855, p. 76, pl. 87. Ecuador.
575. *Var.* SEMITORQUATA, Lawr., *Ann. Lyc. N. Y.* VII, p. 469; *cinereiventris*, Scl. et Salv. (nec Scl., 1855.) Costa-Rica, Véragua, Colombie.

2350. COLLARIS, Pelz., *Orn. Bras.*, pp. 84, 157; Scl., *Ibis,* 1883, p. 96, pl. 3. — Guyane fr., Rio-Négro.
2351. ?TRINITATIS, Less., *Rev. Zool.*, 1839, p. 42. — Trinidad.

453. PSILORHAMPHUS

Leptorhynchus, Ménétr. (1835 nec Lowe, 1822); *Psilorhamphus*, Scl. (1855).

2352. GUTTATUS, Ménétr., *Mém. Acad. St-Pétersb.*, sér. VI, 1, p. 516, pl. 10, f. 1. — Brésil S., E.

454. TERENURA

Terenura, Cab. et H. (1859).

2353. MACULATA (Max.); *striolatus*, Ménétr., *Mém.*, *l. c.*, p. 517, pl. 10, f. 2. — Brésil S., E.
2354. CALLINOTA (Scl.), *P. Z. S.*, 1855, p. 89, pl. 96. — De Vérag. à l'Ecuador.
2355. HUMERALIS, Scl. et Salv.; id., *Ibis*, 1881, p. 270, pl. 9, ff. 2, 3. — Ecuador E.
2356. SPODIOPTILA, Scl. et Salv., *Ibis*, 1881, p. 270, pl. 9, f. 1. — Guyane anglaise.
576. *Var.* ELAOPTERYX, Leverk., *Journ. f. Orn.*, 1889, p. 107. — Guyane française?
2357. ?MELANOLEUCA, Pelz.. *Orn. Bras.*, pp. 84, 157. — Borba (Brésil).

455. FORMICIVORA

Formicivora, Sw. (1825); *Ellipura*, Cab. (1847); *Microrhopias*, Scl. (1862).

2358. GRISEA (Bodd.); *Pl. enl.* 643, f. 1; *nigricollis*, Sw.; *superciliaris*, Licht.; *leucophrys*, Max.; *deluzæ*, Ménétr., *Mém.*, *l. c.*, pl. 3, f. 1 (mas.) et pl. 5, f. 2 (fem.) — Guyane, Brésil.
577. *Var.* INTERMEDIA, Cab., *Wiegm. Arch.*, 1847, I, p. 225; *leucophrys*, Licht. et Bp. — Vénézuéla, Colombie.
2359. MELANOGASTRA, Pelz., *Orn. Bras.*, pp. 84, 154. — Bahia (Brésil).
2360. RUFATRA (Lafr. et d'Orb.), *Voy. Ois.*, p. 180; *griseus*, Spix (nec Bodd.); *nigricollis* (pt.), Ménétr.. *Mém.*, *l. c.*, pl. 3, f. 2; *rufa*, Max.; Ménétr., *l. c.*, pl. 9, f. 1. — Brésil, Bolivie, Pérou.
2361. STRIGILATA (Max.), *Beitr.* III, p. 1064. — Brésil S., E.
2362. SPECIOSA, Salv., *Ibis,* 1876, p. 494. — Ecuador W.
2363. SUBSPECIOSA (Salvad. et Festa); *Synallaxis subspeciosa*, S. et F., *Boll. Mus. Tor.*, n° 362, p. 21; *Formicivora speciosa*, Scl. (part.) — Ecuador.
2364. FERRUGINEA (Licht.); Tem., *Pl. col.* 132, f. 3; *variegata*, Such. — Brésil S., E.
2365. STRIATA (Spix), *Av. Bras.* II, p. 29, pl. 40, f. 2; *malura* (pt.), Ménétr., *strigilata* (err.), Scl. et Salv. — Brésil S., E.

2366. CAUDATA, Scl., *P. Z. S.*, 1854, p. 254, pl. 74. — Vénéz., Col., Ecuad.
2367. GENEI, De Fil.; *erythrocerca*, Scl., *P. Z. S.*, 1858, p. 240, pl. 142. — Brésil S., E.
2368. MALURA (Tem.), *Pl. col.* 353, ff. 1, 2. — Brésil S., E.
2369. SQUAMATA (Licht.); *maculata*, Sw.; Ménétr., *Mém.*, *l. c.*, pl. 5, f. 1. — Brésil S., E.
2370. LEUCOPHTHALMA, Pelz., *Orn. Bras.*, pp. 83, 155. — Salto do Girao (Brésil).
2371. RUFICAUDA (Natt.), Pelz., *Orn. Bras.*, pp. 83, 155. — Matto-Grosso.
2372. STICTOCORYPHA, Bouc. et Berl., *Humming Bird*, II, p. 44. — Porto Real (Brésil).
2373. VIRGATA, Lawr., *Ibis*, 1863, p. 182. — Panama.
2374. BOUCARDI, Scl.; id., *Cat. Am. B.*, pl. 16; *quixensis*, Cass., *Pr. Ac. Phil.*, 1860, p. 190. — Du Mexique à Panama.
578. *Var.* CONSOBRINA, Scl., *P. Z. S.*, 1860, pp. 279, 294; id., *Cat. Am. B.*, p. 183. — Guyane fr., Colombie, Ecuador.
2375. QUIXENSIS (Corn.), *Vert. Syn.*, p. 12 (mas.); id., *rufiventer* (fem.); Scl., *P. Z. S.*, 1854, p. 112, 1858, p. 241. — Ecuador, Pérou.
2376. BICOLOR, Pelz., *Orn. Bras.*, pp. 84, 156. — Rio-Madeira (Brésil), Pérou.

456. HERPSILOCHMUS

Herpsilochmus, Cab. (1847).

2377. PILEATUS (Licht.); d'Orb., *Voy. Ois.*, p. 175; Burm., *Syst. Ueb.* III, p. 78. — Brésil, Bolivie.
579. *Var.* STICTURA, Salv., *Ibis*, 1885, p. 424. — Guyane anglaise.
2378. DORSIMACULATUS, Pelz., *Orn. Bras.*, pp. 80, 151. — Guyane, Rio-Négro.
2379. LONGIROSTRIS, Pelz., *Orn. Bras.*, pp. 80, 150. — Matto-Grosso.
2380. ATRICAPILLUS, Pelz., *Orn. Bras.*, pp. 80, 150. — Brésil centr. E.
2381. PECTORALIS, Scl., *P. Z. S.*, 1857, p. 132. — Brésil S., E.
2382. AXILLARIS (Tsch.), *Faun. Per.*, p. 174; *puncticeps*, Tacz. — Pérou N., E.
580. *Var.* ÆQUATORIALIS, Tacz. et Berl., *P. Z. S.*, 1885, p. 100. — Ecuador.
2383. MOTACILLOIDES, Tacz., *P. Z. S.*, 1874, pp. 136, 530. — Pérou.
2384. RUFIMARGINATUS (Tem.), *Pl. col.* 132, f. 1; *scapularis*, Max. — Brésil S., E.
581. *Var.* FRATER, Scl. et Salv., *P. Z. S.*, 1880, p. 159; *rufimarginatus*, Scl. et Salv. (1868). — Vénézuéla, Colombie, Ecuador.

457. MYRMOTHERULA

Myrmotherula, Scl. (1858); *Myrmotherium*, *Myrmophila*, *Rhopias*, Cab. et H. (1859); *Dichrozona*, Ridgw. (1888).

2385. PYGMÆA (Gm.); *Pl. enl.* 831, f. 2; *minuta*, d'Orb. — Amér. mérid. trop.
2386. SURINAMENSIS (Gm.); Scl., *P. Z. S.*, 1858, pl. 141; *quadrivitta*, Cab.; *multostriata*, Scl. — Panama, Col., Ecuad., Amazone, Guyane.

2387. LONGICAUDA, Berl. et Stolzm., *Ibis*, 1894, p. 394. Pérou, Bolivie.

2388. GUTTATA (Vieill.), *Gal. Ois.* I, p. 251, pl. 55; *pœcilopterа*, Cuv. Guyane.

2389. GULARIS (Spix), *Av. Bras.* II, p. 30, pl. 41, f. 2; Ménétr., *Mém.*, *l. c.*, pl. 2, f. 2; *cinerea*, Max. Brésil S., E.

2390. GUTTURALIS, Scl. et Salv., *Ibis*, 1881, p. 269. Guyane anglaise.

2391. FULVIVENTRIS, Lawr., *Ann. Lyc. N. Y.* VII, p. 468, IX, p. 108; *ornata* (pt.), Cass. De l'Honduras à l'Ecuador.

2392. SPODIONOTA, Scl. et Salv., *P. Z. S.*, 1880, p. 159. Ecuador.

582. *Var.* SORORIA, Berl. et Stolzm., *Ibis*, 1894, p. 396; *spodionota?* Pérou centr.

2393. ATROGULARIS, Tacz., *P. Z. S.*, 1874, pp. 137, 530. Pérou.

2394. HÆMATONOTA, Scl., *P. Z. S.*, 1857, p. 48, 1858, p. 235. Haut-Amazone.

583. *Var.* PYRRHONOTA, Scl. et Salv., *Nomencl.*, pp. 72, 160; *hæmatonota*, Pelz. Guyane française, Rio-Négro.

2395. ERYTHRURA, Scl., *Cat. A. B.*, p. 180; id., *Cat. B. Br. Mus.* XV, p. 236, pl. 15. Ecuador W.

2396. ORNATA, Scl.; id., *Cat. A. B.*, p. 179, pl. 15. Col., Ecuad., Amaz.

2397. ERYTHRONOTA (Hartl.), *Rev. Zool.*, 1852, p. 2; Scl., *P. Z. S.*, 1858, p. 236. Brésil S., E.

2398. HAUXWELLI, Scl., *P. Z. S.*, 1857, p. 131, pl. 126, f. 2, 1858, p. 67. Amazone, Ecuador E., Colombie.

2399. AXILLARIS (Vieill.); d'Orb., *Voy. Ois.* I, p. 183; *fuliginosa* (pt.), Licht. Guyane, Trinidad, Bas-Amazone.

584. *Var.* MELÆNA, Scl., *P. Z. S.*, 1857, p. 130; *axillaris*, Scl. (part., 1855); *albigula*, Lawr. De Costa-Rica au Pérou.

2400. MELANOGASTRA (Spix), *Av. Bras.* II, p. 31, pl. 43, f. 1; *fuliginosa* (pt.), Licht.; *axillaris*, Burm. Brésil S., E.

2401. MENETRIESI (d'Orb.), *Voy. Ois.*, p. 184; Scl., *P. Z. S.*, 1858, p. 237; *schisticolor* et *modesta*, Lawr.; *nigrorufa*, Bouc. Amér. centr., Col., Vénézuéla, Ecuad., Pérou, Bolivie.

2401bis. VIDUATA, Hart., *Novit. Zool.* V, p. 492. Ecuador N.-W.

2402. LONGIPENNIS, Pelz., *Orn. Bras.*, pp. 82, 153. Guyane, Amazone, Ecuador, Colombie.

2403. BREVICAUDA (Sw.) (Pl. IV, ff. 2, 3); Scl., *P. Z. S.*, 1858, p. 237; *luctuosa*, Pelz. Brésil S., E.

2404. UROSTICTA, Scl., *P. Z. S.*, 1857, p. 130, pl. 126, f. 1. Brésil S., E.

2405. UNICOLOR (Ménétr.), *Mém. Acad. St-Pétersb.* VI, 1, p. 480, pl. 2, f. 1. Brésil S., E.

2406. BEHNI, Berl. et Lev., *Ornis*, VI, p. 25, pl. 1, f. 2; *unicolor*, Scl. et Salv. (nec Ménétr.); *inornata*, Scl., *Cat. B. Br. Mus.* XV, p. 243. Guyane, Colombie.

2407. CINEREIVENTRIS, Scl. et Salv., *P. Z. S.*, 1867, pp. 756, 978; *assimilis*, Pelz. Guyane, Amazone, Ecuador.

2408. ? LAFRESNAYANA (d'Orb.), *Voy. Ois.*, p. 182, pl. 6, f. 1. Bolivie.

2409. ZONONOTA (Ridgw.), *P. U. S. Nat. Mus.* X, p. 524. Bas-Amazone.

SUBF. III. — THAMNOPHILINÆ

458. THAMNOMANES

Thamnomanes, Cab. (1847).

2410. CÆSIUS (Licht.); Tem., *Pl. col.* 17, ff. 1, 2. — Brésil S., E.
2411. GLAUCUS, Cab.; id., *Schomb. Guian.* III, p. 688. — Guyane, Amaz., Ecuad.

459. DYSITHAMNUS

Dysithamnus, Cab. (1847).

2412. GUTTULATUS (Licht.); *strictothorax*, Tem., *Pl. col.* 179, ff. 1, 2. — Brésil, Bolivie.
2413. MENTALIS (Tem.), *Pl. col.* 179, f. 3; *poliocephala*, Max. — Brésil.
585. *Var.* AFFINIS, Pelz., *Orn. Bras.*, pp. 80, 149. — Brésil (villa Maria).
586. *Var.* SEMICINEREA, Scl., *P. Z. S.*, 1855, pp. 90, 147, pl. 97. — Du Guatémala à l'Ecuador, Vénézuéla.
587. *Var.* TAMBILLANA, Tacz., *Orn. Pérou*, II, p. 30; *semicinereus* (pt.), auct. plur. — Pérou.
588. *Var.* OLIVACEA (Tsch.), *Faun. Per.*, *Aves*, p. 174, pl. 11, f. 1. — Bolivie, Matto-Grosso.
2414. SPODIONOTUS, Salv. et Godm., *Ibis*, 1883, p. 211. — Guyane anglaise.
2415. XANTHOPTERUS, Burm., *Syst. Uebers.* III, p. 81. — Brésil.
2416. PUNCTICEPS, Salv., *P. Z. S.*, 1866, p. 72; id., *Biol. Centr. Am.*, pl. 50, ff. 2, 3. — Véragua, Costa-Rica.
2417. STRIATICEPS, Lawr., *Ann. Lyc. N. Y.* VIII, p. 130, IX, p. 107. — Costa-Rica.
2418. LEUCOSTICTUS, Scl., *P. Z. S.*, 1858, pp. 66, 223, pl. 140. — Ecuador E.
2419. TUCUYENSIS, Hart., *Novit. Zool.* I, p. 674, pl. 15, f. 1. — Vénézuéla.
2420. SCHISTACEUS (d'Orb.); *fuliginosus*, d'Orb., *Voy. Ois.*, p. 170, pl. 5, f. 1. — Pérou, Bolivie.
589. *Var.* DUBIA; *dubius*, Berl. et Stolzm., *Ibis*, 1894, p. 393. — Pérou centr.
2421. ARDESIACUS, Scl. et Salv., *P. Z. S.*, 1867, p. 756; *schistaceus*, Scl. (1858). — Guyane, Amazone, Ecuador E.
2422. UNICOLOR, Scl., *P. Z. S.*, 1859, p. 141, 1860, p. 89. — Ecuad. W., Colombie.
2423. PLUMBEUS (Max.); *stellaris*, Spix, *Av. Bras.* II, p. 27, pl. 36, f. 2. — Brésil, Bas-Amazone, Vénézuéla.
2424. SUBPLUMBEUS, Scl. et Salv., *P. Z. S.*, 1880, p. 158. — Haut-Amaz., Ecuador.

460. CLYTOCTANTES

Clytoctantes, Elliot (1870).

2425. ALIXI, Elliot, *P. Z. S.*, 1870, p. 242, pl. 20. — Ecuador, Colombie.

461. NEOCTANTES

Neoctantes, Sclat. (1868).

2426. NIGER (Pelz.); id., *Orn. Bras.*, p. 46. — Rio-Négro, Ecuad. E.

462. PYGOPTILA

Pygoptila, Sclat. (1858).

2427. MACULIPENNIS, Scl.; id., *P. Z. S.*, 1858, p. 220; *stellaris*, Scl. (1854, nec Spix). — Haut-Amaz., Ecuador.

2428. MARGARITATA, Scl., *P. Z. S.*, 1854, p. 253, pl. 71. — Haut-Amazone.

463. THAMNISTES

Thamnistes, Scl. et Salv. (1860).

2429. ANABATINUS, Scl. et Salv., *P. Z. S.*, 1860, p. 299; Salv. et Godm., *Biol. Centr. Amér.* II, p. 205, pl. 50, f. 1. — Amérique centr.

2430. ÆQUATORIALIS, Scl., *P. Z. S.*, 1861, p. 380. — Ecuador.

2431. RUFESCENS, Cab., *Journ. f. Orn.*, 1873, p. 65. — Pérou.

464. BIATAS

Biastes, Rchb. (1853); *Biatas*, Cab. et H. (1859).

2432. NIGROPECTUS (Lafr.), *Rev. et Mag. de Zool.*, 1850, p. 107, pl. 1, f. 3. — Brésil S., E.

465. MYRMELASTES

Myrmelastes, Sclat. (1858).

2433. PLUMBEUS, Scl., *P. Z. S.*, 1858, p. 274, pl. 143; *hyperythrus*, Gould, *P. Z. S.*, 1855, p. 70. — Haut-Amazone.

2434. IMMACULATUS (Lafr.); *ellisiana*, Scl., *P. Z. S.*, 1855, p. 109, pl. 100. — De Costa-Rica à l'Ecuador.

2435. CORVINUS, Lawr. (nec Gould), *Ibis*, 1863, p. 182; *G. nudiceps*, Salv. (pt.); *immaculatus*, Scl. (part.); *lawrencii*, Salv. et Godm. — Panama.

2436. LEUCONOTUS (Spix), *Av. Bras.* II, p. 28, pl. 39, f. 2; *melanoceps*, Spix, *l. c.*, pl. 39, f. 1; *melanocephalus*, Cab. et H.; *corvinus*, Gould; *nigerrimus*, Scl., *P. Z. S.*, 1858, p. 275. — Haut-Amazone.

2437. EXSUL (Sclat.), *P. Z. S.*, 1858, p. 540. — Ecuador, Colombie.

2438. INTERMEDIUS (Cherrie), *P. U. S. Nat. Mus.* XIV, p. 345; Salv. et Godm., *Biol. Centr. Amér.*, pl. 51, ff. 2, 3; *exsul*, Cass. (nec Scl.); *immaculata*, auct. plur. (nec Lafr.); Scl., *Cat. B. Br. Mus.* XV, p. 279. — Nicarag., Costa-Rica, Panama.

590. *Var.* OCCIDENTALIS (Cherrie), *Auk*, 1891, p. 191. — Costa-Rica W.

466. THAMNOPHILUS

Thamnophilus, Vieill. (1816); *Taraba*, Less. (1831); *Nisius, Othello, Diallactes*, Rchb. (1850); *Hypœdaleus, Lochites, Erionotus, Hypolophus, Rhopochares*, Cab. et H. (1859).

2439. TORQUATUS, Sw. (Pl. V, 1, 2); *scalaris*, Licht.; *atropileus*, Lafr. et d'Orb., *Voy. Ois.*, p. 173; *pectoralis*, Sw.	Brésil E., S.
2440. RUFICAPILLUS, Vieill.; *argentinus*, Cab. et H., *Mus. Hein.* II, p. 17; Scl. et Salv., *P. Z. S.*, 1868, p. 141.	Paraguay, Uruguay, Argentine.
2441. SUBFASCIATUS, Scl. et Salv., *P. Z. S.*, 1876, p. 357, pl. 33.	Bolivie, Pérou N.
2442. PALLIATUS (Licht.); *lineatus*, Spix, *Av. Bras.* II, p. 24, pl. 33; *fasciatus* et *badius*, Sw., *Orn. Dr.*, pl^s 65, 66.	Brésil S., E., Perou.
591. *Var.* PUNCTICEPS, Scl., *Cat. B. Br. Mus.* XV, p. 212.	Bolivie, Ecuador.
2443. MULTISTRIATUS, Lafr.; Scl., *P. Z. S.*, 1855, p. 148; *tenuifasciatus*, Lawr.	Panama, Colombie.
2444. BERLEPSCHI, Tacz., *Orn. du Pérou*, II, p. 22; *tenuipunctatus*, Scl. (nec Lafr.)	Pérou, Ecuador.
2445. TENUIPUNCTATUS, Lafr.; Scl., *P. Z. S.*, 1858, p. 219.	Colombie, Ecuador.
2446. ALBICANS, Lafr., *Rev. Zool.*, 1844, p. 82; Scl., *P. Z. S.*, 1855, p. 148.	Colombie.
2447. RADIATUS, Vieill.; Scl., *P. Z. S.*, 1858, p. 218; *doliatus*, Darw.	Paraguay, Bolivie.
2448. CAPISTRATUS, Lafr.; *radiatus*, Spix, *Av. Bras.*, pl. 33, f. 2, pl. 38, f. 1.	Brésil S., E.
2449. DOLIATUS (Lin.); Max., *Beitr.* III, p. 995; *rubiginosus*, Lath.; *capistratus*, Pelz.; *rutilus*, Bp.; *affinis*, Cab. et H.; *intermedius*, Ridgw.; *mexicanus*, Allen.	Amér. centr. jusqu'à Panama, Guyane, Trin., Bas-Amaz.
592. *Var.* BRICENOI, Hart., *Novit. Zool.* V, p. 320, pl. 4, f. 1.	Vénézuéla.
2450. NIGRICRISTATUS, Lawr., *Pr. Ac. Sc. Phil.*, 1865, p. 107; *radiatus*, Scl. et Salv. (nec Vieill.)	Panama, Colombie.
593. *Var.* SUBRADIATA, Berl., *Journ. f. Orn.*, 1887, p. 17.	Haut-Amazone.
594. *Var.* VARIEGATICEPS, Berl. et Stolzm., *P. Z. S.*, 1896, p. 379.	Pérou centr.
2451. ASPERSIVENTRIS, Lafr. et d'Orb.; d'Orb., *Voy. Ois.*, p. 171, pl. 4, ff. 1, 2.	Bolivie.
2452. ATRICAPILLUS et *cirrhatus* (Gm.); Vieill., *Ois. Am.* (pt.), pl^s 48, 49; *canadensis*, Lin.; *pileatus*, Lath.; *leucauchen*, Scl., *P. Z. S.*, 1855, p. 18, pl. 79.	Guyane, Vénézuéla.
595. *Var.* TRINITATIS, Ridgw., *P. U. S. Nat. Mus.*, 1891, p. 481; *cirrhatus* (pt.), Scl.	Trinidad.
2453. CRISTATUS, Max.; *pœcilurus*, Cuv.; Puch., *Arch. Mus. Paris*, VII, p. 331, pl. 17, f. 2.	Brésil S., E.
2454. PULCHELLUS (Cab. et H.), *Mus. Hein.* II, p. 16; *leucauchen*, Salv. et Godm.	Colombie N., Panama.

2455. ALBINUCHALIS, Scl.; id., *Cat. B. Br. Mus.* XV, p. 204, pl. 14.	Pérou N., W., Ecuador W.
2456. LORETO-YACUENSIS, Bartl., *P. Z. S.*, 1882, p. 874; *atricapillus*, Scl. et Salv.	Haut-Amazone.
2457. MELANONOTUS, Scl., *P. Z. S.*, 1855, p. 19, pl. 80.	N. de la Col. et du Vén.
2458. AMBIGUUS, Sw.; *nævius*, Vieill. (nec Gm.); *nigricans*, Max., *Beitr.* III, p. 1006; *ferrugineus*, Sw.	Brésil S.-E.
2459. STICTURUS, Pelz., *Orn. Bras.*, pp. 76, 144.	Matto-Grosso.
2460. CINEREICEPS, Pelz., *Orn. Bras.*, pp. 77, 145.	Rio-Négro.
2461. CÆRULESCENS et *auratus*, Vieill.; *pileatus*, Scl., *P. Z. S.*, 1858, p. 213; *maculatus*, Lafr.; *ventralis*, Scl.	Paraguay, Uruguay, Argentine.
596. *Var.* MACULATA, d'Orb. et Lafr., *Syn. Av.* I, p. 11; *nævius, var. gilvigaster* (Tem.), Pelz., *l. c.*, p. 76.	Brésil S.-E., Argentine N.
2462. NÆVIUS (Gm.); Levaill., *Ois. d'Afr.*, pl. 77, f. 1; Sw., *Orn. Dr.*, pl. 59; *punctatus*, Shaw; *cærulescens*, Lafr. (nec Vieill.); *nævius albiventris*, Tacz.	Guyane française.
597. *Var.* ATRINUCHA, Salv. et Godm., *Biol. Centr. Amér.* II, p. 200; *amazonicus*, Lawr.	Amérique centr., Colombie, Ecuador W.
598. *Var.* CINEREINUCHA, Pelz., *Orn. Bras.*, pp. 77, 145.	Rio-Négro.
2463. AMAZONICUS, Scl., *P. Z. S.*, 1858, p. 214, pl. 139; *ruficollis*, Spix (fem.)	Guyane, Amazone.
2464. INSIGNIS, Salv. et Godm., *Ibis*, 1884, p. 450; Scl., *Cat. B. Br. Mus.* XV, pl. 13.	Guyane anglaise.
2465. SIMPLEX, Scl., *Ibis*, 1873, p. 387, pl. 15.	Bas-Amazone.
2466. CAPITALIS, Scl., *P. Z. S.*, 1858, pp. 65, 214.	Haut-Amazone.
2467. MURINUS, Pelz., *Orn. Bras.*, p. 77.	Guyane, Amazone.
2468. INORNATUS, Ridgw., *Pr. U. S. Nat. Mus.* X, p. 522.	Bas-Amazone.
2469. STELLARIS, Spix, *Av. Bras.* II, p. 27, pl. 36, f. 2.	Guyane, Amazone.
599. *Var.* TRISTIS, Scl. et Salv., *Nomencl.*, pp. 69, 160.	Guyane fr., Brésil E.
2470. NIGRICEPS, Scl., *P. Z. S.*, 1868, p. 571; id., *Cat. B. Br. Mus.* XV, pl. 12.	Colombie.
2471. BRIDGESI, Scl., *P. Z. S.*, 1856, p. 141; Salv. et Godm., *Biol. Centr. Amér.*, pl. 49, f. 2.	Véragua, Costa-Rica.
2472. NIGRO-CINEREUS, Scl., *P. Z. S.*, 1855, p. 19, pl. 81.	Bas-Amazone.
600. *Var.* CINEREO-NIGER, Pelz., *Orn. Bras.*, pp. 76, 143.	Rio-Négro.
2473. ? NIGRESSENS, Lawr., *Ann. Lyc. N. Y.* VIII, p. 469.	Vénézuéla.
2474. PUNCTATUS, Cab., *Journ. f. Orn.*, 1861, p. 241; Salv. et Godm., *Biol. Centr. Amér.*, pl. 49, f. 1.	Costa-Rica, Véragua.
2475. CACHABIENSIS, Hart., *Ibis*, 1898, p. 293.	Ecuador N.
2476. MELANOCHROUS, Scl. et Salv., *P. Z. S.*, 1876, p. 18, pl. 3; *subandinus*, Tacz., *P. Z. S.*, 1882, p. 29.	Pérou.
2477. TSCHUDII, Pelz., *Orn. Bras.*, pp. 76, 141; *subandinus major*, Tacz., *Orn. Pér.* II, p. 7.	Amazone.
2478. LUCTUOSUS (Licht.); *melas*, Cuv.; Puch., *Arch. Mus. Paris*, VII, p. 328, pl. 17, f. 1.	Bas-Amazone.

2479. ÆTHIOPS, Scl., *P. Z. S*, 1858, pp. 65, 212, 457; id., *Cat. B. Br. Mus.* XV, pl. 11.	Ecuador E.
2480. ? MELANOTHORAX, Scl., *P. Z. S.*, 1857, p. 133; 1858, p. 210.	Amérique mérid.
2481. MAJOR, Vieill.; *stagurus*, Max.; *albiventer*, Spix, *Av. Bras.*, pl. 32; *bicolor* (mas.), *cinnamomeus* (fem.), Sw.	Du Vénéz. à l'Argent (Amér. mérid. E.)
601. *Var.* BORBÆ, Pelz., *Orn. Bras.*, pp. 75, 140.	Madeira (Brésil).
602. *Var.* ALBICRISSA (Ridgw.), *P. U. S. Nat. Mus.*, 1891, p. 481.	Trinidad?
2482. ROHDEI, Berl., *Journ. f. Orn.*, 1887, pp. 16, 119, pl. 1.	Paraguay.
2483. MELANURUS, Gould, *P. Z. S.*, 1855, p. 69, pl. 83; *major*, Tsch.	Colombie, Ecuador E., Pérou.
603. *Var.* DEBILIS, Berl. et Stolzm., *P. Z. S.*, 1896, p. 379.	Pérou centr.
2484. TRANSANDEANUS, Scl., *P. Z. S.*, 1855, p. 18; 1858, p. 210; *melanocrissus*, Lawr. (nec Scl.)	Costa-Rica, Véragua, Panama.
2485. MELANOCRISSUS, Scl., *P. Z. S.*, 1860, p. 252; *hollandi*, Lawr., *Ann. Lyc. N. Y.* VIII, p. 180.	Du Mexique au Nicaragua.
2486. FULIGINOSUS, Gould; *Cat. B. Br. Mus.* XV, p. 183; *viridis*, Vieill. (fem.), *lunulatus*, Cuv. (fem.)	Guyane, Amazone.
2487. SEVERUS (Licht.); *niger*, Such.; Jard. et Sel., *Ill. Orn.*, pl. 21; *swainsoni*, Such; *othello*, Less., *Cent. Zool.*, pl. 19.	Brésil S., E.
2488. GUTTATUS, Vieill.; *meleager*, Licht.; *maculatus*, Such, *Zool. Journ.* 1, p. 557, *suppl.*, pl. 6.	Brésil S., E.
2489. UNDULIGER, Pelz., *Orn. Bras.*, pp. 75, 139; *undulatus* et *fuliginosus* (pt.), Scl. et Salv.	Amazone.
2490. LEACHI, Such; Jard. et Sel., *Ill. Orn.*, pl. 41; *ruficeps*, Such; *funebris*, Cuv.	Brésil S., E., Argentine N.

Espèces douteuses :

2491. BREVIROSTRIS, Lafr., *Rev. Zool.*, 1844, p. 82.	Colombie.
2492. JANI, Philip., *Cat. Mus. Mediol.*, p. 13.	?
2493. PUNCTILIGER, Pelz., *Orn. Bras.*, pp. 77, 146.	Borba.
2494. POLIONOTUS, Pelz., *l. c.*, pp. 77, 147.	Marabitanas.
2495. SATURNINUS, Pelz., *l. c.*	Cayenne, Brésil.
2496. INCERTUS, Pelz., *l. c.*, pp. 78, 149.	Para.

467. BATARA

Batara, Less. (1831); *Thamnarchus*, Cab. et H. (1859).

2497. CINEREA et *rufus* (Vieill.); *undulatus*, Mik.; *cristatellus*, Vieill.; *vigorsii*, Such; *gigas*, Sw.; *striata*, Quoy et G., *Voy. Uranus*, pl^s 18, 19.	Brésil S., E.

468. CYMBILANIUS

Cymbilanius, Gray (1840).

2498. LINEATUS (Leach), *Zool. Misc.* I, p. 20, pl. 6; *lineatus fasciatus*, Ridgw. — De Costa-Rica à l'Amaz. et Guyane.

FAM. IV. — DENDROCOLAPTIDÆ (1)

SUBF. I. — DENDROCOLAPTINÆ (2)

469. DENDROCOLAPTES

Dendrocolaptes, Herm. (1804); *Dendrocopus*, Vieill. (1816); *Dendrocops*, Sw. (1837); *Orthocolaptes*, Less. (1840); *Premnocopus*, Cab. (1848).

2499. CERTHIA (Bodd.); *Pl. enl.* 621; *cayennensis*, Gm.; *scandens*, Lath.; *communis*, Less.; *undulatus*, Cab.; *obsoletus*, Ridgw. — Guyane, Brésil E., Bas-Amazone.

2500. CONCOLOR, Pelz., *Orn. Bras.*, pp. 43, 62. — Matto-Grosso, Rio-Madeira.

2501. RADIOLATUS, Scl. et Salv., *P. Z. S.*, 1867, p. 755. — Haut-Amaz. et Guyane anglaise.

2502. SANCTI-THOMÆ (Pl. V, f. 3), Lafr., *Rev. Zool.*, 1852, p. 466; Scl., *P. Z. S.*, 1858, p. 96, 1859, p. 54. — Amérique centrale.

2503. PICUMNUS, Licht.; *cayennensis*, Licht.; *platyrostris*, Spix, *Av. Bras.* I, p. 87, pl. 89; ? *melanoceps*, Less.; *platyrhynchus*, Rchb. — Brésil E. et S.

2504. PUNCTICOLLIS, Scl. et Salv., *P. Z. S.*, 1868, p. 54, pl. 5; *multistrigatus*, Scl. et Salv., *Ibis*, 1860, p. 275. — Guatém., Costa-Rica.

604. ? *Var.* VARIEGATA, Ridgw., *P. U. S. Nat. Mus.*, 1888, p. 546. — ?

2505. PALLESCENS, Pelz., *Orn. Bras.*, pp. 43, 61. — Brésil, Bolivie.

2506. VALIDUS, Tsch., *Fauna Per. Aves*, p. 242, pl. 21, f. 2; *multistrigatus*, Eyt. (nec Scl. et Salv.) — Panama, Colombie, Vénéz., H^{t}-Amaz.

605. *Var.* PLAGOSA, Salv. et Godm., *Ibis*, 1883, p. 210. — Guyane anglaise.

2507. INTERMEDIUS, Berl., *Ibis*, 1883, p. 141. — Bahia (Brésil).

(1) Voy.: Sclater, *Cat. Birds Brit. Mus.* XV, p. 1.

(2) M. Sclater signale comme espèces douteuses à rapporter à cette sous famille : *Dendrocolaptes miniatus, obsoletus, chrysolophus* et *superciliosus*, Licht. *Abh. Akad. Berl.*, 1818-19, pp. 202-5.

D. altirostris, Léot., *Ois. Trin.*, p. 166.

D. melanoceps, Less., *Rev. Zool.*, 1840, p. 269.

D. crassirostris et *fortirostris*, Such, *Zool. Journ.* II, p. 115.

Dendrocopus rubricaudatus, maculatus, pyrrhophius, griseicapillus et *rufus*, Vieill., *Nouv. Dict.* XXVI, pp. 115-119.

470. DENDROCINCLA

Dryocopus, Max. (1831 nec Boie); *Dendrocincla*, Gray (1840); *Dendromanes*, Scl. (1859).

2508. MERULA (Licht.), *Abh. Ak. Berl.*, 1820, p. 208; 1821, p. 264; *castanoptera*, Ridgw., *P. U. S. Nat. Mus.* X, p. 494. — Guyane, Amazone.

606. *Var.* MERULOIDES (Lafr.), *Rev. Zool.*, 1851, p. 467; *turdina*, Jard.; *merulina*, Cab. et H. — Vénézuéla, Tobago, Colombie.

607. *Var.* MINOR, Pelz., *Orn. Bras.*, pp. 42, 60. — Matto Grosso.

2509. TURDINA (Licht.), *Abh. Ak. Berl.*, 1820, p. 204, pl. 2, f. 1. — Brésil S.-E.

2510. ATRIROSTRIS (d'Orb. et Lafr.), *Syn. Av.* II, p. 12; d'Orb., *Voy. Ois.*, p. 369, pl. 54, f. 1. — Haut-Amazone.

2511. OLIVACEA, Lawr., *Ann. Lyc. N. Y.* VII, p. 466; *atrirostris*, auct. plur., *anguia*, Bangs. — Costa-Rica, Panama, Col., Ecuad., Pér.

2512. LAFRESNAYEI, Ridgw., *P. U. S. Nat. Mus.* X, p. 492; *merula*, Lafr. (fem.). — Haut-Amazone?

2513. FULIGINOSA (Vieill.); Levaill., *Prom.*, p. 70, pl. 28; *fumigatus*, Licht.; *rufo-olivacea*, Ridgw., *P. U. S. Nat. Mus.* X, p. 493. — Bas-Amazone, Guyane.

2514. TYRANNINA (Lafr.), *Rev. Zool.*, 1851, p. 328; *olivaceus*, Eyt., *Contr. Orn.*, 1852, p. 25; *brunnea*, Salvad. et Festa, *Boll. Mus. Tor.*, n° 330, p. 2 (1898). — Colombie, Ecuador.

2515. MACRORHYNCHA, Salvad. et Festa, *Boll. Mus. Tor.*, n° 362 (1899), p. 27. — Ecuador E.

2516. LONGICAUDA, Pelz., *Orn. Bras.*, pp. 42, 62. — Bas-Amazone, Guyane anglaise.

2517. HOMOCHROA, Scl., *P. Z. S.*, 1859, p. 382; 1868, p. 54. — Amérique centrale.

608. *Var.* RUFICEPS, Scl. et Salv., *P. Z. S.*, 1868, p. 54. — Panama.

2518. ANABATINA, Scl., *P. Z. S.*, 1859, p. 54, pl. 150. — Mex. S, Amér. centr.

471. XIPHORHYNCHUS

Xiphorhynchus, Sw. (1827).

2519. TROCHILIROSTRIS (Licht.), *Abh. Ak. Berl.*, 1818, p. 207, pl. 3; *procurvus*, Tem., *Pl. col.*, 28; *brevirostris*, Lafr. (juv.); *venezuelensis*, Lafr. — Brésil, Vénézuéla, Colombie, Panama.

2520. PUSILLUS, Scl., *P. Z. S.*, 1860, p. 278; Salv. et Godm., *Biol. Centr. Am.*, pl. 48, f. 2; *granadensis*, Lafr.; Scl., *P. Z. S.*, 1858, p. 63. — De Colombie à Costa-Rica.

2521. PROCURVOIDES, Lafr., *Rev. et Mag. de Zool.*, 1850, p. 376; *subprocurvus*, Rchb. — Guyane française.

2522. DORSOIMMACULATUS, Chapm., *Bull. Am. Mus. N. H.* II, p. 159. — Cayenne?

2523. THORACICUS, Scl., *P. Z. S.*, 1860, p. 277. — Ecuador, Pérou.

2524. LAFRESNAYANUS (d'Orb.), *Voy. Ois.*, p. 368, pl. 53, f. 2. — Bolivie.

2525. RUFODORSALIS, Chapm., *Bull. Am. Mus. N. H.* II, p. 160. — Matto Grosso, Brésil S., Paraguay.

2526. FALCULARIUS (Vieill.); id., *Gal. Ois.*, p. 286, pl. 175; *procurvus*, Cab. et H.; *trochilirostris*, Max. — Brésil.

2527. PUCHERANI, Lafr.; Des M., *Icon. Orn.*, pl. 68. — Colombie.

472. DRYMORNIS

Drymornis, Eyton (1852).

2528. BRIDGESI, Eyt., *Contr. orn.*, 1849, p. 130, pl. 38; 1852, p. 23; *Dendr. gracilirostris*, Burm., *Journ. f. Orn.*, 1860, p. 249. — Uruguay, Argentine N.

473. NASICA

Nasica, Less. (1831).

2529. LONGIROSTRIS (Vieill.); Levaill. *Prom.*, p. 65, pl. 24; *nasalis* et *albicollis*, Less. — Guyane, Amazone, Ecuador E.

474. PICOLAPTES

Picolaptes, Less. (1831); *Thripobrotus*, Cab. (1847); *Lepidocolaptes*, Rchb. (1853); *Dacryophorus*, Bp. (1854).

2530. LEUCOGASTER (Sw.), *Phil. Mag.*, 1827, p. 440; *atripes*, Eyt., *Contr. Orn.*, 1851, p. 76. — Mexique S.

2531. SQUAMATUS (Licht.), *Abh. Ak. Berl.*, 1820, p. 258, pl. 2, f. 1; *wagleri*, Spix, *Av. Bras.*, pl. 90, f. 2; *maculiventer*, Less. — Brésil S., E.

609. *Var.* FALCINELLA (Cab. et H.), *Mus. Hein.* II, p. 38. — Brésil S.

2532. LACRYMIGER (Des M.), *Icon. Orn.*, pl. 70; *lafresnayi*, Cab. et H. — Colombie, Vénézuéla.

610. *Var.* WARCEWIEZI (Cab. et H.), *Mus. Hein.* II, p. 39; *lacrymiger*, Scl.; *peruvianus*, Tacz. — Ecuador, Pérou, Bolivie.

2533. AFFINIS (Lafr.), *Rev. Zool.*, 1839, p. 100. — Mex. S., Amér. centr.

611. *Var.* PARVIROSTRIS, Scl., *P. Z. S.*, 1889, p. 33. — Brésil S.-E.

2534. PUNCTICEPS, Scl. et Salv., *Nomencl.*, pp. 69, 160. — Guyane.

2535. TENUIROSTRIS (Licht.); *fuscus*, Vieill.; *guttata*, Less., *Cent. Zool.*, p. 93, pl. 32. — Brésil S., E.

2536. ALBOLINEATUS (Pl. VI, f. 1) (Lafr.), *Rev. Zool.*, 1846, p. 208. — Guyane, Vénézuéla, Colombie.

2537. SOULEYETI (Des M.), *Icon. Orn.*, pl. 69. — Ecuad. W., Pérou W.

2538. COMPRESSUS (Cab.), *Journ. f. Orn.*, 1861, p. 243; *lineaticeps*, Scl. (nec Lafr.). — Mexique et Amérique centrale.

612. *Var.* INSIGNIS, Nels., *Auk*, 1897, p. 54. — Vera Cruz (Mexique).
2539. SATURATIOR, Underw., *Ibis*, 1898, p. 613. — Guatémala.
2540. GRACILIS, Ridgw., *P. U. S. Nat. Mus.* XI, p. 542. — Costa-Rica.
2541. FUSCICAPILLUS, Pelz., *Orn. Bras.*, pp. 44, 63. — Matto Grosso, Ecuad.
2542. LAYARDI, Scl., *Ibis*, 1873, p. 386, pl. 14. — Bas-Amazone.
2543. ANGUSTIROSTRIS (Vieill.); Scl. et Huds., *Arg. Orn.* I, p. 201; *atripes*, Barr. — Paraguay, Uruguay, Argent. N., Bolivie.
2544. BIVITTATUS (Licht.), *Abh. Ak. Berl.*, 1820, p. 258, pl. 2, f. 2; *coronatus*, Less. — Brésil, Bolivie.

475. XIPHOCOLAPTES

Xiphocolaptes, Less. (1848).

2545. ALBICOLLIS (Vieill.); *cyanotis*, *decumanus*, Licht., *Abh. Ak. Berl.*, 1821, p. 256, pl. 1, f. 1; Spix, *Av. Bras.*, pl. 87; *guttatus*, Max.; *falcirostris*, Spix, *l. c.*, pl. 88. — Brésil, Paraguay, Argentine N.
2546. EMIGRANS, Scl. et Salv., *Ibis*, 1859, p. 118; id., *Exot. Orn.*, pl. 35; *albicollis* (pt.) Scl.; *sclateri* et *emigrans costaricensis*, Ridgw. — Mexique S., Amérique centrale.
2547. CINNAMOMEUS, Ridgw., *Pr. U. S. Nat. Mus.*, 1889, p. 15. — Brésil E.
2548. PROMEROPIRHYNCHUS (Less.), *Rev. Zool.*, 1840, p. 270; *procerus*, Cab. et H.; *compressirostris*, Tacz. — Vénézuéla, Colombie, Ecuador, Pérou.
613. *Var.* LINEATOCEPHALA (Gray), *Gen. B.*, pl. 43. — Bolivie.
614. *Var.* VIRGATA, Ridgw., *Pr. U. S. Nat. Mus.*, 1889, p. 11. — ?
615. *Var.* IGNOTA, Ridgw., *l. c.*, p. 13. — Ecuador.
616. *Var.* SATURATA, Ridgw., *l. c.*, p. 14. — Ecuador.
2549. FORTIS, Heine, *Journ. f. Orn.*, 1860, p. 185. — ?
2550. CRASSIROSTRIS, Tacz. et Berl., *P. Z. S.*, 1883, p. 113. — Ecuador.
2551. PHÆOPYGUS, Berl. et Stolzm., *P. Z. S.*, 1896, p. 377. — Pérou central.
2552. MAJOR (Vieill.); Scl. et Salv., *Exot. Orn.*, p. 71, pl 36; *rubiginosus*, Lafr.; *cyanotis*, Burm.; *castaneus*, Ridgw. — Argentine N., Paraguay, Bolivie.
2553. SIMPLICICEPS (Lafr.), *Rev. et Mag. de Zool.*, 1850, p. 100. — Bolivie.

476. DENDREXETASTES

Dendrexetastes, Eyton (1851); *Cladoscopus*, Rchb. (1853); *Xylexetastes*, Scl. (1889).

2554. TEMMINCKI (Lafr.), *Rev. Mag. de Zool.*, 1851, p. 145, pl. 4; *capitoides*, Eyt. — Guyane française.
2555. DEVILLEI (Lafr.); Des M., *Voy. Casteln. Ois.*, p. 42, pl. 13, f. 1. — Haut-Amazone.

2556. PARAENSIS, Lor.-Lib., *Verh. Ges. Wien*, XLV, p. 363; id., *Ann. Hofmus. Wien*, XI, p. 1, pl. 1. — Para.

2557. PERROTI (Lafr.), *Rev. Zool.*, 1844, p. 80; id., *Mag. de Zool.*, 1844, pl. 54. — Guyane française.

477. DENDROPLEX

Dendroplex, Sw. (1827).

2558. PICUS (Gm.); Levaill. *Prom.*, pl. 27; *picoides*, Shaw; *rectirostris*, Vieill.; *guttatus*, Less. — Bas-Amazone, Brésil, Bolivie.

2559. PICIROSTRIS (Lafr.); Des M., *Icon. Orn.*, pl. 31. — Colombie, Vénézuéla.

2560. LONGIROSTRIS, Richm., *Pr. U. S. Nat. Mus.* XVIII, p. 674. — Ile Margarita.

478. DENDRORNIS

Dendrornis, Eyton (1852).

2561. GUTTATA (Pl. VI, f. 2) (Licht.), *Abh. Ak. Berl.*, 1820, p. 201. — Brésil S., E., Argentine N., Bolivie.

617. *Var.* GUTTATOIDES (Lafr.); Des M., *Voy. Casteln. Ois.*, p. 43, pl. 13, f. 2. — Guyane.

2562. ROSTRIPALLENS, Des M., *Voy. Casteln. Ois.*, p. 43, pl. 12, f. 2; *guttata*, Tacz.; *leucorhynchus*, Natt. — Amazone, Colombie, Ecuador, Bolivie.

2563. EYTONI, Scl., *P. Z. S.*, 1853, p. 69, pl. 57; *melanorhynchus*, Natt. — Bas-Amazone.

2564. EBURNEIROSTRIS (Less.); *flavigaster*, Sw.; Des M., *Icon. Orn.*, pl. 52; *validirostris*, Eyt.; *mentalis*, Lawr. — Mexique S., W., Yucatan, Guatémala, Honduras.

2565. TRIANGULARIS (Lafr.); id., *Mag. de Zool.*, 1843, *Ois.*, pl. 32. — Colombie E., Vénézuéla.

618. *Var.* ERYTHROPYGIA, Scl., *P. Z. S.*, 1859, pp. 366, 381; *æquatorialis*, Berl. et Tacz., *P. Z. S.*, 1883, p. 563; *punctigula*, Ridgw.; *triangularis bogotensis*, Berl. et Stolzm. — Mexique S., Amérique centrale, Colombie Ecuador, Pérou, Bolivie.

2566. LACRYMOSA, Lawr., *Ann. Lyc. N. Y.* VII, p. 467; Salv. et Godm., *Biol. Centr. Am.*, pl. 48, f. 1. — Du Nicaragua à la Colombie.

2567. SUSURRANS (Jard.), *Ann. Mag. Nat. Hist.* XIX, p. 81. — Tobago, Col., Vénéz.

619. *Var.* NANA, Lawr., *Ibis*, 1863, 181; *pardalotus* (pt.) et *guttata*, Lawr.; *lawrencii* et *costaricensis*, Ridgw. — Honduras, Costa-Rica, Panama.

2568. FRATERCULA, Ridgw., *Pr. U. S. Nat. Mus.*, 1887, p. 526. — Bas-Amazone.

2569. PALLIATA, Des M., *Voy. Casteln. Ois.*, p. 46, pl. 15, f. 1. — Haut-Amazone.

2570. PARDALOTUS (Vieill.); Levaill., *Prom.*, pl. 30; *flammeus*, Licht. — Guyane, Bas-Amazone.

2571. POLYSTICTA, Salv. et Godm., *Ibis*, 1883, p. 210; Scl., *Cat. B. Br. Mus.* XV, pl. 10. — Guyane anglaise.

2572. OCELLATA (Spix); *weddellii*, Des M., *Voy. Casteln. Ois.*, p. 46, pl. 14, f. 2; *chunchotambo*, Tsch., *F. Per. Aves*, p. 241, pl. 22, f. 1; *palliata*, Scl. — Amazone.

620. *Var.* ELEGANS, Pelz., *Orn. Bras.*, pp. 45, 63. — Matto Grosso.

2573. LINEATOCAPILLA, Berl. et Leverk., *Ornis*, VI, p. 24, pl. 1, f. 2. — Angostura.

2574. SPIXI (Less.); *tenuirostris*, Spix, *Av. Bras.* I, p. 88, pl. 91, f. 1. — Bas-Amazone.

2575. MULTIGUTTATA (Lafr.); Des M., *Voy. Casteln. Ois.*, p. 44, pl. 12, f. 1; *notatus*, Eyt.; *similis*, Pelz. — Amazone.

2576. KIENERII, Des M., *Op. cit.*, p. 45, pl. 14, f. 1. — Haut-Amazone.

2577. ORBIGNYANA (Lafr.), *Rev. Zool.*, 1850, p. 420. — Bolivie.

479. PYGARRHICHUS

Pygarrhichus, Burm. (1837); *Dendrodramus*, Gould (1841); *Dromodendron*, Gray (1842).

2578. ALBIGULARIS (King); *leucosternus*, Gould, *Darw. Voy. Beagle, Zool.* III, p. 82, pl. 27; *sittellus*, Licht. — Chili S., Patagonie W.

480. GLYPHORHYNCHUS

Glyphorhynchus et *Sphenorhynchus*, Max. (1831); *Zenophasia*, Sw. (1838); *Sittacilla*, Less. (1837).

2579. CUNEATUS (Licht.); *ruficaudus*, Max.; *platyrhyncha*, Sw.; *pectoralis*, Scl., *P. Z. S.*, 1860, p. 299; *major*, Scl., *l. c.*, 1862, p. 369. — Amérique centrale et méridionale jusqu'à l'Argentine.

621. *Var.* CASTELNAUDI, Des M., *Voy. Casteln. Ois.*, p. 47, pl. 15, f. 2. — Amazone.

481. DECONYCHURA

Deconychura, Cherr. (1891).

2580. TYPICA, Cherr., *Pr. U. S. Nat. Mus.* XIV (1891), p. 339. — Costa-Rica, Panama.

482. SITTASOMUS

Sittasomus, Sw. (1827); *Sittosomus*, Scl. (1890).

2581. ERITHACUS (Licht.), *Abh. Ak. Berl.*, 1820, p. 259, pl. 1, f. 2; *sylviellus*, Tem., *Pl. col.*, 72, f. 1; *temmincki*, Less.; *olivaceus*, Max. — Brésil, Bolivie, Paraguay, Argentine N.

622. *Var.* CHAPADENSIS, Ridgw., *Pr. U. S. Nat. Mus.* XIV, p. 509; *erithacus*, auct. plur. — Matto Grosso.

623. *Var.* AMAZONA, Lafr., *Rev. Zool.*, 1850, p. 590; *olivaceus*, (part.) Scl. — Haut-Amazone.

624. *Var.* SYLVIOIDES, Lafr., *l. c.*; *pectinicaudus*, Cab. et H.; *olivaceus*, (part.) Scl. — Costa-Rica jusqu'au Mexique S.

625. *Var.* ÆQUATORIALIS, Ridgw., *Pr. U.S. Nat. Mus.* XIV, p. 509; *amazonus*, Berl. et Tacz., *P. Z. S.*, 1883, p. 562. — Ecuador W.

2582. GRISEUS, Jard., *Ann. and Mag. N. H.* XIX, p. 82; *olivaceus*, (part.) Scl. — Tobago, ? Trinidad.

626. *Var.* PHELPSI, Chapm., *Auk*, 1897, p. 369. — Vénézuéla.

2583. STICTOLÆMUS, Pelz., *Orn. Bras.*, pp. 42, 59. — Borba (H[t]-Amazone).

483. MARGARORNIS

Margarornis, Rchb. (1852; *Anabasitta*, Lafr.; *Premnoplex*, Cherr. (1891).

2584. SQUAMIGERA (d'Orb.); id., *Voy. Ois.*, p. 369, pl. 54, f. 2. — Bolivie.

627. *Var.* PERLATA Less.); Tacz., *Orn. Pérou*, II, p. 164; *squamigera*, auct. plur. — Vénézuéla, Colombie, Ecuador.

2585 STELLATA, Scl. et Salv., *Nomencl.*, pp. 67, 160. — Ecuador W.

2586. RUBIGINOSA, Lawr., *Ann. Lyc. N. Y.* VIII, p. 128; Salv. et Godm., *Biol. Centr. Am.*, pl. 47, f. 1. — Costa-Rica, Panama.

2587. BRUNNESCENS, Scl., *P. Z. S.*, 1856, p. 27, pl. 116; Salv. et Godm., *Biol. Centr. Am.*, pl. 47, f. 2; *brunneicauda*, Lawr. — De Costa-Rica à l'Ecuador.

2588. GUTTATA, Lawr., *Ann. Lyc. N. Y.* VIII, p. 128; *perlata* (part.), Scl. et Salv. — Colombie, Ecuador.

SUBF. II. — SCLERURINÆ

484. SCLERURUS

Sclerurus, Sw., (1827); *Tinactor*, Max. (1831); *Oxypyga*, Ménétr. (1835).

2589. UMBRETTA (Licht.); *fuscus*, Max.; *caudacuta*, Lafr., *Mag. Zool.*, 1833, pl. 10 (nec Vieill.); *scansor*, Ménétr., *Mém. Ac. St-Pét.*, sér. 6, I, p. 520, pl. 11. — Brésil S., E., Paraguay, Argentine N.

2590. ALBIGULARIS, Sw., *B. Brazil.*, pl. 78. — Vénézuéla, Tobago.

2591. CANIGULARIS, Ridgw., *Pr. U. S. Nat. Mus.* XI, p. 542; *albigularis* (part.), Scl., *Cat. B. Br. Mus.* XV, p. 114. — Costa-Rica.

2592. MEXICANUS, Scl., *P. Z. S.*, 1856, p. 290; id., *Cat. A. B.*, pl. 12; *rufigularis*, Pelz.; *caudacutus*, Scl. et Salv., *P. Z. S.*, 1879, p. 520. — Mexique, Amér. centr. et mér. W. jusqu'à l'Amazone.

2593. CAUDACUTUS (Vieill.); Scl., *Cat. B. Br. Mus.* XV, p. 116. — Guyane, Bas-Amaz.

628. *Var.* BRUNNEA; *S. brunneus*, Scl., *P. Z. S.*, 1857, p. 17; *caudacutus*, Scl. et Salv., *P. Z. S.*, 1867, p. 750; *olivacens*, Cab. — Colombie, Haut-Amazone.

2594. GUATEMALENSIS (Hartl.); Salv. et Godm., *Biol. Centr. Am.* II, p. 168, pl. 44, f. 1. — Amérique centrale.

2595. SALVINI, Salvad. et Festa, *Boll. Mus. Tor.*, n° 362, 1899, p. 23; *brunneus* et *guatemalensis* (part.), Scl. — Ecuador W.

SUBF. III. — PHILYDORINÆ

485. ANABATOXENOPS (1)

Anabatoides (!), Des M. (1853); *Anabatoxenops*, Burm. (1856); *Xenicopsis* (part.), Cab. et H. (1859).

2596. FUSCUS (Vieill.); *albicollis*, Licht.; *anabatoides*, Tem., *Pl. col.*, 150, f. 2. — Brésil.

486. XENOPS

Xenops, Illig. (1811); *Neops*, Vieill. (1816).

2597. GENIBARBIS, Ill.; Tem., *Pl. col.*, 150, f. 1; *mexicanus*, Scl., *P. Z. S.*, 1856, p. 420; *littoralis*, Scl., *P. Z. S.*, 1861, p. 379; *approximans*, Pelz. — Mexique, Amér. centr. et mér. jusqu'au S. du Brésil.

2598. RUTILUS, Licht.; *rutilans*, Tem., *Pl. col.*, 72, f. 2; *genibarbis* et *affinis*, Sw.; *heterurus*, Cab. et H. — Amérique centrale et mérid. jusqu'au S. du Brésil.

487. ANABAZENOPS

Anabazenops, Lafr. (1847); *Cichlocolaptes* (part.), Rchb. (1853); *Xenicopsis* (part.), Cab. et H. (1859).

2599. RUFO-SUPERCILIATUS (Lafr.), *Mag. de Zool.*, 1832, pl. 7; *ochroblepharus* et *adspersus*, Rchb.; *cabanisi*, Tacz., *P. Z. S.*, 1874, p. 528. — Brésil, Pérou.

629. *Var.* OLEAGINEA; *A. oleagineus*, Scl., *P. Z. S.*, 1883, p, 654; *rufo-superciliatus*, White. — Brésil S., Uruguay, Paraguay, Argentine N.

2600. IMMACULATUS, Allen, *Bull. Am. Mus. N. H.* II, p. 92. — Bolivie.

2601. VARIEGATICEPS, Sclat., *P. Z. S.*, 1856, p. 289; 1859, p. 382. — Du Mexique à Panama.

2602. TEMPORALIS, Scl., *P. Z. S*, 1859, p. 141; id., *Cat. Am. B.*, p. 159. — Colombie, Ecuador, Pérou, Bolivie.

(1) Un nom générique ne peut avoir pour terminaison "*oïdes*"; c'est pourquoi nous adoptons la dénomination proposée par Burmeister (*Syst. Ueb. Thire Bras.*, III, p. 23 en note), bien qu'il ne l'ait pas employée lui-même.

2603. AMAUROTIS (Tem.), *Pl. col.*, 238, f. 2. Brésil S., E.
2604. MONTANUS (Tsch.), *Faun. Per. Aves*, p. 240, pl. 20, f. 1. Pérou.
2605. STRIATICOLLIS (Scl.), *P. Z. S.*, 1857, p. 17; 1861, p. 378. De Colombie au Pérou, Bolivie.
2606. RUFICOLLIS, Tacz., *Orn.*, *Pérou*, II, p. 160. Pérou.
2607. SUBALARIS, Scl., *P. Z. S.*, 1859, p. 141; id., *Cat. Am. B.*, pl. 14; *mentalis*, Tacz. et Berl.; *lineatus*, Lawr. De Costa-Rica à l'Ecuador.
2608. GUTTULATUS, Scl., *P. Z. S.*, 1857, p. 272, pl. 130. Vénézuéla.

488. HELIOBLETUS

Heliobletus, Rchb. (1853).

2609. SUPERCILIOSUS (Licht.); Burm., *Syst. Ueb.* III, p. 32; *contaminatus* (Licht.) Pelz. Brésil, Paraguay.

489. ANCISTROPS

Ancistrops, Scl. (1862).

2610. STRIGILATUS (Spix), *Av. Bras.* II, p. 26, pl. 36, f. 1; *lineaticeps*, Scl., *Ann. and Mag. N. H. ser.* 2, XVII, p. 468. Haut-Amazone, Ecuador E.

490. THRIPADECTES

Thripadectes, Scl. (1862).

2611. FLAMMULATUS (Eyt.), *Contr. Orn.* 1849, p. 131; *briceni*, Berl. Vénézuéla, Colombie, Ecuador, Pérou.
2612. SCRUTATOR, Tacz., *P. Z. S.*, 1874, pp. 137, 527. Pérou central.
2613. VIRGATICEPS, Lawr., *Ann. Lyc. N. H.* X, p. 398. Ecuador.

491. PHILYDOR

Philydor, Spix (1824); *Dendroma*, Sw. (1837).

2614. ATRICAPILLUS (Max.); *superciliaris*, Licht.; *canivetii*, Less., *Cent. Zool.*, p. 60, pl. 16; *melanocephalus*, Less. Brésil.
2615 RUFUS (Vieill.); *poliocephala*, Licht.; *ruficollis*, Spix, *Av. Bras.*, pl. 75; *caniceps*, Sw.; *rufifrons*, Less. Brésil.
2616. COLUMBIANUS, Cab. et H., *Mus. Hein.* II, p. 27. Vénézuéla.
2617. ERYTHROPTERUS (Scl.), *P. Z. S.*, 1856, p. 27; 1858, p. 61. Colombie, Ecuador E., Haut-Amazone.
2618. CONSOBRINUS, Scl., *P. Z. S.*, 1870, p. 328; id., *Cat. B. Br. Mus.* XV, pl. 9. Colombie.

2619. PYRRHODES (Cab.), *Schomb. Guian.* III, p. 689 ; id., *Mus. Hein.* II, p. 29. — Guyane, Amazone, Ecuador E.

630. *Var.* FUSCIPENNIS, Salv., *P. Z. S.*, 1866, p. 72 ; id., *Biol. Centr. Am.* pl. 46, f. 1. — Veragua.

2620. ERYTHRONOTUS, Scl. et Salv , *Nomencl.*, pp. 66, 160 ; Scl , *Cat. B. Br. Mus.* XV, pl. 8. — Colombie, Ecuador.

2621. PANERYTHRUS, Scl., *P. Z. S.*, 1862, p. 110 ; *semirufus*, Scl. (err.) ; *rufescens*, Lawr., *Ann. Lyc. N. Y.* VIII, p. 345. — De Colombie au Costa-Rica.

2622. VIRGATUS, Lawr., *Ann. Lyc. N. Y.* VIII, p. 468. — Costa-Rica.

2623. RUFICAUDATUS (Lafr. et d'Orb.), *Syn. Av.* II, p. 15 ; Scl., *P. Z. S.*, 1856, p. 26 ; 1858, p. 61. — Colombie, Ecuador et Bolivie.

631. *Var.* SUBFLAVESCENS, Cab., *Journ. f. Orn.*, 1873, p. 66 ; Tacz., *Orn. Pér.* II, p. 136. — Pérou.

2624. SUBFULVUS, Scl., *P. Z. S.*, 1861, p. 377 — Ecuador, Pérou.

2625. ERYTHROCERCUS (Pelz.) ; *Sitzungsber. d. K. Akad. Wien*, XXXIV, p. 105. — Guyane anglaise, Amazone.

2626. CERVICALIS, Scl., *P. Z. S.*, 1889, p. 33 ; *erythrocercus*, Salv. — Guyane.

492. AUTOMOLUS

Automolus et *Cichlocolaptes*, Rchb. (1853) ; *Ipoborus*, Cab. et H. (1859).

2627. FERRUGINOLENTUS (Max.) ; *leucophrys*, Jard. et S., *Ill. Orn.*, pl. 93 ; *dendrocolaptes*, Licht. — Brésil.

2628. HOLOSTICTUS, Scl. et Salv., *P. Z. S.*, 1875, p. 542 ; Scl., *Cat. B. Br. Mus.* XV, pl. 6. — Colombie, Ecuador.

2629. RUFO-BRUNNEUS (Lawr.), *Ann. Lyc. N. Y.* VIII, p. 127 ; Salv. et Godm., *Biol. Centr. Am.*, pl. 46, f. 2. — Costa-Rica.

2630. IGNOBILIS, Scl. et Salv., *P. Z. S.*, 1879, p. 522. — Antioquia (Colombie).

2631. STRIATICEPS Tacz., *P. Z. S.*, 1874, p. 528 ; *melanorhynchus*, Tsch. (nec Natt.), *Faun. Per. Aves*, p. 241, pl. 21, f. 1. — De Colombie au Pérou et Bolivie.

2631bis RUFIPECTUS, Bangs, *Pr. Biol. Soc. Washington*, XII, p. 158. — Santa Marta (Col.).

2632. SUBULATUS (Spix), *Av. Bras.* I, p. 82, pl. 83, f. 1 ; *melanorhynchus*, Scl. ; *stictoptilus*, Cab., *Journ. f. Orn.*, 1873, p. 66. — Ecuador, Pérou.

2633. ASSIMILIS, Berl. et Tacz., *P. Z. S.*, 1883, p. 561. — Ecuador W.

2634. RUBIGINOSUS (Scl.), *P. Z. S.*, 1856, p. 288. — Mexique.

632. *Var.* VERÆPACIS, Salv. et Godm., *Biol. Centr. Am.* II, p. 156 ; *rubiginosus*, Scl. et Salv. (part.). — Guatémala.

633. *Var.* UMBRINA ; *A. umbrinus*, Salv. et Godm., *Op. cit.*, p. 157 ; *rubiginosus*, Scl. (part.). — Guatémala.

2635. GUERRERENSIS, Salv. et Godm., *Op. cit.*, p. 157. — Guerrero (Mexique).

2636. PECTORALIS, Nels., *Auk*, 1897, p. 54. — Oaxaca (Mexique).

2637. NIGRICAUDA, Hart., *Ibis*, 1898, p. 293. — Ecuador.
2638. RUBIDUS, Scl., *P. Z. S.*, 1883, p. 654; *Cat. B. Br. Mus.* XV, pl. 7. — Brésil.
2639. FUMOSUS, Salv. et Godm., *Op. cit.* II, p. 158; *cervinigularis* (part.), Scl. — Panama.
2640. CERVINIGULARIS, Scl., *P. Z. S.*, 1856, p. 288; 1859, p. 382; 1864, p. 175. — Du Mexique à Panama.
2641. OCHROLÆMUS (Tsch.), *Faun. Per. Av.*, p. 240, pl. 20; f. 2; *turdinus*, Scl. et Salv., *P. Z. S.*, 1866, p. 184 (nec Pelz.). — Haut-Amazone, Colombie.
634. *Var.* TURDINA; *turdinus*, Pelz., *Sitz. Ak. Wien*, XXXIV, p. 110. — Guyane, Bas-Amazone.
2642. MELANOPEZUS, Scl., *P. Z. S.*, 1858, p. 61; id., *Cat. A. B.*, p. 158. — Ecuador E.
2643. ALBIGULARIS (Salv. et Godm.), *Ibis*, 1884, p. 450 (nec Spix). — Guyane anglaise.
2644. PALLIDIGULARIS, Lawr., *Ann. Lyc. N. Y.* VII, p. 465. — De Costa-Rica à l'Ecuador.
2645. DORSALIS, Scl. et Salv., *P. Z. S.*, 1880, p. 158. — Ecuador.
2646. LEUCOPHTHALMUS (Max.); *sulphurascens*, Licht.; *albogularis*, Spix, *Av. Bras.*, pl. 74, f. 1; *gularis*, Less. — Brésil.
2647. SCLATERI (Pelz.), *Sitz. Akad. Wien*, XXXIV, p. 132; *infuscatus*, Scl. (nec Tem.). — Guyane, Amazone, Ecuador E.

493. HOMORUS

Homorus et *Pseudoseisura*, Rchb. (1853).

2648. LOPHOTES (Rchb.); *cristatus*, d'Orb. et Lafr. (nec Spix); *unirufus*, Burm., *La Plata Reise*, II, p. 466. — Uruguay, Argentine.
2649. GUTTURALIS (d'Orb. et Lafr.); d'Orb., *Voy. Ois.*, p. 257, pl. 55, f. 3. — Argentine W., Patagonie N.
2650. CRISTATUS (Spix), *Av. Bras.* I, p. 83, pl. 84. — Brésil, Bolivie.
2651. GALATHEÆ, Leverk., *Journ. f. Orn.*, 1889, p. 106; id., *Ornis*, VI, pl. 2, f. 1. — Matto Grosso.

494. THRIPOPHAGA

Thripophaga, Cab. (1847).

2652. STRIOLATA (Licht.); Tem., *Pl. col.*, 238, f. 1; *macrourus*, Max.; *ruficollaris*, Less., *Cent. Zool.*, pl. 36. — Brésil.
2653. GUTTULIGERA, Scl., *P. Z. S.*, 1864, p. 167. — Colombie.
2654. ERYTHROPHTHALMA (Max.); Des M., *Ic. Orn.*, pl. 44; *aradoides*, Lafr., *Mag. de Zool.*, 1832, *Ois.*, pl. 8. — Brésil S., E.
2655. SCLATERI, Berl., *Ibis*, 1883, p. 490, pl. 13. — Brésil S.
2656. FUSCICEPS, Scl., *P. Z. S.*, 1889, p. 33. — Bolivie.

495. PHACELODOMUS

Phacellodomus, Rchb. (1852).

2657. RUBER (Vieill.); d'Orb., *Voy. Ois.*, p. 253. — Paraguay, Bolivie.
2658. RUFIFRONS (Max.); *frontalis*, Licht.; *garrulus*, Sw., *Zool. Ill.*, pl. 138; *sincipitalis*, Cab. — Brésil, Pérou jusqu'au N. de l'Argentine.
635. *Var.* INORNATA, Ridgw., *Pr. U.S. Nat. Mus.*, 1887, p. 152. — Vénézuéla.
2659. SIBILATRIX, Doer; Scl., *P. Z. S.*, 1879, p. 461. — Argentine N.
2660. STRIATICEPS (d'Orb. et Lafr.), *Syn. Av.* II, p. 19; Tacz., *Orn. Pérou*, II, p. 144. — Bolivie, Pérou.
2661. STRIATICOLLIS (d'Orb. et Lafr.), *Syn. Av.* II, p. 18; *maculipectus*, Cab., *Journ. f. Orn.*, 1883, p. 109; *ruber*, auct. plur. (nec Vieill.). — Uruguay, Argentine.
2662. DORSALIS, Salv., *Novit. Zool.* II, p. 14. — Pérou.
2663. RUFIPENNIS, Scl., *P. Z. S.*, 1889, p. 33; id., *Cat. B. Br. Mus.* XV, pl. 5. — Bolivie, Brésil centr.

496. BERLEPSCHIA

Berlepschia, Ridgw. (1887).

2664. RIKERI, Ridgw., *Pr. U. S. Nat. Mus.* IX, p. 523; Scl., *Ibis*, 1889, p. 351, pl. 11. — Santarem (Bas-Amazone).

497. PSEUDOCOLAPTES

Pseudocolaptes, Rchb. (1853); *Otipne*, Cab. et H. (1859).

2665. BOISSONEAUTI (Lafr.), *Rev. Zool.*, 1840, p. 104; Tacz., *Orn. Pérou*, II, p. 145; *auritus*, Licht.; *semicinnamomeus*, Rchb. — Vénézuéla, Colombie, Ecuador, Pérou.
636. *Var.* FLAVESCENS, Berl. et Stolmz., *P. Z. S.*, 1896, p. 374. — Pérou centr. et N., Bolivie.
637. *Var.* LAWRENCII, Ridgw., *Pr. U. S. Nat. Mus.* I, p. 253. — Costa-Rica, Véragua.

498. LIMNORNIS

Limnornis, Gould (1841).

2666. RECTIROSTRIS, Gould, *Zool. Voy. Beagle* III, p. 80, pl. 26. — Uruguay.

499. LIMNOPHYES

Limnophyes, Sclat. (1889).

2667. CURVIROSTRIS (Gould), *Zool. Voy. Beagle* III, p. 81, pl. 25. — Uruguay, Argentine.

500. ANUMBIUS

Anumbius, d'Orb. et Lafr. (1838); *Sphenopyga*, Cab. et H. (1859).

2668. ACUTICAUDATUS (Less.); *anumbi*, Vieill.; *anthoides*, d'Orb. et Lafr.; *major*, Gould, *Zool. Voy. Beagle* III, p. 76, pl. 22.	Uruguay, Paraguay, Argentine.

501. CORYPHISTERA

Coryphistera, Burm. (1860).

2669. ALAUDINA, Burm., *Journ. f. Orn.*, 1860, p. 251; Scl., *P. Z. S.*, 1870, p. 57, pl. 3.	Argentine N.

SUBF. IV. — SYNALLAXINÆ

502. SYNALLAXIS

Synallaxis, Vieill. (1819); *Anabates*, Tem. (1820); *Parulus*, Spix (1824); *Leptoxyura* et *Melanopareia*, Rchb. (1853).

2670. RUFICAPILLA, Vieill.; id., *Gal. Ois.*, pl. 174; *ruficeps*, Licht.; *cinereus*, Max.; *olivacens*, Eyt.	Brésil S. et E.
2671. POLIOPHRYS, Cab., *Journ. f. Orn.*, 1866, p. 307; *demissa*, Salv. et Godm., *Ibis*, 1884, p. 449.	Guyane anglaise.
2672. FRONTALIS, Pelz., *Sitz. Ak. Wien.* XXXIV, p. 117; *ruficapilla* et *azaræ*, d'Orb.; *ruficeps* (fem.), Spix.	Amérique mérid., du Vénéz. à l'Argent.
638. *Var.* ELEGANTIOR, Scl., *Cat. Am. B.*, p. 151; *elegans*, Scl. (nec Less.); *fruticicola*, Tacz.; *frontalis*, auct. plur.	Colombie, Ecuador, Pérou.
2673. SUPERCILIOSA, Cab., *Journ. f. Orn.*, 1883, p. 110.	Tucuman (Argentine).
2674. MOESTA, Scl., *P. Z. S.*, 1856, p. 26; ?*brachyura*, Lafr.	Colombie, Ecuador.
2675. BRUNNEICAUDA, Scl., *P. Z. S.*, 1858, p. 457; *ruficapilla*, Jelski (nec Vieill.), *brunneicaudalis*, Scl.	Guyane anglaise, Amazone.
639. *Var.* CABANISI, Berl. et Leverk., *Ornis*, VI, p. 21.	Pérou.
2676. SPIXI, Scl., *P. Z. S.*, 1856, p. 98; *ruficeps*, Spix (nec Licht.), *Av. Bras.* I, p. 85, pl. 86, f. 1 (mas.); *albescens*, Burm. (nec Tem.)	Brésil S., Uruguay, Bolivie, Argentine N.
2677. ALBESCENS, Tem., *Pl. col.* 227, f. 2; *albigularis*, Scl.; *brunneus*, Gould.	Du Veragua jusqu'à Buenos-Ayres.
2678. HYPOSPODIA, Scl., *P. Z. S.*, 1874, p. 10.	Brésil S., E.
2679. SUBPUDICA, Scl., *P. Z. S.*, 1874, p. 10.	Colombie, Ecuador.
2680. PUDICA, Scl., *P. Z. S.*, 1859, p. 191; *brachyura*, Lafr.?; *brunneicaudalis*, Lawr. (nec Scl.); Salv. et Godm., *Biol. Centr. Am.*, pl. 44, f. 2.	Colombie, Ecuador.

640. *Var.* NIGRIFUMOSA, Lawr., *An. Lyc. N. Y.* VIII, p. 180.	Du Nicar. à Panama.
2681. GRISEIVENTRIS, Allen, *Bull. Am. Mus. N. H.* II, p. 91.	Bolivie.
2682. GUIANENSIS (Gm.); *Pl. enl.* 686, f. 2; *cinnamomea,* Licht.; *inornata,* Pelz., *Sitz. Ak. W*, XX, p. 161.	Guyane, Amazone, Colombie.
2683. ALBILORA, Pelz., *Sitz. Ak. Wien,* XX, p. 160; *modesta,* Natt.	Brésil centr., ? Bolivie, Paraguay.
2684. CINERASCENS, Tem., *Pl. col.* 227, f. 3.	Brésil S.-E.
2685. MARANONICA, Tacz., *P. Z. S.,* 1879, p. 230.	Pérou N.
2686. PROPINQUA, Pelz., *Sitz. Ak. Wien,* XXXIV, p. 101; *terricolor,* Scl. et Salv., *P. Z. S.,* 1866, p. 183; *pulvericolor,* Scl.	Haut-Amazone.
2687. STICTOTHORAX, Scl., *P. Z. S.,* 1859, p. 191, 1874, p. 12, pl. 2, f. 1; *maculata,* Lawr.	Ecuador W.
2688. SEMICINEREA (Rchb.), *Handb. d. sp. Orn.,* p. 170, pl. 521, f. 3610; *caniceps,* Scl.	Brésil, Bolivie.
2689. SCUTATA, Scl., *P. Z. S.,* 1859, p. 191, 1874, p. 13, pl. 2, f. 2.	Brésil S.
2690. WHITII, Scl., *Ibis,* 1881, p. 600, pl. 17, f. 2.	Prov. Salta (Arg.).
2691. CINNAMOMEA (Gm.); Vieill., *Gal. Ois.* I, p. 283, pl. 173; *ruficauda* et *russeola,* Vieill.; *mentalis,* Licht.; *caudacutus,* Max.	Amérique mérid., de Colombie et Guyane au Paraguay.
641. *Var.* MUSTELINA (Natt.), Pelz., *Orn. Bras.,* p. 37; *cinnamomea,* Pelz. (part.)	Haut-Amazone.
2692. VULPINA, Pelz., *Sitz. Ak. Wien,* XX, p. 162; *alopecias,* Pelz., *l. c.,* XXXIV, p. 101; *vulpecula,* Scl. et Salv.	Amazone, Brésil centr.
2693. UNIRUFA, Lafr.; *Rev. Zool.,* 1843, p. 290; Scl., *P. Z. S.,* 1855, p. 141.	Colombie, Ecuador.
2694. FUSCO-RUFA, Scl., *P. Z. S.,* 1882, p. 578, pl. 43, f. 1.	Santa Marta (Col.).
2695. CASTANEA, Scl., *Ann. and Mag. N. H.,* sér. 2, XVII, p. 466; id., *Cat. A. B.,* pl. 13.	Vénézuéla.
2696. KOLLARI, Pelz., *Sitz. Ak. Wien,* XX, p. 158; Scl., *P. Z. S.,* 1874, p. 15, pl. 3, f. 1.	Rio Négro (Brésil N.-W.).
2697. CANDÆI, Lafr. et d'Orb., *Rev. Zool.,* 1838, p. 165; Scl., *P. Z. S.,* 1874, p. 15, pl. 3, f. 2.	Colombie N.
2698. LÆMOSTICTA, Scl., *P. Z. S.,* 1859, p. 192; *cinnamomea,* Lafr. (nec Gm.)	Colombie centrale.
2699. TERRESTRIS, Jard., *Ann. and Mag. N. H.* XIX, p. 80.	Tobago, Vénézuéla.
642. *Var.* CARRI, Chapm., *Bull. Am. Mus. N. H.* VII, p. 323; *cinerascens,* Léot. (nec Tem.)	Trinidad.
2699bis STRIATIPECTUS, Chapm., *Bull. Am. Mus. N. H.* XII, p. 156.	Vénézuéla.
2700. ADUSTA, Salv. et Godm., *Ibis,* 1884, p. 450; *Cat. B. Br. Mus.* XV, pl. 3.	Guyane anglaise.
2701. GULARIS, Lafr., *Rev. Zool.,* 1843, p. 290; Scl., *P. Z. S.,* 1855, p. 141.	Colombie.

643. *Var.* RUFIVENTRIS, Berl. et Stolzm., *P. Z. S.*, 1896, p. 372. — Ecuador, Pérou N. et centr.
2702. TITHYS, Tacz., *P. Z. S.*, 1877, p. 323. — Pérou.
2703. ERYTHROTHORAX, Scl., *P. Z. S.*, 1855, p. 75, pl. 86; ?*cinerascens*, Bp. (nec Tem.) — Mexique S., Guatémala.
2704. TORQUATA, Max., *Beitr.* III, p. 697; *bitorquata*, d'Orb. et Lafr.; d'Orb., *Voy. Ois.*, pl. 15, f. 2. — Brésil centr. S. et Bolivie.
2705. MAXIMILIANI, d'Orb., *Voy. Ois.*, p. 247; *torquata*, d'Orb., *Voy. Ois.*, pl. 15, f. 1. — Bolivie.
2706. PAUCALENSIS, Tacz., *Orn. Pérou*, II, p. 131. — Paucal (Pérou).
2707. PHRYGANOPHILA (Vieill.); Burm., *La Plata Reise*, II, p. 469; *tecellata*, Tem., *Pl. col.* 311, f. 1. — Brésil, Parag., Urug., Bolivie, Argent. N.
2708. RUTILANS, Tem., *Pl. col.* 227, f. 1. — Brésil, Amazone.
2709. ?LEUCOCEPHALUS, Lafr. et d'Orb., *Syn.* I, p. 24. — Patagonie.
2710. ?TROGLODYTOIDES, d'Orb., *Voy. Ois.*, p. 238. — Patagonie.

503. SIPTORNIS

Siptornis, *Cranioleuca*, *Asthenes*, Rchb. (1853).

2711. PALLIDA (Max.), *Beitr.* III, p. 690; Scl., *P. Z. S.*, 1859, p. 192, 1874, p. 18; *pusillus*, Mus. Ber. — Brésil S., E.
2712. ANTISIENSIS, Scl., *P. Z. S.*, 1858, p. 457, 1859, p. 192, 1874, p. 18. — Colombie, Ecuador.
2713. CISANDINA (Tacz.), *P. Z. S.*, 1882, p. 25; id., *Orn. Pér.* II, p. 133. — Pérou N.-E.
2714. FURCATA (Tacz.), *P. Z. S.*, 1882, p. 25; id., *Orn. Pér.* II, p. 134. — Pérou N.-E.
2715. BARONI, Salv., *Novit. Zool.* II, p. 14. — Pérou.
2716. CURTATA, Scl., *P. Z. S.*, 1869, p. 636, pl. 49, f. 1. — Col. Ecuad., Pér.
2717. ERYTHROPS, Scl., *P. Z. S.*, 1860, p. 66, 1874, p. 19; Salv. et Godm., *Biol. Centr. Am.*, pl. 45, f. 1. — Du Costa-Rica à l'Ecuador.
2718. RUFIGENIS (Lawr.), *Ann. Lyc. N. Y.* IX, p. 105; Salv. et Godm., *l. c.*, pl. 45, f. 2. — Costa-Rica.
2719. STRIATICOLLIS (Lafr.), *Rev. Zool.*, 1843, p. 290; ?*flammulata*, Less.; *flammulata*, Rchb. — Colombie, Ecuador.
2720. HYPOSTICTA (Pelz.), *Sitz. Ak. Wien*, XXXIV, p. 102; Scl., *P. Z. S.*, 1874, p. 20, pl. 4, f. 2. — Amazone, Bolivie, Colombie.
2721. SUBCRISTATA, Scl., *P. Z. S.*, 1874, p. 20, pl. 4, f. 1; *inornata*, Scl. et Salv. (1868). — Vénézuéla.
2722. RUTICILLA et *guajacina* (Licht.); Cab., *Mus. Hein.* II, p. 27; ?*obsoleta*, Rchb.; *fitis*, Pelz. — Brésil S., E.
2723. STRIATICEPS (d'Orb. et Lafr.); d'Orb., *Voy. Ois.*, p. 241, pl. 16, f. 1. — Bolivie, ? Uruguay.
2724. HETEROCERCA, Berl. et Leverk., *Ornis*, VI, p. 22; *striaticeps*, auct. plur. — Argentine, Rio Négro (Patagonie).

2725. RUFIPENNIS (Scl. et Salv.), *P. Z. S.*, 1879, p. 620. Bolivie.
2726. ALBICEPS (d'Orb. et Lafr.); d'Orb., *Voy. Ois.*, p. 261, pl. 16, f. 2. Bolivie.
2727. ALBICAPILLA (Cab.), *Journ. f. Orn.*, 1873, p. 319. Pérou.
2728. HUMICOLA (Kittl.), *Mém. Acad. St-Pétersb.* I, p. 185, pl. 6 (1831). Chili.
2729. ORBIGNYI (Rchb.); *humicola*, d'Orb., *Voy. Ois.*, p. 247, pl. 17, f. 2; *crassirostris*, Landb.; *fugax* et *flavigularis*, Dör. Bolivie, Argentine N.
2730. AREQUIPÆ (Scl. et Salv.), *P. Z. S.*, 1869, p. 417; *orbignyi*, Scl. et Salv. (1867). Pérou S.-W.
2731. MODESTA (Eyt.), *Contr. Orn.*, 1851, p. 159; *flavigularis*, Burm.; *sordida*, Ph. et Landb. Chili, Argentine, Patagonie N.
2732. HUMILIS (Cab.); *Journ. f. Orn.*, 1873, p. 319. Pérou W., Bolivie.
644. *Var.* MARAYNIOCENSIS, Berl. et Stolzm., *P. Z. S.*, 1896, p. 373. Pérou centr.
2733. PUDIBUNDA, Scl., *P. Z. S.*, 1874, p. 445, pl. 58, f. 1. Pérou.
2734. SORDIDA (Less.), *Rev. Zool.*, 1839, p. 105; *flavigularis*, Gould, *Voy. Beagle, Zool.* III, p. 78, pl. 24; *brunnea*, Gould (juv.); *rufa*, Landb. Chili, Argentine, Patagonie.
2735. PATAGONICA (d'Orb.), *Voy. Ois.*, p. 249. Patagonie.
2736. SULPHURIFERA (Burm.), *P. Z. S.*, 1868, p. 636. Argentine, Patagonie.
2737. ANTHOIDES (King); *rufogularis*, Gould, *Voy. Beagle, Zool.* III, p. 77, pl. 23. Chili, Patagonie.
2738. HUDSONI, Scl., *P. Z. S.*, 1874, p. 25; *anthoides*, Scl. et Salv. (1868); *sclateri*, Cab. Uruguay, Argentine.
2739. WYATTI (Scl. et Salv.), *P. Z. S.*, 1870, p. 840. Colombie, Ecuador.
645. *Var.* GRAMINICOLA, Scl., *P. Z. S.*, 1874, p. 446, pl. 58, f. 2. Pérou.
2740. VIRGATA, Scl., *P. Z. S.*, 1874, p. 446. Pérou centr.
2741. FLAMMULATA (Jard.), *Contr. Orn.*, 1850, p. 82, pl. 56; *multostriata*, Scl. De Colombie au Pérou (Andes).
646. *Var.* TACZANOWSKII, Berl. et Stolzm., *Ibis*, 1894, p. 393. Pérou centr.
2742. MALUROIDES (d'Orb. et Lafr.); d'Orb., *Voy. Ois.*, p. 238, pl. 14, ff. 3, 4. Argentine.
2743. HYPOCHONDRIACA, Salv., *Novit. Zool.* II, p. 14. Pérou.
2744. SINGULARIS (Berl. et Tacz.), *P. Z. S.*, 1885, p. 96, pl. 7, f. 2. Ecuador.
2745. ? STRIATA (Phil. et Landb.), *Wiegm. Arch.*, 1863, p. 119. Pérou.

504. XENERPESTES

Xenerpestes, Berl. (1886).

2746. MINLOSI, Berl., *Ibis*, 1886, p. 54, pl. 4. Bucaramanga (Col.).

505. LEPTASTHENURA

Leptasthenura, *Bathmidura*, Rchb. (1853); *Synallaxis*, auct. plur.

2747. ÆGITHALOIDES (Kittl.), *Vög. Chili*, p. 15, pl. 7; *thelottii*, Less. — Chili, Pérou S.

647. *Var.* PLATENSIS, Rchb.; Berl., *Journ. f. Orn.*, 1887, p. 119. — Uruguay, Paraguay, Argentine, Patag.

2748. FUSCESSENS, Allen, *Bull. Am. Mus. N. H.* II, p. 90. — Bolivie.

2749. ANDICOLA, Scl., *P. Z. S.*, 1869, p. 636, pl. 49, f. 2. — Col., Ecuador, Pérou.

2750. PILEATA, Scl., *P. Z. S.*, 1881, p. 487. — Pérou centr.

2751. FULIGINICEPS (Lafr. et d'Orb.); d'Orb., *Voy. Ois.*, p. 342, pl. 17, f. 1; *paranensis*, Scl. — Bolivie, Argentine N.

648. *Var.* BOLIVIANA, Allen, *Bull. Am. Mus. N. H.* II, p. 91. — Bolivie N.

2752. SETARIA (Tem.), *Pl. col.* 311, f. 2. — Brésil.

2753. ?STRIOLATA (Pelz.), *Sitzungsb. Ak. Wien*, XX, p. 159. — Brésil.

506. PHLEOCRYPTES

Phleocryptes, Cab. et Heine (1859).

2754. MELANOPS (Vieill.); *dorsomaculatus*, Lafr. et d'Orb.; d'Orb., *Voy. Ois.*, p. 237, pl. 14, ff. 1, 2. — Pérou W., Chili, Argentine, Uruguay, Paraguay, Patag.

2755. SCHOENOBÆNUS, Cab. et H., *Mus. Hein.* II, p. 26. — Pérou S.-E. (Titicaca).

507. SCHIZOEACA

Schizœaca, Cab. (1873); *Synallaxis*, auct. plur.

2756. FULIGINOSA (Lafr.), *Rev. Zool.*, 1843, p. 290; Scl., *P. Z. S.*, 1855, p. 141, 1856, p. 26, 1874, p. 16. — Colombie.

2757. GRISEO-MURINA (Scl.), *P. Z. S.*, 1882, p. 578, pl. 43, f. 2. — Ecuador.

2758. PALPEBRALIS, Cab., *Journ. f. Orn.*, 1873, p. 319. — Pérou.

2759. CORYI (Berl.), *Auk*, 1888, p. 458. — Vénézuéla (Mérida).

508. SYLVIORTHORHYNCHUS

Sylviorthorhynchus, Des M. (1847); *Schizura*, Cab. (1847).

2760. DESMURSI, Gay, *Faun. Chil. Aves*, p. 316, pl. 3; *maluroides*, Des M., *Icon. Orn.*, pl. 45. — Chili, Patagonie N.

509. OXYURUS

Oxyurus, Sw. (1827).

2761. SPINICAUDA (Gm.); *seticauda*, Forst.; *ornatus* et *australis*, Sw.; *tupinieri*, Less., *Voy. Coq. Zool.*, pl. 29, f. 1. — Chili, Patagonie.

2762. MASAFUERÆ (Ph. et Landb.), *Wiegm. Arch.*, 1866, I, p. 127; Scl., *Ibis*, 1871, p. 180, pl. 7, f. 2. — Ile Masafuera (près Juan Fernandez).

SUBF. V. — FURNARIINÆ

510. LOCHMIAS

Lochmias, Sw. (1827); *Picerthia*, Is. Geoff. (1832).

2763. NEMATURA (Licht.); *st-hilarii*, Less.; *squamulata*, Sw., *Orn. Dr.*, pl. 38. — Brésil, Guyane.

649. *Var.* OBSCURATA, Cab., *Journ. f. Orn.*, 1873, p. 65; Tacz., *Orn. Pér.* II, p. 113; *sororia*, Scl. et Salv., *P. Z. S.*, 1873, p. 511. — Vénézuéla, Colombie, Ecuad., Pérou, Bol.

511. CLIBANORNIS

Clibanornis, Scl. et Salv. (1873).

2764. DENDROCOLAPTOIDES (Pelz.), *Sitz. Ak. Wien*, XXXIV, p. 105. — Brésil S., E.

512. HENICORNIS

Enicornis, Gray (1840); *Eremobius*, Gould (1841).

2765. PHOENICURA (Gould), *Voy. Beagle, Zool.*, p. 69, pl. 21. — Patagonie.

2766. STRIATA, Allen, *Bull. Am. Mus. N. H.* II, p. 89. — Chili.

2767. MELANURA, Gray, *Gen. B.* I, p. 133, pl. 41; *gouldi*, Cab. et H., *Mus. Hein.* II, p. 24. — Chili.

513. CINCLODES

Cinclodes, Gray (1840); *Cillurus*, Cab. (1844).

2768. NIGROFUMOSUS (d'Orb. et Lafr.); d'Orb., *Voy. Ois.*, p. 372, pl. 57, f. 2; *lanceolatus*, Gould, *Voy. Beagle, Zool.*, pl. 20. — Pérou S., Chili N., Bolivie.

650. *Var.* TACZANOWSKII, Berl. et Stolzm., *P. Z. S.*, 1892, p. 381; *nigrofumosus* (pt.), auct. plur. — Pérou W.

2769. PATAGONICUS (Gm.); *chilensis*, Less.; *rupestris*, Kittl., *Vög. Chili*, p. 16, pl. 8. — Chili S., Patagonie.

2770. FUSCUS (Vieill.); *vulgaris*, Lafr. et d'Orb.; d'Orb., *Voy. Ois.*, p. 372, pl. 57, f. 1. — Uruguay, Argentine, Patagonie.

651. *Var.* MINOR, Cab., *Mus. Hein.* II, p. 24; *rivularis*, Cab.; *albidiventris*, Scl. — Vénéz., Ecuad., Pérou, Bol., Chili (Andes).

2771. ANTARCTICUS (Garn.); *fuliginosus*, Less., *Voy. Coq. Zool.* I, p. 670. — Iles Falkland.

2772. BIFASCIATUS, Scl., *P. Z. S.*, 1858, p. 448; *atacamensis*, Phil., *Reise Wüste Atacama*, p. 162, pl. 3. — Pérou, Bolivie, Chili N., Argent. N.-W.

2773. PALLIATUS (Tsch.), *Faun. Per. Aves*, p. 235, pl. 16, f. 2. — Pérou centr.

514. UPUCERTHIA

Upucerthia, Géoff. St-Hil. (1832); *Ochetorhynchus*, Mey. (1832); *Coprotretis*, Cab. (1859).

2774. DUMETORIA, Geof. et d'Orb.; Darw., *Voy. Beagle*, *Zool.*, pl. 19. — Chili, Argentine W., Patagonie.
652. *Var.* PROPINQUA, Ridgw., *P. U. S. Nat. Mus.*, 1889, p. 134. — Magellan.
2775. JELSKII (Cab.), *Journ. f. Orn.*, 1874, p. 98. — Pérou centr., Bolivie.
2776. PALLIDA, Tacz., *P. Z. S.*, 1883, p. 71; id., *Orn. Pérou*, II, p. 107. — Pérou centr.
2777. VALIDIROSTRIS (Burm.), *La Plata Reise*, II, p. 464. — Argentine W., Chili.
2778. EXCELSIOR, Scl., *P. Z. S.*, 1860, p. 77; *Cat. B. Br. Mus.* XV, p. 18. — Ecuador.
2779. ANDICOLA, d'Orb. et Lafr.; d'Orb., *Voy. Ois.*, p. 371, pl. 56, f. 2; *serrana*, Tacz., *P. Z. S.*, 1874, p. 525. — Bolivie, Pérou.
2780. BRIDGESI, Scl., *P. Z. S.*, 1889, p. 32. — Bolivie.
2781. LUSCINIA (Burm.), *Journ. f. Orn.*, 1860, p. 249. — Argentine W.
2782. HARTERTI, Berl., *Journ. f. Orn.*, 1892, p. 452. — Bolivie.
2783. RUFICAUDA (Meyen), *Act. Acad. Leop. C.* XVI, *Suppl.*, p. 81, pl. 11; *montana*, Lafr. et d'Orb.; d'Orb., *Voy. Ois.*, p. 371, pl. 56, f. 1. — Bolivie, Argentine W., Patagonie.

515. FURNARIUS

Furnarius, Vieill. (1816); *Opetiorhynchos*, Tem. (1820); *Figulus*, Spix (1824); *Ipnodomus*, Glog. (1842).

2784. RUFUS (Gm.); *Pl. enl.* 739; *badius*, Licht. — Parag., Urug., Arg.
653. *Var.* ALBIGULARIS, Spix, *Av. Bras.* I, p. 76, pl. 78; *ruficaudus*, Max.; *commersoni* et *badius*, Pelz. — Brésil, Bolivie.
2785. FIGULUS (Licht.); Burm., *Syst. Uebers.* III, p. 4; *rufus*, Max.; *melanotis*, Sw.; *superciliaris*, Less. — Brésil S., E.
2786. CRISTATUS, Burm., *Ibis*, 1888, p. 495; *tricolor*, auct. plur. (nec Burm.) — Argentine N.
2787. TRICOLOR (Burm.), Giebel, *Zeitschr. Ges. Naturw.* XXXI, p. 11. — Bolivie.
2788. LEUCOPUS, Sw., *Ann. in Menag.*, p. 325; Tacz., *Orn. Pér.* II, p. 104. — Guyane, Amazone.
654. *Var.* AGNATA; *F. agnatus*, Scl. et Salv., *Nomencl.*, pp. 61, 159. — Colombie N.
655. *Var.* ASSIMILIS, Cab. et H., *Mus. Hein.* II, p. 22; *leucopus*, auct. plur. (part.) — Brésil S., E.
2789. MINOR, Pelz., *Sitz. Ak. Wien*, XXXI, p. 321. — Amazone.
2790. TORRIDUS, Scl. et Salv., *P. Z. S.*, 1866, p. 185; *Cat. B. Br. Mus.* XV, pl. 2. — Haut-Amazone.

2791. PILEATUS, Scl. et Salv., *P. Z. S.*, 1878, p. 139. Santarem (Ht-Amaz.)

2792. CINNAMOMEUS (Less.); Tacz., *Orn. Pér.* II, p. 102; *longirostris*, Pelz.; *griseiceps*, Cab. et H. EcuadorW., PérouW.

2793. ?LONGIPENNIS, Sw., *An. in Menag.*, p. 350. Pérou.

2794. RECTIROSTRIS (Max.), *Beitr.* III, p. 679; Burm., *Syst. Uebers.* III, p. 5. Brésil.

516. GEOSITTA

Geositta, Sw. (1837); *Geobamon*, Burm. (1860).

2795. CUNICULARIA (Vieill.); d'Orb., *Voy. Ois.*, p. 358, pl. 43, f. 1; *anthoides*, Sw.; *fissirostris*, Kittl.; *nigro-fasciata*, Lafr. Chili, Argentine, Uruguay, Patagonie.

656. *Var.* FROBENI (Ph. et Landb.), *Wiegm. Arch.*, 1865, I, p. 62; *cunicularia* (part.), Scl. et Salv.; *cun. juninensis*, Tacz. Pérou.

2796. ISABELLINA (Ph. et Landb.), *Wiegm. Arch.*, 1865, I, p. 63. Chili.

2797. RUFIPENNIS (Burm.), *Journ. f. Orn.*, 1860, p. 249; *fasciata*, Ph. et Landb., *l. c.*, p. 68. Chili, Argentine N., Bolivie.

2798. PERUVIANA, Lafr.; Tacz., *Orn. Pérou*, II, p. 100. Pérou W.

2799. MARITIMA (d'Orb. et Lafr.); d'Orb., *Voy. Ois.*, p. 360, pl. 44, f. 1; Tacz., *Orn. Pérou*, II, p. 101. Pérou W.

2800. SAXICOLINA, Tacz., *P. Z. S.*, 1874, p. 524; id., *Orn. Pér.* II, p. 98. Pérou centr.

2801. TENUIROSTRIS (d'Orb. et Lafr.); d'Orb., *Voy. Ois.*, p. 359, pl. 43, f. 2. Pérou, Bolivie, Argentine, Chili.

2802. CRASSIROSTRIS, Scl., *P. Z. S.*, 1866, p. 98; *Cat. B. Br. Mus.* XV, pl. 1. Pérou W.

517. GEOBATES

Geobates, Sw. (1838).

2803. POECILOPTERUS (Max.); Scl., *P. Z. S.*, 1866, p. 205, pl. 21; *brevicauda*, Sw.; *fuscus*, Burm. Brésil.

SUBORD. II. — OLIGOMYODÆ

FAM. V. — EURYLÆMIDÆ (1)

SUBF. I. — CALYPTOMENINÆ

518. CALYPTOMENA

Calyptomena, Raffles (1822).

2804. VIRIDIS, Raffl.; Tem., *Pl. col.* 216; *rafflesia* et *caudacuta*, Sw. Ténassérim, Malacca, îles de la Sonde.

(1) Voy.: Sclater, *Cat. Birds Brit. Mus.* XIV, p. 454 (1888).

2805. WHITEHEADI, Sharpe, *P. Z. S.*, 1887, p. 558; id., *Ibis*, 1888, p. 231, pl. 5. — Kinabalu (Bornéo N.)
2806. HOSEI, Sharpe, *Ibis*, 1892, p. 438, pl. 10. — Sarawak (Bornéo N.)

SUBF. II. — EURYLÆMINÆ

519. PSARISOMUS

Psarisomus, Sw. (1837); *Crossodera*, Gould (1837); *Raya*, Hodgs. (1839); *Sinius*, Hodgs. (1841); *Simornis*, Hodgs. (1844).

2807. DALHOUSIÆ (James.); Gould, *B. Asia*, I, pl. 64; *assimilis*, Hume; *sericeogula*, Hogs. — Himalaya E., Indo-Chine W.
657. *Var.* PSITTACINA; *Eur. psittacinus*, Müll., *Tijdschr. Nat. Gesch.* II, p. 349, pl. 5, f. 6; Tem., *Pl. col.* 598. — Sumatra, Bornéo.

520. SERILOPHUS

Serilophus, Sw. (1837).

2808. LUNATUS (Gould); id., *B. Asia*, pl. 62. — Birmanie.
658. *Var.* ROTHSCHILDI, Hart., *Ibis*, 1898, p. 434. — Gunong Ijau (Malac.)
2809. RUBROPYGIUS (Hodgs.); Gould, *B. Asia*, pl. 63. — Népaul, Himalaya E.

521. SARCOPHANOPS

Sarcophanops, Sharpe (1879).

2810. STEERII, Sharpe; id., *Trans. Linn. Soc.*, sér. 2, I, *Zool.*, p. 344, pl. 54; Gould, *B. Asia*, pl. 65. — Philippines.
2811. SAMARENSIS, Steere, *List Philip. B.*, p. 23, n° 272. — Samar, Leyte.

522. EURYLÆMUS

Eurylaimus, Horsf. (1822); *Platyrhynchos*, Vieill. (1825).

2812. JAVANICUS, Horsf.; *horsfieldi*, Tem., *Pl. col.* 130, 131. — Indo-Chine W., îles de la Sonde.
2813. OCHROMELAS, Rafll.; Gould, *Op. cit.*, pl. 58; *cucullatus*, Tem., *Pl. col.* 261; *rafflesi*, Less. — Ténassérim, Malacca, Sumatra, Bornéo.

523. CORYDON

Corydon, Less. (1828).

2814. SUMATRANUS (Rafll.); *corydon*, Tem., *Pl. col.* 297, *temmincki*, Less. — Ténassérim, Malacca, Sumatra, Bornéo.

524. CYMBORHYNCHUS

Cymbirhynchus, Vig. (1830).

2815. MACRORHYNCHUS (Gm.); Gould, *Op. cit.*, pl. 59; *platyrhynchos*, Desm.; *nasutus*, Vieill.; Tem., *Pl. col.* 154; *malaccensis*, Salvad. — Ténassérim, Malacca, Sumatra, Bornéo.

659. *Var.* AFFINIS, Blyth; Gould, *Op. cit.*, pl. 60. — Arrakan, Pégou S.-W.

FAM. VI. — XENICIDÆ (1)

525. ACANTHIDOSITTA

Acanthisitta, Lafr. (1842); *Acanthidositta*, Bull. (1887).

2816. CHLORIS (Sparrm.), *Mus. Carls.*, pl. 33; *citrina*, Gm.; *punctata*, Quoy et Gaim., *Voy. Astrol.* I, p. 221, pl. 18, f. 1; *citrinella*, Forst.; *tenuirostris*, Lafr., *Mag. Zool.*, 1842, pl. 27. — Nouv.-Zélande.

526. XENICUS

Xenicus, Gray (1855).

2817. LONGIPES (Gm.); *stokesii*, Gray, *Ibis*, 1862, p. 219. — Nouv.-Zél. (île Sud.)

2818. GILVIVENTRIS, Pelz., *Verh. K.-K. zool.-bot. Ges. Wien*, 1867, p. 316; *haasti*, Bull., *Ibis*, 1869, p. 37. — Nouv.-Zél. (île Sud.)

527. TRAVERSIA

Traversia, Rothsch. (1894).

2819. LYALLI, Rothsch., *Bull. Br. Orn. Club.* XXII, 1894; id., *Ibis*, 1895, p. 268; *X. insularis*, Bull., *Ibis*, 1895, p. 237, pl. 7. — Ile Stephens (Nouv.-Zélande).

FAM. VII. — PITTIDÆ (2)

528. ANTHOCINCLA

Anthocincla, Blyth (1862).

2820. PHAYRII, Blyth, *J. A. S. B.* XXXI, p. 343; Hume, *Str. F.* III, p. 109, pl. 2. — Ténassérim, M[ts] Karen.

(1) Voy. : Sclater, *Cat. Birds Br. Mus.* XIV, p. 450.

(2) D.-G. Elliot, *A monograph of the Pittidæ*, New-York, 1861; Schleg., *Mus. P.-B. (Pitta)* 1874; Sclat., *Cat. Birds Br. Mus.* XIV, p. 411, 1888; Whitehead, *Ibis*, 1893, p. 488.

529. HYDRORNIS

Paludicola, Hodgs. (1837); *Hydrornis*, Blyth (1843); *Heleornis*, Hodgs. (1844).

2821. NIPALENSIS (Hodgs.); Gould, *B. Asia*, V, pl. 79; *nuchalis*, Blyth. — Du Népaul au Pégou.

2822. ?SOROR, Ward.-Rams., *Ibis*, 1881, p. 496. — Saigon?

2823. OATESI, Hume, *Str. F.* I, p. 477; Wald. in Blyth, *B. Burma*, p. 98. — Ténassérim, Pégou.

2824. ANNAMENSIS, Oust., *Bull. Mus. Paris*, 1896, p. 315. — Annam.

530. GIGANTIPITTA

Gigantipitta, Bp. (1854).

2825. CÆRULEA (Rafll.); Gould, *B. Asia*, pl. 81; *gigas*, Müll. et Schl.; Tem., *Pl. col.* 217; *davisoni*, Hume, *Str. F.* III, p. 321. — Ténassérim, Malacca, Sumatra, Bornéo.

531. PITTA

Pitta, Vieill. (1816); *Myothera*, Cuv. (1817); *Brachyurus*, Thunb. (1821); *Citta*, Wagl. (1827, nec Boie, 1826); *Erythropitta*, *Iridipitta*, *Melanopitta*, Bp. (1854); *Coloburis*, *Phœnicocichla*, Cab. et H. (1859); *Leucopitta*, *Cervinipitta*, *Purpureipitta*, Elliot (1870); *Cyanopitta*, Gould (1880).

2826. MAXIMA, Müll. et Schl.; Ell., *Mon. Pit.*, pl. 12; Schl., *Vog. Ned. Ind.*, *Pitta*, p. 4, pl. 1, f. 4. — Gilolo.

2827. CYANOPTERA, Tem., *Pl. col.* 218; *moluccensis*, P. L. S. Müll.; *malaccensis*, Blyth; *nympha*, Swinh. — Birm., Siam, Malacca, Chine S., Bornéo.

2828. MEGARHYNCHA, Schl., *Vog. Ned. Ind.*, p. 11, pl. 4, f. 2; Gould, *B. Asia*, V, pl. 70. — Ténassérim, Malacca.

2829. ANGOLENSIS, Vieill.; Des M., *Icon. Orn.*, pl. 46; Ell., *Op. cit.*, pl. 5; *pulih*, Fras. — Afrique tropicale.

2830. BRACHYURA (Lin.); Gould, *Cent. Him. B.*, pl. 23; *bengalensis*, Gm.; Gould, *B. Asia*, V, pl. 64; *triostegus*, Sparrm.; *malaccensis*, Scop.; *abdominalis* et *superciliaris*, Wagl.; *brachycerca*, Leg.; *coronata*, Hume. — Inde, Ceylan, Indo-Chine W.

2831. NYMPHA, Tem. et Schl., *Faun. Jap.*, *Aves*, *suppl.*, pl. A; Ell., *Op. cit.*, pl. 8; *oreas*, Swinh.; Ell., *Ibis*, 1870, pl. 13, f. 1. — Ile Tsusima, Chine N., Formose.

660. *Var.* BERTÆ, Salvad., *Att. Ac. Sc. Tor.* III, p. 527. — Bornéo N.

2832. VIGORSI, Gould, *B. Austr.* IV, pl. 2; Schl., *Vog. Ned. Ind.*, pl. 3, f. 4; *brachyura*, Vig. et Horsf. (nec Lin.) — Banda, Dammar, Timor-laut.

2833. CONCINNA, Gould; id., *B. New-Guin.* IX, pl. 6; Ell., *Mon. Pit.*, pl. 10; *mathilda*, Verr.; *everetti*, Hart. — Lombok, Flores, Alor.

2834. IRENA et *elegans*, Tem., *Pl. col.* 591; *coronata*, Gr.; *brachyura*, auct. plur. (nec Lin.). — Timor, Ternate.

661. *Var.* Crassirostris, Wall., *P. Z. S.*, 1862, pp. 188, 339; *magnirostris*, Schl. — Iles Soula.

662. *Var.* Virginalis, Hart., *Novit. Zool.* III, p. 175. — Ile Djampea (Cél. S.)

2835. maria, Hart., *Ibis*, 1896, p. 567. — Ile Sumba.

2836. strepitans, Tem., *Pl. col.* 333; Gould, *B. Austr.* IV, pl. 1; *versicolor*, Sw. — Australie E.

663. *Var.* Simillima, Gould, *P. Z. S.*, 1868, p. 76; *kreffti*, Salvad.; *assimilis*, D'Alb. — Australie N.-E., Nouv.-Guinée S.

2837. cucullata, Hartl.; Gould, *B. Asia*, V, pl. 82; *nigricollis*, Blyth.; *rodogaster*, Hodgs.; *malaccensis*, Müll. et Schl. — Népaul, Indo-Chine W., Malacca.

2838. bangkana, Schl., *Vog. Ned. Ind.*, p. 8, pl. 2, f. 5; Ell., *Ibis*, 1870, p. 420, pl. 13, f. 2. — Bangka.

2839. muelleri (Bp.); Ell., *Mon. Pitt.*, pl. 26; *atricapilla*, auct. plur. — Bornéo, Sumatra.

2840. atricapilla, Less.; Gould, *B. Asia*, V, pl. 76; ? *sordidus*, Müll.; ? *brevicauda*, Bodd.; *melanocephala*, Wagl.; *philippensis*, Müll. et Schl.; *macrorhyncha*, Gr.; ? *leucoptera*, Ell. — Philippines.

664. *Var.* Sanghirana, Schl., *Ned. Tijdschr.* III, p. 190; Mey. *in Rowl. Orn. Misc.* II, p. 329, pl. 65. — Sanghir.

2841. forsteni (Bp.); Ell., *Mon. Pitt.*, pl. 24; *melanocephala*, Müll. et Schl. (nec Wagl.) — Célèbes.

2842. novæ-guineæ, Müll. et Schl.; Schl., *Vog. Ned. Ind.*, p. 7, pl. 2, f. 4; Ell., *Op. cit.*, pl. 27. — Nouv.-Guin., îles Papous occ. et Arrou.

2843. mafoorana, Beccari, *Ann. Mus. Civ. Gen.* VII, p. 709; *maforensis*, Gould, *B. New-Guin.* VII, pl. 5. — Iles Mafoor (baie Geelvink).

2844. rosenbergi, Schleg., *Ned. Tijdschr.* IV, p. 16; Gould, *B. New-Guin.* IV, pl. 2. — Iles Misori et Soek.

2845. iris, Gould; id., *B. Austr.* IV, pl. 3; Ell., *Op. cit.*, pl. 23. — Australie N.

2846. steerei (Sharpe); id., *Trans. Linn. Soc.*, sér. 2, *Zool.* I, p. 329, pl. 49; Gould, *B. Asia*, V, pl. 74. — Philippines.

2847. venusta, Müll., *Tijdschr. v. Nat. Ges.* II, p. 348, pl. 9, f. 4; Tem., *Pl. col.* 590. — Sumatra, Bornéo.

2848. ussheri, Sharpe, *P. Z. S.*, 1877, p. 94; Gould, *B. Asia*, V, pl. 75. — Bornéo.

2849. granatina, Tem., *Pl. col.* 506; Ell., *Op. cit.*, pl. 15; *coccinea*, Eyton. — Ténassérim, Malacca, Sumatra.

665. *Var.* Borneensis, Elliot, *Auk*, 1892, pp. 218-21; *granatina* (part.), auct. plur. — Bornéo.

2850. arcuata; *arquata*, Gould; id., *B. Asia*, V, pl. 69; id., *Mon. Pitt.*, pl. 9. — Bornéo.

2851. erythrogastra, Tem., *Pl. col.* 212; Ell., *Mon. Pitt.*, pl. 6. — Philippines.

666. *Var.* Propinqua (Sharpe), *Brach. propinquus*, Sh., *Trans. Linn. Soc.*, sér. 2, *Zool.* I, p. 330. — Mindanao.

2852. CÆRULEITORQUES, Salvad., *Ann. Mus. Civ. Gen.* IX, p. 53; Gould, *B. New-Guin.*, pt. VII, pl. 4. — Petta (îles Sanghir).

2853. RUFIVENTRIS (Cab. et H.), *Journ. f. Orn.*, 1859, p. 406; Ell., *Op. cit.*, pl. 19; *inornata*, Gr. — Batjan, Halmahera, Dammar, Obi.

2854. CYANONOTA, Gray; Gould, *B. New-Guin.*, pt. XI, pl. 2; Ell., *Op. cit.*, pl 20. — Ternate, Guebé.

2855. INSPECULATA, Mey. et Wigl., *Journ. f. Orn.*, 1894, p. 245, pl. 3. — Ile Talaut.

2856. RUBRINUCHA, Wall., *P. Z. S.*, 1862, p. 187; Gould, *B. New-Guin.*, pt. VII, pl. 7; Ell., *Op. cit.*, pl. 18. — Bourou.

2857. CELEBENSIS, Westerm, *Bijdr. t. d. Dierk.* I, p. 46, *Pitta*, pl. 3; Ell., *Op. cit.*, pl. 17. — Célèbes.

2858. PALLICEPS, Brüggem., *Abh. Nat. Ver. Bremen*, V, p. 64. — Siao (îles Sanghir).

2859. MACKLOTI, Tem., *Pl. col.* 547; Ell., *Op. cit.*, pl 21; *digglesi*, Krefft; *strenua*, Gould. — Iles Papous, Arrou, Cap York.

2860. NOVÆ-HIBERNIÆ, Rams., *Pr. Linn. Soc. N. S. W.* III, p. 73; Rothsch., *Ibis*, 1899, p. 120. — Nouv.-Bretagne, Nouv.-Hanovre.

2861. DOHERTYI, Rothsch., *Ibis*, 1898, p. 294; id., *Novit. Zool.* VI, pl. 3, f. 2. — Sula Mangoli.

2862. MEEKI, Rothsch., *Ibis*, 1899, p. 120. — Ile Rossel.

2863. FINSCHI, Rams., *Pr. Linn. Soc. N. S. W.* IX, p. 864. — Nouv.-Guinée (Mts Astrolabes).

2864. LORIÆ, Salvad., *Ann. Mus. Civ. Gen.* IX, p. 579. — Ile Su-a-u (Nouv.-Guinée S.-E.)

2865. KOCHI, Brüggem., *Abh. Nat. Ver. Bremen*, V, p. 65, pl. 3, f. 6; Gould, *B. Asia*, V, pl. 71; Tweed., *P. Z. S.*, 1878, p. 430, pl. 26. — Luçon (Philipp.)

332. EUCICHLA

Eucichla, Cab. et Heine (1859).

2866. CYANEA (Blyth); Gould, *B. Asia*, V, pl. 80; Ell., *Op. cit.*, pl. 13, *gigas*, Blyth (juv.) — Bhotan, Birmanie, Siam.

2867. ELLIOTI (Oust.), *Nouv. Arch. du Mus.* X, *Bull.*, p. 101, pl. 2; Gould, *B. Asia*, V, pl. 66. — Cochin-Chine, Cambodje.

2868. GURNEYI (Hume), *Str. F.* III, p. 296, pl. 3; Gould, *B. Asia*, V, pl. 73. — Ténassérim.

2869. BAUDI (Müll. et Schl.), *Verh. Zool. Pitta*, pp. 10, 15, pl. 2; Gould, *B. Asia*, V, pl. 72; Ell., *Op. cit.*, pl. 22. — Bornéo.

2870. BOSCHI (Müll. et Schl.), *Verh. Zool. Pitta*, p. 5, pl. 1; Ell., *Op. cit.*, pl. 31; Gould, *Op. cit.*, pl. 83; *elegans*, Tem.; *affinis*, Raffl. — Malacca, Sumatra, Bornéo.

2871. SCHWANERI (Bp.); Ell., *Op. cit.*, pl. 30; Gould, *Op. cit.*, pl. 78. — Bornéo.

2872. CYANURA (Bodd.); Ell., *Op. cit.*, pl. 29; *affinis*, Horsf.; ?*guajanus*, Müll.; *guaiana*, Ell., *Ibis*, 1870, p. 420. — Java.

533. CORACOCICHLA

Melampitta, Schl. (1873, nec Bp.); *Coracopitta*, Scl. (1888, nec Bp.); *Coracocichla*, Sharpe (1892).

2873. LUGUBRIS (Rosenb.), *Reise n. d. Geelvinkb.*, p. 138; Gould, *B. New-Guin.*, pt. II, pl. 6. — Nouv.-Guinée

FAM. VIII. — PHILEPITTIDÆ (1)

534. PHILEPITTA

Philepitta, Geoff. St-Hilaire (1839); *Brissonia*, Hartl. (1861); *Buddinghia*, Pollen (1868); *Paictes*, Sund. (1872).

2874. JALA (Bodd.); *castaneus*, Müll.; Miln.-Edw. et Grand., *H. Madag. Ois.*, pls 109, f. 1, 110; *nigerrimus*, Gm.; *saui-jala*, Lath.; *lunulatus*, Shaw; *sericea*, Geof. St-Hil.; *geoffroyi*, Des M.; *isidori*, Des M., *Ic. Orn.*, pl. 33. — Madagascar.

2875. SCHLEGELI, Schl., *P. Z. S.*, 1866, p. 422; Miln.-Edw. et Grand., *H. Madag. Ois.*, pls 109, f. 2, et 111. — Madagascar.

FAM. IX. — PHYTOTOMIDÆ (1)

535. PHYTOTOMA

Phytotoma, Molina (1782).

2876. RARA, Mol.; *bloxami*, Griff.; Jard. et Sel., *Ill. Orn.* I, pl. 4 (fem.); *silens*, Kittl., *Mém. Ac. St-Pétersb.* I, p. 175, pl. 1; *molina*, Less. — Chili.

2877. ANGUSTIROSTRIS, d'Orb. et Lafr.; d'Orb., *Voy. Ois.*, p. 292, pl. 29, f. 2. — Bolivie.

2878. RUTILA, Vieill.; d'Orb., *Voy. Ois.*, pl. 293, pl. 29, f. 1. — Argentine, Patag. N.

2879. RAIMONDII, Tacz., *P. Z. S.*, 1883, p. 71, pl. 17. — Pérou N.-W.

FAM. X. — COTINGIDÆ (1)

SUBF. I. — TITYRINÆ

536. TITYRA

Tityra, Vieill. (1816); *Psaris*, Cuv. (1817); *Erator*, Kp. (1851); *Exetastus*, Bp. (1854); *Exetastes*, Cab. et Heine (1859).

2880. CAYANA (Lin.); *melanocephalus*, Hahn et Kust.; *cine-* — Des Guyane et Vénéz.

(1) Voy.: *Cat. Birds Brit. Mus.* XIV, pp. 409, 406, 326.

rea, Vieill., *Gal. Ois.* I, p. 217, pl. 134; *nævius*, Less.; *virgata*, Smith; *cayanensis*, *guianensis*, Sw. — jusqu'à l'Amazone, Ecuador, Colombie.

2881. BRASILIENSIS (Sw.); Burm., *Syst. Uebers.* II, p. 437; *cayanus*, d'Orb.; *maximus*, Kp. — Brésil, Paraguay, Bolivie.

2882. SEMIFASCIATA (Spix), *Av. Bras.* II, p. 32, pl. 44, f. 2; *personata*, Jard. et Sel., *Ill. Orn.* I, pl. 24; *mexicanus* et *tityroides*, Less. — Du Mexique à la vallée de l'Amazone.

667. *Var.* FORTIS, Berl. et Stolzm., *P.Z.S.*, 1896, p. 369. — Pérou centr., Bolivie.

668. *Var.* GRISEICEPS, Ridgw., *Auk*, 1888, p. 263. — Mexique W.

2883. NIGRICEPS, Allen, *Auk*, 1888, p. 287. — Ecuador.

2884. INQUISITOR (Licht.); *erythrogenys*, Selb.; *jardinii*, Sw., *Zool. Ill.*, sér. 2, I, pl. 33; *nattererii* (juv.) et *selbii*, Sw. — N. de l'Amér. mérid. jusqu'à la Bolivie.

2885. BUCKLEYI, Salv. et Godm., *Biol. Centr. Am.* II, p. 120. — Ecuador E.

2886. ALBINUCHA, Cab. et H., *Mus. Hein.* II, p. 85. — Brésil.

2887. ALBITORQUES, Du Bus, *Bull. Ac. Brux.* XIV, pt. 2, p. 104 (1847); *fraseri*, Kp. — Du Mexique au Pérou et Bolivie.

2888. PELZELNI, Salv. et Godm., *Biol. Centr. Am.* II, p. 120; *albitorques*, Pelz. (nec Du Bus), *Orn. Bras.*, p. 120 (var. de *albitorques*, D. B.?) — Matto-Grosso (Brésil).

2889. LEUCURA (Natt.), Pelz., *Orn. Bras.*, pp. 120, 183. — Rio-Madeira (Brésil).

537. HADROSTOMUS

Hadrostomus, Cab. et Heine (1859); *Platypsaris*, Bp. (teste Gray).

2890. ATRICAPILLUS et *rufa* (Vieill.); *validus*, Licht.; *cinerascens*, Spix, *Av. Bras.* II, p. 34, pl. 46, f. 1; *cristatus*, Sw., *Zool. Ill.*, sér. 2, I, pl. 41; *strigatus*, *megacephalus*, Sw.; *affinis*, Less. — Brésil.

2891. AUDAX, Cab., *Journ. f. Orn.*, 1873, p. 68; Tacz., *Orn. Pérou*, II, p. 336. — Pérou.

2892. NIGER (Gm.); *aterrimus*, Lafr.; *leuconotus*, Gray, *Gen. B.* I, pl. 65; *nigrescens*, Cab. — Jamaïque.

2893. HOMOCHROUS, Scl., *P. Z. S.*, 1859, p. 142; id., *Cat. B. Br. Mus.* XIV, p. 334, pl. 24. — Du Guatémala au Pérou.

2894. AGLAIÆ (Lafr.); *affinis*, Elliot, *Ibis*, 1859, p. 394, pl. 13; *latirostris*, Bp.; *albiventris*, Lawr.; *insularis*, Ridgw. — Du Mexique au Costa-Rica.

669. *Var.* HYPOPHÆA (Ridgw.), *Pr. U. S. Nat. Mus.* 1891, p. 467. — Honduras.

670. *Var.* OBSCURA (Ridgw.), *l. c.*, p. 474. — Costa-Rica

671. *Var.* SUMICHRASTI (Nels.), *Auk*, 1897, p. 52. — Guatémala.

2895. MINOR (Less.); *roseicollis*, Jard. et S., *Ill. Orn.* IV, pl. 28; *pectoralis*, Sw. — Colombie, Guyane, Amazone.

538. PACHYRHAMPHUS

Pachyrhynchus, Spix (1825); *Pachyrhamphus*, Gray (1840); *Bathmidurus*, Cab. (1847); *Chloropsaris*, Kp. (1851); *Callopsaris*, Bp. (1854); *Zetetes*, Cab. et H. (1859.)

2896. VIRIDIS (Vieill.); *cuvieri*, Sw., *Zool. Ill.* I, pl. 32; *dupontii*, Vieill.; *nigriceps*, Licht.; *vieillotii*, Jard. et Sel. (fem.) — Brésil.

2897. GRISEIGULARIS, Salv. et Godm., *Ibis*, 1883, p. 208, 1885, pl. 8. — Guyane anglaise.

2898. ORNATUS, Cherr., *P. U. S. Nat. Mus.* XIV, 1891, p. 338. — Costa-Rica.

2899. XANTHOGENYS, Salvad. et Festa, *Boll. Mus. Zool. et An. comp. Tor.*, n° 330, p. 1. — Ecuador.

2900. VERSICOLOR (Hartl.), *Rev. Zool.*, 1843, p. 289; *squamatus*, Lafr. — Colombie, Ecuador.

2901. SURINAMUS (Lin.); Strickl., *Contr. Orn.*, 1848, p. 62, pl. 11; *melanoleucus*, Cab.; *dimidiatus*, De Fil. — Guyane française.

2902. CINEREUS (Bodd.); *Pl. enl.* 687, f. 1; *atricapilla*, Gm.; *mitratus*, Licht.; *leucogaster*, Sw.; *simplex*, Less.; *parinus*, Kp. — Panama, Colombie, Vénézuéla, Guyane, Bas-Amazone.

2903. SPODIURUS, Scl., *P. Z. S.*, 1860, pp. 279, 296; id., *Cat. B. Br. Mus.* XIV, p. 341, pl. 25. — Ecuador W.

2904. CINNAMOMEUS, Lawr., *Ann. Lyc. N. Y.* VII, p. 295. — Amér. centr., Col., Ecuador.

2905. RUFUS (Bodd.); *rufescens*, Gm.; Spix, *Av. Bras.* II, p. 34, pl. 46, f. 2; *castanea*, Jard. et Sel., *Ill. Orn.*, pl. 10, f. 2; *aurantia*, Max.; *ruficeps*, Sw.; *intermedius*, Berl. — Vénézuéla, Brésil, Amazone.

2906. NIGER (Spix), *Av. Bras.* II, p. 33, pl. 45, f. 1; *nigriventris*, Scl. — Col., Ecuad., Vénéz., Guyane, Amazone.

2907. POLYCHROPTERUS (Vieill.); *variegatus*, Spix, *l. c.*, p. 31, pl. 43, f. 2; *splendens*, Max.; *spixii*, Sw.; *tristis*, Kp. — Brésil, Argentine N.

672. *Var.* CINEREIVENTRIS, Scl., *Cat. Am. B.*, p. 242; Salv. et Godm., *Biol. Centr. Am.*, pl. 43, f. 1; *dorsalis*, Scl. — Amérique centr. et Colombie.

673. *Var.* SIMILIS, Cherr. (nec Salv.), *Pr. U. S. Nat. Mus.*, 1891, XIV, p. 343. — Nicaragua.

2908. MAJOR, Cab., *Wiegm. Arch.*, 1847, pt. I, p. 246; *marginatus*, Scl. — Mexique, Guatémala.

674. *Var.* UROPYGIALIS, Nels., *Auk*, XVI, p. 28. — Sierra Madre.

2909. ALBOGRISEUS, Scl., *P. Z. S.*, 1857, p. 78; Salv. et Godm., *Biol. Centr. Am.*, pl. 43, ff. 2, 3. — Nicaragua, Véragua, Colombie.

675. *Var.* SALVINI, Dubois; *similis*, Salv. (nec Cherr.), *Novit. Zool.* II, 1895, p. 13 (1). — Pérou N., Ecuador, Vénézuéla (Mérida).

(1) La dénomination donnée par M. O. Salvin ne peut être maintenue, vu que M. Cherrie l'avait déjà appliquée à une autre espèce du même genre (voir n° 673 ci-dessus.) Je propose donc de la remplacer par celle de *Salvini*.

2910. ATRICAPILLUS (Gm.); *marginatus*, Licht.; d'Orb., *Voy. Ois.*, p. 303, pl. 31; *swainsoni*, Jard. et S.; *albifrons*, Sw. — Guyane, Brésil, Amazone.

SUBF. II. — LIPAUGINÆ

539. CHIROCYLLA

Chirocylla, Scl. et Salv. (1876).

2911. UROPYGIALIS, Scl. et Salv., *P. Z. S.*, 1876, p. 355, pl. 32. — Bolivie.

540. LATHRIA

Lathria, Sw. (1837).

2912. FUSCOCINEREA (Lafr.), *Rev. Zool.*, 1843, p. 291; Scl., *Cat. A. B.*, p. 243. — Colombie, Ecuador.
2913. VIRUSSU, Pelz., *Orn. Bras.*, p. 122; *plumbeus*, Scl. — Brésil.
2914. CINEREA (Vieill.); Levaill., *Ois. Am. et Ind.*, pl. 44. — Guyane, Amazone.
676. *Var.* PLUMBEA (Licht.); *vociferans*, Max.; *cineraceus*, Burm., *Syst. Uebers.* II, p. 421. — Brésil, Bolivie.
2915. STREPTOPHORA, Salv. et Godm., *Ibis*, 1884, p. 448, pl. 14. — Guyane anglaise.
2916. UNIRUFA, Scl.; id., *Exot. Orn.*, pp. 1, 6, pl. 1. — Du S. du Mex. à la Col.
2917. SUBALARIS, Scl.; id., *Exot. Orn.*, p. 3, pl. 2. — Ecuador, Pérou.
2918. CRYPTOLOPHA, Scl. et Salv., *P. Z. S.*, 1877, p. 522. — Ecuador E.

541. AULIA

?*Laniocera*, Less. (1840); *Aulia*, Bp. (1854); *Lathriosoma*, Bp. M. S.

2919. HYPOPYRRHA (Vieill.); *sibilatrix*, Max.; *sanguinaria*, Less. (juv.); *lateralis*, Gr., *Gen. B.* I, pl. 60. — Guyane, Amazone, Ecuad., Brés., Bol.
2920. RUFESCENS, Scl., *P. Z. S.*, 1857, p. 276; Scl. et Salv., *Nomencl.*, p. 57. — De Costa-Rica au N. de la Colombie.

542. LIPAUGUS

Lipaugus, Boie (1828); *Rhytipterna*, Rchb. (1850).

2921. SIMPLEX (Licht.); *calcaratus*, Sw.; Jard. et Sel., *Ill. Orn.* I, pl. 37; *cinerascens*, Spix; *rustica*, Max. — Colombie, Guyane, Amazone, Brésil.
2922. IMMUNDUS, Scl. et Salv., *Nomencl.*, pp. 57, 159. — Guyane française.
2923. HOLERYTHRUS, Scl. et Salv., *P. Z. S.*, 1860, p. 300. — Du S. du Mex. au N. de la Colombie.

SUBF. III. — ATTILINÆ

543. ATTILA

Attila, Less. (1831); *Dasycephala*, Sw. (1831); *Dasyopsis*, Rchb. (1850).

2924. BRASILIENSIS, Less., *Tr. d'Orn.*, p. 360; Scl., *P. Z. S.*, 1859, p. 41; *uropygiata*, Max.; *uropygialis*, Bp. — Brésil.
677. *Var.* UROPYGIALIS, Cab., *in Schomb. Guian.* III, p. 686 (nec Bp.); *brasiliensis* (pt.), Salv. — Guyane anglaise.
678. *Var.* SPODIOSTETHA, Salv. et Godm., *Ibis*, 1883, p. 209. — Guyane anglaise.
2925. PHOENICURUS, Pelz., *Orn. Bras.*, pp. 96, 170. — Brésil.
2926. CITREOPYGIUS (Bp.); Scl., *P. Z. S.*, 1857, p. 228; id., *Cat. A. B.*, p. 194. — Du S. du Mexique au Nicaragua.
679. *Var.* GAUMERI, Salv. et Godm., *Biol. Centr. Am.* II, p. 134. — Yucatan.
680. *Var.* COZUMELÆ, Ridgw., *Pr. Biol. Soc. Wash.* III, p. 23. — Ile Cozumel (Yucatan).
681. *Var.* SCLATERI, Lawr., *Ann. Lyc. N. H. N. Y.* VII, p. 470. — Du Nicaragua à l'Ecuador.
2927. VIRIDESCENS, Ridgw., *Pr. U. S. Nat. Mus.*, 1887, p. 522. — Mts Diamantina (Bas-Amazone).
2928. CINNAMOMEUS, Lawr., *Ann. Lyc. N. Y.* X, p. 8. — Mazatlan.
2929. HYPOXANTHUS, Salv. et Godm., *Biol. Centr. Am.* II, p. 135. — Mexique, Guatémala.
2930. SPADICEUS (Gm.); Scl., *P. Z. S.*, 1859, p. 41; *rufescens*, Sw. — Brés., Guyane, Amaz.
2931. RUFIGULARIS, Pelz., *Orn. Bras.*, pp. 96, 170. — Brésil.
2932. CINEREUS (Gm.); Spix, *Av. Bras.* II, pl. 26, f. 2; *rufus*, Lafr., *Rev. Zool.*, 1848, p. 46. — Brésil.
682. *Var.* GRISEIGULARIS, Berl., *Ibis*, 1885, p. 290. — Brésil.
2933. CITRINIVENTRIS, Scl., *P. Z. S.*, 1859, p. 40. — Haut-Amazone.
2934. VALIDUS, Pelz., *Orn. Bras.*, pp. 95, 170. — Matto-Grosso.
2935. BOLIVIANUS, Lafr., *Rev. Zool.*, 1848, p. 46. — Bolivie.
2936. THAMNOPHILOIDES (Spix), *Av. Bras.* II, p. 19, pl. 26, f. 1; *strenuus*, Scl. — Guyane, Amazone.
2937. TORRIDUS, Scl., *P. Z. S.*, 1860, p. 280. — Ecuador.
2938. FLAMMULATUS, Lafr., *Rev. Zool.*, 1848, p. 47. — Colombie.

543. CASIORNIS

Casiornis, « Bp. » Des M. (1855).

2939. RUBRA (Vieill.); *hæmatodes*, Licht.; *thamnophiloides*, d'Orb.; *rufula*, Hartl.; *typus*, Des M., *Voy. Casteln.*, p. 55, pl. 18, f. 1. — Brésil, Paraguay, Argentine N.
2940. FUSCA, Scl. et Salv., *Nomencl.*, pp. 57, 159. — Brésil S. et E.

544. XENOPSARIS

Xenopsaris, Ridgw. (1891); *Prospoietus*, Cab. (1891).

2941. ALBINUCHA (Burm.); Scl., *P. Z. S.*, 1893, p. 168, pl. 7. — Argentine.

SUBF. IV. — RUPICOLINÆ

545. PHOENICOCERCUS

Phœnicercus, Sw. (1831); *Phœnicocercus*, Cab. (1847).

2942. CARNIFEX (Lin.); Burm., *Syst. Ueb.* II, p. 439; *coccinea*, Gm.; *cuprea*, Vieill. — Guyane, Bas-Amazone.

2943. NIGRICOLLIS, Sw.; *carnifex*, Spix, *Av. Bras.* II, pl. 5; *coccinea*, Wagl.; *merremii*, Less.; *nigrigularis* Scl. et Salv. — Haut-Amazone.

546. RUPICOLA

Rupicola, Briss. (1760).

2944. CROCEA, Vieill.; *rupicola*, L., *aurantia*, Vieill., *Gal. Ois.* II, p. 316, pl. 189; *elegans*, Steph.; *cayana*, Sw. — Guyane, Bas-Amazone.

2945. PERUVIANA (Lath.); d'Orb., *Voy. Ois.*, p. 294. — De Col. au Pérou, Bol.

683. *Var.* SANGUINOLENTA, Gould; Scl. et Salv., *Exot. Orn.*, pl. 16; *saturata*, Cab. et H. — Colombie et Ecuador W.

SUBF. V. — COTINGINÆ

547. PHIBALURA

Phibalura, Vieill. (1816); *Chelidis*, Glog. (1827); *Amphibolura*, Cab. et H. (1859).

2946. FLAVIROSTRIS, Vieill.; id., *Gal. Ois.* II, p. 97, pl. 74; Tem., *Pl. col.* 118; *cristata*, Sw.; *chrysopogon*, Wagl. — Brésil.

548. TIJUCA

Tijuca, Less. (1830); *Chrysopteryx*, Sw. (1831).

2947. NIGRA, Less., *Cent. Zool.*, p. 30, pl. 6; *erythrorhynchus*, Sw.; *chrysoptera*, Nordm. in *Erm. Reise*, pl. 10, f. 1. — Brésil.

549. AMPELION

Ampelion, Cab. (1845); *Carpornis*, Gray (1846).

2948. CUCULLATUS (Sw.); Tem., *Pl. col.* 363. — Brésil.

2949. MELANOCEPHALUS (Sw.), *Zool. Ill.* I, pl. 25. — Brésil.

2950. ARCUATUS (Lafr.), *Rev. Zool.*, 1843, p. 98; Scl., *P. Z. S.*, 1855, p. 152. — Vénéz., Col., Ecuad., Pérou, Bolivie.

2951. CINCTUS (Tsch.); Scl., *P. Z. S.*, 1855, p. 152, pl. 104; *tschudii*, Gray. — Colombie, Ecuador, Pérou.

550. PIPREOLA (1)

Pipreola, Sw. (1838); *Euchlornis*, De Fil. (1847); *Pyrrhorhynchus*, Lafr. (1849); *Euchlorornis*, Cab. et H. (1859).

2952. RIEFFERI (Boiss.), *Rev. Zool.*, 1840, p. 3; Scl., *P. Z. S.*, 1854, p. 113. — Colombie, Ecuador.

684. *Var.* MELANOLÆMA, Scl., *Ann. and Mag. N. H.*, sér. 2, XVII, p. 469; ?*viridis*, Tsch.; ?*viridis intermedia*, Tacz. — Vénézuéla, Ecuador, Pérou.

685. *Var.* VIRIDIS (d'Orb. et Lafr.); d'Orb., *Voy. Ois.*, p. 298, pl. 30, f. 2; *melanolæma*, Scl. et Salv. (1873). — Pérou S., Bolivie.

2953. FORMOSA (Hartl.), *Mag. de Zool.*, 1849, pp. 275, 493, pl. 14. — Vénézuéla.

2954. FRONTALIS, Scl., *P. Z. S.*, 1858, p. 446; id., *Ibis*, 1878, p. 166, pl. 6. — Bolivie, Ecuador.

2955. SCLATERI (Cornal.), *Contr. Orn.*, 1852, p. 133, pl. 101. — Ecuador E.

2956. AUREIPECTUS (Lafr.); id., *Mag. de Zool.*, 1843, pl. 39. — Vénézuéla, Colombie.

2957. LUBOMIRSKII, Tacz., *P. Z. S.*, 1879, p. 236, pl. 22. — Pérou centr.

2958. JACUNDA, Scl., *P. Z. S.*, 1860, p. 89, pl. 160. — Ecuador.

2959. ELEGANS (Tsch.); id., *Fauna Per. Aves*, p. 135. — Pérou centr.

2960. WHITELYI, Salv. et Godm., *Ibis*, 1884, p. 449, 1886, pl. 12. — Guyane anglaise.

551. COTINGA

Cotinga, Briss. (1760); *Porphyrolæma*, Bp. (1854); *Hylocosmia*, Sund. (1872).

2961. CÆRULEA (Vieill.); id., *Gal. Ois.* I, p. 183, pl. 116; *cotinga*, Lin.; *cœlestis*, Gray. — Guyane, Rio-Négro.

2962. CINCTA (Kuhl); *Pl. enl.* 188; *superba*, Shaw; *cotinga*, Vieill.; *cærulea*, Bp. — Brésil.

2963. AMABILIS, Gould, *P. Z. S.*, 1857, p. 64, pl. 123. — Guatém., Costa-Rica.

686. *Var.* RIDGWAYI, Zel.; *Pr. U. S. Nat. Mus.*, 1887, p. 1; *amabilis*, Salv. — De Costa-Rica au N. de la Colombie.

2964. CAYANA (Lin.); *Pl. enl.* 624; *cayennensis*, d'Orb. — Guyane, Amaz. jusqu'à l'Ecuador E.

2965. NATTERERI (Boiss.), *Rev. Zool.*, 1840, p. 2. — Colombie.

2966. MAYNANA (Lin.); *Pl. enl.* 229; Tacz., *Orn. Pérou*, II, p. 385. — Haut-Amazone.

(1) *Pipreola chlorolepidota*, Sw., *An. in Menag.*, p. 357, est plus que probablement la femelle d'une espèce de ce genre; le type est malheureusement perdu.

2967. PORPHYROLÆMA, Scl. et Dev.; id., *Contr. Orn.*, 1852, p. 136, pl. 96; *phygas*, Bp. — Haut-Amazone, Ecuador E.

552. XIPHOLENA

Xipholena, Glog. (1842).

2968. POMPADORA (Lin.); *Pl. enl.* 279. — Guyane.
2969. ATROPURPUREA (Max.); Scl. et Salv., *Exot. Orn.*, p. 9, pl. 5; *purpurea*, Licht. — Brésil.
2970. LAMELLIPENNIS (Lafr.), *Mag. de Zool.*, 1839, pl. 9. — Bas-Amazone.

553. CARPODECTES

Carpodectes, Salv. (1864).

2971. NITIDUS, Salv., *P. Z. S.*, 1864, p. 583, pl. 35; id., *Biol. Centr. Am.*, pl. 42. — Costa-Rica E., Nicaragua.
687. *Var.* ANTONIÆ, Ridgw., *Ibis*, 1884, p. 27, pl. 2. — Costa-Rica W.
2972. HOPKEI, Berl., *Orn. Monatsb.*, 1897, p. 174. — Colombie W.

554. DOLIORNIS

Doliornis, Tacz. (1874).

2973. SCLATERI, Tacz., *P. Z. S.*, 1874, pp. 136, 541, pl. 20. — Pérou centr.

555. HELIOCHERA

Heliochera, de Filippi (1847).

2974. RUBROCRISTATA (d'Orb. et Lafr.); d'Orb., *Voy. Ois.*, p. 297, pl. 31, f. 1; *rufocristata*, Boiss. — Vénéz., Col., Ecuad., Pérou, Bolivie.
2975. RUFAXILLA (Tsch.), *Fauna Per. Aves*, p. 137, pl. 7, f. 1. — Colombie, Pérou.

556. IODOPLEURA

Iodopleura, Less. (1839).

2976. PIPRA (Less.), *Cent. Zool.*, pl. 26; *aurora*, Sundev.; *modesta*, Licht. — Brésil.
2977. LEUCOPYGIA, Salv., *Ibis*, 1885, p. 303; *Cat. B. Br. Mus.* XIV, pl. 26. — Guyane anglaise.
2978. ISABELLÆ, Parz.; Des M., *Icon. Orn.*, pl. 71, f. 1 (*emiliæ* — err.); *guttata*, Less.? — Amazone, Ecuador
2979. FUSCA (Vieill.); *laplacii*, Gerv., *Mag. de Zool.*, 1836, pl. 68. — Guyane.

557. CALYPTURA

Calyptura, Sw. (1831).

2980. CRISTATA (Vieill.); Sw., *Orn. Dr.*, pl. 24. — Brésil S.-E.

SUBF. VI. — GYMNODERINÆ

558. HÆMATODERUS

Hæmatoderus, Bp. (1854).

2981. MILITARIS (Lath.); *rubra*, Vieill., *N. Dict.* VIII, p. 161; *purpurea*, Less., *Tr. d'Orn.*, p. 362. — Guyane, Bas-Amazone.

559. QUERULA

Querula, Vieill. (1816); *Threnoëdus*, Glog. (1842).

2982. CRUENTA (Bodd.); *Pl. enl.* 381; *rubricollis*, Gm.; Vieill., *Gal. Ois.* I, pl. 115; *porphyrobroncha*, Shaw, *Nat. Misc.* II, pl. 63. — De Costa-Rica à l'Ecuador, Amaz., Guyane.

560. PYRODERUS

Coracina, Tem. (1823, nec Vieill. 1816); *Pyroderus*, Gray (1840).

2983. SCUTATUS (Shaw); Tem., *Pl. col.* 40; *rubricollis*, Vieill.; *sanguinicollis*, Licht. — Brésil S.-E., Paraguay.

688. *Var.* GRANADENSIS (Lafr.), *Rev. Zool.*, 1846, p. 277; Scl., *P. Z. S.*, 1855, p. 153. — Colombie.

2984. ORENOCENSIS (Lafr.), *Rev. Zool.*, 1846, p. 277. — Vénézuéla, Colombie.

689. *Var.* MASONI, Ridgw., *Auk*, III, p. 333. — ? Vénézuéla centr.

561. CEPHALOPTERUS

Cephalopterus, Géoff. St-Hil. (1809).

2985. ORNATUS, Géoff., *Ann. du Mus.* XIII, p. 238, pl. 17; *Coracina cephaloptera*, Vieill., *Gal. Ois.*, pl. 114; Tem., *Pl. col.* 255. — Guyane, Amazone, Matto-Grosso, Bolivie, Ecuador E.

2986. PENDULIGER, Scl., *Ibis*, 1859, p. 114, pl. 3. — Ecuador W.

2987. GLABRICOLLIS, Gould, *P. Z. S.*, 1850, p. 92, pl. 20. — Costa-Rica, Véragua.

562. GYMNOCEPHALUS

Gymnocephalus, Géoff. St-Hil. (1809).

2988. CALVUS (Gm.); *Pl. enl.* 521; *capucinus*, Géoff.; *gymnocephala*, Vieill. — Guyane.

563. GYMNODERUS

Gymnoderus, Géoff. St-Hil. (1809); *Coracina*, Vieill. (1816); *Coronis*, Glog. (1827).

2989. FOETIDUS (Lin.); *Pl. enl.* 609; *nudicollis*, Bodd.; *nudus*, Gm.; *cayennensis*, Géoff.; *gymnodera*, Vieill. — Guyane, Amazone, Ecuador.

564. CHASMORHYNCHUS

Casmarhynchos, Tem. (1820); *Arapunga*, Less. (1831); *Eulopogon*, Glog. (1842), *Chasmorhynchus*, Cab. et H. (1860).

2990. NIVEUS (Bodd.); *Pl. enl.* 793, 794; *carunculata*, Gm.; *albus*, Scl. (err.) — Guyane.

2991. NUDICOLLIS (Vieill.); Tem., *Pl. col.* 368, 383; *alba*, Thunb.; *ecarunculatus*, Spix, *Av. Bras.* II, p. 3, pl. 4. — Brésil S., E.

2992. VARIEGATUS (Gm.); Tem., *Pl. col.* 51. — Guyane, Vénéz., Trin.

2993. TRICARUNCULATUS, Verr., *Rev. Zool.*, 1853, p. 193; Salv., *Ibis*, 1865, p. 92, pl. 3. — Costa-Rica, Véragua.

FAM. XI. — PIPRIDÆ (1)

SUBF. I. — PIPRINÆ

565. PIPRITES

Piprites et *Hemipipo*, Cab. (1847).

2994. PILEATUS (Tem.), *Pl. col.* 172, f. 1; Pelz., *Orn. Bras.*, p. 126. — Brésil.

2995. CHLORIS (Tem.), *Pl. col.* 172, f. 2; Pelz., *l. c.*, p. 126. — Brésil.

690. *Var.* TSCHUDII (Cab.), *Journ. f. Orn.*, 1874, p. 99; *chloris*, Tsch.; *chlorion*, Scl., *Cat. Am. B.*, p. 246. — Colombie, Ecuador, Amazone.

2996. CHLORION (Cab.), *Wiegm. Arch.* XIII, pt. 1, p. 234. — Guyane anglaise.

2997. GRISEICEPS, Salv., *P. Z. S.*, 1864, p. 583; id., *Biol. Centr. Am.*, pl. 41, f. 3. — Costa-Rica.

566. CHLOROPIPO

Chloropipo, Cab. et Heine (1859).

2998. FLAVICAPILLA, Scl., id., *Contr. Orn.*, 1852, p. 132, pl. 97, f. 2; *flavicollis*, Cab. et H. (err.); *plumosa*, Licht. — Colombie, Ecuador.

2999. UNIFORMIS, Salv. et Godm., *Ibis*, 1884, p. 447; ?*unicolor*, Tacz., *Orn. Pér.* II, p. 335. — Guyane anglaise.

3000. HOLOCHLORA, Scl., *Cat. B. Br. Mus.* XIV, p. 287; *cornuta* (fem.), Scl., *P. Z. S.*, 1867, p. 751. — Colombie, Amazone.

(1) Voy.: Sclater, *Cat. Birds Brit. Mus.* XIV, p. 283 (1888).

567. XENOPIPO

Xenopipo, Cab. (1847).

3001. ATRONITENS, Cab., *Wiegm. Arch.* XIII, pt. 1, p. 235; Pelz., *Orn. Bras.*, p. 129. — Guyane, Bas-Amazone

568. CERATOPIPRA

Ceratopipra, Bp. (1854).

3002. CORNUTA (Spix), *Av. Bras.* II, p. 5, pl. 7, f. 2; Tacz., *Orn. Pér.* II, p. 337. — Guyane, Rio-Négro.

3003. IRACUNDA (Salv. et Godm.), *Ibis*, 1884, p. 447. — Guyane, Amazone.

569. CIRRHIPIPRA

Cirrhipipra, Bp. (1850); *Teleonema*, Rchb. (1850).

3004. FILICAUDA (Spix), *Av. Bras.* II, p. 5, pl. 8, ff. 1, 2; Tsch., *Fauna Per. Aves*, p. 143. — Amazone, Ecuador, Colombie, Vénéz.

3005. HETEROCERCA, Scl., *P. Z. S.*, 1860, p. 313. — Amazone.

570. METOPIA

3006. GALEATA (Licht.); Sw., *B. Braz.*, pl. 23; *wiedii*, Less. — Brésil, Bolivie.

571. MASIUS

Masius, Bp. (1850); *Anticorys*, Cab. et H. (1859).

3007. CHRYSOPTERUS (Lafr.); id., *Mag. de Zool.*, 1843, *Ois.*, pl. 44; Gray, *Gen. B.*, pl. 67, f. 1. — Colombie, Ecuador E.

691. *Var.* CORONULATA, Scl.; id., *Cat. A. B.*, p. 247, pl. 19. — Ecuador, Antioquia.

572. METOPOTHRIX

Metopothrix, Scl. (1866).

3008. AURANTIACUS, Scl. et Salv., *P. Z. S.*, 1866, p. 190, pl. 18. — Pérou E., Ecuador.

573. PIPRA

Pipra, Lin. (1766); *Pythis*, Boie (1826); *Dixiphia*, Rchb. (1850); *Lepidothrix*, *Corapipo*, *Dasyncetopa*, Bp. (1854); *Tyranneutes*, Scl. et Salv. (1881).

3009. AUREOLA, Lin.; Desm., *Tang.*, pl. 54; Hahn u. Küst., *Vög.*, pt. 2, pl. 5. — Guyane, Vénézuéla, Trinidad.

692. *Var.* FLAVICOLLIS, Scl., *Contr. Orn.*, 1851, p. 143. — Bas-Amazone.

3010. FASCIATA, d'Orb. et Lafr.; d'Orb., *Voy. Ois*, p. 295, pl. 30, f. 1. — Haut-Amazone, Brésil W., Bolivie.

3011. RUBRICAPILLA, Briss.; Tem., *Pl. col.* 54, f. 3; *erythrocephala*, var. β. Lin. — Brésil, Amazone.

3012. CHLOROMEROS, Tsch.; id., *Faun. Per. Aves*, p. 144; Tacz., *Orn. Pér.* II, p. 339. — Pérou, Bolivie.

3013. MENTALIS, Scl., *P. Z. S.*, 1856, p. 299, pl. 121. — Du S. du Mex. à Panama

693. *Var.* MINOR, Hart., *Novit. Zool.* V, p. 489. — Ecuador N.-W.

3014. AURICAPILLA (Briss.); *erythrocephala*, Lin.; Desm., *Tang.*, pls 60, 61; Hahn u. Küst., *Vög.*, pt. XV, pl. 3, f. 1. — Amérique méridionale tropicale.

3015. LEUCOCILLA, Lin.; Hahn u. Küst., *Vög.*, pt. X, pl. 2; *leucocapilla*, Gm.; Desm., *Tang.*, pl. 59. — Guyane et Brésil.

694. *Var.* CORACINA, Scl., *P. Z. S.*, 1856, p. 29. — Du Véragua au Pérou.

695. *Var.* COMATA, Berl. et Stolzm., *Ibis*, 1894, p. 392. — Pérou central.

3016. ISIDORI, Scl.; id., *Contr. Orn.*, 1852, p. 132, pl. 100, f. 1. — Colombie, Ecuador, Pérou N.-E.

3017. CYANEOCAPILLA, Hahn u. Küst., *Vög.*, pt. XV, pl. 3, f. 2; *coronata*, Spix, *Av. Bras.* II, p. 5, pl. 7; f. 1; *herbacea*, Spix, *l. c.*, pl. 8a, f. 1 (fem.) — Amazone.

696. *Var.* VELUTINA, Berl., *Ibis*, 1883, p. 492; *cyaneocapilla*, auct. plur. — Véragua, Panama, Colombie.

3018. CÆRULEOCAPILLA, Tsch.; id., *Faun. Pér. Aves*, p. 145. — Pérou.

3019. SERENA, Lin.; Desm., *Tang.*, pl. 62; Vieill., *Gal. Ois.*, pl. 72. — Guyane française.

3020. SUAVISSIMA, Salv. et Godm., *Ibis*, 1882, p. 79, pl. 1. — Guyane anglaise.

3021. GUTTURALIS, Lin.; Desm., *Tang.*, pls 63, 65; *perspicillata*, Wagl. (fem.) — Guyane.

3022. LEUCORRHOA, Scl., *P. Z. S.*, 1863, p. 63, pl. 10. — De Costa-Rica à la Col.

3023. NATTERERI, Scl., *P. Z. S.*, 1864, p. 611, pl. 39. — Rio-Madeira.

3024. OPALIZANS, Pelz., *Orn. Bras.*, p. 186; Berl., *Ibis*, 1898, p. 60, pl. 2. — Para.

3025. VIRESCENS, Pelz., *Op. cit.*, pp. 128, 187. — Amazone.

697. *Var.* BRACHYURA, Scl. et Salv., *Ibis*, 1881, p. 269. — Guyane.

574. NEOPIPO

Neopipo, Scl. et Salv. (1869).

3026. CINNAMOMEA (Lawr.), *Pr. Ac. Sc. Phil.*, 1868, p. 429; *rubicunda*, Scl. et Salv., *P. Z. S.*, 1869, p. 438, pl. 30, f. 3. — Guyane anglaise et Amazone.

575. MACHÆROPTERUS

Machæropterus, Bp. (1854).

3027. REGULUS (Hahn et Küst.), *Vög.*, pt. IV, pl. 4, ff. *a*, *b*.; — Brésil.

strigilata, Max.; *lineata*, Thunb., *Mém. Ac. St-Pétersb.*, 1822, p. 284, pl. 8, f. 1.

3028. STRIOLATUS (Bp.); Gray, *Gen. B.*, pl. 67, f. 2; *strigilata*, Wagl. — Colombie, Amazone.

3029. PYROCEPHALUS, Scl.; id., *Contr. Orn.*, 1852, p. 132, pl. 97, f. 1. — Amazone, Brésil.

3030. DELICIOSUS, Scl.; id., *Ibis*, 1862, p. 176, pl. 6. — Ecuador.

576. CHIROXIPHIA

Chiroxiphia, Cab. (1847); *Ilicura*, Rchb. (1850); *Chiroprion, Cercophæna*, Bp. (1854); *Heilicura*, Salv. (1882).

3031. PAREOLA (Lin.); Desm., *Tang.*, pl. 50; Kittl., *Kupf. d. Vög.*, p. 14, pl. 18, f. 1; *superbus*, Pall. — Guyane, Bas-Amazone, Brésil.

698. *Var.* BOLIVIANA, Allen, *Bull. Am. Mus. N. H.* II, p. 87. — Bolivie, ? Ecuador.

3032. REGINA (Natt.); Scl., *Cat. Am. B.*, p. 251, pl. 20. — Haut-Amazone.

3033. LANCEOLATA (Wagl.); Scl., *Cat. Am. B.*, p. 251; ? *melanocephala*, Vieill.; *pareola*, Hahn et Küst., *Vög.*, pt. XVI, pl. 4; *pareolides*, d'Orb. — Véragua, Colombie, Vénézuéla, Trinid.

3034. LINEARIS (Bp.); Gould, *Voy. Sulph., Zool.*, p. 40, pl. 20; *fastuosa*, Less. — Guatémala, Nicaragua, Costa-Rica.

3035. CAUDATA (Shaw), *Nat. Misc.* 5, pl. 153; *longicauda*, Vieill.; Kittl., *Kupf. d. Vög.*, p. 14, pl. 18, f. 2. — Brésil, Paraguay, Argentine N.

3036. MILITARIS (Shaw); *rubrifrons*, Vieill.; *oxyura*, Nordm. *in Erm. Reis. Atl.*, p. 12, pl. 9, ff. 1, 2. — Brésil S., E.

577. CHIROMACHÆRIS

Chiromachæris, Cab. (1847); *Manacus*, Gray (1855).

3037. MANACUS (Lin.); Kitl. *Orn. atl.* pl. 13. Tacz., *Orn. Pér.* II, p. 349; *edwardsii*, Bp., *Consp.* I, p. 171. — Amérique méridionale tropicale.

3038. GUTTUROSA (Desm.), *Tang.*, pl. 58; *manacus*, auct. plur. (nec Lin.); Sw., *Orn. Dr.*, pl. 26. — Brésil S. et E.

3039. CANDÆI (Parzud.); id., *Mag. de Zool.*, 1843, pl. 45. — Amér. centr., Col. N.

3040. FLAVEOLA (Cass.), *Pr. Ac. Phil.*, 1851, p. 349; *flavitincta*, Scl., *P. Z. S.*, 1852, p. 34, pl. 48. — Colombie.

3041. VITELLINA (Gould); id., *Voy. Sulph., Zool. B.*, p. 41, pl. 21. — Du Nicaragua au N. de la Colombie.

3042. AURANTIACA, Salv., *P. Z. S.*, 1870, p. 200; id., *Biol. Centr. Am.*, pl. 41, ff. 1, 2. — Véragua.

3043. CORONATA, Bouc., *P. Z. S.*, 1879, p. 178, pl. 17. — Colombie.

SUBF. II. — PTILOCHLORINÆ

578. PTILOCHLORIS

Laniisoma, Sw. (1831); *Ptilochloris*, Sw. (1837).

3044. SQUAMATA (Max.); *arcuatus*, Géoff., *Mag. Zool.*, 1833, *Ois.*, pl. 12; *lunatus*, Sw.; *remigialis*, Lafr. — Brésil.
3045. BUCKLEYI, Scl. et Salv., *P. Z. S.*, 1880, p. 158, pl. 16. — Ecuador.

579. HETEROPELMA

Heteropelma, Bp. (1854).

3046. TURDINUM (Max.), *Beitr.* III, p. 817; Scl., *P. Z. S.*, 1860, p. 467; *rufo-olivaceus*, Lafr.; Burm., *Syst. Uebers.* II, p. 436. — Brésil.
699. *Var.* WALLACEI, Scl. et Salv., *P. Z. S.*, 1867, pp. 579, 595; *Cat. B. Br. Mus.* XIV, pl. 20. — Guyane, Bas-Amazone.
700. *Var.* AMAZONA; *amazonum*, Scl., *P. Z. S.*, 1860, p. 466. — Haut-Amazone.
701. *Var.* ROSENBERGI, Hart., *Novit. Zool.* V, p. 489. — Ecuador W.
702. *Var.* STENORHYNCHA; *stenorhynchum*, Scl. et Salv., *P. Z. S.*, 1868, p. 628. — Vénézuéla.
703. *Var.* VERÆ-PACIS, Scl., *P. Z. S.*, 1860, p. 300. — Amérique centrale.
3047. VIRESCENS (Max.); Burm., *Syst. Uebers.* II, p. 436; *unicolor*, Langsd. et Mén.; *galeata*, Licht. — Brésil.
3048. FLAVICAPILLUM, Scl., *P. Z. S.*, 1860, p. 466; *Cat. B. Br. Mus.* XIV, pl. 21. — Brésil.
3049. CHRYSOCEPHALUM, Pelz., *Orn. Bras.*, pp. 125, 185. — Brésil W.
3050. IGNICEPS, Scl., *P. Z. S.*, 1871, p. 750; *Cat. B. Br. Mus.* XIV, pl. 22. — Guyane.

580. SCHIFFORNIS

Schiffornis, Bp. (1854).

3051. MAJOR, Bp.; Des M., *Casteln. Voy. Ois.*, p. 66, pl. 18, f. 2. — Guyane fr., Amazone.
3052. RUFA (Pelz.), *Orn. Bras.*, pp. 124, 185; ?*minor*, Bp. — Amazone.

581. NEOPELMA

Neopelma, Scl. (1860).

3053. AURIFRONS (Max.); *luteocephala*, Lafr., *Mag. Zool.*, 1833, *Ois.*, pl. 13. — Brésil.

582. HETEROCERCUS

Heterocercus, Scl. (1862).

3054. LINTEATUS (Strickl.), *Contr. Orn.*, 1850, p. 121, pl. 63 (mas.) — Haut-Amazone.
3055. ANGOSTURÆ, Berl. et Leverk., *Ornis*, VI, p. 18. — Angostura (Vénéz.)
3056. FLAVIVERTEX, Pelz., *Orn. Bras.*, pp. 125, 186; *linteata*, Strickl., *Contr. Orn.*, pl. 63 (fem.) — Haut-Amazone.
3057. AURANTIIVERTEX, Scl. et Salv., *P. Z. S.*, 1880, p. 157; *Cat. B. Br. Mus.* XIV, pl. 23. — Ecuador E.

FAM. XII. — OXYRHAMPHIDÆ (1)

583. OXYRHAMPHUS

Oxyrhynchus, Tem. (1823, nec Leach.); *Oxyrhamphus*, Strickl. (1841).

3058. FLAMMICEPS (Tem.), *Pl. col.* 125; *cristatus*, Sw., *Zool. Ill.*, pl. 49; *serratus*, Mik. — Brésil.
3059. FRATER, Scl. et Salv., *P. Z. S.*, 1868, p. 326; id., *Exot. Orn.*, pl. 66. — Costa-Rica, Véragua.
3060. HYPOGLAUCUS, Salv. et Godm., *Ibis*, 1883, p. 206. — Guyane.

FAM. XIII. — TYRANNIDÆ (1)

SUBF. I. — TÆNIOPTERINÆ

584. AGRIORNIS

Tamnolanius, Less. (1839); *Agriornis*, Gould (1841).

3061. LIVIDA (Kittl.); d'Orb., *Voy. Ois.*, p. 351; *gutturalis*, Gerv., *Mag. Zool.*, 1836, *Ois.*, pl. 63. — Chili.
3062. STRIATA et *microptera*, Gould, *Voy. Beagle, Zool.* III, pp. 56, 57, pl. 12. — Argentine, Patagonie.
3063. ANDECOLA (d'Orb.), *Voy. Ois.*, p. 351; *gutturalis*, d'Orb. et Lafr. — Bolivie (Andes).
3064. MARITIMA (d'Orb. et Lafr.); d'Orb., *Voy. Ois.*, p. 353; *leucura*, Gould, *Voy. Beagle, Zool.* III, pl. 13. — Chili, Bolivie, Argentine, Patagonie.
    704. *Var.* MONTANA (d'Orb. et Lafr.), *Syn. Av.* I, p. 64. — Bolivie (Andes).
3065. ALBICAUDA (Ph. et Landb.), *Wiegm. Arch.*, 1863, I, p. 132; Tacz., *Orn. Pérou*, II, p. 184. — Pérou W.
3066. POLLENS, *P. Z. S.*, 1869, p. 153; *Cat. B. Br. Mus.* XIV, pl. 1; *andicola*, Scl. (1860). — Ecuador W.
3067. INSOLENS, Scl. et Salv., *P. Z. S.*, 1869, p. 153; *Cat. B. Br. Mus.* XIV, pl. 2. — S. du Pérou et de la Bolivie.

(1) Voy. : Sclater, *Cat. Birds Brit. Mus.* XIV, pp. 2 et 280 (1888).

3068. SOLITARIA, Scl., *P. Z. S.*, 1858, p. 553; id. *Cat. B. Br. Mus.* XIV, p. 7, pl. 3. — Ecuador (Andes).

585. MYIOTHERETES

Myiotheretes, Rchb. (1850).

3069. RUFIVENTRIS (Vieill.); *variegata*, d'Orb. et Lafr.; d'Orb., *Voy. Ois.*, p. 349, pl. 39, f. 2. — Argentine, Paraguay, Patagonie.

3070. ERYTHROPYGIUS, Scl., *P. Z. S.*, 1851, p. 193, pl. 41. — Ecuador, Pérou.

3071. STRIATICOLLIS, Scl., *P. Z. S.*, 1851, p. 193, pl. 42; *rufiventris*, d'Orb. (pt., nec Vieill.), *Voy. Ois.*, p. 312, pl. 32, ff. 3, 4. — Vénéz., Col., Ecuad., Pérou, Bolivie.

586. TÆNIOPTERA

Tænioptera, Bp. (1825); *Xolmis*, Boie (1826); *Nengetus*, Sw. (1827); *Pepoaza*, d'Orb. et Lafr. (1837); *Blechropus*, Sw. (1837); *Hemipenthica, Pyrope*, Cab. et H. (1859).

3072. NENGETA (Lin.); *cinereus, pepoaza*, Vieill.; *polyglotta*, Licht.; Spix, *Av. Bras.* II, p. 18, pl. 24. — Brésil S.-E., Parag., Urug., Bol., Argent.

3073. CORONATA (Vieill.); d'Orb., *Voy. Ois.*, p. 350; *vittigera*, Licht. — Argent., Urug., Parag.

3074. VELATA (Licht.); Spix, *Av. Bras.* II, p. 17, pl. 22. — Brésil N., Bolivie.

3075. DOMINICANA (Vieill.); *azaræ*, Gould, *Voy. Beagle, Zool.* III, p. 53, pl. 10; *albogriseus*, Less. (fem.) — Brésil, Paraguay, Uruguay, Argent.

3076. IRUPERO (Vieill.); *mæsta*, Licht.; Burm., *Syst. Ueb.* II, p. 517; *nivea*, Spix, *l. c.*, p. 20, pl. 29, f. 1. — Bolivie, Paraguay, Uruguay, Argent.

3077. HOLOSPODIA, Scl., *P. Z. S.*, 1887, p. 47; id., *Cat. B. Br. Mus.* XIV, p. 14, pl. 4. — Bolivie.

3078. PYROPE (Kittl.), *Mém. Ac. St-Pétersb.* I (1831), p. 191, pl. 10; *kittlitzi*, Cab. et H., *Mus. Hein.* II, p. 45. — Chili, Patagonie.

3079. MURINA (d'Orb.), *Voy. Ois.*, p. 348. — Argentine, Patag. N.

3080. RUBETRA, Burm., *Journ. f. Orn.*, 1860, p. 247; Scl. et Huds., *Arg. Orn.* I, p. 120, pl. 7. — Argentine, Patag. N.

587. OCHTHODIÆTA

Ochthodiæta, Cab. et H. (1859).

3081. FUMIGATUS (Boiss.), *Rev. Zool.*, 1840, p. 71; Scl., *P. Z. S.*, 1858, p. 554. — Colombie, Ecuador (Andes).

705. *Var.* LUGUBRIS, Berl., *Ibis*, 1883, p. 492; *fumigata* (pt.), Scl. et Salv. — Mérida (Vénézuéla).

3082. SIGNATUS, Tacz., *P. Z. S.*, 1874, pp. 501, 532. — Pérou central.

3083. FUSCO-RUFUS, Scl. et Salv., *P. Z. S.*, 1876, p. 354; Scl., *Cat. B. Br. Mus.* XIV, pl. 5. — Bolivie, Pérou S.

588. OCHTHOECA

Ochthœca, Cab. (1847).

3084. OENANTHOIDES (d'Orb. et Lafr.); d'Orb., *Voy. Ois.*, p. 344, pl. 38, f. 2; *fumicolor*, auct. plur.	De Colombie W. au Pérou et Bolivie.
706. *Var.* FUMICOLOR, Scl., *P. Z. S.*, 1856, p. 28, pl. 117.	Col. centr. (Andes).
707. *Var.* BRUNNEIFRONS, Berl. et Stolzm., *P. Z. S.*, 1896, p. 355.	Pérou central.
708. *Var.* SUPERCILIOSA, Scl. et Salv., *P. Z. S.*, 1870, p. 786.	Mérida (Vénézuéla).
3085. POLIONOTA, Scl. et Salv., *P. Z. S.*, 1869, p. 599; Tacz., *Orn. Pér.* II, p. 193.	Pérou.
3086. LEUCOMETOPA, Scl. et Salv., *P. Z. S.*, 1877, p. 19; id., *Cat. B. Br. Mus.* XIV, p. 21, pl. 6; *leucophrys* (pt.), auct. plur.	Pérou.
3087. LEUCOPHRYS (d'Orb. et Lafr.); d'Orb., *Voy. Ois.*, p. 345, pl. 37, f. 1.	Bolivie, Argentine.
3088. ALBIDIEMA (Lafr.), *Rev. Zool.*, 1848, p. 8; Scl., *P. Z. S.*, 1856, p. 28.	Colombie (Andes).
3089. CITRINIFRONS, Scl., *P. Z. S.*, 1862, p. 113; id., *Cat. B. Br. Mus.* XIV, pl. 7, f. 1.	Ecuador (Andes).
3090. PULCHELLA, Scl. et Salv., *P. Z. S*, 1876, p. 355; *Cat.*, *l. c.*, pl. 7, f. 2.	Bolivie (Andes).
3091. JELSKII, Tacz., *P. Z. S.*, 1883, p. 71; Berl. et Stolzm., *P. Z. S.*, 1896, p. 356; *pulchella* (pt.), Scl.	Pérou N.-W.
709. *Var.* SPODIONOTA, Berl. et Stolzm., *P. Z. S.*, 1896, p. 356.	Pérou central.
3092. RUFIPECTORALIS (d'Orb. et Lafr.); d'Orb., *Voy. Ois.*, p. 345, pl. 37, f. 2.	Bolivie, Pérou S.
3093. LESSONI, Scl., *P. Z. S.*, 1856, p. 28; *rufipectus*, Less. (nec Lafr.)	De Colombie au Pérou central.
710. *Var.* POLIOGASTRA, Salv. et Godm., *Ibis*, 1880, p. 123.	Sierra Nevada de Santa Marta.
3094. CINNAMOMEIVENTRIS (Lafr.), *Rev. Zool.*, 1844, p. 80; Scl., *P. Z. S.*, 1856, p. 28.	Colombie, Ecuador.
3095. THORACICA, Tacz., *P. Z. S.*, 1874, pp. 133, 533; id., *Orn. Pér.* II, p. 197.	Pérou, Bolivie.
3096. NIGRITA, Scl. et Salv., *P. Z. S.*, 1870, p. 787; Tacz., *Orn. Pér.* II, p. 197.	Vénézuéla, Pérou (Andes).
3097. SALVINI, Tacz., *P. Z. S.*, 1877, p. 324; id., *Orn. Pér.* II, p. 200.	Pérou N.
3098. RUFIMARGINATA, Lawr., *Ann. Lyc. N. Y.* IX, p. 266; Tacz., *l. c.*, p. 196.	Ecuador, Pérou.
3099. DIADEMA (Hartl.), *Rev. Zool.*, 1843, p. 289; *fuscicapilla*, Lafr.	Vénézuéla, Colombie.
3100. GRATIOSA, Scl., *P. Z. S.*, 1862, p. 113, 1871, p. 750.	Ecuador, Pérou.

589. MECOCERCULUS

Mecocerculus, Scl. (1862).

3101. LEUCOPHRYS (d'Orb. et Lafr.), *Syn. Av.* I, p. 53; *setophagoides*, Bp.; Scl., *P. Z. S.*, 1855, p. 149. — De Col. à la Guyane anglaise, Ecuador, Pérou, Bolivie.

711. *Var.* UROPYGIALIS, Lawr., *Ann. Lyc. N. Y.* IX, p. 266. — Ecuador W.

3102. STICTOPTERUS, Scl., *P. Z. S.*, 1858, p. 554, pl. 146, f. 2. — Ecuador, Pérou, Colombie, Vénézuéla.

3103. CALOPTERUS (Scl.), *P. Z. S.*, 1859, p. 142; *Serpoph. leucura*, Lawr., *Ibis*, 1873, p. 384, pl. 9, f. 2. — Ecuador, Pérou.

3104. POECILOCERCUS (Scl. et Salv.), *Nomencl.*, pp. 47, 158; Tacz., *Orn. Pér.* II, p. 203. — Colombie, Ecuador, Pérou.

3105. CONSOBRINUS (Berl.), *Ibis*, 1883, p. 289; Scl., *Cat. B. Br. Mus.* XIV, p. 30. — Colombie.

590. OCHTHORNIS

Ochthornis, Sclat. (1888).

3106. LITTORALIS (Pelz.), *Orn. Bras.*, pp. 108, 180; *murina*, Scl., *P. Z. S.*, 1871, p. 749. — Guyane, Amazone.

591. SAYORNIS

Sayornis, Bp. (1854); *Aulanax*, Cab. (1856); *Theromyias*, Cab. et H. (1859).

3107. SAYA (Bp.), *Am. Orn.* I, p. 20, pl. 2, f. 3; *sayus*, Cab.; *pallida*, Sw.; *sayi*, Coues. — Am. sept. W. et centr., Mexique.

3108. NIGRICANS (Sw.); Baird, *B. N. Am.*, p. 183; *semiatra*, Vig. — Am. sept. W. et centr., Mexique.

3109. AQUATICA, Scl. et Salv., *Ibis*, 1859, p. 119. — Du Guat. au Costa-Rica.

3110. CINERACEA (Lafr.); Scl., *P. Z. S.*, 1858, p. 450; *latirostris*, Cab. et H., *Mus. Hein.* II, p. 68; *nigricans*, Cab. in *Tsch. F. P.*, p. 153. — Vénéz., Col., Ecuad., Pérou, Bolivie.

712. *Var.* ANGUSTIROSTRIS, Berl. et Stolzm., *P. Z. S.*, 1896, p. 337. — Pérou central.

592. FLUVICOLA

Fluvicola, Sw. (1827); *Entomophagus*, Max. (1831); *Myiophila*, Rchb. (1850).

3111. PICA (Bodd.); *Pl. enl.* 675, f. 1; *bicolor*, Gm. — Guyane, Vénéz., Col.

3112. ALBIVENTRIS (Spix), *Av. Bras.* II, p. 21, pl. 30, ff. 1, 2; *bicolor*, d'Orb. — Amazone, Bolivie, Brésil, Argentine.

3113. CLIMACURA, Cab. et H.; *clymazura*, Vieill.; *nengeta*, Licht.; *mystax* et *mystacea*, Spix, *l. c.*, p. 22, pl. 31ª, f. 2; *cursoria*, Sw., *Zool. Ill.*, pl. 46; *pseudogillia*, Less. — Brésil E.

3114. ATRIPENNIS, Scl., *P. Z. S.*, 1860, p. 280. — Ecuador W., Pérou.

593. ARUNDINICOLA

Arundinicola, d'Orb. (1839); *Myiophila*, Rchb. (1850).

3115. LEUCOCEPHALA (Lin.); *dominicana*, Spix, *l. c.* II, p. 21, pl. 29, f. 2. — De Colombie et Guyane jusqu'à l'Argentine.

594. ALECTRURUS

Alectrurus et *Gallita*, Vieill. (1816); *Xenurus*, Boie (1826); *Yetapa*, Less. (1831); *Psalidura*, Glog. (1842).

3116. TRICOLOR, Vieill.; *alectrura*, Vieill., *Gal. Ois.*, pl. 132; *azaræ*, Sw.; *alector*, Max.; Tem., *Pl. col.* 155. — Brésil S., Paraguay, Uruguay, Argent.

3117. RISORIUS (Vieill.), *Gal. Ois.* I, p. 209, pl. 131; *guirayetapa*, d'Orb.; *psalura*, Max. — Uruguay, Paraguay, Argentine.

595. CYBERNETES

Gubernetes, Such (1825); *Cybernetes*, Cab. et H. (1859).

3118. YETAPA et *bellulus* (Vieill.); *yiperu*, Licht.; *longicauda*, Spix, *l. c.* II, p. 14, pl. 17; *cunninghamii*, Such; *forficatus*, Sw., *Nat. Libr.*, *Flycatch.*, p. 92, pl. 5. — Brésil S., E., Bolivie, Paraguay, Argentine N.

596. SISOPYGIS

Sisopygis, Cab. et Heine (1859).

3119. ICTEROPHRYS (Vieill.); *chrysochloris*, Max.; *cinchoneti*, Tsch., *Faun. Per.*, p. 151, pl. 8, f. 2. — Brés. S., Par., Urug., Arg. N., Bol., Pér.

597. CNIPOLEGUS

Knipolegus, Boie (1826); *Ada*, Less. (1831); *Sericoptila*, Bp. (1854).

3120. COMATUS (Licht.); *lophotes*, Boie; *galeata*, Spix, *l. c.*, pl. 27 (mas.); *cristatus*, Sw., *Nat. Libr.*, *Flycatch.*, p. 99, pl. 7. — Brésil.

3121. NIGERRIMUS (Vieill.); *galeata*, Spix, *l. c.*, pl. 28 (fem.); *lafresnayi*, Kp. (jun.) — Brésil S. et E.

3122. ATERRIMUS, Kp., *Journ. f. Orn.*, 1853, p. 29; *nigerrima*, d'Orb. et Lafr. (nec Vieill.); *anthracinus*, Tacz., *Orn. Pér.* II, p. 208. — Bolivie, Pérou.

3123. ANTHRACINUS, Heine, *Journ. f. Orn.*, 1859, p. 334; *aterrimus*, White; *fasciatus*, Leyb. (fem.); *cyanirostris*, Burm. (nec Vieill.) — Argentine N.

3124. HUDSONI, Scl., *P. Z. S.*, 1872, p. 541, pl. 31. — Rio-Négro (Patagon.)

3125. CYANIROSTRIS (mas.) et *ruficapilla* (fem.), Vieill.; Scl. et Huds., *Arg. Orn.* I, p. 127; *analis*, Licht. — Brésil S., Paraguay, Uruguay, Argent.

3126. UNICOLOR, Kp., *Journ. f. Orn.*, 1853, p. 29. — Haut-Amazone.

3127. PUSILLUS, Scl. et Salv., *Nomencl.*, p. 158; *unicolor*, Scl. et Salv. (1867). — Bas-Amazone.

3128. ORENOCENSIS, Berl., *Ibis*, 1884, p. 433, pl. 12. — Angostura (Orénoque).

3129. CABANISI, Schulz, *Journ. f. Orn.*, 1882, p. 462. — Tucuman (Argentine).

3130. CINEREUS, Scl., *P. Z. S.*, 1870, p. 58; Salv., *Ibis*, 1880, p. 357, pl. 10. — Argentine N.

598. LICHENOPS

Lichenops, Sundev. (1835); *Perspicilla*, Sw. (1837).

3131. PERSPICILLATA (Gm.); *nigricans*, Vieill.; *leucoptera*, Sw., *Nat. Libr.*, *Flycatch.*, p. 105, pl. 9; *erythroptera*, Darw., *Voy. Beagle*, *Zool.*, pl. 9. — Du S. du Brésil et de la Bolivie à Magellan.

599. MUSCIPIPRA

Muscipipra, Less. (1831); *Ictiniscus*, Cab. et H. (1859).

3132. VETULA (Licht.); Spix, *l. c.*, p. 15, pl. 18; *pullata*, Bp.; *longipes*, Sw.; *longipennis*, Jard. et S., *Ill. Orn.*, pl. 42; *marginatus*, Blyth. — Brésil.

600. COPURUS

Copurus, Strickl. (1841).

3133. COLONUS et *platurus* (Vieill.); *leucocilla*, Hahn, *Ausl. Vög.*, pt. IX, pl. 2; *filicauda*, Spix, *l. c.*, pl. 14; *monacha*, Max.; *funebris*, Cab.; *leuconotus*, Scl. (nec Lafr.); *fuscicapillus*, Scl. — Colombie, Ecuador, Pérou, Bolivie, Brésil, Paraguay.

3134. LEUCONOTUS, Lafr., *Rev. Zool.*, 1842, p. 335; *pœcilonotus*, Cab. — Amér. centr., Col., Ecuad., Guyane fr.

601. MACHETORNIS

Chrysolophus, Sw. (1837, nec Gray 1833); *Machetornis*, Gray (1841).

3135. RIXOSA (Vieill.); *joazeiro*, Spix, *l. c.*, pl. 23; *miles*, Max.; *ambulans*, Sw. — Du Vénézuéla à l'Argentine.

602. MUSCISAXICOLA

Muscisaxicola, d'Orb. et Lafr. (1837); *Ptionura*, « Gould », Gray (1840).

3136. ALBIFRONS (Tsch.), *Faun. Per.*, p. 167, pl. 12, f. 2. — Pérou central et S.
715. *Var.* ALPINA (Jard.), *Contr. Orn.*, 1849, p. 47, pl. 21; *albifrons*, Scl. — Ecuador W.
3137. CINEREA, Phil. et Landb., *Wiegm. Arch.*, 1865, 1, p. 80; ?*albimentum*, Lafr. — Chili, Pérou.
714. *Var.* GRISEA, Tacz., *Orn. Pérou*, II, p. 213. — Pérou central.
3138. NIGRIFRONS, Phil. et Landb., *Wiegm. Arch.*, 1865, 1, p. 101; *frontalis*, Burm., *J. f. O.*, 1860, p. 248. — Chili.
3139. MACLOVIANA (Garn.); *mentalis*, d'Orb., *Voy. Ois.*, p. 355, pl. 41, f. 1; *chilensis*, Hartl. — Pérou, Bolivie, Chili, Patag., Malouines.
3140. FLAVINUCHA, Lafr., *Rev. Zool.*, 1855, p. 59; Tacz., *Orn. Pér.* II, p. 211; *flavivertex*, Phil. et Landb. — Chili, Pérou.
3141. RUBRICAPILLA, Phil. et Landb., *Wiegm. Arch.*, 1865, 1, p. 90. — Chili, Pérou.
715. *Var.* JUNINENSIS, Tacz., *Orn. Pér.* II, p. 214; *rubricapilla*, Scl. et Salv., *P. Z. S.*, 1867, p. 986, pl. 46; ?*albilora*, Lafr. — Pérou central.
3142. RUFIVERTEX, d'Orb. et Lafr.; d'Orb., *Voy. Ois.*, p. 354, pl. 40, f. 2. — Pérou, Bolivie, Chili, Argentine W.
3143. MACULIROSTRIS, d'Orb. et Lafr.; d'Orb., *l. c.*, p. 356, pl. 41, f. 2. — Du Pérou et Bolivie à la Patagonie.
716. *Var.* RUFESCENS, Berl. et Stolzm., *P. Z. S.*, 1896, p. 359. — Ecuador W.
3144. FLUVIATILIS, Scl. et Salv., *P. Z. S.*, 1866, p. 187. — Pérou.
3145. RUFIPENNIS, Tacz., *P. Z. S.*, 1874, pp. 134, 533. — Pérou.
3146. CAPISTRATA (Burm.), *La Plata Reise*, II, p. 461. — Mendoza.
3147. BRUNNEA, Gould, *Voy. Beagle, Zool.* III, p. 84. — Patagonie.
3148. STRIATICEPS, d'Orb., *Voy. Am. mér.*, p. 356, pl. 41, f. 1. — Bolivie.

603. LESSONIA

Lessonia, Sw. (1831); *Centrophanes*, Cab. (1845); *Centrites*, Cab. (1847); *Auchmalea*, Rchb. (1850).

3149. NIGRA (Bodd.); *Pl. enl.* 738, f. 2; *rufa*, Gm.; *fulva*, Lath.; *dorsalis*, King.; *erythronotus*, Merr.; *variegatus*, Eyd. et Gerv., *Voy. Favor. Ois.*, p. 38, pl. 15. — Chili, Argentine, Patagonie.
717. *Var.* OREAS, Scl. et Salv., *P. Z. S.*, 1869, p. 151; id., *Exot. Orn.*, p. 191, pl. 96; *niger* (pt.), Scl. et Salv. (1867-68). — Pérou, Boliv. (Andes).

604. MUSCIGRALLA

Muscigralla, d'Orb. et Lafr. (1837); *Ochthites*, Cab. (1844).

3150. BREVICAUDA, d'Orb. et Lafr.; d'Orb., *Voy. Ois.*, p. 354, pl. 39, f. 1. — De l'Ecuador W. au Chili et Bolivie.

SUBF. II. — PLATYRHYNCHINÆ

605. PLATYRHYNCHUS

Platyrhynchus, Desm. (1805).

3151. ROSTRATUS (Lath.); Desm., *Tang.*, pl. 72; *platyrhynchus*, Gm.; *fuscus*, Vieill., *Gal. Ois.* I, p. 201, pl. 126; *leucoryphus*, Max.	Brésil S. et E.
3152. SENEX, Scl. et Salv., *P. Z. S.*, 1880, p. 156.	Ecuador E.
718. *Var.* GRISEICEPS, Salvad., *Ibis*, 1898, p. 153.	Guyane anglaise.
3153. FLAVIGULARIS, Scl., *P. Z. S.*, 1861, p. 382; id., *Cat. B. Br. Mus.* XIV, pl. 8, f. 1.	Colombie.
3154. SATURATUS, Salv. et Godm., *Ibis*, 1882, p. 78.	Guyane anglaise.
3155. CANCROMINUS, Scl. et Salv., *P. Z. S.*, 1860, p. 299; *cancroma*, Scl., *P. Z. S.*, 1856, p. 295 (nec Tem.)	Guatémala.
719. *Var.* ALBOGULARIS, Scl., *P. Z. S.*, 1860, pp. 68, 92, 295; id., *Cat. B. Br. Mus.* XIV, pl. 8, f. 2.	Du Costa-Rica à l'Ecuador W. et Vénéz.
3156. MYSTACEUS, Vieill.; *cancroma*, Tem., *Pl. col.* 12, f. 2; Sw. *Zool. Ill.*, pl. 115.	De la Guyane à l'Argentine N.
3157. CORONATUS, Scl., *P. Z. S.*, 1858, p. 71; id., *Cat. A. B.*, p. 207, pl. 17.	Ecuador.
3158. SUPERCILIARIS, Lawr., *Ibis*, 1863, p. 184; *cancroma*, Lawr. (pt.)	Véragua, Guyane.

606. TODIROSTRUM

Todirostrum, Less. (1831); *Triccus*, Cab. (1845); *Pœcilotriccus*, Berl. (1884).

3159. CINEREUM (Lin.); Desm., *Tang.*, pl. 68; *meloxantha*, Sparrm.; *melanocephalus*, Spix, *l. c.* II, p. 8, pl. 9, f. 2; *plumbeum*, Lawr.	Amér. centr. et mérid. jusqu'au S. du Brés.
720. *Var.* SCLATERI, Cab. et H., *Mus. Hein.* II, p. 51; Tacz., *Orn. Pér.* II, p. 226.	Ecuador et Pérou W.
3160. CHRYSOCROTAPHUM, Strickl., *Contr. Orn.*, 1850, p. 48, pl. 49; *illigeri*, Cab. et H.	Haut-Amazone.
3161. POLIOCEPHALUM (Max.), *Beitr.* III, p. 965; Scl., *P. Z. S.*, 1857, p. 84; *flavifrons*, Lafr., *Rev. Zool.*, 1846, p. 36.	Brésil S. et E.
3162. NIGRICEPS, Scl., *P. Z. S.*, 1855, p. 66, pl. 84, f. 1.	Du Costa-Rica à l'Ec[dor].
3163. CALOPTERUM, Scl., *P. Z. S.*, 1857, p. 82, pl. 125, f. 1.	Ecuador.
3164. PULCHELLUM, Scl., *P. Z. S.*, 1873, p. 781; Tacz., *Orn. Pér.* II, p. 227.	Pérou S.
3165. GUTTATUM, Pelz., *Orn. Bras.*, pp. 101, 172.	Col. et Haut-Amaz.
3166. PICTUM, Salv., *Ibis*, 1898, p. 153.	Guyane anglaise.
3167. MACULATUM (Desm.), *Tang.*, pl. 70; *cinereus*, Spix, *l. c.*, pl. 10, f. 1.	Guyane, Bas-Amaz.
721. *Var.* SIGNATA; *signatum*, Scl. et Salv., *Ibis*, 1881, p. 267; *maculatum*, Scl. et Salv. (1866-73).	Haut-Amazone.

3168. SCHISTACEICEPS, Scl., *Ibis*, 1859, p. 444; *superciliaris*, Lawr.	Am. centr., Colombie, Vénézuéla.
3169. PICATUM, Scl., *P. Z. S.*, 1858, p. 70.	Ecuador W.
3170. ? CAPITALE, Scl., *P. Z. S.*, 1857, p. 83, pl. 125, f. 2; ?*picatum* (fem.), Berl.	Ecuador W.
3171. RUFICEPS, Kp., *P. Z. S.*, 1851, p. 52; *multicolor*, Strickl., *Contr. Orn.*, 1852, p. 42, pl. 85, f. 2.	Colombie.
3172. RUFIGENE, Scl. et Salv., *P. Z. S.*, 1877, p. 522; *ruficeps*, Scl. (1859).	Ecuador W.
722. *Var.* LENZI, Berl., *Journ. f. Orn.*, 1884, p. 249, pl. 1, ff. 1, 2.	Colombie.

607. ONCOSTOMA

Oncostoma, Scl. (1862).

3173. CINEREIGULARE, Scl., *P. Z. S.*, 1856, p. 295; id., *Cat. A. B.*, p. 208.	Amérique centrale.
3174. OLIVACEUM (Lawr.), *Ibis*, 1862, p. 12.	Panama.

608. EUSCARTHMUS

Euscarthmus, Max. (1831).

3175. NIDIPENDULUS, Max., *Beitr.* III, p. 950; Pelz., *Orn. Bras.*, p. 102.	Brésil.
3176. ZOSTEROPS, Pelz., *Orn. Bras.*, pp. 102, 173.	Guyane, Bas-Amaz.
3177. ORBITATUS, Max., *Beitr.* III, p. 958; Burm., *Syst. Uebers.* II, p. 497; *palpebrosum*, Lafr.	Brésil S. et E.
3178. FUMIFRONS (Hartl.), *Journ. f. Orn.*, 1853, p. 35; *crinitus*, Burm., *Syst. Uebers.* II, p. 497.	Guyane, Brésil N.
3179. LIMBATUS, Cab. et H., *Mus. Hein.* II, p. 51.	Brésil.
3180. MARGARITACEIVENTER (d'Orb. et Lafr.); d'Orb., *Voy. Ois.*, p. 316, pl. 33, ff. 3, 4; *margaritaceiventris*, Burm.; *wuchereri*, Scl. et Salv., *Nomencl.*, p. 45.	Brésil S., Bolivie, Pérou S., Paraguay, Argentine N.
723. *Var.* PELZELNI, Scl. et Salv., *Ibis*, 1881, p. 268; *margaritaceiventer* (pt.), Pelz.	Brésil (Cuyaba).
3181. LATIROSTRIS, Pelz., *Orn. Bras.*, pp. 101, 173.	Haut-Amazone.
3182. GULARIS (Tem.), *Pl. col.* 167, f. 1; *rufilatum*, Hartl.; *plumbeiceps*, Lafr.	Brésil S., Bolivie, Argentine N.
3183. VIRIDICEPS, Salvad., *Boll. Mus. Torino*, XII, p. 12.	Argentine.
3184. RUFIGULARIS, Cab., *Journ. f. Orn.*, 1873, p. 67.	Pérou.
3185. RUFIPES (Cab.) in Tsch., *Faun. Per.*, p. 165.	Pérou.
3186. RUSSATUS, Salv. et Godm., *Ibis*, 1884, p. 445; Scl., *Cat. B. Br. Mus.* XIV, pl. 9, f. 1.	Guyane anglaise.
3187. GRANADENSIS (Hartl.); Strickl., *Contr. Orn.*, p. 41, pl. 85; *pectorale*, Kp.	Colombie, Ecuador.

3188. PYRRHOPS, Cab., *Journ. f. Orn.*, 1874, p. 98; *ocularis*, Salv., *Ibis*, 1876, p. 493. — Pérou W., Ecuador.
3189. STRIATICOLLIS (Lafr.), *Rev. Zool.*, 1853, p. 58; Pelz., *Orn. Bras.*, p. 101; *orbitatus*, Scl. (err.) — Brésil.
3190. IMPIGER, Scl. et Salv., *P. Z. S.*, 1868, p. 171, pl. 13, f. 1. — Vénézuéla, Colombie.
3191. INORNATUS, Pelz., *Orn. Bras.*, pp. 102, 174. — Rio-Négro (Brésil).
3192. SENEX, Pelz., *Orn. Bras.*, pp. 101, 173. — Borba (Brésil).

609. CERATOTRICCUS

Ceratotriccus, Cab. (1874).

3193. FURCATUS (Lafr.), *Rev. Zool.*, 1846, p. 362; *apicalis*, Scl., *P. Z. S.*, 1887, p. 47, pl. 9, f. 1. — Brésil.

610. PSEUDOTRICCUS

Pseudotriccus, Tacz. et Berl. (1883).

3194. PELZELNI, Tacz. et Berl., *P. Z. S.*, 1883, p. 88. — Ecuador W.

611. CÆNOTRICCUS

Cænotriccus, Scl., *Cat. B. Br. Mus.* XIV, p. 86 (1888).

3195. RUFICEPS (Lafr.); id., *Mag. de Zool.*, 1844, pl. 51. — Colombie, Ecuador E.
724. *Var.* HAPLOPTERYX, Berl. et Stolzm., *P. Z. S.*, 1896, p. 361. — Pérou central.

612. LOPHOTRICCUS

Lophotriccus, Berl. (1883).

3196. SPICIFER (Lafr.); Scl., *P. Z. S.*, 1855, p. 67, pl. 84, f. 2; *galeatus*, Tacz., *P. Z. S.*, 1882, p. 18. — Haut-Amazone.
725. *Var.* SUBCRISTATA, Allen, *Bull. Am. Mus.* IV, p. 53. — Vénézuéla.
3197. SQUAMICRISTATUS (Lafr.), *R. Z.*, 1846, p. 363; Tacz., *Orn. Pér.* II, p. 230; *pileatus*, Cab. in Tsch., *Faun. Per.*, p. 164, pl. 9, f. 1 (?); *luteiventris*, Berl. — Panama, Col., Vénéz., Haut-Amaz., Ecuador, Pérou.
726. *Var.* MINOR, Cherr., *P. U. S. Nat. Mus.*, 1891, p. 337. — Costa-Rica.

613. ORCHILUS

Orchilus, Cab. (1845).

3198. AURICULARIS (Vieill.); Scl., *Cat. A. B.*, p. 209; *cinereicollis*, Max.; *melanotis*, Less.; *megacephalus*, Sw., *Nat. Libr.*, *Flycatch.*, p. 177, pl. 19. — Brésil.
3199. ALBIVENTRIS, Berl. et Stolzm., *Ibis*, 1894, p. 389. — Pérou central.

3200. ECAUDATUS (d'Orb. et Lafr.); d'Orb., *Voy. Ois.*, p. 316, pl. 33, ff. 1. 2; Tacz., *Orn. Pér.* II, p. 234. — Vénéz., Bol., Pérou.
3201. ATRICAPILLUS, Lawr., *Ibis*, 1875, p. 385. — Costa-Rica.

614. COLOPTERYX

Colopterus, Cab. (1845, nec Erichs., *Coleopt.*); *Colopteryx*, Ridgw. (1887).

3202. PILARIS (Cab.), *Wiegm. Arch.*, 1847, 1, p. 253; *exile*, Scl., *P. Z. S.*, 1857, p. 83, pl. 125, f. 3; *megacephalum*, Lawr. — Véragua, Colombie.
3203. GALEATUS (Bodd.); *Pl. enl.* 391, f. 1; Pelz., *Orn. Bras.*, p. 102; *cristata*, Gm. — Vénéz., Guyane, Bas-Amazone.
727. *Var.* INORNATA, Ridgw., *P. U. S. Nat. Mus.*, 1887, p. 519 — Diamantina (Bas-Amazone).

615. HEMITRICCUS

Hemitriccus, Cab. et Heine (1859).

3204. DIOPS (Tem.), *Pl. col.* 144, f. 1; *vilis*, Burm., *Syst. Ubers.* II, p. 490. — Brésil S., E.

616. PHYLLOSCARTES

Phylloscartes, Cab. et Heine (1859).

3205. VENTRALIS (Tem.), *Pl. col.* 275, f. 2. — Brésil S., E.

617. HAPALOCERCUS

Lepturus, Sw. (1837, nec Möh.); *Leptocercus*, Cab. (1845, nec Hübn.); *Hapalocercus*, Cab. (1847); *Myiosympotes*, Rchb. (1850).

3206. MELORYPHUS (Max.); Burm., *Syst. Uebers.* II, p. 493; *ruficeps*, Sw., *Nat. Libr.*, *Flycatch.*, p. 181, pl. 20. — Brésil S., E.
3207. FULVICEPS (Scl.), *P. Z. S.*, 1871, p. 497. — Ecuad. W., Pérou W.
3208. FLAVIVENTRIS (d'Orb. et Lafr.); d'Orb., *Voy. Ois.*, p. 335, pl. 36, f. 1; *citreola*, Landb. — Brésil S., Paraguay, Urug., Arg., Chili.
3209. STRIATICEPS, Salv., *Ibis*, 1898, p. 153. — Guyane anglaise.
3210. ACUTIPENNIS, Scl. et Salv., *P. Z. S.*, 1873, p. 187. — Colombie, Pérou.
3211. HOLLANDI, Scl., *Ibis*, 1896, p. 317. — Sta-Elena (Argent.)
3212. HELVIVENTER, Cab., *Wiegm. Arch.*, 1847, 1, p. 254. — Antilles ?
3213. RUFOMARGINATUS, Pelz., *Orn. Bras.*, pp. 103, 174. — Brésil.

618. HABRURA

Habrura, Cab. et Heine (1859).

3214. PECTORALIS (Vieill.); *superciliaris*, Max.; *minimus*, Gould, *Voy. Beagle*, *Zool.* III, p. 51, pl. 15. — De la Guyane au N. de l'Argentine.

619. CULICIVORA

Culicivora, Sw. (1827); *Hapalura*, Cab. (1847).

3215. STENURA (Tem.), *Pl. col.* 167, f. 3; Burm., *S. U.* II, p. 494. — Brésil S., E.

620. POGONOTRICCUS

Pogonotriccus, Cab. et Heine (1859); *Eupsilostoma*, Scl. (1860).

3216. EXIMIUS (Tem.), *Pl. col.* 144, f. 2. — Brésil S., E.
3217. OPHTHALMICUS, Tacz., *P. Z. S.*, 1874, pp. 135, 535. — Pérou, Ecuador.
3218. ZELEDONI, Lawr., *Ann. Lyc. N. Y.* IX, p. 144. — Costa-Rica.
3219. GUALAQUIZÆ, Scl., *P. Z. S.*, 1887, p. 48. — Ecuador W.
3220. PLUMBEICEPS, Lawr., *Ann. Lyc. N. Y.* IX, p. 267; Berl. et Tacz., *P. Z. S.*, 1885, p. 90. — Colombie.

621. LEPTOTRICCUS

Leptotriccus, Cab. et Heine (1859).

3221. SYLVIOLA (Licht.); Cab. et H., *Mus. Hein.* II, p. 54. — Brésil S., E.
3222. FLAVIVENTRIS, Hart., *Ibis*, 1898, p. 145. — Vénézuéla.
3223. SUPERCILIARIS, Scl. et Salv., *P. Z. S.*, 1868, p. 389; Salv. et Godm., *Biol. Centr. Am.*, pl. 36, f. 2. — Amérique centrale.

622. STIGMATURA

Stigmatura, Scl. et Salv. (1866).

3224. BUDITOIDES (d'Orb. et Lafr.); d'Orb., *Voy. Ois.*, p. 330, pl. 36, f. 2. — Pérou, Bol., Brés. W., Argent. N.
3225. FLAVO-CINEREA (Burm.), *La-Plata Reise*, II, p. 455; Scl. et Huds., *Arg. Orn.* I, p. 139. — Argent., Patagonie N.

623. SERPHOPHAGA

Serpophaga, Gould (1841); *Serphophaga*, Burm. (1860); *Colorhamphus*, Sund. (1872).

3226. SUBCRISTATA (Vieill.); *straminea*, Tem., *Pl. col.* 167, f. 2; *cristata*, Lafr. et d'Orb.; *albocoronata*, Gould; *incompta*, Licht.; *cristatellus*, Salvad.; *verticata*, Burm., *Journ. f. Orn.*, 1862, p. 246. — Brésil S., Paraguay, Argentine N.
728. *Var.* MUNDA, Berl., *Orn. Monatsb.* I, p. 12; *subcristata*, auct. plur. — Bolivie.
3227. INORNATA, Salvad., *Boll. Mus. Torino*, XII, p. 13. — Argentine.
3228. ALBOGRISEA, Scl. et Salv., *P. Z. S.*, 1880, p. 156; *cinerea* (pt.), Pelz. — Ecuador E.

3229. CINEREA (Strickl.); Burm., *Syst. Ueb.* II, p. 526; Scl., *P. Z. S.*, 1858, p. 458; *grisea*, Lawr. — Du Costa-Rica au Pér., Bolivie et Vénéz.
3230. HYPOLEUCA, Scl. et Salv., *P. Z. S.*, 1866, p. 188. — Pérou E.
3231. NIGRICANS (Vieill.); d'Orb, *Voy. Ois.*, p. 334; *obscurata*, Licht.; *cinereus*, Burm. — Du S. du Brésil au N. de la Patagonie.
3232. SUBFLAVA, Scl. et Salv., *Nomencl.*, pp. 47, 158. — Para (Brésil).
3233. PARVIROSTRIS (Gould), *Voy. Beagle, Zool.* III, p. 48; Scl., *Cat. A. B.*, p. 212. — Chili, Bol., Argent. jusqu'à la Terre de Feu.

624. ANÆRETES

Anairetes, Rchb. (1850); *Anæretes*, Cab. et H. (1859).

3234. PARULUS (Kittl.), *Mém. prés. Ac. St-Pétersb.* I, p. 190, pl. 9; *bloxami*, J.-E. Gr.; *plumulosus*, Peale, *U. S. Explor. Exp.*, p. 94, pl. 25; *p. æquatorialis*, Berl. et Tacz., *P. Z. S.*, 1884, p. 296. — De l'Ecuador et Bolivie jusqu'à l'Argentine (Andes).
3235. SCLATERI, Oust., *N. Arch. du Mus.* IV, p. 217. — Chili.
3236. FERNANDEZIANUS (Phil.), *Wiegm. Arch.*, 1857, 1, p. 263; Scl., *Ibis*, 1871, p. 179, pl. 7, f. 1. — Ile Juan Fernandez.
3237. ALBOCRISTATUS (Vig.); *reguloides*, d'Orb., *Voy. Ois.*, p. 332, pl. 37, f. 1; *elegans*, Less. — Pérou.
3238. NIGROCRISTATUS, Stolzm.; Tacz., *Orn. Pér.* II, p. 555. — Pérou N.
3239. FLAVIROSTRIS, Scl. et Salv., *P. Z. S.*, 1876, p. 355. — Bolivie, Argentine N.
3240. AGILIS (Scl.), *P. Z. S.*, 1856, p. 28, pl. 118; Tacz., *Orn. Pér.* II, p. 242. — Colombie, Ecuador, Pérou.

SUBF. III. — ELAINEINÆ

625. CYANOTIS

Cyanotis, Sw. (1837); *Tachuris*, Lafr. et d'Orb. (1837).

3241. RUBRIGASTRA (Vieill.); *azaræ*, Licht. (teste Naum.); *omnicolor*, Vieill., *Gal. Ois.* I, p. 271, pl. 166; *byronensis*, J.-E. Gr. — Pérou W., Chili, Argentine.
729. *Var.* ALTICOLA, Berl. et Stolzm., *P. Z. S.*, 1896, p. 361. — Pérou central.

626. MIONECTES

Mionectes, Cab. (1844); *Pipromorpha*, Bp. (1854).

3242. STRIATICOLLIS (d'Orb. et Lafr.); d'Orb., *Voy. Ois.*, p. 823, pl. 35, f. 2; *poliocephalus*, Tsch, *Faun. Per.*, p. 148, pl. 10, f. 1. — Colombie, Ecuador, Bolivie, Pérou.
730. *Var.* OLIVACEA, Lawr., *Ann. Lyc. N. Y.* IX, p. 111. — Costa-Rica, Véragua, Col., Ecuad., Vénéz.

3243. OLEAGINEUS (Licht.), *Doubl.*, p. 55; Tsch., *Faun. Per.*, p. 148; Tacz., *Orn. Pér.* II, p. 245. — Amérique méridionale jusqu'au 30° l. S.
731. *Var.* ASSIMILIS, Scl., *P. Z. S.*, 1859, p. 45, 366. — Amérique centrale.
3244. SEMISCHISTACEUS, Cherr., *Pr. U. S. N. M.* 1892, p. 27. — Costa-Rica.
3245. RUFIVENTRIS (Licht.); Tsch., *Faun. Per.*, p. 148; Burm., *Syst. Uebers.* II, p. 482. — Brésil S. E., Argent.

627. LEPTOPOGON

Leptopogon, Cab. (1844).

3246. SUPERCILIARIS, Cab. in Tsch., *Faun. Per.*, p. 161, pl. 10, f. 2; *poliocephalus*, Cab. et H.; *auritus*, Tacz., *P. Z. S.*, 1874, pp. 134, 536. — Du Costa-Rica au Pérou et Bolivie.
732. *Var.* TRANSANDINA, Stolzm., *P. Z. S.*, 1883, p. 553. — Ecuador W.
3247. MINOR, Tacz., *P. Z. S.*, 1879, p. 233. — Pérou N.
3248. POECILOTIS, Sclat., *P. Z. S.*, 1862, p. 111. — Colombie.
3249. GODMANI, Scl., *P. Z. S.*, 1887, p. 48. — Ecuador.
3250. AMAUROCEPHALUS, Cab., *Wiegm Arch.*, 1847, 1, p. 251. — Brésil.
733. *Var.* PERUVIANA, Scl. et Salv., *P. Z. S.*, 1867, p. 757. — Pérou, Guyane.
734. *Var.* PILEATA, Cab., *Journ. f. Orn.*, 1865, p. 414. — Mex. S., Amér. centr.
3251. RUFIPECTUS, Tacz., *Orn. Pérou*, II, p. 249. — Pérou.
3252. TRISTIS, Scl. et Salv., *P. Z. S.*, 1876, p. 254. — Bolivie.
3253. OUSTALETI, Scl., *P. Z. S.*, 1887, p. 47, pl. 9, f. 2. — Colombie.
3254. FLAVOVIRENS, Lawr., *Ann. Lyc. N. Y.* VII, p. 472; *flaviventris*, Lawr. (nec Spix), *l. c.*, p. 328. — Panama.
3255. ERYTHROPS, Scl., *P. Z. S.*, 1862, p. 111; id., *Cat. B. Br. Mus.* XIV, pl. 10. — Colombie, Ecuador.
3256. NIGRIFRONS, Salv. et Godm., *Ibis*, 1884, p. 446. — Guyane anglaise.

628. CAPSIEMPIS

Capsiempis, Cab. et Heine (1859).

3257. FLAVEOLA (Licht.); *flaviventris*, Spix, *Av. Bras.* II, p. 12, pl. 15, f. 1; *modesta*, Sw., *Orn. Dr.*, pl. 48; *semiflava*, Lawr., *Ann. Lyc. N. Y.* VIII, p. 177. — Véragua et Amérique mérid. jusqu'au S. du Brésil.
735. *Var.* MAGNIROSTRIS, Hart., *Novit. Zool.* V, p. 487. — Ecuador N.-W.
3258. CAUDATA, Salv., *Ibis*, 1898, p. 154. — Guyane anglaise.
3259. ORBITALIS, Cab., *Journ. f. Orn.*, 1873, p. 68. — Pérou central.

629. PHYLLOMYIAS

Phyllomyias, Cab. et Heine (1859).

3260. BREVIROSTRIS (Spix), *Op. cit.*, p. 13, pl. 15, f. 2; *asilus*, Max.; *virescens*, Tem., *Pl. col.* 275, f. 3; *olivacea*, Lafr. et d'Orb.; *boliviana*, d'Orb.; *pusio*, Licht. — Brésil S., E.

736. *Var.* Burmeisteri, Cab. et H., *Mus. Hein.* II, p. 57; *brevirostris*, Burm.; *subviridis*, Pelz., *Orn. Bras.*, p. 105. — Brésil S., E.

737. *Var.* Salvadorii, Dubois; *berlepschi*, Salvad. (nec Sclat.), *Boll. Mus. Torino*, XII, p. 13. — Argentine.

3261. cristata, Cab., *Journ. f. Orn.*, 1884, p. 250. — Bucaramanga (Col.)

3262. cinereicapilla, Cab., *Journ. f. Orn.*, 1873, p. 67; Tacz., *Orn. Pér.* II, p. 251. — Pérou.

3263. griseocapilla (Lafr.); Scl., *P. Z. S.*, 1861, p. 382, pl. 36, f. 2. — Brésil S., E.

3264. berlepschi, Scl., *P. Z. S.*, 1887, p. 49. — Brésil S., E.

630. MYIOPATIS

Myiopatis, Cab. et Heine (1859).

3265. semifusca (Scl.), *P. Z. S.*, 1861, p. 383, pl. 36, f. 1; ?*murinus*, Spix; *incanescens*, Cab. et H. (nec Max.) — Col., Vénéz., Guyane, Bas-Amaz., Brés. E.

3266. tumbezana (Tacz.), *P. Z. S.*, 1877, p. 325; id., *Orn. Pér.* II, p. 252. — Pérou, Ecuador W.

3267. wagæ, Tacz., *P. Z. S.*, 1882, p. 19; id., *Orn. Pérou*, II, p. 253. — Pérou.

631. ORNITHION

Ornithion, Hartl. (1853); *Camptostoma*, Scl. (1857).

3268. inerme, Hartl., *Journ. f. Orn.*, 1853, p. 35. — Guyane, Ecuador E.

3269. pusillum (Cab. et H.), *Mus. Hein.* II, p. 58; *flaviventre*, Scl. et Salv.; *imberbe*, Tayl. (nec Scl.) — Vérag. et Amér. mér. jusqu'au S. du Brés.

738. *Var.* Subflava; *subflavum*, Cherr., *Pr. U. S. Nat. Mus.*, 1892, p. 28. — Costa-Rica.

739. *Var.* Napæa; *napæum*, Ridgw., *Pr. U. S. Nat. Mus.*, 1887, p. 520. — Diamantina (Bas-Amazone).

740. *Var.* Olivacea (Berl.), *Journ. f. Orn.*, 1889, p. 301. — Yquitos (Haut-Amaz.)

3270. imberbe (Scl.), *P. Z. S.*, 1857, p. 203; id., *Ibis*, 1859, pl. 14, f. 1; *incanescens*, auct. plur. (nec Max.); *pusillum*, auct. plur.; *sclateri*, Berl. et Tacz., *P. Z. S.*, 1883, p. 554; *ridgwayi*, Brewst. — Texas, Mex., Amér. centr. et mér. jusqu'au S. du Brésil.

3271. obsoletum (Tem.), *Pl. col.* 275, f. 1. — Brésil S., E.

632. TYRANNULUS

Tyrannulus, Vieill. (1816).

3272. elatus (Lath.); *Pl. enl.* 708, f. 2; Vieill., *Gal. Ois.*, pl. 71. — Guyane, Amaz., Col.

741. *Var.* Reguloides, Ridgw., *Pr. U. S. Nat. Mus.*, 1887, p. 521. — Diamantina (Bas-Amazone).

3273. SEMIFLAVUS, Scl. et Salv., *P. Z. S.*, 1860, p. 300; Salv. et Godm., *Biol. Centr. Am.*, pl. 36, f. 1. — Guatémala.

742. *Var.* BRUNNEICAPILLA, Lawr., *Ibis*, 1862, p. 12. — Panama.

633. TYRANNISCUS

Tyranniscus, Cab. et Heine (1859).

3274. NIGRICAPILLUS (Lafr.), *Rev. Zool.*, 1845, p. 341; Scl., *P. Z. S.*, 1855, p. 150. — Vénézuéla, Colombie jusqu'au Pérou.

3275. CINEREICEPS, Scl., *P. Z. S.*, 1860, p. 69; id., *Cat. B. Br. Mus.* XIV, pl. 11, f. 1. — Colombie, Ecuador.

3276. VIRIDIFLAVUS (Tsch.), *Faun. Per.*, p. 160, pl. 9, f. 2; Tacz., *Orn. Pér.* II, p. 261. — Pérou.

3277. VILISSIMUS (Scl. et Salv.), *Ibis*, 1859, p. 122, pl. 4, f. 1. — Guatémala.

743. *Var.* PARVA; *T. parvus*, Lawr., *Ibis*, 1862, p. 12. — Costa-Rica, Véragua.

3278. IMPROBUS, Scl. et Salv., *P. Z. S.*, 1870, p. 843. — Vénézuéla, Colombie.

3279. GRACILIPES, Scl. et Salv., *P. Z. S.*, 1867, p. 981, *Cat. B. Br. Mus.* XIV, pl. 11, f. 2; ?*pusilla*, Pelz., *Orn. Bras.*, p. 106. — Guyane, Vénézuéla, Amazone, Bolivie.

3280. FRONTALIS, Berl. et Stolzm., *Ibis*, 1894, p. 390; *P. Z. S.*, 1896, pl. 14. — Pérou central.

3281. ACER, Salv. et Godm., *Ibis*, 1883, p. 206. — Guyane.

3282. GRISEICEPS, Scl. et Salv., *P. Z. S.*, 1870, p. 843; *Phyl. cristatus*, Berl. — Guyane angl., Vénéz., Colombie, Ecuador.

3283. BOLIVIANUS (d'Orb.), *Voy. Ois.*, p. 328; *viridissimus*, Scl., *P. Z. S.*, 1873, p. 782. — Bolivie, Pérou S.

3284. CHRYSOPS, Scl., *P. Z. S.*, 1858, p. 458; *flavifrons*, Cab. et H.; *flavidifrons*, Scl. — Vénézuéla, Colombie, Ecuador, Pérou.

3285. LEUCOGONYS, Scl. et Salv., *P. Z. S.*, 1870, p. 843. — Colombie.

634. ELAINEA

Elaïnea, Sund. (1835); *Elænia*, Heine (1869); *Myiopagis*, Godm. et Salv. (1888).

3286. PAGANA (Licht.); Spix, *Av. Bras.* II, p. 13, pl. 16, f. 1; *brevirostris*, Max.; *subpagana*, Scl. et Salv.; *semipagana*, Scl.; *chiriquensis*, Lawr. — Mex., Amér. centr. et mérid. jusqu'au 15° l. S.

744. *Var.* ALBIVENTRIS, Phelps, *Auk*, 1897, p. 368. — Vénézuéla.

745. *Var.* RIDLEYANA, Sharpe, *P. Z. S.*, 1888, p. 107. — Ile Fernando Noronha.

3287. SPECTABILIS, Pelz., *Orn. Bras.*, p. 176. — Brésil.

3288. GIGAS, Scl., *P. Z. S.*, 1870, p. 831; *albiceps*, Scl. (1860, nec d'Orb. et Lafr.) — Ecuador, Pérou.

3289. MARTINICA (Lin.); *albicapilla*, Vieill., *Ois. Am. sept.*, p. 66, pl. 37; *riisii*, Scl., *P. Z. S.*, 1860, p. 314. — Petites Antilles.

746. *Var.* BARBADENSIS, Cory, *Auk*, 1888, p. 47. — Barbades (Pet. Antill.)

3290. ALBICEPS (d'Orb. et Lafr.); d'Orb., *Voy. Ois.*, p. 319; *modesta*, Tsch.; *parvirostris*, *cristata* et *albivertex*, Pelz., *Orn. Bras.*, pp. 107, 177, 178.	Toute l'Amér. mérid., sauf la Colombie.
747. *Var.* GRISEOGULARIS, Scl., *P. Z. S.*, 1858, p. 554, pl. 146, f. 1.	Ecuador W.
3291. STREPERA, Cab., *Journ. f. Orn.*, 1883, p. 215.	Tucuman (Argentine).
3292. HYPOSPODIA, Scl., *P. Z. S.*, 1887, p. 49.	Vénézuéla.
3293. CINEREIFRONS, Salvad. et Festa, *Boll. Mus. Zool. ed Anat. comp.* XV, 1899, n° 362.	Ecuador.
3294. TACZANOWSKII, Berl., *Ibis*, 1883, p. 137.	Brésil E., S.
3295. LEUCOSPODIA, Tacz., *P. Z. S.*, 1877, p. 325; id., *Orn. Pér.* II, p. 267.	Pérou W.
3296. FRANTZII, Lawr., *Ann. L. N. Y.* VIII, p. 172; Frantz., *Journ. f. Orn.*, 1869, p. 307; *pudica*, Scl., *P. Z. S.*, 1870, p. 833.	Amérique centrale, Colombie, Vénézuéla.
3297. OLIVINA, Salv. et Godm., *Ibis*, 1884, p. 446; *Cat. B. Br. Mus.* XIV, pl. 12.	Guyane anglaise.
3298. PALLATANGÆ, Scl., *P. Z. S.*, 1861, p. 407, pl. 41; *albiceps*, Tacz.	Ecuador, Pérou.
3299. FALLAX, Scl., *P. Z. S.*, 1861, p. 407.	Jamaïque.
3300. CHERRIEI, Cory, *Auk*, 1895, p. 279.	Saint-Domingue.
3301. VIRIDICATA (Vieill.); *elegans*, d'Orb.; *placens*, Scl., *P. Z. S.*, 1859, p. 46; Scl. et Salv., *Ibis*, 1859, p. 123, pl. 4, f. 2; *grata*, Cab.	Mex., Amér. centr. et mérid. jusqu'au 27° l. S.
3302. SUBPLACENS, Scl., *P. Z. S.*, 1861, p. 407; Tacz., *Orn. Pér.* II, p. 268.	Ecuad. W., Pérou W.
3303. COTTA, Gosse; id., *Ill. B. Jam.*, pl. 45.	Jamaïque.
3304. GAIMARDI (d'Orb.), *Voy. Ois.*, p. 326; ?*albicilla*, d'Orb. et Lafr.; *caniceps*, auct. plur. (nec Sw.); *elegans*, Pelz. (nec d'Orb. et Lafr.); *macilvainii*, Lawr.	Amér. mérid. de Panama au 22° l. S.
3305. FLAVIVERTEX, Scl., *P. Z. S.*, 1887, p. 49.	Haut-Amazone.
3306. CANICEPS (Sw.), *B. Brazil*, pl. 49; Bp. *Consp.* I, p. 191.	Brésil S., E.
748. *Var.* CINEREA, Pelz., *Orn. Bras.*, p. 180.	Brésil.
3307. RUFICEPS, Pelz., *Orn. Bras.*, pp. 108, 179.	Guyane, Amazone.
3308. OBSCURA (Lafr. et d'Orb.), *Syn. Av.* I, p. 48; *guillemini*, d'Orb.; *rustica*, Scl., *P. Z. S.*, 1861, p. 408; ? *olivacea*, Lafr. et d'Orb.; ? *boliviana*, d'Orb.; *olivacea*, Scl.; *obscura rustica*, Berl. et Jher.	Brésil S., Bolivie, Pérou S.
3309. MESOLEUCA, Cab. et H., *Mus. Hein.* II, p. 60; ?*modesta*, Max.	Brésil S., E.
3310. INCOMTA, Cab. et H., *l. c.*, p. 59.	Vénézuéla.
3311. ARENARUM, Salv., *P. Z. S.*, 1863, p. 190; Salv. et Godm., *Biol. Centr. Am.*, pl. 36, f. 3.	Costa-Rica.
3312. AFFINIS, Burm., *Syst. Uebers.* II, p. 477.	Brésil S., E.
3313. SEMIFLAVA, Lawr., *Ann. Lyc. N. Y.* VIII, p. 177.	Véragua.
3314. CINERASCENS, Ridgw., *Pr. U. S. Nat. Mus.* VII, p. 180.	Ile Nouv.-Providence.

3315. BROWNI, Bangs, *P. Soc. Washington* XII, p. 158. — Sta-Martha (Colomb.)
3316. SORORIA, Bangs, *l. c.*, p. 175. — Sta-Martha (Colomb.)

635. EMPIDAGRA

Suiriri! d'Orb. (1840); *Empidagra,* Cab. et H. (1859).

3317. SUIRIRI (Vieill.); Burm., *Syst. Uebers.* II, p. 519; *albescens*, Gould, *Voy. Beagle, Zool.* III, p. 50, pl. 14. — Uruguay, Paraguay, Argentine, Bolivie.
3318. BAHIÆ, Berl., *Orn. Monatsb.* I, p. 12. — Bahia (Brésil).
3319. BREVIROSTRIS (Tsch.), *Wiegm. Arch.* X, 1, p. 274; id., *Faun. Per.*, p. 159; Tacz., *Orn. Per.* II, p. 272. — Guyane, Pérou E.
3320. GRACILIS (Tacz.), *Orn. du Pérou*, II, p. 271. — Pérou.

636. LEGATUS

Legatus, Scl. (1859).

3321. ALBICOLLIS (Vieill.); *Pl. enl.* 830, f. 2; *legatus*, Licht.; *citrina*, Max.; *circumcinctus*, Sw., *Orn. Dr.*, pl. 50. — Amér. centr. et mérid. jusqu'au 21° l. S.
749. *Var.* VARIEGATA, Scl., *P. Z. S.*, 1856, p. 296, 1859, p. 366. — Mexique.

637. SUBLEGATUS

Sublegatus, Scl. et Salv. (1876).

3322. GLABER, Scl. et Salv., *P. Z. S.*, 1868, p. 171, pl. 13, f. 2; *atrirostris*, Lawr., *P. Ac. Sc. Ph.*, 1871, p. 234. — Vénézuéla, Colombie
3323. GRISEOCULARIS (Landb.); Scl. et Salv., *P. Z. S.*, 1876, p. 17. — Pérou S., Argent. N.
3324. PLATYRHYNCHUS (Scl. et Salv.), *Nomencl.*, pp. 48, 159; ?*incanescens*, Max.; *murinus*, Scl. et Salv., *Nomencl.*, p. 49 (nec Spix); *semifusca*, Pelz. — Brésil E., S.
3325. FRONTALIS, Salvad., *Boll. Mus. Torino*, XII, p. 14. — Caiza (Argentine).

638. MYIOZETETES

Myiozeta, Bp. (1854); *Myiozetetes,* Scl. (1859).

3326. CAYANENSIS (Lin.); *guianensis*, Cab. et H., *Mus. Hein.* II, p. 61; *marginatus*, Lawr., *Ibis*, 1863, p. 182; *rufipennis*, Lawr. — Amérique méridionale de Panama jusqu'à l'Amazone et Pérou.
750. *Var.* ERYTHROPTERA (Lafr.), *Rev. Zool.*, 1853, p. 56. — Brésil S., E.
3327. SIMILIS (Spix), *Av. Bras.* II, p. 18, pl. 25; *cayennensis*, Lafr. et d'Orb.; *miles*, Burm. — Brésil S., E.
751. *Var.* TEXENSIS (Gir.), *B. of Texas*, pl. 1; *cayennensis*, auct. plur.; *superciliosus*, Bp.; *mexicana*, Kp.; *columbianus*, Cab. et H.; *similis*, auct. plur.; *icterophrys*, Heine; *grandis*, Lawr. — Du Texas au Pérou et Vénézuéla.

3328. GRANADENSIS, Lawr , *Ibis*, 1862, p. 11. — Du Nicarag. au Pérou.

3329. SULPHUREUS (Spix), *Av. Bras.* II, p. 16, pl. 20; *peruviana*, Lafr.; *luggeri*, Ridgw. — Guyane et Haut-Amazone.

3330. LUTEIVENTRIS, Scl., *P. Z. S.*, 1858, p. 71. — Guyane, Amazone.

639. RHYNCHOCYCLUS

Cyclorhynchus, Sund. (1835); *Ramphotrigon*, Bp. (1854); *Rynchocyclus*, Cab. et H. (1859).

3331. OLIVACEUS (Tem.), *Pl. col.* 12, f. 1. — Brésil S., E.

752. *Var.* ÆQUINOCTIALIS, Scl., *P. Z. S.*, 1858, p. 70. — De Panama à l'Ecuad.

753. *Var.* BREVIROSTRIS, Cab., *Wiegm. Arch.*, 1847, 1, p. 249; *mesorhynchus*, Cab., *Journ. f. Orn.*, 1865, p. 414; *griseimentalis*, Lawr. — Mexique S., Amérique centrale.

3332. FULVIPECTUS, Scl., *P. Z. S.*, 1860, p. 92; id., *Cat. B. Br. Mus.* XIV, pl. 13. — Ecuador, Colombie.

3333. SULPHURESCENS (Spix), *Av. Bras.* II, p. 10, pl. 12, f. 1; *nuchalis*, Max.; *flavo-olivaceus*, Salv.; *marginatus* et *cinereiceps*, Lawr.; *assimilis*, Pelz. — Véragua et Amérique méridion. jusqu'au 21° l. S.

754. *Var.* PERUVIANA, Tacz., *P. Z. S.*, 1874, p. 537; *sulphurescens*, Tacz. (1877); *per. æquatorialis*, Berl. et Tacz. — Pérou, Ecuador.

3334. CINEREICEPS, Scl., *Ibis*, 1859, p. 443; id., *Cat. A. B.*, p. 220, *flavo-olivaceus*, Lawr. — Amérique centrale du Mexique à Panama.

3335. MEGACEPHALUS (Sw.), *Orn. Dr.*, pl. 47; Pelz., *Orn. Bras.*, p. 110. — Guyane, Bas-Amazone.

755. *Var.* POLIOCEPHALA, Pelz., *Orn. Bras.*, p. 110; *megacephalus*, auct. plur. — Pérou.

3336. VIRIDICEPS, Scl et Salv., *P. Z. S.*, 1873, p. 280. — Pérou E.

3337. FLAVIVENTRIS (Max.), *Beitr.* III, p. 929; Scl., *Ibis*, 1859, p. 444. — Colombie, Vénézuéla, Guyane, Brésil.

3338. RUFICAUDA (Spix), *Av. Bras.* II, p. 9, pl. 11, f. 2; Tacz., *Orn. Pérou*, II, p. 284. — Guyane, Amazone.

640. CONOPIAS

Myiacleptes, Rchb. (1850); *Cephalanius*, Bp. (1854); *Conopias*, Cab. et H. (1859).

3339. TRIVIRGATA (Max.), *Beitr.* III, p. 871; Scl., *P. Z. S.*, 1871, p. 755; *superciliosa*, Sw., *Orn Dr.*, pl. 46; *pitangula*, Licht. — Brésil E., S.

3340. INORNATA; *Myioz. inornatus*, Lawr., *Ann. Lyc. N. Y.* IX, p. 268; Scl., *P. Z. S.*, 1871, p. 756. — Vénézuéla, Trinidad.

3341. CINCHONETI (Tsch.), *Faun. Per.*, p. 151, pl. 8, f. 2. — Col., Ecuador, Pérou.

641. PITANGUS

Pitangus, Sw. (1827); *Saurophagus*, Sw. (1831); *Apolites*, Sundev. (1835).

3342. DERBIANUS (Kp.), *P. Z. S.*, 1851, p. 44; Scl., *P. Z. S.*, 1856, p. 297; *sulphuratus*, Sw. (nec Lin.); *guatemalensis*, Lafr. — Mexique S., Guatémala, Honduras.

756. *Var.* RUFIPENNIS, Lafr., *Rev. Zool.*, 1851, p. 471; Scl., *Cat. A. B.*, p. 222. — Colombie, Vénézuéla, Trinidad.

3343. SULPHURATUS (Lin.); Vieill., *Ois. Am. Sept.*, pl. 47; *leucogaster*, Bodd.; *flavus*, Gm.; *magnanimus*, Vieill.; *pitangua*, Max. — Guyane, Amazone.

757. *Var.* MAXIMILIANI (Cab. et H.), *Mus. Hein.* II, p. 63. — Brésil.

758. *Var.* BOLIVIANA (Lafr.), *Rev. Zool.*, 1852, p. 463; *sulphuratus*, auct. plur.; *bellicosus*, Cab. et H. — Bolivie, Argentine, Uruguay, Brésil S.

3344. LICTOR (Licht.), *Doubl.*, p. 49; Gray, *Gen. B.*, pl. 62; *flavus*, Thunb.; *cayennensis*, Max.; *pusillus*, Sw. — De Panama et Colombie à la Guyane, Amazone, Brésil.

3345. PARVUS, Pelz., *Orn. Bras.*, pp. 111, 181. — Guyane, Bas-Amaz., Brésil.

3346. ALBOVITTATUS, Lawr., *Ibis*, 1862, p. 11. — Panama.

3347. CAUDIFASCIATUS (d'Orb.) in *La Sagra, Cuba, Ois.*, p. 70, pl. 12; Gosse, *Ill. B. Jam.*, pl. 44. — Cuba, Jamaïque.

759. *Var.* BAHAMENSIS, Bryant, *Pr. Bost. S. N. H.* IX, p. 279. — Iles Bahama.

3348. JAMAICENSIS, Chapm., *Bull. Am. Mus.* IV, p. 303. — Jamaïque.

3349. TAYLORI, Scl., *Ibis*, 1864, p. 169. — Porto-Rico.

3350. GABBII, Lawr., *Ann. Lyc. N. Y.* XI, p. 288. — St-Domingue.

642. SIRYSTES

Sirystes, Cab. et Heine (1859).

3351. SIBILATOR (Vieill.); *sibilans*, Licht.; Burm., *Syst. Ueb.* II, p. 472. — Brésil S., E.

3352. ALBOGRISEUS (Lawr.), *Ann. Lyc. N. Y.* VIII, p. 9; Salv. et Godm., *Biol. Centr. Am.*, pl. 37, f. 1. — Véragua, Panama.

760. *Var.* ALBOCINEREA, Scl. et Salv., *P. Z. S.*, 1880, p. 156; *Cat. B. Br. Mus.* XIV, pl. 14. — Colombie, Ecuador, Haut-Amazone.

643. MYIODYNASTES

Myiodynastes, Bp. (1854); *Hypermitres*, Cab. (1861).

3353. AUDAX (Gm.); *Pl. enl.* 453, f. 2; *regius*, Thunb. — Vénéz., Guyane, Amaz.

761. *Var.* SOLITARIA (Vieill.); Scl., *P. Z. S.*, 1859, p. 43; *audax*, auct. plur. — Brésil, Paraguay, Argentine.

762. *Var.* Nobilis, Scl., *P. Z. S.*, 1859, p. 42; *luteiventris,* Tacz.; *audax*, Berl.	Costa-Rica, Véragua, Colombie, Ecuador.
763. *Var.* Luteiventris, Bp., *Compt.-Rend.* XXVIII, p. 659; *audax,* Scl. (1856).	Mexique jusqu'au Costa-Rica.
3354. bairdi (Gamb.) *J. ac. Ph.*, 1847, p. 40; *atrifrons*, Scl., *P. Z. S.*, 1857, p. 274; Salv., *Ibis*, 1874, p. 324.	Ecuador W., Pérou.
3355. chrysocephalus (Tsch.); id., *Faun. Per.*, p. 150, pl. 8, f. 1; *chrys. minor*, Tacz. et Berl.	Vénézuéla et de Colombie au Pérou.
764. *Var.* Hemichrysa (Cab.), *Journ. f. Orn.*, 1861, p. 247; Salv. et Godm., *Biol. Centr. Am.*, pl. 38, f. 1; *superciliaris*, Lawr.	Vérag. et Costa-Rica.

SUBF. IV. — TYRANNINÆ

644. MEGARHYNCHUS

Platyrhynchus, Tem. (1822, nec Desm.); *Megarhynchus*, Thunb. (1824); *Scaphorhynchus*, Max. (1831); *Megastoma*, Sw. (1837).

3356. pitangua (Lin.); *carnivorus*, Vieill.; *sulphuratus*, Max.; *flaviceps*, *ruficeps* et *atriceps*, Sw.; *mexicanus*, Lafr.; *chrysocephalus*, Heine (nec Tsch.); *chrysogaster*, Scl., *P. Z. S.*, 1860, pp. 281, 295.	Mexique S., Amérique centrale et mérid. jusqu'au 24° l. S.

645. MUSCIVORA

Muscivora, Cuv. (1800); *Onychorhynchus*, Fisch (1814); *Muscipeta*, Cuv. (1817); *Todus*, Bonn. (1823); *Megalophus*, Sw. (1837).

3357. regia (Gm.); *Pl. enl.* 289; *castelnaudi*, Dev.	Guyane, Amazone.
765. *Var.* Swainsoni, Pelz., *Sitz. Akad. Wiss. Wien.* XXXI, p. 326; *regia*, auct. plur.; Sw., *Nat. Libr., Flycatch.*, pl. 15; C. Dubois., *Arch. cosm.*, pl. 1 (avec nid).	Brésil S., E.
3358. mexicana, Scl., *P. Z. S.*, 1856, p. 295; Salv. et Godm., *Biol. Centr. Am.*, pl. 39.	Du S. du Mexique à la Colombie.
3359. occidentalis, Scl., *P. Z. S.*, 1860, p. 282; id., *Cat. B. Br. Mus.* XIV, pl. 15.	Ecuador W.

646. HIRUNDINEA

Hirundinea, d'Orb. et Lafr. (1837); *Phoneutria*, Rchb. (1850).

3360. ferruginea (Gm.); Pelz., *Orn. Bras.*, p. 113; Scl, *Ibis*, 1869, p. 196, pl. 5, f. 2.	Guyane, Bas-Amazone
3361. sclateri, Reinh., *Fuglef. Camp. Bras.*, p. 147; *bellicosa*, Scl., *Ibis*, 1869, p. 196, pl. 5, f. 1; *ferrugineus*, Cab. (part.)	Colombie, Ecuador, Pérou.

3362. BELLICOSA et *pyrrhophæus* (Vieill.); *rupestris*, Max.; Scl., *Ibis*, 1869, pl. 5, f. 3; *ferruginea*, auct. plur. (nec Gm.); *hirundinaceus*, Spix. — Brésil S. et E., Paraguay, Bolivie, Argentine.

647. CNIPODECTES

Cnipodectes, Scl. et Salv. (1873).

3363. SUBBRUNNEUS, Scl., *P. Z. S.*, 1860, pp. 282, 295; id., *Cat. B. Br. Mus.* XIV, pl. 16. — Colombie, Ecuador.

766. *Var.* MINOR, Scl., *P. Z. S.*, 1883, p. 654. — Pér., Ecuad., Panama.

648. MYIOBIUS

Platyrhynchus, Spix (1825); *Tyrannula*, Sw. (1827); *Myiobius*, Gray (1840); *Myiophobus*, Rchb. (1850); *Pyrrhomyias*, Cab. et H. (1859).

3364. BARBATUS (Gm.); *Pl. enl.* 830, f. 1; Cab. et H., *Mus. Hein.* II, p. 67; *eupogon*, Licht. — Vénézuéla, Guyane, Brésil.

767. *Var.* ATRICAUDA, Lawr., *Ibis*, 1863, p. 183. — De Vérag. à l'Ecuador.

768. *Var.* XANTHOPYGIA (Spix), *Av. Bras.* II, p. 9, pl. 9, f. 1. — Bahia (Brésil).

769. *Var.* RIDGWAYI, Berl., *Auk*, 1888, p. 457. — Brésil S.

3365. SULPHUREIPYGIA, Scl., *P. Z. S.*, 1856, p. 296, 1860, p. 465; *citrinopygius*, Cab. et H.; *mexicanus*, Cab. — Mexique et Amérique centrale.

770. *Var.* VILLOSA, Scl., *P. Z. S.*, 1860, pp. 93, 465; *xanthopygius*, Tacz., *P. Z. S.*, 1874, p. 537. — Colombie, Ecuador, Pérou, Bolivie.

3366. CINNAMOMEUS (d'Orb. et Lafr.); d'Orb., *Voy. Ois.*, pl. 34, ff. 1, 2; *vieillotii*, d'Orb.; *pyrrhopterus*, Hartl., *R. Z.*, 1843, p. 289. — Colombie, Ecuador, Pérou, Bolivie.

3367. VIEILLOTIDES (Lafr.); Scl., *P. Z. S.*, 1860, p. 466; *vieillotioides*, Lafr., *R. Z.*, 1848, p. 174; *heinei*, Cab. — Colombie et Vénézuéla (Côtes).

3368. ERYTHRURUS, Cab., *Wiegm. Arch.*, 1844, 1, p. 249, pl. 5, f. 1. — Guyane, Amaz., Pér., Ecuador jusqu'à Costa-Rica.

3369. FULVIGULARIS, Salv. et Godm., *Biol. Centr. Am.* II, p. 58; *cinnamomeus* et *erythrurus* (pt.), auct. plur. — De Costa-Rica à l'Amazone.

3370. RUFESCENS, Salvad., *Att. Soc. It.*, 1864, p. 152; *nationi*, Scl., *P. Z. S.*, 1866, p. 99, pl. 11, f. 1. — Pérou W.

3371. ORNATUS (Lafr.); Scl., *P. Z. S.*, 1854, p. 113, pl. 66, f. 2. — Colombie, Ecuador.

3372. STELLATUS, Cab., *Journ. f. Orn.*, 1873, p. 158; *ornatus*, Scl. — Ecuador W.

3373. PHOENICURUS, Scl., *P. Z. S.*, 1854, p. 113, pl. 66, f. 1, 1858, p. 70. — Ecuador E.

771. *Var.* AUREIVENTRIS, Scl., *P. Z. S.*, 1873, p. 782. — Pérou.

3374. FLAVICANS, Scl., *P. Z. S.*, 1860, p. 464; id., *Cat. B. Br. Mus.* XIV, p. 205, pl. 17. — Ecuador, Colombie.

772. *Var.* PHOENICOMITRA, Tacz. et Berl., *P. Z. S.*, 1885, p. 91. — Ecuador.

773. *Var.* SUPERCILIOSA, Tacz., *P. Z. S.*, 1874, p. 538; *superciliaris*, Tacz., *Orn. Pér.* II, p. 306. — Pérou.

3375. PULCHER, Scl., *P. Z. S.*, 1860, p. 464; 1866, pl. 11, f. 2. — Ecuador, Pérou.

774. *Var.* BELLA; *bellus*, Scl., *P. Z. S.*, 1862, p. 111; *ferrugineiceps*, Pelz. — Colombie, Ecuador.

3376. SUBOCHRACEUS, Scl., *P. Z. S.*, 1887, p. 50. — Bolivie.

3377. RORAIMÆ, Salv. et Godm., *Ibis*, 1883, p. 207; *Cat. B. Br. Mus.* XIV, pl. 18. — Guyane anglaise.

3378. NÆVIUS (Bodd.); *Pl. enl.* 574, f. 3; *virgata*, Gm.; *chrysoceps*, Spix, *Op. cit.* II, p. 10, pl. 11, f. 2; *flammiceps*, Tem., *Pl. col.* 144, f. 3 (fem.); *auriceps*, Gr.; *ferruginea*, Sw., *Orn. Dr.*, pl. 53. — Véragua et Amérique méridionale jusqu'à l'Argentine.

775. *Var.* CRYPTERYTHRA, Scl., *P. Z. S.*, 1860, p. 464. — Ecuador W.

3379. CRYPTOXANTHUS, Scl., *P. Z. S.*, 1860, p. 445. — Ecuador W.

3380. CAPITALIS, Salv., *P. Z. S.*, 1864, p. 583; id., *Biol. Centr. Am.*, pl. 40, f. 1. — Costa-Rica, Nicaragua.

649. PSEUDOMYOBIUS

Pseudomyobius, Salvad. et Festa (1899).

3381. ANNECTENS, Salvad. et Festa, *Boll. Mus. Zool. ed Anat. comp.* XV (1899), N. 362, p. 12. — Ecuador.

650. PYROCEPHALUS

Pyrocephalus, Gould (1841).

3382. RUBINEUS (Bodd.); *Pl. enl.* 675, f. 2; *coronata*, Gm., *nanus*, Scl.; *parvirostris*, Gould, *Voy. Beagle, Zool.* III, p. 44, pl. 6; *strigilata*, Max. (fem.) — Amérique méridionale jusqu'à l'Argentine.

776. *Var.* HETERURA, Berl. et Stolzm., *P. Z. S.*, 1892, p. 381. — Pérou.

777. *Var.* MEXICANA, Scl., *P. Z. S.*, 1859, pp. 45, 56, 366; *coronata* et *rubineus* (pt.), auct. plur. — Du S. de la Californie au Guatémala.

3383. NANUS, Gould, *Voy. Beagle, Zool.* III, p. 45, pl. 7; *dubius*, Gould, *minimus*, *intercedens*, *carolensis*, *abingdoni*, Ridgw., *P. U. S. Nat. Mus.*, 1889, p. 112, 1894, pp. 365-67. — Iles Galapagos.

3384. OBSCURUS, Gould, *Op. cit.* III, p. 45; *rubineus obscurus*, Tacz., *atropurpureus*, Cab. — Pérou W.

651. EMPIDOCHANES

Empidochanes, Sclat. (1862).

3385. FUSCATUS (Max), *Beitr.* III, p. 902; Burm., *Syst. Uebers.* II, p. 487. — Brésil S.-E.

778. *Var.* FRINGILLARIS, Pelz., *Orn. Bras.*, p. 116; *olivus*, Scl. (part.) — Brésil S., E.

3386. CABANISI (Léotaud), *Ois. Trinidad*, p. 232; Chapm., *Bull. Am. Mus. N. H.* VI, p. 41; *arenacea*, Scl. et Salv., *P. Z. S.*, 1877, p. 20; *arenaceus*, Scl., *Ibis*, 1877, p. 66; *vireoninus*, Ridgw. — Colombie, Vénézuéla, Trinidad, Haut-Amazone.

779. *Var.* CANESCENS, Chapm., *Bull. Am. Mus. N. H.* VI, p. 42; *trailli*, Jard. (nec Audub.) — Tobago.

3387. POECILURUS, Scl., *P. Z. S.*, 1862, p. 112. — Colombie.

780. *Var.* PERUANA, Berl. et Stolzm., *P. Z. S.*, 1896, p. 366. — Pérou.

781. *Var.* SALVINI, Scl., *Cat. B. Br. Mus.* XIV, p. 218; *pœcilurus*, Salv. (pt.) — Vénézuéla, Guyane anglaise.

3388. POECILOCERCUS, Pelz., *Orn. Bras.*, p. 181. — Brésil W.

652. MITREPHANES

Mitrephorus, Scl. (1859); *Mitrephanes*, Coues (1882).

3389. PHÆOCERCUS (Scl.), *P. Z. S.*, 1859, p. 44; id., *Ibis*, 1859, pl. 14, f. 2. — Mexique S., Guatémala.

782. *Var.* TENUIROSTRIS, Brewst., *Auk*, 1888, p. 137. — Mexique W.

3390. AURANTIIVENTRIS (Lawr.), *Ann. Lyc. N. Y.* VIII, p. 173. — Costa-Rica, Véragua.

3391. OCHRACEIVENTRIS (Cab.), *Journ. f. Orn.*, 1874, p. 320. — Pérou central.

3392. OLIVACEUS, Berl. et Stolzm., *Ibis*, 1894, p. 391. — Pérou central.

3393. ATRICEPS (Salv.), *P. Z. S.*, 1870, p. 198; Salv. et Godm., *Biol. Centr. Am.*, pl. 40, f. 3. — Costa-Rica, Véragua.

653. EMPIDONAX

Empidonax, Cab. (1855).

3394. FULVIFRONS (Gir.), *B. of Texas*, pl. 2, f. 2; *rubicundus*, Cab. et H.; *pallescens* et *pygmæus*, Coues. — Arizona, Mexique.

3395. ALBIGULARIS, Scl. et Salv., *Ibis*, 1859, p. 122; Salv. et Godm., *Biol. Centr. Am.*, pl. 40, f. 2; *axillaris*, Ridgw. — Mexique, Amérique centrale.

3396. BIMACULATUS (d'Orb. et Lafr.); d'Orb., *Voy. Ois.*, p. 320; *fuscatus*, Scl. et Salv.; *euleri*, Cab., *Journ. f. Orn.*, 1868, p. 195. — Brésil, Bolivie, Pérou E.

783. *Var.* ARGENTINA (Cab.), *Journ. f. Orn.*, 1868, p. 196; *brunneus*, Ridgw., *N. A. B.* II, p. 363; *brunnescens*, Salv. — République Argentine.

784. *Var.* BOLIVIANA, Allen, *Bull. Am. Mus. N. H.* II, p. 86. — Bolivie.

3397. OLIVUS (Bodd.); *Pl. enl.* 574, f. 2; *agilis*, Gm.; Bp., *Consp.* I, p. 188. — Guyane, Vénézuéla, Amazone.

785. *Var.* ALTIROSTRIS (Cab.), *J. f. O.*, 1868, p. 196. — Cartagène.

3398. GRISEIPECTUS, Lawr., *Ann. Lyc. N. Y.* IX, p. 236. Ecuador.

3399. PUSILLUS (Sw. et Rich.), *Faun. Bor.-Am.* II, p. 144, pl. 46. Amér. N.-W. du 55° l. N. jusqu'au Mex.

786. *Var.* TRAILLI (Audub.), *B. Am.* I, p. 234, pl. 65; *pusillus var. trailli*, Baird, Brew. et Ridgw.; *alnorum*, Brewst. Amér. N.-E. jusqu'à l'Ecuador W.

787. *Var.* RIDGWAYI, Scl., *P. Z. S.*, 1887, p. 50. Colombie.

3400. MINIMUS (Baird); Aud., *B. Am.* VIII, p. 226, pl. 491; *pectoralis*, Lawr.; *gracilis*, Ridgw. Amér. N.-E. et centr. jusqu'à Panama.

3401. ACADICUS (Gm.); *querula*, Wils., *Am. Orn.* II, p. 77, pl. 13, f. 3; *bairdi* et *griseigularis*, Lawr. Amér. N.-E. et centr. jusqu'à l'Ecuad. W.

3402. FLAVIVENTRIS, Baird, *Pr. Acad. Phil.* I, p. 283; id., *B. N. Am.*, p. 198. Amér. N.-E. et centr. jusqu'à Panama.

3403. BAIRDI, Scl., *P. Z. S.*, 1858, p. 301; *difficilis*, Baird, *l. c.*; *insulicola*, Oberh., *Auk*, 1897, p. 300. Amér. N.-W. et centr. jusqu'à l'Ecuador.

788. *Var.* OCCIDENTALIS, Nels., *Auk*, 1897, p. 53. Oaxaca (Mexique).

789. *Var.* CINERITIA, Brewst., *Auk*, 1888, p. 90. Californie.

790. *Var.* PULVERIA, Brewst., *Auk*, 1889, p. 86. Sierra-Madre (Mex.

791. *Var.* SALVINI, Ridgw., *Ibis*, 1886, pp. 459, 467. Guatémala.

792. *Var.* FLAVESCENS, Lawr., *Ann. Lyc. N. Y.* VIII, p. 133; *viridescens*, Ridgw. Costa-Rica, Véragua.

3404 HAMMONDI (De Vesey), *Pr. Ac. Phil.*, 1858, p. 117; Baird, *B. N. Am.*, p. 199. Amérique N.-W.

3405. OBSCURUS (Sw.); Baird, *Op. cit.*, p. 200; *wrighti*, Baird. Calif., Arizona, Mex.

3406. AFFINIS (Sw.), *Phil. Mag. new ser.* I, p. 367; *fulvipectus*, Lawr., *Ann. Lyc. N. Y.* X, p. 11. Mexique.

3407. CANESCENS, Salv. et Godm., *Biol. Centr. Am.* II, p. 79; *obscurus* (juv.) Scl.; ? *griseus*, Brewst. Mexique, Basse-Californie.

654. LAWRENCIA

Lawrencia, Ridgw. (1886).

3408. NANA (Lawr.), *Ibis*, 1875, p. 386; Ridgw., *Auk*, 1886, p. 383. St-Domingue.

655. CONTOPUS

Syrichta, Bp. (1854); *Contopus*, Cab. (1855); *Nuttallornis*, Ridgw. (1887).

3409. BOREALIS (Sw.), *Faun. Bor.-Am.* II, p. 141, pl. 35; *cooperi*, Nutt.; *mesoleucus*, Scl., *P. Z. S.*, 1859, p. 43. Amérique septentr. et centr., Colombie.

3410. PERTINAX, Cab. et H., *Mus. Hein.* II, p. 72; *borealis*, Scl. (1858-59). Mexique, Guatémala.

793. *Var.* PALLIDIVENTRIS, Chapm., *Auk*, 1897, p. 310. Arizona.

794. *Var.* LUGUBRIS, Lawr., *Ann. Lyc. N. Y.* VIII, p. 134. Costa-Rica, Véragua.

3411. BRACHYRHYNCHUS, Cab., *Journ. f. Orn.*, 1883, p. 214. Tucuman (Argentine).

3412. ARDESIACUS (Lafr.), *R. Z.*, 1844, p. 80; Scl., *P. Z. S.*, 1855, p. 149; Tacz., *Orn. Pér.* II, p. 317.	Guyane, Vénéz., Col., Ecuad., Pérou, Bol.
3413. OCHRACEUS, Scl. et Salv., *P. Z. S.*, 1869, p. 419; Salv. et Godm., *Biol. Centr. Am.*, pl. 38, f. 2.	Mex. S., Costa-Rica.
3414. VIRENS (Lin.); Baird, *B. N. Am.*, p. 190; *querula*, Vieill., *Ois. Am. Sept.* I, p. 68, pl. 39; *rapax*, Wils., *Am. Orn.* II, pl. 13, f. 5; *bogotensis*, Bp.	Amér. N.-E. et centr. jusqu'à l'Ecuador.
795. *Var.* ALBICOLLIS, Lawr., *Ann. N. Y. Ac. Sc.* III, p. 156.	Yucatan.
796. *Var.* VICINA; *vicinus*, Ridgw., *Pr. U. S. Nat. Mus.*, 1887, p. 576.	Ile Swan.
797. *Var.* RICHARDSONI, Sw., *Faun. Bor.-Am.* II, p. 146, pl. 46; *sordidulus*, Scl., *P. Z. S.*, 1859, p. 43.	Amér. N.-W. et centr. jusqu'à l'Ecuador et la Bolivie.
798. *Var.* PENINSULÆ, Brewst., *Auk*, 1891, p. 144.	Basse-Californie.
3415. PLEBEJUS, Cab. et H., *Mus. Hein.* II, p. 71; id., *Journ. f. Orn.*, 1861, p. 248.	Pérou.
3416. BRACHYTARSUS (Scl.), *Ibis*, 1859, p. 441; Salv., *Ibis*, 1861, p. 354; *andinus*, Tacz.; *punensis* et *schottii*, Lawr., *Ann. Lyc. N. Y.* IX, pp. 202, 237.	Mex., Amér. centr. et Vénézuéla jusqu'au Pérou.
3417. ? PILEATUS, Ridgw., *Pr. U. S. Nat. Mus.* VIII, p. 21.	?
3418. ? DEPRESSIROSTRIS, Ridgw., *Pr. U. S. Nat. Mus.* VI, p. 403.	Nicaragua.

656. BLACICUS

Blacicus, Cab. (1855).

3419. BAHAMENSIS (Bryant), *Pr. Boston Soc. N. H.* VII, p. 109.	Iles Bahama.
3420. CARIBÆUS (d'Orb.) in *La Sagra, Cuba, Av.*, p. 77.	Cuba.
799. *Var.* HISPANIOLENSIS (Bryant), *Pr. Bost. Soc. N. H.* XI, p. 91; *frazari*, *dominicensis*, Cory.	St-Domingue.
3421. PALLIDUS (Gosse), *B. Jam.*, p. 166; Scl., *P. Z. S.*, 1861, p. 77; *cerviniventris*, Salvad.	Jamaïque.
800. *Var.* BLANCOI, Gundl., *Journ. f. Orn.*, 1874, p. 311.	Porto-Rico.
3422. BRUNNEICAPILLUS, Lawr., *Ann. N. Y. Ac. Sc.* I, p. 161.	Guadeloupe, Dominica.
801. *Var.* MARTINICENSIS, Cory, *Auk*, 1887, p. 96.	Martinique.
3423. LATIROSTRIS (Verr.), *N. Arch. du Mus. de Paris*, II, *Bull.*, p. 22, pl. 3, f. 2.	Ile Ste-Lucie.
3424. BARBIROSTRIS (Sw.), *Phil. Mag.*, 1827, 1, p. 367; *tristis*, Gosse, *B. Jam.*, p. 167.	Jamaïque.

657. MYIOCHANES

Myiochanes, Cab. et H. (1859).

3425. CINEREUS (Spix), *Av. Bras.* II, p. 11, pl. 13, f. 2; *curtipes*, Sw., *Orn. Dr.*, pl. 54.	Brésil E. et S.

3426. NIGRESCENS, Scl. et Salv., *P. Z. S.*, 1880, p. 157. — Ecuador.

3427. ?FUSCA (Bodd.); *Pl. enl.* 574, f. 1; *fuliginosa*, Gm.; Bp., *Cat. Ois. de Cayenne*, p. 12. — Guyane française ?

658. MYIARCHUS

Myiarchus, Cab. (1845); *Onychopterus*, Rchb. (1850); *Despotina*, Kp. (1851); *Kaupornis*, Bp. (1854); *Myionax*, Cab. et H. (1859); *Eribates* et *Deltarhynchus*, Ridgw. (1893).

3428. CRINITUS (Lin.); Wils., *Am. Orn.* II, p. 75, pl. 13, f. 2; *ludoviciana*, Gm.; *irritabilis*, Vieill.; *cinerascens*, Scl. et Salv. (part.) — Canada, États-Unis jusqu'à la Colombie et Cuba.

802. *Var.* BOREA; *M. c. boreus*, Bangs, *Auk*, XV, p. 179. — Amérique N.-E.

3429. INQUIETUS, Salv. et Godm., *Biol. Centr. Am.* II, p. 88. — Mexique.

3430. MAGISTER, Ridgw., *Pr. Biol. Soc. Wash.* II, p. 90; *cooperi*, Kp. (nec Nutt.); *erythrocercus*, *var. cooperi*, Ridgw.; *crinitus erythrocercus*, Coues et Sen.; *mexicanus*, Dress. (nec Kp.); *mexicanus magister*, Ridgw. — Arizona S., Texas jusqu'à l'Honduras.

3431. CINERASCENS (Lawr.), *Ann. Lyc. N. Y.* V, p. 121; *mexicana*, Kp., *P. Z. S.*, 1851, p. 51; *pertinax*, Baird. — États-Unis W., Mexique, Guatémala.

803. *Var.* NUTTINGI, Ridgw., *Pr. U. S. Nat. Mus.* V, p. 390. — Du Mex. à Costa-Rica.

804. ? *Var.* BRACHYURA, Ridgw., *Man. N. Am. B.*, p. 334. — Nicaragua.

3432. TYRANNULUS (P. L. S. Müll.); *Pl. enl.* 571, f. 1; *aurora*, Bodd.; *crinitus*, Hartl.; *ferox*, Vieill. (nec Gm.); *irritabilis*, Bp.; *erythrocercus*, Scl. et Salv., *P. Z. S.*, 1868, p. 631. — Amérique méridionale jusqu'à la Républ. Argentine.

805. *Var.* OBERI, Lawr., *Ann. Lyc. N. Y.* I, pp. 59, 191, 239 et 271; *berlepschi*, Cory, *Auk*, 1888, p. 266. — Petites Antilles.

806. *Var.* BREVIPENNIS, Hart., *Ibis*, 1893, p. 123. — Iles Aruba, Curaçao et Bonaire.

807. *Var.* CHLOREPISCIA; *chlorepiscius*, Berl. et Leverk., *Ornis*, VI, p. 16. — Matto-Grosso.

3433. VALIDUS, Cab., *Wiegm. Arch.*, 1847, 1, p. 351; Scl., *P. Z. S.*, 1861, p. 76; *crinitus*, Gosse (nec Lin.); *gossii*, Bp. — Jamaïque.

3434. FEROX (Gm.); Salv. et Godm., *Biol. Centr. Am.* II, p. 92; *panamensis*, Lawr., *Ann. L. N. Y.* VII, pp. 284, 295; *tyrannulus*, Coues (nec Müll.) — Véragua, Panama.

3435. SWAINSONI, Cab. et H., *Mus. Hein.* II, p. 72; *ferox*, auct. plur. (nec Gm.); *cantans*, Pelz.; *venezuelensis*, Lawr.; *ferocior*, Cab., *J. f. O.*, 1883, p. 214. — Amérique méridionale jusqu'à l'Argentine.

808. *Var.* CEPHALOTES, Tacz., *P. Z. S.*, 1879, p. 671; *ferox*, Tsch. — Pérou W., Ecuador.

809. *Var.* Pelzelni, Berl., *Ibis*, 1883, p. 139. — Guyane fr., Brés. E. et S.
3436. phæonotus, Salv. et Godm., *Ibis*, 1883, p. 207. — Guyane anglaise.
3437. phæocephalus, Scl., *P. Z. S.*, 1860, p. 281; *tyrannulus, var. phæocephalus*, Baird, Brew. et Ridgw. — Ecuador W., Pérou, W.
3438. apicalis, Scl. et Salv., *Ibis*, 1881, p. 269. — Colombie centrale.
3439. yucatanensis, Lawr., *Proc. Ac. Phil.*, 1871, p. 235; *mexicanus*, Lawr., *Ann. L. N. Y.* IX, p. 202. — Mexique, Yucatan, île Cozumel.
3440. lawrencei (Gir.), *B. of. Texas*, pl. 2, f. 1; *mexicanus*, Scl. (1856); *rufomarginatus*, Cab. et H.; *nigricapillus*, Cab. et auct. plur.; *lawrencii-olivaceus*, Ridgw.; *tristis var. lawrencii*, Baird; *platyrhynchus*, Ridgw. — Arizona, Texas, Mex. et Amérique centr. jusqu'à Panama.
3441. nigriceps, Scl., *P. Z. S.*, 1860, pp. 68, 295; *brunneiceps*, Lawr., *Ann. L. N. Y.* VII, p. 327. — Guyane, Vénéz., et de Panama au Pérou.
810. *Var.* Atriceps, Cab., *Journ. f. Orn.*, 1883, p. 215; *nigriceps* (pt.), Scl. et Salv. (1879); ? *tuberculifer*, d'Orb. et Lafr. — Pérou S., Bolivie, Argentine N.
811. *Var.* Tricolor, Pelz., *Orn. Bras.*, pp. 117, 182; *gracilirostris*, Pelz., *l. c.* — Brésil.
3442. stolidus (Gosse), *B. Jam.*, p. 168; Kp., *P. Z. S.*, 1851, p. 51; Cab., *Journ. f. Orn.*, 1855, p. 479. — Jamaïque.
812. *Var.* Dominicensis; *stolida var. dominicensis*, Bryant, *Proc. Bost. Soc. N. H.* XI, p. 90; *ruficaudatus*, Cory. — St-Domingue.
813. *Var.* Sagræ, Gundl., *Bost. Journ. N. H.* VI, p. 313; *phœbe*, d'Orb. (nec Lath.); *stolidus var. phœbe*, Coues. — Cuba.
814. *Var.* Lucaysiensis (Bryant), *Pr. Bost. S. N. H.* XI, p. 66; *bahamensis*, Bryant, *l. c.*, p. 90. — Iles Bahama.
3442bis. ? sclateri, Lawr., *Pr. U. S. Nat. Mus.* I, p. 357. — Martinique.
3443. antillarum (Bryant), *Pr. Bost. Soc. N. H.* X, p. 249. — Porto-Rico.
3444. magnirostris (Gray), *Voy. Beagle, Zool.* III, p. 48, pl. 8. — Iles Galapagos.
3445. flammulatus, Lawr., *Ann. Lyc. N. Y.* XI, p. 71; Salv. et Godm., *Biol. Centr. Am.*, pl. 37, f. 2. — Mexique.
3446. semirufus, Scl., *P. Z. S.*, 1878, p. 138, pl. 11. — Pérou W.

659. NESOTRICHUS

Nesotrichus, Towns.

3447. ridgwayi, Towns., *Bull. Mus. Harvard*, XXVII, p. 124, pl. 2. — Ile Cocos (Cuba N.)

660. EMPIDIAS

Empidias, Cab. et Heine (1859).

3448. fuscus (Gm.); Vieill., *Ois. Am. Sept.* I, p. 68, pl. 40; — Amér. N.-E. jusqu'au

phœbe, Lath.; *nunciola*, Wils., *Am. Orn.* II, p. 78, pl. 13. — Mexique.

815. *Var.* Lembeyei (Gundl.); id., *J. f. O.*, 1872, p. 427. — Cuba.

661. EMPIDONOMUS

Empidonomus, Cab. et Heine (1859).

3449. varius (Vieill.); *rufina*, Spix, *Av. Bras.* II, p. 22, pl. 31; *ruficauda*, Max.; *leucotis*, Sw.; *tschudii*, Hartl. — Guyane, Amaz., Brés., Paraguay, Bolivie.

3450. aurantio-atro-cristatus (d'Orb. et Lafr.), *Syn. Av.* I, p. 45; Scl. et Huds., *Arg. Orn.* I, p. 157; *auriflamma*, Burm.; *inca*, Scl. — Brésil W., Bolivie, Pér. E., Argent. N.

662. TYRANNUS

Tyrannus, Briss. (1760); *Drymonax*, Glog. (1827); *Laphyctes*, *Satellus*, Rchb. (1850); *Melittarchus*, Cab. et H. (1859).

3451. carolinensis (Gm.); *tyrannus*, Lin.; *pipiri*, Vieill., *Ois. Am. sept.* I, p. 73, pl. 44; *intrepidus*, Vieill., *Gal. Ois.*, pl. 133; *animosa*, Licht.; *leucogaster*, Steph. — Am. sept. (du 55° l. N.), Am. centr. jusqu'à la Bol.; Cuba, Bahama.

816. *Var.* Vexator, Bangs, *Auk* XV, p. 178. — Floride.

3452. verticalis, Say, in *Long's Exped.* II, p. 60; Bp., *Am. Orn.* I, p. 18, pl. 2, f. 2. — Am. N.-W. (48° l. N.) jusqu'au Guatémala.

3453. vociferans, Sw., *Quart. Journ. Sc.* XX, p. 273; *cassini*, Lawr., *Ann. Lyc. N. Y.* V, p. 39, pl. 3, f. 2. — Calif. S., Arizona jusqu'au Costa-Rica.

3454. niveigularis, Scl., *P. Z. S.*, 1860, p. 281 et 1880, pl. 3. — Ecuador W.

3455. crassirostris, Sw., *Quart. Journ. Sc.* XX, p. 278; *gnatho*, Licht. — Mexique W. et Guatémala.

3456. dominicensis, Briss.; *Pl. enl.* 537; *griseus*, Vieill., *Ois. Am. sept.* I, p. 76, pl. 46; *matutinus*, Vieill.; *tiriri*, Tem. — Floride, Bahama, Gr. Antilles, Amérique centrale E.

817. *Var.* Rostrata, Scl., *Ibis*, 1864, p. 87. — Petites Antilles.

3457. magnirostris, d'Orb. in *La Sagra, Hist. Cuba*, p. 69, pl. 13; *cubensis*, Richm. — Cuba, Mujeres, Bahama.

3458. melancholicus, Vieill.; *despotes*, Licht.; *furcata*, Spix, *Av. Bras.* II, pl. 19; *crudelis*, Sw.; *satrapa*, Licht.; *couchi*, Baird, *B. Am.*, p. 175. — Arizona, Tex., Mex., Am. centr. et mér. jusqu'à l'Argentine.

3459. apolites (Cab. et H.), *Mus. Hein.* II, p. 77. — Brésil S.-E.?

3460. alboguláris, Burm., *Syst. Ueb. Th. Bras.* II, p. 465. — Brésil centr.

663. MILVULUS

Milvulus, Sw. (1827); *Despotes*, Rchb. (1850).

3461. tyrannus (Lin.); *savana*, Vieill., *Ois. Am. sept.* I, p. 72, pl. 43; *violentus*, Vieill.; *monachus*, Hartl. — Mex., Amér. centr. et mér. jusqu'à l'Arg.

3462. FORFICATUS (Gm.); Bp., *Am. Orn.* I, p. 15, pl. 2, f. 1; *mexicanus*, Steph. ; *spectabilis*, Licht. — Du Missisipi infér., Texas, Mexique jusqu'à Costa-Rica.

SUBORD. III. — OSCINES

FAM. XIV. — HIRUNDINIDÆ (1)

SUBF. I. — HIRUNDINÆ

664. HIRUNDO

Hirundo, Lin. (1758); *Chelidon*, Forst. (1817); *Cecropis*, Boie (1826); *Uromitrus* et *Hemicecrops*, Bp. (1857); *Lillia*, Boie (1858); *Waldenia*, Sharpe (1869).

3463. RUSTICA, Lin. ; *domestica*, Pall. (ex Briss.); Dubois, *Fne ill. Vert. Belg. Ois.* I, p. 159, pl. 33; *progne*, Forst.; *pagorum*, *stabulorum*, Brm.; *cahirica*, auct. plur. (nec Licht.); *rustica orientalis*, Wright (nec Schl.) — Europe, Afrique, Asie occid. et mérid.

818. *Var.* SAVIGNII, Steph., *Gen. Zool.* X, p. 90; Dubois, *Ois. Eur.* I, pl. 34; Dress., *B. Eur.* III, pl. 160, f. 2; *cahirica*, Licht.; *riocouri*, Audouin; *castanea*, Less.; *boissoneauti*, Schl.; *rustica var. orientalis*, Schl.; *boissoneauti microrhynchos*, *minor*, *latirostris*, Brm. — Vallée du Nil, Europe S.-W.

819. *Var.* GUTTURALIS, Scop.; *panayana*, Gm.; *jewan*, Syk.; *rustica*, auct. plur. (nec Lin.); *rusticoides*, Boie; *javanica*, auct. plur. (nec Sparrm.); *fretensis*, Gould; *andamanensis*, Tyt. et Beav.; *Ibis*, 1867, p. 316. — Asie E. et S., Japon, Archipel Indien, accid., Australie N.

820. *Var.* ERYTHROGASTRA, Bodd.; *rufa*, Gm.; Vieill., *Ois. Am. sept.*, pl. 30; *horreorum*, Bartr.; *americana*, Wils (nec Gm); *cyanopyrrha*, Vieill.; *rustica*, Audub.; *fumaria*, Licht. — Amér. sept. (jusqu'à l'Alaska), centr. et mér. jusqu'au S. du Brésil; Antilles.

821. *Var.* TYTLERI, Jerd., *B. Ind.* III, p. 870; *cahirica*, Godw.-Aust.; *americana*, Blak.; *saturata*, Ridgw. — Sibérie E., Kamtsch., jusqu'en Birmanie.

3464. TAHITICA, Gm.; Salvad., *Orn. Pap. Mol.* II, p. 5; *taitensis*, Less.; *porphyrolæma*, Forst.; *pacifica*, Cass.; *subfusca*, Gould, *P. Z. S.*, 1856, p. 137. — Iles Tonga, Fidji, Salomon, Nouv.-Hébrides, Nouv.-Bret., Nouv.-Calédonie.

3465. JAVANICA, Sparrm.; Tem., *Pl. col.* 83; *frontalis*, Quoy et Gaim., *Voy. de l'Astr. Zool.* I, p. 204, — Inde S., Ceylan, Malacca, iles de la

(1) Voy.: Sharpe, *Cat. Birds Brit. Mus.* X, pp. 85-209 (1885).

pl. 12, f. 1; *domicola*, Jerd.; Gould, *B. Asia*, pl. 32; *pacifica*, Mott. et Dillw.; *neoxena*, Gr. (nec Gould); *fretensis*, Rams. — Sonde, Philipp. S., Mol. Nouv.-Guin. et îles voisines.

822. *Var.* NEOXENA, Gould; id., *B. Austr.* II, pl. 13; *javanica*, Vig. et H.; *pacifica*, Gr.; *frontalis*, auct. plur. (nec Q. et G.); *rustica*, *var. frontalis*, Seeb. *Brit. B.* II, p. 172. — Australie, Tasmanie.

3466. NAMIYEI (Stejn), *Pr. U. S. Nat. Mus.*, 1886, p. 646. — Iles Liu-Kiu. Japon.

3467. ANGOLENSIS, Boc., *Jorn. Lisb.*, 1868, p. 47; Sharpe, *P. Z. S.*, 1869, p. 567, pl. 43. — Angola.

3468. ARCTICINCTA, Sharpe, *Ibis*, 1891, p. 119. — Monts Elgon (Afr. E.)

3469. LUCIDA, J. Verr., *Journ. f. Orn.*, 1858, p. 42. — Sénégambie.

3470. ALBIGULARIS, Strickl., *Contr. Orn.*, 1849, p. 17, pl 15; *rufifrons*, Less. (nec Vieill.); *albigula*, Bp. — Afrique S. du Cap au Transvaal.

3471. ÆTHIOPICA, Blanf., *Ann. and Mag N. H.* IV, p. 329; id., *Geol. and Zool. Abyss.*, p. 347, pl. 2; *rufifrons*, Des M. (nec Vieill.); *albigularis*, Heugl. (nec Strickl.) — Afrique N.-E. et de Sénégambie au Niger.

3472. LEUCOSOMA, Sw., *B. W. Afr.* II, p. 74. — Afrique W.

3473. DIMIDIATA, Sundev., *OEfv. Vet.-Akad. Förh.*, 1850, p. 107; *scapularis*, Cass., *Pr. Philad. Ac.*, 1850, pl. 12. — Afrique S.

3474. NIGRITA, Gray, *Gen. B.* I, pl. 21; *fasciata*, Forb., *Ibis*, 1883, p. 503. — Afr. W. de la Côte-d'Or au Congo.

3475. ATROCÆRULEA, Sundev., *l. c.*; Sharpe, *Layard's B. S. Afr.*, p. 367, pl. 9, f. 1. — Afrique S.-E.

3475bis. NIGRORUFA, Bocage, *Jorn. Lisb.*, 1877, p. 158. — Benguela.

3476. SMITHII, Leach, *App. to Tuck. Voy. Congo*, p. 407; *anchietæ*, Bocage. — Congo, Benguela.

823. *Var.* FILIFERA, Steph., *Gen. Zool.* XIII, p. 78; *filicaudata*, Frankl.; *ruficeps*, Licht.; *filicauda*, Müll., *Journ. f. Orn.*, 1855, p. 5; *fuscicapilla*, Heugl.; *filiferus*, Oat. — Afr. E., de l'Abyssinie au Zambèze; Inde jusqu'au Ténass.

3477. GRISEOPYGA, Sundev., *l. c.*; Heugl., *Orn. N.-O. Afr.* I, p. 149, pl. 7; *melbina*, J. Verr.; *cypseloides*, Heugl.; *poucheti*, Petit. — Afr. N.-E., S. et Gabon (toute l'Afr. trop.?)

3478. CUCULLATA, Bodd.; *Pl. enl.* 723, f. 2; *capensis*, Gm. — Afrique S. et S.-W.

3479. PUELLA, Tem. et Schl., *Faun. Jap.*, p. 33; *abyssinica*, Guér.; *striolata*, Rüpp., *Syst. Uebers.*, p. 18, pl. 6; *korthalsi*, Bp.; *capensis*, Brm. — Afrique N.-E. et E., Côte-d'Or, Afr. S.

3480. RUFULA, Tem., *Man.* III, p. 298; Dubois, *Ois. Eur.* I, pl. 34; Dress., *B. Eur.* III, pl. 161; *daurica*, Savi (nec Lin.); *alpestris*, Bp. (nec Pall.). — Europe S., Asie S.-W., Afrique N.-E.

824. *Var.* SCULLII, Seeb., *Ibis*, 1883, p. 168. — Afghanistan jusqu'au Népaul.

825. *Var.* TOGOENSIS, Rchw., *J. f. O.*, 1891, pp. 370, 382. — Togoland (Afr. W.)

3481. DAURICA, Lin.; *alpestris*, Pall.; Gould, *B. Asia*, I, pl. 28; *intermedia*, Hume. — Sibérie S. et W., Daourie, Amour, au S. jusqu'au Kan-su.

826. *Var.* NIPALENSIS, Hodgs., *Icon. Passeres*, pl. 6; *daurica*, auct. plur. (nec Pall.); *arctivitta*, Swinh.; *erythropygia*, Blyth (nec Syk.) — Chine, Himal., Inde, Indo-Chine W.

827. *Var.* STRIOLATA, Boie, *Isis*, 1844, p. 174; Tem. et Schl., *Faun. Jap.*, p. 33. — Java.

828. *Var.* JAPONICA; *H. alpestris japonica*, Tem. et Schl., *Faun. Jap.*, p. 33, pl. 11; *daurica*, Swinh.; *striolata*, auct. plur. (nec Boie); *substriolata*, Hume. — Japon, Chine, Formose, Indo-Chine, Flores.

829. *Var.* ERYTHROPYGIA, Syk., *P. Z. S.*, 1832, p. 83; Gould, *B. Asia*, I, pl. 29; *daurica*, auct. plur. (nec Lin.) — Inde, Ceylan.

3482. MELANOCRISSA (Rüpp.), *Syst. Uebers.*, p. 22, pl. 5. — Afrique N.-E.

830. *Var.* DOMICELLA, Finsch et Hartl., *Vög. Ostafr.*, p. 145; *melanocrissa*, auct. plur. (nec Rüpp.) — De Sénégambie au Niger (Afr. W.)

3483. EMINI, Rchw., *Journ. f. Orn.*, 1892, p. 30; *melanocrissa*, Emin; *ustigma*, Shell. — Victoria Nyanza, Nyassaland.

3484. HYPERYTHRA, Blyth. *J. A. S. Beng.* XVIII, p. 814; Gould, *B. Asia*, I, pl. 30; Legge, *B. Ceylon*, p. 592. — Ceylan.

3485. BADIA (Cass.), *Pr. Philad. Ac.*, 1853, p. 371; *archetes*, Hume, *Str. F.*, 1879, p. 47. — Malacca.

3486. SEMIRUFA, Sundev., *l. c.*; Sharpe, *Layard's B. S. Afr.*, p. 370, pl. 9, f. 1. — Natal, Orange, Transvaal, Matabele.

831. *Var.* GORDONI, Jard., *Contr. Orn.*, 1851, p. 141. — Du Sénégal au Congo.

3487. SENEGALENSIS, Lin.; *Pl. enl.* 310; Sw., *B. W. Afr.* II, p. 72, pl. 6; *rufula*, Gould (nec Tem.), *B. Eur.* II, pl. 55; *melanocrissa*, auct. plur. (nec Rüpp.) — Afrique N.-E. et W.

3488. MONTEIRI, Hartl., *Ibis*, 1862, p. 340, pl. 11. — Afrique S.-E. et S.-W.

3489. EUCHRYSEA, Gosse, *B. Jamaica*, p. 68, pl. 12. — Jamaïque.

832. *Var.* SCLATERI, Cory, *Auk*, 1884, p. 2; *dominicensis*, Bryant (nec Gm.), *Pr. Bost. Soc. N. H.* XI, p. 95. — St-Domingue.

665. TACHYCINETA

Tachycineta, Cab. (1850); *Callichelidon*, Bryant (1865); *Iridoprocne*, Coues (1878).

3490. ALBIVENTRIS (Bodd.); *Pl. enl.* 546, f. 1; *leucoptera*, Gm.; Burm., *Thiere Bras.* III, p. 143. — Amér. mérid. jusqu'au S. du Brésil.

3491. LEUCORRHOA (Vieill.); Burm., *Thiere Bras.* III, p. 144; *frontalis*, Gould (nec Q. et G.); *gouldii*, Cass.; *leucopyga*, Licht. (1854, nec Meyen); *leucorrhous*, Sharpe, *Cat. B.* X, p. 114. — Pérou, Brésil S. jusqu'en Patagonie.

3492. ALBILINEA. Lawr., *Ann. Lyc N. Y.* VIII, p. 2; Salv. et Godm., *Biol. Centr. Am.* I, pl. 15, f. 1; *littorea*, Salv.; *albilineata*, Gr.; *leucopyga*, Tacz. — Amérique centrale du Mexique à Panama.

3493. LEUCOPYGA, Meyen, *Nova Acta Ac. L.-C. Nat. cur.*, 1834, *suppl.*, p. 73, pl. 10; *Petr. meyeni*, Cab., *Mus. Hein.* I, p. 48. — Bolivie, Chili jusqu'à Magellan.

3494. BICOLOR (Vieill.), *Ois. Am. sept.* I, p. 61, pl. 31; *viridis*, Wils., *Am. Orn.* V, pl. 38, f. 3; *leucogaster*, Steph.; *prasina*, Licht.; *var. vespertina*, Coop., *Am. Nat.* X, p. 91. — Amér. sept. et centr., de l'Alaska à Panama et Cuba.

3495. THALASSINA (Sw.), *Phil. Mag.*, 1827, p. 366; Audub., *B. Am.*, pl. 385. — Amér. N.-W. et centr. jusqu'au Guatémala.

3496. CYANEOVIRIDIS (Bryant), *Pr. Bost. Soc. N. H.* VII, p. 111; Sharpe, *Cat. B. Br. Mus.* X, p. 121. — Iles Bahama, accid. Floride.

3497. ?MACULATA (Bodd.); *Pl. enl.* 546, f. 2; Gray, *Gen. B.* I, p. 58. — Guyane?

666. CHELIDON (1)

Chelidon, Boie (1822, nec Forst., 1817); *Delichon*, Moore (1854); *Chelidonaria*, Rchw. (1889).

3498. URBICA (Lin.); Dubois, *Fne ill. Vert. Belg. Ois.* I, p. 155, pl. 34; Dress., *B. Eur.* III, p. 495, pl. 162; *fenestrarum, rupestris, tectorum*, C. Brm.; *candida, varia, pallida*, Naum. — Europe, Afrique, Asie W.

833. *Var.* CASHMIRIENSIS, Gould, *P. Z. S.*, 1858, p. 356; *urbica*, auct. plur. — Himalaya, Inde.

3499. DASYPUS, Bp., *Consp.* I, p. 343; *blakistoni*, Swinh., *P. Z. S.*, 1862, p. 320; id., *Ibis*, 1874, p. 152, pl. 7, f. 1. — Japon, Bornéo.

3500. LAGOPODA (Pall.), *Zoogr.* I, p. 532; *urbica*, auct. plur. (nec Lin.); *whitelyi*, Swinh., *P. Z. S.*, 1862, p. 320; *lagopus*, Sharpe, *Cat. B.* X, p. 93. — Asie orient. et centr. à l'Est du Jenissei.

3501. ALBIGENA, Heugl., *Journ. f. Orn.*, 1861, p. 419. — Afr. N.-E. (Bogos).

3502. NIPALENSIS (Hodgs.), *Icon. ined.*, App., pl. 14; Moore, *P. Z. S.*, 1854, p. 104, pl. 63. — Himalaya E.

667. COTYLE

Clivicola, Forst. (1817); *Cotyle*, Boie (1822); *Biblis*, Less. (1837); *Ptyonoprogne*, Rchb. (1850); *Krimnochelidon*, Tick (1876).

3503. RIPARIA (Lin.); Dubois, *Fne ill. Vert. Belg. Ois.* I, p. 64, pl. 36; Audub., *B. Am.*, pl. 385; *euro-* — Europe, Asie, Afr. E. et S.-E., Am. sept.,

(1) Je conserve la dénomination de *Chelidon*, généralement adoptée pour ce genre, bien que Forster l'ait appliquée antérieurement à l'*Hirundo rustica*. Même remarque pour le genre *Cotyle*.

pœa, Forst.; *cinerea*, Vieill.; *fluviatilis* et *micro-rhynchos*, Brm. — centr. et mér. jusqu'au Brésil.

834. *Var.* LITTORALIS (Hempr. et Ehr.); *shelleyi*, Sharpe, *Cat. B. Br. Mus.* X, p. 100; *riparia*, auct. plur. — Egypte.

835. *Var.* CONGICA, Rchw., *Journ. f. Orn.*, 1887, p. 300. — Congo.

3504. DILUTA, Sharpe et W., *Monogr. Hirund.*, pl. XVI. — Asie centrale.

3505. CINCTA (Bodd.); *Pl. enl.* 723; *torquata*, Gm.; *eques*, Hartl., *P. Z. S.*, 1866, p. 325. — Afrique tropicale et S.

3506. PALUDICOLA (Vieill.); Levaill., *Ois. d'Afr.*, pl. 246, f. 2; *palustris*, auct. plur.; *paludibula*, Rüpp., *Neue Wirbelt.*, p. 106; *albiventris*, Licht. — Afrique S. et S.-E.

836. *Var.* MINOR, Cab., *Mus. Hein.* I, p. 49; Heugl., *Orn. N.-O. Afr.* I, p. 166. — Afrique N.-E.

837. *Var.* COWANI, Sharpe, *Journ. Lin. Soc., Zool.* XVI, p. 322. — Madagascar S.-E.

838. *Var.* SINENSIS (Jerd.), *Madr. Journ.*, 1840, p. 238; *chinensis*, Gr. et Hardw., *Ill. Ind. Zool.* I, pl. 35, f. 3; *brevicaudata*, Mc Clell.; *minuta* et *subsoccata*, Hodgs.; *obscurior*, Hume; ?*obsoleta*, Legge, *B. Ceylon*, p. 599. — Inde, Chine S., Indo-Chine, Formose, Philippines.

3507. FULIGULA (Licht.), *Verz.*, p. 25; Levaill., *Ois. d'Afr.*, pl. 246, f. 1; *hyemalis*, Forst. — Afrique S. et S.-W.

839. *Var.* RUFIGULA, Fisch. et Rchw., *Journ. f. Orn.*, 1884, p. 53; *fuligula*, auct. plur. — Afrique N.-E.

840. *Var.* CONCOLOR (Syk.); Jerd., *B. India*, I, p. 165. — Inde.

3508. RUPESTRIS (Scop.); Dubois, *Ois. Eur.* I, pl. 33; Dress., *B. Eur.* III, p. 513, pl. 164; *montana*, Gm.; *rupicola*, Hodgs.; *inornata*, Jerd. — Eur. S., Afr. N. et N.-E., Asie S.-W. et centr. jusqu'en Chine.

3509. OBSOLETA, Cab., *Mus. Hein.* I, p. 50; Dress., *B. Eur.* III, p. 521, pl. 165; *rupestris*, auct. plur.; *cahirica*, A. Brm.; *palustris*, Tristr. (nec Steph.); *paludicola*, Tristr. (nec Vieill.); *pallida*, Hume. — Afrique N.-E., Arabie, Palestine jusqu'au N.-W. de l'Inde.

668. ATTICORA

Atticora, Boie (1844); *Microchelidon*, Scl. (1862, nec Rchb.); *Neochelidon*, Scl. (1861); *Notiochelidon* et *Pygochelidon*, Baird (1865).

3510. FASCIATA (Gm.); *Pl. enl.* 724, f. 2; Sw., *Zool. Ill.*, sér. 2, I, pl. 17. — Guyane, Amazone, Ecuad., Pérou, Bol.

3511. MURINA (Cass.), *Pr. Philad. Ac.*, 1853, p. 370; *cinerea*, auct. plur. (nec Gm.) (1). — Ecuador, Pérou centr.

(1) La description de l'*Hirundo cinerea*, Gm., est trop incomplète pour pouvoir être rapportée avec certitude à cette espèce.

841. *Var.* Andecola (d'Orb. et Lafr.), *Syn. Av.*, p. 69; Tacz., *Orn. Pérou*, I, p. 242; *cinerea*, auct. plur. — Bolivie, Pérou.

3512. tibialis (Cass.), *Pr. Philad. Ac.*, 1853, p. 370; Tacz., *Orn. Pérou*, I, p. 242. — De Panama au Pérou.

3513. melanoleuca (Max.), *Beitr.* III, p. 371; Tem., *Pl. col.* 209, f. 2. — Brésil.

3514. cyanoleuca (Vieill.); *minuta*, Max.; Tem., *Pl. col.* 209, f. 1; *melanopyga*, Licht.; *patagonica*, Lafr. et d'Orb.; *hemipyga*, Burm.; *var. montana*, Baird. — Depuis Costa-Rica et l'Am. mér. jusqu'au Chili et l'Argentine.

3515. pileata, Gould, *P. Z. S.*, 1858, p. 355; Salv. et Godm., *Biol. Centr. Am.*, pl. 15, f. 2. — Guatémala.

3516. fucata (Tem.), *Pl. col.* 161, f. 1. — Guyane, Brésil.

669. LECYTHOPLASTES

Lecythoplastes, Rchw. (1898).

3517. preussi, Rchw., *Orn. Monatsb.*, 1898, p. 115. — Sannaga.

670. CHERAMOECA

Cheramœca, Cab. (1850); *Atticora* (pt.), auct. plur.

3518. leucosterna (Gould); *leucosternon*, Gr.; Gould, *B. Austr.*, II, pl. 12; *leucosternum*, Sharpe. — Australie centrale.

671. PETROCHELIDON

Petrochelidon, Cab. (1850); *Hylochelidon* et *Lagenoplastes*, Gould (1865).

3519. nigricans (Vieill.); Quoy et Gaim., *Voy. Astrolabe, Zool.* I, p. 205, pl. 12, f. 2; *pyrrhonota*, Vig. et Horsf.; *arborea*, Gould, *B. Austr.* II, pl. 14; *pyrrhonota australis*, Tem. et Schl. — Australie, Tasmanie, Nouv.-Zél., Nouv.-Bret., Nouv.-Guin., Arou, Kei, Banda.

842. *Var.* Timoriensis, Sharpe, *Cat. B. Br. Mus.* X, p. 192. — Timor, Flores.

3520. pyrrhonota (Vieill.); ?*americana*, Gm.; *lunifrons*, Say; *opifex*, *fulva*, De W. (nec Vieill.); Audub., *B. Am.*, pl. 68. — Amér. sept., centr. et méridion. jusqu'au Paraguay.

3521. swainsoni, Scl., *P. Z. S.*, 1858, p. 296; *melanogaster*, Sw.; *coronata*, Licht.; *lunifrons* (pt.), Coues — Du Mexique au Costa-Rica.

3522. fulva (Vieill.), *Ois. Am. Sept.* I, p. 62, pl. 32; *pœciloma*, Gosse; *coronata*, Lemb. — Amérique centrale, Grandes Antilles.

3523. ruficollaris (Peale), *U. S. Expl. Exp. Birds*, p. 175 (1848); Salv. et Godm., *Biol. Centr. Am.* I, p. 225. — Pérou.

3524. ruficula (Bocage), *Jorn. Lisb.*, 1878, pp. 256, 269. — Benguela.

3525. spilodera (Sundev.); *lunifrons*, Layard (nec Say); *alfredi*, Hartl., *Ibis*, 1868, p. 153, pl. 4. — Afrique S. et S.-E.

3526. ARIEL (Gould), *P. Z. S.*, 1842, p. 132; id., *B. Austr.* II, pl. 15; *arborea*, Rams. (nec Gould). — Australie N.-E., E. et S.
3527. FLUVICOLA (Blyth), *J. A. S. Beng.*, 1855, p. 470; Gould, *B. Asia*, I, pl. 33; ?*erythrocephala*, Gm.; *empusa*, Blyth; *fluminicola*, Scl. — Inde centrale.

672. PHEDINA

Phedina, Bp. (1857).

3528. BORBONICA (Gm.); *Pl. enl.* 544, f. 2; Hartl., *Vög. Madag.*, p. 63. — Iles Maurice et de la Réunion.
843. *Var.* MADAGASCARIENSIS, Hartl., *Faun. Madag.*, p. 27; M.-Edw. et Grand., *H. N. Madag. Ois.*, pl^s 150, 151. — Madagascar.
3529. BRAZZÆ, Oust., *Le Natural.*, 1886, p. 300. — Congo.

673. PROGNE

Progne, Boie (1826); *Phæoprogne*, Baird (1864).

3530. PURPUREA (Lin. ex Catesby); Audub., *B. Am.*, pl. 22; *subis*, Lin.; *violacea*, Gm.; *cœrulea*, Vieill., *Ois. Am. sept.*, pl^s 26, 27; *versicolor*, Vieill.; *ludoviciana*, Cuv.; *elegans* et *cryptoleuca*, Baird. — Amér. sept., centr. et méridion. jusqu'au Brésil, Cuba.
844. *Var.* HESPERIA, Brewst., *Auk*, 1889, p. 92. — Californie.
3531. FURCATA, Baird, *Review Am. B.*, p. 278; *purpurea*, auct. plur. (nec Lin.); *modesta*, Gray (nec Gould); *domestica*, Scl. et Salv., *P. Z. S.*, 1869, p. 159. — Chili, Paraguay, Mendoza, Patagonie N.
3532. CONCOLOR (Gould), *P. Z. S.*, 1837, p. 22; *modesta*, Gould, *Voy. Beagle, B.*, p. 39, pl. 5. — Iles Galapagos.
3533. DOMINICENSIS (Gm.); *Pl. enl.* 545, f. 1; Vieill., *Ois. Am. sept.*, pl^s 28, 29; *albiventris*, Vieill. — Antilles.
3534. SINALOÆ, Nels., *Pr. Biol. Soc. Washingt.* XII, p. 59. — Mexique (Sinaloa).
3535. DOMESTICA (Vieill.); Burm., *Thier. Bras.* III, p. 142; *elegans*, Gray; *chalybea*, auct. plur. (nec Gm.) — Brésil S. et Paraguay.
3536. CHALYBEA (Gm.); Salv. et Godm., *Biol. Centr. Am.* I, p. 224; *Pl. enl.* 545, f. 2; *dominicensis*, auct. plur. (nec Gm.); *leucogaster*, Baird. — Amér. centr. et mérid. jusque la Bolivie et le S. du Brésil.
3537. TAPERA (Lin.); Burm., *Th. Bras.* III, p. 143; *fusca*, Vieill.; *pascuum*, Max. — Amérique méridionale jusqu'à l'Argentine.

SUBF. II. — PSALIDOPROCNINÆ

674. PSALIDOPROCNE

Psalidoprocne, Cab. (1850); *Pristoptera*, Bp. (1857).

3538. VELOX (Vieill.); *Nouv. Dict. d'H. N.* XIV, p. 533; *holomelas*, Sundev.; *hamigera*, Cass., *Pr. Philad.* — Afrique S. et S.-E.

Ac., p. 57, pl. 12; *cypselina*, Cab.; *holomelæna*, Scl., *P. Z. S.*, 1864, p. 108.

3539. OBSCURA (Tem. *M. S.*), Hartl., *Journ. f. Orn.*, 1855, pp. 35, 360; *holomelæna*, Sharpe (pt.) — Côte-d'Or (Afr. W.)

3540. CHALYBEA, Rchw., *Journ. f. Orn.*, 1892, p. 442. — Caméron.

3541. NITENS (Cass.), *Pr. Philad. Ac.*, 1857, p. 38; Sharpe, *P. Z. S.*, 1870, p. 291. — De la Côte-d'Or au Gabon.

3542. PETITI, Sharpe et Bouv., *Bull. Soc. Zool. de Fr.* I, p. 38, pl. 2. — Gabon, Congo W.

845. *Var.* ORIENTALIS, Rchnw., *Journ. f. Orn.*, 1889, p. 277. — Usambara (Afr. E.)

3543. ANTINORII, Salvad., *Ann. Mus. Civ. Gen.* I, p. 123. — Du Choa au Zambèze.

3544. PERCIVALI, Grant, *Ibis*, 1899, p. 643. — Afrique centr. angl.

3545. PRISTOPTERA (Rüpp.), *Neue Wirbelth.*, pl. 39, f. 2; *albiscapulata*, Boie; *typica*, Bp. — Afrique N.-E.

3546. ALBICEPS, Scl., *P. Z. S.*, 1864, p. 108, pl. 14. — Afrique centr. (Usui).

675. STELGIDOPTERYX

Stelgidopteryx, Baird (1858).

3547. SERRIPENNIS (Audub.); id., *B. Am.* I, p. 193, pl. 51; *fulvipennis*, Scl., *P. Z. S.*, 1859, p. 364. — Amér. sept. et centr. jusqu'au Guatém.

3548. RUFICOLLIS (Vieill.); *jugularis*, Max.; Tem., *Pl. col.* 161, f. 2; *hortensis*, Licht.; *flavigastra*, Gray. — Amazone, Ecuador E., Bolivie, Brésil.

846. *Var.* UROPYGIALIS (Lawr.), *Ibis*, 1863, p. 181; *flavigastra*, Cass.; *ruficollis*, Scl. (pt.); *fulvigula*, Baird. — Du Costa-Rica à la Colombie, Vénézuéla, Guyane, Brésil.

FAM. XV. — AMPELIDÆ (1)

676. AMPELIS

Ampelis, Lin. (1766); *Bombiciphora*, Mey. (1815); *Bombycivora*, Tem. (1815); *Bombycilla*, Vieill. (1816).

3549. GARRULUS, Lin.; *bohemica*, Briss.; Dubois, *Fne. ill. Vert. Belg. Ois.* I, p. 178, pl. 40; *bombycilla*, Pall.; *poliocœlia*, Mey.; *brachyrhynchus*, Brm. — Zone boréale, du 40° au 70° l. N.

3550. CEDRORUM (Vieill.), *Ois. Am. sept.* I, p. 88, pl. 57; *americana*, Wils.; *carolinensis*, Steph. — Amér. sept. et centr., Cuba, Jamaïque.

3551. JAPONICUS (Sieb.); *phœnicoptera*, Tem., *Pl. col.* 450. — Sib. E., Chine N., Jap.

3552. MAËSI, Oust., *N. Arch. du Mus.* IV, p. 213. — Japon.

(1) Voy. : Sharpe, *Cat. Birds Brit. Mus.* X, p. 211 (1885).

677. DULUS

Dulus, Vieill. (1816).

3553 DOMINICUS (Lin.); *Pl. enl.* 156, f. 2; *palmarum*, Vieill. — St-Domingue.
3554. NUCHALIS, Sw., *An. in Menag.*, p. 345; Strickl., *Contr. Orn.*, 1851, p. 104. — L'une des Antilles?

678. PHAINOPTILA

Phainoptila, Salv. (1877).

3555. MELANOXANTHA, Salv., *P. Z. S.*, 1877, p. 367; id., in *Rowl. Orn. Misc.*, p. 439, pl. 79; Salv. et Godm., *Biol. Centr. Am.* I, p. 221, pl. 14. — Costa-Rica.

679. PHAINOPEPLA

Phainopepla, Scl. (1858); *Ptilogonys* (pt.) auct. plur.

3556. NITENS (Sw.), *Anim. in Menag.*, p. 285; Cass., *Ill.*, p. 169, pl. 29; *galeatus*, Less.; *aterrima*, Licht.; *townsendi*, Brew., *Pr. Bost. Soc. N. H.* XVI, p. 109. — États-Unis S. et S.-W. jusqu'au Mexique central.

680. PTILOGONYS

Ptilogonatus et *Ptiliogonys*, Sw. (1827); *Ptilogonys*, Bp. (1850); *Sphenotelus*, Baird (1865).

3557. CINEREUS, Sw., *Phil. Mag.*, new ser. II, pl. 62, III, pl. 102; *chrysorrhœa*, Tem., *Pl. col.*, 452; *mexicanus*, Licht. — Mexique.
847. *Var.* MOLYBDOPHANES, Ridgw., *Man. N. Am. Birds*, p. 464. — Guatémala.
3558. CAUDATUS, Cab., *Journ. f. Orn.*, 1860, p. 402; Scl. et Salv., *Exot. Orn.*, p. 11, pl. 6. — Costa-Rica, Panama.

FAM. XVI. — PARAMYTHIIDÆ

681. PARAMYTHIA

Paramythia, De Vis (1892).

3559. MONTIUM, De Vis, *Rep. Brit. New Guin. for* 1890-1, p. 95; Sclat., *Ibis*, 1893, p. 243, pl. 7. — Nouv.-Guinée angl.

FAM. XVII. — MUSCICAPIDÆ (1)

682. HEMICHELIDON

Hemichelidon, Hodgs. (1845).

3560. SIBIRICA (Gm.); *fuscedula*, Pall.; *fuliginosa*, Hodgs.; Jerd., *B. Ind.* I, p. 458. — Himalaya, Indo-Ch.N., Chine, Sibérie E.

3561. FERRUGINEA (Hodgs.); *rufescens*, Blyth; *rufilata*, Swinh.; *cinereiceps*, Sharpe, *Ibis*, 1887, p. 441, 1889, pl. 7, f. 1. — Himalaya E., Chine S., Bornéo, Sumatra, Palawan.

683. BUTALIS

Butalis, Boie (1826).

3562. GRISOLA (Lin.); Dubois, *Fne. ill. Vert. Belg. Ois.* I, p. 174, pl. 39; *montana*, *pinetorum*, Brm.; *africana*, Bp. — Europe, Asie W., Afr.

3563. GRISEOSTICTA, Swinh., *Ibis*, 1861, p. 330, 1863, p. 288; *manillensis*, Bp. (nec Gm.); *fuliginosa*, Swinh. (nec Hodgs.); *hypogrammica*, Wall. — Chine, Philippines, Moluques.

848. *Var.* PALLENS, Stejn., *P. U. S. Nat. Mus.*, 1887, p. 143. — Ile Béring.

3564. FINSCHI (Boc.), *Jorn. Sc. Lisboa*, 1879, p. 4. — Benguela.

3565. AQUATICA (Heugl.), *Journ. f. Orn.*, 1864, p. 256; id., *Orn. N.-O. Afr.* I, p. 436, pl. 18, f. 2. — Afrique N.-E. et Sénégambie.

3566. USSHERI (Sharpe), *Proc. Zool. Soc.*, 1882, p. 591. — Côte-d'Or (Afr. W.)

3567. CÆRULESCENS, Hartl., *Ibis*, 1865, p. 268; *modesta*, Bocage (nec Hartl.); *cinereola*, Fsch. et Hartl., *Vög. Ostafr.*, p. 302, pl. 4, f. 1. — Afrique E., S. et S.-W.

849. *Var.* CINERASCENS (Sharpe), *Cat. B. Br. Mus.* IV, p. 155. — Côte-d'Or.

3568. LUGENS, Hartl., *P. Z. S.*, 1860, p. 110; id. *Journ. f. Orn.*, 1861, p. 169. — Afrique W.

3569. NYIKENSIS, Shell., *Ibis*, 1899, p. 314. — Nyasaland.

3570. CASSINI (Heine), *Journ. f. Orn.*, 1859, p. 428. — Gabon.

3571. MODESTA (Hartl.), *Orn. W.-Afr.*, p. 96. — Gabon.

3572. ? RHSII (Hartl.), *Orn. W.-Afr.*, p. 96. — Aguapim (Côte-d'Or).

684. MUSCICAPA

Muscicapa, Lin. (1766); *Erythrosterna*, Bp. (1838); *Synornis*, Hodgs. (1845); *Hedymela*, Sundev. (1846); *Ficedula*, Sundev. (1872 ex Briss.); *Poliomyias*, Sharpe (1879).

3573. ATRICAPILLA et *ficedula*, Lin.; *luctuosa*, Scop.; *macu-* — Europe, Asie S.-W.,

(1) Voy.: Sharpe, *Cat. of the Birds Brit. Mus.* IV, pp. 120-468 (1879).

lata, P. L. S. Müll.; *muscipeta*, Bechst.; *alticeps*, *fuscicapilla* et *atrogrisea*, Brm.; *picata*, Sw.; *speculigera*, Bp.; *nigra*, Degl. et G. (ex Briss.); Dubois, *Fne. ill. Vert. Belg.* I, p. 168, pl. 37.	Afrique N., N.-E. et N.-W.
830. *Var.* SEMITORQUATA, v. Homey., *Zeit. ges. Orn.*, 1885, p. 185, pl. 10.	Caucase.
3574. COLLARIS, Bechst.; Dubois, *Op. cit.* I, p. 171, pl. 38; *albicollis*, Tem.; *streptophora*, Vieil.; *albifrons*, Brm.; *melanoptera*, Heck.; *microrhyncha*, *atrostriata*, A. Brm.	Eur. centr. et mérid., Asie S.-W., Afr. N. et N.-E.
3575. PARVA, Bechst.; Gould, *B. Eur.* II, pl. 64; *lais*, Hempr. et Ehr.; *rufogularis*, Brm. (nec Kuhl); Dubois, *Ois. Eur.* I, pl. 36; *minuta*, Horn. et Sch.; *parva ruficollis*, A. Brm.; *Erythaca tytleri*, James.	Europe S.-E., Asie S.-W. jusqu'au N.-W. de l'Inde.
3576. ALBICILLA, Pall.; Dav. et Oust., *Ois. Chine*, p. 120, pl. 79; *rubeculoides*, Syk; *leucura*, Sw. (nec Gm.); *joulaimus*, Hodgs.; *parva*, Schr., Radde (nec Bechst.); *niveiventris*, *mugimaki*, Swinh. (nec Tem. et Schl.).	Sibérie E., Chine, Indo-Chine N.
3577. HYPERYTHRA (Cab.); *Siphia hyperythra*, Cab., *Journ. f. Orn.*, 1866, pp. 391, 401.	Inde N.-W., Ceylan.
3578. LUTEOLA (Pall.), *Zoogr.* I, p. 4; *mugimaki*, Tem., *Pl. col.* 577, f. 2; *rufigula*, S. Müll.; *erythaca*, Blyth.; *hylocharis*, Swinh. (nec Tem. et Schl.); *rufigularis*, Gray; *erythrura*, Ver. *(lapsu)* (1).	Japon, Sibérie E., Chine, Indo-Chine, Malacca, Bornéo.

683. MICROECA

Microeca, Gould (1840).

3579. FASCINANS (Lath.); *macroptera*, Vig. et Horsf.; Gould, *B. Austr.* II, pl. 93; *platyrhyncha*, Q. et G., *Voy. Astrolabe, Zool.* I, p. 178, pl. 11, f. 1; *leucophæa*, Blyth.	Australie.
3580. ASSIMILIS, Gould, *P. Z. S.*, 1840, p. 172; id. *B. Austr. Intr.*, p. XL.	Australie W.

(1) Les espèces suivantes n'ont pu être identifiées et ne paraissent pas appartenir au genre *Muscicapa* :

1. *Muscicapa madagascariensis*, Grandid. (supprimé par l'auteur).
2. *M. cæruleocephala*, Scop.; *cyanocephala*, Gm. (ex Sonnerat).
3. *M. luzoniensis*, Gm.; *tessacourbe*, Scop. (ex Sonn.).
4. *M. macroura*, Scop. (ex Sonn.).
5. *M philippensis*, Gm. (ex Buffon).
6. *M. manillensis*, Gm. (ex Sonn.).
7. *M. undulata*, Gm. (ex Montb.).

3581. FLAVOVIRESCENS, Gray, *P. Z. S.*, 1858, p. 178; Finsch, *Neu-Guin.*, p. 170. — Nouv.-Guinée, Arou, Mysol, Waigiou.

3582. FLAVIGASTER, Gould, *P. Z. S.*, 1842, p. 132; id. *B. Austr.* II, pl. 94; *lœta* et *flaviventris*, Salvad. — Australie N., Nouv.-Guinée.

3583. GRISEICEPS, De Vis, *Rep. Orn. Spec.*, 1894, p. 3. — Nouv.-Guinée S.-E.

3584. PUNCTATA, De Vis, *Op. cit.* — Nouv.-Guinée S.-E.

3585. ALBOFRONTATA, Rams, *P. Linn. Soc. N. S. W.* III, p. 304. — Nouv.-Guinée.

3586. HEMIXANTHA, Sclat., *P. Z. S.*, 1883, p. 55. — Timor-laut.

3587. OSCILLANS, Hart., *Novit. Zool.* IV, p. 170. — Flores.

686. ALSEONAX

Alseonax, Cab. (1850).

3588. LATIROSTRIS (Raffl.), *Tr. Linn. Soc.* XIII, p. 312; *M. grisola var. daurica*, Pall.; *poonensis*, Syk.; *terricolor*, Blyth; *cinereo-alba*, Tem. et Schl., *Fauna Jap. Aves*, p. 42, pl. 15; *pondiceriana*, Bp. — Japon, Sib. E., Chine, Indo-Chine, Inde, Ceylan, îles de la Sonde, Philippines.

3589. UNDULATA (Bon. et Vieill. nec Gm.?); Levaill., *Ois. d'Afr.* IV, p. 24, pl. 156; *adusta*, Boie, *Isis*, 1828, p. 318; *fuscula*, Sundev. — Afrique S. et S.-E.

851. *Var.* MINIMA, Heugl., *Journ. f. Orn.*, 1862, p. 301; id., *Orn. N.-O. Afr.*, p. 435, pl. 18, f. 1; *minuta*, Heugl. — Abyssinie.

3590. PUMILA, Rchnw., *Journ. f. Orn.*, 1892, p. 32; *infulata*, Emin (nec Hartl.). — Victoria Nyanza.

3591. MURINA, Fschr. et Rchnw., *Journ. f. Orn.*, 1884, p. 54. — Massaïland.

852. *Var.* SUBADUSTA, Shell., *Ibis*, 1897, p. 542. — Massaïland.

3592. INFULATA (Hartl.), *P. Z. S.*, 1880, p. 626. — Afrique centr. équat.

3593. COMITATA (Cass.), *Pr. Philad. Acad.*, 1857, p. 25. — De la Côte-d'Or au Gab.

3594. OBSCURA, Sjöst., *Ornith. Monatsb.* I, p. 43. — Caméron.

3595. EPULATA (Cass.), *Pr. Philad. Acad.*, 1850, p. 326; Hartl., *Orn. W.-Afr.*, pp. 96, 276. — Gabon.

853. *Var.* FANTISIENSIS, Sharpe, *Cat. B. Br. Mus.* IV, p. 131; *epulata*, Sharpe (1870). — De la Côte-d'Or au Gabon.

3596. MUTTUI (Layard), *Ann. N. H.*, 1854, p. 127; Legge, *B. of C.*, p. 417, pl. 18, f. 1; *terricolor*, Holdsw. (nec Hodgs.); *flavipes*, Legge; *Siphia mandellii*, Hume. — Sikhim, Ceylan.

687. BATIS

Batis, Boie (1833); *Pachyprora*, Sundev. (1872).

3597. CAPENSIS (Lin.); Levaill., *Ois. d'Afr.*, pl. 160; *pristinaria*, Vieill.; *thoracica*, Licht.; *strepitans*, Licht., *Nomencl.*, p. 20. — Afrique S.

3598. SENEGALENSIS (Lin.); *Pl. enl.* 567, ff. 1, 2; *velatus*, Bon. et Vieill.; *succincta*, Licht., *Nomencl.*, p. 20. — Afrique W., N.-E. jusqu'au 10° l. S.
3599. ORIENTALIS (Heugl.), *Orn. N.-O. Afr.* I, p. 449; *pririt*, Blanf.; *affinis*, Finsch, *Tr. Z. S.* VII, p. 315. — Afrique N.-E.
3600. PUELLA, Rchnw., *Jahrb. Hamb. Aust.* X, p. 18. — Afrique E.
3601. BELLA (Ell.), *Field Columb. Mus. Orn.* I, n° 2, p. 47. — Somaliland.
3602. MINULLA (Bocage), *Jorn. Lisb.*, 1874, p. 37; id., *Orn. Angola*, p. 199, pl. 3. — Angola, Congo.
3603. MOLITOR (Hahn et Küst.), *Vög. Asien etc.*, liv. XX, pl. 3; Sharpe, *Lay. B. S. Afr.*, p. 348, pl. 10, f. 1; *pririt*, auct. plur. (nec Vieill.); *melanoleuca*, Licht., *Nomencl.*, p. 20. — Afrique S.
854. *Var.* PRIRIT (Vieill.); Levaill., *Ois. d'Afr.*, pl. 161; Sharpe, *Lay B. S. Afr.*, p. 349, pl. 10, ff. 2,3; *senegalensis*, Less. (nec Lin.); *affinis*, Wahlb. — Afrique S.
3604. MIXTA (Shell.), *P. Z. S.*, 1889, p. 359, pl. 40. — Kilimanjaro (Afr. E.)
3605. DIMORPHA (Shell.), *Ibis*, 1893, p. 18. — Nyassaland.
3606. MINIMA (Verr.), *Rev. et Mag. de Zool.*, 1855, p. 219. — Gabon.

688. DIAPHOROPHYIA

Diaphorophyia, Bp. (1854); *Myiophila*, Hartl. (1857); *Agromyias*, *Striphomyias*, Heine (1860).

3607. LEUCOPYGIALIS et *castanea* (Fras.), *P. Z. S.*, 1842, pp. 141-42; id., *Zool. Typ.*, pl. 34, ff. 1, 2. — Afrique W.
3608. BLISSETTI, Sharpe, *Ann. and Mag. N. H.* X (4), p. 451; *concreta*, Hartl. (1861 nec 1855). — Côte-d'Or.
3609. JAMESONI, Sharpe, *App. James.* « *Rear Column.* », p. 414. — Haut-Congo.
3610. CHALYBEA, Rchnw., *Orn. Monatsb.*, 1897, p. 46. — Caméron.
3611. CONCRETA (Hartl.), *Journ. f. Orn.*, 1855, p. 360; id., *Orn. W. Afr.*, p. 95. — Ashantée.

689. BIAS

Bias, Less. (1831).

3612. MUSICUS (Vieill.); Fsch. et Hartl., *Vög. Ostafr.*, p. 313, pl. 3, ff. 2, 3; *flavipes*, Sw., *Monogr. Flyc.*, p. 255. — Afrique W. et S.-E.

690. ARTOMYIAS

Artomyias, J. et E. Verr. (1855).

3613. FULIGINOSA, Verr., *Journ. f. Orn.*, 1855, p. 104; *Cat. B. Br. Mus.* IV, pl. 3, f. 1; *infuscatus*, Cass. — Du Gabon au Congo (Afrique W.)
3614. USSHERI, Sharpe, *Ibis*, 1871, p. 416; id., *Cat. B. Br. Mus.* IV, pl. 3, f. 2. — Fantée (Afrique W.)

691. PLATYSTIRA

Platysteira, Jard. et Sel. (1830).

3615. CYANEA (P. L. S. Müll.); *melanoptera*, Gm.; *collaris*, Hahn et Küst.; *melanorhynchus*, Bon. et Vieill.; *desmaresti* et *collaris*, Jard. et S., *Ill. Orn.* I, pl. 9, ff. 1, 2; *lobata*, Sw. — Afrique W.
3616. ALBIFRONS, Sharpe, *Ibis*, 1873, p. 159. — Angola, Choa, Victoria Nyanza.
3617. JACKSONI, Sharpe, *Ibis*, 1891, p. 445; 1892, p. 301, pl. 7, f. 2. — Sotic (Afrique angl. E.)
3618. PELTATA, Sundev., *OEfv. K. Vet. Akad.*, 1850, p. 105; Sharpe, *Ibis*, 1873, p. 160, pl. 4, ff. 2, 3. — Afrique S.-E.
3619. MENTALIS, Bocage, *Jorn. Lisb.*, 1879, p. 3. — Benguela.

692. PEDILORHYNCHUS

Pedilorhynchus, Rchnw. (1891).

3620. STUHLMANNI, Rchnw., *Ber. über die Dec.-Sitzb. der Allg. D. Orn. Ges.*, 1891; id., *Journ. f. Orn.*, 1892, p. 34, pl. 1, f. 1. — Victoria Nyanza (Uganda).
  853. *Var.* CAMERUNENSIS, Rchnw., *Journ. f. Orn.*, 1892, p. 183. — Caméron.

693. NEWTONIA

Newtonia, Schl. et Pol. (1868).

3621. BRUNNEICAUDA (A. Newt.), *P. Z. S.*, 1863, p. 180; Schl. et Pol., *Faun. Madag.*, p. 101, pl. 18, f. 3; *Pratincola arborea*, Gray. — Madagascar.
3622. AMPHICHROA, Rchnw., *Journ. f. Orn.*, 1891, p. 210; *olivacea*, Büttik, *Notes Leyd. Mus.*, XVIII, p. 199. — Madagascar.

694. PETROECA

Petroica, Sw. (1829); *Erythrodryas*, Gould (1842); *Myiomoira*, Rchb. (1850); *Petroeca*, Cab. (1860); *Melanodryas*, *Amaurodryas*, Gould (1865).

3623. LEGGII, Sharpe, *Cat. B. Br. Mus.* IV, p. 165; *multicolor*, auct. plur. (nec Gm.); Sw., *Zool. Ill.*, ser. 2, I, pl. 36; Gould, *B. Austr.* III, pl. 3. — Australie, Tasmanie.
  856. *Var.* CAMPBELLI, Sharpe, *Ibis*, 1898, p. 303. — Australie W.
3624. PHOENICEA, Gould; id., *B. Austr.* III, pl. 6. — Australie, Tasmanie.
3625. MULTICOLOR (Gm.); *erythrogastra*, Lath.; Gould, *Op. cit.*, pl. 4; *modesta*, Gould (fem.); *pulchella*, Gould (mas.); *dibapha*, Forst. — Ile Norfolk.

3626. PUSILLA, Peale, *U. S. Expl. Exp.*, 1848, p. 93, pl. 25, f. 3; *kleinschmidti*, Finsch, *P. Z. S.*, 1875, p. 643. — Iles Samoa.
3627. AMBRYNENSIS, Sharpe, *Ibis*, 1900, p. 341. — Nouv.-Hébrides.
3628. BIVITTATA, De Vis, *Ibis*, 1897, p. 376. — Nouv.-Guinée angl.
3629. SIMILIS, Gray, *Cat. B. Trop. Isl. Pacif. Ocean*, p. 15. — Nouv.-Hébrides.
3630. RHODINOGASTRA (Drap.); Gould, *Op. cit.*, pl. 1; *lathami*, Vig.; *erythrogastra*, Cab. (nec Lath.). — Australie S. et S.-E., Tasmanie.
3631. ROSEA, Gould, *P. Z. S.*, 1839, p. 142; id., *Op. cit.*, pl. 2; *lathami*, Vig. et Horsf. (nec Vig., 1825). — Australie.
3632. GOODENOVII (Vig. et Horsf.); Gould, *Op. cit.*, pl. 3. — Australie S. et E.
857. *Var.* RAMSAYI, Sharpe, *Cat. B. Br. Mus.* IV, p. 172. — Australie W.
3633. BICOLOR (Vig. et Horsf.), *Tr. Lin. Soc.* XV, p. 233; Gould, *Op. cit.*, pl. 7; *cucullata*, Gr. — Australie.
858. *Var.* PICATA (Gould), *Handb. B. Austr.* I, p. 285. — Australie N. et N.-W.
3634. TOITOI (Garn.), *Voy. Coq. Zool.*, p. 590, pl. 15, f. 3; *albopectus*, Ellm., *Zool.*, 1861, p. 7465. — Nouv.-Zélande (île N., Chatham).
3635. MACROCEPHALA (Gm.); Steph., *Gen. Zool.* V, p. 51, pl. 5; *forsterorum*, *dieffenbachii* et *forsteri*, Gray; *minutus*, Forst. — Nouv.-Zélande (Chatham, Auckland).
3636. VITTATA (Q. et G.), *Voy. Astrol.* I, p. 173, pl. 3, f. 2; *fusca*, Gould, *Op. cit.*, pl. 8. — Tasmanie.

695. ERYTHROMYIAS

Erythromyias, Sharpe (1879); *Saxicola* (pt.), auct. plur.

3637. DUMETORIA (Wall.), *P. Z. S.*, 1863, p. 490; Sharpe, *Cat. B. Br. Mus.* IV, p. 199, pl. 4, f. 1; *Niltava tricolor*, Gray. — Java, Lombock.
3638. MUELLERI (Blyth), *Ibis*, 1870, p. 166; Sharpe, *Cat. B. Br. Mus.* IV, p. 200, pl. 4, f. 2. — Sumatra, Bornéo.
3639. BURUENSIS, Hart., *Ibis*, 1899, p. 310. — Ile Bourou.
3640. PYRRHONOTA (Mull. et Schl.), *Verh. Nat. Gesch. Land- en Volkenk.*, p. 209; Sharpe, *Op. cit.*, p. 200. — Timor.

696. MUSCIPARUS

Musciparus, Rchnw. (1897).

3641. TAPPENBECKI, Rchnw., *Ornith. Monatsb.*, 1897, p. 25. — Nouv.-Guinée allem.

697. SMICRORNIS

Smicrornis, Gould (1842).

3642. BREVIROSTRIS, Gould, *P. Z. S.*, 1837, p. 187; id., *B. Austr.* II, pl. 103; *occidentalis*, Bp. — Australie.
3643. FLAVESCENS, Gould; id., *B. Austr.* II, pl. 104. — Australie N.

698. MICROLESTES

Microlestes, Mey. (1884).

3644. ARFAKIANUS, Mey., *Zeitschr. gesam. Ornith.*, 1884, p. 198. — Mts Arfak (N.-Guin.)

699. GERYGONE

Psilopus, Gould (1837 nec Poli 1795); *Gerygone*, Gould (1842); *Pseudogerygone*, Sharpe (1878).

3645. ALBIGULARIS, Gould, *P. Z. S.*, 1837, p. 147; id., *B. Austr.* II, pl. 97; *olivaceus*, Gould. — Australie N.-E.
3646. THORPII, Rams., *P. Linn. Soc. N. S. W.* II, p. 677. — Ile Lord Howe (Austr.)
3647. CINERASCENS, Sharpe, *Journ. Linn. Soc., Zool.* XIII, p. 494. — Austr. N.-W., Nouv.-Guin. S.-E.
3648. RAMUENSIS, Rchnw., *Ornith. Monatsb.*, 1897, p. 26. — Nouv.-Guinée allem.
3649. INSPERATA, De Vis, *Ann. Rep. Brit. N.-Guin.*, 1890-1891, *App.* cc, p. 94. — Nouv.-Guinée S.-E.
3650. GUILIANETTII, Salvad., *Ann. Mus. Genova*, XVI, p. 81. — Moroka (N.-Guin. S.-E.
3651. INORNATA, Wall., *P. Z. S.*, 1863, p. 490; *Cat. B. Br. Mus.* IV, pl. 5, f. 1. — Timor.
3652. WETTERENSIS, Finsch, *Notes Leyd. Mus.* XX, p. 132. — Ile Wetter.
3653. KISSERENSIS, Finsch, *Op. cit.*, p. 133. — Ile Kisser (Timor N.-E.)
3654. EVERETTI, Hart., *Novit. Zool.* IV, p. 267. — Ile Savu (Timor S.-W.)
3655. PALLIDA (Tem.), Finsch, *Op. cit.*, p. 134. — Nouv.-Guinée W.
3656. SIMPLEX, Cab., *Journ. f. Orn.*, 1872, p. 316; *modesta*, Cab. 1866 (nec Pelz.). — Ile Luçon.
3657. PLACIDA, Madar., *Ornith. Monatsb.*, 1900, p. 3. — Nouv.-Guinée allem.
3658. FLAVEOLA, Cab., *Journ. f. Orn.*, 1873, p. 157; *Cat. B. Br. Mus.* IV, pl. 5, f. 2. — Célèbes.
3659. SALVADORII, Büttik., *Notes Leyd. Mus.*, 1893, p. 175; *sulfurea*, Fsch. (nec Wall.); *flaveola* (part.) Sharpe. — Bornéo.
3660. MODIGLIANII, Salvad., *Ann. Mus. Genova*, XII, p. 52; *pectoralis*, Davis. — Malacca, Sumatra.
3661. SULFUREA, Wall., *P. Z. S.*, 1863, p. 490. — Ile Solor.
3662. HYPOXANTHA, Salvad., *Ann. Mus. Genova*, XII, p. 315. — Misori, Timor-laut.
3663. FULVESCENS, Mey., *S. B. Ges. Isis*, 1884, p. 27. — Babbar.
3664. DORSALIS, Sclat., *P. Z. S.*, 1883, p. 199. — Ile Tenimber.
3665. IGATA (Q. et Gaim.), *Voy. Astrolabe, Zool.* I, p. 201, pl. 11, f. 2; *flaviventris*, Gray, *Voy. Ereb. and Ter. B.*, p. 5, pl. 4, f. 1; *assimilis*, Bull. — Nouv.-Zélande.
859. *Var.* AUCKLANDICA, Pelz., *Reise Novara*, Vög., p. 65; *sylvestris*, Potts, *Tr. N. Zeal. Inst.* V, p. 177. — Nouv.-Zélande W.
3666. MODESTA, Pelz., *Sitz. K. Akad. Wien*, XLI, p. 320. — Ile Norfolk.

3667. RUFICOLLIS, Salvad., *Ann. Mus. Civ. Gen.* VII, p. 959 (1875). — Nouv.-Guinée N.-W.
3668. BIMACULATA, Mey., *Zeitschr. ges. Orn.* I, p. 198. — Mts Arfak (N.-Guin.)
3669. CULICIVORA, Gould; id., *B. Austr.* II, pl. 99. — Australie W.
3670. CINEREA, Salvad., *Ann. Mus. Civ. Gen.* VII, p. 958 (1875). — Nouv.-Guinée N.-W.
3671. BRUNNEIPECTUS (Sharpe), *Notes Leyd. Mus.* I, n° 9, p. 29; *nigrirostris*, Salvad. (nec Gould). — Australie N., Nouv.-Guin. S.-E., Arou.
3672. KEYENSIS, Büttik., *Notes Leyd. Mus.* XV, p. 258. — Ile Key.
3673. CONSPICILLATA (Gray), *P. Z. S.*, 1859, p. 156; *affinis*, Mey.; *Zosterops fusca*, Bernst., *Journ. f. Orn.*, 1864, p. 406. — Nle-Guin., Waigiou, Salawati, Jobi, Rubi.
3674. MAGNIROSTRIS, Gould; id., *B. Austr.* II, pl. 100. — Austr. N.-W., Queensl.
3675. MURINA, De Vis, *Ibis*, 1897, p. 377. — Nouv.-Guinée angl.
3676. FLAVILATERALIS (Gray), *P. Z. S.*, 1859, p. 161. — Nouv.-Calédonie.
3677. ROSSELIANA, Hart., *Novit. Zool.* VI, p. 79. — Ile Rossel (Louisiades).
860. *Var.* ONEROSA, Hart., *Novit. Zool.* VI, p. 209. — St-Aignan (Louisiades).
3678. FUSCA, Gould; id., *B. Austr.* II, pl. 98. — Australie.
3679. LÆVIGASTRA, Gould; id., *B. Austr.* II, pl. 101; *simplex*, Mast. (nec Cab.); *mastersi*, Sharpe. — Australie N.
3680. ALBIFRONTATA, Gray, *Voy. Ereb. and Terror, B.* p. 5, pl. 4, f. 2; *frontata*, Potts. — Ile Chatham.
3681. RUFESCENS, Salvad., *Ann. Mus. Civ. Genov.* VII, p. 961 (1875). — Nouv.-Guinée N.-W.
3682. RUBRA (Sharpe), *Notes Leyd. Mus.* I, n° 9, p. 29. — Mts Arfak (N.-Guin.)
3683. CHRYSOGASTRA, Gray, *P. Z. S.*, 1858, p. 174; *inconspicua*, Rams. — Iles Arou, Nouv.-Guinée S.-E., Jobi.
3684. ARUENSIS, Büttik., *Notes Leyd. Mus.* XV, p. 259. — Iles Arou.
3685. CINEREICEPS, Sharpe, *B. New Guin.*, pt. XXII, pl. — Nouv.-Guinée.
3686. ARFAKIANA, Salvad., *Ann. Mus. Civ. Genov.*, VII, p. 960. — Mts Arfak (N.-Guin.)
3687. NOTATA, Salvad., *Op. cit.*, XII, p. 344; *Leptotodus tenuis*, Mey., *Zeitschr. ges. Orn.*, 1884, p. 197, pl. 9, f. 2. — Mysol, Nouv.-Guinée N.-W.
3688. VIRESCENS (S. Müll.), Finsch, *Notes Leyd. Mus.* XX, p. 135; *conspicillata*, auct. plur. — Nouv.-Guinée W.
3689. BRUNNEA, De Vis, *Ibis*, 1897, p. 378. — Nouv.-Guinée angl.
3690. NEGLECTA, Wall., *P. Z. S.*, 1865, p. 475. — Ile Waigiou.
3691. TROCHILOIDES, Salvad., *Ann. Mus. Civ. Genov.* VII, p. 961. — Ile Misori.
3692. MAFORENSIS, Mey., *Sitz. K. Akad. Wien*, LXX, p. 119. — Ile Mafor.
3693. CHLORONATA, Gould; id., *B. Austr.* II, pl. 102. — Australie N.
3694. POLIOCEPHALA, Salvad., *Ann. Mus. Civ. Genov.* VII, p. 960. — Nouv.-Guinée N.-W.
3695. PERSONATA, Gould; id., *B. Austr.*, *Suppl.* pl. 14; *flavida*, Rams. (fem.). — Australie N.-E.

3696. PALPEBROSA, Wall., *P. Z. S.*, 1865, p. 475; *Cat. B. Br. Mus.* IV, pl. 6; *melanothorax*, Salvad. — Arou, Nouv.-Guinée N.-W.
3697. WAHNESI (Mey.), *Ornith. Monatsb.*, 1899, p. 144. — Nouv.-Guinée E.
3698. ROBUSTA, De Vis, *An. Rep. Brit. New Guin.*, 1898, *Appendix*. — Nouv.-Guinée angl.

700. CHASIEMPIS (1)

Chasiempis, Cab. (1847).

3699. SANDWICHENSIS (Gm.); Cab., *Arch. f. Nat.*, 1847, p. 208. — Kauai (Sandwich).
861. *Var.* DOLEI, Stejn., *Pr. U. S. Nat. Mus.* X, p. 90. — Kauai (Sandwich).
862. *Var.* RIDGWAYI, Stejn., *Op. cit.*, p. 89; *sandwichensis*, auct. plur. (nec Gm.); Scl., *Ibis*, 1885, p. 18, pl. 1, f. 1. — Hawaii (Sandwich).
863. *Var.* GAYI, B. Wils., *P. Z. S.*, 1891, p. 165. — Oahu (Sandwich).
864. *Var.* SCLATERI, Ridgw., *Pr. U. S. Nat. Mus.* IV, p. 337; *sandwichensis*, Scl., *Ibis*, 1885, p. 19. — Kauai (Sandwich).
865. *Var.* IBIDIS, Stejn., *Pr. U. S. Nat. Mus.* X, p. 89; ? *maculata*, Gm.; *sandwichensis*, auct. plur.; Scl., *Ibis*, 1885, pl. 1, f. 2. — Oahu (Sandwich).

701. MUSCYLVA

Muscylva, Hombr. et Jacq. (1842-53).

3700. LESSONI, Jacq. et Puch., *Voy. Pôle Sud*, III, p. 75, pl. 11, f. 2; *cinerea*, Peale, *U. S. Expl. Exp.*, *B.*, p. 101, pl. 27, f. 2. — Iles Fidji.

702. MIRO

Miro, Less. (1831); *Myioscopus*, Rchb. (1850).

3701. ALBIFRONS, Gm.; Gray, *Voy. Ereb. and Ter.*, *app.*, pl. 6, f. 2; *ochrotarsus*, Forst. — Nouv.-Zélande (île S.)
3702. AUSTRALIS (Sparrm.); *longipes*, Garn., *Voy. Coq.*, *Zool.* I, p. 594, pl. 19, f. 1; *novæ-zealandiæ*, Less. — Nouv.-Zélande (île N.)
3703. TRAVERSI, Buller, *B. N. Zeal.*, p. 123; id., *Ibis*, 1874, p. 116. — Ile Chatham.
3704. DANNEFAERDI, Rotsch., *Novit. Zool.* I, p. 688. — Iles Snares (N.-Zél. S.)

703. LANIOTURDUS

Lanioturdus, Waterh. (1833); *Hypsipus*, Sundev. (1872).

3705. TORQUATUS, Waterh.; *albicauda*, Strickl.; Bp., *Rev. et Mag. de Zool.*, 1857, p. 52, pl. 5; *tandonus*, Bp. — Afrique S.-W.

(1) Le *M. dimidiata*, Hartl. et Fsch., placé par M. Sharpe dans le genre *Chasiempis*, est un vrai *Monarcha* (voir ce genre).

704. METABOLUS

Metabolus, Bp. (1854).

3706. RUGENSIS (Hombr. et Jacq.), *Voy. Pôle Sud, Zool.* III, p. 62, pl. 13; Bp., *C. R.* XXXVIII, p. 650. — Ile Truk (Caroline).

705. HETEROMYIAS

Heteromyias, Sharpe (1879).

3707. CINEREIFRONS (Rams.), *P. Z. S.*, 1875, p. 588. — Queensland (Austral.)

706. MONACHELLA

Monachella, Salvad. (1874).

3708. MUELLERIANA (Schl.), *N. T. D.* IV, p. 40 (nec Blyth); *saxicolina*, Salvad., *Ann. Mus. Genov.* VI, p. 83; *albofrontata*, Rams. — Nouv.-Guinée N.-W.

3709. VIRIDIS, De Vis, *Rep. Orn. Coll.*, 1894, p. 3. — Nouv.-Guinée S.-E.

707. POECILODRYAS

Pœcilodryas, Gould (1865); *Leucophantes*, Scl. (1873); *Megalestes*, Salvad. (1875).

3710. CERVINIVENTRIS, Gould; id., *B. Austr.*, *Suppl.*, pl. 15. — Australie N.-W.

3711. SUPERCILIOSA, Gould; id., *B. Austr.* III, pl. 9. — Australie N.-E.

3712. BIMACULATA (Salvad.), *Ann. Mus. Civ. Genov.* VI, p. 84; *sylvia*, Rams. — Nouv.-Guinée N.-W.

3713. ALBINOTATA (Salvad.), *Ann. Mus. Genov.* VII, p. 770; *Cat. B. Br. Mus.* IV, pl. 7. — Nouv.-Guinée N.-W.

3714. ÆTHIOPS, Sclat., *P. Z. S.*, 1880, p. 66, pl. 7, f. 1. — Nouv.-Bretagne.

3715. HYPOLEUCA (Gray), *P. Z. S.*, 1859, p. 153. — Nouv.-Guinée, Mysol, Waigiou.

3716. LORALIS, De Vis, *Ibis*, 1897, p. 377. — Nouv.-Guinée angl.

3717. HERMANI, Madar., *Ibis*, 1894, p. 548. — Nouv.-Guinée E.

3718. MELANOGENYS, Mey., *Abh. Mus. Dresd.*, 1893, n°3, p. 12. — Nouv.-Guinée S.-E.

3719. BRACHYURA (Scl.), *P. Z. S.*, 1873, p. 691, pl. 53; *albotæniata*, Mey. — Nouv.-Guinée N.-W., Jobi.

3720. PULVERULENTA (S. Müll.); *leucura*, Gould, *Ann. and Mag. N. H.* (ser. 4), IV, p. 108; *cinerea*, Sharpe; id., *Cat. B. Br. Mus.* IV, p. 243. — Nouv.-Guinée, Arou, Australie N.

3721. CYANA, Salvad., *Ann. Mus. Civ. Genov.* VI, p. 84; id., *Ornith Pap. etc.* II, p. 89. — Monts Arfak (Nouv.-Guinée).

866. *Var.* SUBCYANEA, De Vis, *Ibis*, 1897, p. 377. — Nouv.-Guinée angl.

3722. PLACENS, Rams., *Pr. Linn. Soc. N. S. W.* III, p. 272; *flavicincta*, Sharpe. — Nouv.-Guinée S.-E.

3723. ARMITI, De Vis, *Rep. Orn. Coll.*, 1894, p. 3. — Nouv.-Guinée S.-E.

3724. MODESTA, De Vis, *Rep. Orn. Coll.*, 1894, p. 3. — Nouv.-Guinée S.-E.

3725. LEUCOPS (Salvad.), *Ann. Mus. Civ. Gen.* VII, p. 291; *Cat. B. Br. Mus.* IV, pl. 8, f. 2. — Monts Arfak (Nouv.-Guinée).
3726. CAPITO (Gould); id., *B. Austr.*, *Suppl.*, pl. 17. — Nouv.-Galles du S.
867. *Var.* NANA (Rams.), *Pr. Linn. Soc. N. S. W.* II, pp. 183, 373. — Queensland.
3727. PAPUANA (Mey.), *Sitz. Geselsch. Isis*, 1875, p. 75; Sharpe, *Cat. B. Br. Mus.* IV, p. 247, pl. 8, fig. 1; *hypoxanthus*, Salvad., *Ann. Mus. Civ. Gen.* VII, p. 920. — Nouv.-Guinée N.-W.
3728. MINOR, Mey., *Sitz. Gesellsch. Isis*, 1884, p. 27. — Nouv.-Guinée W.
3729. ALBIFACIES, Sharpe, *J. Linn. Soc.* XVI, p. 318. — Nouv.-Guinée S.-E.
3730. SALVADORII, Madar., *Ornith. Monatsb.*, 1900, p. 1. — Nouv.-Guinée allem.
3731. SIGILLATA, De Vis, *Rep. Brit. N.-Guin.*, *app.*, p. 109. — Nouv.-Guinée.
3732. VICARIA, De Vis, *Ann. Rep. Brit. N.-Guin.*, 1890-91, *app.* cc, p. 9. — Nouv.-Guinée S.-E.
3733. NITIDA, De Vis, *Ibis*, 1897, p. 376. — Nouv.-Guinée S.-E.
3734. CANICEPS, De Vis, *Ibis*, 1897, p. 377. — Nouv.-Guinée S.-E.

708. HYLIOTA

Hyliota, Sw. (1837); *Hyliotis*, Shell. (1899).

3735. FLAVIGASTRA, Sw., *Classif. B.* II, p. 260; id., *Mon. Flyc.*, p. 228, pl. 28; *violacea*, Verr. — Afrique N.-E. et W.
868. *Var.* MARGINALIS, Rchnw., *Orn. Monatsb.*, 1900, p. 6. — Lumbuti.
3736. AUSTRALIS, Shell., *Ibis*, 1882, p. 258, pl. 7, f. 2. — Afrique S.-E.
3737. BARBOZÆ, Hartl., *Journ. f. Orn.*, 1883, p. 329; *violacea*, Sharpe (nec Verr.). — Benguéla.
3738. NEHRKORNI, Hartl., *Ibis*, 1892, p. 373, pl. 8. — Accra (Afr. W.)

709. XANTHOPYGIA

Zanthopygia, Blyth (1847); *Xanthopygia*, Bl. (1849); *Charidhylas*, Bp. (1854).

3739. NARCISSINA (Tem.), *Pl. col.* 577, f. 1; Tem. et Schl., *Fauna Jap.*, *Aves*, p. 46, pl. 17 c; *chrysophrys*, Blyth. — Chine, Japon, Philippines.
3740. TRICOLOR (Hartl.), *R. Z.*, 1845, p. 406; Dav. et Oust., *Ois. Chine*, p. 118, pl. 80; *M. xanthopygia*, Hay; *leucophrys*, Blyth; *hylocharis*, T. et S., *F. J.*, pl. 17 (fem.). — Chine, Japon, Indo-Chine, Malacca.

710. CYANOPTILA

Cyanoptila, Blyth (1847).

3741. CYANOMELÆNA (Tem.), *Pl. col.* 470; *bella*, Hay; *cyanomelanura*, Blyth; *melanoleuca*, T. et S., *F. J.*, *Aves*, pl. 17 D; *gularis*, T. et S., *l. c.*, pl. 16 (fem.). — Japon, Chine jusqu'à Bornéo.

711. RHYACORNIS

Rhyacornis, Blanf. (1873); *Nymphæus*, Hume (1873); *Ruticilla*, auct. plur.

3742. FULIGINOSA (Vig.), *P. Z. S.*, 1831, p. 35; Dav. et Oust., *Ois. Chine*, p. 171; *plumbea*, Gould; *simplex*, Less.; *rubicauda*, *lineoventris*, Hogs., *Icon. ined.*, *Pass.*, pl. 74A. — Himalaya, Chine, Mongolie.

712. LIOPTILUS

Lioptilus, Cab. (1850).

3743. NIGRICAPILLUS (Vieill.); Levaill., *Ois. d'Afr.*, pl. 108. — Afrique S.
3744. OLIVASCENS (Cass.), *Pr. Philad. Acad.*, 1859, p. 52; Heine, *J. f. O.*, 1859, p. 431; Sh., *Cat.*, p. 263. — Gabon.

713. OREICOLA

Oreicola, Bp. (1854); *Rhodophila*, Jerd. (1863).

3745. JERDONI, Blyth, *Ibis*, 1867, p. 14; *melanoleuca*, Jerd. (nec Vieill.); Gould, *B. Asia*, part. XVIII. — Bengale E. jusqu'en Birmanie.
3746. MELANOLEUCA (Vieill.); Finsch, *New-Guinea*, p. 167; *luctuosa*, Bp.; *nycthemera*, Tem. — Ile Timor.
3747. FERREA (Hodgs.), *Icon. ined. Passeres*, pl. 97; Jerd., *B. Ind.* II, p. 127; Sharpe, *Cat.* IV, p. 266. — Inde, Indo-Chine, Chine S.

714. STENOSTIRA

Stenostira, Cab. et Bp. (1850); *Empidivora*, Rchb. (1850).

3748. SCITA (Vieill.), *N. Dict.* XXI, p. 474; *tenella*, Licht.; *longipes*, Sw., *Mon. Flycat.*, p. 185, pl. 21. — Afrique S.

715. PARISOMA

Parisoma, Sw. (1831); *Ægithalopsis*, Heine (1859).

3749. SUBCÆRULEUM (Vieill.), *N. Dict.* XI, p. 188; Levaill., *Ois. d'Afr.*, pl. 126; *rufiventer*, Sw. — Afrique S.
3750. PLUMBEUM (Hartl.), *J. f. O.*, 1858, p. 41; Heugl., *Orn. N.-O. Afr.*, p. 432, pl. 17; *melanurum*, Cass. — Afrique N.-E. et N.-W.
3751. CATOLEUCUM, Rchnw., *Orn. Monatsb.*, 1900, p. 5. — Niassa (Chamba).
3752. LAYARDI, Hartl., *Ibis*, 1862, p. 147; *schistacea*, Heugl. — Afrique S.
3753. BOEHMI, Rchnw., *Journ. f. Orn.*, 1882, p. 209. — Ugogo, Somali (Afr. E.)
3754. ORIENTALE, Rchnw. et Neum., *Orn. Monatsb.*, 1895, p. 74. — Ukamba S.
3755. ? ABYSSINICUS (Rüpp.), *Neue Wirb.*, p. 108, pl. 40, f. 2. — Afrique N.-E.
3756. ? GALINIERI (Guér.), Ferr. et Gal., *Voy. Abyss. Ois.* III, pl. 13; *frontale*, Rüpp., *S. U.*, pl. 22. — Choa, Abyssinie.

716. ÆTHOMYIAS

Entomophila, (pt.) Gray; *Sericornis*, (pt.) Salvad.; *Æthomyias*, Sharpe (1879).

3757. SPILODERA (Gray), *P. Z. S.*, 1859, p. 155. Nouv.-Guinée N.-W.
3758. GUTTATA, Sharpe, *J. Linn. Soc.* XVI, p. 432. Nouv.-Guinée S.-E.

717. CHLOROPETA

Chloropeta, Smith (1847).

3759. NATALENSIS, Smith, *Ill. Zool. S. Afr., Aves*, pl. 112, f. 2. Natal (Afr. S.-E.)
869. *Var.* MASSAICA, Fisch. et Rchnw., *Journ. f Orn.*, 1884, p. 54. Massailand (Afr. E.)
3760. ICTERINA, Sundev., *OEfv. K. Vet.-Akad. Förh. Stokh.*, 1850, p. 105; Sharpe, *Layard's B. S. Afr.*, p. 336. Afrique S.
3761. SIMILIS, Richm., *Auk*, 1897, p. 163. Kilimanjaro.

718. HYPOTHYMIS (1)

Hypothymis, Boie (1826); *Myiagra* (pt.), auct plur.; *Cyanomyias* (pt.), Sharpe (1879).

3762. AZUREA (Bodd.), *Pl. enl.* 666, f. 1; *cærulea*, Gm.; *cæruleocephala*, Syk.; ? *torquata*, Sw.; *ceylonensis*, Sharpe, *Cat.*, p. 277. Inde, Ceylan, Indo-Chine, Formose, Philippines.
3763. OCCIPITALIS (Vig.); Levaill., *Ois. d'Afr.*, pl. 153; *cærulea*, auct. plur. (nec Gm.); Kittl., *Kupf. Vög.*, p. 7, pl. 9, f. 1; *azurea*, auct. plur. (nec Bodd.). Iles Nicobar, Indo-Ch., Malacca, îles de la Sonde, Phil., Form.
3764. TYTLERI (Beav.), *Ibis*, 1867, p. 324. Iles Andamans.
3765. PUELLA (Wall.), *P. Z. S.*, 1862, p. 430; Wald., *Tr. Z. S.* VII, p. 66, pl. 7, f. 2. Célèbes.
870. *Var.* BLASII, Hart., *Novit. Zool.* V, p. 125; *puella* (pt.), Sharpe. Iles Soula.
3766. ROWLEYI (Mey.), in *Rowley's Orn. Misc.* III, p. 163. Iles Sangi.
3767. SUPERCILIARIS, Sharpe, *Tr. Linn. Soc.* (new ser.) I, p. 326. Basilan, Mindanao (Philippines.)
871. *Var.* SAMARENSIS, Steere, *List B. Philipp.*, p. 16. Samar, Leyte (Philip.)
3768. COELESTIS, Tweed., *Ann. and Mag. N. H.* XX, p. 536; id., *P. Z. S.*, 1878, p. 109, pl. 7, f. 1. Dinagat, Basilan, Samar.
3769. HELENÆ (Steere), *List B. Philipp.*, p. 16. Samar (Philippines).

719. CHELIDORHYNX

Chelidorhynx, Hodgs. (1845).

3770. HYPOXANTHA (Blyth), *J. A. S. Beng.* XII, p. 935; Blyth et Wald., *B. Burma*, p. 132; *chrysoschistos*, Hodgs. Himalaya, M[ts] Khasia et Tonghoo.

(1) L'*H. menadensis* (Q. et G.) se rapporte, d'après M. Oustalet, aux *Monarcha dichrous* (Gray).

720. TODOPSIS

Todopsis, Bp. (1854).

3771. CYANOCEPHALA (Quoy et G.), *Voy. de l'Astrolabe*, p. 227, pl. 5, f. 4; *cæruleocephala*, Gr.; *sericyaneus*, Rosenb. — Nouv.-Guinée.

3772. BONAPARTEI, Gray, *P. Z. S.*, 1859, p. 156; *cyanocephala*, Gr. (nec Q. et G.), *P. Z. S.*, 1858, p. 177, pl. 134; *cærulescens* (part.), Rosenb. — Iles Arou, Nouv.-Guinée S.

872. *Var.* MYSORIENSIS, Mey., *Sitz. K. Akad. Wien*, LXIX, p. 7. — Ile Misori.

3773. WALLACEI, Gray, *P. Z. S.*, 1861, pp. 429, 434, pl. 43, f. 2; *grayi*, Beccari (nec Wall.). — Mysol, Nouv.-Guin. S.

873. *Var.* CORONATA, Gould, *B. New Guin.*, part. VIII, pl. 11; *wallacei* (pt.), Schl. — Iles Arou.

3774. KOWALDI, De Vis, *Rep. Brit. N.-Guin., app.*, p. 109. — Nouv.-Guinée S. E.

721. CHENORHAMPHUS

Chenorhamphus, Oust. (1878); *Todopsis* (pt.), auct. plur.

3775. GRAYI (Wall.), *P. Z. S.*, 1862, p. 166; Gould, *B. New-Guin.* pt. VIII, pl.; *glauca*, Schl.; *sericyanea*, Rosenb.; *cyanopectus*, Oust. — Nouvelle-Guinée N., W., Salavatti.

722. CLYTOMYIAS

Clytomyias, Sharpe (1878).

3776. INSIGNIS, Sharpe, *Notes Leyd. Mus.* I, p. 30; id., *Cat. B. Br. Mus.* IV, p. 285. — Monts Arfak (Nouvelle-Guinée).

723. ERYTHROCERCUS

Erythrocercus, Hartl. (1857).

3777. MACCALLI (Cass.), *P. Phil. Ac.*, 1855, p. 326; Hartl., *Orn. W.-Afr.*, p. 97; *Cat. B. Br. Mus.* IV, pl. 9, f. 1. — Gabon, Congo.

3778. LIVINGSTONII, Fsch. et Hartl., *Vög. Ostafr.*, p. 303; *Cat. B.* IV, pl. 9, f. 2. — Afrique S.-E.

3779. FRANCISI, W. L. Scl., *Ibis*, 1898, p. 613. — Inhambane (Zambèze).

3780. THOMSONI, Shell., *P. Z. S.*, 1882, p. 303, pl. 16, f. 2. — Rovuma (Afrique E.)

724. TROCHOCERCUS

Trochocercus, Cab. (1850).

3781. CYANOMELAS (Vieill.); Levaill., *Ois. d'Afr.*, pl. 151, ff. 1, 2; *scapularis*, Steph.; *cyanomelæna*, Gurn., *Ibis*, 1862, p. 30. — Afrique S.

3782. ALBONOTATUS, Sharpe, *Ibis*, 1891, p. 121; 1892, pl. 7, f. 1. — Uganda, Nyassaland (Afrique E.)
3783. BIVITTATUS, Rchnw., *Orn. Centralbl.*, 1879, p. 108. — Afrique trop. E.
3784. NITENS, Cass., *P. Phil. Ac.*, 1859, p. 50; id., *Journ. Acad. Phil.* (ser. 2), IV, p. 325, pl. 50, f. 4; *atrochalybea* (fem.), Sharpe. — Afrique W.
874. *Var.* NIGROMITRATA, Rchnw., *Journ. f. Orn.*, 1874, p. 110; 1890, p. 118. — Caméron, Côte d'Or.
3785. ALBIVENTRIS, Sjöst., *Orn. Monatsb.* I, p. 43. — Caméron.
3786. BORBONICUS (Gm.), *Pl. enl.* 573, f. 1; *bourbonnensis*, P. L. S. Müll. — Iles Maurice et Bourbon.

725. RHIPIDURA

Rhipidura, Vig. et Horsf. (1825); *Leucocerca*, Sw. (1837); *Sauloprocta*, Cab. (1850); *Neomyias* (pt.), Sharpe (1879).

3787. FLABELLIFERA (Gm.); Gr., *Voy. Ereb. and Ter.*, p. 8, pl. 6, f. 2; Hombr. et J., *Voy. Pôle Sud*, pl. 11, f. 4; *ventilabrum*, Forst.; *albiscapa*, Cass. — Nouvelle-Zélande.
3788. BULGERI, Layard, *Ibis*, 1877, p. 361; *albiscapa*, Verr. et D. M. (nec Gould). — Nouvelle-Calédonie.
3789. ALBISCAPA, Gould, *P. Z. S.*, 1840, p. 113; Diggles, *Orn. Austr.*, pl. 36, f. 2; *flabellifera*, Vig. et Horsf. (nec Gm.); Sw., *Mon. Flyc.*, pl. 10. — Australie E. et S.
875. *Var.* DIEMENENSIS, Sharpe, *Ibis*, 1879, p. 368; *saturata*, Sharpe, *Cat.*, p. 311 (nec Salvad.); *sharpei*, Rams. — Tasmanie.
3790. ALBICAUDA, North, *Ibis*, 1895, p. 340; id., *Rep. Sc. Exped. to centr. Austr.*, *Zool.*, pl. 6, f. 2. — Australie centrale.
3791. PREISSI, Cab., *Mus. Hein.* I, p. 57. — Australie W.
3792. PELZELNI, Gray, *Ibis*, 1862, p. 226; *assimilis*, Pelz. (nec Gray). — Ile Norfolk.
3793. BRENCHLEYI, Sharpe, *Cat. B. Br. Mus.* IV, p. 311. — Nouvelles-Hébrides.
3794. ERROMANGÆ, Sharpe, *Ibis*, 1900, p. 340. — Nouvelles-Hébrides.
3795. CERVINA, Rams., *Proc. Linn. Soc. N. S. W.*, 1879, p. 340; *macgillivrayi*, Sharpe, *P. Z. S.*, 1881, p. 789, pl. 67. — Ile Lord Howe.
3796. NEBULOSA, Peale, *U.S. Expl. Exped.*, p. 199, pl. 27, f. 1; *fuscescens*, Cab. et Rchw., *J. f. O.*, 1876, p. 319. — Iles Samoa.
3797. DEVISI, Dubois; *albicauda*, De Vis (nec North), *Ibis*, 1897, p. 375. — Nouv.-Guinée angl.
3798. SPILODERA, Gray, *Ann. Mag. N. H.* (4) V, p. 333; id., in *Brenchley's Cruise of the Curaçoa*, pl. 9. — Iles Banks.
3799. VERREAUXI, Marie, *Actes Soc. Linn. Bordeaux*, XXVII, p. 326. — Nouvelle-Calédonie.
3800. SANCTA, Sharpe, *Ibis*, 1900, p. 364. — Nouvelles-Hébrides.

3801. FULIGINOSA (Sparrm.); *deserti*, Gm.; *melanura*, Gr.; *tristis*, Jacq. et Puch., *Voy. Pôle Sud*, III, p. 76, *atl.*, pl. 11, f. 4. — Nouvelle-Zélande.

3802. FALLAX, Rams., *P. Z. S.*, 1884, p. 588. — Nouv.-Guinée S.-E.

3803. ATRA, Salvad., *Ann. Mus. Civ. Genova*, VII, p. 922; *brachyrhyncha*, Sharpe, *Cat.*, p. 316 (nec Schl.). — Nouv.-Guinée N.-W.

3804. ALBICOLLIS, Vieill.; *albogularis*, Less.; *fuscoventris*, Frankl.; Jerd., *Ill. Ind. Orn.*, pl. 2; *albigula*, Hodgs.; *sannio*, Sundev.; *atrata*, Salvad.; *vidua*, Schleg., in *Snellem.*, *Sumatra Exped. Aves*, pl. 2 (nec Salvad.). — Inde, Indo-Chine, Sumatra.

3805. LAYARDI, Salvad., *Ibis*, 1877, p. 143; *albogularis* et *albicollis*, Layard. — Ovalau, Viti Levu (Fidji).

3806. ERYTHRONOTA, Sharpe, *Cat. B. Br. Mus.* IV, p. 337, pl. 10, f. 1. — Vanua Levu (Fidji).

876. *Var.* RUFILATERALIS, Sharpe, *l. c.*, pl. 10, f. 2. — Taviuni (Fidji).

3807. HYPERYTHRA, Gray, *P. Z. S.*, 1858, p. 176; *rufiventris*, Müll. et Schl. (nec Vieill.); *muelleri*, Mey. — Arou, Nouvelle-Guinée N.-W.

3808. ALBILIMBATA, Salvad., *Ann. Mus. Civ. Genov.* VI, p. 312; X, p. 135. — Nouv.-Guinée N.-W.

3809. PERSONATA, Rams., *Pr. Linn. Soc. N. S. W.* I, pp. 43, 72. — Kandavu (Fidji).

3810. KUBARYI, Finsch., *P. Z. S.*, 1875, p. 644; id., *Journ. Mus. Godef.*, 1876, 2, p. 29, pl. 2, f. 2. — Ile Ponapé.

3811. MELANOLÆMA, Sharpe, *Cat. B. Br. Mus.* IV, p. 313; *pectoralis*, auct. plur. (nec Jerd.); Hombr. et Jacq., *Voy. Pôle Sud, atl.*, pl. 11, f. 3. — Vanikoro (Nouvelles-Hébrides.

3812. NIGRIFRONS, De Vis, *Ibis*, 1897, p. 374. — Nouv.-Guinée angl.

3813. PHOENICURA, Müll. et Schl., *Natuurl. Gesch. Land en Volk*, p. 185. — Java, Bornéo.

3814. OPISTHERYTHRA, Sclat., *P. Z. S.*, 1883, p. 197; Sharpe, *B. New-Guin.* II, pl. 29. — Timor-Laut.

3815. SQUAMATA, Müll. et Schl., *Natuurl. Gesch. Land en Volk*, p. 184; *griseicauda*, Salvad., *Ann. Mus. Civ. Gen.* VII, p. 924. — Nouv.-Guinée, Banda, Waigiou, Mysol.

3816. ELEGANTULA, Sharpe, *Notes Leyd. Mus.* I, n° 6, p. 22. — Iles Lettie et Dammer.

3817. VERSICOLOR, Hartl. et Fsch., *P. Z. S.*, 1872, p. 96. — Ile Yap (Mackenzie).

3818. URANIÆ, Oust., *Bull. Soc. Philom. Paris*, mars 1881; *atrigularis*, Rchnw., *Journ. f. Orn.*, 1885, p. 110. — Guam (Mariannes).

3819. SAIPANENSIS, Hart., *Novit. Zool.* V, p. 54. — Saipan (Mariannes).

3820. ASTROLABI, Oust., *Bull. Soc. Philom. Paris*, mars 1881. — Vanikoro (Nouvelles-Hébrides).

3821. RUBROFRONTATA, Rams., *Pr. Linn. Soc. N. S. W.*, 1881, p. 23; Salvad., *Orn. Pap.* III, p. 352 (part.); Sh., *B. New Guin.* II, pl. 26; *rufofrontata*, Rams. — Guadalcanar (îles Salomon).

3822. SEMIRUBRA, Sclat., *P. Z. S.*, 1877, p. 552. — Iles de l'Amirauté.

3823. RUSSATA, Tristr., *Ibis*, 1879, p. 440; *rubrofrontata* (part.), Salvad.	San Christoval (Salomon).
3824. RUFIFRONS (Lath.); Gould, *B. Austr.* II, pl. 84; *torrida*, Wall.	Australie, îles Barnard et Ternate.
3825. DRYAS, Gould, *B. Austr. Introd.*, p. XXXIX; id., *B. New-Guin.* II, pl. 32.	Port Essington, Coburg (Australie).
3826. SEMICOLLARIS, Müll. et Schl., *Natuurl. Gesch. Land en Volk.*, p. 184.	Timor, Samoa, Ombaai.
3827. HAMADRYAS, Scl., *P. Z. S.*, 1883, p. 54; Gould, *B. New Guin.* II, pl. 30.	Timor-Laut.
3828. CELEBENSIS, Büttik., *Notes Leyd. Mus.* XV, p. 79.	Macassar (Célèbes).
877. *Var.* SUMBENSIS, Hart., *Novit. Zool.* III, p. 585.	Sumba.
3829. RUFIDORSA, Mey., *Sitz. K. Akad. Wien*, LXX, p. 200.	Ile Jobi.
3830. SUPERFLUA, Hart., *Ibis*, 1899, p. 310.	Ile Bouru.
3831. TEYSMANNI, Büttik., *Notes Leyd. Mus.* XV, p. 80.	Macassar (Célèbes).
3832. LEPIDA, Hartl. et Fsch., *P. Z. S.*, 1868, pp. 6, 117; Fsch., *Journ. Mus. Godef.* VIII, p. 21, pl. 4, f. 23.	Ile Pelew.
3833. BRACHYRHYNCHA, Schl., *Ned. Tijdschr. v. Dierk.* IV, p. 42; *rufa*, Salvad.; Sharpe, *Cat.*, *l. c.*, p. 323.	Nouv.-Guinée N.-W.
878. *Var.* MEYERI, Büttik., *Notes Leyd. Mus.* XV, pp. 82, 113; *brachyrhyncha*, auct. plur. (nec Schl.).	Nouv.-Guinée N.-W.
3834. CINNAMOMEA, Mey., *Zeitschr. f. Ges. Orn.* III, p. 17, pl. 3, f. 3; *brachyrhyncha*, auct. plur. (nec Schl.).	Nouv.-Guinée S.-E.
3835. CYANICEPS (Cass.), *Pr. Phil. Ac.*, 1855, p. 438; id., *U. S. Expl. Exp.*, p. 145, pl. 9, f. 1; *caniceps*, Gr.	Luçon, Mindanao (Philippines).
3836. ALBIVENTRIS (Sharpe), *Tr. Linn. Soc.* (new ser.), I, p. 325; id., *Cat.*, p. 324.	Guimaras, Negros (Philippines).
3837. LOUISIADENSIS, Hart., *Novit. Zool.* VI, p. 78.	Iles Rossel (Louisiad.)
3838. FUSCORUFA, Scl., *P. Z. S.*, 1883, p. 197, pl. 27.	Iles Ténimber.
3839. DILUTA, Wall., *P. Z. S.*, 1863, p. 491.	Flores.
3840. SUMBAWENSIS, Büttik., *Notes Leyd. Mus.* XV, p. 85.	Sumbawa.
3841. THRENOTHORAX, Müll. et Schl., *Nat. Gesch. Land en Volk.*, p. 185; *fumosa*, Schl.; *ambusta*, Rams.	Nouvelle-Guinée, Jobi.
3842. ROSENBERGI, Büttik., *Notes Leyd. Mus.* XV, p. 88.	Iles Arou.
3843. MACULIPECTUS, Gray, *P. Z. S.*, 1858, p. 176; *saturata*, Salvad.	Arou, Nouv.-Guinée.
3844. OREAS, De Vis, *Ibis*, 1897, p. 375.	Nouv.-Guinée angl.
3845. TENEBROSA, Rams., *Pr. Linn. Soc. N. S. W.* VI, p. 835; Salvad., *Orn. Pap.* III, p. 533.	Iles Salomon.
3846. LEUCOTHORAX, Salvad., *Ann. Mus. Civ. Gen.* VI, p. 311; *episcopalis*, Salvad.; Sharpe, *B. New Guin.* II, pl. 26.	Nouv.-Guinée N.-W.
3847. EURYURA, S. Müll., *Natuurl. Gesch. Land en Volk.*, p. 185.	Java, Bornéo, Sumatra.
3848. PERLATA, S. Müll., *l. c.*, p. 185; *rhombifer*, Cab., *Mus. Hein.* I, p. 57; *guttata*, Gray.	Malacca, îles de la Sonde.

3849. BOURUENSIS, Wall., *P. Z. S.*, 1863, p. 29. — Ile Bourn (Moluques).

879. *Var.* TENKATEI, Büttik., *Notes Leyd. Mus.* XV, p. 91. — Ile Rotti.

3850. CINEREA, Wall., *P. Z. S.*, 1863, p. 477. — Céram.

3851. LENZI, W. Blas., *Journ. f. Orn.*, 1883, p. 145; Forb., *P. Z. S.*, 1884, p. 431. — Amboine (Céram ?).

3852. HOEDTI, Büttik., *Notes Leyd. Mus.* XV, p. 93. — Ile Lettie (près Timor).

3853. VIDUA, Salvad. et Tur., *Ann. Mus. Civ. Gen.* VI, p. 313. — Ile Koffiao.

3854. SETOSA (Quoy et G.), *Voy. de l'Astrolabe, Zool.* I, p. 181, pl. 4, f. 4. — Nouvelle-Irlande, Nouvelle-Bretagne.

880. *Var.* GULARIS, Müll. et Schl., *Natuurl. Gesch. Land en Volk.*, p. 185. — Nouvelle-Guinée.

881. *Var.* NIGROMENTALIS, Hart., *Novit. Zool.* V, p. 526. — Iles Sudest et Saint-Aignan.

882. *Var.* ASSIMILIS, Gray, *P. Z. S.*, 1858, p. 176. — Iles Key, Matabello.

883. *Var.* ISURA, Gould; id., *B. Austr.* II, pl. 85; *setosa* (part.), Sharpe; *superciliosa*, Rams. — Australie N.-W. et Queensland N.

3855. BUETTIKOFERI, Sharpe, *Ibis*, 1893, p. 251. — Ile Dammar (mer de Banda).

3856. KORDENSIS, Mey., *Sitzb. K. Akad. Wien*, LXX, p. 201. — Misori, Soëk (baie Geelvink).

3857. OBIENSIS, Salvad., *Ann. Mus. Civ. Genov.* VII (1875), p. 9. — Ile Obi (Moluques).

3858. FINSCHI, Salvad., *Orn. Pap. Mol.* III, p. 532. — Nouvelle-Bretagne, ile du Duc d'York.

3859. DAHLI, Rchnw., *Orn. Monatsb.*, 1897, p. 7. — Nouvelle-Poméranie.

3860. RUFIVENTRIS (Vieill.), *Pucher. Arch. Mus.* VII, p. 359, pl. 20, f. 2; *ochrogastra*, Müll. et Schl. — Ile Timor.

3861. JAVANICA (Sparrm.), *Mus. Carls.* III, pl. 75; *umbellata*, Sundev.; *perspicillata*, Gr.; *longicauda*, Wall., *P. Z. S.*, 1863, p. 476; *infumata*, Hume. — Indo-Chine, Malacca jusqu'aux iles de la Sonde.

3862. PECTORALIS (Jerdon), *Ill. Ind. Orn.*, texte de pl. 2; id., *Ind. Orn.* I, p. 453; *fuscoventris*, Syk. (nec Frankl.); *leucogaster*, Cuv. — Inde S.

3863. NIGRITORQUIS, Vig., *P. Z. S.*, 1831, p. 97; *bambusæ*, Kittl., *Mém. Acad. St-Pétersb.* II, p. 5, pl. 6; *javanica*, Blyth (nec Sparrm.). — Philippines et iles Soula.

3864. AURICULARIS, De Vis, *Ibis*, 1891, p. 30. — Nouv.-Guinée S.-E.

3865. ALBIFRONTATA, Frankl., *P. Z. S.*, 1831, p. 116; Jerd., *Ill. Ind. Orn.*, pl. 2; *aureola*, Less.; *compressirostris*, Blyth. — Inde, Ceylan, Indo-Chine N.-W.

3866. COCKERELLI, Rams., *Pr. Linn. Soc. N. S. W.* VI, p. 181; Sharpe, *B. New Guin.* II, pl. 28. — Guadalcanar (iles Salomon).

3867. MELANOLEUCA (Quoy et G.); *tricolor*, Vieill.; *motacilloides*, Vig. et Horsf.; Gould, *B. Austr.* II, pl. 86; *laticauda*, Sw.; *picata*, Gould; *mimoides*, S. Müll.; *atripennis*, Gr.; *melaleuca*, auct. plur. — Australie, iles Papous et Moluques.

3868. CONCINNA, De Vis, *Ann. Rep. Brit. New Guin.*, 1890-91, *app.* cc, p. 94. — Nouv.-Guinée S.-E.

3869. MANEAOENSIS, De Vis, *Rep. Orn. Coll.*, 1894, p. 2. — Nouv.-Guinée S.-E.

3870. SAULI, Bourns et Worc., *Occ. Pap. Minnes. Ac.* I, p. 26. — Ile Tablas.

3871. LÆTISCAPA, De Vis, *Rep. on Brit. New Guin.*, 1898, *append.*, p. 18. — Nouv.-Guinée S.-E.

726. ZEOCEPHUS

Zeocephus, Bp. (1854).

3872. RUFUS (Gray), *Ann. N. H.* XI, p. 371; id., *Gen. B.*, pl. 64. — Philippines.

884. *Var.* CINNAMOMEA, Sharpe, *Tr. Linn. Soc. new ser.* I, p. 329, pl. 48, f. 1. — Basilan (Philippines).

885. *Var.* TALAUTENSIS, Mey. et Wigl., *Journ. f. Orn.*, 1894, p. 243. — Ile Talaut.

3873. CYANESCENS, Sharpe, *Tr. Linn. Soc.* I, p. 328, pl. 48, f. 2. — Palawan, Paragua (Philippines).

727. TERPSIPHONE

Muscivora et *Muscipeta* (pt.), Cuv. (1817); *Terpsiphone*, Glog. (1827); *Tchitrea*, Less. (1831).

3874. PARADISI (Lin.); *Pl. enl.* 234; Levaill., *Ois. d'Afr.*, pls 144, 145; *indica*, Steph.; *castanea*, Tem.; *leucogaster*, Sw. — Inde, Ceylan, Turkestan.

3875. NICOBARICA, Oat., *Faun. Brit. Ind.*, *B.* II, p. 48. — Iles Andaman et Nicob.

3876. AFFINIS (A. Hay); Jerd., *B. Ind.* I, p. 448; *paradisi*, Schl., *Dierk.*, p. 147, fig. (nec Lin.). — Indo-Chine, Malacca, îles de la Sonde.

886. *Var.* SUMBAENSIS, Mey., *Journ. f. Orn.*, 1894, p. 90. — Ile Sumba.

887. *Var.* FLORIS, Büttik., *Weber's Reise Ned. Ind.*, p. 293, pl. 18, ff. 1-3. — Flores, Sumbawa.

3877. INSULARIS, Salvad., *Ann. Mus. Gen.* IV, p. 540; Modig, *Viagg. a Nias*, pl. 11. — Nias, Sumatra.

3878. INCEI (Gould), *B. As.*, pl.; Dav. et Oust., *Ois. Chine*, p. 112, pl. 82; *principalis*, Swinh. (nec Tem.). — Chine jusqu'à Malacca et Sumatra.

3879. MUTATA (Lin.), *Pl. enl.* 248, ff. 1, 2; Lev., *Ois. d'Afr.*, pls 147, 148; *caudata*, Müll.; *viridescens*, Bodd.; *holosericea*, Tem.; *rufa* et *bicolor*, Sw., *B. W. Afr.*, p. 60; *gaimardi*, *pretiosa*, Less.; *spekii*, Hartl. — Madagascar, Mayotte.

888. *Var.* VULPINA (E. Newt.), *P. Z. S.*, 1877, p. 298, pl. 33, f. 2. — Anjouan.

3880. COMORENSIS, M.-Edw. et Oust., *C. R.* CI, p. 222 (1885); *N. Arch. Mus.* X, pl. 8. — Grande Comore.

3881. CRISTATA (Gm.); *viridis*, Müll.; *ferreti*, Guér.; id., in Ferr. et Gal., *Voy. Abyss.*, p. 212, pl. 8. — Afrique N.-E.

889. *Var.* SENEGALENSIS (Less.), *Ann. Sc. N.* IX, p. 173; *melanogastra*, Sw., *B. W. Afr.* II, p. 55; *melampyra*, Verr.; *duchaillui* et *speciosa*, Cass.; *rufocinera*, Cab. — Afrique tropicale W.

890. *Var.* Erythroptera, Sharpe, *Cat. B. Br. Mus.* IV, p. 357; *cristata* (pt.), Hartl.; *senegalensis* (pt.), Sharpe, *Cat. Afr. B.*, p. 44 (nec Less.).	Sénégambie.
3882. perspicillata (Sw.), *B. W. Afr.* II, p. 59; Levaill., *Ois. d'Afr.*, pl^s 142, 143; *cristata*, auct. plur. (nec Gm.); *ferreti*, Bianc. (nec Guér.); *viridis*, auct. plur. (nec Müll.).	Afrique S.
891. *Var.* Suahelica, Rchnw., *Mitt. Hochl. d. Nördl. D. O. Afr.*, p. 268.	Afrique E.
892. *Var.* Plumbeiceps, Rchnw., *Op. cit.*	Afrique S.-W.
3883. tricolor (Fras.), *Ann. N. H.* XII, p. 441; Hartl., *Orn. W. Afr.*, p. 90; *flaviventris*, Verr., *Journ. f. Orn.*, 1855, p. 103.	Afrique W.
3884. nigriceps, Hartl., *Journ. f. Orn.*, 1855, pp. 355, 361; id., *Orn. W. Afr.*, p. 91.	De Sénégambie à la Côte d'Or.
3885. newtoni, Bocage, *Jorn. Sc. Lisboa*, IX, p. 17.	Ile Anno Bom (Afr. W.)
3886. rufiventris (Sw.), *B. W. Afr.* II, p. 53, pl. 4; *casamancæ*, Less.; *smithii*, Fras. (fem.).	Sénégambie.
893. *Var.* Emini, Rchnw., *Orn. Monatsb.* I, p. 31; *rufiventris*, Rchnw., *Journ. f. Orn.*, 1892, p. 34.	Bukoba (Afrique centrale).
3887. princeps (Tem.), *Pl. col.* 584; *atrocaudata*, Eyton; *atriceps*, Blyth; *principalis*, T. et Schl., *Fauna Jap.*, p. 47, pl. 17 E.	Japon et Chine jusqu'à Malacca.
3888. atrichalybea (Thoms.), *Ann. N. H.* X, p. 104; Fsch. et Hartl., *Vög. Ostafr.*, p. 313.	Congo, Fernando-Po, St-Thomas.
3889. corvina (E. Newt.), *P. Z. S.*, 1867, p. 345; id., *Ibis*, 1867, p. 349, pl. 4.	Seychelles.

728. ELMINIA

Elminia, Bp. (1854).

3890. longicauda (Sw.), *Mon. Flyc.*, p. 210, pl. 25; *cærulea*, Hartl., *Journ. f. Orn.*, 1854, p. 25.	Afrique W.
3891. schwebischi, Oust., *Nouv. Arch. Mus.* IV, p. 216.	Congo.
3892. teresita, Antin., *Cat. Descr. Ucc.*, p. 50; *longicauda minor*, Heugl., *Orn. N.-O. Afr.*, p. 446, pl. 15.	Afrique N.-E. centr.
3893. albicauda, Bocage, *Jorn. Sc. Lisboa*, 1877, p. 18.	Benguela.

729. PHILENTOMA

Philentoma, Eyton (1845).

3894. velatum (Tem.), *Pl. col.* 334; *cæsia*, Less.; *pectoralis*, Hay; *unicolor*, Blyth, *Ibis*, 1865, p. 46.	Indo-Chine mér., Malacca, Sum., Bornéo.
3895. ? maxwelli, Bartl., *J. Straits Asiat. Soc.*, n° 28, p. 96.	Sarawak (Born. N.-W.)
3896. ? saravacensis, Bartl., *Saraw. Note-Book*, part. IX, p. 80.	Sarawak (Bornéo N.-W.)

3897. PYRRHOPTERUM (Tem.), *Pl. col.* 596, f. 2; *plumosa*, Blyth.; *castaneum*, Eyt. — Indo-Chine S., Malacca, Sum., Bornéo.

894. *Var.* DUBIA, Hart.; *dubium*, Hart., *Novit. Zool.* I, p. 477. — Ile Bunguran.

730. RHINOMYIAS

Setaria, auct. plur. (nec Blyth); *Rhinomyias*, Sharpe (1879).

3898. PECTORALIS (Salvad.), *Atti R. Acad. Torino*, II, p. 530; id., *Ucc. Born.*, p. 233, pl. 4, f. 1; *Cyornis albo-olivacea*, Hume. — Sumatra, Bornéo.

895. *Var.* BALIENSIS, Hart., *Novit. Zool.* III, p. 549. — Bali.

3899. GULARIS, Sharpe, *Ibis*, 1888, p. 385; 1889, pl. 7, f. 2. — Kina Balu (Bornéo N.)

3900. CINEREICAPILLA (Salvad.), *Atti R. Acad. Torino*, III, p. 530. — Sarawak (Bornéo).

3901. RUFICRISSA, Sharpe, *Ibis*, 1887, p. 441. — Kina Balu (Bornéo).

3902. OCULARIS, Bourns et Worc., *Occ. Pap. Minnes. Ac.* I, p. 27. — Iles Soulou.

3903. COLONUS, Hart., *Novit. Zool.* V, p. 131. — Iles Soula.

3904. INSIGNIS, Grant, *Ibis*, 1895, pp. 442, 485, pl. 12, f. 2. — Luçon N.

3905. RUFICAUDA, Sharpe, *Tr. Linn. Soc.*, *new ser.* I, p. 327. — Basilan (Philippines).

3906. SAMARENSIS (Steere), *List Birds and M. Philipp.*, p. 16. — Mindanao, Samar.

3907. ALBIGULARIS, Bourns et Worc., *Occ. Pap. Minnes. Ac.* I, p. 27. — Ile Negros.

731. CULICICAPA

Cryptolopha, auct. plur. (nec Sw. 1837); *Myialestes*, auct. plur. (nec Cab. 1850); *Culicicapa*, Swinh. (1871); *Empidothera*, Sundev. (1872); *Xantholestes*, Sharpe (1877).

3908. CEYLONENSIS (Sw.), *Zool. Illustr.*, ser. I, pl. 13; *poiocephala*, Sw., *Flycat.*, p. 200, pl. 23; *cinereocapilla*, Hutt. et auct. plur. — Inde, Ceylan, Indo-Chine, Malacca, Java, Bornéo.

896. *Var.* SEJUNCTA, Hart., *Novit. Zool.* IV, p. 526. — Flores, Sumba.

3909. HELIANTHEA (Wall.), *P. Z. S.*, 1865, p. 476; Salvad., *Ucc. Born.*, p. 135; Wald., *Tr. Z. S.* VIII, p. 66, pl. 7, f. 7. — Célèbes.

897. *Var.* PANAYENSIS, Sharpe, *Tr. Linn. Soc.*, new ser. I, p. 327; id., *Cat.*, *l. c.*, p. 371. — Iles Panay, Paragua, Negros (Philipp.)

762. MYIAGRA

Myiagra, Vig. et Horsf. (1826); *Platygnathus*, Hartl. (1852).

3910. PLUMBEA et *rubeculoides*, Vig. et Horsf.; Gould, *B. Austr.* II, pl. 89; ?*rubecula*, Lath.; *leucogastra*, Blyth.; *rubecula*, auct. plur.; *nitida*, Pelz. (nec Gould); *concinna*, Salvad et d'Alb. (nec Gould). — Australie, Tasmanie, Nouvelle-Guinée S. et îles Yule et Sudest.

3911. CONCINNA, Gould, *B. Austr.* II, pl. 90; *grisea*, Jacq. et Puch., *Voy. Pôle Sud* III, p. 78. — Australie N. et N.-W.

3912. NITIDA, Gould; id., *B. Austr.* II, pl. 91; *rubecula*, Rams. — Australie, Tasmanie.

3913. NOVÆ POMERIANÆ, Rchnw., *Orn. Monatsb.*, 1899, p. 8. — Nouvelle-Poméranie.

3914. VANIKORENSIS, Q. et G., *Voy. Astrol.* I, p. 183, pl. 5, f. 1; *rufiventris*, Elliot, *Ibis*, 1859, p. 393; Sharpe, *Cat.*, pl. 11, f. 1; *castaneiventris*, Fsch. et Hartl., *F. Centralpolyn.*, p. 93, pl. 9, ff. 2, 3 (nec Verr.). — Iles Fidji.

3915. ALBIVENTRIS (Peale), *U. S. Expl. Exped.*, p. 103, pl. 27, f. 3; Fsch. et Hartl., *Op. cit.*, p. 93, pl. 9, f. 1; *rubecula*, Cass. (nec auct.). — Iles Samoa.

3916. MODESTA, Gray, *Cat. B. trop. Isl. Pacif. Ocean*, p. 18; Salvad., *Orn. Pap. Mol.* II, p. 77. — Nouvelle-Irlande.

3917. CERVINICAUDA, Tristr., *Ibis*, 1879, p. 439. — Iles Salomon.

3918. CALEDONICA, Bp., *Rev. Mag. Zool.*, 1857, p. 55; Gr., in *Brenchl. Cruise of the Curaçoa*, pl. 8, f. 2; *perspicillata* et *viridinitens*, Gray. — Nouvelle-Calédonie.

898. *Var.* LUGUIERI, Tristr., *Ibis*, 1879, p. 188. — Iles Lifu (Loyalty).

899. *Var.* MELANURA, Gray; id., *Brenchl. Cruise of the Curaçoa*, pl. 8, f. 1. — Nouv.-Hébrides et îles Banks.

900. *Var.* TANNAENSIS, Tristr., *Ibis*, 1879, p. 192. — Ile Tanna (N[les]-Hébr.)

3919. PLUTO, Finsch, *Pr. Zool. Soc.*, 1875, p. 644. — Ile Ponapé.

3920. ATRA, Mey., *Sitz. k. Akad. Wien.* LXIX, p. 498. — Ile Misori (baie Geelv.)

3921. NUPTA, Hart., *Nov. Zool.* V, p. 526. — Ile Sudest (Louisiades).

3922. FERROCYANEA, Rams., *Pr. Linn. Soc. N. S. W.* IV, 1879, p. 78; Salvad., *Orn. Pap.* II, p. 79. — Iles Salomon (Gaudalcanar).

3923. PALLIDA, Rams., *Pr. Linn. Soc. N. S. W.* IV, p. 78; Salvad., *Op. cit.*, p. 79. — Iles Salomon (Gaudalcanar).

3924. RUFICOLLIS (Vieill.); Salvad., *Orn. Pap.* II, p. 77; *latirostris*, Gould; id., *B. Austr.* II, pl. 92. — Austr. N., N[le]-Guinée S., îles Arou, Jarru.

3925. RUFIGULA, Wall., *P. Z. S.*, 1863, pp. 485, 491. — Archipel de Timor.

901. *Var.* COLONA, Hart. (*colonus*) *Novit. Zool.* IV, p. 266. — Ile Savu.

3926. INTERMEDIA, Tristr., *Ibis*, 1879, p. 189. — Ile Lifu.

3927. FULVIVENTRIS, Sclat., *Pr. Zool. Soc.*, 1883, p. 54. — Timorlaut.

3928. OCEANICA, Jacq. et Puch., *Voy. Pôle S.* III, p. 77, pl. 12bis, ff. 1, 2. — Ile Hogoleu (Carolin.)

3929. ERYTHROPS, Hartl. et Finsch, *P. Z. S.*, 1868, pp. 6, 117. — Ile Pelew.

3930. AZUREICAPILLA, Layard, *Ibis*, 1875, p. 434; Rowley, *Orn. Misc.* I, pl. 35; *cæruleocapilla*, Scl. et Salv., *Ibis*, 1877, p. 122. — Taviuni (Fidji).

3931. CASTANEIGULARIS, Layard, *Ibis*, 1876, pp. 389, 392. — Viti Levu (Fidji).

3932. GALEATA, Gray, *P. Z. S.*, 1860, p. 352; *latirostris*, Mey. (nec Gould); *dimidiata* (mas.), *helvola* (fem.), Tem. — Moluques.

455. *Var.* GORAMENSIS, Sharpe, *Cat. B. B. M.* IV, p. 386. — Ile Goram (Mol.)

733. PSEUDOBIAS

Pseudobias, Sharpe (1870).

3933. WARDI, Sharpe, *Ibis*, 1870, p. 498, pl. 15. — Madagascar

734. MEGABIAS

Megabias, Verr. (1855); *Myiagroides*, Rchw. (1874).

3934. FLAMMULATUS, Verr., *Rev. Mag. Zool.*, 1855, p. 348; *bicolor*, Elliot, *Ibis*, 1859, p. 394; *tricolor* (*lapsu*), Gray; *conspicuus*, Rchw., *J. f. O.*, 1874, p. 102. — Du Gabon au Congo.

735. COCHOA (1)

Cochoa, Hodgs. (1836); *Oreas*, Tem. (1838); *Prosorinia*, Hodgs. (1841); *Xenogenys*, Cab. (1850).

3935. VIRIDIS, Hodgs., *J. A. S. Beng.* V, p. 359; Gray, *Gen. B.* I, pl. 68; Dav. et Oust., *Ois. Chine*, p. 214. — Himalaya, Fohkien (Chine).
3936. PURPUREA, Hodgs., *l. c.*; Gould, *Birds Asia*, pl.; *hodgsoni*, Blyth. — Himalaya.
3937. AZUREA (Tem.), *Pl. col.* 274. — Java.
3938. BECCARII, Salvad., *Ann. Mus. Civ. Gen.* XIV, p. 228. — Sumatra.

736. PHÆORNIS

Phæornis, Sclat. (1859).

3939. OBSCURA (Gm.); Cass., *U. S. Expl. Exped.*, p. 155, pl. 9, f. 3; Scl., *Ibis*, 1859, p. 327. — Hawaii (Sandwich).
3940. MYADESTINA, Stejn., *Pr. U. S. Nat. Mus.* X, p. 90. — Kauai (Sandwich).
3941. LANAIENSIS, S. B. Wils, *Ann. N. H.* VII, p. 460. — Lanai (Sandwich).
3942. PALMERI, Rothsch., *Avif. Laysan*, pl. II. — Iles Sandwich.

737. HUMBLOTIA

Humblotia, M.-Ed. et Oust.

3943. FLAVIROSTRIS, M.-Edw. et Oust., *C. R.* CI, p. 221; id., *N. Arch. Mus.* X, pl. 8. — Grande Comore.

(1) Les genres *Cochoa*, *Phæornis*, *Bradyornis* et *Melænornis* ont été placés par M. Sharpe dans la famille des *Prionopidæ* (*Cat.* III, pp. 308-315, et IV, pp. 2-5).

738. SMITHORNIS

Smithornis, Bp. (1850); *Prynorhamphus*, Kp. (1851).

3944. CAPENSIS (Smith), *Ill. Zool. S. Afr.*, pl. 27; Kaup, *P. Z. S.*, 1851, p. 52. — Afrique S.-E.
3945. RUFOLATERALIS, Gray, *P. Z. S.*, 1864, p. 143, pl. 16. — Côte-d'Or (Afr. W.)

739. MACHÆRIRHYNCHUS

Machærirhynchus, Gould (1850); *Macheirhynchus* et *Macheirhamphus* (err.), Schl. (1871).

3946. FLAVIVENTER, Gould, *P. Z. S.*, 1850, p. 277, pl. 33; id., *B. Austr. Suppl.*, p. 21, pl. 11; *flaviventris*, Gr. — Australie N.
3947. XANTHOGENYS, Gray, *P. Z. S.*, 1858, pp. 176, 192; Salvad., *Orn. Pap.* II, p. 107. — Nouv.-Guinée S., Arou.
3948. ALBIFRONS, Gray, *P. Z. S.*, 1861, p. 429, pl. 43, f. 1; *tricolor*, Müll. — Nouv.-Guinée, Waigiou, Mys., Salawat.
3949. NIGRIPECTUS, Schl., *Ned. Tijdschr. Dierk.* IV, p. 43; Daws., *Rowl.*, *Orn. Misc.* II, p. 55, pl. 5, III, p. 119, pl. 97. — Monts Arfak (Nouv.-Guinée).

740. CRYPTOLOPHA

Cryptolopha, Sw. (1837); *Culicipeta*, Blyth (1843); *Abrornis*, Hogs. (1844); *Pycnosphrys*, Strickl. (1849); *Tickellia*, Jerd. et Bl. (1861); *Pindalus*, Hartl. (1862).

3950. BURKII (Burt.), *P. Z. S.*, 1835, p. 153; *auricapilla*, Sw.; *arrogans*, Sundev.; *bilineata*, Less.; *strigiceps*, Hodgs., *Icon. ined.*, *Passeres*, pl. 57, f. 1. — Inde.
3951. RICKETTI, Slat., *Ibis*, 1897, p. 174, pl. 4, f. 2. — Fohkien N.-W.
3952. DEJEANI, Oust., *Bull. Mus. Paris*, 1896, p. 316. — Tatsien-lou.
3953. TRIVIRGATA (Tem.) in Strickl., *Contr. Orn.*, 1849, p. 123, pl. 34. — Java, Bornéo.
3954. NIGRORUM, Mosel., *Ibis*, 1891, p. 47, pl. 2, f. 1. — Ile Negros (Philipp.)
3955. CANTATOR (Tick.), *J. A. S. B.* II, p. 576; Jerd., *B. Ind.* II, p. 200; *chrysea*, Wald. *in Blyth's B. Burma*, p. 106; *cantatrix*, Sharpe; ?*fulciventer*, Godw.-Aust. — Inde, Assam.
3956. AFFINIS (Hodgs. *nec Phyl. affinis*, Hodgs.); Jerd., *B. Ind.* II, p. 204. — Himalaya, Chine W.
902. *Var.* INTERMEDIA, La Touche, *Ibis*, 1898, p. 298. — Fohkien (Chine).
903. *Var.* TEPHROCEPHALA (Anders.), *P. Z. S.*, 1871, p. 213; *burkii*, Dav. (nec Burt.) — Birmanie, Chine W., Moupin.
3957. OLIVACEA (Mosel.), *Ibis*, 1891, p. 47, pl. 2, f. 2. — Negros (Philippines).
3958. XANTHOSCHISTA (Hodgs.), *Icon. ined. Passeres*, pl. 56; *schisticeps*, Blyth (nec Hodgs.) — Himalaya E.

904. *Var.* ALBOSUPERCILIARIS (Blyth); Hume et Henders, *Lahore to Yark*, pl. 20, f. 1; *jerdoni*, Brooks. — Himalaya N.-W.

3959. SCHISTICEPS (Hodgs.), *Icon. ined. Passeres*, pl. 57, f. 6, pl. 58, f. 2, pl. 64, f. 1; *melanops*, Jerd. et Bl. — Himalaya.

3960. FLAVIGULARIS, Godw.-Aust., *J. A. S. B.* XLVII, p. 19. — Bengale.

3961. RUFICAPILLA (Sundev.); Hartl., *Ibis*, 1862, p. 152, pl. 5; Sharpe, *Cat.* IV, p. 400, pl. 12, f. 1. — Afrique S.

3962. CEBUENSIS, Dubois; *flavigularis*, Bourns et Worc. (nec Godw.-Aust.), *Occ. Pap. Minnes. Ac.* I, p. 23 (1894). — Cebu (Philippines).

3963. UMBROVIRENS (Rüpp.), *Neue Wirbelt. Vög.*, p. 112; Sharpe, *Cat.* IV, p. 401, pl. 12, f. 2. — Afrique N.-E.

905. *Var.* MACKENZIANA, Sharpe, *Ibis*, 1892, p. 153. — Kilimanjaro.

3964. SUPERCILIARIS (Tick.), *J. A. S. B.* XVIII, p. 414; *albigularis*, Jerd. et Bl. (nec Hodgs.); *flaviventris*, Jerd. — Himalaya, Java.

3965. SCHWANERI (Blyth), *Ibis*, 1870, p. 169. — Bornéo.

906. *Var.* VORDERMANI, Büttik. *Notes Leyd. Mus.* XV, p. 260. — Java E.

3966. POLIOGENYS (Blyth), *J. A. S. B.* XVI, p. 441; Jerd., *B. Ind.* II, p. 203. — Himalaya.

3967. MONTIS, Sharpe, *Ibis*, 1887, p. 442. — Bornéo, Sum., Palaw.

907. *Var.* FLORIS, Hart., *Novit. Zool.* IV, p. 171. — Flores.

3968. DAVINSONI, Sharpe, *P. Z. S.*, 1888, p. 271. — Pérak (Malacca).

3969. CASTANEICEPS (Hodgs.), *Icon. ined. Passeres*, pl. 57, f. 7, pl. 58, f. 5, pl. 64, f. 2; *castaneoventris*, Jerd. et Bl. (*lapsu*). — Himalaya.

3970. SINENSIS, Rick., *Ibis*, 1898, p. 297. — Fohkien (Chine).

3971. BUTLERI, Hart., *Ibis*, 1898, p. 435. — Pérak (Malacca).

3972. XANTHOPYGIA, Whitch., *Expl. Kina Balu*, p. XXXI, pl. 16, f. 2. — Palawan.

3973. GRAMMICEPS (Verr.) in Strickl., *Contr. Orn.*, 1849, p. 124, pl. 34, f. 1; *leucorrhoa*, Blyth. — Java.

3974. ALBOGULARIS (Hodgs.), *Icon. ined. Passeres, App.*, pl. 46; *albiventris*, Jerd. et Bl., *P. Z. S.*, 1861, p. 200. — Himalaya E.

3975. FULVIFACIES (Swinh.), *P. Z. S.*, 1870, p. 132; Dav. et Oust., *Ois. China*, p. 273, pl. 23. — Chine W.

3976. HODGSONI (Moore), *App. to Horsf. and Moore, Cat. B. Mus. E. I. Co.* I, p. 412; Jerd., *B. Ind.* II, p. 206. — Himalaya E.

741. MELÆNORNIS

Melasoma, Sw. (1837, nec Lafr.); *Melænornis*, Gray (1840); *Melanopepla*, Cab. (1850).

3977. EDOLIOIDES (Sw.), *B. W. Afr.* I, p. 257, pl. 29; *melas*, Heugl.; *nigerrima*, Pr. Württ.; *intermedia*, Heugl. — Afrique W. et N.-E.

3978. PAMMELÆNA (Stanl.); *Musc. lugubris*, von Müll., *Beitr. Orn. Afr.*, pl. 2; *diabolicus*, Sharpe (part.) — Abyssinie.
3979. ATRONITENS (Licht.); Cab., *Mus. Hein.* I, p. 54; *ater*, Sundev.; Sharpe, *Cat.* III, p. 314; *diabolicus*, Sharpe (part.) — Afrique S.-E.
3980. TROPICALIS (Cab.), *Journ. f. Orn.*, 1884, p. 241; *pammelæna*, Cab., *l. c.*, 1878, p. 223. — Afrique E.
3981. SCHISTACEA, Sharpe, *P. Z. S.*, 1895, p. 481. — Somaliland W.

742. DIOPTRORNIS

Dioptrornis, Fisch. et Rchnw. (1884).

3982. FISCHERI, Rchnw., *Journ. f. Orn.*, 1884, p. 53, 1886, pl. 1, ff. 2, 3; ?*Musc. johnstoni*, Shell. — Kilimanjaro, Massaïl.
3983. BRUNNEA, Cab., *Journ. f. Orn.*, 1886, pl. 1, f. 1, 1887, p. 92. — Angola.

743. BRADYORNIS

Bradornis, Smith (1847); *Sigelus*, Cab. (1850); *Bradyornis*, Sundev. (1860).

3984. MARIQUENSIS, Smith, *Ill. Zool. S. Afr.*, pl. 113. — Afrique S.
3985. BENGUELENSIS, Sousa, *Jorn. Sc. Lisb.*, 1886, p. 160. — Benguela.
3986. SEMIPARTITUS (Rüpp.), *Neue Wirbelt*, p. 107, pl. 40, f. 1 (*Muscicapa semipartita*); Rchnw., *Vög. Deut.-O.-Afr.*, p. 151. — Abyssinie.
3987. ?MINOR, Heugl., *Orn. N.-O. Afr.*, p. 430; *variegatus*, Heugl., *Syst. Uebers.*, p. 32. — Bari-Negro.
3988. PALLIDUS (von Müll.), *Naum.*, 1855, p. 28; id., *Beitr. Orn. Afr.*, pl. 8; *subalaris*, Sharpe. — Afrique N.-E. et E.
3989. GRISEUS, Rchw., *Journ. f. Orn.*, 1882, p. 211. — Mgunda Mkali (Afr. E.)
908. *Var.* MICRORHYNCHA, Rchw., *J. f. O.*, 1887, p. 62. — Victoria Nyanza.
3990. MURINUS, Hartl. et Fsch., *Vög. Ostafr.*, p. 866. — Benguela, Afr. all. E.
909. *Var.* PUMILA, Sharpe, *P. Z. S.*, 1895, p. 480. — Somaliland.
3991. MODESTUS, Shelley, *Ibis*, 1873, p. 140. — Côte-d'Or.
3992. MUSCICAPINUS, Hartl., *Abh. Ver. Brem.* XII, p. 9. — Bagamoyo.
3993. WOODWARDI, Sharpe, *Cat. B. B. M.* III, p. 311, p. 14. — Natal.
3994. CHOCOLATINUS (Rüpp.), *Neue Wirb.*, p. 107; *chocolatina*, id., *Syst. Uebers.*, pl^s 14 et 20; *fumigata*, Guér. — Afrique N.-E.
3995. SILENS (Shaw), Levaill., *Ois. Afr.* II, pl. 74; *incomta*, Licht.; *vittatus*, *leucomelas*, *tænioptera* et *simplex*, Sundev. — Afrique S.
3996. SENEGALENSIS, Hartl., *Orn. W. Afr.*, p. 112; id., *Journ. f. Orn.*, 1859, p. 325. — Sénégal.

3997. OATESI, Sharpe, *App. II, to F. Oates Matabele Land*, p. 314, pl. 2. — Zambèze.
3998. BOEHMI, Rchw., *Journ. f. Orn.*, 1884, p. 253. — Kakoma.
3999. SHARPEI, Bocage, *Ibis*, 1894, p. 435. — Angola.

744. AGRICOLA

Agricola, Verr. (1853); *Saxicola* (pt.), auct. plur.

4000. INFUSCATA (Smith), *Ill. Zool. S. Afr.*, pl. 28; ?*major*, Gray. — Afrique S.

745. SISURA

Seisura, Vig. et Horsf. (1826); *Sisura*, Sundev. (1872).

4001. INQUIETA (Lath.); Gould, *B. Austr.* II, pl. 87; *dubius, volitans* et *muscicola*, Lath. — Australie, Tasmanie.
4002. NANA, Gould, *Ann. N. H.* (4) VI, p. 224. — Australie N.

746. ARSES

Arses, Less. (1831); *Orphryzone*, Rams. (1868).

4003. TELESCOPHTHALMUS (Garn.), *Voy. Coq.* I, 2, p. 593, pl. 19, f. 1; *enado*, Less., *Voy. Coq.* I, 2, p. 643, pl. 15, f. 2. — Nouv.-Guinée, Mysol.
4004. HENKEI, Mey., *Zeitschr. Ges. Ornith.* III, p. 16, pl. 3, ff. 1, 2. — Monts Astrolabes (Nouv.-Guinée).
4005. LAUTERBACHI, Rchw., *Ornith. Monatsb.*, 1897, p. 161; *Journ. f. Orn.*, 1898, pl. 1, f. 1. — Nouv.-Guinée allem.
4006. ORIENTALIS, Salvad., *Ann. Mus. Genov.* IX, p. 566. — Nouv.-Guinée S.-E.
4007. ARUENSIS, Sharpe, *Notes Leyd. Mus.* I, p. 21. — Arou, N[le]-Guinée S.-E.
4008. BATANTÆ, Sharpe, *Notes Leyd. Mus.* I, p. 20. — Waigiou, Batanta.
4009. KAUPI, Gould, *P. Z. S.*, 1850, p. 278; id., *B. Austr. Suppl.*, pl. 10. — Australie N.-E.
4010. LOREALIS, De Vis, *Pr. Linn. Soc. N. S. W.* X, p. 171. — Cap York.
4011. TERRÆ-REGINÆ, Camb., *Pr. Soc. Vict.*, 1894, p. 25. — Queensland.
4012. INSULARIS (Mey.), *Sitz. k. Akad. Wien*, LXIX, p. 395. — N[le]-Guin. N., île Jobi.
4013. FENICHELI, Madar., *Aquila* I, p. 92. — Nouv.-Guinée S.-E.

747. CALLÆOPS

Callæops, Grant. (1895).

4014. PERIOPHTHALMICA, Grant, *Ibis*, 1895, p. 275. — Luçon (Philippines).

748. MONARCHA

Drymophila (pt.), Tem. (1825, nec Sw., 1824); *Monarcha*, Vig. et Horsf. (1826); *Monacha*, Sw. (1838); *Piezorhynchus*, Gould (1840); *Symposiachrus*, Bp. (1854); *Monarches*, Hartl. et Fsch.

4015. RUBIENSIS (Mey.); *Tchitrea rubiensis*, Mey., *Sitzb. k. Acad. Wien.*, LXIX, p. 494; *mentalis*, Salvad., *Ann. Mus. Civ. Gen.* VI (1874), p. 310.
Nouv.-Guinée, Rubi, Andai, Lobo.

4016. INORNATUS (Garn.), *Voy. Coq. Zool.*, I, 2; p. 591, pl. 16, f. 2, *cinerascens*, Tem., *Pl. col.* 430, f. 2; *carinata* (pt.), Gray; *fulviventris*, Hartl.
Iles Papous, Moluques, Soula, Célèbes.

910. *Var.* COMMUTATA, Brügg., *Abh. Ver. Brem.*, 1876, p. 68; Mey. et Wig., *B. Cel.*, pl. 16.
Célèbes.

911. *Var.* KISSERENSIS, Mey., *S. B. Ges. Isis*, 1884, p. 25.
Ile Kisser.

4017. EVERETTI, Hart., *Novit. Zool.* III, p. 173; Mey. et Wig., *B. Cel.*, pl. 17, f. 1.
Ile Djampea (Célèbes).

4018. MELANOPSIS (Vieill.), *N. Dict.* XXI, p. 450; *carinata*, Vig. et H.; Sw., *Zool. Ill.*, sér. I, pl. 147; Tem., *Pl. col.* 418, f. 2.
Australie, Nouv.-Guinée S., Timor.

4019. CANESCENS, Salvad., *Ann. Mus. Civ. Gen.* VII, p. 991.
Australie N.-E.

4020. FRATER, Sclat., *P. Z. S.*, 1873, p. 691.
Mts Arfak (Nle-Guinée).

4021. GODEFFROYI, Hartl., *P. Z. S.*, 1867, p. 829, pl. 38.
Ile Cap (Mackenzie).

4022. DIMIDIATUS, Hartl. et Fsch., *P. Z. S.*, 1871, p. 28.
Ile Rarotonga.

4023. DIVAGA, De Vis, *Ibis*, 1897, p. 374.
Nouv.-Guinée S.-E.

4024. DIADEMATUS, Salvad., *Ann. Mus. Civ. Gen.* XII, p. 321; id., *Orn. Pap.* II, p. 18.
Ile Obi.

4025. BIMACULATUS, Gray, *P. Z. S.*, 1860, p. 352; *trivirgata* (part.), auct. plur. (nec Tem.)
Batjan, Halmahera.

4026. MOROTENSIS (Sharpe), *Cat. B. Br. Mus.* IV, p. 423.
Ile Morotai (Moluques).

4027. BERNSTEINI, Salvad., *Ann. Mus. Civ. Gen.* XII, p. 322.
Salawati.

4028. NIGRIMENTUM, Gray, *P. Z. S.*, 1860, p. 352; *rubecula*, Müll. (fem.)
Amboine, Goram, Matabello.

4029. MUNDUS, Sclat., *P. Z. S.*, 1883, p. 54, pl. 12, f. 2.
Ile Ténimber.

4030. TRIVIRGATUS (Tem.), *Pl. col.* 418, f. 1.
Timor et îles voisines.

912. *Var.* GOULDI, Gray, *P. Z. S.*, 1860, p. 352; *trivirgata*, Gould, *B. Austr.* II, pl. 96; *albiventris*, Gould, *B. Austr. Suppl.*, pl. 13.
Australie N.-E.

4031. MEDIUS, Sharpe, *Rep. Voy. Alert.*, p. 14.
Queensland.

4032. MELANOPTERUS, Gray, *P. Z. S.*, 1858, p. 178; Salvad., *Orn. Pap.* II, p. 21.
Louisiades, Nouv.-Guinée S.-E.

4033. GUTTULATUS, Salvad. ex Garn.; *guttula*, Garn., *Voy. Coq. Zool.* I, p. 591, pl. 16, f. 1; *guttata*, Gr.; *griseogularis*, Gr., *P. Z. S.*, 1858, p. 177.
Nouv.-Guinée, Arou, Mysol, Waigiou, etc.

4034. VIDUA (Tristr.), *Ibis*, 1879, p. 439; *melanocephalus*, Rams.
Iles Salomon.

4035. RICHARDSI (Rams.), *Pr. Linn. Soc. N. S. W.* IV, p. 468.
Ugi (Salomon).

4036. FLORENCIÆ (Sharpe), *Ibis*, 1890, p. 206. — Rubiana (Salomon).
4037. BROWNI, Rams., *P. Z. S.*, 1882, p. 711. — Marrabo (Salomon).
4038. LEUCOTIS, Gould; id., *B. Austr. Suppl.*, pl. 12. — Austr. N.-E., Louisiad.
4039. CASTUS, Sclat., *P. Z. S.*, 1883, p. 53, pl. 12, f. 1. — Timor-Laut.
4040. PILEATUS, Salvad., *Ann. Mus. Civ. Gen.* XII, p. 322; id., *Orn. Pap.* II, p. 25. — Halmahera.
4041. BURUENSIS, Mey., *S. B. Ges. Isis*, 1884, p. 23; ?*pileatus*, Salvad. — Bouru.
4042. VERTICALIS, Sclat., *P. Z. S.*, 1877, p. 99, pl. 19, f. 1. — Ile du Duc York.
4043. INFELIX, Sclat., *P. Z. S.*, 1877, p. 552. — Iles de l'Amirauté.
4044. BRODIEI, Rams., *Pr. Linn. Soc. N. S. W.* IV, p. 80; Salvad., *Orn. Pap.* II, p. 26. — Gaudalcanar, Lango (Salomon).
4045. SQUAMULATUS, Tristr., *Ibis*, 1882, p. 136; ?*brodiei*, Rams. — Ugi (Salomon).
4046. LORICATUS, Wall., *P. Z. S.*, 1863, p. 29, pl. 4. — Bouru (Moluques).
4047. LEUCURUS, Gray, *P. Z. S.*, 1858, pp. 178, 192. — Iles Key (Moluques).
4048. DICHROUS, Gray, *P. Z. S.*, 1859, p. 156; *manadensis* (!) auct. plur.; Quoy et Gaim., *Voy. Astrol.*, p. 176, pl. 3, f. 3. — Nouv.-Guinée, Dorei, Andai, Hatam, Amberbaki.
4049. HETERURUS, Salvad., *Ann. Mus. Civ. Gen.* XVI, p. 74. — Nouv.-Guinée S.-E.
4050. AXILLARIS, Salvad., *Ann. Mus. Civ. Gen.* VII, p. 921; id., *Ornith. Pap.* II, p. 30. — Monts Arfak (Nouv.-Guinée).
4051. REICHENOWI (Madar.), *Ornith. Monatsb.*, 1900, p. 2. — Nouv.-Guinée N.-E.
4052. SERICEUS, Rams., *Pr. Linn. Soc. N. S. W.* III, p. 1293. — Nouv.-Hébrides.
4053. CHALYBEOCEPHALUS (Garn.), *Voy. Coq. Zool.* I, 2, p. 589, pl. 15, f. 1 (fem.); *alecto*, Tem., *Pl. col.* 430, f. 1; *niger*, Sw.; *lucida* et *nitens*, Gr.; *rufolateralis*, Gr. (pt.); *nitidus*, Rosenb. (nec Gould). — Iles Papous et dans les Moluques : Batjan, Ternate, Halmahera, Tidore.
4054. NITIDUS (Gould); id., *B. Austr.* II, pl. 88; *rufolateralis*, Gr. (pt.) — Australie N., Arou.
4055. BREHMII, Rosenb. in Schl., *Ned. Tijdschr. voor Dierk.* IV, p. 14; Salvad., *Orn. Pap.* II, p. 33. — Misori (baie Geelw.)
4056. KORDENSIS, Mey., *Sitzb. k. Akad. Wien.* LXIX, p. 202; Gould, *B. New-Guin.*, pt. V, pl. 5. — Misori.
4057. CHRYSOMELAS (Less.), *Voy. Coq. Zool.* I, p. 344 pl. 18, f. 2; *cordensis*, Cab. et Rchw. (nec Mey.) — Nouv.-Irlande, Nouv.-Hanovre.
4058. MELANONOTUS, Sclat., *P. Z. S.*, 1877, p. 100; Gould, *B. New-Guin.*, pt. V, pl. 6; *chrysomela* et *chrysomelas*, auct. plur. (nec Less.); *aruensis* (pt)., Sh. — Nouv.-Guinée, Waigiou, Mysol, etc.
 913. *Var.* AURANTIACA (Mey.), *Abh. Zool. Mus. Dresd.*, 1891, p. 9. — Kafu (Nouv.-Guinée).
 914. *Var.* ARUENSIS, Salvad., *Ann. Mus. Civ. Gen.* VI, p. 309; *chrysomela*, auct. plur. (nec Less.) — Iles Arou.
4059. PERIOPHTHALMICUS, Sharpe, *J. Linn. Soc.* XVI, p. 318. — Nouv.-Guinée S.-E.
4060. FUSCESSENS, Mey., *S. B. Ges. Isis*, 1884, p. 24. — Iles Papous.
4061. GEELVINKIANUS, Mey., *S. B. Ges. Isis*, 1884, p. 25. — Ile Jobi.

749. BATHMISYRMA

Bathmisyrma, Rchw. (1897).

4062. RUFUM, Rchw., *Orn. Monatsb.*, 1897, p. 161. — Nouv.-Guinée N.-E.

750. PELTOPS

Peltops, Wagl. (1829); *Erolla*, Less. (1831); *Platystomus*, Sw. (1837).

4063. BLAINVILLEI (Less. et Garn.), *Voy. Coq. Zool.* I, p. 595, pl. 19, f. 2; Gray, *Gen. B.*, pl. 22, f. 2. — Nouv.-Guinée, Mysol, Waigiou, Salawatti.

751. POMAREA

Pomarea, Bp. (1854).

4064. NIGRA (Sparrm.), *Mus. Carls.* I, pl. 23; Finsch et Hartl., *Fauna Centralpolyn.*, p. 90; *lutea*, Gm.; *maupitiensis*, Garn., *Voy. Coq. Zool.* I, p. 592, pl. 18, ff. A, B, C; *atra*, Forst; *mendozæ*, Hartl. — Iles de la Société et Marquises.

4065. CASTANEIVENTRIS (Verr.), *Rev. et Mag. de Zool.*, 1858, p. 304; Sharpe, *Cat. B. Br. Mus.* IV, p. 435, pl. 11, f. 2; *rufo-castanea*, Rams. — Iles Salomon.

4066. ERYTHROSTICTA, Sharpe, *P. Z. S.*, 1888, p. 185. — Fauro (Salomon).

4067. RIBBEI, Hart., *Novit. Zool.* II, p. 485. — Munia (Salomon).

4068. UGIENSIS, Rams., *J. Linn. Soc.* XVI, p. 128. — Ugi (Salomon).

4069. LEUCOPHTHALMA, Rams., *Rec. Austr. Mus.* I, p. 4. — Howla (Salomon).

752. POMAREOPSIS

Pomareopsis, Oust. (1880).

4070. SEMI-ATRA, Oust., *Bull. Ass. Sc. Fr.*, 1880, p. 173. — Nouv.-Guinée N.

753. STOPAROLA (1)

Stoparola, Blyth (1845); *Eumyias* et *Glaucomyias*, Cab. (1850).

4071. INDIGO (Horsf.); id., *Zool. Research. in Java*, *B.*, pl. 7. — Java.

4072. RUFICRISSA, Salvad., *Ann. Mus. Civ. Gen.* XIV, p. 202. — Sumatra.

4073. CERVINIVENTRIS, Sharpe, *Ibis*, 1887, p. 444, 1889, p. 204. — Bornéo N.

4074. ALBICAUDATA (Jerd.), *Madr. Journ.* XI, p. 16; id., *Ill. Ind. B.*, pl. 14; id., *B. Ind.* I, p. 464. — Inde S.

4075. MELANOPS (Vig.), *P. Z. S.*, 1831, p. 171; Gould, *Cent. Him. B.*, pl. 6; *thalassina*, Sw.; *lapis*, Less.; *spilonota*, Gr. — Inde, Chine S., Indo-Chine.

4076. SEPTENTRIONALIS, Büttik., *Notes Leyd. Mus.* XV, p. 169; Mey. et Wigl., *Birds Celeb.*, pl. 15. — Célèbes N.

(1) Le *Stoparola concreta* (Sharpe ex Müll.) est un *Siphia*.

915. *Var.* MERIDIONALIS, Büttik., *l. c.*, p. 170. Célèbes S.

4077. THALASSINOIDES, Salvad., *Ucc. Born.*, p. 132; *thalassina*, Bp. (nec Sw.); *thalassoides*, Cab., *Mus. Hein.* I, p. 53. Malacca, Sumatra, Bornéo.

4078. NIGRIMENTALIS, Grant, *Ibis*, 1894, p. 507, pl. 14, f. 2. Luçon N. (Philipp.)

4079. PANAYENSIS, Sharpe, *Tr. Linn. Soc.*, new sér. I, p. 326. Ile Panay (Philipp.)

4080. SORDIDA (Wald.), *Ann. and Mag. N. H.*, sér. 4, V, p. 218; *melanops*, Lay. (nec Vieill.); *ceylonensis*, Gr. Ceylan.

754. SIPHIA

Siphia, Hodgs. (1837); *Dimorpha*, Hodgs. (1841); *Cyornis*, Blyth (1842); *Digenea*, Hodgs. (1845); *Ochromela*, Blyth (1847); *Schwaneria*, Bp. (1857); *Menetica*, Cab. (1866).

4081. HYACINTHINA (Tem.), *Pl. col.*, pl. 30. Timor.

4082. PALLIPES (Jerd.), *Madr. Journ.* XI, p. 15; id., *B. Ind.* I, p. 469. Inde S.

4083. ENGANENSIS, Grant, *Ibis*, 1896, pp. 112, 134. Cap Engano (Luçon).

4084. UNICOLOR (Blyth), *J. A. S. Beng.* XII, p. 941; *cyanopolia*, *infuscata*, Blyth, *Ibis*, 1870, p. 165. Himalaya E. jusqu'à Malac., Java, Born.

4085. ? FRENATA, Hume, *Str. Feath.* VIII, p. 114. Malacca W.

4086. CONCRETA (Müll.), *Tijdschr. N. Gesch. Physiol.* II, p. 351 (1835); Sharpe, *Cat.* IV, p. 437; *Muscitrea cyanea*, Hume, *Str. Feath.* V, p. 101; Gad., *Cat. B.* VIII, p. 224; *Nit. leucura*, Tweed.; *Trichastoma leucoproctum*, Tweed.; *Nit. leucoprocta*, Oates. De Ténassérim jusqu'à Malacca et Sumatra.

916. *Var.* EVERETTI, Sharpe, *Ibis*, 1890, p. 366. Sarawak (Bornéo).

4087. LEUCOMELANURA, Hodgs., *Icon. ined. Passeres*, pl^s 113, 215; Sharpe, *Cat.* IV, pl. 13; *tricolor*, Hodgs., *l. c.*, pl. 208; *minuta*, Hume, *Ibis*, 1872, p. 110. Himalaya.

917. *Var.* CERVINIVENTRIS, Sharpe, *Cat.* IV, p. 460. Khasia.

4088. RUBECULOIDES (Vig.), *P. Z. S.*, 1831, p. 35; Gould, *Cent. Him. B.*, pl. 25, f. 1; *brevipes*, Hodgs.; *rubecula*, Sw., *Mon. Flyc.*, p. 221, pl. 27; *elegans*, Hume. Inde, Indo-Chine, Ceylan.

4089. ELEGANS (Tem.), *Pl. col.* 596, f. 2; *cantatrix*, Tem. (pt.), *Pl. col.* 226, f. 2 (fem.); *beccariana*, Blyth (nec Salvad.) Malacca, îles de la Sonde, Palawan.

4090. HERIOTI (Rams.), *Ibis*, 1886, p. 159; *banyumas*, Tweed. (fem.) Ile Luçon.

4091. DIALILÆMA (Salvad.), *Ann. Mus. Civ. Gen.*, 1889, p. 387. Birmanie.

4092. HODGSONI, Verr., *N. Arch.* VI, *Bull.*, p. 34; David, *l. c.* IX, pl. 4, f. 4; *Erythrosterna sordida*, Godw.-Aust. Himalaya E., Chine W., Indo-Chine W.

4093. BANYUMAS (Horsf.), *Tr. Linn. Soc.* XIII, p. 146; *rufigastra*, Raffl.; *cantatrix*, Tem. (pt.), *Pl. col.* 226, f. 1 (mas.); *simplex*, Blyth (fem.) Malacca, Java, Bornéo.

918. *Var.* TICKELLIÆ (Blyth), *J. A. S. B.* XII, p. 941; Jerd., *B. Ind.* I, p. 467; *banyumas,* Jerd. (nec Horsf.); *hyacintha,* Tick.; *elegans,* Bl. (nec Tem.); *jerdoni,* Bl., *Ibis,* 1866, p. 371.	Inde, Ceylan, Indo-Ch.
919. *Var.* PHILIPPINENSIS (Sharpe), *Tr. Linn. Soc.*, new ser. I, p. 325; *banyumas,* v. Mart., *Journ. f. Orn.*, 1866, p. 11.	Philippines.
920. *Var.* SUMATRENSIS, Sharpe, *Cat. B. B. M.* IV, p. 451.	Sumatra.
921. *Var.* OMISSA, Hart., *Novit. Zool.* III, p. 71.	Célèbes.
922. *Var.* DJAMPEANA, Hart., *Op. cit.*, p. 172.	Ile Djampea (Célèbes).
923. *Var.* KALAOENSIS, Hart., *Op. cit.*, p. 172.	Ile Kalao.
4094. STYANI, Hartl., *Abh. Nat. Ver. Bremen,* 1898, p. 245.	Haïnan.
4095. LEMPRIERI, Sharpe, *Ibis,* 1884, p. 319; *ramsayi,* W. Blas., *Ornis,* 1888, p. 308.	Palawan.
4096. CÆRULEATA (Bp.); *Schwaneria cærulcata,* Bp., *Rev. et Mag. Zool.*, 1857, p. 54; *rufifrons,* Wall., *P. Z. S.*, 1865, p. 476.	Bornéo.
4097. NIGROGULARIS, Ever., *Ibis,* 1891, p. 45.	Sarawak (Bornéo).
4098. BECCARIANA (Salvad.), *Atti R. Accad. Torino* III, p. 533; *rufifrons,* Sharpe (nec Wall.).	Bornéo.
4099. TURCOSA (Brügg.), *Abh. Nat. Ver. Bremen* V, p. 457.	Malacca, Bornéo.
4100. MAGNIROSTRIS (Blyth), *J. A. S. B.* XVIII, p. 814; Jerd., *B. Ind.* I, p. 469.	Himalaya E., Ténassérim.
4101. RUFIGULA (Wall.), *P. Z. S.*, 1868, p. 476; Wald., *Tr. Z. S.* VII, p. 66, pl. 7, f. 3.	Célèbes.
4102. RUFIGULARIS, Scully, *Str. Feath.* VIII, p. 279.	Népaul.
4103. NIGRORUFA (Jerd.), id., *B. Ind.* I, p. 462; *rufula,* Lafr.	Inde S., Ceylan.
4104. STROPHIATA, Hodgs., *Ind. Rev.* I, p. 651; Jerd., *B. Ind.* I, p. 479; Dav. et Oust., *Ois. Chine,* p. 115.	Himalaya, Chine, Indo-Chine.
4105. OBSCURA, Sharpe, *P. Z. S.*, 1881, p. 789.	Bornéo.
4106. VORDERMANI, Sharpe, *Ibis,* 1890, p. 206.	Java.
924. *Var.* ELOPURENSIS, Sharpe, *Op. cit.*	Bornéo N.-E.
4107. POLIOGENYS, Brook., *Str. F.* VIII, p. 469; *cacharien-sis,* Madar., *Zeit. Ges. Orn.*, 1884, p. 51, pl. 1, f. 2.	Sikhim, Birmanie (Cachar).
4108. RUFICAUDA (Sw.), *Flyc.*, p. 251; Jerd., *B. Ind.* I, p. 468; *rubecula,* Jerd. (nec Lath.); *æqualicauda,* Blyth.	Inde.
4109. OLIVACEA (Hume), *Str. Feath.*, 1877, p. 338.	Ténass. N., Java, Born.
925. *Var.* BRUNNEATA, Slat., *Ibis,* 1897, p. 175.	Fohkien (Chine).
4110. BONTHAINA, Hart., *Novit. Zool.* III, p. 157.	Bonthain Peak (Cél.)
4111. LEUCOPS (Sharpe); *Digenea leucops,* Sharpe, *P. Z. S.*, 1888, p. 246.	Shillong, Karen-nee.
4112. ERITHACUS, Sharpe, *Ibis,* 1888, p. 199, pl. 4, f. 2; *platenæ,* W. Blas.	Palawan.
4113. ? ALBO-OLIVACEA (Hume), *Str. Feath.*, 1877, p. 488.	Malacca.

755. MUSCICAPULA

Muscicapula, Blyth (1843).

4114. SUPERCILIARIS (Jerd.), *Madr. Journ.* XI, p. 16; *albogularis*, Blyth; *acornaus*, Hodgs.; *ciliaris* et *hemileucura*, Hodgs., *Ic. ined.*, pl. 206, ff. 2, 4. — Himalaya, Inde, Birmanie.

926. *Var.* LEUCOSCHISTA (Hodgs.), *Ic. ined. Pass.*, pl. 206. — Inde.

4115. MINDANENSIS, W. Blas., *Journ. f. Orn.*, 1890, p. 147. — Mindanao (Philipp.)

4116. ASTIGMA (Hodgs.), *Icon. ined. Passeres*, pl. 206, f. 3. — Himalaya E.

4117. HYPERYTHRA (Blyth), *J. A. S. B.* XI, p. 885; *rubecula*, Bl.; *rubrocyanea* et *leucocyânea*, Hodgs.; *superciliaris*, Gr.; Dav. et Oust., *Ois. Chine*, p. 114; *tricolor* et *rupestris*, Blyth; *innexa*, Swinh. — Himalaya E., Formose, Java, Sumatra, Timor.

4118. LUZONIENSIS, Grant, *Ibis*, 1894, p. 505. — Luçon N.

4119. NIGRORUM, Whitch., *Ibis*, 1897, p. 446. — Négros (Philippines).

4120. SAMARENSIS, Bourns et Worc., *Occ. Pap. Minnes. Ac.* I, p. 26. — Samar (Philippines).

4121. MELANOLEUCA (Hodgs.), *J. A. S. B.* XII, p. 490; *maculata*, Tick.; *poonensis* et *pusilla*, Blyth; *westermanni*, Sharpe, *P. Z. S.*, 1888, p. 270; Finsch, *Notes Leyd. Mus.* XX, p. 93. — Himalaya, Indo-Chine, Malacca, Java, Sumatra, Timor, Célèbes, Philippines.

4122. SAPPHIRA, Blyth, *J. A. S. B.* XII, p. 939; Jerd., *Ill. Ind. Orn.*, pl. 32; *superciliaris*, Godw.-Aust. (nec Jerd.) — Himal. E., Chine W.

756. ANTHIPES

Anthipes, Blyth (1847); *Digenea*, auct. plur. (nec Hodgs.)

4123. MONILIGER (Hodgs.), *P. Z. S.*, 1845, p. 26; Sharpe, *Cat.* IV, pl. 14, f. 1; *gularis*, Blyth. — Himalaya E., Birmanie.

4124. MALAYANA (Sharpe), *P. Z. S.*, 1888, p. 247. — Perak (Malacca).

4125. SUBMONILIGER, Hume, *Str. Feath.*, 1877, p. 105; *moniliger*, Hume, *l. c.*, 1874, p. 475 (nec Hodgs.) — Ténassérim.

4126. ALBIFRONS; Sharpe in, *P. Z. S.*, 1888, p. 247. — ?

4127. SOLITARIA (S. Müll.), *Tijdschr.*, 1835, p. 351; Blyth, *Ibis*, 1865, p. 44; Sharpe, *Cat.* IV, pl. 14, f. 2. — Sumatra.

757. NILTAVA

Niltava, Hodgs. (1837); *Chaitaris*, Hodgs. (1841); *Bainopus*, Hodgs. (1844).

4128. SUNDARA, Hodgs., *Ind. Rev.* I, p. 650; Jerd., *B. Ind.* I, p. 473; Hodgs., *Icon. ined.*, *Passeres*, *App.*, pl. 107; *sordidus*, Hodgs.; *fastuosa*, Less. — Himalaya, Chine W., Indo-Chine.

4129. VIVIDA (Swinh.), *Ibis*, 1864, p. 363, 1866, p. 393, pl. 11. — Formose.

4130. OATESI, Salvad., *Ann. Mus. Civ. Gen.* V, p. 514. — Ténassérim.

4131. SUMATRANA, Salvad., *Ann. Mus. Civ. Gen.* XIV, p. 201. — Sumatra.

4132. GRANDIS (Blyth), *J. A. S. B.* XI, p. 189; Jerd., *B. Ind.* I, p. 476; *irenoides*, Hodgs., *Icon. ined.*, *Passeres*, pl. 211, et *App.*, pl. 103. — Himalaya, Indo-Chine.

927. *Var.* DECIPIENS, Salvad., *Ann. Mus. Civ. Gen.* XII, p. 49; *grandis*, Rams. (nec Blyth.) — Sumatra.

4133. MACGRIGORIÆ (Burton), *P. Z. S.*, 1835, p. 152; *fuliginiventer*, Hodgs., *Icon. ined. Passeres, App.*, pl. 106; *signata* M'Clell.; *auricularis*, Hodgs. — Himalaya, Birmanie.

758. CASSINIA

Cassinia, Hartl. (1860).

4134. FRASERI (Strickl.), *P. Z. S.*, 1844, p. 101; *rubicunda*, Hartl.; Sharpe, *Ibis*, 1870, p. 54, pl. 2, f. 1. — Du Gabon au Congo.

4135. FINSCHI, Sharpe, *Ibis*, 1870, pp. 53, 474, pl 2, f. 2. — Côte-d'Or (Afr. W.)

928. *Var.* ZENKERI, Rchw., *Orn. Monatsb.*, 1895, p. 113; id., *Journ. f. Orn.*, 1896, p. 22. — Caméron.

FAM. XVIII. — CAMPOPHAGIDÆ

759. GRAUCALUS

Graucalus et *Ceblepyris*, Cuv. (1817); *Coracina*, Cab. (1850, nec Vieill.); *Ptiladela*, Jacq. et Puch. (1853); *Cyanograucalus*, Hartl. (1861); *Artamides*, Hartl. (1865).

4136. BOYERI (Gray), *Gen. B.* I, p. 283; Jacq. et Puch., *Voy. Pôle Sud., Zool.* III, p. 68, pl. 9, f. 3; *albilora*, Schl.; *strenuus*, Gould. — Nouv.-Guinée N.-W., Andai, Jobi, Mysol.

4137. SUBALARIS, Sharpe, *Mitth. K. Zool. Mus. Dresd.* I, 3, p. 364; *boyeri*, auct. plur. (pt.) — Nouv.-Guinée S.-E.

4138. STEPHANI, Mey., *Abh. Zool. Mus. Dresd.*, 1891, p. 9. — Nouv.-Guinée.

4139. MONOTONUS, Tristr., *Ibis*, 1879, p. 441. — Iles Salomon.

4140. CÆSIUS (Licht.), *Verz. Doubl.*, p. 51; Levaill., *Ois. d'Afr.* IV, p. 47, pl[s] 162, 163; *cana*, Vieill. (nec Gm.); *levaillantii*, Tem. — Afrique S.

4141. PURUS, Sharpe, *Ibis*, 1891, p. 121. — Mont Elgon (Afr. E.)

4142. AZUREUS, Cass., *Pr. Philad. Acad.*, 1851, p. 348; Hartl., *Orn. W. Afr.*, p. 100. — De Sierra-Leone au Congo.

4143. PREUSSI, Rchnw., *Journ. f. Orn.*, 1892, p. 183. — Cameron.

4144. AXILLARIS, Salvad., *Ann. Mus. Civ. Gen.* VII, p. 925. — Nouv.-Guinée N.-W.

4145. NIGRIFRONS, Tristr., *Ibis*, 1892, p. 294. — Bugotu (îles Salomon).

4146. PUSILLUS, Rams., *Pr. Linn. Soc. N. S. W.* IV, p. 71. — Iles Salomon.

4147. HOLOPOLIUS, Sharpe, *P. Z. S.*, 1888, p. 184. — Guadalcanar (Salom.)

4148. ELEGANS, Rams., *Pr. Linn. Soc. N. S. W.* VI, p. 176. — Ile Guadalcanar.

4149. LETTIENSIS, Mey., *S. B. Ges. Isis*, 1884, p. 28. Ile Letti.

4150. CINEREUS (P.-L.-S. Müll.), *S. N. Anh.*, p. 171; *Pl. enl.* 541; *kinki*, Bodd.; *cana*, Gm.; *grisea*, Less.; *major*, Sharpe, *P. Z. S.*, 1870, p. 389. Madagascar.

4151. CUCULLATUS, M.-Edw. et Oust., *Comp. Rend.* CI (1885), p. 221; *N. Arch. Mus.* X, p. 258, pl. 7. Grande Comore.

4152. SULPHUREUS, M.-Edw. et Oust., *Comp. Rend.* CI (1885), p. 221. Grande Comore.

4153. PECTORALIS, Jard. et Sel., *Ill. Orn.* II, pl. 57; *niveoventer*, Less.; *cinerascens*, Bp.; *frenatus*, Heugl., *Journ. f. Orn.*, 1864, p. 255; *anderssonii*, Sharpe, *P. Z. S.*, 1870, p. 70, pl. 4. Sénégambie, Afrique N.-E. et S.-W.

4154. MELANOPS (Lath.); Le Vaill., *Ois. Parad.* I, pl. 30; Gould, *B. Austr.* II, pl. 55; *papuensis*, Vig. et Horsf.; *melanotis*, Gould; *concinna*, Hut., *Cat. B. New Zeal.*, p. 15. Australie, Nouv.-Zél., Nouv.-Guinée, îles Arou, Key, Amb., Timor, Louisiades.

929. *Var.* PARVIROSTRIS, Gould, *P. Z. S.*, 1837, p. 143. Austr. S., Tasmanie.

4155. MELANOCEPHALUS, Salvad., *Ann. Mus. Gen.* XIV, p. 206. Sumatra.

4156. NORMANI, Sharpe, *Ibis*, 1887, p. 438. Kina Balu (Bornéo N.)

4157. LEUCOPYGIUS, Bp., *Consp.* I, p. 354; Mey. et Wigl., *B. Celebes*, pl. 21. Célèbes.

4158. JAVENSIS (Horsf.), *Tr. Linn. Soc.* XIII, p. 145. Java.

4159. MACEI, Less., *Tr. d'Orn.*, p. 349; *nipalensis*, Hodgs.; *papuensis*, Jerd. (nec Gm.) Inde N., Indo-Chine, îles Andaman.

930. *Var.* LAYARDI, Blyth, *Ibis*, 1866, p. 368. Inde centr. et S., Ceyl.

4160. REX-PINETI, Swinh., *Ibis*, 1863, p. 265, 1866, p. 393. Chine S., Formose.

4161. HYPOLEUCUS, Gould, *P. Z. S.*, 1848, p. 38; id., *B. Austr.* II, pl. 57; *angustifrons*, Sharpe. Austr. N., Queensl., Nouv.-Guin. S.-E., îles Arou, Salomon.

931. *Var.* LOUISIADENSIS, Hart., *Novit. Zool.* V, p. 524. Louisiades.

4162. TIMORLAOENSIS, Mey., *Zeitschr. Ges. Orn.*, 1884, p. 199, pl. 9, f. 1. Timor-Laut.

4163. LONGICAUDA, De Vis, *Rep. Brit. N. Guin., App.*, p. 110. Nouv.-Guinée S.-E.

4164. MENTALIS, Vig. et Horsf., *Tr. Linn. Soc.* XV, p. 217; Gould, *B. Austr.* II, pl. 56. Australie.

4165. PAPUENSIS (Gm.); *Pl. enl.* 630; *albiventris*, Wagl.; *affinis*, Rüpp.; *desgrazii*, Gr.; Hombr. et Jacq., *Voy. Pôle Sud, Ois.*, pl. 7, f. 1; *melanolora*, Gr. Nouv.-Guinée et îles voisines.

4166. SCLATERI, Salvad., *Ann. Mus. Civ. Genov.* XII, p. 325; *melanolorus* et *papuensis*, Scl., *P. Z. S.*, 1873, p. 3, 1877, p. 101. Nouv.-Irlande.

4167. SUMBENSIS, Mey., *Verh. z.-b. Wien* XXXI, p. 765. Ile Sumba.

4168. LINEATUS (Sw.), *Zool. Journ.* I, p. 466; *swainsoni*, Gould; id., *B. Austr.* II, pl. 58. Nouv.-Galles du S. et Australie E.

932. *Var.* SUBLINEATA, Scl., *P. Z. S.*, 1879, p. 448, pl. 36. Waigiou, Nouv.-Irl.

4169. MAFORENSIS (Mey.), *Sitz. K. Akad. Wien*, XLIX, p. 386. Ile Mafor (baie Geelw.)

4170. CALEDONICUS (Gm.); Gr., *P. Z. S.*, 1859, p. 162; *cinereus*, Forst. (nec Müll.); *cæsius*, Pucher., *Arch. Mus.* VII, p. 323 (nec Licht.) — Nouv.-Calédonie, Nouv.-Hébrides.
4171. WELCHMANI, Tristr., *Ibis*, 1892, p. 294. — Bugoti (Salomon).
4172. LIFUENSIS, Tristr., *Ibis*, 1879, p. 190. — Lifu (îles Loyalty).
4173. SCHISTACEUS, Sharpe, *Cat. B. Br. Mus.* IV, p. 11 ; *temmincki*, Wall. (nec Müll.) — Iles Soula, Banggai.
4174. LARVATUS (S. Müll.), *Verh. Natuurl. Geschied. Land en Volkenk.*, p. 190. — Java.
4175. LARUTENSIS, Sharpe, *P. Z. S.*, 1887, p. 435. — Pérak (Malacca W.).
4176. SUMATRENSIS (S. Müll.), *Op. cit.*, p. 190; *fasciatus*, Bp., *Consp.* I, p. 354; *concretus*, Hartl., *Journ. f. Orn.*, 1864, p. 445. — Malacca, Sumatra, Bornéo, Balabac, Palaw.,Calamianes.
933. *Var.* DIFFICILIS, Hart., *Novit. Zool.* II, p. 470. — Ile Natuna.
4177. BUNGURENSIS, Hart., *Novit. Zool.* I, p. 477. — Ile Bunguran.
4178. KANNEGIETRI (Büttik.), *Notes Leyd. Mus.* XVIII, p. 175. — Ile Nias.
4179. CRISSALIS, Salvad., *Ann. Mus. Civ. Genov.*, 1894, p. 592. — Ile Mentawei (Sumat.)
4180. ENGANENSIS, Salvad., *Ann. Mus. Civ. Genov.* XII, p. 129. — Ile Engano.
4181. POLLENS, Salvad., *Ann. Mus. Civ. Genov.* VI, p. 75. — Iles Key (Moluques).
4182. GUILLEMARDI, Salvad., *Ibis*, 1886, p. 154. — Ile Lapac (Sonde).
4183. PERSONATUS (S. Müll.), *Verh. Nat. Gesch. Land en Volkenk.*, p. 190. — Iles Timor, Solor.
4184 PARVULUS, Salvad., *Ann. Mus. Civ. Genov.* XII, p. 324. — Halmahéra.
4185. FLORIS (Sharpe), *Cat. B. Br. Mus.* IV, p. 14; *personatus* (pt.), Wall., *P. Z. S.*, 1863, p. 485. — Flores.
934. *Var.* ALFREDIANA, Hart., *alfredianus*, Hart., *Novit. Zool.* V, p. 458. — Alor.
4186. CÆRULEOGRISEUS (Gray), *P. Z. S.*, 1858, p. 179; *strenua*, Schl., *N. T. D.* IV, p. 44. — Arou, Nouv.-Guinée N.-W., Jobi.
4187. UNIMODUS, Scl., *P. Z. S.*, 1883, p. 55. — Timor-Laut.
4188. TEMMINCKI (S. Müll.), *Verh. Nat. Gesch. Land en Volkenk.*, p. 191 ; Wald., *Tr. Z. S.* VIII, pp. 68, 113, pl. 12. — Célèbes.
4189. MAGNIROSTRIS, Bp., *Consp.* I, p. 354. — Halm., Tern., Batjan.
4190. ATRICEPS (S. Müll.), *Op. cit.*, p. 190. — Céram.
4191. BICOLOR (Tem.), *Pl. col.* 278; Mey. et Wg., *Birds Cel.*, pl. 20. — Célèbes.
4192. FORTIS, Salvad., *Ann. Mus. Civ. Genov.* XII, p. 326. — Ile Bourou (Moluques).
4193. STRIATUS (Bodd.); *Pl. enl.* 629; *novæ-guineæ*, Gm.; *fasciata*, Vieill.; *plumbea*, Wagl.; *dussumieri*, Less.; Hombr. et Jacq., *Voy. Pôle S.*, pl. 8, f. 1; *lagunensis*, Bp.; *papuensis*, Kittl. (nec Gm.) — Luçon (Philippines).
4194. MINDORENSIS (Steere), *List of Philipp. B.*, p. 14. — Mindoro, Tablas.
4195. CEBUENSIS (Grant), *Ibis*, 1896, p. 535. — Cébu.
4196. KOCHI, Kutt., *Orn. Centrabl.*, 1882, p. 183; *Art. mindanensis*, Steere, *List of Philip. B.*, p. 14. — Mindanao, Samar, Panay, Basilan.

4197. PANAYENSIS (Steere), *List of Philip. B.*, p. 14. — Guimaras, Panay, Masbate, Négros.

4198. DOBSONI, Ball, *J. A. S. B.* XLI, p. 281 ; id., *Str. F.*, 1873, p. 66. — Iles Andaman.

760. EDOLIISOMA

Edoliosoma, Jacq. et Puch. (1853); *Edoliisoma*, Scl. (1858).

4199. CÆRULESCENS (Blyth), *J. A. S. B.*, 1842, p. 463; Wald., *Tr. Z. S.* IX, p. 178, pl. 30, f. 2; *aterrima*, Blyth, *Ibis*, 1866, p. 368. — Luçon (Philippines).

935. *Var.* ALTERA ; *alterum*, Rams., *Ibis*, 1881, p. 34; *cærulescens*, Tweed. (pt.) — Cébu (Philippines).

4200. MELAS (Less. et Garn.), *Man. d'Orn.* I, p. 128; *niger*, Garn.; *cinnamomea*, S. Müll. (juv.); *marescotii*, Gr.; H. et J., *Voy. Pôle S., Ois.*, pl. 10, f. 2; *melan*, Scl.; *melæna*, Gr.; *nigrum*, Sharpe. — Nouv.-Guinée, îles Arou.

4201. DISPAR, Salvad., *Ann. Mus. Civ. Genov.* XII (1878), p. 329; Sharpe, *Cat. B.* IV, p. 46. — Iles Key, Banda, Matabello, Monawolka, Pulo, Tijor, Goram (Moluques).

4202. MONTANUM (Mey.), *Sitzb. K. Ak. Wiss. Wien*, LXIX, p. 376; Salvad., *Ann. M. C. Gen.* VII (1875), p. 927. — Monts Arfak (Nouv.-Guinée).

4203. AMBOINENSE (Hartl.), *Journ. f. Orn.*, 1865, p. 156; *melanotis* (pt.), Pelz.; *ceramense* (pt.), Sharpe, *Cat. B. Br. Mus.* IV, p. 47. — Amboine, Céram, ? Mysol.

936. *Var.* TAGULANA; *tagulanum*, Hart., *Novit. Zool.* V, p. 524. — Ile Sudest (Louisiades).

4204. ARUENSE, Sharpe, *Mitth. Z. M. Dresd.* I, 3, p. 369. — Iles Arou.

4205. GRAYI, Sharpe, *Mitth. Z. M. Dresd.* I, 3, p. 369; *melanotis*, Gr. (nec Gould); *mulleri* (pt.), Salvad. (1875). — Batjan, Halmahera, Ternate, Tidore, Morty.

4206. MULLERI, Salvad., *Ann. M. C. Genov.* VII (1875), p. 927; *plumbea*, auct. plur. (nec Wagl.); *melanotis* (pt.), Pelz.; *jardinii*, Rams. (nec Rüpp.); *tenuirostre* (pt.), Sharpe. — Nouv.-Guinée, îles Arou, Mysol, Koffiao.

4207. TENUIROSTRE (Jard.); id. et Selby, *Ill. Orn.* III, pl. 114; *jardinii*, Rüpp.; Gould, *B. Austr.* II, pl. 60; *plumbea*, auct. plur. (nec Wagl.) — Australie N.-E., Queensland, Nouv.-Galles du Sud.

4208. TALAUTENSIS, Mey. et Wg., *Abh. Mus. Dresd.*, 1894-95, n° 9, p. 5; id., *B. Celebes*, pl. 22, ff. 2, 6. — Ile Talaut.

4209. EMANCIPATUM, Hart., *Novit. Zool.* III, p. 170. — Ile Djampea (Cél. S.).

4210. DOHERTYI, Hart., *Novit. Zool.* III, p. 584. — Ile Sumba.

4211. CERAMENSE (Bp.), *Consp.* I, p. 355; Hartl., *Journ. f. Orn.*, 1864, p. 442; *marginata*, Wall., *P. Z. S.*, 1863, p. 19; *Cat. B. Br. Mus.* IV, pl. 1, f. 2. — Bourou, Boano, Céram.

4212. SALVADORII, Sharpe, *Mitth. Mus. Dresd.*, 1878, III, p. 367 ; Mey. et Wg., *B. Cel.*, p. 422, pl. 23. — Sangi (Célèbes N.)
4213. TIMORIENSIS, Sharpe, *Cat. B. Br. Mus.* IV, p. 49, pl. 1, f. 1 ; *plumbea*, Wall. (nec Müll.) — Timor.
4214. SALOMONIS, Tristr., *Ibis*, 1879, p. 440. — Iles Salomon.
4215. PANAYENSIS, Steere, *List of Philip. B.*, p. 14. — Guim., Panay, Négros.
4216. SCHISTICEPS (Gray), *Gen. B.* I, p. 283 ; H. et J., *Voy. Pôle S., Z.*, pl. 10, f. 1 (fem.) ; *Rectes draschi*, Pelz. — Nouv.-Guinée W., Mysol.
4217. OBIENSE, Salvad., *Ann. Mus. Civ. Genov.* XII (1878), p. 329 ; Mey. et Wg., *B. Cel.*, pl. 22, ff. 1, 4. — Obi, Soula.
4218. POLIOPSE, Sharpe, *J. L. S.* XVI (1882), p. 318. — Nouv.-Guinée S.-E.
4219. NEGLECTUM, Salvad., *Ann. Mus. Civ. Gen.* XV, p. 36 ; *plumbea, var.* Mey. ; *meyeri* (pt.), Sharpe. — Ile Mafor.
4220. MEYERI, Salvad., *Ann. Mus. Civ. Gen.* XII (1878), p. 327 ; Sharpe, *Cat. B. Br. Mus.* IV, p. 53 (pt.) — Ile Misori.
4221. INCERTUM (Mey.), *Sitzb. k. Akad. Wiss. Wien*, LXIX, p. 387 ; Salvad., *Ann. M. C. Gen.* VII, p. 928 (1875). — Ile Jobi.
4222. REMOTUM, Sharpe, *Mitth. Zool. Mus. Dresd.* I, 3, p. 369 ; *plumbea*, Cab. et Rchw. (nec Müll.) ; *schisticeps*, Rams. (nec Gray). — Nouv.-Irlande, Nouv.-Hanovre, île Duc York.
4223. NEHRKORNI, Salvad., *Mem. R. Acad. Tor.* XI, p. 217. — Waigiou.
4224. ERYTHROPYGIUM, Sharpe, *P. Z. S.*, 1888, p. 184. — Guadalcanar (Salom.)
4225. ROSTRATUM, Hart., *Ibis*, 1899, p. 301. — Ile Rossel.
4226. MORIO (S. Müll.), *Ver. Natuurl. Gesch. Land en Volkenk.*, p. 189 ; Wald., *Tr. Z. S.* VIII, p. 69, pl. 8, f. 1 ; Mey. et Wg., *B. Cel.*, pl. 22, ff. 3, 5 ; *melanolæma*, Gr. — Célèbes S.
937. *Var.* SEPTENTRIONALIS, Mey. et Wg., *B. Cel.*, p. 420. — Célèbes N.
4227. EVERETTI, Sharpe, *Ibis*, 1894, p. 122. — Iles Soulou.
4228. MINDANENSE (Tweed.) ; *Volvocivora mindanensis*, Tweed., *P. Z. S.*, 1878, p. 947. — Mindanao, Basilan.
4229. NESIOTIS (Hartl. et Finsch), *P. Z. S.*, 1872, p. 98. — Ile Uap (Mackenzie).
4230. ANALE (Verr. et Des M.), *Rev. et Mag. de Zool.*, 1860, p. 395. — Nouv.-Calédonie.

761. CHLAMYDOCHÆRA

Chlamydochæra, Sharpe (1887).

4231. JEFFERYI, Sharpe, *Ibis*, 1887, p. 439, pl. 13. — Kina Balu (Bornéo N.

762. CAMPOCHÆRA

Campochæra, Salvad. (in litt.) ; Sharpe (1878) ; *Campephaga*, auct. plur.

4232. SLOETII (Schleg.), *Ned. Tijdschr. Dierk.* III, p. 253 ; *aurulenta*, Scl., *P. Z. S.*, 1873, p. 692, pl. 34 ; ?*flaviceps*, Salvad. — Nouv.-Guinée.

763. PTEROPODOCYS

Pteropodocys, Gould (1846).

4233. PHASIANELLA (Gould), *P. Z. S.*, 1839, p. 142; id., *B. Austr.* II, pl. 59; *maxima*, Rüpp., *Mus. Senckenb.* III, p. 28, pl. 3. — Australie.

764. LOBOTUS

Lobotos, Rchb. (1850); *Lobotus*, Sharpe (1879).

4234. LOBATUS (Tem.), *Pl. col.* 279, 280; *temmincki*, Rchb., *Syst. Av.*, pl. 54, f. 12. — Afrique W.

765. CAMPOPHAGA

Campephaga, Vieill. (1816); *Volvicivora*, Hodgs. (1837); *Lanicterus*, Less. (1838); *Cyrtes*, Rchb. (1850).

4235. PHOENICEA (Lath.); Sw., *B. W. Afr.*, pl^s 27, 28; *dubia*, Shaw, *Nat. Misc.* VII, pl. 252; *phœnicopterus*, Tem., *Pl. col.* 71; *ignatii*, Heugl. — Afrique W. et N.-E.

4236. XANTHORNOIDES (Less.), *Ann. Sc. Nat.* IX, p. 169; *xanthornithoides* (err.), Sharpe, *Ibis*, 1870, p. 55. — Afrique W. et N.-E.

4237. HARTLAUBI (Salvad.), *Ann. Mus. Civ. Genov.* IV, p. 439; *xanthornoides*, Layard (nec Less.); *phœnicea* (fem.), Boc.; *melanoxantha*, Gurney (nec Licht.) — Afrique S. et S.-E.

4238. NIGRA, Vieill., *N. Dict.* X, p. 50; Levaill., *Ois. d'Afr.*, pl^s 164, 165; *flava*, Vieill.; *labrosa*, Sw., *Zool. Ill.*, ser. 1, III, pl. 179; *ater* et *swainsoni*, Less. — Afrique S. et S.-E.

4239. QUISCALINA, Finsch, *Ibis*, 1869, p. 189; *nigra*, Cass. (nec Vieill.); *fulgida*, Rchw., *J. f. O.*, 1874, p. 345. — Afr. W. (Côte-d'Or).

4240. PETITI, Oust., *Ann. Sc. nat.* XVII, n° 5. — Congo W.

4241. PREUSSI, Rchw., *Orn. Monatsb.*, 1899, p. 40. — Caméron.

4242. CÆRULEA, Oust., *Ann. Sc. nat.* XVII, n° 6. — Congo W.

4243. LUGUBRIS (Sundev.), *Lund Sällsk. Tidskr.* I; id., *Ann. N. H.* XVIII, p. 109; *silens*, Tick. (nec Shaw); *melaschistus*, Hodgs.; *maculosus*, M'Clell.; *fimbriata*, Blyth (nec Tem.); *melanura*, Hartl., *Journ. f. Orn.*, 1865, p. 162. — Inde.

938. *Var.* INTERMEDIA (Hume), *Str. F.*, 1877, p. 205; *melaschistus*, Wald. — Ténassérim, Pégou.

939. *Var.* SATURATA (Swinh.), *Ibis*, 1870, p. 242. — Ile Haïnan.

4244. MELANOPTERA (Rüpp.), *Mus. Senckenb.* III, p. 25, pl. 2, f. 1; *tricolor*, Gray (nec Sw.); *avensis*, Blyth; *melaschistus*, Swinh. (nec Hodgs). — Birmanie, Pégou, Chine S.

4245. NEGLECTA (Hume), *Str. F.*, 1877, p. 203; *polioptera*, Sharpe, *Cat. B. Br. Mus.* IV, p. 69, pl. 2. — Ténassérim, Cochin-Chine.
4246. VIDUA, Hartl., *Str. F.* V, p. 206; *innominata*, Oates, *B. Br. Burm.*, p. 233. — Indo-Chine W.

766. PERICROCOTUS

Pericrocotus, Boie (1826); *Phœnicornis*, Boie (1827); *Acis*, Less. (1831).

4247. SPECIOSUS (Lath.); *princeps*, Vig.; Gould, *Cent. Himal. B.*, pl. 7. — Himalaya, Birmanie, Chine.
4248. ELEGANS (M'Clell.), *P. Z. S.*, 1839, p. 156; *rutilus*, Gray; *fraterculus*, Swinh., *Ibis*, 1870, p. 244. — Indo-Chine.
4249. ANDAMANENSIS, Beav. et Tyt., *Ibis*, 1867, p. 322; *speciosus*, Ball, *Str. F.*, 1873, p. 66. — Iles Andaman.
4250. MODIGLIANII, Salvad., *Ann. Mus. Civ. Genov.* XII (1892), p. 130. — Ile Engano.
4251. FLAMMIFER, Hume, *Str. Feath.*, 1873, p. 321. — Ténassérim S.
4252. XANTHOGASTER (Rafll.), *Tr. Linn. Soc.* XIII, p. 309; Horsf. et Moore, *Cat. B. Mus. E. I. Co.* I, p. 142; *ardens*, Bp.; *subardens*, Hume, *S. F.*, 1877, p. 196. — Malacca, Sumatra, Bornéo.
4253. FLAMMEUS (Forst.), *Indische Zool.*, p. 25; Tem., *Pl. col.* 263. — Inde S., Ceylan.
4254. NOVUS, Rams., *Ibis*, 1886, p. 161. — Luçon N.
4255. EXSUL, Wall., *P. Z. S.*, 1863, p. 492; *flammeus*, Gr. — Lombock, Java.
4256. PEREGRINUS (Lin.); Gould, *Cent. Himal. B.*, pl. 9; *subflava*, Vieill. — Inde N., Indo-Chine, Java.
940. *Var.* MALABARICA (Gmel.); Hume, *Str. F.*, 1877, p. 182. — Inde S., Ceylan.
4257. IGNEUS, Blyth., *J. A. S. B.* XV, p. 309; *minutus*, Strickl., *Contr. Orn.*, 1849, p. 94, pl. 31; *flagrans*, Bp. — De la Chine occ. à Malacca, Bornéo, Palawan, Paragua.
4258. LEYTENSIS, Steere, *List of Philipp. B.*, p. 15. — Leyte.
4259. MONTANUS, Salvad., *Ann. Mus. Civ. Genov.* XIV (1879), p. 203; *wrayi*, Sharpe, *P. Z. S.*, 1888, p. 269, pl. 15; *croceus*, Sharpe, *l. c.* — Sumatra, Perak (Malacca).
941. *Var.* CINEREIGULA, Sharpe, *Ibis*, 1889, p. 192. — Bornéo N.
4260. BREVIROSTRIS (Vig.), *P. Z. S.*, 1831, p. 43; Gould, *Cent. Himal. B.*, pl. 8; *affinis*, M'Clell. (mas.) — Himalaya jusqu'à la Haute-Birmanie.
4261. NEGLECTUS, Hume, *Str. Feath.*, 1877, p. 189; *pulcherrimus*, Salvad., *Ann. M. C. Gen.* V, p. 515. — Ténassérim.
4262. MINIATUS (Tem.), *Pl. col.* 156; Boie, *Isis*, 1826, p. 972. — Java W.
4263. MARCHESÆ, Guillem., *P. Z. S.*, 1885, p. 259, pl. 18, f. 1. — Iles Soulou.
4264. ROSEUS (Vieill.), *N. Dict.* XXI, p. 486; Gould, *B. Asia*, pl.; *affinis* (fem.), M'Clell. — Himalaya, Indo-Ch. W.
4265. SOLARIS, Blyth., *J. A. S. B.* XV, p. 310; Gould, *B.* — Népaul, Sikhim à Té-

Asia, pl.; *rubro-limbatus*, Salvad., *Ann. Mus. Civ. Gen.* V, p. 515. — nassérim.

4266. GRISEIGULARIS, Gould, *P. Z. S.*, 1862, p. 282; id., *B. Asia*, pl. — Formose.

4267. LANSBERGEI, Büttik., *Notes Leyd. Mus.* 1886, p. 156; Hart., *Novit. Zool.* III, p. 569, pl. 11, ff. 1, 2. — Sumbawa.

4268. CINEREUS, Lafr., *Rev. Zool.* VIII, p. 94; Gould, *B. Asia*, pl.; *modestus*, Strickl., *P. Z. S.*, 1846, p. 102; *luctuosus*, De Fil. — S. de l'Amour, Chine, Indo-Ch., Malacca, Sumatra, Bornéo

942. *Var.* JAPONICA, Stejn., *Pr. U. S. Nat. Mus.*, 1886, p. 649. — Japon.

4269. TEGIMÆ, Stejn, *Pr. U. S. Nat. Mus.* 1886, p. 648; id., *Zeitschr. Ges. Orn.*, 1887, p. 175, pl. 2. — Iles Liu-Kiu (Japon).

4270. CANTONENSIS, Swinh., *Ibis*, 1861, p. 42, 1865, p. 107; Gould, *B. Asia*, pl.; *sordidus*, Swinh., *P. Z. S.*, 1863, p. 378. — Chine.

4271. IMMODESTUS, Hume, *Str. Feath.*, 1877, p. 176. — Ténassérim.

4272. ERYTHROPYGIUS (Jerd.), *Ill. Ind. Orn.*, texte de la pl. 11; Gould, *l. c.*, pl. — Inde N. et centr.

4273. ALBIFRONS, Jerd., *Ibis*, 1862, p. 96. — Birmanie, H^{t}-Pégou.

767. LALAGE (1)

Lalage, Boie (1826); *Erucivora*, *Oxynotus*, *Acanthinotus*, Sw. (1831); *Schetba*, Less. (1831); *Pseudolalage*, Blyth (1862).

4274. SYKESI, Strickl., *Ann. N. H.* XIII, p. 36; Gould, *B. Asia*, pl.; *canus*, Syk. (nec Gm.); *fimbriatus*, Jerd. (nec Tem.) — Inde, Ceylan.

4275. MELANOLEUCA (Blyth), *J. A. S. B.* XXX, p. 97; Wald., *Tr. Z. S.* IX, p. 178, pl. 29, f. 2; *melanictera*, Scl. (err.), *Ibis*, 1862, p. 78. — Philippines.

943. *Var.* MINOR (Steere), *List Philipp. Birds*, p. 15. — Mindanao.

4276. TRICOLOR (Sw.), *Zool. Journ.* I, p. 467; *humeralis*, Gould; id., *B. Austr.* II, pl. 63. — Australie, Nouv.-Guinée S.-E.

4277. MOESTA, Sclat., *P. Z. S.*, 1883, p. 55. — Timor-Laut.

4278. ATROVIRENS (Gray), *P. Z. S.*, 1861, p. 430. — Mys., Salw., N^{le}-Guin.

4279. TIMORIENSIS (S. Müll.), *Verh. Land en Volkenk.*, p. 190; *leucophæa*, Wall. (nec Vieill.); *dominica*, Lenz (nec Müll.), var. *Celebensis*, Mey.; *riedelii*, Mey., *Isis*, *Dresd.*, 1884, p. 29. — Timor, Kisser, Letti, Ombai, Sumba, Sumbawa, Lombock, Célèbes.

4280. TERAT (Bodd.); *Pl. enl.* 40, f. 2; *orientalis*, Gm.; *striga*, Horsf.; *humeraloides*, Less.; *dominica*, Wald., *Tr. Z. S.* IX, p. 178. — Philippines, îles de la Sonde, Malacca, îles Nicobar.

(1) Le *Lalage melanothorax*, Sharpe (*Cat. B. Br. Mus.* IV, p. 91) est un oiseau artificiel formé des *L. sykesi* et *Buchanga atra* (Voy. *P. Z. S.*, 1886, p. 354).

4281. PACIFICA (Gm.); *maculosa*, Peale, *U.S. Expl. Exped.*, 1848, p. 81, pl. 23, f. 1; *terat*, auct. plur. (nec Bodd.) — Iles des Amis, Fidji et des Navigateurs.

4282. SHARPEI, Rothsch., *Ibis*, 1900, p. 374. — Iles Samoa ou des Nav.

4283. LEUCOPYGIALIS (Gray), *Hand-list* I, p. 339, n° 5125; Wald., *Tr. Z. S.* VIII, p. 69, pl. 8, f. 2; *orientalis* (pt.), S. Müll. — Célèbes, Soula.

4284. LEUCOPTERA (Schl.), *Ned. Tijdschr. Dierk.* III, p. 45. — Misori, Korido (îles Papous).

4285. WHITMEEI, Sharpe, *Mitth. K. Zool. Mus. Dresd.* I, 3, p. 369. — Ile Savage.

4286. BANKSIANA, Gray, *Ann. and Mag. N. H.*, 1870, p. 329; id., *in Brenchl. Cruise of the Curaçoa, App.*, p. 372, pl. 10. — Iles Banks, Nouv.-Hébrides.

4287. FLAVOTINCTA, Sharpe, *Ibis*, 1900, p. 364. — Nouv.-Hébrides.

4288. RUFIVENTER, (Sw.), *Faun. Bor.-Am. B.*, p. 483; *ferrugineus*, Freyc., *Voy. Uranie*, p. 96, pl. 18 (nec Gm.); *capensis*, Blyth; *typicus*, Hartl., *Journ. f. Orn.*, 1865, p. 160. — Ile Maurice.

4289. NEWTONI (Pollen), *Ibis*, 1866, p. 278, pl. 8; *ferrugineus*, Poll. (1865, nec Freyc.) — Ile de la Réunion.

4290. INSPERATA (Finsch), *P. Z. S.*, 1875, p. 643, 1877, p. 779. — Ile Ponapé.

4291. FIMBRIATA (Tem.), *Pl. col.* 249, 250; *vidua*, Hartl., *Journ. f. Orn.*, 1865, p. 163. — Java.

944. *Var.* CULMINATA (Hay), *Madr. Journ.* XIII, p. 157; *fimbriata* (pt.), S. Müll.; *schierbrandii*, Pelz., *Reise Novara, Vög.*, pp. 80, 161, pl. 2, f. 1; *borneensis*, Salvad., *Atti R. Ac. Tor.* III, p. 532; *campophaga minor*, Davis. — Malacca, Sumatra, Bornéo.

4292. MONACHA (Hartl. et Finsch), *P. Z. S.*, 1872, p. 99; Finsch, *Journ. Mus. Godeffr.*, Heft VIII, pl. 3, ff. 2, 3. — Ile Pelew.

4293. KARU (Less.), *Voy. Coq. Ois.*, p. 633, pl. 12; *leucomela*, Rüpp. (pt.); *rufiventris*, Gray, *Gen. B.* I, p. 283; *polygrammica*, Gr., *P. Z. S.*, 1858, p. 179; *leucomelæna*, Sharpe (pt.) — Nouv.-Irl., Duc York, Nouv.-Han., Nouv.-Guinée, Arou, Key, Australie N.

4294. LEUCOMELA (Vig. et Horsf.), *Tr. Lin. Soc.* XV, p. 215; Gould, *B. Austr.* II, pl. 62; *leucomelæna* (pt.), Sharpe, *Cat.* IV, p. 106. — Australie S.-E.

4295. AUREA (Tem.), *Pl. col.* 382, f. 2. — Batjan, Halmahera, Ternate, Morty.

768. SYMMORPHUS

Symmorphus, Gould (1837).

4296. LEUCOPYGIUS, Gould, *P. Z. S.*, 1837, p. 145; *longicaudata*, Pelz., *Sitzb. Akad. Wien*, XLI, p. 321; ? *Lalage uropygialis*, Bp. — Ile Norfok

4297. AFFINIS, Tristr., *Ibis*, 1879, p. 440. — Iles Salomon.

4298. NÆVIUS (Forst.), *Ic. ined. M. S.*, pl. 159; *montrosieri*, Verr., *Rev. et Mag. de Zool.*, 1860, p. 431. — Nouv.-Calédonie, Nouv.-Hébrides.

4299. NIGRIPECTUS, De Vis, *Rep. Orn. Coll.*, p. 4. — Nouv.-Guinée S.-E.

FAM. XIX. — PYCNONOTIDÆ (1)

SUBF. I. — BRACHYPODIINÆ

769. SPIZIXUS

Spizixos, Blyth (1845).

4300. CANIFRONS, Blyth, *J. A. S. Beng.* XIV, p. 571; Baker, *J. Bomb. N. H. Soc.* VII, pl. 1, f. 1. — Assam.

4301. SEMITORQUES, Swinh., *Ibis*, 1861, p. 266; Dav. et Oust., *Ois. Chine*, p. 143, pl. 47. — Chine.

4302. CINEREICAPILLUS, Swinh., *P. Z. S.*, 1871, p. 370. — Formose.

770. OTOCOMPSA

Otocompsa, Cab. (1850).

4303. EMERIA et *jocosus* (Lin.); *monticolus*, M'Clell; *pyrrhotis*, Hodgs., *Icon. ined. in Br. Mus. Passeres*, pl. 204; *erythrotis*, Horsf.; *jocosus*, auct. plur. — De l'Himal. au Bengale, Indo-Ch., îles Andaman et Nicobar.

4304. FUSCICAUDATA, Gould, *P. Z. S.*, 1865, p. 664; *emeria*, Sharpe, (nec Lin.) *Cat. B.* VI. p. 159. — Inde S.-W.

771. BOSTRYCHOLOPHUS

Centrolophus, Büttik. (avril 1896, nec Lacép.); *Bostrycholophus*, Büttik. (juin 1896).

4305. LEUCOGENYS (Gray), in Hardw., *Ill. Ind. Orn.* I, pl. 35, f. 3; Jerd., *B. Ind.* II, p. 91. — Himalaya.

772. MOLPASTES

Molpastes, Hume (1873); *Pycnonotus* (pt.), Sharpe.

4306. PYGÆUS (Hodgs.), *Ic. ined. in Br. M. Pass.*, pl. 202; *cafer*, Mc Clell. (nec Lin.); *bengalensis*, Blyth. — Inde N.-E. jusqu'à l'Assam.

945. *Var.* INTERMEDIA (Jerd.), *B. Ind.* II, p. 95; *pygmæus*, Cook et Marsh., *Str. Feath.*, 1873, p. 355. — De l'Afghanistan au Pendjab et Cachemire.

4307. HÆMORRHOUS (Gm.); Levaill., *Ois. Afr.* III, p. 44, pl. 107, f. 1; *cafer*, Lin.; *fuscus*, P. L. S. Müll.; *pusillus*, Blyth; *chrysorrhoides*, Gr. (nec Lafr.) — Inde centr. et S., Ceylan.

(1) Voy.: Sharpe, *Cat. of the Birds in the Brit. Mus.* VI, pp. 35-179 (1881).

4308. BURMANICUS, Sh., *Cat. B. B. M.* VI, p. 125; *nigripileus*, Anders., *Exp. Yun-nam*, p. 659 (nec Blyth).	De l'Assam jusqu'à Manipour et Birmanie.
4309. NIGRIPILEUS (Blyth), *J. A. S. Beng.* XVI, p. 472.	Ténassérim, Birmanie.
4310. ATRICAPILLUS (Vieill.), *N. D.* XXI, p. 489; *chrysorrhoides*, Lafr.; Dav. et Oust., *Ois. Ch.*, p. 142, pl. 46; *hæmorrhoa*, Cass.; *hœmorrhous*, Swinh. (nec Gm.)	Chine S., Birmanie, Ténassérim.
4311. AURIGASTER (Vieill.), *N. D.* XX, p. 258; Levaill., *Ois. Afr.* III, pl. 107, f. 2; *chrysorrhœus*, Steph.; *crocorrhous*, Strickl., *Ann. N. H.* XIII, p. 412.	Java.
4312. GERMAINI (Oust.), *Bull. Soc. Phil. Paris*, 1878, p. 54.	Cambodje.
4313. LEUCOTIS (Gould), *P. Z. S.*, 1836, p. 6; Jerd., *B. Ind.* II, p. 91.	De la Perse à l'Inde N.-W. et centr.
4314. HUMEI, Oates, *B. Br. Ind.* I, p. 274.	Punjab.

773. PYCNONOTUS

Pycnonotus, Boie (1826); *Brachypus*, Sw. (1827, nec 1837); *Ixos*, Tem. (1840); *Xanthixus*, Oat. (1889).

4315. CAPENSIS (Lin.); Levaill., *Ois d'Afr.* III, pl. 36; Dress., *B. Eur.* III, p. 361, pl. 143, f. 2; *aurigaster*, Yarr. (nec Vieill.)	Afrique S.
4316. TRICOLOR (Hartl.), *Ibis*, 1862, p. 341; Sharpe, *P. Z. S.*, 1871, pl. 7, f. 2; *auriventris*, Hartl., *J. f. O.*, 1861, p. 166; *nigricans var. minor*, Heugl.	Congo, Haut-Nil, Angola, Damara.
4317. LAYARDI, Gurney, *Ibis*, 1879, p. 390; *nigricans*, auct. plur.; *tricolor*, Sharpe (nec Hartl.)	Afrique S., Damara, Zambèze W.
4318. DODSONI, Sharpe, *P. Z. S.*, 1895, p. 488.	Somaliland W.
4319. NIGRICANS (Vieill.), *N. D.* XX, p. 253; Levaill., *Ois. d'Afr.* III, pl. 106, f. 4; *levaillantii*, Tem.; *capensis* (pt.), Sh.	Du Transvaal au Cap, Damara.
4320. XANTHOPYGUS (Hempr. et Ehr.), *Symb. Phys.*, fol. bb; Dress., *B. Eur.* III, p. 337, pl. 143, f. 1; *levaillantii*, Rüpp. (nec Tem.); *vallombrosæ*, Bp.; *aurigaster*, Scl., *P. Z. S.*, 1862, p. 12; *nigricans*, Heugl. (nec Vieill.); *tristis*, Gr.	Afrique N.-E., Arabie, Syrie, Palestine, Chypre, Rhodes, Cyclades.
4321. BARBATUS (Desf.), *Mém. Ac. roy. de Sc.*, p. 500, pl. 13; Dress., *B. Eur.* III, p. 333, pl. 142; *obscurus*, Tem.; *lugubris*, Less.; *inornatus*, Fras.; *ashanteus*, Bp.	Afrique N.-W., du Maroc et Algérie jusqu'au Niger.
946. *Var.* GABONENSIS, Sharpe, *P. Z. S.*, 1871, p. 131, pl. 7, f. 1.	Gabon, Caméron.
4322. ARSINOE (Hempr. et Ehr.), *l. c.*, Sig. aa; *Rüpp. Neue Wirb.*, p. 83; Heugl., *Orn. N.-O. Afr.*, p. 396.	Afr. N.-E., de l'Egypte au Somaliland.

774. LÆDORUSA

Loidorusa, Rchb. (1850); *Lædorusa*, Cab. (1850); *Pycnonotus* (pt.), Sharpe (1881); *Oreoctistes*, Sharpe (1888).

4323. ANALIS (Horsf.), *Tr. Linn. Soc.* XIII, p. 147; Hombr.	Cochin-Chine, Siam,

et Jacq., *Voy. Pôle Sud, Ois.*, pl. 14; *goiavier*, auct. plur. (nec Scop.); *yourdini*, Gr.; *gourdini*, Bp.; *personata*, Hume, *Str. F.*, 1873, p. 457. — Malacca, Sumatra, Java, Lombok, Bornéo.

4324. GOIAVIER (Scop.), *Del. Faun. et Fl. Ins.* II, p. 96; Sonn., *Voy. Nouv. Guin.*, pl. 28; *psidii*, Gm. — Philippines.

4325. LUTEOLA (Less.), *Rev. Zool.*, 1840, p. 354; Jerd., *B. Ind.* II, p. 84; *virescens*, Tick.; *flaviriclus*, Strickl. — Inde centr. et S., Ceyl., Banka? Java?

4326. LEUCOPS (Sharpe), *Oreoctistes leucops*, Sharpe, *Ibis*, 1888, p. 388, pl. 9, f. 1; Büttik., *Notes Leyd. Mus.* XVII, p. 239. — Kina-Balu (Bornéo N.)

4327. XANTHOLÆMA (Jerd.), *Madr. Journ.* XIII, p. 122; id., *Ill. Ind. Orn.*, pl. 35. — Inde S.

4328. BLANFORDI (Jerd.), *Ibis*, 1862, p. 20; *familiaris*, Blyth. — Pégou, Birmanie, Cochin-Chine.

4329. PLUMOSA (Blyth), *J. A. S. Beng.* XIV, p. 567; *inornatus*, Bp.; *simplex*, Horsf. et Moore. — Du S. du Ténassérim à Malacca, Ceylan, îles de la Sonde.

4330. CINEREIFRONS (Tweed.), *P. Z. S.*, 1878, p. 617; Büttik., *Notes Leyd. Mus.* XVII, p. 240. — Palawan (Philipp.)

4331. SIMPLEX (Less.), *Rev. Zool.*, 1839, p. 167; Sharpe, *Cat. B. Br. Mus.* VI, p. 153, pl. 9; *brunneus* et *modestus*, Blyth; *olivaceus*, Moore. — Du Ténassér. à Malac., îles de la Sonde.

4332. PUSILLA (Salvad.), *Ucc. Born.*, p. 200; Sharpe, *Cat. B.* VI, pl. 10; *simplex*, Bp. (nec Less.); *salvadorii*, Sharpe, *Cat. B.* VI, p. 401. — Du Ténassérim S. à Malacca, Sumatra, Bornéo.

775. PACHYCEPHALIXUS

Pachycephalixus et *Stictognathus*, Büttik., *Notes Leyd. Mus.* XVII, p. 241 (1896); *Pycnonotus* (pt.), Sharpe (1881).

4333. SINENSIS (Gm.); *occipitalis*, Less.; Eyd. et Gerv., *Mag. de Zool.*, 1836, pl. 66. — Chine S., Formose, Japon.

4334. HAINANUS (Swinh.), *Ibis*, 1870, p. 253; Dav. et Oust., *Ois. Chine*, p. 141. — Iles Haïnan et Nao-chow.

4335. TAIVANUS (Styan), *Ibis*, 1893, p. 470. 1894, p. 337, pl. 9. — Formose.

4336. XANTHORRHOUS (Anders.), *Pr. A. S. Beng.*, 1869, p. 265; Dav. et Oust., *Ois. Chine*, p. 141, pl. 45; *andersoni*, Swinh. — Chine S.

776. CROCOPSIS

Crocopsis, Rchb. (1850); *Pycnonotus* (pt.), Sharpe (1881).

4337. BIMACULATUS (Horsf.), *Trans. Linn. Soc.* XIII, p. 147; Less., *Cent. Zool.*, pl. 75. — Java, Sumatra.

4338. FINLAYSONI (Strickl.), *Ann. N. H.* XIII, p. 411. — Indo-Chine, Malacca.

4339. DAVISONI (Hume), *Str. Feath.*, 1875, p. 301; *annectens*, Wald., *Ann. N. H.*, 1875, p. 401. — Birmanie W.

777. XANTHIXUS

Xanthixus, Oates (1889); *Pycnonotus* (pt.), Sharpe (1881).

4340. FLAVESCENS (Blyth), *J. A. S. Beng.* XIV, p. 568; Oates, *B. Br. Ind.* I, p. 275. — Arakan, Birmanie, Ténassérim.

778. KELAARTIA

Kelaartia, Jerd. (1863); *Phacelias*, Heine (1890).

4341. PENICILLATA, Jerd., *B. of Ind.* II, p. 86; Legge, *B. Ceylon*, p. 480, pl. 23, f. 1. — Ceylan.

779. BONAPARTIA

Gymnocrotaphus, Büttik. (1896, nec Günth.); *Bonapartia*, Büttik., *l. c.* XVIII, p. 58 (1896).

4342. TYGUS (Bp.), *Consp.* I, p. 262; *Pycnonotus tygus*, Sharpe, *Cat. B.* VI, p. 156. — Sumatra.

780. ALCURUS

Alcurus, Hodgs. (1844).

4343. STRIATUS, Blyth, *J. A. S. Beng.* XI, p. 184; *nipalensis*, Hodgs., *Icon. ined. in Br. Mus.*, *Passeres*, pl. 189. — Himalaya E., de Birmanie au Ténassérim.

4344. LEUCOGRAMMICUS (S. Müll.), *Nat. Tijdschr. Ned. Ind.*, 1835, p. 362; Sharpe, *Cat. B.* VI, p. 155. — Sumatra.

781. PINAROCICHLA

Pinarocichla, Sharpe (1881).

4345. EUPTILOSA (Jard. et Sel.), *Ill. Orn.* IV, pl. 3; *entylotus*, Eyt.; *tympanistrigus*, S. Müll.; *tristis*, Blyth; *cantori*, Moore, *P. Z. S.*, 1854, p. 279; *susanii*, Bp. — Java, Sumatra, Bornéo, Malacca, Ténassérim S.

782. POLIOLOPHUS

Poliolophus, Sharpe (1876).

4346. UROSTICTUS (Salvad.), *Atti R. Acad. Tor.* V, p. 509; Wald., *Tr. Zool. Soc.* IX, p. 191, pl. 32, f. 2; Sharpe, *Cat. B.* VI, p. 63. — Philippines.

4347. BASILANICUS, Steere, *List of Philipp. B.*, p. 19. — Basilan, Mindanao.

783. MESOLOPHUS

Mesolophus, Büttik., *l. c.*, p. 247 (1896); *Otocompsa* (pt.), Sharpe (1881).

4348. FLAVIVENTRIS (Tick.), *J. A. S. Beng.* II, p. 573; *melanocephalus*, Gr. et Hardw., *Ill. Ind. Zool.* II, pl. 35, f. 1; *plumifera*, Gould. — De l'Himalaya à l'Inde centr. et l'Indo-Ch., Malacca.

4349. MONTIS (Sharpe), *P. Z. S.*, 1879, p. 247; id., *Cat. B.* VI, p. 162. — Bornéo.

784. RUBIGULA

Brachypus, Sw. (1839, nec 1837); *Rubigula*, Blyth (1845).

4350. DISPAR (Horsf.); *Trans. Linn. Soc.* XIII, p. 150; Tem., *Pl. col.* 137. — Java, Sumatra.

4351. GULARIS (Gould), *P. Z. S.*, 1835, p. 186; *rubineus*, Jerd.; id., *Illustr. Ind. Orn.*, pl. 37. — Inde S.

785. IXIDIA

Ixidia, Blyth (1845); *Meropixus*, Bp. (1854); *Rubigula* (pt.), Sharpe (1881).

4352. MELANICTERA (Gm.); Wald, *Ibis*, 1866, p. 321; *atricapilla*, Vieill.; *nigricapilla*, Drap.; *aberrans*, Blyth; *gularis*, Kel. (nec Gould). — Ceylan.

4353. CYANIVENTRIS (Blyth), *J. A. S. Beng.* XI, p. 792; *aureum*, Eyt., *Ann. N. H.* XVI, p. 229; *poliopsis*, Bp.; *paroticalis*, Sharpe, *Ibis*, 1878, p. 418. — Malacca, Sumatra, Bornéo.

4354. SQUAMATA (Tem.), *Pl. col.* 453, f. 2; Nichols., *Ibis*, 1881, p. 147. — Java.

947. *Var.* WEBBERI, Hume, *Str. Feath.*, 1879, pp. 40, 63; *squamata*, Salvad. (nec Tem.), *Ucc. Born.*, p. 200. — Malacca, Sumatra, Bornéo.

786. BRACHYPODIUS

Brachypodius, Blyth (1845); *Prosecusa*, Rchb. (1850); *Micropus* (pt.), Sharpe.

4355. MELANOCEPHALUS (Gm.); *atriceps*, Tem., *Pl. col.* 147; *metallicus*, Eyt., *Ann. N. H.* XVI, p. 228; *immaculatus*, Sharpe, *Ibis*, 1876, p. 39. — De la Birm. à Malacca, Nias, Sum., Banka, Java, Born., Palaw.

4356. CINEREIVENTRIS, Blyth, *J. A. S. Beng.* XIV, p. 576; Wald., *B. Burm.*, p. 136. — De la Birmanie à Malacca.

4357. CHALCOCEPHALUS (Tem.), *Pl. col.* 453, f. 1. — Java, Bawean.

4358. FUSCIFLAVESCENS, Hume, *Str. Feath.*, 1873, p. 297; *melanocephalus*, Ball. (nec Gm.) — Iles Andaman.

4359. POIOCEPHALUS, Jerd., *Madr. Journ.* X, p. 246; id., *Ill. Orn.*, pl. 31; *fisquetii*, Eyd. et Soul., *Voy. Bonite, Zool.*, p. 86, pl. 5; *poliocephalus*, Bp.; *phæocephalus*, Sharpe, *Cat. B.* VI, p. 68. — Malabar (Inde).

787. MICROTARSUS

Microtarsus, Eyt. (1839); *Ixocherus*, Bp. (1854); *Micropus* (pt.), Sharpe (1881).

4360. MELANOLEUCUS, Eyt., *P. Z. S.*, 1839, p. 102; Salvad., *Ucc. Born.*, p. 202; *tristis*, Bp. (nec Blyth); *vidua*, Tem. — Malacca, Sumatra, Bornéo.

788. IXONOTUS

Ixonotus, J. et E. Verr. (1851).

4361. GUTTATUS, Verr., *Rev. et Mag. de Zool.*, 1851, p. 306; Oust., *Nouv. Arch. Mus.*, 2e sér., II, p. 101, pl. 5, f. 2. — Afr. W., de la Côte-d'Or au Gabon.

4362. LANDANÆ, Oust., *Ann. Sc. Nat.* XVII, nos 5, 6, art. 8. — Congo W.

789. XENOCICHLA

Xenocichla, Hartl. (1857); *Bleda*, Bp. (1859); *Pyrrhurus*, Cass. (1859); *Bæopogon* et *Trichites*, Heine (1860).

4363. SYNDACTYLA (Sw.), *B. W. Afr.* I, p. 261; Cass., *Pr. Phil. Acad.*, 1859, p. 44. — De Sénégambie au Gabon.

4364. NOTATA, Cass., *Pr. Phil. Ac.*, 1856, p. 159, 1859, p. 45. — Du Caméron au Congo.

4365. XAVIERI, Oust., *Naturaliste* XIV, 1892, p. 218. — Haut-Congo.

4366. CANICAPILLA (Hartl.), *Beitr. Orn. W.-Afr.*, p. 24; Cass., *l. c.*, 1859, p. 44. — De Sénégambie à la Côte-d'Or.

4367. POLIOCEPHALA, Rchw., *Journ. f. Orn.*, 1892, p. 189. — Caméron.

4368. TENUIROSTRIS, Fisch. et Rchw., *J. f. O.*, 1884, p. 262. — Afrique E.

4369. LEUCOPLEURA (Cass.), *Pr. Phil. Acad.*, 1855, p. 328; *nivosus*, Hartl., *Journ. f. Orn.*, 1855, p. 356. — Afr. W., de Gambie au Congo.

4370. INDICATOR (Verr.), *Journ. f. Orn.*, 1855, p. 105; *leucurus*, Cass., *Pr. Philad. Acad.*, 1855, p. 328. — De la Côte-d'Or au Gabon.

4371. CLAMANS, Sjös., *Orn. Monatsb.* I, p. 28; id., *Orn. Cam.*, pl. 10. — Caméron.

4372. ALBIGULARIS, Sharpe, *Cat. B.* VI, p. 103, pl. 7, f. 1. — Côte-d'Or.

4373. PLACIDA, Shell., *P. Z. S.*, 1889, p. 363. — Kilima Ndjaro (Afr. E.)

4374. STRIIFACIES, Rchw. et Neum., *Orn. Monatsb.*, 1895, p. 74. — Kilima Ndjaro.

4375. SCANDENS (Sw.), *B. W. Afr.* I, p. 270, pl. 30; *pallescens*, Hartl., *Orn. W.-Afr.*, p. 86; id., *Journ. f. Orn.*, 1861, p. 165. — De Sénégambie à la Côte-d'Or.

948. *Var.* ORIENTALIS, Hartl., *J. f. O.*, 1883, p. 425; id., *Zool. Jahrb.* II, p. 316, pl. 11, f. 2. — Afrique équat. E.

4376. MULTICOLOR, Bocage, *Jorn. Lisb.* VIII, p. 54. — Loango.

4377. SERINA (Verr.), *Journ. f. Orn.*, 1855, p. 105; *xanthogaster*, Cass., *Pr. Philad. Acad.*, 1855, p. 327. — De la Côte-d'Or au Congo.

4378. FLAVISTRIATA, Sharpe, *Ibis*, 1876, p. 53; id., *Cat. B.* VI, p. 100. — Afrique S.-E.

4379. DEBILIS, Scl., *Ibis*, 1899, p. 284. — Inhambane (Afr. E.)

4380. TEPHROLÆMA (Gr.), *Ann. N. H.* X, p. 444; Rchw., *Journ. f. Orn.*, 1875, p. 49 — Caméron.

4381. NIGRICEPS, Shell., *P. Z. S.*, 1889, p. 362. — Kilima Ndjaro (Afr. E)

4382. FUSCICEPS, Shell., *Ibis*, 1893, p. 13, 1894, pl. 1, f. 2. — Nyassaland.

949. *Var.* CHLORIGULA, Rchw., *Orn. Monatsb*, 1899, p. 8. — Kalinga (Afr. E. all.)

4383. KIKUYUENSIS, Sharpe, *Ibis*, 1891, p. 118. — Kikuyu (Afrique E.)

4384. SIMPLEX (Hartl.), *Journ. f. Orn.*, 1855, p. 356; *palpebrosus*, Finsch, *Journ. f. Orn.*, 1867, p. 28; *marchei*, Oust., *Nouv.-Arch. Mus.* II, *Bull.*, 1879, p. 101. — De la Côte-d'Or au Congo.

950. *Var.* HARTERTI, Rchw., *Novit. Zool.* II, p. 60; *simplex*, Büttik. — Sierra-Leone et Libéria.

4385. OLIVACEA (Sw.), *B. W. Afr.* I, p. 264; Sharpe, *Cat. B.* VI, p. 98, pl. 7, f. 2. — De Sénégambie à la Côte-d'Or.

4386. FLAVICOLLIS (Sw.), *B. W. Afr.* I, p. 259; Sharpe, *l. c.*, p. 97. — Sénégambie, Sierra-Leone.

951. *Var.* FLAVIGULA (Cab.), *Orn. Centralbl.*, 1880, p. 174; *J. F. O.* 1881, pl. 3; *flavigularis*, Hartl. — Angola, Congo E., Haut-Nil.

952. *Var.* PALLIDIGULA, Sharpe, *Ibis*, 1898, p. 146. — Uganda (Afr. E.)

790. CRINIGER

Criniger, Tem. (1820); *Trichophorus*, Tem. (1824); *Trichas*, Glog. (1827); *Hypotrichas*, Heine (1860).

4387. CHLORONOTUS (Cass.), *Pr. Philad. Acad.*, 1859, p. 43; id., *Journ. Phil. Acad.* V, p. 181, pl. 22, f. 1; Finsch., *Journ. f. Orn.*, 1867, p. 24. — Du Caméron au Gabon.

4388. VERREAUXI, Sharpe, *Cat. Afr. B.*, p. 21; id., *Cat. B. Br. Mus.* VI, pl. 4; *gularis*, Sw. (nec Horsf.), *B. W. Afr.* II, p. 266; *tephrogenys*, Finsch (nec J. et S.) — De la Côte-d'Or au Caméron.

4389. ?TEPHROGENYS (Jard. et Sel.), *Ill. Orn.*, pl. 127. — ?

4390. CALURUS (Cass.), *Pr. Phil. Acad.*, 1856, p. 158; id., *Journ. Phil. Acad.* V, p. 182, pl. 22, f. 3. — Du Camér. au Gabon.

4391. PHÆOCEPHALUS (Hartl.), *Rev. Zool.*, 1844, p. 401; Wald., *Ibis*, 1871, p. 169, pl. 6, f. 2; *caniceps*, Lafr., *R. Z.*, 1845, p. 367; *rufocaudatus*, Eyt. — Ténassérim S., Malacca, Sumatra, Bornéo.

(mas.); *sulphuratus*, Müll.; *sulphureus*, Tem.; *cantori*, Moore.

4392. DIARDI (Tem.), *M. S.*; Finsch, *Journ. f. Orn.*, 1867, p. 18; *phæocephalus* (pl.), Sharpe (1876-77). — Bornéo

4393. FLAVEOLUS (Gould), *P. Z. S.*, 1836, p. 6; Jerd., *B. Ind.* II, p. 83; *xanthogaster*, Hodgs., *Icon. ined. Pass. Br. Mus.*, pl. 188, ff. 1, 2, pl. 189, f. 1. — Himalaya.

4394. GRISEICEPS, Hume, *Str. Feath.*, 1873, p. 478; *flaveolus*, Blyth, *B. Burm.*, p. 134; *burmanicus*, Oates. — Ténassérim, Pégou, Birmanie.

4395. HENRICI, Oust., *Bull. Mus. Paris*, 1896, p. 185. — Yun-nan (Chine).

4396. GULARIS (Horsf.), *Tr. Lin. Soc.* XIII, p. 150; Wald., *Ibis*, 1871, p. 169, pl. 6, f. 1. — Java.

4397. FRATER, Sharpe, *Tr. Lin. Soc.*, ser. 2, *Zool.* I, p. 334; id., *Cat. B.* VI, p. 79, pl. 5. — Palawan, Paragua, Balabac.

4398. GUTTURALIS (Bp.), *Consp. av.* I, p. 262; Scl., *P. Z. S.*, 1863, p. 216; *rufocaudatus* (fem.), Eyt.; *ochraceus*, Moore. — Ténass. S., Malacca, Sumatra, Bornéo.

4399. PALLIDUS, Swinh., *Ibis*, 1870, p. 252; Dav. et Oust., *Ois. Chine*, p. 138; *schmackeri*, Styan. — Ile Haïnan (Chine).

4400. RUFICRISSUS, Sharpe, *P. Z. S.*, 1879, p. 248. — Bornéo N.-W.

4401. SUMATRANUS, Rams., *Ann. N. H.* X, p. 431. — Sumatra.

4402. ICTERICUS, Strickl., *Ann. N. H.* XIII (1844), p. 411; Jerd., *B. Ind.* II, p. 82. — Inde S., Ceylan.

4403. MILANJENSIS (Shell.), *Ibis*, 1894, p. 9, pl. 1, f. 1. — Milanje (Nyassa).

4404. OLIVACEICEPS, Shell., *Ibis*, 1896, p. 179. — Nyassaland.

4405. BARBATUS (Tem.), *Pl. col.* 82; *strigilatus*, Sw., *B. W. Afr.* I, p. 267; *cinerascens*, Hartl., *P. Z. S.*, 1859, p. 293. — De Gambie à la Côte-d'Or.

4406. FALKENSTEINI, Rchw., *Journ. f. Orn.*, 1874, p. 458; *Pycn. falkensteini*, Sharpe, *Cat. B.* VI, p. 146. — Congo W.

4407. TRICOLOR (Cass.), *Pr. Phil. Acad.*, 1857, p. 33; Finsch, *Journ. f. Orn.*, 1867, p. 25; *icterinus*, Bp., *Consp.* I, p. 262. — De la Côte-d'Or au Gabon.

953. *Var.* CABANISI, Sharpe, *Cat. B.* VI, p. 83; *flaveolus*, Cab. (nec Gould), *J. f. O.*, 1881, p. 104. — Angola.

4408. BAUMANNI (Rchw.), *Orn. Monatsb.*, 1895, p. 96; *Journ. f. Orn.*, 1897, pl. 2, f. 1. — Misa (Afrique E.)

4409. PALAWANENSIS, Tweed., *P. Z. S.*, 1878, p. 618; Sharpe, *Cat. B.* VI, pl. 6, f. 2. — Palawan, Paragua.

4410. FINSCHI, Salvad., *Atti R. Acad. Torino* VI, p. 128; *theoides*, Hume, *Str. Feath.*, 1876, p. 214. — Malacca, Bornéo.

4411. EXIMIUS (Hartl.), *Journ. f. Orn.*, 1856, p. 356; Finsch, *Journ. f. Orn.*, 1867, p. 31. — Côte-d'Or.

791. IOLE

Iole, Blyth (1844); *Criniger* (pt.), auct. plur.

4412. OLIVACEA, Blyth, *J. A. S. Beng.* XIII, p. 386; *charlottæ* (Finsch), *Journ. f. Orn.*, 1867, p. 19; *brunnescens*, S. Müll.	Malacca, Sumatra, Java, Bornéo.
4413. VIRIDESCENS, Blyth, *Ibis*, 1867, p. 7; *virescens*, Blyth (nec Tem.), *J. A. S. Beng.* XIV, p. 573.	Aracan, Khasia, Birmanie, Ténassérim.
4414. CHLORIS (Finsch,) *Journ. f. Orn.*, 1867, p. 36; *flavicaudus*, Gr., *P. Z. S.*, 1860, p. 251 (nec Bp.); *simplex*, Wall. (nec Tem.)	Batjan, Halmahera, Morty.
4415. MYSTACALIS (Wall.), *P. Z. S.*, 1863, pp. 19, 28.	Ile Bourou.
4416. AFFINIS (Hombr. et Jacq.), *Ann. Sc. Nat.* 2, XVI, p. 313; id., *Voy. Pôle Sud*, pl. 15, f. 1; *flavicaudus*, Bp.; *sulphuraceus*, Tem.	Céram, Amboine.
4417. EVERETTI (Tweed.), *Ann. Mag. N. H.* XX, p. 535; id., *P. Z. S.*, 1877, p. 827, pl. 84.	Mindanao, Dinagat, Samar, Leyte.
954. *Var.* HAYNALDI, W. Blas., *J. f. O.*, 1890, p. 143.	Iles Soulou.
4418. RUFIGULARIS, Sharpe, *Trans. Lin. Soc.*, new ser., *Zool.* I, p. 335; id., *Cat. B.* VI, p. 57, pl. 3.	Mindanao, Malamaui, Luçon.
4419. MINDORENSIS, Steere, *List of Philipp. B.*, p. 19; *schmackeri*, Hart., *Journ. f. Orn.*, 1890, p. 155.	Mindoro.
4420. PHILIPPENSIS (Gm.); Kittl., *Kupf. Vög.*, p. 8, pl. 12, f. 2; *gularis*, Cuv.; Pucher, *Arch. Mus.* VII, p. 344, pl. 18.	Philippines (la plupart des iles).
4421. GUIMARASENSIS, Steere, *List of Philipp. B.*, p. 19.	Négros, Panay, Guim.
4422. SIQUIJORENSIS, Steere, *Op. cit.*	Ile Siquijor.
4423. STRIATICEPS, Sharpe, *Ibis*, 1888, p. 200.	Palawan.
4424. CINEREICEPS, Bourns et Worc., *Occ. Pap. Minnes, Ac.* I, p. 25.	Cébu.
4425. MONTICOLA, Bourns et Worc., *Op. cit.*	Cébu.
4426. MACCLELLANDI (Horsf.), *P. Z. S.*, 1839, p. 159; Jerd., *Ind. B.* II, p. 79; *viridis*, Hodgs., *Icon. ined. Passeres*, pl[s] 193 et 194, f. 1.	Himalaya.
4427. TICKELLI (Blyth), *J. A. S. Beng.* XXIV, p. 275; Sharpe, *Cat. B.* VI, p. 60.	Birmanie, Ténassérim.
955. *Var.* PERACENSIS, Hart. et Butl., *Novit. Zool.* V, p. 506.	Pérak (Malacca).
4428. HOLTI (Swinh.), *Ibis*, 1861, p. 266; *macclellandi*, Dav. et Oust., *Ois. Chine*, p. 135.	Chine S.
4429. AUREUS (Wald.), *Ann. N. H.* IX, p. 400; Mey. et Wg., *Birds Cel.*, p. 496, pl. 32, f. 1.	Ile Togian.
4430. LONGIROSTRIS (Wall.), *P. Z. S.*, 1862, p. 339; Mey. et Wg., *Birds Cel.*, p. 497.	Iles Soula.
4431. PLATENÆ (W. Blas), *Ornis*, 1888, p. 595, pl. 4, f. 2; Mey. et Wg., *Op. cit.*, pl. 32, f. 2.	Grand-Sanghir.

793. ANDROPADUS

Andropadus, Sw. (1831); *Polyodon*, Lafr. (1832).

4433. IMPORTUNUS (Vieill.), *N. Dict.* XX, p. 266; Levaill., *Ois. d'Afr.*, pl. 106, f. 2; *clamosus*, Steph.; *familiaris, vociferus*, Sw.; *brachypodoides*, J. et S., *Ill. Orn.* III, pl. 128.	Afrique S.
4434. ZOMBENSIS, Shell., *Ibis*, 1894, p. 10.	Zomba (Nyasaland.)
4435. VIRENS, Cass., *Pr. Philad. Acad.*, 1857, p. 34; *latirostris* (juv.), Strickl.; *erythropterus*, Hartl., *P. Z. S.*, 1858, p. 292.	Afrique W., de Sénégambie au Congo.
956. *Var.* MARWITZI, Rchw., *Orn. Monatsb.*, 1895, p. 188.	Kilima-Ndjaro.
4436. MINOR, Bocage, *Jorn. Lisb.* VIII, 1880, p. 55.	Loango.
4437. MONTANUS, Rchw, *Journ. f. Orn.*, 1892, p. 188.	Caméron.
4438. MASUKUENSIS, Shell., *Ibis*, 1897, p. 534.	Nyasaland.
4439. LATIROSTRIS, Strickl., *P. Z. S.*, 1844, p. 100; Hartl., *Orn. W. Afr.*, pp. 87, 272.	De Gambie au Congo.
957. *Var.* CONGENER, Rchw., *Journ. f. Orn.*, 1897, p. 45; *latirostris*, Hartl.	Togoland (Afr. W.)
958. *Var.* EUGENIA, Rchw. (*eugenius*), *Berl. Allg. Deuts. Orn. Ges.* IX, p. 5; *J. f. O.*, 1892, p. 133.	Victoria Nyanza.
4440. ALEXANDRI, Oust., *Naturaliste* XIV, 1892, p. 231.	Haut-Congo.
4441. CURVIROSTRIS, Cass., *Pr. Philad. Acad.*, 1859, p. 46; Hartl., *Journ. f. Orn.*, 1861, p. 166.	Gabon, Congo W.
4442. OLEAGINEUS, Peters, *Journ. f. Orn.*, 1868, p. 133; *hypoxanthus*, Sharpe, *Lay. B. S. Afr.*, p. 205.	Afrique S.-E.
4443. LÆTISSIMUS, Sharpe, *Ibis*, 1900, p. 363.	Nandi (Afr. équat.)
4444. FLAVESCENS, Hartl., *P. Z. S.*, 1867, p. 825; Finsch et Hartl., *Vög. Ostafr.*, p. 295, pl. 3, f. 1; *insularis*, Hartl., *Vög. Madag.*, p. 44.	Zanzibar (Afr. E.)

794. CHLOROCICHLA

Chlorocichla, Sharpe, *Cat. B.* VI, p. 112 (1881); *Trichophorus* et *Criniger* (pt.), auct. plur.

4445. FLAVIVENTRIS (Smith), *Ill. Zool. S. Afr.*, *aves*, pl. 59.	Afr. E., du Natal à Mombasa.
959. *Var.* OCCIDENTALIS, Sharpe, *Cat. B.* VI, p. 113, pl. 8; *flaviventris*, auct. plur.	Angola, Benguela, Damara.
960. *Var.* CENTRALIS, Rchw., *J. f. O.*, 1887, p. 74.	Victoria Nyanza.
4446. MOMBASÆ, Shell., *B. of Afr.* I, p. 64.	Mombasa.
4447. ZAMBESIÆ, Shell., *B. of Afr.* I, p. 64.	Zambèze S.
4448. GRACILIROSTRIS (Strickl.), *P. Z. S.*, 1844, p. 101; Hartl., *Orn. W. Afr.*, p. 87.	De Gambie au Gabon.
961. *Var.* LIBERIENSIS (Rchw.), *Novit. Zool.* II, p. 160.	Libéria.

4449. GRACILIS (Cab.), *Orn. Centralbl.*, 1880, p. 174. Angola.
4450. CAMERONENSIS (Rchw.), *Journ. f. Orn.*, 1892, p. 126. Caméron.

795. PHYLLOSTROPHUS

Phyllastrephus, Sw. (1837); *Phyllostrophus,* Cass. (1855).

4451. CAPENSIS, Sw., *Classif. B.* II, p. 229; Levaill., *Ois. d'Afr.*, pl. 112, f. 1; Sharpe, *Lay. B. S. Afr.*, p. 203. Afrique S.
4452. STREPITANS (Rchw.), *Orn. Centralbl.*, 1879, p. 139; *sharpii*, Shell., *Ibis*, 1880, p. 334. Zanzibar.
962. *Var.* PARVA, Fisch. et Rchw., *Journ. f. Orn.*, 1884, p. 262. Murentat (Afr. E.)
4453. PAUPER, Sharpe, *P. Z. S.*, 1895, p. 489. Somaliland.
4454. FULVIVENTRIS, Cab., *Journ. f. Orn.*, 1876, p. 92; *capensis*, Bocage. De Benguela au Congo.
4455. CERVINIVENTRIS, Shell., *Ibis*, 1894, p. 10, pl. 2, f. 1. Zomba (Nyasaland).
4456. KRETSCHMERI, Rchw., *Orn. Monatsb.*, 1895, p. 75. Kilima-Ndjaro.
4457. FISCHERI (Rchw.), *Orn. Centralbl.*, 1879, p. 139; id., *Journ. f. Orn.*, 1879, p. 348. Zanzibar.
4458. RUFESCENS, Hartl., *Orn. Centralbl.*, 1882, p. 91. Afrique centr.
4459. ?SENEGALLUS (P. L. S. Müll.); *Pl. enl.* 563, f. 2; *lugubris,* Bodd.; *senegalensis,* Bon. et Vieill.; Hartl., *Orn. W.-Afr.*, p. 89. Sénégal.

796. MACROSPHENUS

Macrosphenus, Cass. (1859); *Rectirostrum,* Rchw. (1893).

4460. FLAVICANS, Cass., *Pr. Philad. Acad.*, 1859, p. 42; *Rectirostrum zenkeri,* Rchw., *Orn. Monatsb.*, 1898, p. 23. Gabon, Caméron.
4461. HYPOCHONDRIACUS (Rchw.), *Orn. Monatsb.*, 1893, p. 32. Kinjawanga (Afr. c^le^).

797. BERNIERIA

Bernieria, Bp. (1854); *Xanthomixis,* Sharpe (1881).

4462. MADAGASCARIENSIS (Gm.); M.-Edw. et Grand., *H. N. Madag. Ois.*, p. 330, pl. 123; *viridis,* Less.; *major* (mas.), *minor* (fem.), Bp.; Hartl., *Faun. Madag.*, p. 36. Madagascar et îles Comores.
4463. ZOSTEROPS, Sharpe, *P. Z. S.*, 1875, p. 76, 1881, p. 196. Madagascar E.

798. MYSTACORNIS

Bernieria (pt.), Grandid.; *Mystacornis,* Sharpe (1870).

4464. CROSSLEYI (Grandid.), *Rev. et Mag. de Zool.*, 1870, p. 50; Sharpe, *P. Z. S.*, 1870, p. 392, pl. 29. Madagascar.

799. TRACHYCOMUS

Trachycomus, Cab. (1850).

4465. OCHROCEPHALUS Gm. ; Tem., *Pl. col.* 156; *zeylanicus*, Gm. ; *crispiceps*, Blyth, *J. A. S. Beng.* XI, pp. 186, 204. — Ténass. S., Malacca, Sum., Bornéo, Java.

800. TRICHOLESTES

Tricholestes, Salvad. (1874); *Myiosobus*, Rchw. (1891).

4466. CRINIGER Blyth, *Cat. B. Mus. As. Soc.*, p. 212 (nec Less.); *minutus*, Hartl., *Journ. f. Orn.*, 1855, p. 156; *viridis*, Bp.; *xanthogenys*, Tem.; *sericea*, Blyth, *Ibis*, 1865, p. 48; *Myiosobus fulvicauda*, Rchw. — Malacca, Java, Sumatra, Bornéo.

801. TRICHOPHOROPSIS

Trichophoropsis, Bp. (1854).

4467. TYPUS, Bp., *Compt.-Rend.*, 1854, p. 59: *bemmeleni*, Finsch, *Journ. f. Orn.*, 1867, p. 29; *Setornis criniger*, Wald., *Ibis*, 1872, p. 377, pl. 12 (nec Less.) — Bornéo.

802. HEMIXUS

Hemixus, Hodgs. (1844).

4468. FLAVALA, Hodgs., *Icon. ined. B. M. Passeres*, plˢ 190, 191; *flavulus*, Gr., *Gen. B.* I, p. 257, pl. 59. — Himalaya.

4469. CONNECTENS, Sharpe, *Ibis*, 1887, p. 446, 1889, p. 273. — Bornéo N.

4470. HILDEBRANDTI, Hume, *Str. Feath.*, 1874, p. 508; *brunneiceps*, Wald. — Ténassérim N.

4471. DAVISONI, Hume, *Str. Feath.*, 1877, p. 111. — Ténassérim centr.

4472. CASTANONOTUS, Swinh., *Ibis*, 1870, p. 251, pl. 9, f. 1; *P. Z. S.*, 1890, pl. 27, f. 2. — Haïnan, Chine S.

4473. CANIPENNIS, Seeb., *P. Z. S.*, 1890, p. 342, pl. 27, f. 1. — Chine S.-E.

4474. CINEREUS (Blyth), *J. A. S. Beng.* XIV, p. 575; *Cat. B.* VI, pl. 2; *Tr. pulverulentus*, Bp.; *terricolor*, Hume, *Str. F.* VII, pp. 141, 461. — Malacca, Sumatra.

4475. SUMATRANUS, Rams., *Ann. N. H.* X, p. 431. — Sumatra.

4476. MALACCENSIS Blyth, *J. A. S. Beng.* XIV, p. 574; *Tr. striolatus*, Bp. — Ténassérim, Malacca, Sumatra, Bornéo.

4477. VIRESCENS (Tem.), *Pl. col.* 382, f. 1. — Java.

803. HYPSIPETES

Hypsipetes, Vig. (1831); *Galgulus*, Kittl. (1832); *Microscelis*, Gray (1840); *Orpheus*, Tem. et Schl. nec Sw.

4478. PSAROIDES, Vig., *P. Z. S.*, 1831, p. 43; Gould, *Cent. B. Him.*, pl. 10. — Himalaya, du Cachemir à l'Assam et Arakan.

4479. CONCOLOR, Blyth, *J. A. S. Beng.* XVIII, p. 816; *yunnanensis*, Anders., *P. Z. S.*, 1871, p. 213; id., *Zool. Exp. Yun-nan*, p. 656, pl. 50; *subniger*, Hume, *Str. F.*, 1879, p. 109. — Birmanie, Ténassérim.

4480. GANEESA, Syk., *P. Z. S.*, 1832, p. 86; J. et S., *Ill. Orn.* 2, IV, pl. 2; *nilghiriensis*, Jerd., *Madr. Journ.*, 1839, p. 245. — Inde S. et W., Ceylan.

4481. PERNIGER, Swinh., *Ibis*, 1870, p. 251, pl. 9, f. 2. — Ile Haïnan (Chine).

4482. NIGERRIMUS, Gould, *P. Z. S.*, 1862, p. 282; id., *B. As.*, pl. — Formose.

4483. LEUCOCEPHALUS (Gm.); Dav. et Oust., *Ois. Chine*, p. 136, pl. 44; *melanoleucus*, Gr.; *niveiceps*, Swinh., *Ibis*, 1864, p. 424. — Chine.

4484. AMAUROTIS (Tem.), *Pl. col.* 497; *hensoni*, Stejn., *Pr. Nat. Mus.* XV, p. 347. — Japon, Chine E.

963. *Var.* SQUAMICEPS, Kittl., *Mém. Ac. St-Pétersb., sav. étr.* I, p. 241, pl. 16; *pryeri*, Stejn., *Pr. U. S. Nat. Mus.*, 1886, p. 642. — Iles Bonin, Liu-Kiu et Loo-Choo.

964. *Var.* FUGENSIS, Grant, *Ibis*, 1896, pp. 113, 132. — Ile Fuga (Babuyan).

4485. VIRESCENS (Blyth), *J. A. S. Beng.* XIV, p. 575; *nicobariensis*, Moore. — Iles Nicobars.

804. IXOCINCLA

Ixocincla, Blyth (1845); *Anepsia*, Rchb. (1854).

4486. MADAGASCARIENSIS (P.-L.-S. Müll.); *Pl. enl.* 557, f. 2; *urovang*, Gm.; *ourovang*, Lath.; Schl. et Pol., *Faun. Madag. Ois.*, p. 296. — Madagascar, Comores.

965. *Var.* ROSTRATA (Ridgw.), *P. U. S. Nat. Mus.*, 1893, p. 97. — Is. Aldabra et Gloriosa

4487. BORBONICA (Gm.); Schl. et Pol., *Faun. Mad. Ois.*, p. 97. — Ile Bourbon.

4488. OLIVACEA (Jard. et S.), *Ill. Orn.* IV (texte de la pl. 2); Schl. et Pol., *Op. cit.*, p. 98; *atricilla*, Cuv. — Ile Maurice.

4489. CRASSIROSTRIS (E. Newt.), *P. Z. S.*, 1867, p. 334; id., *Rowl. Orn. Misc.* II, p. 52, pl. 42, f. 4. — Seychelles.

4490. PARVIROSTRIS (M.-Edw. et Oust.), *Compte-Rend.* CI, p. 222; id., *Nouv. Arch. Mus.* X, pl. 6. — Grande Comore.

805. TYLAS

Tylas, Hartl. (1862).

4491. EDUARDI, Hartl., *P. Z. S.*, 1862, p. 152, pl. 18; *goudoti*, Verr., *Nouv. Arch. Mus.* II, *Bull.*, p. 77, pl. 5, f. 2; *edwardi*, Schl. et Pol. — Madagascar E.

966. *Var.* ALFREDI, Sharpe, *Cat. B. Br. Mus.* VI, p. 165. — Madagascar S.-W.

4492. MADAGASCARIENSIS et *edwardsi*, Grandid., *Rev. et Mag. de Zool.*, 1867, p. 359; *albigularis*, Hartl., *Vög. Madag.*, p. 143. — Madagascar W.

967. *Var.* FULVIVENTRIS, Sharpe, *Cat. B.* VI, p. 165. — Madagascar S.-W.

968. *Var.* STROPHIATA, Stejn., *Orn. Centralbl.*, 1879, p. 182; M.-Edw. et Grand., *H. N. Madag. Ois.*, pl. 144. — Madagascar W.

SUBF. II. — IRENINÆ

806. IRENA

Irena, Horsf. (1820).

4493. CYANOGASTRA, Vig., *P. Z. S.*, 1831, p. 97; Gray, *Gen. B.*, pl. 70. — Luçon (Philipp.)

4494. ELLÆ, Steere, *List of Philipp. B.*, p. 18; *Ibis*, 1891, pl. 8. — Samar, Leyte.

4495. MELANOCHLAMYS, Sharpe, *Cat. B. Br. Mus.* III, p. 266, VI, p. 176. — Basilan (Philipp.)

4496. TURCOSA, Wald., *Ann. N. H.* 4, V, p. 417; *puella*, Horsf. (nec Lath.); Tem., *Pl. col.* 70, 225, 476. — Java.

969. *Var.* CRINIGERA, Sharpe, *Cat. B.* III, p. 267, VI, p. 176; *puella*, auct. plur.; *cyanea*, Salvad., *Ucc. Born.*, p. 151. — Sumatra, Bornéo.

4497. PUELLA (Lath.); Jerd., *B. Ind.* II, p. 105; Gould, *B. Asia*, pl.; *indica*, Hay. — Inde S., Ceylan, Indo-Chine.

4498. TWEEDDALI, Sharpe, *Cat. B.* III, p. 268, VI, p. 178. — Balabac, Parag. (Phil.)

4499. CYANEA, Begbie, *Malayan Penins.*, p. 516; *puella*, Blyth (nec Lath); *malayensis*, Moore; Jerd., *B. Ind.* II, p. 106. — Malacca.

FAM. XX. — PHYLLORNITHIDÆ (1)

807. CHLOROPSIS

Chloropsis, Jard. et Sel. (1826); *Phyllornis*, Tem. (1829).

4500. HARDWICKII, Jard. et Sel., *Ill. Orn.* II, *App.*, p. 1; *curvirostris*, Sw.; *chrysogaster*, M'Clell.; *auriventris*, Deless.; id., *Mag. de Zool.*, 1840, pl. 17; *cyanopterus*, Hodgs.; *Icon. ined. in Br. Mus. Passeres*, pls 39 et 40. — Himalaya, Assam, Aracan, Birmanie, Ténassérim.

4501. LAZULINA (Swinh.), *Ibis*, 1870, p. 255. — Haïnan (Chine).

4502. AURIFRONS (Tem.), *Pl. col.* 484, f. 1; *malabaricus*, J. et S., *Ill. Orn.*, pl. 5 (nec Gm.); *hodgsoni*, Gray. — Inde N.-E., Indo-Chine W. et S.

4503. MALABARICA (Gm.); Gould, *B. Asia*, pl.; *aurifrons*, Syk. (nec Tem.); *cæsmarhynchus*, Blyth. — Inde centr. et S., Ceylan.

(1) Voy.: Sharpe, *Catalogue of the Birds in the Brit. Mus.* VI, pp. 15-34 (1881).

4504. VIRIDIS (Horsf.), *Tr. Linn. Soc.* XIII, p. 148; *javensis,* Horsf., *l. c.,* p. 152; *sonnerati,* J. et S.; *mullerii,* Tem., *Pl. col.* 81. — Java.

4505. ZOSTEROPS, Vig., *App. Mem. Life Raffl.*, p. 674; ?*gampsorhynchus,* J. et S., *Ill. Orn.*, pl. 7; *sonnerati,* auct. plur. (nec J. et S.); *javensis,* auct. plur. (nec Horsf.); Gould, *B. Asia,* pl.; *viridis,* Tweed. — Malacca, Ténassérim, Sumatra, Bornéo.

970. *Var.* PARVIROSTRIS, Hart., *Orn. Monatsb.* VI, p. 93. — Ile Nias.

4506. JERDONI (Blyth), *J. A. S. Beng.* XIII, p. 392; Jerd., *Ill. Ind. Orn.*, pl. 43; *cæsmarhynchus,* Tick.; *cochinchinensis,* J. et S. (nec Gm.) — Inde, Ceylan.

4507. MEDIA (Bp.), *Consp.* I, p. 396; *aurifrons,* Cab., *Mus. Hein.* I, p. 114. — Sumatra.

4508. NIGRICOLLIS (Vieill.), *N. Dict.* XXVII, p. 432; *cochinchinensis,* Gm.; Tem., *Pl. col.* 484, f. 2. — Java, Sumatra S.

4509. KINABALUENSIS (fem.) et *flavocincta* (mas.), Sharpe, *Ibis,* 1887, p. 445, 1889, p. 272, pl. 9. — Bornéo N.

4510. CHLOROCEPHALA (Wald.), *Ann. N. H.*, sér. 4, VII, p. 241; *cochinchinensis,* Blyth (nec Gm.) — Indo-Chine.

4511. ICTEROCEPHALA (Less.), *Rev. Zool.*, 1840, p. 164; *malabaricus,* Tem., *Pl. col.* 512, f. 2; *moluccensis,* Gray; *cochinchinensis,* auct. plur. (nec Gm.); *mysticalis,* Horsf. et Moore. — Malacca, Sumatra.

971. *Var.* VIRIDINUCHA, Sharpe, *Ibis,* 1877, p. 15; id., *Cat. B.*, pl. 1; *icterocephala,* Salvad., *Ucc. Born.*, p. 195. — Bornéo.

4512. CYANOPOGON (Tem.), *Pl. col.* 512, f. 1; *mystacalis,* Sw. — Malacca, Sum., Born.

4513. PALAWANENSIS, Sharpe, *Tr. Linn. Soc.*, sér. 2, I, p. 333, pl. 50, ff. 1, 2. — Palawan, Paragua (Philippines).

4514. FLAVIPENNIS (Tweed.) *P. Z. S.*, 1877, p. 761, pl. 77, f. 1. — Ile Cebu (Philippines).

4515. VENUSTA (Bp.), *Consp. av.* I, p. 396. — Sumatra.

FAM. XXI. — CRATEROPIDÆ (1)

808. CINCLOSOMA

Cinclosoma, Vig. et Horsf. (1826); *Ajax,* Less. (1838).

4516. PUNCTATUM (Lath.); Gould, *B. Austr.* IV, pl. 4. — Austr. S., E., Tasman.

4517. CASTANONOTUM, Gould, *P. Z. S.*, 1840, p. 113; id., *B. Austr.* IV, pl. 5. — Australie S., S.-E. et S.-W.

4518. CINNAMOMEUM, Gould, *P. Z. S.*, 1846, p. 68; id., *B. Austr.* IV, pl. 6. — Australie S. et E.

4519. CASTANEOTHORAX, Gould, *P. Z. S.*, 1848, p. 139, pl. 6; — Australie E.

(1) Voy.: Sharpe, *Catalogue of the Birds Brit. Mus.* VII, pp. 331-484 (1883).

id., *B. Austr. suppl.*, pl. 32; *erythrothorax*, Sharpe (err.)

972. *Var.* MARGINATA; *marginatum*, Sharpe, *Cat. B.* VII, p. 336; *castaneothorax*, Gr. — Australie N.-W.

4520. AJAX (Tem.), *Pl. col.* 573; *Ajax eupetes* et *typicus*, Less.; *goldiei*, Rams. — Nouv.-Guinée W.

809. IFRITA

Ifrita, Rothsch. (1898).

4521. CORONATA, Rothsch., *Ibis*, 1898, p. 438; *Novit. Zool.* VI, pl. 3, f. 1. — Nouv.-Guinée S.-E.

810. EUPETES

Eupetes, Temm. (1831).

4522. MACROCERCUS, Tem., *Pl. col.* 516. — Malacca, Sum., Bornéo.
4523. CÆRULESCENS, Tem., *Pl. col.* 574. — Nouv.-Guinée.
4524. GEISLERORUM, Mey., *Journ. f. Orn.*, 1892, p. 259. — Nouv.-Guinée E. et N.
4525. NIGRICRISSUS, Salvad., *Ann. Mus. Genov.* IX, p. 36; id., *Orn. Pap.* II, p. 413. — Nouv.-Guinée S.-E.
4526. CASTANONOTUS, Salvad., *Ann. Mus. Genov.* VII, p. 966; *pulcher*, Sh., *Journ. Lin. Soc.* XVI, pp. 319, 440. — Nouv.-Guinée.
4527. INCERTUS, Salvad., *Ann. Mus. Genov.* VII, p. 967; id., *Orn. Pap.* II, p. 415. — Nouv.-Guinée N.-W.
4528. LEUCOSTICTUS, Sclat., *P. Z. S.*, 1873, p. 690, pl. 52. — Nouv.-Guinée N.-W.
4529. LORIÆ, Salvad., *Ann. Mus. Genov.* XVI, p. 102; *leucostictus*, De Vis (nec Scl.) — Nouv.-Guinée S.-E.

811. PYCNOPTILUS

Pycnoptilus, Gould (1850).

4530. FLOCCOSUS, Gould, *P. Z. S.*, 1850, p. 95; id., *B. Austr. suppl.*, pl. 27. — Victoria, Nouv.-Galles du Sud (Austr.)

812. DRYMOEDUS

Drymodes, Gould (1840); *Drymos*, Gieb. (1875); *Drymoedus*, Sundev. (1872); *Drymaœdus*, Salvad. (1878).

4531. BRUNNEOPYGIUS, Gould, *P. Z. S.*, 1840, p. 170; id., *B. Austr.* III, pl. 10. — Australie S., Victoria.

973. *Var.* PALLIDA, Sharpe, *Cat. B.* VII, p. 344. — Australie W.

4532. SUPERCILIARIS, Gould, *P. Z. S.*, 1850, p. 200; id., *B. Austr. suppl.*, pl. 16. — Australie N.
4533. BECCARII, Salvad., *Ann. Mus. Civ. Genov.* VII, p. 965. — N.-Guin. S.-E., Arou.
4534. BREVICAUDA, De Vis, *Rep. Orn. Coll.*, p. 5. — Nouv.-Guinée S.-E.
4535. BREVIROSTRIS, De Vis, *Ibis*, 1897, p. 386. — Nouv.-Guinée S.-E.

813. HYLACOLA

Hylacola, Gould (1842).

4536. PYRRHOPYGIA (Vig. et Horsf.), *Tr. Zool. Soc.* XV, p. 227; Gould, *B. Austr.* III, pl. 39. — Australie S. et Victoria.
4537. CAUTA, Gould, *P. Z. S.*, 1842, p. 135; id., *B. Austr.* III, pl. 40. — Australie S.

814. CHÆTOPS

Chætops, Swains. (1831).

4538. FRENATUS (Tem.), *Pl. col.* 385; Gray, *Gen. B.* I, p. 227. — Afrique S.
4539. AURANTIUS, Layard, *B. S. Afr.* I, p. 126; Sharpe, *Lay. B. S. Afr.*, p. 218, pl. 6; *aurantiacus*, Sharpe. — Afrique S.-E.
4540. PYCNOPYGIUS (Strickl. et Scl.), *Contr. Orn.*, 1852, p. 148; *grayi*, Sharpe, *P. Z. S.*, 1869, p. 164, pl. 14; *anchietæ*, Boc., *Jorn. Lisb.*, 1868, p. 41. — Damara, Benguela (Afrique S.-W.)

815. PSOPHODES

Psophodes, Vig. et Horsf. (1826).

4541. CREPITANS et *olivaceus* (Lath.); Gould, *B. Austr.* III, pl. 15; *gularis*, Wagl. — Victoria, Nouv.-Galles du Sud.
974. *Var.* LATERALIS, North, *Rec. Austr. Mus.* III, p. 13. — Queensland.
4542. NIGROGULARIS, Gould, *P. Z. S.*, 1844, p. 5; id., *B. Austr.* III, pl. 16. — Australie W.

816. HYPERGERUS

Hypergerus, Rchb. (1850); *Hypochloreus*, Cab. (1850).

4543. ATRICEPS (Less.), *Traité d'Orn.*, p. 646; *orioloides*, Sw., *B. W. Afr.* I, p. 280, pl. 31. — De Sénégambie à la Côte-d'Or (Afr. W.)

817. BABAX

Babax, David (1876).

4544. LANCEOLATUS (J. Verr.), *N. Arch. Mus.* VI, *Bull.*, p. 36, VII, p. 40, pl. 2; Dav. et Oust., *Ois. Chine*, p. 188, pl. 51. — Moupin, Setchuan W., Chensi S. (Chine).
975. *Var.* BONVALOTI, Oust., *Ann. Sc. Nat.* XII, p. 273. — Thibet.

818. PTERORHINUS

Pterorhinus, Swinh. (1863).

4545. DAVIDI, Swinh., *Ibis*, 1868, p. 61; Dav. et Oust., *Ois. Chine*, p. 187, pl. 50. — Chine N. et Mongolie.

819. TROCHALOPTERON

Trochalopteron, Blyth (1843); *Pterocyclus*, Gray (1846); *Leucodioptron*, Bp. (1854); *Trochalopterum*, Sharpe (1883).

4546. AFFINE (Blyth), *J. A. S. Beng.* XII, p. 950; Jerd., *B. Ind.* II, p. 45; Gould, *B. Asia*, pl. — Himalaya E.

4547. BLYTHI, J. Verr., *Nouv. Arch. Mus.* VI, *Bull.*, p. 37, VII, p. 45; Gould, *B. Asia*, pl. — Moupin, Kokonoor E.

4548. NINGPOENSE, Dav. et Oust., *Le Natur.* XII, p. 186. — Ningpo (Chine).

4549. VARIEGATUM (Vig.), *P. Z. S.*, 1831, p. 56; Gould, *Cent. Himal. B.*, pl. 16. — Himalaya N.-W. jusqu'au Népaul.

976. *Var.* SIMILIS; *simile*, Hume, *Ibis*, 1871, p. 408. — Himalaya N.-W.

4550. ERYTHROCEPHALUM (Hodgs.), *Ic. ined. Pass.*, pl. 169; *erythropterum*, Vig.; Gould, *Cent. Himal. B.*, pl. 17. — Himalaya N.-W. jusqu'au Népaul.

4551. CHRYSOPTERUM (Gould), *P. Z. S.*, 1835, p. 48; Jerd., *B. Ind.* II, p. 43; *erythropterus*, Hodgs. — Himalaya E. du Népaul au Boutan.

4552. RUFICAPILLUM (Blyth), *J. A. S. Beng.* XX, p. 521; Jerd., *l. c.*, p. 44. — Monts Khasia et Naga.

4553. ERYTHROLÆMA, Hume, *Str. Feath.*, 1881, p. 154. — Manipour (Monts).

4554. MELANOSTIGMA, Blyth, *J. A. S. Beng.* XXIV, p. 268; Gould, *B. Asia*, pl. — Birmanie et Ténassérim (Monts).

4555. PENINSULÆ, Sharpe, *P. Z. S.*, 1887, p. 436, pl. 37. — Pérak (Malacca).

4556. RUFIGULARE (Gould), *P. Z. S.*, 1835, p. 48; Jerd., *l. c.* II, p. 47; *rufimenta*, Hodgs., *Ic. ined. Pass.*, pl. 160, f. 2. — Himal. N.-W. jusqu'au Boutan, Khasia.

4557. CINERACEUM, Godw.-Aust., *P. Z. S.*, 1874, p. 46, pl. 11. — Manipour.

4558. SQUAMATUM (Gould), *P. Z. S.*, 1835, p. 48; Jard. et S., *Ill. Orn.*, new ser., pl. 4; *melanurum*, Hodgs., *Icon. ined. Passeres*, pls 169, 170, f. 2. — Himalaya E.

4559. SUBUNICOLOR, Blyth, *J. A. S. Beng.* XII, p. 952; Hodgs., *Icon. ined. Passeres*, pl. 172. — Himalaya E.

4560. AUSTENI, Jerd., *Ibis*, 1872, p. 304; Gould, *B. Asia*, pl. — Bengale N.-E.

4561. ELLIOTI, J. Verr., *Nouv. Arch. Mus.* VI, *Bull.*, p. 36; Dav. et Oust., *Ois. Chine*, p. 202, pl. 57. — Moupin, Setchuan, Chensi (Chine).

977. *Var.* BONVALOTI, Oust., *Ann. Sc. Nat.* XII (1891), p. 275; id., *Nouv. Arch. Mus.* V, pl. 3, f. 1. — Tioungen (Thibet).

4562. PRJEVALSKII, Menzb., *Ibis*, 1887, p. 300. — Kan-Sou (Chine).

4563. HENRICII, Oust., *Ann. Sc. Nat.* XII (1891), p. 274; *Nouv. Arch. Mus.* V, pl. 3, f. 2. — Thibet.

4564. HENNICKEI, Praz., *Monatsb. Deut. Ver. Schutze Vogelw.* XXII, p. 237. — Yang-tse.

4565. STYANI, Oust., *Bull. Mus. Paris*, 1898, p. 226. — Chine.

4566. PHOENICEUM (Gould), *Icon. av.*, pl. 3; *puniceum*, Blyth. — Himalaya E.

4567. FORMOSUM, J. Verr., *Nouv. Arch. Mus.* V, *Bull.*, p. 35, VII, p. 43, pl. 2; Dav. et Oust., *Ois. Chine*, p. 199, pl. 59. — Setchuan W. (Chine).

4568. MILNI, David, *Ann. Sc. Nat.*, 5e sér. XIX, art. 9; id. et Oust., *Ois. Chine*, p. 200, pl. 58. — Fokien W.

4569. CACHINNANS (Jerd.), *Madr. Journ.* X, p. 255, pl. 7; id., *B. Ind.* II, p. 48. — Nilghiri (Inde S.)

4570 CINNAMOMEUM, Davis, *Ibis*, 1886 p. 204. — Monts Palghat (Inde).

4571. JERDONI (Blyth), *J. A. S. Beng.* XX, p. 522; Sharpe, *Cat. B.* VII, p. 373, pl. 10. — Wynaad (Inde).

4572. FAIRBANKI, Blanf., *J. A. S. Beng.* XXXVIII, p. 175, pl. 17. — Palani (Inde S.)

4573. MERIDIONALE, Blanf., *J. A. S. Beng.* XLIX, p. 142; *fairbanki*, Hume (nec Blanf.), *Str. F.*, 1878, p. 36. — Travancore (Inde).

5474. CANORUM et *faustus* (Lin.); *chinensis*, Osb.; *sinensis*, Gm.; *hoamy*, Dav. et Oust., *Ois. Chine*, p. 189, pl. 56. — Chine.

4575. SUKATSCHEWI, Dedit., *Journ. f. Orn.*, 1897, p. 67; Bercz. et Bia., *Aves Exped. Potanini*, etc., p. 59, pl. 1, f. 1. — Gan-su (Chine W.)

4576. TAIVANUM (Swinh.), *Journ. N.-China branch As. Soc.*, 1859, p. 228; id., *Ibis*, 1865, p. 546. — Formose.

4577. LINEATUM (Vig.), *P. Z. S.*, 1831, p. 56; Jerd., *B. Ind.* II, p. 368; *setiferum*, Hodgs., *Icon. ined. Pass.*, pl. 171, 173a, f. 3. — Himalaya, de Gilgit au Népaul.

4578. IMBRICATUM (Blyth), *J. A. S. Beng.* XII, p. 951; *setifer*, Jerd., *B. Ind.* II, p. 51 (nec Hodgs.) — Boutan (Inde).

4579. VIRGATUM, Godw.-Aust., *P. Z. S.*, 1874, p. 43; Gould, *B. Asia*, pl. — Monts Naga, Manipour.

820. ACANTHOPTILA

Acanthoptila, Blyth (1855); *Malacocercus*, auct. plur.

4580. NIPALENSIS (Hodgs.), *As. Research.* XIX, p. 182; *pellotis* et *leucotis*, Hodgs., *Icon. ined. Passeres*, pls 172a et b. — Népaul, Kumaon E.

821. IANTHOCINCLA

Ianthocincla, Gould (1835).

4581. OCELLATA (Vig.), *P. Z. S.*, 1831, p. 55; Gould, *Cent. Himal. B.*, pl. 15. — Himalaya E.

4582. MAXIMA (J. Verr.), *N. Arch. Mus.* VI, *Bull.* (1870), p. 36, pl. 3, f. 1; Dav. et Oust., *Ois. Chine*, p. 196, pl. 55. — Moupin et Yaotchy (Chine).

4583. ARTEMISIÆ (Dav.), *Ann. Mag. N. H.*, ser. 4, VII, p. 256; id. et Oust., *Ois. Chine*, p. 197, pl. 54. — Setchuan N., Kokonoor (Chine).

4584. BIETI, Oust., *Arch. Mus. Bull.*, 1897, p. 165. — Yun-nan (Chine).

4585. LUNULATA, J. Verr., *N. Arch. Mus.* VI (1870), p. 36, pl. 3, f. 2; Dav. et Oust., *Ois. Chine*, p. 195, pl. 53. — Chine.

4586. CINEREICEPS (Styan), *Ibis*, 1887, p. 167, pl. 6, 1899, p 287. — Yun-nan (Chine W.)

4587. BERTHEMYI, Dav. et Oust., *Bull. Soc. Phil. Paris*, sér. 6, XII, p. 91; id., *Ois. Chine*, p. 199, pl. 60. — Fokien (Chine).

822. GAMPSORHYNCHUS

Gampsorhynchus, Blyth (1844).

4588. RUFULUS, Blyth, *J. A. S. Beng.* XIII, p. 371; Oat., *B. Br. Burm.*, p. 40. — Himalaya E. jusqu'à l'Arakan.

978. *Var.* TORQUATA, Hume, *Proc. A. S. Beng*, 1874, p. 107; *rufulus*, Wald (nec Bl.), *Ibis*, 1875, p. 460. — Birmanie, Ténassérim.

823. ARGYA

Argya, Less. (1831); *Chatorhœa, Layardia* et *Malcolmia*, Blyth (1855).

4589. RUFESCENS (Blyth), *J. A. S. Beng.* XVI, p. 453; Legge, *B. Ceylon*, p. 497, pl. 21, f. 2. — Ceylan.

4590. SUBRUFA (Jerd.), *Madr. Journ.* X, p. 259; id., *Ill. Orn.*, pl. 19, *pœcilorhyncha*, Lafr. — Inde S. et S.-W.

979. *Var.* HYPERYTHRA, Sharpe, *Cat. B.* VII, p. 390; *subrufus*, Horsf. et Moore (nec Jerd.) — Inde S.-E.

4591. RUBIGINOSA (Rüpp.), *Syst. Uebers.*, p. 47, pl. 19; *heuglini*, Sharpe, *Cat. B.* VII, p. 391. — Choa et Somaliland.

4592. RUFULA, Heugl., *Orn. N.-O. Afr.* II, p. CCCXII (appendix) note; *rufescens*, auct. plur. (nec Blyth). — Afrique équatoriale.

4593. SATURATA, Sharpe, *P. Z. S.*, 1895, p. 488. — Afrique E.

4594. MENTALIS, Rchw., *Journ. f. Orn.*, 1887, p. 75. — Victoria Nyanza.

4595. AYLMERI, Shell., *Ibis*, 1885, p. 404, pl. 11, f. 1. — Somaliland.

4596. EARLII (Blyth), *J. A. S. Beng.* XIII, p. 369; *geochrous*, Hodgs., *Icon. ined. Passeres*, pl. 180. — Inde N., Bengale, Birmanie.

4597. CAUDATA (Drap.), *Dict. class. d'H. N.* X, p. 219; Jerd., *B. Ind.* II, p. 67; *chatorhœa*, Frankl.; Jerd., *Ill. Ind. Orn.*, pl. 19. — Inde, Assam, Birmanie.

980. *Var.* ECLIPES (Hume), *Str. Feath.*, 1877, p. 337, 1879, p. 97; *caudata*, Hume et Hend., *Lahore to Yark.*, p. 197, pl. 9. — Punjab (Inde).

4598. HUTTONI (Blyth), *J. A. S. Beng.* XVI, p. 476; Blanf., *East. Pers.* II, p. 203, pl. 13, f 1; *salvadorii*, De Fil., *Viagg. Pers.*, p. 346. — De l'Afghanistan jusqu'en Perse.

4599. SQUAMICEPS (Cretzchm.) in *Rüpp. Atlas*, p. 19, pl. 12; Dress., *B. Eur.* III, pl. 98, f. 2; *ruppelli*, Less. — Arabie pétrée.

981. *Var.* CHALYBEA (Bp.), *C. R.* XLII, p. 765; Tristr., *Ibis*, 1859, p. 30, 1862, p. 278, 1865, p. 79. — Palestine.

4599bis. GULARIS (Blyth), *J. A. S. Beng.* XXIV, p. 478; Anders., *Zool. Exp. W. Yun.*, p. 639, pl. 48, f. 1. — Haute-Birmanie, Pégou.

4600. FULVA (Desf.), *Mém. Ac. R. Sc.*, 1787, p. 498, pl. 11; Dress., *B. Eur.* III, pl. 98, f. 1; *numidicus*, Levaill., jun.; *acaciæ*, Malh. — Afrique N. et N.-W.

4601. ACACIÆ (Licht.), *Verz. Doubl.*, p. 40; Rüpp, *Atlas*, p. 28, pl. 18; *acaziæ*, Finsch. — Afrique N.-E.

4602. AMAUROURA, Pelz., *Verh. Z.-B. Wien.* XXXII, p. 503. — Afrique équatoriale.

4603. MALCOLMI (Sykes), *P. Z. S.*, 1832, p. 88; Fras., *Zool. Typ.*, pl. 41; *albifrons*, Gr. et Hardw., *Ill. Ind. Zool.* II, pl. 36, f. 1. — Inde.

824. MEGALURULUS.

Megalurulus, J. Verr. (1869).

4604. MARIÆ, J. Verr., *N. Arch. Mus.* V (1869), *Bull.*, p. 17, pl. 6, f. 2; *mariei*, Layard. — Nouv.-Calédonie.

825. PINARORNIS

Pinarornis, Sharpe (1875).

4605. PLUMOSUS, Sharpe, in *Lay. B. S. Afr.*, p. 230; id., *Cat. B.* VII, p. 401, pl. 9. — Zambèze, Mashoona (Afr. S.-E.)

826. SIBIA

Sibia, Hodgs. (1839); *Alcopus*, Hodgs. (1841); *Heterophasia*, Blyth (1842).

4606. PICAOIDES, Hodgs., *Icon. ined. Passeres*, pls 195, 196; *cuculopsis*, Blyth; *picoides*, Sharpe. — Himalaya E. jusqu'au Ténassérim.

4607. SIMILLIMA (Salvad.), *Ann. Mus. Civ. Gen.*, 1879, p. 232. — Sumatra.

827. MALACIAS

Malacias, Cab. (1850); *Sibia*, auct. plur.

4608. CAPISTRATA (Vig.), *P. Z. S.*, 1831, p. 56; *nigriceps*, Hodgs.; *Icon. ined. Passeres*, pls 197, 198; — Himalaya W. jusqu'au Boutan.

982. *Var.* PALLIDA, Hart., *Kat. Vög. Senck. Mus.*, p. 21. — Inde N.-W.

4609. AURICULARIS (Swinh.), *Ibis*, 1864, p. 361; Scl., *Ibis*, 1866, p. 109, pl. 4; Sharpe, *Cat. B.* VII, p. 405. — Ile Formose.

4610. MELANOLEUCA (Blyth), *Journ. A. S. Beng.*, 1859, p. 413; Gould, *B. Asia*, pl.; *picata*, Tick. — Ténassérim.

4611. CASTANOPTERUS, Salvad., *Ann. Mus. Gen.*, 1889, p. 363. — Birmanie.

4612. DESGODINSI (Oust. et Dav.), *Bull. Soc. Philom. Paris*, 1877, p. 139; id., *Ois. Chine*, p. 356. — Mé-kong (Chine).

4613. GRACILIS (Mc Clell.), *P. Z. S.*, 1839, p. 159; Jerd., *B. Ind.* II, p. 56. — Assam.

4614. PULCHELLA (Godw.-Aust.), *Ann. and Mag. N. H.* ser.4, XIII, p. 160. — Monts Naga (Birman.)

828. POMATORHINUS

Pomatorhinus, Horsf. (1820); *Orthorhinus*, Blyth (1844); *Pomatostomus*, Cab. (1850).

4615. MONTANUS, Horsf., *Tr. Linn. Soc.* XIII, p. 165; id., *Zool. Res. in Java*, pl. 51. — Java.

983. *Var.* BORNEENSIS, Cab., *Mus. Hein.* I, p. 84; Salvad., *Ucc. Born.*, p. 210. — Bornéo, Malacca.

4616. SCHISTICEPS, Hodgs., *Asiat. Res.* XIX, p. 181; id., *Icon. ined. Passeres*, pls 183, f. 2, 184, f. 2; *leucogaster*, Gould; *montanus*, Mc Clell. — Himalaya E.

984. *Var.* PINWILLI, Sharpe, *Cat. B.* VII, p. 413. — Himalaya N.-W.

985. *Var.* NUCHALIS, Tweed., *Ann. N. H.*, 1877, p. 535; *leucogaster*, Wald. (nec Gould). — Ténassérim.

986. *Var.* OLIVACEA, Blyth, *J. A. S. Beng.* XVI, p. 451; *leucogaster*, Horsf. et Moore (nec Gould). — Ténassérim centr. et S.

4617. MELANURUS, Blyth, *J. A. S. Beng.* XVI, p. 451; Legge, *B. Ceyl.*, p. 501. — Ceylan.

4618. HORSFIELDI, Sykes, *P. Z. S.*, 1832, p. 89; Jerd., *B. Ind.* II, p. 31. — Inde centr. et S.-E.

987. *Var.* OBSCURA, Hume, *Str. Feath.*, 1873, p. 7. — Inde S.-W.

4619. OCHRACEICEPS, Wald., *Ann. and Mag. N. H.* XII (1873), p. 487; W. Rams., *Ibis*, 1877, p. 465, pl. 13. — Birmanie, Ténassérim.

4620. AUSTENI, Hume, *Str. Feath.*, 1881, p. 152. — Manipour.

4621. TEMPORALIS, Vig. et Horsf., *Tr. Linn. Soc.* XV, p. 330; Gould, *B. Austr.* IV, pl. 20; ? *frivolus*, Lath.; *trivirgatus*, Tem., *Pl. col.* 443. — Australie.

4622. SUPERCILIOSUS, Vig. et Horsf., *Tr. Linn. Soc.* XV, p. 330; Gould, *B. Austr.* IV, pl. 22. — Australie mérid. et centr.

4623. RUFICEPS, Hartl., *Journ. f. Orn.*, 1853, p. 31; Gould, *B. Austr. Suppl.*, pl. 38. — Australie S., Victoria, Nouv.-Galles du S.

4624. RUBECULUS, Gould, *P. Z. S.*, 1839, p. 144; id., *B. Austr.* IV, pl. 21. — Australie N. et N.-W.

4625. FERRUGINOSUS, Hodgs., *Icon. ined. Passeres*, App., pl. 92; Jerd., *B. Ind.* II, p. 29; *rubiginosus*, Blyth. — Himalaya E.

4626. PHAYRII, Blyth, *J. A. S. Beng.* XVI, p. 452; W. Rams., *Ibis*, 1878, p. 135, pl. 4, f. 2. — De l'Arakan au Manipour.

4627. ALBIGULARIS, Blyth, *J. A. S. Beng.* XXIV, p. 274; W. Rams., *Ibis*, 1878, p. 135, pl. 5, f. 1; *mariæ*, Wald. — Ténassérim jusqu'aux Monts Karen.

4628. STENORHYNCHUS, Godw.-Aust., *J. A. S. Beng.* XLVI, p. 43; W. Rams., *Ibis*, 1878, pl. 5, f. 2. — Assam.

4629. MUSICUS, Swinh., *Journ. N. China Branch As. Soc.* II, p. 228; id., *Ibis*, 1863, p. 284, pl. 6. — Formose.

4630. NIGROSTELLATUS, Swinh., *Ibis*, 1870, p. 250. — Ile Haïnan.

4631. RUFICOLLIS, Hodgs., *Asiat. Research.* XIX, p. 182; id., *Icon. ined. Passeres*, pl. 183. — Népaul, Sikkim, Assam.

4632. STRIDULUS, Swinh., *Ibis*, 1861, p. 265; Seeb., *Ibis*, 1884, p. 264; *ruficollis* (pl.), auct. plur. — Chine S.

4633. STYANI, Seeb., *Ibis*, 1884, p. 263. — Yang-tse-Kiang et Thibet E.

4634. ERYTHROCNEMIS, Gould, *P. Z. S.*, 1862, p. 281; id., *B. Asia*, pl. — Ile Formose.

4635. SWINHOEI, David, *Ann. Sc. Nat.* XIX (1874), art. 9; id. et Oust., *Ois. Chine*, p. 184, pl. 48. — Chine S.-E.

4636. HYPOLEUCUS, Blyth, *J. A. S. Beng.* XIII, p. 371, XIV, p. 597; *albicollis*, Gray, *Gen. B.*, pl. 57. — Monts Khasia, Cachar, Aracan.

988. *Var.* INGLISI (Hume), *Str. Feath.*, 1877, p. 31, 1879, p. 96. — De Sikkim (?) aux Monts Garo.

4637. TICKELII, Blyth, *MSS*; Tick., *Ibis*, 1863, p. 113; *hypoleucus*, Blyth. — Ténassérim.

4638. WRAYI, Sharpe, *P. Z. S.*, 1887, p. 437. — Pérak (Malacca).

4639. ERYTHROGENYS, Vig., *P. Z. S.*, 1831, p. 173; Gould, *Cent. Himal. B.*, pl. 55; *ferrugilatus*, Hodgs. — Himalaya jusqu'au Ténassérim.

4640. IMBERBIS, Salvad., *Ann. Mus. Civ. Gen.* (2) VII, p. 410. — M[ts] Carin, Birm., Tén.

4641. MACCLELLANDI, Jerd., *Ind. B.* II, p. 32; Godw.-Aust., *J. A. S. Beng.* XXXIX, p. 104. — Assam jusqu'au N.-E. du Bengale.

989. *Var.* GRAVIVOX, Dav., *Ann. Sc. Nat.* XVIII, art. 5, p. 2; id. et Oust., *Ois. Chine*, p. 183, pl. 49. — Chensi S. et Setchuan N. (Chine).

990. *Var.* DEDEKENSI, Oust., *Ann. Sc. Nat.* XII (1891), p. 276; id., *Nouv. Arch. Mus.* V, p. 197, pl. 4, f. 1. — Thibet.

991. *Var.* ARMANDI, Oust., *Ann. Sc. Nat.* XII (1891), p. 277; id., *Nouv. Arch. Mus.* V, p. 199. — Tatsien-lou (Setchuan).

4642. ISIDORII, Less., *Voy. Coq. Zool.* I, p. 680, pl. 29, f. 2; Salvad., *Orn. Pap. Mol.* II, p. 410; *geoffroyi*, Less., *Compl. Buff.*, p. 542. — Nouv.-Guinée et îles voisines.

829. XIPHORHAMPHUS

Xiphorhynchus, Blyth (1842, nec Sw.); *Xiphorhamphus*, Blyth (1843).

4643. SUPERCILIARIS, Blyth, *J. A. S. Beng.* XI, p. 175, XII, p. 947; Hodgs., *Icon. ined. Pass., App.*, pl. 93. — Sikkim.

830. ALLOCOTOPS

Allocotops, Sharpe (1888).

4644. CALVUS, Sharpe, *Ibis*, 1888, p. 389; 1889, pl. 13. — Kina Balu (Bornéo N.

831. MELANOCICHLA

Melanocichla, Sharpe (1883); *Garrulax*, auct. plur.

4645. LUGUBRIS (S. Müll.), *Nat. Tijdschr.*, 1835, p. 344, pl 5, f. 2; Sharpe, *Cat. B.* VII, p. 451. — Sumatra.

832. RHINOCICHLA

Rhinocichla, Sharpe (1883); *Garrulax*, auct. plur.

4646. MITRATA (S. Müll.), *Nat. Tijdschr.*, 1835, p. 345, pl 5, f. 3; *vittatus*, De Fil., *Mus. Mediol.*, p. 31. — Sumatra, Bornéo.
4647. TREACHERI, Sharpe, *P. Z. S.*, 1879, p. 245; id., *Cat. B.* VII, p. 453. — Bornéo N.-W.

833. GARRULAX

Garrulax, Less. (1831); *Garrulaxis*, Lafr. (1840); *Stactocichla*, Sharpe (1883).

4648. LEUCOLOPHUS (Hardw.), *Tr. Linn. Soc.* XI, p. 208, pl. 15; Gould, *Cent. B. Himal.*, pl. 18; *belangeri*, Blanf., *Ibis*, 1870, p. 467 (nec Less.) — Himalaya jusqu'à l'Aracan et Pégou.
4649. BELANGERI, Less., *Tr. d'Orn.*, p. 648; id., in *Bel. Voy. Inde*, p. 258, pl. 4. — Pégou, Ténassérim.
4650. DIARDI (Less.), *Tr. d'Orn.*, p. 408; *leucogaster*, Wald., *P. Z. S.*, 1866, p. 549. — Siam, Cochin-Chine.
4651. BICOLOR, Hartl., *Rev. Zool.*, 1844, p. 402; *coronatus*, Krel. — Sumatra, Bornéo.
4652. RUFICEPS, Gould, *P. Z. S.*, 1862, p. 281; id., *B. Asia*, pl. — Formose.
4653. ALBIGULARIS (Gould), *P. Z. S.*, 1835, p. 187; *albigula*, Hodgs., *Icon. ined. Passeres*, pl^s 163, 164. — Himalaya, du Cachemire au Boutan.
4654. WADDELLI, Grant, *Ibis*, 1894, p. 424. — Sikkim.
4655. PECTORALIS (Gould), *P. Z. S.*, 1835, p. 186; *grisaure*, Hodgs.; id., *Icon. ined. Passeres*, pl. 162; *melanotis*, Blyth; *uropygialis*, Cab. — Himalaya E. et Indo-Chine W. jusqu'au Ténassérim.
4656. SEMITORQUATA, Grant, *Ibis*, 1900, p. 379. — Haïnan (Chine).
4657. SCHMACKERI, Hartl., *Abh. Ver. Bremen*, XIV, pp. 349, 380, pl. 4. — Haïnan (Chine).
4658. MONILIGER (Hodgs.), *Asiat. Research.* XIX, p. 147; id., *Ic. ined. Pass.*, pl. 165; *mcclellandi*, Blyth. — Himalaya E., Indo-Ch. W. jusqu'à Ténass.
4659. MOUHOTI, Sharpe, *Cat. B. Br. Mus.* VII, p. 444. — Cambodje.
4660. PICTICOLLIS, Swinh., *P. Z. S.*, 1872, p. 554; Gould, *B. Asia*, pl. — Che-kiang, Fokien (Chine).
4661. GALBANUS, Godw.-Aust., *P. Z. S.*, 1874, p. 44, pl. 10. — Manipour.
4662. GULARIS (Mc Clell.), *P. Z. S.*, 1839, p. 159; Jerd., *Ibis*, 1872, p. 413. — Bengale N.-E., Assam.

4663. DELESSERTI (Jerd.), *Madr. Journ.* X, p. 256; id., *Ill. Ind. Orn.*, pl. 12; *grisceiceps*, Deless., *R. Z.*, 1840, p. 101. — Inde S.

4664. PALLIATUS (Tem.), *MSS.*; Bp., *Consp.* I, p. 371; *poliocephalus*, Blyth, *Ibis*, 1870, p. 171; *frenatus*, Salvad., *Ann. Mus. Civ. Genov.* XIV (1879), p. 230. — Sumatra.

4665. CINEREIFRONS, Blyth, *J. A. S. Beng.* XX, p. 176; Legge, *B. Ceyl.*, p. 499, pl. 22, f. 2. — Ceylan.

4666. RUFIFRONS, Less., in *Belang. Voy. Inde*, p. 26, pl. 5. — Java.

4667. MERULINUS, Blyth, *J. A. S. Beng.* XX, p. 521. — Khasia, Munipour.

834. CATAPONERA

Cataponera, Hart. (1896).

4668. TURDOIDES, Hart., *Novit. Zool.* III, p. 70; Mey. et Wg., *B. Cel.*, pl. 29, f. 2. — Célèbes.

835. DRYONASTES

Dryonastes, Sharpe (1883); *Garrulax*, auct. plur.

4669. RUFICOLLIS (Jard. et Sel.), *Ill. Orn.*, sér. 2, pl. 21; Jerd., *B. Ind.* II, p. 38; *lunaris*, Mc Clell., *P. Z. S.*, 1839, p. 160. — Himalaya, du Népaul à l'Assam et la Haute-Birmanie.

4670. CASTANOTIS, Grant, *Ibis*, 1899, p. 584. — Haïnan.

4671. CHINENSIS (Scop.); Dav. et Oust., *Ois. Chine*, p. 191; *shanhu*, *melanopsis*, Gm.; *auritus*, Daud.; *leucogenys*, Blyth. — Chine S., Birmanie, Ténassérim.

4672. LUGENS, Oust., *Bull. Soc. Phil.* III, p. 211; id., *Bull. Soc. Zool. de Fr.* XV, p. 155. — Laos (An-Nam).

4673. MÆSI, Oust., *Bull. Soc. Zool. de Fr.* XV, p. 154. — Tonkin.

4674. GERMAINI, Oust., *Bull. Soc. Zool. de Fr.* XV, p. 157. — Cochin-Chine.

4675. NUCHALIS (Godw.-Aust.), *Ann. and Mag. N. H.* XVIII (1876), p. 411; id., *J. A. S. B.* XLVII, p. 17, pl. 10. — Bengale N.-E.

4676. STREPITANS (Tick.), *MSS.*; Blyth, *J. A. S. Beng.* XXIV, p. 268. — Ténassérim.

4677. MONACHUS (Swinh.), *Ibis*, 1870, p. 248; Dav. et Oust., *Ois. Chine*, p. 198. — Haïnan.

4678. PERSPICILLATUS (Gm.); *Pl. enl.* 604; Dav. et Oust., *l. c.*, p. 191, pl. 52; *rugillatus*, Swinh., *Ibis*, 1860, p. 57. — Chine S., Siam.

4679. SANNIO (Swinh.), *Ibis*, 1867, p. 403; *albosuperciliaris*, God.-Aust., *J. A. S. Beng.* XLIII, 2, p. 161, pl. 6. — Bengale N.-E. et Chine S.

4680. POECILORHYNCHUS (Gould), *P. Z. S.*, 1862, p. 281; id., *B. Asia*, pl. — Ile Formose.

4681. CÆRULATUS (Hodgs.), *Asiat. Research.* XIX, p. 147; id., *Icon. ined. Pass.*, pl. 167; Jerd., *B. Ind.* II, p. 36 — Himalaya E. jusqu'à l'Assam et les Monts Naga.

992. *Var.* SUBCÆRULATA (Hume), *Str. Feath.*, 1878, II, p. 140. — Népaul, Sikkim.

836. GRAMMATOPTILA

Keropia, auct. plur. (nec Gray); *Turnagra* (pt.), auct. plur. (nec Less.); *Grammatoptila*, Rchb. (1850); *Kittasoma*, Blyth (1855).

4682. STRIATUS (Vig.), *P. Z. S.*, 1830, p. 7; Gould, *Cent. B. Himal.*, pl. 37; Rchb., *Syst. Av. Nat.*, pl. 85, f. 8; *austeni*, Oates. — Himalaya jusqu'au Bengale.

837. TURNAGRA

Turnagra, Less. (1837); *Keropia*, Gray (1840); *Otagon*, Bp. (1850); *Ceropia*, Sundev. (1857).

4683. CRASSIROSTRIS (Gm.); Bull., *B. N.-Zeal.*, p. 138, pl. 14, f. 2; *capensis*, Sparrm., *Mus. Carls.*, pl. 45; *ferruginea*, Vieill.; *macularia*, Q. et G., *Voy. Astrol.* I, p. 186, pl. 7, f. 1; *Lox. turdus*, Forst. — Nouv.-Zélande (île S.)

4684. TANAGRA (Schl.), *Ned. Tijdschr. Dierk.* III, p. 190; *hectori*, Bull., *Ibis*, 1869, p. 39; id., *B. N. Zeal.*, pl. 14, f. 1. — Nouv.-Zélande (S. de l'île Nord).

838. CRATEROPUS

Crateropus, Sw. (1831); *Malacocercus*, Sw. (1832); *Ischyropodus*, Rchb. (1850).

4685. JARDINEI, Smith, *Rep. Exp. centr. Afr.*, p. 45; id., *Ill. Zool. S. Afr.*, *Aves*, pl. 6; *affinis*, Bocage, *P. Z. S.*, 1869, p. 436. — Afrique S. jusqu'au 26° l. S.

4686. KIRKI, Sharpe, *Lay. B. S. Afr.*, p. 213. — Zambèze.

4687. PLEBEIUS (Cretzschm.) in *Rüpp. Atlas*, pl. 23; Heugl., *Orn. N.-O. Afr.* I, p. 393; *jardinei*, auct. plur. (nec Smith); *cinereus*, Heugl., *S. U.*, p. 30. — Afrique N.-E. et E. jusque vers le 10° l. S.

993. *Var.* BUXTONI, Sharpe, *Ibis*, 1891, p. 445. — Suk (Afr. centr. E.)

4688. TANGANJICÆ, Rchw., *J. f. O.*, 1886, p. 115, pl. 3, f. 1. — Tanganika.

4689. PLATYCERCUS, Sw., *B. W. Afr.* I, p. 274; *testaceus*, Rchb., *Syst. Av.*, pl. 55, f. 3. — De Sénégambie à la Côte-d'Or (Afr. W.)

4690. MELANOPS, Hartl., *P. Z. S.*, 1866, p. 435, pl. 37. — Damara.

4691. HYPOSTICTUS, Cab. et Rchw., *J. f. O.*, 1877, pp. 25, 103. — Loango (Afr. W.)

4692. SHARPEI, Rchw., *Journ. f. Orn.*, 1891, p. 432. — Uniamuesi (Afr. E.)

4693. TENEBROSUS, Hartl., *Journ. f. Orn.*, 1883, p. 425; id., *Zool. Jahrb.* II, pl. 12, f. 4. — Afrique équatoriale.

4694. REINWARDTI, Sw., *Zool. Ill.*, ser. 2, II, pl. 80 ; id., *B. W. Afr.* I, p. 276; *melanocephalus*, Cuv. — De Sénégambie à la Côte-d'Or (Afr. W.)
4695. SQUAMULATUS, Shell., *Ibis*, 1884, p. 45. — Mombassa.
4696. HARTLAUBI, Bocage, *Jorn. Acad. Lisb.*, 1868, p. 48 ; id., *Orn. Angola*, p. 252, pl. 1, f. 1 ; *senex*, Finsch et Hartl. — Afrique S.-W.
4697. SMITHII, Sharpe, *Ibis*, 1895, p. 486. — Somaliland.
4698. LEUCOCEPHALUS (Cretzschm.) in *Rüpp. Atlas*, pl. 4 ; Rüpp., *Syst. Uebers.*, p. 60. — Nubie, Abyssinie, Sennaar, Bogosland.
4699. LEUCOPYGIUS, Rüpp., *Neue Wirb.*, pl. 30, f. 1 ; id., *Syst. Uebers.*, p. 60; *limbatus*, Rüpp., *S. U.*, pp. 48, 60. — Abyssinie, Bogosland.
4700. BICOLOR, Jard., *Edinb. Journ. Sc.* III, p. 97, pl. 3. — Orange, Transvaal.
994. *Var.* HYPOLEUCA, Cab., *J. f. O.*, 1878, pp. 205, 226. — Du Zambèze au Zanzib.
4701. ATRIPENNIS, Sw., *B. W. Afr.* I, p. 278 ; *capucinus*, Less. ; *poliocephalus*, Blyth, *Ibis*, 1865, p. 46. — De Sénégambie jusqu'au cap Palmas.
4702. HAYNESII, Sharpe, *Ibis*, 1871, p. 415; id., *Cat. B.* VII, pl. 11 ; *atripennis*, Hartl. (nec Sw.) ; *rubiginosus*, Blyth (nec Rüpp.) — Côte-d'Or.
4703. BOHNDORFFII, Sharpe, *J. Lin. Soc.*, 1884, p. 422. — Afrique équator. W.
4704. CANORUS (Lin.) ; *terricolor*, Hodgs., *Icon. ined. Pass.*, pl. 178 et *App.*, pl. 86; *orientalis*, Jerd. ; *bengalensis*, Blyth. — Inde N.
995. *Var.* MALABARICA (Jerd.), *Ill. Ind. Orn.*, texte de la pl. 19; id., *B. Ind.* II, p. 62. — Inde centr. et S.
4705. GRISEUS (Gm.); Blyth, *J. A. S. Beng.* XIII, p. 368; Jerd., *Ill. Ind. Orn.*, pl. 19; *striatus*, Cab. (nec Sw.) — Inde S.
4706. STRIATUS (Sw.), *Zool. Ill.*, pl. 127; *bengalensis*, Kel. (nec Blyth). — Ceylan, île Ramisserum.
4707. SOMERVILLEI (Sykes), *P. Z. S.*, 1832, p. 88; Jerd., *B. Ind.* II, p. 63; *sykesi*, Jerd., *l. c.*, p. 63; *griseus*, Swinh. (nec Gm.) — Inde N.-W.
4708. LARVATUS, Hart., *Journ. f. Orn.*, 1890, p. 154. — Madras (Inde).

839. ÆTHOCICHLA

Æthocichla, Sharpe (1875).

4709. GYMNOGENYS (Hartl.), *P. Z. S.*, 1865, p. 86; Sharpe, *Cat. B.* VII, p. 484, pl. 12. — Afrique S.-W.

840. ACTINODURA

Actinodura, Gould (1836); *Leiocincla*, Blyth (1843); *Ixops*, Hodgs. (1844).

4710. EGERTONI, Gould, *P. Z. S.*, 1836, p. 18; id., *B. Asia*, pl. ; *plumosa*, Blyth ; *rufifrons*, Hodgs., *P. Z. S.*, 1845, p. 24. — Himalaya jusqu'au Bengale E.

4711. RAMSAYI, Wald., *Ann. Mag. Nat. Hist.* XV, 1875, p. 402; Rams., *Ibis*, 1877, p. 464, pl. 12. — Birmanie (Monts Karen-nee).
4712. WALDENI, Godw.-Aust., *P. Z. S.*, 1874, p. 46; Gould, *B. Asia*, pl. — Manip., Bengale N.-E.
4713. NIPALENSIS (Hodgs.), *Asiat. Research.* XIX, p. 145; id., *Ic. ined. Pass.*, pl. 201; Gould, *B. Asia*, pl. — Himalaya E. jusqu'au Bengale N.-E.
4714. DAFLAENSIS, Godw.-Aust., *Ann. Mag. Nat. Hist.* XVI, 1875, p. 339; id., *J. A. S. Beng.* XLVI, 2, p. 77, pl. 4. — Monts Dafla.
4715. OGLEI, Godw.-Aust., *J. A. S. B.* XLVI, 2, p. 42, pl. 11. — Assam.
4716. SOULIEI, Oust., *Bull. Mus. Paris*, 1897, p. 164. — Yun-nan.

FAM. XXII. — TIMELIIDÆ (1)

SUBF. I. — TIMELIINÆ

841. TURDINUS

Turdinus, Blyth (1844); *Cacopitta*, Bp. (1850); *Hadropezus*, Sundev. (1872).

4717. MACRODACTYLUS (Strickl.), *Ann. and Mag. N. H.* XIII, p. 417; Blyth, *J. A. S. Beng.* XIII, p. 382. — Malacca.
4718. RUFIPECTUS, Salvad., *Ann. Mus. Gen.* XIV (1879), p. 224. — Sumatra.
4719. LEPIDOPLEURUS (Tem.), *M. S.*; Bp., *Consp.* I, p. 257. — Java.
4720. ATRIGULARIS (Tem.), *M. S.*; Bp., *Consp.* I, p. 257; *nigrogularis*, Blyth, *Ibis*, 1865, p. 47. — Bornéo.
4721. LORICATUS (Müll.), *Tijdschr. Nat. Gesch. Amst.*, 1835, p. 348; *marmoratus*, Rams., *P. Z. S.*, 1880, p. 15. — Sumatra.

842. BATHMOCERCUS

Bathmocercus, Rchnw. (1895).

4722. RUFUS, Rchnw., *Orn. Monatsb.*, 1895, p. 113. — Caméron.
4723. VULPINUS, Rchnw., *Novit. Zool.* II, p. 160. — Aruwimi (Afr. W.)
4724. MURINUS, Rchnw., *Novit. Zool.* II, p. 160. — Aruwimi (Afr. W.)

843. PTILOCICHLA

Ptilocichla, Sharpe (1876).

4725. FALCATA, Sh., *Tr. Lin. Soc. Zool.*, ser. 2, I, p. 332. — Palawan (Philippines).
4726. MINUTA, Bourns et Worc., *Occ. Pap. Minnes.*, Ac. I, p. 24; Grant, *Ibis*, 1897, p. 230. — Samar, Leyte (Philip.)
4727. BASILANICA, Steere, *List Phil. B.*, p. 18; id., *Ibis*, 1891, p. 312, pl. 7. — Basilan (Philippines).
4728. MINDANENSIS, Steere, *l. c.*; id., *Ibis*, 1891, p. 312; Blas., *Journ. f. Orn.*, 1890, p. 146. — Mindanao (Philipp.)

(1) Voy.: Sharpe, *Cat. B. Brit. Mus*, VII, p. 507 (1883).

844. PTILOPYGA

Ptilopyga, Sharpe (1883).

4729. LEUCOGRAMMICA (Tem.), *M. S.*; Bp., *Consp.* I, p. 257; Salvad., *Ucc. Born.*, p. 217. — Bornéo.

845. LANIOTURDINUS

Lanioturdinus, Büttik. (1895).

4730. CRASSUS (Sh.); *Corythocichla crassa*, Sharpe, *Ibis*, 1888, p. 391; Büttik., *Not. Leyd. Mus.* XVII, p. 73. — Kina Balu (Bornéo).

846. TURDINULUS

Turdinulus, Hume (1878); *Corythocichla*, Sharpe (1883).

4731. BREVICAUDATUS (Blyth), *J. A. S. Beng.* XXIV, p. 272; Sharpe, *Cat. B.* VII, p. 592. — Ténassérim, Haute-Birmanie.

4732. STRIATUS (Wald.), *Ann. and Mag. N. H.* VII (1871), p. 241; *williamsoni*, Godw.-Aust., *J. A. S. Beng.* XLVI, 2, p. 44; Sharpe, *l. c.*, p. 593. — Bengal N.-E.

4733. LEUCOSTICTUS (Sharpe); *Coryth. leucosticta*, Sharpe, *P. Z. S.*, 1887, p. 438; Büttik., *N. L. M.* XVII, p. 75. — Pérak (Malacca).

4734. EPILEPIDOTUS (Tem.), *Pl. col.* 448, f. 2; *murina*, Blyth, *Ibis*, 1865, p. 47; Sharpe, *Cat. B.* VII, p. 593 (pt.) — Sumatra, Java.

4735. ROBERTI (Godw.-Aust. et Wald.), *Ibis*, 1875, p. 252; *murina* (pt.), auct. plur. — Du Manipour au Ténassérim.

996. *Var.* GUTTATICOLLIS, Grant, *Ibis*, 1895, p. 432. — Assam N.

4736. EXSUL, Sharpe, *Ibis*, 1888, p. 479; *roberti* et *murinus*, auct. plur. — Kina Balu (Bornéo N.)

847. RIMATOR

Rimator, Blyth (1847); *Caulodromus*, Gray (1847); *Merva*, Hodgs. (1847).

4737. MALACOPTILUS, Blyth, *J. A. S. Beng.* XVI, p. 155; Gould, *B. Asia*, pl.; Sharpe, *Cat. B.* VII, p. 594. — Himalaya E.

4738. ALBOSTRIATUS, Salvad., *Ann. Mus. Civ. Genov.* XIV (1879), p. 224. — Sumatra.

848. MALACOCINCLA

Malacocincla, Blyth (1845); *Nannothera*, Sundev. (1872); *Turdinus* (pt.), Sharpe (1883).

4739. ABBOTTI, Blyth, *J. A. S. Beng.* XIV, p. 601; Tweed., *Ibis*, 1877, p. 452, pl. 11, f. 2; *olivaceum*, Strickl.; *concreta*, Müll., *M. S. schwaneri*, Tem., *M. S.*; *umbratile*, Scl., *P. Z. S.*, 1863, p. 215. — Inde, Malacca, Bornéo.

4740. SEPIARIA (Horsf.), *Tr. Linn. Soc.* XIII, p. 158; Sharpe, *Cat.* VII, p. 544; *pyca*, Boie et auct. plur. — Java.

4741. MINOR (Mey.), *Zeitschr. Ges. Orn.*, 1884, p. 210; *pyca* (pt.), Boie. — Java, Sumatra.

4742. RUFIVENTRIS, Salvad., *Ucc. Born.*, p. 229; Sharpe, *Cat.* VII, p. 585; *hypoides*, Tem., *M. S.*; *concreta* (pt.), Bp.; *tephrops*, Sharpe, *Ibis*, 1893, p. 549. — Bornéo.

4743. PERSPICILLATA (Tem.), *M. S.*; Bp., *Consp.* I, p. 257; Büttik., *Notes Leyd. Mus.* XVII, p. 83. — Bornéo.

849. ANUROPSIS

Anuropsis, Sharpe (1883).

4744. MALACCENSIS (Hartl.), *Rev. Zool.*, 1844, p. 402; Sharpe, *Cat.* VII, p. 588; *poliogenis*, Müll., *M. S.*; Strickl., *Contr. Orn.*, 1849, p. 93, pl. 31. — Malacca, Sumatra, Bornéo.

4745. CINEREICEPS (Tweed.), *P. Z. S.*, 1878, p. 617; Sharpe, *l. c.*, p. 590. — Palawan (Philippines).

850. CRATEROSCELIS

Crateroscelis, Sharpe (1883); *Amaurocichla*, Sharpe (1892).

4746. MURINA (Tem.), *M. S.*; Bp., *Consp.* I, p. 158; Sharpe, *Cat.* VII, p. 590; *brunneiventris*, Mey.; *fulvipectoris*, Rams., *Pr. Linn. Soc. N. S. W.* IV, p. 5; Salvad., *Orn. Pap.* II, p. 409. — Nouv.-Guinée, Waigiou, Salawati, Mysol.

4747. MONACHA (Gray), *P. Z. S.*, 1858, pp. 175, 191; Sharpe, *Cat.* VII, p. 591. — Iles Arou.

4748. MONTANA, De Vis, *Ibis*, 1897, p. 387. — Nouv.-Guinée angl.

4749. BOCAGEI (Sharpe), *P. Z. S.*, 1892, p. 228. — Ile St-Thomas (Afr. W.)

851. TRICHOSTOMA

Trichostoma, Blyth (1842); *Turdinus* (pt.), Sharpe (1883).

4750. ROSTRATUM, Blyth, *J. A. S. Beng.* XI, p. 795; Sharpe, *Cat.* VII, p. 562; *umbratilis*, Müll., *M. S.*; Strickl., *Contr. Orn.*, 1849, p. 128, pl. 35, f. 2; *rufina*, Tem., *M. S.*; *macroptera*, Salvad.; *buxtoni*, Wald.; id., *Ibis*, 1877, p. 308, pl. 6, f. 2; *leucogastra*, Davis., *Ibis*, 1892, p. 100. — Malacca, Sumatra, Bornéo.

4751. CELEBENSE, Strickl., *Contr. Orn.*, 1849, p. 127, pl. 35, f. 1; Wald., *Ibis*, 1876, p. 378, pl. 11, f. 2; Sharpe, *Cat.* VII, p. 542. — Célèbes N.

4752. FINSCHI, Wald., *Ibis*, 1876, p. 378, pl. 11, f. 1; *celebense*, Wald., *Tr. Z. S.* VIII, p. 62 (nec Strickl.) — Célèbes S.

4753. PYRRHOGENYS (Tem.), *Pl. col.* 442, f. 2; Büttik., *N. L. M.* XVII, p. 89; *Malac. erythrote*, Sharpe, *Cat.* VII, p. 567, pl. 13, f. 2. — Java.

4754. CANICAPILLUM (Sharpe), *Ibis*, 1887, p. 450, 1889, p. 415; Büttik., *N. L. M.* XVII, p. 89. — Bornéo.

4755. BÜTTIKOFERI, Vorderm., *Nat. Tijdschr. Ned. Ind.*, 1892, p. 230. — Sumatra.

852. DRYMOCATAPHUS

Drymocataphus, Blyth (1849); *Bessethera*, Cab. (1850).

4756. CAPISTRATUS (Tem.), *Pl. col.* 185; Sharpe, *Cat.* VII, p. 553. — Java.

4757. CAPISTRATOIDES (Tem.), *M. S.*; Strickl., *Contr. Orn.*, 1849, p. 128, pl. 36; *capistratus*, Pelz. (pt.); Blyth, *Ibis*, 1870, p. 170. — Bornéo.

4758. NIGRICAPITATUS (Eyt.); *nigro-capitata*, Eyt., *P. Z. S.*, 1839, p. 103; Sharpe, *Cat.* VII, p. 554; *barbata*, Cab. — Malacca, Sumatra, Banka, Billiton.

4759. IGNOTUS (Hume), *Str. Feath.* V, p. 334; Sharpe, *Cat.* VII, p. 556; *nagaensis*, Godw.-Aust., *Ann. Mag. N. H.* XX (1877), p. 519. — Bengale, Assam.

4760. ASSAMENSIS, Sharpe, *Cat.* VII, p. 557; *tickelli*, Hume (nec Blyth); *garoensis*, Godw.-Aust. (pt.) — Assam et Bengale N.-E.

4761. TICKELLI (Blyth), *J. A. S. Beng.* XXVIII, p. 414; Tweed., *Ibis*, 1877, p. 451, pl. 11; *minor*, Hume, *Str. Feath.*, 1874, p. 535; *garoensis*, Godw.-Aust., *J. A. S. Beng.* XLIII, p. 160, pl. 8; *fulvus*, Wald.; *minus*, Tweed. — Pégou, Ténassérim.

4762. RUBIGINOSUS (Wald.), *Ann. and Mag. N. H.* XV (1875), p. 402; Sharpe, *Cat.* VII, p. 560. — Birmanie.

853. DRYMOCHÆRA

Drymochæra, Finsch (1876); *Vitia*, Rams. (1876).

4763. BADICEPS, Finsch, *P. Z. S.*, 1876, p. 20; *Vitia ruficapilla*, Rams., *Pr. Lin. Soc. N. S. W.* I, p. 41. — Viti Levu (Fidji).

854. SCOTOCICHLA

Drymocataphus et *Pellorneum*, auct. plur.; *Scotocichla*, Sharpe (1883).

4764. FUSCICAPILLA (Blyth), *J. A. S. Beng.* XVIII, p. 815; id., *Ibis*, 1887, p. 301; Sharpe, *Cat.* VII, p. 523. — Ceylan.

855. TRICHOCICHLA

Trichocichla, Rchw. (1890).

4765. RUFA, Rchw., *Journ. f. Orn.*, 1890, p. 489. Viti-Levu (Fidji).

856. ORTYGOCICHLA

Ortygocichla, Sclat. (1881).

4766. RUBIGINOSA, Scl., *P. Z. S*, 1881, p. 452, pl. 39; Sharpe, *l. c.*, p. 560. Nouv.-Bretagne.

857. ANDROPHILUS

Androphilus, Sharpe (1888).

4767. ACCENTOR, Sharpe, *Ibis*, 1888, p. 390, pl. 9, f. 2. Bornéo N.

4768. CASTANEUS (Büttik.), *Notes Leyd. Mus.*, 1893, p. 261, 1895, p. 92; Mey. et Wg., *B. Celebes*, II, p. 502, pl. 34, f. 2; *everetti*, Hart., *Nov. Zool.* III, p. 70. Célèbes.

858. PSEUDOTHARRHALEUS

Pseudotharrhaleus, Grant (1895).

4769. CAUDATUS, Grant, *Ibis*, 1895, p. 448, pl. 13. Ile Luçon N.

859. STASIASTICUS

Stasiasticus, Hart. (1896).

4770. MONTIS, Hart., *Novit. Zool.* III, p. 540. Java E.

860. ELAPHRORNIS

Elaphrornis, Legge (1879).

4771. PALLISERI (Blyth), *J. A. S. Beng.* XX, p. 178; Legge, *B. Ceyl.*, p. 514, pl. 24, f. 2. Ceylan.

861. MULLERIA

Mülleria, Büttik. (1895).

4772. BIVITTATA (Bp.), *Consp.* I, p. 359; Wall., *P. Z. S.*, 1863, p. 489; Sharpe, *Cat.* VII, p. 516; Büttik., *N. L. M.* XVII, p. 96. Timor.

862. PELLORNEUM

Pellorneum, Sw. (1831); *Cinclidia*, Gould (1837); *Hemipteron*, Hodgs. (1844).

4773. NIPALENSE (Hodgs.), *Icon. ined. Passeres*, pl. 170, f. 1; *ruficeps*, auct. plur. (nec Sw.); *mandellii*, Blanf., *Pr. A. S. Beng.*, 1871, p. 215; id., *J. A. S. Beng.* XLI, 2, p. 165, pl. 7, f. 2; *pectoralis*, Godw.-Aust. — Inde.

4774. MINOR, Hume, *Str. Feath.*, 1873, p. 298; *intermedium*, Sharpe, *Cat.* VII, p. 519, pl. 13, f. 1; *minus*, Oates, *B. Br. Ind.* I, p. 141. — Inde, de Cachar au Thayetmyo.

4775. RUFICEPS, Sw., *Faun. Bor.-Am.*, Birds, p. 487; *dumeticola*, Tick.; *punctata*, Gould, *P. Z. S.*, 1837, p. 137; *olivaceum*, Jerd. — Inde S., S.-W. et S.-E.

4776. SUBOCHRACEUM, Swinh., *Ann. and Mag. N. H.*, 1871, VII, p. 257; Tweed., *Ibis*, 1877, pp. 386, 452, pl. 10; *tickelli*, Blanf. (nec Blyth). — Pégou, Ténassérim, Malacca, Salanga.

4777. PALLUSTRE, Gould, *B. Asia*, III, pl. 65; Sharpe, *l. c.*, p. 522. — Assam, Monts Khasi.

863. ERYTHROCICHLA

Trichostoma et *Napothera*, auct. plur.; *Erythrocichla*, Sharpe (1883).

4778. BICOLOR, Less., *Rev. Zool.*, 1839, p. 138; Sharpe, *Cat.* VII, p. 551; *ferruginosum*, Blyth; *ruficauda*, Bp.; *rubicunda*, Blyth; *rubricauda*, Blyth, *Ibis*, 1865, p. 47. — Ténassér. S., Malacca, Sumatra, Bornéo.

864. ILLADOPSIS

Turdinus (pt.), Sharpe; *Illadopsis*, Heine (1859).

4779. FULVESCENS (Cass.), *Phil. Acad.*, 1859, p. 54; Heine, *Journ. f. Orn.*, 1859, p. 430; Sharpe, *Cat.* VII, p. 545; *rufipennis*, Sharpe. — Gabon, Guinée, Caméron.

997. *Var.* ALBIPECTUS (Rchw.), *J. f. O.*, 1887, p. 307. — Congo.

4780. GULARIS, Sharpe, *Ibis*, 1870, p. 474; id., *Cat.* VII, p. 543, pl. 14; *fulvescens*, Sh. et Bouv. (nec Cass.) — Haute-Guinée, de Libéria à la Côte-d'Or.

4781. RUFESCENS (Rchw.), *Journ. f. Orn.*, 1878, p. 209; Büttik., *N. L. M.* XVII, p. 100; Sharpe, *Cat.* VII, p. 544. — Haute-Guinée, de Libéria à la Côte-d'Or.

4782. MOLONEYANUS (Sharpe), *P. Z. S.*, 1892, p. 228, pl. 20, f. 2; Büttik., *l. c.*, p. 100. — Côte-d'Or.

4783. RUFIVENTRIS (Rchw.), *Orn. Monatsb.*, 1893, p. 177; Büttik., *l. c.* — Caméron.

4784. MONACHUS (Rchw.), *Journ. f. Orn.*, 1892, pp. 193, 222; Büttik., *l. c.* — Caméron.

4785. STIERLINGI (Rchw.), *Ornith. Monatsb.*, 1898, p. 82. — Uhehe (Iringa).

865. MALACOPTERON

Malacopteron, Eyt. (1839); *Setaria*, Blyth (1844); *Malacopterum*, Sharpe (1883); *Ophrydornis*, Büttik. (1895).

4786. MAGNUM, Eyt., *P. Z. S.*, 1839, p. 103; Sharpe, *Cat.* VII, p. 564; *majus*, Blyth; *pileata*, Müll., *M. S.*; Bp., *Consp.* I, p. 359. — Ténassér. S., Malacca, Sumatra, Bornéo.

4787. CINEREUM, Eyt., *P. Z. S.*, 1839, p. 103; *magnum*, Blyth (nec Eyt.); *coronata*, Müll., *M. S.*; *coronatum*, Strickl.; Motl. et Dillw., *Nat. Hist. Labuan*, p. 21, pl. 5. — Malacca, Sumatra, Bornéo.

998. *Var.* BUNGURENSIS, Hart., *Novit. Zool.* I, p. 470. — Ile Natuna.

4788. RUFIFRONS (Licht.), *Mus. Berol.*; Cab., *Mus. Hein.* I, p. 65; ?*ruficapilla*, Jacq. et Puch.; ?*squamifrons*, Bp.; *lepidocephalum* (pt.), Sharpe, *Cat.* VII, p. 567. — Sumatra, ? Bornéo.

999. *Var.* LEPIDOCEPHALA; *lepidocephalum* (part.), auct. plur.; Büttik., *Notes Leyd. Mus.* XVII, p. 104. — Java.

4789. PALAWANENSE, Büttik., *N. L. M.* XVII, p. 104; *Tr. rufifrons*, Tweed. (nec Cab.), *P. Z. S.*, 1878, p. 616, pl. 38; Sharpe, *Cat.* VII, p. 546. — Palawan (Philippines).

4790. MAGNIROSTRE Moore), *P. Z. S.*, 1854, p. 277; Oat., *B. Br. Burma*, I, p. 56; Sharpe, *Cat.* VII, p. 547. — Ténassér. S., Malacca, Cochin-Chine, Sumatra, Bornéo.

4791. AFFINE (Blyth), *J. A. S. Beng.* XI, p. 795; Sharpe, *Cat.* VII, p. 569; *atricapilla*, Müll. — Malac., Sum., Banka, Java, Bornéo, Cél. S.

4792. KALULONGÆ (Sharpe), *Ibis*, 1893, pp. 548, 568. — Bornéo N. et centr.

4793. MELANOCEPHALUM, Davison, *Ibis*, 1892, p. 101. — Malacca.

4794. ALBIGULARE (Blyth), *J. A. S. Beng.* XIII, p. 385; Sharpe, *Cat.* VII, p. 568; Büttik., *N. L. M.* XVII, p. 101. — Malacca, Bornéo.

866. SPHENOEACUS

Sphenœacus, Strickl. (1841).

4795. AFRICANUS et *afra* (Gm.); Levaill., *Ois. Afr.* III, p. 61, pl. 112, f. 2; Sw., *Zool. Ill.* III, pl. 170; Sharpe, *Cat.* VII, p. 95; *tibicen*, Licht.; *cantor*, Less.; *dubia*, Forst. — Colonie du Cap W. (Afr. S.)

1000. *Var.* INTERMEDIA, Shell., *P. Z. S.*, 1882, p. 337. — Colonie du Cap E.

1001. *Var.* NATALENSIS, Shell., *P. Z. S.*, 1882, p. 337; *africanus*, auct. plur. — Natal et Transvaal.

867. BOWDLERIA

Sphenœacus (pt.), auct. plur.; *Bowdleria*, Rothsch., *Nov. Zool.* III, p. 539 (1896).

4796. PUNCTATA (Quoy et Gaim.), *Voy. Astrol.* I, p. 255, pl. 18, f. 2; Sharpe, *Cat.* VII, p. 97. — Nouv.-Zélande.

4797. CAUDATA (Bull.), *Ibis*, 1894, p. 523; *fulvus*, Bull., *B. New Zeal.* II, p. 61 (nec Gray). — Iles Snares (Nouv.-Zélande).
4798. FULVA (Gray), *Ibis*, 1862, p. 221. — Nouv.-Zélande (île S.)
4799. RUFESCENS (Bull.), *Ibis*, 1869, p. 38; id., *B. New Zeal.*, p. 131, pl. 13, f. 2. — Ile Chatham (Nouv.-Zélande).

868. GYPSOPHILA

Turdinus (pt.), auct. plur.; *Gypsophila*, Oates (1883).

4800. CRISPIFRONS (Blyth), *J. A. S. Beng.* XXIV, p. 269; Sharpe, *Cat.* VII, p. 561; *darwini*, Hume, *Str. F.*, 1877, p. 90. — Ténassérim.

869. CROSSLEYIA

Crossleyia, Hartl. (1877).

4801. XANTHOPHRYS (Sharpe), *P. Z. S.*, 1875, p. 76; Hartl., *Vög. Madag.*, p. 168; M.-Edw. et Grand., *H. N. Madag. Ois.*, p. 361, pl. 126. — Madagascar.

870. OXYLABES

Oxylabes, Sharpe (1870).

4802. MADAGASCARIENSIS (Gm.); Sharpe, *P. Z. S.*, 1870, p. 386, 1872, p. 866, pl. 73; M.-Edw. et Grand., *H. N. Madag. Ois.*, pl. 126, f. 1. — Madagascar.
4803. CINEREICEPS, Sharpe, *P. Z. S.*, 1881, p. 197; M.-Edw. et Grand., *H. N. Madag. Ois.*, pl. 113^{a}, f. 2. — Madagascar centr.

871. KENOPIA

Kenopia, Blyth (1855, teste Gray).

4804. STRIATA (Blyth), *J. A. S. Beng.* XI, p. 793; Salvad., *Ucc. Born.*, p. 223, pl. 5, f. 2; *maculatus*, Eyt.; *leucostigma*, S. Müll. — Malacca, Bornéo.

872. DASYCROTOPHA

Dasycrotopha, Tweed. (1878).

4805. SPECIOSA, Tweed., *P. Z. S.*, 1878, p. 114, pl. 9. — Ile Negros (Philipp.

873. ZOSTERORNIS

Zosterornis, Grant (1894); *Mixornis* (pt.), auct. plur.

4806. STRIATUS, Grant, *Ibis*, 1895, pp. 110, 137, pl. 4, f. 1. — Luçon N.-E.
4807. WHITEHEADI, Grant, *Ibis*, 1894, pp. 510, 531, pl. 15, f. 1. — Luçon N.-W.
4808. PYGMÆUS, Grant, *Ibis*, 1897, pp. 232, 255, pl. 6, f. 1. — Samar, Leite (Philipp.)
4809. PLATENI (W. Blas.), *Journ. f. Orn.*, 1890, p. 147; Grant, *Ibis*, 1897, p. 233. — Mindanao (Philipp.)
4810. CAPITALIS (Tweed.), *Ann. and Mag. N. H.*, 1877, p. 535; id., *P. Z. S.*, 1878, p. 110, pl. 7, f. 2; Grant, *Ibis*, 1897, p. 233. — Dinagat, Basilan, Mindanao (Philipp.)
4811. NIGROCAPITATUS (Steere), *List. Phil. B.*, p. 17; Grant, *l. c.*, p. 234. — Samar, Leite.
4812. DENNISTOUNI, Grant, *Ibis*, 1896, pp. 118, 132, pl. 3, f. 2. — Luçon N.-E.

874. STRACHYRHIS

Stachyris, Hodgs. (1845); *Strachyrhis*, Sundev. (1872); *Thringorhina*, Oat. (1889); *Timalia*, auct. plur.

4813. NIGRICEPS, Hodgs., *Icon. ined. Passeres*, *App.*, pl. 87; Oates, *B. Brit. Burm.*, p. 48. — Him. E., du Népaul au Boutan, Indo-Ch. W.
4814. BORNEENSIS, Sharpe, *Ibis*, 1887, p. 449. — Bornéo N.
1002. *Var.* DAVISONI, Sharpe, *Ibis*, 1893, p. 119. — Pahang (Malacca E.)
1003. *Var.* NATUNENSIS, Hart., *Nov. Zool.* I, p. 469. — Ile Bunguran (Natuna).
4815. LARVATA (Müll.), MS; Bp., *Consp.* I, p. 217; Blyth, *Ibis*, 1870, p. 170. — Sumatra.
4816. POLIOCEPHALA (Tem.), *Pl. col.* 593, f. 2; Sharpe, *Cat.* VII, p. 534. — Malacca, Sumatra, Bornéo.
4817. STRIOLATA (S. Müll.), *Tijdschr.*, 1838, p. 32; *poliocephala*, Sharpe (pt.) — Sumatra.
4818. GUTTATA (Blyth), *J. A. S. Beng.* XXVIII, p. 414; Oates, *B. Br. Burm.*, p. 49. — Ténassérim.
4819. NIGRICOLLIS (Tem.), *Pl. col.* 594, f. 2; Stolic., *J. A. S. Beng.* XXXIX, p. 290; *erythronotus*, Blyth; *nigrogularis*, Eyt. — Malacca, Sumatra, Bornéo.
4820. LEUCOTIS (Strickl.), *Contr. Orn.*, 1848, p. 63, pl. 12; Sharpe, *Cat.* VII, p. 537. — Malacca, Bornéo.
4821. THORACICA (Tem.), *Pl. col.* 76; Sharpe, *l. c.*, p. 537. — Java, Sumatra.
4822. MACULATA (Tem.), *Pl. col.* 593, f. 1; Sharpe, *l. c.*, p. 538; *pectoralis*, Blyth; *squamatum*, Eyt. — Malacca, Sumatra, Bornéo.
4823. GRAMMICEPS (Tem.), *Pl. col.* 448, f. 3; Sharpe, *Not. Leyd. Mus.* VI, p. 169; *grammicephala*, Bp. — Java.

875. TIMELIA

Timalia, Horsf. (1820); *Napodes*, Cab. (1850); *Timelia*, Sundev. (1872).

4824. PILEATA, Horsf., *Tr. Linn. Soc.* XIII, p. 151, id., — Inde N.-E., Indo-Ch.

Zool. Research. Java, pl. 43, f. 1; *longirostris,* Gr. (nec Moore); *bengalensis,* Godw.-Aust.; *jerdoni,* Wald. — W. et S., Malacca, Java.

4825. LONGIROSTRIS (Moore), *P. Z. S.,* 1854, p. 104; *rubiginosus,* Godw.-Aust., *P. Z. S.,* 1874, p. 47; id., *J. A. S. Beng.* XLIII, 2, p. 164, pl. 5. — Himalaya.

876. PYCTORHIS

Pyctorhis, Hodgs. (1844); *Erythrops,* Hodgs., *M.SS.; Chrysomma,* Blyth (1845).

4826. SINENSIS (Gm.); *hypoleuca,* Frankl.; *bicolor,* Lafr.; *horsfieldii,* Jard. et S., *Ill. Orn.,* pl. 119; *melodius,* Hodgs., *Icon. ined., Passeres,* pl. 172 c. — Inde, Birmanie, Ténassérim, Siam.

1004. *Var.* NASALIS, Legge, *Ann. and Mag. Nat. Hist.* III (1879), p. 169; *sinensis,* auct. plur. (nec Gm.) — Ceylan.

4827. ALTIROSTRIS (Jerd.), *Ibis,* 1862, p. 22; Godw.-Aust., *J. A. S. Beng.* XLV, 2, p. 197, pl. 9; *griseigularis,* Hume, *Str. F.,* 1877, p. 116. — Pégou, Birmanie, Assam jusqu'au Boutan.

4828. GRACILIS, Styan, *Ibis,* 1899, pp. 295, 306. — Setchuan N.-W. (Ch.)

877. DUMETIA

Dumetia, Blyth (1850).

4829. ALBIGULARIS, Blyth, *Cat. B. Mus. As. Soc.,* p. 140; Gould, *B. Asia,* pl.; Legge, *B. Ceylon,* p. 505. — Ceylan, Inde S. jusque vers le 14° l. N.

4830. HYPERYTHRA (Frankl.), *P. Z. S.,* 1831, p. 118; Lafr., *Mag. de Zool.,* 1835, pl. 40; Gould, *B. Asia,* pl. — Inde centr.

878. MIXORNIS

Mixornis, Hodgs. (1845).

4831. FLAVICOLLIS (Müll.), MS.; Bp., *Consp.* I, p. 217; Sharpe, *Cat.* VII, p. 576. — Java.

4832. GULARIS (Raffl.), *Tr. Linn. Soc.* XIII, p. 312; Horsf., *Zool. Res. in Java,* pl.; *pileata,* Blyth; *sumatrana,* Bp.; *similis,* Blyth, *Ibis,* 1865, p. 47. — Cochin-Chine, Ténass. S., Malacca, Sumatra.

4833. EVERETTI, Hart., *Nov. Zool.* I, p. 472. — Iles Mantuna.

4834. WOODI, Sharpe, *Tr. Linn. Soc.,* 1876, I, p. 331. — Palawan (Philippines).

4835. RUBRICAPILLA (Tick.), *J. A. S. Beng.,* 1833, p. 576; *Iora chloris,* Blyth; *ruficeps,* Hodgs. in *Gr. Zool. Misc.,* p. 83. — Himalaya, Indo-Chine.

4836. JAVANICA, Cab., *Mus. Hein.* I, p. 77, note; *gularis,* Tem., *Pl. col.* 442, f. 1 (nec Raffl.) — Java.

4837. BORNENSIS, Bp., *Consp.* I, p. 217; Hombr. et Jacq., *Voy. Pôle Sud,* III, p. 90, pl. 19, f. 2. — Bornéo.

4838. CAGAYANENSIS, Guillem., *P. Z. S.*, 1885, p. 419, pl. 25. Cagayan-Sulu.
4839. MONTANA, Sharpe, *Ibis*, 1887, p. 448, 1889, p. 417. Bornéo N.

879. ÆGITHINA

Ægithina, Vieill. (1816); *Iora*, Horsf. (1820).

4840. VIRIDISSIMA (Bp.), *Consp.* I, p. 307; Tweed., *Ibis*, 1877, p. 304, pl. 5; *scapularis* (pt.), auct. plur. (nec Horsf.); *chloroptera*, Salvad., *Ucc. Born.*, p. 192 (fem.) — Malacca, Sumatra, Bornéo.
4841. TIPHIA (Lin.); Legge, *B. Ceyl.*, p. 490; *multicolor* et *zeylonica*, Gm.; *quadricolor*, Vieill.; *leucoptera*, Vieill., *Ois. d'Amér. sept.* II, pl. 84; *scapularis*, Frankl. (nec Horsf.); *subviridis*, Tick.; *melaceps*, Sw.; *meliceps*, Horsf. — Inde, Ceylan, Indo-Chine, Malacca.
  1005. *Var.* VIRIDIS (Tem.), MS.; Bp., *Consp.* I, p. 397; Tweed., *Ibis*, 1877, p. 304; *scapularis*, auct. plur. (nec Horsf.) — Sumatra, Bornéo, Palawan.
  1006. *Var.* SCAPULARIS (Horsf.), *Tr. Linn. Soc.* XIII, p. 152; id., *Zool. Research. in Java*, pl. 45. — Java.
4842. NIGROLUTEA (Marsh.), *Str. Feath.*, 1876, p. 410; Sharpe, *Cat.* VI, p. 12. — Inde W.
4843. PHILIPI, Oust., *N. Arch. Mus.*, 1885, p. 285-86. — Annam.

880. AËTHORHYNCHUS

Aëthorhynchus, Sundev. (1872); *Phœnicomanes*, Sharpe (1874); *Iora*, auct. plur.

4844. LAFRESNAYI (Hartl.), *Rev. Zool.*, 1844, p. 401; id., *Mag. de Zool.*, pl. 60; *innotata*, Blyth; *Ph. iora*, Sharpe, *P. Z. S.*, 1874, p. 427, pl. 54. — Aracan, Ténassérim, Malacca.
4845. XANTHOTIS, Sharpe, *Cat. B.* VI, p. 15. — Siam, Cambodje.

881. MACRONUS

Macronus, Jard. et Selby (1835).

4846. PTILOSUS, J. et S., *Ill. Orn.*, pl. 150; *trichorrhos*, Tem., *Pl. col.* 594, f. 1. — Malacca, Sumatra, Bornéo.
4847. MINDANENSIS, Steere, *List Philipp. B.*, p. 17. — Samar, Leite, Panaon, Dinagat, Mindanao.
4848. STRIATICEPS, Sharpe, *Tr. Linn. Soc.*, new ser., *Zool.* I, p. 331; id., *Cat. B.* VII, p. 584. — Basilan (Philippines).
4849. KETTLEWELLI, Guillem., *P. Z. S.*, 1885, p. 262, pl. 18, f. 2. — Iles Soulou.

882. MALIA

Malia, Schleg. (1880).

4850. GRATA, Schl., *Notes Leyd. Mus.* II, p. 165; Sharpe, *Cat. B.* VII, p. 587. — Célèbes S.

1007. *Var.* RECONDITA, Mey. et Wg., *Abh. Mus. Dresd.*, 1894-95, n° 4, p. 1; id., *B. Célèbes*, p. 500, pl. 33; *grata* (pt.), Hart. — Célèbes N.

883. BRACHYPTERYX

Brachypteryx, Horsf. (1820); *Goldana*, Gray (1840); *Drymochares*, Gould (1868).

4851. MONTANA, Horsf., *Tr. Linn. Soc.* XIII, p. 157; id., *Zool. Res. in Java*, pl. — Java.

4852. SALACCENSIS, Vorderm., *Bijdr. tot de Ken. der Avifauna, berg Salak*, p. 33. — Java W.

4853. CRURALIS, Hodgs., *Icon. ined. in Br. M.*, *App.*, pl. 73; Sharpe, *Cat. B.* VII, p. 26; *homochroa*, Hodgs., *Icon. ined.*, *Passeres*, pl. 82; *rufifrons*, Jerd. et Bl.; *aurifrons*, Jerd. (err.); *hyperythra*, G.-Aust. — Himalaya E., Birmanie, Ténassérim.

4854. SINENSIS, Rickett, *Ibis*, 1897, p. 451. — Fokien N.-W. (Chine).

4855. ERYTHROGINA, Sharpe, *Ibis*, 1888, p. 389, pl. 10. — Kina Balu (Bornéo N.)

4856. POLIOGYNA, Grant, *Ibis*, 1895, pp. 446, 483, pl. 12, f. 1. — Luçon N.

1008. *Var.* BRUNNEICEPS, Grant, *Ibis*, 1896, p. 547. — Ile Négros (Philipp.)

4857. SATURATA, Salvad., *Ann. Mus. Civ. Genov.*, 1879, p. 225; Sharpe, *Cat. B.* VII, p. 27. — Sumatra.

4857bis. FLAVIVENTRIS, Salvad., *Ann. Mus. Civ. Gen.*, 1879, p. 226. — Sumatra.

4858. LEUCOPHRYS (Tem.), *Pl. col.* 448, f. 1; Sharpe, *l. c.*, p. 28. — Java, Lombok.

4859. HYPERYTHRA, Jerd. et Bl., *P. Z. S.*, 1861, p. 201; Hume, *Str. F.*, 1877, p. 499. — Himalaya E.

4860 NIPALENSIS, Moore, *P. Z. S.*, 1854, p. 74; Oates, *B. Br. Burma*, p. 19. — Du Népaul à la Birmanie et Ténassér.

4861. CAROLINÆ, La Touche, *Ibis*, 1899, pp. 123, 198. — Fokien N.-W. (Chine).

4862. STELLATA, Gould, *P. Z. S.*, 1868, p. 218; id., *B. Asia*, pl.; Sharpe, *l. c.*, p. 30. — Sikkim.

SUBF. II. — LIOTRICHINÆ

884. CYANODERMA

Cyanoderma, Salvad. (1874); *Stachyridopsis*, Sharpe (1883); *Stachyris* (pt.), auct. plur.

4863. ERYTHROPTERUM (Blyth), *J. A. S. Beng.* XI, p. 794; Sharpe, *P. Z. S.*, 1875, p. 105; *pyrrhophæa*, Hartl., *R. Z.*, 1844, p. 402; *acutirostris*, Eyt.; *pyrrhoptera*, Bp., *Consp.* I, p. 217. — Ténassérim S., Malacca, Sumatra.

4864. ERYTHRONOTUM (Rchw.), *Journ. f. Orn.*, 1895, p. 356; *Alcippe pyrrhoptera*, Vorderm.; *erythroptera*, auct. plur. — Java.

4865. BICOLOR (Blyth), *Ibis*, 1865, p. 46; Sharpe, *P. Z. S.*, 1875, p. 105; *erythropterum*, Salvad., *Ucc. Born.*, p. 213 (nec Blyth). — Bornéo.

4866. RUFICEPS (Blyth), *J. A. S. Beng.* XVI, p. 452; Sharpe, *Cat. B.* VII, p. 598; *præcognitus*, Swinh., *Ibis*, 1866, p. 310; Gould, *B. Asia*, pl. — Himal. E., du Népaul aux Monts Kassia, Chine S., Formose.

4867. RUFIFRONS (Hume), *Str. F.*, 1873, p. 479; Sharpe, *l. c.*, p. 599. — Indo-Chine W., au N. jusqu'au Boutan.

4868. POLIOGASTER (Hume), *Str. F.*, 1880, p. 116; Sharpe, *l. c.*, p. 599. — Malacca.

4869. MELANOTHORAX (Tem.), *Pl. col.* 185, f. 2; Sharpe, *Not. Leyd. Mus.* VI, p. 176; Cab., *Mus. Hein.* I, p. 77; *poliopsis*, Bp. — Java.

4870. PYRRHOPS (Hodgs.), *Icon. ined. Passeres*, pl. 78, f. 4; Sharpe, *Cat.*, p. 600. — Himalaya.

4871. CHRYSÆA (Hodgs.), *Icon. ined.*, *App.*, pl. 88; Sharpe, *l. c.*, p. 601. — Himalaya jusqu'à l'Arakan.

1009. *Var.* ASSIMILIS (Wald.), in *Blyth's B. Burm.*, p. 116. — Birmanie, Ténassérim.

1010. *Var.* BOCAGEI, Salvad., *Ann. Mus. Civ. Genov.*, 1879, p. 223; *assimilis* (pt.), Sharpe, *l. c.*, p. 602. — Sumatra.

885. OLIGURA

Tesia (pt.), Hodgs. (1837); *Oligura*, Hodgs. (1845); *Microcercus*, Fitz. (1863).

4872. CASTANEOCORONATA (Burton), *P. Z. S.*, 1835, p. 152; Gray, *Gen. B.*, pl. 47, f. 1; *flaviventer*, Hodgs., *Icon. ined. Passeres*, pl. 48, f. 1, et *App.*, pl. 28. — Himalaya E. jusqu'au N.-E. du Bengale.

4873. CYANIVENTRIS (Hodgs.), *J. A. S. Beng.* VI, p. 101; id., *Icon. ined.*, pl. 48, f. 3; Gould, *B. Asia*, pl.; *auriceps*, Hodgs., *Icon. ined.*, *App.*, pl. 29. — Himalaya E. jusqu'au Bengale.

4874. SUPERCILIARIS (Müll.), MS.; Bp., *Consp.* I, p. 258; Sharpe, *l. c.*, p. 605; *leptura*, Kuhl. — Java.

886. MINLA

Minla, Hodgs. (1838); *Schœniparus*, Hume (1874); *Sittiparus*, Oat. (1889).

4875. IGNOTINCTA, Hodgs., *Ind. Review*, 1838, p. 33; id., *Icon. ined. Passeres*, pl. 68, f. 2. — Himalaya E. jusqu'au Bengale N.-E.

4876. JERDONI, J. Verr., *Nouv. Arch. Mus.* VI, *Bull.*, p. 38, VIII, pl. 2, f. 2; Dav. et Oust., *Ois. Chine*, p. 224, pl. 68. — Setchuen W. (Chine).

4877. CASTANEICEPS, Hodgs., *Ind. Rev.*, 1838, p. 33; Jerd., *B. Ind.* II, p. 255. — Himalaya E.

1011. *Var.* BRUNNEICAUDA, Sharpe, *Cat. B.* VII, p. 609; *castaneiceps* (pt.), auct. plur. — Monts Kassia.

4878. SOROR, Sharpe, *P. Z. S.*, 1887, p. 439, pl. 38, f. 1. — Pérak (Malacca).

4879. CINEREA, Blyth, *J. A. S. Beng.* XVI, p. 449; Sharpe, *l. c.*, p. 609. — Himalaya E. jusqu'au Bengale.

4880. RUFIGULARIS, Mand., *Str. F.*, 1873, p. 416; *collaris*, Wald., *Ann. and Mag. N. H.*, 1874, p. 156. — Boutan et Bengale N.-E.

4881. MANDELLII, Godw.-Aust., *Ann. and Mag. N. H.*, 1876, p. 33; Sharpe, *l. c.*, p. 610. — Bengale N.-E.

4882. DUBIA (Hume); *Proparus dubius*, Hume, *Pr. A. S. Beng.* XLIII, 2, p. 107; id., *Str. F.*, 1877, p. 113. — Ténassérim.

887. IXULUS

Ixulus, Hodgs. (1845).

4883. FLAVICOLLIS (Hodgs.), *Asiat. Research.* XIX, p. 167; id., *Icon. ined. Passeres*, pl^s 68, f. 3 et 69; Gould, *B. Asia*, pl. — Himalaya, de Simla au Boutan.

4884. OCCIPITALIS (Blyth), *J. A. S. Beng.* XIII, p. 937, XIV, p. 552; Gould, *B. Asia*, pl. — Himalaya E. jusqu'au N.-E. du Bengale.

4885. ROUXI, Oust., *Bull. Mus. Paris*, 1896, p. 186. — Yun-nan.

4886. HUMILIS, Hume, *Str. F.*, 1877, p. 106; *Ibis*, 1894, pl. 13, f. 2. — Ténassérim.

1012. *Var.* KLARKI, Oates, *Ibis*, 1894, pp. 433, 481, pl. 13, f. 1. — Byingyi (Birmanie).

888. STAPHIDIA

Staphida, Swinh. (1871); *Staphidia*, Sharpe (1883).

4887. TORQUEOLA (Swinh.), *Ann. and Mag. N. H.*, 1870, p. 174; id., in *Gould's B. Asia*, pt. XXIII, pl.; Dav. et Oust., *Ois. Chine*, p. 223. — Fokien W.

4888. CASTANEICEPS (Moore), *P. Z. S.*, 1854, p. 141; Gould, *l. c.*, pl. — Bengale N.-E.

4889. EVERETTI, Sharpe, *Ibis*, 1887, p. 447. — Kina Balu (Bornéo N.)

4890. RUFIGENIS (Hume), *Str. F.*, 1877, p. 106; *plumbeiceps*, Godw.-Aust., *Ann. and Mag. N. H.*, 1877, p. 519; *striatus*, Jerd. (nec Blyth.) — Himalaya E. jusqu'au N.-E. du Bengale.

4891. STRIATA (Blyth), *J. A. S. Beng.* XXVIII, p. 413; Bl. et Wald., *B. Burm.*, p. 110; *Pycn. nanus*, Tick. — Ténassérim.

889. ALCIPPE

Alcippe, Blyth (1844); *Proparus*, Hodgs. (1844); *Schœniparus*, Hume (1874), *Lioparus* et *Rhopocichla*, Oates (1889).

4892. VINIPECTUS (Hodgs.), *Ind. Rev.*, 1839, p. 89; Sharpe, *Cat. B.* VII, p 619. — Himal., Bengale N.-E.

4893. AUSTENI (Grant). *Ibis*, 1896, pp. 61, 132. — Naga et Manipour.

4894. NIPALENSIS (Hodgs.), *Ind. Rev.*, p. 89; Blyth, *J. A. S. Beng.* XVI, pp. 448, 462. — Himalaya E., Bengale.

1013. *Var.* DAVIDI, Styan, *Ibis*, 1896, p. 310; *cinerea*, Dav., *N. Arch. Mus.*, 1871, *Bull.*, p. 14 (nec Blyth); *nipalensis*, Dav. et Oust., *Ois. Chine*, p. 218 (nec Hodgs.) — Chine W.

1014. *Var.* HUETI, David, *Ann. Sc. Nat.*, 1874, art. 9, p. 4; Dav. et Oust. (pl.), *Ois. Chine*, p. 218. — Fokien (Chine).

4895. BIETI, Oust., *Ann. Sc. Nat.*, 1891, pp. 283, 304, pl. 9, f. 2. — Setchuan (Chine).

4896. MORRISONIA, Swinh., *Ibis*, 1863, p. 296; *morrisoniana*, Sharpe, *Cat. B.* VII, p. 621. — Ile Formose.

4897. POIOCEPHALA (Jerd.), *Madr. Journ.*, 1844, p. 169; id., *B. Ind.* II, p. 18; *poliocephalus*, Gr.; *phæocephala*, Sharpe, *l. c.*, p. 622. — Inde S.

4898. CINEREA, Blyth, *J. A. S. Beng.* XIII, p. 384; Sharpe, *l. c.*; *phaionota*, Kuhl. — Malacca, Bornéo.

4899. PERACENSIS, Sharpe, *P. Z. S.*, 1887, p. 439. — Pérak (Malacca).

4900. PHAYRII, Blyth, *J. A. S. Beng.* XIV, p. 601; Anders., *Zool. Exp. Yunnam*, p. 655, pl. 48; *magnirostris*, Wald.; *fusca*, Godw.-Aust. — Bengale N.-E., Indo-Chine W.

4901. PYRRHOPTERA (Bp.), *Consp.* I, p. 358; Sharpe, *Notes Leyd. Mus.* VI, p. 178. — Java.

4902. BRUNNEA, Gould, *P. Z. S.*, 1862, p. 280; id., *B. Asia*, pl.; *Ixulus superciliaris*, David. — Formose, Kiangsi et Fokien (Chine).

4903. OLIVACEA, Styan, *Ibis*, 1896, p. 312. — Ichang (Chine).

4904. ATRICEPS (Jerd., *Madr. Journ.*, 1839, p. 250. — Inde S.

4905. NIGRIFRONS, Blyth, *J. A. S. Beng.* XVIII, p. 815; Legge, *B. Ceyl.*, p. 507, pl. 27, ff. 2, 3. — Ceylan.

4906. BOURDILLONI, Hume, *Str. F.*, 1876, p. 485; Sharpe, *l. c.*, p. 627. — Travancore.

4907. CHRYSÆA (Hodgs.), in *Gr. Zool. Misc.*, p. 84; *chrysotis*, Hodgs., *Icon. ined.*, *App.*, pl. 122. — Himalaya E.

4908. GENESTIERI, Oust., *Bull. Mus. Paris*, 1897, p. 210. — Chine W.

4908bis. VARIEGATUS (Styan), *Ibis*, 1899, p. 299, pl. 4, f. 2. — Chine W.

4909. SWINHOEI (J. Verr.), *Nouv. Arch. Mus.* VI (1871), *Bull.*, p. 38, VIII, pl. 2, f. 2; Dav. et Oust., *Ois. Chine*, p. 287, pl. 35; Sharpe, *l. c.*, p. 628. — Moupin, Setchuan, Kokonoor, Tsinling (Chine W.)

4910. KILIMENSIS, Shell., *P. Z. S.*, 1889, p. 364. — Kilima Ndjaro (Afr. E.)

890. FULVETTA

Fulvetta, Dav. et Oust. (1877); *Siva* et *Proparus* (pt.), auct. plur.

4911. CINEREICEPS (J. Verr.), *N. Arch. Mus.* VI (1870), *Bull.*, p. 37, VIII, pl. 5, f. 3; Dav. et Oust., *Ois. Chine,* p. 220, pl. 73. — Setchuan W., Chensi S. (Chine).

4911bis. FUCATA (Styan), *Ibis,* 1899, p. 295, pl. 4, f. 1. — Chine W.

4912. RUFICAPILLA (J. Verr.), *N. Arch. Mus.* VI, p. 37, VIII, pl. 5, f. 2; Dav. et Oust., *Ois. Chine,* p. 221, pl. 72. — Setchuan W., Chensi S.

4913. STRIATICOLLIS (J. Verr.), *l. c.*, p. 38; Dav. et Oust., *l. c.*, p. 222, pl. 71. — Moupin (Chine).

4914. GUTTATICOLLIS (La Touche), *Ibis,* 1897, p. 452. — Fokien N.-W. (Chine).

891. MOUPINIA

Moupinia, Dav. et Oust. (1877); *Alcippe* (pt.), Verr.

4915. POECILOTIS (J. Verr.), *N. Arch. Mus., Bull.* VI, 1870, p. 35; id., VIII, pl. 2, f. 4; Dav. et Oust., *Ois. Chine,* p. 219. — Moupin (Chine W.)

892. DENDROBIASTES

Dendrobiastes, Sharpe (1876).

4916. BASILANICA, Sharpe, *Tr. Linn. Soc.,* new ser., *Zool.* I, p. 332, pl. 53, f. 1. — Basilan (Philippines).

893. YUHINA

Yuhina, Hodgs. (1836); *Polyodon,* Hodgs. (1841, nec Lafr.); *Odonterus,* Cab. (1850).

4917. GULARIS, Hodgs., *Asiat. Research.* XIX, p. 166; id., *Icon. ined., Passeres,* pl. 68, f. 1; Sharpe, *Cat. B.* VII, p. 631. — Himal. E., du Népaul au Boutan, Aracan et Moupin.

4918. DIADEMATA, J. Verr., *N. Arch. Mus.* V, *Bull.*, p. 35, VIII, pl. 3; Dav. et Oust., *Ois. Chine,* p. 138, pl. 69. — Chine W.

4919. OCCIPITALIS, Hodgs., *Asiat. Research.* XIX, p. 167; id., *Icon. ined., Passeres,* pl. 68, f. 7. — Himalaya E., du Népaul au Boutan.

4920. NIGRIMENTUM, Hodgs., *Icon. ined., Passeres,* pl. 66, ff. 1, 2; Jerd., *B. Ind.* II, 262. — Himalaya, à l'E. jusqu'aux Monts Naga.

1015. *Var.* PALLIDA, La Touche, *Ibis,* 1897, pp. 452, 603; *nigrimentum,* Dav. et Oust., *Ois. Chine,* p. 139, pl. 70 (nec Hodgs.) — Setchuan, Moupin, Fokien (Chine).

894. MYZORNIS

Myzornis, Hodgs. (1843).

4921. PYRRHURA *(pyrrhoura),* Hodgs., *J. A. S. Beng.* XII, p. 984; id., *Icon. ined., Passeres,* pl. 67, ff. 1, 2; Gray, *Gen. B.,* pl. 53. — Himalaya E.

895. HERPORNIS

Erpornis, Hodgs. (1844), *Herpornis,* Agass. (1846).

4922. XANTHOLEUCA, Hodgs., *Icon. ined., Passeres,* pl. 177, ff. 1, 2; id., *J. A. S. Beng.,* 1844, p. 380; *xanthochlora,* Hodgs.; Hume et Oat., *Str. Feath.,* 1875, p. 142. — Himalaya E., Bengale, Indo-Chine W., Malacca.

1016. *Var.* BRUNNESCENS, Sharpe, *Ibis,* 1876, p. 41. — Bornéo.

1017. *Var.* TYRANNULA, Swinh., *Ibis,* 1870, p. 347, pl. 10; *xantholeuca,* Swinh., *Ibis,* 1863, p. 208. — Formose, Haïnan.

896. SIVA

Siva, Hodgs. (1838); *Hemiparus,* Hodgs. (1841); *Ioropus,* Hodgs. (1844).

4923. STRIGULA, Hodgs., *Ind. Rev.,* 1838, p. 89; id., *Icon., Passeres,* pl. 68, f. 5; *feliciæ,* Less., *Rev. Zool.,* 1840, p. 164. — Himalaya E.

1018. *Var.* CASTANEICAUDA, Hume, *Str. Feath.,* 1877, p. 100; *strigula,* auct. plur. — Du Boutan au Ténassérim.

4924. CYANUROPTERA *(cyanouroptera),* Hodgs., *Ind. Rev.,* 1838, p. 88; id., *Icon. ined., App.,* pl. 124; *lepida,* Mc Clel. — Himalaya jusqu'à l'Assam.

1019. *Var.* SORDIDA, Hume, *Str. F.,* 1877, p. 104; *cyanouroptera,* Blyth et Wald., *B. Burm.,* p. 110. — Karen-nee, Ténassérim.

1020. *Var.* WINGATEI, Grant, *Ibis,* 1900, p. 372. — Yun-nan E.

897. LIOCICHLA

Liocichla, Swinh. (1877).

4925. STEERII, Swinh., *Ibis,* 1877, p. 474, pl. 14; Sharpe, *Cat.,* p. 641. — Formose.

898. LIOTHRIX

Leiothrix, Sw. (1831); *Furcuria,* Less. (1831); *Bahila, Mesia,* Hodgs. (1838); *Calipyga, Philocalix,* Hodgs. (1841); *Fringilloparus,* Hodgs. (1844); *Liothrix,* Sund. (1872).

4926. LUTEA (Scop.); Dav. et Oust., *Ois. Chine,* p. 214, — Chine S.

pl. 67; *sinensis*, Gm.; *furcatus*, Tem., *Pl. col.* 287, f. 1.

1021. *Var.* CALIPYGA (Hodgs.), *Ind. Rev.*, 1838, p. 88; id., *Icon. ined.*, *App.*, pl. 117; Seeb., *P. Z. S.*, 1890, p. 343; ?*malabaricus*, Less.; *furcatus*, Hodgs. — Himalaya, Bengale.

4927. ARGENTAURIS, Hodgs., *Ind. Rev.*, 1838, p. 88; id., *Icon. ined.*, *Pass.*, pl. 68, f. 4; Gould, *B. Asia*, pl. — Himalaya E., Bengale, Birmanie, Ténass.

4928. LAURINÆ (Salvad.), *Ann. Mus. Civ. Genov.*, 1879, p. 231; Sharpe, *Cat.* VII, p. 643. — Sumatra.

899. CUTIA

Cutia, Hodgs. (1830); *Heterornis*, Hodgs. (1841).

4929. NIPALENSIS, Hodgs., *J. A. S. Beng.* V, p. 774; id., *Icon. ined.*, *Passeres*, pl. 236; Gould, *B. Asia*, pl. — Himal. jusqu'au Boutan et Karen-nee.

SUBF. III. — BRADYPTERINÆ

900. DROMÆOCERCUS

Dromæocercus, Sharpe (1877).

4930. BRUNNEUS, Sharpe, *P. Z. S.*, 1877, p. 22, pl. 2, f. 2; id., *Cat.* VII, p. 99; M.-Edw. et Grand., *H. N. Madag. Ois.*, p. 333, pl. 128ᵃ, f. 2. — Madagascar.

4931. SEEBOHMI, Sharpe, *P. Z. S.*, 1879, p. 177; M.-Edw. et Grand., *H. N. Madag.*, p. 334, pl. 131ᵃ. — Madagascar.

901. STIPITURUS

Stipiturus, Less. (1831).

4932. MALACHURUS (Shaw), *Tr. Linn. Soc.* IV, p. 242, pl. 21; Less., *Traité*, p. 415; Gould, *B. Austr.* III, pl. 31; *palustris*, Vieill. — Australie S. et E., Tasmanie.

4933. RUFICEPS, Campb., *Victorian Natural.* XV, p. 116; *Ibis*, 1899, p. 399, pl. 7. — Cap N.-W. (Austr.)

902. PSAMATHIA

Psamathia, Hartl. et Finsch (1868).

4934. ANNÆ, Hartl. et Finsch, *P. Z. S.*, 1868, pp. 5, 118, pl. 2; Sharpe, *Cat.* VII, p. 101. — Iles Pelew.

903. BEBRORNIS

Bebrornis, Sharpe (1883).

4935. RODERICANUS (E. Newt.), *P. Z. S.*, 1865, p. 47, pl. 1, f. 3; Sharpe, *Cat.* VII, p. 102. — Ile Rodriguez.

4936. SEYCHELLENSIS (Oust.), *Bull. Soc. Philom. Paris*, 1877, p. 102; Sharpe, *l. c.*, p. 103. — Iles Seychelles.

904. SPHENURA

Sphenura, Licht. (1823); *Dasyornis*, Vig. et Horsf. (1826).

4937. BRACHYPTERA (Lath.); Licht, *Verz. Doubl.*, p. 40; *pectoralis*, Steph.; *australis*, Vig. et Horsf.; Gould, *B. Austr.* III, pl. 32. — Nouv.-Galles du Sud (Austr.)

4938. LONGIROSTRIS (Gould), *P. Z. S.*, 1840, p. 170; id., *B. Austr.* III, pl. 33; Gray, *Gen. B.* I, p. 167. — Australie W.

4939. BROADBENTI, Mc Coy, *Ann. and Mag. N. H.*, 1867, p. 185; Gould, *B. Austr., Suppl.*, pl. 25. — Australie mérid. centr.

905. AMYTIS

Amytis, Less. (1831).

4940. TEXTILIS (Quoy et Gaim.), *Voy. de l'Uran.*, p. 107, pl. 23, f. 1; Less., *Tr. d'Orn.*, p. 454, pl. 67, f. 2; Gould, *B. Austr.* III, pl. 28. — Australie S. et E.

4941. STRIATUS, Gould, *P. Z. S.*, 1839, p. 143; id., *B. Austr.* III, pl. 29. — Australie S., Victoria.

4942. MACROURUS, Gould, *P. Z. S.*, 1847, p. 2; id., *B. Austr.* III, pl. 30. — Australie W. centr.

4943. GOYDERI, Gould, *Ann. and Mag. N. H.* XVI (1875), p. 286. — Australie S. centr.

906. SCHOENICOLA

Schœnicola, Blyth (1844, nec Bp., 1850); *Catriscus*, Cab. (1850).

4944. PLATYURA (Jerd.), *Madr. Journ.*, 1844, p. 170; Blyth, *J. A. S. Beng.*, 1844, p. 374; Sharpe, *Cat.* VII, p. 110. — Inde S. jusqu'au 16° l. N., Ceylan.

4945. APICALIS (Cab.), *Mus. Hein.* I, p. 43; Heugl., *Orn. N.-O. Afr.*, p. 273, pl. 9; *brevirostris*, Sundev.; *alexinæ*, Heugl., *Journ. f. Orn.*, 1863, p. 166. — Afrique N.-E., Natal.

907. PHLEXIS

Phlexis, Hartl. (1866).

4946. VICTORINI (Sundev.), in *Grill*, *Zool. Anteckn.*, p. 30; *layardi*, Hartl., *Ibis*, 1866, p. 139, pl. 6; *mollissima*, Sundev. — Afrique S. (Colonie du Cap).

908. BRADYPTERUS

Bradypterus, Sw. (1837).

4947. RUFOFLAVIDUS, Rchw. et Neum., *Ornith. Monatsb.*, 1895, p. 75. — Kilima Ndjaro (Afr. E.)

4948. CINNAMOMEUS (Rüpp.), *Neue Wirbelt. Vög.*, p. 111, pl. 42, f. 1 ; Heugl., *Ibis*, 1869, p. 83 ; id., *Orn. N.-O. Afr.* I, p. 275. — Afrique N.-E.

4949. NYASSÆ, Shell., *Ibis*, 1893, p. 16. — Nyassaland.

4950. BARRATTI, Sharpe, *Ibis*, 1876, p. 53 ; Barr., *l. c.*, p. 202, pl. 4. — Afrique S.-E.

4951. ALFREDI, Hartl., *Journ. f. Orn.*, 1890, p. 152. — Njangalo (Afr. cent. E.)

4952. SYLVATICUS, Sundev., in *Grill, Zool. Anteckn.*, p. 30 ; Sharpe, *Cat.* VII, p. 115, pl. 4. — Afrique S.

4953. BRACHYPTERUS (Vieill.), *N. Dict.* XI, p. 206 ; Levaill., *Ois. d'Afr.* III, pl. 122 ; Bp., *Consp.* I, p. 280 ; *platyurus*, Sw. ; *sylvaticus*, Hartl. (nec Sundev.) — Afrique S. et S.-W. jusqu'au Benguela.

4954. CASTANEUS, Rchw., *Orn. Monatsb.*, 1900, p. 6. — Caméron N.-W.

909. EURYPTILA

Euryptila, Sharpe (1883).

4955. SUBCINNAMOMEA (Smith), *Ill. Zool. S. Afr., Aves*, pl. 111, f. 1 ; Sharpe, *Cat.* VII, p. 116. — Afrique S.

4956. BABÆCULA (Vieill.), *N. Dict.* XI, p. 172 ; Levaill., *Ois. d'Afr.*, pl. 121, f. 1 ; *gracilirostris*, Hartl., *Ibis*, 1864, p. 348 ; Seeb., *Cat.* V, p. 122 ; *rufescens*, Sharpe et Bouv. — Afrique S., du Congo au Cap.

910. RHOPOPHILUS

Rhopophilus, Gig. et Salvad. (1871).

4957. PEKINENSIS (Swinh.), *Ibis*, 1868, p. 62 ; Gig. et Salvad., *Ibis*, 1870, p. 187 ; Dav. et Oust., *Ois. Chine*, p. 260, pl. 19. — Mongolie, Chine N., Chensi.

4958. ALBOSUPERCILIARIS (Hume et Hend.), *Lahore to Yark*, p. 218, pl. 18 ; *pekinensis var. major*, Przev. ; *deserti*, Przev., *Reise in Tibet*, p. 92. — Turkestan, Tibet.

911. LATICILLA

Eurycercus, Blyth (1844, nec Baird, 1843) ; *Laticilla*, Blyth (1845).

4959. BURNESI, Blyth, *J. A. S. Beng.* XIII, p. 374, XIV, p. 596 ; Sharpe, *Cat.* VII, p. 119. — Vallée du Gange.

4960. CINERASCENS (Wald.), *Ann. and Mag. N. H.*, 1874, p. 156 ; Hume, *Str. Feath.*, 1879, p. 97. — Bengale.

912. ELLISIA

Ellisia, Hartl. (1860).

4961. TYPICA, Hartl., *Journ. f. Orn.*, 1860, p. 92; Newt., *Ibis*, 1863, p. 343, pl. 13; *morellii*, Gray; *E. madagascariensis typica*, M.-Edw. et Grand., *H. N. Madag. Ois.*, p. 329, pls 127, 128a, 129. — Madagascar E.

1022. *Var.* ELLISIA (Schl.), *P. Z. S.*, 1866, p. 421; *filicum*, Hartl., *Vög. Madag.*, p. 115; M.-Edw. et Grand., *l. c.*, p. 330, pl. 27. — Madagascar N.-W.

1023. *Var.* LANTZI, Grand., *Rev. et Mag. de Zool.*, 1867, pp. 86, 256, 358; M.-Edw. et Grand., *l. c.*, p. 330, pl. 128. — Madagascar S. et W.

4962. LONGICAUDATA, E. Newt., *P. Z. S.*, 1877, p. 299. — Anjuan (Comores).

913. MEGALURUS

Megalurus, Horsf. (1820); *Poodytes*, Cab. (1850).

4963. PALUSTRIS, Horsf., *Tr. Linn. Soc.* XIII, p. 159; *marginalis*, Tem., *Pl. col.* 65, f. 2; *citrinus*, Gray, *Gen. B.*, pl. 48. — Bengale, Inde centr., Indo-Ch. W., Java, Philippines.

4964. PRYERI, Seeb., *Ibis*, 1884, p. 40. — Japon.

4965. GRAMINEUS (Gould), *P. Z. S.*, 1845, p. 19; id., *B. Austr.* III, pl. 36. — Australie, sauf le N.

4966. RUFICEPS, Tweed., *Ann. and Mag. N. H.*, 1877, p. 95; id., *P. Z. S.*, 1877, pp. 687, 695, pl. 72. — Philippines.

4967. MACRURUS, Salvad., *Ann. Mus. Civ. Genov.*, 1876, p. 35, 1880, p. 189; *interscapularis*, Scl., *P. Z. S.*, 1880, p. 85, pl. 6. — Nouv.-Guinée S.-E., Nouv.-Bretagne.

4968. AMBOINENSIS, Salvad., *Ann. Mus. Civ. Genov.*, 1875, p. 988, 1880, p. 189. — Amboine.

4969. GALACTOTES (Tem.), *Pl. col.* 65, f. 1; Gould, *B. Austr.* III, pl. 35. — Australie E. et N.

4970. TIMORIENSIS, Wall., *P. Z. S.*, 1863, p. 489. — Timor.

4971. PUNCTATUS, De Vis, *Ibis*, 1897, p. 383. — Nouv.-Guinée angl.

4972. ALBOLIMBATUS (D'Alb. et Salvad.), *Ann. Mus. Civ. Gen.*, 1879, p. 87, 1880, p. 189. — Nouv.-Guinée S.-E.

914. RHABDOCHLAMYS

Rhabdochlamys, Oust. (1897).

4973. DEJEANI, Oust., *Bull. Mus. Paris*, 1897, p. 208. — Chine W.

915. CHÆTORNIS

Chætornis, Gray (1848).

4974. LOCUSTELLOIDES (Blyth), *J. A. S. Beng.* XI, p. 602; *collurioceps*, Blyth, *l. c.*, p. 603; Sharpe, *Cat. B.* VII, p. 130; *striatus*, Jerd.; Gray, *Gen. B.* I, p. 167, pl. 48, f. 9. — Inde.

916. CALAMOCICHLA

Calamocichla, Sharpe (1883); *Calamoherpe* et *Calamodyta*, auct. plur.

4975. NEWTONI (Hartl.), *P. Z. S.*, 1863, p. 165; Schl. et Pol., *Faun. Madag. Ois.*, p. 90, pl. 28. — Madagascar.
4976. BREVIPENNIS (Keulem.), *Nederl. Tijdschr. Dierk.* III, p. 368; Sharpe, *Cat. B.* VII, p. 132. — Ile St-Nicolas (îles du Cap Vert).
4977. LEPTORHYNCHUS (Fisch. et Rchw.), *Orn. Centralbl.*, 1879, p. 105; id., *Journ. f. Orn.*, 1891, p. 219; Sharpe, *Ibis*, 1892, p. 154. — Afrique E.
4978. PLEBEJA, Rchw., *Ornith. Monatsb.*, 1893, p. 178. — Caméron.

917. CALAMONASTES

Calamonastes, Sharpe (1883).

4979. FASCIOLATUS (Smith), *Ill. Zool. S. Afr.*, *Aves*, pl. 111, f. 2; Sh., *Cat.* VII, p. 133; *fasciiventris*, Sundev. — Afrique S., Damara.
4980. UNDOSUS (Rchw.), *Journ. f. Orn.*, 1882, p. 211; Sharpe, *Cat.* VII, p. 134. — Afrique centr. et E.
4981. CINEREUS, Rchw., *Journ. f. Orn.*, 1887, pp. 215, 306. — Congo.
4982. SIMPLEX (Cab.), *Journ. f. Orn.*, 1878, pp. 205, 221; Rchw., *Vög. Deut.-O.-Afr.*, p. 225; *fischeri*, Rchw. — Afrique E.

918. ORIGMA

Origma, Gould (1837).

4983. RUBRICATA (Lath.); Gould, *P. Z. S.*, 1837, p. 148; id., *B. Austr.* III, pl. 69; *solitaria*, Vig. et Horsf. — Nouv.-Galles du S., Australie E.

SUBF. V. — EREMOMELINÆ

919. APALIS

Apalis, Sw. (1833); *Euprinodes*, Cass. (1859); *Drymoterpe*, Heine (1860).

4984. THORACICA (Shaw et Nod.); Levaill., *Ois. d'Afr.* III, p. 96, pl. 123; Sw., *Zool. Ill.*, ser. 2, III, pl. 119; *gutturalis*, Boie. — Afrique S. jusqu'au Transvaal.
1024. *Var.* FLAVIGULARIS, Shell., *Ibis*, 1893, p. 16. — Nyassaland.

4985. PULCHRA, Sharpe, *Ibis*, 1891, p. 119; 1892, p. 155, pl. 4, f. 1. — Elgon (Afrique E.)

4986. CHARIESSA, Rchw., *Orn. Centralbl.*, 1879, p. 114; Fisch. et Rchw., *Journ. f. Orn.*, 1879, p. 354. — Mitole (Afrique E.)

4987. JACKSONI, Sharpe, *Ibis*, 1891, p. 119, 1892, p. 156, pl. 4, f. 2. — Mont Elgon (Afr. E.)

1025. *Var.* MYSTACALIS, Rchw., *Journ. f. Orn.*, 1892, p. 133, pl. 1, f. 2. — Victoria Nyanza.

4988. RUFIGULARIS (Fras.), *P. Z. S.*, 1843, p. 17; id., *Zool. Typ.*, pl. 42, f. 1; Sharpe, *Cat. B.* VII, p. 141. — Gabon, Fernando Po (Afrique W.)

4989. PORPHYROLÆMA, Rchw. et Neum., *Orn. Monatsb.*, 1895, p. 75. — Mau (Afrique centr. E.)

4990. SHARPEI, Shell., *Ibis*, 1884, p. 45. — Côte-d'Or.

4991. SCHISTACEA (Cass.), *Pr. Philad. Acad.*, 1859, p. 38; Sharpe, *Cat.*, p. 142. — Gabon.

4992. HILDEGARDÆ (Sharpe), *Ibis*, 1900, p. 363. — Massaïland.

4993. CINEREA (Sharpe), *Ibis*, 1891, p. 120, 1892, p. 155. — Elgon (Afrique E.)

4994. OLIVACEA (Strickl.), *P. Z. S.*, 1844, p. 99; Sharpe, *Cat.*, p. 142. — Gabon, Fernando Po.

4995. GRISEICEPS, Rchw. et Neum., *Orn. Monatsb.*, 1895, p. 75. — Kilima Ndjaro.

4996. NIGRICEPS (Shell.), *Ibis*, 1873, p. 139; Sharpe, *Cat.*, p. 165. — Aguapim (Afrique W.)

4997. CERVICALIS, Rchw., *Orn. Monatsb.*, 1895, p. 113; id., *Journ. f. Orn.*, 1896, pl. 5, f. 1. — Caméron.

920. EMINIA

Eminia, Drymocichla, Hartl. (1880).

4998. LEPIDA, Hartl., *P. Z. S.*, 1880, p. 625, pl. 60, f. 1. — Afrique centr. trop.

4999. INCANA (Hartl.), *P. Z. S.*, 1880, p. 626, pl. 60, f. 2. — Albert Nyanza (Afr. c.)

5000. CERVINIVENTRIS (Sharpe), *P. Z. S.*, 1877, p. 22; id., *Cat. B.* VII, p. 139, pl. 3. — Côte-d'Or.

921. CHLORODYTA

Chlorodyta, Sundev. (1872); *Apalis* (pt.), auct. plur.

5001. FLAVIDA (Strickl.), *Contr. Orn.*, 1852, p. 148; Sharpe, *l. c.*, p. 142. — Afrique S.-W.

1026. *Var.* NEGLECTA, Alex., *Ibis*, 1900, p. 76. — Afrique S.-E.

5002. GOLZI, Fisch. et Rchw., *J. f. O.*, 1884, p. 182; 1900, p. 307; *flavocincta*, Rchw. (nec Sharpe). — Kilima Ndjaro, Zanzibar.

1027. *Var.* ÆQUATORIALIS, Neum., *J. f. O.*, 1900, p. 307. — Angata anyuk (Afr. E.)

5003. FLAVOCINCTA (Sharpe), *Journ f. Orn.*, 1882, p. 346; Rchw., *Vög. Deut.-O.-Afr.*, p. 224. — Massaïland (Afr. E.)

5004. VIRIDICEPS (Hawk.), *Ibis*, 1898, p. 439, 1899, p. 71, pl. 2, f. 1. — Somaliland.

5005. DAMARENSIS (Wahlb.), *OEfv. k. Vet.-Akad. Förh. Stockh.*, 1855, p. 213; id., *J. f. O.*, 1857, p. 2. Damara (Afr. S.-W.)

5006. ICTEROPYGIALIS (Lafr.), *Rev. Zool.*, 1839, p. 258; *albigularis*, Fin. et Hartl., *Vög. O.-Afr.*, p. 240. Afrique S.

5007. BINOTATA (Rchw.), *Orn. Monatsb.*, 1895, p. 113; id., *Journ. f. Orn.*, 1896, pl. 5, f. 2. Caméron.

922. DRYODROMAS

Dryodromas, Finsch. et Hartl. (1870); *Urohipis*, Heugl. (1873); *Drymoica* (pt.), auct. plur.

5008. FULVICAPILLA (Vieill.), *N. Dict.* XI, p. 217; Levaill., *Ois. d'Afr.* III, p. 98, pl. 124; Finsch. et Hartl., *Vög. Ostafr.*, p. 239; *natalensis*, Hartl., *Ibis*, 1863, p. 326, pl. 8, f. 1. Afrique S. et S.-W.

5009. MELANURA, Cab., *Journ. f. Orn.*, 1882, p. 349. Angola.

5010. RUFIFRONS (Rüpp.), *Neue Wirbelt. Vög.*, p. 110, pl. 41, f. 1; Sharpe, *Cat.* VII, p. 146. Afrique N.-E., du 17° l. N. au Somaliland.

1028. *Var.* SMITHI, Sharpe, *Ibis*, 1895, p. 380. Somaliland.

5011. RUFIDORSALIS, Sharpe, *Ibis*, 1897, p. 450. Tsavo (Afr. E.)

923. PHYLLOLAIS

Phyllolais, Hartl. (1881).

5012. PULCHELLA (Cretzschm.) in *Rüpp. Atlas*, pl. 35ᵃ; Rüpp., *Syst. Uebers.*, p. 56; Hartl., *Abh. nat. Ver. Bremen.*, 1881, p. 190; *sylvetta*, Heugl. Afrique S.-E.

924. EROESSA

Eroessa, Hartl. (1866); *Damia*, Poll., *MS.*, Schl. (1866); *Neomixis*, Sharpe (1881)

5013. TENELLA, Hartl., *P. Z. S.*, 1866, p. 218; Schl. et Poll., *Faune Madag. Ois.*, p. 92, pl. 18, f. 2; M.-Edw. et Grand., *H. N. Madag. Ois.*, p. 321, pl[s] 113, 113[b] et 114; *pusilla*, Poll. Madagascar.

5014. VIRIDIS, Sharpe, *Cat. B.* VII, p. 152. Betsileo (Madagascar).

5015. STRIATIGULA (Sharpe), *P. Z. S.*, 1881, p. 195, pl. 19; *E. tenella, var. major*, M.-Edw. et Grand., *l. c.*, p. 323. Betsileo (Madagascar).

925. SYLVIELLA

Sylvietta, Lafr. (1839); *Oligura*, Rüpp. (1845, nec Hodgs.); *Oligocercus*, Cab. (1853); *Sylviella*, Sund. (1857); *Bæocerca*, Heine (1859).

5016. VIRENS, Cass., *Pr. Philad. Acad.*, 1859, p. 39; Sharpe, *Cat.* VII, p. 156. Du Gabon à Angola.

1029. *Var.* BARAKA, Sharpe, *Ibis*, 1898, p. 146. Uganda, Congo.

5017. STAMPFLII, Büttik., *Notes Leyd. Mus.* VIII, p. 252. — Libéria.

5018. LEUCOPHRYS, Sharpe, *Ibis*, 1891, p. 120. — Elgon (Afrique E.)

5019. FLAVIVENTRIS, Sharpe, *P. Z. S.*, 1877, p. 23, pl. 2, f. 1. — Côte-d'Or.

5020. RUFICAPILLA, Bocage, *Jorn. Sc. Lisb.*, 1877, p. 160; id., *Orn. Angola*, p. 282. — Benguela, Angola.

5021. RUFESCENS (Vieill.); Levaill., *Ois. d'Afr.* III, pl. 135; Sharpe, *Cat.* VII, p. 153; *crombec*, Lafr.; *meridionalis*, Bp.; *micrura* (pt.), auct. plur. (nec Rüpp.) — Afrique S. jusqu'au Zambèze et Angola.

5022. ISABELLINA, Ell., *Field Columb. Mus. Orn.* I, p. 44. — Somaliland.

5023. MINIMA, Grant, *Ibis*, 1900, p. 156, pl. 1, f. 1. — Ile Manda (Afrique E.)

5024. JACKSONI, Sharpe, *Ibis*, 1898, p. 146. — Kamassia (Afrique E.)

5025. WHYTEI, Shell., *Ibis*, 1894, p. 13. — Nyassaland.

1030. *Var.* PALLIDA, Alex., *Ibis*, 1899, p. 445; 1900, p. 75, pl. 1, f. 1. — Zambèze.

1031. *Var.* FISCHERI, Rchw., *Orn. Monatsb.*, 1900, p. 22. — Malindi (Afrique E.)

5026. FLECKI, Rchw., *Orn. Monatsb.*, 1900, p. 22. — Sud du lac Ngami.

5027. CARNAPI, Rchw., *Orn. Monatsb.*, 1900, p. 22. — Caméron E.

5028. MICRURA (Rüpp.), *Neue Wirbelth., Vög.*, p. 109, pl. 41, f. 2. — Afrique N.-E.

5029. BRACHYURA, Lafr., *Rev. Zool.*, 1839, p. 258; *brevicauda*, Des M., in *Lef. Voy. en Abyss.*, pl. 6; *micrura*, auct. plur. (nec Rüpp.) — Nubie S., Sennaar, Kordofan, Abyssinie W.

5030. LEUCOPSIS, Rchw., *Orn. Centralbl.*, 1879, p. 114; id., *Journ. f. Orn.*, 1879, p. 328. — Kibaradja (Afrique E.)

926. EREMOMELA

Eremomela, Sundev. (1850); *Bæoscelis*, Heine (1860); *Tricholais*, Heugl. (1869).

5031. FLAVIVENTRIS (Burch.), *Trav. S. Afr.* I, p. 335; Sundev., *OEfv. k. Vet.-Akad. Förh. Stockh.*, 1850, p. 102; Sharpe, *Cat.*, p. 159. — Afrique S. et S.-W. jusqu'à l'Angola et le Transvaal.

5032. FLAVICRISSALIS, Sharpe, *P. Z. S.*, 1895, p. 481. — Somaliland.

5033. GRISEOFLAVA, Heugl., *Journ. f. Orn.*, 1862, p. 40; id., *Orn. N.-O. Afr.*, p. 285, pl. 11. — Bogosland (Afr. N.-E.)

5034. POLIOXANTHA, Sharpe, *Cat. B.* VII, p. 160. — Suaziland (Afr. S.-E.)

5035. HELENORÆ, Alex., *Ibis*, 1899, p. 445, 1900, p. 73. — Zambèze.

5036. PUSILLA, Hartl., *Orn. W. Afr.*, p. 59; Heugl., *Orn. N.-O. Afr.*, p. 285. — De Sénégambie à la Côte-d'Or.

5037. SALVADORII, Rchw., *Journ. f. Orn.*, 1891, p. 64. — Congo Indép.

5038. VIRIDIFLAVA, Hartl., *Orn. W. Afr.*, p. 59; Heugl., *l. c.*, p. 285. — Sénégambie.

5039. LUTESCENS (Less.), *Echo du monde sav.*, 1844, p. 233; Hartl., *l. c.* — Sénégambie.

5040. USTICOLLIS, Sundev., *OEfv. k. Vet.-Akad.*, 1850, p. 102; Finsch et Hartl., *Vög. Ostafr.*, p. 241; Sharpe, *Cat.* VII, pl. 5, f. 2. — Du Transvaal au Damara.

5041. PULCHRA (Bocage), *Jorn. Lisb.* VI, pp. 257, 275; Sharpe, *l. c.*, p. 162. — Benguela, Angola.

1032. *Var.* CITRINICEPS (Rchw.), *J. f. O.*, 1882, p. 210. — Kakoma (Afr. E.)

5042. SCOTOPS, Sundev., *Op. cit.*, p. 103; Sharpe, *Cat.*, pl. 5, f. 1; *hemixantha*, Seeb., *Ibis*, 1879, p. 403. — Transvaal jusqu'au Mashoona.

5043. MENTALIS, Rchw., *Journ. f. Orn.*, 1887, p. 215. — Congo.

5044. OCCIPITALIS (Fisch. et Rchw.), *Journ. f. Orn.*, 1884, p. 181, 1891, p. 63. — Massaïland.

5045. HYPOXANTHA, Pelz., *Sitz. z.-b. Ges. Wien*, 1881, p. 145. — Kiri (Afrique équat.)

5046. BAUMANNI, Rchw, *Ornith. Monatsb.*, 1894, p. 157. — Togoland.

5047. ELEGANS, Heugl., *Syst. Uebers.*, p. 23; id., *Journ. f. Orn.*, 1864, p. 259; id., *Orn. N.-O. Afr.*, p. 286, pl. 5; *canescens*, Antin. — Abyssinie W. et Afr. équat. jusqu'à Lado.

5048. CANICEPS (Cass.), *Pr. Philad. Acad.*, 1859, p. 38; Sharpe, *Cat.*, p. 164; *flavotorquata*, Hartl., *P. Z. S.*, 1880, p. 624. — De la Côte-d'Or au Congo jusqu'au Nil blanc.

5049. BADICEPS (Fras.), *P. Z. S.*, 1842, p. 144; Sharpe, *Cat.*, p. 164. — Côte-d'Or au Gabon.

5050. RUFIGENIS (Rchw.), *Journ. f. Orn.*, 1887, p. 215. — Haut-Congo.

5051. ATRICOLLIS, Bocage, *Jorn. Lisb.* XI, p. 153. — Angola.

927. CAMAROPTERA

Camaroptera, Sundev. (1850); *Syncopta*, Cab. (1853).

5052. OLIVACEA (Vieill.); Levaill., *Ois. d'Afr.* III, pl. 125; Sundev., *OEfv. k. Vet.-Akad.*, 1850, p. 103; Rchw., *Journ. f. Orn.*, 1891, p. 66; *brachyura*, Bon. et Vieill.; Heugl., *Orn. N.-O. Afr.*, p. 285; *sundevalli* (pt.), Sharpe, *Cat.*, p. 169. — Afrique S.-E.

1033. *Var.* PILEATA, Rchw., *Journ. f. Orn.*, 1891, p. 66. — Zanzibar.

1034. *Var.* CHLORONATA, Rchw., *Orn. Mon.*, 1895, p. 96. — Misa (Afrique E.)

5053. SUNDEVALLI, Sharpe, *Journ. f. Orn.*, 1882, p. 347; Rchw., *Journ. f. Orn.*, 1891, p. 67. — Damara, Benguela jusqu'au Transvaal.

5054. GRISEOVIRIDIS (von Müll.), *Naum.* 1 Heft, 4, 1851, p. 27; Rchw., *Journ. f. Orn.*, 1891, p. 65; *brevicaudata* (pt), auct. plur. (nec Cretzsch.) — Afrique N.-E.

1035. *Var.* TINCTA (Cass.), *Pr. Philad. Acad.*, 1856, p. 325; Hartl., *Orn. W. Afr.*, p. 62; Rchw., *Journ. f. Orn.*, 1891, p. 66. — De Sénégambie au Loango (Afr. W.)

5055. BREVICAUDATA (Cretzsch.), in *Rüpp. Atlas*, *Vög.*, p. 53, pl. 35, f. *b*; Hartl., *Orn. W. Afr.*, p. 62; Sharpe, *Cat.* VII, p. 168 (pt.); *chrysocnema*, Licht.; *clamans*, Heugl.; *salvadoræ*, Pr. v. Württ. — Afrique équat. E.

1036. *Var.* GRISEIGULA, Sharpe, *Ibis*, 1892, p. 158. — Riv. Voi, Teita (Afr. E.)

5056. CONCOLOR, Hartl., *Orn. W. Afr.*, p. 62; Sharpe, *Cat.* VII, p. 170. — De la Côte-d'Or au Caméron.

5057. CONGICA, Rchw., *Journ. f. Orn.*, 1891, p. 67. — Congo Indép.

5058. SUPERCILIARIS (Fras.), *Ann. and Mag. N. H.*, 1843, p. 440; Sharpe, *Cat.*, p. 171; *icterica*, Strickl., *P. Z. S.*, 1844, p. 100. — De la Côte-d'Or au Gabon, Fernando Po.

5059. AXILLARIS, Rchw., *Orn. Monatsb.*, 1893, p. 32; *Journ. f. Orn.*, 1894, pl. 1, f. 3. — Uvamba (Afr. centr.)

5060. FLAVIGULARIS, Rchw., *Orn. Monatsb.*, 1894, p. 126; *Journ. f. Orn.*, 1896, pl. 5, f. 3. — Caméron.

5061. DORCADICHROA, Rchw. et Neum., *Orn. Monatsb.*, 1895, p. 76. — Kilima Ndjaro.

928. PHOLIDORNIS

Pholidornis, Hartl. (1857).

5062. RUSHIÆ (Cass.), *Pr. Philad. Acad.*, 1855, p. 55, 1858, pl. 1, f. 1; Sharpe, *Cat. B.* X, p. 77. — Du Gabon à la Côte-d'Or.

929. RHODORNIS

Rhodornis, Shell. (1896); *Pholidornis* (pt.), Sharpe (1885).

5063. RUBRIFRONS (Sharpe et Uss.), *Ibis*, 1872, p. 182; Sharpe, *Cat.* X, p. 77, pl. 2, f. 1. — Côte-d'Or (Afr. W.)

5064. JAMESONI (Shell.), *Ibis*, 1890, p. 163, pl. 5, f. 1; id., *B. Afr.* I, p. 67. — Aruwhimi (H^t-Congo).

930. LOBORNIS

Lobornis, Sharpe (1874).

5065. ALEXANDRI, Sharpe, *Ann. and Mag. N. H.* XIV (1874), p. 63; id., *Cat. B.* X, p. 77, pl. 2, f. 2. — Vieux Calabar (Afrique W.)

931. PARMOPTILA

Parmoptila, Cass. (1859).

5066. WOODHOUSII, Cass., *Pr. Philad. Acad.*, 1859, p. 40; Sharpe, *Cat. B.* X, p. 63. — Gabon.

932. HYLIA

Hylia, Cass. (1859).

5067. PRASINA (Cass.), *Pr. Philad. Acad.*, 1855, p. 325, 1859, p. 40; Sharpe, *Cat.* VII, p. 172; *superciliaris* (Tem.), *MS.*; Hartl., *J. f. O.*, 1855, p. 355. — De la Côte-d'Or au Congo.

933. STIPHRORNIS

Stiphrornis, Hartl. (1855).

5068. ERYTHROTHORAX, Hartl., *Journ. f. Orn.*, 1855, p. 355; Sharpe, *Cat.* VII, p. 173, pl. 6, f. 1. — Côte-d'Or.

5069. GABONENSIS, Sharpe, *Cat.* VII, p. 174, pl. 6, f. 2; *erythrothorax* (pt.), auct. plur. — Gabon.

5070. ALBOTERMINATA, Rchw., *Journ. f. Orn.*, 1874, p. 103, 1875, p. 43, 1891, p. 68. — Caméron, Loango.

SUBF. VI. — CISTICOLINÆ

934. SUYA

Suya, Hodgs. (1836); *Decurus*, Hodgs. (1841); *Blanfordius*, Hume (1873).

5071. CRINIGERA, Hodgs., *Asiat. Research.* XIX, p. 183; id., *Icon. ined. Passeres*, pl. 50, ff. 1, 2, pl. 101, f. 4, *App.*, pl. 34; *fuliginosa*, Hodgs., *Icon.*, *l. c.*, *App.*, pl. 35; *striata*, Swinh.; *striolata*, Pelz.; *striatulus*, *obscura*, Hume; *parumstriata*, Dav. et Oust. — Himalaya, Chine S., Formose, Birmanie.

5072. ATRIGULARIS, Hodgs., *Icon.*, *l. c.*, *App.*, pl. 36. — Himalaya E.

5073. KHASIANA, Godw.-Aust., *Ann. and Mag. N. H.*, 1876, p. 412. — Monts Khasia.

5074. ALBIGULARIS, Hume, *Str. Feath.*, 1873, p. 459. — Sumatra.

5075. SUPERCILIARIS, Anders., *P. Z. S.*, 1871, p. 212; *erythropleura*, Wald. in *Blyth, B. Burm.*, p. 120. — Birmanie, Ténassérim.

5076. BLYTHI, Bp., *Consp.* I, p. 281; Sharpe, *Notes Leyd. Mus.* VI, p. 168; *polychroa* (pt.), Sh. (nec Tem.) — Java.

935. PRINIA

Prinia, Horsf. (1820); *Drimoica*, Sw. (1827); *Dasecocharis*, Cab. (1850); *Drymoipus*, Bp. (1854); *Drymœca* (pt.), auct. plur.

5077. FAMILIARIS, Horsf., *Tr. Linn. Soc.* XIII, p. 165; id., *Zool. Research. Java*, pl. 52; *olivacea*, Raffl.; *Ort. prinia*, Tem. — Java, Sumatra.

5078. FLAVICANS, Bonn. et Vieill., *Enc. méth.* II, p. 438; *subflava*, Vieill. (nec Gm.); *limonella*, Licht.; *pallida*, Smith, *Ill. Zool. S. Afr.*, *Aves*, pl. 72, f. 2; *pectoralis*, Smith, *l. c.*, pl. 73, f. 2; *ortleppi*, Tristr., *Ibis*, 1869, p. 207. — Afrique S. jusqu'au Damara et le Transvaal.

5079. MACULOSA (Bodd.); *Pl. enl.* 752, f. 2; *macroura*, Gm.; *capensis*, Steph.; Smith, *Ill. S. Afr.*, pl. 76, f. 1. — Afrique S.

1037. *Var.* HYPOXANTHA, Sharpe, *Lay. B. S. Afr.*, p. 260. — Natal, Transvaal.

5080. MYSTACEA, Rüpp., *Neue Wirbelth., Vög.*, p. 110; id., *S. U.*, pl. 10; *superciliosa*, Sw., *B. W. Afr.* I, p. 40, pl. 2; *affinis*, Smith, *Ill. Zool. S. Afr., Aves*, pl. 77, f. 1; *melanorhynchus*, Jard. et Fr.; *bivittata*, Pet.; *murina*, Heugl.; *tenella*, Cab. — Toute l'Afrique au S. du Sahara.

5081. MOLLERI, Bocage, *Jorn. Sc. Lisb.*, 1887, p. 251. — Ile St-Thomas (Afr. W.)

5082. INORNATA, Syk., *P. Z. S.*, 1832, p. 89; Fras., *Zool. Typ.*, pl. 44; *macroura*, Frankl. (nec Gm.); *longicaudata*, Tick.; *franklini*, Blyth: *fusca*, Hodgs.; *nipalensis*, Moore; *adamsi*, Jerd.; *flavirostris*, Swinh.; *humilis* et *terricolor*, Hume; *insularis*, Legge, *B. Ceyl.*, p. 529, pl. 25, f. 2. — Inde, Ceylan.

1038. *Var.* BLANFORDI (Wald.), in *Blyth, B. Burm.*, p. 118. — Pégou, Ténassérim.

1039. *Var.* EXTENSICAUDA (Swinh.), *Ibis*, 1860, p. 50; Dav. et Oust., *Ois. Chine*, p. 237. — Chine S., Indo-Chine, Formose, Haïnan.

5083. SYLVATICA, Jerd., *Madr. Journ.* XI, p. 4; Sharpe, *Cat.* VII, pl^s 7 et 8; *neglecta*, Jerd., *l. c.*, XIII, p. 130; *jerdoni*, *robusta*, *valida*, Blyth; *calidus*, Jerd.; *gangetica*, Bl., *Ibis*, 1867, p. 23; *rufescens*, *insignis*, Hume. — Inde au S. de l'Himalaya, Ceylan.

5084. POLYCHROA (Tem.), *Pl. col.* 466, f. 3. — Java.

5085. GRACILIS, Frankl., *P. Z. S.*, 1831, p. 119; *hodgsoni*, Blyth; *rufula*, Godw.-Aust., *J. A. S. Beng.* XLIII, pt. 2, p. 163, pl. 9, f. 1; *albogularis*, Wald.; *pectoralis*, Legge. — Inde, Ceylan, Birmanie, Pégou.

5086. BEAVANI, Wald., *P. Z. S.*, 1866, p. 551; *rufescens*, Blyth., *J. A. S. Beng.* XVI, p. 456. — Himalaya E., Indo-Chine W. et centr.

5087. CINEREOCAPILLA, Moore, *P. Z. S.*, 1854, p. 77; Jerd., *B. Ind.* II, p. 172. — Népaul.

5088. POLIOCEPHALA, Anders., *P. Z. S.*, 1878, p. 370, pl. 19. — Népaul, Kumaon.

936. DYBOWSKIA

Dybowskia, Oust. (1892).

5089. KEMOENSIS, Oust., *Naturaliste*, 1892, p. 218. — Haut-Congo.

937. BURNESIA

Burnesia, Jerd. (1863); *Herpystera*, Sundev. (1872); *Prinia* (pt.), auct. plur.

5090. FLAVIVENTRIS (Deless.), *Ort. flaviventris*, Deless., *Rev. Zool.*, 1840, p. 101; *P. rafflesi*, Tweed., *Ibis*, 1877, p. 311, pl. 6, f. 1; *hypoxantha*, Salvad. — De Scinde au Bengale, Indo-Ch., Malacca, Sumatra.

5091. SONITANS (Swinh.), *Zoologist*, 1858, p. 6229; Dav. et Oust., *Ois. Chine*, p. 262; Sharpe, *Cat.* VII, p. 205. — Chine S., Formose, Haïnan.

5092. SUPERCILIARIS (Salvad.), *Ucc. Borneo*, p. 249; Sharpe, *l. c.*, p. 206. — Bornéo.

5093. SUBSTRIATA (Smith), *Ill. Zool. S. Afr.*, *Aves*, pl. 72, f. 1 ; Sharpe, *l. c.*, p. 206. — Coloniedu Cap (Afr.S.)

5094. LEUCOPOGON (Cab.), *Journ. f. Orn.*, 1875, p. 235 ; Sharpe, *l. c.*, p. 207. — Angola, Congo, Ugand.

5095. REICHENOWI, Hartl., *Journ. f. Orn.*, 1890, p. 151. — Njangalo (Afr.cent.E.)

5096. UGANDÆ, Sharpe, *Ibis*, 1898, p. 146 ; = *reichenovi ?* — Uganda (Afrique E.)

5097. BAIRDI (Cass.), *Pr. Philad. Acad.*, 1855, p. 327 ; Sharpe, *Cat.*, p. 207. — Gabon.

1040. *Var.* TÆNIOLATA, Rchw., *Orn. Monatsb*, 1893, p. 178. — Caméron.

1041. *Var.* MELANOPS, Rchw. et Neum., *Orn. Monatsb.*, 1895, p. 75. — Mau (Afrique centr.E.)

5098. EPICHLORA (Rchw.), *Berl. allg. Deut. Orn. Ges.*, 1892, p. 5 ; id., *J. f. O.*, 1892, pp. 193, 221, pl. 2, f. 1. — Caméron.

5099. MELANOCEPHALA, Fisch. et Rchw., *J. f. O.*, 1884, p. 56. — Massaïland.

5100. SOMALICA, Ell., *Field Columb. Mus. Orn.* I, n° 2, p. 45. — Somaliland.

5101. SOCIALIS (Syk.), *P. Z. S.*, 1832, p. 89 ; Fras., *Zool. Typ.*, pl. 43 ; *stewarti*, Blyth ; *brevicauda*, Legge, *B. Ceyl.*, p. 521. — Inde, Assam, Ceylan.

5102. GRACILIS (Cretzschm.), in *Rüpp. Atlas*, p. 3, pl. 2, f. *b.* ; *textrix*, Aud. (nec Vieill.), *Expl. somm. H. N. Egypte, Ois.*, p. 277, pl. 5, f. 4. — Afrique N.-E., Arabie, Palestine, Asie min.

1042. *Var.* LEPIDA (Blyth), *J. A. S. Beng.* XIII, p. 376 ; Anders., *Ibis*, 1872, p. 237 ; *gracilis*, auct. plur. (nec Cretzschm.) — Belouchistan, Scinde, vallée du Gange.

938. SCOTOCERCA

Scotocerca, Sundev. (1872) ; *Atraphornis*, Sevetz. (1873).

5103. INQUIETA (Cretzschm.), in *Rüpp. Atlas*, p. 55, pl. 36, f. 6 ; *famula*, H. et Ehr. ; *eremita*, Tristr., *Ibis*, 1867, p. 76 ; Wyatt, *Mam. and Avif. Sinaï*, pl. 17, f. 2 ; *striatus*, Brooks ; *platyura*, Severtz. — Arabie pétrée, Perse, Belouchist., Afghanistan jusqu'au N.-W. du Punjab.

5104. SAHARÆ (Loche), *Rev. et Mag. de Zool.*, 1858, p. 395, pl. 11, f. 2 ; Kön., *Journ. f. Orn.*, 1892, pl. 3. — Sud de l'Algérie et de la Tunisie.

939. CALAMANTHUS

Calamanthus, Gould (1837) ; *Praticola*, Sw. (1837).

5105. FULIGINOSUS (Vig. et H.), *Tr. Linn. Soc.* XV, p. 230 ; Gould, *B. Austr.* III, pl. 70 ; *P. anthoides*, Sw., *An. in Menag.*, p. 343. — Australie S., Tasmanie.

5106. CAMPESTRIS, Gould, *P. Z. S.*, 1840, p. 171 ; id., *B. Austr.* III, pl. 71. — Australie S. et W.

5107. ISABELLINUS, North, *Horn Exped. Centr. Austr.* II, *Aves*, p. 85. — Australie centr.

940. CINCLORHAMPHUS

Cinclorhamphus, Gould (1837); *Ptenœdus*, Cab. (1850).

5108. CRURALIS (Vig. et H.), *Tr. Linn. Soc.* XV, p. 228; Gould, *l. c.*, pl. 74; *cantatoris* Gd.; *cantillans*, Gould, *l. c.*, pl. 75. — Australie S. et S.-E.

5109. RUFESCENS (Vig. et H.), *Tr. Linn. Soc.* XV, p. 230; Gould, *l. c.*, pl. 76. — Australie.

941. SUTORIA

Sutoria, Nichols. (1851); *Orthotomus* (pl.), auct. plur.

5110. LONGICAUDA (Gm.); *Mot. sutoria*, Forst; *guzurata*, Lath.; *Ort. bennetti*, Syk.; Lafr., *Mag. de Zool.*, 1836, plˢ 52 et 53; *lingoo*, Syk.; *ruficapilla*, Hut.; *sphenurus*, Sw.; *patia*, Hodgs.; *agilis*, Nichols.; *phyllorrhapheus*, Swinh.; *edela*, Blyth. — Inde, Ceylan, Chine S., Indo-Chine, Formose, Haïnan.

1043. *Var.* EDELA (Tem.), *Pl. col.* 599, f. 2; *ruficeps*, Less., *Cent. Zool.*, p. 212, pl. 71. — Java.

5111. MACULICOLLIS (Moore), *P. Z. S.*, 1854, p. 309; *huegelii*, Pelz., *Sitz. K. Akad. Wien.*, 1857, p. 369. — Malacca.

942. ORTHOTOMUS

Orthotomus, Horsf. (1820); *Edela*, Less. (1831).

5112. FRONTALIS, Sharpe, *Ibis*, 1877, p. 112, pl. 2, f. 2. — Mindanao, Basilan, Samar, Leyte, Dinagat, Bohol (Philipp.)

5113. ATRIGULARIS, Tem., *Pl. col.* III, texte; Sharpe, *Cat.* VII, p. 220; *flavo-viridis*, Moore; *nitidus*, Hume, *Str. F.*, 1874, pp. 478, 507. — Malacca, Sumatra, Bornéo.

5114. CINEREICEPS, Sharpe, *Ibis*, 1877, p. 113, pl. 2, f. 1. — Mindanao, Basilan.

5115. NIGRICEPS, Tweed., *P. Z. S.*, 1877, p. 828, pl. 85. — Mindanao (Philipp.)

5116. CASTANEICEPS, Wald., *Ann. and Mag. N. H.* X (1872), p. 252; Sharpe, *Cat.*, p. 223. — Guimaras, Negros, Panay (Philipp.)

5117. PANAYENSIS, Steere, *List Philipp. B.*, p. 20. — Panay (Philippines).

5118. DERBIANUS, Moore, *P. Z. S.*, 1854, p. 309, pl. 76. — Luçon.

5119. CHLORONOTUS, Grant, *Ibis*, 1896, p. 117, pl. 3, f. 1. — Luçon N.-E.

5120. RUFICEPS (Less.), *Traité d'Orn.*, p. 309 (nec *Cent.*, pl. 71); *sericeus*, Tem.; *edela*, Blyth. — Bornéo, Sumatra, Malac., Palaw., Parag.

5121. SAMARENSIS, Steere, *List Philipp. B.*, p. 20. — Samar (Philippines).

5122. CINERACEUS, Blyth, *J. A. S. Beng.* XIV, p. 489; *sepium*, Lafr., *Mag. Zool.*, 1836, pl. 51 (nec Horsf.); *borneonensis*, Salvad.; Sharpe, *Ibis*, 1876, p. 41, pl. 2, f. 1; ? *longirostris*, Sw. — Malacca, Sumatra, Bornéo.

5123. SEPIUM, Horsf., *Tr. Linn. Soc.* XIII, p. 166; Tem., *Pl. col.* 599, f. 1. — Java, Madura, Sumatra, Lombock.

943. PHYLLERGATES

Phyllergates, Sharpe (1883); *Orthotomus*, auct. plur.

5124. CUCULLATUS (Tem.), *Pl. col.* 599, f. 2; Sharpe, *Cat.*, p. 229. — Malacca, Sumatra, Java.

1044. *Var.* CINEREICOLLIS, Sharpe, *Ibis*, 1888, p. 479. — Bornéo.

1045. *Var.* PHILIPPINA, Hart., *Novit. Zool.* IV, p. 517. — Luçon N.

5125. SUMATRANUS, Salvad., *Ann. Mus. Genov.* XII, p. 67. — Sumatra.

5126. EVERETTI, Hart., *Novit. Zool.* IV, p. 517. — Flores.

1046. *Var.* DUMASI, Hart., *Ibis*, 1899, p. 310. — Ile Bouru.

5127. RIEDELI, Mey. et Wg., *Abh. Mus. Dresd.*, 1894-95, nº 8, p. 13; id., *B. Cel.*, p. 319, pl. 34, f. 1. — Célèbes.

5128. CORONATUS (Jerd. et Bl.), *P. Z. S.*, 1861, p. 200; Jerd., *B. Ind.* II, p. 168; Sharpe, *Cat.*, p. 230. — Himalaya E., du Népaul au Ténassérim.

944. THAMNORNIS

Thamnornis, M.-Edw. et Grand. (1881).

5129. CHLOROPETOIDES (Grand.), *Rev. et Mag. de Zool.*, 1867, p. 256; M.-Edw. et Grand., *H. N. Madag. Ois.*, p. 336, pl^s 128, 128^a; *Ort. grandidieri*, Hartl., *Vög. Madag.*, p. 109. — Madagascar S.

945. SPILOPTILA

Spiloptila, Sundev. (1872).

5130. CLAMANS (Tem.), *Pl. col.* 466, f. 2; Rüpp., *Neue Wirbelt. Vög.*, p. 2, pl. 2, f. *a*. — Afrique N.-E. jusqu'au 10° l. N.

5131. OCULARIA (Smith), *Ill. Zool. S. Afr., Aves*, pl. 75; Sharpe, *Cat.*, p. 232. — Afrique S., au N. jusqu'au 34° l. S.

946. GRAMINICOLA

Graminicola, Jerd. (1863).

5132. BENGALENSIS, Jerd., *B. Ind.* II, p. 177; *Meg. verreauxi*, Tytl. — Bengale E., Assam.

1047. *Var.* STRIATA, Styan, *Ibis*, 1893, p. 54. — Haïnan.

947. MELOCICHLA

Melocichla, Hartl. (1857).

5133. MENTALIS (Fras.), *P. Z. S.*, 1843, p. 16; Hartl., *Orn. W.-Afr.*, pp. 58, 271; *meridionalis*, Sharpe, *Cat.* VII, p. 243; *pyrrhops*, Sh. (nec Cab.) — De la Côte-d'Or au Benguela.

1048. *Var.* ORIENTALIS, Sharpe, *l. c.*, p. 245; *mentalis*, Cab. — Afrique E.

1049. *Var.* ATRICAUDA, Rchw., *Orn. Monatsb.*, 1893, p. 61. Ukondjo (Afr. centr.)
5134. GRANDIS (Bocage), *Jorn. Sc. Lisb.* VIII, p. 56; id., *Orn. Angola*, p. 553. Benguela.

948. CISTICOLA

Cisticola, Kaup (1829); *Drimoica*, Sw. (1837, nec 1827); *Hemipteryx*, Sw. (1837); *Calamanthella*, Swinh (1859); *Franklinia*, Jerd. (1863); *Drymodyta* et *Cistodyta*, Sundev. (1872).

5135. RUFICAPILLA, Smith, *Ill. Zool. S. Afr.*, *Aves*, pl. 73, f. 1; *aberrans*, Smith, *Op. cit.*, pl. 78; *smithii*, Bp. Afrique S.
5136. EMINI, Rchw., *Journ. f. Orn.*, 1892, p. 56. Victoria Nyanza.
5137. RUFOPILEATA, Rchw., *Journ. f. Orn.*, 1891, p. 69; *ruficapilla*, Fras. (nec Smith), *P. Z. S.*, 1843, p. 16; *lateralis*, Cass. (nec Fras.) De la Côte-d'Or au Gabon.
1050. *Var.* CHUBBI, Sharpe, *Ibis*, 1892, p. 157. Victoria Nyanza.
5138. ANGUSTICAUDA, Rchw., *Journ. f. Orn.*, 1891, p. 69. Afrique allem. E.
5139. ALTICOLA, Shell., *Ibis*, 1899, pp. 313, 373. Nyasaland.
5140. NIGRILORIS, Shell., *Ibis*, 1897, p. 536, pl. 12, f. 2. Nyasaland.
5141. CINERASCENS, Heugl., *Journ. f. Orn.*, 1867, p. 296; *semitorques*, Heugl. (pt.); *concolor*, Heugl., *Ibis*, 1869, p. 97, pl. 2, f. 1; *swanzii*, Sharpe. Côte-d'Or, Afr. N.-E. jusqu'à Zanzibar.
5141bis. CINEREOLA, Salvad., *Ann. Mus. Civ. Gen.*, 1888, p. 254. Afrique N.-E.
5142. BUCHANANI (Blyth), *J. A. S. Beng.* XIII, p. 376; Jerd., *B. Ind.* II, p. 186; *rufifrons*, Jerd. (nec Rüpp.); *cleghorniæ*, Blyth, *Ibis*, 1867, p. 24. Inde centr. et S.
5143. INCANA, Scl. et Hartl., *P. Z. S.*, 1881, pp. 166, 954. Ile Socotra.
5144. ERYTHROPS (Hartl.), *Orn. W.-Afr.*, p. 58; *pyrrhops*, Cab., *Journ. f. Orn.*, 1875, p. 236. De Sénégambie au Congo et Afr. E.
5145. LATERALIS (Fras.), *P. Z. S.*, 1843, p. 16; Hartl., *Orn. W.-Afr.*, p. 55; *ruficapilla*, Sh. et Bouv. Du Sénégal au Congo.
5146. RUFA (Fras.), *P. Z. S.*, 1843, p. 17; id., *Zool. Typ.*, pl. 42, f. 3; *brachyptera*, Sharpe, *Ibis*, 1870, p. 476, pl. 14, f. 1; *hypoxantha*, Hartl., *P. Z. S.*, 1880, p. 624. De la Côte-d'Or au Congo.
5147. DISPAR, Souza, *J. Sc. Lisb.*, 1887, pp. 98, 106. Benguela.
5148. ERYTHROPTERA (Jard.), *Contr. Orn.*, 1849, p. 15, pl.; Heugl., *Orn. N.-O. Afr.* I, p. 248; *iodoptera*, Heugl., *Journ. f. Orn.*, 1864, p. 258; *rhodoptera*, Shell., *Ibis*, 1880, p. 333. Côte-d'Or et Afrique trop. N.-E. jusqu'à Zanzibar.
1051. *Var.* MAJOR (Grant), *Ibis*, 1900, p. 195. Abyssinie.
5149. ANTINORII, Heugl., *Ibis*, 1869, p. 102; id., *Orn. N.-O. Afr.* I, p. 257. Afrique N.-E.
5150. FERRUGINEA, Heugl., *Syst. Uebers.*, p. 21; id., *Orn. N.-O. Afr.* I, p. 265; *troglodytes*, Antin. Afrique N.-E.

5151. MARGINALIS (Heugl.), *Syst. Uebers.*, p. 22; *flaveola*, id., *l. c.*, p. 21; id., *Ibis*, 1869, p. 98, pl. 2, f. 2; *marginata*, Heugl., *l. c.*, p. 94, pl. 1, f. 1; *erythrogenys*, Finsch (nec Rüpp.) — Abyssinie et le Haut-Nil.

5152. CURSITANS (Frankl.), *P. Z. S.*, 1831, p. 118; *S. cisticola*, Tem.; Gould, *B. Eur.*, pl. 113; *schœnicola*, Bp.; *uropygialis*, Fras.; *subhimalayana*, Blyth; *arquata*, von Müll.; *tintinnabulans*, Swinh.; *fuscicapilla*, Wall.; *europæa*, Hartl.; *munipurensis*, Godw.-Aust. — Europe S., Afrique, Asie centr. et mérid.

1052. *Var.* BRUNNEICEPS, Tem. et Schl., *Faun. Jap.*, p. 134, pl. 20. — Japon.

5153. DISCOLOR, Sjöst., *Orn. Monatsb.*, 1893, p. 84. — Caméron.

5154. VOLITANS, Swinh., *Journ. N. China Branch As. Soc.*, 1859; id., *Ibis*, 1863, p. 304; Dav. et Oust., *Ois. Chine*, p. 256. — Formose et îles du dét. de Torres.

5155. CHERINA (Smith), *Ill. Zool. S. Afr., Aves*, pl. 77, f. 2; *madagascariensis*, Hartl., *Faun. Madag.*, p. 53. — Madagascar.

1053. *Var.* HÆSITATA (Scl. et Hartl.), *P. Z. S.*, 1881, p. 166. — Ile Socotra.

5156. SOMALICA, Sharpe, *P. Z. S.*, 1895, p. 483. — Somaliland.

5157. LANDANÆ, Bouv., *Bull. Soc. Zool. de France*, I, p. 228. — Congo W.

5158. TEXTRIX (Vieill.), *N. Dict.* XI, p. 208; Levaill., *Ois. Afr.* III, pl. 131; Sm., *Ill. Z. S. Afr.*, pl. 74, f. 1. — Afrique S.

5159. TERRESTRIS (Smith), *Op. cit.*, pl. 74, f. 2; *brunnescens*, Heugl.; *ayresii*, Hartl., *Ibis*, 1863, p. 325, pl. 8, f. 2; *immaculata*, Hartl.; *habessinica*, Heugl.; id., *Orn. N.-O. Afr.*, pl. 8, f. 1; *oligura*, Heugl., *Ibis*, 1869, p. 136, pl. 3, f. 3; *iodopyga*, Heugl., *l. c.*, p. 137; *eximia*, Heugl., *l. c.*, p. 106, pl. 3, f. 1; *cursitans*, Sharpe (nec Frankl.) — Afrique N.-E., E. et S.

1054. *Var.* HINDII, Sharpe, *Ibis*, 1897, p. 114; 1898, pl. 12, f. 2. — Afrique E. angl.

5160. LADOENSIS, Hartl., *Abhandl. nat. Ver. Bremen*, VIII, p. 189. — Lado (Afrique équat.)

5161. EXILIS (Vig. et Horsf.), *Tr. Linn. Soc.* XV, p. 223; *lineicapilla*, *ruficeps* et *isura*, Gould; id., *B. Austr.* III, plˢ 42 à 45; *oryziola*, S. Müll.; *rustica*, Wall.; *semirufa*, Cab.; *melanocephala*, Anders.; *ruficollis* et *grayi*, Wald; *ruficapilla*, Salvad. — Australie, îles Papous, Moluques, Philippines, Java, Flores, etc.

1055. *Var.* ERYTHROCEPHALA, Blyth, *J. A. S. Beng.*, 1854, p. 523; *tytleri*, Jerd. — Bengale, Indo-Ch. W. de l'Assam à Malacca.

5162. BLANFORDI, Hartl., *Abh. Ver. Brem.* VIII, p. 220; *marginalis*, Hartl. (nec Heugl.); *hartlaubi*, Sharpe, *Cat.* VII, p. 243 (en note). — Lado (Afrique équat.)

5163. TINNIENS (Licht.), *Verz. Samml. Kaff.*, p. 13; *levail-* — Afrique S. jusqu'au

lantii, Smith, *Ill. Zool. S. Afr.*, pl. 73, f. 2; *elegans*, Gr.	Transvaal.
5164. ERYTHROGENYS (Rüpp.), *Neue Wirb.*, p. 111 ; id., *Syst. Uebers.*, pl. 12; *malzacii*, *bizonura*, Heugl.	Afrique N.-E.
5165. FISCHERI, Rchw., *Journ. f. Orn.*, 1891, p. 162; *erythrogenys*, Fisch. (nec Rüpp.)	Lacs Naiwascha, Aruscha (Afr. centr.)
5166. ROBUSTA (Rüpp.), *Syst. Uebers.*, p. 35, pl. 13; *erythrogenys* (pt.), Sharpe.	Afrique N.-E.
5167. NUCHALIS, Rchw., *Orn. Monatsb.*, 1893, p. 61.	Kagera (Afr. centr.)
5168. STRANGEI (Fras.), *P. Z. S.*, 1843, p. 16; *fortirostris*, Jard. et Fras.; *pachyrhyncha*, Heugl., *Ibis*, 1869, p. 130; id., *Orn. N.-O. Afr.*, p. 262, pl. 7; *valida*, Heugl. (nec Blyth).	De la Côte-d'Or au Congo.
5169. MODESTA, Bocage, *Jorn. Lisb.*, 1880, p. 57.	Loango.
5170. NATALENSIS (Smith), *Ill. Zool. S. Afr.*, *Aves*, pl. 80; *curvirostris* et *chloris*, Sundev.	Du Natal au Matabélé.
5171. ANGOLENSIS (Bocage), *Jorn. Lisb.*, 1877, p. 160, 1880, p. 56.	Angola, Benguela.
5172. NANA, Fisch. et Rchw., *Journ. f. Orn.*, 1884, p. 260.	Massaïland.
5173. LUGUBRIS (Rüpp.), *Neue Wirbelth.*, p. 111; id., *Syst. Uebers.*, pl. 11; *bizonura*, Heugl.; *nævia*, Hartl.; *hæmatocephala*, Cab., in *von der Dek. Reis. Aves*, p. 23, pl. 2, f. 2; *stulta*, Fin. et Hartl.; *amphilecta*, Rchw.	Afrique W. de Sénégambie au Congo, Afrique N.-E. et E.
1056. *Var.* FULVIFRONS (Sundev.), *OEfv. k. Vet. Akad.*, 1850, p. 104; *isodactyla*, Pet., *Journ. f. Orn.*, 1868, p. 132.	Afrique S.
5174. RUFICEPS (Cretzschm.), in *Rüpp. Atlas*, p. 54, pl. 36, f. *a*; *scotoptera* et *fulvescens*, Sundev.; *leucopygia* et *cordofana*, Heugl.	Afrique N.-E.
5175. SIMPLEX, Heugl., *Ibis*, 1869, p. 105; id., *Orn. N.-E. Afr.* I, p. 261.	Afrique N.-E.
5176. SUBRUFICAPILLA (Smith), *Ill. Zool. S. Afr.*, *Aves*, pl. 76, f. 2; *campestris* et *magna*, Gould; *procerula* et *obscura*, Sundev.; *levaillantii*, auct. plur. (nec Smith); *virgata* et *striolata*, Heugl.; *lais*, F. et Hartl., *Vög. O.-Afr.*, p. 237; *isodactyla*, Sh. (nec Pet.)	La majeure partie de l'Afrique sauf une partie de la côte occid. et mérid.
5177. CHINIANA, Smith, *Op. cit.*, pl. 79; *procera*, Pet., *Journ. f. Orn.*, 1868, p. 132; *holubi*, Pelz.	Afrique S.-E.
1057. *Var.* RUFILATA, Hartl., *Vög. Ostafr.*, p. 238.	Damara.
5178. DODSONI, Sharpe, *Ibis*, 1895, p. 380.	Somaliland.
5179. MUELLERI, Alex., *Ibis*, 1900, p. 79.	Zambèze.
5180. HUNTERI, Shell., *P. Z. S.*, 1889, p. 364.	Kilima Ndjaro (Afr. E.)
1058. *Var.* LOVATI, Grant, *Ibis*, 1900, p. 161.	Abyssinie.

949. CHTHONICOLA

Chthonicola, Gould (1847).

5181. SAGITTATA (Lath.); *minimus*, Vig. et Horsf., *Tr. Linn. Soc.* XV, p. 230; Gould, *B. Austr.* III, pl. 72; *strigatus*, Gray. — Nouv.-Galles du S., Victoria et Austr. S.

950. ACANTHIZA (1)

Acanthiza, Vig. et Horsf. (1827); *Geobasileus*, Cab. (1850).

5182. NANA, Vig. et Horsf., *Tr. Linn. Soc.* XV, p. 226; Gould, *B. Austr.* III, pl. 60. — Australie S. et S.-E.
5183. INORNATA, Gould, *P. Z. S.*, 1840, p. 171; id., *B. Austr.* III, pl. 59. — Australie S. et W.
5184. PUSILLA (Lath.); Vig. et Horsf., *l. c.*, p. 227; Gould, *l. c.*, pl. 53. — Australie S.-E.
5185. ? MACULARIA (Q. et Gaim.), *Voy. Astrol., Zool.* I, p. 199, pl. 10, f. 3; Gray, *Gen. B.* I, p. 189. — Port West.
5186. DIEMENENSIS, Gould, *P. Z. S.*, 1837, p. 146; id., *l. c.*, III, pl. 54; *ewingii*, Gould, *l. c.*, pl. 55. — Tasmanie.
5187. APICALIS, Gould, *P. Z. S.*, 1847, p. 31; id., *l. c.*, pl. 57. — Australie W. et S.
5188. PYRRHOPYGIA, Gould, *B. Austr.* III, pl. 58. — Australie W.
5189. LINEATA, Gould, *P. Z. S.*, 1837, p. 146; id., *l. c.*, pl. 61. — Australie S. et S.-E.
5190. UROPYGIALIS, Gould, *P. Z. S.*, 1837, p. 146; id., *l. c.*, pl. 56. — Victoria, Nouv.-Galles du S.
5191. CHRYSORRHOA (Q. et Gaim.), *Voy. Astrol., Zool.* I, p. 198, pl. 10, f. 2; Gould, *l. c.*, pl. 63; *chrysorrhous*, Cab. — Australie W., S. et E. et Tasmanie.
5192. REGULOIDES, Vig. et H., *Tr. Linn. Soc.* XV, p. 226; Gould, *l. c.*, pl. 62. — Australie S. et Nouv.-Galles du S.
5193. SQUAMATA, De Vis, *P. R. Soc. Queensl.*, 1889, p. 248. — Queensland.
5194. TENKATEI, Büttik., *Notes Leyd. Mus.* XIV, p. 195. — Flores.
5195. PAPUENSIS, De Vis, *Rep. Orn. Coll.*, 1894, p. 3. — Nouv.-Guinée S.-E.

951. PYRRHOLÆMUS

Pyrrholæmus, Gould (1840).

5196. BRUNNEUS, Gould, *P. Z. S.*, 1840, p. 173; id., *B. Austr.* III, pl. 68. — Australie S.-E., S. et W.

952. SERICORNIS

Sericornis, Gould (1837).

5197. CITREOGULARIS, Gould, *P. Z. S.*, 1837, p. 133; id., *B. Austr.* III, pl. 46. — Australie E., Nouv.-Galles du S.

(1) L'*A. buchanani*, Vig. et Horsf. (*Tr. Lin. Soc.* XV, p. 227), paraît être la femelle de l'*Ephthianura tricolor*.

5198. FRONTALIS (Vig. et H.), *Tr. Linn. Soc.* XV, p. 226; Gould, *l. c.*, pl. 49; *parvulus* et *minimus*, Gould; *brunneopygius*, Mast. — Australie.
5199. BECCARII, Salvad., *Ann. Mus. Civ. Genov.*, 1874, p. 79. — Iles Arou.
5200. MAGNIROSTRIS, Gould, *P. Z. S.*, 1837, p. 146; id., *l. c.*, pl. 52. — Australie E.
5201. ARFAKIANA, Salvad., *Ann. Mus. Civ. Gen.*, 1875, p. 187. — Nouv.-Guinée N.-W.
5202. PERSPICILLATA, Salvad., *Op. cit.*, 1896, p. 99. — Moroka (Nouv.-Guin. S.-E.)
5203. OLIVACEA, Salvad., *Op. cit.*, 1896, p. 100. — Moroka (Nouv.-Guin.)
5204. SYLVIA, Rchw., *Journ. f. Orn.*, 1899, p. 118. — Nouv.-Guinée allem.
5205. NIGRORUFA, Salvad., *Op. cit.*, 1894, p. 151. — Moroka (Nouv.-Guin.)
5206. LÆVIGASTRA, Gould, *P. Z. S.*, 1847, p. 3; id., *l. c.*, pl. 50. — Australie N.
5207. GUTTURALIS, De Vis, *P. R. Soc. Queensl.*, 1889, p. 244. — Queensland.
5208. MACULATA, Gould, *P. Z. S.*, 1847, p. 2; id., *l. c.*, pl. 51. — Austr. S., S.-E. et W.
5209. OSCULANS, Gould, *P. Z. S.*, 1847, p. 2; id., *l. c.*, pl. 48. — Australie S. et S.-E.
5210. HUMILIS, Gould, *P. Z. S.*, 1837, p. 133; id., *l. c.*, pl. 47. — Tasmanie.
5211. GULARIS, Legge, *Victorian Natural.* XIII, p. 84. — Tasmanie.

953. ACANTHORNIS

Acanthornis, Legge, *Ibis*, 1888, p. 93; *Acanthiza*, auct.

5212. MAGNA (Gould), *Suppl. to B. of Austr.*, pl. — Tasmanie.

SUBF. VII. — MALURINÆ

954. MALURUS (1)

Malurus, Vieill. (1816).

5213. CYANEUS (Ellis), *Narr. Voy. Capt. Cook*, etc., p. 22; Gould, *B. Austr.* III, pl. 18; *superba*, Shaw. — Australie S. et E.
1059. *Var.* CYANOCHLAMYS, Sharpe, *P. Z. S.*, 1881, p. 788. — Baie Moreton.
5214. MORETONI, De Vis, *Ann. Rep. Brit. New. Guin.*, *Z. R.*, 1892, p. 58. — Baie Bartle.
5215. LONGICAUDUS, Gould (nec Tem.), *P. Z. S.*, 1837, p. 148; id., *l. c.*, pl. 19; *gouldi*, Sharpe, *Cat.* IV, p. 287. — Australie S., S.-E., Tasmanie.
5216. MELANOTUS, Gould, *P. Z. S.*, 1840, p. 163; id., *l. c.*, pl. 20. — Australie S. et S.-E.
5217. CALLAINUS, Gould, *P. Z. S.*, 1867, p. 302; id., *l. c.*, pl. 23. — Australie S. centr.
5218. SPLENDENS (Quoy et G.), *Voy. de l'Astrol.*, *Zool.* I, p. 197, pl. 10, f. 1; Gould, *l. c.*, pl. 21; *pectoralis*, Gould, *P. Z. S.*, 1833, p. 106. — Australie W.
5219. LEUCOPTERUS, Quoy et G., *Voy. de l'Uraine, Zool.*, p. 108, pl. 23, f. 2; Gould, *l. c.*, pl. 25; *cyanotus*, Gould. — Australie S.-E., S. et W.

(1) Voy.: Sharpe, *Cat. B. Brit. Mus.* IV, p. 285.

5220. LEUCONOTUS, Gould, *P. Z. S.*, 1865, p. 198; id., *l. c.*, *Suppl.*, pl. 24. — Intérieur du Sud de l'Australie.

5221. ELEGANS, Gould, *B. Austr.* III, pl. 22; *pulcherrimus*, Gray (nec Gould). — Australie W.

5222. LAMBERTI, Vig. et H., *Tr. Linn. Soc.* XV, p. 221; Gould, *l. c.*, pl. 24. — Australie, sauf la part. occid.

5223. AMABILIS, Gould, *P. Z. S.*, 1850, p. 277; id., *l. c.*, *Suppl.*, pl. 21; *hypoleucus*, Gould; id., *l. c.*, *Suppl.*, pl. 22. — Australie N., cap York.

5224. PULCHERRIMUS, Gould, *P. Z. S.*, 1844, p. 106; id., *l. c.*, pl. 23; *cæruleicapillus*, Gray. — Australie S. et W.

5225. CORONATUS, Gould, *P. Z. S.*, 1857, p. 221; id., *l. c.*, *Suppl.*, pl. 20. — Australie N.-W.

5226. MELANOCEPHALUS, Vig. et H., *Tr. Linn. Soc.* XV, p. 222; Gould, *l. c.*, pl. 26; *browni*, Jard. et S. (nec V. et H.); *dorsalis*, Gr. — Australie S. et E.

5227. BROWNII, Vig. et H., *Tr. Linn. Soc.* XV, p. 223; Gould, *l. c.*, pl. 27; ? *dorsalis*, Lewin; *cruentatus*, Gould. — Australie N. et N.-E.

5228. ALBISCAPULATUS, Mey., *Sitz. k. Akad. Wien*, LXIX, p. 496; Gould, *B. New-Guin.*, part. IV, pl. — Nouv.-Guinée N.-W. et S.-E.

FAM. XXIII. — SYLVIADÆ (1)

SUBF. I. — SYLVIINÆ

955. ACROCEPHALUS

Acrocephalus, Naum. (1811); *Muscipeta*, Koch (1816); *Calamoherpe*, Boie (1822); *Calamodus*, *Calamodyta*, *Hydrocopsichus*, Kaup (1829); *Arundinaceus*, *Tatare*, Less. (1831); *Salicaria* (pt.), Selby (1833); *Junco*, *Eparnetes*, *Hybristes*, Rchb. (1850); *Caricicola*, Brm. (1855).

5229. ARUNDINACEUS (Lin.); Dubois, *Fne. ill. Vert. Belg. Ois.* I, p. 371, pl. 87; *lacustris*, Naum.; *junco*, Pall.; *turdoides*, Mey. et auct. plur.; *stagnatilis*, *major*, *longirostris*, Brm.; *turdina*, Glog.; *arabicus*, Heugl.; *fulvolateralis*, Sharpe. — Europe, Afrique jusqu'au cap B.-E.

1060. *Var.* ORIENTALIS (Tem. et Schl.), *Faun. Jap.*, p. 50, pl. 50; *magnirostris*, Swinh., *Ibis*, 1860, p. 51. — Japon, Chine, Indo-Ch., Archipel malais.

5230. STENTOREUS (Hempr. et Ehr.), *Symb. Phys. Aves*, fol. *bb*; Allen, *Ibis*, 1864, p. 97, pl. 1; *brunnescens*, Jerd; *longirostris* et *macrorhyncha*, v. Müll.; *meridionalis*, Legge. — Egypte, Asie S.-W., Inde, Ceylan.

(1) Voy.: Seebohm, *Cat. B. Brit. Mus.* V, pp. 1-445 (1881).

5231. GOULDI, Dubois; *longirostris*, Gould (nec Gm.), *P. Z. S.*, 1845, p. 20; id., *B. Austr.* III, pl. 38. — Australie W. et S.

5232. AUSTRALIS, Gould, *B. Austr.* III, pl. 37. — Australie E. et S.-E.

5233. LONGIROSTRIS (Gm.); *caffra*, Sparrm.; *otature*, Less., *Voy. Coquille*, I, p. 666, pl. 23, f. 2; *otaitensis* et *fuscus*, Less.; *musæ*, Forst.; Sh., *Cat.* VII, p. 525. — Iles Société et Paumotou.

5234. MENDANÆ, Tristr., *Ibis*, 1883, p. 43, pl. 1. — Iles Marquises.

5235. PISTOR, Tristr., *Ibis*, 1883, pp. 44, 47, pl. 2. — Ile Fanning (Pacifique).

5236. SYRINX (Kittl.), *Mém. Acad. St-Pétersb.* II (1835), p. 6, pl. 8; Seeb., *Cat.* V, p. 100. — Ile Ponapé (Carolines).

5237. REHSEI (Finsch), *Ibis*, 1883, p. 145; Sharpe, *Cat.* VII, p. 528; *syrinx*, Finsch, *Ibis*, 1881, p. 246 (nec Kittl.) — Ile Nawado (Pacif.)

5238. LUSCINIA (Quoy et G.), *Voy. Astrol. Zool.* I, p. 202, pl. 5, f. 2; *mariannæ*, Tristr., *Ibis*, 1883, p. 45. — Iles Marianne.

5239. ÆQUINOCTIALIS (Lath.); Tristr., *Ibis*, 1883, p. 46; Sharpe, *Cat.* VII, p. 528. — Ile Christmas (Pacif.)

5240. PALUSTRIS (Bechst.), *Orn. Taschenb.*, p. 186; Dubois, *Fne. ill. Vert. Belg. Ois.* I, p. 379, pl. 89; *salicaria*, *musica*, Brm.; *fruticola*, Naum.; *philomela*, Brm.; *pratensis*, Jaub.; *macronyx*, Severtz. — Europe centr. et mér., Asie S.-W., Afr. N. et centr.

5241. STREPERUS (Vieill.), *N. Dict.* XI, p. 182; Dubois, *l. c.* I, p. 376, pl. 88; ?*salicaria*, Lin.; *arundinaceus*, Lightf. et auct. plur. (nec Lin.); *alnorum*, *arbustorum*, *piscinarum*, Brm.; *brehmii*, Müll.; *fusca*, Hempr. et Ehr.; *affinis*, Hardy; *pinetorum*, *hydrophilos*, *orientalis*, *crassirostris*, Brm.; *obscurocapilla*, C. Dub., *Pl. col. Ois. Belg.*, pl. 79^b^. — Europe centr. et mér., Asie S.-W., Afrique N. et N.-E.

5242. DUMETORUM, Blyth, *J. A. S. Beng.* XVIII, p. 815; Dress., *B. Eur.*, pl. 86, f. 2; *montana*, Syk. (nec Horsf.); *arundinacea*, Eversm. (nec Gm.); *magnirostris*, Lilljeb.; *eurhyncha*, *sphenura*, *concolor*, Severtz. — Russie centr. et S., Himalaya W., Inde, Ceylan.

5243. DYBOWSKII, Ridgw., *P. U. S. Nat. Mus.* VI, p. 92. — Kamtschatka.

5244. AGRICOLA (Jerd.), *Madras Journ.* XIII, 2, p. 131; Dress., *B. Eur.*, pl. 86, f. 1; *capistrata*, *modesta* et *gracilis*, Severtz. — Du Bas-Volga jusqu'en Chine, Himal., Inde.

5245. BÆTICATUS (Vieill.), *N. Dict.* XI, p. 195; Levaill., *Ois. d'Afr.* III, pl. 121, f. 2; Seeb., *Cat. B.* V, p. 106; *rufescens*, Keys. et Bl.; *isabella*, Boie; *albotorquatus*, Hartl., *Journ. f. Orn.*, 1880, p. 212. — Afrique centr. et mér.

5246. GRISELDIS, Hartl., *Abh. Ver. Brem.* XII, p. 7. — Nguru (Afr. E.)

5247. AQUATICUS (Gm.); Dubois, *l. c.*, I, p. 386, pl. 93; *salicaria*, Bechst., *paludicola*, Vieill.; *cariceti*, Naum.; *striata*, *limicola*, Brm. — Europe centr. et mér., Asie Min., Afr. N.

5248. SCHOENOBÆNUS (Lin.); Dubois, *l. c.* I, p. 383, pl. 92; — Europe, Asie W., *salicaria*, Lath.; *phragmitis*, Bechst. et auct. plur.; *tritici*, *subphragmitis*, Brm. — Afrique.

5249. SORGOPHILUS (Swinh.), *P. Z. S.*, 1863, pp 92, 293; Dav. et Oust., *Ois. Chine*, p. 246. — Chine S.

5250. BISTRIGICEPS, Swinh., *Ibis*, 1860, p. 51; *maackii*, Schrenck, *Vög. Amur-Lande*, p. 370, pl. 12. — Amour, Chine, Indo-Chine, Japon.

5251. CERVINUS, De Vis, *Ibis*, 1897, p. 386 (1). — Nouv.-Guinée angl.

956. LOCUSTELLA

Locustella, *Potamodus*, Kaup (1829); *Pseudo luscinia*, Bp. (1838); *Lusciniopsis*, Bp. (1842); *Psithyradus*, Glog. (1842); *Parnopia*. Blas. (1862); *Acridiornis*, Severtz. (1873); *Threnetria*, Schau. (1873).

5252. FASCIOLATA (Gray), *P. Z. S.*, 1860, p. 349; Seeb., *Cat* V, p. 109, pl. 5; *insularis*, Wall.; *fumigata*, Swinh.; *subflavescens*, Elliot, *P.Z.S.*, 1870, p. 243. — Sibérie S.-E., Japon, Chine E., Archipel malais.

5253. FLUVIATILIS (Wolf), *Taschenb.* I, p. 229; Dubois, *Ois. Eur.* II, pl. 199; Dress., *B. Eur.* II, pl. 92, f. 1; *stagnatilis*, Naum.; *strepitans*, *wodzickii*, *alticeps*, *macrorhynchus*, *macroura*, Brm.; *gryllina*, Schau.; *cicada*, Hansm. — Russie, Asie mineure, Palestine, ? Afrique N.-E.

5254. LUSCINOIDES (Savi), *Nuovo Giorn. de Lett.* VII, p. 341; Gould, *B. Eur.* II, pl. 104; Dubois, *Fne. ill. Vert. Belg. Ois.* I, p. 389, pl. 90; *savii*, Bp.; *lusc rufescens*, *macrorhynchus*, *brachyrhynchus*, Brm.; *acheta*, Schau. — Europe centr. et mér., Palestine, Afr. N.

5255. OCHOTENSIS (Midd.), *Sib. Reis.* II, p. 185; *japonica*, Cass.; *subcerthiola*, Swinh., *Ibis*, 1874, p. 154; *blakistoni*, Swinh. (juv.) — Sibér. N.-E., Kamtsch., Japon, Arch. malais.

5256. PLESKEI, Tacz., *P. Z. S.*, 1889, p. 620; *hondoensis*, Stejn., *P. U. S. Nat. Mus.* XVI, p. 633. — Corée, Japon.

5257. CERTHIOLA (Pall.), *Zoogr. Rosso-Asiat.* I, p. 509; Gould, *B. Eur.* II, pl. 105; *rubescens*, Blyth; *temporalis*, Jerd.; *doriæ*, Salvad.; Sharpe, *Ibis*, 1876, p. 41, pl. 2, f. 2; *minor*, Dav. et Oust., *Ois. Chine*, p. 250. — Sibérie centr. et E., Chine, Inde, Ceylan, Indo Chine, Arch. malais.

5258. NÆVIA (Bodd.); Dubois, *l. c.* I, p. 393, pl. 91; *locustella*, Lath.; *fluviatilis*, Naum.; *olivacea*, Koch; *tenuirostris*, Brm.; *sibilans*, Gould; *avicula*, Ray; Gould, *B. Eur.* II, pl. 103; *rayi*, Bp.; *anthirostris*, Brm. — Europe centr. et mér., Afrique N.

5259. STRAMINEA (Severtz.), *Turk. Jevotn.*, p. 66; Seeb., *Cat.* V, p. 117; Dress., *B. Eur.*, *Suppl*, pl. 652; *lanceolata*, Dress., *Ibis*, 1876, p. 90; *hendersoni*, Hume, *Str. F.* VI, p. 340. — Sibérie S.-W., Turkestan, Inde.

(1) Cette espèce se rapporte probablement à un autre genre.

5260. LANCEOLATA (Tem.), *Man. d'Orn.* IV, p. 614; Dress., *B. Eur.* II, pl. 92, f. 2; *hendersonii*, Cass.; *minuta*, *macropus*, Swinh.; *subsignata*, Hume, *Str. F.* I, p. 409. — Russie, Turk., Baikal, Amour, Chine, Indo-Chine, Arch. malais.

957. LUSCINIOLA

Lusciniola, Gray (1841); *Phragamaticola*, Jerd. (1844); *Tribura*, Hodgs. (1845); *Dumeticola*, *Arundinax*, Blyth (1845); *Herbivocula*, *Oreopneuste*, Swinh. (1871).

5261. AEDON (Pall.), *Reis. Russ. Reichs* III, p. 695; Dav. et Oust., *Ois. Chine*, p. 254; *olivacea*, Jerd. — Sibérie S.-E., Chine, Inde, Birm., Andam.

5262. MAJOR (Brooks), *J. A. S. Beng.*, 1872, p. 77; Seeb., *Cat.* V, p. 124. — Cachemire.

5263. THORACICA (Blyth), *J. A. S. Beng*, 1845, p 584; Seeb., *Cat.* V, p. 124, pl. 6; *affinis*, Hodgs.; *taczanowskii*, Swinh.; *intermedia*, Oat. — Sibérie S., Himalaya N.-W., Chine.

5264. MANDELLI (Brooks), *Stray Feath.*, 1875, p. 284; ?*brunneipectus*, Blyth, *Ibis*, 1867, p. 19. — Sikkim.

5265. ABYSSINICA, Grant, *Ibis*, 1900, p. 194. — Abyssinie.

5266. LUTEIVENTRIS (Hodgs.), *B. of Nepal, Pass.*, pl. 60; *P. Z. S.*, 1845, p. 30; *brevipennis*, Verr., *N. Arch. Mus.*, *Bull.* VI, p. 65 (1871). — Népaul, Sikkim.

5267. SEEBOHMI, Grant, *Ibis*, 1895, pp. 443, 485. — Luçon N.

5268. INDICA (Jerd.), *Madr. Journ.* XI, p. 6; id., *B. Ind.* II, p. 194; *griseolus*, Blyth; *obscura*, Severtz. — Himalaya, Inde centr.

5269. FUSCATA (Blyth), *J. A. S. Beng.* XI, p. 113; *fulviventris*, Hodgs., *B. Nep. Pass.*, pl. 63, n° 878; *brunneus*, Blyth; *sibirica*, Midd., *Sibir. Reise*, p. 180. — Sibérie S.-E., Japon, Formose, Chine, Indo-Chine, Inde N.-E.

5270. SCHWARZI (Radde), *Reis. Sibir.*, *Vög.*, p. 260; *Ibis*, 1900, pl. 1; *flemingi*, Swinh., *P. Z. S.*, 1870, p. 440; *brooksi*, Hume, *Str. F.* II, p. 505; *incerta* et *affinis*, Dav. et Oust., *Ois. Chine*, pp. 246, 267. — Sibérie S.-E., Chine, Thibet, Indo-Chine.

5271. RUSSULA (Slat.); *Cettia russula*, Sl., *Ibis*, 1897, p. 171. — Fokien.

5272. MELANORHYNCHA, Rick., *Ibis*, 1899, p. 123. — Fokien N.-W.

5273. FULIGINIVENTRIS (Hodgs.), *P. Z. S.*, 1845, p. 31; Seeb., *Cat.* V, p. 129. — Népaul, Sikkim.

5274. ARMANDI (M.-Edw.), *N. Arch. Mus.*, *Bull.*, 1865, p. 22; Dav. et Oust., *Ois. Chine*, p. 265; *davidii*, Swinh., *P. Z. S.*, 1871, p. 355. — Mongolie S.-E., Chine N. et W.

5275. NEGLECTA (Hume), *Ibis*, 1870, p. 143; Seeb., *Ibis*, 1880, p. 277. — Scinde, Beloutschist.

5276. MELANOPOGON (Tem.), *Pl. col.* 245, f. 2; Dub., *Ois. Eur.*, pl. 75; *bonelli*, Brm., *Vogelf.*, p. 236. — Europe mérid., Afr. N., Asie S.-W.

958. CETTIA

Cettia, Bp. (1838); *Horeites*, Hodgs. (1845); *Neornis*, Blyth (1845); *Homochlamis*, Salvad. (1870); *Herbivox*, Swinh. (1871).

5277. CETTI (Marm.), *Mem. Ac. Tor.*, 1820, p. 254; Gould, *B. Eur.*, pl. 114; Dub., *Ois. Eur.*, pl. 77; *sericea*, Natt.; *fulvescens*, Vieill.; *altisonans*, Bp.; *orientalis*, Tristr., *Ibis*, 1867, p. 79; *cettioides*, Hume; *albiventris*, *scalenura*, Severtz.; *stoliczkæ*, Hume. — Europe mér., Afr. N. et N.-E., Asie S.-W.

5278. MONTANA (Horsf.), *Tr. Linn. Soc.* XIII, p. 156; Hart., *Novit. Zool.* III, p. 538. — Java.

1061. *Var.* EVERETTI, Hart., *Novit. Zool.* V, p. 113. — Timor.

5279. OREOPHILA, Sharpe, *Ibis*, 1888, p. 387. — Kina Balu (Bornéo N.)

5280. FLAVOLIVACEA (Hodgs.), *B. Nep.*, *Pass.*, pl. 61, f. 1; *cacharensis*, Hodgs., *l. c.*, pl. 61, f. 2. — Himalaya, du Népaul jusqu'à l'Assam.

5281. SEEBOHMI, Grant, *Ibis*, 1894, p. 507. — Luçon N.

5282. MINUTA (Swinh.), *Ibis*, 1863, p. 306 (pt.); Dav. et Oust., *Ois. Chine*, p. 244 (pt.) — Formose.

5283. CANTANS (Tem. et Schl.), *Fauna Jap.*, p. 51, pl. 19; Seeb., *Cat.* V, p. 139 (pt.) — Japon.

5284. CANTILLANS (Temm. et Schl.), *F. J.*, p. 52, pl. 20; *cantans* (pt.), Seeb. — Japon.

5285. MINIATA (Swinh.), *Ibis*, 1860, p. 357; *minuta*, Swinh. (pt.) et auct. plur. — Chine S., Haïnan.

5286. CANTURIENS (Swinh.), *Ibis*, 1860, p. 52; id., *P. Z. S.*, 1871, p. 353; *Hom. luscinia*, Salvad., *Atti Acc. Sc. Tor.* V, p. 511. — Chine, Formose.

5287. BRUNNEIFRONS (Hodgs.), *B. Nep.*, *Pass.*, pl. 62ª, f. 1; Blyth, *J. A. S. Beng.* XIV, p. 585; Seeb., *Cat.* V, pl. 8; *pollicaris*, Hodgs., *l. c.*, pl. 62; *schistilatus*, Hodgs., *l. c.*, pl., pl. 62ª, f. 2. — Himalaya, Thibet.

5288. MAJOR (Hodgs.), *l. c.*, *Append.*, pl. 42; Seeb., *Cat.* V, p. 145, pl. 7. — Himalaya, Thibet.

959. HORORNIS

Horornis, Hodgs. (1845); *Urosphena*, Swinh. (1877).

5289. FORTIPES, Hodgs., *P. Z. S.*, 1845, p. 31; *brevicaudata*, Blyth; *assimilis*, Gray; *robustipes*, Swinh., *Ibis*, 1866, p. 398; *davidiana*, Verr.; *brunnescens*, Hume. — Himalaya, Chine W., Formose.

5290. SINENSIS (La Touche), *Ibis*, 1898, pp. 297, 328; *fortipes*, La Touche; *Ibis*, 1892, p. 417. — Fokien (Chine).

5291. PALLIDUS, Brooks, *J. A. S. Beng.* XLI, pt. 2, p. 78; *fortipes* (pt.), Seeb. — Inde N.

5292. SQUAMICEPS, Swinh., *P. Z. S.*, 1863, p. 292; id., *Ibis*, 1875, p. 146; 1877, p. 205, pl. 4. — Chine, Formose.

5293. USSURIANUS (Seeb.), *Cat B.* V, p. 143; *squamiceps*, Tacz., *Journ. f. Orn.*, 1875, p. 245. — Sibérie E.

5294. FLAVIVENTRIS, Hodgs., *B. of Nep.*, *Pass.*, pl. 63ª, f. 1; id., *P. Z. S.*, 1845, p. 31; Jerd., *B. Ind.* II, p. 162. — Népaul.

960. HYPOLAIS

Hypolais, Brm. (1828); *Lusciola*, Keys. et Bl. (1840); *Iduna*, Bp. (1850); *Jerdonia*, Hume (1870); *Eleophonus*, Severtz. (1875).

5295. ICTERINA (Vieill.), *N. Dict.* XI, p. 194; Dubois, *Fne. ill. Ois.*, pl. 85; *hypolais*, Lin.; *alticeps*, *media*, *planiceps*, Brm.; *salicaria*, Bp.; *ambigua*, Duraz; *obscura*, Sm., *Ill. Zool. S. Afr*, *Birds*, pl. 112, f. 1; *italica*, Salvad. — Europe jusqu'au Cercle polaire, Afrique.

1062. *Var.* MOLLESSONI, Zarud., *Bull. Mosc.*, 1888, p. 675. — Orenbourg.

5296. POLYGLOTTA (Vieill.), *N. Dict.* XI, p. 200; Dub., *l. c.* I, p. 368, pl. 86; Dress., *B. Eur.*, pl. 80, f. 2; *flaveola*, Vieill. — Europe S.-W., Afr. N., Sénégambie.

5297. OLIVETORUM (Strickl.), Gould, *B. Eur.* II, pl. 107; Dress., *B. Eur.*, pl. 82, f. 2. — Grèce, Asie min., Palest., Afrique N.-E.

5298. LANGUIDA (Hempr. et Ehr.), *Symb. Phys. Aves*, fol. cc; Dress., *B. Eur.*, pl. 83; *upcheri*, Tristr., *P. Z. S.*, 1864, p. 438; *magnirostris*, Severtz.; *sogdianensis*, Dress. — Asie S.-W., Afrique N.-E.

5299. PALLIDA (Hempr. et Ehr.), *l. c.*, fol. bb; Dub., *Ois. Eur.*, pl. 71; Dress., *B. Eur.*, pl. 80, f. 1; *andromeda*, *maxillaris*, H. et E.; *elæica*, Linderm.; *preglii*, Frauenf.; *tamariceti*, Severtz. — Grèce, Turquie, Asie S.-W., Afr. N.-E.

1063. *Var.* OPACA (Licht.), Cab., *Mus. Hein.* I, p. 36; Dress., *B. Eur.*, pl. 82, f. 1; *pallida*, auct. plur.; *cinerascens*, de Sel. — Espagne, Afrique N. et N.-W.

5300. RAMA (Syk.), *P. Z. S.*, 1832, p. 89; Seeb., *Cat. B.* V, p. 84. — Russie S.-E., Perse, Turk., Cachemire, Inde centr.

5301. CALIGATA (Licht.), Eversm., *Reise Buchara*, p. 128; Dress., *l. c.*, pl. 84; *scita*, Eversm.; *swainsoni*, Hodgs.; *agricolensis*, Hume, *Ibis*, 1870, p. 182; *brevipennis* et *microptera*, Severtz. — Sibérie S., Turkestan, Cachemire, Inde centr.

1064. *Var.* OBSOLETA (Severtz.), *Turk. Jevotn.*, pp. 66, 129; Dress., *Ibis*, 1876, p. 87. — Turkestan, Scinde.

961. AGROBATES

Aëdon, Boie (1826, nec Forst, 1814); *Agrobates*, Sw. (1837).

5302. GALACTODES (Tem.), *Man. d'Orn.* I, p. 182; Gould, *B. Eur.* II, pl. 112; *rubiginosus*, Mey.; Dub., *Ois. Eur.*, pl. 74; *minor*, Cab. — Espagne, Portugal, Afrique N. et N.-E.

1065. *Var.* FAMILIARIS (Ménétr.), *Cat. rais. Cauc.*, p. 32; Dub., *Ois. Eur.*, pl. 74ª; Dress., *B. Eur.*, pl. 85; *galactodes* (pt.), auct. plur.; *bruchii*, *brachyrynchos* et *macrorhynchos*, Brm. — Europe S. et S.-E., Asie S.-W. jusqu'au Scinde.

1066. *Var.* PSAMMOCHROA (Rchw.), *Orn. Centralbl.*, 1879, p. 139; Sharpe, *J. f. O.*, 1882, p. 345. — Massa (Afrique E.)

962. SYLVIA

Sylvia, Scop. (1769); *Curruca*, Koch (1816); *Adophoneus*, *Monachus*, *Alsæcus*, *Epilais*, *Erythroleuca*, Kp. (1829); *Nisoria*, Bp. (1838); *Adornis*, Gray (1841); *Stoparola*, Bp. (1856); *Philacantha*, Swinh. (1871); *Atraphornis*, Severtz. (1873).

5303. NISORIA (Bechst.), *Naturg. Deutschl.* IV, p. 580, pl. 17; Dub., *Ois. Eur.*, pl. 64; Gould, *B Eur.* II, pl. 128; *undata*, *undulata*, Brm. — Allemagne, Suède S., Transylvanie, Russie S., Turkest., Perse, Eur. S., Asie min., Afrique N.-E.

5304. CINEREA, Lath.; Gould, *B. Eur.* II, pl. 125; Dubois, *Fne. ill. Ois.* I, p. 360, pl. 84; *Mot. sylvia*, Lin.; ? *rufa*, Bodd.; *cineracea*, *fruticeti*, *caniceps*, Brm.; *affinis*, Blyth; var. *Persica*, Fil. — Europe, Asie W., Afrique.

5305. HORTENSIS (Gm.); Dubois, *l. c.* I, 354, pl. 82; *simplex*, Lath.; *ædonia*, Vieill.; *brachyrhynchos*, *grisea*, Brm.; *salicaria*, Newt.; Dress., *B. Eur.*, pl. 67. — Europe, Asie mineure, Afrique N.-E. et S.

5306. RUPPELLI, Tem., *Pl. col.* 245, f. 1; Dub., *Ois. Eur.*, pl. 66; *capistrata*, Rüpp.; *melandiros*, Linderm. — Grèce, Asie min., Palest., Afr. N. et N.-E.

5307. ORPHEA, Tem., *Man. d'Orn.*, p. 107; Gould, *B. Eur.*, pl. 61; *grisea*, Vieill.; *crassirostris*, Cretz.; *musica*, *caniceps*, *vidali*, *griseocapilla*, Brm. — Europe centr. et mér., Asie min., Palest., Afrique N.

1067. *Var.* JERDONI (Blyth), *J. A. S. Beng.* XVI, p. 439; *cucullatus*, Nichols., *P. Z. S.*, 1851, p. 195, pl. 43; *orphea* (pt.), auct. plur. — Perse, Turkestan, Inde, Arabie.

5308. CURRUCA (Lin.); *sylviella*, Lath.; *garrula*, Bechst; Gould, *B. Eur.* II, pl. 125; Dub., *Fne. ill. Ois.* I, p. 357, pl. 83; *dumetorum*, *molaria*, etc., Brm. — Europe, Afrique N. et N.-E.

1068. *Var.* AFFINIS, Blyth, *Cat. B. Mus. As. Soc.*, p. 187; *garrula* et *curruca* (pt.), auct. plur. — Asie centr. et mér.

1069. *Var.* ALTHEA, Hume, *Str. F.* VII, p. 60. — Cachem., Inde N.-W.

5309. MINUSCULA, Hume, *Str. F.* VIII, p. 103; Seeb., *Cat.* V, p. 20, pl. 1; *minula*, Hume, *Str. F.* I, p. 198. — Afghanistan, Beloutschist., Inde N.-W.

5310. MARGELANICA, Stolzm., *Bull. Soc. Mosc.*, 1897, p. 72. Ferghana.

5311. MYSTACEA, Ménétr., *Cat. rais. Cauc.*, p. 34; Dress., *Ibis*, 1876, p. 80; ?*nigricapillus*, Cab., *Mus. Hein.* I, p. 35; *rufescens*, Blanf.; *bowmani*, Tristr., *Ibis*, 1867, p. 85. Perse, Palestine.

1070. *Var.* MOMA (Hempr. et Ehr.), *Symb. Phys. Aves* I, fol. bb; *S. melanocephala minor* et *nubiæ*, Heugl. Afrique N.-E.

5312. CONSPICILLATA, Marm., Tem., *Man. d'Orn.* I, p. 210; Gould. *B. Eur.*, pl. 126; Dub., *Ois. Eur.*, pl. 68; *passerina*, Tem.; *icterops*, Ménétr. Europe mér., Afr. N., Palestine, Canaries.

5313. ATRICAPILLA (Lin.); Dubois, *Fne. ill. Ois.* I, p. 331, pl. 81; *nigricapilla*, *pileata*, Brm.; *rubricapilla*, Landb.; *naumanni*, von Müll. Europe, Asie mineure, Palestine, Afrique N. et N.-E.

1071. *Var.* HEINEKENI (Jard.). *Edinb. Journ. Nat. Geogr. Sc.* I, p. 243. Madeire.

5314. NANA (Hempr. et Ehr.), *Symb. Phys. Aves*, fol. cc; *aralensis*, Eversm., *Bull. Soc. N. Mosc.* XXIII, pt. 2, p. 565, pl. 8, f. 1; *deserti*, Loche, *Rev. Mag. Zool.*, 1858, p. 394, pl. 11, f. 1; *delicatula*, Hartl.; *doriæ*, Fil.; *chrysophthalma*, Heugl. Algérie, Asie S.-W.

5315. SUBALPINA, Bonel.. in Tem., *Man. d'Orn.* I, p. 214; Dub., *Ois. Eur.*, pl. 67; *leucopogon*, Mey.; Gould, *B. Eur.*, pl. 124; *albistriata*, Brm. Europe mér., Afr. N.

5316. MELANOTHORAX, Tristr., *Ibis*, 1872, p. 296; Dress., *B. Eur.*, pl. 61. Palestine, Chypre.

963. MELIZOPHILUS

Melizophilus, Leach. (1816); *Thamnodus*, Kp. (1829); *Pyrophthalma*, Bp. (1842).

5317. BLANFORDI (Seeb.), *P. Z. S.*, 1878, p. 979; id., *Cat. B.* V, p. 29, pl. 2; *melanocephala*, Blanf., *Geol. and Zool. Abyss.*, p. 379. Abyssinie.

5318. MELANOCEPHALUS (Gm.); Gould, *B. Eur.*, pl. 123; Dub., *Ois. Eur.*, pl. 65; *ruscicola*, Vieill.; *ochrogenion*, Linderm.; *luctuosa*, Brm. Europe mér., Afrique sept., Asie min., Palestine.

5319. UNDATUS (Bodd.); Dress., *B. Eur.*, pl. 69; *dartfordiensis*, Lath.; *provincialis*, Gm. et auct. plur.; Dub., *Ois. Eur.*, pl. 70; *ferruginea*, Vieill.; *ulicicola*, Blyth; *obsoletus*, Brm. Angleterre S., Europe mér., Afrique N. et Palestine.

5320. DESERTICOLUS (Tristr.), *Ibis*, 1859, p. 58; Seeb., *Cat.* V, p. 32, pl. 3; *deserti*, Sel. (nec Loche). Sahara algérien.

5321. SARDUS, Marm., in Tem., *Man. d'Orn.* I, p. 204; Gould, *B. Eur.* II, pl. 127; *moschita*, Gm.; *sardonia* et *sardoniæ*, Vieill. Portugal, Baléares, Corse, Sardaigne, Sicile, Grèce, Palestine, Algérie.

964. EPHTHIANURA (1)

Ephthianura, Gould (1837); *Cynura*, Brm. (1844); *Cinura*, Sundev. (1872).

5322. ALBIFRONS (Jard. et S.), *Ill. Orn.* II, pl. 56, ff. 1, 2; Gould, *B. Austr.* III, pl. 64; *torquata*, Brm.; *leucocephala*, Less. — Australie.

5323. TRICOLOR, Gould, *P. Z. S.*, 1840, p. 159; id., *B. Austr.*, pl. 65. — Australie.

5324. AURIFRONS, Gould, *P. Z. S.*, 1837, p. 148; id., *l. c.*, pl. 66. — Australie S. et S.-E.

5325. CROCEA, Casteln. et Rams., *Pr. Linn. Soc. N. S. W.*, 1877, p. 380; Sharpe, *Cat. B.* VII, p. 669. — Australie N. (golfe Carpentarie).

965. ACANTHOPNEUSTE (2)

Acanthopneuste, Blas. (1858); *Phylloscopus* et *Phyllopneuste* (pt.), auct. plur.

5326. BOREALIS (Blas.), *Naumannia*, 1858, p. 313; Naum., *Vög. Deutschl.* XIII, p. 69, pl. 375, f. 1; *eversmanni*, auct. plur. (nec Bp.); *sylvicultrix*, Swinh., *Ibis*, 1860, p. 53; *flavescens*, Gr.; *hylebata*, Swinh.; *kennicotti*, Baird, *Tr. Chic. Ac. Sc.* I, p. 313, pl. 30, f. 2; *javanica*, Salvad., *Ucc. Born.*, p. 244. — Zone bor. de Finmark à l'Alaska, Sibérie, Chine, Formose, Indo-Chine et Arch. malais.

5327. XANTHODRYAS (Swinh.), *P. Z. S.*, 1863, p. 296; *trinotaria*, Dav., *N. Arch. Mus.* VII (1870), *Bull.*, p. 7. — Japon, Chine E., Bornéo.

5328. NITIDA (Blyth), *J. A. S. Beng.* XII, p. 965; Jerd., *B. Ind.* II, p. 193; *S. icterina*, Hodgs. (nec Vieill.), *B. Nep.*, *Pass.*, pl. 55, n° 385; *hippolais*, Jerd. (1840, nec Lin.) — Himalaya, Inde, Ceylan.

5329. VIRIDANA (Blyth), *J. A. S. Beng.* XII, p. 967; *middendorfi*, Meves, *Œfv. k. Vet.-Ak. Förh.*, 1871, p. 758. — Cachemire, Inde.

5330. PLUMBEITARSA (Swinh.), *Ibis*, 1861, p. 330; *coronata*, Midd. (nec Tem.); *excoronatus*, Homey.; *intermedia*, *graminis*, Severtz.; *middendorfi*, Tacz. (nec Meves), *Bull. Soc. Zool. Fr.*, 1876, p. 140; *seebohmi*, Hume, *Str. F.* V, p. 335. — Turkestan, Sibérie S., Amour, Haïnan, Chine, Indo-Chine.

1072. *Var.* PSEUDO-BOREALIS, Severtz., *Ibis*, 1883, p. 66. — Pamir.

5331. TENELLIPES (Swinh.), *Ibis*, 1860, p. 53; Dav. et Oust., *Ois. Chine*, p. 269. — Chine, Indo-Chine.

5332. MAGNIROSTRIS (Blyth), *J. A. S. Beng.* XII, p. 966; *javanicus*, Blyth (pt., nec Horsf.) — Inde, Ceylan, îles Andaman.

(1) Voy.: Sharpe, *Cat. B. Brit. Mus.* VII, pp. 666. — (2) Seebohm, *Cat.* V, p. 37.

5333. LUGUBRIS (Blyth), *Ann. N. H.*, 1843, p. 98; Jerd., *B. Ind.* II, p. 192; *trochilus*, Hodgs. (nec Lin.) — Himalaya E. jusqu'au Népaul, Inde N.-E., Indo-Ch., Philipp.

5334. CORONATA (Tem. et Schl.), *Fauna Jap. Aves*, p. 48, pl. 18; Dav. et Oust., *Ois. Chine*, p. 269. — Japon, Sibérie S.-E., Chine E., Formose, Java, Malacca.

5335. IJIMÆ (Stejn.), *P. U. S. Nat. Mus.* XV, p. 372. — Ile Seven, Japon.

5336. OCCIPITALIS (Blyth), *J. A. S. Beng.* XIV, p. 593; *swainsoni*, Hodgs.; *validirostris*, Jerd. — Cachemire, Himal. et du Beng. au Ténass.

5337. REGULOIDES (Blyth), *J. A. S. Beng.* XI, p. 191; Hodgs., *B. Nep. Pass.*, pl. 59, et *App.*, pl. 43; *trochiloides*, auct. plur. (nec Sund.); *viridipennis*, Blyth, *l. c.* XXIV, p. 275; *flavo-olivaceus*, Hume, *Str. F.* V, p. 504. — Inde, Indo-Chine.

5338. DAVISONI (Oat.), *Birds Ind.* I, p. 240. — Ténassérim.

5339. PRESBYTIS (S. Müll.), *Tijdschr. v. Nat. Gesch. en Phys.* II, p. 331; *viridipennis*, auct. plur. (nec Bl.); *trochiloides*, Sundev.; *superciliosa*, Wall. — Birmanie, Timor, ? Sumatra.

5340. EVERETTI, Hart., *Ibis*, 1899, p. 310. — Ile Bouru.

5341. FLORIS (Hart.), *Novit. Zool.* V, p. 114. — Flores.

5342. SARASINORUM (Mey. et Wg.), *Abh. Mus. Dresd.*, 1896-97, n° 1, p. 9; id., *B. Cel.*, p. 530, pl. 19, f. 3. — Célèbes S.

966. PHYLLOSCOPUS

Asilus, Bechst. (1802, Entomol.); *Ficedula*, Koch (1816, nec Cuv., 1799); *Trochilus*, Forst. (1817, nec Lin.); *Phylloscopus*, Boie (1826); *Sibilatrix*, Kp. (1829); *Phyllopneuste*, Brm. (1831); *Sylvicola*, Eyt. (1836, nec Sw.); *Phyllopseuste*, Cab. (1850).

5343. SIBILATRIX (Bechst.), *Naturg. Deutschl.* IV, p. 688; Dubois, *Fne. ill. Ois.* I, p. 411, pl. 97; *sylvicola*, Mont.; *megarhynchos*, Brm. — Europe et Afrique du 60° au 10° l. N., Asie min., Palest.

5344. TROCHILUS (Lin.); Dubois, *l. c.* I, p. 404, pl. 95; *fitis*, Bechst.; *flaviventris*, Vieill.; *medius*, Forst.; *arborea* et *acredula*, Brm.; *melodia*, Blyth; *viridula*, H. et E.; *tamarixis*, Cresp.; *eversmanni*, Bp.; *meisneri*, Pässl.; *septentrionalis* et *gracilis*, Brm.; *major*, Tristr.; *gaetkii*, Seeb. — Europe, Asie W., Afr.

5345. BONELLII (Vieill.), *N. Dict.* XXVIII, p. 91; Bp., *Faun. Ital. Ucc.*, pl. 27, f. 4; *nattereri*, Tem., *Pl. col.* 24, f. 3; *montana*, Brm.; *prasinopyga*, Licht.; *alpestris*, *orientalis*, Brm. — Europe mér., Asie min., Palestine, Afrique N. et N.-E., Sénégambie.

5346. RUFUS (Bechst.), *Orn. Taschenb.* I, p. 188; Dubois, *l. c.* I, p. 407, pl^s 95, f. 2 et 96; *hippolais*, auct. plur. (nec Lin.); Gould, *B. Eur.* II, pl. 131; *col-* — Eur. jusqu'au Cercle arct., Asie min., Palestine, Afrique

lybita, Vieill.; *minor*, Forst.; *abietina*, Nilss.; *sylvestris, solitaria, pinetorum*, Brm.; *loquax*, Herb.; *brevirostris*, Strickl.; *abyssinicus*, Blanf.; *brehmi*, Hom. — N. et N.-E.

5347. FORTUNATUS, Tristr., *Ibis*, 1889, p. 21. — Canaries.

5348. TRISTIS, Blyth, *J. A. S. Beng.* XII, p. 966; Gould, *B. Asia*, pl.; *affinis*, Hodgs.; *brevirostris*, Brooks (nec Strickl.); *fulvescens*, Severtz. — Sibérie, Turkestan, Beloutschistan, Inde.

1073. *Var.* LORENZI, Menzb. *in Lor. Beitr. Orn. Cauc.*, p. 28, pl. 2, ff. 2-4. — Caucase.

5349. HOMEYERI (Tacz.), *Bull. Soc. Zool. de Fr.* VIII, p. 358. — Kamtschatka.

5350. SINDIANUS, Brooks, *Ibis*, 1884, p. 236. — Inde.

5351. AFFINIS (Tick.), *J. A. S. Beng.* II, p. 576; *lugubris* (pt.), Bl.; *zanthogaster*, Hodgs., *B. Nep. Pass.*, pl. 65, n° 854; *flaveolus*, Gr.; *acanthizoides*, Verr., *N. Arch. Mus., Bull.* VI, p. 37 (1870). — Himalaya, Inde, Birmanie, et du Setchuen au Kansu.

5352. SUBAFFINIS, Grant, *Ibis*, 1900, p. 371. — Chine S.

5353. TYTLERI, Brooks, *Ibis*, 1872, p. 23. — Inde N.

5354. PALLIDIPES, Blanf., *J. A. S. Beng.* XLI, pt. 2, p. 162, pl. 7; *sericea*, Wald., *B. Burm.*, p. 119. — Sikkim, Assam.

967. PHYLLOBASILEUS

Reguloides! Blyth (1847); *Phyllobasileus*, Cab. (1850).

5355. HUMEI (Brooks), *Str. F.* VII, p. 131; Seeb., *Cat.* V, p. 67, pl. 4, f. 1; *tenuiceps*, Hodgs.; *superciliosus*, Brooks, *Ibis*, 1869, p. 236. — Himalaya, Inde.

5356. SUPERCILIOSUS (Gm.); Cab., *Journ. f. Orn.*, 1853, p. 84, pl. 1; *modestus*, Gould; *inornatus*, Blyth; *proregulus*, Midd. (nec Pall.); *bifasciata*, Gaetke; *pallasii*, C. Dub., *Ois. Eur.*, p. et pl. 83. — Sibérie, Chine, Indo-Chine, Inde N.

5357. MACULIPENNIS (Blyth), *Ibis*, 1867, p. 27; *chloronotus*, Hodgs. (pt.) — Népaul, Sikkim.

5358. PROREGULUS (Pall.), *Zoogr. Rosso-Asiat.* I, p. 499; *modestus*, Gould, *B. Eur.* II, p. 149; *chloronotus*, Hodgs. (pt.) et auct. plur.; *superciliosa*, Radde. — Sibérie S.-E., Himalaya jusqu'en Birmanie, Chine.

5359. PULCHER (Hodgs.); *erochroa* et *pulchrala*, Hodgs., *B. Nep. Pass.*, pl. 57, f. 2 et pl. 58; *pulcher*, Blyth, *J. A. S. Beng.* XIV, p. 592. — Népaul, Sikkim.

5360. SUBVIRIDIS (Brooks), *P. A. S. Beng.*, 1872, p. 148; Seeb., *Cat.* V, p. 74, pl. 4, f. 2. — Cachem., Inde N.-W.

SUBF. II. — REGULINÆ (1)

968. REGULUS

Regulus, Koch (1816); *Phyllobasileus* (pt.), Cab. (1850); *Corthylio,* Cab. (1853).

5361. CRISTATUS, Koch, *Syst. baier. Zool.*, p. 199; Dubois, *Fne. ill. Ois.* I, p. 415, pl. 98; *Mot. regulus,* Lin.; *vulgaris,* Steph.; *aureocapillus,* Mey.; *crococephalus,* etc., Brm.; *flavicapillus,* Naum.	Europe jusqu'au Cercle polaire, Asie centr., Afrique N.
1074. *Var.* JAPONICA, Bp., *C. R. Ac. Sc.* XLIII, p. 767; Swinh., *P. Z. S.*, 1863, pp. 336, 451, 602.	Japon, Chine E.
1075. *Var.* AZORICA, Seeb., *Brit. B.* I, p. 454.	Iles Açores.
5362. HIMALAYENSIS, Jerd., *B. Ind.* II, p. 206; Gould, *B. As.*, pl.; *cristatus,* Pelz. (nec Koch); Dav. et Oust., *Ois. Chine,* p. 276.	Himalaya N.-W., Chine W.
5363. SATRAPA, Licht., *Verz. Doubl.*, n° 410; Baird, *B. N. Am.*, p. 227; *cristatus,* Audub., *B. Am.* II, pl. 132; *tricolor,* Audub.; *reguloides,* Jard.	Amérique sept. jusqu'au Mexique.
1076. *Var.* OLIVASCENS, Baird, *Rev. Am. B.*, p. 65.	Amérique N.-W.
1077. *Var.* AZTECA, Lawr., *Ann. N. Y. Acad.* IV, p. 66.	Mexique.
5364. IGNICAPILLUS (Brehm.), in Tem., *Man. d'Orn.*, p. 231; Dubois, *l. c.* I, p. 419, pl. 99; *pyrocephalus, nilssonii* et *brachyrhynchos,* Brm.; *mystaceus,* Vieill.	Europe centr. et mér., Asie min., Afr. N
5365. TENERIFFÆ, Seeb., *Brit. B.* I, p. 459 (1883); *satelles,* Kg., *J. f. O.*, 1889, p. 263, 1890, pl. 5, f. 1.	Iles Canaries.
5366. MADERENSIS, Harc., *P. Z. S.*, 1854, p. 153; Dress., *B. Eur.* II, p. 465, pl. 73, f. 2.	Madère.
5367. TRISTIS, Pleske, *Mel. Biol.*, p. 306.	Turkestan.
5368. CALENDULA (Lin.); Audub., *B. Am.*, pl. 133; *griseus,* Gm.; *rubineus,* Vieill., *Ois. Am. sept.* II, p. 49, pl^s 104, 105.	Amérique sept. jusqu'au Guatémala.
1078. *Var.* GRINNELLI, Palm., *Auk,* XIV, p. 399.	Alaska, ? Groenland.

969. LEPTOPOECILE

Leptopœcile, Severtz. (1873); *Stoliczkana,* Hume (1874).

5369. SOPHIÆ, Severtz., *Turk. Jevotn.*, pp. 66, 135, pl. 8, ff. 8 et 9; *stoliczkæ,* Hume, *Str. Feath.*, 1874, pt. 2, p. 513.	Cachemire, Turkestan.
1079. *Var.* MAJOR, Menzb., *Ibis,* 1885, p. 353.	Kashgaria.
1080. *Var.* OBSCURA, Dedid., *J. f. O.*, 1887, p. 277.	Thibet.
5370. ELEGANS, Dedid., *Journ. f. Orn.*, 1887, p. 275.	Val. du fl. Jaune (Asie centr.)
5371. HENRICI, Oust., *Ann. Sc. Nat.* XII, p. 287, pl. 10, f. 1.	Thibet.

(1) Voy.: Gadow, *Cat. B. Br. Mus.* VIII, pp. 79-87 (1883).

SUBF. III. — POLIOPTILINÆ (1)

970. POLIOPTILA

Polioptila, Sclat. (1855).

5372. CÆRULEA (Lin.); Audub., *B. Amer.*, pl. 84; *cana*, Gm.; *griseus*, Bartr.; *mexicana*, Bp. — États-Unis, Mexique, Guatémala, Cuba.

1081. *Var.* CÆSIOGASTRA, Ridgw., *Man. N. A. Birds*, p. 569. — Iles Bahama.

5373. LEMBEYI, Gundl., *Journ. f. Orn.*, 1861, p. 32. — Cuba.

5374. DUMICOLA (Vieill.), *N. Dict.* XI, p. 170; *bivittata*, Licht. — Brésil S., Argentine.

1082. *Var.* BOLIVIANA, Scl., *P. Z. S.*, 1852, p. 34, pl. 47. — Bolivie.

5375. SCHISTACEIGULA, Hart., *Ibis*, 1898, p. 293. — Ecuador.

5376. LEUCOGASTRA (Max.), *Beitr. Nat. Bras.* III, p. 710; *atricapilla*, Sw., *Zool. Ill.*, sér. 2, pl. 57; *dumicola*, Cab. (nec Vieill.) — Brésil.

5377. NIGRICEPS, Baird, *Rev. Am. B.*, p. 69; Tacz., *Orn. Pérou*, I, p. 453; *buffoni*, Tacz. (pt.) — Mex., S. Salvador, Col., Vén. W., Pérou N.

1083. *Var.* RESTRICTA, Brewst., *Auk*, 1889, p. 97. — Sonora S. (Mexique).

5378. PARVIROSTRIS, Sharpe, *Cat. B.* X, p. 448; ? *buffoni*, Scl. et Salv., *P. Z. S.*, 1866, p. 177, 1873, p. 256. — Haut-Amazone.

5379. SCLATERI, Sharpe, *Cat. B.* X, p. 449; *nigriceps*, Salv. et Godm., *Ibis*, 1880, p. 116 (nec Baird). — Vénézuéla, Colomb. E.

5380. BUFFONI, Sclat., *P. Z. S.*, 1861, p. 127; id., *Cat. am. B.*, p. 12; *Pl. enl.* 704, f. 1. — Guyane.

5381. PLUMBEA, Baird, *Pr. Phil. Acad.* VII, p. 118; id., *B. N. Am.*, p. 382, *atl.*, pl. 33, f. 1; *atricapilla*, Lawr. (nec Sw.); *mexicana*, Cass., *B. Calif.*, p. 184, pl. 27; *melanura*, Lawr. — Colorado et vallée du Rio Gila.

5382. CALIFORNICA, Brewst., *Bull. Nutt. Orn. Club*, VI, p. 103; *atricapilla*, Heerm.; *melanura*, Baird, *B. N. Am.*, p. 382 (nec Lawr.) — Californie.

5383. BILINEATA (Bp.), *Consp.* I, p. 306; Scl., *P. Z. S.*, 1855, p. 12; *superciliaris*, Lawr., *Ann. Lyc. N. Y.* VII, p. 178; *albiloris*, Tacz. (nec Scl. et Salv.) — Du Guatémala au Pérou.

5384. LACTEA, Sharpe, *Cat. B.* X, p. 453. — ?(Amér. mér.)

5385. ALBILORIS, Scl. et Salv., *P. Z. S.*, 1860, p. 298; Owen, *Ibis*, 1861, p. 61, pl. 2, f. 3; Salv. et God., *Biol. Centr.-Am., Aves*, pl. 5, ff. 1, 2. — Guatémala, S. Salvador et Mexique W.

(1) Voy.: Sharpe, *Cat. B. Br. Mus.* X, p. 440 (1885).

SUBF. IV. — ACCENTORINÆ (1)

971. ACCENTOR

Accentor, Bechst. (1802); *Prunella*, Vieill. (1816); *Tharrhaleus, Spermolegus*, Kp. (1829); *Laiscopus*, Glog. (1842).

5386. MODULARIS (Lin.); Dubois, *Fne. ill. Ois.* I, p. 347, pl. 80; Gould, *B. Eur.* II, pl. 100; *elliotæ*, Leach; *pinetorum*, Brm.	Europe, Asie min., Palestine.
1084. *Var.* ORIENTALIS, Sharpe, *Cat.* VII, p. 652; *rubidus*, Blanf. (nec T. et S.)	De la Mer Noire à la Perse.
5387. RUBIDUS, Tem. et Schl., *Faun. Jap.*, p. 69, pl. 32.	Japon.
1085. *Var.* FERVIDA, Sharpe, *Cat.* VII, p. 653; *rubidus* (pt.), auct. plur.	Japon.
5388. KOSLOWI, Dedit., *Journ. f. Orn.*, 1887, p. 277.	Sibérie S., Thibet.
5389. MONTANELLUS (Pall.), *Reis. Russ. R.* III, p. 695; Gould, *B. Eur.* II, pl. 101; Dubois, *Ois. Eur.* I, pl. 63; *temmincki*, Brandt.	Sibérie, Amour.
5390. FULVESCENS, Severtz., *Turk. Jevotn.*, pp. 66, 132; Bidd., *Ibis*, 1882, p. 281, pl. 8; *montanellus* (pt.), auct. plur.	Du Turkestan au Cachemire N.
5391. IMMACULATUS, Hodgs., *Icon. ined.*, *Pass.*, pl. 101 *a*; *mollis*, Blyth, *J. A. S. Beng.* XIV, p. 581.	Himalaya E., Chine W.
5392. ATRIGULARIS, Brandt, *Bull. Acad. St-Pétersb.* II (1844), p. 40; Gould, *B. Asia*, pl.; *huttoni*, Moore, *P. Z. S.*, 1854, p. 119.	Altaï, Turk., Afghanistan, Himalaya N.-W.
5393. RUBECULOIDES, Moore, *P. Z. S.*, 1854, p. 118; Gould, *B. Asia*, pl.	Himalaya.
5394. STROPHIATUS, Hodgs., *Icon. ined.*, *Pass.*, pl. 101; Gould, *B. Asia*, pl.	Himalaya.
1086. *Var.* MULTISTRIATA, David, *Ann. and Mag. N. H.*, 1871, p. 256; id. et Oust., *Ois. Chine*, p. 179.	Chine.
5395. JERDONI, Brooks, *J. A. S. Beng.*, 1872, pt. 2, p. 327; *strophiatus*, Hume et Hend.	Himalaya N.-W., Cachemire.
5396. ALTAICUS, Brandt, *Bull. Acad. St-Pétersb.*, 1843, p. 365, Gould, *l. c.*, pl.; *himalayanus* et *variegatus*, Blyth.	Altaï, Himalaya.
5397. COLLARIS (Scop.); Dubois, *Fne. ill. Ois.* I, p. 344, pl. 79; *moritanus* et *alpina*, Gm.; Gould, *B. Eur.*, pl. 99; *major* et *subalpinus*, Brm.	Europe centr. et mér., Caucase, Asie min., Palestine.
1087. *Var.* ERYTHROPYGIA, Swinh., *P. Z. S.*, 1870, p. 124, pl. 9; *alpinus*, Midd. (nec Gm.)	Sibérie E., Japon.
1088. *Var.* RUFILATA, Sharpe, *Cat.* VII, p. 664.	Du Turkestan au N. du Cachemire.

(1) Voy.: Sharpe, *Cat. B. Br. Mus.* VII, p. 640 (1883).

5398. pallidus (Menzb.), *Ibis*, 1887, p. 299, pl. 9. — Mongolie N.-W

5399. nipalensis, Hodgs., *J. A. S. Beng.* XII, p. 958; id., *Icon.*, pl. 101ª, f. 2; Dav. et Oust., *Ois. Chine*, p. 177; *cacharensis*, Hodgs. — Himalaya.

FAM. XXIV. — TURDIDÆ (1)

SUBF. I. — LUSCINIINÆ

972. AEDON

Aëdon, Forst. (1814, nec Boie, 1826); *Luscinia*, Brm. (1828); *Daulias*, Boie (1831); *Philomela*, Selby (1833); *Lusciola*, Keys. et Bl. (1840).

5400. luscinia (Lin.); Dub., *Fne. ill. Ois.* I, p. 339, pl. 78; *philomela*, auct. plur. (nec Bechst.); *megarhynchos*, *media*, *okenii*, *peregrina*, Brm.; *vera*, Sund. — Europe centr. et mér., Afrique N. et N.-E.

1089. *Var.* Africana, Fisch. et Rchw., *Journ. f. Orn.*, 1884, p. 182. — Massaïland.

5401. major (Gm.); *philomela*, Bechst.; Gould, *B. Eur.*, pl. 117; *aëdon*, Pall.; *magna*, Blyth; *eximia*, *hybrida*, Brm.; *occidentalis*, *infuscata*, Severtz. — Sibérie S.-W., Turkestan, Asie min., Afrique N.-E.

1090. *Var.* Böhmi (Rchw.), *Journ. f. Orn.*, 1886, p. 115. — Ugunda (Afrique E.)

5402. golzii (Cab.), *Journ. f. Orn.*, 1873, p. 79; *luscinia*, auct. plur.; *hafizi*, Severtz., *Turk. Jevotn.*, p. 120. — Caucase, Turkestan, Perse W.

5403. sibilans (Swinh.), *P. Z. S.*, 1863, p. 292; Seeb., *Cat. B.* V, p. 297, pl. 17. — Chine, Aïnan.

973. ERITHACUS

Erithacus, Cuv. (1801); *Dandalus*, Boie (1826); *Rubecula*, Brm. (1831); *Rhondella*, Ren. (1833); *Icoturus*, Stejn. (1887).

5404. rubecula (Lin.); Dub., *Fne. ill. Ois.* I, p. 335, pl. 77; *pinetorum*, *foliorum*, *septentrionalis*, Brm.; *familiaris*, Blyth; *major*, Praz. — Europe, Asie min., Afrique N.

1091. *Var.* Hyrcana, Blanf., *Ibis*, 1874, p. 79; *rubecula*, Ménétr. — Du Caucase à la Perse.

1092. *Var.* Superba, Kg., *Journ. f. Orn.*, 1889, p. 183, 1890, pl. 3, ff. 1, 2. — Iles Canaries.

5405. akahige, Tem., *Pl. col.* 571; id., *Faun. Jap.*, p. 55, pl. 21ᵇ. — Japon, Chine N.-E.

5406. komadori, Tem., *Pl. col.* 570; id., *Faun. Jap.*, p. 55, pl. 21ᶜ. — Iles Loo-Choo, Amami, Oho-Shima.

1093. *Var.* Namiyei, Stejn., *P. U. S. Nat. Mus.*, 1886, p. 644. — Liu-Kiu (Japon).

(1) Voy.: Seebohm, *Cat. B. Brit. Mus.* V, p. 147 (1881), et Sharpe, *id.*, IV et VII (en part.

974. IRANIA

Irania, De Filip. (1865); *Cossypha* et *Bessonornis* (pt.), auct. plur.

5407. GUTTURALIS (Guér.), *Rev. Zool.*, 1843, p. 162; Dress., *B. Eur.*, pl^s 53 et 54; *filoti* et *finoti*, Filip.; *albigularis*, Pelz.; *albigula*, Severtz. — Perse, Turkestan W., Asie min., Palestine, Afr. N.-E.

975. CALLIOPE

Calliope, Gould (1835); *Melodes*, Newt. (1862).

5408. CAMTSCHATKENSIS (Gmel.); *calliope*, Pall., *Reis. Russ. R.* III, p. 697; *lathami*, Gould, *B. Eur.*, pl. 118; *ignigularis*, C. Dub., *Ois. Eur.*, pl. 61. — Sibérie, Chine, Birmanie, Inde N. et centr., Philippines.

5409. DAVIDI, Oust., *Bull. Mus. Paris*, 1898, p. 222. — Setchuan.

5410. PECTORALIS, Gould, *Icon. avium*, pt. II, pl. 1; id., *B. Asia*, pl.; *ballioni*, Severtz., *Turk. Jevotn.*, pp. 65, 122. — Turkestan, Himalaya, du Cachemire à l'Assam.

5411. TSCHEBAIEWI, Prjev., *Rowley, Orn. Misc.* II, p. 180, pl. 54, f. 1; Gould, *B. Asia*, pl. — Kansu, Sikkim.

976. LARVIVORA

Larvivora, Hodgs. (1837).

5412. BRUNNEA, Hodgs., *J. A. S. Beng.* VI, p. 102; *brunneus*, Seeb., *Cat.* V, p. 302; *cyana*, auct. plur. (nec Pall.); *superciliaris*, Jerd. — Himalaya, Inde, Ceylan.

5413. CYANEA (Pall.), *Mot. cyane*, Pall., *Reis. Russ. R.* III, p. 697; Radde, *Reis. Sibir. Vög.*, p. 250, pl. 10, ff. 1-4; *gracilis*, Swinh. — Sibérie E., Amour, Chine, Indo-Ch., Malac., Born., Inde N.

5414. OBSCURA, Berez. et Bia., *Aves Exped. Potanini*, etc., p. 97, pl. 1, f. 2; *ibis*, 1900, p. 273. — Kansu.

977. CYANECULA

Cyanecula, Brm. (1828); *Pandicilla*, Blyth (1833).

5415. CÆRULECULA (Pall.), *Zoogr. Rosso-As.* I, p. 480; Dub., *Fne. ill. Ois.* I, p. 329, pl. 76; *suecica* (pt.), Lin. et auct. plur.; *orientalis*, Brm.; *suecoides*, Hogds.; *cæruligula*, Bl.; *suecica* var. *cærulecula*, Midd. — Europe et Asie du Cercle pol. au 30° l. N., Afr. N. et N.-E.

5416. WOLFI (Brm.), *Beitr. z. Vogelk.* II, p. 173; Dress., *B. Eur.*, pl^s 47 et 48; *suecica* (pt.), Lin. et auct. plur.; *cyanecula*, Wolf.; Dubois, *l. c.*, p. 330, pl. 76^b; *obscura*, *leucocyana*, Brm. — Europe centr. et mér., Palestine, Afr. N.

1094. *Var.* ABBOTTI, Richm., *P. U. S. Nat. Mus.* XVIII, p. 484. — Cachemire.

978. NOTODELA

Notodela, Less. (1837); *Muscisylvia*, Hodgs. (1845); *Myiomela*, Gray (1846).

5417. LEUCURA (Hodgs.), *Icon. ined., Passeres*, pl. 92; Jerd., *B. Ind.* II, p. 118. — Himalaya, Khasia, Birmanie, Ténassérim.

1095. *Var.* MONTIUM (Swinh.), *Ibis*, 1864, p. 362; Dav. et Oust., *Ois. Chine*, p. 238. — Formose.

5418. DIANA (Less.) in *Bélang. Voy. Ind.*, p. 246, pl. 3; Sharpe, *Cat.* VII, p. 24; *albifrons*, Bp., *Consp.* I, p. 257. — Java.

979. TARSIGER

Nemura, Hodgs. (1845, nec Latr., 1796); *Tarsiger*, Hodgs. (1845); *Ianthia*, Blyth (1847); *Pogonocichla*, Cab. (1847); *Nitidula*, Jerd. et Bl. (1861).

5419. CYANURUS (Pall.), *Reis. Russ. Reichs*, II, *App.*, p. 709; Tem. et Schl., *Fauna Jap.*, p. 54, pl. 21; *rufilata*, Swinh.; *cyanea*, Schr. — Oural, Sibérie, Chine, Japon.

5420. RUFILATUS (Hodgs.), *Ic. ined.*, *Pass*, pl. 88; Sharpe, *Cat.* IV, p. 256; *cyanura*, Hodgs., *l. c.*, pl. 76, f. 3. — Himalaya.

5421. HYPERYTHRUS (Blyth), *J. A. S. Beng.* XVI, p. 132; Jard., *Contr. Orn.*, 1842, p. 89, pl. 16, f. 2. — Himalaya E. et Khasia.

5422. HODGSONI (Moore), *P. Z. S.*, 1854, p. 76, pl. 62; *campbelli*, Jerd. — Himalaya E.

5423. INDICUS (Vieill.), *N. Dict.* XI, p. 267; Sharpe, *Cat.* IV, p. 259; *flavo-olivacea*, Hodgs.; *superciliaris*, Hodgs., *Icon. ined.*, *Pass.*, *App.*, pl. 57. — Himalaya E. jusqu'en Chine W.

5424. CHRYSÆUS, Hodgs., *Icon.*, etc., pl. 80; Dav. et Oust., *Ois. Chine*, p. 233, pl. 29. — Himalaya, Chine W.

5425. STELLATUS (Vieill.), *N. Dict.* XXI, p. 468; Levaill., *Ois. d'Afr.* IV, p. 28, pl. 157; *cucullatus*, Blyth. — Afrique S.

1096. *Var.* JOHNSTONI, Shell., *Ibis*, 1893, p. 18, 1896, p. 181. — Nyassaland.

5426. ORIENTALIS, Fisch. et Rchw., *J. f. O.*, 1884, p. 57. — Massaïland.

5427. GUTTIFER, Rchw. et Neum., *Orn. Mon.*, 1895, p. 76. — Kilima Ndjaro.

5428. OLIVACEUS, Rchw., *Orn. Monatsb.*, 1900, p. 100. — Afrique E. allem.

980. HODGSONIUS

Bradypterus, Hodgs. (1844, nec Sw.); *Bradybates*, Gray (1846, nec Tsch.); *Hodgsonius*, Bp. (1850).

5429. PHOENICUROIDES (Hodgs.), *Icon. ined.*, *Pass.*, pl. 93; Sharpe, *Cat.* VII, p. 81; *hodgsoni*, Moore. — Himalaya jusqu'en Chine W.

981. RUTICILLA

Ruticilla, Brm. (1828); *Phœnicura*, Sw. (1831); *Adelura*, Bp. (1854).

5430. PHOENICURA (Lin.); Dub., *Fne. ill. Ois.* I, p. 323, pl. 74; *sylvestris, arborea, hortensis*, Brm.; *muraria*, Sw. et Rich.; *ruticilla*, Eyt.; Gould, *B. Eur.* II, pl. 95.	Europe, Perse, Palest., Afrique jusqu'au 12° l. N.
1097. *Var.* MESOLEUCA (Hempr. et Ehr.), *Symb. Phys.*, fol. ee; Cab., *J. f. O.*, 1854, p. 446; *phœnicura*, auct. plur.; *bonapartii*, v. Müll., *Orn. Afr.*, pl. 14; *marginella*, Bp.; *pectoralis*, Heugl.	Caucase, Asie mineure, Arabie W., Afr. N. et N.-E., Sénégal.
5431. TITYS (Lin.); Dub., *Op. cit.* I, p. 326, pl. 75 (1); *gibraltariensis, atrata, erithacus*, Gm.; *erythrourus*, Raf.; *montana*, Brm.	Europe centr. et mér., Asie S.-W., Afr. N. jusqu'en Nubie.
1098. *Var.* CAIRII, Gerbe, *Dict. Univ. d'H. N.* XI, p. 259; id., *Orn. Eur.* I, p. 507.	Région alpine de l'Eur. centr., Afr. N.
5432. OCHRURA (Gm.), *Reis. Russl.* III, p. 101, pl. 19, f. 3; *ochruros*, Bogd., *B. Cauc.*, p. 96; *erythroprocta*, Gould, *P. Z. S.*, 1855, p. 78; id., *B. Asia*, pl.; *ibis*, 1883, p. 17; *tithys* (pt.), Seeb.	Caucase, Perse, Asie mineure.
5433. RUFIVENTRIS (Vieill.), *N. Dict.* XXI, p. 431; Dress., *B. Eur.*, pl. 43; *atrata*, Jard. et S., *Ill. Orn.*, pl. 86, f. 3; *nipalensis*, Hodgs.; *indica*, Bl.; *phœnicuroides*, Moore, *P. Z. S.*, 1854, p. 25, pl. 57; *semirufa*, Dress. (pt.)	Perse, Turkestan, Inde, Beloutchistan, Chine, Mongolie.
5434. SEMIRUFA (Hempr. et Ehr.), *Symb. Phys. Aves*, fol. bb; Shell., *B. Egypt.*, p. 84.	Palestine, Syrie, Egypte.
5435. HODGSONI, Moore, *P. Z. S.*, 1854, p. 26, pl. 58; *reevesii*, Gr., *ruticilloïdes*, Hodgs.	Himalaya, Assam, Chine W.
5436. AURORÉA (Gm.); Dav. et Oust., *Ois. Chine*, pl. 26; Tem. et Schl., *Fauna Jap.*, p. 56, pl. 21 d.	Sibér. S.-E., Mongol., Chine, Indo-Chine, Japon, Java, Timor.
5437. ERYTHROGASTRA (Güld.), *Nov. Com. Petrop.* XIX, p. 469, pls 16, 17; Gould, *B. Asia*, I, pl. 49; ? *ceraunia*, Pall.	Caucase.
1099. *Var.* GRANDIS, Gould, *P. Z. S.*, 1849, p. 112; *tricolor*, Bp.; *vigorsi*, Moore, *P. Z. S.*, 1854, p. 27; *erythrogastra* (pt.), auct. plur., *severtzowi*, Lor.	Turkestan, Baikal, Himalaya, Thibet, Chine.
5438. ERYTHRONOTA (Eversm.), *Add. Pall. Zoogr.*, fasc. II, p. 11; *rufogularis*, Moore, *P. Z. S.*, 1854, p. 27, pl. 59; *alaschanica*, Prjev., *Row. Orn. Misc.* II, p. 175, pl. 54, f. 2.	Turkestan, Mongolie, Sibérie S., Himal., Perse, Asie min. E.

(1) L'orthographe de *titys* varie suivant les auteurs, qui écrivent *tythis, tithys* ou *thitis*, mais il faut écrire avec Linné *titys* (de τιτης).

5439. FRONTALIS (Vig.), *P. Z. S.*, 1831, p. 172 ; Gould, *Cent. B. Him.*, pl. 26, f. 1 ; *melanura*, Less. ; *tricolor*, Hodgs. — Thibet, Cachem., Nép., Sikkim, Assam, Moupin, Kansu.

5440. SCHISTICEPS (Hodgs.), *B. Nep. Pass.*, pl. 79, n° 813 ; *nigrogularis*, Moore, *P. Z. S.*, 1854, p. 29, pl. 61. — Kansu, Népaul, Sikkim.

5441. CÆRULOCEPHALA (Vig.), *P. Z. S.*, 1830, p. 35 ; Gould, *Cent. B. Him.*, pl 25, f. 2 ; *cæruleus*, Hodgs. ; *lugens*, Severtz. — Turkestan, Afghan., Himalaya.

982. CHIMARRHORNIS

Chaimarrhornis, Hodgs. (1844) ; *Chimarrhornis*, Anders. (1878).

5442. LEUCOCEPHALA (Vig.), *P. Z. S.*, 1830, p. 35 ; Gould, *Cent. B. Himal.*, pl. 26, f. 2 ; Dav. et Oust., *Ois. Chine*, p. 173, pl. 24. — Himalaya, Chine W. jusqu'au Kansu.

5443. BICOLOR, Grant, *Ibis*, 1894, pp. 509, 550, pl. 15, f. 2. — Luçon N.

983. SIALIA

Sialia, Swains. (1827) ; *Sialis*, Sundev. (1872).

5444. SIALIS (Lin.) ; *wilsonii*, Sw. ; Audub., *B. Amer.* II, p. 171, pl. 134. — États-Unis à l'Est des mont. Roch., Cuba, Iles Bermudes.

1100. *Var.* AZUREA, Sw., *Phil. Mag.*, 1827, I, p. 369 ; *sialis* et *wilsoni* (part.), auct. plur. — Mexique S.

1101. *Var.* GUATEMALÆ, Ridgw., *P. U. S. N. Mus.* V, p. 13. — Guatémala, Honduras.

1102. *Var.* GRATA, Bangs, *Auk*, XV, p. 182. — Floride.

5445. MEXICANA, Sw. et Rich., *Faun. Bor.-Am.*, *B.*, p. 202 ; Seeb., *Cat.* V, p. 331. — Mexique.

1103. *Var.* OCCIDENTALIS, Towns., *Journ. Phil. Acad. Nat.* Sc. VII, p. 188 ; Audub., *Orn. Biogr.* V, p. 41, pl. 393, f. 4 ; *mexicana*, auct. plur. ; *cæruleicollis*, Vig. — Du S. de la Col. brit. à la Californie et au Color. (Am. N.-W.)

5446. ARCTICA, Sw. et Rich., *Faun. Bor-Am.*, p. 209, pl. 39 ; Audub., *B. Amer.* II, p. 178, pl. 136 ; *macroptera*, Baird. — Mont. Rocheuses, États-Unis N.-W., Californie.

984. GRANDALA

Grandala, Hodgs. (1843) ; *Sialia* (pt.), Seeb. (1881).

5447. COELICOLOR, Hodgs., *J. A. S. Beng.* XII, p. 447 ; Gould, *B. Asia*, pl. ; *schistacea*, Hodgs. — Himalaya.

SUBF. II. — SAXICOLINÆ

985. PRATINCOLA (1)

Pratincola, Koch (1816); *Curruca,* Leach (1816); *Fruticicola,* Macg. (1839); *Rubetra,* Gray (1840); *Praticola,* Sund. (1872).

5448. RUBETRA (Lin.); Dub., *Fne. ill. Ois.* I, p. 312, pl. 72; Gould, *B. Eur.* II, pl. 93; *senegalensis,* Lin.; *fervida,* Gm.; *protorum, crampes, septentrionalis,* Brm.	Europe, Asie S.-W., Afrique jusqu'au 5° l. N.
1104. *Var.* RUBETRAOIDES, Jerd., *B. Ind.* III, *App.,* p. 872; *macrorhyncha,* Stol.; Sharpe, *Cat. B.* IV, p. 182; *jamesoni,* Hume.	Inde N.-W.
5449. DACOTIÆ, Meade-W., *Ibis,* 1889, p. 504, pl. 15.	Canaries.
5450. INSIGNIS (Hodgs.) in *Gr. Zool. Misc.,* p. 83; Jerd., *B. Ind.* II, p. 127; *robustior,* Marsh, *Str. F.,* 1875, p. 331.	Himalaya E.
5451. BORBONICA (Bory St-Vinc.), *Beytr. Nat. Mascar.,* p. 152; Schl., *P. Z. S.,* 1866, p. 422.	Ile Bourbon ou Réunion.
5452. SALAX, Verr., *Rev. Mag. Zool.,* 1851, p. 307; *olax,* Strickl., *Contr. Orn.,* 1852, p. 133.	Caméron et Gabon.
5453. PALLIDIGULA, Rchw., *Journ. f. Orn.,* 1892, p. 194.	Caméron.
5454. RUBICOLA (Lin.); Dub., *Faune ill. Ois.* I, p. 316, pl. 73; *muscipeta,* Scop.; *fruticeti, media, tytis,* Brm.; *urbicola,* Küst.; *maura,* Brm. (nec Pall.)	Europe centr. et mér., Caucase, Asie min., Palest., Afrique N., N.-E. et Sénégal.
1105. *Var.* MAURA (Pall.), *Reise,* II, *Anh.,* p. 708; *tschecantschiki,* Lepech.; *rubicola,* auct. plur. (nec Lin.); *saturatior,* Hodgs.; *indica,* Blyth; *var. hemprichii,* Radde, *Sib. Reise,* II, p. 247, pl. 9, f. 2; *albosuperciliaris,* Hume; *przewalskii,* Plesk., *Wiss. Reis. Przew. R.,* p. 46, pl. 4, ff. 1-3.	Asie centr. jusque l'Inde et la Cochinchine, Japon.
1106. *Var.* ROBUSTA, Tristr., *Ibis,* 1870, p. 497.	Himalaya E.
5455. TORQUATA (Lin.); Levaill., *Ois. d'Afr.* IV, pl. 180, ff. 1, 2; *pastor,* Voigt; *sybilla,* Cab. (nec Lin.)	Afrique S.
5456. SYBILLA (Lin.); Hartl., *Faun. Madag.,* p. 38; *torquata,* Schl. et Pol., *Faun. Madag.,* p. 93.	Madagascar, Comores.
5457. AXILLARIS, Shell., *P. Z. S.,* 1884, p. 556.	Kilima Ndjaro.
5458. EMMÆ, Hartl., *Journ. f. Orn.,* 1890, p. 152.	Afrique centr. E.
5459. HEMPRICHII, Ehrenb., *Symb. Phys.,* fol. aa; Shell., *B. Egypt.,* p. 82.	Afrique N. E., Eur. S.-E.
5460. LEUCURA, Blyth, *J. A. S. Beng.* XVI, p. 474; Gould, *B. Asia,* pl.	Inde et Birmanie.
5461. CAPRATA (Lin.); Jerd., *B. Ind.* II, p. 123; *fruticola,*	Asie S. et S.-W., Phi-

(1) Voy.: Sharpe, *Cat. B. Brit. Mus.,* IV, p. 178.

Horsf.; *erythropygia*, Syk.; *sylvatica*, Tick.; *meloleuca*, Hodgs., *Icon. ined.*, *Pass.*, pl. 98. — lipp., Java, Flor., Lomb., Timor, Cél.

1107. *Var.* Bicolor, Syk., *P. Z. S.*, 1832, p. 92; *atrata*, Blyth.; *caprata* (pt.), Sharpe. — Ceylan, Neilgherries.

5462. albofasciata (Rüpp.), *Syst. Uebers.*, p. 39, pl. 16; *leucopterus*, Lef.; *melanoleuca*, Heugl.; *semitorquata*, Heugl., *Journ. f. Orn.*, 1869, p. 166. — Abyssinie.

986. PINAROCHROA

Pinarochroa, Sundev. (1872).

5463. sordida (Rüpp.), *Neue Wirbelth.*, p. 75, pl. 26, f. 2. — Afrique N.-E.

5464. hypospodia, Shell., *P. Z. S.*, 1885, p. 226, pl. 13. — Kilima Ndjaro.

5465. ernesti, Sharpe, *Ibis*, 1900, p. 370. — Mt Kenya (Afr. angl. E.)

5466. moussieri (Olph.-Gal.), *Ann. Soc. d'Agr. Lyon*, IV, pl. 11; Dub., *Ois. Eur.* I, pl. 60; Sharpe, *Cat. B.* VII, p. 20. — Afrique N.-W. du Maroc à la Tunisie.

987. SAXICOLA (1)

Saxicola, Bechst. (1802); *Vitiflora*, Leach (1816); *OEnanthe*, Vieill. (1816); *Campicola*, Sw. (1827); *Dromolœa*, Cab. (1850); *Lucotoa*, Brm. (1855).

5467. lugubris, Rüpp., *Neue Wirb. Vög.*, p. 77, pl. 28, f. 1; *leucuroides*, Guér.; id. et Lafr., *Voy. Abyss.* III, p. 218, *Atl. Zool.*, pl. 11; ?*syenitica*, Heugl.; *brehmii*, Salvad. — Abyssinie.

5468. schalowi, Fisch. et Rchw., *Journ. f. Orn.*, 1884, p. 57. — Massaïland.

5469. albonigra, Hume, *Stray Feath.* I, p. 2; Blanf., *East. Persia*, II, p. 153, pl. 11. — Perse S.-E., Beloutchistan, Scinde.

5470. picata, Blyth, *J. A. S. Beng.* XVI, p. 131; Gould, *B. Asia*, pl.; Seeb., *Cat.* V, p. 367. — Perse S., Afghan. S., Béloutch., Scinde, Inde N.-W.

5471. capistrata, Gould, *B. Asia*, pl.; Seeb., *Cat.* V, p. 368; *leucomela*, auct. plur. (nec Pall.); *lugens*, Licht.; *morio*, Blanf. et Dress. — Turkestan, Inde N. et centr.

5472. barnesi, Oat., *Faun. Brit. Ind. B.* III, p. 75. — Afghanistan.

5473. monacha, Rüpp. in Tem., *Pl. col.* 359, f. 1; *pallida*, Rüpp., *Atlas*, pl. 34; *gracilis*, Licht. — Nubie, Egypte, Palestine, Béloutch.

5474. lugens, Licht., *Verz. Doubl.*, p. 33; Heugl., *Orn. N.-O. Afr.*, p. 351; *erythrœa*, Hempr. et Ehr.; *halophila*, Tristr.; *leucomela*, auct. plur. (nec Pall.) — Afrique N., Egypte, Nubie, Arabie, Palestine.

5475. lugentoides, Seeb., *Cat. B.* V, p. 371. — Sennaar.

5476. persica, Seeb., *Cat. B.* V, p. 372; *leucomela* et *monacha*, auct. plur. — Perse, Turkestan.

(1) Voy.: Seebohm, *Cat. B. Brit. Mus.*, V, p. 362.

5477. LEUCOMELA (Pall.), *Nov. Com. Petr.* XIV, p. 584, pl. 22, f. 3; Tem., *Pl. col.* 257, f. 3; Gould, *B. Eur.* II, pl. 89; *pleschanka*, Lepech.; *morio*, Hempr. et Ehr.; Dress., *B. Eur.*, pl. 33, f. 1; *atricollis*, v. Müll.; *leucura*, Linderm.; *salina*, Eversm.; *hendersoni*, Hume; *talas*, Severtz. — Asie centr. jusqu'en Chine W., Afrique N.-E., Chypre, Crimée et Caucase.

5478. SOMALICA, Sharpe, *P. Z. S.*, 1895, p. 486. — Somaliland.

5479. LEUCOPYGIA (Brm.), *Vogelf.*, p. 225; Dress., *B. Eur.*, pl. 35; *leucura*, auct. plur. (nec Gm.); *cursoria*, Bp. (nec V.); *leucuros*, *cachinnans* et *leucocephala*, Brm.; *monacha* et *nigra*, Loche. — Algérie, Egypte, Nubie, Arabie, Palestine.

5480. LEUCURA (Gm.); Dub., *Ois. Eur.*, pl. 54; *cachinnans*, Tem.; Gould, *B. Eur.* II, pl. 88. — Eur. S.-W., Algérie.

5481. OPISTHOLEUCA, Strickl., *Contr. Orn.*, 1849, p. 60; Gould, *B. Asia*, pl.; *leucura*, Bl. (nec Gm.); *leucuroides*, Jerd.; *syenitica*, Severtz. — Turkestan S.-W., Inde N.-W.

5482. LEUCOMELÆNA, Burch., *Trav. S. Afr.* I, p. 335; Blanf. et Dress., *P. Z. S.*, 1874, p. 233, pl. 37, f. 2; *albipileata*, Boc.; *alpina*, Chapm.; *atmorii*, Tristr.; *diluta*, Blanf. et Dress., *l. c.*, p. 234, pl. 39; *andersonii*, Sharpe. — Benguela, Damara, Zambèze.

1108. *Var.* GRISEICEPS, Blanf. et Dress., *P. Z. S.*, 1874, p. 233, pl. 37, f. 3; *æquatorialis* (fem.), Hartl.; *leucomelæna* (pt.), Bl. et Dress., *l. c.*, pl. 37, f. 1; *monticola-leucomelæna*, Seeb., *Cat.*, p. 380. — Grand Namaqua, Rép. Orange, Transvaal, Natal.

5483. MONTICOLA (Vieill.), *N. Dict.* XXI, p. 434; Levaill., *Ois. d'Afr.* IV, pl. 184, f. 2; *rupicola*, Boic; *capensis*, Sw.; *æquatorialis* (mas.), Hartl.; *castor*, Hartl.; Blanf. et Dress., *l. c.*, p. 235, pl. 38, f. 2. — Grand Namaqua, Rép. Orange, Transvaal.

5484. SEEBOHMI, Dixon, *Ibis*, 1882, p. 425, pl. 14. — Maroc, Algérie.

5485. PHILLIPSI, Shell., *Ibis*, 1885, p. 404, pl. 12. — Somaliland.

5486. XANTHOPRYMNA, Hempr. et Ehr., *Symb. Phys.*, *Aves*, fol. dd; Blanf. et Dress., *l. c.*, p. 223; *erythropygia*, Tail., *Ibis*, 1867, p. 61; *mœsta*, Sh. et Dress. — Nubie.

5487. CUMMINGI, Whitak., *Ibis*, 1900, p. 192. — Fao (golfe Persique).

5488. MOESTA, Licht., *Verz. Doubl.*, p. 33; Dress., *B. Eur.*, pls 31 et 32, f. 2; *philothamna*, Tristr., *Ibis*, 1859, pp. 58, 299, pl. 9. — Algérie E., Egypte, Arabie, Palestine.

5489. DESERTI, Tem., *Pl. col.* 359, f. 2; *isabellina*, Rüpp. in Tem., *Pl. col.* 472, f. 1; *pallida*, Rüpp.; *atrogularis*, Blyth; *salina*, Eversm.; *gutturalis*, Licht.; *homochroa*, Tristr.; *albo-marginata*, Salvad. — Sahara, Afrique N.-E., Arabie, Palestine et Asie S.-W. jusqu'au N.-W. de l'Inde.

1109. *Var.* MONTANA, Gould, *B. Asia*, pl.; *deserti* (pt.), auct. plur. (nec Tem.) — Thibet, Turkestan, Cachem., Beloutch.

5490. MELANOLEUCA (Güld.), *Nov. Com. Petr.* XIX, p. 468, — Eur. S. et S.-E., Asie

pl. 15; Dress., *B. Eur.*, pl. 26; *stapazina*, Gm. et auct. plur. (nec Lin.): Gould, *B. Eur.* II, pl. 91; *xanthomelæna* et *eurymelæna*, Hempr. et Ehr.; *albicilla*, v. Müll. — mineure, Palestine, Perse, Afr. N.-E.

1110. *Var.* RUFA, Brm., *Vög. Deutschl.*, p. 406; Dress., *B. Eur.*, pls 24 et 25, f. 2; *stapazina*, auct. plur. (nec Lin.); *atrogularis*, Dub., *Ois. Eur.*, pl. 56 (nec Blyth). — Europe S.-W., Afrique N.-W.

5491. ERYTHRÆA, Hempr. et Ehr., *Symb. Phys.*, fol. cc; Dress., *B. Eur.*, pls 28, 29; *libanotica*, Tristr.; *finschii*, Heugl., *Orn. N.-O. Afr.* I, p. 350. — Caucase, Asie min., Palestine, Perse, Egypte, Nubie.

5492. CHRYSOPYGIA (De Fil.), *Arch. Zool. Gen.* II, p. 381; Seeb., *Cat.* V, p. 389; *kingi*, Hume, *Ibis*, 1871, p. 29. — Perse, Beloutschist., Scinde, Inde N.-W.

5493. GALTONI (Strickl.), *Jard. Contr. Orn.*, 1852, p. 147; *sperata*, Gr.; *familiaris*, Blanf. — Afrique S. et S.-W.

1111. *Var.* FALKENSTEINI, Cab., *J. f. O.*, 1875, p. 235. — Afrique W. et E.

5494. SENNAARENSIS, Seeb., *Cat. B. Br. Mus.* V, p. 391. — Sennaar.

5495. OENANTHE (Lin.); Gould, *B. Eur.* II, pl. 90; Dub., *Fne. ill. Ois.* I, p. 309, pl. 71; *leucorhoa*, Gm.; *vitiflora*, Pall.; *cinerea*, Vieill.; *septentrionalis* et *grisea*, Brm.; *rostrata* et *libanotica*, Hempr. et Ehr.; *œnanthoides*, Vig. — Eur., Asie jusqu'au 20° l. N., Afr. jusqu'au 10° l. N., Amér. N.-E., Groenl., s'élève jusqu'au 70° l. N.

5496. STAPAZINA (Lin., nec auct. plur.); Dress., *B. Eur.*, pl. 23; *albicollis*, Vieill.; *aurita*, Tem., *Pl. col.* 257, f. 1, et auct. plur.; *rufescens*, Savi; *amphileuca*, Hempr. et Ehr.; *assimilis*, Brm. — Europe S., Afrique N., N.-E. et centr., Asie S.-W.

1112. *Var.* CATERINÆ, Whitak., *Ibis*, 1898, p. 624. — Eur. S.-W., Afr. N.-W.

5497. VITTATA, Hempr. et Ehr., *Symb. Phys.*, fol. cc; Blanf. et Dress., *P. Z. S.*, 1874, p. 220; *leucolœma*, Ant. et Salvad.; *melanogenys* et *melanotis*, Severtz., *Turk. Jevotn.*, p. 120, pl. 8, fl. 5, 6. — Turkestan, Cachemire, Arabie N.-W.

5498. PILEATA (Gm.); Smith, *Ill. Zool. S. Afr. B.*, pl. 28; *hottentotta*, Gm.; *imitatrix*, Vieill. — Afrique S. jusqu'au Zambèze et Damara.

1113. *Var.* LIVINGSTONII, Tristr., *P. Z. S.*, 1867, p. 888. — Afrique E.

5499. ALBICANS, Wahl., *OEfv. K. Vet.-Ak. Förh.*, 1855, p. 213; Blanf. et Dress., *P. Z. S.*, 1874, p. 236; *stricklandii*, Bp. — Damara.

5500. LAYARDI, Sharpe, *Lay. B. S. Afr.*, p. 236; Seeb., *Cat.* V, p. 399, pl. 18; *baroica*, Smits; *sperata*, Gurn. — Afrique S.

5501. ISABELLINA, Cretzschm., *Rüpp. Atlas*, p. 52, pl. 34, f. *b*; Dress., *B. Eur.*, pl. 22; *strapazina*, Pall. (nec Lin.); *saltator*, Ménétr.; *squalida*, Eversm.; *saltatrix*, Bp.; *valida*, Licht. — Russie S., Asie min., Asie centr. jusqu'en Chine, Afr. N.-E.

5502. BOTTÆ, Bp., *Compt.-Rend.* XXXVIII, p. 7; Blanf. et Dress., *P. Z. S.*, 1874, p. 230, pl. 36, f. 1; *fer-* — Abyssinie.

ruginea, *intermedia* et *leucorhoides*, Heugl.; *heuglini*, F. et Hartl.; *frenata*, Heugl.; *kotschyana*, Pr. Würt.

988. EMARGINATA

Emarginata, Shell., *B. of Afr.* I, p. 89 (1896); *Saxicola* (pt.), auct. plur.; *Myrmecocichla* (pt.), Seeb.

5503. POLLUX (Hartl.), *P. Z. S.*, 1865, p. 747; Blanf. et Dress., *P. Z. S.*, 1874, p. 235, pl. 38, f. 1. — Afrique S.

5504. CINEREA (Vieill.), *N. Dict.* XXI, p. 437; Levaill., *Ois. d'Afr.*, pl. 184, f. 1; *tractrac*, Boie; *levaillantii*, Sm.; *schlegeli*, Wahl.; Blanf. et Dress., *P. Z. S.*, 1874, p. 236, pl. 39, f. 2; *modesta*, Tristr. — Afrique S. et S.-W.

5505. SINUATA (Sundev.), *K. Sv. Vet.-Akad. Handl.* II, p. 44; Seeb., *Cat. B.* V, p. 339. — Afrique S. jusqu'au Transvaal.

989. CERCOMELA

Cercomela, Bp. (1856); *Myrmecocichla* (pt.), Seeb. (1881).

5506. MELANURA (Tem.), *Pl. col.* 257, f. 2; *Ibis*, 1896, pl. 1, f. 1; *lypura*, H. et Ehr.; *asthenia*, Bp. — Afrique N.-E., Arabie.

1114. *Var.* DUBIA (Grant), *Ibis*, 1900, p. 197. — Abyssinie.

5507. YERBURYI (Sharpe), *Ibis*, 1895, p. 384, 1896, pl. 1, f. 2. — Palestine.

5508. FUSCICAUDATA (Blanf.), *Ann. N. H.*, 1869, p. 329; id., *Geol. and Zool. Abyss.*, p. 359, pl. 4; *scotocerca*, Heugl., *Orn. N.-O. Afr.* I, p. 363. — Nubie, Abyssinie.

5509. FUSCA (Blyth), *J. A. S. Beng.* XX, p. 523; Seeb., *Cat. B.* V, p. 360. — Inde centr. et N.-W.

990. MYRMECOCICHLA

Myrmecocichla, Cab. (1850); *Saxicola* (pt.), auct. plur.

5510. BIFASCIATA (Tem.), *Pl. col.* 472, f. 2; *spectabilis*, Hartl., *P. Z. S.*, 1865, p. 428, pl. 23. — Afrique S. jusqu'au Transvaal.

5511. ÆTHIOPS, Cab., *Mus. Hein.* I, p. 8; Hartl., *Orn. W. Afr.*, p. 65; Heugl., *Orn. N.-O. Afr.* I, p. 365; *formicivora* (pt.), Seeb. — Sénégal, Afr. N.-E.

1115. *Var.* CRYPTOLEUCA, Sharpe, *Ibis*, 1891, p. 445. — Kikuyu (Afr. centr. E.)

5512. FORMICIVORA (Vieill.), *N. Dict.* XXI, p. 421; Levaill., *Ois. d'Afr.* IV, p. 108, pl[s] 186, 187. — Afrique S. jusqu'au Damara et Transvaal.

991. THAMNOLÆA (1)

Thamnolæa, Cab. (1850); *Thamnocichla*, Sundev. (1872); *Saxicola* (pt.), auct. plur.

5513. NIGRA (Vieill.), *N. Dict.* XXI, p. 431; Hartl., *Orn.* — Afrique tropicale W.

(1) Voy.: Sharpe, *Cat. B. Brit. Mus.*, VII.

W. Afr., p. 65; *levaillantii*, Rchw., *Journ. f. Orn.*, 1882, p. 212.

1116. *Var.* THALLONI (Oust.), *Le Natural.*, 1886, p. 300. Congo W.

5514. ARNOTTI (Tristr.), *Ibis*, 1869, p. 206, pl. 6; *nigra*, Vieill., *Encycl. méth.* II, p. 489 (nec Vieill., *Dict.*, *l. c.*); *shelleyi*, Sharpe; id., *Cat.* VII, p. 52; *leucolæma*, Rchw., *Orn. Centralbl.*, 1880, p. 181; *collaris*, Rchw., *Journ. f. Orn.*, 1882, p. 212. Afrique trop. S. et E.

5515. CINNAMOMEIVENTRIS (Lafr.), *Mag. Zool.*, 1836, pl[s] 55, 56; *rufiventer*, Sw.; *montana*, Licht.; *albiscapulata*, Lay. (nec Rüpp.); *ptymatura*, Gurn. Afrique S. et S.-E.

1117. *Var.* SUBRUFIPENNIS, Rchw., *J. f. O.*, 1887, p. 78. Afrique centr. E.

5516. ALBISCAPULATA (Rüpp.), *N. Wirbelt.*, p. 74, pl. 26, f. 1; *cæsiogastra*, Bp.; *schimperi*, Gray. Afrique N.-E.

5517. ARGENTATA, Rchw., *Orn. Monatsb.*, 1900, p. 100. Afrique E. allem.

5518. SEMIRUFA (Rüpp.), *N. Wirbelt.*, p. 74, pl. 25, ff. 1, 2; *Mirm. quartini*, Bp., *C. R.* XXXVIII, p. 7. Afrique N.-E.

992. LAMPROLIA

Lamprolia, Finsch (1873).

5519. VICTORIÆ, Finsch, *P. Z. S.*, 1873, p. 733, pl. 62. Taviuni (Fidji).

5520. MINOR, Klinesm., *Ibis*, 1876, pp. 155, 392; *klinesmithii*, Rams. Vanua Levu (Fidji).

993. PENTHOLÆA

Pentholæa, Cab. (1850); *Penthodyta*, Sundev. (1872).

5521. MELÆNA (Rüpp.), *N. Wirbelt.*, p. 77, pl. 28, f. 2; Sharpe, *Cat.* VII, p. 19; *melas*, Heugl. Afrique N.-E.

5522. ALBIFRONS (Rüpp.), *Op. cit.*, p. 78; Sharpe, *Cat.* VII, p. 18; *frontalis*, Sw.; ?*atrata*, Sw., *An. in Menag.*, p. 292 (fem.). Afrique N.-E., Sénégambie.

5523. CLERICALIS, Hartl., *Orn. Centralbl.* VII, p. 91; id., *Zool. Jahrb.* II, pl. 13, f. 7. Haut-Nil.

5524. MINOR, Hartl., *Zool. Jahrb.* II, p. 318; *baucis*, Hartl., *l. c.*, 1887, p. 318. Afrique équat. E.

SUBF. III. — TURDINÆ (1)

994. MONTICOLA

Monticola, Boie (1822); *Petrocincla*, Vig. (1826); *Petrocossyphus*, Boie (1826); *Petrophila*, Sw. (1837); *Orocetes*, Gr. (1840); *Cyanocincla*, Hume (1873).

5525. SAXATILIS (Lin.); Dub., *Fne. ill. Ois.* I, p. 300, pl. 70; Europe centr. et mér.,

(1) Voy.: Seebohm, *Cat. B. Brit. Mus.*, V.

Dress., *B. Eur.*, plˢ 16 et 17; *infaustus*, Gm.; *montana*, Koch.; *goureyi*, *polyglottus*, Brm. — Afr. jusque près de l'Équat., Asie centr. du 20° au 50° l. N.

5526. CYANA (Lin.); Gould, *B. Eur.* II, pl. 87; Dub., *Fne. ill. Ois.* I, p. 305, pl. 70ᵇ; *solitarius*, Gm.; *pandoo*, *maal*, Syk.; *affinis*, Blyth (pt.); *azureus*, Cresp.; *longirostris*, Blyth. — Europe et Asie du 47° au 15° l. N., Afrique N. et N.-E.

1118. *Var.* AFFINIS (Blyth), *J. A. S. Beng.* XII, p. 157 (hybride fertil des *M. cyanus* et *solitaria*); *erythropterus*, Gr. — Asie S.-E., Japon et Archipel malais.

5527. SOLITARIA (P.-L.-S. Müll.), *S. N.*, *Anh.*, p. 142; *philippensis*, id., *l. c.*, p. 145; *Pl. enl.* 564, f. 2; *manilla*, Bod., *manillensis* et *eremita*, Gm.; *violacea*, Swinh. — Asie S.-E., Japon, Formose, Archipel malais.

5528. CINCLORHYNCHA (Vig.), *P. Z. S.*, 1831, p. 172; Gould, *Cent. B. Him.*, pl. 19; *melanotus*, Du Bus; *aurantiiventer*, Less. — Himalaya.

5529. RUPESTRIS (Vieill.), *N. Dict.* XX, p. 281; Levaill., *Ois. d'Afr.* III, p. 22, plˢ 101, 102; *rupicola*, Licht.; *rocar*, Steph. — Afrique S.

5530. EXPLORATOR (Vieill.), *l. c.* XX, p. 260; Levail., *l. c.*, p. 29, pl. 103; *perspicax*, Steph. — Afrique S.

5531. ANGOLENSIS, Sousa, *J. Sc. Lisb.*, 1888, pp. 225, 333. — Angola, Mashonaland.

5532. BREVIPES, Strickl. et Scl., *Contr. Orn.*, 1852, p. 147; Hartl., *Bull. Mus. R. H. N. Belg.*, 1886, p. 146. — Afrique S. jusqu'au Tanganika.

5533. ERYTHROGASTRA (Vig.), *P. Z. S.*, 1831, p. 171; Gould, *Cent. B. Him.*, pl. 13; *rufiventris*, J. et S., *Ill. Orn.*, pl. 129; *ferrugineoventer*, Less. — Himalaya E., Chine W.

5534. GULARIS (Swinh.), *P. Z. S.*, 1862, p. 318; id., *Ibis*, 1863, p. 93, pl. 3. — Sibérie S.-E., Chine N.-E.

5535. RUFOCINEREA (Rüpp.), *Neue Wirbelth. Vög.*, p. 76, pl. 27; Seeb., *Cat. B.* V, p. 327. — Abyssinie.

995. CATHARUS

Catharus, Bp. (1850); *Malacocichla*, Gould (1854).

5536. FUSCATER (Lafr.), *Rev. Zool.*, 1845, p. 341; Seeb., *Cat.* V, p. 285. — De Costa-Rica à l'Ecuador.

1119. *Var.* BERLEPSCHI, Ridgw., *P. U. S. Nat. Mus.*, 1887, p. 503. — Ecuador W., Pérou.

5537. MENTALIS, Scl. et Salv., *P. Z. S.*, 1876, p. 352. — Bolivie E.

5538. MEXICANUS (Bp.), *C. R.* LXIII, p. 998; Scl., *P. Z. S.*, 1859, p. 324. — Mexique S., Am. centr.

1120. *Var.* FUMOSA, Ridgw., *P. U. S. Nat. Mus.*, 1887, p. 505; *mexicanus* (pt.), Sclat. — De Costa-Rica à Panama.

5539. GRISEICEPS, Salv., *P. Z. S.*, 1866, p. 68; id. et Godm., *Biol. Centr.-Amér.*, *Aves*, I, p. 6, pl. 1, f. 2. — Panama.

5540. PHÆOPLEURUS, Scl. et Salv., *P. Z. S.*, 1875, p. 541. Antioquia (Colombie).

5541. MELPOMENE (Cab.), *Mus. Hein.* I, p. 5; Scl., *P. Z. S.*, 1858, p. 97; *aurantiirostris*, Scl., *P. Z. S.*, 1856, p. 294 (nec Hartl.) Mexique S., Guatém., Costa-Rica.

1121. *Var.* CLARA (Jouy), *P. U. S. Nat. Mus.*, 1893, p. 773. Mexique centr.

1122. *Var.* BIRCHALLI, Seeb., *Cat. B.* V, p. 289. Orénoque (Colombie).

1123. *Var.* AURANTIIROSTRIS (Hartl.), *Rev. et Mag. Zool*, 1850, p. 158; Jard., *Contr. Orn.*, 1850, p. 80, pl. 72; *immaculatus*, Bp. Vénézuéla.

5542. OLIVASCENS, Nels., Pr., *Biol. Soc. Washington*, XIII, pp. 25-31. Mexique N.-W.

5543. FRANTZII, Cab., *Journ. f. Orn.*, 1860, p. 323; Salv. et Godm., *Biol. Centr.-Amér.*, *Aves*, I, p. 4. Costa-Rica.

1124. *Var.* ALTICOLA, Salv. et Godm., *Biol. Centr.-Amér.*, *Aves*, I, p. 3. Guatémala.

5544. OCCIDENTALIS, Scl., *P. Z. S.*, 1859, pp. 323, 370; Salv. et Godm., *l. c.*, p. 4. Mexique S.

1125. *Var.* FULVESCENS, Nels., *Auk*, 1897, p. 75. Mex. S. (Montagnes).

5545. GRACILIROSTRIS, Salv., *P. Z. S.*, 1864, p. 580; Salv. et Godm., *l. c.*, p. 6. Costa-Rica.

5546. DRYAS (Gould), *P. Z. S.*, 1854, p. 285, pl. 75; Salv. et Godm., *l. c.*, p. 7, pl. 2, f. 2; *maculata*, Scl., *P. Z. S.*, 1858, p. 64. Guatémala, Colombie, Ecuador, Bolivie.

996. MIMOCICHLA

Mimocichla, Scl. (1859); *Mimokitta*, Bryant (1865); *Mimocitta*, Newt. (1866).

5547. PLUMBEA (Lin., 1758); *bryanti*, Seeb., *Cat. B.* V, p. 280. Iles Bahama.

5548. ARDESIACA (Vieill.), *Encycl. méth.*, p. 646; Seeb., *l. c.*, p. 282; *plumbeus*, Lin. (1766) et auct. plur. Porto-Rico, Saint-Domingue.

5549. RAVIDA, Cory, *Auk*, III, p. 499. Gr. Cayman (Antilles).

5550. RUBRIPES (Tem.), *Pl. col.* 409; Sagra, *Cuba, Ois.*, p. 48, pl. 4. Cuba.

1126. *Var.* SCHISTACEA, Baird, *Rev. Am. B.* I, p. 37. Cuba E.

997. MERULA (1)

Turdus (pt.), auct. plur.; *Merula*, Leach. (1816); *Cichloides*, *Copsichus*, Kp. (1829); *Thoracocincla*, Rchb. (1850); *Cichloselys*, Bp. (1854).

5551. NIGRA, Leach.; *Turdus merula*, Lin.; Dub., *Fne. ill. Ois.* I, p. 260, pl. 58; *pinetorum*, *truncorum*, *alticeps*, *carniolica*, Brm.; *var. syriaca*, H. et Ehr.; *vulgaris*, Selby; *menegazzianus*, Per. Europe, Asie S.-W., Afrique N.

(1) Voy.: Seebohm, *A Monograph of the Turdidæ*.

1127. *Var.* Intermedia, Rchw., *P. U. S. Nat. Mus.* XVIII, p. 585. — Asie centrale.

1128. *Var.* Maxima, Seeb., *Cat. B.* V, p. 405; *vulgaris*, Scully. — Cachemire, Turkest. E.

5552. sinensis (Cuv.) in Less., *Traité*, p. 408; Dav. et Oust., *Ois. Chine*, p. 148; *mandarinus*, Bp., *Consp.* I, p. 275; Seeb., *Mon. Turd.*, pl. 80. — Chine S., Haïnan.

5553. serrana (Tsch.), *Arch. f. Naturg.* X, p. 280; id., *Faun. Per.*, p. 186; Seeb., *l. c.*, pl. 87; *atrosericeus* (pt.), Scl., *Cat. Am. B.*, p. 5. — Colombie S., Ecuador, Bolivie, Pérou.

1129. *Var.* Atrosericea, Lafr., *Rev. Zool.*, 1848, p. 3; *xanthosceles*, Léot., *Ois. Trinidad*, p. 201. — Vénézuéla, Trinidad, Colombie N.

5554. infuscata, Lafr., *Rev. Zool.*, 1844, p. 41; Seeb., *l. c.*, pl. 89; Salv. et Godm., *Biol. Centr.-Amér.*, *Aves*, I, p. 24. — Mexique S., Guatémala.

5555. xanthosceles (Jard.), *Ann. N. H.*, 1847, p. 329; id., *Contr. Orn.*, 1847, p. 14, pl. 1; *serranus* (pt.), Scl. et Salv. — Ile Tobago.

1130. *Var.* Leucops, Tacz., *P. Z. S.*, 1877, p. 331; Seeb., *l. c.*, pl. 88; *atrosericeus* et *serranus* (pt.), auct. plur.; *brunneus*, Lawr., *Ibis*, 1878, p. 57, pl. 1 (fem.) — Ecuador, Pérou N.

5556. samoensis (Tristr.), *Ibis*, 1879, p. 188; *vanikorensis*, auct. plur. (nec Quoy et Gaim.) — Iles Samoa.

5557. nigrescens (Cab.), *Journ. f. Orn.*, 1860, p. 327; Salv. et Godm., *Biol. Centr.-Amér.* I, p. 25, pl. 4; Seeb., *l. c.*, pl. 95. — Costa-Rica, Panama.

5558. fuscatra (d'Orb. et Lafr.), *Mag. de Zool.*, 1837, p. 16; id., *Voy. Am. mér.*, p. 200, pl. 9, f. 1; *anthracinus*, Burm. — Pérou, Bolivie, Chili, Mendoza.

5559. incompta, Bangs., *Pr. Soc. Washingt.* XII, p. 144. — Santa-Marta (Colomb.)

5560. gigas (Fras.), *P. Z. S.*, 1840, p. 59; Scl. et Salv., *Exot. Orn.*, p. 139, pl. 70; Seeb., *Cat.* V, p. 244; id., *Mon.*, pl. 92. — Colombie, Ecuador.

1131. *Var.* Gigantodes (Cab.), *Journ. f. Orn.*, 1873, p. 315; Seeb., *l. c.*, pl. 93. — Pérou, Bolivie.

1132. *Var.* Cacozela, Bangs, *Pr. Soc. Washingt.* XII, p. 181. — Santa-Marta (Colomb.)

5561. albocincta (Royle), *Ill. Him. Bot.*, p. 77, pl. 8, f. 3; Gould, *B. Asia*, pl. 76; Seeb., *l. c.*, pl. 82; *albicollis*, Royle, *l. c.*; *collaris*, Soret; *nivicollis*, Hodgs. — Himalaya du Népaul à l'Assam.

5562. torquata (Lin.); Dub., *Fne. ill. Ois.* I, p. 263, pl. 59; *montana* et *collaris*, Brm. — Europe, Afrique N.

1133. *Var.* Alpestris, Brm., *Vög. Deutschl.*, p. 377; Dress., *B. Eur.*, *Suppl.*, p. 9, pl. 635; *torquata* (pt.), auct.; *vociferans* et *maculata*, Brm. — Alpes.

1134. *Var.* ORIENTALIS, Seeb., *Ibis,* 1888, p. 311; *torquata* (pt.), Radde. — Caucase.

5563. AURANTIA (Gm.); Seeb., *Cat.* V, p. 247; *leucogenus,* Lath.; *saltator,* Hill; *leucogenys,* Gosse, *B. Jam.*, p. 136, pl. 23. — Jamaïque.

5564. BOULBOUL (Lath.); Blyth, *J. A. S. Beng.* XVI, p. 147; Seeb., *l. c.*, pl. 81; *pœcilopterus,* Vig.; Gould, *Cent. B. Him.*, pl. 14. — Himalaya.

5565. MAREENSIS (Lay. et Tristr.), *Ibis,* 1879, p. 472; *vanikorensis,* Quoy et G., *Voy. Astrol. Zool.* I, p. 188, pl. 7, f. 2 (nec auct. plur.) — Ile Maré (Loyalty).

5566. MELANARIA, Madar., *Orn. Monatsb.*, 1900, p. 23. — M[ts] Astrol. (N.-Guin.)

5567. NIGROPILEUS (Lafr.), *Deless. Voy. de l'Inde,* II, p. 27; Jerd., *B. Ind.* I, p. 523; Seeb., *l. c.*, pl. 97. — Inde centr. et mérid.

5568. LUDOVICIÆ, Phil., *Ibis,* 1895, p. 383, 1896, pl. 2. — Somaliland.

5569. SIMILLIMA (Jerd.), *Madr. Journ.* X, p. 253; id., *B. Ind.* I, p. 524; Seeb., *l. c.*, pl. 98. — Neilgherry (Inde S.-W.)

5570. ERYTHROTIS, Davis., *Ibis,* 1886, p. 205. — Travancore (Inde S.)

5571. BOURDILLONI, Seeb., *Cat. B. Br. Mus.* V, p. 251, pl. 15; *kinnisi,* Hume (nec Blyth). — Inde S.

5572. NIGRORUM (Grant), *Ibis,* 1896, p. 544; Seeb., *l. c.*, pl. 96. — Ile Negros (Philipp.)

5573. KINNISI, Blyth, *J. A. S. Beng.* XX, p. 177; Legge, *B. Ceylon,* p. 449. — Ceylan.

5574. FLAVIPES (Vieill.), *N. Dict.* XX, p. 277; Spix, *Av. Bras.* I, p. 69, pl. 67, f. 2; *carbonarius,* Licht. — Brésil.

1135. *Var.* VENEZUELENSIS, Sharpe, in *Seeb. Monogr., Turd.* p. 83. — Vénézuéla.

1136. *Var.* POLIONOTA, Sharpe, *l. c.*, p. 85, pl. 103, f. 1. — Roraima.

1137. *Var.* MELANOPLEURA, Sharpe, *l. c.*, p. 87, pl. 103, f. 2; *flavipes,* Tayl.; *carbonaria,* Seeb. (nec Licht.) — Trinidad.

5575. REEVII (Lawr.), *Ann. Lyc. New-York,* 1870, p. 234; Seeb., *Cat. B.* V, p. 254. — Ile Puna (Ecuador).

5576. SUBALARIS, Seeb., *P. Z. S.*, 1887, p. 557. — Brésil S.

5577. NIGRICEPS (Jelski), Cab., *Journ. f. Orn.*, 1874, p. 97; Tacz., *P. Z. S.*, 1874, p. 503, pl. 64. — Ecuad., Pérou jusqu'à la Rép. Argentine.

5578. RUFITORQUES, Hartl., *Rev. Zool.*, 1844, p. 214; Du Bus, *Esq. Orn.*, pl[s] 19 et 20; Seeb., *l. c.*, pl. 86. — Mex. S., Guatémala.

5579. PRITZBUERI (Lay.), *Ann. N. H.* I, p. 374; Tristr., *Ibis,* 1879, p. 187, pl. 5. — Iles Loyalty (et Nouv.-Hébrides)?

1138. *Var.* ALBIFRONS, Rams., *Pr. Linn. Soc. N. S. W.* III, p. 336; Seeb., *Cat.* V, p. 258. — Eromanga (Nouv.-Hébrides.

5580. BICOLOR, Lay., *Ibis,* 1876, pp. 153, 392; Seeb., *l. c.*, pl. 110; *ruficeps,* Rams., *Pr. Linn. Soc. N. S. W.* I, p. 43. — Kandavu (Fidji).

5581. POLIOCEPHALA (Lath.); Tristr., *Ibis,* 1879, p. 189; — Ile Norfolk.

Seeb., *l. c.*, pl. 105; *nestor*, Gould; Jard. et S., *Ill. Orn.* IV, pl. 37; *badius*, Gr.

5582. TEMPESTI (Lay.), *P. Z. S.*, 1876, pp. 392, 420; Seeb., *l. c.*, pl. 106. — Taviuni (Fidji).

5583. CANESCENS, De Vis, *Rep. Orn. Coll.*, 1894, p. 7. — Ile Goodenough (Louis.)

5584. PAPUENSIS, De Vis, *Rep. Brit. New-Guin.*, *App.*, p. 112; Seeb., *l. c.*, pl. 108. — Nouv.-Guinée S.-E.

5585. THOMASSONI, Seeb., *Ibis*, 1894, p. 532; id., *Mongr.*, pl. 109. — Luçon (Philippines).

5586. ALBICEPS (Swinh.), *Ibis*, 1864, p. 363, 1866, pp. 135, 315, pl. 5. — Formose.

5587. CASTANEA, Gould, *P. Z. S.*, 1835, p. 185; id., *B. Asia*, II, pl. 75; Seeb., *l. c.*, pl. 114; *rubrocanus*, Hodgs. — Himalaya du Cachemire à l'Assam.

5588. GOULDI, Verr., *N. Arch. Mus.* VI, *Bull.*, p. 34, IX, *Bull.*, pl. 5, f. 2; Seeb., *l. c.*, pl. 116. — Chine N.-W.

5589. SEEBOHMI, Sharpe, *Ibis*, 1888, p. 386; Seeb., *l. c.*, pl. 117. — Bornéo N.

5590. KESSLERI, Prjev., *Rowl. Orn. Misc.* II, p. 198, pl. 54; Seeb., *l. c.*, pl. 115. — Kansu (Chine N.-W.)

5591. CARDIS (Tem.), *Pl. col.* 518; Tem. et Schl., *Fauna Jap.*, p. 65, pl. 29. — Japon, Chine S., Haïnan.

5592. FUSCATA (Pall.), *Zoogr. Rosso-Asiat.* I, p. 451; Gould, *B. Asia*, I, pl. 65; Dub., *Fne. ill. Ois.* I, p. 281, pl. 65; *eunomus*, Tem., *Pl. col.* 514; *naumanni*, auct. plur. (nec Tem.); *dubius*, Bp. (nec Bechst.) — Asie du 25° au 60° l. N., Japon, accid. Europe, Belgique.

5593. RUFICOLLIS (Pall.), *Reis. Russ Reichs*, III, p. 694; Gould, *B. Asia*, pl. 66; *erythrurus*, Hodgs.; *hyemalis*, Dyb. — Sibérie jusqu'au Cercle arct., Himal., Turk., Chine, accid. Eur.

5594. NAUMANNI (Tem.), *Man. d'Orn.* I, p. 170 (1820); Scl., *Ibis*, 1862, p. 319, pl. 10; Dub., *Fne. ill. Ois.* I, p. 282, pl. 64; *ruficollis* (pt.), auct. plur. (nec Pall.); *dubius* et *fuscatus*, auct. plur. — Sibérie jusqu'au Cercle arct., Chine, accid. Europe.

1139. *Var.* ABREKIANA (Dyb.), *J. f. O.*, 1876, p. 193. — Oussouri, Corée.

5595. PROTOMOMELÆNA, (Cab.), *Cat.* V, p. 265; *dissimilis* (pt.), Blyth, *J. A. S. Beng.* XVI, p. 144 (mas. nec fem.); Jerd., *Ibis*, 1872, p. 136, pl. 6; *protomomelas*, Cab., *J. f. O.*, 1867, p. 286; *tricolor*, Hume. — Himalaya E.

5596. EURYZONA, Du Bus, *Esq. Orn.*, pl. 34; Seeb., *l. c.*, pl. 113; *fulviventris*, Scl., *P. Z. S.*, 1857, p. 273; id., *Ibis*, 1861, pl. 8. — Colombie, Ecuador.

5597. HORTULORUM (Sclat.), *Ibis*, 1863, p. 196; *pelios*, Bp. in Cab., *J. f. O.*, 1870, p. 238; *campbelli*, Swinh.; *chrysopleurus*, Swinh., *Ibis*, 1874, p. 444, pl. 14. — Chine S., ? Japon.

5598. ATRIGULARIS (Tem.), *Man. d'Orn.* I, p. 169; Gould, *B. Eur.* II, pl. 75; Dub., *Fne. ill. Ois.* I, p. 279, — Asie W. et centr. du 63° l. N. à l'Hima-

pl. 63; *bechsteini*, Naum.; *varicollis*, Hodgs.; *leucogaster*, Blyth; *mystacinus*, Severtz. — laya, accid. Europe, Belgique.

5599. UNICOLOR (Tick.), *J. A. S. Beng.* II, p. 377; Gould, *B. Asia*, II, pl. 65; *modestus*, Blyth; *homochroa*, Hodgs.; *dissimilis*, Bl. (fem. nec mas.) — Himalaya.

5600. OLIVATRA, Lafr., *Rev. Zool.*, 1848, p. 2; Seeb., *Cat.* V, p. 272; id., *Mon.*, pl. 111. — Vénézuéla N. et centr.

5601. RORAIMÆ, Salv. et Godm., *Ibis*, 1884, p. 443; Seeb., *l. c.*, pl. 112. — Guyane anglaise.

5602. OBSCURA (Gm.); Dub., *Fne. ill. Ois.* I, p. 297, pl. 69; *ocragaster*, Sparrm.; *pallens*, Pall.; Tem. et Schl., *Fauna Jap.*, p. 63, pl. 27; *seyffertitzii*, Brm; *rufulus*, Drap.; *werneri*, Géné; *pallidus*, auct. plur. (nec Gm.); *modestus*, Eyt.; *davidianus*, M.-Edw. — Asie jusqu'au 67° l. N., Malacca et Java au S., Japon, accid. Europe.

5603. SUBOBSCURA, Salvad., *Ann. Mus. Civ. Genov.*, 1889, p. 414. — Birmanie.

5604. PALLIDA (Gm.); Gould, *B. Eur.* II, pl. 80; *daulias*, Tem., *Pl. col.* 515; *advena*, Swinh. — Bas-Amour, Chine, Assam, Jap., Form.

5605. FEÆ, Salvad., *Ann. Mus. Civ. Genov.*, 1887, p. 514. — Ténassérim.

5606. CHRYSOLAUS (Tem.), *Pl. col.* 537; id. et Schl., *Fauna Jap.*, p. 64, pl. 28. — Japon, Chine S., Formose, Luçon.

5607. CELÆNOPS (Stejn.), *Science*, X; 1887, p. 108; id., *P. U. S. Nat. Mus.* X, p. 484. — Ile Idzu (Japon).

5608. JOUYI (Stejn.), *P. U. S. Nat. Mus.*, 1887, p. 4. — Hondo (Japon).

5609. XANTHOPUS (Forst.); Lay., *Ibis*, 1878, p. 253; Seeb., *Cat.* V, p. 277. — Nouv.-Calédonie.

5610. ULIETENSIS (Gm.); Seeb., *Cat.* V, p. 276, pl. 16; *badius*, Forst. — Ulietea (Iles Société).

5611. VINITINCTA, Gould, *P. Z. S.*, 1855, p. 165; *xanthopus* (pt.), Tristr. — Ile Lord Howe.

5612. VITIENSIS, Lay., *Ann. N. H.*, 1876, p. 505; *vanuensis*, Seeb. — Iles Fidji.

1140. *Var.* LAYARDI, Seeb., *P. Z. S.*, 1890, p. 667. — Viti Levu (Fidji).

5613. MINDORENSIS (Grant), *Ibis*, 1896, p. 465. — Mindoro (Philippines).

5614. JAVANICA (Horsf.), *Tr. Linn. Soc.* XIII, p. 148; ?*concolor*, Blyth. — Java.

5615. FUMIDA, S. Müll., *Verh. Nat. Gesch. Ned. Ind.* (1839), p. 201; Seeb., *l. c.*, pl. 119; *hypopyrrhus*, Hartl.; *javanicus* (pt.), auct. plur. (nec Horsf.); *vulcanus*, Pelz. — Java, Bornéo, ?Sumatra.

5616. WHITHEADI, Seeb., *Bull. Brit. Orn. Club.* V, p. XXV; id., *Ibis*, 1893, pp. 221, 257; id., *Monogr.*, pl. 120. — Java E.

5617. SCHLEGELI, Scl., *Ibis*, 1861, p. 280; Büttik., *N. Leyd. Mus.* XV, p. 109; *fumidus* (pt.), S. Müll. — Timor.

5618. CELEBENSIS, Büttik., *Not. Leyd. Mus.* XV, p. 109; Mey. et Wg., *B. Celeb.*, pl. 35. — Célèbes.

998. TURDUS

Turdus, Lin. (1766); *Arceuthornis, Ixocossyphus*, Kp. (1829); ***Planesticus***, Bp. (1850); *Iliacus*, Des M. (1860); *Hylocichla*, Baird (1864); ***Peliocichla***, Cab. (1882).

5619. ILIACUS, Lin.; Dubois, *Fne. ill. Ois.* I, p. 287, pl. 66; *mauvis*, Müll.; *illas*, Pall.; *betularum, vinetorum, gracilis*, Brm.; *minor*, Des M. (nec Gm.)	Europe et Asie du 35° au 70° l. N., Afr. N., Canaries.
5620. MUSICUS, Lin.; Dub., *Op. cit.* I, p. 291, pl. 67; *minor*, *philomelos*, Brm.	Europe et Asie du 30° au 70° l. N., Afr. N. et N.-E.
5621. AURITUS, Verr., *N. Arch. Mus. Bull.* VI (1870), p. 34, IX, pl. 5; Seeb., *Monogr. Turd.*, pl. 41; *musicus* (pt.), Swinh.	Chine.
5622. PILARIS, Lin.; Dub., *Op. cit.* I, p. 275, pl. 62; Seeb., *l. c.*, pl. 47; *subpilaris, juniperorum, fuscilateralis*, Brm.	Europe et Asie W. jusqu'au 70° l. N.
5623. VISCIVORUS, Lin.; Dub., *Op. cit.*, p. 272, pl. 61; *major* et *arboreus*, Brm.	Eur. et Asie W. jusqu'au 70°, Baical.
1141. *Var.* BONAPARTEI, Cab., *Journ. f. Orn.*, 1860, p. 183; *hodgsoni*, Bp. (nec Homey.)	Himalaya N.-W.
1142. *Var.* DEICHLERI, Erl., *Orn. Monatsb.*, 1897, p. 192.	Afrique N.
5624. TEPHRONOTUS, Cab., *Journ. f. Orn.*, 1878, p. 218, pl. 3, f. 3; Seeb., *l. c.*, pl. 70.	Zanzibar.
5625. OLIVACEUS, Lin.; Lay., *B. S. Afr.*, p. 128; Seeb., *l. c.*, pl. 71.	Afrique S., Transvaal.
1143. *Var.* ABYSSINICA, Gm.; Heugl., *Orn. N.-O. Afr.* I, p. 382; *olivacea*, Rüpp.; *olivacinus*, Bp.; *erythrorhynchus*, Heugl.	Abyssinie, Choa.
5626. ELGONENSIS, Shp., *Ibis*, 1891, p. 443; Seeb., *l. c.*, pl. 77.	Elgon (Afr. centr. E.)
5627. CABANISI, Bp. in Cab., *Mus. Hein.* I, p. 3; Seeb., *l. c.*, pl. 73; *obscurus*, Smith (nec Gm.), *Ill. Zool. S. Afr.*, pl. 36; *smithii*, Bp.	Transvaal, Cafrerie.
1144. *Var.* DECKENI, Cab., *J. f. O.*, 1868, p. 412; id., *Deck. Reis. in Ostafr.* III, p. 21, pl. 1; *cabanisi*, auct. plur.	Afrique tropicale E. (Kilima Ndjaro ?)
1145. *Var.* MILANJENSIS, Shell., *Ibis*, 1893, p. 12; Seeb., *l. c.*, pl. 74.	Milanji (Nyasa).
5628. LIBONYANUS (Smith), *Rep. S. Afr. Exp., App.*, p. 45; id., *Ill. Zool. S. Afr.*, pl. 38; Seeb., *l. c.*, pl. 75.	Afrique S. et S.-E.
1146. *Var.* TROPICALIS, Peters, *Journ. f. Orn.*, 1882, p. 320; *libonyanus* (pt.), auct. plur.	Afrique tropicale E.
1147. *Var.* VERREAUXI, Boc., *Jorn. Sc. Lisb.*, 1870, p. 340; *libonyanus* (pt.), Sharpe; *schuetti*, Cab., *Journ. f. Orn.*, 1882, p. 319.	Angola, Benguela.
1148. *Var.* CINERASCENS, Rchw., *Orn. Mon.*, 1898, p. 82.	Afrique E. allem.

5629. PELIOS, Bp., *Consp.* I, p. 237; Heugl., *Orn. N.-O. Afr.* I, p. 383, pl. 14, f. 1; Seeb., *l. c.*, pl. 76, f. 1; *icterorhynchus*, Wurt.; *cryptopyrrhus*, Hart.; *chiguancoides*, Rchw. (nec Seeb.)	De Sénégambie au Loango, Nyam-Nyam, Abyssinie.
1149. *Var.* SATURATA, Cab., *Journ. f. Orn.*, 1882, p. 320; *pelios* (pt.), auct. plur.	Caméron, Loango.
1150. *Var.* BOCAGEI, Cab., *Op. cit.*	Angola.
5630. STORMSI, Hartl., *Bull. Mus. R. H. N. Belg.* IV, p. 143, pl. 3.	Tanganika.
5631. CRYPTOPYRRHUS (Cab.), *J. f. O.*, 1882, p. 320; Seeb., *l. c.*, pl. 78; *chiguancoides*, Seeb., *Cat. B.* V, p. 231.	Sénégambie, Casamanze.
1151. *Var.* NIGRILORUM, Rchw., *J. f. O.*, 1892, p. 194.	Caméron.
5632. COMORENSIS, M.-Edw. et Oust., *C. R.* CI, p. 221 (1885); id., *N. Arch. Mus.* X, p. 251, pl. 6, f. 2; Seeb., *l. c.*, pl. 55.	Grande Comore.
5633. BEWSHERI, E. Newt., *P. Z. S.*, 1877, p. 299, pl. 34; Seeb., *l. c.*, pl. 35.	Ile Johanna (Comores).
5634. OLIVACEOFUSCUS, Hartl., *Abth. Geb. Nat. Hamb.* II, pt. 2, p. 49; id., *Journ. f. Orn.*, 1854, p. 23; Seeb., *l. c.*, pl. 36.	Ile St-Thomas (Afr. W.)
5635. ERYTHROPLEURUS, Sharpe, *P. Z. S.*, 1887, p. 515.	Ile Christmas (Java).
5636. MARANONICUS, Tacz., *P. Z. S.*, 1880, p. 189, pl. 20; Seeb., *l. c.*, pl. 34.	Pérou N.
5637. CHIGUANCO, Lafr., *Mag. de Zool.*, 1837, *Syn.*, p. 16; d'Orb., *Voy. Am. mér.*, p. 201, pl. 9, f. 2; Seeb., *l. c.*, pl. 69.	Pérou, Bolivie.
1152. *Var.* CONRADI, Salvad. et Festa, *Boll. Mus. Zool. Torino*, XV, n° 357, p. 4; *chiguanco*, Scl. (nec Lafr. et d'Orb.), *P. Z. S.*, 1858, pp. 450-51.	Ecuador.
5638. FLAVIROSTRIS (Sw.), *Phil. Mag.*, 1827, p. 369; Salv. et Godm., *Biol. Centr.-Am.*, *Aves*, I, p. 21, pl. 3, f. 1; Seeb., *l. c.*, pl. 67; *rofopalliatus*, Lafr.; *palliatus*, Bp.	Mexique W.
1153. *Var.* GRAYSONI, Ridgw., *P. U. S. Nat. Mus.* V, p. 12; Seeb., *l. c.*, pl. 68; *flavirostris* (pt.), Lawr.	Iles Tres Marias.
5639. FALKLANDICUS, Quoy et Gaim., *Voy. de l'Uranie*, p. 104 (1824); Seeb., *Cat. B.* V, p. 524, pl. 13; id., *Monogr.*, pl. 66; *maluinarum*, Licht.	Iles Malouines.
1154. *Var.* MAGELLANICA, King, *P. Z. S.*, 1830, p. 14; Seeb., *Cat. B.* V, p. 223, pl. 14; id., *Monogr.*, pl. 65; *falklandicus* (pt.), auct. plur. (non Q. et G.)	Chili, Patagonie, Terre de feu, îles Mas Afuera.
5640. RUFIVENTER, Vieill., *N. Dict.* XX, p. 226; Seeb., *l. c.*, pl. 64; *rufiventris* et *chochi*, Vieill.	Brésil, de Bahia à Buenos-Ayres, Bolivie.
5641. MIGRATORIUS, Lin.; Wils., *Am. Orn.* I, p. 35, pl. 2,	Amér. du Cercle arct.

f. 2 ; Dub., *Ois. Eur.* I, pl. 48; Seeb., *l. c.*, plˢ 62 et 63 ; *canadensis*, Müll. — au Guatém. et Cuba, Groenl., accid. Eur.

1155. *Var.* PROPINQUA, Ridgw., *Bull. Nutt. Orn. Club*, II (1877), p. 9. — États-Unis W., Colombie anglaise.

5642. CONFINIS, Baird, *Rev. Am. B.*, p. 29; Seeb., *l. c.*, pl. 61. — Basse-Californie.

5643. GRAYI, Bp., *P. Z. S.*, 1837, p. 118; Seeb., *l. c.*, pl. 60; *helvolus*, Licht. (descr. nulla); *luridus* et *casius*, Bp. — Tres Marias, Mex. W., Amér. centr., Col. N.-W.

1156. *Var.* TAMAULIPENSIS, Nels., *Auk*, 1897, p. 75. — Tamaulipas (Mexique).

5644. ALBIVENTER, Spix, *Av. Bras.* I, p. 70, pl. 69, f. 1; Seeb., *l. c.*, pl. 59; *humilis*, Licht.; *ephippialis*, Scl., *P. Z. S.*, 1862, p. 109. — Colombie, Vénézuéla, Guyane, Brésil jusqu'au 14° l. S.

5645. FUMIGATUS, Licht., *Verz. Doubl.*, p. 38; Seeb., *Monogr. Turd.*, pl. 58, f. 1 ; *ferrugineus*, Max. — Nord de l'Amér. mér. jusqu'au 14° l. S.

5646. NIGRIROSTRIS, Lawr., *Ann. New-York Ac. Sc.* I, p. 147; Seeb., *l. c.*, p. 253. — Iles Sᵗ-Vincent et Grenada.

5647. HAUXWELLI, Lawr., *Ann. Lyc. New-York*, 1870, p. 265; Seeb., *l. c.*, pl. 58, f. 2. — Pérou.

5648. OBSOLETUS, Lawr., *Ann. L. New-York*, 1862, p. 470; Seeb., *l. c.*, pl. 57. — Du Costa-Rica à Panama.

5649. PLEBEIUS, Cab., *Journ. f. Orn.*, 1860, p. 323; Seeb., *l. c.*, pl. 56. — Du Costa-Rica au Guatémala.

5650. LEUCOMELAS, Vieill., *N. Dict.* XX, p. 238; Seeb., *l. c.*, pl. 53, f. 1; *amaurochalinus*, Cab.; *albiventris*, Scl. (nec Spix); *crotopezus*, Burm. (nec Licht.) — Guyane, Brésil, Argentine, Chili, Bolivie.

1157. *Var.* MACULIROSTRIS, Berl. et Tacz., *P. Z. S.*, 1883, p. 538. — Ecuador W.

1158. *Var.* IGNOBILIS, Scl., *P. Z. S.*, 1857, p. 273. — Colombie.

1159. *Var.* MURINA, Salv., *Ibis*, 1885, p. 197; Seeb., *l. c.*, pl. 54. — Guyane anglaise.

5651. GYMNOPHTHALMUS, Cab., *Schomb. Reis. Guian.* III, p. 665 ; Seeb., *l. c.*, pl. 53, f. 2; *nudigenis*, Lafr.; *caribbæus*, Lawr.; *gymnogenys*, Scl. et Salv. — Guyane, Vénézuéla, Trinidad, Tobago.

5652. ALBICOLLIS, Vieill., *N. Dict.* XX, p. 227; Scl. et Salv., *Exot. Orn.*, p. 141, pl. 71 ; Seeb., *l. c.*, pl. 52. — Brésil E. de Bahia à Sᵗᵃ-Catharina.

5653. CROTOPEZUS, Licht., *Verz. Doubl.*, p. 38; Scl. et Salv., *Exot. Orn.*, p. 145, pl. 73; Seeb., *l. c.*, pl. 50, f. 1 ; *albicollis*, Spix (nec Vieill.) — Amér. mérid. du 10° au 24° l. S. environ.

5654. TRISTIS (Sw.), *Phil. Mag.*, 1827, p. 369; Seeb., *l. c.*, pl. 50, f. 2; *assimilis*, Cab., *Mus. Hein.* I, p. 4. — Mexique.

5655. LECAUCHEN, Scl., *P. Z. S.*, 1858, p. 44; Seeb., *l. c.*, pl. 51; *tristis* (pt.), Salv. et Godm., *Biol. Centr. Am.* I, p. 15. — Amérique centrale jusqu'à Panama.

1160. *Var.* DAGUÆ, Berl., *Orn. Monatsb.*, 1897, p. 176. — Colomb. W., Ecuad. N.

5656. PHÆOPYGUS, Cab., *Schomb. Reis. Guian.* III, p. 666; — Amér. mérid. jusqu'à

Scl. et Salv., *P. Z. S.*, 1867, p. 568, pl. 29; Seeb., *l. c.*, pl. 49, f. 1; *saturatus*, Berl.
l'Amaz., Ecuador, Pérou N.-E., Boliv.

1161. *Var.* Phæopygoides, Seeb., *Cat. B.* V, p. 404; id., *l. c.*, pl. 49, f. 2; *jamaicensis*, Jard. (nec Gm.)
Pérou E.

1162. *Var.* Spodiolæma, Berl. et Stolzm., *P. Z. S.*, 1896, p. 326.
Pérou central.

1163. *Var.* Minuscula, Bangs., *Pr. Soc. Wash.* XII, p. 181.
Sta-Marta (Colombie).

5657. jamaicensis, Gm.; Gosse, *B. Jam.*, p. 142, pl. 24; Seeb., *l. c.*, pl. 48; *capucinus, leucophthalmus, lereboulleti*, Bp.
Jamaïque.

5658. mustelinus, Gm.; Vieill., *Ois. Am. Sept.* II, p. 6, pl. 62; Seeb., *l. c.*, pl. 43; *melodes*, Bartr.; *melodus*, Wils.; *densus*, Bp.
États-Unis, Mexique, Amér. centr., Cuba.

5659. minor, Gm.; *mustelinus*, Wils. (nec Gm.); *fuscescens*, Steph. in *Shaw's Gen. Zool.* X, p. 182, et auct. plur.; Seeb., *l. c.*, pl. 44; *silens*, Vieill.; *wilsoni*, Bp.; *brunneus*, Brew.
Canada et États-Unis, des Mgnes Rocheuses à l'Atl. et jusqu'au N. de l'Amaz. en hiver.

1164. *Var.* Salicicola, Ridgw., *P. U. S. Nat. Mus.* IV, p. 374; *fuscescens* (pt.), auct. plur.
Montagnes Rocheuses.

5660. swainsoni, Cab. in *Tsch. Faun. Per.*, p. 188; Dub., *Fne. ill. Ois.* I, p. 294, pl. 68; Seeb., *l. c.*, pl. 45, f. 3; *minimus*, Lafr.; *minor*, C. Dub. (nec Gm.); *fuscus*, Gmel. (nec Müll.); *solitarius*, Wils. (nec auct.); *wilsoni*, Sw. (nec Bp.); *olivacea*, Brew. (nec Lin.)
Amér. N.-E. du Cercle arct. au Pérou et Bolivie, Cuba, accid. Belgique.

1165. *Var.* Ustulata, Nutt., *Man. Orn.* I, p. 400; Seeb., *l. c.*, pl. 45, f. 2; *swainsonii var. ustulatus*, Coues.
Amér. N.-W. de la Colombie anglaise au Guatém., acc. Belg.

1166. *Var.* Aliciæ, Baird, Cass. et Lawr., *B. N. Am.*, p. 217, pl. 81, f. 2; Seeb., *l. c.*, pl. 45, f. 1; *swainsoni var. aliciæ*, Baird.
Amér. sept. du Labrador à l'Alaska, Sibérie E., Kamtsch., en hiv. jusqu'à l'Amaz.

1167. *Var.* Bicknelli (Ridgw.), *Pr. U. S. Nat. Mus.* IV, p. 377.
Montagnes du N.-E. des États-Unis.

5661. aonalaschkæ, Gm.; Seeb., *Cat. B.* V, p. 200; id., *l. c.*, p. 193; *guttata*, Pall.; *nanus* (pt.), auct. plur. (nec Audub.); *unalashkæ*, Ridgw.; *aoonalascensis*, Nels.
Amér. N.-W. du S. de l'Alaska à la Californie.

1168. *Var.* Pallasi, Cab., *Arch. f. Naturg.*, 1847, p. 205; Seeb., *l. c.*, pl. 46, f. 2; *solitarius* (pt.), Wils. (nec Lin.); *minor*, Bp. (nec Gm.); *guttatus*, Cab. (nec Pall.); *nanus*, Audub., *Orn. Biogr.* V, p. 201, pl. 419.
États-Unis jusqu'au 60° l. N. à l'E. des Mont. Rocheuses, Floride, Cuba.

1169. *Var.* Auduboni, Baird, *Review*, I, p. 16; Seeb., *l. c.*, pl. 46, f. 1; *silens*, Sw. (nec Vieill.); *pallasi*, var. *auduboni*, Coues; *sequoiensis*, Beld., *Pr. Calif. Ac. Sc.* II, p. 79.
S. des Montagnes Roch. jusqu'au Guatémala, Californie.

999. CICHLHERMINIA

Cichlherminia, Bp. (1854); *Cichlalopia*, Bp. (1857, nec 1854); *Turdus* (pt.), Seeb. (1898).

5662. HERMINIERI (Lafr.), *Rev. Zool.*, 1844, p. 167; Seeb., *Monogr. Turd.*, pl. 37, f. 1; *bonapartii*, Scl. — Guadeloupe (Antilles).
5663. LAWRENCII, Cory, *Auk*, 1891, p. 44. — Montserrat (Antilles).
5664. SANCTÆ-LUCIÆ (Sclat.), *Ibis*, 1880, p. 73; Seeb., *l. c.*, pl. 37, f. 2; var. *semperi*, Lawr., *P. U. S. Nat. Mus.*, 1880, p. 16. — Ile Ste-Lucie (Antilles).
5665. DOMINICENSIS, Lawr., *Pr. U. S. Nat. Mus.*, 1880, p. 6; Seeb., *l. c.*, pl. 38. — Ile Dominique (Antill.)

1000. OREOCINCLA

Oreocincla, Gould (1837); *Turdus* (pt.), auct. plur.; *Geocichla* (pt.), Seeb. (1881).

5666. VARIA (Pall.), *Zoogr. Rosso-Asiat.* I, p. 449; Dub., *Fne. ill. Ois.* I, p. 269, pl. 60; Seeb., *l. c.*, pl. 1, f. 1; *aureus*, Holl.; *squamatus*, Boie; *whitei*, Eyt. — Sibérie centr. et S., Chine, Jap., Philip., accid. Europe, Belg.
1170. *Var.* HANCII, Swinh., *Ibis*, 1863, p. 275; Seeb., *l. c.*, pl. 1, f. 2. — Formose.
5667. DAUMA (Lath.), *Ind. Orn.* I, p. 362; Seeb., *l. c.*, pl. 2; *parvirostris*, Gould, *P. Z. S.*, 1837, p. 136; *whitei* (pt.), Blyth. — Himalaya, Inde centr., Ténassérim.
5668. NILGIRIENSIS (*neilgherriensis*) Blyth, *J. A. S. Beng.* XVI, p. 141; Seeb., *l. c.*, pl. 3; *varius*, Jerd. (nec Pall.) — Nilgherry (Inde S.-W.)
5669. IMBRICATA (Lay.), *Ann. N. H.* XIII, 1854, p. 212; Legge, *B. Ceyl.*, p. 455, pl. 19, f. 2; Seeb., *l. c.*, pl. 4; *nilgiriensis* (pt.), Jerd.; *gregoriana*, Nev. — Ceylan.
5670. MALAYANA, Sund., *Journ. f. Orn.*, 1857, p. 161; *varius* (pt.), Horsf.; *lunulatus*, Sund. (1840, nec Lath.); *horsfieldi*, Bp., *Rev. et Mag. de Zool.*, 1857, p. 205; Seeb., *Cat. B.* V, p. 153, pl. 10; id., *Monogr.*, pl. 5. — Java.
5671. PAPUENSIS (Seeb.), *Cat. B.* V, p. 158, pl. 9; id., *Mongr.*, pl. 6, f. 2. — Nouv.-Guinée S.-E.
5672. CUNEATA, De Vis, *Pr. Roy. Soc. Queensl.* VI, p. 243; Seeb., *l. c.*, pl. 7. — Queensland.
5673. HEINEI, Cab., *Mus. Hein.* I, p. 6; Seeb., *l. c.*, pl. 6, f. 1; *iodura*, Gould. — Australie E. et N.-E.
5674. LUNULATA (Lath.); Gould, *B. Austr.* IV, pl. 7; Seeb., *l. c.*, pl. 8, f. 1; *novæ-hollandiæ*, Gould. — Australie S.-E.
5675. MACRORHYNCHA, Gould, *P. Z. S.*, 1837, p. 145; Seeb., *l. c.*, pl. 8, f. 2. — Tasmanie.

5676. MOLLISSIMA, Blyth, *J. A. S. Beng.* XI, p. 188; Seeb., *l. c.*, pl. 9, f. 2; *oreocincloides* et *rostrata*, Hodgs.; *hodgsoni*, Homey., *Rhea*, II, p. 150 (nec Bp.) — Himalaya.

1171. *Var.* DIXONI, Seeb., *Cat. B.* V, p. 161; id., *l. c.*, pl. 9, f. 1. — Himalaya, Inde centr., Ténassérim.

1001. ZOOTHERA

Zoothera, Vig. (1831); *Geocichla* (pt.), Seeb. (1881).

5677. MONTICOLA, Vig., *P. Z. S.*, 1831, p. 172; Gould, *Cent. B. Him.*, pl. 22; Seeb., *l. c.*, pl. 24; *rostratus*, Hodgs., *Icon.*, *Passeres*, pl. 144, nos 268, 269. — Himalaya, de l'Assam au Cachemire.

5678. ANDROMEDA (Tem.), *Pl. col.* 392; Hartl., *Syst. Verz.*, p. 41; Seeb., *l. c.*, pl. 25, f. 1. — Java, Lombock.

5679. MARGINATA, Blyth, *J. A. S. Beng.* XXI, p. 141; Seeb., *l. c.*, pl. 25, f. 2. — Himalaya, du Sikkim à l'Assam.

1002. GEOCICHLA

Geocichla, Kuhl (1835?); *Turdulus*, Hodgs. (1844); *Chamætylas*, Heine (1859); *Hesperocichla*, Baird (1864).

5680. SPILOPTERA (Blyth), *J. A. S. Beng.* XVI, p. 142; Legge, *B. Ceyl.*, p. 451, pl. 19; Seeb., *l. c.*, pl. 10. — Ceylan.

5681. GUTTATA (Vig.), *P. Z. S.*, 1831, p. 92; Smith, *Ill. Zool. S. Afr.*, pl. 39; Seeb., *l. c.*, pl. 11, f. 2. — Natal (Afr. S.)

5682. PRINCEI (Sharpe), *P. Z. S.*, 1873, p. 625; Seeb., *Cat. B.* V, p. 164, pl. 12; id., *Mongr.*, pl. 11, f. 1; *bivittatus*, Rchw., *J. f. O.*, 1874, p. 104. — De la Côte-d'Or à Libéria.

5683. CROSSLEYI (Sharpe), *P. Z. S.*, 1871, p. 607, pl. 47; Seeb., *l. c.*, pl. 12, f. 2. — Caméron.

5684. GURNEYI (Hartl.), *Ibis*, 1864, p. 350, pl. 9; Seeb., *l. c.*, pl. 12, f. 1. — Natal, Transvaal.

5685. PIAGGIÆ (Bouv.), *Bull. Soc. Zool. Fr.*, 1877, p. 456; Seeb., *l. c.*, pl. 13; *gurneyi*, Heugl. (nec Hartl.) — Abyssinie, Choa.

5686. COMPSONOTA, Cass., *Proc. Ac. Nat. Sc. Phil.*, 1859, p. 42; Seeb., *Cat. B.* V, p. 165. — Gabon, Afrique W.

5687. MACHIKI, Forb., *P. Z. S.*, 1883, p. 589, pl. 52; Seeb., *Mon.*, pl. 14. — Timor-Laut.

5688. PERONII (Vieill.), *N. Dict.* XX, p. 276; Seeb., *l. c.*, pl. 15, f. 2; *novæ-hollandiæ*, Less.; *rubiginosa*, S. Müll. — Timor.

1172. *Var.* AUDACIS, Hart., *Bull. B. O. Club*, VIII, n° 62, p. 43; *Novit. Zool.* VII, p. 13. — Ile Dammer (mer de Banda).

5689. ERYTHRONOTA, Scl., *Ibis*, 1859, p. 113; Seeb., *l. c.*, pl. 15, f. 1. — Célèbes.

5690. INTERPRES (Kuhl), in Tem., *Pl. col.* 458 ; Seeb., *l. c.*, pl. 16, f. 1. — Java, Sumatra, Bornéo, Lombock, îles Soulou.

1173. *Var.* AVENSIS (Gray), *Griff. Anim. Kingd.* VI, p. 530 ; Seeb., *l. c.*, pl. 16, f. 2. — Malacca S.-W.

5691. DOHERTYI, Hart., *Novit. Zool.* III, p. 555, pl. 11, f. 3 ; Seeb., *l. c.*, pl. 17. — Lombock.

5692. LEUCOLÆMA, Salvad., *Ann. Mus. Civ. Gen.* XII (1892), p. 136 ; Seeb., *l. c.*, pl. 18. — Ile Engano (Sumatra S.-W.)

5693. CINEREA, Bourns et Worc., *Occ. Pap. Minnes. Ac.* 1, p. 23. — Mindoro (Philipp.)

5694. CYANONOTA (Jard. et Sel.), *Ill. Orn.* I, pl. 46 ; Seeb., *l. c.*, pl. 19, f. 1 ; *cyanotus*, auct. plur. — Inde centr. et S.

5695. ALBOGULARIS, Blyth, *J. A. S. Beng.* XVI, p. 146 ; Seeb., *l. c.*, pl. 19, f. 2. — Iles Nicobar.

1174. *Var.* ANDAMANENSIS, Wald., *Ann. and Mag. N. H.*, 1874, p. 156 ; Seeb., *l. c.*, pl. 21, f. 1 ; *albogularis* (pt.), auct. plur. — Iles Andaman.

1175. *Var.* INNOTATA, Blyth, *J. A. S. Beng.* XV, p. 370 ; Seeb., *l. c.*, pl. 20, f. 2. — Malacca, Ténassér. S.

5696. CITRINA (Lath.) ; Tem., *Pl. col.* 445 ; Seeb., *l. c.*, pl. 20, f. 1 ; *macei*, Vieill. ; *lividus*, Tick. ; *cyanota*, Hodgs. ; *layardi*, Wald. — Himal., Inde, Ceylan, Assam, Ténassérim.

1176. *Var.* RUBECULA, Gould, *P. Z. S.*, 1836, p. 7 ; Seeb., *l. c.*, pl. 21, f. 2. — Java.

1177. *Var.* AURATA, Sharpe, *Ibis*, 1888, p. 478 ; Seeb., *l. c.*, pl. 22. — Bornéo N.

5697. EVERETTI, Sharpe, *Ibis*, 1892, p. 323 ; Seeb., *l. c.*, pl. 23. — Bornéo N.

5698. NÆVIA (Gm.) ; Vieill., *Ois. Am. sept.* III, pl. 66 ; Seeb., *l. c.*, pl. 26 ; *auroreus*, Pall. ; *meruloides*, Sw. — Amérique N.-W. de l'Alaska à la Calif.

5699. WARDII (Jerd.), *J. A. S. Beng.* XI, p. 882 ; Seeb., *l. c.*, pl. 27 ; *picaoides*, *micropus*, Hodgs. ; *melanoleuca*, Hartl. ; *pectoralis*, Legge. — Himalaya, Inde, Ceylan.

5700. SCHISTACEA, Mey., *Zeitschr. Ges. Orn.* I, p. 211, pl. 8 ; Seeb., *l. c.*, pl. 28. — Timor-Laut.

5701. PINICOLA (Scl.), *P. Z. S.*, 1859, p. 334 ; id., *Cat. Am. B.*, p. 6, pl. 1 ; Seeb., *l. c.*, pl. 29 ; *pœcilopterus*, Licht. (nec Vig.) — Mexique S.

5702. SIBIRICA (Pall.), *Reis. Russ. Reichs*, III, p. 694 ; Dubois, *Fne. ill. Ois.* I, p. 265, pl. 59[b] ; Seeb., *l. c.*, pl. 30 ; *leucocillus*, Pall. ; *bechsteini*, Naum. ; *atrocyaneus*, Hom. ; ? *leucogaster*, Blyth ; *mutabilis*, Bp. ; *inframarginata*, Blyth. — La majeure partie de l'Asie jusqu'au 68° l. N., Sum., Java, accid. Europe, Belg.

1178. *Var.* DAVISONI (Hume), *Stray Feath.*, 1877, p. 63 ; Seeb., *l. c.*, pl. 31 ; *sibiricus* (pt.), auct. plur. — Japon.

1003. NESOCICHLA

Nesocichla, Gould (1855).

5703. EREMITA, Gould, *P. Z. S.*, 1855, p. 165; Scl., *Rep. Voy. H. M. S. Challenger*, II, p. 111, pl. 23; Sharpe, *Cat. B.* VI, p. 332; *guianensis*, Carm., *Trans. Lin. Soc.* XII, p. 496. — Iles Tristan da Cunha.

1004. PSOPHOCICHLA

Psophocichla, Cab. (1860); *Geocichla* (pt.), Seeb. (1881).

5704. LITSITSIRUPA (Smith), *Rep. S. Afr. Exp.*, *App.*, p. 45; Seeb., *l. c.*, pl. 32, f. 1; *strepitans*, Smith, *Ill. Zool. S. Afr.*, pl. 37; *crassirostris*, Licht. — Afrique S. et S.-W.

1179. *Var.* STIERLINGI (Rchw.), *Orn. Monatsb.*, 1900, p. 5. — Ile Iringa (Afrique E.)

5705. SIMENSIS (Rüpp.), *Neue Wirb. Vg.*, p. 81, pl. 29, f. 1; *semiensis*, Heugl.; Seeb., *l. c.*, pl. 32, f. 2. — Abyssinie, Choa.

1005. CICHLOPASSER

Cichlopasser, Bp. (1854); *Geocichla* (pt.), Seeb. (1881).

5706. TERRESTRIS (Kittl.), *Mém. Ac. St-Pétersb.* I, p. 245, pl. 17; Seeb., *l. c.*, pl. 33. — Iles Bonin.

1006. AMATOCICHLA

Amatocichla, De Vis (1890-91).

5707. SCLATERIANA, De Vis, *Ann. Rep. on Br. New.-Guinea for* 1890-91, p. 95; Scl., *Ibis*, 1893, p. 246. — Nouv.-Guinée angl.

SUBF. IV. — MYIADECTINÆ (1)

1007. MYIADECTES

Myiadestes, Sw. (1838); *Myiadectes*, Salv. et Godm. (1879); *Entomedestes*, Stejn. (1883).

5708. SOLITARIUS, Baird, *Rev. Am. B.*, p. 421; *armillatus*, Gray (nec Vieill.), *Gen. B.* I, p. 281, pl. 69, et auct. plur. — Jamaïque.

5709. MONTANUS, Cory, *Bull. Nutt. Orn. Club*, VI, p. 130; Sharpe, *Cat. B.* VI, p. 370. — St-Domingue.

5710. ARMILLATUS (Vieill.), *Ois. Am. sept.* I, p. 69, pl. 42; Baird, *Rev. Am. B.*, p. 423. — Martinique (Antilles).

(1) Voy.: Sharpe, *Cat. B. Brit. Mus.* VI, p. 368.

5711. GENIBARBIS, Sw., *Nat. Libr.* X, p. 134, pl. 13; Sharpe, *l. c.*, p. 370; *armillatus*, Bp. (nec Vieill.) — Martinique.

1180. *Var.* SANCTÆ-LUCIÆ, Stejn., *P. U. S. Nat. Mus.* V, p. 20, pl. 2, f. 4; *genibarbis* (pt.), Sharpe. — Ile Ste-Lucie (Antilles).

1181. *Var.* DOMINICANA, Stejn, *Op. cit.*, p. 22, pl. 2, f. 5. — Ile Dominique (Antill.)

5712. SIBILANS, Lawr., *Pr. U. S. Nat. Mus.* I, pp. 188, 486. — Ile St-Vincent (Antill.)

5713. ELIZABETHÆ (Lemb.), *Aves Cuba*, p. 39, pl. 5, f. 3; Scl. et Salv., *Exot. Orn.*, p. 55, pl. 28. — Cuba.

5714. OBSCURUS, Lafr., *Rev. Zool.*, 1839, p. 98; Scl. et Salv., *Ex. Orn.*, p. 49, pl. 25; *cæsius*, Licht. — Mexique S., Guatém., îles Tres Marias.

1182. *Var.* CINEREA, Nels., *Proc. Biol. Soc. Washington*, XIII, pp. 25-31. — Mexique N.-W.

5715. TOWNSENDI (Audub.), *B. Amer.*, pl. 419, f. 2; id., *B. Am.* 8°, I, p. 243, pl. 69. — États-Unis, Mex. N.

5716. RALLOIDES (d'Orb.), *Voy. Amér. mér.*, p. 322; Scl. et Salv., *Ex. Orn.*, p. 53, pl. 27; *griseiventer*, Tsch.; *venezuelensis*, Scl. — Vénézuéla, Colombie, Ecuador, Pérou, Bolivie.

5717. UNICOLOR, Scl., *P. Z. S.*, 1856, p. 299; Scl. et Salv., *Ex. Orn.*, p. 51, pl. 26. — Mex. S., Guatémala.

5718. MELANOPS, Salv., *P. Z. S.*, 1864, p. 580, pl. 36. — Costa-Rica, Véragua.

5719. CORACINUS, Berl., *Orn. Monatsb.*, 1897, p. 175. — Colombie W.

5720. LEUCOTIS (Tsch.), *Arch. f. Naturg.*, 1844, p. 270; id., *Faun. Per.*, p. 22, pl. 7, f. 2. — Pérou.

1008. CICHLOPSIS

Cichlopsis, Cab. (1850); *Myiocichla*, Bp. (1854.)

5721. LEUCOGENYS, Cab., *Mus. Hein.* I, p. 54; Scl., *P. Z. S.*, 1857, p. 6; *ochrata*, Bp.; *aurantia*, Gr. — Brésil.

5722. GULARIS, Salv. et Godm., *Ibis*, 1882, p. — Monts Demerara

1009. PLATYCICHLA

Platycichla, Baird (1864).

5723. BREVIPES, Baird, *Rev. Am. B.*, pp. 32, 436; Sharpe, *Cat. B.* VI, p. 379. — Brésil.

SUBF. V. — MYIOPHONINÆ (1)

1010. MYIOPHONEUS

Myiophoneus, Tem. (1823); *Arrenga* et *Myiophaga*, Less. (1831).

5724. FLAVIROSTRIS (Horsf.), *Tr. Linn. Soc.* XIII, p. 149; *metallicus*, Tem., *Pl. col.* 170. — Java, Sumatra.

(1) Voy.: Sharpe, *Cat. B. Brit. Mus.* VII, p. 6 (1883).

5725. TEMMINCKI, Vig., *P. Z. S.*, 1831, p. 171 ; Gould, *Cent. Himal. B.*, pl. 21 ; *metallicus*, Hodgs. (nec Tem.) — Turkest., Afghanist., Himal., Indo-Ch.
5726. CÆRULEUS (Scop.) ; Dav. et Oust., *Ois. Chine*, p. 176, pl. 43; *violaceus*, Gm. ; *nitidus*, Gray; *brevirostris*, Lafr. ; *horsfieldii*, Swinh. (nec Vig.) — Chine.
5727. EUGENEI, Hume, *Str. Feath.*, 1873, p. 475 ; *temmincki* (pt.), Wald. — Pegu, Ténassérim.
5728. TIBETANUS, Madar., *Ibis*, 1886, p. 145. — Thibet.
5729. DICROHHYNCHUS, Salvad., *Ann. Mus. Civ. Gen.* XIV (1871), p. 227. — Sumatra.
5730. HORSFIELDI, Vig., *P. Z. S.*, 1831, p. 35; Gould, *Cent. Himal. B.*, pl. 20. — Inde centr. et S.
5731. INSULARIS, Gould, *P. Z. S.*, 1863, p. 280 ; id., *B. As.*, pl. — Formose.
5732. CYANEUS (Horsf.), *Tr. Linn. Soc.* XIII, p. 149; id., *Zool. Res. Java*, pl. 42; *glaucina*, Tem., *Pl. col.* 194. — Java.
5733. MELANURUS (Salvad.), *Ann. Mus. Civ. Gen.* XIV (1879), p. 277 ; Sharpe, *Cat. B.* VII, p. 12. — Sumatra.
5734. BORNEENSIS, Slat., *Ibis*, 1885, pp. 123-24. — Sarawak (Bornéo).
5735. BLIGHI (Holdsw.), *P. Z. S.*, 1872, p. 444, pl. 19. — Ceylan.
5736. CASTANEUS, Rams., *P. Z. S.*, 1880, p. 16, pl. 1. — Sumatra.

1011. PTYRTICUS

Ptyrticus, Hartl. (1883).

5737. TURDINUS, Hartl., *Journ. f. Orn.*, 1883, p. 425 ; id., *Zool. Jahrb.* II, p. 314, pl. 11, f. 1. — Tamaja (Afrique équatoriale E).

1012. CALLENE

Cinclidium, Blyth (1842, nec Gould); *Callene*, Blyth (1847).

5738. FRONTALIS (Blyth), *J. A. S. Beng.* XI, p. 181, XVI, p. 136; Sharpe, *Cat. B.* VII, p. 15. — Himalaya, du Népaul au Sikkim.
5739. ALBIVENTRIS, Blanf., *P. Z. S.*, 1867, p. 833, pl. 39. — Inde S.
5740. MAJOR (Jerd.), *Madr. Journ.*, 1844, p. 170 ; *rufiventris*, Jerd., *B. Ind.* I, p. 496. — Nilgherri (Inde S.)
5741. ISABELLÆ (Gray), *Ann. and Mag. N. H.*, 1862, p. 443; Sharpe, *Cat. B.* VII, p. 17. — Caméron (Afr. W.)
5728. ANOMALA, Shell., *Ibis*, 1893, p. 14. — Nyassaland.
1183. *Var.* PYRRHOPTERA, Rchw. et Neum., *Orn. Monatsb.* III, p. 75. — Mau (Afr. centr. E.)
5742. ALBIGULARIS, Rchw., *Orn. Monatsb.* III, p. 96. — Ulugura (Afrique E.)

1013. TRICHIXUS

Trichixos, Less. (1839); *Turdirostris*, A. Hay (1844); *Napothera*, Tem., *Mus. Lugd.*

5743. PYRRHOPYGUS, Less., *Rev. Zool.*, 1839, p. 137; Salvad., *Ucc. Borneo*, p. 224; *superciliaris*, Hay; *pyrrhomelanura*, S. Müll.; *pyrrhonota*, Tem. — Malacca, Singapore, Sumatra, Bornéo.

1014. COSSYPHA (1)

Cossypha, Vig. (1826); *Bessonornis* (pt.), auct. plur.; *Cittocincla* (pt.), Sharpe (1883).

5744. BICOLOR (Sparrm.), *Mus. Carls.*, pl. 46; Levaill., *Ois. d'Afr.* III, pl. 104; *dichroa*, Gm.; *reclamator*, Vieill.; *vociferans*, Sw., *Zool. Ill.* III, pl. 179; *melanotis*, Less.; *revocator*, Tem. — Afrique S. jusqu'au Zambèze et Damara.

5745. NATALENSIS, Smith, *Ill. Zool. S. Afr.*, pl. 60; Finsch et Hartl., *Vög. Ostafr.*, pp. 283, 865. — Du Natal au Zambèze et du Benguela au Loango.

5746. CAFFRA (Lin.); Levaill., *Ois. d'Afr.* III, pl. 111; Hartl., *Ibis*, 1862, p. 148; *superciliosa*, Sparrm.; *phœnicurus*, Gm.; *pectoralis*, Smith. — Afrique S. du Cap au Transvaal.

1184. *Var.* IOLÆMA, Rchw., *Orn. Monatsb.*, 1900, p. 5. — Afrique E. allem.

5747. CYANOCAMPTER (Bp.), *Consp.* I, p. 301; Hartl., *Journ. f. Orn.*, 1855, p. 360. — Côte-d'Or.

1185. *Var.* PERICULOSA, Sharpe, *Cat. B.* VII, p. 40; *cyanocampter* (pt.), Sharpe, *P. Z. S.*, 1874, p. 205. — Gabon.

5748. BARTTELOTI, Shell., *Ibis*, 1890, p. 159, pl. 5, f. 2. — Aruwhimi (Ht-Congo).

5749. HEUGLINI, Hartl., *J. f. O.*, 1866, p. 37; *intermedia*, Cab. in *von der Dek. Reis.* III, pt. 1, p. 22, pl. 12. — Afrique N.-E. jusqu'au Zambèze.

5750. SUBRUFESCENS, Bocage, *P. Z. S.*, 1869, p. 436; *heuglini*, auct. plur. (nec Hartl.); *intercedens*, Cab., *Journ. f. Orn.*, 1878, p. 205. — Afrique W. du Loango au Benguela.

5751. SEMIRUFA (Rüpp.), *Neue Wirb. Vög.*, p. 81; id., *Syst. Uebers.*, p. 60, pl. 21. — Afrique N.-E.

5752. DONALDSONI, Sharpe, *Ibis*, 1895, p. 380. — Somaliland.

5753. VERTICALIS, Hartl., *Orn. Westafr.*, p. 23; *albicapilla*, Sw., *B. W. Afr.* I, p. 284, pl. 32 (nec Vieill.); *swainsoni*, Bp.; *monacha*, Heugl. — Afr. W. de Sénégamb. au Niger et jusqu'au Djur Negro à l'E.

5754. MELANONOTA (Cab.), *Journ. f. Orn.*, 1875, p. 235; *verticalis*, Cass. (nec Hartl.) — Du Gabon au Congo.

5755. ALBICAPILLA (Vieill.), *N. Dict.* XX, p. 254; Hartl., *Orn. W. Afr.*, p. 77; *albiceps*, Less.; *leucoceps*, Sw. — Afr. W., du Sénégal au Gabon.

1186. *Var.* GIFFARDI, Hart., *Novit. Zool.* VI, p. 420. — Bas-Niger.

(1) Voir pour les autres espèces placées dans ce groupe les genres *Erythropygia* et *Cichladusa*.

1015. NEOCOSSYPHUS

Neocossyphus, Fisch. et Rchw. (1884); *Cossypha* (pt.), auct. plur.

5756. RUFUS, Fisch. et Rchw., *Zeitschr. Ges. Orn.* I, p. 301; id., *Journ. f. Orn.*, 1884, p. 58. — Massaïland.

5757. POENSIS (Strickl.), *P. Z. S.*, 1844, p. 100; Fras., *Zool. Typ.*, pl. 37; Fisch. et Rchw., *J. f. O.*, 1884, p. 58. — Du Gabon à la Côte-d'Or.

5758. IMERINA (Hartl.), *J. f. O.*, 1860, p. 97; M.-Edw. et Grand., *Hist. Madag. Ois.*, p. 367, plˢ 138, 140ᵃ, f. 1. — Madagascar S. et S.-W.

5759. PECILEI (Oust.), *Le Natur.*, 1886, p. 300. — Ganciu (Congo).

1016. PSEUDOCOSSYPHUS

Pseudocossyphus, Sharpe (1883); *Cossypha* (pt.), auct. plur.

5760. SHARPEI (Gray), *Ann. and Mag. N. H.*, 1871, p. 429; M.-Edw. et Grand., *Hist. Madag. Ois.*, p. 369, plˢ 140 et 140ᵃ, f. 2; *imerina*, Sharpe (1871, nec Hartl.) — Madagascar.

1017. BESSONORNIS

Bessonornis, Smith (1836); *Bessornis*, Cab. (1850); *Cossypha* (pt.), auct. plur.

5761. HUMERALIS, Smith, *Rep. Exped. Centr. Afr.*, 1836, p. 46; id., *Ill. Zool. S. Afr.*, *Aves*, pl. 48. — Afrique S.-E.

5762. MODESTA, Shell., *Ibis*, 1897, p. 539, pl. 12, f. 1. — Nyasaland.

5763. GAMBAGÆ, Hart., *Novit. Zool.* VI, p. 420. — Gambaga (Côte-d'Or).

1018. THAMNOBIA

Thamnobia, Sw. (1831); *Saxicoloides*, Less. (1837).

5764. FULICATA (Lin.); *Pl. enl.* 185, f. 1; Jerd., *B. Ind.* II, p. 121; *ptygmatura*, Vieill.; *rufiventer*, Sw. — Inde centr. et S., Ceylan.

5765. CAMBAIENSIS (Lath.), *Ind. Orn.* II, p. 554; *erythrurus* et *melasoma*, Less.; *scapularis*, Hodgs., *Ic. ined. Pass.*, pl. 94. — Inde centr. jusqu'à l'Himalaya.

1019. ALETHE

Alethe, Cass. (1859).

5766. CASTANEA, Cass., *Pr. Philad. Acad.*, 1856, p. 158, 1859, p. 43; Hartl., *Orn. Westafr.*, p. 73. — Du Caméron au Gabon.

5767. HYPOLEUCA (Rchw.), *J. f. O.*, 1892, p. 221, pl. 2, f. 3; Shell., *B. Afr.* I, p. 83. — Caméron.

5768. DIADEMATA (Bp.), *Consp.* I, p. 302; Hartl., *l. c.*, p. 78; *maculicauda*, Hartl., *J. f. O.*, 1861, p. 162. — Côte-d'Or.

5769. POLIOCEPHALA (Tem.), *Bp. Consp.* I, p. 262; *castanonota*, Sharpe, *Cat. Afr. B.*, p. 20; id., *Cat. B.* VII, p. 59, pl. 2. — De la Sierra-Leone à la Côte-d'Or.

5770. POLIOTHORAX, Rchw., *Orn. Monatsb.*, 1900, p. 6. — Caméron.

5771. CLEAVERI (Shell.), *Ibis*, 1874, p. 89; Sharpe, *Cat.* VII, p. 556. — Côte-d'Or (Intérieur).

5772. JOHNSONI (Büttik.), *Notes Leyd. Mus.*, 1889, p. 97; *cleaveri*, Büttik., *l. c.*, 1888, p. 77 (nec Shell.) — Liberia.

5773. FULLEBORNI, Rchw., *Orn. Monatsb.*, 1900, p. 99. — Afrique E. allem.

5774. STRIATICOLLIS, Hartl., *J. f. O.*, 1866, p. 36. — Gabon.

1020. COPSYCHUS

Copsychus, Wagl. (1827); *Dahila*, Hodgs. (1836); *Gryllivora*, Sw. (1837); *Polypeira*, Hodgs. (1841); *Gervaisia*, Bp. (1854).

5775. MINDANENSIS (Gm.), *Pl. enl.* 627, f. 1; Wald., *Tr. Z. S.* IX, p. 194, pl. 33, f. 1. — Philippines.

5776. SEYCHELLARUM, A. Newt., *Ibis*, 1865, p. 332, pl. 8. — Iles Seychelles.

5777. NIGER, Rams., *P. Z. S.*, 1886, p. 123; *adamsi*, Ell. — Bornéo N.

5778. SAULARIS (Lin.); Levaill., *Ois. d'Afr.* III, pl. 109; *docilis*, Hodgs.; id., *Ic. ined. Pass.*, pl. 70, ff. 1, 2; *intermedia*, *magnirostra*, *rosea* et *brevirostra*, Sw.; *melanoleuca*, Less.; *mindanensis*, auct. plur. (nec Gm.); *pluto*, Bp.; *ceylonensis*, Scl. — Inde, Ceylan et Indo-Chine W.

1187. *Var.* MUSICA (Raffl.), *Tr. Linn. Soc.* XIII, p. 307; *problematicus*, Sharpe. — Indo-Ch. E. et centr., Malacca, Sumatra.

1188. *Var.* ANDAMANENSIS, Hume, *Str. F.*, 1873, p. 231. — Iles Andaman.

1189. *Var.* AMÆNA (Horsf.), *Tr. Linn. Soc.* XIII, p. 145. — Java, Bornéo, Labuan.

5779. ALBOSPECULARIS (Eyd. et Gerv.), *Mag. Zool.*, 1835, pls 64, 65; *albospecularis typicus*, M.-Edw. et Grand., *H. N. Madag. Ois.*, p. 363, pls 135 et 136, f. 1. — Madagascar.

5780. PICA, Pelz., *Sitz. k. Akad. Wien*, XXXI, p. 323; *var. pica*, M.-Edw. et Grand., *l. c.*, pl. 136, f. 2. — Madagascar.

5781. INEXPECTATUS, Richm., *P. U. S. Nat. Mus.* XIX, p. 688. — Madagascar.

1021. CICHLADUSA

Cichladusa, Peters (1864).

5782. ARCUATA, Peters, *Monatsb. k. Akad. Berlin*, 1864, p. 352; Heugl., *Ibis*, 1868, p. 280, pl. 9, f. 1; *spekei*, Hartl., *P. Z. S.*, 1863, p. 105. — Afrique S.-E.

5783. GUTTATA (Heugl.), *Syst. Uebers.*, p. 30; id., *Ibis*, 1868, p. 281, pl. 9, f. 2. — Afrique E.

5784. RUFICAUDA (Hartl.), *Orn. Westafr.*, p. 66; Heugl., *Orn. N.-O. Afr.*, p. 373. — Du Gabon au Benguela.

5785. BOCAGEI (Finsch et Hartl.), *Vög. Ostafr.*, p. 284; Bocage, *Orn. Angola*, p. 259, pl. 2. — Mossamedes, Tanganika.
5786. POLIOPTERA (Rchw.), *J. f. O.*, 1892, p. 59; *bocagei*, Emin. — Victoria Nyansa.

1022. ERYTHROPYGIA

Erythropygia, Smith (1836); *Cossipha* (pt.), auct. plur.

5787. PÆNA, Smith, *Rep. Exped. Centr. Afr., App.*, p. 46; id., *Ill. Zool. S. Afr. Av.*, pl. 50; *lactea*, Licht. — Afrique S. jusque vers le 24° l. S.
5788. LEUCOPTERA (Rüpp.), *Syst. Uebers.*, p. 38, pl. 15. — Abyssinie.
1190. *Var.* VULPINA, Rchw., *J. f. O.*, 1891, p. 62. — Teita (Afrique centr.)
1191. *Var.* RUFICAUDA, Sharpe, *P. Z. S.*, 1882, p. 589, pl. 45, f. 1; id., *Cat.* VII, p. 78, pl. 15, f. 2; *leucophrys*, Sh. et Bouv. — Congo.
1192. *Var.* ZAMBESIANA, Sharpe, *P. Z. S.*, 1882, p. 589, pl. 45, f. 2; id., *Cat.* VII, p. 78, pl. 15, f. 1. — Zambézie.
1193. *Var.* HARTLAUBI, Rchw., *J. f. O.*, 1891, p. 63. — Mutjara (Afr. centr.)
1194. *Var.* BRUNNEICEPS, Rchw., *Op. cit.* — Nguruman (Afr. E.)
5789. LEUCOPHRYS (Vieill.), *N. Dict.* XI, p. 191; Levaill., *Ois. d'Afr.*, pl. 118, f. 1; *pipiensis*, Steph.; *pectoralis*, Smith. — Afrique S. et S.-E.
5790. MUNDA (Cab.), *Orn. Centralbl.*, 1880, p. 143; Rchw. et Schal., *J. f. O.*, 1881, p. 423, pl. 4, f. 3; *leucophrys* (pt.), Gurn. — De l'Angola au Damara.
5791. LEUCOSTICTA (Sharpe), *Cat. B.* VII, p. 44, pl. 1. — Afrique W.
5792. BARBATA (Finsch et Hartl.), *Vög. Ostafr.*, p. 864; Du Boc., *Orn. Angola*, p. 260, pl. 2, f. 2; Sharpe, *Cat.* VII, p. 43. — Benguela.
5793. QUADRIVIRGATA (Rchw.), *Orn. Centralbl.*, 1879, p. 144. — Afrique trop. E.

1023. AËDONOPSIS

Aëdonopsis, Sharpe (1883); *Cossypha* (pt.), auct. plur.

5794. SIGNATA (Sundev.), *OEfv. k. Vet.-Akad. Förh. Stockh.*, 1850, p. 101; Sharpe, *Cat.* VII, p. 69. — Afrique S.-E.
5795. CORYPHÆA (Less.), *Tr. d'Orn.*, p. 419; Levaill., *Ois. d'Afr.*, pl. 120; Sharpe, *Cat.* VII, p. 73. — Afrique S.

1024. NEOCICHLA

Neocichla, Sharpe (1875).

5796. GUTTURALIS (Bocage), *Jorn. Lisb.*, 1871, p. 272; id., *Orn. Angola*, p. 253, pl. 1, f. 1; *kelleni*, Büttik. — Afrique S.-W.

1025. LIOPTILA

Leioptila, Blyth (1847); *Lioptila*, Hume (1879).

5797. ANNECTANS, Blyth, *J. A. S. Beng.* XVI, p. 430; Jerd., *B. Ind.* II, p. 248; Sharpe, *Cat.* VII, p. 80. — Himalaya E. jusqu'au Khasia.

1195. *Var.* SATURATA, Wald., *Ibis*, 1875, p. 352; *davisoni*, Hume, *Str. F.*, 1877, p. 110. — Monts Karennée et Ténassérim.

1026. CERCOTRICHAS

Cercotrichas, Boie (1831).

5798. ERYTHROPTERA (Gm.); *Pl. enl.* 354; Rüpp., *Syst. Ueb.*, p. 60; *podobe* (!) P. L. S. Müll.; Sharpe, *Cat.* VII, p. 83. — Afrique N.-E. et Sénégambie.

1196. *Var.* MELANOPTERA (Hempr. et Ehr.), *Symb. Phys. Aves*, fol. dd; *luctuosa*, Lafr. — Arabie S. et Dongola.

1027. CITTOCINCLA

Cercotrichas (pt.), Boie (1831); *Kittacincla*, Gould (1836); *Cittocincla*, Scl. (1866).

5799. MACRURUS (Gm.); Levaill., *Ois. d'Afr.*, pl. 114; Gould, *P. Z. S.*, 1836, p. 7; Dav. et Oust., *Ois. Chine*, p. 175; *tricolor*, Vieill.; *longicauda*, Sw.; var. *minor*, Swinh., *Ibis*, 1870, p. 344. — Inde centr. et S., Indo-Ch., Malacca, Java.

1197. *Var.* SUAVIS, Sclat., *P. Z. S.*, 1861, p. 186; *macrurus*, auct. plur. — Sumatra, Bornéo.

1198. *Var.* MELANURA, Salvad., *Ann. Mus. Civ. Genov.* IV (1886), p. 549. — Ile Nias.

1199. *Var.* BREVICAUDA, Grant, *Ibis*, 1899, p. 584. — Haïnan.

5800. NIGRICAUDA, Vorderm, *Naturk. Tijdschr. Nederl. Ind.*, 1893, p. 197 = ?*melanura*, Salvad. — Iles Kangeau.

5801. STRICKLANDI (Mott. et Dillw.), *Nat. Hist. Labuan*, p. 20, pl. 4; Scl., *P. Z. S.*, 1861, p. 187. — Ile Labuan (Bornéo N.-W.)

5802. CEBUENSIS, Steere, *List B. and M. Philipp.*, p. 20. — Ile Cebu (Philippines).

5803. NIGRA, Sharpe, *Tr. Linn. Soc.*, new ser. I, p. 335, pl. 52. — Palawan (Philippines).

5804. ALBIVENTRIS, Blyth, *J. A. S. Beng.* XXVII, p. 269. — Iles Andaman.

5805. LUZONIENSIS (Kittl.), *Kupf. Vög.*, p. 7, pl. 11, f. 2; id., *Mém. Acad. St-Pétersb.* II, p. 5, pl. 7; *pyrrhopygia*, Hartl. — Luçon (Philippines).

5806. SUPERCILIARIS, Bourns et Worc., *Occ. Pap. Minnes. Ac.* I, 1894, p. 23. — Masbate (Philippines).

5807. NIGRORUM, Grant, *Ibis*, 1896, p. 547. — Ile Negros (Philipp.)

FAM. XXV. — MIMIDÆ (1)

SUBF. I. — MIMINÆ

1028. CINCLOCERTHIA

Stenorhynchus, Gould (1835, nec Meig., 1823); *Cinclocerthia*, Gray (1840); *Herminierus*, Less. (1843).

5809. RUFICAUDA (Gould), *P. Z. S.*, 1835, p. 186; Scl. et Salv., *Exot. Orn.*, pl. 10; *tremulus*, Lafr.; *guadelupensis, infaustus, herminieri*, Less, *Rev. Zool.*, 1843, pp. 325, 326. — Petites Antilles.

5810. GUTTURALIS (Lafr.), *Rev. Zool.*, 1843, p. 67; Scl. et Salv., *Exot. Orn.*, p. 23, pl. 12. — Martinique.

5811. MACRORHYNCHA, Scl., *P. Z. S.*, 1866, p. 320; Scl. et Salv., *Exot. Orn.*, p. 21, pl. 11. — Ile Ste-Lucie (Antilles).

1029. RHAMPHOCINCLUS

Ramphocinclus, Lafr. (1843); *Legriocinclus*, Less. (1847); *Cinclops*, Bp. (1854).

5812. BRACHYURUS (Vieill.), *N. Dict.* XX, p. 255; Scl., *Cat. Am. B.*, p. 7; *mexicanus*, Less.; *cinclops*, Bp.; *melanoleucus*, Gray. — Martinique (Antilles).

5813. SANCTÆ-LUCIÆ, Cory, *Auk*, 1887, p. 94. — Ste-Lucie (Antilles).

1030. MARGAROPS

Margarops, Scl. (1859); *Cichlherminia* (pt.), Sharpe.

5814. FUSCATA (Vieill.), *Ois. Amer. sept.* II, p. 1, pl. 57bis; Newt., *Ibis*, 1859, p. 335; *fusca*, Gould. — Ste-Croix, St-Thomas (Antilles).

5815. DENSIROSTRIS (Vieill.), *N. Dict.* XX, p. 233; Scl., *P. Z. S.*, 1859, p. 336. — Petites Antilles.

5816. MONTANA (Lafr.), *Rev. Zool.*, 1844, p. 167; Sharpe, *Cat. B.* VI, p. 330; *albiventris*, Lawr.; *rufus*, Cory. — Dominica, St-Vincent, Martin, Guadeloupe, Ste-Lucie.

1031. MELANOPTILA

Melanoptila, Scl. (1857).

5817. GLABRIROSTRIS, Scl., *P. Z. S.*, 1857, p. 275; Salv. et Godm., *Biol. Centr.-Am., Aves*, I, p. 27, pl. 3, f. 2. — Honduras.

(1) Voy.: Sharpe, *Cat. B. Brit. Mus.*, VI, pp. 322-367 (1881).

1032. OREOSCOPTES

Oreoscoptes, Baird (1858).

5818. MONTANUS (Towns.), *Journ. Philad. Acad.*, 1837, p. 192; Audub., *B. Amer.*, II, p. 194, pl. 139; Baird, *B. N. Am.* I, p. 347. — Amérique N.-W. jusqu'aux Montagnes Rocheuses.

1033. GALEOSCOPTES

Galeoscoptes, Cab. (1850); *Felivox*, Bp. (1854).

5819. CAROLINENSIS (Lin.); Cab., *Mus. H.* I, p. 82; *lividus*, Bartr.; *felivox*, Vieill., *Ois. Am. sept.* II, p. 10, pl. 67. — Amérique du 52° l. N. à Panama, iles Bahama et Cuba.

1034. MIMUS

Mimus, Boie (1826); *Orpheus*, Sw. (1828); *Mimetes*, Glog. (1842); *Leucomimus*, *Skotiomimus*, Bryant (1866).

5820. POLYGLOTTUS (Lin.); Audub., *B. Amer.* II, p. 187, pl. 138; *leucopterus*, Vig.; *caudatus*, Baird, *B. N. Am.*, p. 345. — Amér. du N. jusqu'au 40° l. N. et Amér. centr.

1200. *Var.* ELEGANS, Sharpe, *Cat. B.* VI, p. 339; *dominicus*, auct. plur. (nec Lin.) — Iles Bahama.

5821. ORPHEUS (Lin.); Vieill., *Ois. Amér. sept.* II, p. 12, pl. 68; *polyglottus*, Gosse; *cubanensis*, Bryant. — Jamaïque.

1201. *Var.* DOMINICA (Lin.); *Pl. enl.* 558, f. 1; Gray, *Gen. B.* I, p. 221. — St-Domingue.

1202. *Var.* PORTORICENSIS, Bryant, *Proc. Bost. Soc. N. H.*, 1866, p. 68. — Porto-Rico.

5822. DORSALIS (Lafr. et d'Orb.), *Mag. Zool.*, 1837, p. 18; d'Orb., *Voy. Am. mér.*, p. 211, pl. 11, f. 2. — Bolivie.

5823. TRIURUS (Vieill.), *N. Dict.* XX, p. 275; *tricaudatus*, Lafr. et d'Orb., *Mag. Zool.*, 1837, p. 18. — Bolivie, Chili, Brésil S., Patagonie.

5824. LONGICAUDATUS, Tsch., *Arch. f. Naturg.*, 1844, p. 280; id., *Fauna Per.*, p. 190, pl. 15, f. 2; *peruvianus*, Peale; *thilius*, Gray (nec Mol.); *leucospilus*, Pelz. — Ecuador, Pérou, Chili N.

1203. *Var.* NIGRILORIS, Lawr., *Ann. Lyc. N. Y.* X, p. 137. — Ile Puna (et non Mex.?)

5825. HILLII, March, *Pr. Philad. Acad.*, 1863, p. 291; *orpheus*, Hill. — Jamaïque.

1204. *Var.* BAHAMENSIS, Bryant, *Pr. Bost. Soc. N. H.*, 1859, p. 114; *gundlachii*, Cab., *J. f. O.*, 1855, p. 470. — Iles Bahama, Cuba.

5826. THENCA (Mol.), *Saggio St. Chil.*, p. 213; Gr. in *Darw. Voy. Beagle, B.*, p. 61; *thema*, Vieill. — Chili W.

5827. LIVIDUS (Licht.), *Verz. Doubl.*, p. 39; M. Neuw., *Beitr. Nat. Bras.* III, p. 653; *orpheus*, Spix, *Av. Bras.*, pl. 71. — Brésil E.

5828. MODULATOR (Gould), *P. Z. S.*, 1836, p. 6; Scl., *P. Z. S.*, 1859, p. 343; *calandria*, Lafr. et d'Orb.; d'Orb., *Voy. Am. mér.*, p. 206, pl. 10, f. 2; *orpheus* (pt.), Gray (1841). — Brésil S., Paraguay, Uruguay, Bolivie, Argentine.

5829. SATURNINUS (Licht.), *Verz. Doubl.*, p. 39; Neuw., *Beitr. Naturg. Bras.* III, p. 658. — Brésil.

1205. *Var.* ARENACEA, Rick. et Chap., *Auk*, 1890, p. 135. — Bahia.

5830. MAGNIROSTRIS, Cory, *Auk*, 1887, p. 178. — Ile St-André (Antilles).

5831. GILVUS (Vieill.), *Ois. Am. sept.* II, p. 15, pl. 68bis; Salv. et Godm., *Biol. Centr.-Amer.*, *Aves*, I, p. 36; *melanopterus*, Lawr.; *columbianus* et *gracilis*, Cab. — Mex., Amér. centr., Colombie, Vénéz., Guyane.

1206. *Var.* ROSTRATA, Ridgw., *P. U. S. Nat. Mus.* VII, p. 173. — Ile Curaçoa.

1207. *Var.* LEUCOPHÆA, Ridgw., *P. U. S. Nat. Mus.* X, p. 506. — Ile Cozumel (Yucatan).

1208. *Var.* LAWRENCII, Ridgw., *Op. cit.* V, p. 11. — Tehuantepec.

5832. PATAGONICUS (Lafr. et d'Orb.), *Mag. Zool.*, 1836, p. 19; d'Orb., *Voy. Am. mér.*, p. 210, pl. 2, f. 2; *patachonicus*, Hnds. — Patagonie.

1035. NESOMIMUS

Nesomimus, Ridgw. (1889); *Mimus* (pt.), auct. plur.

5833. TRIFASCIATUS (Gould), *P. Z. S.*, 1837, p. 27; Gray, *Zool. Voy. Beagle*, III, *Birds*, p. 62, pl. 16. — Ile Charles (Galapag.)

1209. *Var.* MACDONALDI, Ridgw., *P. U. S. Nat. Mus.* XII, p. 103, XIX, p. 484, pl. 56, f. 6 (tête). — Ile Hood (Galapagos).

1210. *Var.* ADAMSI, Ridgw., *Op. cit.* XVII, p. 358. — Ile Chatham (Galapag.)

5834. MELANOTIS (Gould), *P. Z. S.*, 1837, p. 27; Gray, *Voy. Beagle* III, *Birds*, p. 62, pl. 17. — Iles Indéfatigable, Jervis, James, ? Charles (Galapagos).

1211. *Var.* BARRINGTONI, Rothsch., *carringtoni* (laps.), *Ibis*, 1899, p. 121. — Ile Barrington (Galap.)

1212. *Var.* HULLI, Rothsch., *Ibis*, 1898, p. 437. — Ile Culpepper (Galap.)

1213. *Var.* PARVULA; *parvulus*, Gould, *P. Z. S.*, 1837, p. 27; id., *Zool. Voy. Beagle* III, *B.*, p. 63, pl. 18. — Ile Albemarle (Galap.)

1214. *Var.* AFFINIS, Rothsch., *Ibis*, 1898, p. 437. — Ile Narbor. (Galap.)

1215. *Var.* PERSONATA, Ridgw., *P. U. S. Nat. Mus.* XII, p. 104. — Ile Abingdon (Galap.)

1216. *Var.* BAURI, Ridgw., *P. U. S. Nat. Mus.* XVII, p. 357, XIX, p. 492, pl. 56, f. 4 (tête). — Ile Tower (Galapagos).

1217. *Var.* BINDLOEI, Ridgw., *Op. cit.* XVII, p. 358. — Ile Bindloe (Galapag.)

1036. HARPORHYNCHUS

Toxostoma, Wagl. (1831, nec Rafin., 1815); *Harpes*, Gamb. (1845, nec Goldf., 1839); *Harporhynchus*, Cab. (1848); *Methriopterus*, Rchb. (1850); *Antimimus*, Sund. (1872).

5835. RUFUS (Lin.); Vieill., *Ois. Am. sept.* II, pl. 59; Dub., *Ois. Eur.* I, pl. 51; Cab., *Mus. H.* I, p. 82; *var. longicauda*, Baird.	Amér. sept. à l'E. des M^gnes^ Rocheuses, du Missouri au lac Winnipeg.
5836. CINEREUS, Xant., *Pr. Philad. Acad.*, 1859, p. 298; Ell., *New et Unfig, B. N. Am.*, pl. 1.	Basse-Californie.
1218. *Var.* MEARNSI, Anth., *Auk*, 1895, p. 53.	De San Quintin à San Fernando (Calif.)
1219. *Var.* BENDIREI, Coues, *Am. Nat.* VII, p. 330, f. 69.	Arizona S.-E.
5837. LONGIROSTRIS (Lafr.), *Rev. Zool.*, 1838, p. 54; id., *Mag. Zool.*, 1838, pl. 1; Cab., *Mus. H.* I, p. 81; *rufus, var. longirostris*, Coues.	Etats-Unis de la val. du Rio-Grande au Mexique.
1220. *Var.* SENNETTI, Ridgw., *P. U. S. Nat. Mus.*, 1887, p. 506; *longirostris* (pt.), auct. plur.	Texas.
5838. MELANOSTOMA, Salv., *Ibis*, 1885, p. 187; *guttatus*, Ridgw.	Ile Cozumel, Yucatan.
5839. OCELLATUS, Scl., *P. Z. S.*, 1862, p. 18, pl. 3.	Oaxaca (Mexique S.).
5840. CURVIROSTRIS (Sw.), *Philos. Mag.*, 1827, p. 369; *turdinus*, Tem., *Pl. col.* 441; *deflexus*, Licht.; *vetula*, Wagn.; *occidentalis*, Ridgw.	Texas, Mexique.
1221. *Var.* PALMERI, Coues, *Key*, p. 351; *curvirostris*, auct. plur.	Arizona.
5841. REDIVIVUS (Gamb.), *Pr. Philad. Acad.* II, p. 264; Cass., *B. Calif.*, p. 260, pl. 42.	Californie.
1222. *Var.* PASADENENSIS, Grinn., *Auk*, 1898, p. 237.	Californie S.
1223. *Var.* LECONTEI (Lawr.), *Ann. Lyc. N. Y.* V, p. 121; Baird, *B. N. Amer.*, p. 350, pl. 50; *Auk*, 1895, pl. 1.	Arizona W., Californie E.
1224. *Var.* ARENICOLA, Anth., *Auk*, 1897, p. 167.	Basse-Californie.
5842. GRAYSONI, Lawr., *Ann. Lyc. N. Y.* X, p. 1; Salv. et Godm., *Biol. Centr.-Amer.*, *Aves*, I, p. 33.	Ile Socorro (Mex. W.)
5843. CRISSALIS (Henry), *Pr. Philad. Acad.*, 1858, p. 117; Baird, *B. N. Amer.*, p. 350, pl. 82.	États-Unis S.-W., Californie N.

1037. MELANOTIS

Melanotis, Bp. (1850).

5844. CÆRULESCENS (Sw.), *Phil. Mag.*, 1827, p. 369; *T. melanotis*, Tem., *Pl. col.* 498; *erythrophthalmus*, Licht.	Mexique.
1225. *Var.* LONGIROSTRIS, Nels., *Pr. Biol. Soc. Wash.* XII, p. 10.	Iles Tres Marias.
5845. HYPOLEUCUS, Hartl., *Rev. Zool.*, 1852, p. 460; Scl. et Salv., *Exot. Orn.*, p. 85, pl. 43.	Guatémala.

1038. DONACOBIUS

Donacobius, Sw. (1832).

5846. ATRICAPILLUS (Lin.); *longirostris*, Pall.; *cyaneus*, Müll.; *japacani*, *brasiliensis*, Gm.; *pratensis*, Vieill.; *vociferans*, Sw., *Zool. Ill.*, sér. 2, II, pl. 72. — Brésil, Guyane, Paraguay.

5847. ALBOVITTATUS, Lafr. et d'Orb., *Mag. de Zool.*, 1837, p. 19; d'Orb., *Voy. Am. mér.*, p. 213, pl. 12, f. 1; *albolineatus*, Gray. — Bolivie.

1039. RHODINOCICHLA

Rhodinocichla, Hartl. (1853); *Cichlalopia*, Bp. (1854); *Rhodocichla*, Sund. (1872).

5848. ROSEA (Less.), *Ill. Zool.*, pl. 5; Hartl., *J. f. O.*, 1853, p. 33; *vulpinus*, Hartl., *Rev. Zool.*, 1849, p. 276. — Vénéz., Colombie, Panama, Costa-Rica.

5849. SCHISTACEA, Ridgw., *Pr. U. S. Nat. Mus.* I, p. 247; Sharpe, *Cat. B.* VI, p. 367. — Mexique W.

FAM. XXVI. — CINCLIDÆ (1)

1040. CINCLUS

Cinclus, Bechst. (1802); *Aquatilis*, Mont. (1813); *Hydrobata*, Vieill. (1816).

5850. AQUATICUS, Bechst., *Orn. Taschenb.* I, p. 206; Gould, *B. Eur.* II, pl. 83; Dubois, *Fne. ill. Vert. Belg. Ois.* I, p. 255, pl. 57; *Turdus cinclus* et *gularis*, Lath.; *europæus*, Leach; *albicollis*, Vieill.; *medius*, *meridionalis*, *rufipectoralis*, *peregrinus* et *rupestris*, Brm.; *minor*, Tristr., *Ibis*, 1870, p. 497. — Europe centr. et mérid.

1226. *Var.* MELANOGASTRA, Brm., *Lehrb. Eur. Vög.* I, p. 289; Gould, *B. Eur.*, pl. 84; *Sturnus cinclus*, Lin.; *septentrionalis*, Brm., *l. c.*, p. 287; *aquaticus* (pt.), auct. plur. — Europe sept.

1227. *Var.* CASHMERIENSIS, Gould, *P. Z. S.*, 1859, p. 474; id., *B. Asia*, pl.; *rufiventris* et *albiventris*, H. et Ehr.; *aquaticus* (pt.), auct. plur.; *var. leucogaster*, Midd. (nec Bp.) — Asie mineure, Caucase, Perse, Cachemire, Sibérie S., Chine.

1228. *Var.* LEUCOGASTERA, Bp., *Consp.* I, p. 252; Gould, *B. Asia*, pl. — Asie centr.

5851. ASIATICUS, Sw., *Faun. bor.-Amer.*, *B.*, p. 174; *pallasi*, Vig. (nec Tem.); Gould, *Cent. Him. B.*, pl. 24; *maculatus*, Hodgs.; *tenuirostris*, Bp. — Turkestan, Afghan., Himalaya, Chine W.

(1) Voy.: Sharpe, *Cat. B. Brit. Mus.* VI, pp. 306-321 (1881).

5852. PALLASI, Tem., *Man. d'Orn.* I, p. 177; id. et Schl., *Faun. Jap.*, p. 68, pl. 31c; *sordida*, Hume et Hend. — Asie orient., Japon.

1229. *Var.* MARILA, Swinh., *Ibis*, 1860, p. 187. — Formose.

1230. *Var.* SOULLIEI, Oust., *Ann. Sc. Nat.* XII, p. 299. — Moupin, Thibet.

5853. SORDIDUS, Gould, *P. Z. S.*, 1859, p. 494; id., *B. As.*, pl. — Cachemire N., Ladak.

5854. MEXICANUS, Sw., *Phil. Mag.* I, p. 368; *pallasi*, Bp. (nec Tem.); *unicolor*, Gray; *americanus*, Audub., *B. Amer.*, pls 370, 435. — Amér. sept. de l'Alaska au Guatém., à l'ouest du Mississipi.

5855. ARDESIACUS, Salvin, *Ibis*, 1867, p. 121, pl. 2. — Guatém., Costa-Rica.

5856. LEUCONOTUS, Scl., *P. Z. S.*, 1857, p. 274; id., *Cat. Am. B.*, p. 10, pl. 2; *leucocephalus*, Lafr. (nec Tsch.) — Vénézuéla, Colombie, Ecuador.

5857. RIVULARIS, Bangs, *Pr. Biol. Soc.* XIII, p. 105. — Colombie.

5858. LEUCOCEPHALUS, Tsch., *Arch. f. Naturg.*, 1844, p. 279; id., *Faun. Per. Aves*, p. 180, pl. 15, f. 1. — Pérou.

5859. SCHULZI, Cab., *Journ. f. Orn.*, 1883, p. 102, pl. 2, f. 3. — Tucuman.

FAM. XXVII. — TROGLODYTIDÆ (1)

1041. CINNICERTHIA

Cinnicerthia, Less. (1847); *Presbys*, Cab. (1850); *Thelydrias*, Rchb. (1853).

5860. UNIRUFA (Lafr.), *Rev. Zool.*, 1840, p. 105; Scl., *P. Z. S.*, 1855, p. 143; *canifrons*, Lafr., *l. c.*; *unicolor*, Less.; *cinnamomea*, Bp. — Colombie, Ecuador.

5861. UNIBRUNNEA (Lafr.), *Rev. Zool.*, 1853, p. 59; Scl., *P. Z. S.*. 1858, p. 550. — Colombie, Ecuador.

5862. PERUANA (Cab.), *Journ. f. Orn.*, 1873, p. 317. — Pérou.

5863. OLIVASCENS, Sharpe, *Cat. B. B. Mus.* VI, p. 184, pl. 11; *unibrunnea*, Scl. et Salv., *P. Z. S.*, 1879, pp. 492, 549 (nec Lafr.). — Colombie.

5864. BOGOTENSIS (Mats.), *Journ. f. Orn.*, 1885, p. 466. — Bogota (Colombie).

1042. CAMPYLORHYNCHUS

Campylorhynchus, Spix (1824); *Heleodytes*, Cab. (1850); *Buglodytes*, Bp. (1854).

5865. GRISEUS (Sw.), *An. in Menag.*, p. 16; Cab. in *Schomb. Reis. Guian.* III, p. 674; *albicilius*, Bp. — Colombie.

5866. CHIAPENSIS, Salv. et Godm., *Ibis*, 1891, p. 609. — Chiapas (Mexique).

5867. MINOR (Cab.), *Mus. Hein.* I, p. 80; Scl., *Cat. Amer. B.*, p. 16. — Vénézuéla, Trinidad.

5868. BICOLOR (Pelz.), *Ibis*, 1875, p. 330; Sharpe, *Cat.* VI, p. 187. — Guyane anglaise.

(1) Voy.: Sharpe, *Cat. B. Brit. Mus.*, VI, pp. 180-305 (1881).

5869. albibrunneus (Lawr.), *Ibis,* 1862, p. 10; Salv. et Godm., *Biol. Centr.-Am., Aves,* I, p. 63. — Panama.

5870. variegatus (Gm.); Burm., *Th. Bras.* III, p. 131; *scolopaceus,* Licht.; Spix, *Av. Bras.* I, p. 77, pl. 79, f. 1. — Brésil.

5871. hypostictus, Gould, *P. Z. S.*, 1855, p. 68; *striaticollis,* Scl., *P. Z. S.*, 1857, p. 272. — Haut-Amazone, Colombie.

5872. curvirostris, Ridgw., *P. Bost. Soc.* XXIII, p. 385. — Colombie.

5873. unicolor, Lafr., *Rev. Zool.*, 1846, p. 93; *unicoloroides,* Lafr., *l. c.*, p. 316 (juv.); *scolopaceus,* et Lafr. d'Orb. (1837), nec Licht. — Brésil W., Bolivie.

5874. capistratus (Less.), *Rev. Zool.*, 1842, p. 174; Des M., *Icon. Orn.*, pl. 63; *cervicalis,* Licht.; *castaneus,* Ridgw. — Mexique S., Guatémala.

1231. *Var.* Nigricaudata (Nels.), *Auk,* 1897, p. 70. — Chiapas (Mexique W.)

1232. *Var.* Rufinucha, Lafr., *Rev. Zool.*, 1845, p. 339. — Amérique centrale.

5875. humilis, Scl., *Pr. Ac. N. Sc. Philad.*, 1856, p. 263; Salv. et Godm., *Biol. Centr.-Am., Aves,* I, p. 65; *rufinucha,* Gr. (nec Lafr.) — Mexique W.

1233. *Var.* Rufa (Nels.), *Auk,* 1897, p. 69. — Gerrero (Mexique).

5876. jocosus, Sclat., *P. Z. S.*, 1859, p. 371; id., *Cat. Amer. B.*, p. 17, pl. 3. — Mexique.

5877. gularis, Scl., *P. Z. S.*, 1860, p. 462; Shp., *Cat. B.* VI, p. 124, pl. 12, f. 2; *occidentalis,* Nels. — Mexique.

5878. zonatus (Less.), *Cent. Zool.*, pl. 70; *nigriceps,* Scl., *P. Z. S.*, 1860, p. 461. — Mexique S., Guatémala.

1234. *Var.* Costaricensis, Berl., *Auk,* 1888, p. 449; *zonatus* (pt.), Sharpe. — Costa-Rica.

5879. couesi, Sharpe, *Cat. B.* VI, p. 196; *brunneicapillus,* auct. plur. (nec Lafr.) — États-Unis mérid., Calif., Mexique.

5880. stridulus (Nels.), *P. Biol. Soc. Washingt.* XIII, p. 30. — Mexique N.-W.

5881. brunneicapillus (Lafr.), *Mag. de Zool.*, 1833, *Ois.*, pl. 47; id., *R. Z.*, 1846, p. 94; *affinis,* Xant., *Pr. Ph. Ac.*, 1859, p. 298. — Basse-Californie, Arizona.

1235. *Var.* Bryanti (Anth.), *Auk,* 1894, p. 212. — Basse-Californie.

1236. *Var.* Obscura, Nels., *Pr. Biol. Soc. Washingt.* XII, p. 58. — Mexique.

5882. brevirostris, Lafr., *Rev. Zool.*, 1845, p. 339; *zonatoides,* Lafr., *l. c.*, 1846, p. 92. — Colombie.

5883. megalopterus, Lafr., *R. Z.*, 1845, p. 339; Des M., *Icon. Orn.*, pl. 54; *pallescens,* Baird (nec Lafr.), *Rev. Am. B.*, p. 101. — Mexique S.

1237. *Var.* Pallescens, Lafr., *Rev. Zool.*, 1846, p. 93. — Mexique E.

1238. *Var.* Alticola (Nels.), *Auk,* 1897, p. 68. — Mexique W.

5884. balteatus, Baird, *Rev. Amer. B.*, p. 103; *zonatoides,* Scl. (nec Lafr.), *P. Z. S.*, 1860, p. 272; *pallescens,* Scl., *Cat. Am. B.*, p. 16 (nec Lafr.) — Ecuador.

5885. FASCIATUS (Sw.), *An. in Menag.*, p. 351 ; Tacz., *P. Z.S.*, 1880, p. 190. — Pérou.

5886. GUTTATUS (Gould), *P. Z. S.*, 1836, p. 89 ; Lafr., *R. Z.*, 1846, p. 94. — Yucatan.

5887. NUCHALIS, Cab., *Arch. f. Naturg.*, 1847, p. 206 ; Scl., *Cat. Am. B.*, p. 17. — Vénézuéla, Trinidad.

1239. *Var.* BREVIPENNIS, Lawr., *Ann. Lyc. N. Y.*, 1866, p. 344. — Vénézuéla.

5888. PARDUS, Scl., *P. Z. S.*, 1857, p. 271 ; Sharpe, *Cat. B.* VI, p. 204, pl. 12, f. 1. — Colombie.

1043. ODONTORHYNCHUS

Odontorhynchus, Pelz. (1871).

5889. CINEREUS, Pelz., *Orn. Bras.*, p. 67. — Salto do Girao (Brésil).

5890. BRANICKII, Tacz. et Berl., *P. Z. S.*, 1885, p. 72, pl. 7, f. 1. — Ecuador, Pérou.

1044. THRYOPHILUS

Thryophilus, Baird (1864).

5891. LONGIROSTRIS (Vieill.), *N. Dict.* XXXVI, p. 56 ; id., *Gal. des Ois.*, pl. 168 ; *striolatus*, Max. Neuw. ; Spix, *Av. Bras.*, I, p. 77, pl. 79, f. 2. — Brésil.

5892. LEUCOTIS (Lafr.), *Rev. Zool.*, 1845, p. 338 ; *albipectus*, Cab. — Guyane, Vénéz., Col.

5893. MINOR (Pelz.), *Orn. Bras.*, pp. 47, 66. — Brésil central.

5894. GALBRAITHI (Lawr.), *Ann. Lyc. N. Y.* VII, p. 320 ; *albipectus*, Scl. et Salv. (1864) ; *leucotis*, Salv. et Godm., *Biol. Centr.-Am.* I, p. 85. — Panama.

1240. *Var.* RUFIVENTRIS (Natt.), *M. S. Cat. in Mus.* ; *galbraithi*, Pelz. (nec Lawr.), *Orn. Bras.*, p. 47. — Brésil central.

5895. MODESTUS (Cab.), *J. f. O.*, 1860, p. 409 ; *albipectus*, Scl. (nec Cab.) ; *leucotis*, Lawr. — Guatém., Costa-Rica.

1241. *Var.* ZELEDONI, Ridgw., *P. U.S. Nat. Mus.* I, p. 252. — Costa-Rica E.

5896. SUPERCILIARIS (Lawr.), *Ann. Lyc. N. Y.*, 1869, p. 235 ; *albipectus*, Scl. (nec Cab.) — Ecuador.

5897. GUARAYANUS (Lafr. et d'Orb.), *Rev. Zool.*, 1837, p. 26 ; *fulvus*, Scl., *P. Z. S.*, 1873, p. 781. — Bolivie.

5898. RUFALBUS (Lafr.), *Rev. Zool.*, 1845, p. 337 ; Salv. et Godm., *Biol. Centr.-Am.* I, p. 82 ; *cumanensis*, Licht. ; *longirostris*, Lawr. (nec Vieill.) — Vénézuéla, Trinidad.

1242. *Var.* POLIOPLEURA, Baird, *Rev. Am. B.*, p. 129. — Guatémala.

1243. *Var.* CASTANONOTA (Ridgw.), *P. U. S. Nat. Mus.*, 1887, p. 508. — Du Nicaragua à la Colombie.

5899. SINALOA, Baird, *Rev. Am. B.*, p. 130; Salv. et Godm., *l. c.*, p. 83. — Mexique W.

1244. *Var.* CINEREA, Brewst., *Auk*, 1889, p. 96. — Sonora (Mexique).

5900. MINLOSI, Berl., *J. f. O.*, 1884. p. 249, pl. 1, f. 3. — Colombie.

5901. PLEUROSTICTUS (Scl.), *Ibis*, 1860, p. 30; id., *Cat. Am. B.*, p. 21 pl. 4. — Amérique centr. W.

5902. NISORIUS (Licht.), *Nomencl. Av. Berol.*, p. 34; Scl., *P. Z. S.*, 1869, p. 591, pl. 45. — Real Ariba (Mexique).

5903. THORACICUS (Salv.), *P. Z. S.*, 1864, p. 580, 1867, p. 134; Salv. et Godm., *Op. cit.* I, p. 86, pl. 6, ff. 1, 2; *brunneus*, Lawr. — Nicarag., Costa-Rica, Veragua.

5904. LEUCOPOGON, Salvad. et Festa, *Boll. Musei di Zool. Torino*, XV, n° 357, p. 6. — Ecuador.

5905. SEMIBADIUS (Salv.), *P. Z. S.*, 1870, p. 181; Salv. et Godm., *Op. cit.* I, p. 88, pl. 6, f. 3. — Panama.

5906. CASTANEUS (Lawr.), *Ann. Lyc. N. Y.* VII, p. 321. — Panama.

1245. *Var.* COSTARICENSIS, Sharpe, *Cat. B.* VI, p. 217; *castaneus* (pt.), Lawr. — Costa-Rica.

5907. NIGRICAPILLUS (Scl.), *P.Z.S.*, 1860, p. 84; *schottii*, Baird. — Ecuador, Colombie, jusqu'à Panama.

1045. THRYOTHORUS

Thryothorus, Vieill. (1816); *Pheugopedius*, Cab. (1850).

5908. LUDOVICIANUS (Lath.); *Pl. enl.* 33; Audub., *B. Am.*, pl. 78; *caroliniana*, Bartr.; *arundinaceus*, Vieill., *Ois. Am. sept.* II, p. 55, pl. 108; *littoralis*, V. — États-Unis E.

1246. *Var.* BERLANDIERI, Baird, *B. N. Am.*, 1858, p. 362, pl. 83, f. 1; *ludovicianus*, *var. berlandieri*, Coues, Key, p. 86. — Vallée du Rio-Grande.

1247. *Var.* MIAMENSIS, Ridgw., *Amer. Nat.* IX, p. 469. — Floride E.

1248. *Var.* LOMITENSIS, Senn., *Auk*, 1890, p. 58. — Texas.

5909. MESOLEUCUS, Scl., *P. Z. S.*, 1876, p. 14. — Ile Ste-Lucie (Antilles).

5910. MUSICUS, Lawr., *Ann. N. Y. Acad. Sc.* I, p. 148. — Ile St-Vincent (Antill.)

5911. ALBINUCHA (Cab.), *Pr. Bost. Soc. N. H.* II, p. 258; Salv. et Godm., *Biol. Centr.-Am.* I, p. 94, pl. 7, f. 2; *petenicus*, Salv. — Yucatan.

5912. MARTINICENSIS, Scl., *P. Z. S.*, 1866, p. 321. — Martinique.

1249. *Var.* RUFESCENS, Lawr., *Ann N. Y. Acad. Sc.* I, p. 47. — Ile Dominique.

1250. *Var.* GRENADENSIS, Lawr., *Op. cit.* I, p. 161. — Ile Grenada.

5913. GUADELOUPENSIS, Cory, *Auk*, 1886, p. 381. — Ile Guadeloupe.

5914. RUFULUS (Cab.), *Schomb. Reis. Guian.* III, p. 672; Salv., *Ibis*, 1885, p. 201. — Vénézuéla, Trinidad, Ecuador, Pérou.

5915. FASCIATIVENTRIS, Lafr., *Rev. Zool.*, 1845, p. 337; Sharpe, *Cat. B.* VI, pl. 14, f. 1. — Colombie.

1251. *Var.* ALBIGULARIS, Scl., *P. Z. S.*, 1855, p. 76, pl. 88; *fasciatoventris* (pt.), auct. plur. — Panama.

5916. MELANOGASTER, Sharpe, *Cat. B.* VI, p. 230, pl. 14, f. 2; *fasciatoventris* (pt.), auct. plur. — Véragua, Costa-Rica.

5917. ATRIGULARIS, Salv., *P. Z. S.*, 1864, p. 580; Salv. et Godm., *Biol. Centr.-Am.* I, p. 91, pl. 6, f. 4. — Costa-Rica.

5918. FELIX, Scl., *P. Z. S.*, 1859, p. 371; Salv. et Godm., *Op. cit.*, p. 93, pl. 7, f. 1. — Mexique.

1252. *Var.* LAWRENCII, Ridgw., *Bull. Nutt. Orn. Club*, 1878, p. 10. — Iles Tres Marias.

1253. *Var.* PALLIDA (Nels.), *P. Biol. Soc. Washington*, XIII, p. 129. — Mexique N.-W.

1254. *Var.* MAGDALENÆ, Nels., *Pr. Biol Soc. Washingt.* XII, p. 11. — Ile Magdalena (Mex.)

5919. MYSTACALIS, Scl., *P. Z. S.*, 1860, pp. 64, 74. — Ecuador, Colombie S.

5920. RUFICAUDATUS, Berl., *Ibis*, 1883, p. 491. — Vénézuéla.

5921. GENIBARBIS, Sw., *An. in Menag.*, p. 322; Burm., *Th. Bras.* II, p. 133; *coraya*, Licht. (nec Gm.), Spix, *Av. Bras.*, pl. 73, f. 2; *melanos*, Scl. (nec Vieill.), *Cat. Am. B.*, p. 21. — Brésil, Bolivie.

5922. CORAYA (Gm.); *Pl. enl.* 701, f. 1; *melanos*, Vieill.; *oyapocensis*, Ridgw. — Guyane française.

1255. *Var.* RIDGWAYI, Berl., *Journ. f. Orn.*, 1889, p. 293. — Guyane anglaise.

5923. CANTATOR, Tacz., *P. Z. S.*, 1874, p. 130. — Pérou central.

5924. ALBIVENTRIS, Tacz., *P. Z. S.*, 1882, p. 5. — Pérou N.-E.

5925. AMAZONICUS, Sharpe, *Cat. B.* VI, p. 235, pl. 15, f. 1. — Haut-Amazone.

1256. *Var.* GRISEIPECTUS, Sharpe, *Cat. B.* VI, p. 236, pl. 15, f. 2. — Ecuador E., Pérou E.

1257. *Var.* HERBERTI, Ridgw., *P. U. S. Nat. Mus.*, 1887, p. 516. — Diamantina (Bas-Amazone).

5926. EUOPHRYS, Scl., *P. Z. S.*, 1860, p. 74. — Ecuador.

5927. MACULIPECTUS, Lafr., *Rev. Zool.*, 1845, p. 338; Scl., *P. Z. S.*, 1856, p. 290. — Mexique.

1258. *Var.* UMBRINA, Ridgw., *Man. N. Am. B.*, p. 552. — Guatémala, Honduras.

1259. *Var.* CANOBRUNNEA, Ridgw., *Op. cit.*, p. 552. — Yucatan.

5928. PAUCIMACULATUS, Sharpe, *Cat. B.* VI, p. 238. — Ecuador.

5929. SCLATERI, Tacz., *P. Z. S.*, 1879, p. 222. — Du Pérou N. à la Col. S.

5930. RUTILUS, Vieill., *N. Dict.* XXXIV, p. 55; Burm., *Th. Bras.* II, p. 134; *rutilans*, Sw. — Guyane, Vénézuéla Trinidad.

5931. HYPOSPODIUS, Salv. et Godm., *Biol. Centr.-Am.* I, p. 92, note. — Colombie.

5932. LÆTUS, Bangs., *Pr. Biol. Soc. Washingt.* XII, p. 160. — Colombie.

5933. HYPERYTHRUS, Salv. et Godm., *Op. cit.* I, p. 91; *rutilus* (pt.), auct. plur. — Panama.

1046. THRYOMANES

Thryomanes, Sclat. (1861); *Thryothorus* (pt.), auct. plur.

5934. BEWICKII (Audub.), *B. Am.*, pl. 18; id., *B. Am.*, 8°, II, p. 120, pl. 118; Oberh., *Pr. U. S. Nat. Mus.* XXI, 1899, p. 424.	États-Unis S.-E.
1260. *Var.* CRYPTA, Oberh., *Pr. U. S. Nat. Mus.* XXI, p. 425; *leucogaster*, Baird (nec Gould).	Texas, Mexique N.-E.
1261. *Var.* EREMOPHILA, Oberh., *Op. cit.*, p. 427.	Arizona, Nouv.-Mex., Californie S.-E.
1262. *Var.* PERCNA, Oberh., *Op. cit.*, p. 429.	Mexique W., Etzatlan, Jalisco (Mexique).
1263. *Var.* MURINA, (Hartl.), *Rev. et Mag. de Zool.*, 1852, p. 4.	Hidalgo, Mexico, Tlaxcala, Morelos (Mex.)
1264. *Var.* BAIRDI, (Salv. et Godm.), *Biol. Centr.-Am.* I, p. 95; Sharpe, *Cat. B.* VI, p. 226, pl. 13.	Oaxaca, Puebla S., Vera-Cruz S.-W.
1265. *Var.* CHARIENTURA, Oberh., *Op. cit.*, p. 435.	Calif. S., Basse-Calif.
1266. *Var.* DRYMOECA, Oberh., *Op. cit.*, p. 437.	Californie, Arizona.
1267. *Var.* SPILURA (Vig.), *Zool. Beech. Voy.*, p. 18, pl. 4, f. 1; Oberh., *Op. cit.*, p. 439.	Baie de San-Francisco.
1268. *Var.* CALOPHONA, Oberh., *Op. cit.*, p. 440.	De l'Orég. à Vancouv.
1269. *Var.* NESOPHILA, Oberh., *Op. cit.*, p. 442.	Iles Sta-Rosa et Sta-Cruz (Californie).
1270. *Var.* LEUCOPHRYS (Ant.), *Auk*, 1895, p. 52.	Ile San Clemente (Cal.)
1271. *Var.* CERROENSIS (Ant.), *Auk*, 1897, p. 166 (1).	Ile Cerros (Basse-Cal.)
5935. BREVICAUDA, Ridgw., *Bull. U. S. Geol. and Geogr. Surv. Ter.*, 1876, p. 186.	Ile Guadalupe (Basse-Californie).
5936. INSULARIS (Lawr.). *Ann. N. Y. Lyc. N. H.*, 1871, X, p. 5.	Ile Socorro.

1047. CISTOTHORUS

Cistothorus et *Telmatodytes*, Cab. (1850).

5937. PALUSTRIS (Bartr.), *Trav. in Florida*, p. 291; Audub., *B. Am.*, pl. 100; *arundineus*, Vieill.; *arundinaceus*, Gray, *Gen. B.* I, p. 158	Amérique N.-E.
1272. *Var.* PALUDICOLA, Baird, *Rev. Amer. B.*, p. 148; *palustris* et *arundinaceus* (pt.), auct. plur.	États-Unis centr.
1273. *Var.* MARIANÆ, Scott, *Auk*, 1888, p. 188.	Caroline S., Floride, île Sapelo.
1274. *Var.* GRISEA (Brewst.), *Auk*, 1893, p. 216.	Géorgie.
1275. *Var.* PLESIA, Oberh., *Auk*, 1897, p. 188; *paludicola* (pt.), Baird.	Colombie angl., États-Unis W., Texas.

(1) J'ai admis provisoirement les divisions établies par M. Oberhausen pour le *T. bewickii*, ne connaissant pas les types de cet auteur; mais je pense qu'il y a plus d'une variété à supprimer.

5937. STELLARIS (Naum.), *Vög. Deutschl.* III, p. 724; Cab., *Mus. H.* I, p. 77; *brevirostris*, Nutt.; Audub., *B. Amer.*, pl. 175.	États-Unis, Canada S.-E.
5938. PLATENSIS (Lath.); *Pl. enl.* 730, f. 2; Scl., *Cat. Am. B.*, p. 22; *eidouxi*, Bp.; *fasciolatus*, Burm.	Brésil S., Bolivie, Chili, Patag., Malouines.
5939. POLYGLOTTUS (Vieill.), *N. Dict.* XXXIV, p. 59; *omnisonus*, Licht.; *interscapularis*, Nordm.; *elegans*, Scl.; Salv. et Godm., *Biol. Centr.-Am.* I, pl. 7, f. 3; *æquatorialis*, Lawr.; *humivagans*, Tacz.	Amér. mérid. du Paraguay et Bolivie jusqu'au Sud du Mexique.
5940. GRAMINICOLA, Tacz., *P. Z. S.*, 1874, pp. 138, 504; id., *Orn. du Pérou*, I, p. 527.	Pérou.
5941. BRUNNEICEPS, Salv., *Ibis*, 1881, p. 129, pl. 3, f. 1.	Ecuador.
5942. ALTICOLA, Salv. et Godm., *Ibis*, 1883, p. 204.	Guyane anglaise.

1048. TROGLODYTES

Troglodytes, Vieill. (1807); *Hylemathrous*, Neuw. (1830).

5943. DOMESTICUS (Bartr.), *Trav. Florida*, I, p. 291; *aedon*, Vieill.; *fulvus*, Nutt.; *americanus*, Audub., *Orn. Biogr.* II, p. 452, pl. 179; *furvus*, Glog. (nec Gm.)	États-Unis, de l'Atlant. aux Montagnes Rocheuses.
1276. *Var.* PARKMANNI, Audub., *Orn. Biogr.* V, p. 310; *aedon*, Sw. et R. (nec V.); *fulvus*, Towns.; *sylvestris* et *americanus*, Gamb.	Canada W., États-Unis W. et centr., Californie.
1277. *Var.* MARIANÆ, Scott., *Auk*, II, p. 351.	Arizona.
1278. *Var.* AZTECA, Baird, *Rev. Amer. B.*, p. 139.	Mexique E.
1279. *Var.* TANNERI, Towns., *P. U. S. Nat. Mus.*, 1890, p. 133.	Ile Clarion.
5944. BEANI, Ridgw., *P. U. S. Nat. Mus.* VIII, p. 563.	Ile Cozumel.
5945. INTERMEDIUS, Cab., *J. f. O.*, 1860, p. 407; *hypaedon*, Scl., *P. Z. S.*, 1861, p. 128; *inquietus*, Lawr.	Mex. S., Yucatan, Guatémala, Costa-Rica.
5946. TOBAGENSIS, Lawr., *Auk*, 1888, p. 404.	Ile Tobago (Antilles).
5947. STRIATULUS, Lafr., *Rev. Zool.*, 1845, p. 338; *hypaedon*, Lawr. (nec Scl.); *inquietus*, Baird; *tessellatus*, auct. plur. (nec Lafr. et d'Orb.)	Panama, Colombie.
5948. COLUMBIÆ, Stone, *Proc. Ac. N. H. Philad.*, 1899, pp. 302-313.	Bogota.
5949. FURVUS (Gm.); Scl., *Cat. Am. B.*, p. 23; Salv., *Ibis*, 1885, p. 201; *platensis*, auct. (nec Neuw.); *rufulus*, Sharpe, *Cat. B.* VI, p. 258 (nec Cab.)	Guyane.
1280. *Var.* ALBICANS, Berl. et Tacz., *P.Z.S.*, 1883, p. 540.	Ecuador W.
1281. *Var.* REX, Berl. et Lev., *Ornis*, VI, p. 6.	Bolivie.
1282. *Var.* WIEDI, Berl., *l. c.*; *platensis*, Neuw.; Pelz., *Orn. Bras.*, p. 48.	Brésil S.
1283. *Var.* HORNENSIS, Less., *Inst.*, 1834, p. 316; Scl., *Cat. Am. B.*, p. 23; *magellanicus*, Gould,	Chili, Patagonie.

P. Z. S., 1836, p. 85; *pallida*, Lafr. et d'Orb.; *rosaceus*, Less., *R. Z.*, 1840, p. 263.

5950. AUDAX, Tsch., *Faun. Per. Orn.*, p. 185; Tacz., *Orn. Pér.* I, p. 525. — Pérou.

5951. MUSCULUS, Naum., *Vög. Deutschl.* III, p. 724; *æquinoctialis*, Sw., *B. Braz. Mex.*, pl. 13. — Bahia.

1284. *Var.* PUNA, Berl. et Stolzm., *P. Z. S.*, 1896, p. 329. — Pérou central.

5952. TESSELLATUS, Lafr. et d'Orb., *Mag. de Zool.*, 1837, p. 25; Sharpe, *Cat. B.* VI, p. 259; *murinus*, Less. — Pérou.

5953. SOLSTITIALIS, Scl., *P. Z. S.*, 1858, p. 550; Scl. et Salv., *Exot. Orn.*, pl. 23, f. 1. — Andes, du Pérou au Costa-Rica.

1285. *Var.* FRATER, Sharpe, *Cat. B.* VI, p. 261; *solstitialis*, Scl. et Salv., *P. Z. S.*, 1879, p. 523. — Bolivie, Pérou centr.

5954. BRUNNEICOLLIS, Scl., *P. Z. S.*, 1858, p. 297; Scl. et Salv., *Exot. Orn.*, pl. 23, f. 2; *hyemalis*, Scl. (1856, nec Vieill.) — Mexique S.

1286. *Var.* RUFOCILIATA, Sharpe, *Cat. B.* VI, p. 262; *brunneicollis*, Scl. et Salv., *Ibis*, 1860, p. 273 (nec Scl., 1858). — Guatémala.

1287. *Var.* CAHOONI, Brewst., *Auk*, 1888, p. 94. — Sonora (Mexique).

5955. MONTICOLA, Bangs, *P. Biol. Soc. Washingt.* XIII, p. 106. — Colombie.

5956. OCHRACEUS, Ridgw., *P. U. S. Nat. Mus.*, 1881, p. 334. — Costa-Rica.

5957. BRACHYURUS, Lawr., *Ann. N. Y. Ac.* IV, p. 67. — Yucatan.

1049. UROCICHLA

Pnoepyga (pt.), Moore et auct. plur.; *Urocichla*, Sharpe (1881).

5958. LONGICAUDATA (Moore), *P. Z. S.*, 1854, p. 74; *chocolatina*, Godw.-Aust. et Wald., *Ibis*, 1875, p. 252. — Khasia, Manipour.

1050. SPELÆORNIS

Spelæornis, Dav. et Oust. (1877); *Pnoepyga* (pt.), auct. plur.

5959. TROGLODYTOIDES (Verr.), *N. Arch.* VI, *Bull.*, p. 34, IX, pl. 4; Dav. et Oust., *Ois. Chine*, p. 228. — Setchuen et Moupin W. (Chine).

5960. HALSUETI (Dav.), *l'Institut*, III, n° 114; id. et Oust., *Ois. Chine*, p. 229, pl. 15. — Tsinling (Chine).

5961. SOULIEI, Oust., *Bull. Mus. d'H. N. de Paris*, 1898, p. 257. — Tse-Kou (Chine W.)

1051. SALPINCTES

Salpinctes, Cab. (1847).

5962. OBSOLETUS (Say), in *Long's Exp. Rocky Mts.* II, p. 4; Audub., *B. Am.*, pl. 360; *latifasciatus*, Licht. — Mexique.

1288. *Var.* NEGLECTA, Nels., *Auk*, 1897, p. 70. — Guatémala.
1289. *Var.* GUTTATA (Salv. et Godm.), *Ibis*, 1891, p. 609. — Salvador, Costa-Rica.
1290. *Var.* FASCIATA (Salv. et Godm.), *Ibis*, 1891, p. 610. — Nicaragua.
1291. *Var.* PULVERIA, Grinn., *Auk*, 1898, p. 238. — Ile St-Nicolas.
1292. *Var.* GUADELUPENSIS, Ridgw., *Bull. U. S. Geol. and Geogr. Surv.* II, p. 185. — Ile Guadalupe (Calif.)

1052. ANORTHURA

Troglodytes, Cuv. (1817, nec Vieill.); *Anorthura*, Rennie (1831); *Elachura*, Oates (1889).

5963. TROGLODYTES Lin.; Dubois, *Fne. ill. Vert. Belg. Ois.* I, p. 398, pl. 94; *europæus*, Vieill.; *punctatus*, Boie; *parvulus*, Koch; *vulgaris*, Flem.; *regulus*, Mey.; *domesticus, sylvestris, tenuirostris, naumanni*, Brm.; *communis*, Ren.; *verus*, Burm. — Europe jusqu'au 65° l. N., Afrique N., Palestine, Asie min., Perse.

1293. *Var.* BOREALIS, Fisch., *J. f. O.*, 1861, p. 14, pl. 1; *europæus*, Holm. (nec V.); *punctatus*, Holm. (nec Brm.); *parvulus*, Prey. (nec Koch). — Iles Foeroé, Islande.

1294. *Var.* PALLIDA, Hume, *Str. F.*, 1875, p. 219; *nepalensis*, Severtz. (nec Bl.), *Turkest. Jevotn.*, p. 66; *parvulus*, Dress. nec Koch). — Asie centrale.

1295. *Var.* PALLESCENS, Ridgw., *P. U. S. Nat. Mus.* VI, p. 93. — Iles Béring et Comand.

1296. *Var.* HIRTENSIS, Seeb., *Zool.*, 1884, p. 333; Dix., *Ibis*, 1885, p. 80, pl. 3. — St Kilda.

1297. *Var.* DAURICA, Dyb. et Tacz., *Bull. Soc. Zool. de France*, 1884, p. 155. — Daourie.

1298. *Var.* ALASCENSIS (Baird), *Trans. Chicago Acad.* I, p. 315, pl. 30; *T. hyemalis, var. alascensis*, Dall. — Alaska.

1299. *Var.* MELIGERA, Oberh., *Auk*, 1900, p. 25. — Iles Aléoutiennes W.

5964. HIEMALIS, Vieill., *N. Dict.* XXXIV, p. 514; *troglodytes*, Wils., *Am. Orn.* I, p. 139, pl. 8, f. 6; *europæus*, Bp. — Amér. sept. à l'except. des côtes du Pacifiq.

1300. *Var.* PACIFICA (Baird), *Rev. Amer. B.*, p. 145; Sharpe, *Cat. B.* VI, p. 274, pl. 16, f. 2; *hiemalis* (pt.), auct. plur. — Amérique sept. sur les côtes du Pacifique.

5965. FUMIGATA (Tem.), *Man. d'Orn.* III, p. 161; Sharpe, *Cat. B.* VI, p. 276, pl. 16, f. 1; *vulgaris*, Tem. et Schl. — Sibérie E., Mongolie, Chine N., Japon.

1301. *Var.* KURILENSIS, Stejn., *P. U. S. Nat. Mus.*, 1888, p. 548. — Iles Kouriles.

5966. NIPALENSIS (Blyth), *J. A. S. Beng.* XIV, p. 389; Gould, *B. Asia*, pl.; *subhemalachanus*, Hodgs. — Himalaya.

5967. NEGLECTA (Brooks), *J. A. S. Beng.*, 1872, p. 528. — Cachemire.

5968. FORMOSA (Wald.), *Ibis*, 1874, p. 91; 1892, pl. 2, f. 2; *punctatus*, auct. plur. (nec Boie). — Sikkim, Darjeling, Fohkien (Chine).

5969. HAPLONOTA (Baker), *Ibis*, 1892, p. 62, pl. 2, f. 1. — Cachar N., Assam.

1053. CATHERPES

Catherpes, Baird (1858); *Hylorchilus*, Nels. (1897).

5970. MEXICANUS (Licht.), *Verz. mex. Vög.*, p. 2 (1830); Scl., *Cat. Am. B.*, p. 18; *murarius*, Licht., *l. c.*; *guttulatus*, Lafr., *Rev. Zool.*, 1839, p. 99. — Mexique.

1302. *Var.* CONSPERSA, Ridgw., *Amer. Nat.* VII, p. 2; Baird, Br. et Ridgw., *N. Am. B.*, p. 139, pl. 8, f. 4; *albifrons*, Baird (nec Gir.); *mexicanus*, auct. plur. — Arizona, Nevada, Utah, Colorado.

1303. *Var.* ALBIFRONS (Gir.), *Sixteen sp. Texas B.*, 1841, pl. 18. — Texas, Mexique N.-E.

5971. SUMICHRASTI, Lawr., *Pr. Acad. N. Sc. Philad.*, 1871, p. 233. — Vera-Cruz (Mexique).

1054. SPHENOCICHLA

Heterorhynchus, Mandel. (1873, nec Lafr.); *Sphenocichla*, Wald. (1875); *Stachyrirhynchus*, Hume (1876).

5972. HUMEI (Mandel.), *Str. F.*, 1873, p. 415; *roberti*, Godw.-Aust. et Wald., *Ibis*, 1875, p. 250. — Sikkim, Cachar, Manipour.

1055. UROPSILA

Uropsila, Scl. et Salv. (1873); *Hemiura*, Ridgw. (1887).

5973. LEUCOGASTRA (Gould), *P. Z. S.*, 1836, p. 89; Sharpe, *Cat. B.* VI, p. 285, pl. 17; *pusillus*, Scl., *P. Z. S.*, 1859, p. 372. — Mexique.

5974. AURICULARIS, Cab., *J. f. O.*, 1883, p. 105, pl. 2, f. 1. — Tucuman.

1056. HENICORHINA

Heterorhina, Baird (1864, nec Westw., 1846); *Henicorhina*, Scl. et Salv. (1868)

5975. LEUCOSTICTA (Licht.), Cab., *Arch. f. Naturg.* XIII, 1, p. 206; Scl., *P. Z. S.*, 1858, p. 63. — Guyane, Vénéz., Col., Ecuador, Pérou E.

1304. *Var.* PROSTHELEUCA (Scl.), *P. Z. S.*, 1856, p. 290; *leucosticta* (pt.), auct. plur. — Amérique centr.

1305. *Var.* HILARIS, Berl. et Tacz., *P. Z. S.*, 1884, p. 284. — Ecuador W.

1306. *Var.* PITTIERI, Cherr., *Ann. Mus. Costa-Rica*, IV, p. 134. — Costa-Rica.

5976. LEUCOPHRYS (Tsch.), *Arch f. Naturg.* X, 1, p. 283; *guttatus*, Hartl.; *prostheleucus*, Scl. et Salv. (1860); *griseicollis*, Scl. et Salv. (nec Lafr.) — Amér. centr. jusqu'au Pérou et Bolivie.

1307. *Var.* MEXICANA, Nels., *Auk*, 1897, p. 73; *capitalis*, Nels. — Mexique, Guatémala.

1057. CYPHORHINUS

Cyphorhinus, Cab. (1844).

5977. MUSICUS (Bodd.); *Pl. enl.* 706, f. 2; Salv. et Godm., *Biol. Centr. Amer.* I, p. 75; *cantans*, Gm.; *arada*, Lath.; *carinatus*, Sw., *B. Braz.*, pl. 14; *rubecula*, Sw. — Guyane.

5978. MODULATOR (d'Orb.), *Voy. Am. mér. Ois.*, p. 230; Sharpe, *Cat. B.* VI, p. 291, pl. 18, f. 2; *arada*, Lafr. (nec Lath.); *rufogularis*, Des M. in *Casteln. Voy.*, p. 49, pl. 17, f. 2. — Haut-Amaz. jusqu'en Bolivie.

1308. *Var.* SALVINI, Sharpe, *Cat. B.* VI, p. 292, pl. 18, f. 1. — Ecuador.

1309. *Var.* GRISEOLATERALIS, Ridgw., *P. U. S. Nat. Mus.*, 1887, p. 518. — M[ts] Diamantina (Amaz.)

5979. PHÆOCEPHALUS, Scl., *P. Z. S.*, 1861, p. 291; id., *Exot. Orn.*, pl. 22. — Ecuador.

1310. *Var.* BRUNNESCENS, Sharpe, *Cat. B.* VI, p. 293; *phæocephalus* (pt.), Scl. et Salv., *P. Z. S.*, 1879, p. 492. — Vallée du Cauca (Col.)

5980. LAWRENCII, Scl., *Ann. Lyc. N. Y.* VIII, p. 5; Scl. et Salv., *Exot. Orn.*, pl. 21; *cantans*, Lawr. (nec Gm.) — Panama, Costa-Rica.

5981. RICHARDSONI, Salv., *Ibis*, 1893, p. 263. — Nicaragua.

5982. THORACICUS, Tsch., *Arch. f. Naturg.*, 1844, p. 282; Salv. et Godm., *Biol. Centr.-Am.* I, p. 75. — Pérou E.

5983. DICHROUS, Scl. et Salv., *P. Z. S.*, 1879, p. 492, pl. 41. — Vallée du Cauca (Col.)

1058. MICROCERCULUS

Microcerculus, Baird (1864).

5984. BAMBLA (Bodd.); *Pl. enl.* 703, f. 2; Scl., *Cat. Am. B.*, p. 19; *troglodytes*, Less., *Descr. Mam. et Ois.*, p. 301. — Guyane.

5985. CINCTUS (Natt.), Pelz., *Orn. Bras.*, p. 65. — Borba, St Joaquim (Brésil).

5986. ALBIGULARIS (Scl.), *P. Z. S.*, 1858, p. 67; Scl. et Salv., *Nomencl.*, p. 6. — Ecuador E.

5987. PHILOMELA (Salv.), *P. Z. S.*, 1861, p. 202; Salv. et Godm., *Biol. Centr.-Amer.* I, p. 76, pl. 5, f. 3. — Guatémala.

1311. *Var.* ORPHEA (Ridgw.), *P. U. S. Nat. Mus.*, 1888, p. 539. — Costa-Rica.

5988. LUSCINIA, Salv., *P. Z. S.*, 1866, p. 69; Salv. et Godm., *Biol. Centr.-Amer.* I, p. 77, pl. 5, f. 4; *philomela* (pt.), Lawr. — Véragua, Panama.
5989. DAULIAS, Ridgw., *P. U. S. Nat. Mus.*, 1887, p. 508; *luscinia*, Zel. (nec Scl.) — Costa-Rica.
5990. BICOLOR (Des M.), in *Casteln. Voy. Ois.*, p. 51, pl. 16, f. 3; Sharpe, *Cat. B.* VI, p. 298. — Haut-Amaz., Ecuador.
5991. MARGINATUS (Scl.), *P. Z. S.*, 1855, p. 145; Salv. et Godm., *l. c.*, p. 76. — Colombie, Pérou E.
5992. TÆNIATUS, Salv., *Ibis*, 1881, p. 130, pl. 3, f. 2. — Ecuador.
5993. SQUAMULATUS, Scl. et Salv., *P. Z. S.*, 1875, pp. 37, 237, pl. 6. — Vénézuéla W.
5994. USTULATUS, Salv. et Godm., *Ibis*, 1883, p. 204, pl. 9, f. 2. — Guyane anglaise.

1059. PNOEPYGA

Tesia (pt.), Hodgs. (1837); *Microura*, Gould (1837, nec Ehrenb.); *Anura*, Hodgs. (1841, nec J.-E. Gray); *Pnoepyga*, Hodgs. (1845).

5995. ALBIVENTRIS (Hodgs.), *J. A. S. Beng.* VI, p. 102; *rufiventer*, Hodgs., *l. c.*; *squamata*, Gould, *Icon. Avium*, pl. 5; *flaviventer*, *concolor* et *unicolor*, Hodgs., *Icon. ined.*, pl. 47, ff. 1, 2. — Himalaya jusqu'en Birmanie.
5996. EVERETTI, Hart., *Novit. Zool.* IV, p. 168. — Flores.
5997. PUSILLA, Hodgs., *P. Z. S.*, 1845, p. 25; id., *Icon. ined.*, pl. 47, f. 4. — Himalaya E., Ténass.
1312. *Var.* LEPIDA, Salvad., *Ann. Mus. Civ. Genov.* XIV, p. 227. — Sumatra.
1313. *Var.* RUFA, Sharpe, *Cat. B.* VI, p. 304; *squamata*, Bp. (nec Gould). — Java.
5998. CAUDATA (Blyth), *J. A. S. Beng.* XIV, p. 588; id., *Cat. B. Mus. As. Soc.*, p. 179; Jerd., *B. Ind.* I, p. 490. — Himalaya E.

1060. ORTHNOCICHLA

Orthnocichla, Sharpe (1884).

5999. SUBULATA (Müll.), *MSS.*; Sharpe, *Notes Leyd. Mus.* VI, p. 179. — Timor.
6000. WHITEHEADI, Sharpe, *Ibis*, 1888, p. 478, 1889, pl. 12. — Bornéo N.
6001. EVERETTI, Hart., *Novit. Zool.* IV, p. 170. — Flores.

FAM. XXVIII. — MNIOTILTIDÆ (1)

1061. LEUCOPEZA

Leucopeza, Scl. (1876).

6002. SEMPERI, Scl., *P. Z. S.*, 1876, p. 14. — Ile Ste-Lucie (Pet. Ant.)
6003. BISHOPI, Lawr., *Ann. N. Y. Acad. Sc.*, 1878, p. 151. — Ile St-Vincent (P. Ant.)

(1) Voy.: Sharpe, *Cat. B. Brit. Mus.* X, pp. 225-437 (1885).

1061. HELMITHERUS

Helmitheros, Raf. (1819); *Vermivora*, Sw. (1827); *Helinaia*, Audub. (1839); *Helmitherus*, Baird (1865); *Helminthterus*, Coues (1878); *Helonœa*, Newt. (1879); *Helminthotherus*, Salv. et Godm. (1880).

6004. VERMIVORUS (Gm.); Wils., *Amer. Orn.* III, p. 74, pl. 24, f. 4; *migratorius*, Raf.; *pennsylvanica*, *fulvicapilla*, Sw. — États-Unis, Am. centr., Cuba, Jamaïque.

6005. SWAINSONI (Audub.), *B. Amer.*, pl. 198; Baird, *B. N. Am.*, p. 180. — Sud des États-Unis, Jamaïque.

1063. HELMINTHOPHAGA

Helminthophaga, Cab. (1850); *Helminthophila*, Ridgw. (1882).

6006. CHRYSOPTERA (Lin.); Vieill., *Ois. Amér. sept.* II, p. 37, pl. 97; Wils., *Am. Orn.* II, p. 113, pl. 15, f. 5; *flavifrons*, Gm.; *inornata*, Sw. — Amér. sept. du Canada au Texas, Amér. centr., Col., Cuba.

6007. PINUS (Lin.); Baird, *B. N. Am.*, p. 254; *solitaria*, Wils., *Am. Orn.* II, p. 109, pl. 15, f. 4. — États-Unis E., Mex., Guatémala.

6008. ?LAWRENCII, Herr., *Pr. Philad. Acad.*, 1874, p. 220, pl. 15 (hybride?) — Nouv.-Jersey.

6009. ?CINCINNATIENSIS, Langd., *Journ. Cincinn. Soc. N. H.* II, p. 119; id., *Bull. Orn. Club*, V, p. 208, pl. 4. — Ohio.

6010. LEUCOBRONCHIALIS, Brewst.; Coues, *B. N.-W.*, p. 760; Brewst., *Bull. Nutt. Orn. Club*, I, p. 1, pl. 1. — Nouv.-Angleterre, New-York, Pennsylv., Michigan.

6011. BACHMANI (Audub.), *B. Am.*, pl. 185; id., *Orn. Biogr.* II, p. 483. — Caroline S., Géorgie, Cuba.

6012. PEREGRINA (Wils.), *Am. Orn.* III, p. 83, pl. 25, f. 2; *tenensœi*, Bon. et Vieill.; *missuriensis*, Wied, *Journ. f. Orn.*, 1858, p. 117. — Amér. sept. E. et Amér. centr., Col., Vénéz.

6013. RUFICAPILLA (Wils.), *Am. Orn.* III, p. 120, pl. 27, f. 3; *rubricapilla*, Wils., *l. c.* VI, p. 15; *leucogastra*, Steph.; *nashvillei*, Bon. et V., *var. ocularis* et *gutturalis*, Ridgw. — Amér. du N. tempérée, Mexique, Guatém.

6014. CELATA (Say) in *Long's Exp. Rocky M*[ts] I, p. 169; Audub., *B. Am.*, pl. 178. — Amér. sept. de l'Alaska au Mexique.

1314. *Var.* OBSCURA, Baird, Brew. et Rindgw., *Hist. N. Am. B.* I, p. 192. — Amérique N.-E.

1315. *Var.* LUTESCENS, Ridgw., *Amer. Journ. Sc.*, 1872, p. 457; Baird, Brew. et Rindgw., *Op. cit.* I, p. 204, pl. 11, f. 4. — Côte du Pacifique de l'Alaska au Guatém.

1316. *Var.* SORDIDA, Towns., *Pr. U. S. Nat. Mus.*, 1890, p. 139. — Ile San-Clemente (Cal.)

6015. VIRGINIÆ, Baird, *B. N. Am.*, pl. 79, f. 1; id., *Rev. Am. B.*, p. 177. — Mont. Rocheuses S.

6016. CRISSALIS (Salv. et Godm.), *Ibis*, 1889, p. 380. — Sierra Nevada de Colima.

6017. LUCIÆ, Coop., *Pr. Calif. Acad.*, 1862, p. 120; Baird, Brew. et Ridgw., *Op. cit.* I, p. 200, pl. 2, f. 9. — Vallée du Colorado.

1064. PROTONOTARIA

Protonotaria, Baird (1858).

6018. CITREA (Bodd.), *Tabl. Pl. enl.*, p. 44; *protonotarius, auricollis*, Gm.; Vieill., *Ois. Am. sept.* II, p. 27, pl. 83; Audub., *B. Am.* II, p. 89, pl. 106. — États-Unis E., Amér. centr., Col., Vénéz., Cuba.

1065. MNIOTILTA

Mniotilta, Vieill. (1816); *Oxyglossus*, Sw. (1828).

6019. VARIA (Lin.); Audub., *B. Amer.*, pl. 90; *picta*, Bartr.; *maculata*, Wils., *Am. Orn.* III, p. 23, pl. 19, f. 3; *borealis*, Nutt., *var. longirostris*, Baird. — Amér. sept. E., Amér. centr., Col., Vénéz., Jamaïque, Cuba, St-Domingue.

1066. PARULA

Chloris, Boie (1826, nec Cuv.); *Sylvicola*, Sw. (1827, nec Harr.); *Parula*, Bp. (1838); *Compsothlypis*, Cab. (1850); *Oreothlypis*, Stejn. (1884).

6020. SUPERCILIOSA (Hartl.), *Rev. Zool.*, 1844, p. 215; Salv. et Godm., *Biol. Centr.-Amer. Aves*, I, p. 122, pl. 8, f. 2; *mexicana*, Licht. — Mexique, Guatémala.

6021. AMERICANA (Lin.); Audub., *B. Am.*, pl. 15; *eques*, Bodd.; *ludoviciana*, Lath.; *varius*, Bartr.; *torquata*, Vieill., *Ois. Am. sept.*, p. 38, pl. 99; *pusilla*, Wils. — États-Unis, Mexique, Guatém., Antilles.

1317. *Var.* USNEÆ (Brewst.), *Auk*, 1896, p. 44. — États-Unis N.-E.

6022. GRAYSONI, Ridgw., *Man. N. A. Birds*, p. 492. — I. Socorro, Mex. N.-W.

6023. PITIAYUMI (Vieill.), *N. Dic.* XI, p. 421; *venusta*, Tem., *Pl. col.* 293, f. 1; *plumbea, minuta*, Sw.; *brasiliana*, Licht. — Brésil, Tucuman.

1318. *Var.* PACIFICA, Berl., *P. Z. S.*, 1884, p. 286; *brasiliana* (pt.), Scl., nec Licht.; *pitiayumi* (pt.), auct. plur. — Boliv., Pérou, Ecuad., Colombie, Vénéz., Guyane.

1319. *Var.* INORNATA, Baird, *Rev. Amer. B.*, p. 171. — Du Guatém. à Panama.

1320. *Var.* PULCHRA (Brewst.), *Auk*, 1889, p. 93. — Mexique.

1321. *Var.* NIGRILORA, Coues, *Bull. U. S. Geol. Surv.* IV, p. 11; Sharpe, *Cat. B.* X, p. 261, pl. 11, f. 2. — Texas.

1322. *Var.* INSULARIS (Lawr.), *Ann. Lyc. N. Y.* X, p. 4. — Iles Tres Mar., Socorro.

6024. GUTTURALIS (Cab.), *J. f. O.*, 1860, p. 329; Salv. et God., *Biol. Centr.-Am. Aves*, I, p. 123, pl. 8, f. 3. — Costa-Rica, Panama.

1067. DENDROECA

?*Rhimamphus*, Rafin. (1819); *Sylvicola*, Gr. (1841, nec Sw.); *Dendroica*, Gr. (1842); *Dendroeca*, auct. recent.

6025. ÆSTIVA (Gm.); Audub., *B. Amer.* II, p. 50, pl. 88; *carolinensis*, Lath.; *luteus*, Bartr.; *flava*, Vieill., *Ois. Am. sept.*, pl. 89; *citrinella*, Wils.; *childreni*, *rathbonia*, Audub.; *trochilus*, Nutt. — Amér. sept. et Amér. centr. jusqu'au Haut-Amazone.

1323. *Var.* SONORANA, Brewst., *Auk*, 1888, p. 137. — Arizona S., Texas W., Sonora (Mexique).

1324. *Var.* MORCOMI, Coale, *Ridgw. Orn. Club, Bull.* 2, p. 82. — Amérique N.-W.

1325. *Var.* RUBIGINOSA (Pall.), *Zoogr. Rosso-Asiat.* I, p. 496; Oberh., *Auk*, 1897, p. 76. — Alaska.

6026. DUGESI, Coale, *Ridgw. Orn. Club, Bull.* 2, p. 83. — Mexique.

6027. RUFICAPILLA (Gm.); Sharpe, *Cat. B.* X, p. 276; *petechia bartholemica* et *cruciana*, Sundev.; *petechia ruficapilla*, Baird. — Porto-Rico et Petites Antilles.

6028. PETECHIA (Lin.); Vieill., *Ois. Am. sept.* II, p. 32, pl. 91; *æstiva*, Gosse (nec Gm.); *rufivertex*, Ridgw. — Jamaïque, Bahama, Cozumel.

1326. *Var.* GUNDLACHI, Baird, *Rev. Amer. B.*, p. 197; *æstiva* (pt.), auct. plur.; *albicollis*, auct. plur. (nec Gm.) — Cuba.

1327. *Var.* MELANOPTERA, Lawr., *Pr. U. S. Nat. Mus.*, 1879, p. 453. — Iles Dominique et Guadeloupe.

1328. *Var.* AURICAPILLA, Ridgw., *Pr. U. S. Nat. Mus.*, 1887, p. 572. — Grand Cayman.

1329. *Var.* FLAVICEPS, Chapm., *Bull. Amer. Mus.* IV, p. 310. — Bahama.

1330. *Var.* FLAVIDA, Cory, *Auk*, 1887, p. 179. — Ile St-Andrews.

6029. ?EOA (Gosse), *B. Jam.*, p. 158; id., *Ill. B. Jam.*, pl. 34 (hybride?) — Jamaïque.

6030. CAPITALIS, Baird, Brew. et Ridgw., *Hist. N. Amer. B.* I, p. 217; *barbadensis*, Sundev. — Iles Barbade.

6031. RUFOPILEATA, Ridgw., *Pr. U. S. Nat. Mus.* VII, p. 173. — Ile Curaçao (Vénéz.)

6032. AUREOLA (Gould), *Voy. Beagle, Birds*, p. 86, pl. 28; Tacz. *Orn. Per.* I, p. 467; *galapagensis*, Sundev. — Galapagos, Ecuador, Pérou.

6033. VIEILLOTI, Cass., *Proc. Philad. Acad.*, 1860, p. 192; *ruficapilla*, Vieill. (nec Lath.), *Gal. Ois.* I, pl. 164; *erithachorides*, Baird, *B. N. Am.*, p. 283; *ruficeps*, Cab.; *panamensis*, Sundev. — Panama, Véragua.

1331. *Var.* BRYANTI, Ridgw., *Amer. Nat.* VII, p. 606; *vieilloti* (pt.), auct. plur. — Mexique, Yucatan.

1332. *Var.* GRANADENSIS, Sharpe, *Cat. B.* X, p. 284; *vieilloti*, Scl. — Colombie.

1333. *Var.* RUFIGULA, Baird, *Rev. Amer. B.*, p. 204; — Martinique.

vieilloti (pt.), Salv. et Godm., *Biol. Centr.-Am. Aves*, p. 125.

6034. PENNSYLVANICA (Lin.); Wils., *Am. Orn.* II, p. 99, pl. 14, f. 5; *icterocephala*, Lin.; Vieill., *Ois. Am. sept.*, pl. 90. — Canada, États-Unis Amérique centr.

6035. BLACKBURNIÆ (Gm.); Vieill., *Op. cit.*, pl. 96; *parus*, Wils., *Am. Orn.* V, p. 114, pl. 44, f. 3; *melanorrhoa*, Vieill.; ?*fusca*, Müll.; ?*aurantia*, Bodd.; ?*chrysocephala* et ?*incana*, Gm. — États-Unis, Amérique centr., Col., Vénéz., Ecuador et Pérou.

6036. NIGRESCENS (Towns.), *Journ. Philad. Acad.*, 1837, p. 191; Audub., *B. Amer.*, pl. 395; *halseii*, Gir., *Sixt. B. Tex.*, p. 11, pl. 3, f. 1. — États-Unis W., Mexique.

6037. OCCIDENTALIS (Towns.), *Op. cit.*, p. 190; Audub., *B. Am.*, pl. 395, ff. 3, 4; *chrysoparia*, Scl., *P. Z. S.*, 1862, p. 19 (nec Scl. et Salv.); *niveiventris*, Salv., *P. Z. S.*, 1863, p. 187, pl. 24, f. 2. — États-Unis W., Mexique, Guatémala.

6038. CHRYSOPARIA, Scl. et Salv., *P. Z. S.*, 1860, p. 298; Salv. in *Rowl. Orn. Misc.* I, p. 181, pl. 23; *chrysopareia*, Baird. — Du Texas au Guatémala.

6039. VIRENS (Gm.); Vieill., *Ois. Amér. sept.* II, p. 33, pl. 92; Wils., *Am. Orn.* II, p. 137, pl. 17, f. 3. — États-Unis E., Amér. centr., Cuba, Jam.

6040. ?MONTANA (Wils.), *Am. Orn.* V, p. 113, pl. 44, f. 2; *tigrina*, Bp.; *virens* (*juv.*), Coues. — Montagnes Bleues de Pennsylvanie.

6041. TOWNSENDI (Nutt.), *MS*; Towns., *Pr. Phil. Acad.* VII, p. 191; Audub., *B. Amer.*, pl. 393, f. 1; *melanocausta*, Licht. — États-Unis W. de l'Alaska au Guatém.

6042. DOMINICA (Lin.); *superciliosa*, Bodd.; *flavicollis*, *pensilis*, Gm.; Vieill., *Ois. Am. sept.* II, pl. 72. — Vallée du Mississippi jusqu'au 41° l. N., Mex., Guat., Antill.

1334. *Var.* ALBILORA, Ridgw., *Amer. Nat.* VII, p. 606; Baird, Brew. et Ridgw., *Hist. N. Am. B.* I, p. 241, pl. 14, f. 7. — États-Unis S.-W., Mexique, Guatém.

6043. GRACIÆ, Coues, *MS*; Baird, *Rev. Am. B.*, p. 210; Baird, Brew. et Ridgw., *Op. cit.* I, p. 243, pl. 14, f. 10. — Arizona, Nouv.-Mex., Mexique.

6044. DECORA, Ridgw., *Amer. Nat.* VII, p. 608; Salv. et Godm., *Biol. Centr.-Am. Aves*, I, p. 136, pl. 10, f. 1; *graciæ* (pt.), Salv., 1873. — Guatémala.

6045. ADELAIDÆ, Baird, *Rev. Am. B.*, p. 212. — Porto-Rico.

1335. *Var.* DELICATA, Ridgw., *Pr. U. S. Nat. Mus.* V, p. 525; *adelaidæ*, Scl. (nec Baird). — Ile Ste-Lucie.

6046. DISCOLOR (Vieill.), *Ois. Amér. sept.* II, p. 37, pl. 98; *minuta*, Wils., *Amer. Orn.* III, p. 87, pl. 25, f. 4. — États-Unis E., Antill.

6047. VITELLINA, Cory, *Auk*, 1886, p. 497. — Gr. Cayman (Antilles).

6048. MACULOSA (Gm.); Vieill., *Op. cit.*, p. 33, pl. 93; *magnolia*, Wils., *Op. cit.*, p. 63, pl. 23. — Amér. sept. E. jusque la baie d'Hudson, Am. centr., St-Dom., Cuba, Bahama.

6049. CORONATA (Lin.); Audub., *B. Am.* II, p. 23, pl. 76; *canadensis, virginianus*, Lin.; *cincta, umbria* et *pinguis*, Gm.; *flavopygia*, Vieill. — Amér. sept. jusqu'au Cercle arct., Amér. centr., Gr. Antilles.

1336. *Var.* HOOVERI, Mc Greg., *Bull. Cooper Orn. Club*, I, p. 32. — Californie.

6050. AUDUBONI (Towns.), *Journ. Philad. Acad.* VII, p. 191; Audub., *B. Amer.*, pl. 395; *coronata*, *var. auduboni*, Ridgw. — Col. angl., États-Unis W., Mexique, Guatémala.

6051. NIGRIFRONS, Brewst., *Auk*, 1889, p. 94. — Sierra Madre (Mex.)

6052. GOLDMANI, Nels., *Auk*, 1897, p. 66. — Guatémala.

6053. PALMARUM (Gm.); Vieill., *Ois. Am. sept.* II, p. 21, pl. 73; *petechia*, Wils. (nec Lin.), *l. c.* IV, p. 19, pl. 28, f. 4; *ruficapilla*, Bp. — Amérique angl., États-Unis, Gr. Antilles.

1337. *Var.* HYPOCHRYSÆA, Ridgw., *Bull. Nutt. Orn. Club*, I, p. 84. — États-Unis E. du Maine à la Floride.

6054. CASTANEA (Wils.), *Amer. Orn.* II, p. 97, pl. 14, f. 4; *autumnalis*, Wils., *l. c.* III, p. 65, pl. 23, f. 3. — Amér. sept. jusqu'au 52°, Am. centr., Col.

6055. PITYOPHILA (Gundl.), *Ann. Lyc. N. Y.*, 1855, p. 160; id., *J. f. O.*, 1857, p. 240. — Cuba.

1338. *Var.* BAHAMENSIS, Cory, *Auk*, 1891, p. 348. — Iles Bahama.

6056. KIRTLANDI (Baird), *Ann. Lyc. N. Y.*, 1852, p. 217, pl. 6; Cass., *Ill. B. Cal. Tex.* I, p. 278, pl. 47. — États-Unis E.

6057. PINUS (Wils.), *Amer. Orn.* III, p. 25, pl. 19, f. 4; *vigorsi*, Aud., *B. Amer.*, pl. 30. — Canada, États-Unis E., Bermudes, Bahama.

6058. STRIATA (Forst.), *Phil. Trans.* LXXII (1772), pp. 406, 428; Vieill., *Ois. Am. sept.* II, p. 22, pl[s] 75, 76; *atricapilla*, Landb.; *breviunguis*, Pelz. — Amér. sept. jusqu'au Cercle arct., Antill., Amér. mér., Amaz.

6059. ?CARBONATA (Audub.), *Orn. Biogr.* I, p. 308, pl. 60, et auct. plur. (hybride?) — États-Unis.

6060. CÆRULEA (Wils.), *Am. Orn.* II, p. 141, pl. 17, f. 5; *rara*, Wils., *l. c.* III, p. 119, pl. 27, f. 2; *azurea*, Steph.; *populorum*, Vieill.; *bifasciata*, Say. — Canada, États-Unis, Amér. centr., Col., Ecuad., Pérou, Bol.

6061. CÆRULESCENS (Gm.); Vieill., *Ois. Amer. sept.* II, p. 25, pl. 80; *canadensis*, Lin., *S. N.* I, p. 336 nec Lin., p. 334; *pusilla*, Wils.; *palustris*, Steph.; *macropos*, Bon. et V.; *sphagnosa*, Bp.; *pannosa*, Gosse, *B. Jam.*, p. 162, pl. 37. — Amérique sept. E. du Canada à la Floride, Texas et Antilles.

1339. *Var.* CAIRNSI, Coues, *Auk*, 1897, p. 96. — Caroline N., Géorgie.

6062. PHARETRA (Gosse), *B. Jam.*, p. 163, pl. 38. — Jamaïque.

6063. PLUMBEA, Lawr., *Ann. N. Y. Acad. Sc.* I, p. 47. — Iles Dominique et Guadeloupe (Antilles).

1068. PERISSOGLOSSA

Perissoglossa, Baird (1865); *Dendrœca* (pt.), auct. plur.

6064. TIGRINA (Gm.); Vieill., *Ois. Amér. sept.* II, p. 34, pl. 94; *maritima*, Wils., *Am. Orn.* VI, p. 99, pl. 54, f. 3. — Amér. sept. E. jusqu'à la baie d'Hudson Antilles.

1069. PEUCEDRAMUS

Peucedramus, Coues (1875); *Dendrœca* (pt.), auct. plur.

6065. OLIVACEUS (Gir.), *Sixt. B. Tex.*, p. 29, pl. 7, f. 2; Cass., *Ill. B. Cal.*, pl. 48; *tæniata*, Du Bus, *Bull. Acad. Brux.*, 1847, p. 104. — Mexique, Arizona, Texas, Nouv.-Mex.

1340. *Var.* AURANTIACA, Ridgw., *P. U. S. Nat. Mus.* XVIII, p. 441. — Guatémala.

1070. HENICOCICHLA (1)

Seiurus, Sw. (1827); *Enicocichla*, Gray (1840); *Siurus*, Strickl. (1841); *Henicocichla*, Cab. (1850).

6066. AUROCAPILLA (Lin.); Audub., *B. Amer.*, pl. 143; *citreus*, Müll.; *canadensis*, Bodd. (nec Lin.); *coronatus*, Vieill., *Ois. Am. sept.* IV, p. 8, pl. 64. — Amér. sept. et centr. jusqu'à la Colombie.

6067. MOTACILLA (Vieill.), *Op. cit.* II, p. 9, pl. 65; *ludovicianus*, Audub., *Op. cit.*, pl. 19; *major*, Cab. — États-Unis E. jusqu'au Texas, Am. centr., Antilles.

6068. NÆVIA (Bodd.); *Pl. enl.* 752, f. 1; *noveboracensis*, Gm.; Vieill., *Op. cit.* II, p. 26, pl. 82; *fluviatilis*, Bartr.; *aquaticus*, Wils.; *tenuirostris*, Sw.; *anthoides*, *herminieri*, Less.; *sulphurascens*, d'Orb.; *gossei*, Bp.; *notabilis*, Ridgw. — Amér. sept. et centr., Colombie, Vénéz., Guyane, Ecuador, Antilles.

1071. OPORORNIS

Oporornis, Baird (1858).

6069. AGILIS (Wils.), *Amer. Orn.* V, p. 64, pl. 39, f. 2; Baird, *B. N. Amer.*, 1858, p. 246; ? *tephrocotis*, Nutt.; ? *varius*, Blakist. *Ibis*, 1863, p. 61. — États-Unis E., Bahama.

6070. FORMOSA (Wils.), *Amer. Orn.* III, p. 85, pl. 25, f. 3; Baird, *Op. cit.*, p. 247. — États-Unis E., Amér. centr., Cuba.

1072. LIGEA

Ligea, Cory (1884); *Ligia*, Sharpe (1885).

6071. PALUSTRIS, Cory, *Auk*, I, p. 1, pl. 1; id., *B. S. Dom.* I, p. 38, pl. 3. — Ile St-Domingue.

(1) Le terme *Seiurus* est incorrect; *Siurus* ressemble trop à *Sciurus* (Ecureuil); il y a donc lieu d'adopter le terme de Gray amandé par Cabanis.

1073. GEOTHLYPIS

Trichas, Sw. (1827, nec Glog.); *Geothlypis*, Cab. (1847).

6072.	TRICHAS (Lin.); Vieill., *Ois. Amér. sept.* II, p. 28, plˢ 85, 86; *chrysoptera*, Bodd.; *Pl. enl.* 709; *marylandica*, Wils.; *mystaceus*, Steph.; *personatus*, *brachydactylus*, Sw.	États-Unis, Amérique centr., Antilles.
1341.	*Var.* OCCIDENTALIS, Brewst., *Bull. Nutt. Orn. Club*, VIII, p. 159.	États-Unis W.
1342.	*Var.* ARIZELA, Oberh., *Auk*, 1899, p. 257.	Côte N. du Pacifique.
1343.	*Var.* ROSCOE (Audub.), *Orn. Biogr.* I, p. 124, pl. 29.	Vallée du Mississipi.
1344.	*Var.* IGNOTA, Chapm., *Auk*, 1890, p. 11.	Floride.
6073.	ROSTRATA, Bryant, *Pr. Bost. Soc. N. H.* XI, p. 67.	Nouv.-Providence (Bahama).
1345.	*Var.* CORYI, Ridgw., *Auk*, 1886, p. 334.	Ile Eleuthera (Bahama)
1346.	*Var.* TANNERI, Ridgw., *Auk*, 1886, p. 335.	Ile Abaco (Bahama).
6074.	MELANOPS, Baird, *Rev. Amer. B.*, p. 222; Sharpe, *Cat. B.* X, p. 355, pl. 9, f. 2.	Mexique.
6075.	FLAVOVELATUS, Ridgw., *P. U. S. Nat. Mus.* XVIII, p. 119.	Mexique E.
6076.	FLAVICEPS, Nels., *Auk*, 1899, p. 31.	Mexique E.
6077.	PALPEBRALIS, Ridgw., *Man. N. Amer. B.*, p. 526.	Mex. E., Yucat., Tex.
6078.	BELDINGI, Ridgw., *P. U. S. Nat. Mus.* V, p. 344.	Basse-Californie.
6079.	SEMIFLAVA, Scl., *P. Z. S.*, 1860, pp. 273, 291; *bairdi*, Nutt.	De Costa-Rica à l'Ecuador.
6080.	CUCULLATA, Salv. et Godm., *Ibis*, 1889, p. 237.	Mexique.
6081.	SPECIOSA, Scl., *P. Z. S.*, 1858, p. 447; Sharpe, *Cat. B.* X, p. 358, pl. 10.	Mexique.
6082.	POLIOCEPHALA, Baird, *Rev. Amer. B.*, p. 225; Salv. et Godm., *Biol. Centr.-Am.*, pl. 9, f. 3.	Mexique.
1347.	*Var.* CANINUCHA, Baird, Br. et Ridg., *Hist. N. Amer. B.* I, p. 296; Salv. et Godm., *Biol. Centr.-Am.* I, p. 153, pl. 9, f. 2; *æquinoctialis*, Salv. et Scl. (nec Gm.)	Du Mexique S. au Guatémala.
1348.	*Var.* ICTEROTIS, Ridgw., *P. U. S. Nat. Mus.*, 1888, p. 539.	Costa-Rica.
6083.	ÆQUINOCTIALIS (Gm.); Sharpe, *Cat. B.* X, p. 360, pl. 9, f. 7; *delafieldii*, Aud.; id., *B. Amer.*, pl. 103; *velatus*, Baird (nec Vieill.).	Amazone, Guyane, Vénézuéla, Colombie, Pérou.
6084.	AURICULARIS, Salv., *P. Z. S.*, 1883, p. 420; Shp., *Cat. B.* X, pl. 9, f. 8; *æquinoctialis peruviana*, Tacz., *Orn. Pérou*, I, p. 471.	Pérou.
6085.	CHIRIQUENSIS, Salv., *Ibis*, 1872, p. 148; Salv. et Godm., *Biol. Centr.-Am.* I, p. 152, pl. 9, f. 1.	Véragua.
6086.	VELATA (Vieill.), *Ois. Amér. sept.* II, p. 22, pl. 74; Shp., *l. c.*, pl. 9, f. 5; *cucullata*, Lath.; *canicapilla*, Sw. *Zool. Ill.*, ser. 1, III, pl. 174.	Pérou, Brésil, Argentine.

6087. MACGILLIVRAYI (Audub.); *B. Amer.*, pl. 399, ff. 4, 5; *tolmiei*, Towns; *philadelphia var. macgillivrayi*, Allen. — Col. angl., États-Unis W. et centr., Amér. centr., Colombie.

6088. PHILADELPHIA (Wils.), *Amer. Orn.* II, p. 101, pl. 14, f. 6; Baird, *B. N. Amer.*, p. 243. — Canada, États-Unis E., Amér. centr., Col.

1074. TERETISTRIS

Teretistris, Cab. (1855).

6089. FERNANDINÆ (Lemb.), *Aves de Cuba*, p. 66; Sharpe, *Cat. B.* X, p. 368, pl. 12, f. 1; *blanda*, Bp. — Cuba W.

6090. FORNSI, Gundl., *Ann. Lyc. N. Y.* VI, p. 275; Sharpe, *l. c.*, pl. 12, f. 2. — Cuba E.

1075. GRANATELLUS

Granatellus, Du Bus (1850).

6091. VENUSTUS, Du Bus, *Esq. Orn.*, pl. 24; Scl., *P. Z. S.*, 1864, p. 607, pl. 37, f. 2. — Mexique.

6092. PELZELNI, Scl., *P. Z. S.*, 1864, p. 607, pl. 37, f. 1; *venustus*, Scl., *Op. cit.*, 1859, p. 375. — Rio Madeira, Guyane angl.

6093. FRANCESCÆ, Baird, *Rev. Amer. B.*, p. 232; Salv., *Ibis*, 1874, p. 307, pl. 11. — Iles Tres Marias.

6094. SALLÆI, Scl., *P. Z. S.*, 1856, p. 292, pl. 120. — Mexique, Guatémala.

1349. *Var.* BOUCARDI, Ridgw., *P. U. S. Nat. Mus.* VIII, p. 23. — Yucatan.

1076. ICTERIA

Icteria, Vieill. (1807).

6095. VIRENS (Lin.); Baird, Brew. et Ridgw., *Hist. N. Amer. B.* I, p. 307, pl. 15, f. 12; *luteus*, Sparrm.; *viridis*, Gm.; Audub., *B. Amer.*, pl. 137; *australis* et *trochilus*, Bartr.; *dumicola*, Vieill. *Ois. Am. Sept.* I, p. 85, pl. 55; *velasquezi*, *auricollis*, Bp. — États-Unis E., Mex., Guatémala.

1350. *Var.* LONGICAUDA, Lawr., *Ann. Lyc. N. Y.* VI, p. 4; Baird, *B. N. Amer.*, 1860, pl. 34, f. 2; *viridis*, Towns.; *velasquezii*, Baird (nec Bp.) — États-Unis W. et centr., Mex., Guatémala.

1077. BASILEUTERUS

Basileuterus, Cab. (1848); *Myiothlypis*, Cab. (1850); *Idiotes*, Baird (1865).

6096. LUTEOVIRIDIS (Bp.), *Atti Sc. Ital.*, 1844, p. 405; Tacz., *Orn. Pérou*, I, p. 477; *xanthophrys*, Scl., *P. Z. S.*, 1856, pp. 30, 93. — Colombie, Ecuador, Pérou.

6097. FLAVEOLUS, Baird, *Rev. Amer. B.*, p. 252. — Brésil.

6098. NIGRICRISTATUS (Lafr.), *Rev. Zool.*, 1840, p. 230; Scl., *P. Z. S.*, 1859, p. 440; *nigricapillus*, Scl., *P. Z. S.*, 1860, p. 74. — Vénézuéla, Colombie, Ecuador.

1351. *Var.* NIGRIVERTEX, Salv., *Novit. Zool.* II, p. 3. — Pérou.

6099. EUOPHRYS, Scl. et Salv., *P. Z. S.*, 1876, p. 352. — Bolivie.

6100. CINEREICOLLIS, Scl., *P. Z. S.*, 1864, p. 166, 1865, pl. 9, f. 2. — Colombie.

6101. CULICIVORUS (Licht.), *Preis-Verz. mex. Vög.*, p. 2; *brasieri*, Gir., *Sixt. B. Texas*, pl. 6, f. 2; Scl., *P. Z. S.*, 1855, p. 66. — Du Mexique au Nicaragua.

1352. *Var.* GODMANI, Berl., *Auk*, 1888, p. 450. — Véragua, Costa-Rica.

6102. CABANISI, Berl., *Orn. Centralbl.*, 1879, p. 63. — Colombie.

6103. TRISTRIATUS (Tsch.), *Fauna Peruana*, p. 193, pl. 14, f. 1; Tacz., *Orn. Pérou*, I, p. 472. — Pérou, Ecuador.

6104. AURICULARIS, Sharpe, *Cat. B.* X, p. 386; *bivittatus*, Scl. (nec d'Orb.) — Colombie, Ecuador, Bolivie.

6105. MELANOTIS, Lawr., *Ann. Lyc. N. Y.* IX, p. 95; *bivittatus*, Salv. (nec d'Orb.), *Ibis*, 1870, p. 108. — Costa-Rica, Véragua.

6106. MERIDANUS, Sharpe, *Cat. B.* X, p. 387; *bivittatus*, Scl. et Salv., *P. Z. S.*, 1870, p. 780. — Merida (Vénézuéla).

6107. TRIFASCIATUS, Tacz., *P. Z. S.*, 1880, p. 191; id., *Orn. Pérou*, I, p. 473. — Ecuador, Pérou.

6108. HYPOLEUCUS, Cab., in Bp., *Consp.* I, p. 313; Burm., *Th. Bras.* II, p. 113. — Brésil.

6109. CONSPICILLATUS, Salv. et Godm., *Ibis*, 1880, p. 117. — Colombie.

6110. CASTANEICEPS, Scl. et Salv., *P. Z. S.*, 1877, p. 521. — Pérou, Ecuador.

6111. CORONATUS (Tsch.), *Arch. f. Naturg.*, 1844, p. 283. — Col., Ecuad., Pérou.

6112. BIVITTATUS (d'Orb.), *Voy. Amér. mér. Ois.*, p. 324; *chrysogastra*, Tsch., *Arch. f. Nat.*, 1844, p. 276; *diachlorus*, Cab. *J. f. O.* 1873, p. 316. — Pérou, Bolivie.

6113. RORAIMÆ, Sharpe, *Cat. B.* X, p. 392. — Guyane angl.

6114. VERMIVORUS (Vieill.), *N. Dict.* XI, p. 278; Cab. in *Schomb. Reis. Guian.* III, p. 667; *aurocapilla*, Sw.; Sharpe, *l. c.*, p. 393. — Brésil, Guyane, Vénézuéla, Colombie.

1353. *Var.* OLIVASCENS, Chapm., *Auk*, 1893, p. 343. — Trinidad.

6115. FRASERI, Scl., *P. Z. S.*, 1883, p. 653; *chrysogaster*, Scl. (1859-73, nec Tsch.) — Ecuador.

6116. BELLI (Gir.), *Sixt. B. Texas*, pl. 4, f. 1; Scl., *P. Z. S.*, 1855, p. 65; *chrysophrys*, Bp. — Mexique, Guatémala.

6117. RUFIFRONS (Sw.), *An. in Menag.*, p. 249; Bp., *Consp.* I, p. 314; *aurigula*, Licht. — Mexique.

1354. *Var.* JOUYI, Ridgw., *P. U. S. Nat. Mus.*, 1892, p. 119. — Mexique N.-E.

1355. *Var.* CAUDATA, Nels., *P. Biol. Soc. Washington*, XIII, p. 29. — Mexique N.-W.

1356. *Var.* DUGESI, Ridgw., *Op. cit.* — Mexique W.

1357. *Var.* FLAVIGASTRA, Nels., *Auk*, 1897, p. 67. — Mexique S.

1358. *Var.* SALVINI, Cherr., *P. U. S. Nat. Mus.*, 1891, p. 342; *delattrii*, Baird. — Guatémala.

6118. DELATTRII, Bp., *Compt.-Rend.* XXXVIII, p. 383; Scl., *P. Z. S.*, 1860, p. 250; id., *Cat. Am. B.*, p. 35; *rufifrons*, Salv. — Nicaragua, Costa-Rica.

1359. *Var.* MESOCHRYSA, Scl., *P. Z. S.*, 1860, p. 251; *brunneiceps*, Bp. (nec d'Orb.); *delattrii*, Cab. (nec Bp.) — Colombie, Panama.

6119. MELANOGENYS, Baird, *Rev. Amer. B.*, p. 248; Salv. et Godm., *Biol. Centr.-Am.* I, p. 174, pl. 10, f. 3. — De Costa-Rica à Panama.

6120. GRISEICEPS, Scl. et Salv., *P. Z. S.*, 1868, p. 170. — Vénézuéla.

6121. LEUCOBLEPHARUS (Vieill.), *N. Dict.* XI, p. 206; d'Orb., *Voy. Am. mér.*, p. 216, pl. 12, f. 2; *superciliosus*, Sw. — Brésil.

6122. LEUCOPHRYS, Pelz., *Orn. Bras.*, pp. 72, 137. — Brésil.

6123. STRAGULATUS (Licht.), *Verz. Doubl.*, p. 55; Scl., *Cat. Am. B.*, p. 35; *rivularis*, Wied. — Brésil.

6124. MESOLEUCUS, Scl., *P. Z. S.*, 1865, p. 286, pl. 9, f. 1. — Guyane.

1360. *Var.* BOLIVIANA, Sharpe, *Cat. B.* X, p. 402; *mesoleucus*, Scl. et Salv., *P. Z. S.*, 1879, p. 594 (nec Scl., 1865). — Bolivie.

6125. LEUCOPYGIUS, Scl. et Salv., *Nomencl. Av. neotr.*, pp. 10, 156; *uropygialis*, Lawr. (nec Scl.) — Costa-Rica, Nicaragua.

1361. *Var.* VERAGUENSIS, Sharpe, *Cat. B.* X, p. 403; *uropygialis*, Scl. et Salv. (1864); *semicervinus*, Lawr. (nec Scl.); *leucopygius*, Salv. et Godm. (pt.) *Biol. Centr.-Am.* p. 172. — Véragua, Panama.

6126. SEMICERVINUS, Scl., *P. Z. S.*, 1860, pp. 84, 291, 1865, p. 285, pl. 10, f. 1. — Colombie, Ecuador.

1362. *Var.* UROPYGIALIS, Scl., *P. Z. S.*, 1861, p. 128, 1865, p. 286, pl. 10, f. 2. — Colombie, Ecuador, Pérou.

1363. *Var.* POLIOTHRIX, Berl. et Stolz., *P. Z. S.*, 1896, p. 331. — Pérou centr.

1078. ERGATICUS

Ergaticus, Baird (1865); *Cardellina* (pt.), auct. plur.

6127. RUBER (Sw.), *Phil. Mag.*, ser. 2, I, p. 368; Cass., *Ill. B. Calif.*, p. 265, pl. 43; *miniata*, Lafr., *Mag. Zool.*, 1836, pl. 54; *leucotis*, Gir. — Mexique.

6128. VERSICOLOR (Salv.), *P. Z. S.*, 1863, p. 188, pl. 24, f. 1; Salv. et Godm., *Biol. Centr.-Am.* I, p. 165, pl. 11, f. 1. — Guatémala.

1079. CARDELLINA

Cardellina, Du Bus (1850).

6129. RUBRIFRONS (Gir.), *Sixt. B. Texas*, pl. 7, f. 1; *amicta*, Du Bus, *Esq. Orn.*, pl. 25. — Guatémala, Mexique, Arizona S., Texas.

1080. SETOPHAGA (1)

Setophaga, Sw. (1827); *Sylvania*, Nutt. (1832); *Myioborus*, Baird (1865).

6130. RUTICILLA (Lin.); Vieill., *Ois. Amér. sept.* I, p. 66, pl[s] 35, 36; Audub., *B. Am.*, pl. 40; *tricolora*, Müll.; *multicolor*, *flavicauda*, Gm.; *americana*, Bartr. — Amér. angl., États-Unis, Amér. centr. jusqu'au Pérou, Guyane, Antilles.

6131. PICTA, Sw., *Zool. Illustr.*, ser. 2, I, pl. 3; Baird, *B. N. Amer.*, p. 298, pl. 77; *leucomus*, Gir., *Sixt. B. Tex.*, pl. 6, f. 1; *tricolor*, Licht. — Mexique, États-Unis S.-W.

1364. *Var.* GUATEMALÆ, Sharpe, *Cat. B.* X, p. 417; *picta* (pt.), auct. plur. — Guatémala.

6132. MINIATA, Sw., *Phil. Mag.*, 1827, p. 368; Baird, *B. N. Amer.*, p. 299, pl. 58, f. 1; *larvata*, Licht.; *vulnerata*, Wag.; *castanea*, Less.; *derhami*, Gir., *Sixt. B. Tex.*, pl. 3, f. 2. — Mexique.

1365. *Var.* FLAMMEA, Kp., *P. Z. S.*, 1851, p. 50; Scl., *Cat. Amer. B.*, p. 37; *intermedia*, Hartl. — Guatém., Costa-Rica.

6133. VERTICALIS, Lafr. et d'Orb., *Syn. Av.*, p. 53; d'Orb., *Voy. Amér. mér.*, p. 330, pl. 35, f. 1. — Guyane, Vénéz., Col., Ecuad., Pérou, Bol.

1366. *Var.* PALLIDIVENTRIS, Chapm., *Bull. Amer. Mus.* XII, p. 153. — Vénézuéla.

6134. AURANTIACA, Baird, *Rev. Amer. B.*, p. 261; Salv. et Godm., *Biol. Centr.-Amer.* I, p. 182. — Costa-Rica, Véragua, Panama.

6135. ALBIFRONS, Scl. et Salv., *P. Z. S.*, 1870, p. 780; id., *Ibis*, 1878, p. 318, pl. 8, f. 2. — Merida (Vénézuéla).

6136. FLAVIVERTEX, Salv., *Ibis*, 1887, p. 129, pl. 4. — Colombie N.

6137. BAIRDI, Salv., *Ibis*, 1878, p. 317, pl. 8, f. 1; *ruficoronata*, Scl. (nec Kp.) — Ecuador, Pérou.

6138. TORQUATA, Baird, *Rev. Amer. B.*, p. 261; Salv. et Godm., *Biol. Centr.-Am.* I, p. 183, pl. 10. f. 2. — Costa-Rica, Véragua.

6139. RUFICORONATA, Kaup, *P. Z. S.*, 1851, p. 49; Salv., *Ibis*, 1878, p. 316, pl. 7, f. 1. — Pérou, Ecuador, Colombie.

6140. ORNATA, Bois., *Rev. Zool.*, 1840, p. 70; *flaveola*, Lafr.; *leucophomma*, Kp., *P. Z. S.*, 1851, p. 49. — Colombie centr.

6141. CHRYSOPS, Salv., *Ibis*, 1878, p. 314, pl. 7, f. 2; *flaveola*, Kp. (nec Lafr.) — Colombie.

6142. MELANOCEPHALA, Tsch., *Arch. f. Naturg.* X, p. 276; id., *Faun. Peruan.*, p. 192, pl. 12, f. 2. — Pérou, Bolivie.

6143. BRUNNEICEPS, d'Orb., *Voy. Amér. mér.*, p. 329, pl. 34, f. 3; Scl., *Cat. Am. B.*, p. 37. — Bolivie, Brésil S.-W.

6144. CASTANEICAPILLA, Cab., in *Schomb. Reis. Guian.* III, p. 667; Baird, *Rev. Am. B.*, p. 259. — Guyane angl.

(1) Le *Setophaga multicolor* de Bonaparte (*Consp.* I, p. 312), décrit d'après un exemplaire du Musée de Senckenberg, n'est pas du Mexique et n'appartient pas au genre *Setophaga;* il se rapporte au *Petroeca multicolor* (Gm.) de l'Australie.

1081. EUTHLYPIS

Euthlypis, Cab. (1850); *Setophaga* (pt.), auct. plur.

6145. LACRYMOSUS, Cab., *Mus. Hein.* I, p. 19; Salv. et Godm., *Biol. Centr.-Am.* I, p. 136, pl. 11, f. 2. — Mexique, Guatémala.

1082. MYIODIOCTES

Wilsonia, Bp. (1838, nec Brown); *Myiodioctes*, Audub. (1839); *Myioctonus*, Cab. (1850).

6146. CANADENSIS (Lin.); Audub., *B. Amer.*, pl. 103; *pardalina*, Bp.; *bonapartii*, Audub., *Op. cit.*, pl. 5; *nigrocincta*, Lafr., *Rev. Zool.*, 1843, p. 292. — Amérique N.-E. et du Guatém. à l'Ecuad.

6147. PUSILLUS (Wils.), *Amer. Orn.* III, p. 103, pl. 26, f. 4; *wilsoni*, Bp.; *petarodes*, Licht.; *atricapilla*, Bl., *Ibis*, 1870, p. 169. — Amérique sept. E. jusqu'aux Mgnes Roch., Amérique centr.

1367. *Var.* PILEOLATA, Pall., *Zoogr.* I, p. 497; Ridgw., *Amer. Journ. Sc.*, 1872, p. 457. — Amérique sept. W., Amérique centr.

6148. MERIDIONALIS, Pelz., *Verh. z. b. Gesellsch. Wien.*, 1882, p. 446; Sharpe, *Cat.* X, p. 437. — Colombie, Ecuador.

6149. MITRATUS (Gm.); Vieill., *Ois. Amér. sept.* II, p. 23, pl. 77; *pileata*, Steph.; *cucullata*, Wils., *Am. Orn.* III, p. 101, pl. 26, f. 3; *selbii*, Audub. — États-Unis E., Amér. centr., Cuba, etc.

FAM. XXIX. — MOTACILLIDÆ (1)

SUBF. I. — MOTACILLINÆ

1083. MOTACILLA

Motacilla, Lin. (1735); *Budytes*, Cuv. (1817); *Calobates*, Kp. (1829); *Pallenura*, Bp. (1850).

6150. ALBA, Lin.; Gould, *B. Eur.*, pl. 143; *cinerea*, Gm.; Dub., *Fne. ill. Vert. Belg. Ois.* I, p. 455, pl. 107; *albeola*, Pall.; *septentrionalis*, *sylvestris*, *brachyrhynchos*, Brm.; *dukhunensis*, Syk.; *gularis*, Sw.; *luzoniensis*, Beav. — Europe, Asie W., Inde, Afrique N., N.-E. et N.-W.

1368. *Var.* BAICALENSIS, Swinh., *P. Z. S.*, 1871, p. 363. — Sib. E. et centr., Chine.

1369. *Var.* FORWOODI, Grant et Forb., *Bull. Liverp. Mus.* II, p. 3; Shell., *B. Afr.* II, p. 274. — Ile Socotra.

6151. LUGUBRIS, Tem., *Man. d'Orn.* I, p. 253 (1820); Dub., *Op. cit.* I, p. 456, pl. 107b; *lotor.*, Renn.; *yarrelli*, Gould; *algira*, Selys; *vidua*, Cord. (nec Sund.); *alba lugubris*, Kjoerb. — Europe W., Afrique N.

(1) Voy. : Sharpe, *Cat. B. Brit. Mus.* X, pp. 456-628 (1885)

6152. OCULARIS, Swinh., *Ibis*, 1860, p. 55; Sharpe, *Cat. B.* X, p. 471, pl. 4, ff. 5, 6; Dav. et Oust., *Ois. Chine*, p. 299. — Asie E. et Am. N.-W. jusqu'au Cercle pol.

6153. LUGENS, Pall. in *Kittl. Kupf. Vög.*, p. 16, pl. 21, f. 1; Shp., *Cat. B.* X, pl. 4, ff. 1-4; *lugubris*, Gould (nec Tem.); *japonica*, Swinh., *Ibis*, 1863, p. 309; *amurensis*, Seeb., *Ibis*, 1878, p. 345, pl. 9; *kamtschatica*, Tacz., *Bull. S. Z. Fr.*, 1882, p. 388. — Kamtschatka, Sibérie E., Chine, Formose.

1370. *Var.* BLAKISTONI, Seeb., *Ibis*, 1883, p. 91. — Japon.

6154. PERSONATA, Gould, *B. Asia*, IV, pl. 63; *dukhunensis*, Jerd. (nec Syk.); *cashmiriensis*, Brooks. — Asie W., Inde.

1371. *Var.* PERSICA, Blanf., *East. Pers.* II, p. 232; Shp., *Cat. B.* X, p. 479, pl. 5, ff. 5, 6. — Perse.

6155. LEUCOPSIS, Gould, *P. Z. S.*, 1837, p. 78; *alboides*, Hodgs. (pt.); *luzoniensis*, Gray et auct. plur. (nec Scop.), *var. paradoxa*, Schr., *Reis. Amurl. Vög.*, p. 341, pl. 11, f. 2; *felix, francisci, sechuensis* et *frontata*, Swinh. — Asie E., Himalaya, Inde E., îles Andaman.

6156. HODGSONI, Blyth, *MS.*; Hodgs., *Icon. ined. Passeres*, pl. 113, f. 3; *alboides*, Hodgs. (pt.); *luzoniensis*, Hume et Hend.; *personata var. melanonota*, Severtz.; *japonica*, Dress. (nec Swinh.) — Himalaya, du Turkest. à la Chine occ., au S. jusqu'au Ténass.

6157. VIDUA, Sundev., *OEfv. k. Vet.-Akad. Förh. Stockh.*, 1850, p. 128; Shel., *B. Afr.* II, pl. 12, f. 1; *lichtensteini*, Cab.; *vaillantii*, Bp.; *lugubris*, auct. plur. (nec Tem.); *longicauda*, Blas. (nec Rüpp.); *leucomelæna*, Pr. Würt.; *aguimp*, Lay. — Presque toute l'Afrique et le Sud de la Palestine.

1372. *Var.* GARIEPINA, Holub et von Pelz., *Beitr. Orn. Südafr.*, p. 85. — Afrique S.

6158. NIGRICOTIS, Shell., *B. Afr.* II, p. 266, pl. 12, f. 2. — Orange, Transvaal, Zambèze.

6159. MADERASPATENSIS, Gm.; Gould, *B. Asia*, IV, pl. 61; *variegata*, Steph. (nec Vieill.); *picata*, Frankl.; *maderaspatana*, Blyth; *leucoptera*, Selys, *Naum.*, 1856, p. 391. — Inde, Ceylan, Himalaya E., Cachemire, Scinde, Turkestan.

6160. GRANDIS, Sharpe, *Cat. B.* X, p. 492; *lugubris*, Tem., *Man. d'Orn.* III, p. 175 (1835, nec Tem., 1820); *lugens*, Tem. et Schl., *Faun. Jap.*, p. 60, pl. 25 (nec Kittl.); *japonica*, auct. plur. (nec Swinh.); *lugens var. lugubris*, Swinh. — Japon, Sibérie E.

6161. CAPENSIS, Lin.; Levaill., *Ois. d'Afr.* IV, p. 80, pl. 177; *afra*, Gm. — Afrique S., Damara, Angola.

6162. LONGICAUDA, Rüpp., *Neue Wirbelt. Vög.*, p. 84, pl. 29, f. 2; Sharpe, *Cat.* X, p. 495. — Abyssinie, Choa, jusqu'au Natal, Liber.

6163. FLAVIVENTRIS, Verr., *Cat. Coll. Rivoli*, p. 9; Hartl., *J. f. O.*, 1860, p. 94; M.-Edw. et Grand., *H. N. Madag. Ois.*, p. 343, pl. 133. — Madagascar.

6164. BOARULA, Penn., *Brit. Zool.* I, p. 492 (1768); Dubois, *Fne. ill. Vert. Belg. Ois.* I, p. 461, pl. 108; *melanope*, Pall.; *tschutschensis*, Gm.; *sulphurea*, Bechst.; *cinerea*, Leach (nec Briss.); *bistrigata*, Raffl.; *montium*, Brm.; *xanthoschistos*, Hodgs.; *lunulata* et *ophthalmica*, Des M.; *flava* et *javensis*, Bp.; *montana*, *rivalis* et *Lindermayeri*, Brm.; *novæ-guineæ*, Mey. — Europe et Asie jusqu'au 54° l. N., Japon, Archipel Indien, Afrique N. et N.-E.

6165. CITREOLA, Pall., *Reis. Russ. Reichs*, III, Anh., p. 696; Gould, *B. Eur.* II, pl. 144; *citrinella*, Pall., *Zoogr.* I, p. 503; *aureocapilla*, Less.; *calcarata*, Hodgs. — Europe N.-E., Asie W., Caucase, Himalaya, Inde.

6166. CITREOLOIDES, Hodgs. in *Gray's Zool. Misc.*, 1844, p. 83; Gould, *B. Asia*, IV, pl. 64; *citreola*, auct. plur. (nec Pall.); *aureocapilla*, Puch. (nec Less.); *citreola, var. melanonota*, Severtz.; *calcaratus*, auct. plur. (nec Hodgs.) — De l'Altaï à l'Afghanistan et Turkestan, Cachemire, Himalaya, Inde.

6167. CAMPESTRIS, Pall., *Reis. Russ. Reichs*, III, Anh., p. 697; *flava*, auct. plur. (nec Lin.); *flaveola*, Tem.; *flavissima*, Blyth; *rayi*, Bp.; Dubois, *Fne. ill. Vert. Belg. Ois.* I, p. 466, pl. 109[d]; *flava anglica*, Sundev.; *anglorum*, Prev.; *flavifrons*, Severtz. — Iles Britanniques, Europe W., Afrique, Russie S.-E. jusqu'au Turkestan.

1373. *Var.* TAIVANA (Swinh.), *P. Z. S.*, 1863, p. 334; *flavus, var. rayi*, Swinh. (1862); *melanotis*, Swinh.; *flavus taivanus*, Seeb. — Asie E. jusqu'à Malacca, îles Kouriles.

6168. FLAVA, Lin.; Dubois, *Op. cit.*, p. 463, pl. 109; *luteus*, *caspicus*, Gm.; *flaveola*, Pall.; *chrysogastra*, Bechst.; *flavescens*, Steph.; *neglecta*, Gould; *gouldi*, Macg.; *fasciatus*, Brm.; *viridis*, auct. plur. (nec Gm.); *leucostriatus*, Nels. — Europe, Afr., Alaska, Sibérie N.-E. jusqu'en Chine et Moluques.

1374. *Var.* DUBIA (Hodgs.), *Icon. ined. Pass.*, pl. 114, ff. 1-3; *beema*, Syk.; Shp., *Cat.* X, pl. 6, f. 6; *flava*, auct. plur.; *brevicaudatus*, Hom.; *leucocephala*, Przew. — Asie W. jusque dans l'Inde.

1375. *Var.* CINEREOCAPILLA, Savi, *Nuovo Giorn. dei Lett.*, n° 57, p. 190; Shp., *Cat.* X, pl. 7, ff. 4-6; *flava dalmatica*, Sundev.; *feldegii*, Homey. — Les contrées entourant la Méditerranée, Sénégambie.

1376. *Var.* BOREALIS, Sundev., *OEfv. k. Vet.-Akad. Förh. Stockh.*, 1840, p. 53; *viridis* (Gm.?), auct. plur.; *schisticeps*, *fulviventer*, Hodgs.; *melanocephala*, de Selys (nec Licht.); *cinereocapilla*, auct. plur. (nec Savi); Dubois, *Op. cit.*, pl. 109[c], f. 2; *nigricapilla*, de Selys. — Eur. sept., accid. centr. et S., Afrique, Inde, Indo-Chine, Archipel Indien.

6169. MELANOCEPHALA, Licht., *Verz. Doubl.*, p. 36; Dubois, *Op. cit.*, pl. 109[b]; *feldeggi*, Michah., *Isis*, 1830, p. 814; *kaleniczenkii*, Kryn.; *flava africana*, — Europe S.-E., Afrique, Asie centr., Inde.

Sundev.; *nigricapilla*, Bp.; *atricapilla*, Brm.; *melanogriseus*, *uralensis*, von Hom.

1377. *Var.* MELANOCERVIX (von Hom.), *Mitth. orn. Ver. Wien*, 1883, p. 86. — Altaï.

1378. *Var.* PARADOXA (Brm.), *Vogelf.*, p. 142; *kalenic-zenkii*, Blas.; Shp., *Cat.* X, p. 531, pl. 8, f. 5. — Hongrie, Dalmatie, Russie S.

1379. *Var.* XANTHOPHRYS, Sharpe, *Cat.* X, p. 532, pl. 8, f. 6 (1). — Lenkoran, Abyssinie.

1084. LIMONIDROMUS

Nemoricola, Blyth (1847, nec Hodgs.); *Limonidromus*, Gould (1862); *Nemorivaga*, Fitz. (1864).

6170. INDICUS (Gm.); Gould, *B. Asia*, IV, pl. 67; *variegata*, Vieill., *N. Dict.* XIV, p. 599. — Sibérie E., Chine, Indo-Ch., Inde, Ceylan, îles Andaman et de la Sonde.

1085. ANTHUS

Anthus, Bechst. (1802); *Spipola*, Leach (1816); *Corydalla*, Vig. (1826); *Pipastes*, *Leimoniptila*, Kp. (1829); *Agrodroma*, Sw. (1837); *Cichlops*, Hodgs. (1844); *Dendronanthus*, Blyth (1847); *Cinaïdium*, Sundev. (1850); *Pedicorys*, *Nitiocorys*, Baird (1864); *Xanthocorys*, Sharpe (1885).

6171. CHLORIS, Licht., *Verz. Samml. Kaffernl.*, p. 13; Shp., *Cat.* X, p. 539; *butleri*, Shell., *P. Z. S.*, 1882, p. 336, pl. 18; *icterinus*, Hartl., *Ibis*, 1862, p. 147. — Afrique S. jusqu'au Natal et Transvaal.

6172. LINEIVENTRIS, Sundev., *Œfv. k. Vet.-Akad. Föhr. Stockl.*, 1850, p. 100; Shell., *B. Afr.* II, p. 297, pl. 13, f. 1; *obtusipennis*, Bp.; *angolensis*, Bocage. — De l'Angola au Transvaal.

6173. CRENATUS, Fin. et Hartl., *Vög. Ostafr.*, p. 275; Shell., *B. Afr.* II, p. 298, pl. 13, f. 2; *lineiventris* et *chloris* (pt.), Layard. — Colonie du Cap (Afr. S.)

6174. TRIVIALIS (Lin.); *plumata*, Müll.; *minor* et *arborea*, Gm.; *arboreus*, Bechst. et auct. plur.; Dubois, *Fne. ill. Vert. Belg. Ois.* I, p. 486, pl. 113; *spipola*, Pall.; *sepiaria*, Leach; *foliorum*, *juncorum*, *herbarum*, Brm.; *agilis*, Syk.; *microrhynchus*, Severtz., *Ibis*, 1883, p. 63. — Europe, Afrique, Asie W. jusque l'Inde.

1380. *Var.* MACULATA et *brevirostris*, Hodgs., *Icon. ined.*, *Passeres*, pl[s] 118[a] et 120, f. 2; *arboreus*, auct. plur. (nec Gm.); *agilis*, auct. plur. (nec Syk.); *japonicus*, Swinh. (nec Tem. et S.) — Asie E. et Japon, de la Sibérie à l'Indo-Ch.

(1) Je pense que les *M. paradoxa* et *xanthophrys* sont des aberrations et non des variétés climatériques. Le Musée de Bruxelles possède un *M. xanthophrys* provenant de l'Abyssinie.

6175. NILGHIRIENSIS, Sharpe, *Cat. B.* X, p. 550; *rufescens*, Jerd. (nec Tem.); *montanus*, auct. plur. (nec Koch); *trivialis* (pt.), Dress. — Mont. du S. de l'Inde.

6176. BRACHYURUS, Sundev., *OEfv. k. Vet.-Akad. Förh. Stockh.*, 1850, p. 100; Shell, *B. Afr.* II, p. 303, pl. 14, f. 2; Sharpe, *Cat.* X, p. 551 (pt.) — Natal, Zoulouland.

6177. CALTHORPÆ, Layard, *B. S. Afr.*, p. 121; Shell., *B. Afr.* II, p. 301, pl. 14, f. 1; *brachyurus* (pt.), Sharpe, *Cat.* X, p. 551. — Transvaal, Swaziland.

6178. LATISTRIATUS, Jacks., *Ibis*, 1899, p. 628; Shell., *B. Afr.* II, p. 304. — Abyssinie S.

6179. NICHOLSONI, Sharpe, in *Lay. B. S. Afr.*, p. 536; *campestris*, Gurn., in *Anders. B. Dam. Ld.*, p. 114 (nec Vieill.); *erythronotus*, Boc. — Colonie du Cap, Natal, Damara.

1381. *Var.* VAALENSIS, Shell., *B. Afr.* II, p. 311; *pyrrhonotus* (pt.), auct. plur. — Natal N., Transvaal.

6180. PYRRHONOTUS (Vieill.), *N. Dict.* I, p. 361; Levaill., *Ois. d'Afr.* IV, pl. 197; *leucophrys*, Vieill., *l. c.* XXVI, p. 502; *sordidus*, Bianc. (nec Rüpp.); *cinnamomeus*, Gr. (nec Rüpp.); *erythronotus*, Shp. — Afr. S., à l'E. jusqu'au Choa, à l'Ouest jusqu'au Benguéla.

1382. *Var.* GOULDI, Fras., *P. Z. S.*, 1843, p. 27; *pyrrhonotus*, auct. plur. — Afrique W., du Niger à la Sénégambie.

1383. *Var.* PALLIDIVENTRIS, Sharpe, *Cat. B.* X, p. 560; *gouldi*, auct plur. (nec Fras.); *pyrrhonotus*, Shp. et Bouv. — Afrique W., du Gabon au Congo.

1384. *Var.* MELINDÆ, Shell., *B. Afr.* II, p. 305. — Afrique E. angl.

6181. SORDIDUS, Rüpp., *Neue Wirbelt.*, *Aves*, p. 103, pl. 39, f. 1; *similis*, Jerd.; id., *Ill. Ind. Orn.*, pl. 45; *cinnamomea*, Jerd. (nec Rüpp.) — Afr. N.-E., H^t-Nil., Palest., Inde N.-W.

1385. *Var.* COCKBURNIÆ, Oat., *Faun. Brit. Ind.*, *Birds*, II, p. 305; *sordidus* (pt.), Sharpe. — Nilghiris.

6182. JERDONI (Finsch), *Trans. Z. S.* VII, p. 241; *similis* et *sordida* (pt.), Jerd.; *richardi*, Beav. (nec Vieill.); *griseorufescens*, Hume, *Ibis*, 1870, pp. 286, 400. — Asie S.-W., de Perse au N.-W. de l'Inde.

6183. RICHARDI, Vieill., *N. Dict.* XXVI, p. 491; Tem., *Pl. col.* 101; Dubois, *Fne. ill. Ois.* I, p. 494, pl. 115; *rupestris*, Ménétr. (nec Nilss.); *macronyx*, Glog.; *longipes*, Hol.; *monticolus*, Hodgs.; *sinensis*, Bp.; *maximus*, Blyth; *chinensis*, Swinh. — Eur. centr. et S., Asie min., Asie centr. et S., Moluques.

6184. INFUSCATUS (Blyth), *J. A. S. Beng.*, 1861, p. 96; *kiangsinensis*, Dav. et Oust., *Ois. Chine*, p. 311, pl. 37. — Chine.

6185. STRIOLATUS, Blyth, *J. A. S. Beng.* XVI, p. 435; *thermophilus*, Hodgs., *Icon. ined. Passeres*, pl. 122ᵃ; *rufescens*, Gr. (nec Tem.) — Inde, Ceylan, Indo-Chine, Andaman.

6186. CAMPESTRIS (Lin.); Dubois, *Op. cit.* I, p. 490, pl. 114; *mosellana*, *maculata*, *massiliensis*, Gm.; *palu-* — Europe jusqu'au 61° l. N., Asie W. jusqu'au

dosa, Bonn.; *rufus,* Vieill. (nec Bodd.); *rufescens,* Tem.; *brachycentrus,* H. et Ehr.; *agrorum, subarquatus, flavescens,* Brm.; *rufula,* Jerd.	Turkest. et le N.-W. de l'Inde; Afrique jusqu'au 10° l. N.
1386. *Var.* GRANDIOR, Pall., *Zoogr. Rosso-As.* I, p. 525; *orientalis,* Brm.; *godlewskii,* Tacz., *Bull. Soc. Zool. Fr.* I, p. 158.	Sibérie E., Chine N.
6187. RUFULUS, Vieill., *N. Dict.* XXVI, p. 494; *pratensis,* Raffl.; *cinnamomeus,* Rüpp., *Neue Wirb.*, p. 103; *malayensis,* Eyt.; *agilis,* Jerd.; *ubiquitarius* et *fortipes,* Hodgs., *Icon. ined. Passeres,* pl[s] 122, ff. 1, 2, 122[a], f. 2; *caffer,* Sundev.; *raalteni,* Bp.; *euonyx,* Cab.; *hasselti,* Brm.; *medius,* Wall.; *lugubris,* Tweed.	Afrique, Inde, Ceylan, Indo-Chine, Java, Sumatra, Bornéo, Lombock, Timor, Philippines.
1387. *Var.* BOCAGEI, Nichols., *Ibis,* 1884, p. 469; *pallescens,* Boc. (nec Vig. et Horsf.)	Afrique S.-W.
6188. GUTTURALIS, De Vis, *Rep. Orn. Coll.*, 1894, p. 5.	Nouv.-Guinée S.-E.
6189. PRATENSIS (Lin.); Dubois, *Op. cit.* I, p. 479, pl. 111; *ignotus,* Brün.; *sepiarius,* Vieill.; *palustris, stagnatilis,* etc., Brm.; *tristis,* Bail; *communis,* Blyth; *intermedius,* Severtz.	Eur., Islande, Groenl., à l'E. jusqu'à l'Obi et le Turkest.; Afr. N. et N.-E.
6190. CERVINUS (Pall.), *Zoogr. Rosso-As.* I, p. 511; Dubois, *Op. cit.* I, p. 482, pl. 112; *cecilii,* Aud.; *rufogularis,* Brm.; Gould, *B. Eur.* II, pl. 140; *pratensis* (pt.), auct. plur.; *rufosuperciliarus,* Bl.; *thermophilus* et *japonicus,* Swinh.	Europe N., E. et centr. et toute l'Asie jusqu'au 71° l. N., Japon, Afr. N. et N.-E.
6191. ROSACEUS, Hodgs., *Icon. ined. Passeres,* pl. 118; *cervinus,* auct. plur. (nec Pall.); *roseatus,* Blyth.	Himalaya, Inde, Khasia, Chine W.
6192. BERTHELOTI, Bolle, *J. f. O.*, 1862, p. 357; Dress., *B. Eur.*, pl. 133; *trivialis,* Webb et Berth.; *pratensis,* Vern. Harc.	Iles Madeires et Canaries.
6193. SPINOLETTA (Lin.); Dubois, *Op. cit.* II, p. 475, pl. 110; *aquaticus,* Bechst.; *montanus,* Koch; *coutellii,* Aud.; *alpinus, hiemalis,* etc., Brm.; *spipoletta,* Jaub. et Lap.	Europe centr. et S., Asie S.-W., Asie Min., Palest., Afr. N.
1388. *Var.* BLAKISTONI, Swinh., *P. Z. S.*, 1863, p. 90; *neglectus,* Brooks, *Ibis,* 1876, p. 501.	De l'Inde N. à la Chine et Sibérie E.
1389. *Var.* PENNSYLVANICA, Lath., *Gen. Syn. Suppl.* I, p. 287; *ludoviciana, rubra,* Gm.; *migratoria,* Bartr.; *hudsonica,* Lath.; *rufa,* Wils., *Am. Orn.* V, p. 89, pl. 42, f. 4; *spinoletta,* Bp.; *aquaticus* et *pipiens,* Audub.; *reinhardti,* Holb.; *hypogæus,* Bp.	Amérique sept. et centr. jusqu'au Guatémala.
1390. *Var.* JAPONICA, Tem. et Schl., *Faun. Jap.*, p. 59, pl. 24; *ludovicianus,* Seeb.	Kamtschatka, Sib. E., Chine et Japon.
1391. *Var.* STEJNEGERI, Ridgw., *P. U. S. Nat. Mus.* VI, p. 95.	Iles du Commandeur.

1392. *Var.* OBSCURA (Lath.); Dress., *B. Eur.*, pl. 141; Dubois, *Op. cit.*, pl. 110ᵇ; *petrosa*, Mont.; *rupestris*, Nilss.; *aquaticus*, auct. plur. (pt.); *campestris*, Bew.; *littoralis*, Brm.; *immutabilis*, Degl.	Côtes maritimes de l'Europe, depuis la Mer Blanche jusqu'au golfe de Gasc.
6194. BOGOTENSIS, Scl., *P. Z. S.*, 1855, p. 109, pl. 101; *rufescens*, Lafr. et d'Orb (nec Tem.)	Vénéz., Col., Ecuad., Bol. et Pér. (Andes).
6195. ANTARCTICUS, Cab., *Journ. f. Orn.*, 1884, p. 254.	Ile Sud-Géorgie.
6196. FURCATUS, Lafr. et d'Orb., *Syn. Av.*, 1837, p. 27; Tacz., *Orn. Pér.* I, p. 459; *brevirostris*, Tacz.	Patagonie, Argentine, Bolivie, Pérou.
6197. RUFUS (Gm.); *Pl. enl.* 738, f. 1; *bonariensis*, Bon. et Vieill.; *chii*, Spix, *Av. Bras.* I, p. 75, pl. 76, f. 2 (nec Vieill.); *lutescens*, Less.; *parvus*, Lawr.; *niger*, Gr. (nec Bodd.)	Brésil, Bolivie, Guyane, Trinidad, Panama.
6198. CHII, Vieill., *N. Dict.* XXVI, p. 490; Burm., *Th. Bras.* III, p. 119; *rufus*, Pelz., *Orn. Bras.*, p. 69 (nec Gm.)	Brésil.
6199. ?FUSCUS, Vieill., *Enc. méth.*, *Orn.* I, p. 326; Burm., *Th. Bras.* III, p. 120; *pœcilopterus*, Max. z. Wied.	Brésil.
6200. PERUVIANUS, Nichols., *P. Z. S.*, 1878, p. 390; *rufus*, Scl. et Salv. (pt.); *chii*, Tacz.	Pérou.
6201. CORRENDERA, Vieill., *N. Dict.* XXVI, p. 491; d'Orb., *Voy. Am. mér.*, p. 225; *chilensis*, Less.; *furcatus*, Scl., *Cat. Am. B.*, p. 24; *calcaratus*, Tacz.	Malouines, Patagonie, Chili, Brésil S., Bolivie et Pérou.
6202. NATTERERI, Scl., *Ibis*, 1878, p. 366, pl. 10; *correndera*, Pelz. (nec Vieill.)	Brésil.
6203. GUSTAVI, Swinh., *P. Z. S.*, 1863, p. 90; *arboreus*, *var.*, Finsch; *batchianensis*, Gray; *seebohmi*, Dress., *B. Eur.* III, p. 295, pl. 134.	Sibérie, Kamtschatka, Chine, Phil., Born., Timor, Célèbes, Moluques, Russie N.-E.
6204. AUSTRALIS, Vig. et Horsf., *Tr. Linn. Soc.* XV, p. 229; Gould, *B. Austr.* III, pl. 73; *pallescens*, V. et H., *l. c.*	Australie, Tasmanie.
6205. NOVÆ-ZEALANDIÆ (Gm.); Gray, *Voy. Ereb. and Terr.*, *B.*, p. 4; *littorea*, Forst.; *grayi*, Bp.; *aucklandicus*, Gr., *Ibis*, 1862, p. 224.	Nouvelle-Zélande.
6206. STEINDACHNERI, Reisch., *Tr. N. Z. Inst.*, 1889, p. 388.	Iles des Antipodes.

1086. TMETOTHYLACUS

Macronyx (pt.), Cab. (1878); *Tmetothylacus*, Cab. (1879).

6207. TENELLUS (Cab.), *Journ. f. Orn.*, 1878, pp. 205, 220, pl. 2, f. 1; 1879, p. 438.	Afrique E. entre le 5° l. N. et le 5° l. S.

1087. NEOCORYS

Neocorys, Sclat. (1857).

6208. SPRAGUEI (Audub.), *B. Amer.* VIII, p. 217, pl. 486; Scl., *P. Z. S.*, 1857, p. 5.	Hᵗ-Missouri et Saskatchevan, à l'E. jusqu'à la riv. Rouge.

1088. OREOCORYS

Heterura, Hodgs. (1845, nec Sieb.); *Oreocorys*, Sharpe (1885).

6209. sylvanus (Hodgs.), *J. A. S. Beng.* XIV, p. 556; Shp., *Cat. B.* X, p. 622; *Cor. kiangsinensis*, Dav. et Oust. *Ois. Chine*, p. 311, pl. 37; *Rhabd. dejeani*, Oust., *Bull. Mus. Paris*, 1897, p. 208; La Touche, *Ibis*, 1899, p. 414. — Himalaya, Chine.

1089. MACRONYX

Macronyx, Swains. (1817).

6210. capensis (Lin.); *Pl. enl.* 504, f. 2; Levaill., *Ois. d'Afr.*, pl. 195; *crocea*, Less. (nec V.) — Afrique S.

6211. croceus (Vieill.), *N. Dict.* I, p. 365; Hartl., *Orn. W. Afr.*, p. 23; *flavigaster*, Sw.; Jard. et S., *Ill. Orn.*, new ser. I, pl. 22; *flavicollis*, Bianc. (nec Rüpp.); *striolatus*, Heugl.; *capensis*, Antin (nec Lin.) — Afrique trop.

6212. fulleborni, Rchw., *Ornith. Monatsb.*, 1900, p. 39. — Niassa (Afrique E.)

6213. aurantiigula, Rchw., *Journ. f. Orn.*, 1891, p. 222. — Vallée du Pangani (Afr. E.)

6214. flavicollis, Rüpp., *Neue Wirbelt.*, p. 102, pl. 38, f. 2. — Afrique N.-E.

6215. ameliæ, De Tarrag., *Rev. Zool.*, 1845, p. 452; Gray, *Gen. B.*, pl. 54. — Afrique S.-E.

1393. *Var.* Wintoni, Sharpe, *Ibis*, 1891, p. 444. — Afrique E.

SUBF. II. — HENICURINÆ (1)

1090. HENICURUS

Enicurus, Tem. (1824); *Allocoturus*, v. d. Hoev. (1856); *Henicurus*, Sundev. (1872); *Hydrocichla* et *Microcichla*, Sharpe (1883).

6216. leschenaulti (Vieill.), *N. Dict.* XX, p. 269; *coronatus*, Tem., *Pl. col.* 113; *speciosa*, Horsf. — Java.

1394. *Var.* Sinensis, Gould, *P. Z. S.*, 1865, p. 665; *speciosus*, Swinh. (nec Horsf.); *leschenaulti*, Swinh. (nec V.); *chinensis*, Gould, *B. Asia*, pl. — Chine, Assam, Malacc.

1395. *Var.* Borneensis, Sharpe, *Ibis*, 1889, p. 277. — Bornéo N.

6217. immaculatus, Hodgs., *Asiat. Research.* XIX, p. 190; id., *Ic. ined.*, *Passeres*, pl. 115b, f. 3. — Himalaya jusqu'au Pégou.

6218. schistaceus, Hodgs., *Asiat. Research.* XIX, p. 189; id., *Ic. ined.*, *Passeres*, pl[s] 115b, f. 2, 116, f. 1; *leucoschistus*, Swinh. — Himalaya jusqu'en Birmanie.

(1) Voy.: Sharpe, *Cat. B. Brit. Mus.* VII, p. 312 (1883).

6219. MACULATUS, Vig., *P. Z. S.*, 1830-31, p. 9; Gould, *Cent. B. Himal.*, pl. 27; *fuliginosus*, Hodgs. — Himalaya W. jusqu'au Népaul.

1396. *Var.* GUTTATA, Gould, *P. Z. S.*, 1865, p. 664; id., *B. Asia*, pl.; *maculatus*, auct. plur. (nec Vig.) — Himalaya E. jusqu'au Ténassér., Chine S.

6220. FRONTALIS, Blyth, *J. A. S. Beng.* XVI, p. 156; Elw., *Ibis*, 1872, p. 259, pl. 9; *diadematus*, Blyth (nec Tem.) — Ténassérim, Malacca.

6221. VELATUS, Tem., *Pl. col.* 160. — Java, Sumatra.

6222. RUFICAPILLUS, Tem., *Pl. col.* 534; *diadematus*, Müll. — Ténass., Malac., Born.

6223. RUFIDORSALIS, Sharpe, *Ibis*, 1879, p. 255. — Bornéo N.-W.

6224. SCOULERI, Vig., *P. Z. S.*, 1830-31, p. 174; Gould, *Cent. B. Himal.*, pl. 28; *heterurus*, Hodgs.; *nigrifrons*, Gray. — Himalaya jusqu'à l'Assam et Chine W.

FAM. XXX. — ALAUDIDÆ (1)

1091. CERTHILAUDA

Certhilauda, Sw. (1827); *Thinotretis*, Glog. (1842); *Chersomanes*, Cab. (1850); *Toxocorys*, Sundev. (1872); *Chersophilus*, Sharpe (1890).

6225. CAPENSIS (Bodd.); *Pl. enl.* 712; *africana*, Gm.; Vieill., *Gal. Ois.* II, pl. 159; *duponti*, Roux (nec Vieill.); *longirostris*, Sw. — Colonie du Cap (Afr. S.)

6226. ALBOFASCIATA, Lafr., *Mag. de Zool.*, 1836, p. 58; *garrula*, Smith, *Ill. Zool. S. Afr.*, pl. 106, f. 1; *rufula*, Sharpe (nec Vieill.) — Afrique S.

6227. DUPONTI (Vieill.), *Fne. franç.*, p. 173, pl. 76, f. 2; Dub., *Ois. Eur.* I, pl. 86; Dress., *B. Eur.* IV, p. 279, pl. 227. — Algérie, Espagne S.

1397. *Var.* MARGARITÆ, Kœn., *J. f. O.*, 1888, p. 228, pl. 2. — Tunisie.

1398. *Var.* LUSITANICA, Boc., *Jorn. Lisb.*, 1887, p. 214. — Portugal.

1092. ALÆMON

Alæmon, Keys. et Blas. (1840); *Calendulauda*, Blyth (1855); *Heterocorys*, Sharpe (1874); *Pseudalæmon*, Phill. (1898).

6228. ALAUDIPES (Desf.), *Mém. Acad.*, 1784, p. 504; *bifasciata*, Licht.; Tem., *Pl. col.* 393; Dub., *Ois. Eur.* I, pl. 85; *desertorum*, Rüpp. (nec Stanl.) — Iles du Cap Vert, Afr. N. et N.-E.

1399. *Var.* DESERTORUM (Stanl.) in *Salt's Exped. Abyss.*, *App.*, p. 60; *pallida*, Blyth; *doriæ*, Salvad.; *salvini*, Tristr. (1869, nec 1859); *jessei*, Finsch; *meridionalis*, Brm. — Abyssinie jusqu'aux côtes du Somaliland, Arabie, Asie S.-W.

(1) Voy.: Sharpe, *Cat. B. Brit. Mus.* XIII, pp. 512-658 (1890).

6229. SEMITORQUATA (Smith), *Rep. Exped. Centr. Afr.*, p. 47; id., *Ill. Zool. S. Afr.*, pl. 106, f. 2; *rufopalliata*, Lafr.; *subcoronata*, Smith., *Op. cit.*, pl. 90, f. 2; *coronata*, Layard., *Ibis*, 1869, p. 371.	Afrique S., du Cap au Benguela et Transvaal.
6230. NIVOSA (Sw.), *B. W. Afr.* I, p. 213; *albescens* et *guttata*, Lafr.; *codea* et *lagepa*, Smith, *Op. cit.*, pl. 87, *pyrrhonota*, Bp.	Colonie du Cap et Namaqua.
6231. BREVIUNGUIS (Sundev.), *OEfv. k. Vet.-Akad. Förh. Stockh.*, 1850, p. 99; Sharpe, *P. Z. S.*, 1874, p. 626, pl. 76, f. 1; *pyrrhonotus*, Gray (nec Bp.)	Colonie du Cap, Transvaal.
6232. FREMANTLII (Phill.), *Ibis*, 1897, p. 448, 1898, p. 400, pl. 9, f. 2.	Somaliland.
6233. DELAMEREI (Sharpe), *Ibis*, 1900, p. 542.	Athi (Afr. angl. E.)

1093. RHAMPHOCORYS

Rhamphocorys, Bp. (1850); *Ierapterhina*, Des M. et Luc. (1851).

6234. CLOT-BEY (Bp.), *Consp.* I, p. 242; Dress., *B. Eur.* IV, p. 383, pl. 24[b]; *cavaignacii*, Des M. et Luc.; *clot-bekii*, Heugl., *J. f. O.*, 1868, p. 220.	Déserts de Lybie et d'Algérie.

1094. OTOCORYS

Eremophila, Boie (1828, nec Humb., 1805); *Phileremos*, Brm. (1831, nec Latr., 1809); *Otocoris*, Bp. (1838); *Philamnus*, Gray (1840); *Otocoryx*, Licht. (1854).

6235. PENICILLATA (Gould), *P. Z. S.*, 1837, p. 126; Gray, *Gen. B.* II, pl. 92; Dubois, *Fne. ill. Vert. Belg. Ois.* I, p. 525, pl. 122[b], f. 3; *alpestris*, Ménétr. (nec Lin.); *scriba* et *albigula*, Bp.; *bilopha*, Cab. et H. (nec Tem.); *larvata*, Filip.	Asie min., Caucase, Perse jusque l'Afghanistan.
1400. *Var.* BICORNIS, Sharpe, *Cat.* XIII, p. 532; *bilopha*, Licht (nec Tem.); *penicillata* (pt.), Tristr.	Palestine, Syrie.
1401. *Var.* PALLIDA, Sharpe, *Cat.* XIII, p. 533; *penicillata* (pt.), auct. plur. (nec Gould).	Asie centr.
1402. *Var.* BALCANICA, Rchw., *Orn. Mon.*, 1895, p. 42.	Monts Balkans.
6236. LONGIROSTRIS, Moore, *P. Z. S.*, 1855, p. 215, pl. 3; Blyth, *Ibis*, 1867, p. 47; Dub., *Op. cit.* I, p. 527 (Remarque); *penicillata* (pt.), Dress.	Ladakh, Cachemire jusqu'à la vallée de Sutlej et Kumaon.
1403. *Var.* SIBIRICA, Eversm. (ubi?); Swinh., *P. Z. S.*, 1871, p. 390; Dubois, *Op. cit.*, pl. 122[b], f. 2; *penicillata*, auct. plur. (nec Gould); *elwesi*, Blanf.; *longirostris*, Hume et Henders (nec Moore); *nigrifrons* et *teleschowi*, Prjev.	Sikkim, Himalaya E. jusqu'au Thibet, Turkestan, Mongolie, Chine N.
1404. *Var.* BRANDTI, Dress., *B. Eur.* IV, p. 402; *albigula*, auct. plur. (nec Bp.); *penicillata*, Finsch; *parvexi*, Tacz.; *petrophila*, Severtz.	Astrachan, Samarkand jusqu'au Turkestan et l'Altaï.

6237. BILOPHA (Tem.), *Pl. col.* 244, f. 1; Dub., *Ois. Eur.* II, pl. 202; *bicornis*, Brm. — Algérie, Arabie, accid. Espagne.

6238. BERLEPSCHI, Hart., *J. f. O.*, 1890, p. 103; id., *Ibis*, 1892, p. 523, pl. 13. — Cafrerie.

6239. ATLAS, Whitak., *Ibis*, 1898, p. 604, pl. 13. — Maroc.

6240. ALPESTRIS (Lin.); Dub., *Fne. ill. Vert. Belg. Ois.* I, p. 525, pls 122, 122b, f. 1; *flava*, Gm.; *cornuta*, Wils.; *nivalis*, Pall.; *striatus*, *rufescens*, Brm. — Zone bor. de l'Eur., de l'Asie et de l'Amér. et zone centrale.

1405. *Var.* LEUCOLÆMA (Coues), *B. N.-West.*, p. 38; *occidentalis*, Baird (nec M'Call.); *cornuta*, Baird (nec Wils.) — Amér. N.-W., de l'Alaska au 40° l. N.

1406. *Var.* PRATICOLA, Hensh., *Auk*, I, p. 263; *cornuta*, Sw. et Rich.; *alpestris* (pt.), auct. plur. — Ht Mississippi et région des grands lacs.

1407. *Var.* GIRAUDI, Hensh., *Auk*, I, p. 263; *minor*, Gir. (nec Gm.); *chrysolæma*, Senn. — Texas S.

1408. *Var.* HOYTI, Bishop, *Auk*, XIII, p. 130. — Dakota N.

1409. *Var.* ARENICOLA, Hensh., *Auk*, I, p. 263. — États-Unis W.

1410. *Var.* OAXACÆ, Nels., *Auk*, XIV, p. 54. — Vallée de l'Oaxaca.

1411. *Var.* ADUSTA, Dwight, *Auk*, VII, p. 148. — États-Unis S.-W.

1412. *Var.* CHRYSOLÆMA (Wagl.), *Isis*, 1831, p. 300; *rufa*, Heerm., *P. R. R. Rep.* X, p. 45, pl. 6; *cornuta*, auct. plur. — Mexique, Californie S.

1413. *Var.* PEREGRINA, Scl., *P.Z.S.*, 1855, p. 110, pl. 102. — Colombie.

1414. *Var.* RUBEA, Hensh., *Auk*, I, p. 263; *rufa*, Audub., *B. Am.* VIII, p. 353, pl. 497 (nec Gm.) — Californie.

1415. *Var.* STRIGATA, Hensh., *Auk*, I, p. 264; *minor*, Scl.; *merrilli*, Dw., *Auk*, VII, p. 153. — Oregon, Wash. (terr.), Col. angl., Calif.

1416. *Var.* PALLIDA, Towns., *MS.*, Dw., *Auk*, VII, p. 154. — Basse-Calif., Sonora.

1095. MELANOCORYPHA

Melanocorypha, Boie (1828); *Calandra*, Less. (1837); *Londra*, Syk. (1838); *Corydon*, Glog. (1842, nec Less.); *Calandrina*, Blyth (1859); *Pallasia*, v. Hom. (1873); *Nigrilauda*, Bogd. (1879).

6241. CALANDRA (Lin.); Dubois, *Fne. ill. Vert. Belg.* I, p. 517, pl. 120; *collaris*, Müll.; *subcalandra*, *albigularis*, *megarhynchos*, *semitorquata*, Brm.; *bimaculata*, C. Dub. (nec Ménétr.) — Europe mér. et centr., Asie S.-W. jusque l'Altaï, Afrique N.

6242. MAXIMA, Gould, *B. Asia*, IV, pl. 72; Scharpe, *Cat. B. Br. Mus.* XIII, p. 554. — Sikkim, Thibet, Kansu, Kokonoor.

6243. BIMACULATA (Ménétr.), *Cat. Rais. Cauc.*, p. 37; Dress., *B. Eur.* IV, pl. 238, ff. 2, 3; *calandra* (pt.), Rüpp.; *torquata*, Blyth; *alboterminata*, Cab.; *rufescens*, Brm.; *minor*, Severtz. — Afrique N.-E., Syrie, Asie Min., Caucase, Perse jusqu'au N.-W. de l'Inde.

6244. SIBIRICA (Gm.); Dubois, *Op. cit.* I, p. 522, pl. 121; *leucoptera*, Pall., *Zoogr.* I, p. 518, pl. 33, f. 2. — Asie centr., Russie S.-E., Turquie, accid. Europe W.

6245. MONGOLICA (Pall.), *Reis. Russ. Reichs,* III, p. 697; id., *Zoogr.* I, p. 516, pl. 33, f. 1; *sinensis,* Waterh. — Sibérie E., Chine N. et Kokonoor.

6246. YELTONIENSIS (Forst.), *Phil. Trans.* LVII, p. 350; Dubois, *Op. cit.* II, p. 711, pl. 324; *tatarica,* Pall.; *mutabilis,* Gm.; *nigra,* Steph.; *tartarica,* auct. plur. — Asie centr., Russie S., accid. Europe centr.

1096. CALANDRELLA

Calandrella, Kaup (1829); *Coraphidea,* Blyth (1844); *Calandritis,* Cab. (1850); *Alaudula,* Horsf. et Moore (1856).

6247. BRACHYDACTYLA (Leisl.), *Wetter. Gesellsch. Ann.* III, p. 357; Dubois, *Fne. ill. Vert. Belg.* I, p. 512, pl. 119; *arenaria,* Vieill.; *Al. calandrella,* Savi; *macroptera,* Brm.; *moreatica,* Mühl.; *longipennis,* Eversm.; *immaculata,* Homey., ?*kollyi,* Tem., *Pl. col.* 305, f. 1 (Var. acc.?) — Europe S., Afr. N.-E., Asie S.-W. jusque dans le N.-W. de l'Inde.

1417. *Var.* ITALA (Brm.), *Vög. Deutschl.*, p. 311; *brachydactyla,* auct. plur. — Afrique N., Espagne, Italie.

1418. *Var.* HERMONENSIS, Tristr., *P. Z. S.*, 1864, p. 434; *brachydactyla* (pt.), Sharpe. — Palestine.

1419. *Var.* DUKHUNENSIS (Syk.), *P. Z. S.*, 1832, p. 93; *baghera,* Hodgs., *Icon. ined.*, *Pass.*, pl. 296; *brachydactyla* (pt.), auct. plur. — Inde, jusqu'en Birmanie.

6248. THIBETANA, Brooks, *Str. F.* VIII, p. 488. — Himalaya, Thibet.

1420. *Var.* ACUTIROSTRIS, Hume, *Lahore to Yark*, p. 265; ?*tenuirostris,* Severtz.; *brachydactyla,* Scully. — Turkestan, Afghanistan, Inde.

6249. PISPOLETTA (Pall.), *Zoogr.* I, p. 526; Dubois, *Ois. Eur.* II, pl. 200; *brachydactyla,* Radde (nec Leisl.); *heinii,* v. Hom.; *minor,* Danf. (nec Cab.) *Kukunoorensis,* Prjev. (aberr.). — Russie S., Asie Min., Asie centr.

1421. *Var.* BÆTICA, Dress., *B. Eur.* IV, p. 351, pl. 236, f. 2; *reboudia,* Lilf. (nec Loche). — Espagne S.

1422. *Var.* MINOR (Cab.), *Mus. Hein.* I, p. 123; Dress., *B. Eur.* IV, p. 349, pl. 236, f. 1; *reboudia,* Loche; *deserti,* Tristr. — Afr. N. et N.-E., Palest., côtes du golfe Pers., Canaries.

1423. *Var.* SOMALICA (Sharpe), *P. Z. S.*, 1895, p. 472. — Somaliland.

1424. *Var.* CHEELEENSIS (Swinh.), *P. Z. S.*, 1871, p. 390; Dav. et Oust., *Ois. Chine*, p. 317. — Sibérie E. et Chine N.

1425. *Var.* PERSICA, Sharpe, *Cat. B.* XIII, p. 590; *pispoletta,* auct. plur. (nec Pall.) — Perse, Afghan, jusqu'au N.-W. de l'Inde.

1426. *Var.* SEEBOHMI, Sharpe, *l. c.*, p. 590. — Asie centr., du Yarkand à la Mongolie.

6250. RAYTAL (Blyth), *J. A. S. Beng.* XIII, p. 962; Hodgs., *Icon. ined., Passeres,* pl. 762, ff. 1, 2. — Inde (bancs de sable des fl. et riv.)

1427. *Var.* ADAMSI (Hume), *Ibis*, 1871, p. 405. — Inde N.-W. et Sind.

1428. *Var.* LEUCOPHÆA, Severtz., *Turkest. Jevotn.*, p. 142; *pispoletta*, Cab. (nec Pall.) — Turkestan.

1097. TEPHROCORYS

Tephrocorys, Sharpe (1874); *Megalophonus* (pt.), auct. plur.

6251. CINEREA (Gm.); Levaill., *Ois. d'Afr.* IV, pl. 199; Sharpe, *P. Z. S.*, 1874, p. 633; id., *Cat. B.* XIII, p. 561. — Afrique S.

1429. *Var.* SPLENIATA (Strickl.), *Contr. Orn.*, 1852, p. 152; *cinerea* (pt.), auct. plur. — Du Damara N. au Benguela.

1430. *Var.* ANDERSSONI (Tristr.), *Ibis*, 1869, p. 434. — Damara.

1431. *Var.* RUFICEPS (Rüpp.), *Neue Wirbelt. Vög.*, p. 102, pl. 38, f. 1; *anderssoni* (pt.), auct. plur. (nec Tristr.) — Afrique N.-E.

1098. SPIZOCORYS

Spizocorys, Sundev. (1872); *Alauda* (pt.), auct. plur.

6252. CONIROSTRIS (Sundev.), *OEfv. k. Vet.-Akad. Förh. Stockh.*, 1850, p. 99; Ayres, *Ibis*, 1874, p. 103, pl. 3, f. 1; *minor*, Boc. (nec Cab.); Sundev., *Tent.*, p. 54. — Afrique S. jusqu'au 26° l. S.

6253. ATHENSIS, Sharpe, *Ibis*, 1900, p. 542. — Athi (Afr. angl. E.)

6254. PERSONATA, Sharpe, *P. Z. S.*, 1895, p. 471. — Somaliland.

6255. RAZÆ, Alex., *Ibis*, 1898, p. 107, pl. 3. — Raza (îles du Cap Vert).

1099. ALAUDA

Alauda, Lin. (1766).

6256. ARVENSIS, Lin.; Dubois, *Op. cit.* I, p. 498, pl. 116; *italica*, Gm.; *cœlipeta*, Pall.; *vulgaris*, Leach; *agrestis, segetum, montana*, etc., Brm.; *dulcivox*, Hodgs.; *triborhyncha*, Hume et Hend.; *guttata*, Brooks; *gulgula*, auct. plur. (nec Frankl.) — Europe, Asie N. et centr., Afrique N.

1432. *Var.* CANTARELLA, Bp., *Icon. Faun. Ital.*, *Ucc.*, p. 5, *pekinensis*, Swinh. — Eur. S.-E., Asie S.-W. jusqu'en Chine.

1433. *Var.* LEIOPA *vel orientalis*, Hodgs., *Icon. ined.*, *Passeres*, pl. 293; *japonica*, Tem. et Schl., *F. J.*, p. 87, pl. 47. — Inde, Thibet, Chine, Japon.

1434. *Var.* BLAKISTONI, Stejn., *Pr. Biol. Soc. Washingt.*, 1884, p. 98. — Kamtschatka, îles Kouriles.

6257. GULGULA, Frankl., *P. Z. S.*, 1831, p. 119; *triborhyncha*, Hodgs., *Icon. ined.*, *Passeres*, pl. 293, f. 2; *gracilis* et *gangetica*, Blyth; *malabarica*, Horsf. et Moore. — Inde.

1435. *Var.* AUSTRALIS, Brooks, *Str. F.*, 1873, p. 484. Inde S., Ceylan.
1436. *Var.* COELIVOX, Swinh., *Zool.*, 1859, p. 6723. Chine S., Haïnan.
1437. *Var.* WATTERSI, Swinh., *P. Z. S.*, 1871, p. 389. Form. S., iles Pescad.
1438. *Var.* SALA, Swinh., *Ibis*, 1870, p. 355. Formose N., Haïnan.
6258. PRÆTERMISSA, Blanf., *Geol. et Zool. Abyss.*, p. 388, pl. 6; *arenicola var. fusca*, Blanf., *l. c.*, p. 387. Afrique N.-E.

1100. MIRAFRA

Mirafra, Horsf. (1820); *Brachonyx*, Sw. (1827); *Corypha*, Gray (1840); *Megalophonus*, Gray (1841); *Ploceolauda*, Hodgs. (1844); *Geocoraphus*, Cab. (1850).

6259. RUFIPILEA (Vieill.), *N. Dict.* I, p. 345; Levaill., *Ois. d'Afr.* IV, pl. 198; *pyrrhonota*, Smith, *Ill. Zool. S. Afr.*, pl. 110, f. 2; *fasciolata*, Sundev.; *apiatus*, Ayres (nec V.) Rép. Orange, Transvaal, Zambèze.
6260. COLLARIS, Sharpe, *Ibis*, 1896, p. 263; Don. Smith, *Through unknow Afr. Contr.*, p. 126, pl. Somaliland.
6261. APIATA (Vieill.), *N. Dict.* I, p. 342; Levaill., *Ois. d'Afr.*, pl. 194; Smith, *Ill. Zool. S. Afr.*, pl. 110, f. 1; *clamosa*, Steph. Colonie du Cap.
6262. BUCKLEYI (Shell.), *Ibis*, 1873, p. 142. Afrique W. de Accra au Niger.
6263. FISCHERI, Rchw., *J. f. O.*, 1878, p. 266; *buckleyi* et *apiata* (pl.), auct. plur. Du Benguela et Zamb. jusqu'au Congo.
6264. RUFOCINNAMOMEA (Salvad.), *Atti, Soc. Ital. Sc. Nat.* VIII, p. 378; *torrida*, Shell., *P. Z. S.*, 1882, p. 308, pl. 16. Afrique E.
6265. HOVA, Hartl., *J. f. O.*, 1860, p. 106; M.-Edw. et Grand., *H. N. Madag. Ois.*, p. 456, pl^s 183, f. 3, 184, 187^a, f. 5. Madagascar.
6266. CHENIANA, Smith, *Ill. Zool. S. Afr.*, pl. 89, f. 2; Shp., *Cat. B.* XIII, p. 603. Afr. S. de la Cafrerie au Transvaal.
6267. FRINGILLARIS, Sundev., *OEfv. k. Vet.-Akad. Förh. Stockh.*, 1850, p. 99; Sharpe, *P. Z. S.*, 1874, p. 649, pl. 75, f. 1; *occipitalis*, Gray. Du Damara au Transvaal.
6268. ANGOLENSIS, Bocage, *Jorn. Lisb.*, 1880, p. 60. Benguela.
6269. CORDOFANICA, Strickl., *P. Z. S.*, 1850, p. 218, pl. 23; *rutila*, v. Müll., *Nouv. Ois. d'Afr.*, pl. 13; *prœstigiatrix*, Heugl.; *ferruginea*, Brm.; *cinnamomea*, Bp. Kordofan, Sennaar.
6270. GILLETTI, Sharpe, *Ibis*, 1895, p. 380. Somaliland.
6271. MARGINATA, Hawk., *Ibis*, 1898, p. 439, 1899, pl. 2, f. 2. Somaliland W.
6272. AFRICANA, Smith, *Rep. Exp. C. Afr.*, *App.*, p. 47; id., *Ill. Zool. S. Afr.*, pl. 88, f. 1; *planicola*, Licht.; *occidentalis*, Hartl.; *rostratus*, Hartl.; *Ibis*, 1863, p. 326, pl. 9; *africanoides*, Shell. Afrique S.

1439. *Var.* TRANSVAALENSIS, Hart., *Novit Zool.* VII, p. 45. — Transvaal.

1440. *Var.* TROPICALIS, Hart., *Op. cit.*, p. 45. — Afr. trop. E., Uganda, Afr. trop. W.

1441. *Var.* ATHI, Hart., *Op. cit.*, p. 46. — Afrique angl. E.

6273. TIGRINA, Oust., *Le Naturaliste*, 1892, p. 231. — Haut-Congo.

6274. PLEBEIA (Cab.), *J. f. O.*, 1875, p. 237; Rchw., *J. f. O.*, 1877, p. 29. — Angola.

6275. DAMARENSIS, Sharpe, *P. Z. S.*, 1874, p. 650, pl. 75, f. 2. — Afrique S.-W.

6276. POECILOSTERNA, Rchw., *Orn. Centralbl.*, 1879, p. 155; *massaicus*, Fisch. et Rchw., *J. f. O.*, 1884, p. 55. — Afrique E.

6277. AFRICANOIDES, Smith, *Rep. Exp. C. Afr.*, *App.*, p. 47; id., *Ill. Zool. S. Afr.*, pl. 88, f. 2. — Du fl. Orange au Zambèze et Damara.

1442. *Var.* ALOPEX, Sharpe, *Cat. B.* XIII, p. 617; *cordofanica*, Shell. — Somaliland.

6278. NÆVIA (Strickl.), *Contr. Orn.*, 1852, p. 152; *sabota*, Gurn. (nec Smith). — Du fl. Orange au Damara et Griqual.

6279. ALBICAUDA, Rchw., *J. f. O.*, 1891, p. 223. — Gonda (Afr. E.)

6280. SABOTA, Smith, *Rep. Exp. C. Afr.*, *App.*, p. 47; id., *Ill. Zool. S. Afr.*, pl. 89, f. 2; *nævius* (pt.), auct. plur. (nec Strickl.) — Afrique S.-E. jusqu'au Massaïland.

6281. NIGRICANS (Sundev.), *OEfv. k. Vet.-Akad. Förh. Stockh.*, 1850, p. 99; Bocage, *Orn. Angola*, p. 376, pl. 8, f. 1. — Transvaal, Benguela, Angola.

6282. INTERCEDENS, Rchw., *Orn. Monatsb.*, 1895, p. 96; *sabota*, Rchw. (1887). — Massaïland.

6283. NIGRESCENS, Rchw., *Ornith. Monatsb.*, 1900, p. 39. — Niassa.

6284. ERYTHROPYGIA (Strickl.), *P. Z. S.*, 1850, p. 219, pl. 24; *infuscata*, Heugl. — Afrique N.-E., Côte-d'Or intérieure.

6285. JAVANICA, Horsf., *Tr. Linn. Soc.* XIII, p. 159; *Al. mirafra*, Tem., *Pl. col.* 305, f. 2; *borneensis*, Swinh. — Java, Bornéo S.

6286. SECUNDA, Sharpe, *Cat. B.* XIII, p. 603; *horsfieldi* (pt.), Gould. — Australie S.

6287. HORSFIELDI, Gould, *P. Z. S.*, 1847, p. 1; id., *B. Austr.* III, pl. 77. — Australie N.-W. et E.

1443. *Var.* PARVA, Swinh., *Ann. and Mag. N. H.*, 1871, p. 257. — Flores.

1444. *Var.* PHILIPPINENSIS, W. Rams., *Ibis*, 1886, p. 160. — Luçon (Philippines).

6288. CANTILLANS, Blyth, *J. A. S. Beng.* XII, p. 181; Jerd., *B. Ind.* II, p. 420; *cheendoola*, Jerd. (1840, nec Frankl.); *simplex*, Heugl., *J. f. O.*, 1868, p. 226; Og. Grant, *Nov. Zool.* VII, p. 249. — Inde centr. et S., Cachemire, Perse, Arabie E.

6289. ASSAMICA, Mc Clel., *P. Z. S.*, 1839, p. 162; *typica*, Hodgs., *Icon. ined.*, *Passeres*, pl. 297, ff. 1, 2; *assamensis*, Blyth; *immaculata*, Hume; *erythrocephala*, Salvad. et Gigl. — Himal. jusque l'Assam et l'Arakan, Bengale, Cochin-Chine.

6290. ERYTHROPTERA, Jerd., *Madr. Journ.* XIII, p. 136; id., *Ill. Ind. Orn.*, pl. 38. — Inde N.-W. et centr.

6291. AFFINIS, Jerd., *Madr. Journ.* XIII, p. 136; Legge, *B. Ceyl.*, p. 634. — Inde S., Ceylan.

1445. *Var.* MICROPTERA, Hume, *Str. F.* I, p. 483; *affinis* (pt.), Blyth et Wald., *B. Burma*, p. 95. — Indo-Chine W. et S.

1101. SPILOCORYDON

Spilocorydon, Rchw. (1879).

6292. HYPERMETRUS, Rchw., *Orn. Centralbl.*, 1879, p. 155. — Du Choa au Massaïl.

1102. GALERIDA (1)

Galerida, Boie (1828); *Lullula*, Kp. (1829); *Galerita*, Brm. (1831); *Heterops*, Hodgs. (1844); *Corys*, Rchb. (1850); *Spizilauda*, Blyth (1855); *Heliocorys*, Sharpe (1890); *Ptilocorys*, Madar. (1899).

6293. CRISTATA (Lin.); Dubois, *Fne. ill. Vert. Belg. Ois.* I, p. 50, pl. 118; *cochevis*, Müll.; *matutina*, Bodd.; *undata*, Gm.; *A. galerita*, Pall.; *viarum*, *nigricans*, *major*, *vulgaris*, *pagorum*, *tenuirostris*, Brm.; *brachyura*, Tristr. — Europe.

1446. *Var.* THECKLÆ, Brm., *Nauman.*, 1868, p. 210; Erl., *J. f. O.*, 1899, p. 328, pl. 9, f. 1. — Espagne S.-W., Portugal.

1447. *Var.* MIRAMARÆ, v. Hom., *J. f. O.*, 1882, p. 315; Erl., *l. c.*, p. 330, pl. 9, f. 2. — Maroc N., Espagne S.-E.

1448. *Var.* RUFICOLOR, Whitak., *Ibis*, 1898, p. 603; Erl., *l. c.*, p. 331. — Maroc centr. et S.

1449. *Var.* HARTERTI, Erl., *J. f. O.*, 1899, p. 332, pl. 9, f. 3; *cristata* (pt.) auct. plur. — Algérie et Tunisie (au N. de l'Atlas).

1450. *Var.* SUPERFLUA, Hart., *Novit. Zool.* IV, p. 144; Erl., *l. c.*, p. 335, pl. 10, f. 4; *pallida*, Whitak.; *arenicola*, Tacz. — Algérie et Tunisie (au S. de l'Atlas).

1451. *Var.* DEICHLERI, Erl., *J. f. O.*, 1899, p. 339, pl. 10, f. 5; *isabellina* (pt.), auct. plur. (nec Bp.) — Sahara algérien.

1452. *Var.* CAROLINÆ, Erl., *Orn. Monatsb.*, 1897, p. 186; id., *l. c.*, pl. 10, f. 6. — Tunisie S., Tripolitaine S.

1453. *Var.* ELLIOTI, Hart., *Novit. Zool.* IV, p. 147; *pallida*, Ell. — Somaliland.

1454. *Var.* RÜPPELLI, Hart., *Journ. f. Orn.*, 1890, p. 102. — Abyssinie.

1455. *Var.* KLEINSCHMIDTI, Erl., *J. f. O.*, 1899, p. 345, pl. 9, f. 2. — Maroc N., Espagne S.

1456. *Var.* RANDONII, Loche, *Cat. Mam., etc., Algérie*, p. 85; id., *Rev. et Mag. de Zool.*, 1860, — Algérie et Tunisie (au N. de l'Atlas).

(1) Plusieurs auteurs écrivent avec Brehm " *Galerita* "; mais le genre *Galerita* a été admis avant 1828 pour des Coléoptères.

p. 150, pl. 11, f. 2; *macrorhyncha*, Tristr., *Ibis*, 1859, p. 57; Dress., *B. Eur.*, pl. 230, f. 2.

1457. *Var.* ARENICOLA, Tristr., *Ibis*, 1859, p. 58; Erl., *l. c.*, p. 347, pl. 10, f. 1; *macrorhyncha*, auct. plur. (nec Tristr.) — Algérie et Tunisie (au S. de l'Atlas).

1458. *Var.* REICHENOWI, Erl., *J. f. O.*, 1899, p. 351, pl. 10, f. 2. — Sahara alg. et Tunis.

1459. *Var.* SENEGALENSIS (P. L. S. Müll.), *S. N. Suppl.*, p. 137. — Sénégambie.

1460. *Var.* DELTÆ, Hart., *Nov. Zool.* IV, p. 144. — Delta du Nil.

1461. *Var.* FLAVA, Brm., *J. f. O.*, 1854, p. 77; id., *Naum.*, 1858, p. 209. — Nubie.

1462. *Var.* ISABELLINA, Bp., *Consp. av.* I, p. 245; *abyssinica*, Bp., *l. c.*; *lutea*, Brm., *Naum.*, 1858, p. 210. — Égypte.

1463. *Var.* DESERTICOLOR (Festa), *Boll. Mus. Tor.* IX, p. — Palestine.

1464. *Var.* MAGNA, Hume, *Ibis*, 1871, p. 407; id. et Henders., *Lahore to Yark*, pl. 30; *leautungensis*, Swinh. — Inde N.-E., Chine N.

1465. *Var.* CHENDOOLA (Frankl.), *P. Z. S.*, 1831, p. 119; *boysii*, Blyth, *J. A. S. Beng.* XV, p. 41. — Inde N.-W.

1466. *Var.* MALABARICA (Scop.), *Del. Flor. et Faun. Insubr.* II, p. 94; *deva*, auct. plur. (nec Syk.) — Inde S.

1467. *Var.* CAUCASICA, Tacz., *P. Z. S.*, 1887, p. 603. — Caucase.

1468. *Var.* COREENSIS, Tacz., *Bull. Soc. Zool. Fr.*, 1887, p. 620. — Corée.

6294. DEVA (Syk.), *P. Z. S.*, 1832, p. 92; Sharpe, *Cat. B.* XIII, p. 621; *hayi*, Jerd.; *simillima*, Hume. — Inde, de Cutch à Etawah et Madras.

6295. MODESTA, Heugl., *J. f. O.*, 1864, p. 274; id., *Orn. N.-O. Afr.*, p. 691, pl. 25; *bucolica*, Hartl. — Afrique équatoriale.

1469. *Var.* GIFFARDI, (Hart.), *Ibis*, 1900, p. 182. — Gambaga (Côte-d'Or.)

6296. ARBOREA (Lin.); Dubois, *Op. cit.* I, p. 503, pl. 117; *nemorosa*, Gm.; *musica* et *anthirostris*, Brm.; *cherneli*, Praz. — Europe centr. et mér., Cauc., Asie Min., Perse, Afrique N.

1103. CALENDULA

Calendula, Sw. (1837); *Erana*, Gray (1840).

6297. CRASSIROSTRIS (Vieill.), *N. Dict.* I, p. 373; Levaill., *Ois. d'Afr.* IV, pl. 193; *magnirostris*, Steph. — Afrique S.

1104. AMMOMANES

Ammomanes, Cab. (1850).

6298. PHOENICURA (Frankl.), *P. Z. S.*, 1831, p. 119; Blyth, *Cat. B. Mus. As. Soc.*, p. 134; Sharpe, *Cat. B.* XIII, p. 642. — Inde centrale.

6299. GRAYI (Wahlb.), *OEfv. k. Vet.-Akad. Förh. Stockh.*, 1855, p. 213; Sharpe, *P. Z. S.*, 1874, p. 629, pl. 76, f. 2; *nævia*, Chapm. — Afrique S.-W.

6300. CINCTURA (Gould), *Voy. Beagle, B.*, p. 87; Sharpe (pt.), *Cat.*, p. 644. — Iles du Cap Vert.

1470. *Var.* REGULUS, Bp., *C. R.* XLIV, p. 1066; Tristr., *Ibis*, 1859, p. 423. — Algérie, Tunisie.

1471. *Var.* ARENICOLOR (Sundev.), *OEfv. k. Vet.-Akad. Förh. Stockh.*, 1850, p. 128; *pallida*, Cab.; *elegans*, Brm. — Afrique N.-E.

1472. *Var.* ALGERIENSIS, Sharpe, *Cat. B.* XIII, p. 645; *lusitana*, Gm. (?) et auct. plur.; *isabellinus*, Bp.; *deserti*, Loche. — Du Sahara algérien jusqu'en Nubie.

1473. *Var.* DESERTI (Licht.), *Verz. D.*, p. 28; *isabellina*, Tem., *Pl. col.* 244, f. 2; *fraterculus*, Tristr. — Égypte, Nubie, Palestine.

1474. *Var.* AKELEYI, Ell., *Field Col. Mus. Orn.* I, n° 2 (1897), p. 39. — Somaliland.

1475. *Var.* SATURATA, Grant, *Novit. Zool.* VII, p. 249. — Abyssinie, Arabie.

1476. *Var.* PHOENICUROIDES (Blyth), *J. A. S. Beng.* XXII, p. 583; *lusitania* (pt.) et *deserti* (pt.), auct. plur.; *parvirostris*, Hart. — Du golfe Persique jusque l'Afghanistan et le N.-W. de l'Inde.

6301. ERYTHROCHLAMYS (Strickl.), *Contr. Orn.*, 1852, p. 151; Ayres, *Ibis*, 1874, p. 103, pl. 3, f. 2. — Afr. S., du Transvaal au Damara.

6302. FERRUGINEA (Smith), *Ill. Zool. S. Afr. Aves*, pl. 29. — Les plaines au S. du fl. Orange.

1105. PYRRHULAUDA

Megalotis, Sw. (1827, nec Illig.); *Pyrrhulauda*, Smith (1839); *Coraphites*, Cab. (1847).

6303. AUSTRALIS (Smith), *Rep. Exp. C. Afr.*, App., p. 49; id., *Ill. Zool. S. Afr. Aves*, pl. 24; *melanosoma*, Sw. — Afrique S.

6304. LEUCOPARÆA (Fisch. et Rchw.), *J. f. O.*, 1884, p. 55. — Afrique E.

6305. MELANAUCHEN (Cab.), *Mus. Hein.* I, p. 124; Finsch, *Trans. Z. S.* VII, p. 275, pl. 26; *crucigera*, Rüpp. (nec Tem.); *albifrons*, Sundev.; *frontalis*, Bp.; *affinis*, *sincipitalis*, Blyth. — Afrique N.-E., Arabie jusqu'au Beloutchist. et le N.-W. de l'Inde.

6306. VERTICALIS (Smith), *Rep. Exp. C. Afr.*, p. 48; id., *Ill. Zool. S. Afr.*, pl. 25. — Afrique S. du Cap au Congo.

6306bis. HARRISONI, Grant, *Bull. O. C.* XI, p. 30; *Ibis*, 1901, p. 286, pl. 7. — Afrique E. angl.

6307. GRISEA (Scop.), Blyth, *J. A. S. Beng.* XIII, p. 958; *gingica*, Gm.; *cruciger*, Tem., *Pl. col.* 269, f. 1. — Inde, Ceylan.

6308. LEUCOTIS (Stanl.), in *Salt's Trav. Abyss.*, App., p. 60; Rüpp., *Neue Wirb.*, p. 101; *melanocephala*, Licht.; *otoleucus*, Tem., *Pl. col.* 269, ff. 2, 3. — Afrique N.-E. jusqu'au Somaliland et les prov. équator.

1477. *Var.* Smithii, Bp., *Consp.* I, p. 512; *leucotis*, Smith, *Ill. Zool. S. Afr.*, pl. 26, et auct. plur. — Afrique S

6309. ?signata, Oust., *Bibl. Hautes Études*, XXXI, art. X, p. 9; = *leucotis?* — Somaliland.

6310. ?modesta, Finsch, *J. f. O.*, 1864, p. 412. — Iles Canaries.

6311. ?nigriceps, Gould, *Voy. Beagle, B.*, p. 87. — Iles du Cap Vert.

FAM. XXXI. — PARIDÆ

SUBF. I. — PARINÆ (1)

1106. MELANICHLORA

Melanochlora, Less. (1839); *Crataionyx*, Eyt. (1839); *Ptilobaphus*, Rchb. (1850).

6312. sultanea (Hodgs.), *Ind. Rev.*, 1831, p. 31; *flavocristatus*, Lafr., *Mag. de Zool.*, 1837, pl. 80; *sumatrana*, Less.; *flava* et *ater*, Eyt. — Himalaya, Indo-Chine W., Malacca, Sumatra.

1107. MELANOPARUS

Melaniparus, Bp. (1850); *Penthestes*, Rchb. (1850); *Pentheres*, Cab. (1850); *Parus* (pt.), auct. plur.

6313. niger (Bon. et Vieill.), *Enc. méth.*, p. 508; Levaill., *Ois. d'Afr.* III, pl. 137, ff. 1, 2; Gad., *Cat.* VIII, p. 7; *leucopterus*, Sw. — Afrique S.

1478. *Var.* Fülleborni (Rchw.), *Orn. Monatsb.*, 1900, p. 5. — Afrique E. allem.

1479. *Var.* Leucomelas (Rüpp.), *Neue Wirb.*, p. 100, pl. 37, f. 2; *leucopterus*, auct. plur. (nec Sw.); *melanoleucus*, P. Württ.; *luctuosus*, Licht. — Afrique tropicale.

1480. *Var.* Insignis (Cab.), *Journ. f. Orn.*, 1880, p. 419; *niger*, auct. plur. — Afrique S.-W.

6314. xanthostomus (Shell.), *Ibis*, 1893, pp. 17, 18; id. *B. Afr.*, II, p. 236, pl. 10, f. 2. — Afrique S.-E.

6315. funereus, Verr., *J. f. O.*, 1855, p. 104; *nigricinereus*, Jacks., *Ibis*, 1899, pp. 303, 638, pl. 13. — Gabon, Nandi (Afrique équat. E.)

6316. albiventris (Shell.), *Ibis*, 1881, p. 116; id. *B. Afr.*, II, p. 236, pl. 10, f. 1. — Afrique E. de l'Équat. au 7° l. S.

6317. leuconotus (Guér.), *Rev. et Mag. de Zool.*, 1843, p. 162; *dorsatus*, Rüpp., *Syst. Uebers.*, p. 42, pl. 18. — Abyssinie.

6318. semilarvatus, Salvad., *Atti Soc. Ital. Sc. Nat.* VIII, p. 375; id., *Ibis*, 1879, p. 300, pl. 9. — Himal., Philip., Chine N. (Hab. incertain).

6319. nuchalis (Jerd.), *2 nd Suppl. Cat.*, p. 129; id., *Ill. Ind. Orn.*, pl. 46. — Inde.

(1) Voy.: Gadow, *Cat. B. Brit. Mus.* VIII, pp. 1-77 (1883).

1108. PARUS

Parus, Lin. (1735); *Cyanistes*, *Pœcile*, Kp. (1829); *Pœkilis*, Blas. (1862).

6320. MAJOR, Lin.; Dubois, *Fne. ill. Vert. Belg. Ois.* I, p. 423, pl. 100; *ignotus*, Lath.; *stromei*, Bon. et Vieill.; *fringillago*, Pall.; *robustus*, Brm. — Europe, Asie W., Afrique N.

6321. MINOR, Tem. et Schl., *Fauna Jap.*, p. 70, pl. 33; Dav. et Oust., *Ois. Chine*, p. 278. — Sibérie E., Chine, Japon.

1481. *Var.* COMMIXTA, Swinh., *Ibis*, 1868, p. 63; *minor* (pt.), Swinh. (1861-63). — Chine S., Japon.

1482. *Var.* INTERMEDIA, Zaroudn., *Bull. Soc. Imp. Mosc.*, 1889, p. 789. — Asie centr.

6322. BOCCHARENSIS, Licht., *Eversm. Reise, Zool.*, p. 131; Dress., *B. Eur.* IX, pl. 656, f. 2. — Turkestan, Afghanist.

6323. TRANSCASPIUS, Zaroud., *Bull. Soc. Imp. Mosc.*, 1893, pp. 365-68. — Transcaucasie.

6324. CINEREUS, Bonn. et Vieill., *Encycl. méth.* II, p. 506; *atriceps*, Horsf.; Tem., *Pl. col.* 207, f. 2; *nipalensis*, *schistinotus*, Hodgs.; *cæsius*, Tick. — Inde, Ceylan, Chine S., Haïnan, Java, Lombock, Flores.

6325. SARAWACENSIS, Slat., *Ibis*, 1885, p. 327; *cinerascens*, Slat. (nec Vieill.), *Ibis*, 1885, p. 122, pl. 4. — Sarawak (Bornéo).

6326. MONTICOLUS, Vig., *P. Z. S.*, 1830, p. 22; Gould, *Cent. Him. B*, pl. 29, f. 2; *insperatus*, Swinh. — Himalaya, Assam, Chine S., Formose.

6327. AMABILIS, Sharpe, *Trans. Linn. Soc. Zool.* I, 1876, p. 338, pl. 53, f. 2. — Balabac (Philippines).

6328. ELEGANS, Less., *Traité d'Orn.*, p. 456; *quadrivittatus*, Lafr., *Rev. Zool.*, 1840, p. 129. — Guimaras, Panay, Negros, Masbate, Luç.

6329. VENUSTULUS, Swinh., *P. Z. S.*, 1870, p. 133; Gould, *B. Asia*, pl.; Dav. et Oust. *Ois. Chine*, p. 281. — Fl. Bleu (Chine centr.)

6330. DEJEANI, Oust., *Bull. Mus. Paris*, 1897, p. 209. — Chine.

6331. VARIUS, Tem. et Schl., *Faun. Jap.*, p. 71, pl. 35. — Japon.

6332. OWSTONI, Ijima, *Döbuts. Zasshi*, 1893, n° 62; *Orn. Monatsb.*, 1897, p. 143. — Iles Idzu (Japon).

6333. CASTANEIVENTRIS, Gould, *P. Z. S.*, 1862, p. 280; id., *B. Asia*, pl. — Formose.

6334. AFER, Gm.; Jard. et Sel., *Ill. Orn.*, pl. 117; Levaill., *Ois. d'Afr.* III, pl^s 138, 139, f. 2; *cinerascens*, Vieill.; *cinereus*, Lay. (nec V.) — Afrique S. et S.-W.

6335. THRUPPI, Shell., *Ibis*, 1885, p. 406, pl. 11, f. 2; *barakæ*, Jacks., *Ibis*, 1899, p. 639. — Somaliland et Afr. E. angl.

6336. GRISEIVENTRIS, Rchw., *Journ. f. Orn.*, 1882, p. 210, 1886, pl. 2, f. 1. — Kakoma (Afr. E.)

6337. RUFIVENTRIS, Bocage, *Jorn. Ac. Lisb.*, 1877, p. 161; Gad., *Cat. B.* VIII, p. 40. — Angola.

1483. *Var.* MASUKUENSIS, Shell., *B. Afr.* II, p. 238. — Du Congo au Benguela.

1484. *Var.* PALLIDIVENTRIS, Rchw., *J. f. O.*, 1885, p. 217. — Kakoma (Afrique E.)

1485. *Var.* Rovumæ, Shell., *Ibis*, 1893, p. 118. — Vallée de la Rovuma (Afr. E.)

6338. fasciiventris, Rchw., *Orn. Monatsb.*, 1893, p. 31. — Ruansori (Afr. centr.)

6339. ater, Lin.; Dubois, *Fne. ill. Vert. Belg. Ois.* I, p. 427, pl. 101; *carbonarius*, Pall.; *abietum, pinetorum*, Brm. — Europe et Asie centr., jusqu'au 64°, Japon.

1486. *Var.* Britannica (Shp. et Dress.), *Ann. and Mag. N. H.*, 1871, p. 437; Dress., *B. Eur.* III, pl. 107, f. 2; *ater* (pt.), auct. plur.; *var. Britannica*, Dub., *Rev. et Mag. de Zool.*, 1873, p. 391. — Iles Britanniques.

1487. *Var.* Cypriotes (Dress.), *P. Z. S.*, 1887, p. 563, 1888, pl. 2. — Chypre.

1488. *Var.* Pekinensis (David), *Ibis*, 1870, p. 155; id. et Oust., *Ois. Chine*, p. 283, pl. 34. — Chine.

1489. *Var.* Æmodia (Hodgs.), *J. A. S. Beng.* XIII, p. 9. — Himalaya.

1490. *Var.* Rufipectus, Severtz., *Faun. Turk.*, pp. 66, 134; *piceæ*, Severtz., *J. f. O.*, 1873, pp. 346, 373. — Turkestan E.

1491. *Var.* Phæonota (Blanf.), *Ibis*, 1873, p. 88; Dress., *B. Eur.* IX, pl. 657; *michalowskii*, Bogd., *Tr. Soc. Kazan*, 1879, p. 87. — Perse, Caucase.

6340. ledoucii, Malh., *Mém. Soc. H. N. de la Moselle*, 1842, p. 45; Dress., *B. Eur.* III, pl. 107. — Algérie.

6341. palustris (Lin.?), Bechst., *Orn. Taschenb.*, p. 213 (1); Dubois, *Fne. ill. Vert. Belg. Ois.* I, p. 436, pl. 104; *meridionalis*, Liljeb.; *fruticeti*, Wallgr.; *murinus, accedens, stagnatilis, subpalustris, sordidus*, Brm.; *dresseri*, Stejn.; *longirostris*, Kleinschm. — Europe centr. et mér., Asie Min.

1492. *Var.* Borealis, de Selys, *Bull. Ac. Roy. Brux.*, 1843, X, 2, p. 28; Dress., *B. Eur.* III, pl. 109, f. 3; ?*palustris*, Lin.; *salicarius*, Brm.; *colletti*, Stejn.; *neglecta*, Zar. et Härms. — Europe et Asie, entre le 60° et le 70°, rarement plus au Sud.

1493. *Var.* Montana (Bald.), *Neue Alpina*, II, p. 21; *communis*, Bald.; *alpestris*, Bailly; *baldensteini*, De Sal.; *assimilis*, Brm. — Région alpine de l'Europe centr.

1494. *Var.* Japonica, Seeb., *Ibis*, 1879, p. 32; *seebohmi, hensoni*, Stejn. — Japon.

1495. *Var.* Baicalensis, Swinh., *Ann. Mag. N. H.*, 1871, p. 257; *borealis*, Midd.; *kamtschatkensis*, auct. plur. (nec Bp.); *crassirostris, brevirostris* et *macrurus*, Tacz. — Sibérie au Sud du 60°.

(1) Le *palustris*, Lin., paraît se rapporter plutôt au *borealis*. — Certains auteurs ont divisé le type « *palustris* » en plusieurs espèces et variétés très peu caractéristiques ; M. Kleinschmidt en fait deux espèces et dix-neuf variétés ! (Voy. *Journ. f. Orn.*, 1897, p. 133). Nous ne suivrons pas l'auteur dans cette voie.

1496. *Var.* KAMTSCHATKENSIS, Bp., *Consp. av.* I, p. 230. — Kamtschatka.

6342. LUGUBRIS, Natt. in *Tem. Man. d'Orn.* I, p. 292 (1820); Dub., *Ois. Eur.* I, pl. 80; Dress., *B. Eur.* III, pl. 111; *lugens*, *melanocephala*, Brm. — Europe S.-E., Asie Min., Syrie, Perse.

1497. *Var.* BRANDTI (Bogd.), *Aves Caucas.*, p. 89, Schal., *J. f. O.*, 1880, p. 268, 1882, p. 220. — Caucase.

6343. CINCTUS, Bodd.; Dress., *B. Eur.* III, pl. 112; *sibiricus*, Gm.; Dub., *Ois. Eur.* I, pl. 79; *lugubris*, Zet.; *lapponicus*, Lund.; *microrhyncha*, Brm. — Eur. sept., Sibér. W.

1498. *Var.* OBTECTA (Cab.), *Journ. f. Orn.*, 1871, p. 237; *cinctus* (pt.), auct. plur.; *grisescens*, Dress.; *alascensis*, Praz., *Orn. Jahrb.* VI, pp. 8-59, 65-99. — Sibérie à l'E. du Jenesey, Baikal.

6344. SONGARUS, Severtz., *Turk. Jevotn.*, p. 134; id., *J. f. O.*, 1873, pp. 346, 386; *sibiricus* (pt.), auct. plur. — Asie centr. du Thian-Shan au Kan-Sou.

1499. *Var.* AFFINIS (Przew.), in *Daws. Rowl. Orn. Misc.* VI, p. 188; Dav. et Oust., *Ois. Chine*, p. 289. — Ala-chan, Kan-sou (Chine).

1500. *Var.* HYPERMELÆNA (Berez. et Bianchi), *Exp. Pot.*, etc., *Aves*, p. 112, pl. 2, f. 2; *J. f. O.*, 1897, p. 72; *Ibis*, 1899, p. 274. — Kan-sou (Chine).

6345. SUPERCILIOSUS (Przew.), in. *Daws. Rowl. Orn. Misc.* VI, p. 189; Dav. et Oust., *Ois. Chine*, p. 290; Pleske, *Wiss. Reise Przew.*, *Zool.* II, pl. 8. — Kan-sou (Chine).

6346. DAVIDI (Berez. et Bian.), *l. c.*; *J. f. O.*, 1897, p. 73; *Ibis*, 1899, p. 275. — Kan-sou (Chine).

6347. ATRICAPILLUS, Lin.; Wils., *Am. Orn.* I, p. 134, pl. 8, f. 4; *palustris*, Nutt. (nec Lin.) — Amérique N.-E.

1501. *Var.* SEPTENTRIONALIS, Harris, *Pr. A. N. Sc.*, 1845, p. 300; Cass., *Ill.*, pl. 14; *var. albescens*, Baird. — Du Missouri aux montagnes Rocheuses.

1502. *Var.* OCCIDENTALIS, Baird, Cass. et Lawr., *B. N. A.*, p. 391; Ell., *N. Am. B.* I, pl. 8. — Amérique N.-W.

1503. *Var.* TURNERI, Ridgw., *Pr. Biol. Soc. Washingt.* II, p. 89. — Alaska.

6348. CAROLINENSIS, Aud., *Orn. Biog.* II, p. 474, pl. 160; *atricapillus*, Mayn. — États-Unis S.-E.

1504. *Var.* AGILIS, Senn., *Auk*, 1888, p. 46. — Texas.

6349. SCLATERI, Kleinschm., *J. f. O.*, 1897, p. 133; *meridionalis*, Sclat., *P. Z. S.*, 1856, p. 293 (nec Liljeb., 1852). — Mexique.

6350. GAMBELI, Ridgw.; *montanus*, Gamb., *Pr. A. N. Sc. Philad.*, 1843, p. 259 (nec Baldenst., 1827); id., *Journ. A. N. Sc.*, 1847, p. 35, pl. 8, f. 1. — Amérique N.-W., montagnes Rocheuses.

6351. HUDSONICUS, Forst., *Phil. Trans.*, 1772, pp. 383, 430; Audub., *Orn. Biog.* II, p. 543, pl. 194; *littoralis*, Bryant. — Amér. N.-E. du Canada au Vermont et Massachusetts.

1505. *Var.* UNGAVA, Rhoads, *Auk*, 1893, p. 328. — Labrador N.

1506. *Var.* Stoneyi, Ridgw., *Man. N. A. B.*, appendix. Alaska N.-W.

1507. *Var.* Evura, Coues, *Key N. A. B.*, 1884, p. 267. Alaska centr. et S.

1508. *Var.* Columbiana, Rhoads, *Auk*, 1893, p. 331. Montagnes Rocheuses.

6352. rufescens, Towns., *J. A. N. Sc. Philad.*, 1837, p. 190; Audub., *Orn. Biog.* IV, p. 371, pl. 353; *sitchensis*, Kittl. Amérique N.-W.

6353. cæruleus, Lin.; Dubois, *Fne. ill. Ois.* I, p. 431, pl. 102; *cærulescens*, Brm. Europe (excepté Russie), Asie Mineure.

1509. *Var.* Persica (Blanf.), *Ibis*, 1873, p. 89; id., *East Persica*, p. 230, pl. 16, f. 2. Perse S.

1510. *Var.* Teneriffæ, Less., *Traité d'Orn.*, p. 456; Dress., *B. Eur.* IX, pl. 660, f. 2; *violaceus*, Bolle, *J. f. O.*, 1854, p. 455. Ténériffe, Gomera (Canaries).

1511. *Var.* Ultramarina (Bp.), *Rev. Zool.*, 1841, p. 146; Loche, *Expl. Algérie*, p. 300, pl. 7, f. 1; *cæruleanus*, Malh., *Rev. Zool.*, 1842, p. 76; *teneriffæ*, Sh. et Dress. (pt.), *B. Eur.*, pl. 113, f. 3. Afr. N., Fortaventura et Lanzerota (Canaries).

1512. *Var.* Ombriosa (Meade-Waldo), *Ibis*, 1890, p. 433, pl. 13. Hierro (Canaries).

1513. *Var.* Palmensis (Meade-Waldo), *Ibis*, 1889, p. 512, pl. 16. Palma (Canaries).

6354. cyaneus, Pall., *N. Comm. Acad. Sc. Imp. Petrop.* XIV (1770), p. 588, pl. 13, f. 1; Dub., *Ois. Eur.*, pl. 81; *saebyensis*, Sparrm.; *knjaescik*, Gm.; *elegans*, Brm.; *tianschanicus*, Severtz. Nord de l'Europe et de l'Asie.

1514. *Var.* Flavipectus, Severtz., *Turk. Jevotn.*, p. 133, pl. 8, f. 7; Dress., *Ibis*, 1876, p. 92; Gad., *Cat. B.* VIII, p. 11. Turkestan.

1515. *Var.* Berezowskii, Pleske, *Ibis*, 1894, p. 292. Chuan-che (Chine).

1516. *Var.* Pleskii, Cab., *J. f. O.*, 1877, p. 213, pl. 3, f. 1; *P. cæruleus var. Pleskii*, Dubois, *Fne. ill. Ois.* II, p. 710, pl. 323, ff. 1, 2. Sibérie W., Russie, occid. Belgique.

1109. MACHLOLOPHUS

Machlolophus, Cab. (1850); *Parus* (pt.), auct. plur.

6355. xanthogenys (Vig.), *P. Z. S.*, 1831, p. 23; Gould, *Cent. Him. B.*, pl. 29, f. 1; *griffithii*, Blyth. Himalaya N.-W. jusqu'au Népaul.

1517. *Var.* Haplonota (Blyth), *J. A. S. Beng.* XVI, p. 44; *jerdoni*, Blyth; Gould, *B. As.*, pl. Inde centr. et S.

1518. *Var.* Spilonota (Blyth), *Cat. B. Mus. As. Soc.*, p. 103; id., *Contr. Orn.*, pl. 49, f. 2; *subviridis*, Tick. Du Népaul E. au Ténassérim.

6356. holsti (Seeb.), *Ibis*, 1895, pp. 146, 211, pl. 6. Formose.

6357. REX (David), *Ann. Sc. Nat.*, 1874, XIX, art. 9, p. 4; id. et Oust., *Ois. Chine*, p. 286, pl. 36. — Fokien W. (Chine).

1110. LOPHOPHANES

Lophophanes, Kaup (1829); *Parus* (pt.), auct. plur.; *Bæolophus*, Cab. (1850).

6358. CRISTATUS (Lin.); Dubois, *Fne. ill. Ois.* I, p. 434, pl. 103; *mitratus*, Brm. — Europe.

6359. MELANOLOPHUS (Vig.), *P. Z. S.*, 1830, p. 22; Gould, *Cent. Him. B.*, pl. 30, f. 2; id., *B. Asia*, pl. — Himalaya N.-W., Afghanistan.

6360. RUFONUCHALIS (Blyth), *J. A. S. Beng.* XVIII, p. 810; Gould, *B. As.*, pl.; Jerd., *B. Ind.* II, p. 273. — Afghanistan, Himalaya N.-W.

1519. *Var.* BEAVANI, Jerd., *B. Ind.* II, p. 275; Dav. et Oust., *Ois. Ch.*, p. 285; *melanolophus*, Dav. (nec Vig.); *atkinsoni*, Jerd. (juv.) — Du Népaul à la Chine occid.

6361. RUBIDIVENTRIS (Blyth), *J. A. S. Beng.* XVI, p. 445; id., *Contr. Orn.*, pl. 50, f. 1; Gould, *B. As.*, pl.; *melanolophus*, Hodgs. (nec Vig.); *rubidiventer*, Gad. — Népaul, ? Kan-sou.

6362. WOLLWEBERI, Bp., *Compt.-Rend.*, 1850, p. 478; West., *Bijdr. Dierk.* III, p. 15, pl.; Baird, Cass., Lawr., *B. N. Am.*, p. 386, pl. 63, f. 1; *annexus*, Cass.; *galeatus*, Cab. — États-Unis S.-W., Mexique.

6363. ATRICRISTATUS (Cass.), *Pr. Ac. N. Sc. Philad.*, 1850, p. 103, pl. 2; id., *Ill. B. Cal.*, p. 13, pl. 3. — Mexique.

1520. *Var.* CASTANEIFRONS, Senn., *Auk*, 1887, p. 28. — Texas.

6364. BICOLOR (Lin.); Audub., *Orn. Biogr.* I, pl. 301; id., *Am. B.*, pl. 125, *missouriensis*, Baird. — Amérique du Nord, à l'E. du Missouri.

1521. *Var.* TEXENSIS, Senn., *Auk*, 1887, p. 29. — Texas S.

1522. *Var.* FLORIDANA (Bangs), *Auk*, 1898, p. 181. — Georgie S., Floride.

6365. INORNATUS (Gamb.), *Pr. A. N. Sc. Philad.*, 1845, p. 265; id., *J. Acad. N. Sc. Philad.*, 1847, p. 35, pl. 7; Cass., *Ill. B. Cal.*, p. 19. — États-Unis W., Californie.

1523. *Var.* CINERACEA, Ridgw., *P. U. S. Nat. Mus.* VI, p. 154. — Basse-Californie.

6366. DICHROUS (Hodgs.), in *Gr. Zool. Misc.*, p. 83; Gould, *B. As.*, pl.; Jerd., *B. Ind.* II, p. 273. — Himalaya.

1524. *Var.* DICHROIDES, Prjev., in *Daws. Rowl. Orn. Misc.*, pt. VI, *B. of Mongol.*, p. 189; Dav. et Oust., *Ois. Chine*, p. 284. — Kan-sou (Chine W.)

1111. SYLVIPARUS

Sylviparus, Burt. (1835); *Parus* (pt.), auct. plur.

6367. MODESTUS, Burt., *P. Z. S.*, 1835, p. 154; Dav. et Oust., *Ois. Chine*, p. 277; *sericophrys*, Hodgs. — Himalaya jusqu'en Chine.

1112. PSALTRIA

Psaltria, Tem. (1836).

6368. EXILIS, Tem., *Pl. col.* 600, f. 4; Gould, *B. Asia*, pl. Java.

1113. PSALTRIPARUS

Psaltriparus, Bp. (1850); *Psaltrites,* Cab. (1881); *Acredula* (pt.), Gadow (1883).

6369. MELANOTIS (Sandb.), *Rep. Brit. Ass.* IV, p. 99; Hartl., *Rev. Zool.,* 1844, p. 216; Scl., *P. Z. S.,* 1858, p. 299; *personata,* Westerm. — Californie, Mexique, Guatémala.

1525. *Var.* IULA (Jouy), *P. U. S. Nat. Mus.*, 1893, p. 776. — Mexique centr.

6370. MINIMUS (Towns), *J. A. N. Sc. Philad.,* 1837, p. 190; Audub., *B. Am.* II, p. 160, pl. 130. — Amérique N.-W.

1526. *Var.* PLUMBEA (Baird), *Pr. Acad. N. S. Philad.,* 1854, p. 118; Baird, Cass., Lawr., *B. N. Am.,* p. 398, pl. 33, f. 2. — États-Unis S.-W.

1527. *Var.* HELVIVENTRIS (Cab.), *J. f. O.*, 1881, p. 333, pl. 4, f. 1. — Mexique W.

1528. *Var.* SANTARITÆ, Ridgw., *P. U. S. Nat. Mus.*, 1887, p. 697. — Arizona S.

1529. *Var.* CALIFORNICA, Ridgw., *P. Biol. Soc. Wash.* II, p. 89. — Californie.

6371. GRINDÆ, Ridgw., *P. U. S. Nat. Mus.,* 1883, p. 155. — Basse-Californie.

6372. LLOYDI, Senn., *Auk,* 1888, p. 43. — Texas W.

1114. ACREDULA

Orites, Moehr. (1752); *Acredula*, Koch (1816); *Mecistura,* Leach (1816); *Paroides,* Brm. (1831); *Ægithaliscus,* Cab. (1850); *Acanthiparus,* Gould (1855).

6373. ERYTHROCEPHALA (Vig.), *P. Z. S.*, 1831, p. 26; Gould, *Cent. B. Him.*, pl. 30, f. 1. — Himalaya.

6374. CONCINNA (Gould), *B. Asia*, pl.; Dav. et Oust., *Ois. Chine,* p. 293; *anophrys*, Swinh., *Ibis,* 1878, p. 64. — Chine.

6375. JOUSCHISTOS (Hodgs.), in *Gr. Zool. Misc.*, p. 83; Gad., *Cat.* VIII, p. 58. — Himalaya E. et centr.

6376. NIVEOGULARIS (Moore), *P. Z. S.*, 1854, p. 140; Gould, *B. As.*, pl. — Inde N. et N.-W.

6377. LEUCOGENYS (Moore), *l. c.*, p. 139; Gad., *Cat. B.* VIII, p. 59. — Afghanistan, Cachemire.

6378. CAUDATA (Lin.); Dubois, *Fnc. ill. Ois.* I, p. 442, pl. 105[b], f. 1; Dress., *B. Eur.* III, pl. 104. — Europe N. et centr., Asie N.

1530. *Var.* TRIVIRGATA (Tem. et Schl.), *Fauna Jap.*, p. 60, pl. 34. — Japon.

1531. *Var.* ROSEA (Blyth) in *White's Nat. Hist. of Selb.*, p. 111; *longicaudus*, Briss.; Dubois, *l. c.*, pl. 105 et 105[b], ff. 2, 3; *vagans*, Leach; *caudata* (pt.), auct. plur.	Iles Britanniques, Europe centr. W.
1532. *Var.* MACEDONICA, Salvad. et Dress., *Bull. B. O. C.* IV, p. xv; *Ibis*, 1893, p. 240.	Grèce.
1533. *Var.* SENEX, Madar., *Termesz. Füzetek*, 1900, pp. 197-204.	Caucase.
6379. TEPHRONOTA (Günth.), *Ibis*, 1865, p. 96, pl. 4; Dress., *B. Eur.* III, pl. 105, f. 2; *pæltzami*, Severtz., *Turk. Jevotn.*, p. 135, pl. 8, f. 1.	Turkestan, Perse, Asie Min., Turquie.
1534. *Var.* MAJOR, Radde, *Orn. Cauc.*, p. 144, pl. 6, f. 1.	Tiflis (Caucase).
1535. *Var.* IRBII, Sh. et Dress., *P. Z. S.*, 1871, p. 312; Dress., *B. Eur.* III, pl. 105, f. 1; *caudata* (pt.), auct. plur.	Espagne S., Italie S., Sicile.
1536. *Var.* CAUCASICA (Lorenz.), *Beitr. Orn. Fauna Cauc.*, p. 60; Dress., *Ibis*, 1893, p. 242; ?*caudata*, Radde, *Orn. Cauc.*, p. 143.	Caucase.
6380. ?DORSALIS, Madar., *Termesz. Füzet.*, 1900, pp. 197-204.	Caucase.
6381. GLAUCOGULARIS (Gould), *P. Z. S.*, 1854, p. 140; *trivirgatus*, Swinh. (1860); *caudata*, Swinh. (1863); *swinhoei*, Pelz., *Reise Novara*, Vög., pl. 3.	Chine.
1537. *Var.* CALVA, Pleske, *Ibis*, 1894, p. 291.	Haut Chuan-che (Ch.)
6382. BONVALOTI, Oust., *Ann. Sc. Nat.* XII, p. 284, pl. 9, f. 1.	Tà-tsièn-lou.
6383. VINACEA (Verr.), *Nouv. Arch. Mus. Bull.* VI, p. 39; Dav. et Oust., *Ois. Chine*, p. 292; *ouratensis*, Dav.	Ourato (Chine).
6384. FULIGINOSA (Verr.), *N. Arch. Mus. Bull.* V, p. 36; Dav. et Oust., *Ois. Chine*, p. 292.	Setchuan W., Tsinling S. (Chine).

1115. ÆGITHALUS

Ægithalus, Boie (1822); *Pendulinus*, Brm. (1831, nec Vieill.); *Paroides*, Gray (1847, nec Brm.); *Anthoscopus*, Cab. (1850; *Cephalopyrus*, Bp. (1853); *Remiza*, Stejn. (1886); *Rhaphidornis*, Rchw. (1897).

6385. PENDULINUS (Lin.); Dub., *Ois. Eur.* I, pl. 82; Dress., *B. Eur.* III, pl. 116; *narbonensis*, Gm.; *polonicus*, *medius*, *macrourus*, Brm.; *var. jaxartica*, Severtz., *Turk. Jevotn.*, p. 135, pl. 9, f. 2.	Europe S., Asie Min., Perse, Turkestan.
1538. *Var.* CONSOBRINA (Swinh.), *P. Z. S.*, 1870, p. 133.	Chine.
1539. *Var.* STOLICZKÆ, Hume, *Str. F.*, 1874, p. 521.	Asie centr.
1540. *Var.* CORONATA (Severtz.), *Turk. Jevotn.*, p. 136, pl. 9, f. 3; *atricapillus*, Severtz., *l. c.*, p. 13, pl. 9, ff. 4, 5.	Turkestan W.
6386. CASTANEUS, Severtz., *Turk. Jevotn.*, p. 136; Dress., *B. Eur.* III, pl. 117; *caspius*, Bogd.	Delta du Volga.

6387. MACRONYX, Severtz., *Turk. Jevotn.*, p. 137, pl. 9, f. 8; *rutilans*, Severtz., *l. c.*; *var. cucullata*, Sev., *l. c.*, pl. 9, f. 6; *var. pectoralis*, Sev., *l. c.*, pl. 9, f. 7. — Turkestan N.-W.

6388. FLAMMICEPS, Burt., *P. Z. S.*, 1835, p. 153; Strickl., *Contr. Orn.*, 1850, pl. 66; *sanguinifrons*, Hay. — Inde N.-W., Afghan., Cachemire.

6389. CAPENSIS (Gm.); Gad., *Cat. B.* VIII, pl. 1, f. 2; *smithii*, Jard. et S., *Ill. Orn.*, pl. 113, f. 1. — Afrique S., Transvaal, Damara.

6390. PUNCTIFRONS, Sundev., *OEfvers. Vet.-Akad.*, 1850, p. 129; Heugl., *Orn. N.-O. Afr.*, p. 410; *capensis*, Gad. (pt.) — Abyssinie, Sennaar.

6391. PARVULUS, Heugl., *J. f. O.*, 1864, p. 260; *Zool. Jahrb.* II, pl. 12, f. 3; *capensis*, Gad. (pt.) — Bongo, Redjaf (Afr. centr.)

6392. FLAVIFRONS, Cass., *Pr. Ac. Nat. Sc. Philad.*, 1855, p. 325, 1858, pl. 1, f. 2; Gad., *Cat. B.* VIII, p. 72. — Du Gabon au Benguela (Afr. W.)

1541. *Var.* CAMAROONENSIS, Shell., *B. of Afr.* II, p. 251 (1900); *Rhaphidornis flavifrons*, Rchw., *Orn. Monatsb.*, 1897, p. 123 (nec Cass.) — Caméron.

1542. *Var.* CALOTROPIPHILA (Rochebr.), *Bull. Soc. Philom.*, 1883, p. 166; id., *Act. Soc. Linn. Bordeaux*, 1884, p. 271, pl. 16. — Sénégambie.

6393. CAROLI, Sharpe, *Ibis*, 1871, p. 415; Gad., *Cat. B.* VIII, p. 71, pl. 1, f. 1. — Damara.

6394. MUSCULUS, Hartl., *Orn. Centralbl.*, 1882, p. 91; id., *J. f. O.*, 1882, p. 326; Shell., *B. Afr.* II, p. 254, pl. 11, f. 2; *capensis*, Gad. (pt.) — Lado (Haut-Nil).

6395. FRINGILLINUS (Fisch. et Rchw.), *Journ. f. Orn.*, 1884, p. 56; Fisch., *Zeitschr.*, 1884, p. 340, pl. 19, f. 1; Shell., *B. Afr.* II, p. 255. — Masaï.

1116. AURIPARUS

Auriparus, Baird (1864).

6396. FLAVICEPS (Sundev.), *OEfvers. k. Vet.-Akad.*, 1850, p. 129; Baird, Cass., Lawr., *Am. B.*, p. 400, pl. 53, f. 2; *ornatum*, Lawr., *Ann. N. Y. Lyc. N. H.*, 1851, p. 113, pl. 5, f. 1. — Texas, Mexique N.

1543. *Var.* LAMPROCEPHALA, Oberh., *Auk*, XIV, p. 391. — Basse-Californie.

1117. XEROPHILA

Xerophila, Gould (1840).

6397. LEUCOPSIS, Gould, *P. Z. S.*, 1840, p. 175; id., *B. Austr.* III, pl. 67. — Australie S. et S.-E., Nouv.-Guinée S.-E.

6398. PECTORALIS, Gould., *Ann. Mag. N. H.*, 1871, p. 192; Gad., *Cat. B.* VIII, p. 74. — Australie S. et N.

6399. NIGRICINCTA, North, *Ibis*, 1895, p. 340; id., *Horn Exped. Centr. Austr.* II, *Aves*, pl. 7, f. 1. — Australie centr.

1118. SPHENOSTOMA

Sphenostoma, Gould (1837).

6400. CRISTATUM, Gould, *P. Z. S.*, 1837, p. 150; id., *B. Austr.* III, pl. 17. — Australie S. et S.-E.

1119. CERTHIPARUS

Certhiparus, de Lafr. (1842).

6401. ALBICILLUS (Less.), *Voy. Coq.* I, p. 662; Gray, *Voy. Ereb. and Terr.*, p. 6, pl. 5, f. 2; *senilis*, Du Bus, *Bull. Acad. Brux.*, 1839, p. 297; *cinerea*, Ellm. — Nouvelle-Zélande (île Nord).

6402. NOVÆ-ZEALANDIÆ (Gm.); *zelandicus*, Q. et G., *Voy. Astr.* I, p. 210, pl. 2, f. 3; Gr., *Voy. Ereb. and Terr.*, p. 6, pl. 5, f. 1; *maculicaudus*, Gray; *urostigma*, Forst. — Nouvelle-Zélande.

1120. CLITONYX

Mohoua! Less. (1837); *Clitonyx*, Rchb. (1851); *Orthonyx* (pt.), auct. plur.

6403. OCHROCEPHALA (Gm.); Gray, *Gen. B.*, pl. 46; *heteroclites*, Q. et G.; *Voy. Astrol.* I, pl. 17, f. 1; *hua*, Less.; *icterocephalus*, Lafr.; *chloris*, Forst. — Nouvelle-Zélande (île Sud).

1121. PANURUS

Panurus, Koch (1816); *Calamophilus*, Leach (1816); *Mystacinus*, Boie (1822); *Hypenites*, Glog. (1842).

6404. BIARMICUS (Lin.); *russicus*, Gm.; *arundinaceus*, *dentatus*, Brm.; *barbatus*, Briss.; Dubois, *Fne. ill. Ois.* I, p. 450, pl. 106. — Europe centr. et mérid., Asie centr. W.

SUBF. II. — CHAMÆINÆ

1122. CHAMÆA (1)

Chamæa, Gamb. (1847).

6405. FASCIATA, Gamb., *Pr. Philad. Acad.*, 1845, p. 265, 1847, p. 154; Cass., *Ill. B. Cal. and Tex.*, p. 39, pl. 7. — Californie.

1544. *Var.* HENSHAVI, Ridgw., *Pr. U.S. Nat. Mus.* V, p. 13. — Baie de San-Francisco.

1545. *Var.* PHÆA, Osg., *P. Biol. Soc. Wash.*, 1899, p. 41. — Orégon.

(1) Voy.: Sharpe, *Cat. B. Brit. Mus.* VII, p. 311 (1883).

SUBF. III. — PARADOXORNITHINÆ (1)

1123. PARADOXORNIS

Paradoxornis, Gould (1836); *Bathyrhynchus*, Mc Clell. (1838).

6406. FLAVIROSTRIS, Gould, *P. Z. S.*, 1836, p. 17; id., *B. Asia*, pl.; *brevirostris*, Mc Clell. — Bengale N.-E., Assam, Sikkim, Népaul.

6407. GUTTATICOLLIS, David, *N. Arch. Mus.* VII, *Bull.*, p. 14; id. et Oust., *Ois. Chine*, p. 203, pl. 64; *austeni*, Gould, *B. As.*, pl. — Setchuan W. jusqu'aux monts Naga et Khasi (Chine).

6408. HEUDEI, David, *Compt. Rend. Ac. Sc.* LXXIV, p. 1449; id. et Oust., *Ois. Chine*, p. 204, pl. 63. — Nanking (Chine).

1124. CHOLORNIS

Cholornis, J. Verr. (1870).

6409. PARADOXA, Verr., *N. Arch. Mus.* VI, *Bull.*, p. 35, VII, pl. 1, f. 1; Dav. et Oust., *Ois. Chine*, p. 205, pl. 62. — Moupin (Chine W.)

1125. HETEROMORPHA

Heteromorpha, Hodgs. (1843); *Hemirhynchus*, Hodgs. (1845); *Scæorhynchus*, Oat. (1889); *Suthora* (pt.), Sharpe (1883).

6410. UNICOLOR, Hodgs., *Icon. ined. in Br. Mus.*, *Passeres*, pl. 264; Gould, *B. As.*, pl.; Dav. et Oust., *Ois. Chine*, p. 206. — Himalaya E., Thibet, Chine W.

6411. GULARIS (Gray), *Gen. B.* II, p. 389, pl. 94, f. 2; Dav. et Oust., *Ois. Chine*, p. 206, pl. 61; *caniceps*, Blyth; *fokiensis*, Dav. — Himal. du Sikkim au Bengale N.-E. et le Fokien W. (Chine).

6412. RUFICEPS (Blyth), *J. A. S. Beng.* XI, p. 177; Gray, *Gen. B.* II, pl. 94, f. 1; Gould, *B. Asia*, pl. — Himalaya E., Birmanie, Ténassérim.

1126. CONOSTOMA

Conostoma, Hodgs. (1841).

6413. ÆMODIUM, Hodgs., *J. A. S. Beng.* X, p. 857; id., *Icon. ined.*, *Passeres*, pl. 263; Dav. et Oust., *Ois. Chine*, p. 207. — Népaul, Sikkim, Thibet, Chine W.

1127. SUTHORA

Suthora, Hodgs. (1838); *Temnoris*, Hodgs. (1841); *Chleuasicus*, Blyth (1845).

6414. POLIOTIS, Blyth, *J. A. S. Beng.* XX, p. 522; *munipurensis*, Godw.-Aust. et Wald.; Gould, *B. Asia*, pl.; *daflaensis*, Godw.-Aust. — Monts Naga, Dafla et Munipour.

(1) Voy.: Sharpe, *Cat. B. Brit. Mus.* VII, pp. 485-498 (1883).

6415. PICTIFRONS, Hodgs., *Icon. ined., Passeres, App.*, pl. 65; *nipalensis* (pt.), Gould (fig. inf.); *poliotis* (pt.), auct. plur.; *humii*, Sharpe, *Cat. B.* VII, p. 487. — Himalaya E.

6416. FEÆ, Salvad., *Ann. Mus. Gen.*, 1889, pp. 363, 406. — Birmanie.

6417. GULARIS, J. Verr., *N. Arch. Mus.* VI, *Bull.*, p. 35, VIII, pl. 3; Dav. et Oust., *Ois. Chine*, p. 212; *verreauxi*, Sharpe, *Cat.* VII, p. 488. — Setchuan W. et Moupin (Chine).

6418. NIPALENSIS, Hodgs., *Ind. Rev.* II, p. 32; id., *Icon. ined., Pass.*, pl. 109; Gould, *B. As.*, pl. (fig. sup.); *atrifrons*, Hodgs. — Népaul.

6419. DAVIDIANA, Slat., *Ibis*, 1897, p. 172, pl. 4, f. 1. — Fokien N.-W. (Chine).

6420. CONSPICILLATA, Dav., *N. Arch. Mus.* VI, *Bull.*, p. 14; id. et Oust., *Ois. Chine*, p. 211, pl. 65. — Kokonoor, Tsinling S.

6421. ALPHONSIANA, Verr., *N. Arch. Mus.* VI, *Bull.*, p. 35, VIII, pl. 5, f. 4; Dav. et Oust., *Ois. Chine*, p. 210. — Chine W.

6422. PRZEWALSKII, Dedit., *Journ. f. Orn.*, 1897, p. 69. — Kan-Sou (Chine).

6423. BRUNNEA, Anders., *P. Z. S.*, 1871, p. 211; Gould, *B. Asia*, pl. — Yunnan W.

6424. BULOMACHUS, Swinh., *Ibis*, 1866, p. 299, pl. 9; Dav. et Oust., *Ois. Chine*, p. 208. — Formose.

1546. *Var.* SUFFUSA, Swinh., *P. Z. S.*, 1871, p. 372. — Yangtzé-Kiang supér. (Chine).

6425. WEBBIANA, Gray, *P. Z. S.*, 1852, p. 70, pl. 49; Dav. et Oust., *Ois. Chine*, p. 208; *longicauda*, Campb., *Ibis*, 1892, p. 237. — Chine, Corée, Japon.

1547. *Var.* FULVICAUDA, Campb., *Ibis*, 1892, p. 237. — Corée.

6426. RUFICEPS (Blyth), *J. A. S. Beng.* XIV, p. 578; Anders., *Zool. Exped. Yunn. Aves*, p. 638, pl. 47, f. 2; *sphenura*, Hodgs.; *var. atrosuperciliaris*, Godw. — Himalaya E., Assam, Cachar N.

6427. FULVIFRONS (Hodgs.), *Icon. ined., Pass.*, pl. 109[a], f. 2; Sharpe, *Cat. B.* VII, p. 494. — Himalaya E.

6428. CYANOPHRYS, Dav. et Oust., *Ois. Chine*, p. 212, pl. 66. — Chensi S.-W. (Chine).

FAM. XXXII. — VIREONIDÆ (1)

1128. VIREO

Vireo, Vieill. (1807); *Vireosylvia*, Bp. (1838); *Phyllomanes*, Cab. (1847); *Lanivireo*, *Vireonella*, Baird (1864).

6429. CALIDRIS (Lin.); *altiloquus*, Gamb., *Pr. Ac. N. Sc. Philad.*, 1848, p. 127; Cass., *Illustr.*, pl. 37; *var. barbadensis*, Baird, Brew. et Ridgw.; *var. dominicana*, Lawr. — Floride, Antilles, Guyane, Vénézuéla, jusqu'à Panama.

1548. *Var.* BARBATULA (Cab.), *Journ. f. Orn.*, 1855, p. 467. — Cuba.

(1) Voy. : Gadow, *Cat. B. Brit. Mus.*, VIII, pp. 292-321 (1883).

6430. OLIVACEUS (Lin.); Wils., *Amer. Orn.*, pl. 12; Audub., *Am. B.*, pl. 150; ?*virescens*, Vieill.; *bogotensis*, Bryant, *Pr. Bost. Soc. N. H.* VII, p. 227.	Amérique du N. et centr., Colombie, Cuba.
1549. *Var.* CHIVI (Vieill.), *N. Dict.* XI, p. 174; *agilis*, Licht., *Verz. Doubl.*, p. 526; Baird, *Rev. Am. B.*, p. 338.	Zone trop. de l'Amér. mérid.
1550. *Var.* GRISEOBARBATA, Berl., *P. Z. S.*, 1883, p. 541.	Ecuador W.
6431. FLAVOVIRIDIS (Cass.), *Pr. Ac. N. Sc. Philad.*, V, 1851, p. 152, VI, pl. 1, f. 2; Salv. et Godm., *Biol. Centr. Amer.*, p. 189.	Du Texas à la Bolivie, Pérou, Haut-Amaz.
6432. MAGISTER (Lawr.), *Ann. Lyc. N.-Y.* X, p. 20; Salv. et Godm., *l. c.*, p. 191; *cinereus*, Ridgw.	Honduras.
1551. *Var.* BAIRDI, Ridgw., *P. U. S. Nat. Mus.* VIII, p. 565.	Ile Cozumel.
6433. PHILADELPHICUS (Cass.), *Pr. Ac. N. Sc. Philad.* V, p. 153, VI, pl. 1, f. 1; Baird, *Birds N. Am.*, p. 335, pl. 78, f. 3; *cobanensis*, Scl.	États-Unis E. et Amér. centr.
6434. GILVUS (Vieill.), *Ois. Am. sept.* I, p. 65, pl. 34; *melodia*, Wils., *Am. Orn.* V, p. 85, pl. 42, f. 2; *bartramii*, Sw.	Amér. du N. tempérée à l'E. des Mgnes Roch.
1552. *Var.* SWAINSONI (Baird), *B. N. Am.* (1858), p. 336; Ell., *Illustr. B. N. Am.* I. pl. 7.	États-Unis W., Mex.
6435. JOSEPHÆ, Sclat., *P. Z. S.*, 1859, p. 137, pl. 154; Salv. et Godm., *l. c.*, p. 194.	Du Costa-Rica au Pérou.
6436. AMAURONOTUS, Salv. et Godm., *Biol. Centr.-Am.*, p. 193; *V. gilva var. josephæ*, Baird, Ridgw. et Brew., *Am. B.* I, p. 360.	Orizaba (Mexique).
6437. GRANDIOR (Ridgw.), *P. U. S. Nat. Mus.* VII, p. 178.	Ile Vieille-Providence.
6438. CANESCENS (Cory), *Auk*, 1887, p. 178.	Ile St-Andrews.
6439. FLAVIFRONS, Vieill., *Ois. Am. sept.* I, p. 85, pl. 54; *M. sylvicola*, Wils., *Am. Orn.* II, p. 117, pl. 7, f. 3.	Amér. N.-E. et centr., Colombie, Cuba.
6440. SOLITARIUS (Wils.), *Am. Orn.* II, p. 143, pl. 17, f. 6; *propinqua*, Baird, *Rev. Am. B.*, p. 348.	Canada, États-Unis, Amérique centr., Mexique, Cuba.
1553. *Var.* ALTICOLA, Brews., *Auk*, 1886, p. 111.	Californie N.-W.
1554. *Var.* CASSINI, Xant., *Pr. Ac. N. Sc. Phil.*, 1858, p. 117; Baird, *B. N. Am.*, p. 340, pl. 78, f. 1.	Nevada, Californie.
1555. *Var.* LUCASANA, Brewst., *Auk*, 1891, p. 147.	Basse-Californie.
1556. *Var.* PLUMBEA, Coues, *Pr. Ac. N. Sc. Philad.*, 1866, p. 74; Ell., *Illustr. B. N. Am.* I, pl. 7.	Arizona, Mexique N.
6441. VICINIOR, Coues, *Pr. Ac. N. Sc. Philad.*, 1866, p. 75; Baird, Brew. et Ridgw., *N. Am. B.* I, p. 393.	Arizona.
1557. *Var.* CALIFORNICA, Steph., *Auk*, 1890, p. 159.	Californie.
6442. ATRICAPILLUS, Woodh., *Pr. Ac. N. Sc. Philad.*, 1852, p. 60; Cass., *Illustr.*, p. 153, pl. 24.	Texas S.-W., Mexique.
6443. NOVEBORACENSIS (Gm.); Audub., *Orn. Biogr.*, pl. 63; *musicus*, Vieill., *Ois. Am. sept.*, p. 83, pl. 53; *cantatrix*, Wils.	Amér. N.-E. et centr., Bermude, Cuba.

1558. *Var.* MAYNARDI, Brewst., *Auk*, 1887, p. 148. — Floride.
1559. *Var.* MICRA, Nels., *Auk*, 1899, p. 30. — Tamaulipas (Mexique).
1560. *Var.* CRASSIROSTRIS (Bryant), *Pr. Bost. Soc. N. H.* VII, 1859; *flavescens*, Ridgw., *Man. N. Am. B.*, p. 476. — Iles Bahama.
1561. *Var.* APPROXIMANS, Ridgw., *Pr. U. S. Nat. Mus.* VII, p. 179. — Ile Vieille-Providence.
6444. BELLI, Audub., *B. Am.* VII, p. 333, pl. 485; Salv. et Godm., *Biol. Centr.-Amer.*, p. 200. — États-Unis mérid., Mexique.
6445. PUSILLUS, Coues, *Pr. Ac. N. Sc. Philad.*, 1866, p. 75; Coop., *Orn. Calif.* I, p. 124. — Arizona, Californie.
6446. OCHRACEUS, Salv., *P. Z. S.*, 1863, p. 188; id. et Godm., *Biol. Centr.-Am.*, p. 202, pl. 12, f. 1; *semiflavus*, Salv. — Mexique, Guatémala.
1562. *Var.* PALLENS, Salv., *P. Z. S.*, 1863, p. 188; id. et Godm., *l. c.*, pl. 12, f. 2. — Nicarag., Costa-Rica.
6447. HUTTONI, Cass., *Pr. Ac. N. Sc. Philad.*, 1851, p. 150, 1852, pl. 1; Salv. et Godm., *l. c.*, p. 203. — États Unis, Californie, Mexique, Guatém.
1563. *Var.* STEPHENSI, Brewst., *Bull. Nutt. Orn. Club*, VII, p. 142. — Arizona, Nouv.-Mex.
1564. *Var.* OBSCURA, Rhoads, *Auk*, 1893, p. 23. — Orégon.
1565. *Var.* INSULARIS, Rhoads, *Auk*, 1893, p. 239. — Ile Vancouver.
6448. MODESTUS, Scl., *P. Z. S.*, 1860, p. 462, 1861, pl. 14, f. 1; *noveboracensis*, Gosse (nec Gm.), *B. of Jamaica*, p. 192. — Jamaïque.
6449. CARMIOLI, Baird, *Rev. Am. B.* I, p. 356; Salv. et Godm., *Biol. Centr.-Am.*, p. 203, pl. 12, f. 3. — De Costa-Rica à Panama.
1566. *Var.* SUPERCILIARIS, Cherrie, *Pr. U. S. Nat. Mus.*, 1891, p. 340. — Costa-Rica S.-W.
6450. HYPOCHRYSEUS, Scl., *P. Z. S.*, 1862, p. 369, pl. 46; Salv. et Godm., *l. c.*, p. 204. — Mexique.
1567. *Var.* SORDIDA, Nels., *Pr. Biol. Soc. Wash.* II, p. 10. — Tres Marias.
6451. FORRERI, Madar., *Term. Füsetek*, IX, 1, p. 85, pl. 6; = *sordida?* — Tres Marias.
6452. GUNDLACHI, Lembeye, *Aves Cuba*, p. 29, pl. 5, f. 1; Baird, *Rev. Am. B.* I, p. 369. — Cuba.
6453. LATIMERI, Baird, *Rev. Am. B.* I, p. 364. — Porto-Rico.
6454. NANUS, Nels., *Pr. Soc. Washingt.* XII, p. 59. — Michoacan (Mexique).
6455. ALLENI, Cory, *Auk*, 1886, p. 500. — Gr. Cayman (Antilles).
6456. CAYMANENSIS, Cory, *Auk*, 1887, p. 7. — Grand Cayman.
6457. GRACILIROSTRIS, Sharpe, *J. L. S.* XX, p. 478. — Fernando Noronha.

1129. NEOCHLOE

Neochloe, Sclat. (1857).

6458. BREVIPENNIS, Sclat., *P. Z. S.*, 1857, p. 213; Salv. et Godm., *Biol. Centr.-Am.*, p. 205, pl. 13, f. 2. — Mexique.

1130. HYLOPHILUS

Hylophilus, Tem. (1823); *Pachysylvia*, Bonap. (1850).

6459. THORACICUS, Tem., *Pl. col.* 173, f. 1; Gad., *Cat. B.* VIII, p. 307. — N. de l'Amér. mérid.

1568. *Var.* PECTORALIS, Sclat., *P. Z. S.*, 1866, p. 321; Gad., *l. c.* — Brésil.

6460. DECURTATUS (Bp.), *P. Z. S.*, 1837, p. 118; Baird, *Rev. Am. B.* I, p. 380; *cinereiceps*, Scl. et Salv.; *pusillus* et *plumbiceps*, Lawr., *Ann. Lyc. N. Y.* VII, p. 323. — Amérique centr.

6461. MUSCICAPINUS, Scl. et Salv., *Nomencl.*, p. 156; Scl., *Ibis*, 1881, p. 299, pl. 10, f. 1. — Guyane.

6462. SCLATERI, Salv. et Godm., *Ibis*, 1883, p. 205. — Guyane angl.

6463. POECILOTIS, Tem., *Pl. col.* 173, f. 2; Gad., *Cat. B.* VIII, p. 308. — Brésil S.

6464. AMAUROCEPHALUS (Nordm.), *Verz. d. Thiere in Erm. Reise*, p. 14; Scl., *Ibis*, 1881, p. 301; *pœcilotis* (pt.), Max., Burm. — Brésil E.

6465. SEMIBRUNNEUS, Lafr., *Rev. Zool.*, 1845, p. 341; Scl., *Ibis*, 1881, p. 302; *castaneiceps*, Verr. — Colombie.

6466. FLAVIVENTRIS, Cab., *Journ. f. Orn.*, 1873, p. 64; Tacz., *Orn. Pérou*, I, p. 446. — Pérou centr.

6467. FUSCICAPILLUS, Scl. et Salv., *P. Z. S.*, 1880, p. 155; Scl., *Ibis*, 1881, p. 303, pl. 10, f. 2. — Ecuador.

6468. AURANTIIFRONS, Lawr., *Ann. Lyc. N. Y.*, 1861, p. 324; Salv. et Godm., *Biol. Centr.-Am.*, p. 207; *insularis*, Scl., *P. Z. S.*, 1861, p. 128; *hypoxanthus*, Pelz.; *acuticauda*, Lawr. — Des Guyane à Panama.

6469. MINOR, Stolzm., *M. S.*, in : Berl. et Tacz., *P. Z. S.*, 1883, p. 542; *aurantiifrons*, Scl. (nec Lawr.) — Ecuador W.

6470. BRUNNEICEPS, Scl., *P. Z. S.*, 1866, p. 322; Scl., *Ibis*, 1881, p. 305, pl. 11, f. 1. — Guyane.

6471. OCHRACEICEPS, Scl., *P. Z. S.*, 1859, p. 375; Salv. et Godm., *Biol. Centr.-Am.* I, p. 207. — Du Mexique à Panama.

6472. RUBRIFRONS, Scl. et Salv., *P. Z. S.*, 1867, p. 569, pl. 30, f. 1. — Bas-Amazone.

6473. FERRUGINEIFRONS, Scl., *P. Z. S.*, 1862, p. 110; Tacz., *Orn. Pér.* I, p. 445. — Moitié N. de l'Amér. mérid.

6474. LUTEIFRONS, Scl., *Ibis*, 1881, p. 308; Gad., *Cat. B.* VIII, p. 311. — Guyane.

6475. SEMICINEREUS, Scl. et Salv., *P. Z. S.*, 1867, p. 570, pl. 30, f. 2. — Bas-Amazone, Para.

6476. FLAVIPES, Lafr., *Rev. Zool.*, 1845, p. 342; Scl., *Ibis*, 1881, p. 309. — Colombie, Vénézuéla.

1569. *Var.* VIRIDIFLAVA, Lawr., *Ann. Lyc. N. Y.* VII, — Veragua, Panama.

p. 324; Salv. et Godm., *Biol. Centr.-Am.*, p. 208, pl. 13, f. 1.

6477. GRISEICEPS, Richm., *P. U. S. Nat. Mus.* XVIII, p. 678. — Ile Margarita.

6478. PALLIDIFRONS, de Dalm., *Mém. Soc. Zool. de France*, 1900, p. 135. — Ile Tobago.

6479. OLIVACEUS, Tsch., *Arch. f. Naturg.*, 1844, p. 284; id., *Faun. Per.*, pp. 28, 195; Scl., *Ibis*, 1881, p. 310. — Pérou E.

6480. ? FLAVEOLUS (Max.), *Beitr.* III, p. 719; Burm., *Thiere Bras.* III, p. 110; Baird, *Rev. Am. B.* I, p. 375. — Bahia (Brésil).

1131. LALETES

Laletes, Sclat. (1861).

6481. OSBURNI, Scl., *P. Z. S.*, 1861, p. 72; Gad., *Cat. B.* VIII, p. 313. — Jamaïque.

1132. VIREOLANIUS

Vireolanius, Du Bus (1850).

6482. MELITOPHRYS, Du Bus, *Esq. Orn.*, pl. 26; Salv. et Godm., *Biol. Centr.-Am.*, p. 209. — Mexique, Guatémala.

6483. LEUCOTIS (Sw.), *Maloc. leucotis*, Sw., *An. in Menag.*, p. 341; Salv., *Ibis*, 1878, p. 443, pl. 11; *icterophrys*, Bp., *C. R.* XXXVIII, p. 380; *chlorogaster*, Bp., *l. c.*, p. 381; *dubusi*, Verr. — Du Rio Négro à l'Ecuador et Pérou.

6484. MIKETTÆ, Hart., *Br. Orn. Club.* LXXVI, Déc. 1900. — Ecuador N.

6485. PULCHELLUS, Scl. et Salv., *Ibis*, 1859, p. 12; id., *Exot. Orn.*, pl. 8. — Mexique, Amér. centr.

1570. *Var.* VERTICALIS, Ridgw., *P. U. S. Nat. Mus.* VIII, p. 24. — Costa-Rica, Panama.

6486. EXIMIUS, Baird, *Rev. Am. B.* I, p. 398; *icterophrys*, Scl. (nec Bp.), *P. Z. S.*, 1855, p. 151, pl. 103. — Colombie.

1133. CYCLORHIS

Cyclorhis, Sw. (1828); *Laniagra*, d'Orb. (1837).

6487. FLAVIVENTRIS, Lafr., *Rev. Zool.*, 1842, p. 133; Baird, *Rev. Am. B.* I, p. 386; Berl., *Ibis*, 1888, p. 84. — Mexique S., Guatémala.

1571. *Var.* YUCATANENSIS, Ridgw., *P. U. S. Nat. Mus.*, 1886, p. 519. — Yucatan.

6488. FLAVIPECTUS, Scl., *P. Z. S.*, 1858, p. 448; Berl., *Ibis*, 1888, p. 85. — Colombie, Vénézuéla, Trinidad.

1572. *Var.* SUBFLAVESCENS, Cab., *J. f. O.*, 1860, p. 405. — Costa-Rica, Véragua.

1573. *Var.* CANTICA (Bangs), *Pr. Soc. Wash.* XII, p. 142. — Ile Santa-Marta.

1574. *Var.* INSULARIS, Ridgw., *P. U. S. Nat. Mus.* VIII, p. 566. — Ile Cozumel.

6489. GUIANENSIS (Gm.); Levail., *Ois. d'Afr.*, pl. 76, f. 2; Gad., *Cat. B.* VIII, p. 319; *superciliosus*, Bonn. et Vieill. (nec Lath.); *poliocephala*, Tsch., *Arch. f. Nat.*, 1845, p. 362. — Guyane, Amazone.

6490. CEARENSIS, Baird, *Rev. Am. B.* I, p. 391; Berl., *Ibis*, 1888, pp. 86-87; *guianensis*, Max. (nec Gm.); *albiventris*, Scl. et Salv., *Nomencl.*, p. 156; *wiedi* (pt.), Pelz. — Brésil E.

6491. VIRIDIS (Vieill.), *Enc. méth.* II, p. 793; Berl., *Ibis*, 1888, p. 90; *guianensis*, d'Orb. et Lafr. (nec Gm.); *altirostris*, Salv., *Ibis*, 1880, p. 352. — Paraguay, Argentine N., Salta, Tucuman, Bolivie.

6492. WIEDI, Pelz., *Orn. Bras.*, pp. 74, 137 (pt.); *ochrocephala* (pt.), Gadow; *viridis*, Baird (nec Vieill.), *Rev. Am. B.* I, p. 392. — Matogrosso, Parana.

6493. OCHROCEPHALA, Tsch., *Arch. f. Nat.*, 1845, p. 362; Berl., *Ibis*, 1888, p. 87; *guianensis*, Sw. (nec Gm.); *viridis*, Gad., *Cat. B.* VIII, p. 318, et auct. plur. — De Rio-de-Janeiro à Buenos-Ayres, Argentine E.

6494. VIRENTICEPS, Scl., *P. Z. S.*, 1860, p. 274; Gad., *l. c.*, p. 317. — Ecuador.

6495. CONTRERASI, Tacz., *P. Z. S.*, 1879, p. 224, pl. 21; Gad., *l. c.*, p. 321. — Pérou.

6496. NIGRIROSTRIS, Lafr., *Rev. Zool.*, 1842, p. 133; id., *Mag. Zool.*, 1843, pl. 33; Gad., *l. c.*, p. 317. — Colombie.

6497. ? ATRIROSTRIS, Scl., *Ibis*, 1887, p. 324, pl. 10. — Ecuador.

FAM. XXXIII. — LANIIDÆ (1)

SUBF. I. — PACHYCEPHALINÆ

1134. PACHYCEPHALA

Pachycephala, Vig. et Horsf. (1826); *Hylocharis*, Müll. (1835); *Hyloterpe*, Cab. (1847); *Muscitrea*, Blyth (1847); *Pucherania*, Bp. (1854).

6498. MELANURA, Gould, *P. Z. S.*, 1842, p. 134; id., *B. Austr.* II, pl. 66; *dahlii*, Rchw. — Austr., Nouv.-Guinée, Nouv.-Bretagne.

1575. *Var.* DAMMERIANA, Hart., *Nov. Zool.* VII, p. 17. — Ile Dammer.

1576. *Var.* BURUENSIS, Hart., *Ibis*, 1899, p. 311. — Ile Bourou.

6499. FRETORUM, Kent, *P. R. Soc. Queensl.*, 1889, p. 237; *queenslandica*, Rchw., *Orn. Monatsb.* VII, p. 8. — Queensland N.

6500. MACRORHYNCHA, Strickl., *Contr. Orn.*, 1849, p. 91, pl. 30; Salvad., *Orn. Pap.* II, p. 218; *merula* et *moluccanus*, Less.; *albicollis*, Lafr. (nec Vieill.); *xanthocnemis*, Gray; *citreogaster*, Rams. — Amboine, Céram.

(1) Voy.: Gadow, *Cat. B. Brit. Mus.* VIII (1883).

1577. *Var.* Clio, Wall., *P. Z. S.*, 1862, pp. 335, 341; Finsch, *New-Guin.*, p. 175; *melanura* et *macrorhyncha* (pt.). auct. plur. — Ile Soula.

1578. *Var.* Obiensis, Salvad., *Ann. Mus. Civ. Gen.* XII, p. 330. — Iles Obi.

6501. finschi, Rchw., *Orn. Monatsb.* VII, p. 8. — Nouv.-Pomméranie.

6502. rosseliana, Hart., *Ibis*, 1899, p. 122. — Ile Rossel.

6503. everetti, Hart., *Novit. Zool.* III, p. 170; Mey. et Wg., *B. Cel.*, p. 400, pl. 17. — Ile Djampea.

6504. mentalis, Wall., *P. Z. S.*, 1863, p. 30; Salvad., *Orn. Pap. e Mol.* II, p. 216; *melanura*, auct. plur. (nec Gould); *albicollis, armillaris, cucullatus*, Bp.; *nigrimentum*, Gray. — Ternate, Gilolo, Batjan, Morty, Timor.

6505. vitiensis, Gray, *B. Trop. Isl. Pac. Oc.*, p. 20; Finsch et Hartl., *Faun. Centr. Polyn.*, p. 73; Gad., *Cat. B.* VIII, p. 190. — Iles Fidji.

6506. kandavensis, Rams., *Pr. Lin. Soc. N. S. W.*, 1877, p. 65; Gad., *l. c.*, p. 191. — Kandavu.

6507. gutturalis (Lath.), *Ind. Orn. Suppl.* II, p. 51; Gould, *B. Austr.* II, pl. 64; *pectoralis*, Lath., *l. c.*, p. 49; *dubia*, Shaw; *fusca, fuliginosa*, Vig. et Horsf.; *lunularis*, Steph.; *meruloides*, Blyth. — Australie S. et S.-E., Tasmanie.

1579. *Var.* Contempta, Hart., *Ibis*, 1899, p. 127. — Ile Lord-Howe.

6508. occidentalis, Rams., *Pr. Lin. Soc. N. S. W.*, 1878, pp. 181, 212; Gad., *Cat. B.* VIII, p. 193; *gutturalis*, Gould (nec Lath.) — Australie W.

6509. glaucura, Gould, *P. Z. S.*, 1845, p. 19; id., *B. Austr.* II, pl. 65. — Austr. S., Tasmanie.

6510. chlorura, Gray, *Cat. B. Trop. Isl. Pacif. Ocean*, p. 20; id. in *Brenchl.*, *Cruise of the « Curaçoa » App. B.*, pl. 11 (mas.), p. 374; *Eopsaltria cucullata*, Gray, *l. c.*, p. 21; id., in *Brenchl.*, pl. 13, f. 2 (fem.). — Nouv.-Hébrides.

1580. *Var.* Intacta, Sharpe, *Ibis*, 1900, p. 343. — Mallicollo (N.-Hébr.)

6511. schlegeli, Rosenb., *Nederl. Tijdschr. Dierk.* IV, p. 43; Salvad., *Orn. Pap. e Mol.* II, p. 223; Gad., *Cat. B.* VIII, p. 195. — Nouv.-Guinée.

1581. *Var.* Obscurior, Hart., *Nov. Zool.* III, p. 15. — Nouv.-Guinée S.-E.

1582. *Var.* ? Affinis, Mey., *Zeitschr. Ges. Orn.*, 1884, p. 200 (nec Mey., 1874). — Monts Arfak (Nouv.-Guinée).

6512. fulvotincta, Wall., *P. Z. S.*, 1863, pp. 486, 492; Gad., *Cat.* VIII, p. 196. — Flores.

6513. fulviventris, Hart., *Ibis*, 1896, p. 567. — Sumba.

6514. soror, Scl., *P. Z. S.*, 1873, p. 692; Salvad., *Orn. Pap. e Mol.* II, p. 222; *affinis* (fem.), Mey., *Sitzungsb. Wien. Akad.*, 1874, p. 392. — Nouv.-Guinée.

6515. AUREA, Rchw., *Orn. Monatsb.* VII, p. 131. Nouv.-Guinée allem.
6516. MEYERI, Salvad., *Mem. R. Ac. Torino*, XI, p. 230. Nouv.-Guin. N.
6517. INNOMINATA, Salvad., *Orn. Pap e Mol.* II, p. 222; *Pachycephala sp.*, Rams., *Pr. Lin. Soc. N. S. W.*, 1879, p. 282. Ile Teste (Pap.)
6518. COLLARIS, Rams., *Pr. Lin. Soc. N. S. W.*, 1878, p. 74; Salvad., *Orn. Pap. e Mol.* II, p. 221. Louisiades, Nouv.-Irlande.
6519. SHARPEI, Mey., *Abh. Ges. Isis*, 1884, n° 1, p. 36. Ile Babbar.
6520. CALLIOPE, Bp., *Consp.* I, p. 328; Gad., *Cat. B.* VIII, p. 198. Timor.
6521. LITTAYEI, Layard, *Ibis*, 1878, p. 255; Tristr., *Ibis*, 1879, p. 190, pl. 6. Iles Loyalty.
6522. CALEDONICA (Gm.); Wiglesw., *Ibis*, 1899, p. 443; *olivacea*, Forst.; *morariensis*, Verr. et Des M., *Rev. et Mag. Zool.*, 1860, p. 11; Gray, in Brenchl., *Cruise of the « Curaçoa »*, p. 376, pl. 12; Gad., *Cat. B.* VIII, p. 180, n° 5 (fem.), p. 199 (mas.) Nouv.-Calédonie.
6523. ASTROLABI, Bp., *Consp.* I, p. 329; Salvad., *Orn. Pap. e Mol.* II, p. 215; *orioloides*, Hombr. et Jacq., *Voy. Pôle Sud, Atl. Ois.*, pl. 5; *cinnamomeum*, Rams., *Nat.*, 1879, p. 125 (fem.) Iles Salomon.
1583. *Var.* CHRISTOPHORI, Tristr., *Ibis*, 1879, p. 441. Iles Salomon.
6524. TORQUATA, Layard, *P. Z. S.*, 1875, p. 150; Rowl., *Orn. Misc.* II, p. 395, pl. 74; *vitiensis* (pt.), Fch. et Hartl., *Faun. Centr.-Polyn.*, pl. 8, f. 3. Taviuni (Fidji).
1584. *Var.* INTERMEDIA, Layard, *Ibis*, 1876, p. 154. Viti Levu (Fidji).
6525. GRAEFFEI, Hartl., *Ibis*, 1866, p. 172; Fch. et Hartl., *l. c.*, pl. 8, f. 2; Gad., *Cat. B.* VIII, p. 202. Iles Fidji.
6526. NEGLECTA, Layard, *P. Z. S.*, 1879, p. 147; *graeffei* (pt.), Gad. Ovalau (Fidji).
6527. AURANTIIVENTRIS, Seeb., *Ibis*, 1891, p. 96. Vanua Levu (Fidji).
6528. JACQUINOTI, Bp., *Consp.* I, p. 329; *melanops*, Jacq. et Puch., *Voyage Pôle S. Ois.*, p. 56, pl. 5, f. 2. Iles Tonga.
6529. SORORCULA, De Vis, *Ibis*, 1897, p. 380. Nouv.-Guinée angl.
6530. STRENUA, De Vis, *Rep. Brit. New Guin.*, 1898, *App.*, p. 85. Nouv.-Guinée S.-E.
6531. ICTEROIDES (Peale), *U. S. Expl. Exp.*, p. 97, pl. 10, f. 3; *flavifrons*, Peale, *l. c.*, p. 96, pl. 10, f. 1; *hombroni*, Bp.; *albifrons*, Hartl.; *diademata*, Jacq. et Puch., *Voy. Pôle S.* III, p. 55, pl. 5, f. 1. Iles Samoa.
6532. FUSCOFLAVA, Scl., *P. Z. S.*, 1883, p. 198, pl. 28. Timor-Laut.
6533. FALCATA, Gould, *P. Z. S.*, 1842, p. 134; id., *B. Austr.* II, pl. 68. Australie N.
6534. PALLIDA, Rams., *Pr. Linn. Soc. N. S. W.*, 1878, pp. 181, 224; Gad., *Cat. B.* VIII, p. 206. Australie N.
6535. XANTHERYTHRÆA (Forst.), *Descr. Anim.*, p. 268; Gad., Nouvelle-Calédonie.

l. c., p. 207; *assimilis*, Verr. et Des M., *Rev. Mag. de Zool.*, 1860, p. 394.

6536. RUFIVENTRIS (Lath.): *pectoralis*, Vig. et Horsf.; Gould, *B. Austr.* II, pl. 67; *striata*, Vig. et Horsf.; *macularius*, Quoy et Gaim., *Voy. de l'Astrol.*, *Zool.* I, p. 257, pl. 31, f. 1 (juv.) — Australie.

6537. RUFOGULARIS, Gould, *P. Z. S.*, 1844, p. 164; id., *B. Austr.* II, pl. 70; *inornata*, Gould (juv.) — Australie S. et Tasmanie.

6538. GILBERTI, Gould, *P. Z. S.*, 1844, p. 107; id., *B. Austr.* II, pl. 71. — Australie S. et W.

6539. XANTHOPROCTA, Gould, *Syn. B. Austr.*, 1837, f. 2 (juv.); id., *P. Z. S.*, 1837, p. 149; Gad., *Cat.*, p. 211. — Ile Norfolk.

6540. BONTHAINA, Mey. et Wg., *Abh. Mus. Dresd.*, 1896, n° 2, p. 10; id., *B. Celebes*, p. 401, pl. 19. — Célèbes S.

6541. BONENSIS, Mey. et Wg., *Abh. Mus. Dresd.*, 1894, n° 4, p. 2; id., *B. Celebes*, p 401, pl. 18, f. 1; = *bonthaina ?* — Célèbes N.

6542. RUFINUCHA, Scl., *P. Z. S.*, 1873, p. 692; Salvad., *Orn. Pap.* II, p. 225. — Nouv.-Guinée N.-W.

6543. GAMBLEI, Rothsch., *Ibis*, 1898, p. 286. — Nouv.-Guinée S.-E.

6544. OLIVACEA, Vig. et Horsf., *Linn. Tr.* XV, p. 241; Gould, *B. Austr.* II, pl. 73; *meruloides*, Blyth. — Australie S. et Tasmanie.

6545. ALBISPECULARIS, Salvad., *Ann. Mus. Civ. Gen.*, VII, 1875, p. 931; id, *Orn. Pap. e Mol.* II, p. 237. — Nouv.-Guinée N.-W.

6546. HYPERYTHRA, Salvad., *Ann. Mus. Civ. Gen.* VII, 1875, p. 932; id. *Orn. Pap. e Mol.* II, p. 232. — Nouv.-Guinée.

6547. SALVADORII, Rothsch., *Ibis*, 1898, p. 286; *sharpei*, Salvad. (nec Mey.), *Ann. Mus. Civ. Gen.* XVI, p. 88; *hyperythra*, Sharpe (nec Salvad.) — Nouv.-Guinée S.-E.

6548. ORPHEUS, Jard., *Contr. Orn.*, 1849, p. 129, pl. 30 (fem.); Gad., *Cat. B.* VIII, p. 213. — Timor.

6549. TEYSMANNI, Büttik., *Notes Leyd. Mus.* XV, p. 167; Mey. et Wg., *B. Celebes*, p. 396, pl. 17, f. 2. — Ile Saleyer, ? Macassar (Célèbes).

6550. PHÆONOTUS (Müll.), *Mus. Lugd.*; Bp., *Consp.* I, p. 358; Salvad., in *Voy. « Challenger »*, *Aves*, pl. 18; *brunnea*, Wall.; *senex*, von Pelz. — Banda, Céram, Ternate, Dammar, Mareh, Motir, Tifore, Mysol, Salav., Waigiou, Mafor.

6551. GRISEICEPS, Gray, *P. Z. S.*, 1858, p. 178; Salvad., *Orn. Pap. e Mol.* II, p. 225; *virescens*, Müll. (descr. nulla); *squalida*, Oust., *Bull. Soc. Philom. de Paris*, Déc. 1877 (juv.) — Iles Arou, Mysol, Salavatti, Waigiou, Nouv.-Guinée, etc.

1585. *Var.* JOBIENSIS, Mey., *Sitz. K. Akad. Wiss. Wien*, 1874, p. 394; Salvad., *Orn. Pap. e Mol.* II, p. 227. — Ile Jobi.

1586. *Var.* MIOSNOMENSIS, Salvad., *Ann. Mus. Civ. Gen.* — Ile Miosnom.

XV (1879), p. 46; id., *Orn. Pap. e Mol.* II, p. 227.

1587. *Var.* PENINSULÆ, Hart., *Ibis*, 1899, p. 312. — Austr.N.-E.(CapYork).

1588. *Var.* ALBERTI, Hart., *Ibis*, 1899, p. 122. — Ile Sudest.

6552. CINERASCENS, Salvad., *Ann. Mus. Civ. Gen.* XII (1878), p. 332; id., *Orn. Pap. e Mol.* II, p. 230. — Ternate, Tidore, Morotai, Batjan, Halmah.

1589. *Var.* KUEHNI, Hart., *Ibis*, 1899, p. 125. — Ile Kei (petite).

6553. GRISEONOTA, Gray, *P. Z. S.*, 1861, p. 429; Salvad., *l. c.* II, p. 229; *rufescens*, Wall., *P. Z. S.*, 1862, p. 341. — Mysol.

6554. LINEOLATA, Wall., *P. Z. S.*, 1862, pp. 335, 341; *griseonata* (pt.), Gad., *Cat. B.* VIII, p. 217. — Iles Soula.

1590. *Var.* EXAMINATA, Hart., *Ibis*, 1899, p. 126. — Ile Bourou.

6555. RUFIPENNIS, Gray, *P. Z. S.*, 1858, p. 178; Finsch, *New-Guin.*, p. 174; Salvad., *l. c.* II, p. 228. — Iles Kei.

6556. DUBIA, Rams., *Pr. Linn. Soc. N. S. W.*, 1879, p. 99; Salvad., *l. c.*, p. 228; *?brunnea*, Rams., *l. c.*, 1876, p. 391 (nec Wall.) — Nouv.-Guinée S.-E.

6557. SIMPLEX, Gould, *P. Z. S.*, 1842, p. 135; id., *B. Austr.* II, pl. 72. — Australie N.

6558. GRISOLA (Blyth), *J. A. S. Beng.* XII, p. 180; Jerd., *B. Ind.* I, p. 411; *philomela*, Tem., *Mus., Berol*; *superciliaris*, Sw.; *cinerea*, Blyth. — Java, Sumatra, Bornéo N.-W.

6559. VANDEPOLLI, Finsch, *Notes Leyd. Mus.* XX, p. 224. — Iles Batoe.

6560. BRUNNEICAUDA (Salvad.), *Ann. Mus. Civ. Gen.*, 1879, p. 210; *?luscinia*, S. Müll. (descr. nulla). — Ajer Mantcior (Sum.)

6561. PLATENI (W. Blas.), *Ornis*, 1888, p. 311; *whiteheadi*, Sharpe. — Ile Palawan.

6562. PHILIPPINENSIS (Wald.), *Ann. and Mag. N. H.*, 1872, p. 252; id., *Tr. Z. S.* VIII, p. 179, pl. 31, f. 2. — Luçon, Dinagat (Philippines).

6563. ALBIVENTRIS (Grant), *Ibis*, 1894, p. 511. — Luçon N.

6564. WINCHELLI (Bourns et Worc.), *Occ. Pap. Minnes, Ac.* I, p. 21. — Ile Panay (Philipp.)

6565. MAJOR (Bourns et Worc.), *l. c.* — Ile Cébu (Philipp.)

6566. MINDORENSIS (Bourns et Worc.), *l. c.* — Mindoro (Philipp.)

6567. HOMEYERI (W. Blas.), *Journ. f. Orn.*, 1890, p. 143. — Iles Soulou.

6568. HYPOXANTHA (Sharpe), *Ibis*, 1887, p. 451. — Bornéo N.

6569. SULFURIVENTER (Walden), *Ann. and Mag. N. H.*, 1872, p. 399; Gad., *Cat. B.* VIII, p. 221; Mey. et Wg., *B. Celebes*, p. 394, pl. 18, f. 2. — Célèbes.

6570. MERIDIONALIS, Büttik., *Notes Leyd. Mus.* XV, p. 167; Mey. et Wg., *B. Celebes*, p. 396. — Célèbes S.

6571. MONACHA, Gray, *P. Z. S.*, 1858, p. 179; *lugubris*, Scl., *Pr. Linn. Soc.*, 1858, p. 161; Salvad., *Orn. Pap. e Mol.* II, p. 332. — Iles Arou.

6572. LEUCOGASTRA, Salvad. et d'Alb., *Ann. Mus. Civ.* — Nouv.-Guinée S.-E.

Gen., 1875, p. 822; Salvad., *Orn. Pap.* II, p. 23; *filiginata*, Rams.

1591. *Var.* MEEKI, Hart., *Ibis*, 1899, p. 126. — Ile Rossel.

6573. ARCTITORQUIS, Sclat., *P. Z. S.*, 1883, p. 55, pl. 13; *kebirensis*, Mey. (fem.) et *riedelli*, Mey. (fem. juv.) — Iles Ténimber, Babbar.

6574. LEUCOSTIGMA, Salvad., *Ann. Mus. Civ. Gen.*, 1875, p. 933; id., *Orn. Pap. e Mol.* II, p. 234. — Nouv.-Guinée N.-W.

6575. LANIOIDES, Gould, *P. Z. S.*, 1839, p. 142; id., *B. Austr.* II, pl. 69. — Australie N.-W.

6576. NUDIGULA, Hart., *Novit. Zool.* IV, p. 171, pl. 3, f. 3. — Flores.

6577. ? SPINICAUDA (Jacq. et Puch.), *Voy. Pôle S.* I, p. 58, pl. 6, f. 2; Salvad., *Orn. Pap. e Mol.* II, p. 235. — Nouv.-Guinée?

1135. PACHYCEPHALOPSIS

Pachycephalopsis, Salvad. (1879); *Pachycephala* (pt.), auct. plur.

6578. HATTAMENSIS (Mey.), *Sitz. Akad. Wiss. Wien*, 1874, p. 391; Salvad., *Orn. Pap. e Mol.* II, p. 236; Gould, *B. New-Guin.*, pl. — Nouv.-Guinée N.-W.

6579. FORTIS (Forbes), *Cat. B.* VIII, p. 369; = ? *Col. discolor*, De Vis. — Nouv.-Guinée S.-E., îles Sudest, Ferguss.

1592. *Var.* TROBRIANDI (Hart.), *Novit. Zool.* III, p. 236. — Ile Trobriand.

6580. POLIOSOMA, Sharpe, *Journ. Linn. Soc., Zool.* XVI (1882), p. 381; Gould, *B. New-Guin.*, pl.; Gad., *Cat. B.* VIII, p. 226, pl. 9. — Nouv.-Guinée S.-E.

1136. PACHYCARE

Pachycare, Gould (1876).

6581. FLAVOGRISEA (Mey.), *Sitzb. k. Akad. Wiss. Wien*, 1874, p. 495; Gould, *B. New-Guin.*, pl. — Nouv.-Guinée.

1137. EOPSALTRIA

Eopsaltria, Swains. (1831).

6582. AUSTRALIS (White), *Journ.*, pl. de la p. 239; Gould, *Hand. B. Austr.*, p. 293; *flavigaster*, Lath.; *flavicollis*, Sw.; *parvula*, Gould (fem.) — Australie W.

1593. *Var.* CHRYSORRHOUS, Gould, *Ann. and Mag. N. H.* (4), IV, p. 109; Gad., *Cat.*, p. 177. — Queesland S.

1594. *Var.* MAGNIROSTRIS, Rams. in Gould, *Op. cit.*; ? *inornata*, Rams. (juv.?) — Nouv.-Galles du S.

6583. GEORGIANA (Quoy et Gaim.), *Voy. de l'Astrol., Ois.*, p. 175, pl. 3, f. 4; *griseogularis*, Gould; id., *B. Austr.* III, pl. 12. — Australie W.

6584. FLAVIGASTRA, J. Verr. et Des M., *Rev. et Mag. de Zool.*, 1860, p. 392; Gad., *Cat.*, p. 179. — Nouv.-Calédonie.

6585. PULVERULENTA (Bp.), *Consp.* I, p. 358; *leucura*, Gould, *Ann. and Mag. N. H.* (4), IV, p. 108. — Cap York, Nouv.-Guinée, îles Arou.

6586. GULARIS (Quoy et Gaim.), *Voy. de l'Astr., Ois.*, p. 176, pl. 4, f. 1; *leucogastra*, Gould; id., *B. Austr.* III, pl. 13. — Australie W.

6587. ?BRUNNEA, Rams., *Pr. Lin. Soc. N. S. W.* 1, p. 391 = *Pachycephala dubia?* — Port Moresby.

6588. ?GAMBIERANA (Less.), *Echo du M. S.*, 1844, p. 232; Hartl., *Arch. f. Naturg.*, 1852, p. 133. — Ile Low?

1138. OREOICA

Oreoica, Gould (1837).

6589. CRISTATA (Lewin), *B. of N. Holl.*, pl. 9 (fem.); Gould, *B. Austr.* III, pl. 81; *gutturalis*, Vig. et Horsf. — Australie S. et W.

1139. FALCUNCULUS

Falcunculus, Vieill. (1816).

6590. FRONTATUS (Lat.); Tem., *Pl. col.*, 77; Vieill., *Gal. Ois.*, pl. 138; *flavigulus*, Gould; *gouldi*, Cab. — Australie S. et E.

SUBF. II. — LANIINÆ

1140. UROLESTES

Basanistes, Licht. (1842 nec Burm., 1836); *Urolestes*, Cab. (1850).

6591. MELANOLEUCUS (Jard. et Sel.), *Ill. Orn.* III, pl. 115; Cab., *Mus. Hein.* I, p. 75; *melanurus* et *cissoides*, Licht., *Verz. Vög. Kafferl.*, p. 12. — Afrique S. et E.

1595. *Var.* ÆQUATORIALIS, Rchw., *Journ. f. Orn.*, 1887, p. 65; *Bas. cissoides*, Scl. (nec Licht.), *P. Z. S.*, 1864, p. 109. — Victoria Nyanza.

1141. CORVINELLA

Corvinella, Less. (1831).

6592. CORVINA (Shaw), *Gen. Zool.* VII, p. 357; Levaill., *Ois. d'Afr.*, pl. 78; Less., *Tr. d'Orn.*, p. 372; *cissoides*, Vieill.; *mellivorus*, Licht.; *flavirostris*, Sw.; *corvina nubiæ*, Hartl. — Afrique W. et N.-E.

1596. *Var.* AFFINIS, Heugl., *Syst. Uebers.*, p. 34; id., *Orn. N.-O. Afr.*, p. 488. — Haut-Nil.

1142. LANIELLUS

Laniellus, Swains. (1831); *Crocias*, Tem. (1836).

6593. LEUCOGRAMMICUS (Reinw.) in Sw., *Faun. Bor.-Am.*, p. 481; *albinotatus*, Less.; *guttatus*, Tem., *Pl. col.*, 592. — Java.

1143. LANIUS

Lanius, Lin. (1758); *Collurio*, Briss. (1760); *Fiscus*, Bp. (1854); *Cephalophoneus*, Fitz. (1864).

6594. MINOR, Gm.; Dress., *B. Eur.* III, pl. 149; Dubois, *Fne. ill. Vert. Belg. Ois.* I, p. 189, pl. 42; *italicus*, Lath.; *vigil*, Pall.; *flavescens*, Ehrenb.; *longipennis*, Blyth; *roseus*, Bail.; *pinetorum*, *nigrifrons*, *eximius*, *græcus*, Brm. — Eur. centr. et mérid., Asie S.-W., Afrique.

6595. EXCUBITOR, Lin.; Dress., *B. Eur.*, pl. 145; Dubois, *Op. cit.*, p. 183, pl. 41; *cinereus*, Briss.; *rapax*, Brm. — Europe, Sibérie W.

1597. *Var.* HOMEYERI, Cab., *Journ. f. Orn.*, 1873, p. 75; Gad., *Cat.* VIII, p. 242; *leucopterus* × *excubitor*, Seeb. — Sibérie W. jusqu'au Volga, Turkestan.

1598. *Var.* LEUCOPTERA, Severtz., *Turk. Jevotn.*, p. 67; Seeb., *Ibis*, 1882, p. 421; Gad., *l. c.*, p. 242; *przewalskii*, Bodg. — Sibérie centr. et S., Turkestan.

1599. *Var.* MAJOR, Pall., *Zoogr.*, I, p. 402; Dubois, *Op. cit.* I, p. 188, pl. 41[b]; *melanopterus*, Brm., *J. f. O.*, 1860, p. 238; *excubitor* (pt.) auct. plur.; *borealis europæus*, Bodg.; *lathora*, Dav. et Oust. (nec Syk.) — Europe N., Turkestan, Chine N., Asie min., accid. Belgique.

6596. BOREALIS, Vieill., *Ois. Am. Sept.*, p. 90, pl. 1; Audub., *B. Am.* IV, p. 130, pl. 236; *septentrionalis*, Bp. (nec Gm.); Coop., *Orn. Calif.* I, p. 137. — Amérique du Nord.

1600. *Var.* SIBIRICA, Bodg., *Pies-grièches de Russie*, p. 102 (en russe). — Sibérie.

6597. MOLLIS, Eversm., *Bull. Soc. Nat. Moscou*, 1853, XXVI, p. 498; Seeb., *Ibis*, 1882, p. 374, pl. 11. — Turkestan, Altaï, Mongolie.

1601. *Var.* FUNEREA, Menzb., *Ibis*, 1894, p. 379. — Asie centrale.

6598. SPHENOCERCUS, Cab., *J. f. O.*, 1873, p. 76; Dav. et Oust., *Ois. Chine*, p. 92, pl. 76; *major*, Swinh. (nec Pall.) — Chine S.

6599. SEEBOHMI, Gadow, *Cat. B.* VIII, p. 243. — Amourland.

6600. ? INFUSCATUS, Souchk., *Ann. Mus. St. Petersb.*, 1896, p. 40. — Zaisansk.

6601. MERIDIONALIS, Tem., *Man. d'Orn.* I, p. 143 (1820); id., *Pl. col.* 143; Dress., *B. Eur.*, pl. 147. — France S., Espagne, Portugal.

6602. GIGANTEUS, Przew., *Journ. f. Orn.*, 1887, p. 280 (trad. du russe). — Asie centrale.

6603. ALGERIENSIS, Less., *Rev. Zool.*, 1839, p. 134; Dress., *Op. cit.*, pl. 148; *meridionalis*, Malh. (nec Tem.) — Du Maroc à la Tunisie.

1602. *Var.* DODSONI, Whitak., *Ibis*, 1898, p. 599. — Maroc centr. et S.

6604. ELEGANS, Sw., *Faun. Bor.-Am.* II, p. 122; *minor*, Rüpp. (nec Gm.); *pallens*, Cass.; *aucheri*, Bp.; *pallidus*, *dealbatus*, De Fil., *Rev. Mag. Zool.*, 1853, pp. 289, 433; *leuconotus*, *assimilis*, Brm.; *orbitalis*, Licht.; *hemileucurus*, Fsch. et Hartl., *Orn. Ostafr.*, p. 329; *leucopygus*, Heugl.; Gad., *Cat.*, pp. 249-251, pl^s 6, 7. — Afrique N.-E. et Asie centr. jusqu'à l'Amourland.

1603. *Var.* LAHTORA (Syk.), *P. Z. S.*, 1832, p. 86; Gray et Hardw., *Ill. Ind. Zool.* II, pl. 31; Dress., *B. Eur.* III, pl. 146; id., *Ibis*, 1892, p. 288; *burra*, Gr. et Hard., *l. c.*, p. 32. — Inde, Afghanistan.

1604. *Var.* GRIMMI, Bogd., *Pies-grièches de Russie*, p. 151, pl. 4 (en russe); Gad., *l. c.*, pl. 250. — Turkestan, Beloutchistan.

1605. *Var.* FALLAX, Finsch, *Tr. Z. S.* VII, p. 249, pl. 25; Gad., *Cat.*, p. 247, pl. 8; *pallidirostris*, Cass. (juv.) — Afr. N.-E., Palestine jusqu'en Afghan. et Beloutsch.

1606. *Var.* UNCINATA, Scl. et Hartl., *P. Z. S.*, 1881, p. 168. — Socotra (Afr. E.)

6605. MACKINNONI, Sharpe, *Ibis*, 1891, pp. 444, 596, pl. 13. — Afr. trop. E., Camér.

6606. LUDOVICIANUS, Lin.; Audub., *B. Ams.* IV, pl. 237; *ardosiaceus*, Vieill., *Ois. Am.*, pl. 51; *carolinensis*, Wils.; ? *mexicanus*, Brm. — États-Unis W., Louisiane, Mexique.

1607. *Var.* EXCUBITOROIDES, Swains., *Faun. Bor.-Am.* II, p. 115. — Canada.

1608. *Var.* GAMBELI, Ridgw., *Man. N. Am. B.*, p. 467. — Californie.

1609. *Var.* ANTHONYI, Mearns, *Auk*, 1898, p. 261. — Ile Santa-Cruz (Calif.)

1610. *Var.* MIGRANS, Palm., *Auk*, 1898, p. 248. — Canada E., Ét.-Un. E.

1611. *Var.* ROBUSTA, Baird, Brew. et Ridgw., *N. Am. B.* I, p. 420; Gad., *l. c.*, p. 243. — Californie.

6607. ? BAIRDI, Stejn., *Arch. Math., Nat.*, 1878, pp. 323-339. — ?

6608. EXCUBITORIUS, Des M., in *Lefeb.*, *Voy. Abyss.*, pp. 90, 170, pl. 8; Heugl., *Orn. N.-O. Afr.* I, p. 478; *princeps*, Cab.; *kiek*, Viert.; *macrocercus*, de Fil., *Rev. Mag. Zool.*, 1853, p. 290. — Afrique N.-E.

6609. SHALOWI, Böhm., *Journ. f. Orn.*, 1884, p. 177. — Tanganika.

6610. CAUDATUS, Cab. in *v. d. Dek. Reis. Ostafr.* III, pl. 5; id., *J. f. Orn.*, 1869, pl. 3; Gad., *l. c.*, p. 254. — Afrique E.

6611. SOUZÆ (Bocage), *Jorn. Lisb.* 1878, p. 213; id., *Orn. Angola*, p. 549. — Angola.

6612. DORSALIS, Cab., *Journ. f. Orn.*, 1878, p. 205. — Ndi, Somalil. (Afr. E.)

6613. ANTINORII, Salvad., *Ann. Mus. Civ. Gen.* XII (1878), p. 316; Gad., *l. c.*, p. 255. — Danakil.

6614. COLLARIS, Lin.; Tem., *Pl. col.*, 477; Bocage, *Orn. Angola*, p. 215. — Afrique S., du Cap au Congo.

1612. *Var.* HUMERALIS, Stanl., *Salt's Trav., App.*, p. 51; Heugl., *Orn. N.-O. Afr.* I, p. 486; *senegalensis*, Rüpp., *Neue Wirk.*, p. 33; *fiscus*, Cab.; *arnaudi*, Des M. — Afr. E., de l'Abyssinie au Natal.

1613. *Var.* SMITHII (Fras.), *P. Z. S.*, 1843, p. 16; Bp., *Consp.* I, p. 364; Gad., *l. c.*, p. 258. — Afr. W., du Congo à la Côte-d'Or.

6615. SUBCORONATUS, Smith, *Ill. Zool. S. Afr.*, pl. 68; Gad., *l. c.*, p. 260. — Afrique S.-W.

1614. *Var.* CAPELLI (Boc.), *Jorn. Sc. Lisb.*, 1879, p. 93; Rchw. et Schal., *J. f. O.*, 1880, p. 97. — Angola.

6616. NEWTONI, Boc., *Jorn. Sc. Lisb.*, 1891, p. 79. — St-Thomas (Afr. W.)

6617. TEPHRONOTUS (Vig.), *P. Z. S.*, 1831, p. 43; Dav. et Oust., *Ois. Chine*, p. 94; *nipalensis*, Hodgs.; *obscurior*, Hodgs. — Himal., du Cachem. à l'Assam, H^{te}-Birm.

6618. VALIDIROSTRIS, Grant, *Ibis*, 1894, p. 512. — Luçon N.

6619. SCHACH, Lin.; Dav. et Oust., *Ois. Chine*, p. 95, pl. 73; *castaneus*, Gm.; *macrourus*, Cuv.; *chinensis*, Gray; *longicaudatus*, Gould. — Chine.

1615. *Var.* FORMOSÆ, Swinh., *Ibis*, 1863, p. 270. — Formose.

6620. BENTET, Horsf., *Tr. Linn. Soc.*, 1821, p. 144; Less., *Cent. Zool.*, pl. 72; *pyrrhonotus*, Vieill., *Gal. Ois.* I, p. 219, pl. 135. — Iles de la Sonde.

6621. ERYTHRONOTUS (Vig.), *P. Z. S.*, 1831, p. 42; Gould, *Cent. Him. B.*, pl. 12, f. 2; *jounotus*, Hodgs. — Asie centr., Inde centr. et N.

1616. *Var.* CANICEPS, Blyth, *J. A. S. Beng.* XV, p. 302; Legge, *B. Ceyl.*, p. 383; *erythronotus* (pt.), auct. plur.; *affinis*, Legge. — Inde mérid., Ceylan.

6622. FUSCATUS, Less., *Tr. d'Orn.*, p. 373; Dav. et Oust., *Ois. Chine*, p. 96; *lugubris*, Hartl.; *melanthes*, Swinh., *Ibis*, 1867, p. 405. — Chine mérid.

6623. NIGRICEPS (Frankl.), *P. Z. S.*, 1831, p. 117; Jerd., *Ill. Ind. Orn.*, pl. 17, f. 1; Dav. et Oust., *Ois. Chine*, p. 95; *antiguanus*, Gm.; *nasutus*, Scop.; *tricolor*, Hodgs.; *pileatus*, Tem. — Indo-Chine W., Malacca.

6624. CEPHALOMELAS, Bp., *Rev. et Mag. Zool.*, 1853, p. 436; Gad., *Cat.*, *l. c.*, p. 269; *nigriceps* (pt.), auct. plur. — Philippines, Bornéo, Java.

6625. BUCEPHALUS, Tem. et Schl., *Fauna Jap.*, pl. 14; Dav. et Oust., *Ois. Chine*, p. 98. — Japon, Amourland, Chine E. et S.-E.

1144. ENNEOCTONUS

Enneoctonus, Boie (1826); *Phoneus*, Kp. (1829); *Leucometopon*, *Otomela*, Bp. (1854).

6626. CRISTATUS (Lin.); Dav. et Oust., *l. c.*, p. 99; Gad., *l. c.*, p. 271; *phœnicurus*, Pall., *Zoogr.* I, p. 405; *melanotis*, Cuv. (pt.); *lucionensis*, Gray; *superciliosus*, Layard (nec Lath.) — Asie centr. et mérid., du Baikal à Ceylan, Sibér. S.-E., Chine.

6627. SUPERCILIOSUS (Lath.); Dav. et Oust., *l. c.*, p. 100; Levaill., *Ois. d'Afr.*, pl. 66, f. 2; *phœnicurus*, Schr. (nec Pall.) et auct. plur.; Wald., *Ibis*, 1867, p. 216, pl. 5, f. 2. — Asie orient., Malacca, Java, Philippines, Japon.

6628. LUCIONENSIS (Lin.); Wald., *Tr. Z. S.* IX, p. 171, pl. 29, f. 1; Dav. et Oust., *l. c.*, p. 99; *phœnicurus*, Meyen (nec Pall.); *schwaneri*, Bp.; *jeracopsis*, de Fil. — Philippines, Chine, Indo-Chine, Moluques, Bornéo, Andaman.

6629. ISABELLINUS (Ehrenb.), *Sym. Phys.* I, fol. c; Wald., *Ibis*, 1867, p. 224, pl. 5, f. 1; Dress., *B. Eur.* III, pl. 152; *arenarius*, Blyth, *J. A. S. Beng.* XV, p. 304; *ruficaudus*, Brm. — Turkestan, Scinde, Punjab, Perse, Arabie, Abyssinie.

1617. *Var.* SPECULIGERA (Tacz.), *J. f. O.*, 1874, p. 322. — Daourie, Turkestan, Afghanist., Abyss.

1618. *Var.* PHOENICUROIDES (Severtz.), *J. f. O.*, 1873, p. 347; Shal., *J. f. O.*, 1875, p. 148. — Turkest., Asie S.-W., Afrique N.-E.

1619. *Var.* KARELINI (Bogd.), *Pies-grièches de Russie*, p. 14 (en russe). — Turkestan, plaines Aralo-Caspiennes.

1620. *Var.* ROMANOVI (Bogd.), *l. c.* — Turkestan, plaines Aralo-Caspiennes.

6630. VARIA (Zrdn.), *Fne. Orn. Transcasp.*, p. 196 (en russe); *Orn. Monatsb.* V, p. 183 (trad.) — Transcaspi.

6631. VITTATUS (Valenc.), *Dict. Sc. Nat.* XL, p. 227; *hardwickii*, Vig., *P. Z. S.*, 1831, p. 42; Gould, *Cent. Him. B.*, pl. 12, f. 1. — Inde, Afghanistan, Beloutchistan.

6632. NUBICUS (Licht.), *Verz. Doubl.*, p. 47; Tem., *Pl. col.* 216; *personatus*, Tem., *Pl. col.* 256, f. 2; *leucometopon*, v. d. Mühle; *leucopterus* et *albicollis*, Pr. Würt. — Europe S.-E., Asie min., Afr. N.-E., Sénégambie.

6633. RUFUS (Briss.); Dubois, *Fne. ill. Vert. Belg. Ois.* I, p. 196, pl. 44; *senator*, Lin.; *pomeranus*, Sparrm.; *auriculatus*, Müll.; Dress., *B. Eur.* III, pl. 151; *senegalensis*, Gm.; *rutilus*, Lath.; *ruficeps*, Bechst.; *ruficollis*, Shaw; *superciliosus*, Licht. — Eur. centr. et mérid., Perse, Afrique.

1621. *Var.* RUTILANS (Tem.), *Man. d'Orn.* III, p. 601; Erl. *J. f. O.*, 1899, pl. 2; *pectoralis*, v. Müll., *J. f. O.*, 1855, p. 450. — Afrique N., Sennaar.

1622. *Var.* BADIA (Hartl.), *J. f. O.*, 1854, p. 100; Hart., *Nov. Zool.* VI, p. 417. — Afrique W.

1623. *Var.* PARADOXA (Brm.), *J. f. O.*, 1854, p. 75; *cognatus*, Brm.; *jardinei*, v. Müll., *J. f. O.*, 1855, p. 450; ?*niloticus*, Bp. — Afrique N.-E.

6634. COLLURIO (Lin.); Dubois, *Op. cit.* I, p. 193, pl. 43; Dress., *B. Eur.* III, pl. 150; *spinitorques*, Bechst.; *dumetorum*, Brm.; *anderssoni*, Strickl. — Europe, Asie min., Afrique.

6635. REICHENOWI (Shell.), *Ibis*, 1894, p. 434; *affinis*, Fisch. et Rchw., *J. f. O.*, 1884, p. 261 (nec Legge). — Lindi (Afrique E.)

6636. GUBERNATOR (Hartl.), *J. f. O.*, 1882, p. 323, pl. 1, f. 2. — Haut-Nil, Côte-d'Or.

6637. BOGDANOWI (Bianchi), *Mel. biol. Bull. Acad. St-Pétersb.* XII, p. 581; *raddei*, Dress., *P. Z. S.*, 1889, p. 291. — Asie S.-W.

6638. ELÆAGNI (Suschk.), *Bull. Soc. Imp. Nat. Moscou*, 1895, pp. 41-52. — Kok-Dschida, Emba.

6639. DICHROURUS (Menzb.), *Ibis*, 1894, p. 381. — Nor-Zaïssan (As. centr.

6640. COLLURIOIDES (Less.), in *Bel. Voy. Zool.*, p. 254; Walden, *Ibis*, 1867, p. 220; *hypoleucus*, Blyth, *J. A. S. Beng.* XVII, p. 249. — Birmanie et Pégou.

6641. TIGRINUS (Drap.), *Dict. class. H. N.* XIII, p. 523; *ferox*, Drap., *l. c.*; *magnirostris*, Less.; Wald., *Ibis*, 1867, p. 220, pl. 6; *strigatus*, Eyt.; *crassirostris*, Bp.; *waldeni* et *incertus*, Swinh. — Asie orient., Japon, Sumatra, Bornéo, Java.

1145. PTERYTHRIUS

Pteruthius, Sw. (1831); *Allotrius*, Tem. (1838); *Ptererythius*, Strickl. (1841); *Pterythrius*, Cab. (1847); *Ptererythrius*, Gad. (1883).

6642. ERYTHROPTERUS (Vig.), *P. Z. S.*, 1831, p. 22; Gould, *Cent. Him. B.*, pl. 11; Sw., *Class. B.* I, p. 249; Gould, *B. As.*, pl. — Himalaya jusqu'à l'Assam.

6643. ÆRALATUS, Tick., *J. A. S. Beng.*, 1855, p. 267; Gould, *B. As.*, pl.; Gad., *Cat. B.* VIII, p. 114. — Birmanie.

1624. *Var.* CAMERANOI, Salvad., *Ann. Mus. Civ. Gen.* XIV (1879), p. 233. — Sumatra.

6644. RUFIVENTER, Blyth, *J. A. S. Beng.* XI, p. 183; Gray, *Gen. B.*, pl. 67; Gould, *B. As.*, pl.; Gad., *l. c.*, p. 115. — Himalaya E.

6645. FLAVISCAPIS, Tem., *Pl. col.* 589, f. 1; Gad., *l. c.*, p. 116. — Java.

6646. ÆNOBARBUS (Tem.), *Pl. col.* 589, f. 2; Gad., *l. c.* — Java.

6647. INTERMEDIUS (Hume), *Str. Feath.* V, pp. 112, 115; Gad., *l. c.*, p. 117. — Ténassérim.

6648. MELANOTIS (Hodgs.), *J. A. S. Beng.* XVI, p. 448; Gould, *B. As.*, pl.; *ænobarbus*, Horsf. et Moor (nec Tem.); Jerd., *B. Ind.* II, p. 246. — Himalaya E.

6649. XANTHOCHLORIS, Hodgs., *J. A. S. Beng.* XVI, p. 448; Gould, *B. As.*, pl. — Himalaya.

1625. *Var.* PALLIDA, Dav., *N. Arch. Mus.* (1871), *Bull.* VII, p. 14; Dav. et Oust., *Ois. Chine*, p. 215; *sophiæ*, Verr., *N. Arch. Mus.* VIII, p. 64. — Setchuan W.

1146. CALICALICUS

Calicalicus, Bp. (1854); *Hylophorba*, Scl. (1865).

6650. MADAGASCARIENSIS (Lin.); Schl. et Pol., *Faune Madag.*, p. 99, pl. 27; M.-Edw. et Grand., *Hist. Madag. Ois.*, pls 164, 165; *ruticilla*, Scl., *P. Z. S.*, 1865, p. 326, pl. 13 (fem.) — Madagascar.

1147. NILAUS

Nilaus, Swains. (1827).

6651. CAPENSIS (Shaw), *Gen. Zool.*, 1811, p. 327; Sw., *Zool. Journ.*, 1827, p. 48; Gad., *Cat. B.* VIII, p. 168, pl. 5, f. 1; *brubru*, Lath.; Levaill., *Ois. d'Afr.* II, pl. 71; *frontalis*, Forst. — Afrique S.
1626. *Var.* MINOR, Sharpe, *P. Z. S.*, 1895, p. 479. — Somaliland.
6652. AFER (Lath.), *Ind. Orn.*, *Suppl.* II, p. 19; Gad., *l. c.*, pl. 5, f. 2; *capensis* et *brubru* (pt.), auct. plur. — Abyssinie, ? Sénégambie.
6653. EDWARDSI, Rochebr., *Bull. Soc. Philom.* VII, p. 166. — Sénégambie.
6654. AFFINIS, Bocage, *Jorn. Lisb.*, 1878, pp. 204, 213, 271; Gad., *l. c.*, p. 170. — Angola.
6655. NIGRITEMPORALIS, Rchw., *Journ. f. Orn.*, 1892, p. 36. — Victoria Nyansa.

1148. NEOLESTES

Neolestes, Cab. (1875).

6656. TORQUATUS, Cab., *Journ. f. Orn.*, 1875, p. 237, pl. 1, f. 1; Gad., *l. c.*, p. 171. — Congo W.

1149. TELEPHONUS

Pomatorhynchus, Boie (1826, nec Horsf.); *Telophonus*, Sw. (1837); *Telephonus*, Bp. (1850); *Harpolestes*, Cab. (1850).

6657. SENEGALUS (Lin.); Gad., *l. c.*, pp. 124, 126; *cucullatus*, Tem.; *tchagra*, auct. plur. (nec Vieill.); Dub., *Ois. Eur.* I, pl. 37; *erythropterus*, auct. plur. (nec Shaw.); *orientalis*, Cab. — Afrique.
6658. BLANFORDI (Sharpe), *Lay. B. S. Afr.*, p. 397; Gad., *l. c.*, p. 127, pl. 2, f. 2; *erythropterus* et *senegalus* (pt.), auct. plur. — Abyssinie.
1627. *Var.* PERCIVALI, Grant, *Ibis*, 1900, p. 379. — Arabie.
6659. REMIGIALIS, Hartl. et Fsch., *Vög. Ost-Afr.*, p. 340; Gad., *l. c.*, p. 128. — Afrique N.-E.
6660. ERYTHROPTERUS (Shaw), *Gen. Zool.* VII, p. 301; Levaill., *Ois. d'Afr.* II, p. 81, pl. 70, ff. 1, 2; *tchagra*, Vieill., *N. Dict.* III, p. 317; *senegalensis*, auct. plur. (nec Lin.); *longirostris*, Sw. — Afrique S.
6661. JAMESI, Shell., *Ibis*, 1885, p. 403, pl. 10, f. 2. — Somaliland.
6662. AUSTRALIS (Smith), *Rep. Expl. Exped.*, p. 44 (1836); *trivirgatus*, Smith, *Zool. S. Afr.*, *Aves*, pl. 94 (1844); *frenatus*, Licht. — Afrique S.
1628. *Var.* EMINI, Rchw., *Orn. Monatsb.* I, p. 60. — Afrique centr. E.
1629. *Var.* MINOR, Rchw., *Journ. f. Orn.*, 1887, p. 64. — Victoria Nyansa, Nyasaland.

1630. *Var.* USSHERI (Sharpe), in *Lay. B. S. Afr.*, p. 397, note. — Afr. W., de Angola à la Côte-d'Or.

1150. ANTICHROMUS

Bocagia, Shell. (1894, nec Girard); *Antichromus,* Richm. (1899); *Telephonus* (pt.), auct. plur.

6663. MINUTUS (Hartl.), *P. Z. S.*, 1858, p. 292; Gad., *Cat.* VIII, p. 129. — Afrique N.-E. et W.

6664. ANCHIETÆ (Boc.), *Jorn. Lisb.*, 1870, p. 344; Bocage, *Orn. Angola,* p. 225, pl. 4. — Angola.

6665. REICHENOWI (Neum.), *Journ. f. Orn.*, 1900, p. 120; *anchietæ,* auct. plur. (nec Boc.) — Afrique E. angl. et allem.

SUBF. III. — MALACONOTINÆ (1)

1151. MALACONOTUS

Malaconotus, Sw. (1827); *Meristes,* Rchb. (1850); *Archolestes,* Cab. (1850); *Laniarius* (pt.), auct. plur.

6666. CRUENTUS (Less.), *Bel. Voy. Inde,* p. 256; id., *Cent. Zool.*, pl. 65; *hypopyrrhus,* Gray (nec Hartl.); *L. poliochlamys,* Gad., *Cat.*, p. 155, pl. 5; *L. lessoni,* Salvad., *Ibis,* 1884, p. 323. — Afr. W., de la Sierra-Leone au Togo.

6667. GABONENSIS, Shell., *Ibis,* 1894, p. 434; *cruentus,* Cass. (nec Less.); *hypopyrrhus,* Gad. (nec Hartl.), *l. c.*, p. 155. — Du Caméron au Gabon (Afr. W.)

6668. HÆMATOTHORAX, Neum., *J. f. O.*, 1899, p. 390; *hypopyrrhus,* Rchw. (nec Hartl.), *J. f. O.*, 1896, p. 27. — Congo N.

6669. LAGDENI (Sharpe), *P. Z. S.*, 1884, p. 54, pl. 5; Neum., *J. f. O.*, 1899, p. 390. — Achanti.

6670. MONTEIRI (Sharpe), *P. Z. S.*, 1870, p. 148, pl. 13, f. 1; *olivaceus* (pt.), Boc. — Angola N.

6671. CATHAROXANTHUS, Neum., *J. f. O.*, 1899, p. 391; *icterus,* Heugl., *S. U.*, p. 34; *olivaceus,* Fsch. et Hartl., *Vög. Ost-Afr.*, p. 361. — H[t]-Nil (Abyssinie W., Bongo, Kordofan).

6672. POLIOCEPHALUS (Licht.), *Verz. Doubl.*, p. 45; Gad., *Cat.*, p. 156 (pt.); *blanchoti,* Steph.; *hypopyrrhus,* *Hartl. Verz. Brem. Sam.*, p. 61; *perspicillatus,* Rchw., *J. f. O.*, 1894, p. 36. — Du Sénégal au Caméron.

6673. STARKI (Scl.), *Ibis,* 1901, p. 153; Shell., *Ibis,* 1901, p. 170; *blanchoti,* Shell. (nec Steph.); *icterus,* Gray (pt.); *poliocephalus,* Shpe. (nec Licht.) — Afrique S.-E.

(1) Voy. aussi : Neumann, *Journ. f. Orn.*, 1899, pp. 387-417.

6674. APPROXIMANS (Cab.), in *von d. Deck. Reisen*, III, p. 27; *hypopyrrhus*, Salvad., *An. Mus. Civ. Genova*, 1884, p. 134. — Du Pangani au Choa.

6675. GLADIATOR (Rchw.), *J. f. O.*, 1892, p. 441. — Caméron.

1152. COSMOPHONEUS

Cosmophoneus, Neum. (1899); *Laniarius* (pt.), auct. plur.

6676. MULTICOLOR (Gray), *Gen. B.* I, p. 299, pl. 72; Gad., *l. c.*, p. 158. — De la Côte-d'Or au Togo.

6677. PREUSSI, Neum., *Journ. f. Orn.*, 1899, p. 393. — Caméron.

6678. LIBERIANUS, Neum., *l. c.*; *multicolor*, Büttik., *Notes Leyd. Mus.*, 1889, p. 123. — Libérie.

6679. REICHENOVI, Neum., *l. c.*; *multicolor* (pt.), Gad., *l. c.*, p. 159. — Caméron.

6680. MELAMPROSOPUS (Rchw.), *J. f. O.*, 1878, p. 209; Neum., *l. c.*, p. 394. — Libéria.

6681. MANNINGI (Shell.), *Ibis*, 1899, p. 314. — Nyassaland.

6682. ABBOTTI (Richm.), *Auk*, 1897, p. 161. — Kilima Ndjaro.

6683. NIGRITHORAX (Sharpe), *Ibis*, 1871, p. 157. — De la Côte-d'Or au Tog.

6684. VIRIDIS (Vieill.), *N. Dict.* XIII, p. 300; Levaill., *Ois. d'Afr.* VI, p. 124, pl. 286; *gutturalis*, Daud. (nec Müll.), *Ann. Mus.* III, p. 144, pl. 15. — Du Gabon au Nord de l'Angola.

6685. QUADRICOLOR (Cass.), *Pr. Philad. Acad.*, 1851, p. 245. — Afrique S. et E.

6686. SULFUREOPECTUS (Less.), *Tr. d'Orn.*, p. 373; Gad., *l. c.*, p. 159 (pt.); *chrysogaster*, Sw., *B. W. Afr.* I, p. 244, pl. 25. — Sénégal, Togo, Côte-d'Or.

1631. *Var.* SIMILIS (Smith), *Rep. Exp. Centr. Afr.*, *App.*, p. 44 (nec Sw.); id., *Ill. Zool. S. Afr.*, pl. 46. — Afrique S.

1632. *Var.* SUAHELICA, Neum., *J. f. O.*, 1899, p. 395. — Afrique E.

1633. *Var.* MODESTA (Boc.), *Jorn. Lisb.* I, p. 151; id., *J. f. O.*, 1876, p. 415; *sulfureipectus* (pt.), Gad., *l. c.*, p. 159. — Angola.

6687. ZOSTEROPS (Büttik.), *Notes Leyd. Mus.*, 1889, p. 98; Neum., *l. c.*, p. 396. — Liberia.

6688. NIGRIFRONS (Rchw.), *Orn. Monatsb.*, 1896, p. 95. — Kilima Ndjaro.

1153. CHLOROPHONEUS

Chlorophoneus, Cab. (1850); *Malaconotus* et *Laniarius* (pt.), auct. plur.

6689. OLIVACEUS (Shaw), *Gen. Zool.* VII, p. 350; Levaill., *Ois. d'Afr.* II, p. 105, pl. 75, f. 1; pl. 76, f. 1; Gad., *l. c.*, p. 161; *oleaginus*, Licht. — Cafrerie.

6690. RUBIGINOSUS (Sundev.), *OEfvers. k. Vet. Akad. Stockh.*, 1850, p. 106; Gad., *l. c.*, p. 160; Levaill., *Ois. d'Afr.* II, pl. 75, f. 2 (non f. 1). — Afrique S.

6691. MARAISI (L. Scl.), *Ibis*, 1901, p. 183, pl. 6; *rubiginosus* (pl.), Gad. — Colonie du Cap.

6692. BERTRANDI (Shell.), *Ibis*, 1894, p. 15. — Nyassaland angl.

6693. BOCAGEI (Rchw.), *Orn. Mitteil.*, 1875, p. 125; id., *J. f. O.*, 1896, p. 26, pl. 2. — Caméron intér.

1154. PELICINIUS

Pelicinius, Boie (1826); *Telophorus*, Sw. (1831); *Rhodophoneus*, Heugl. (M. S.).

6694. GUTTURALIS (P. L. S. Müll.), *Natursyst.*, *Anh.*, p. 144; *zeylonus*, Lin.; *bacbakiri*, Levaill., *Ois. d'Afr.* II, pl. 67; Gad., *l. c.*, p. 162; *collaris*, Sw.; *ornatus*, Licht. — Afrique S.

6695. CRUENTUS (Hempr. et Ehr.), *Symb. Phys.*, fol. c, pl. 5; Gad., *l. c.*, p. 152; *cruentatus*, Rüpp.; *roseus*, Jard. et Sel., *Ill. Orn.* IV, pl. 30; *pictus*, Licht. — Afrique N.-E.

6696. CATHEMAGMENUS (Rchw.), *Journ. f. Orn.*, 1887, p. 63. — Massaïland.

1155. LANIARIUS

Laniarius, Vieill. (1816).

6697. RUFICEPS (Shell.), *Ibis*, 1885, p. 402, pl. 10, f. 1. — Somaliland.

6698. RUFINUCHALIS (Sharpe), *P. Z. S.*, 1895, p. 479. — Somaliland W.

6699. LUEHDERI, Rchw., *J. f. O.*, 1874, p. 101; *coronatus*, Sharpe, *P. Z. S.*, 1874, p. 205, pl. 23, f. 2; *castaneiceps*, Sharpe, *Ibis*, 1891, pp. 445, 598. — Caméron, Gabon, Elgon (Vict. Nyanza).

6700. FERRUGINEUS (Gm.); Levaill., *Ois. d'Afr.*, pl. 68; *rufiventris*, Sw.; Gad., *l. c.*, p. 134; *boulboul*, Gray, *Gen. B.* I, p. 299. — Natal, Transvaal.

6701. ÆTHIOPICUS (Gm.; Rüpp., *Wirbelt.*, p. 32; Gad., *l. c.*, p. 139. — De l'Abyssinie au Kilima Ndjaro.

1634. *Var.* MAJOR, Hartl., *Orn. W.-Afr.*, p. 51, pl. 8; Gad., *l. c.*, p. 137; *casatii*, Hartl.; *albofasciatus*, Sharpe, *Ibis*, 1891, p. 598. — Afr. N.-W. et centr. jusqu'au Victoria Nyanza.

1635. *Var.* BICOLOR (Hartl.), *Orn. W. Afr.*, p. 112; id., *Vög. Ostafr.*, p. 344 (en note). — Gabon, Loango.

1636. *Var.* PICATA (Hartl.), *P. Z. S.*, 1867, p. 826; *mossambicus*, Fsch. et Rchw., *J. f. O.*, 1880, p. 141. — Afrique E.

1637. *Var.* GUTTATA (Hartl.), *P. Z. S.*, 1865, p. 86; id., *Vög. Ostafr.*, p. 345. — Angola, Benguela.

1638. *Var.* HYBRIDA, Neum., *Journ. f. Orn.*, 1899, p. 407; *sticturus*, Gad. (nec Hartl.), *Cat.* VIII, p. 136. — Transvaal et Zambèze.

1639. *Var.* STICTURA, Hartl. et Fsch., *Vög. Ostafr.*, p. 342, pl. 5, f. 1; *neglectus*, Bocage. — Afrique S.-W.

6702. SUBLACTEUS (Cass.), *Pr. Philad. Acad.*, 1851, p. 246; Hartl., *v. d. Deck. Reisen*, III, p. 26, pl. 4. — Afrique E.

6703. TURATII (Verr.), *Rev. et Mag. de Zool.*, 1858, p. 304, pl. 7; Gad., *l. c.*, p. 140. — Sénégambie.

6704. ATROFLAVUS, Shell., *P. Z. S.*, 1887, p. 124, pl. 13. — Caméron.

6705. ERYTHROGASTER (Cretschm.), in *Rüpp. Atlas*, p. 43, pl. 29; Heugl., *Orn. N.-O. Afr.*, p. 463; *wernei*, Cab., *Mus. Hein.* I, p. 69. — De l'Abyssinie au Victoria Nyanza.

6706. ATROCOCCINEUS (Burch.), *Zool. Journ.* I, p. 461, pl. 28; Sw., *Zool. Ill.*, sér. 2, pl. 76; Gad., *l. c.*, p. 152. — Afrique S., du Cap au 20° l. S.

6707. ATROCROCEUS, Trimen, *P. Z. S.*, 1880, p. 683, pl. 59. — Du Limpopo au Zamb.

6708. BARBARUS (Lin.); Levaill., *Ois. d'Afr.* II, p. 78, pl. 69; Sw., *Zool. Ill.*, sér. 2, pl. 71. — Afrique W., du Sénégal au Niger.

6709. LEUCORHYNCHUS (Hartl.), *Rev. Zool.*, 1848, p. 108; id., *Beitr. Orn. W. Afr.*, p. 51, pl. 6; *carbonarius*, Cass. — Afrique W., de la Côte-d'Or au Gabon.

6710. NIGERRIMUS (Rchw.), *J. f. O.*, 1879, p. 392; Gad., *l. c.*, p. 153. — Kipini, Nyassaland (Afrique E.)

6711. FUNEBRIS (Hartl.), *P. Z. S.*, 1863, p. 105; Fsch. et Hartl., *Vög. Ostafr.*, p. 352, pl. 4, f. 2; *lugubris*, Cab., in *v. d. Deck. Reis.* III, p. 26, pl. 7; *atrocœruleus*, Rüpp. — De l'Afrique E. allem. jusqu'en Abyssinie.

6712. FÜLLEBORNI (Rchw.), *Ornith. Monatsb.* VIII, p. 39. — Nord du lac Nyassa.

6713. ?DUBIOSUS, Rchw., *Ornith. Monatsb.* VII, p. 130. — Caméron.

1156. DRYOSCOPUS

Dryoscopus, Boie (1826); *Laniarius* (pt.), auct. plur.

6714. ANGOLENSIS, Hartl., *P. Z. S.*, 1860, p. 111; Gad., *l. c.*, p. 134. — Angola.

1640. *Var.* NANDENSIS, Sharpe, *Bull. B. O. C.*, 1900, p. 18; Jacks., *Ibis*, 1901, p. 41, pl. 2, f. 1. — Nandi (Afr. E. angl.)

6715. GAMBENSIS (Licht.), *Verz. Doubl.*, p. 48; Gad., *l. c.*, p. 146; *mollissimus*, Sw., *B. W. Afr.* I, p. 240, pl. 23. — Du Sénégal au Niger.

6716. PRINGLII, Jacks., *Bull. O. C.* III, p. 3; id., *Ibis*, 1901, p. 38. — Afrique E.

6717. MALZACII (Heugl.), *Syst. Uebers.*, p. 34; *cinerascens*, Hartl., *J. f. O.*, 1880, p. 212; *gambensis* (pt.), auct. plur. — Sennaar, Bogosland.

1641. *Var.* NYANSÆ, Neum., *J. f. O.*, 1899, p. 412. — Kavirondo, Uganda.

1642. *Var.* ERYTHREÆ, Neum., *J. f. O.*, 1899, p. 412. — Abyssinie.

6718. CUBLA (Shaw), *Gen. Zool.* VII, p. 328; Levaill., *Ois. d'Afr.* II, pl. 72; *leucopygus*, Lawr. — Afr. S. jusqu'au Transvaal et Damara.

1643. *Var.* OCCIDENTALIS, Neum., *l. c.*, p. 413; *gambensis*, Rchw., *J. f. O.*, 1877, p. 24 (nec Licht.). — Angola.

1644. *Var.* HAMATA, Hartl., *P. Z. S.*, 1863, p. 106 ; Gad., *l. c.*, p. 142 ; *suahelicus*, Neum., *l. c.*, p. 414. — Massaïl., Kil.-Ndjaro, Kakoma, Ugalla (Afr. E.)

6719. AFFINIS (Gray), in *Charlesw. Mag.* I, p. 489 ; Gad., *l. c.*, p. 141 ; *orientalis*, Cab. ; *bojeri*, v. Pelz. — Afrique E., ? Madagascar W.

6720. ? ATRIALATUS, Cass., *Pr. Phil. Acad.*, 1851, p. 246 ; Gad., *l. c.*, p. 143. — ? Afrique E.

6721. ? ORIENTALIS (Gray), *Gen. B.* I, p. 292 ; Fsch. et Hartl., *Vög. Ostafr.*, p. 351, pl. 5, f. 2 ; *affinis*, Sw. (nec Smith) ; *leucopsis*, Cab. — Ile Zanzibar.

6722. VERREAUXI, Cab., in *v. d. Deck. Reise*, III, p. 26 ; Neum., *l. c.*, p. 414. — Caméron.

6723. TRICOLOR, Cab. et Rchw., *J. f. O.*, 1877, p. 103 ; Neum., *l. c.* — Loango.

6724. SALIMÆ (Fsch. et Hartl.), *Vög. Ostafr.*, p. 349, pl. 5, f. 3. — De Zanzib. à Mombas.

6725. THAMNOPHILUS, Cab., in *v. d. Deck. Reise*, III, p. 26, pl. 8 ; Fsch. et Hartl., *Vög. Ostafr.*, p. 358 ; Gad., *l. c.*, p. 147. — ?

1157. CHAUNONOTUS

Chaunonotus, Gray (1837).

6726. SABINEI, Gray, *Zool. Misc.* I, p. 6 ; id., *Mag. N. H.*, new ser. I, p. 487 ; Jard., *Ill. Orn.* IV, pl. 27 ; Gad., *l. c.*, p. 143 ; *melanoleucus*, Verr. — De Sierra-Leone au Congo (Afr. W.)

1158. NICATOR

Nicator, Finsch et Hartl. (1870).

6727. CHLORIS (Less.), *Tr. d'Orn.*, p. 373 ; Fsch. et Hartl., *Vög. Ostafr.*, p. 360 ; Gad., *l. c.*, p. 166 ; *peli*, Bp. ; *lepidus*, Cass., *Pr. Phil. Acad.*, 1855, p. 327. — De la Côte-d'Or au Gabon.

6728. GULARIS, Fsch. et Hartl., *Vög. Ostafr.*, p. 360. — Zambézie.

6729. VIREO, Cab., *J. f. O.*, 1876, p. 333, pl. 2. — Congo.

FAM. XXXIV. — PRIONOPIDÆ (1)

SUBF. I. — PRIONOPINÆ

1159. TEPHRODORNIS

Tephrodornis, Sw. (1831) ; *Keroula*, Gray (1834) ; *Tenthaca*, Hodgs. (1837) ; *Tentheca*, Gray (1841) ; *Tenthera*, Gr. (1847) ; *Creurgus*, Hodgs. (1847) ; *Tephrolanius*, Bp. (1854).

6730. PONDICERIANUS (Gm.) ; Sharpe, *Cat. B.* III, p. 275 ; — Inde, Indo-Chine,

(1) Voy. : Sharpe, *Cat. B. Brit. Mus.* III, p. 270 (pt.).

muscicapoides, Frankl.; *indica*, Gray, *Ill. Zool.* pl. 33; *griseus*, Tick.; *sordidus*, Less.; *leucurus*, Hodgs.; *superciliosus*, Jerd.	Haïnan.
6731. AFFINIS, Blyth, *J. A. S. Beng.* XVI, p. 473; Sharpe, *l. c.*, p. 276; *pondiceriana* (pt.), Holdsw.	Ceylan.
6732. PELVICUS (Hodgs.), *Ind. Rev.* I, p. 447; Sharpe, *l. c.*	Him. E., Assam, Birm.
6733. SYLVICOLA, Jerd., *Madr. Journ.* X, p. 236; id., *B. Ind.* I, p. 408.	Inde mérid.
6734. VIRGATUS (Tem.), *Pl. col.* 256, f. 1; Sharpe, *l. c.*, p. 278.	Java.
1645. *Var.* GULARIS (Raffl.), *Tr. Linn. Soc.* XIII, p. 304; Sharpe, *l. c.*, p. 278 (pt.)	Malacca, Sumatra.
1646. *Var.* FRENATA, Büttik., *Notes Leyd. Mus.*, 1887, p. 52.	Bornéo.

1160. EUROCEPHALUS

Eurocephalus, Smith (1836); *Chætoblemma*, Sw. (1837).

6735. ANGUITIMENS, Smith, *Rep. Expl. Exp. C. Afr.*, *App.*, p. 53; Sharpe, *l. c.*, p. 279; *leucocephala*, Sw.	Afrique mérid.
6736. RUEPPELLI, Bp., *Rev. Mag. de Zool.*, 1853, p. 440; *anguitimens*, Rüpp., *Syst. Uebers.*, p. 53, pl. 27 (nec Smith).	Afrique N.-E.

1161. RHECTES

Pitohui! Less. (1831); *Rectes*, Rchb. (1850); *Pseudorectes*, Sharpe (1877); *Rhectes*, Salvad. (1881).

6737. UROPYGIALIS, Gray, *P. Z. S.*, 1861, pp. 430, 435; Sharpe, *Cat.* III, p. 285; Salvad., *Orn. Pap. e Mol.* II, p. 193; *ceramensis*, Mey.; *tibialis*, Sharpe, *l. c.*, p. 285.	Mysol, Salavatti, Nouv.-Guinée.
6738. MERIDIONALIS, Sharpe, *Ibis*, 1888, p. 437.	Mts Astrol. (N.-Guin.)
6739. ARUENSIS, Sharpe, *l. c.*, p. 285; Salvad., *l. c.*, p. 194; *dichrous*, Gray (pt.); *analogus*, Mey., *Zeitschr. Ges. Orn.* I, p. 284, pls 14, f. 2 et 15, f. 2.	Iles Arou.
6740. CIRRHOCEPHALUS (Less.); *kirrhocephalus*, Less., *Voy. Coq. Zool.* I, 2, p. 633, pl. 11; Salvad., *l. c.*, p. 198.	Nouv.-Guinée, Dorei, Andai, Mansinam, Mansema.
1647. *Var.* DICHROUS, Bp., *Compt.-Rend.* XXXI (1850), p. 563; Salvad., *l. c.*, p. 195; *bicolor*, Müll.; Finsch, *Neu-Guin.*, p. 170; *cirrhocephalus* (pt.), auct. plur.	Nouv.-Guinée S.-E., Amberbaki.
1648. *Var.* DECIPIENS, Salvad., *Ann. Mus. Civ. Gen.*, 1878, p. 473; id., *Orn. Pap.* II, p. 197.	Nouv.-Guin., Wawegi, Inviorage, Mum, Warbusi.

1649. *Var.* RUBIENSIS, Mey., *Zeitschr. Ges. Orn.* I, p. 284, pl[s] 14, f. 1 et 15, f. 1. — Ile Rubi.

6741. BRUNNEICEPS, D'Alb. et Salvad., *Ann. Mus. Civ. Gen.* 1879, p. 70; Salvad., *Orn. Pap.* II, p. 200. — Nouv.-Guinée, près du Fly.

6742. PHÆOCEPHALUS, Rchw., *Orn. Monatsb.* VIII, p. 187. — Nouv.-Guinée S.-E.

6743. BRUNNEICAUDA, Mey., *Abh. Zool. Mus. Dresd.*, 1891, p. 10. — Nouv.-Guinée.

6744. CERVINIVENTRIS, Gray, *P. Z. S.*, 1861, p. 430; Sharpe, *Cat. B.* III, p. 286; Salvad., *l. c.*, p. 200. — Waigiou, Ghemien, Batanta, ? Gagie.

6745. JOBIENSIS, Mey., *Sitz. k. Akad. Wiss. Wien*, 1874, p. 205; Salvad., *l. c.*, p. 201. — Jobi, Krudu.

6746. CRISTATUS, Salvad., *Ann. Mus. Civ. Gen.*, 1875, p. 930; id., *l. c.*, p. 202. — Nouv.-Guinée.

6747. FERRUGINEUS (S. Müll.), *M. S.*; Bp., *C.-R.* XXXI, p. 563; Salvad., *l. c.*, p. 203; *strepitans*, Jacq. et Pucher., *Voy. Pôle S., Zool.* III, p. 60, pl. 6, f. 1. — Nouv.-Guin. W., Lobo, Sorong, Ramoi, Dorei, Salav., Mys., etc.

1650. *Var.* CLARA, Mey., *J. f. O.*, 1894, p. 91. — Nouv.-Guinée E.

1651. *Var.* BREVIPENNIS, Hart., *Novit. Zool.* III, p. 534. — Iles Arou.

1652. *Var.* HOLERYTHRA, Salvad., *Ann. Mus. Civ. Gen.*, 1878, p. 474; id., *l. c.*, p. 205; *strepitans* (pt.), Mey. — Ile Jobi.

6748. LEUCORYNCHUS, Gray, *P. Z. S.*, 1861, pp. 430, 435; Sharpe, *l. c.*, p. 288; Salvad., *l. c.*, p. 206. — Waigiou, Batanta, ? Gagie.

1162. MELANORHECTES

Melanorectes, Sharpe (1877); *Rectes* (pt.), auct.

6749. NIGRESCENS (Schleg.), *Ned. Tijdschr. Dierk.* IV, p. 46; Sharpe, *l. c.*, p. 289; Salvad., *l. c.*, p. 207. — Nouv.-Guinée N.-W.

1653. *Var.* SCHISTACEA (Rchw.), *Orn. Monatsb.* VIII, p. 187. — Nouv.-Guinée S.-E.

1163. COLLURICINCLA

Colluricincla, Vig. et Horsf. (1826); *Collurisoma*, Sw. (1837); *Colluriocincla*, Gray (1840); *Pnigocichla*, Cab. (1850); *Myolestes*, Bp. ex Müll. (1850); *Colluricisoma*, Bp. (1854); *Myophila*, Fitz. (1864 nec Rchb.); *Pinarolestes*, Sharpe (1877).

6750. HARMONICA (Lath.), *Ind. Orn., Suppl.*, p. 41; Gould, *B. Austr.* II, pl. 74; *cinerea*, Vig. et Horsf.; Jard. et Sel., *Ill. Orn.* II, pl. 71; *saturninus*, Nordm. — Australie.

6751. RECTIROSTRIS, Jard. et Sel., *Ill. Orn.* IV, pl. 31; Sharpe, *l. c.*, p. 291; *strigata*, Sw.; *selbii*, Gould, *B. Austr.* II, pl. 77. — Tasmanie.

6752. BRUNNEA, Gould, *P. Z. S.*, 1840, p. 164; id., *B. Austr.* II, pl. 76; *superciliosa*, Mast. — Australie N., Nouv.-Guinée S.-E.

6753. RUFIVENTRIS, Gould, *P. Z. S.*, 1840, p. 164; id., *B. Austr.* II, pl. 75; *subcinereus*, Scl., *P. Z. S.*, 1866, p. 320. — Australie.

6754. BOWERI, Rams., *P. Linn. Soc. N. S. W.* X, p. 244. — Queensland.

6755. ?SIBILA, De Vis, *P. R. Soc. Queensl.* 1888, p. 161; = *boweri?* — Queensland N.

6756. PALLIDIROSTRIS, Sharpe, *Cat. B.* III, p. 293. — Australie N.

6757. CERVINIVENTRIS, North, *Rec. Austr. Mus.* III, p. 49. — Queensland.

6758. MEGARHYNCHA (Quoy et Gaim.), *Voy. Astr.* I, p. 172, pl. 3, f. 1; Sharpe, *l. c.*, p. 295; *aruensis*, Gray. — Nouv.-Guinée et îles voisines.

6759. PARVULA, Gould, *P. Z. S.*, 1845, p. 62; id., *B. Austr.* II, pl. 78. — Australie N.

6760. RUFOGASTRA, Gould, *P. Z. S.*, 1845, p. 80; Sharpe, *l. c.*, p. 296; *gouldi* et *griseatus*, Gray; *parvissima*, Gould. — Australie N. et N.-E.

6761. TAPPENBECKI, Rchw., *J. f. O.*, 1899, p. 118. — Nouv.-Guinée allem.

6762. AFFINIS (Gray), *P. Z. S.*, 1861, p. 431; Sharpe, *l. c.*, p. 297; Salvad., *Orn. Pap.* II, p. 213. — Wagiou, Mysol, ? Gagie.

6763. MELANORHYNCHA (Mey.), *Sitz. Akad. Wien*, 1874, p. 494; Salvad., *l. c.*, p. 210. — Mysore.

6764. TENEBROSA (Hartl. et Fsch.), *P. Z. S.*, 1868, pp. 6, 118; Fsch., *Journ. Mus. Godeffr.*, Heft VIII, p. 18, pl. 3, f. 1; Sharpe, *l. c.*, p. 298. — Iles Pelew.

6765. OBSCURA (Mey.), *Sitz. Akad. Wiss. Wien*, 1874, p. 390; Salvad., *l. c.* II, p. 210; *sordida*, Salvad. — Ile Jobi.

6766. HEINEI (Fsch. et Hartl.), *P. Z. S.*, 1869, p. 546; id., *J. f. O.*, 1870, p. 126, pl. 4. — Iles Tonga.

6767. VITIENSIS (Hartl.), *Ibis*, 1866, p. 173; Fsch. et Hartl., *Faun. Centr. Polyn.*, p. 71, pl. 8, f. 1; Sharpe, *l. c.*, p. 299. — Iles Fidji (Wakaia, Ovalau, Levuka).

1654. *Var.* BUENSIS (Layard), *Ibis*, 1876, pp. 145, 392. — Bua, Vanua Levu (Fid.)

1655. *Var.* FORTUNÆ (Layard), *Ibis*, 1876, p. 145. — Fortuna (Fidji).

1656. *Var.* COMPRESSIROSTRIS (Layard), *l. c.*, pp. 153, 192. — Kandavu (Fidji).

6768. MACRORHYNCHA (Layard), *l. c.*, pp. 145, 392; Sharpe, *l. c.*, p. 301. — Taviuni (Fidji).

1657. *Var.* MAXIMA (Layard), *l. c.*, p. 498. — Kandavu (Fidji).

6769. NIGROGULARIS (Layard), *P. Z. S.*, 1875, p. 149; Sharpe, *l. c.*, p. 301. — Ovalau, Taviuni, Viti Levu.

6770. POWELLI (Salvin), *P. Z. S.*, 1879, p. 128. — Tutuila (Samoa).

6771. ?DISCOLOR, De Vis, *Rep. Brit. New Guin., App.*, p. 111; = *Pachycephalopsis fortis?* — Ile Rossel, Louisiade.

1164. CUPHOPTERUS

Cuphopterus, Hartl. (1866).

6772. DOHRNI, Hartl., *P. Z. S.*, 1866, p. 326, pl. 34; Sharpe, *l. c.*, p. 302. — Ile des Princes et Gabon.

1165. FRASERIA

Fraseria, Bp. (1854); *Eucnemidia*, Heine (1860).

6773. OCHREATA (Strickl.), *P. Z. S.*, 1844, p. 102; Fras., *Zool. Typ.*, pl. 36; Bp., *C. R.* XXXIX, p. 536; Sharpe, *l. c.*, p. 303. — De la Côte-d'Or au Gabon et Fernando Po.
6774. PROSPHORA, Oberh., *P. U. S. Nat. Mus.* XXII, p. 37. — Libéria.
6775. CINERASCENS, Hartl., *Orn. W.-Afr.*, p. 102; Sharpe, *l. c.*, p. 304. — De la Guinée au Gabon.

1166. HEMIPUS

Hemipus, Hodgs. (1845); *Myiolestes*, Cab. (1850); *Cabanisia*, Bp. (1854).

6776. OBSCURUS (Horsf.), *Pr. Linn. Soc.* XIII, p. 146; Sharpe, *l. c.*, p. 305; *hirundinacea*, Tem., *Pl. col.* 119. — Java, Sumatra, Born., Malacca, Ténassér.
6777. INTERMEDIUS, Salvad., *Ann. Mus. Civ. Gen.* 1879, p. 209. — Sumatra.
6778. CAPITALIS (Mc Clell.), *P. Z. S.*, 1839, p. 157; Sharpe, *l. c.*, p. 306; *picæcolor*, Hodg.; *picatus*, Gr. (nec Syk.). — Himalaya jusqu'en Birmanie.
6779. PICATUS (Syk.), *P. Z. S.*, 1832, p. 85; Jerd., *B. Ind.* I, p. 413; *tyrannides*, Tick.; *hirundinacea*, Jerd. (nec Tem.). — Inde S., Ceylan.

1167. HYPOCOLIUS

Hypocolius, Bp. (1850).

6780. AMPELINUS, Bp., *Consp.* I, p. 420; Heugl., *Ibis*, 1868, p. 181, pl. 5; *C. isabellina*, Heugl., *Syst. Uebers.*, p. 32. — Afrique N.-E.

1168. PRIONOPS

Prionops, Vieill. (1816).

6781. PLUMATUS (Shaw), *Gen. Zool.* VII, 2, p. 292; Sw., *B. W. Afr.* I, p. 246, pl. 26; *geoffroyi*, Vieill.; id., *Gal. Ois.* pl. 142. — Afrique W.
6782. POLIOLOPHUS, Fisch. et Rchw., *J. f. O.*, 1884, p. 180. — Massaïland.
6783. POLIOCEPHALUS (Stanl.), in *Salt's Trav. Abyss., App.*, p. 50; Sharpe, *l. c.*, p. 321 (part.); *geoffroyi*, Des M. (nec Vieill.); *concinnatus*, Sundev. — Afrique E., N.-E. et W.
6784. CRISTATUS, Rüpp., *Faun. Abyss.*, p. 30, pl. 12, f. 2; *poliocephalus*, Sharpe (pt.) — Afrique E. et N.-E.
6785. VINACEIGULARIS, Richm., *Auk*, 1897, p. 162. — Kilima Ndjaro.
6786. TALACOMA, Smith, *Rep. Exp. Expl. C. Afr., App.*, p. 45; id., *Ill. Zool. S. Afr.*, pl. 5; Sharpe, *l. c.*, p. 321. — Afrique S. et S.-E.

1169. SIGMODUS

Sigmodus, Bp. (1850).

6787. CANICEPS, Bp., *Consp.* I, p. 365; Jard., *Contr. Orn.*, 1852, p. 140, pl. 94; Sharpe, *Cat.*, p. 323.	De Sierra-Leone à la Côte-d'Or.
6788. RUFIVENTRIS, Bp., *Rev. Mag. de Zool.*, 1853, p. 441; Fsch. et Hartl., *Vög. Ostafr.*, p. 364; Sharpe, *l. c.*	Gabon, Hinterland du Caméron.
1658. *Var.* MENTALIS, Sharpe, *Journ. Linn. Soc.*, 1884, *Zool.*, p. 425; *griseimentalis*, Sharpe, *Ibis*, 1884, p. 359.	Afrique équator., Nyam-Nyam.
6789. SCOPIFRONS, Peters, *J. f. O.*, 1854, p. 422; Fsch. et Hartl., *Vög. Ostafr.*, p. 368; Sharpe, *Cat.*, p. 324.	Mozambique.
6790. RETZII, Wahlb., *Oefv. K. Vet. Akad. Förh. Stockh.*, 1856, p. 174; Sharpe, *l. c.*, p. 324.	Afrique S.-W.
1659. *Var.* NIGRICANS, Neum., *Orn. Monatsb.* VII, p. 90.	Angola N.
1660. *Var.* INTERMEDIA, Neum., *Op. cit.*	Tangan., Vict.-Nyanz.
1661. *Var.* TRICOLOR, Gray, *Ann. N. H.* (3), XIV, p. 379; *retzii* (pt.), Fsch. et Hartl., *Vög. Ostafr.*, p. 366.	Afr. E., du Zambèze au S. de l'Afr. allem.
1662. *Var.* GRACULINA, Cab., in *v. d. Deck. Reisen*, III, p. 24, pl. 3; Sharpe, *l. c.*, p. 325.	Afr. E. allem., Kilima Ndjaro, Mombassa, Teita.

SUBF. II. — EURYCEROTINÆ

1170. EURYCEROS

Euryceros, Less. (1830).

6791. PREVOSTI, Less., *Cent. Zool.*, pl. 74; id., *Ill. Zool.*, pl. 13; M.-Edw. et Grand., *Hist. Madag., Ois.*, p. 435, pl. 172; Sharpe, *Cat.* III, p. 326.	Madagascar.

FAM. XXXV. — VANGIDÆ (1)

1171. ARTAMIA

Artamia, Lafr. (1832); *Cyanolanius*, *Leptopterus*, Bp. (1854); *Cyanolestes*, Sundev. (1872).

6792. LEUCOCEPHALA (Gm.); Lafr., *Dict. Univ.* II, p. 166; Hartl., *Vög. Madag.*, p. 151; M.-Edw. et Grand., *Hist. Madag. Ois.*, pl[s] 154, 155; *viridis*, Müll.	Madagascar E.
1663. *Var.* ANNÆ, Stejn., *Magaz. for Naturvid.*, 1879-1880; M.-Edw. et Grand., *l. c.*, p. 407, pl. 154, f. 2.	Madagascar W.

(1) Voy. : Gadow, *Cat. B. Brit. Mus.* VIII, pp. 104-112; Sharpe, *l. c.* III, p. 282.

6793. CHABERT (P. L. S. Müll.), *Syst. Nat. Anh.*, p. 72; M.-Edw. et Grand., *l. c.*, p. 414, pl. 158; *violaceus*, Bodd.; *viridis*, Gm.; Schl. et Pol., *Faun. Madag. Ois.*, p. 84, pl. 27; *hirundinaceus*, Sw. — Madagascar.
6794. BICOLOR (Lin.); Bp., *Coll. Del.*, p. 75; M.-Edw. et Grand., *l. c.*, p. 410, pl. 156; *tibialis*, Stejn. — Madagascar E. et N.-W.
6795. COMORENSIS, Shell., *Ibis*, 1894, p. 434. — Grande Comore.

1172. ORIOLIA

Oriolia, Geoff. St-Hil. (1838).

6796. BERNIERI, Geoff. St-Hil., *Mém. Acad. Sc.*, 1838; id., *Rev. Zool.*, 1838, p. 50; id., *Mag. de Zool.*, 1839, pl. 4; M.-Edw. et Grand., *l. c.*, p. 422, pl. 162. — Madagascar E.

1173. XENOPIROSTRIS

Xenopirostris, Bp. (1850).

6797. LAFRESNAYI, Bp., *Consp.* I, 1850, p. 366; M.-Edw. et Grand., *l. c.*, p. 429, pl. 168; *Vanga Xenopirostris*, Lafr., *Rev. et Mag. de Zool.*, 1850, p. 107, pl. 1. — Madagascar S.
6798. POLLENI (Schl.), *Faun. Madag.*, p. 174; M.-Edw. et Grand., *l. c.*, p. 432, pl. 169. — Madagascar E. et N.-W.
6799. DAMII (Schl.), *Nederl. Tijdschr. Dierk.* III, p. 82; id. et Poll., *Faun. Madag.*, p. 100, pl. 30; M.-Edw. et Grand., *l. c.*, p. 431, pl. 170; *albifrons*, Schl. (juv.) — Madagascar N.

1174. CLYTORHYNCHUS

Clytorhynchus, Elliot (1870).

6800. PACHYCEPHALOIDES, Elliot, *P. Z. S.*, 1870, p. 242, pl. 19; Gad., *Cat. B. B. Mus.* VIII, p. 111. — Nouv.-Calédonie.
6801. GRISESCENS, Sharpe, *Ibis*, 1900, p. 364. — Ile St-Esprit (N.-Héb.)
6802. VATENSIS, Sharpe, *Ibis*, 1900, p. 364. — Ile Vaté (N.-Héb.).

1175. VANGA

Vanga, Vieill. (1816); *Spasornis*, v. d. Hoeven (1858); *Lantzia*, Hartl. (1877).

6803. CURVIROSTRIS (Gm.); Hartl., *Vög. Madag.*, p. 188; M.-Edw. et Grand., *l. c.*, p. 423, pl. 166; *leucocephala*, Less. — Madagascar.
6804. RUFA (Lin.); Schl. et Pol., *Faun. Madag.*, pp. 86, 158, pl. 26, ff. 1, 2; M.-Edw. et Grand., *l. c.*, p. 418, pl. 160. — Madagascar.

FAM. XXXVI. — CORVIDÆ

SUBF. I. — GYMNORHININÆ (1)

1176. GRALLINA

Tanypus, Oppel (1811-12, nec Meigen.); *Grallina*, Vieill. (1817); *Grallipes*, Sundev. (1872).

6805. PICATA (Lath.), *Ind. Orn. Suppl.*, p. 29; Sharpe, *Cat. B.* III, p. 272; *australis*, Opp.; Gould, *B. Austr.* II, pl. 54; *cyanoleucus* et *melanoleucus*, Vieill.; *bicolor*, Vig. et Horsf. — Australie.

6806. BRUIJNII, Salvad., *Ann. Mus. Civ. Gen.*, 1875, p. 929. — Monts Arfak (Nouv.-Guinée).

1177. GYMNORHINA

Gymnorhina, Gray (1840).

6807. TIBICEN (Lath.), *Ind. Suppl.*, p. 27; Gould, *B. Austr.* II, pl. 46. — Australie.

6808. DORSALIS, Campb., *Pr. Soc. Victoria*, VII, p. 206. — Australie W.

6809. LEUCONOTA, Gray, *Gen. B.* II, pl. 73; *tibicen*, Quoy et Gaim., *Voy. Uran. Zool.*, p. 100, pl. 20 (nec Lath.) — Australie S. et S.-E.

1664. *Var.* HYPOLEUCA (Gould), *P. Z. S.*, 1836, p. 106; *organicum*, Gould, *B. Austr.* II, pl. 48; *leuconota*, Cab.; *hyperleuca*, Gad., *l. c.*, p. 93. — Tasmanie.

1178. CRACTICUS

Cracticus, Vieill. (1816); *Barita*, Cuv. (1817); *Bulestes*, Cab. (1850).

6810. QUOYI (Less.), *Voy. Coquille, Zool.*, p. 639, pl. 19; Gray, *Gen. B.* II, pl. 72, f. 3; Gould, *B. Austr.* II, pl. 53; *crassirostris*, Salvad. — Iles Papous, Australie N.

6811. NIGROGULARIS (Gould), *P. Z. S.*, 1836, p. 143; id., *B. Austr.* II, pl. 49; *varius*, Vig. et Horsf. (nec Gm.); *melanoleucus*, Gr.; *robustus*, Bp.; ? *melanoleucus* et *robustus*, Lath. — Australie S. et E. et golfe Carpentaria.

1665. *Var.* PICATA, Gould, *P. Z. S.*, 1848, p. 40; id., *B. Austr.*, pl. 50. — Australie N.

6812. CASSICUS (Bodd.), *Tabl. Pl. enl.*, p. 38; *Pl. Enl.* 628; Salvad., *Orn. Pap. e Mol.* II, p. 185; *varia*, Gm.; *sonnerati*, Less.; *personatus*, Tem. — Nouv.-Guinée et îles voisines.

6813. LEUCOPTERUS, Gould, *B. Austr.*, *Introd.*, p. 35; Gad., *Cat.* VIII, p. 98; *destructor*, Diggles. — Australie N.-E. et W.

6814. ARGENTEUS, Gould, *P. Z. S.*, 1840, p. 126; id., *B. Austr.* II, pl. 51. — Australie N.

(1) Voy. : Gadow, *Cat. B. Brit. Mus.* VIII, pp. 90-102 (1883); Sharpe, III, pp. 57, 272.

6815. TORQUATUS (Lath.); Schl., *Mus. P.-B., Coraces*, p. 129; *destructor*, Tem., *Pl. col.* 273; Gould, *B. Austr.* II, pl. 52. — Australie S.

1666. *Var.* CINEREA (Gould), *P. Z. S.*, 1836, p. 143; Gray, *Gen. B.* I, p. 300. — Tasmanie.

6816. RUFESCENS, De Vis, *P. Linn. Soc. N. S. W.* VII, p. 562. — Queensland.

6817. MENTALIS, Salvad. et D'Alb., *Ann. Mus. Civ. Gen.*, 1875, p. 824; Salvad., *Orn. Pap. e Mol.* II, p. 189; *spaldingi*, Mast. — Nouv.-Guinée S.-E.

6818. LOUISIADENSIS, Tristr., *Ibis*, 1889, p. 555; *rosa-alba*, De Vis, *Rep. Brit. New-Guin.*, *App.*, p. 110. — Louisiades.

1179. STREPERA

Strepera, Less. (1831); *Coronica*, Gould (1837).

6819. GRACULINA (White), *Voy. New S. Wales*, *App.*, pl. de la p. 251; Gould, *B. Austr.* II, pl. 42; *strepera*, Lath.; Vieill., *Gal. Ois.* I, pl. 109. — Australie.

6820. CRISSALIS, Gould, *M.S.*; Sharpe, *Cat. B. Br. Mus.* III, p. 58, pl. 2. — Ile Lord Howe.

6821. ARGUTA, Gould, *P. Z. S.*, 1846, p. 19; id., *B. Austr.* II, pl. 44. — Tasmanie.

1667. *Var.* INTERMEDIA, Sharpe, *Cat.*, p. 59. — Australie S.

6822. CUNEICAUDATA (Vieill.), *N. Dict.* V, p. 356; *anaphonensis*, Tem.; Gould, *B. Austr.* II, pl. 45; *versicolor*, Gray. — Australie S.

1668. *Var.* PLUMBEA, Gould, *P. Z. S.*, 1846, p. 20; Sharpe, *l. c.*, p. 60. — Australie W.

6823. MELANOPTERA, Gould, *P. Z. S.*, 1846, p. 20; Sharpe, *l. c.*, p. 61. — Australie S.

6824. FULIGINOSA (Gould), *P. Z. S.*, 1836, p. 106; id., *B. Austr.* II, pl. 43. — Tasmanie.

1180. PITYRIASIS

Pityriasis, Less. (1839); *Pityriopsis*, Rchb. (1850).

6825. GYMNOCEPHALA (Tem.), *Pl. col.* 572; Less., *Compl. Buff.* II, p. 397; Gad., *Cat.* VIII, p. 90. — Bornéo.

SUBF. II. — CORVINÆ (1)

1181. CORVULTUR

Corvultur, Less. (1831); *Archicorax*, Glog. (1842).

6826. ALBICOLLIS (Lath.), *Ind. Orn.*, p. 151; Levaill., *Ois. d'Afr.* II, pl. 50; *cafer*, Licht.; *vulturinus*, Shaw. — Afrique S.

(1) Voy. : Sharpe, *Cat. B. Brit. Mus.* III, pp. 5-152 (1877).

6827. CRASSIROSTRIS (Rüpp.), *N. Wirbelth.*, p. 19, pl. 8; id., *Syst. Uebers.*, p. 75; Heugl., *Orn. N.-O. Afr.*, p. 507; *albicollis*, Des M. (nec Lath.) — Afrique N.-E.

1182. CORVUS

Corvus, Lin. (1758); *Corone*, Kp. (1829); *Gazzola*, Bp. (1850); *Amblycorax, Physocorax*, Bp. (1854); *Pterocorax*, Kp. (1854); *Anomalocorax*, Fitz. (1863); *Rhinocorax, Microcorax, Macrocorax, Heterocorax*, Sharpe (1877).

6828. CAPENSIS, Licht., *Verz. Doubl.*, p. 20; Levaill., *Ois. d'Afr.* II, pl. 52; Rüpp., *Faun. Abyss.*, pl. 10, f. 3; *macropterus*, Wagl., *segetum*, Tem.; *levaillantii*, Des M. (nec Less.); *minor*, Heugl. — Afrique S., E. et N.-E.

6829. CORAX, Lin.; Dubois, *Fne. ill. Vert. Belg. Ois.* I, p. 212, pl. 47; *maximus*, Scop.; *clericus*, Sparrm.; *major* et *leucophaeus*, Vieill.; *leucomelas, sinuatus* et *cacolotl*, Wagl.; *sylvestris, littoralis, peregrinus* et *montanus*, Brm.; *ferroensis*, Schl. — Europe, Asie W. et N.

1669. *Var.* KAMTSCHATICA et *behringianus*, Dyb., *Bull. Soc. Zool. de Fr.* VIII, pp. 362-63. — Kamtschatka, Sibérie E.

1670. *Var.* THIBETANA, Hodgs., *Ann. N. H.* (2) III, p. 203; Jerd., *B. Ind.* II, p. 294; *sharpei*, Oates, *B. Ind.*, p. 20. — Asie centrale.

1671. *Var.* PRINCIPALIS, Ridgw., *Man. N. Am. B.*, p. 361. — Amérique boréale.

1672. *Var.* CARNIVORA, Bartr., *Trav. E. Flor.*, p. 290; Baird, *B. N. Am.*, p. 560, pl. 21. — États-Unis.

1673. *Var.* NOBILIS, Gould, *P. Z. S.*, 1837, p. 79. — Mexique.

6830. CRYPTOLEUCUS, Couch, *Pr. Acad. Philad.*, 1854, p. 66; Baird, *B. N. Am.*, p. 565, pl. 22. — Vallée du Rio-Grande, Tex. jusqu'au Mex.

6831. LAWRENCII, Hume, *Lahore to Yark*, p. 235; Sharpe, *Cat.*, p. 15. — Panjab.

6832. UMBRINUS, Sundev., *OEfv. k. Vet.-Akad. Förh. Stockh.*, 1838, p. 199; Schl., *Bijdr. Dierk. Amsterd.*, p. 8, pl. 1, f. 14; Dress., *B. Eur.*, pl. 265, f. 2; *infumatus*, Wagn.; *corax*, auct. plur. (nec Lin.) — Égypte, Palestine, jusqu'à l'Afghanistan et le N.-W. de l'Inde.

6833. RUFICOLLIS, Less., *Traité d'Orn.*, p. 329; Sharpe, *l. c.*, p. 17. — Iles du Cap Vert.

6834. HAWAIENSIS, Peale, *U. S. Expl. Exp. Orn.*, 1848, p. 106; Cass., *l. c.*, 2e éd., p. 119, pl. 6; Sharpe, *l. c.*, p. 13. — Hawaii (îles Sandwich).

6835. LEPTONYX, Peale, *U. S. Expl. Exp.*, 1848, p. 105; *ruficollis*, Cass., *l. c.*, p. 116, pl. 5; *tingitanus*, Irby, *Ibis*, 1874, p. 264; Dress., *B. Eur.*, pl. 262, ff. 4, 6; *corax* (pt.), auct. plur. — Afrique N.-W., Canaries, Madeire.

6836. CORONOIDES, Vig. et Horsf., *Tr. Linn. Soc.* XV, p. 261; *australis*, Gray (nec Gould). — Australie, Tasmanie.

6837. CULMINATUS, Syk., *P. Z. S.*, 1832, p. 96; *intermedius*, Adams, *P. Z. S.*, 1859, p. 171; Jerd., *B. Ind.* II, p. 297. — Inde.

6838. TORQUATUS, Less., *Traité d'Orn.*, p. 328; Dav. et Oust., *Ois. Chine*, p. 368; *pectoralis*, Horsf. et Moore; Schl., *Mus. P.-B.*, *Coraces*, p. 5. — Chine.

6839. SCAPULATUS, Daud., *Traité*, II, p. 232; Levaill., *Ois. d'Afr.* II, pl. 53; *cornix*, Bodd. (nec Lin.); *scapularis, var. æthiops*, Hempr. et Ehr.; *dauricus*, Desj. (nec Pall.); *curvirostris*, Gould; *leuconotus*, Sw.; Jard. et Sel., *Ill. Orn.* IV, pl. 32; *phæocephalus*, Cab.; *madagascariensis*, Bp. — Toute l'Afrique et Madagascar.

6840. CORNIX, Lin.; *cinereus*, Briss.; Dubois, *Fne. ill. Vert. Belg. Ois.* I, p. 221, pl. 49; *subcornix*, *ægyptiaca*, *tenuirostris*, Brm. — Europe, Asie N.-W.

1674. *Var.* CAPELLANA, Sclat., *P. Z. S.*, 1876, p. 694, pl. 66. — Perse, Mésopotamie.

6841. SPLENDENS, Vieill., *N. Dict.* VIII, p. 44; Tem., *Pl. col.* 425; *impudiens*, Hodgs.; *dauricus*, Pears. (nec Pall.); *impudicus*, Gray. — Inde, Ceylan.

1675. *Var.* INSOLENS, Hume, *Str. F.*, 1875, p. 144; *culminatus*, Schomb. (nec Syk.); *splendens* (pt.), Bl. et Wald., *B. Burm.*, p. 86. — Indo-Chine W.

6842. AMERICANUS, Audub., *Orn. Biogr.* II, p. 317; id., *B. Am.*, pl. 156; *corone*, Wils. (nec Lin.), *Am. Orn.* IV, p. 79, pl. 25, f. 3. — Amérique du Nord.

1676. *Var.* FLORIDANA, Baird, *B. N. Am.*, p. 568, pl. 67, f. 1. — Floride.

1677. *Var.* HESPERIS, Ridgw., *Man. N. Am. B.*, p. 362. — États-Unis W.

6843. CAURINUS, Baird, *B. N. Am.*, p. 569, pl. 24; Coues, *Key N. Am. B.*, p. 163. — Amérique N.-W.

6844. MEXICANUS, Gm.; Schl., *Bijdr. Dierk. Ams.*, p. 11, pl. 1, f. 25; Salv. et Godm., *Biol. Centr.-Am.* I, p. 488. — Mexique.

6845. CORONE, Lin.; Gould, *B. Eur.* III, pl. 221; Dubois, *Fne. ill. Vert. Belg. Ois.* I, p. 217, pl. 48; *subcorone*, *hiemalis*, *assimilis*, Brm.; *pseudocorone*, Hume; *orientalis*, Eversm. — Europe, Asie N. jusqu'au N.-W. de l'Inde et la Chine.

6846. EDITHÆ, Phill., *Ibis*, 1895, p. 183. — Somaliland.

6847. AUSTRALIS, Gould, *Handb. B. Austr.* I, p. 475; Sharpe, *Cat.* III, p. 37; *coronoides*, Gould (nec Vig. et Horsf.), *B. Austr.* IV, pl. 18. — Australie.

6848. MACRORHYNCHUS, Wagl., *Syst. Av. Corvus*, sp. 3; Schl., *l. c.*, pl. 1, ff. 5, 6; *timoriensis*, Bp., *an-* — Malacca, îles de la Sonde, Timor.

nectens, Brugg., *Abh. Ver. Brem.* V, p. 4, pl. 3, f. 3.	
1678. *Var.* LEVAILLANTI, Less., *Traité d'Orn.*, p. 328; *corone*, Frankl.; *macrorhynchus*, Gr. et Hardw., *Ill. Ind. Zool.*, pl. 36, ff. 2a, 2b; *enca*, Sundev.; *culminatus*, Gr.; *sinensis*, Moore; *japonicus*, *japonensis*, *calonorum*, Swinh.; *andamanensis*, Tytl.	Inde, Birmanie, Andaman.
1679. *Var.* JAPONENSIS, Bp., *Consp. av.* I, p. 386; Radde, *Reise Sibir.*, p. 210; *macrorhynchus*, Tem. et Schl., *Faun. Jap.*, p. 79, pl. 39.	Sibérie E., Japon, Chine, Corée.
6849. FUSCICAPILLUS, Gray, *P. Z. S.*, 1859, p. 95; Schl., *Mus. P.-B.*, *Coraces*, p. 22; *senex*, Schl., *Bijdr. Dierk.*, p. 10, pl. 3 (nec Less.); *orru*, Gr. (nec Müll.); *megarhynchus*, Bernst.	Iles Arou, Waigiou, Ghemien.
6850. WOODFORDI (Grant), *P. Z. S.*, 1887, p. 332, pl. 27.	Iles Salomon.
6851. VEGETUS (Tristr.), *Ibis*, 1894, p. 30.	Iles Salomon.
6852. VALIDISSIMUS, Schl., *Bijdr. Dierk.*, p. 12, pl. 1, ff. 1, 2; id., *Mus. P.-B.*, *Coraces*, p. 28.	Halmahera, Batjan.
6853. PHILIPPINUS, Bp., *Compt.-Rend.* XXXVII, p. 830; *solitarius*, Kittl.; *brevipennis*, Schl., *Bijdr. Dierk.*, p. 9, pl. 1, f. 8.	Philippines.
6854. PUSILLUS, Tweed., *P. Z. S.*, 1878, p. 622.	Palawan, Paragua, Mindoro.
6855. SAMARENSIS, Steere, *List Philipp. B.*, p. 23.	Samar.
6856. ENCA (Horsf.), *Tr. Linn. Soc.* XIII, p. 164; Schl., *Mus. P.-B.*, *Coraces*, p. 29; *tenuirostris*, Moore.	Java, Célèbes, Soula.
6857. VALIDUS, Bp., *Consp.* I, p. 385; Schl., *l. c.*, pl. 1, f. 22; id., *Mus. P.-B.*, p. 29.	Sumatra, Bornéo, Timor.
6858. ORRU, Bp., *Consp.* I, p. 385; Schl., *l. c.*, pl. 1, ff. 9, 10; id., *Mus. P.-B.*, p. 20; *fallax*, Brügg.	Iles Moluques et Papous.
1680. *Var.* LATIROSTRIS, Mey., *Zeitschr. Ges. Orn.*, 1884, p. 199.	Timor-laut.
6859. VIOLACEUS, Bp., *Consp.* I, p. 384; Schl., *l. c.*, pl. 1, f. 24; *modestus*, Brügg., *Abh. Ver. Bremen*, V, p. 76, pl. 3, f. 5.	Céram.
6860. KUBARYI, Rchw., *J. f. O.*, 1885, p. 110.	Ile Pelau.
6861. FLORENSIS, Büttik., *Zool. Ergebn.* III, p. 304.	Flores.
6862. AFFINIS, Rüpp., *Neue Wirb.*, p. 20, pl. 10, f. 2; Schl., *Mus. P.-B.*, *Coraces*, p. 31; *brachyurus*, *brachyrhynchos*, Brm.; *brevicaudatus*, Müll.	Afrique N.-E., Palestine.
6863. TYPICUS (Bp.), *Compt.-Rend.* XXXVII, p. 828; *advena*, Schl., *Bijdr. Dierk.*, p. 3, pl. 2; id., *l. c.*, p. 6.	Célèbes.
6864. JAMAICENSIS, Gm.; Sharpe, *Cat.* III, p. 48; *nasicus*, Gray (nec Tem.)	Jamaïque.
6865. SOLITARIUS, Würt., *Naumannia*, II, p. 55; Schl.,	St-Domingue.

l. c., pl. 1, f. 17; id., *Mus. P.-B.*, p. 24; *palmarum*, Würt.

6866. LEUCOGNAPHALUS, Daud., *Traité*, II, p. 231; Schl., *l. c.*, pl. 1, f. 28; id., *Mus. P.-B.*, p. 32; *erythrophthalmus*, Bp. — Porto-Rico et St-Domingue.

6867. NASICUS, Tem., *Pl. col.* 413; *americanus*, Lemb. — Cuba.

6868. MONEDULOIDES, Less., *Traité d'Orn.*, p. 329; Sharpe, *Cat.* III, p. 50, pl. 1. — Nouv.-Calédonie.

1183. COLÆUS

Lycos, Boie (1822, nec Fabr., 1787); *Monedula*, Brm. (1828, nec Coqueb., 1798); *Colæus*, Kaup (1829).

6869. MONEDULA (Lin.); Dubois, *Fne. ill. Ois.* I, p. 230, pl. 51; *spermolegus*, Vieill.; *turrium, arborea, septentrionalis*, Brm. — Europe, Afrique N.

1681. *Var.* COLLARIS (Drum.), *Ann. N. H.* XVIII, p. 11; *monedula* (pt.), auct. plur. — Europe E., Perse, Afghan., Cachemire.

6870. NEGLECTUS (Schl.), *Bijdr. Dierk.*, p. 16; Sharpe, *l. c.*, p. 28; *dauuricus*, jun., Schl., *Fauna Jap.*, pl. 40. — Chine N., Japon.

6871. DAURICUS (Pall.), *Reis. Russ. Reichs*, II, *Anh.*, p. 694; Schl., *F. J.*, p. 80, pl. 40 B; *capitalis*, Wagl. — Sibérie orient. jusqu'à l'Altaï, Chine, Japon.

6872. OSSIFRAGUS (Wils.), *Am. Orn.* V, p. 27, pl. 37, f. 2; Baird, *B. N. Am.*, p. 571, pl. 67. — États-Unis E.

6873. MINUTUS (Gundl.), *Journ. f. Orn.*, 1856, p. 97; Baird, *B. N. Am.*, p. 569. — Cuba.

1184. TRYPANOCORAX

Trypanocorax, Bp. (1854); *Corvus*, auct.

6874. FRUGILEGUS (Lin.); Dubois, *Fne. ill. Ois.* I, p. 225, pl. 50; *agrorum, granorum, advena*, Brm., *Vög. Deutschl.*, pp. 170-71; *agricola*, Tristr., *P. Z. S.*, 1864, p. 444. — Europe, Asie centrale, Inde N.-W.

1682. *Var.* PASTINATOR (Gould), *P. Z. S.*, 1845, p. 1; Sharpe, *Cat.* III, p. 10. — Chine, Japon, Sibérie E.

1185. GYMNOCORAX

Gymnocorvus! Less. (1831); *Gymnocorax*, Sundev. (1872).

6875. SENEX (Less.), *Voy. Coquille, Ois.*, p. 650, pl. 24; Schleg., *Mus. P.-B.*, p. 36; *tristis*, Less., *Traité*, p. 327. — Nouv.-Guinée, Salwati.

SUBF. III. — NUCIFRAGINÆ

1186. NUCIFRAGA

Nucifraga, Briss. (1760); *Caryocatactes*, Cuv. (1817); *Picicorvus*, Bp. (1850).

6876. CARYOCATACTES (Lin.); Naum., *Vög. Deutschl.* II, pl. 58; Dubois, *Fne. ill. Ois.* I, p. 233, pl. 52; *guttata*, Vieill.; *maculatus*, Koch; *nucifraga*, Nilss.; *brachyrhynchos*, Brm.; *pachyrhynchus*, R. Blas.	Scandinavie, Russie W., Prusse E.
1683. *Var.* RELICTA, Rchw., *J. f. O.*, 1889, p. 288.	Europe centr. (M^{gnes}).
1684. *Var.* MACRORHYNCHA, Brm., *Lehrb. eur. Vög.*, p. 104; *hamata*, Brm.; *leptorhynchus*, R. Blas.	Europe E., Sibérie, Chine N.
1685. *Var.* JAPONICA, Hart., *Novit. Zool.* IV, p. 134.	Japon N., Kouriles.
1686. *Var.* KAMTSCHATKENSIS, Barr.-Ham., *Ibis*, 1898, p. 432.	Kamtschatka.
6877. HEMISPILA, Vig., *P. Z. S.*, 1830, p. 8; Gould, *Cent. Him. B.*, pl. 36; *immaculata*, Blyth, *Ibis*, 1867, p. 36.	Himalaya.
6878. MULTIPUNCTATA, Gould, *P. Z. S.*, 1849, p. 23; id., *B. Asia*, pl.; *multimaculata*, Jerd., *B. Ind.* II, p. 304.	Cachemire.
6879. COLUMBIANA (Wils.), *Amer. Orn.* III, p. 29, pl. 20, f. 3; Audub., *B. Am.* IV, pl. 235; *megonyx*, Wagl.	Montagnes Rocheuses (Amér. N. W.).

1187. PODOCES

Podoces, Fischer (1823).

6880. PANDERI, Fisch., *Mém. Soc. Imp. Nat. Moscou*, V, pl. 21; Cab., *J. f. O.*, 1873, p. 63; Sharpe, *Cat.* III, p. 150.	Bachara, Turkestan.
6881. PLESKEI, Zarudny, *Ann. Mus. Zool. de l'Acad. Imp. des Sc. de St-Pétersbourg*, 1896, p. 12; id., *Orn. Monatsb.*, 1897, pp. 181-83.	Perse orientale.
6882. HENDERSONI, Hume, *Ibis*, 1871, p. 408; Gould, *B. Asia*, pl.	Yarkand.
6883. BIDDULPHI, Hume, *Str. F.* II, pp. 503, 529; Gould, *l. c.*, pl.	Turkestan E.
6884. HUMILIS, Hume, *Ibis*, 1871, p. 408; Gould, *l. c.*, pl.	Yarkand et Thibet.

SUBF. IV. — GARRULINÆ

1188. PICA

Pica, Lin. (1748); *Cleptes*, Gamb. (1847).

6885. CAUDATA, Lin. (1748); Dubois, *Fne. ill., Ois.* I, p. 200, pl. 45; *Corvus pica*, Lin. (1766); *rusticus*, Scop.; *melanoleuca*, *albiventris*, Vieill.; *hudsonius*, Sab.; *europœa*, Boie; *hudsonica*, Bp.; *bottanensis*,	Europe, Asie centrale, Amérique N.-W.

Deless.; *megaloptera, media*, Blyth; *varia*, Schl.; *sericea*, Gould; *thibetana*, Hodgs.; *japonica, bactriana, chinensis*, Bp.; *vulgaris*, Brm.

1687. *Var.* Leucoptera, Gould, *B. Asia*, pl. — Asie S.-W.

6886. nuttalli (Audub.), *Orn. Biogr.* IV, p. 450; id., *B. Am.*, pl. 362. — Californie.

6887. mauritanica, Malh., *Mém. Soc. H. N. Moselle*, 1845, p. 7; Levaill. jun., *Expl. Sc. Algérie, Ois.*, pl. 8. — Afrique N.

1189. CYANOPICA

Cyanopolius, Bp. (1849); *Cyanopica*, Bp. (1850); *Dolometis*, Cab. (1850).

6888. cyana (Pall.), *Reis. Russ. Reichs*, III, *App.*, p. 694; Tem. et Schl., *Fauna Jap.*, p. 81, pl. 42; *melacephalos*, Wagl.; *vaillanti, pallasi, melanocephala*, Bp. — Sibérie E., Chine N., Japon.

1688. *Var.* Cooki, Bp., *Rep. Brit. Assoc.*, 1849, p. 75; *cyanea*, auct. plur. (nec Pall.); Dress., *B. Eur.* III, pl. 259; *melanocephala* (pt.), C. Dub., *Ois. Eur.* I, p. et pl. 40. — Espagne, Portugal.

1190. UROCISSA

Urocissa, Cab. (1850); *Calocitta*, Bp. (1850 nec Gray).

6889. erythrorhyncha (Gm.); *Pl. Enl.* 622; *melanocephalus*, Lath.; *sinensis*, Gray et auct. plur. (nec Lin.?); Dav. et Oust., *Ois. Chine*, p. 375, pl. 83; *brevivexilla*, Swinh. — Chine.

1689. *Var.* Occipitalis (Blyth), *J. A. S. Beng.* XV, p. 26; *erythrorhyncha* (pt.), auct. plur.; Gould, *Cent. Him. B.*, pl. 41; *sinensis* (pt.), Gray; *albicapillus*, Blyth. — Himalaya.

1690. *Var.* Magnirostris (Blyth), *l. c.*, p. 27; Gould, *B. Asia*, pl.; *erythrorhynchus* (pt.), Schleg. — Indo-Chine.

6890. flavirostris (Blyth), *l. c.*, p. 28; Gould, *B. Asia*, pl.; Schl., *Mus. P.-B. Coraces*, p. 70; *cucullata*, Gould, *l. c.* — Himalaya.

6891. cærulea, Gould, *P. Z. S.*, 1862, p. 282; id., *B. Asia*, pl.; Schl., *l. c.*, p. 71. — Formose.

6892. whiteheadi, Grant, *Ibis*, 1900, p. 193. — Haïnan.

1191. CRYPTORHINA

Cryptorhina, Wagl. (1827); *Ptilostomus*, Sw. (1837).

6893. afra (Lin.); Levaill., *Ois. d'Afr.*, pl. 54; *senegalensis*, Lin. et auct. plur.; *nigra*, Lath.; *acuticaudatus*, Vieill.; *pœcilorhynchus*, Wagl.; Heugl., *Syst. Ubers.*, p. 35. — Afrique tropicale au N. de l'Équateur.

1192. DENDROCITTA

Dendrocitta, Gould (1833); *Crypsirhina*, Sw. (1837 nec Vieill. 1816); *Vagabunda*, Kp.; *Glaucopis* (pt.), auct. plur.

6894. RUFA (Scop.), *Del. Faun. et Fl. Insubr.* II, p. 86; Levaill., *Ois. d'Afr.* II, pl. 59; *vagabunda*, Lath.; Gould, *Cent. Him. B.*, pl. 42; *pallida*, Blyth. — Inde, Indo-Chine W.

6895. FRONTALIS, Mc Clell., *P. Z. S.*, 1839, p. 163; Gray, *Gen. B.*, pl. 75; *altirostris*, Blyth, *J. A. S. B.* XII, p. 932. — Himalaya E. et Assam.

6896. LEUCOGASTRA, Gould, *P. Z. S.*, 1833, p. 57; id., *Tr. Z. S.* I, p. 89, pl. 12; Schl., *Mus. P.-B.*, *Coraces*, p. 74. — Inde S.

6897. SINENSIS, Lath., *Ind. Orn.* I, p. 161; Sharpe, *Cat.* III, p. 81. — Chine, Haïnan.

1691. *Var.* HIMALAYENSIS, Blyth, *Ibis*, 1865, p. 45; Sharpe, *l. c.*, p. 79; *sinensis* (pt.), auct. plur.; Gould, *Cent. Him. B.*, pl. 43; Schl., *l. c.*, p. 76. — Himalaya, Assam.

1692. *Var.* FORMOSÆ, Swinh., *Ibis*, 1863, p. 387; Schl., *l. c.*, p. 76. — Ile Formose.

6898. OCCIPITALIS (Müll.), *Tijdschr.*, 1835, p. 343, pl. 9, f. 1; Sharpe, *l. c.*, p. 81, pl. 3; *rufigaster*, Gould, *P. Z. S.*, 1837, p. 80. — Sumatra, Malacca.

6899. CINERASCENS, Sharpe, *Ibis*, 1879, p. 250, pl. 8. — Bornéo N.-W.

6900. BAYLEYI, Tytl., *J. A. S. Beng.*, 1863, p. 88; Wald., *Ibis*, 1874, p. 145, pl. 6; *bazlei*, Blyth (laps.) — Iles Andaman.

1193. CRYPSIRHINA

Crypsirhina, Vieill. (1816); *Phrenotrix*, Horsf. (1820).

6901. VARIANS (Lath.), *Ind. Orn., Suppl.*, p. 26; Vieill. et Oud., *Gal. Ois.*, pl. 106; Schl., *l. c.*, p. 73; *temia*, Daud.; *caudatus*, Shaw; *levaillantii*, Less. — Indo-Chine, Malacca, Bornéo, Java.

6902. CUCULLATA, Jerd., *Ibis*, 1862, p. 20; Gould, *B. Asia*, pl. — Birmanie, Ht-Pégou.

6903. ? NIGRA, Styan, *Ibis*, 1893, p. 55; = *Temnurus oustaleti?* — Haïnan.

1194. CISSA

Cissa, Boie (1826); *Kitta*, Tem. (1828); *Citta*, Wagl. (1830); *Corapica*, Less. (1831); *Chlorosima*, Sw. (1837).

6904. SINENSIS (Sw.); *chinensis*, Bodd.; *Pl. enl.* 620; *speciosus*, Shaw; *bengalensis*, Less.; *venatoria*, Gray, *Ill. Ind. Zool.* I, pl. 2; Gould, *B. Asia*, pl. — Himalaya S.-E., Indo-Chine W.

1693. *Var.* MINOR, Cab., *Mus. Hein.* I, p. 86. — Sumatra.

6905. JEFFERYI, Whiteh., *Ibis*, 1888, p. 383. — Bornéo N.

6906. HYPOLEUCA, Salvad. et Gigl., *Atti Acc. Tor.* XX, p. 227. Cochin-Chine.
6907. THALASSINA (Tem.), *Pl. col.* 401 ; Schl., *l. c.*, p. 67. Java.
6908. ORNATA (Wagl.), *Isis,* 1829, p. 749; Schl., *l. c.*, p. 69; *puella,* Blyth; *pyrrhocyanea,* Gould, *B. Asia,* pl ; *speciosa,* Bp. Ceylan.

1195. CALOCITTA

Calocitta, Gray (1841); *Cyanurus,* Bp. (1850, nec Sw., 1831).

6909. FORMOSA (Sw.), *Phil. Mag.*, 1827, p. 437; Scl. et Salv., *Ibis,* 1859, p. 22; *bullockii,* Wagl.; *gubernatrix,* Tem., *Pl. col.* 436. Mexique.
1694. *Var.* AZUREA, Nels., *Auk,* 1897, p. 55. Amérique centr.
6910. COLLIEI (Vig.), in *Zool. of Beech. Voy.*, p. 22, pl. 7; Sharpe, *Cat. B.* III, p. 89; *bullockii,* Audub., *B. Am.* IV, p. 105, pl. 227; *elegans,* Finsch, *Abh. Ver. Brem.*, 1870, p. 334. Mexique W., Californie.

1196. PLATYSMURUS

Platysmurus, Rchb. (1850); *Glenargus,* Cab. (1850); *Glaucopis* (pt.), Tem. et Schl.

6911. LEUCOPTERUS (Tem.), *Pl. col.* 265; Schl., *l. c.*, p. 72. Ténassérim, Malacca.
6912. SCHLEGELI, Pelz., *Verh. Z. B. Wien,* XXIX, p. 529. Sumatra.
6913. ATERRIMUS (Tem.), *Pl. col.* (texte); Schl., *l. c.*, p. 72; Salvad., *Ucc. Born.*, p. 279. Bornéo.

1197. TEMNURUS

Temnurus, Less. (1831); *Glaucopis* (pt.), Tem.

6914. TRUNCATUS, Less., *Traité d'Orn.*, p. 341; Sharpe, *Cat.* III, p. 91; *G. temnura,* Tem., *Pl. col.* 337. Cochin-Chine.
6915. OUSTALETI, Hartl., *Abh. Ver. Bremen,* 1899, p. 249; = ?*Crypsirhina nigra,* Styan, *Ibis,* 1893, p. 55. Haïnan.

1198. PLATYLOPHUS

Platylophus, Sw. (1831); *Lophocitta,* Gray (1841).

6916. GALERICULATUS (Cuv.), *Règne an.* I, p. 399; Levaill., *Ois. Parad.* I, p. 124, pl. 42; Gr. *Gen. B.*, pl. 74, f. 5; *scapulatus,* Licht.; *cristata,* Griff. Java.
1695. *Var.* ARDESIACA (Cab.), *Mus. Hein.* I, p. 219; Sharpe, *Cat.*, p. 317; *galericulata* (pt.), auct. plur.; *malaccensis,* Cab., *J. f. O.*, 1866, p. 310. Malacca.

6917. CORONATUS (Raffl.), *Tr. Linn. Soc.* XIII, p. 306; Cab., *J. f. O.*, 1866, p. 309; *histrionica*, Bp.; *rufulus*, Schl., *l. c.*, p. 66. — Sumatra, Bornéo S.

1696. *Var.* LEMPRIERI, Nichols., *Ibis*, 1883, p. 88. — Bornéo.

1199. GARRULUS

Garrulus, Briss. (1760); *Glandarius*, Koch (1816).

6918. GLANDARIUS (Lin.); Dubois, *Fne. ill. Vert. Belg.*, *Ois.* I, p. 206, pl. 46; Dress., *B. Eur.*, pl. 254; *pictus*, Koch; *germanicus*, *septentrionalis*, *robustus*, *taeniurus*, etc., Brm. — Europe.

6919. MINOR, Verr., *Rev. et Mag. Zool.*, 1857, p. 439, pl. 14. — Algérie.

1697. *Var.* OENOPS, Whitak., *Ibis*, 1898, pp. 155, 606. — Maroc.

6920. JAPONICUS, Tem. et Schl., *Fauna Jap.*, p. 83, pl. 43; Schl., *Mus. P.-B.*, *Coraces*, p. 60. — Japon.

6921. BRANDTI, Eversm., *Add. Pall. Zoogr.* III, p. 8; Whitely, *Ibis*, 1867, p. 200, pl. 3; Dress., *B. Eur.*, pl. 255. — Oural, Sibérie, Chine N., Japon.

6922. ATRICAPILLUS, Geoff. St.-Hil., *Études Zool.*, fasc. I; Dress., *B. Eur.*, pl. 256; *stridens*, Hemp. et Ehr.; *melanocephalus*, Géné; *iliceti*, Licht.; *krynicki*, Kal., *Bull. Soc. Mosc.* XII, p. 319, pl. 9. — Turquie, Asie Min., Palestine, Syrie, Trans-Caucasie W., Perse.

1698. *Var.* ANATOLIÆ, Seeb., *Ibis*, 1883, p. 7; *krynicki*, Dress. (nec Kal.), *B. Eur.*, pl. 257. — Asie Min.

1699. *Var.* CASPIA, Seeb., *Ibis*, 1883, p. 8. — Caucase.

6923. HYRCANUS, Blanf., *Ibis*, 1873, p. 225; id., *E. Persia*, p. 265, pl. 18; Sharpe, *l. c.*, p. 94. — Perse N.

6924. CERVICALIS, Bp., *C. R.* XXXVII, p. 828; Dress., *B. Eur.*, pl. 258; *melanocephalus* (pt.), auct. plur.; *atricapillus*, Levaill. jun. — Algérie.

6925 LEUCOTIS, Hume, *Str. F.*, 1874, pp. 106, 443, 480; Sharpe, *Cat.*, p. 99, pl. 4. — Birmanie.

6926. BISPECULARIS, Vig., *P. Z. S.*, 1830, p. 7; Gould, *Cent. Him. B.*, pl. 38; *ornatus*, Gray, *Ill. Ind. Zool.* I, pl. 23. — Himalaya, Chine W.

1700. *Var.* SINENSIS, Swinh., *P. Z. S.*, 1863, p. 304; Dav. et Oust., *Ois. Chine*, p. 378; *ornatus*, Swinh. (1862). — Chine, Japon.

1701. *Var.* RUFESCENS, Rchw., *Orn. Monatsb.*, 1897, p. 123. — Himalaya N.-W.

1702. *Var.* OATESI, Sharpe, *Ibis*, 1896, p. 405. — Birmanie (Mts Chin).

6927. TAIVANUS, Gould, *P. Z. S.*, 1862, p. 282; id., *B. As.*, pl.; *insularis*, Swinh., *P. Z. S.*, 1863, p. 304. — Ile Formose.

6928. LANCEOLATUS, Vig., *P. Z. S.*, 1830, p. 7; Gould, *Cent. Him. B.*, pl[s] 39, 40; *gularis* et *vigorsii*, Gray, *Ill. Ind. Zool.*, pl[s] 9, 10. — Himalaya.

6929. LIDTHI, Bp., *Consp.* I, p. 376; id., *P. Z. S.*, 1850, p. 80, pl. 17; Schl., *Bijdr. Zool. Genoots. Amst.* I, *Handl. Vogels*, pl. 4, f. 47; id., *Mus. P.-B.*, p. 61. — Japon.

1200. PERISOREUS

Perisoreus, Bp. (1838); *Dysornithia*, Sw. (1831).

6930. INFAUSTUS (Lin.); Dub., *Ois. Eur.* I, pl. 42; Dress., *B. Eur.*, pl. 253; *sibiricus*, Bodd.; *russicus*, Pall. — Nord de l'Europe et de l'Asie.

6931. CANADENSIS (Lin.); Wils., *Am. Orn.* III, p. 33, pl. 21, f. 1; *fuscus*, Vieill.; *nuchalis*, Wagl.; *brachyrhynchus*, Sw. et Rich., *Faun. bor. Am., B.*, p. 296, pl. 55. — Canada, Maine.

1703. *Var.* CAPITALIS, Baird, *M.S.*; Ridgw., *Bull. Essex Inst.* V, p. 199; Sharpe, *Cat.* III, p. 106, pl. 5, f. 1. — États-Unis W. (Montagnes Rocheuses).

1704. *Var.* FUMIFRONS, Ridgw., *P. U. S. Nat. Mus.*, 1880, p. 5. — Alaska.

1705. *Var.* NIGRICAPILLA, Ridgw., *Op. cit.*, 1882, p. 15. — Labrador.

6932. OBSCURUS, Ridgw., *Bull. Essex Inst.* V, p. 199; Sharpe, *l. c.*, p. 105, pl. 5, f. 2; *canadensis* (pt.), auct. plur.; *var. griseus*, Ridgw., *Auk*, 1899, p. 255. — De la Colombie angl. au Nord de la Californie.

1201. CYANOCITTA

Cyanurus (pt.), Sw. (1831); *Cyanocitta*, Strickl. (1845); *Cyanogarrulus*, Bp. (1850); *Lophocorax*, Kp. (1854); *Cyanura*, Baird (1858).

6933. CRISTATA (Lin.); Wils., *Am. Orn.* I, p. 11, pl. 1, f. 1; Levaill., *Ois. Parad.*, pl. 45; Sw., *Faun. bor. Am., B.*, p. 495. — Amérique du Nord.

6934. STELLERI (Gm.); Audub., *B. Am.*, pl. 362; Baird, *B. N. Am.*, p. 581; *litoralis*, Mayn. — Amér. N.-W. jusqu'au Missouri et Texas.

1706. *Var.* FRONTALIS, Ridgw., *Amer. Journ. Sc. Arts*, V, p. 43; Baird, Br. et Ridgw., *N. Amer. B.* II, p. 279, pl. 39, f. 2. — Californie.

1707. *Var.* CORONATA (Sw.), *Phil. Mag.* I, p. 437; Jard. et Sel., *Ill. Orn.* II, pl. 64; Sw., *Faun. bor. Am.*, p. 495; Baird, *B. N. Am.*, p. 583; *galeata*, Cab. — Le plateau mexicain, Guatémala et Honduras.

1708. *Var.* DIADEMATA (Bp.), *Consp.* I, p. 377; Salv. et — Mexique W. jusqu'au

Godm., *Biol. Centr.-Am.*, p. 490; *macrolopha*, Baird, *Pr. Acad. Philad.*, 1854, p. 118; Ridgw., *Auk*, 1899, p. 256; *annectens*, Baird. — Canada (Montagnes Rocheuses).

1709. *Var.* AZTECA, Ridgw., *Auk*, 1899, p. 256. — Mexique centr. S.

1202. APHELOCOMA

Cyanocitta (pt.), Strickl. (1845); *Aphelocoma*, Cab. (1850).

6935. CALIFORNICA (Vig.), in *Zool. Beech. Voy.*, p. 21, pl. 5; Strickl, *Ann. N. H.*, 1845, p. 342; *superciliosa*, Strickl, *l. c.*, p. 260; *ultramarinus*, Audub.; id., *B. Am.*, pl. 362; *floridana, var. californica*, Coues. — Amérique N.-W. de la Colombie anglaise à la Californie.

1710. *Var.* SUMICHRASTI (Ridgw.), *Rep. Geol. Exp.*; Baird, Br. et Ridgw., *N. Am. B.* II, p. 283; *californica* (pt.), Scl. et Salv.; *floridana, var. sumichrasti*, Coues. — Mexique.

1711. *Var.* INSULARIS (Hensh.), *Auk*, 1886, p. 452. — Ile Santa-Cruz.

1712. *Var.* HYPOLEUCA, Ridgw., *Man. N. Am. B.*, p. 356. — Basse-Californie.

1713. *Var.* OBSCURA, Anth., *Pr. Cal. Ac. Sc.* II, p. 75. — Haute-Californie.

1714. *Var.* CYANOTIS, Ridgw., *Man. N. Am. B.*, p. 357. — Mexique?

1715. *Var.* WOODHOUSEI (Baird), *B. N. Am.*, p. 585, pl. 59; *floridana, var. woodhousei*, Coues. — Mont. Roch. jusqu'au plateau mexicain.

6936. ? GRISEA (Nels.), *Pr. Biol. Soc. Wash.* XIII (1899), p. 27. — Mexique N.-W.

6937. ULTRAMARINA (Bp.), *Journ. Acad. N. Sc. Philad.* IV (1825), p. 386; Tem., *Pl. col.* 439; Baird, Br. et Ridgw., *N. Am. B.* II, p. 284; *sieberi*, Wagl.; *sordidus*, Sw. (1827); id., *Zool. Ill.*, ser. 2, II, pl. 86; *azureus*, Licht.; *couchi*, Baird, *B. N. Am.*, p. 588, pl. 60, f. 2; *gracilis*, Mill., *Auk*, 1896, p. 34; *colimæ* et *potosina*, Nels., *Auk*, 1899, p. 27. — Mexique.

1716. *Var.* ARIZONÆ (Ridgw.), *Rep. U. S. Geol. Expl.*; *sordida*, Baird, *B. N. Am.*, p. 587, pl. 60, f. 1 (nec Sw.) — Arizona.

6938. FLORIDANA (Bartr.), *Trav. S. Carol.*, p. 291; Audub., *B. Am.*, pl. 87; Baird, *B. N. Am.*, p. 586; *pascuus*, Coues. — Floride.

6939. UNICOLOR (Du Bus), *Bull. Acad. R. Brux.* XIV, 2, p. 103; id., *Esq. Orn.*, pl. 17; Schl., *Mus. P.-B.*, *Coraces*, p. 49. — Mexique, Guatémala.

6940. NANA (Du Bus), *l. c.*; id., *Esq. Orn.*, pl. 25; Salv. et Godm., *Biol. Centr.-Am.*, p. 495. — Mexique.

1203. CYANOLYCA

Cyanolyca, Cab. (1850); *Cissolopha*, Bp. (1850); *Cyanocitta* (pt.), auct. plur.; *Xanthura* (pt.), Sharpe (1877).

6941. SANBLASIANA (Lafr.), *Rev. et Mag. de Zool.*, 1842, pl. 28; Salv. et Godm., *Biol. Centr.-Am.*, p. 496. — Mexique.

1717. *Var.* PULCHRA (Nels.), *Auk*, 1897, p. 56. — Acapulco (Mex. W.)

6942. BEECHEYI (Vig.), *Zool. Journ.* IV, p. 353; id., *Beech. Voy., B.*, p. 22, pl. 6; Salv. et Godm., *Op. cit.*, p. 497; *crassirostris* et *geoffroyi*, Bp. — Mexique N.-W., îles Tres-Marias.

6943. YUCATANICA (Dubois), *Bull. Acad. R. Belg.* XL, p. 797; Salv. et Godm., *l. c.*, p. 498, pl. 35; ? *beecheii*, Eyd. et Gerv. (nec Vig.), *Mag. de Zool.*, 1836, pl. 72; *crassirostris*, auct. plur. (nec Bp.); *germana*, Scl. et Salv., *P. Z. S.*, 1876, p. 270. — Yucatan, Guatémala, Honduras.

6944. MELANOCYANEA (Hartl.), *Rev. Zool.*, 1844, p. 215; Sharpe, *Cat.* III, p. 134, pl. 6; Salv. et Godm., *l. c.*, p. 498. — Amérique centr., Colombie N.

6945. VIRIDICYANEA (d'Orb. et Lafr.), *Syn.*, p. 9; d'Orb., *Voy. Am. mér.*, pl. 53, f. 1; Sharpe, *l. c.*, p. 134. — Bolivie, Pérou.

6946. JOLYÆA (Bonap.), *J. f. O.*, 1853, p. 47; Tacz., *Orn. Pér.* II, p. 401. — Pérou.

6947. TURCOSA (Bp.), *C. R.* XXXVII, p. 830; Sclat., *Cat. Am. B.*, p. 144; Sharpe, *l. c.*, p. 135, pl. 7. — Ecuador, Colombie.

6948. ARMILLATA (Gray), *Gen. B.* II, p. 307, pl. 74; Schl., *Mus. P.-B. Coraces*, p. 48; Sharpe, *l. c.*, p. 136. — Colombie.

1718. *Var.* ANGELÆ, Salvad. et Festa, *Boll. Mus. Zool. etc. di Torino*, XV, n° 357, p. 30. — Ecuador.

1719. *Var.* QUINDIUNA (Scl. et Salv.), *P. Z. S.*, 1876, p. 272; Sharpe, *l. c.*, p. 135, pl. 8. — Cordillères de Quindiu (Colombie).

1720. *Var.* MERIDANA (Scl. et Salv.), *P. Z. S.*, 1876, p. 271; Sharpe, *l. c.*, p. 136. — Cordillères de Merida (Vénézuéla).

6949. ORNATA (Less.), *Rev. Zool.*, 1839, p. 41; Schl., *l. c.*, p. 47; Sharpe, *l. c.*, p. 127; *cyanicollis*, Licht. — Mexique, Guatémala.

1721. *Var.* CUCULLATA (Ridgw.), *Pr. U. S. Nat. Mus.* VIII, p. 23; Salv. et Godm., *l. c.*, p. 500. — Costa-Rica.

6950. PUMILO (Strickl.), *Contr. Orn.*, 1849, p. 122, pl. 33; Salv. et Godm., *l. c.*, p. 500; ? *nanus*, Strickl., *l. c.* — Guatémala.

6951. ARGENTIGULA (Lawr.), *Ann. Lyc. N. Y.* XI, p. 88; Salv. et Godm., *l. c.*, p. 501, pl. 34. — Costa-Rica.

1204. CYANOCORAX

Cyanocorax, Boie (1826); *Cyanurus* (pt.), Sw. (1831); *Coronideus*, Cab. (1850).

6952. CHRYSOPS (Vieill.), *N. Dict.* XXVI, p. 124; id., *Gal. Ois.*, p. 157, pl. 101; Sharpe, *l. c.*, p. 120; *pileatus*, Tem., *Pl. col.* 58; Burm., *Th. Bras.* II, p. 284. — Brésil S., Uruguay, Parag., Argentine.

1722. *Var.* DIESINGI, Pelz., *Sitz. Acad. Wien*, XX, p. 164; Sharpe, *l. c.*, p. 121. — Borba (Brésil).

1723. *Var.* TUCUMANA, Cab., *J. f. O.*, 1883, p. 216. — Tucuman.

6953. AFFINIS, Pelz., *Sitz. Akad. Wien*, XX, p. 164; Schl., *l. c.*, p. 53; Sharpe, *l. c.*, p. 121. — Colombie.

1724. *Var.* SCLATERI, Heine, *J. f. O.*, 1860, p. 115. — Cartagena?

1725. *Var.* ZELEDONI, Ridgw., *Auk*, 1899, p. 255. — Panama à Costa-Rica.

6954. CAYANUS (Lin.); Schl., *l. c.*, p. 51; Sharpe, *l. c.*, p. 122; *albicapilla*, Vieill.; *larvata*, Wagl. — Guyane.

1726. *Var.* INTERMEDIA, Heine, *J. f. O.*, 1860, p. 116. — Vénézuéla.

6955. CYANOPOGON (Wied), *Beitr. Naturg. Bras.* III, p. 1247; Tem., *Pl. col.* 169; Sharpe, *l. c.*, p. 123. — Brésil.

6956. MYSTACALIS (Geoff. St.-Hil.), *Mag. de Zool.*, 1835, pl. 34; *uroleucus*, Heine, *l. c.*, p. 115; *bellus*, Schl., *l. c.*, p. 50. — Ecuador.

6957. HEILPRINI, Gentzy, *Pr. Acad. Philad.*, 1885, p. 90; Forb., *Bull. Liverp. Mus.* I, pl. 3. — Rio-Négro.

6958. CYANOMELAS (Vieill.), *N. Dict.* XXVI, p. 127; Sharpe, *l. c.*, p. 124; *cyanomelæna*, Wagl.; *ænas*, Licht. — Brésil.

1727. *Var.* CHILENSIS (Bp.), *Consp.* I, p. 381; Sharpe, *l. c.*, p. 125; *cyanomelas* (pt.), Schl., *l. c.*, p. 147; *nigriceps*, Scl. et Salv., *P. Z. S.*, 1876, p. 354. — Bolivie.

6959. VIOLACEUS, Du Bus, *Bull. Acad. Brux.* XIV, 2, p. 103; id., *Esq. Orn.*, pl. 30; Schl., *l. c.*, p. 46; *harrisii*, Cass.; *hyacinthinus*, Cab. — Amazone, Colombie, Guyane.

6960. CÆRULEUS (Vieill.), *N. Dict.* XXVI, p. 126; Schl., *l. c.*, p. 46; *azureus*, Tem., *Pl. col.* 168; *cyanescens*, Licht. — Brésil S.

1728. *Var.* INEXPECTATA, Elliot, *Ibis*, 1878, p. 55. — St-Paul (Brésil).

1729. *Var.* HECKELI, Pelz., *Sitz. Akad. Wien*, XX, p. 163; id., *Orn. Bras.*, p. 191. — Rio-Boraxudo (Brésil).

1205. XANTHOURA

Xanthoura, Bp. (1850); *Xanthocitta*, Cab. (1851); *Xanthura*, Sharpe (1877).

6961. YNCAS (Bodd.); *Pl. enl.* 625; Schl., *l. c.*, p. 55; *peruvianus*, Gm.; Levaill., *Ois. Parad.*, pl. 44; *chloronota* (pt.), Wagl. (mas. ad.); *luteola*, Less. — Ecuador, Pérou, Bolivie.

1730. *Var.* GALEATA, Ridgw., *Auk*, 1900, p. 27. — Colombie W.

1731. *Var.* CYANODORSALIS, Dubois, *Bull. Acad. R. Belg.* XXXVIII (1874), p. 492; *cyanocapilla* (pt.), Cab.; *yncas* (pt.), Sharpe. — Colombie centr. jusqu'au Vénézuéla W.

6962. CÆRULEOCEPHALA, Dubois, *Op. cit.*, p. 493. — Vénézuéla, Trinidad.

6963. LUXUOSA, Less., *Rev. Zool.*, 1839, p. 100; Du Bus, *Esq. Orn.*, pl. 18; Cass., *B. Cal.*, pl. 1; *chloro-* — Mexique, Texas.

nota, Wagl. (mas. juv.); *cyanocapillus* (pt.), Cab.; *yncas* (pt.), Schl.

1732. *Var.* Glaucescens, Ridgw., *Auk*, 1900, p. 28. — Rio Grande infér.

1733. *Var.* Guatemalensis, Bp., *Consp.* I, p. 380; *cyanocapilla*, Dubois (nec Cab.), *l. c.*, p. 493; Sharpe, *Cat.*, p. 131; *yncas*, Schl. (pt.); *luxuosus* (pt.), Scl., *Ibis*, 1879, p. 88 (1). — Guatémala, Yucatan, Honduras N.

1734. *Var.* Vivida, Ridgw., *Auk*, 1900, p. 28. — Mex. S., Guat. N.-W.

1206. UROLEUCA

Uroleuca, Bp. (1850); *Argurocitta*, Heine (1860).

6964. cyanoleuca (Wied), *Reise Bras.* II, p. 190; Sharpe, *l. c.*, p. 137; *tricolor*, Mik., *Del. Faun. Bras.*, pl. 16; *splendidus*, Licht.; *cristatellus*, Tem., *Pl. col.* 193. — Brésil.

1207. GYMNOKITTA

Gymnorhinus, Wied (1841 nec *Gymnorhina*, Gr. (1840); *Cyanocephalus*, Bp. (1842), préoccup. en Bot.; *Gymnokitta*, Bp. (1850).

6965. cyanocephala (Wied), *Reise N.-Am.* II, p. 21; Cass., *B. Calif.*, p. 165, pl. 28; *wiedi*, Bp.; *cassini*, Mc Call. — Montagnes Rocheuses de Calif. et Orégon jusqu'au Mexique.

1208. PSILORHINUS

Psilorhinus, Rüpp. (1837).

6966. morio (Wagl.), *Isis*, 1829, p. 751; Baird, *B. N. Am.*, p. 592, pl. 68, ff. 1, 2; *fuliginosa*, Less. — Mexique.

6967. mexicanus, Rüpp., *Mus. Senck.* II, p. 189, pl. 11, f. 2; *morio* (pt.), auct. plur.; *vociferus*, Cabot; *cyanogenys*, Sharpe, *Cat. B.* III, p. 140, pl. 9. — Mexique, Amér. centr.

1209. STRUTHIDEA

Struthidea, Gould (1836); *Brachystoma*, Sw. (1837); *Brachyprorus*, Cab. (1851).

6968. cinerea, Gould, *P. Z. S.*, 1836, p. 143; id., *B. Austr.* IV, pl. 17; Sharpe, *Cat.*, p. 140. — Australie.

(1) M. Sclater rapporte avec raison au *X. luxuosa* le *X. cyanocapilla*, Cab.; il est certain que M. Cabanis a confondu sous ce nom les formes du Mexique, de Guatémala et de Colombie, comme il en convient lui-même. Mais je ne partage pas l'avis de M. Sclater en ce qui concerne le *X. guatemalensis* de Bonaparte. Les deux sujets de Guatémala du Musée de Bruxelles diffèrent du *luxuosa* par une taille un peu plus forte, le bec plus robuste et par les parties inférieures *jaunes* lavées de verdâtre sur les côtés de la poitrine seulement. M. Ridgway vient également de confirmer ma manière de voir à ce sujet.

1210. PICATHARTES

Galgulus, Wagl. (1827 nec Briss.); *Picathartes*, Less. (1828).

6969. GYMNOCEPHALUS (Tem.), *Pl. col.* 327; Schl., *Mus. P.-B. Coraces*, p. 54; Sharpe, *l. c.*, p. 141. — Côte-d'Or (Afr. W.)

1735. *Var.* OREAS, Rchw., *Orn. Monatsb.*, 1899, p. 40. — Cameron.

1211. GLAUCOPIS

Glaucopis, Gm. (1788); *Callæas*, Forst. (1844).

6970. CINEREA, Gm., *S. N.* I, p. 363; Bull. *B. New Zeal.*, p. 155, pl. 15, f. 2; Sharpe, *l. c.*, p. 142; *callæas*, Wagl. — Nouv.-Zélande (île S.)

6971. WILSONI, Bp., *Consp.* I, p. 368; Bull., *l. c.*, p. 152, pl. 16, f. 1; *olivascens*, Pelz. — Nouv.-Zélande (île N.)

1212. HETERALOCHA

Neomorpha, Gould (1836 nec Glog. 1827); *Heteralocha*, Cab. (1851).

6972. ACUTIROSTRIS (Gould), *P. Z. S.*, 1836, p. 144 (fem.); Bull., *l. c.*, p. 63, pl. 7; *crassirostris*, Gould, *l. c.*, p. 145 (mas.); *gouldi*, Gray. — Nouv.-Zélande (île N.)

1213. CREADION

Creadion, Vieill. (1817); *Oxystomus*, Sw. (1837).

6973. CARUNCULATUS (Gm.); Quoy et Gaim., *Voy. de l'Astr.* I, p. 212, pl. 12, f. 4; Bull., *l. c.*, p. 149, pl. 15; *pharoides*, Vieill.; *rufusater*, Less.; *cinereus*, Bull. — Nouv.-Zélande.

SUBF. V. — FREGILINÆ

1214. FREGILUS

Coracia, Briss. (1760 nec *Coracias*, Lin.); *Graculus*, Koch (1816 nec Lin.); *Fregilus*, Cuv. (1817).

6974. GRACULUS (Lin.); Dubois, *Fne. ill. Ois.* I, p. 238, pl. 53; *pyrrhocorax*, Scop. (nec Lin.); *eremita*, Gm.; *erythrorhamphos*, Vieill.; *europæus*, Less.; *rupestris*, Brm.; *erythropus*, Sw.; *himalayanus*, Gould; *var. orientalis*, Dyb.; *var. brachypus*, Swinh. — Mgnes de l'Europe, de l'Afr. N. et N.-E., de l'Asie centr., Himalaya jusqu'en Chine et Sibérie E.

1215. PYRRHOCORAX

Pyrrhocorax, Vieill. (1816).

6975. ALPINUS, Vieill., *N. Dict.* VI, p. 568; Gould, *B. Eur.* III, pl. 218; *C. pyrrhocorax*, Lin.; *montanus, planiceps*, Brm.; *forsythi*, Stol.	M[gnes] de l'Eur. centr. et mérid. jusque l'Himalaya.

1216. CORCORAX

Corcorax, Less. (1831); *Cercoronus*, Cab. (1847).

6976. MELANORHAMPHUS (Vieill.), *N. Dict.* VIII, p. 2; *leucopterus*, Tem.; Gould, *B. Austr.* V, pl. 16; *australis*, Less.; *melanorhynchus*, Gray; Schl., *l. c.*, p. 56.	Australie.

FAM. XXXVII. — PARADISEIDÆ (1)

SUBF. I. — PARADISEINÆ

1217. LYCOCORAX

Lycocorax, Bonap. (1853); *Manucodia* (pl.), Gray (1870).

6977. PYRRHOPTERUS (Bp.), *Consp.* I, p. 384; Schl., *Bijdr. tot de Dierk.* VIII, p. 1, pl. 1; Sharpe, *Mon.*, pl.	Halmahera.
6978. OBIENSIS, Bernst., *J. f. O.*, 1864, p. 410; Sharpe, *Mon.*, pl.	Obi-Major.
6979. MOROTENSIS, Bernst., *J. f. O.*, 1864, p. 410; Sharpe, *l. c.*, pl.; *mortiensis*, Gr.	Morotai, Rau.

1218. PHONYGAMMUS

Phonygammus, Less. et Garn. (1826); *Phonygama*, Less. (1828); *Chalybeus*, Cuv. (1829).

6980. KERAUDRENI (Less.), *Voy. Coq., Ois.* I, p. 636, pl. 13; Ell., *Monogr.*, pl. 8; *cornutus*, Cuv.; *lessonia*, Sw.	Nouv.-Guinée holl., îles Arou.
6981. GOULDI (Gray), *P. Z. S.*, 1859, p. 158; *keraudreni*, Gould, *B. Austr.*, *Suppl.*, pl. 9; Sharpe, *l. c.*, pl.	Australie N.-E.
6982. JAMESII, Sharpe, *Cat.* III, p. 181; id., *Mon.*, pl.; *purpureoviolacea*, Mey., *Zeit. ges. Or.* II, p. 375, pl. 15.	Nouv.-Guinée S.-E.
6983. HUNSTEINI, Sharpe, *J. Linn. Soc.* XVI, p. 442; id., *Mon.*, pl.; *Man. thomsoni*, Tristr., *Ibis*, 1889, p. 554.	Iles d'Entrecasteaux.

(1) Voy.: Sharpe, *Cat. B. Brit. Mus.* III, pp. 153-187 (1877); Elliot, *Monogr. Parad.* (1873); Sharpe, *Monogr. Parad.* (1898); W. Rothschild, *Paradiseidæ* in " *Das Tierreich* " (1898).

1219. MANUCODIA

Manucodia, Bodd. (1783); *Eucorax*, Sharpe (1894).

6984. ATRA (Less.), *Voy. Coq., Zool.* I, p. 638; Ell., *Mon.*, pl. 7; *viridis*, Wall. (nec Scop.) — Nouv.-Guinée et îles voisines.

6985. CHALYBEATA (Penn.), *Faun. Ind. in Forst. Zool. Ind.*, p. 40; Levaill., *Ois. Parad.*, pl. 23; Sharpe, *Mon.*, pl.; *chalybea*, Bodd.; *viridis*, Scop.; *paradiseus*, Cuv. — Nouv.-Guinée.

6986. JOBIENSIS, Salvad., *Ann. Mus. Civ. Gen.*, 1875, p. 969; Rothsch., *Parad.*, p. 45. — Ile Jobi.

1736. *Var.* RUBIENSIS, Mey., *Zeit. ges. Orn.* II, p. 374. — Rubi, Takar, Kafu.

6987. COMRII, Sclat., *P. Z. S.*, 1876, p. 459, pl. 42; Gould, *B. New-Guin.* I, pl. 33. — Iles d'Entrecasteaux, Nouv.-Guinée S.-E.

1220. PARADISEA

Paradisea, Lin. (1758); *Uranornis*, Salvad. (1876); *Paradisornis*, Mey. (1885); *Trichoparadisea*, Mey. (1893).

6988. APODA, Lin.; Ell., *Monogr.*, pl. 1; Gould, *B. New-Guin.*, pl. 30; *major*, Shaw; *smaragdina*, Dum.; *var. wallaciana*, Gr. — Iles Arou.

1737. *Var.* NOVÆ-GUINEÆ, d'Alb. et Salvad., *Ann. Mus. Civ. Gen.*, 1879, p. 96; Salvad., *Orn. Pap.* II, p. 609. — Nouv.-Guinée S.

6989. MINOR, Shaw, *Gen. Zool.* VII, p. 486; Ell., *Monogr.*, pl. 4; *papuana*, Bechst.; *papuensis*, Less. — Mysol, Nouv.-Guinée N.-W.

1738. *Var.* JOBIENSIS, Rothsch., *Bull. Orn. Club* et *Ibis*, 1897, p. 447. — Ile Jobi.

1739. *Var.* FINSCHI, Mey., *Zeit. ges. Orn.* II, p. 383; Rothsch., *Parad.*, p. 40. — Nouv.-Guinée allem.

6990. AUGUSTÆVICTORIÆ, Cab., *J. f. O.*, 1888, p. 119; 1889, pl. 2; Mey., *Ibis*, 1893, p. 481, pl. 13. — Nouv.-Guinée allem.

6991. INTERMEDIA, De Vis, *Rep. on orn. spec. coll. in Br. New-Guin.*, 1894, p. 7; Rothsch., *Parad.*, p. 41. — Nouv.-Guinée angl. N.-E.

6992. RAGGIANA, Sclat., *P. Z. S.*, 1873, p. 559; Ell., *Mon.*, pl. 3; Gould, *B. New-Guin.* I, pl. 32. — Nouv.-Guinée angl.

6993. DECORA, Salv. et Godm., *Ibis*, 1883, pp. 131, 202, pl. 8; Gould, *B. New-Guin.* I, pl. 27; *susannæ*, Rams. — Iles d'Entrecasteaux, Fergusson.

6994. MARIA, Rchw., *Orn. Monatsb.*, 1894, p. 22; id., *J. f. O.*, 1897, p. 222, pl. 5. — Nouv.-Guinée allem.

6995. GUILIELMI, Cab., *J. f. O.*, 1888, p. 119; 1889, p. 62, pl. 1. — Nouv.-Guinée allem.

6996. RUDOLPHI (Finsch), *Zeit. ges. Orn.* II, p. 385, pl. 20; id., *Ibis*, 1886, p. 252, pl. 7. — Nouv.-Guinée S.-E.

6997. RUBRA, Daud., *Tr. Orn.* II, p. 271; Vieill., *Gal. Ois.* I, pl. 99; Sharpe, *Mon.*, pl.; *sanguinea*, Shaw.; Ell., *Mon.*, pl. 4. — Waigiou, Batanta, Gemien.

1221. SEMIOPTERA

Semioptera, Gray (1859).

6998. WALLACEI (Gray), *P. Z. S*, 1859, p. 130; Scl., *Ibis,* 1860, p. 26, pl. 2; Gould, *B. Austr.*, *Suppl.,* pl. 3; Ell., *l. c.*, pl. 18. — Batjan.

1740. *Var.* HALMAHERÆ, Salvad., *Orn. Pap.* II, p. 573; Rothsch., *Parad.*, p. 38. — Halmahera.

1222. DIPHYLLODES

Diphyllodes, Less. (1835); *Oricocercus,* Glog. (1842); *Rhipidornis,* Salvad. (1876).

6999. MAGNIFICUS (Penn.), in *Forst. Ind. Zool.*, p. 40; *Pl. enl.* 631; Sharpe, *Mon.,* pl.; *speciosa,* Bodd.; *seleucides,* Less.; *chrysoptera,* Ell., *l. c.*, pls 12, 13; *jobiensis, hunsteini,* A. B. Mey; *chrysoptera septentrionalis,* Mey.; *xanthoptera,* Salvad. (1). — Nouv.-Guinée, Salawati, Jobi, etc.

7000 GULIELMI TERTII, Mey.; *gulielmi III,* Mey., *P. Z. S.*, 1875, p. 31; id., *Mitth. Zool. Mus. Dresd.*, 1875, p. 4, pl. 1; Sharpe, *l. c.*, pl.; *respublica,* Sharpe, *Cat. B.* III, p. 173 (nec Bp.) — Nouv.-Guinée N.-W.

1223. CICINNURUS

Cicinnurus, Vieill. (1816); *Circinnurus,* Glog. (1842).

7001. REGIUS (Lin.); Less., *Voy. Coq.* I, p. 658, pl. 66; Ell., *l. c.*, pl. 16; *spinturnix,* Less., *H. N. Ois. Parad.*, p. 182, pls 16-18. — Nouv.-Guinée, Salawati, Mysol, Arou.

1741. *Var.* COCCINEIFRONS, Rothsch., *Nov. Zool.* III, p. 10. — Ile Jobi.

1224. SCHLEGELIA

Schlegelia, Bernst. (1864).

7002. WILSONI (Cass.), *J. Acad. N. Sc. Philad.* II, p. 133, pl. 15; ? *respublica,* Bp., *C.-R.* XXX, pp. 131, 291 (descr. obscura); Ell., *l. c.*, pl. 14; *calva,* Schl.; Bernst., *N. T. D.* III, p. 4, pl. 7. — Waigiou, Batanta.

1225. ASTRAPIA

Astrapia, Vieill. (1816); *Astrarchia,* A. B. Mey. (1885).

7003. NIGRA (Gm.); Ell., *l. c.*, pl. 9; Sharpe, *Cat.* III, p. 165; *gularis,* Lath.; Less., *Ois. Parad.*, p. 106, pls 21-23. — Nouv.-Guinée.

7004. SPLENDIDISSIMA, Rothsch., *Nov. Zool.* II, p. 59, pl. 5. — Nouv.-Guinée (Arfak).

(1) Suivant M. W. Rothschild, les espèces formées aux dépens du *D. magnificus* ne sont que de simples aberrations.

7005. STEPHANIÆ (Finsch. et Mey.), *Zeit. ges. Orn.* II, p. 378, pl. 18; Sharpe, *Monogr.*, pl.; Rothsch., *Parad.*, p. 33. — Nouv.-Guinée S.-E.

1226. FALCINELLUS (1)

Falcinellus, Vieill. (1816); *Epimachus*, Cuv. (1817); *Cinnamolegus*, Less. (1835).

7006. ELLIOTI (Ward.), *P. Z. S.*, 1873, p. 743; Ell., *l. c.*, pl. 20; Rothsch., *Parad.*, p. 29. — Nouv.-Guinée N.-W.

7007. ASTRAPIOIDES (Rothsch.), *Bull. O. C.* VI, p. 22; id., *Parad.*, p. 30. — Nouv.-Guinée N.-W.

7008. SPECIOSUS (Bodd.); Ell., *l. c.*, pl. 19; *striata*, Bodd.; *fusca*, *magna*, Gm.; *brunneus*, *maximus*, Scop.; *superbus*, Shaw.; *magnificus*, Vieill.; *papuensis*, Less., *Ois. Parad.*, pl[s] 39, 40. — Nouv.-Guinée (Arfak).

7009. MEYERI (Finsh), *Zeit. ges. Orn.* II, p. 380; Sharpe, *Mon.*, pl.; *macleayanæ*, Rams., *P. Linn. Soc. N. S. W.*, 1887, p. 239; *macleayæ*, Mey. — Nouv.-Guinée S.-E.

1227. SELEUCIDES

Seleucides, Less. (1835); *Nematophora*, Gray. (1840).

7010. IGNOTUS (Forst.), *Zool. Ind.* pp. 31, 36; *nigra*, *nigricans*, Shaw; *alba*, Blumenb.; Ell., *l. c.*, pl. 22; *melanoleuca*, Daud.; *violacea*, Bechst.; *vaillanti*, Shaw et Nod.; *resplendens*, Vieill.; *acanthylis*, Less., *Ois. Parad.*, pl[s] 36-38. — Nouv.-Guinée, Salawati.

1228. DREPANORNIS

Drepanophorus, Scl. (1873 nec Egerton 1872); *Drepanornis*, Scl. (1873); *Drepananax*, Sharpe (1894).

7011. ALBERTISI, Scl., *Nat.*, 1873, pp. 151, 195; id., *P. Z. S.*, 1873, p. 560, pl. 47; Ell., *l. c.*, pl. 21; *wilhelminæ*, Mey., *vethi*, Rosenb. — Nouv.-Guinée (Arfak).

1742. *Var.* CERVINICAUDA, Scl., *P. Z. S.*, 1883, p. 578; Fin. et Mey., *Zeit. ges. Orn.* II, p. 381, pl. 19; Sharpe, *Monogr.*, pl. — Nouv.-Guinée S.

1743. *Var.* GEISLERI, A. B. Mey., *Abh. Mus. Dresd.*, 1892-93, p. 15. — Nouv.-Guinée allem.

7012. BRUYNII, Oust., *Bull. As. Sc. de France*, 1880, p. 172; id., *N. Arch. Mus.*, sér. 3, V, p. 295, pl. 6; Sharpe, *l. c.*, pl. — Nouv.-Guinée N.

(1) C'est par erreur que Illiger (1811) et beaucoup d'autres après lui, ont attribué à Bechstein (1803) le terme générique de *Falcinellus* pour l'Ibis d'Europe. Bechstein n'a jamais employé ce terme que spécifiquement : *Tantalus falcinellus* (*Ornith. Taschenb.*, p. 272).

1229. PTILORHIS

Ptiloris, Sw. (1825); *Craspedophora*, Gray (1840).

7013. PARADISEA, Sw., *Zool. Journ.* I, p. 481; Less., *Ois. Parad.*, pl^{s} 29, 30; Gould, *B. Austr.* IV, pl. 100; *brisbani*, Less.; *regius*, Less., *Voy. Coq.*, pl. 28.	Nouv.-Galles du S. et Queensland.
7014. VICTORIÆ, Gould, *P. Z. S.*, 1849, p. 111; id., *B. Austr.*, *Suppl.*, pl. 12; Ell., *l. c.*, pl. 26.	Australie N.-E., île Barnard.
7015. MAGNIFICA (Vieill.), *N. Dict.* XXVIII, p. 167; Less., *Ois. Parad.*, pl^{s} 32-34; Gould, *B. New-Guin.* V, pl. 13; *magnifica major*, Schl.; *splendidus*, Steph.; *filamentorus*, S. Müll.; *superbus*, Becc.	Nouv.-Guinée N.-W.
7016. INTERCEDENS, Sharpe, *J. Linn. Soc.*, 1883, p. 444; id., *Monogr.*, pl.	Nouv.-Guinée N.-E.
7017. ALBERTI, Ell., *P. Z. S.*, 1871, p. 583; id., *Monogr.*, pl. 34; *magnificus*, Gould (nec Vieill.)	Queensland, Cap-York.
7018. MANTOUI (Oust.), *Natur.*, 1891, p. 260; *Nouv. Arch. Mus.*, sér. 3, IV, p. 218, pl. 15; *bruynii*, Büttik., *Notes Leyd. Mus.* XVI, p. 161.	Nouv.-Guinée N.-W.

1230. PARYPHEPHORUS

Paryphephorus, A. B. Mey. (1890).

7019. DUYVENBODEI (Mey.), *Ibis*, 1890, p. 419, pl. 12; Rothsch., *Parad.*, p. 22.	Nouv.-Guinée N.-W.

1231. JANTHOTHORAX

Janthothorax, Büttik. (1894).

7020. BENSBACHI, Büttik., *Notes Leyd. Mus.* XVI, p. 163; Sharpe, *Monogr.*, pl.; Rothsch., *Parad.*, p. 22.	Nouv.-Guinée (Arfak).

1232. LAMPROTHORAX

Lamprothorax, A. B. Mey. (1894).

7021. WILHELMINÆ, Mey., *Abh. Mus. Dresd.*, 1894, n° 2, p. 3, pl. 1; Sharpe, *Monogr.*, pl.; Rothsch., *Parad.*, p. 21.	Nouv.-Guinée (Arfak).

1233. PTERIDOPHORA

Pteridophora, A. B. Mey. (1894).

7022. ALBERTI, Mey., *Bull. Orn. Club*, 1894, p. 11; id., *Abh. Mus. Dresd.* 1895, n° 5, pp. 1-7, pl. 1; Sharpe, *l. c.*, pl.	Nouv.-Guinée N.-W.

1234. LOPHORHINA

Lophorina, Vieill. (1816).

7023. SUPERBA (Penn.), in *Forst. Ind. Zool.*, p. 40; Vieill., *Gal. Ois.*, pl. 98; *atra*, Bodd.; Ell., *Monogr.*, pl. 11; *fuscata*, Lath. — Nouv.-Guinée (Arfak).

7024. MINOR, Rams., *P. Linn. Soc. N. S. W.*, 1885, p. 242; Fin. et Mey., *Zeit. ges. Orn.* II, p. 376, pl. 17; Gould, *B. New-Guin.* I, pl. 19. — Nouv.-Guinée S.-E.

1235. PAROTIA

Parotia, Vieill. (1816); *Otostilus*, Glog. (1842).

7025. SEFILATA (Penn.), in *Forst. Ind. Zool.*, p. 40; *sexpennis*, Bodd.; Ell., *l. c.*, pl. 10; Gould, *B. New-Guin.* I, pl. 25; *aurea*, Gm.; *sexsetacea*, Lath. — Nouv.-Guinée (Arfak).

7026. LAWESI, Rams., *P. Lin. Soc. N. S. W.*, 1885, p. 243; Fin. et Mey., *Zeit. ges. Orn.*, II, p. 375, pl. 16; Gould, *l. c.*, pl. 26. — Nouv.-Guinée S.-E.

7027. HELENÆ, De Vis, *Ibis*, 1897, p. 390; Rothsch., *Parad.*, p. 18. — Nouv.-Guinée S.-E.

7028. DUYVENBODEI, Rothsch., *Ibis*, 1900, p. 541. — Nouv.-Guinée holl.

7029. CAROLÆ, Mey., *Bull. O. C.*, 1894, p. 6; id., *Abh. Mus. Dres.*, 1895, n° 5, p. 8, pl. 2; Sharpe, *l. c.*, pl. — Nouv.-Guinée N.-W.

7030. BERLEPSCHI, Kleinschm., *Orn. Monatsb.*, 1897, p. 46; id., *J. f. O.*, 1897, p. 174. — Nouv.-Guinée N.-W.

SUBF. II. — PTILONORHYNCHINÆ (1)

1236. PTILONORHYNCHUS

Ptilonorhynchus, Kuhl (1820).

7031. VIOLACEUS, Vieill., *N. Dict.* VI, p. 569; Ell., *Monogr.*, pl. 28; *holosericeus*, Kuhl.; Gould, *B. Austr.* IV, pl. 10; Tem., *Pl. col.* 395, 422; *macleayii*, Vig. et H., *squamulosus*, Wagl. (2). — Australie E. de la Nouv.-Galles du Sud au Port Denison.

1237. ÆLUROEDUS

Ailurœdus, Cab. (1850); *Ælurœdus*, Ell. (1873).

7032. VIRIDIS (Lath.); Sharpe, *Cat.* VI, p. 385; *crassirostris*, Payk.; Ell., *Mon.*, pl. 34; *virescens*, Tem., *Pl. col.* 396; *smithii*, Vig. et Horsf. — Nouv.-Galles du S. et Queensland.

(1) Voy.: Sharpe, *Cat. B. Brit. Mus.* VI, pp. 380-396 (1881); id., *Monogr.*; Rothsch., *Parad.* (1898).

(2) Le *Pt. rawnsleyi* (Diggles), Gould, *B. Austr.*, *Suppl.*, pl. 34, est un hybride du *Pt. violaceus* et du *Sericulus melinus* (W. Rothschild).

7033. MACULOSUS, Rams., *P. Z. S.*, 1874, p. 601; Gould, *B. New-Guin.* I, pl. 38; Sharpe, *Mon.*, pl. — Austr. E. de Victoria au Port Denison.
7034. STONEI, Sharpe, *Nature*, 1876, p. 339; Gould, *l. c.* I, pl. 37; Sharpe, *Mon.*, pl. — Nouv.-Guinée angl.
7035. BUCCOIDES (Tem.), *Pl. col.* 575; Gould, *l. c.*, pl. 41; Ell., *l. c.*, pl. 36. — Nouv.-Guinée holl., Salawati, Waigiou, Batanta.
1744. *Var.* GEISLERORUM, Mey., *Abh. Mus. Dresd.* 1891, nº 4, p. 12; Sharpe, *Monogr.*, pl. — Nouv.-Guinée N.
1745. *Var.* SUBCAUDALIS, De Vis, *Ibis*, 1897, p. 360. — Monts Scratchley.
7036. MELANOTIS (Gray), *P. Z. S.*, 1858, pp. 181, 194; Ell., *l. c.*, pl. 35; Gould, *l. c.* I, pl. 39. — Iles Arou.
1746. *Var.* MELANOCEPHALA, Rams., *P. Linn. Soc. N. S. W.*, 1883, p. 25; Gould, *l. c.*, pl. 42. — Nouv.-Guinée centr. et S.-E.
7037. ARFAKIANUS, Mey., *Sitz. k. Akad. Wiss. Wien*, 1874, p. 82; Gould, *l. c.*, pl. 40; Sharpe, *Mon.*, pl.; *jobiensis*, Rothsch. — Nouv.-Guinée N.-W. et ? Jobi.

1238. SCENOPOEETES

Scenopœus, Rams. (1875 nec Agass. 1847); *Scenopœetes*, Coues (1891); *Tectonornis*, Sharpe (1891).

7038. DENTIROSTRIS (Rams.), *P. Z. S.*, 1875, p. 591; Gould, *l. c.*, pl. 43; Sharpe, *Monogr.*, pl. — Queensland.

1239. CHLAMYDERA

Calodera, Gould (1830 nec Mannerh. 1830); *Chlamydera*, Gould (1837); *Callidera* et *Chlamydodera*, Agass. (1846).

7039. CERVINIVENTRIS, Gould, *P. Z. S.*, 1850, p. 201; id., *B. Austr.*, *Suppl.*, pl. 36; Ell, *l. c.*, pl. 32; *recondita*, Mey. — Australie N., Nouv.-Guinée E.
7040. LAUTERBACHI, Rchw., *Orn. Monatsb.*, 1897, p. 24; id., *J. f. O.*, 1897, p. 215, pl. 6. — Nouv.-Guinée allem.
7041. MACULATA (Gould), *P. Z. S.*, 1836, p. 106; id., *B. Austr.* IV, pl. 8; Ell., *l. c.*, pl. 30; *occipitalis*, Gould; id., *B. New-Guin.* I, pl. 45. — Australie N., E. et S.
7042. NUCHALIS (Jard. et Sel.), *Ill. Orn.* II, pl. 103; Gould, *B. Austr.* IV, pl. 9. — Australie N.
1747. *Var.* ORIENTALIS, Gould, *Ann. N. H.*, 1879, p. 74; id., *B. New-Guin.* I, pl. 44. — Queensland.
7043. GUTTATA, Gould, *P. Z. S.*, 1862, p. 162; id., *B. Austr.*, *Suppl.*, pl. 35; Sharpe, *Cat. B.* VI, p. 390. — Australie N.-W.

1240. XANTHOMELUS

Xanthomelus, Bonap. (1854).

7044. AUREUS (Lin.); Ell., *l. c.*, pl. 15; *aurantia*, Shaw; *aurantiacus*, Less.; id., *Ois. Par.*, p. 201, pl^{s} 25bis et 25ter; *xanthogaster*, Schl.; Ell., *l. c.*, pl. 33. — Nouv.-Guinée N.-W.

1748. *Var.* ARDENS, D'Alb. et Salvad., *Ann. Mus. Civ. Gen.*, 1879, p. 113; Sharpe, *Monogr.*, pl. — Nouv.-Guinée (Fly-Riv.)

1241. MACGRÉGORIA

Macgregoria, De Vis (1897).

7045. PULCHRA, De Vis, *Ibis*, 1897, p. 251, pl. 7; Sharpe, *Monogr.*, pl.; *Maria macgregoria*, Gigl. — Nouv.-Guinée S.-E.

1242. PARADIGALLA

Paradigalla, Less. (1835); *Lobopsis*, Rchb. (1852).

7046. CARUNCULATA, Less., *Ois. Parad.*, p. 242; Ell., *l. c.*, pl. 17; Sharpe, *Cat. B.* III, p. 165. — Nouv.-Guinée (Arfak).

1243. LORIA

Loria, Salvad. (1894).

7047. LORIÆ, Salvad., *Ann. Mus. Civ. Gen.*, 1884, p. 151; Rothsch., *Parad.*, p. 15; *Cnemoph. mariæ*, De Vis; Scl., *Ibis*, 1895, p. 343, pl. 8. — Nouv.-Guinée S.-E. et N.-W.

1244. CNEMOPHILUS

Cnemophilus, De Vis (1890).

7048. *macgregorii*, De Vis, *Rep. on B. Br. New-Guin.* in *Rep. of the Administr.*, 1888-89, *App.* C, p. 115; Scl., *Ibis*, 1891, p. 414, pl. 10; Sharpe, *Monogr.*, pl. — Nouv.-Guinée S.-E.

1245. LOBOPARADISEA

Loboparadisea, Rothsch. (1896).

7049. SERICEA, Rothsch., *Bull. O. C.*, 1896, p. 15; id., *Nov. Zool.* IV, p. 169, pl. 2; Sharpe, *Monogr.*, pl. — Nouv.-Guinée holl.

1246. PRIONODURA

Prionodura, De Vis (1883).

7050. NEWTONIANA, De Vis, *P. Linn. Soc. N. S. W.*, 1883, p. 562; Sharpe, *Monogr.*, pl.; Rothsch., *Parad.*, p. 13. — Queensland N.-E.

1247. AMBLYORNIS

Amblyornis, Elliot (1872); *Xanthochlamys*, Sharpe (1894).

7051. INORNATUS (Schl.), *N. T. D.* IV, p. 51; Ell., *Monogr.*, pl. 57; Gould, *B. New-Guin.*, pl. 46; *musgravianus*, Godw., *Ibis*, 1890, p. 153; *macgregoriæ*, De Vis. — Nouv.-Guinée.

7052. SUBALARIS, Sharpe, *J. Linn. Soc.*, 1884, p. 408; Fin. et Mey., *Zeit. ges. Orn.* II, p. 390, pl. 21; Gould, *B. New-Guin.* I, pl. 47. — Nouv.-Guinée angl.

7053. FLAVIFRONS, Rothsch., *Novit. Zool.* II, p. 480; III, p. 13, pl 1, ff. 3, 4. — Nouv.-Guinée holl.

1248. SERICULUS

Sericulus, Swains. (1825).

7054. MELINUS (Lath.); Ell., *l. c.*, pl. 52, *chrysocephala*, Lew.; Gould, *B. Austr.* IV, pl. 12; *regens*, Q. et G., *Voy. de l'Uranie*, p. 105, pl. 22; Less., *Voy. Coq.* I, p. 640, pl. 20; *magnirostris*, Gould. — Australie E.

FAM. XXXVIII. — ORIOLIDÆ (1)

1249. ORIOLUS

Oriolus, Lin. (1766); *Mimeta*, Vig. et H. (1826); *Mimetes*, King (1827); *Galbulus*, *Broderipus*, *Baruffius*, *Xanthonotus*, Bonap. (1854); *Euchlorites*, Heine (1859).

7055. GALBULA, Lin.; Dubois, *Fne. ill. Vert. Belg.*, *Ois.* I, p. 243, pl. 54; *Cor. oriolus*, Scop.; *var. Virescens*, Ehr.; *aureus*, *garrulus*, Brm. — Europe, Asie S.-W., Afrique.

7056. KUNDOO, Syk., *P. Z. S.*, 1832, p. 87; Fras., *Zool. Typ.*, pl. 38; Schl., *Mus. P.-B.*, *Coraces*, p. 101; *aureus*, Jerd.; *galbuloides*, Gould, *melanoris*, Hodgs. — Inde, Turkestan.

7057. AURATUS, Vieill., *N. Dict.* XVIII, p. 194; id., *Gal. Ois.*, pl. 83; Schl., *l. c.*, p. 101; *bicolor*, Licht.; *chryseos*, Heugl.; *icterus*, Würt. — Afrique W., de Sénégambie à Angola, Afrique N.-E.

7058. NOTATUS, Peters, *J. f. O.*, 1868, p. 132; Sharpe, *Ibis*, 1870, p. 218, pl. 7, f. 2; *auratus*, Gurn.; *anderssoni*, Boc., *Jorn. Lisb.* II, p. 342. — Afrique E. et S.-W.

7059. INDICUS, Jerd., *Ill. Ind. Orn.*, pl. 15; Schl., *l. c.*, p. 102 (pt.); *sinensis*, Sw.; *chinensis*, Jerd. (nec Lin.) et auct. plur.; *diffusus*, Sharpe, *Cat. B.* III, p. 197; *cochinchinensis*, Dav. et Oust., *Ois. Chine*, p. 132. — Inde, Chine, Indo-Chine, Sibérie E., Formose.

(1) Voy.: Sharpe, *Cat. B. Brit. Mus.*, III, pp. 188-227 (1877).

1749. *Var.* Tenuirostris, Blyth, *J. A. S. Beng.* XV, p. 48; Sharpe, *Cat.* III, p. 198. — Birmanie, Pégou.

1750. *Var.* Maculata, Vieill., *N. Dict.* XVIII, p. 194; Sharpe, *Cat.* III, p. 199; *galbula*, Horsf.; *chinensis*, Raffl.; *coronatus*, Sw.; *hippocrepis*, Horsf. et Moore; *horsfieldi*, Bp. — Java, Sumatra, Born., Bali, Bangka.

7060. andamanensis, Tytl. et Beav., *Ibis*, 1867, p. 326; Wald., *Ibis*, 1873, p. 305; Sharpe, *l. c.*, p. 200. — Iles Andaman.

7061. broderipi, Bp., *P. Z. S.*, 1850, p. 279, pl. 18; Schl., *l. c.*, p. 106; *refulgens*, Bp., *C.-R.* XXXVIII, p. 538. — Sumbawa, Lombock, Flores.

7062. boneratensis, Mey. et Wg., *Abh. Mus. Dresd.*, 1896, n° 1, p. 16; id., *B. Celebes*, p. 589. — Bonerate, Djampea, Kalao.

7063. macrourus, Blyth, *J. A. S. Beng.* XV, pp. 46, 370; Heine, *J. f. O.*, 1859, p. 403; Sharpe, *l. c.*, p. 202. — Iles Nicobar.

7064. celebensis (Wald.), *Tr. Zool. Soc.* VIII, p. 112; Sharpe, *l. c.*, p. 203; *indicus* (pt.), Schl.; *corotatus* (pt.), Wald., *l. c.*, p. 60; *coronatus var. celebensis*, Brügg. — Célèbes N.

1751. *Var.* Meridionalis, Hart., *Novit. Zool.*, 1896, p. 155. — Célèbes S.

7065. acrorhynchus, Vig., *P. Z. S.*, 1831, p. 97; Schl., *l. c.*, p. 104 (pt.); *chinensis* (!), Lin. et auct. plur. — Philippines.

1752. *Var.* Palawanensis (Tweed.), *P. Z. S.*, 1878, p. 616. — Palawan (Philippines).

7066. frontalis, Wall., *P. Z. S.*, 1862, p. 340, pl. 40; Mey. et Wg., *B. Cel.*, p. 589; *acrorhynchus* (pt.), Schl.; *chinensis* (pt.), Guillem. — Iles Soula.

1753. *Var.* Suluensis, Shpe, *Cat. B. Br. Mus.* III, p. 205. — Iles Soulou.

7067. formosus, Cab., *J. f. O.*, 1872, p. 392; Mey. et Wg., *B. Cel.*, p. 590. — Siao (Sangir S.)

1754. *Var.* Sangirensis, Mey. et Wg., *B. Cel.*, p. 591. — Gr. Sangir.

7068. melanisticus, Mey. et Wg., *J. f. O.*, 1894, p. 247; id., *B. Cel.*, p. 593, pl. 37. — Iles Talaut.

7069. flavocinctus (King.), *Surv. Intertr. Coasts Austr.* II, p. 419; Gould, *B. Austr.* IV, pl. 14; Schl., *l. c.*, p. 110. — Australie N.

1755. *Var.* Viridissima (Heine), *J. f. O.*, 1859, p. 403; Sharpe, *Cat.* III, p. 207; ? *muelleri*, Bp. — Iles Arou.

7070. viridifuscus (Heine), *J. f. O.*, 1859, p. 405; Sharpe, *l. c.*, p. 208; *virescens*, Gray; *variegatus*, Gray. — Iles Timor.

7071. forsteni (Bp.), *Consp.* I, p. 346; Schl., *l. c.*, p. 112; Sharpe, *l. c.*, p. 209. — Céram.

7072. insularis, Vorderm., *Nat. Tijdschr. Nederl. Indie*, 1893, p. 200. — Iles Kangean.

7073. striatus, Quoy et G., *Voy. de l'Astr., Zool.* I, p. 195, pl. 9, f. 2; Schl., *l. c.*, p. 113; Sharpe, *l. c.*, p. 210; *melanotis*, Bp. (nec Müll.). — Nouv.-Guinée, Salawati, Mysol, Waigiou.

7074. BOURUENSIS, Quoy et G., *Voy. Astr.* I, p. 192, pl. 8, f. 2; Wall., *P. Z. S.*, 1863, p. 26; Schl., *l. c.*, p. 113. — Ile Bourou.

7075. DECIPIENS (Sclat.), *P. Z. S.*, 1883, p. 199. — Ile Larat (Tenimber).

7076. PHÆOCHROMUS, Gray, *P. Z. S.*, 1860, p. 351; Schl., *l. c.*, p. 114; Finsch, *Neu Guin.*, p. 173. — Halmahera.

7077. VIRIDIS (Lath.); Gould, *B. Austr.* IV, pl. 13; Jard. et Sel., *Ill. Orn.* II, pl. 61; *sagittata*, Lath.; *variegatus*, Vieill.; *meruloides*, Vig. et Horsf.; *affinis*, Gould. — Australie.

7078. STEEREI, Sharpe, *Cat. B.* III, p. 213, pl. 10; *nigro-striatus*, Bourns. et Worc., *Occ. Pap. Minnes. Acad.* I, p. 16. — Negros, Masbate (Philippines).

1756. *Var.* ASSIMILIS, Tweed., *P. Z. S.*, 1877, p. 760, pl. 76. — Cebu (Philippines).

1757. *Var.* CINEREOGENYS, Bourns. et Worc., *Occ. Pap. Minnes. Acad.* I, p. 16; Grant, *Ibis*, 1896, p. 533. — Tawi-Tawi.

1758. *Var.* BASILANICA, Grant, *Ibis*, 1896, pp. 532-33; *steerii* (pl.), Sharpe. — Basilan.

1759. *Var.* SAMARENSIS, Steere, *List Philipp. B.*, p. 17; Grant, *l. c.*, p. 533. — Samar.

7079. ALBILORIS, Grant, *Ibis*, 1894, p. 504. — Luçon N.

7080. ISABELLÆ, Grant, *Ibis*, 1895, pp. 108, 137. — Luçon N.-E.

7081. *xanthonotus*, Horsf., *Tr. Linn. Soc.* XIII, p. 153; Tem., *Pl. col.* 214; Schl., *l. c.*, p. 109; *leucogaster*, Tem.; *castanopterus*, Blyth. — Malacca, Java, Sumatra, Bornéo, Palawan, Paragua.

1760. *Var.* CONSOBRINA, Rams., *P. Z. S.*, 1879, p. 709. — Bornéo N.

7082. MELANOCEPHALUS, Lin.; *Pl. enl.* 79; Schl., *l. c.*, p. 106; Levaill., *Ois. d'Afr.* VI, pl. 263; *maderaspatanus*, Frankl.; *maccoshii*, Tick.; *hodgsonii*, Sw.; *strigipectus*, Hodgs. — Himalaya, Inde, Indo-Chine W.

1761. *Var.* CEYLONENSIS, Bp., *Consp.* I, p. 347; Schl., *l. c.*, p. 107; Sharpe, *Cat.*, p. 216. — Ceylan, Andaman.

7083. HOSEI, Sharpe, *Ibis*, 1893, p. 117; Hose, *Ibis*, 1893, p. 393, pl. 10. — Mont Dulit (Bornéo N.)

7084. ? PHILIPPENSIS, Gray, *Zool. Misc.*, p. 3; Bp., *Consp.* I, p. 346; Sharpe, *Cat.* III, p. 188 (en note). — Philippines.

7085. MONACHUS (Gm.); Heugl., *Orn. N.-O. Afr.* I, p. 402; *moloxita*, Rüpp., *Neue Wirb.*, *Vög.*, p. 29, pl. 12, f. 1; Schl., *l. c.*, p. 108. — Afrique N.-E.

7086. CRASSIROSTRIS, Hartl., *Orn. W. Afr.*, p. 266; Sharpe, *Cat.*, p. 217. — Ile St-Thomas (Afr. W.)

7087. MENELIKI, Weld-Bl. et Lovat, *Ibis*, 1900, p. 194. — Abyssinie S.

7088. LARVATUS, Licht., *Verz. Doubl.*, p. 20; Levaill., *Ois. d'Afr.*, pl. 261; Schl., *l. c.*, p. 107; *capensis*, Sw.; *melanocephalus*, Des M. (nec Lin.); *arundinarius*, Burch.; *chloris*, Cuv.; *rolleti*, Salvad.; *personatus*, Heugl., *J. f. O.*, 1867, p. 203. — Afrique W., S., E., N.-E.

7089. BRACHYRHYNCHUS, Sw., *B. W. Afr.* II, p. 35; Sharpe, *Ibis,* 1870, pp. 57, 226, pl. 8, f. 1; *baruffi*, Bp.; *intermedius,* Hartl., *Orn. W. Afr.*, p. 24. — Sierra-Leone (Afr. W.)

1762. *Var.* LÆTIOR, Sharpe, *Ibis,* 1898, p. 155. — Gabon.

7090. NIGRIPENNIS, Verr., *J. f. O.*, 1855, p. 105; Sharpe, *Ibis,* 1870, p. 228, pl. 7, f. 1; id., *Cat.*, p. 220. — Du Gabon à la Côte-d'Or (Afrique W.)

7091. CHLOROCEPHALUS, Shell., *Ibis,* 1896, p. 183, pl. 4. — Nyasaland.

1250. ANALCIPUS

Analcipus, Sw. (1831); *Ptilocarpus,* Müll. (1835); *Erythrolanius,* Less. (1840); *Oriolus* (pt.), auct. plur.

7092. SANGUINOLENTUS (Temm.), *Pl. col.* 499; Sharpe, *Ibis,* 1887, p. 438; *cruentus* (pt.), Sharpe, *Cat.* III, p. 221 et auct. plur.; *rubropectus,* Less. — Java.

1763. *Var.* VULNERATA (Sharpe), *Ibis,* 1887, p. 437; *cruentus,* Salvad., *Ucc. Born.*, p. 278. — Bornéo N.

1764. *Var.* CONSANGUINEA, Rams., *Ibis,* 1881, pp. 32-34. — Sumatra.

1251. PSAROPHOLUS

Psaropholus, Jard. et Selby (1837); *Oriolus* (pt.), auct. plur.

7093. ARDENS, Swinh., *Ibis,* 1862, p. 363; Schl., *Mus. P.-B., Coraces,* p. 115; Sharpe, *Cat.*, p. 221. — Formose.

1765. *Var.* NIGELLICAUDA, Swinh., *Ibis,* 1870, p. 342; Sharpe, *l. c.*, p. 221. — Haïnan.

7094. TRAILLI (Vig.), *P. Z. S.*, 1831, p. 175; Gould, *Cent. B. Himal.*, pl. 35; Jard. et Sel., *Ill. Orn.* IV, pl. 26. — Himalaya, Assam, Arakan, Ténassérim.

1252. SPHECOTHERES

Sphecotheres, Vieill. (1819); *Picnorhamphus,* v. Rosenb. (1866).

7095. MAXILLARIS (Lath.); Schl., *l. c.*, p. 115; *viridis,* Vig. et Horsf. (nec Vieill.); *virescens,* Jard. et Sel., *Ill. Orn.* II, pl. 79; *australis,* Gould, *B. Austr.* IV, pl. 15; *grisea,* Less.; *canicollis,* Sw. — Australie.

7096. SALVADORII, Sharpe, *Cat. B. Br. Mus.* III, p. 224, pl. 12. — Nouv.-Guinée S.-E.

7097. FLAVIVENTRIS, Gould, *P. Z. S.*, 1849, p. 111; id., *B. Austr., Suppl.*, pl. 37; *cucullatus,* Rosenb. — Australie N.-E., îles Key.

7098. VIRIDIS, Vieill., *N. Dict.* XXXII, p. 5; Quoy et G., *Voy. Uranie,* p. 103, pl. 21; *virescens,* Vieill., *Gal. Ois.* I, p. 238, pl. 147; *timoriensis,* Schl., *l. c.*, p. 115. — Timor, Semao.

7099. HYPOLEUCUS, Finsch, *Notes Leyd. Mus.* XX, p. 129. — Ile Wetter.

FAM. XXXIX. — DICRURIDÆ (1)

1253. DICRURUS

Dicrurus, Vieill. (1817); *Edolius*, Cuv. (1829); *Chibia, Buchanga*, Hodgs. (1837); *Cometes*, Hodgs. (1841); *Musicus*, Rchb. (1850); *Trichometopus*, Cab. (1850); *Balicassius*, Bp. (1854); *Dicruropsis*, Salvad. 1878).

7100. BALICASSIUS (Lin.); *Pl. enl.* 603; Wald., *Tr. Z. S.* IX, p. 180, pl. 31, f. 1; *furcatus*, Wagl ; *viridescens*, Gould; *philippensis*, Bp.	Marinduque, Mindoro, Luçon (Philipp.)
7101. STRIATUS, Tweed., *P. Z. S.*, 1877, p. 545; Steere, *List Phil. B.*, p. 15.	Mindanao, Basilan, Samar, Leyte (Phil.)
7102 MIRABILIS, Wald. et Lay., *Ibis*, 1872, p. 103, pl. 5; Wald., *Tr. Z. S.* IX, p. 181.	Guimaras, Panay, Masbate, Negros.
7103. PALAWANENSIS, Tweed., *P. Z. S.*, 1878, p. 614.	Palawan, Paragua.
7104. ANNECTANS (Hodgs.), *Ind. Rev.* 1, p. 326; Sharpe, *Cat.* III, p. 231; *affinis*, Blyth; *balicassius*, auct. plur. (nec Lin.); *furcatus*, Gray.	Du Népaul à Malacca et Sumatra.
7105. NIGRESCENS, Oates, *Birds of Ind.* 1, p. 315.	Pégou, Ténass., Ceyl.
7106. ATRIPENNIS, Sw., *B. W. Afr.* I, p. 256; Hartl., *Orn. W. Afr.*, p. 101.	Afrique W.
7107. MODESTUS, Hartl., *Rev. et Mag. de Zool.*, 1849, p. 495; id., *Beitr. z. Orn. W. Afr.*, p. 50, pl. 4; id,, *Orn. W. Afr.*, p. 101; *coracinus*, Verr.; *atripennis*, Rchw. (1874 nec Sw.)	Afrique W., de la Côte d'Or à l'Angola.
1766. *Var.* ATACTA (*atactus*), Oberh., *P. U. S. Nat. Mus.* XXII, p. 35.	Fantée.
7108. LUDWIGII, Smith, *Ill. Zool. S. Afr.*, pl. 34; Lay., *B. S. Afr.*, p. 134.	Afrique S.-E.
7109. ATER (Herm.), *Obs. Zool.*, p. 208; Levaill., *Ois. d'Afr.* III, pl. 174; *macrocercus*, Vieill.; Jerd., *B. Ind.* I, p. 427; *forficatus*, Horsf.; *biloba*, Licht.; *indicus*, Steph.; *balicassius* (pt.), Syk.; *albirictus*, Hodgs.; *fingah*, Blyth; *himalayensis*, Tyt.	Inde, Indo-Chine.
1767. *Var.* *Cathœca*, Swinh., *P. Z. S.*, 1871, p. 377; Dav. et Oust., *Ois. Chine*, p. 108.	Chine, Formose, Amourland.
1768. *Var.* MINOR, Blyth, *Ann. and Mag. N. H.* XIII, p. 129; Holdsw., *P. Z. S.*, 1872, p. 438.	Ceylan.
1769. *Var.* LONGA (Tem.); Bp., *Consp.* I, p. 352.	Java.
1770. *Var.* ALDABRANA, Ridgw., *P. U. S. Nat. Mus.*, 1893, p. 597.	Ile Aldabra.
7110. AFER (Licht.), *Cat. Rev. Nat. Hamb.*, p. 10 (nec Lin.); *adsimilis*, Bechst.; *musicus*, Vieill.; Levaill.,	Toute l'Afrique.

(1) Voy.: Sharpe, *Cat. B. Brit. Mus.*, III, pp. 228-264 (1877).

Ois. d'Afr., pl. 167; *emarginata* et *divaricata*, Licht., *Verz. Doubl.*, p. 52; *lugubris*, Hempr. et Ehr., *Symb. Phys. Aves*, pl. 8, f. 3; *canipennis*, Sw.; *aculeatus*, Cass.; *erythrophthalmus*, Würt.; *fugax*, Pet.; *assimilis*, Sharpe, *Cat.*, p. 247.

7111. SHARPEI, Oust., *Nouv. Arch. du Mus.* II, p. 97. — Gabon.

7112. FUSCIPENNIS, M.-Edw. et Oust., *Ann. Sc. Nat.* VII, 2, p. 225. — Iles Comores.

7113. LONGICAUDATUS, Hay, in Jerd., *Madr. Journ.* XIII, 2, p. 121; id., *B. Ind.* I, p. 430; *waldeni*, Beav., *Ibis*, 1868, p. 497 (nec Schl.) — Inde, Ceylan.

7114. LEUCOPHÆUS, Gray, *Gen. B.* I, p. 287; Bp., *Consp.* I, p. 352; *cineraceus*, Horsf.; Sharpe, *Cat.* III, p. 250; *intermedius*, Blyth.; *wallacii*, Wald.; *mouhoti*, Wald.; Dav. et Oust., *Ois. Chine*, p. 109. — Java, Lombock, Indo-Chine, Haïnan, Paragua.

1771. *Var.* PYRRHOPS, Hodgs., in *Gray's Zool. Misc.*, p. 14; Sharpe, *l. c.*, p. 251. — Himalaya.

1772. *Var.* WHITEHEADI, Dubois; *Buchanga palawanensis*, Whiteh., *Ibis*, 1890, p. 47 (nec Tweed.) — Palawan.

7115. PERIOPHTHALMICUS (Salvad.), *Ann. Mus. Civ. Gen.*, 1894, p. 594. — Ile Mentawei, Sumatra.

7116. LEUCOGENYS (Wald.), *Ann. and Mag. N. H.*, ser. 4, V, p. 219; Dav. et Oust., *Ois. Chine*, p. 108, pl. 77; *cineraceus* (pt.), Blyth.; *leucophæus* (pt.), Swinh.; *cinerascens*, Hume (nec Lin.) — Japon, Chine, Indo-Chine, Malacca.

1773. *Var.* SALANGENSIS, Rchw., *Nomencl. Mus. Hein.*, p. 69. — Ile Salanga.

7117. STIGMATOPS, Sharpe, *P. Z. S.*, 1879, p. 247. — Bornéo N.-W.

7118. CÆRULESCENS (Lin.); Vieill., *N. Dict.* IX, p. 587; Jerd., *B. Ind.* I, p. 432; *cæruleus*, Müll.; *fingah*, Shaw. — Inde.

1774. *Var.* INSULARIS (Sharpe), *Cat. B.* III, p. 253; *cærulescens*, Holdsw., *P. Z. S.*, 1872, p. 439 (nec Lin.) — Ceylan.

7119. LEUCOPYGIALIS, Blyth, *J. A. S. Beng.* XV, p. 298; Sharpe, *l. c.*, p. 253. — Ceylan.

7120. WALDENI, Schl., *Ned. Tijdschr. Dierk.* III, p. 86; Schl. et Poll., *Faun. Madag.*, p. 80, pl. 23; Hartl., *Vög. Madag.*, p. 150. — Mayotte (Comores).

7121. FORFICATUS (Lin.); Levaill., *Ois. d'Afr.* IV, pl. 166; Hartl., *Vög. Madag.*, p. 148; *galatea*, Bodd.; *lophorhinus*, Vieill.; *cristatus*, Vieill.; id., *Gal. Ois.* I, p. 228, pl. 141. — Madagascar, Johanna.

7122. HOTTENTOTTUS (Lin.); Jerd., *B. Ind.* I, p. 439; Sharpe, *l. c.*, p. 235; *splendens*, Tick.; *crishna*, Gould; *casia*, Hodgs.; *barbatus*, Gr. — Inde, Indo-Chine, Chine.

7123. BRACTEATUS, Gould, *P. Z. S.*, 1842, p. 132; id., *B. Austr.* II, pl. 82. — Australie N. et N.-E.

7124. BIMAËNSIS, Bp., *Consp.* I, p. 352; Wall., *P. Z. S.*, 1863, p. 494. — Sumbawa, Lombock, Flores.

7125. SUMATRANUS, Rams., *P. Z. S.*, 1880, p. 15. — Sumatra.

1775. *Var.* VIRIDINITENS (Salvad.), *Ann. Mus. Civ. Gen.*, 1894, p. 593. — Mentawei, Sumatra.

7126. CARBONARIUS, Bp., *Consp.* I, p. 352; Sharpe, *l. c.*, p. 238; Salvad., *Orn. Pap. Mol.* II, p. 177; *assimilis*, Gray, *P. Z. S.*, 1858, p. 179. — Iles Papous.

1776. *Var.* AMBOINENSIS, Gray, *P. Z. S.*, 1860, p. 354; Finsch, *Neu Guinea*, p. 171; Salvad., *Orn. Pap. Mol.* II, p. 180. — Amboine, Céram, Bourou.

7127. ATROCÆRULEUS, Gray, *P. Z. S.*, 1860, p. 354; Finsch, *l. c.*; Salvad., *l. c.*, p. 176. — Batjan, Halmahera.

7128. ?COMICE (Less.), *Voy. Coq.*, *Zool.* I, p. 344; Salvad., *l. c.*, p. 181. — Nouv.-Irlande.

7129. JENTINKI, Vorderm., *Nat. Tijdschr. Nederl. Ind.*, 1893, p. 194. — Iles Kangean.

7130. MENAGEI, Bourns. et Worc., *Occ. Pap. Minnes. Acad.* I, p. 15. — Ile Tablas.

7131. PECTORALIS, Wall., *P. Z. S.*, 1862, pp. 335, 342; Salvad., *l. c.*, p. 173. — Iles Soula, Obi.

7132. BORNEENSIS (Sharpe), *P. Z. S.*, 1879, p. 246. — Bornéo N.-W.

7133. LÆMOSTICTUS, Sclat., *P. Z. S.*, 1877, p. 101; 1879, p. 447; Salvad., *Orn. Pap. Mol.* II, p. 174. — Nouv.-Bretagne.

1777. *Var.* PROPINQUA (Tristr.), *Ibis*, 1889, p. 556. — Iles d'Entrecasteaux.

7134. LEUCOPS, Wall., *P. Z. S.*, 1865, p. 478; Mey. et Wg., *B. Cel.*, p. 436, pl. 24, ff. 1, 2. — Célèbes.

1778. *Var.* AXILLARIS (Salvad.), *Atti Ac. Sc. Tor.* XIII, p. 1184; Mey. et Wg., *B. Cel.*, p. 438, pl. 24, f. 3. — Sangir.

7135. DENSUS, Bp., *Consp.* I, p. 352; Sharpe, *Cat.* III, p. 241. — Timor et îles voisines.

7136. LONGIROSTRIS (Rams.), *Pr. Linn. Soc. N. S. W.* VII, p. 300. — Iles Salomon.

7137. MEGALORNIS, Gray, *P. Z. S.*, 1858, pp. 179, 195; Salvad., *Orn. Pap. Mol.* II, p. 175. — Iles Key, Tijoor, Matabello, Goram.

7138. GUILLEMARDI (Salvad.), *Mem. R. Acad.* XI, p. 220. — Ile Obi.

1254. CHÆTORHYNCHUS

Chætorhynchus, Mey. (1874).

7139. PAPUENSIS, Mey., *Sitz. k. Akad. Wiss. Wien*, 1874, p. 493; Sharpe, *Cat.* III, p. 242, pl. 13; Salvad., *Orn. Pap. Mol.* II, p. 183. — Monts Arfak (Nouv.-Guinée).

1255. CHAPTIA

Chaptia, Hodgs. (1837); *Entomoletes*, Sundev. (1872).

7140. AENEA (Vieill.), *N. Dict.* IX, p. 586; Levaill., *Ois. d'Afr.* IV, pl. 176; Sharpe, *l. c.*, p. 243; *æratus*, Steph.; *muscipetoides*, Hodgs. — Inde, Birmanie, Assam.

7141. BRAUNIANA, Swinh., *Ibis*, 1863, p. 269; 1866, p. 399; Sharpe, *l. c.*, p. 244. — Formose.

7142. MALAYENSIS, Blyth, *J. A. S. Beng.* XV, p. 294; Jerd., *B. Ind.* I, p. 434; *picinus*, Bp., *Consp.* I, p. 352. — Malacca, Sumatra, Bornéo.

1255. DISSEMUROPSIS (1)

Dissemuroides (!), Hume (1873).

7143. ANDAMANENSIS (Tytl. et Beav.), *Ibis*, 1867, p. 322; Hume, *Str. F.*, 1874, p. 211; Sharpe, *l. c.*, p. 255. — Iles Andaman.

1779. *Var.* DICRURIFORMIS, Hume, *Str. F.*, 1873, p. 408. — Gr. Coco et Table (And.)

7144. EDOLIIFORMIS (Blyth), *J. A. S. Beng.* XV, p. 297; Levaill., *Ois. d'Afr.*, pl. 173; *lophorhinus*, auct. plur. (nec Vieill.) — Ceylan.

1256. DICRANOSTREPTUS

Dicranostreptus, Rchb. (1850).

7145. MEGARHYNCHUS (Quoy et Gaim.), *Voy. Astrol., Zool.*, p. 184, pl. 6; Gray, *Hand-list*, I, p. 287; Salvad., *Orn. Pap. Mol.* II, p. 182; *intermedius*, Less. (nec Blyth); *lyra* et *longicauda*, Rams., *Pr. Linn. Soc. N. S. W.*, 1876, p. 370. — Nouv.-Irlande, iles Salomon.

1257. BHRINGA

Bhringa, Hodgs. (1837); *Melisseus*, Hodgs. (1844).

7146. REMIFER (Tem.), *Pl. col.* 178; Sharpe, *l. c.*, p. 257; *tectirostris*, Hodg., *Ind. Rev.* I, p. 325. — Himalaya, Indo-Chine, Java.

1258. DISSEMURUS

Dissemurus, Glog. (1842).

7147. PARADISEUS (Lin.); Cab., *Mus. Hein.* I, p. 112; Sharpe, *l. c.*, p. 258. — Indo-Chine.

(1) Le terme « *Dissemuroides* » est défectueux, car on ne peut terminer un nom générique par la finale « *oides* »; je le transforme donc en *Dissemuropsis*.

1780. *Var.* Malabaroides (Hodgs.), *Ind. Rev.* I, p. 325; *grandis* et *rangoonensis*, Gould, *P. Z. S.*, 1836, p. 5; *paradiseus* (pt.), Sharpe. — Himalaya, Inde.
1781. *Var.* Malabarica (Lath.); Jerd., *B. Ind.* I, p. 437; *cristatellus*, Blyth; *dentirostris, orissæ*, Hay; *setifer, formosus*, Cab., *Mus. Hein.* I, p. 111; *singularis*, Gray. — Inde.
1782. *Var.* Ceylonensis, Sharpe, *Cat.* III, p. 265. — Ceylan.
1783. *Var.* Platura (Vieill.), *N. Dict.* IX, p. 588; *brachyphorus*, Tem.; Bp., *Consp.* I, p. 351. — Malacca, Sumatra, Bornéo, Java.
1784. *Var.* Affinis (Tytl. et Beav.), *Ibis*, 1867, p. 233. — Iles Andaman.
1785. *Var.* Alcocki, Finn., *J. A. S. Beng.*, 1899, p. 119, pl. 2. — Gorakhpur.

FAM. XL. — ARTAMIDÆ (1)

SUBF. I. — ARTAMINÆ

1259. ARTAMUS

Artamus, Vieill. (1816); *Ocypterus*, Cuv. (1817); *Leptopteryx*, Horsf. (1821).

7148. leucorynchus (Lin.); *leucogaster* (Valenc.), *Mém. Mus. d'H. N.* VI, p. 21, pl. 7, f. 2; Sharpe, *Cat.* XIII, p. 3; *philippinus*, Scop.; *albiventer*, Less.; *leucopygialis*, Gould, *B. Austr.* II, pl. 33; *papuensis*, Bp.; *celebensis*, Brügg.; *muschenbrocki*, Mey.; *parvirostris*, Hart. — Philippines, Archipel Indien, Nouv.-Guinée, Australie.
7149. maximus, Mey., *Sitz. K. Ak. Wien*, 1874, p. 205; Gould, *B. New Guin.* IV, pl. 19; Salvad., *Orn. Pap.* II, p. 172. — Nouv.-Guinée N.-W.
7150. melanoleucus (Forst.), *Icon. ined.*, p. 40; Gray, *P. Z. S.*, 1859, p. 163; Sharpe, *l. c.*, p. 8; *Oc. berardi*, Bp. — Nouv.-Calédonie, îles Loyalty, Nouv.-Hébrides.
7151. pelewensis, Finsch, *Journ. Mus. Godef.*, Heft XII, p. 41; id., *P. Z. S.*, 1877, p. 739; *leucorhynchus*, Hartl. et F., *P. Z. S.*, 1868, p. 116. — Iles Pelew.
7152. mentalis, Jard., *Ann. and Mag. N. H.* XVI, p. 174, pl. 8; *vitiensis*, Jacq. et Pucher., *Voy. Pôle Sud*, III, p. 73, pl. 9, f. 1. — Iles Fidji.
7153. monachus, Bp., *Consp. av.* I, p. 343; Wald., *Tr. Z. S.* VIII, p. 67, pl. 6, f. 1; *spectabilis*, Brügg. — Célèbes et îles Soula.
7154. insignis, Sclat., *P. Z. S.*, 1877, p. 101, pl. 15; Gould, *B. New Guin.* IV, pl. 20. — Nouv.-Bretagne, Nouv.-Irlande.

(1) Voy. : Sharpe, *Cat. B. Brit. Mus.* XIII, pp. 2-21 (1890).

7155. FUSCUS, Vieill., *N. Dict.* XVII, p. 297; Jerd., *B. Ind.* I, p. 441; Dav. et Oust., *Ois. Chine*, p. 101; *rufiventer*, Valenc.; *leucorhynchos*, M' Clell. (nec Lin.); *brevipes*, Brüggm. — Inde, Ceylan, Indo-Chine, Haïnan.

7156. SUPERCILIOSUS (Gould), *P. Z. S.*, 1836, p. 142; id., *B. Austr.* II, pl. 32. — Australie.

7157. PERSONATUS (Gould), *P. Z. S.*, 1840, p. 149; id., *B. Austr.* II, pl. 31. — Australie.

7158. CINEREUS, Vieill., *N. Dict.* XVII, p. 297; Gould, *B. Austr.* II, pl. 29; Valenc., *Mém. Mus. d'H. N.* VI, p. 22, pl. 9, f. 2. — Australie W.

7159. HYPOLEUCUS, Sharpe, *Cat. B.* XIII, p. 17; *albiventris*, Gould, *P. Z. S.*, 1874, p. 31 (nec Less.); id., *B. Austr.* II, pl. 30. — Australie E.

7160. MELANOPS, Gould, *P. Z. S.*, 1865, p. 198; id., *l. c.*, *Suppl.* — Australie (sauf W.)

7161. PERSPICILLATUS, Bp., *Consp.* I, p. 344; *albovittatus*, Kittl., *Kupf. Vög.*, p. 23, pl. 30, f. 2 (nec Valenc.) — Timor.

7162. VENUSTUS, Sharpe, in *Rowl. Orn. Misc.* III, p. 198; id., *Cat.*, p. 18. — Australie N.-W.

7163. SORDIDUS (Lath.); Gould, *B. Austr.* II, pl. 27; *lineatus*, Vieill.; *albovittatus*, Valenc., *Mém. Mus.* VI, p. 23, pl. 8. — Australie, Tasmanie.

7164. MINOR, Vieill., *N. Dict.* XVII, p. 298; Gould, *B. Austr.* II, pl. 28; *fuscatus*, Valenc., *Mém. Mus.* VI, p. 74, pl. 9, f. 1. — Australie.

SUBF. II. — PSEUDOCHELIDONINÆ

1260. PSEUDOCHELIDON (1)

Pseudochelidon, Hartl. (1861).

7165. EURYSTOMINA, Hartl., *J. f. O.*, 1861, p. 11; id., *Ibis*, 1861, p. 322, pl. 11; Sharpe, *Cat.* XIII, p. 21. — Gabon, Haut-Congo.

FAM. XLI. — STURNIDÆ (2)

SUBF. I. — STURNINÆ

1261. STURNUS

Sturnus, Lin. (1766).

7166. VULGARIS, Lin.; Dubois, *Fne. ill. Vert. Belg.*, *Ois.* I, p. 250, pl. 56; Dress., *B. Eur.* IV, p. 405, — Europe, Foeroé, Perse, Syrie, Égypte et

(1) M. Shelley fait de ce genre une famille distincte qu'il place à la suite des *Hirundinidæ*. Le *P. eurystomina* ressemble en effet plus à une hirondelle qu'à un *Artamus*, mais j'ai connu l'oiseau trop tard pour pouvoir le mettre à la place qui lui convient.

(2) Voy.: Sharpe, *Cat. B. Brit. Mus.* XIII, pp. 22-196 (1890).

pl[s] 246-47; *varius*, Mey.; *solitarius*, Mont.; *domesticus, nitens, punctatus, sylvestris, septentrionalis, hollandiæ*, Brm.; *guttatus*, Macg.; *longirostris, tenuirostris*, Brm.; *europæus*, Blas.; *færoensis*, Feild. — Nord de l'Afrique.

1786. *Var.* INTERMEDIA, Praz, *Ornith. Monatsb.*, 1895, p. 144; *sophiæ*, Bianchi, *ibid.*, 1897, p. 165. — De la Bohême jusqu'en Russie.

1787. *Var.* MENZBIERI, Sharpe, *Ibis*, 1888, p. 438; id., *Cat. B.* XIII, p. 33, pl. 1; *vulgaris* (pt.), auct. plur.; *indicus*, Blyth (nec Hodgs.); *humii*, Gould. — Sibérie, Asie centr.

7167. INDICUS, Hodgs., *Icon. ined.*, *Passeres*, pl. 274, ff. 1, 2; *splendens*, Bp.; *unicolor*, Adams (nec Tem.); *nitens*, Hume, *Ibis*, 1871, p. 410; *ambiguus*, Hume; *humii*, Brooks. — Himalaya, du Cachemire au Népaul.

7168. POLTORATZKII, Finsch, *P. Z. S.*, 1878, p. 712; *nobilior*, Hume, *Str. F.*, 1879, p. 175. — De l'Altaï à l'Afghanistan, Inde, Caucase.

1788. *Var.* CAUCASICA, Lorenz, *Beitr. Orn. Faun. Cauc.*, p. 9, pl. 5, f. 1; *vulgaris*, Radde (nec Lin.); *purpurascens*, Seeb. (nec Gould). — Du Caucase à la Perse.

7169. PURPURASCENS, Gould, *P. Z. S.*, 1868, p. 219; id., *B. Asia*, V, pl. 44. — Europe E., Asie min. jusqu'à l'Afghanist.

1789. *Var.* PORPHYRONOTA, Sharpe, *Ibis*, 1888, p. 438; id., *Cat. B.*, p. 38, pl. 2; *rurpurascens* (pt.), auct. plur. — Asie centr., Inde.

7170. MINOR, Hume, *Str. F.*, 1873, p. 207; Shpe, *Cat.* p. 39. — De Sindh à Etawah.

7171. UNICOLOR, Tem., *Man. d'Orn.*, p. 133 (1820); Dress., *B. Eur.* IV, p. 415, pl. 248; Gould, *B. Asie*, V, pl. 42. — Europe mérid., Afr. N.

1262. SPODIOPSAR

Poliopsar, Sharpe (1888 nec Cass. 1867); *Spodiopsar*, Sharpe (1889); *Sturnus* et *Sturnia* (pt.), auct. plur.

7172. CINERACEUS (Tem.), *Pl. col.* 556; id. et Schl., *Fauna Jap.*, p. 85, pl. 45; Sharpe, *Cat.* XIII, p. 41. — Asie E., Japon, Formose.

1790. *Var.* COLLETTI (Sharpe), *Ibis*, 1888, p. 447; id., *Cat.*, p. 43. — ?

7173. SERICEUS (Gm.); Dav. et Oust., *Ois. Chine*, p. 362, pl. 87; *leucocephalus*, Gray, *Gen. B.* II, p. 334. — Chine.

7174. CAMBODIANUS (Shpe), *Ibis*, 1888, p. 477; id., *Cat.*, pl. 3. — Cambodje.

7175. BURMANICUS (Jerd.), *Ibis*, 1862, p. 21; Sharpe, *Cat.*, p. 45, pl. 4, f. 1; *burmanensis*, Jerd.; *fuscogularis*, Salvad. — Birmanie.

7176. INCOGNITUS (Hume), *Str. F.* VIII, p. 396; *leucocephalus*, Gigl. et Salvad. (nec Gray), *Atti R. Acad. Torino*, 1870, p. 273; Sharpe, *Cat.*, p. 46, pl. 4, f. 2. — Cochin-Chine, Siam, Ténassérim.

7177. ANDAMANENSIS (Beav.), *Ibis*, 1867, p. 239; Wald., *Ibis*, 1873, p. 313, pl. 12, f. 2; *erythropygius*, Blyth (1859 nec 1846). — Iles Andaman et Nicobar.

7178. ERYTHROPYGIUS (Blyth), *J. As. S. Beng.* XV, 1846, pp. 34, 369; Sharpe, *Cat.*, p. 48. — Iles Nicobar.

7179. MALABARICUS (Gm.); ? *cinerea*, Less., *Tr.*, p. 402; *affinis*, Hodgs.; *pagodarum*, Mc Clel. (nec Gm.); *cinereus*, Jerd.; *caniceps*, Hodgs., *Icon. ined.*, *Passeres*, pl. 271; *blythii*, Gray; *nemoricola*, Hume, *Str. F.*, 1888, p. 266 (nec Jerd.) — Inde, Indo-Chine.

1791. *Var.* NEMORICOLA (Jerd.), *Ibis*, 1862, p. 22; Sharpe, *Cat.*, p. 52; *leucopterus*, Hume, *Str. F.*, 1874, p. 480. — Birmanie et Ténassérim.

7180. BLYTHII (Jerd.), *Madr. Journ.*, 1844, p. 138; id., *Ill. Ind. Orn.*, pl. 22; *malabarica*, Jerd. (1840); *dominicana*, Blyth. — Inde S.

1263. STURNORNIS

Sturnornis, Legge (1879); *Heterornis*, Bp. (1850, nec Hogs., 1841).

7181. SENEX (Bp.), *Consp.* I, p. 419; Legge, *B. Ceyl.*, p. 680, pl. 28; *albofrontata*, Layard; *daurica*, Swinh. (nec Pall.) — Ceylan.

1264. STURNOPASTOR

Sturnopastor, Hodgs. (1844); *Psarites*, Cab. (1850).

7182. JALLA (Horsf.), *Trans. Lin. Soc.*, 1820, p. 155; Sharpe, *Cat.*, p. 57, pl. 5, f. 3; *oricularius*, Drap.; *contra*, Tweed. (nec Lin.) — Sumatra, Java, Bali, Madura.

7183. CONTRA (Lin.); Sharpe, *l. c.*, pl. 5, f. 1; *capensis*, Gm. — Inde N.-W.

7184. SUPERCILIARIS, Blyth, *J. A. S. Beng.*, 1863, p. 77; Sharpe, *l. c.*, pl. 5, f. 2; *contra*, Gould (1859 nec Lin.) — Indo-Chine N.-W.

7185. FLOWERI, Sharpe, *Ibis*, 1898, p. 155. — Siam.

1265. PERISSORNIS

Dilophus, Vieill. (1816, nec Meigen, 1803); *Perissornis*, Oberh. (1899).

7186. CARUNCULATUS (Gm.); Heugl., *Orn. N.-O. Afr.*, p. 529; Levaill., *Ois. d'Afr.* II, pl[s] 193-94; *gallinaceus*, Lath.; *larvata*, Shaw. — Afrique, Arabie S.

1266. PASTOR

Pastor, Tem. (1815); *Psaroides*, Vieill. (1816); *Boscis*, Brm. (1828); *Pecuarius*, Tem. (1835); *Thremnophilus*, Macg. (1837); *Nomadites*, Bp. (1842).

7187. ROSEUS (Lin.); *Pl. enl.* 251; Dubois, *Fne. ill. Vert. Belg., Ois.* I, pl. 55; Dress., *B. Eur.* IV, p. 423, pl. 250; *seleucis*, Forsk.; *asiaticus*, Wirs.; *rosans*, Brm. — Europe centr. et S., Asie centr., Inde.

1267. STURNIA

Sturnia, Less. (1837).

7188. SINENSIS, Gm.; *Pl. enl.* 617; Less., *Compl. Buff., Ois.* IX, p. 52; *turdiformis*, Wagl.; *elegans*, Less., in *Bélang. Voy.*, p. 266, pl. 6; *cana*, Blyth. — Chine, Indo-Chine, Malacca, Formose, Haïnan.

7189. VIOLACEA (Bodd.); *Pl. enl.* 185, f. 2; *ruficollis*, Wagl.; *pyrrhogenys* et *pyrrhopogon*, Tem. et Schl., *Faun. Jap.*, p. 46, pl. 86; *dominicana*, Salvad. (nec Bodd.); *daurica*, Sharpe (nec Pall.) — Japon, Philippines, Bornéo, Célèbes, Moluques.

7190. STURNINA (Pall.), *Reis. Russ. Reichs.* III, p. 695; *Pl. enl.* 627, f. 2; *dauricus*, Pall., *Acta Holm.*, 1778, p. 197, pl. 7; *dominicanus*, Bodd.; *striga*, Raffl.; *malayensis*, Eyt. — Sibér. E., Chine, Indo-Chine, Malacca, Sumatra, Java, Nicob.

1268. TEMENUCHUS

Temenuchus, Cab. (1850).

7191. PAGODARUM (Gm.); Levaill., *Ois. d'Afr.* II, pl. 95, f. 1; Sharpe, *l. c.*, p. 73; *melanocephalus*, Vahl; *subroseus*, Shaw et Nod.; *sylvestris* et *nigriceps*, Hodgs., *Icon. ined. Passeres*, pl. 271. — Afghanistan, Inde, Ceylan.

1269. GRACULIPICA

Gracupica, Less. (1831); *Graculipica*, Sharpe (1890).

7192. NIGRICOLLIS (Payk.), *Nova Acta Stockh.* XXVIII, pl. 9 (1766); Dav. et Oust., *Ois. Chine*, p. 364; *temporalis*, Wagl.; *bicolor*, Gray; *melanoleuca*, Less. — Chine, Indo-Chine.

7193. MELANOPTERA (Daud.), *Traité*, II, p. 286; *tricolor*, Horsf.; Gray, *Gen. B.* II, pl. 83. — Java, Madura.

7194. TERTIA, Hart., *Novit. Zool.* III, p. 547. — Bali.

1270. ACRIDOTHERES

Acridotheres, Vieill. (1816); *Maina* (pt.), Hodgs. (1836).

7195. TRISTIS (Lin.); *Pl. enl.* 219; Sharpe, *l. c.*, p. 80; *gryllivora*, Daud.; *tristoides*, Hodgs.; id., *Icon. ined., Passeres*, pl. 272, ff. 1, 2; *fuscus*, Rams. — Afghanistan, Inde, Birmanie, Ténassér.

1792. *Var.* MELANOSTERNA, Legge, *Ann. and Mag. N. H.* (5) III, p. 168; id., *B. Ceyl.*, p. 670, pl. 29, f. 2; *tristis* (pt.), auct. plur. — Ceylan.

7196. GINGINIANUS (Lath.); Levaill., *Ois. d'Afr.* I, pl. 95, f. 2; *grisea*, Daud.; *gregicolus*, Hodgs., *Icon. ined., Passeres*, pl. 273, ff. 1, 2. — Afghanistan, Inde N. et centr.

7197. FUSCUS (Wagl.), *Syst. av., Pastor*, sp. 6; Jerd., *B. Ind.* II, p. 327; *cristatelloides*, Hodgs., *Icon., App.*, pl. 30, ff. 1, 2; *cristatellus*, Blyth (nec Gm.); *griseus*, Bl. (nec Daud.) — Inde N. et centr., Assam, Birmanie, Ténassérim.

1793. *Var.* MAHRATTENSIS (Syk.), *P. Z. S.*, 1832, p. 95; Sharpe, *Cat.*, p. 89; *fuscus* (pt.), auct. plur. (nec Wagl.) — Inde S.

7198. JAVANICUS, Cab., *Mus. Hein.* I, p. 205; Sharpe, *l. c.*, p. 90; *griseus*, auct. plur. (nec Daud.) — Java.

7199. CINEREUS, Bp., *Consp.* I, p. 420; Wald., *Trans. Z. S.* VIII, p. 77, pl. 10, f. 1. — Célèbes, Togian.

7200. GRANDIS, Moore, *Cat. B. Mus. E. I. Co.* II, p. 537; *siamensis*, Swinh., *P. Z. S.*, 1863, p. 303; Oat., *B. Brit. Burma*, I, p. 381. — Indo-Chine.

7201. CRISTATELLUS (Gm.); *Pl. enl.* 507; Dav. et Oust., *Ois. Chine*, p. 365, pl. 86; *ater*, Bon. et Vieill.; *fuliginosus*, Blyth; *philippensis*, Bp. — Chine centr. et S., Luçon.

7202. ALBOCINCTUS, Godw.-Aust. et Wald., *Ibis*, 1875, p. 251; id., *J. A. S. Beng.* XLV, 2, p. 200, pl. 5. — Manipour, Haute-Birmanie.

7203. TORQUATUS, Davison, *Ibis*, 1892, p. 102. — Malacca E.

1271. BASILEORNIS

Basilornis, Bp. (1850); *Basileornis*, Wald. (1872).

7204. CELEBENSIS, Gray, *P. Z. S.*, 1861, p. 184; Scl. et Wall., *Ibis*, 1861, p. 284, pl. 9, f. 2; Mey. et Wg., *B. Cel.*, p. 572; *corythaix* (pt.), Bp. — Célèbes.

1794. *Var.* GALEATA (*galeatus*), Mey., *Abh. Mus. Dresd.*, 1894, n° 2, p. 2; id. et Wg., *B. Cel.*, p. 574, pl. 36, f. 1. — Ile Banggai.

7205. CORYTHAIX (Wagl.), *Syst. av., Pastor*, sp. 4; Wall., *Ibis*, 1861, p. 284, pl. 9, f. 1; Salvad., *Orn. Pap.* II, p. 460. — Céram.

1272. SARCOPS

Gymnops, Cuv. (1829, nec Spix, 1824); *Sarcops*, Wald. (1877).

7206. CALVUS (Lin.); *Pl. enl.* 200; Kittl., *Kupf. Vög.*, pl. 13, f. 2; *griseus*, Meyen; *tricolor*, Gray. — Cantand., Luçon S., Leyte, Cebu, Negros, Mindanao, Basilan.

1795. *Var.* Lowii, Sharpe, *Trans. Linn. Soc.*, 1876, *Zool.* I, p. 344; Grant, *Ibis*, 1895, p. 259. — Luçon N., Mindoro, Marind., Soulou, Bongao.

1273. GRACULA (1)

Gracula, Lin. (1766); *Eulabes*, Cuv. (1817); *Mainatus*, Less. (1827); *Maina*, Hodgs. (1836).

7207. religiosa, Lin.; Schl., *Ned. Tijdschr. v. Dierk.* I, p. 3, pl. 1, f. 1; *indica*, Blyth; *minor*, Hay. — Inde S., Ceylan.

7208. venerata, Bp., *Consp.* I, p. 422; Schl., *l. c.* I, p. 4, pl. 1, f. 2. — Sumbawa, Flores, Pantar, Alor.

7209. javanensis (Osbeck, 1757); Schl., *l. c.*, p. 5, pl. 1, f. 3; *javanus*, Cuv.; *sumatranus*, Less.; *intermedia*, A. Müll. (nec Hay); *javanensis typicus*, Hart., *Novit. Zool.* III, p. 547. — Ténassér. S., Malacca, Salanga, Sumatra, Java, Bornéo, Billiton, Bangka.

1796. *Var.* Dubia, Schl., *Ned. Tijdschr. Dierk.* I, p. 7, pl. 1, f. 5. — ? Bali.

1797. *Var.* Palawanensis, Sharpe, *Cat. B.* XIII, p. 104. — Palawan.

7210. enganensis, Salvad., *Ann. Mus. Civ. Gen.*, 1892, p. 137; Finsch, *Notes Leyd. Mus.* XXI, p. 11. — Ile Engano (près Sumatra).

7211. robusta, Salvad., *Ann. Mus. Civ. Gen.*, 1887, p. 554, pl. 9, f. 2; Finsch, *l. c.*, p. 12, pl. 2, ff. 9-11; *intermedius* subsp. *robustus*, Sharpe, *Cat.*, p. 109. — Ile Nias.

1798. *Var.* Batuensis, Finsch, *l. c.*, p. 14, pl. 2, ff. 13, 14. — Ile Batou (Sum. N.-W.)

7212. Intermedia, Hay, *Madr. Journ.* XIII, 2, p. 157; Schl., *l. c.* I, p. 6, pl. 1, f. 4; *javanensis*, auct. plur. (nec Osb.) — Inde centr., Indo-Chine.

1799. *Var.* Andamanensis (Beavan), *Ibis*, 1867, p. 331; Finsch, *l. c.*, p. 16, pl. 2, f. 16. — Iles Andaman et Nicobar.

7213. ptilogenys, Blyth, *J. A. S. Beng.*, 1846, p. 285; Legge, *B. Ceyl.*, p. 685, pl. 29, f. 2; Schl., *l. c.*, p. 7, pl. 1, f. 7. — Ceylan.

7214. lidthii, Schleg., *l. c.*, p. 7, pl. 1, f. 6 (nec *dubia*); Finsch, *l. c.*, p. 19. — ?

7215. sinensis (Swinh.), *Ibis*, 1870, p. 353; Dav. et Oust., *Ois. Chine*, p. 365; *Gracula sinensis*, Dubois, *Mém. Soc. Zool. de France*, VII (1894), p. 403; Finsch., *l. c.*, p. 21. — Chine.

1800. *Var.* Hainana (Swinh.), *Ibis*, 1870, p. 352. — Haïnan.

(1) Voy. aussi : Finsch, *Das Genus Gracula* in *Notes from the Leyden Museum*, XXI (1899), p. 1-22.

1274. MINO

Mino, Less. (1826); *Gracula* (pt.), auct. plur.

7216. DUMONTI, Less., *Voy. Coq., Zool.* I, p. 625, pl. 25; Schl., *l. c.* I, p. 8, pl. 1, f. 8; Sharpe, *Cat. B.* XIII, p. 111. — Nouv.-Guin., Salaw., Waigiou, Arou.

7217. KREFFTI (Scl.), *P. Z. S.*, 1869, p. 120, pl. 9; Salvad., *Orn. Pap.* II, p. 469; Sharpe, *l. c.*, p. 112. — Iles Salomon, Nouv.-Bret., Nouv.-Irl.

1801. *Var.* GNATHOPHILA, Cab. et Rchw., *Sitz. Gesch. nat. Freunde Berlin*, 1876, p. 72; id., *J. f. O.*, 1876, p. 322; *kreffti* (pt.), Sharpe. — Nouv.-Hanovre.

1275. MELANOPYRRHUS

Melanopyrrhus, Bp. (1853); *Sericulus*, Less. (1856); *Gracula*, auct. plur.

7218. ANAIS (Less.), *Rev. Zool.* 1854, p. 44; Sharpe, *l. c.*, p. 113; *nigrocinctus*, Cass.; *pectoralis*, Wall., *P. Z. S.*, 1862, p. 169, pl. 20. — Nouv.-Guinée N.-W., Salawati.

7219. ORIENTALIS (Schl.), *Ned. Tijdschr. Dierk.* IV, p. 52; Sharpe, in *Gould's B. New Guin.*, pl.; *rosenbergii*, Finsch.; *robertsonii*, D'Alb.; *affinis*, Rosenb. — Nouv.-Guinée.

1275. AMPELICEPS

Ampeliceps, Blyth (1842).

7220. CORONATUS, Blyth, *J. A. S. Beng.*, 1842, p. 194; Gray, *Gen. B.*, pl. 81; Sharpe, *Cat.*, p. 116. — Indo-Chine.

1276. SAROGLOSSA

Saroglossa, Hodgs. (1844); *Psaroglossa*, Blyth (1849).

7221. SPILOPTERA (Vig.), *P. Z. S.*, 1831, p. 35; Gould, *Cent. Him. B.*, pl. 34; Hodgs., *Icon. ined.*, *Passeres*, pl. 268, ff. 1, 2. — Him. du Cachemire au Sikkim, Assam, Birmanie, Ténassérim.

1277. HARTLAUBIUS

Hartlaubius, Bp. (1853).

7222. MADAGASCARIENSIS (Bodd.); *Pl. enl.* 557, f. 1; Bp., *C. R.*, 1853, p. 831; M.-Edw. et Grand., *H. N. Madag., Ois.*, p. 311, pl. 115; *auratus*, Müll.; *gracilirostris*, Drap. — Madagascar.

1278. PHOLIDAUGES

Cinnyricinclus, Less. (1840, pt.); *Pholidauges*, Cab. (1850); *Speculipastor*, Rchw. (1879).

7223. LEUCOGASTER (Gm.); *Pl. enl.* 648, f. 1; Sw., *B. W. Afr.* I, p. 52, pl. 8; Sharpe, *Cat.*, p. 121.	Afrique W. et N.-E.
1802. *Var.* VERREAUXI, Boc. in Fsch. et Hartl., *Vög. Ost-Afr.*, p. 867; Sharpe, *l. c.*, p. 123; *bocagei*, Gray; *leucogaster* (pt.), auct. plur.	Afrique S. jusqu'au 15° l. S.
7224. SHARPEI, Jacks., *Ibis*, 1899, pp. 503, 590, pl. 12.	Afrique E. angl.
7225. FISCHERI, Rchw., *Journ. f. Orn.*, 1884, p. 54; Fisch., *Zeitschr. ges. Orn.* I, p. 335, pl. 20, f. 1 (fem.); Sharpe, *Cat. B.* XIII, p. 667.	Masaïland.
7226. FEMORALIS, Richm., *Auk*, 1897, p. 160; *fischeri*, Shell. (nec Rchw.), *P. Z. S.*, 1889, p. 368.	Kilima Ndjaro.
7227. BICOLOR (Rchw.), *Orn. Centralbl.*, 1879, p. 108; Fisch. et Rchw., *J. f. O.*, 1879, p. 349, pl. 1, ff. 2, 3; Shel., *Ibis*, 1885, p. 411.	Afrique E.

1279. APLONIS

Aplonis, Gould (1836); *Sturnoides*, Jacq. et Puch. (1853); *Calornis* (pt.), auct. plur.

7228. STRIATA (Gm.); Sharpe, *l. c.*, p. 127; *Lampr. obscurus*, Du Bus, *Bull. Acad. R. Brux.*, 1839, 1, p. 97; id., *Esq. Orn.*, pl. 12; *nigroviridis*, Less.; *pacifica*, Forst.; *caledonicus*, Bp.; *viridigrisea*, Gray.	Nouv.-Calédonie.
1803. *Var.* ATRONITENS, Gray, *P. Z. S.*, 1859, p. 164; Sharpe, *l. c.*, p. 128; *caledonica*, Tristr.	Iles Loyalty.
7229. TABUENSIS (Gm.); Sharpe, *l. c.*, p. 130; *marginata*, Gould; Cass., *U. S. Expl. Exp.*, *Birds*, 1858, p. 125, pl. 7, f. 1; *fusca*, Peale; *marginalis*, Hartl. (1852).	Iles Tonga.
7230. BREVIROSTRIS, Peale, *U. S. Expl. Exp.*, 1848, p. 111; Cass., *U. S. Expl. Exp.*, 1858, p. 126, pl. 7, f. 2.	Iles Samoa.
7231. VITIENSIS, Layard, *P. Z. S.*, 1876, p. 502; *cassini*, Gray, *P. Z. S.*, 1859, p. 163 (descr. nulla); *tabuensis*, Fsch. et Hartl., *Faun. Centralpolyn.*, p. 103, pl. 10, f. 2; *marginalis*, Hartl. (1864).	Iles Fidji.
1804. *Var.* FORTUNÆ, Layard, *Ibis*, 1876, p. 147.	Ile Fortuna.
7232. BRUNNESCENS, Sharpe, *Cat. B.* XIII, p. 132, pl. 6.	Ile Savage.
7233. CINERASCENS, Hartl. et Fsch., *P. Z. S.*, 1871, p. 29; Sharpe, *l. c.*, p. 133.	Ile Rarotonga.
7234. FUSCA, Gould, *P. Z. S.*, 1837, p. 73; Sharpe, *l. c.*, p. 133; *obscurus*, Pelz.	Iles Norfolk et Lord Howe.

7235. ATRIFUSCA (Peale), *U. S. Expl. Exp.*, 1848, p. 109, pl. 30; *corvina*, Cass. (nec Kittl.); *gigas*, Jacq. et Puch., *Voy. Pôle S.* III, p. 84. — Iles Samoa.

7236. ? ULIETENSIS (Gm.); *badius*, Forst.; *inornata*, Sharpe, *Cat. B.* XIII, p. 135 (1). — Ile Raiatea?

7237. PELZELNI, Finsch, *P. Z. S.*, 1875, p. 644; id., *Journ. Mus. Geodeffr.*, Heft XII, p. 32, pl. 2, f. 3. — Ile Ponapé.

7238. RUFIPENNIS, Layard, *Ibis*, 1881, p. 542; *zelandica*, Quoy et Gaim., *Voy. Astrolabe, Ois.*, p. 190, pl. 9, f. 1. — Nouv.-Hébrides.

1280. LAMPROCORAX

Calornis, Gray (1841, nec Billberg, 1820); *Calliornis*, Agass. (1846); *Lamprocorax*, Bp. (1853).

7239. CANTOROIDES (Gray), *P. Z. S.*, 1861, pp. 431, 436; Salvad., *Orn. Pap. e Mol.* II, p. 456; *cantor*, Müll.; *solomonensis*, Rams., *Nature*, XX, p. 125. — Nouv.-Guinée et archipels voisins.

7240. FEADENSIS (Rams.), *Journ. Linn. Soc. Zool.* XVI, p. 129; Salvad., *l. c.* III, p. 530; Sharpe, in *Gould's B. New-Guin.*, pl. — Ile Fead.

7241. CRASSUS (Scl.), *P. Z. S.*, 1883, p. 56, pl. 14; Sharpe, *Cat.*, p. 134. — Ile Ténimber.

7242. KITTLITZI (Fsch. et Hartl.), *Fna Centralpolyn*, p. 109; *columbina*, Kittl., *Kupf. Vög.*, p. 11, pl. 15, f. 2 (nec Gm.); *opaca*, Licht.; ? *pacificus*, Gm. et auct. plur. — Ponapé, Kuschai, Ruk, Lugunor.

7243. METALLICUS (Tem.), *Pl. col.* 266; Salvad., *Orn. Pap. e Mol.* II, p. 447; *viridescens*, *nitida*, *amboinensis*, Gray, *P. Z. S.*, 1858, pp. 181-82; *gularis* (pt.) et *purpurascens*, Gray. — Austr. N., îles Papous, Arou, Moluques, Salomon.

1805. *Var.* INORNATA (Salvad.), *Ann. Mus. Civ. Gen.*, 1880, p. 194; id., *Orn. Pap.* II, p. 453. — Ile Misori.

7244. FUSCOVIRESCENS (Salvad.), *Ann. Mus. Civ. Gen.*, 1880, p. 194; id., *l. c.*, p. 454. — Sorong, Nouv.-Guin.

7245. GULARIS (Gray), *P. Z. S.*, 1861, pp. 431, 436; Sharpe, *B. New-Guin.*, pl.; *circumscripta*, Mey. — Mysol, Ténimber.

7246. PURPUREICEPS (Salvad.), *Atti R. Acad. Torino*, 1878, p. 385; id., *Orn. Pap.* II, p. 452. — Iles de l'Amirauté.

7247. MINOR (Bp.), *Consp.* I, p. 417; Wall., *P. Z. S.*, 1863, p. 486; Sharpe, *Cat.*, p. 142. — Sumbawa, Flor., Tim., Lombock, Célèb. S.

(1) Cette espèce a été mentionnée précédemment sous le n° 5610; M. Seebohm la place, en effet, dans le genre *Merula* (*Cat. B.* V, p. 276, pl. 16), tandis que M. Sharpe la met dans le genre *Aplonis* sous le nom spécifique de *inornata*. Comme la question n'est pas encore bien tranchée, nous n'indiquons ici cet oiseau que pour mémoire.

7248. PANAYENSIS (Scop.); Sharpe, *Cat.*, p. 147; *columbinus*, Gm.; *cantor*, Gm.; Kittl., *Kupf. Vög.* II, pl. 5, f. 1. — Philippines.

1806. *Var.* CHALYBEA (Horsf.), *Trans. Linn. Soc.* XIII, p. 148; *strigatus*, Horsf., *l. c.*; *insidiator*, Rafll.; *cantor*, Müll., *Verh. Land en Volkenk.*, 1839-44, p. 174; *affinis*, Hay; *irwini*, Hume. — Indo-Chine W., Malacca, Sumatra, Java, Bornéo.

1807. *Var.* TYTLERI (Hume), *Str. F.*, 1873, p. 480; Sharpe, *Cat.*, p. 146; *affinis*, auct. plur. (nec Hay). — Andaman et Nicobar.

1808. *Var.* ALTIROSTRIS (Salvad.), *Ann. Mus. Civ. Gen.*, 1887, p. 553. — Ile Nias.

1809. *Var.* NEGLECTA (Wald.), *Trans. Z. S.* VIII, p. 79. — Célèbes.

1810. *Var.* SANGHIRENSIS (Salvad.), *Ann. Mus. Civ. Gen.*, 1879, p. 60. — Sanghir, Talaut.

1811. *Var.* ENGANENSIS (Salvad.), *Ann. Mus. Civ. Gen.*, 1892, p. 137. — Ile Engano.

7249. SULAENSIS (Sharpe), *Cat. B.* XIII, p. 149; Mey. et Wg., *B. Cel.*, p. 561, pl. 36, ff. 2, 3; *obscura*, *var.*, Wall.; *neglecta*, Sharpe, 1876 (pt.) — Iles Soula, Célèbes E.

7250. OBSCURUS (Bp.), *Consp.* I, p. 417; Salvad., *Orn. Pap. e Mol.* II, p. 454; *mysolensis*, Gray, *P. Z. S.*, 1861, p. 431; *placidus*, Gr.; *crassirostris*, Wald. — Moluques.

7251. CORVINUS (Kittl.), *Küpf. Vög.* II, p. 12, pl. 15, f. 3; id., *Mém. Acad. St-Pétersb.* II, p. 7, pl. 9. — Ile Kuschai.

7252. GRANDIS (Salvad.), *Orn. Pap. e Mol.* II, p. 460; *fulvipennis*, Jacq. et Puch., *Voy. Pôle S.* I, p. 81, pl. 14, f. 2 (nec Swains). — Iles Salomon.

7253. DICHROA (Tristr.), *Ibis*, 1895, p. 376; *Sturnoides minor*, Rams., *Pr. Linn. Soc. N. S. W.*, 1882, p. 726 (nec Bp.); *fulvipennis*, Tristr. (nec J. et P.) — Iles Salomon.

1281. MACRUROPSAR

Macruropsar, Salvad. (1878); *Lamprotornis* (pt.), Schleg. (1873).

7254. MAGNUS (Schl.), *Nederl. Tijdschr. v. Dierk.* IV, p. 18; Salvad., *Orn. Pap.* II, p. 458; Sharpe, in *B. New Guin.*, pl. — Iles Misori et Mafor.

7255. MAXIMUS (Tristr.); *Calornis maxima*, Tristr., *Ibis*, 1895, p. 375. — Ile Bugotu (Salomon).

1282. STREPTOCITTA

Streptocitta, Bp. (1850).

7256. ALBICOLLIS (Vieill.), *N. Dict. H. N.* XXVI, p. 128; Scl., *Ibis*, 1859, p. 113; W. Blas., *Zeitschr. ges.* — Célèbes S.

Orn., 1885, pp. 205, 296, pl. 13, f. 1 ; Mey. et Wg., *B. Cel.*, p. 575 ; *caledonicus*, Lath. (nec Gm.)

1812. *Var.* TORQUATA (Tem.), *Pl. col.* 444 ; Mey. et Wg., *l. c.*, p. 577. — Célèbes N.

1283. CHARITORNIS

Charitornis, Schleg. (1865).

7257. ALBERTINÆ, Schl., *Ned. Tijdschr. Dierk.* III, p. 1, pl. 8 ; Sharpe, *Cat.*, p. 153. — Iles Soula.

1284. LAMPROTORNIS (1)

Lamprotornis, Tem. (1820) ; *Juida*, Less. (1831) ; *Megalopterus*, Smith (1836, nec Boie) ; *Urauges*, Cab. (1850) ; *Chalcopsar*, Sharpe (1890).

7258. CAUDATUS (P. L. S. Müll.) ; *Pl. enl.* 220 ; Sharpe, *Cat.*, p. 154 ; *longicaudus*, Bodd. ; Sw., *B. W. Afr.* I, p. 148, pl. 7 ; *æneus*, Gm. et auct. plur. ; *aureoviridis*, Shaw. — Afrique W.

7259. VIRIDIPECTUS, Salvad., *Mem. R. Acc. Torino*, 1894, p. 560. — Afrique E. et N.-E.

7260. EYTONI (Fras.), *P. Z. S.*, 1856, p. 368 ; Heugl., *J. f. O.*, 1863, p. 22 ; *caudatus* (pt.), Sharpe, *Cat.*, p. 155. — Afrique W. et N.-E.

7261. PURPUROPTERUS, Rüpp., *Syst. Uebers.*, pp. 64, 75, pl. 25 ; *æneoides*, Tem. ; *porphyropterus*, Cab. ; *æneocephalus*, Heugl. ; *burchelli*, Heugl. (nec Smith) ; *phœnicophæa*, Pr. Würt. — Afrique N.-E. et centr.

1813. *Var.* BREVICAUDATA, Sharpe, *Ibis*, 1897, p. 450. — Elgeyu (Afr. E. angl.)

7262. MEVESI (Wahlb.), *J. f. O.*, 1857, p. 1 ; Hartl., *J. f. O.*, 1859, p. 12 ; Bocage, *Orn. Angola*, p. 303. — Afrique S.-W.

7263. PURPUREUS, Bocage, *Jorn. Sc. Lisb.*, 1867, p. 334 ; id., *Orn. Angola*, p. 305, pl. 7. — Benguela, Angola.

7264. AUSTRALIS (Smith), *Rep. S. Afr. Exp.*, *App.*, p. 52 ; Sharpe, *Cat. Afr. B.*, p. 56 ; *burchelli*, Smith, *Ill. S. Afr. Zool.*, pl. 47. — Afrique S.

1285. COSMOPSARUS

Cosmopsarus, Rchw. (1879).

7265. REGIUS, Rchw., *Orn. Centralbl.*, 1879, p. 108 ; Fisch. et Rchw., *J. f. O.*, 1879, p. 349, pl. 1, f. 1. — Afrique E.

7266. UNICOLOR, Shell., *Ibis*, 1881, p. 116 ; Sharpe, *Cat. B.* XIII, p. 160. — Afrique E.

(1) Le *Sturnus splendens*, Daud., l'*Eclatant* de Levaill., *Ois. d'Afr.*, pl. 85, est selon Sundevall un oiseau artificiel, c'est-à-dire un *Quiscalus macrurus* auquel on a mis une queue de Pie commune.

1286. AMYDRUS

Amydrus, Cab. (1850); *Pyrrocheira*, Rchb. (1850); *Nabouroupus*, Bp. (1854); *Hagiopsar*, Sharpe (1890).

7267. CAFFER (Lin.); Levaill., *Ois. d'Afr.* II, p. 168, pl. 91; Boc., *Orn. Angola*, p. 316; *nabouroup*, Daud.; *fulvipennis*, Sw., *An. in Meng.*, p. 298, f. 49. — Afrique S.
7268. NYASÆ, Shell., *Ibis*, 1898, p. 557. — Nyasaland.
7269. WALLERI, Shell., *Ibis*, 1880, p. 335, pl. 8; Sharpe, *Cat.*, p. 164. — Afrique E.
1814. *Var.* ELGONENSIS, Sharpe, *Ibis*, 1891, p. 242. — Monts Elgon (Afr. E.)
7270. ? DUBIUS, Richm., *Auk*, 1897, p. 158. — Taveita (Afr. E.)
7271. MORIO (Lin.); *Pl. enl.* 199; Levaill., *l. c.* II, pl[s] 83, 84; Sharpe, *Cat.*, p. 161; *rufipennis*, Shaw. — Afrique S. et E.
1815. *Var.* RUEPPELLI, Verr., in *Chenu Encycl.* V, p. 166; Heugl., *Orn. N.-O. Afr.* II, p. 524; *morio* (pt.), Sharpe. — Afrique N.-E.
7272. BLYTHI, Hartl., *J. f. O.*, 1859, p. 32; Sharpe, *l. c.*, p. 164; *rueppelli*, Blyth (nec Verr.) — Afrique N.-E.
7273. FRATER, Scl. et Hartl., *P. Z. S.*, 1881, p. 171; Sharpe, *l. c.*, p. 164. — Socotra.
7274. TRISTRAMI, Scl., *An. and Mag. N. H.*, 1858, p. 465; Gould, *B. Asia*, V, pl. 45; *morio*, Heugl. (nec L.); *fulvipennis*, Hartl. (nec Sw.); *nabouroup*, Heugl. (nec Daud.) — Palestine, Sinaï.

1287. ONYCOGNATHUS

Onycognathus, Hartl. (1849).

7275. FULGIDUS, Hartl., *Rev. et Mag. de Zool.*, 1849, p. 495, pl. 14, ff. 2, 3; id., *Abh. nat. Ver. Hamburg*, II, p. 52, pl. 7. — Ile St-Thomas (Afr. W.)
7276. HARTLAUBI, Gray, *P. Z. S.*, 1858, p. 291; Sharpe, *Cat.*, p. 166; *morio*, Hartl. (1857 nec Lin.); *reichenowi*, Cab., *J. f. O.*, 1874, p. 232; *intermedius*, Hart., *Nov. Zool.*, 1895, p. 56. — Afrique W. de la Côte-d'Or au Congo et Niam-Niam.
7277. PREUSSI, Rchw., *J. f. O.*, 1892, p. 184. — Caméron.

1288. CINNAMOPTERUS

Cinnamopterus, Bp. (1853); *Oligomyodrus*, Hartl. (1859).

7278. TENUIROSTRIS (Rüpp.), *Neue Wirbelt. Vög.*, p. 26, pl. 10, f. 1; Heugl., *Orn. N.-O. Afr.* II, p. 527; *sturninus*, Heugl., *J. f. O.*, 1863, p. 15. — Afrique N.-E.

1289. PILORHINUS

Pilorhinus, Cab. (1850).

7279. ALBIROSTRIS (Rüpp.), *Neue Wirbelt.*, *Vög.*, p. 22, pl. 9, ff. 1, 2; id., *Syst. Uebers.*, p. 75; Sharpe, *Cat.*, p. 167. — Afrique N.-E.

1290. GALEOPSAR

Galeopsar, Sharpe (1895).

7280. SALVADORII, Sharpe, *Ibis*, 1891, p. 241, pl. 4. — Afrique centr. E.

1291. POEOPTERA

Pœoptera, Bp. (1854); *Myiopsar*, Cab. (1876).

7281. LUGUBRIS, Bp., *C.-R.* XXXVIII, p. 381; Sharpe, *Cat. B.* III, p. 281; id., *P. Z. S.*, 1878, p. 803, pl. 49; *cryptopyrrha*, Brügg. (nec Cab.) — Afrique W. de la Côte-d'Or au Gabon.

7282. GREYI, Jacks., *Ibis*, 1899, pp. 447, 592; *lugubris* (pt.), Rchw. — Nandi, Kilima Ndjaro.

7283. CRYPTOPYRRHA (Cab.); *Myiopsar cryptopyrrhus*, Cab., *J. f. O.*, 1876, p. 93; Sharpe, *P. Z. S.*, 1878, p. 803; *lugubris* (pt.), Sharpe, *l. c.*, p. 281. — Congo.

7284. KENRICKI, Shell, *Ibis*, 1894, p. 434. — M^ts Usambara (Afr. E.)

1292. STILBOPSAR

Stilbopsar, Rchw. (1893).

7285. STUHLMANNI, Rchw., *Orn. Monatsb.*, 1893, p. 31. — Badjua (Afr. centr. E.)

1293. LAMPROCOLIUS

Lamprocolius, Sundev. (1835); *Heteropsar*, Sharpe (1890).

7286. IGNITUS (Nordm.), in *Erman's Reis. Atl.*, p. 7, pl. 3; Gray, *Gen. B.* II, pl. 80; Bp., *Consp.* I, p. 415; Sharpe, *Cat.* XIII, pl. 7, f. 1; ? *ornatus*, Daud.; Levaill., *l. c.*, pl. 86? — Ile des Princes (Afr. W.)

7287. SPLENDIDUS (Vieill.), *Encycl. meth.* II, p. 653; Sharpe, *l. c.*, p. 172, pl. 7, f. 4; *luxuosa*, Less.; *chrysotis*, Sw., *B. W. Afr.* I, p. 143, pl. 6. — Sénégambie.

7288. LESSONI (Pucher.), *Rev. Mag. de Zool.*, 1858, pp. 256-259; Hartl., *J. f. O.*, 1859, p. 15; Sharpe, *l. c.*, p. 173, pl. 7, f. 3. — Congo (Afr. W).

7289. GLAUCOVIRENS, Ell., *Ann. and Mag. N. H.*, 1877, p. 169; Sharpe, *l. c.*, pl. 7, f. 2; *splendidus*, auct. plur. nec Vieill.; *chrysotis*, Verr. (nec Sw.) — Afr. W. du Caméron au Congo et Niam-Niam.

7290. ACUTICAUDUS, Bocage, *Jorn. Lisb.*, 1870, p. 345; id., *Orn. Angola*, p. 309, pl. 6; Sharpe, *l. c.*, p. 185. — Benguela, Angola.

7291. PHOENICOPTERUS (Sw.), *An. in Meng.*, p. 360; Sharpe, *l. c.*, p. 180; Levaill., *Ois. d'Afr.* II, p. 157, pl. 89; *auratus*, Daud. (nec Gm.); *nitens*, Shell., *Ibis*, 1882, p. 265 (nec Lin.) — Afrique S.

1816. *Var.* BISPECULARIS (Strickl.), *Contr. Orn.*, 1852, p. 149; Hartl., *J. f. O.*, 1859, p. 19; *decoratus*, Hartl.; *phœnicopterus* pt.), auct. plur. — Du Natal au Transvaal, Damara, Benguela, Angola.

7292. CHALYBEUS (Ehr.), *Symb. Phys.*, pl. 10: Rüpp., *Neue Wirb.*, *Vög.*, p. 27, pl. 11, f. 2; *cyaniventris*, Blyth; *nitens*, auct. plur. (nec Lin.); *abyssinicus*, Hartl.; *guttatus*, Pr. Würt. — Afrique N.-E. et Sénégambie.

7293. SYCOBIUS (Licht.), *Nomencl.*, p. 55; Hartl., *J. f. O.*, 1859, p. 19; Holub et v. Pelz., *Beitr. Orn. Südafr.*, p. 110, pl. 3. — Afrique S.-E.

7294. CHLOROPTERUS (Sw.), *An. in Menag.*, p. 359; Heugl., *Orn. N.-O. Afr.* II, p. 515; *cyanogenys*, Sundev. — Afrique W., S., E., N.-E.

7295. CHALCURUS (Nordm.), in *Erm. Reise*, *Atl.*, p. 8; *cyanotis*, Sw., *B. W. Afr.* I, p. 146; *nitens*, Sharpe (nec L.); *porphyrurus*, Hartl., *var. orientalis*, Hartl. — Afrique équat. E.

7296. PURPUREUS (P. L. S. Müll.); Sharpe, *Cat.*, p. 175, pl. 8, f. 1; *Pl. enl.* 540; *juidæ*, Bodd.; *auratus*, Gm.; *splendens*, Leach; *lucida*, Nordm.; *ptilonorhynchus*, Sw.; *amethystinus*, Heugl.; *auratus orientalis*, Heugl. — De Sénégambie au Gabon, et Afrique centr. et N.-E.

7297. CUPREICAUDUS (Tem.), in Hartl., *Orn. W. Afr.*, p. 119; Sharpe, *l. c.*, p. 184; *purpureiceps*, Sharpe (pt.) — Afrique W. de la Côte-d'Or à Liberia.

7298. PURPUREICEPS, Verr., *Rev. et Mag. de Zool.*, 1851, p. 418; Sharpe, *l. c.* — Du Camér. au Congo.

7299. MELANOGASTER (Sw.), *An. in Menag.*, p. 297; Sharpe, *l. c.*, p. 182; *porphyropleuron*, Sundev.; *coruscans*, Bp. — Afrique S. et E.

7300. ? DEFILIPPII, Salvad., *Atti. R. Accad. Torino*, VIII, p. 371 (1865). — Angola.

1294. COCCYCOLIUS

Coccycolius, Oust. (1879).

7301. IRIS, Oust., *Bull. Ass. Sc. France*, nº 580, p. 158; id., *N. Arch. Mus.*, 1879, p. 155, pl. 7. — Ile Loss (Afr. W.)

1295. NOTAUGES (1)

Notauges, Cab. (1850); *Spreo*, Bp. (1850 nec Less.).

7302. BICOLOR (Gm.); Levaill., *Ois. d'Afr.* II, p. 155, pl. 88; Sharpe, *l. c.*, p. 187; *albiventris*, Sw. — Afrique S.

7303. ALBICAPILLUS (Blyth), *J. A. S. Beng.* XXIV, p. 301; Hartl., *J. f. O.*, 1859, p. 28; Speke, *Ibis*, 1860, p. 246, pl. 7; Sharpe, *l. c.*, p. 186; *Crateropus wickenburgii*, Lorenz, *Orn. Monatsb.*, 1898, p. 198; 1899, p. 27. — Somaliland.

7394. SUPERBUS (Rüpp.), *Syst. Uebers.*, pp. 65, 75, pl. 26; Cab., *Mus. Hein.* I, p. 198; Sharpe, *l. c.*, p. 189. — Afrique E. et N.-E.

7305. HILDEBRANDTI, Cab., *J. f. O.*, 1878, p. 233, pl. 3, f. 1; Sharpe, *l. c.*, p. 190. — Afrique E.

1817. *Var.* SHELLEYI (Sharpe), *Cat.* XIII, p. 190; *hildebrandti*, Shell. (nec Cab.) — Somaliland.

7306. PULCHER (P. L. S. Müll.); *Pl. enl.* 358; Sharpe, *l. c.*, p. 191; *erythrogaster*, Bodd.; *chrysogaster*, Gm.; *rufiventris*, Rüpp., *Neue Wirb.*, p. 27, pl. 11, f. 1. — Afrique N.-E. jusqu'au Niger et la Sénégambie.

1296. ENODES

Enodes, Tem. (1838).

7307. ERYTHROPHRYS (Tem.), *Pl. col.* 267; id., *Tabl. méth.*, p. 12; Sharpe, *l. c.*, p. 192; Mey. et Wg., *B. Cel.*, p. 564. — Célèbes.

1297. SCISSIROSTRUM

Scissirostrum, Lafr. (1845).

7308. DUBIUM (Lath.); Brügg., *Abh. nat. Ver. Bremen*, V, p. 79, pl. 3, ff. 11, 12; Mey. et Wg., *l. c.*, p. 567; *pagei*, Lafr., *Mag. de Zool.*, 1845, pl. 59. — Célèbes.

1298. FREGILUPUS (2)

Fregilupus, Less. (1831); *Lophopsarus*, Sundev. (1872).

7309. VARIUS (Bodd.); Murie, *P. Z. S.*, 1874, p. 474, pls 61, 62; *capensis*, Gm.; Levaill., *Hist. nat. Promerops*, p. 43, pl. 18; *madagascariensis*, Shaw; *cristata*, Vieill.; *P. upupa*, Wag.; *borbonicus*, Vins. — Ile de la Réunion (éteint).

(1) *Spréo* est le nom *français* donné par Levaillant et conservé par Lesson, mais ce dernier n'en a jamais fait une dénomination latine. (Voy. : Lesson, *Traité d'Orn.*, p. 407.)

(2) En fait d'oiseaux éteints, je ne signale que ceux qui se sont éteints pendant le siècle qui vient de se terminer.

SUBF. II. — BUPHAGINÆ

1299. BUPHAGA

Buphaga, Lin. (1766).

7310. AFRICANA, Lin.; *Pl. enl.* 293; Gray, *Gen. B.* II, pl. 82; Sharpe, *Cat. B.* XIII, p. 195.	Afrique W., S., E. et N.-E.
7310. ERYTHRORHYNCHA (Stanl.), in *Salt's Voy. Abyss., App.*, p. 59; Tem., *Pl. col.* 465; Sharpe, *l. c.*, p. 196; *habessinica*, Hempr. et Eh., *Symb. phys.*, fol. w, pl. 9.	Afrique W., S., E. et N.-E.

FAM. XLII. — ICTERIDÆ (1)

SUBF. I. — CASSICINÆ

1300. CLYPEICTERUS

Clypeicterus, Bp. (1850).

7312. OSERYI (Deville), *Rev. Zool.*, 1849, p. 57; Des M., *Voy. Casteln. Ois.*, p. 66, pl. 18, f. 3; Sclat., *Cat.* XI, p. 310.	Ecuador, Pérou.

1301. OCYALUS

Ocyalus, Waterh. (1840).

7313. LATIROSTRIS (Sw.), *An. in Menag.*, p. 358; Bp., *Consp.* I, p. 427; *popayanus*, Waterh., *P. Z. S.*, 1840, p. 183.	Ecuador, Pérou.

1302. ZARHYNCHUS

Eucorystes, Sclat. (1883 nec Bell, 1826); *Zarhynchus*, Oberh. (1899).

7314. WAGLERI (Gray), *Gen. B.* II, p. 342, pl. 85; Scl., *Ibis*, 1883, p. 147; id., *Cat.*, p. 312.	Du Sud du Mexique à l'Ecuador W.

1303. GYMNOSTINOPS

Gymnostinops, Sclat. (1886); *Ostinops* (pt.), auct.

7315. MONTEZUMÆ (Less.), *Cent. Zool.*, p. 33, pl. 7; Scl., *Cat. Am. B.*, p. 128; *bifasciata* (pt.), Cab.	Mexique S., Amérique centr., Panama.
7316. CASSINI, Richm., *Auk*, XV, p. 326.	Colombie.
7317. GUATEMOZINUS (Bp.), *C.-R.* XXXVII, p. 833; Salv. et Godm., *Biol. Centr. Am.* I, p. 439, pl. 32.	Colombie, Panama.

(1) Voy. : Sclater, *Cat. B. Brit. Mus.* XI, pp. 308-405 (1886).

7318. BIFASCIATUS (Spix), *Av. Bras.* I, p. 65, pl. 61; Cass., *Pr. Ac. Sc. Phil.*, 1860, p. 139; Scl., *l. c.*, p. 313. — Bas-Amazone.

7319. YURACARIUM (Cass.), *Pr. Ac. Sc. Phil.*, 1867, p. 69; *yuracares*, d'Orb. et Lafr., *Syn. Av.* II, p. 2; d'Orb., *Voy. Am. mér.*, p. 365, pl. 51, f. 1; *devillei*, Bp.; Des M., *Voy. Casteln.*, *Ois.*, p. 67; pl. 19, f. 1 (fem.) — Pérou, Ecuador, Colombie, Bolivie, Matogrosso.

1304. OSTINOPS

Psarocolius, pt., Wagl. (1827); *Ostinops*, Cab. (1851).

7320. DECUMANUS (Pall.), *Spic. Zool.*, fasc. VI, p. 1; *Pl. enl.* 344; Salv. et Godm., *Ibis*, 1879, p. 200; *citrius*, Müll.; *cristatus*, Bodd. et auct. plur. — Amérique mérid. trop.

1818. *Var.* INSULARIS, de Dalm., *Mém. Soc. Zool. de France*, 1900, p. 137. — Ile Tobago.

7321. VIRIDIS (Müll.), *Natursyst.*, *Suppl.*, p. 87; *Pl. enl.* 328; Tacz., *Orn. Pér.* II, p. 405. — Guyane angl., Amazone, Ecuador E.

7322. ATROVIRENS (d'Orb. et Lafr.), *Syn. Av.* II, p. 1; d'Orb., *Voy. Ois.*, p. 366, pl. 51, f. 2; Tacz., *Orn. Pér.* II, p. 406. — Bolivie, Pérou S.

7323. SALMONI, Scl., *Ibis*, 1883, p. 153, pl. 6; *atrocastaneus*, Scl. et Sal. (nec Cab.) — Antioquia (Colombie).

7324. ALFREDI (Des M.), *Voy. Casteln.*, *Ois.*, p. 67, pl. 19, f. 2; Tacz., *l. c.*, p. 407; *atrovirens* (pt.), auct. plur.; *atrocastaneus*, Cab., *J. f. O.*, 1873, p. 309. — Ecuador et H^{t}-Amazone.

7325. SINCIPITALIS, Cab., *J. f. O.*, 1873, p. 309; Scl., *Cat. B.* XI, p. 318; *alfredi*, Cass. (nec Des M.) — Colombie.

7326. OLEAGINEUS, Scl., *Ibis*, 1883, p. 154, pl. 7; id., *Cat.*, p. 319. — Vénézuéla.

7327. ANGUSTIFRONS (Spix), *Av. Bras.* I, p. 66, pl. 62; Scl., *Cat. A. B.*, p. 128; Tacz., *Orn. Pér.* II, p. 410. — Pérou, Ecuador, Colombie.

1305. CASSICUS

Cassicus, Briss. (1760).

7328. PERSICUS (Lin.); Max., *Beitr.* III, p. 1234; Tacz., *c., l.* p. 411; *icteronotus*, Vieill. — Amérique mérid. trop.

7329. FLAVICRISSUS (Scl.), *P. Z. S.*, 1860, p. 276; Tacz., *l. c.*, p. 411; *vitellinus*, Lawr.; *icteronotus*, Cass. (nec Vieill.) — Panama, Colombie, Ecuador W., Pérou.

7330. CHRYSONOTUS, d'Orb. et Lafr., *Syn. Av.* II, p. 3; d'Orb., *Voy. Ois.*, p. 367, pl. 52, f. 1; Tacz., *l. c.*, p. 412. — Bolivie, Pérou S.

7331. LEUCORHAMPHUS (Bp.), *Att. Sc. Ital.*, 1843, p. 404; Cass., *Pr. Ac. Sc. Phil.*, 1867, p. 67; Tacz., *l. c.*, p. 413.	Colombie, Ecuador, Pérou.
7332. ALBIROSTRIS, Vieill., *N. Dict.* V, p. 364; *chrysopterus*, Vig., *Zool. Journ.* II, p. 190, pl. 9; Jard. et Sel., *Ill. Orn.*, pl. 80.	Brésil S., Paraguay.
7333. HÆMORRHOUS (Lin.), et auct. plur. in part.; *Pl. enl.* 482; *affinis*, Sw., *B. of Braz.*, plˢ 1, 2.	Guyane.
1819. *Var.* APHANES, Berl., *J. f. O.*, 1889, p. 300; *hæmorrhous* (pt.), Scl. (nec Lin.)	Brésil.
1820. *Var.* PACHYRHYNCHA, Berl., *J. f. O.*, 1889, p. 299; *hæmorrhous*, Scl. et Salv. (nec Lin.); ? *crassirostris*, Bp.; *affinis*, Scl. (nec Sw.)	Ecuador, Pérou N.
7334. UROPYGIALIS, Lafr., *Rev. Zool.*, 1843, p. 290; Scl., *l. c.*, p. 325.	Colombie, Ecuador.
1821. *Var.* MICRORHYNCHA (Sclat. et Salv.), *P. Z. S.*, 1864, p. 353; Scl., *l. c.*, p. 325.	Du Nicaragua à Panama (Amér. centr.)

1306. AMBLYCERCUS

Amblycercus, Cab. (1851).

7335. SOLITARIUS (Vieill.), *N. Dict.* V, p. 364; Tacz., *Orn. Pér.* II, p. 415; *nigerrimus*, Spix, *Av. Bras.* I, p. 66, pl. 63, f. 1; Sw., *B. Braz.*, pl. 4; *bursarius*, Mer.	Pérou E., Bolivie, Paraguay, Brésil S., Argentine.
7336. HOLOSERICEUS (Licht.), *Preis Verz. Mex. Vög.*, p. 1; Cab., *J. f. O.*, 1863, p. 55; Tacz., *l. c.*; *prevostii*, Less., *Cent. Zool.*, p. 159, pl. 54.	Du Mex. S. au Pérou N.-W. et Vénéz.

1307. CASSICULUS

Cassiculus, Sw. (1827).

7337. MELANICTERUS (Bp.), *Journ. Acad. Phil.*, 1824, p. 389; id., *Consp.* I, p. 428; *diadematus*, Tem., *Pl. col.* 482; *coronatus*, Jard. et Sel., *Ill. Orn.*, pl. 45.	Mexique W.

1308. CASSIDIX

Scaphidurus, Sw. (1831, nec 1827); *Cassidix*, Less. (1831); *Scaphidura*, Sw. (1837).

7338. ORYZIVORA (Gm.); Cab., *Mus. H.* I, p. 194; Tacz., *l. c.*, p. 435; Scl., *l. c.*, p. 329; *ater*, Vieill.; *mexicanus*, Less.; *barita* et *crassirostra*, Sw.; *vieilloti*, Cass.	Amér. centr. et mérid. du Mexique S. au Paraguay.

SUBF. II. — AGELÆINÆ

1309. DOLICHONYX

Dolichonyx, Sw. (1827).

7339. ORYZIVORUS (Lin.); Wils., *Am. Orn.* II, p. 48, pl. 12, ff. 1, 2; Aud., *B. Am.* IV, pl. 211; *caudacutus*, Wagl.	Amér. sept. (Canada), Amér. centr. et mér. jusqu'au Paraguay.

1310. MOLOTHRUS

Molothrus, Sw. (1831); *Hypobletis*, Glog. (1842); *Molobrus*, Cab. (1851); *Callothrus*, *Cyanothrus*, *Agelaioides*, Cass. (1866).

7340. PECORIS (Gm.); *Pl. Enl.* 606, f. 1; Wils., *Am. Orn.* II, p. 145, pl. 18, f. 1-3; *ater*, Gray.	États-Unis, Mexique.
1822. *Var.* OBSCURA, Cass., *Pr. Ac. Sc. Philad.*, 1866, p. 18.	Texas, Basse-Californie, Mexique W.
7341. ÆNEUS (Wagl.), *Isis*, 1829, p. 758; Scl., *Cat. B.* XI, p. 334; *robustus*, Cab., *Mus. Hein.* I, p. 193.	Texas, Mexique, Guatémala, Véragua.
7342. ARMENTI, Cab., *Mus. Hein.* I, p. 192; id., *J. f. O.*, 1861, p. 82.	N. de Col. et du Vénéz.
7343. BONARIENSIS (Gm.); *Pl. Enl.* 710; Cab., *Mus. Hein.* I, p. 193; Scl., *l. c.*, p. 335; *sericeus*, Licht.; Burm., *S. U.* III, p. 279; *minor*, Spix; *violaceus*, Max.; *discolor*, Vieill.; *niger*, Gould.	Du Brésil à la Patagonie.
1823. *Var.* PURPURASCENS (Hahn et K.), *Vög. aus As*, Lief. V, pl. 4 (?); Scl., *l. c.*, p. 337.	Pérou.
1824. *Var.* ATRONITENS, Cab., in *Schomb. Guian.* III, p. 682; Scl., *l. c.*	Guyane, Vénézuéla, Trinidad.
1825. *Var.* CASSINI, Finsch, *P. Z. S.*, 1870, p. 576; Scl., *l. c.*; *discolor*, Cass. (nec Vieill.)	Colombie.
1826. *Var.* MINIMA (de Dalm.), *Mém. Soc. Zool. de Fr.*, 1900, p. 138.	Ile Tobago.
1827. *Var.* VENEZUELENSIS, Stone, *Auk*, 1891, p. 347.	Vénézuéla.
7344. ?MAXILLARIS (d'Orb. et Lafr.), *Syn. Av.* II, p. 6; d'Orb., *Voy. Ois.*, p. 367, pl. 52, f. 2.	Bolivie.
7345. OCCIDENTALIS, Berl. et Stolzm., *P. Z. S.*, 1892, p. 378; *purpurascens*, Cass. (nec Hahn).	Pérou W.
7346. BREVIROSTRIS, Sw., *Two Cent.*, p. 305, f. 50; d'Orb. et Lafr., *Syn. Av.* II, p. 7.	? Rio-Négro (Patag.)
1828. *Var.* RUFO-AXILLARIS, Cass., *Pr. Ac. Sc. Philad.*, 1866, p. 23; Scl., *l. c.*, p. 338.	Argentine.
7347. BADIUS (Vieill.), *N. Dict.* XXXIV, p. 535; Cab., *Mus. Hein.* I, p. 193; Sclat., *l. c.*, p. 338.	Argentine, Paraguay, Bolivie.

1829. *Var.* FRINGILLARIA (Spix), *Av. Bras.* I, p. 68, pl. 65; Scl., *l. c.*, p. 339; *fuscipennis*, Cass., *Pr. Ac. Sc. Phil.*, 1866, p. 16. — Campos du Brésil.

1311. AGELÆUS

Agelaius, Vieill. (1816); *Agelasticus*, Cab. (1851); *Thilius*, Bp. (1853).

7348. PHOENICEUS (Lin.); *Pl. enl.* 402; Sw., *F. Bor.-Am.* II, p. 280; *predatorius*, Wils., *Am. Orn.* IV, p. 30, pl. 30, ff. 1, 2. — Amérique du Nord et centr.

1830. *Var.* SONORIENSIS, Ridgw., *Man. N. Am. B.*, p. 370. — Mex. N.-W., Calif. S.

1831. *Var.* BRYANTI, Ridgw., *Op. cit.* — Bahama, Floride S.

1832. *Var.* GRANDIS, Nels., *Auk*, 1897, p. 57. — Mexique S.

1833. *Var.* RICHMONDI, Nels., *Auk*, 1897, p. 58. — Côtes du golfe du Mex.

7349. ASSIMILIS, Gundl., in *Lemb.*, *Aves Cuba*, p. 64, pl. 9, f. 3; id., *J. f. O.*, 1856, p. 12: Scl., *l. c.*, p. 341. — Cuba.

7350. GUBERNATOR (Wagl.), *Isis*, 1832, p. 281; Bp., *Consp.* I, p. 430; Baird, *B. N. Am.*, p. 529. — Mexique.

1834. *Var.* CALIFORNICA, Nels., *Auk*, 1897, p. 59. — Californie, Orégon.

7351. TRICOLOR (Audub.), *Orn. Biogr.* V, p. 1; id., *B. Am.* IV, p. 27, pl. 214; *phœniceus*, *var. tricolor*, Coues. — Californie, Orégon.

7352. HUMERALIS (Vig.), *Zool. Journ.* III, p. 442; d'Orb., in *Sagra Cuba, Ois.*, p. 91, pl. 20; Scl., *l. c.*, p. 342. — Cuba.

7353. XANTHOMUS (Scl.), *Cat. Am. B.*, p. 131; id., *Ibis*, 1884, p. 12; *chrysopterus* (pt.), Vieill. — Porto-Rico.

7354. THILIUS (Mol.), *Hist. nat. Chili*, p. 345; Bp., *Consp.* I, p. 431; Tacz., *Orn. Pér.* II, p. 424; *chrysopterus*, d'Orb. et Lafr.; *cayanensis*, Gay.; *xanthocarpus*, Cass., *Pr. Ac. Sc. Phil.* 1866, p. 12. — Pérou S., Chili.

1835. *Var.* CHRYSOCARPA (Vig.), *P. Z. S.*, 1832, p. 3. — Parag., Argent., Patag.

7355. IMTHURMI, Scl., *P. Z. S.*, 1881, p. 213; id., *Cat.*, p. 344. — Guyane angl.

7356. CYANOPUS, Vieill., *N. Dict.* XXXIV, p. 552; Scl., *Ibis*, 1884, p. 13, pl. 1; *unicolor*, Sw. — Brésil S., Paraguay.

7357. FORBESI, Sclat., *Cat. B.* XI, p. 345; ? *pustulatus*, Sw., *An. in Menag.*, p. 303. — Pernambuco (Brésil).

7358. SCLATERI, Dubois, *Bull. Mus. Roy. H. N. Belg.*, 1887, p. 1, pl. 1. — Ecuador.

1312. XANTHOSOMUS

Chrysomus, Sw. (1837, nec Risso, 1826); *Xanthosomus*, Cab. (1851); *Erythropsar*, Cass. (1866).

7359. ICTEROCEPHALUS (Lin.); Cab., *Mus. Hein.* I, p. 189; Scl., *Cat. Am. B.*, p. 136; id., *l. c.*, p. 345. — Colomb., Vénéz., Trin., Guyane, Amazone.

7360. FLAVUS (Gm.); Gould, *Voy. « Beagle » Zool.* III, p. 107, pl. 45; Burm., *Syst. Ueb.* III, p. 267; Scl., *l. c.*, p. 346; *flaviceps*, Wagl.; *xanthopygius*, Sw. — Paraguay, Brésil S., Uruguay, Argent.

7361. FRONTALIS (Vieill.), *N. Dict.* XXXIV, p. 545; Gray, *Gen. B.*, pl. 86; Scl., *l. c.*, p. 347; *ruficollis*, Sw.; *ruficapillus*, Pelz. (nec Vieill.) — Guyane fr., Brésil E.

7362. RUFICAPILLUS (Vieill.), *l. c.*, p. 536; Scl., *l. c.*, p. 347; *ruficeps*, Merr.; *frontalis*, Hartl. (nec V.); Burm., *La-Plata Reise*, II, p. 492. — Paraguay, Argentine.

1313. LEISTES

Leistes, Sw. (1826).

7363. GUIANENSIS (Lin.) et *Tanagra militaris* (Lin.); Scl., *P. Z. S.*, 1857, p. 19; Tacz., *Orn. Pér.* II, p. 427; Vieill., *Gal. Ois.* I, p. 128, pl. 88; *americanus*, Gm.; *erythrothorax*, Pelz. — Du Véragua à la Col., Vénézuéla, Trinid., Guyane, Amazone.

7364. SUPERCILIARIS (Bp.), *Consp.* I, p. 430; Scl., *Cat. Am. B.*, p. 138; id., *Cat. B.*, p. 349; *americanus*, Hartl. (nec Gm.) — Brésil, Bolivie, Argentine.

1314. XANTHOCEPHALUS

Xanthocephalus, Bp. (1850).

7365. LONGIPES (Sw.), *Phil. Mag.*, 1827, p. 436; Scl., *Ibis*, 1884, p. 14; *icterocephalus*, Bp. (err.), *Am. Orn.* I, p. 27, pl. 3, ff. 1, 2; *xanthocephalus*, Bp.; *perspicillatus*, Wagl., *Isis*, 1829, p. 753. — Amér. sept. jusqu'au S. du Mexique.

1315. AMBLYRHAMPHUS

Amblyrhamphus, Leach (1814); *Amblyrhynchus*, Gray (1840).

7366. HOLOSERICEUS (Scop.); Hartl., *Syst. Ind. Az.*, p. 5; Scl., *Cat. Am. B.*, p. 137; *ruber*, Gm.; *bicolor*, Leach, *Zool. Misc.* I, p. 82, pl. 36; *pyrrhocephalus*, Licht.; *rubricapillus*, Mer. — Paraguay, Uruguay, Argentine.

1316. PSEUDOLEISTES

Pseudoleistes, Scl. (1862).

7367. GUIRAHURO (Vieill.), *N. Dict.* XXXIV, p. 545; Scl., *Cat.*, p. 352; *dominicensis*, Licht.; *suchii*, Vig.; *gasquet*, Quoy et G., *Voy. Uran. Zool.*, p. 110, pl. 24; *oriolides*, Sw.; *viridis*, Hartl.; *atro-olivaceus*, Max. — Brésil S., Paraguay, Corrientes.

7368. VIRESCENS (Vieill.), *N. Dict.* XXXIV, p. 543; Scl., *Cat. Am. B.*, p. 137; id., *Cat.*, p. 352; *anticus*, Licht. — Brésil S., Paraguay, Urug., Argentine.

1317. NESOPSAR

Nesopsar, Scl. (1859).

7369. NIGERRIMUS (Osb.), *Zoologist*, 1859, p. 6662; Scl., *Ibis*, 1859, p. 457; id., *Cat.*, p. 353. — Jamaïque.

1318. CURÆUS

Curæus, Scl. (1862).

7370. ATERRIMUS (Kittl.), *Mém. Acad. St-Pétersb.*, 1835, p. 467, pl. 2; Scl., *Cat. Am. B.*, p. 139; id., *l. c.*, p. 354; *curæus*, Mol.; *niger*, Sw. — Chili, Patagonie W.

SUBF. III. — STURNELLINÆ

1319. TRUPIALIS

Trupialis, Bp. (1850); *Pezites*, Cab. (1851).

7371. MILITARIS (Lin.); *Pl. Enl.* 113; Bp., *Consp.* I, p. 429; Scl., *Ibis*, 1884, p. 23; id., *l. c.*, p. 356; *loyca*, Mol.; *albiflorus*, Bodd. — Chili, Patagonie.

1836. *Var.* FALKLANDICA, Leverk., *J. f. O.*, 1889, p. 108. — Malouines.

7372. BELLICOSA (De Fil.), *Cat. Mus. Mediol.*, p. 32; Scl., *Ibis*, 1884, p. 24; Tacz., *Orn. Pér.* II, p. 429; *loyca*, Bp. (nec Mol.); *brevirostris*, Cab.; *albipes*, Ph. et Landb. — Ecuador W. et Pérou.

7373. DEFILIPPII, Bp., *Consp.* I, p. 429; Scl., *Cat. Am. B.*, p. 138; id., *l. c.*, p. 357; *militaris*, De Fil. (nec L.) — Uruguay, Argentine.

1320. STURNELLA

Sturnella, Vieill. (1816); *Pedopsaris*, Glog. (1842).

7374. MAGNA et *ludovicianus* (Lin.); Wils., *Am. Orn.* III, p. 20, pl. 19, f. 2; *alaudarius*, Daud.; *collaris*, Vieill., *Gal. Ois.* I, p. 134, pl. 90. — États-Unis E.

1837. *Var.* NEGLECTA, Audub., *B. Am.* VII, p. 339, pl. 487; Scl., *Ibis*, 1884, p. 25. — États-Unis W. et Canada W.

1838. *Var.* HOOPESI, Stone, *Pr. Ac. Philad.*, 1897, p. 149. — Texas.

1839. *Var.* ARGUTULA, Bangs., *P. New Engl. Zool. Club*, I, 1899, p. 20. — Floride.

1840. *Var.* HIPPOCREPIS, Wagl., *Isis*, 1832, p. 281; Gundl., *Journ. f. Orn.*, 1856, p. 14; Scl., *Ibis*, 1884, p. 25. — Cuba.

1841. *Var.* MEXICANA, Scl., *Ibis*, 1861, p. 179; 1884, p. 26; *ludovicianus* et *hippocrepis* (pt.), auct. plur. — Mexique et Amérique centr.

1842. *Var.* INEXPECTATA, Ridgw., *Pr. U. S. Nat. Mus.*, 1887, p. 587. — Honduras.

1843. *Var.* MERIDIONALIS, Scl., *Ibis*, 1861, p. 179; 1884, p. 26. — Colombie, Vénézuéla, Guyane, Trinidad.

SUBF. IV. — ICTERINÆ

1321. GYMNOMYSTAX

Gymnomystax, Rchb. (1850).

7375. MELANICTERUS (Vieill.), *N. Dict.* XXXIV, p. 536; Scl., *Ibis*, 1884, p. 19; id., *Cat*, p. 362; *mexicanus!*, Lin.; *citrinus*, Spix, *Av. Bras.* I, p. 69, pl. 66; *gymnops*, Wagl. — Guyane franç. et Amazone.

1322. HYPHANTES

Yphantes, Vieill. (1816); *Hyphantes*, Scl. (1859).

7376. BALTIMORE (Lin.); Wils., *Am. Orn.* I, p. 23, pl. 1, f. 3, VI, pl. 53, f. 4; Vieill., *Gal. Ois.* I, p. 124, pl. 87; *baltimorensis*, Scl. et Salv.; *galbula*, Coues. — Amérique N.-E., Mexique, Amérique centr., Panama.

7377. BULLOCKI (Sw.), *Phil. Mag.*, 1827, I, p. 436; Baird, *B. N. Am.*, p. 549; Sclat., *Cat. B.* XI, p. 365. — Amér. N.-W. jusqu'au Mexique.

7378. ABEILLII (Less.), *Rev. Zool.*, 1839, p. 101; Scl. et Salv., *Exot. Orn.*, p. 187, pl. 94; Scl., *Cat.*, p. 366. — Mexique centr. et S.

1323. PENDULINUS

Pendulinus, Vieill. (1816); *Bananivorus*, Bp. (1853); *Ateleopsar*, *Cassiculoides*, *Poliopsar*, *Melanopsar*, *Icterioides*, *Aporophantes*, Cass. (1867).

7379. SPURIUS (Lin.); Baird, *B. N. Am.*, p. 547; Scl., *Cat.*, p. 366, *varius*, Gm.; *affinis*, Lawr., *Ann. Lyc. N. Y.*, 1851, p. 113. — États-Unis, Amérique centr.

7380. BONANA (Lin.); *Pl. Enl.* 535, f. 1; Scl., *Cat.*, p. 368. — Martinique.

7381. PYRRHOPTERUS (Vieill.), *N. Dict.* XXXIV, p. 543; Scl., *l. c.*, p. 368; *periporphyrus*, Bp., *Consp.* I, p. 432. — Bolivie, Brésil S., Paraguay, Argent.

7382. CHRYSOCEPHALUS (Lin.); Vieill., *Gal. Ois.* I, p. 122, pl. 86; Tacz., *Orn. Pér.* II, p. 416; *chrysoptera*, Merr.; *icterocephalus*, Wagl. — Colombie, Vénézuéla, Guyane, Amazone.

7383. CAYANENSIS (Lin.); Sw., *Zool. Ill.*, ser. 2, pl. 22; Tacz., *Orn. Pér.* II, p. 417; *chrysopterus*, Vieill. — Guyane, Amazone.

7384. TIBIALIS (Sw.), *An. in Menag.*, p. 302; Scl., *Cat.*, p. 370; *cayanensis*, Max.; *flavaxilla*, Hahn.; *chrysopterus*, Burm. — Brésil S.-E.

7385. HYPOMELAS, Bp., *Consp.* I, p. 433; Scl., *Ibis,* 1883, p. 360; id., *Cat.*, p. 370; *dominicensis* et *virescens,* Vig.; d'Orb., in *Sagra Cuba, Ois.* II, p. 115, pl. 19bis; *melanopsis*, Wagl. — Cuba.

7386. DOMINICENSIS (Lin.); *Pl. Enl.* 5, f. 2; Cory, *B. San Dom.*, p. 71, pl. 12; *flavigaster*, Vieill. — St-Domingue.

7387. PORTORICENSIS (Bryant), *Pr. Bost. Soc. N. H.* XI, p. 94; Scl., *l. c.*, p. 371; *dominicensis*, Tayl. — Porto-Rico.

7388. LAUDABILIS (Scl.), *P. Z. S.*, 1871, p. 270, pl. 21; id., *l. c.*, p. 372. — Ile Ste-Lucie.

7389. OBERI (Lawr.), *Pr. U. S. Nat. Mus.*, 1880, p. 351; Grisd., *Ibis,* 1882, p. 487, pl. 13. — Ile Montserrat.

7390. WAGLERI (Scl.), *P. Z. S.*, 1857, p. 7; Baird, *B. Mex. Bound. Surv.*, p. 19, pl. 19, f. 2; *flavigaster*, Wagl. (nec V.); *dominicensis*, Bp. (nec Lin.) — Mexique S. et Guatémala.

1844. *Var.* CASTANEOPECTUS (Brewst.), *Auk,* 1888, p. 91. — Mgnes de Sonora et Chihuahua (Mex.)

7391. NORTHROPI (Allen), *Auk,* 1890, p. 344, 1891, pl. 1. — Ile Andros (Bahama).

7392. PROSTHEMELAS (Strickl.), *Contr. Orn.*, 1850, p. 120, pl. 62; Scl., *l. c.*, p. 373; *lessoni*, Bp. — Du Sud du Mexique au Costa-Rica.

7393. MACULI-ALATUS (Cass.), *Pr. Ac. Phil.*, 1847, p. 332; id., *Journ. Ac. Phil.*, ser. 2, I, p. 137, pl. 16, f. 1; Salv. et Godm., *Biol. Centr. Am.* I, p. 467. — Guatémala.

7394. PARISORUM (Bp.), *P. Z. S.*, 1837, p. 110; Scl., *l. c.*, p. 374; *melanochrysurus*, Less.; *scottii*, Couch. — Basse-Calif., Arizona, Texas, Mexique.

7395. MELANOCEPHALUS (Wagl.), *Isis,* 1829, p. 756; Cass., *Ill. B. Calif.*, p. 137, pl. 21; Scl., *l. c.*, p. 375. — Mexique.

1845. *Var.* AUDUBONI (Gir.), *B. Texas,* p. 1; Baird, *B. N. Am.*, p. 542. — Texas.

7396. VIRESCENS (Dubois, nec Vig.), *Bull. Acad. R. Belg.*, 1875, XL, p. 798; *melanocephalus* (pt.), Scl. — Mexique.

7397. CUCULLATUS (Sw.), *Phil. Mag.*, 1827, p. 436; Cass., *Ill. B. Cal.*, p. 42, pl. 8; Scl., *l. c.*, p. 376. — Mexique S. et E.

1846. *Var.* NELSONI (Ridgw.), *Pr. U. S. Nat. Mus.*, 1885, p. 19. — Arizona, Californie S., Mexique W.

1847. *Var.* IGNEA (Ridgw.), *l. c.* — Yucatan, Honduras.

7398. AURICAPILLUS (Cass.), *Pr. Ac. Sc. Phil.*, 1847, p. 332; id., *Journ. Ac. Phil.*, ser. 2, I, p. 137, pl. 16, f. 2; Scl., *l. c.*, p. 377. — Vénézuéla et Colombie (côtes).

7399. HAUXWELLI (Scl.), *P. Z. S.*, 1885, p. 671; id., *Cat*, p. 377, pl. 18. — Pérou E.

7400. GRACE-ANNÆ (Cass.), *Pr. Acad. Sc. Philad.*, 1867, p. 52; Tacz., *Orn. Pér.* II, p. 419; Scl., *Ibis,* 1883, p. 368, pl. 11. — Pérou W. et Ecuador W.

7401. MESOMELAS (Wagl.), *Isis,* 1829, p. 755; Tacz, *l. c.*, p. 417; *atrogularis*, Less., *Cent. Zool.*, p. 73, pl. 22; *musicus*, Cabot; *salvini,* Cass. — Du Sud du Mexique au Pérou W.

7402. GIRAUDI (Cass.), *Pr. Ac. Sc. Philad.*, 1847, p. 333; id., *Journ. Ac. Philad.*, ser. 2, I, p. 138, pl. 17; Scl., *Cat.*, p. 379; *melanopterus*, Hartl.; *crysater*, Bp. — Mexique S., Amérique centrale, Colombie, Vénézuéla.

7403. GUALANENSIS (Underw.), *Ibis*, 1898, p. 612. — Guatémala.

7404. XANTHORNUS (Gm.); *Pl. Enl.* 5, f. 1; Scl., *l. c.*, p. 380; *linnæi*, Bp.; *auratus*, Cass.; *nigrogularis*, Hahn. — Colombie, Vénézuéla, Trinidad, Guyane, Ht-Rio-Negro.

1848. *Var.* MARGINALIS (Dubois), *Bull. Acad. R. Belg.*, 1875, XL, p. 800; *curasoensis*, Ridgw., *P. U. S. Nat. Mus.*, 1884, p. 174. — Panama, Curaçoa.

7405. DUBUSI (Dubois), *Bull. Ac. R. Belg.*, 1875, XL, p. 799; Scl., *l. c.*, p. 381. — Panama.

7406. AURATUS (Bp.), *Consp.* I, p. 435; Scl., *l. c.*, p. 382; Salv. et Godm., *Biol. Centr. Am.* I, p. 473, pl. 33, f. 2. — Yucatan.

1324. ICTERUS

Icterus, Briss. (1760); *Xanthornus*, Scop. (1777); *Euopsar*, *Andriopsar*, Cass. (1867).

7407. VULGARIS, Daud., *Tr. d'Orn.* II, p. 340; Baird, *B. N. Am.*, p. 542; *Oriolus icterus*, Lin.; *longirostris*, Vieill. — Colombie, Vénézuéla, Trinidad (côtes).

7408. JAMACAII (Gm.); Daud., *Tr. d'Orn.*, p. 335; Burm., *Syst. Uebers.* III, p. 268; *aurantius*, Hahn, *Vög. aus Asien*, Lief. VI, p. 1, pl. 1. — Brésil S.-E.

7409. CROCONOTUS (Wagl.), *Isis*, 1829, p. 757; Tacz., *Orn. Pér.* II, p. 420; Scl., *Cat.*, p. 383. — Guyane, Brésil, Boliv., Ecuador, Pérou.

7410. GULARIS (Wagl.), *Isis*, 1829, p. 754; Licht., *Pr. Verz. Mex. Vög.*, p. 1; Des M., *Icon. Orn.*, pl. 9; *mentalis*, Less., *Cent. Zool.*, p. 111, pl. 41; *mexicanus*, Sw. — Mexique, Amérique centr. jusqu'au Nicaragua.

1849. *Var.* YUCATANENSIS, Berl., *Auk*, 1888, p. 454. — Yucatan.

7411. SCLATERI, Cass., *Pr. Ac. Sc. Phil.*, 1867, p. 49; Scl., *Cat.*, p. 385; Salv. et Godm., *Biol. Centr.-Am.* I, p. 476, pl. 33, f. 1; *mentalis*, Cab. (nec Less.); *formosus*, Lawr. — Mexique S., Guatémala, Nicaragua.

7412. PECTORALIS (Wagl.), *Isis*, 1829, p. 755; Des M., *Icon. Orn.*, pl. 10; *guttulatus*, Lafr., *Mag. Zool.*, 1844, pl. 52; *pectoralis espinachi*, Nutt. — Mexique W. et Amérique centr.

7413. PUSTULATUS (Wagl.), *Isis*, 1829, p. 757; Bp., *Consp.* I, p. 435; Scl. et Salv., *Exot. Orn.*, p. 47, pl. 24; *californicus*, Less. — Basse-Californie, Mexique W. et S.

7414. GRAYSONI, Cass., *Pr. Ac. Sc. Philad.*, 1867, p. 48; Scl., *Cat.*, p. 387; Salv. et Godm., *Biol. Centr.-Am.* I, p. 478. — Mexique, Tres Marias.

7415. LEUCOPTERYX (Wagl.), *Syst. Av.*, sp. 16; Gosse, *B. Jam.*, p. 226; *personatus*, Tem., *Pl. col.* (sub tab. 482). — Jamaïque.

7416. BAIRDI, Cory, *Auk*, 1886, p. 500. — Gr. Caïman (Antilles).

1850. *Var.* LAWRENCEI, Cory, *Auk*, 1887, p. 178. — Ile St-Andrews (Ant.)

SUBF. V. — QUISQUALINÆ

1325. LAMPROPSAR

Lampropsar, Cab. (1851); *Potamopsar*, Scl. (1862).

7417. TANAGRINUS (Spix), *Av. Bras.* I, p. 67, pl. 64, f. 1; Cab., *Mus. H.* I, p. 194; Tacz., *Orn. Pér.* II, p. 433; *guianensis*, Cab., *l. c.*; *minor*, Scl. — Guyane, Vénézuéla, Amazone.

1326. SCOLECOPHAGUS

Scolecophagus, Sw. (1831); *Euphagus*, Cass. (1866).

7418. FERRUGINEUS (Gm.); Wils., *Am. Orn.* III, p. 41, pl. 21, f. 3; Sw., *Faun. Bor.-Am.* II, p. 286; *niger*, Bp. — Amérique N.-E.

7419. CYANOCEPHALUS (Wagl.), *Isis*, 1829, p. 758; Cab., *Mus. H.* I, p. 195; *mexicanus*, Sw.; *breweri*, Aud., *B. Am.* VII, p. 345, pl. 492. — États-Unis W. et centr., Mexique.

1327. DIVES

Dives, Cass. (1866); *Lampropsar* (pt.), auct. plur.

7420. SUMICHRASTI (De Sauss.), *Rev. Zool.*, 1859, p. 119; Scl., *Ibis*, 1884, p. 152; *Lampropsar dives*, Bp., *Consp.* I, p. 425. — Mexique, Guatémala.

7421. WARCEWIEZI (Cab.), *J. f. O.*, 1861, p. 83; Scl., *Ibis*, 1884, p. 152; Tacz., *Orn. Pér.* II, p. 433; *æquatorialis*, Scl., *Cat. A. B.*, p. 140. — Ecuador, Pérou N.

7422. KALINOWSKII, Berl. et Stolzm., *P. Z. S.*, 1892, p. 378, fig. — Pérou W.

7423. ATROVIOLACEUS (d'Orb.), in *Sagra Cuba, Ois.*, p. 95, pl. 19; Scl., *Ibis*, 1884, p. 152; id., *Cat.*, p. 393. — Cuba.

1328. QUISCALUS

Quiscalus, Vieill. (1816); *Quiscala*, Licht. (1823); *Scaphidurus*, Sw. (1827); *Chalcophanus*, Wagl. (1827); *Holoquiscalus* et *Megaquiscalus*, Cass. (1866).

7424. VERSICOLOR, Vieill., *N. Dict.* XXVIII, p. 488; id., *Gal. Ois.*, pl. 108; *quiscula*, Lin.; *quiscola*, — Amérique N.-E.

Wils., *Am. Orn.* III, p. 44, pl. 21, f. 4; *purpuratus*, Sw.; *nitens*, Licht.; *purpureus*, Cass.; *baritus*, Baird (nec Lin).

1851. *Var.* Aglæa, Baird, *Am. Journ. Sc.*, 1866, p. 84. — Floride.

1852. *Var.* Ænea, Ridgw., *Pr. Ac. Sc. Philad.*, 1869, p. 134. — États-Unis centr.

7425. major, Vieill., *N. Dict.* XXVIII, p. 487; Baird, *B. N. Am.*, p. 555; *corvinus*, Sw. — Sud des États-Unis.

7426. macrurus, Sw., *An. in Menag.*, p. 299; Baird, *B. N. Am.*, p. 554; Salv. et Godm., *Biol. Centr.-Am.* I, p. 482; *major*, *var. macrurus*, Baird, Brew. et Ridgw.; *major*, Bp. — Texas, Mexique, Guatémala.

1853. *Var.* Peruviana, Sw., *An. in Menag.*, p. 354; *assimilis*, Scl., *Cat. Am. B.*, p. 141; id., *Ibis*, 1884, p. 156. — Amérique centr., Colombie, Pérou.

1854. *Var.* Graysoni, Scl., *Ibis*, 1884, p. 157; *palustris*, Cass. (nec Sw.); *major*, *var. palustris*, Baird, Br. et Rid. — Mexique W.

7427. nicaraguensis, Salv. et Godm., *Ibis*, 1891, p. 612. — Nicaragua.

7428. tenuirostris, Sw., *An. in Menag.*, p. 299; Scl., *Ibis*, 1884, p. 157, pl. 5; ?*palustris*, Sw. — Mexique centr.

7429. mexicanus, Cass., *Pr. Ac. Sc. Philad.*, 1866, p. 408; Salv. et Godm., *Biol. Centr.-Am.* I, p. 485. — Mexique.

7430. caymanensis, Cory, *Auk*, 1886, p. 499. — Gr. Caïman (Antilles).

7431. niger (Bodd.); *Pl. Enl.* 534; Cass., *l. c.*, 1866, p. 407; Scl., *Ibis*, 1884, p. 159; *barita*, Sallé; *ater*, Bryant; *baritus*, *var. niger*, Bd., Br. et R. — St-Domingue.

7432. gundlachi, Cass., *l. c.*, 1866, p. 406; *baritus*, d'Orb., in *Sagra Cuba*, *Ois.*, p. 120, pl. 18 (nec Lin.) — Cuba.

7433. baritus (Lin.); Cass., *l. c.*, p. 405; *jamaicensis*, Daud.; *crassirostris*, Sw.; Scl., *Cat.*, p. 398. — Jamaïque.

7434. insularis, Richm., *Pr. U. S. Nat. Mus.* XVIII, p. 675. — Ile Margarita.

7435. brachypterus, Cass., *l. c.*, p. 406; Scl., *Ibis*, 1884, p. 160; *crassirostris*, Bryant; *lugubris*, Sund.; *baritus*, *var. brachypterus*, Baird, Br. et Rid., *N. A. B.* II, p. 213. — Porto-Rico.

7436. fortirostris, Lawr., *Pr. Ac. Sc. Phil.*, 1868, p. 360; Scl., *Ibis*, 1884, p. 161; id., *Cat.*, p. 400, fig.; ?*rectirostris*, Cass. — Barbades.

7437. inflexirostris, Sw., *An. in Menag.*, p. 300; Scl., *Ibis*, 1884, p. 160; *barita*, Tayl.; *lugubris*, Scl. — Martinique et Ste-Lucie.

1855. *Var.* Guadeloupensis, Lawr., *Pr. U. S. Nat. Mus.* I, pp. 457, 487; Scl., *Ibis*, 1884, p. 160. — Guadeloupe.

1856. *Var.* Luminosa, Lawr., *Ann. N. Y. Acad. Sc.* I, p. 162; Scl., *Ibis*, 1884, p. 161. — Iles Grenada et Grenadines.

7438. lugubris, Sw., *An. in Menag.*, p. 299; Burm., *Syst.* — Vénézuéla, Guyane,

Uebers. III, p. 283; Scl., *l. c.*, p. 162; *jamaicensis* (mas.) et *minor* (fem.), Cab.; *barita*, Léot. — Trinidad.

1329. MACRAGELÆUS

Macroagelaius, Cass. (1866); *Macragelæus*, Scl. (1884).

7439. SUBALARIS (Boiss.), *Rev. Zool.*, 1840, p. 70; Scl., *Ibis*, 1884, p. 162. — Colombie (Andes).

1330. HYPOPYRRHUS

Hypopyrrhus, Bp. (1850).

7440. PYRYPOGASTER; *pyrohypogaster* (De Tarr.), *Rev. Zool.*, 1847, p. 252; *pyrypogaster*, Scl., *Cat. B.*, p. 403; *pyrrhogaster*, Bp., *Consp.* I, p. 425. — Colombie.

1331. APHOBUS

Aphobus, Cab. (1851).

7441. CHOPI (Vieill.), *N. Dict.* XXXIV, p. 537; *unicolor*, Licht.; Burm., *Syst. Uebers.* III, p. 281; *sulcirostris*, Spix, *Av. Bras.* I, p. 67, pl. 64, f. 2. — Brésil S., Paraguay, Argentine.

7442. MEGISTUS, Leverk., *Journ. f. Orn.*, 1889, p. 104. — Bolivie, ? Pérou.

FAM. XLIII. — PLOCEIDÆ (1)

SUBF. I. — PLOCEINÆ

1332. CINNAMOPTERYX

Cinnamopteryx, Rchw. (1886).

7443. TRICOLOR (Hartl.), *J. f. O.*, 1854, p. 110; id., *Orn. W.-Afr.*, p. 126; Sharpe, *Cat.* XIII, p. 471. — De Sierra-Leone au Loango (Afr. W.)

7444. CASTANEOFUSCA (Less.), *Rev. Zool.*, 1840, p. 99; Heugl., *Orn. N.-O. Afr.* I, p. 561; ?*isabellina*, Less. — Afrique W., de Sénégambie au Congo.

7445. RUBIGINOSA (Rüpp.), *Neue Wirb.*, p. 93, pl. 33, f. 1; Sharpe, *l. c.*, p. 473; *castaneosoma*, Rchw., *Orn. Centralbl.*, 1881, p. 79. — De l'Abyssinie au Kilima Ndjaro (Afr. E.)

1333. HYPHANTORNIS

Hyphantornis, Gray (1840); *Xanthophilus* et *Oriolinus*, Rchb. (1861).

7446. VITELLINUS (Licht.), *Verz. Doubl.*, p. 23; Sharpe, *l. c.*, p. 462; *ruficeps*, Sw., *B. W. Afr.* II, p. 262; *sublarvatus*, v. Müll., *Descr. Ois. Afr.*, pl. 12; *sulphureus*, Rchb.; *chrysopygus*, Heugl. — Sénégambie, Afrique N.-E. et équator.

(1) Voy. : Sharpe, *Cat. B. Brit. Mus.*, XIII pp. 203-511 (1890).

1857. *Var.* Reichardi (Rchw.), *Zool. Jahrb.* I, p. 150; id., *J. f. O.*, 1886, pl. 2, f. 3; *vitellinus* (pt.), auct. plur.	Du Tanganika au Kilima Ndjaro.
7447. shelleyi, Sharpe, *Cat. B.* XIII, p. 464.	Zambézie au Damara.
7448. tæniopterus (Rchb.), *Singv.*, p. 78, pl. 36, ff. 281-82; Heugl., *Orn. N.-O. Afr.* I, p. 554, pl. 18, f. *h.*; *intermedius*, Heugl. (nec Rüpp.); *atrogularis*, F. et Hartl.	Nil Blanc, du 10° l. N. jusque Lado.
7449. spilonotus (Vig.), *P. Z. S.*, 1831, p. 92; Smith, *Ill. Zool. S. Afr.*, pl. 66, f. 1; *stictonotus*, Sm.; *flaviceps*, Sw.; *cyclospilos* et *brandti*, Rchb., *Singv.*, pl. 38, ff. 295-96, pl. 40, f. 306.	Afrique S.-E.
7450. spekii, Heugl., in *Peterm. Mitth.*, 1861, p. 24; id., *Orn. N.-O. Afr.* I, p. 559; *baglafecht*, auct. plur. (nec V.); *somalensis*, Heugl.; *somalicus*, Finsch.	Afrique N.-E. et E.
7451. heuglini (Rchw.), *Zool. Jahrb.* I, p. 147; *atrogularis*, Heugl. (nec Voigt), *J. f. O.*, 1864, p. 245; id., *Orn. N.-O. Afr.* I, p. 559, pl. 19.	Afrique trop. W. et N.-E.
7452. bertrandi, Shell., *Ibis*, 1893, p. 23, pl. 2.	Nyassaland.
7453. velatus (Vieill.), *N. Dict.* XXXIV, p. 132; *tahâtali*, Sm.; *auricapillus*, Sw.; *mariquensis*, Smith, *Ill. Zool. S. Afr.*, pl. 103; *nigrifrons*, Cab.; *chloronotus*, Rchb.; *capitalis*, Lay. (nec Lath.); *melanops*, Cab., *J. f. O.*, 1884, p. 240, pl. 3, f. 2.	Afrique S.
7454. intermedius (Rüpp.), *Syst. Uebers.*, pp. 71, 76; Heugl., *Orn. N.-O. Afr.* I, p. 550, pl. 18, f. *a*; ?*erythrophthalmus*, Heugl., *S. U.*, p. 38.	Du Choa au Victoria Nyanza (Afr. E.)
7455. cabanisi, Peters, *J. f. O.*, 1868, p. 133; *nigrifrons*, auct. plur. (nec Cab.)	Afrique S. et E.
7456. nyasæ, Shell., *Ibis*, 1894, p. 20.	Nyassaland.
7457. melanocephalus (Lin.); Sharpe, *Cat.*, p. 437; *cucullatus*, Sw. (nec Müll.), *B. W. Afr.* I, p. 261.	De Sénégambie au Niger.
1858. *Var.* Duboisi (Hartl.), *Bull. Mus. R. H. Belg.* IV, p. 144, pl. 4, f. 1; Dub., *Mém. Soc. Zool. de Fr.*, 1894, p. 402; *melanocephalus* (pt.), Sharpe, Shell.	Haut-Congo (Tanganika).
7458. capitalis (Lath.); Shell., *Ibis*, 1887, p. 34, pl. 2, f. 1; *cucullatus*, Rchb. (nec Müll.), *Singv.*, p. 79, pl. 38, f. 291.	Afrique W., de Sénégambie au Niger.
7459. fischeri (Rchw.), *J. f. O.*, 1887, p. 69; Sharpe, *Cat.*, p. 458; *dimidiatus*, auct. plur. (nec Salvad.)	Afrique trop. E. et N.-E.
7460. dimidiatus, Salvad. et Antin., *Atti R. Ac. Sc. Torino*, 1873, p. 360; id., *Ann. Mus. Civ. Gen.*, 1873, p. 483, pl. 3; Sharpe, *Cat.*, p. 459.	Afrique trop. N.-E.
1859. *Var.* Jacksoni (Shell.), *Ibis*, 1888, p. 292, pl. 7.	Ile Manda (Afr. E.)
7461. badius, Cass., *Pr. Philad. Acad.*, 1850, p. 57; Heugl., *Orn. N.-O. Afr.* I, p. 553; *rufocitrinus*, v. Müll.	Afrique N.-E

(1851); *mordoreus*, Less.; *castaneoauratus*, Ant.; *axillaris*, Heugl., *J. f. O.*, 1867, p. 381.

7462. GRANDIS, Gray, *Gen. B.* II, p. 351; Sharpe, *Cat.*, p. 450; *collaris*, Fras. (nec V.), *Zool. Typ.*, pl. 45. — Ile St-Thomas (Afr. W.)

7463. COLLARIS (Vieill.), *N. Dict.* XXXIV, p. 129; Sharpe, *l. c.*, p. 455; *cincta*, Cass.; id., *Journ. Phil. Ac.*, 1862, p. 184, pl. 23, f. 2; *gambiensis*, Rchw. — Afrique W.

7464. NIGRICEPS, Layard, *B. S. Afr.*, p. 180; F. et Hartl., *Vög. Ost-Afr.*, p. 392; *larvatus*, Scl. (nec Rüpp.); *spinolotus*, F. et H. (nec Vig.) — Afrique W., S. et E.

7465. CUCULLATUS (P.-L.-S. Müll.); *Pl. Enl.* 375 et 376; Sharpe, *l. c.*, p. 451; *textor*, Gm. et auct. plur.; *longirostris*, V.; *senegalensis*, Shaw; Sw., *Zool. Ill.*, pl. 37; *modestus*, Hartl.; *magnirostris*, Hartl., *Orn. W. Afr.*, p. 127; *gambiensis*, Heugl. — Afrique W., de Sénégambie au Gabon.

7466. FÜLLEBORNI (Rchw.), *Orn. Monatsb.*, 1900, p. 99. — Afrique E. allem.

7467. ABYSSINICUS (Gm.); Heugl., *Orn. N.-O. Afr.* I, p. 547; *larvatus*, Rüpp., *Neue Wirb. Vög.*, p. 91, pl. 32, f. 1; *flavoviridis*, Rüpp., *Syst. Uebers.*, pp. 69, 76, pl. 29; *solitarius*, Würt. — Afrique N.-E. équat.

7468. BOHNDORFFI (Rchw.), *J. f. O.*, 1887, p. 214; *cucullatus*, Dub. (nec Müll.) — Haut-Congo.

7469. REICHENOWI, Bocage, *Jorn. Sc. Lisb.* XI, 1893, p. 154. — Angola.

7470. AURANTIUS (Vieill.), *Ois. Chant.*, p. 73, pl. 44; Sharpe, *Cat.*, p. 444, pl. 13, f. 3; *royrei*, Hartl., *J. f. O.*, 1865, p. 97. — Afrique W., de Libéria au Congo.

7471. CASTANOPS (Shell.), *P. Z. S.*, 1888, p. 35; Sharpe, *l. c.*, p. 443, pl. 13, f. 1. — Afrique équat. N.-E.

7472. XANTHOPTERUS (Fin. et Hartl.), *Vög. Ois. Afr.*, p. 399; Sharpe, *l. c.*, p. 444, pl. 13, f. 2; *castaneigula*, Cab., *J. f. O.*, 1884, p. 240, pl. 3, f. 1. — Zambésie et pays voisins.

7473. CAPENSIS (Lin.); *Pl. Enl.* 607, f. 2; Smith, *Ill. S. Afr.*, pl. 66, f. 2; Sharpe, *l. c.*, p. 430; *aurifrons*, Tem., *Pl. col.* 175, 176; *icterocephala*, Sw. — Colonie du Cap W.

1860. *Var.* CAFFRA (Licht.), *Verz. Doubl.*, p. 19; *olivaceus*, Hahn., *Vög. aus Asien*, Lief. VI, pl. 4; *capensis* (pt.), auct. plur. — Col. du Cap E. jusqu'au Transv. et Zambésie.

7474. GALBULA (Rüpp.), *Neue Wirbelth. Vög.*, p. 92, pl. 32, f. 2; Sharpe, *l. c.*, p. 442; *aureus*, Des M., *Voy. Abyss.*, p. 108. — Afrique N.-E., Arabie S.

7475. DICROCEPHALUS, Salvad., *Ann. Mus. Civ. Genova*, 1896, p. 45. — Somaliland.

7476. AUREOFLAVUS (Smith), *Ill. Zool. S. Afr.*, pl. 30, f. 1; Sharpe, *l. c.*, p. 446, pl. 13, f. 4; *aurea*, *subaurea*, Hartl., *concolor*, Heugl.; *sulfureus*, Rchb. — Afrique E.

7477. CASTANEICEPS, Sharpe, *Cat.* XIII, p. 448, pl. 13, f. 5. — Afrique E.

7478. HOLOXANTHUS, Hartl., *Abhandl. nat. Ver. Bremen*, 1891, p. 22. — Mtoni (Afrique E.)

7479. BOJERI, Fin. et Hartl., *von der Dek. Reis.* III, p. 32; Shpe, *Cat.*, p. 448, pl. 13, f. 6; *aureoflavus*, Rchb. — Afrique E.

7480. SUBAUREUS (Smith), *Pr. S. Afr. Inst.*, 1832; id., *Ill. Zool. S. Afr.*, pl. 30, f. 1; Sharpe, *l. c.*, p. 445. — Afrique S.-E.

7481. XANTHOPS, Hartl., *Ibis*, 1862, p. 342; id., *Zool. Jahrb.* I, p. 123, pl. 5, f. 1; *aurantiigula*, Cab., *J. f. O.*, 1875, p. 238. — Du Loango au Benguela (Afrique W.)

1861. *Var.* JAMESONI, Sharpe, *Cat.* XIII, p. 447; *xanthops* (pt.), auct. plur. — Afrique S.-E. jusqu'au Tanganika.

7482. CAMBURNI, Sharpe, *Ibis*, 1900, p. 369. — Afrique E. angl.

7483. PRINCEPS (Bp.), *Consp.* I, p. 439; Sharpe, *l. c.*, p. 449. — Afrique trop. W.

7484. ?ANOMALUS (Rchw.), *J. f. O.*, 1887, p. 214. — Stanley Falls.

1334. SITAGRA

Sitagra, Rchb. (1850); *Hyphanturgus*, Cab. (1851); *Icteropsis*, Pelz. (1881).

7485. LUTEOLA (Licht.), *Verz. Doubl.*, p. 23; Heugl., *Orn. N.-O. Afr.* I, p. 565; *personatus*, Vieill., *Gal. Ois.* I, pl. 84; *melanotis*, Sw.; *chrysomelas*, Heugl.; *minutus*, v. Müll.; *muelleri*, Bald. — Afrique W. et N.-E.

1862. *Var.* MONACHA, Sharpe, *Cat.* XIII, p. 426; *personatus*, auct. (nec V.) — De la Côte-d'Or au Congo.

7486. PELZELNI, Hartl., *Zool. Jahrb.* II, p. 343, pl. 14, ff. 9, 10; Sharpe, *l. c.*, p. 410; *crocata*, Pelz. (nec Hartl.) — Afrique équator.

7487. OCULARIA (Smith), *Pr. S. Afr. Inst.*, 1828; id., *Ill. Zool. S. Afr.*, pl. 30, f. 2; Sharpe, *l. c.*, p. 427; *gutturalis*, Vig.; *crocata*, Hartl. — Afrique S. jusqu'au Congo sept.

7488. BRACHYPTERA (Sw.), *B. W. Afr.* I, p. 168, pl. 10; *flavigula*, Hartl.; v. Müll., *Ois. d'Afr.*, pl. 20, f. 1; *grayi*, Hartl. (nec Verr.) — De Sénégambie au Gabon (Afrique W.)

7489. STUHLMANNI (Rchw.), *Orn. Monatsb.*, 1893, p. 29. — Afrique centr. E.

7490. SHARPEI (Shell.), *Ibis*, 1898, p. 557. — Nyassaland.

7491. SUBPERSONATA (Cab.), *J. f. O.*, 1876, p. 92; Rchw., *Zool. Jahrb.* I, p. 152, pl. 5, f. 4; Sharpe, *Cat.*, p. 427. — Bas-Congo.

7492. OLIVACEICEPS (Rchw.), *Ornith. Monatsb.*, 1899, p. 7. — Songea (Afr. E. allem.)

7493. ?MENTALIS (Hartl.), *Symplectes mentalis*, Hartl., *J. f. O.*, 1891, p. 314. — Buguéra (Afr. centr.)

1335. HETERHYPHANTES

Heterhyphantes, Sharpe (1890); *Othyphantes*, Shell. (1896).

7494. NIGRICOLLIS (Vieill.), *Ois. Chant.*, p. 74, pl. 45; Sharpe, *Cat.*, p. 415; *atricapillus* et *jonquilla-* — Du Caméron au Congo (Afr. W. et centr.)

ceus, Vieill. ; *atrogularis*, Voigt. ; *grayi* et *chrysophrys*, Verr. ; *flavigula*, Cass. ; *amauronotus*, Rchw. *I. f. O.*, 1877, p. 27.

7495. MELANOXANTHUS (Cab.), *J. f. O.*, 1878, pp. 205, 232; Sharpe, *l. c.*, p. 416 ; *nigricollis* (pt.), auct. plur. (nec V.) — Afrique E.

7496. MELANOGASTER (Shell.), *P. Z. S.*, 1887, p. 126, pl. 14, f. 2. — Caméron (Afr. W.)

7497. STEPHANOPHORUS, Sharpe, *Ibis*, 1891, pp. 117, 253, pl. 6, f. 2. — Mau (Afrique E.)

7498. INSIGNIS (Sharpe), *Ibis*, 1891, pp. 117, 253, pl. 6, f. 1. — Mont Elgon (Afr. E.)

7499. CROCONOTUS (Rchw.), *J. f. O.*, 1892, pp. 185, 219 (fem) ; *castaneicapillus*, Sjöst., *Orn. Monatsb.* I, p. 43 (mas.) — Caméron (Afr. W.)

7500. PREUSSI (Rchw.), *J. f. O.*, 1892, p. 442. — Caméron (Afr. W.)

7501. DORSOMACULATUS (Rchw.), *Orn. Monatsb.*, 1893, p. 177; id., *J. f. O.*, 1896, pl. 4, f. 1. — Caméron.

7502. REICHENOWI (Fisch.), *J. f. O.*, 1884, p. 180; Sharpe, *l. c.*, p. 418. — Masaïland, Kilima-Ndjaro.

7503. BAGLAFECHT (Vieill.), *N. Dict.* XXXIV, p. 127 ; Sharpe, *l. c.*, p. 419 ; *melanotis*, Guér. ; v. Müll., *Ois. d'Afr.*, part. IV, pl. 2 ; *auricularis*, Des M., *Lefeb. Voy. Abyss.*, pl. 9, f. 1 ; *guerini*, Lafr. ; *aurantius* et *leucophthalmus*, Heugl., *S. U.*, p. 58 ; *eremobius*, Hartl., *Zool. Jahrb.* II, p. 320. — Afrique N.-E. et équator.

7504. TEMPORALIS (Bocage), *Jorn. Lisb.*, 1880, p. 244; id., *Orn. Angola*, p. 557. — Benguela et Angola.

7505. EMINI (Hartl.), *Orn. Centralbl.*, 1882, p. 92; id., *J. f. O.*, 1882, pl. 1, f. 1 ; Sharpe, *l. c.*, p. 420. — Afrique équator.

1336. SYCOBROTUS

Symplectes, Sw. (1837, nec Meigen, 1830) ; *Eupodes*, Jard. et Selby (1837, nec Latr., 18) ; *Sycobrotus*, Cab. (1851).

7506. BICOLOR (Vieill.), *N. Dict.* XXXIV, p. 127; Sharpe, *l. c.*, p. 422; *icteromelas*, V. ; *gregalis*, Licht. ; *chrysogaster*, Vig. ; *chrysomus*, Sw. ; *xanthosomus*, Jard. et Sel., *Ill. Orn.*, pl. 10. — Afrique S.

7507. STICTIFRONS (Fisch. et Rchw.), *J. f. O.*, 1885, p. 373; *bicolor*, Fin. et Hartl., *Vög. Ostafr.*, p. 403 (nec Vieill.) — Afrique E. et S.-E.

7508. AMAUROCEPHALUS, Cab., *J. f. O.*, 1880, p. 349, pl. 3, f. 1 ; *bicolor*, Rchw., *J. f. O.*, 1885, p. 373 (nec Vieill.) — De l'Angola jusqu'au Haut-Congo.

7509. NANDENSIS, Jacks., *Ibis*, 1899, p. 615. — Afrique E. angl.

7510. TEPHRONOTUS (Rchw.), *Journ. f. Orn.*, 1892, p. 219. — Caméron.

7511. KERSTENI, Finsch et Hartl., *Vög. Ostafr.*, p. 404, pl. 6; Sharpe, *l. c.*, p. 423. — Afrique E.

7512. AURICOMUS (Sjöst.), *Svenska Ak. Handl.* XXVII, n° 1, p. 86, pl. 8. — Caméron.

1337. FOUDIA

Foudia, Rchb. (1850); *Nesacanthis*, Sharpe (1890); *Neshyphantes*, Shell. (1896).

7513. MADAGASCARIENSIS (Lin.); Vieill., *Ois. Chant.*, p. 96, pl. 63; Lafr., *Rev. et Mag. de Zool.*, 1850, p. 324, pl. 5; Sharpe, *Cat.*, p. 433. — Madagascar et iles voisines.

7514. ? BRUANTE (P.-L.-S. Müll.); *Pl. Enl.* 321, f. 2; *fuscofulva*, Bodd.; *borbonica*, Gm.; *madagascariensis*, auct. plur. (éteint?) — Ile Bourbon.

7515. ALDABRANA, Ridgw., *Pr. U. S. Nat. Mus.*, 1893, p. 598. — Ile Aldabra.

7516. FLAVICANS, E. Newt., *P. Z. S.*, 1865, p. 47, pl. 1, ff. 1, 2; Sharpe, *l. c.*, p. 434; *rodericana*, E. Newt. — Ile Rodriguez.

7517. RUBRA (Gm.); Sharpe, *Cat.*, p. 485; *erythrocephala*, Gm.; Vieill., *Ois. Chant.*, p. 52, pl. 28; Hartl., *Vög. Madag.*, p. 55. — Ile Maurice.

7518. SEYCHELLARUM, E. Newt., *P. Z. S.*, 1867, p. 346; Hartl., *Vög. Madag.*, p. 218; Sharpe, *l. c.*, p. 486; *seychellensis*, Shell. — Iles Seychelles.

7519. EMINENTISSIMA, Bp., *Consp.* I, p. 446; J. Verr., *Nouv. Arch. Mus.* III, p. 7, pl. 2, f. 2; *algondæ*, Schl. et Pol., *Faun. Madag.*, p. 109, pl. 34; *comorensis*, Cab.; *consobrinus* et *anjuanensis*, M.-Edw. et Oust., *Nouv. Arch. Mus.*, 1888, Bull., p. 271, pl. 9. — Iles Comores.

1338. PLOCEUS

Ploceus, Cuv. (1817).

7520. BAYA, Blyth, *J. A. S. Beng.*, 1844, p. 945; Jerd., *B. Ind.* II, p. 343; *Pl. enl.* 135, f. 2; *philippinus*, Lin.; *fuscicollis*, Rchb., *Singv.*, p. 75, pl. 33, ff. 263-265; Rchw., *Zool. Jahrb.* I, p. 156. — Inde, Ceylan.

7521. ATRIGULA, Hodgs., *Icon. ined.*, *Passeres*, pl. 278, ff. 1, 2; *passerinus*, Hodgs., *l. c.*, pl. 278, f. 3; *baya*, auct. plur. (nec Bl.); *flaviceps*, Gray (nec Cuv.); *megarhynchus*, Hume, *Str. F.*, 1875, p. 406. — Inde N.-E., Indo-Ch. W., Malacca, Sumatra, Java.

7522. BENGALENSIS (Lin.); *Pl. Enl.*, 398, f. 2; Rchb., *Singv.*, pl. 33, f. 262; *aurata*, Müll.; *regina*, Bodd.; *chrysomelas*, Vieill.; *aureus*, Less.; *albirostris*, Sw.; *flavigula*, Hodgs., *l. c.*, pl. 276, f. 4; *manyar*, Jerd. — Inde, Indo-Ch. N.-W.

7523. MANYAR (Horsf.), *Tr. Linn. Soc.*, 1820, p. 163; *flaviceps*, Less.; *striatus*, Blyth; *emberizinus*, Rchb., *Singv.*, p. 76, pl. 34, ff. 269-272. — Ceylan, Inde jusqu'au Ténassérim, Java.

7524. ? RUTLEDGII, Finn., *Pr. As. Soc. Beng.*, 1899, p. 77. — Naini Tal.

7525. SAKALAVA, Hartl., *Faun. Madag.*, p. 54; M.-Edw. et Grand., *Hist. Madag. Ois.*, p. 453, pl. 178; *sacalavus*, Rchw., *Zool. Jahrb.* I, p. 162, pl. 5, f. 2. — Madagascar S.-W.

1339. PLOCEELLA

Ploceella, Oates (1873); *Ploceus*, auct. plur.

7526. JAVANENSIS (Less.), *Tr. d'Orn.*, p. 446; Oates, *B. Br. Burm.* I, p. 362; *philippina*, Horsf.; *hypoxanthus*, Blyth; Rchb., *l. c.*, pl. 35, ff. 277, 278; *chrysœus*, Hume, *Str. F.*, 1878, p. 399. — Indo-Chine, Java.

1340. PACHYPHANTES

Pachyphantes, Shell. (1896); *Ploceus* (pt.), Rchw.

7527. SUPERCILIOSUS (Shell.), *Ibis*, 1873, p. 140; Sharpe, *Cat.* XIII, p. 470, pl. 14. — Côte-d'Or, Loango, Congo.

7528. PACHYRHYNCHUS (Rchw.), *Orn. Monatsb.*, 1893, p. 29. — Afrique centr. E.

1341. NELICURVIUS

Nelicurvius, Bp. (1850); *Ploceus*, auct. plur.

7529. PENSILIS (Gm.); Schl. et Pol., *Faun. Madag.*, p. 108; M.-Edw. et Grand., *H. N. Madag. Ois.*, p. 446, pl. 179; *nelicourvi* (!) Scop.; Sharpe, *l. c.*, p. 436. — Madagascar E. et N.-W.

1342. MELANOPTERYX

Melanopteryx, Rchw. (1886); *Malimbus* (pt.), auct. plur.

7530. NIGERRIMA (Vieill.), *N. Dict.* XXXIV, p. 130; Rchw., *Zool. Jahrb.* I, p. 125; Sharpe, *l. c.*, p. 476; *niger*, Sw. — Du Caméron au Congo (Afr. W.)

7531. ALBINUCHA (Bocage), *Jorn. Lisb.*, 1876, p. 247; *nigerrimus* (pt.), auct. plur. — De Libéria au Niger (Afr. W.)

7532. WEYNSI, Dubois, *Ornit. Monatsb.*, 1900, p. 69. — Bumba (Haut-Congo).

7533. INTERSCAPULARIS (Rchw.), *Ornit. Monatsb.*, 1893, p. 29. — Bundoko (Afr. centr.)

7534. RUFONIGER (Rchw.), *Orn. Monatsb.*, 1893, p. 29. — Kinjawanga (Afr. cent.)

1343. MALIMBUS

Malimbus, Vieill. (1805); *Sycobius*, Vieill. (1816); *Atalochrous*, Elliot (1876).

7535. RUBRICOLLIS (Sw.), *An. in Menag.*, p. 306; *malimbica* (pt.), Daud.; *cristatus* (pt.), Vieill., *Ois. Chant.*, p. 71, pl. 43; *textrix*, Licht.); *rufovelatus*, Fras.; id., *Zool. typ.*, pl. 46; *malimbus*, Bp.; *nuchalis*, Ell. — De Fernando Po et le Gabon jusqu'au Congo (Afr. W.)

1863. *Var.* BARTLETTI, Sharpe, *Cat. B.* XIII, p. 479; *nuchalis, rufovelatus, malimbus, rubricollis* (pt.), auct. plur. — De Libéria à la Côte-d'Or (Afr. W.)

1864. *Var.* CENTRALIS (Rchw.), *Orn. Monatsb.*, 1893, p. 30. — Afrique centr.

7536. CRISTATUS, Vieill., *Ois. Chant.*, p. 71, pl. 42; Hartl., *Orn. W. Afr.*, p. 133; *malimbica* (pt.), Daud.; Sharpe, *l. c.*, p. 480. — De Libéria au Congo (Afr. W.)

7537. CASSINI (Elliot), *Ibis*, 1859, p. 392, 1876, p. 461, pl. 13, f. 1. — Afrique W.

7538. NITENS (Gray), *Zool. Misc.*, p. 7; id., *Gen. B.* II, pl. 87, f. 1; Sharpe, *l. c.*, p. 481. — Afrique trop. W. et centr.

7539. SCUTATUS (Cass.), *Pr. Philad. Acad.*, 1849, p. 157; id., *Journ. Ph. Ac.* I, p. 297, pl. 41, ff. 1, 2; *rubropersonatus*, Shell., *Ibis*, 1887, p. 41, pl. 2, f. 2. — Afrique W.

1865. *Var.* SCUTOPARTITA (Rchw.), *J. f. O.*, 1894, p. 38. — Caméron.

7540. ERYTHROGASTER, Rchw., *Orn. Monatsb.*, 1893, p. 205; id., *J. f. O.*, 1896, pl. 4, ff. 2, 3. — Caméron.

7541. RACHELIÆ (Cass.), *Pr. Philad. Acad.*, 1857, p. 36; id., *Journ. Philad. Ac.*, 1862, p. 185, pl. 23, f. 3. — Gabon.

1344. ANAPLECTES

Anaplectes, Rchb. (1861); *Sharpia*, Bocage (1838).

7542. RUBRICEPS (Sundev.), *OEfv. K. Vet.-Ak. Förh. Stockh.*, 1850, p. 97; Ell., *Ibis*, 1876, p. 466, pl. 13, f. 2; *ayresi*, Shell., *Ibis*, 1882, p. 353, pl. 7, f. 2. — Afrique S.-E.

7543. GURNEYI (Sharpe), *Ibis*, 1887, p. 17, pl. 1, f. 1; *rubriceps*, Boc. — Afrique S.-W.

7544. MELANOTIS (Lafr.), *Rev. Zool.*, 1839, p. 20; id., *Mag. de Zool.*, 1839, pl. 7; Sharpe, *l. c.*, p. 413; *leuconotus*, v. Müll.; *pyrrhocephalus*, Heugl.; *hæmatocephalus*, Würt.; *erythrogenys*, Fisch. et Rchw., *J. f. O.*, 1884, p. 181. — De l'Afrique N.-E. à la Sénégambie.

7545. BLUNDELLI, Grant, *Ibis*, 1900, p. 132; ?*erythrocephalus*, Rüpp. — Abyssinie.

7546. ANGOLENSIS (Bocage), *Jorn. Lisb.*, 1878, p. 258; Shell., *Ibis*, 1887, p. 18, pl. 1, f. 2; Sharpe, *l. c.*, p. 413. — Benguela, Angola.

7547. SANCTI-THOMÆ (Hartl.), *Rev. Zool.*, 1848, p. 109; id., *Abh. nat. Ver. Hamb.*, 1848, pl. 9; Rchb., *Singv.*, p. 87, pl. 44, f. 324; Sharpe, *l. c.*, p. 418. — Ile St-Thomas (Afr. W.)

1345. PLOCEIPASSER

Plocepasser, Smith (1836); *Agrophilus* et *Leucophrys*, Sw. (1837); *Philagrus*, Cab. (1850).

7548. MAHALI, Smith, *Rep. Exp. C. Afr., App.*, p. 51; id., *Ill. Zool. S. Afr.*, pl. 65; Sharpe, *Cat.*, p. 245; *pileatus*, Sw.; *hæmatocephalus*, Licht. — Afrique S.

7549. MELANORHYNCHUS, Rüpp., *Syst. Uebers.*, p. 78; Heugl., *Orn. N.-O. Afr.*, p. 538, pl. 21; *superciliosus*, Des M., *Voy. Abyss.*, p. 110, pl. 9, f. 2 (nec Rüpp.); *mahali*, auct. plur. (nec Smith). — Afrique N.-E., Haut-Nil, Massaïland.

7550. PECTORALIS (Peters), *J. f. O.*, 1868, p. 133; Fin. et Hartl., *Vög. Ostafr.*, p. 387; Sharpe, *l. c.*, p. 247. — Afrique S.-E.

1866. *Var.* PROPINQUATA, Shell., *Ibis*, 1887, p. 6. — Somaliland.

7551. RUFOSCAPULATUS, Büttik., *Notes Leyd. Mus.*, 1888, p. 238, pl. 9, f. 2; Sharpe, *Cat.*, p. 248. — Afrique S.-W.

7552. SUPERCILIOSUS, Rüpp., *Atl. Vög.*, p. 24, pl. 15; Sharpe, *l. c.*, p. 248. — Afrique W. et N.-E.

7553. DONALDSONI, Sharpe, *Ibis*, 1896, p. 257. — Afrique E.

1346. HISTURGOPS

Histurgops, Rchw. (1887).

7554. RUFICAUDA, Rchw., *J. f. O.*, 1887, p. 67; Sharpe, *l. c.*, p. 505. — Afrique centr. E.

1347. TEXTOR

Textor, Tem. (1828); *Alecto*, Less. (1831); *Bubalornis*, Smith (1836); *Dertroides*, Sw. (1837); *Alectrornis*, Rchb. (1861).

7555. ALBIROSTRIS (Vieill.), *N. Dict.* XIII, p. 535; Sharpe, *l. c.*, p. 508; *alecto*, Tem., *Pl. col.* 446; Heugl., *Orn. N.-O. Afr.* I, p. 532. — Afrique N.-E.

7556. NIGER (Smith), *Rep. Exp. Centr. Afr., App.*, p. 52; ? *panicivora*, Lin.; *erythrorhynchus*, Smith, *Ill. Zool. S. Afr.*, pl. 64. — Afrique S. jusqu'au Transvaal.

1867. *Var.* INTERMEDIA (*intermedius*), Cab., in *v. der Deck. Reis.* III, p. 33, pl. 2; Sharpe, *l. c.*, p. 511. — Afrique E. de Zanzibar au Somali.

1868. *Var.* SCIOANA (*scioanus*), Salvad., *Ann. Mus. Civ. Gen.*, 1884, p. 195; Sharpe, *l. c.*, p. 511. — Choa.

1869. *Var.* SENEGALENSIS, Shell., *B. of Afr.* I, p. 34. — Sénégambie.

1348. DINEMELLIA

Dinemellia, Rchb. (1861); *Limoneres*, Rchw. (1885).

7557. DINEMELLI (Rüpp.), *Syst. Uebers.*, pp. 72, 76, pl. 30; Heugl., *Orn. N.-O. Afr.* I, p. 534; Sharpe, *l. c.*, p. 506; *leucocephalus*, Rüpp. — Afrique E. et N.-E., Haut-Nil.

7558. BOEHMI (Rchw.), *J. f. O.*, 1885, p. 372; *dinemelli*, auct. plur. (nec Rüpp.) — Victoria Nyanza, Massaïland.

7559. RUSPOLII, Salvad., *Mem. R. Acc. Sc. Torino*, 1894, p. 558. — Somaliland.

1349. AMBLYOSPIZA

Amblyospiza, Sundev. (1850); *Coryphegnathus*, Rchb. (1850); *Pyrenestes* (pt.), auct. plur.

7560. ALBIFRONS (Vig.), *P. Z. S.*, 1831, p. 92; Sundev., *OEfv. k. Vet.-Akad.*, 1850, p. 98; *frontalis*, Sw.; Smith, *Ill. Zool. S. Afr.*, pl[s] 61, 62; ? *schiffi*, Bp. — Afrique S.-E.

7561. UNICOLOR (Fisch. et Rchw.), *Orn. Centr.*, 1878, p. 88; id., *J. f. O.*, 1878, pp. 264, 354; *albifrons*, Sharpe (1873). — Zanzibar, Mombasa, Kilima Ndjaro.

7562. MELANONOTA (Heugl.), *J. f. O.*, 1863, pp. 21, 163; Sharpe, *l. c.*, p. 504; *frontalis* et *albifrons* (pt.), auct. plur. — Nil Blanc et Afrique équator.

7563. CAPITALBA (Bp.), *Consp.* I, p. 451; Shell., *Ibis*, 1887, p. 46; Sharpe, *l. c.*, p. 504. — De la Côte-d'Or au Congo.

7564. CONCOLOR, Bocage, *Jorn. Lisb.*, 1888, p. 229. — St-Thomas (Afr. W.)

1350. SPOROPIPES

Sporopipes, Cab. (1847); *Pholidocoma*, Rchb. (1861).

7565. SQUAMIFRONS (Smith), *Rep. Exped. Centr. Afr.*, p. 49; id., *Ill. Zool. S. Afr.*, pl. 95; *lepidopterus*, Licht.; Rchb., *Singv.*, p. 49, pl. 19, ff. 167, 168. — De l'Orange au Matabelel. et Benguela.

7566. FRONTALIS (Daud.), *Traité*, II, p. 445; Vieill., *Ois. Chant.*, p. 39, pl. 16; Bp., *Consp.* I, p. 444; Sharpe, *l. c.*, p. 409. — De Sénégambie à l'Afr. N.-E. et équator.

1851. CLYTOSPIZA

Clytospiza, Shell. (1896); *Pytelia* (pt.), auct. plur.

7567. MONTEIRI (Hartl.), *P. Z. S.*, 1860, p. 111, pl. 161; Sharpe, *l. c.*, p. 273; *stictilæma*, Rchw., *J. f. O.*, 1887, pp. 213, 305. — Afrique N.-E. et W.

1352. SPERMOSPIZA

Spermophaga, Sw. (1837, nec Schönh., 1833); *Spermospiza*, Gray (1840).

7568. HÆMATINA (Vieill.), *Ois. Chant.*, p. 102, pl. 67; Sharpe, *l. c.*, p. 498; *cyanorhynchus*, Sw., *B. W. Afr.* I, p. 165.	Afrique W.
7569. GUTTATA (Vieill.), *Ois. Chant.*, p. 103, pl. 68; Sharpe, *l. c.*, p. 500; *pustulata*, Voigt; *immaculosa*, Rchw., *J. f. O.*, 1877, p. 29.	Du Caméron au Congo.
7570. RUBRICAPILLA, Shell., *P. Z. S.*, 1888, p. 30; Sharpe, *l. c.*, pl. 15.	Afrique équator.

SUBF. II. — VIDUINÆ

1353. QUELEA

Quelea, Rchb. (1850); *Hyphantica*, Cab. (1850).

7571. ERYTHROPS (Hartl.), *Rev. Zool.*, 1848, p. 109; id., *Beitr. Orn. W. Afr.*, p. 53, pl. 8; Sharpe, *l. c.*, p. 255, pl. 10, f. 1; ?*erythrocephala*, Des M.; *capitata*, Du Bus; *hæmatocephala*, Heugl.	Afrique W. et équator.
7572. CARDINALIS (Hartl.), *J. f. O.*, 1880, p. 325, 1881, pl. 1, ff. 1, 2; Sharpe, *l. c.*, p. 256, pl. 10, f. 2.	Afrique équat. E.
7573. SANGUINIROSTRIS et *quelea* (Lin.); Vieill., *Ois. Chant.*, p. 46, pls 22-24; Sharpe, *l. c.*, pl. 10, f. 3; *lathami*, Sm.; *occidentalis*, Hartl., *Orn. W. Afr.*, p. 129.	Presque toute l'Afrique.
1870. *Var.* INTERMEDIA (Rchw.), *J. f. O.*, 1886, p. 394; Sharpe, *l. c.*, p. 259, pl. 10, f. 4.	Afrique E.
1871. *Var.* ÆTHIOPICA (Sundev.), *OEfv. K. Vet.-Akad.*, 1850, p. 126; Sharpe, *l. c.*, pl. 10, f. 5; *sanguinirostris* (pt.), auct. plur., *orientalis*, Heugl.	Afrique N.-E. jusqu'à Zanzibar.
7574. RUSSI (Finsch), *Gefied. Welt*, 1877, p. 317; Sharpe, *l. c.*, pl. 10, f. 6.	Transvaal.

1354. PYROMELANA

Oryx, Less. (1831, nec Oken, 1816); *Euplectes*, Sw. (1837, nec Leach, 1817); *Pyromelana*, Bp. (1851); *Orynx*, Cab. (1851); *Taha*, Rchb. (1861).

7575. FLAMMICEPS (Sw.), *B. W. Afr.* I, p. 186, pl. 15; *petiti*, Des M., in *Lefeb. Voy. Abyss.*, p. 112, pl. 10, f. 1; *craspedopterus*, Bp.; *pyrrhozona*, Heugl.	Afrique W., S., E. et N.-E.
7576. NIGRIVENTRIS (Cass.), *Pr. Philad. Acad.*, 1848, p. 66; id., *Journ. Phil. Ac.*, 1849, p. 242, pl. 31, f. 1; Sharpe, *l. c.*, p. 230.	De Zanzibar à Mozambique (Afr. E.)

7577. ORIX (Lin.), *Pl. Enl.* 309, f. 2; Vieill., *Ois. Chant.*, p. 100, pl. 66; Sw., *B. W. Afr.* I, p. 187; *pseudoryx* et *edwardsi*, Rchb.	Afrique S. jusqu'au Transvaal.
1872. *Var.* SUNDEVALLI (Bp.), *Consp.* I, p. 446; *petiti*, Kirk (nec Des M.)	Zambézie.
1873. *Var.* WERTHERI, Rchw., *Orn. Mon.*, 1897, p. 160.	Wembere (Afr. E. all.)
7578. NIGRIFRONS, Böhm, *J. f. O.*, 1884, p. 177, 1886, pl. 2, f. 2.	Tanganika, Victoria-Nyanza.
7579. FRANCISCANA (Isert), *Schr. Gesell. nat. Freunde Berlin*, 1789, p. 332, pl. 9; Sharpe, *l. c.*, p. 233; *ignicolor*, Vieill., *Ois. Chant.*, p. 92, pl. 59; *oryx*, C. Dub. (nec Lin.), *Orn. Gal.*, p. 44, pl. 29.	Afrique entre le 3° et le 20° l. N.
7580. FRIEDRICHSENI (Fisch. et Rchw.), *J. f. O.*, 1884, p. 55; Fisch., *Zeitschr. ges. Orn.* I, p. 327, pl. 19, f. 2.	Massaïland (Afr. E.)
7581. ANSORGEI, Hart., in *Ansorge* « *Under the Afr. Sun* » pl. 2, f. 2.	Afrique E. angl.
7582. GIEROWI (Cab.), *J. f. O.*, 1880, p. 106, pl. 3, f. 2.	Angola.
7583. AUREA (Gm.); Shell., *Ibis*, 1886, p. 354, pl. 9, f. 2; Sharpe, *l. c.*, p. 235; *aurinotus*, Sw.	Afrique W. et S.
7584. DIADEMATA (Fisch. et Rchw.), *Orn. Centralbl.*, 1878, p. 88; id., *J. f. O.*, 1878, pp. 264, 354, 1879, pl. 2, f. 4; Shell., *Ibis*, 1886, p. 354.	De Lamu à Pangani (Afr. E.)
7585. CAPENSIS (Lin.); *Pl. Enl.* 101, f. 1 et 659, f. 1; Sharpe, *l. c.*, p. 236; *nævia*, Gm.; *phalerata*, Licht.	Colonie du Cap W. (Afrique S.)
1874. *Var.* MINOR (Rchb.), *Singv.*, p. 59, pl. 24, ff. 210, 211; Sharpe, *l. c.*, p. 238; *capensis*, auct. plur.	Cap N.-E., Natal, Transv., Matabele.
1875. *Var.* PHOENICOMERA (Gray), *Ann. and Mag. N. H.*, 1862, p. 444; Sharpe, *l. c.*, p. 239.	Caméron.
7586. XANTHOMELAS (Rüpp.), *Neue Wirb.*, p. 94; id., *Syst. Uebers.*, p. 76, pl. 28; *xanthomelæna*, Sharpe, *l. c.*, p. 239.	De l'Abyssinie au Zambèze et Angola.
7587. AFRA (Gm.); Shell., *Ibis*, 1883, p. 552; *melanogastra*, Lath.; Vieill., *Ois. Chant.*, p. 52, pl. 28; *abyssinica*, Vieill.; *ranunculacea*, Licht.	De Sénégambie au Niger et Fernando Po.
7588. TAHA (Smith), *Rep. Exp. C. Afr.*, p. 50; id., *Ill. Zool. S. Afr.*, pl. 7; Sharpe, *l. c.*, p. 242; *dubius*, Sm.	Natal, Républ. Orange, Transvaal.
1876. *Var.* LADOENSIS (Rchw.), *J. f. O.*, 1885, p. 218.	Lado (Afr. centr. E.)
1877. *Var.* SCIOANA (Salvad.), *Ann. Mus. Civ. Gen.*, 1884, p. 185; *abyssinicus*, Rüpp. (nec Vieill.), *Neue Wirb.*, p. 96.	Choa, Abyssinie, Soudan.

1355. UROBRACHYA

Urobrachya, Bp. (1850).

7589. AXILLARIS (Smith), *Ill. Zool. S. Afr.*, pl. 17; Bp., *Consp.* I, p. 447; Sharpe, *l. c.*, p. 224.	Du Natal au Zanzibar (Afr. S.-E.)

1878. *Var.* HILDEBRANDTI, Sharpe, *Cat. B.* XIII, p. 225. — Région de Mombasa.

7590. PHOENICEA (Heugl.), *S. U.*, p. 39; id., *J. f. O.*, 1862, p. 304; Sharpe, *l. c.*; *axillaris*, Rchb., *Singv.*, p. 64, pl. 29, f. 228, et auct. plur. (nec Sm.); *zanzibarica*, Shell. *P. Z. S.*, 1881, p. 586. — Du Zanzibar au Nil Blanc.

1879. *Var.* TRAVERSII, Salvad., *Ann. Mus. Civ. Gen.*, 1888, p. 287. — Choa.

1880. *Var.* NIGRONOTATA, Sharpe, *Ibis*, 1898, p. 147; Jacks., *Ibis*, 1898, p. 135. — Witu (Afr. E. angl.)

7591. BOCAGEI, Sharpe, *Cat. Afr. B.*, p. 63; id., *l. c.*, p. 226; *axillaris*, Boc.; *affinis* et *mechowi*, Cab. — Angola, Benguela.

1356. DIATROPURA

Chera, Gray (1849, nec Hübn., 1816); *Diatropura*, Oberh. (1899).

7592. PROCNE (Bodd.); *Pl. Enl.* 635; Vieill., *Ois. Chant.*, p. 66, pls 39, 40; *caffra* et *longicauda*, Gm.; *imperialis*, Shaw; *phœnicopterus*, Sw. — Afrique S. jusqu'au Transvaal et le Benguela.

1357. PENTHETRIA

Coliuspasser! Rüpp. (1835-40); *Penthetria*, Cab. (1847); *Coliostruthus*, Sundev. (1849); *Niobe*, Rchb. (1861); *Penthetriopsis*, Sharpe (1890); *Drepanoplectes*, Sharpe (1891).

7593. ARDENS (Bodd.); *Pl. Enl.* 647; Cab., *Mus. Hein.* I, p. 177; Sharpe, *l. c.*, p. 215; *panayensis*, Gm.; *lenocinia* et *torquata*, Less.; *rubritorques*, Sw.; *auricollis*, Licht. — Afrique W., S., E. et équator.

1881. *Var.* CONCOLOR (Cass.), *Pr. Phil. Ac.*, 1848, p. 66; id., *Journ. Phil. Ac.* I, p. 241, pl. 30, f. 1. — Afrique S.-W.

7594. LATICAUDA (Licht.), *Verz. Doubl.*, p. 24; Heugl., *Orn. N.-O. Afr.* I, p. 580; *torquatus*, Rüpp., *Neue Wirb.*, p. 98, pl. 36, f. 2. — Abyss., Choa jusqu'au Kilima Ndjaro.

7595. HARTLAUBI, Bocage, *Orn. Angola*, p. 341; Sharpe, *l. c.*, p. 219. — Benguela, Angola.

7596. PSAMMACROMIA, Rchw., *Orn. Monatsb.*, 1900, p. 39. — Niassa.

7597. ALBONOTATA (Cass.), *Pr. Phil. Ac.*, 1848, p. 65; id., *Journ. Phil. Ac.* I, p. 241, pl. 30, f. 2; Sharpe, *l. c.*, p. 219. — Afrique S. et S.-E.

1882. *Var.* ASYMMETRURA, Rchw., *J. f. O.*, 1892, p. 126. — Afrique W. australe.

7598. EQUES (Hartl.), *P. Z. S.*, 1863, p. 106, pl. 15; Sharpe, *l. c.*, p. 220. — Afrique trop. E.

7599. MACRURA (Gm.); Sharpe, *l. c.*; *flavoptera*, Vieill., *Ois. Chant.*, pl. 41; *chrysoptera*, V.; *chrysonotus*, Sw. — Afrique W.

7600. MACROCERCA (Licht.), *Verz. Doubl.*, p. 24; Brown, *Ill. Zool.*, pl. 11; *flaviscapulatus*, Rüpp., *Neue Wirb.*, p. 98. — Abyssinie.

1883. *Var.* SOROR, Rchw., *J. f. O.*, 1887, p. 70; Sharpe, *l. c.*, p. 223. — Victoria-Nyanza N.-E.

7601. JACKSONI (Sharpe), *Ibis*, 1891, p. 246, pl. 5. — Massaïland.

1358. VIDUA (1)

Vidua, Cuv. (1800); *Videstrelda*, Lafr. (1850); *Steganura*, Rchb. (1850); *Tetrænura*, Rchb. (1861); *Linura*, Rchw. (1882).

7602. PRINCIPALIS et *serena* (Lin.); Vieill., *Ois. Chant.*, pl. 36; Sharpe, *l. c.*, p. 204; *erythrorhyncha*, Sw., *B. W. Afr.* 1, p. 176, pl. 12; *fuliginosa*, Licht.; *decora* et *carmelita*, Hartl. — La majeure partie de l'Afrique.

7603. HYPOCHERINA, Verr., *Rev. et Mag. de Zool.*, 1856, p. 260, pl. 16; *splendens*, Rchw., *J. f. O.*, 1879, p. 316; Forb., *P. Z. S.*, 1880, p. 475, pl. 47, f. 1. — Afrique trop. E.

7604. FISCHERI (Rchw.), *Orn. Centralbl.*, 1882, p. 91; id., *J. f. O.*, 1882, p. 350, pl. 2, f. 1; Sharpe, *l. c.*, p. 210. — Du Choa au Kilima Ndjaro (Afr. E.)

7605. REGIA (Lin.); Vieill., *Ois. Chant.*, pls 34, 35; Sharpe, *l. c.*, p. 209. — Afrique S. jusqu'au 15° l. S.

7606. PARADISEA (Lin.); *Pl. Enl.* 194; Vieill., *Ois. Chant.*, pls 37, 38; Sharpe, *l. c.*, p. 211. — Afrique W. et S.

1884. *Var.* SPHENURA (Bp.), *Consp.* I, p. 449; Rchb., *Singv.*, p. 63, pl. 28, ff. 226-27, *verreauxi*, Cass. *Pr. Philad. Acad.*, 1850, p. 56. — Afrique N.-E. et E.

1359. HYPOCHÆRA

Hypochæra, Bp. (1850).

7607. NITENS (Gm.); Vieill., *Ois. Chant.*, p. 44, pl. 21; Hartl., *Orn. W.-Afr.*, p. 142; ? *chalybeata*, S. Müll.; *ænea*, Hartl., *J. f. O.*, 1854, p. 115. — Sénégambie.

7608. ULTRAMARINA (Gm.); Cab., *Mus. Hein.* I, p. 175; Sharpe, *l. c.*, p. 309; *nitens* (pt.), auct. plur. (nec Gm.) — Abyssinie, Choa jusqu'au Nil Blanc.

1885. *Var.* ORIENTALIS, Rchw., *Vög. Deut.-O.-Afr.*, p. 188. — Afrique E.

1886. *Var.* PURPURASCENS, Rchw., *J. f. O.*, 1883, p. 221; id., *l. c.*; *funerea* (pt.), Sharpe. — Afrique E.

7609. FUNEREA (De Tar.), *Rev. Zool.*, 1847, p. 180; Sharpe, *l. c.*, p. 310; *ultramarina* (pt.), auct. plur. (nec Gm.) — Afrique W. et S.

(1) L'espèce suivante est inconnue des auteurs récents : *Vidua superciliosa*, Vieill., *N. Dict.* XII, p. 216; id., *Gal. Ois.*, p. 73, pl. 61.

7610. NIGERRIMA, Sharpe, *P. Z. S.*, 1871, p. 133; id., *Cat.*, p. 511; *nitens*, Boc. — Afrique S. et S.-W.

7611. AMAUROPTERYX, Sharpe, *Cat. B.* XIII, p. 509; *nitens* et *ultramarina* (pt.), auct. plur. — Afr. S., du Transv. à la Zambéz. et Mozamb.

SUBF. III. — ESTRILDINÆ

1360. PHILÆTERUS

Philæterus, Smith (1837).

7612. SOCIUS (Lath.), *Ind. Orn.* I, p. 381; Sharpe, *l. c.*, p. 249; *lepidus*, Smith, *Ill. Zool. S. Afr.*, pl. 8. — Afrique S. jusqu'au Transv. et Damara.

7613. ARNAUDI (Bp.), *Consp.* I, p. 444; Heugl., *Orn. N.-O. Afr.* I, p. 541, pl. 20; Sharpe, *l. c.*, p. 250; *molybdocephala*, Heugl. — Afrique N.-E. et équator.

7614. DORSALIS (Rchw.), *J. f. O.*, 1887, pp. 41, 71; Sharpe, *l. c.*, p. 251. — Victoria-Nyanza.

1887. *Var.* EMINI (Rchw.), *J. f. O.*, 1891, p. 210. — Afrique centr. E.

1361. NIGRITA

Æthiops, Strickl. (1841, nec Martin, 1840): *Nigrita*, Strickl. (1842); *Percnopsis*, Heine (1860); *Atopornis*, Rchw. (1895).

7615. CANICAPILLA (Strickl.), *P. Z. S.*, 1841, p. 30; Fras., *Zool. Typ.*, pl. 48; Sharpe, *l. c.*, p. 315. — Du Dahomey au Congo (Afr. W.)

7616. DIABOLICA (Rchw. et Neum.), *Orn. Monatsb.*, 1895, p. 74, 1899, p. 62; *kretschmeri*, Rchw., *l. c.*, 1895, p. 187 (juv.) — Kilima Ndjaro.

7617. EMILIÆ, Sharpe, *Ibis*, 1869, p. 384, pl. 11, f. 2; id., *l. c.*, p. 316; *canicapilla* (pt.), Büttik. — De Libéria à la Côte-d'Or.

7618. SPARSIMGUTTATA, Rchw., *Berl. Allg. Deut. Orn. Ges.* IX, p. 4. — Victoria-Nyanza.

7619. SCHISTACEA, Sharpe, *Ibis*, 1891, p. 118. — Sotik (Afr. E.)

7620. LUTEIFRONS, Verr., *Rev. et Mag. de Zool.*, 1851, p. 420; Sharpe, *l. c.*, p. 317. — Du Caméron au Gabon.

7621. LUCIENI, Sharpe et Bouv., *Bull. Soc. Zool. de Fr.* III, p. 75; Bocage, *Orn. Angola*, p. 337; *luteifrons*, Sharpe (1871). — Du Gabon au Congo (Afr. W.)

7622. BICOLOR (Hartl.), *Syst. Verz. Bremen*, 1844, p. 76; Sclat., *Contr. Orn.*, 1852, p. 83, pl.; Sharpe, *l. c.*, p. 318. — De Fantée au Congo (Afr. W.)

7623. FUSCONOTA, Fras., *P. Z. S.*, 1842, p. 145; id., *Zool. Typ.*, pl. 49; *pinaronota*, Sharpe, *l. c.*, p. 318. — Du Gabon au Congo, Fernando Po.

7624. UROPYGIALIS, Sharpe, *Ibis*, 1869, p. 384, pl. 11, f. 1. — Côte-d'Or.

7625. CABANISI, Fisch. et Rchw., *J. f. O.*, 1884, p. 54; Shell., *Ibis*, 1888, p. 292, pl. 6; Sharpe, *l. c.*, p. 251. — Kilima Ndjaro.

1362. PYRENESTES

Pyrenestes, Sw. (1837).

7626. OSTRINUS (Vieill.), *Ois. Chant.*, p. 79, pl. 48; Sharpe, *l. c.*, p. 252; *sanguineus*, Sw., *B. W. Afr.* I, p. 156, pl. 9.	De Sénégambie au Niger.
1888. *Var.* COCCINEA, Cass., *Pr. Phil. Ac.*, 1848, p. 67; id., *Journ. Phil. Acad.* I, p. 242, pl. 31, f. 2; *personatus*, Du Bus, *Bull. Acad. Brux.*, 1855, I, p. 151; *ostrinus* (pt.), auct. plur.	De Sénégambie au Congo.
1889. *Var.* MINOR, Shell., *Ibis*, 1894, p. 20.	Nyassaland.

1363. CRYPTOSPIZA

Cryptospiza, Salvad. (1884).

7627. REICHENOWI (Hartl.), *Ibis*, 1874, p. 166; Rchw., *J. f. O.*, 1875, p. 41, pl. 2, f. 1; Salvad., *Ann. Mus. Civ. Gen.*, 1884, p. 180.	Caméron.
7628. AUSTRALIS, Shell., *Ibis*, 1896, p. 184.	Nyassaland.
7629. SALVADORII, Rchw., *Berl. Allg. Deutsch. Orn. Ges.*, 1892, p. 6; id., *J. f. O.*, 1892, pp. 187, 221.	Choa.

1364. SPERMESTES

Spermestes, Sw. (1837); *Lepidopygia* et *Amauresthes*, Rchb. (1861).

7630. BICOLOR (Fras.), *P. Z. S.*, 1842, p. 145; id., *Zool. Typ.*, pl. 50, ff. 2, 3; Bp., *Consp.* I, p. 454; Sharpe, *l. c.*, p. 261.	De Sierra-Leone au Dahomey (Afr. W.)
7631. PUNCTATA, Heugl., *Orn. N.-O. Afr.* I, p. 594 (note); Sharpe, *l. c.*, p. 262; *poensis*, Sharpe, *Cat. Afr. B.*, p. 64.	Afrique W.
7632. POENSIS (Fras.), *P. Z. S.*, 1842, p. 145; id., *Zool. Typ.*, pl. 50, f. 1; Sharpe, *l. c.*, p. 262.	De Angola au Gabon et Fernando Po.
7633. STIGMATOPHORUS, Rchw., *J. f. O.*, 1892, pp. 46, 132.	Bukoba (Vict.-Nyanz.)
7634. NIGRICEPS, Cass., *Pr. Philad. Acad.*, 1852, p. 185; *rufodorsalis*, Peters, *J. f. O.*, 1863, p. 401; *punctipennis*, Bianc., *Spec. Zool. Mosamb.*, fasc. XVIII, p. 323, pl. 41, f. 1.	Du Natal au Zanzibar.
7635. CUCULLATA, Sw., *B. W. Afr.* I, p. 201; v. Müll., *Nouv. Ois. d'Afr.*, pl. 16; Sharpe, *l. c.*, p. 264; *prasipteron*, Less.	De Sénégamb. au Congo et Afr. centr. W.
1890. *Var.* SCUTATA (Heugl.), *S. U.*, p. 39; id., *J. f. O.*, 1863, p. 18; Sharpe, *l. c.*, p. 265; *cucullata*, auct. plur. (nec Sw.)	Afrique S.-E., E. et N.-E.

7636. NANA (Pucher.), *Rev. Zool.*, 1845, p. 52; *Mag. de Zool.*, 1845, pl. 58; Bp., *Consp.* I, p. 454; M.-Edw. et Grand., *H. N. Madag., Ois.*, p. 455, pl. 183. — Madagascar, Comores.

7637. FRINGILLOIDES (Lafr.), *Mag. de Zool.*, 1835, pl. 48; Hartl., *Orn. W.-Afr.*, p. 147; Sharpe, *l. c.*, p. 267. — La majeure partie de l'Afrique.

1365. ORTYGOSPIZA

Ortygospiza, Sundev. (1850).

7638. POLYZONA (Tem.), *Pl. col.* 221, f. 3; Hartl., *Orn. W.-Afr.*, p. 148; Sharpe, *l. c.*, p. 269; *fuscocrissa*, Heugl., *J. f. O.*, 1863, p. 18. — Afrique W., S., E. et N.-E.

7639. ATRICOLLIS (Vieill.), *N. Dict.* XII, p. 182; Sharpe, *l. c.*, p. 270; *lunulata*, Hartl., *Orn. W. Afr.*, p. 148. — Afrique W. et centr.

1366. LAGONOSTICTA

Lagonosticta, Cab. (1850); *Mormolycia*, Rchb. (1861); *Rhodopyga*, Heugl. (1868); *Lychnidospiza*, Heugl. (1871).

7640. RUBRICATA (Licht.), *Verz. Doubl.*, p. 27; Vieill., *Ois. Chant.*, pl. 9; Cab., *Mus. H.* I, p. 171; Sharpe, *l. c.*, p. 281. — Afrique S.-E.

7641. CONGICA, Sharpe, *Cat. B.* XIII, p. 280, pl. 11, f. 3; *rubricata* et *polionota*, auct. plur. — Haut-Congo.

7642. POLIONOTA, Shell., *Ibis*, 1873, p. 141; Sharpe, *l. c.*, p. 280, pl. 11, f. 2. — Fl. des Gazelles (Afr. N.-E.)

7643. RARA (Antin.), *Cat. descr. Ucc.*, p. 72; Sharpe, *l. c.*, p. 282; *melanogaster*, Heugl. (nec Sw.); *hypomelas*, Heugl., *J. f. O.*, 1868, p. 13, pl. 1, f. 4; *œnochroa*, Hartl.; id., *Zool. Jahrb.* II, p. 322, pl. 13, f. 6. — Afrique équator.

7644. RHODOPARIA, Heugl., *J. f. O.*, 1868, p. 16; Sharpe, *l. c.*, p. 282. — Afrique S., E. et N.-E.

7645. JAMESONI, Shell., *Ibis*, 1882, p. 355; Sharpe, *l. c.*, pl. 11, f. 1. — Afrique S.-E.

7646. LANDANÆ, Sharpe, *Cat. B.* XIII, p. 283, pl. 12, f. 1. — Bas-Congo.

7647. SENEGALA (Lin.); *Pl. Enl.* 157, f. 1; *ignita*, Gm.; Rchb., *Singv.*, p. 18, pl. 4, f. 36. — Sénégambie.

1891. *Var.* MINIMA (Vieill.), *N. Dict.* XII, p. 183; id., *Ois. Chant.*, pl. 10; Sharpe, *l. c.*, p. 276; *minuta*, Shell. — De Sénégambie au Niger (Afr. W.)

1892. *Var.* BRUNNEICEPS, Sharpe, *Cat. B.* XIII, p. 277; *minima* (nec Vieill.) et *senegala* (nec L.), auct. plur. — Afrique N.-E., E. et S.

1893. *Var.* SOMALIENSIS, Salvad., *Mem. R. Accad. Tor.*, 1894, p. 557. — Somali.

1894. *Var.* RENDALLII, Hart., *Novit. Zool.* V, p. 72. — Nyassaland.

7648. RUFOPICTA (Fras.), *P. Z. S.*, 1843, p. 27; id., *Zool. Typ.*, pl. 51; Heugl., *Orn. N.-O. Afr.* I, p. 615; Sharpe, *l. c.*, p. 278; *lateritia,* Heugl. — De Sierra-Leone au Niger et Afr. équat. jusqu'au Naut-Nil.

7649. NITIDULA, Hartl., *Bull. Mus. R. d'H. N. Belg.* IV, p. 145, pl. 4, ff. 1, 2; Sharpe, *l. c.*, p. 279. — Tanganika.

7650. VINACEA (Hartl.), *Orn. W. Afr.*, p. 143; Rchb., *Singv.*, p. 18; Sharpe, *l. c.*, p. 286. — Sénégambie.

7651. LARVATA (Rüpp.), *Neue Wirb.*, p. 97, pl. 36, f. 1; Heugl., *Orn. N.-O. Afr.*, p. 617; Shpe, *l. c.*, p. 286. — Afrique N.-E.

7652. NIGRICOLLIS, Heugl., *J. f. O.*, 1863, p. 273, 1868, p. 17, pl. 1, f. 1. — Afrique N.-E. à W.

1367. PYTELIA

Pytelia, Sw. (1837); *Zonogastris,* Cab. (1850); *Marquetia,* Rchb. (1861).

7653. PHOENICOPTERA, Sw., *B. W. Afr.* I, p. 203, pl. 16; Rchb., *Singv.*, p. 25, pl. 7, f. 65; Sharpe, *l. c.*, p. 30; *erythroptera,* Less. — De Sénégambie jusqu'au Haut-Nil.

1895. *Var.* EMINI, Hart., *Novit. Zool.* VI, p. 413. — Lado.

7654. LINEATA, Heugl., *S. U.*, p. 40; id., *J. f. O.*, 1863, p. 17; id., *Orn. N.-O. Afr.*, p. 623, pl. 19, f. 1; Sharpe, *l. c.*, p. 301. — Abyssinie.

7655. HYPOGRAMMICA, Sharpe, *Ibis*, 1870, p. 56; id., *l. c.*, p. 302, pl. 12, f. 2. — De la Côte-d'Or au Niger.

7656. AFRA (Gm.); Bp., *Consp.* I, p. 462; Forb., *P. Z. S.*, 1880, p. 476, pl. 47, f. 2; Sharpe, *l. c.*, p. 302; *cinereigula,* Cab.; *wieneri,* Russ.; *pyropteryx,* Schal., *J. f. O.*, 1884, p. 177. — Afrique, de l'Equat. au 12° l. S.

7657. CAPISTRATA (Hartl.), *J. f. O.*, 1861, p. 259; *sharpii,* Nichols., *P. Z. S.*, 1878, p. 130, pl. 10; Sharpe, *l. c.*, p. 303. — De Sénégambie au Dahomey.

7658. ANSORGEI, Hart., *Ibis*, 1900, p. 362. — Uganda (Afr. équat.)

7659. CITERIOR, Strickl., *Contr. Orn.*, 1852, p. 151; Edwards, *Glean.* VI, p. 130, pl. 272, f. 2; Sharpe, *l. c.*, p. 299; *elegans* (nec Gm.) et *melba* (nec L.), auct. plur. — Afrique N.-E. jusqu'en Sénégambie.

7660. MELBA (Lin.); *Pl. Enl.* 203, f. 1; Vieill., *Ois. Chant.*, pl. 25; *speciosa,* Bodd.; *elegans,* Gm.; ?*elegantissima,* Böhm, *J. f. O.*, 1884, p. 178. — Afrique austr. de l'Equat. au 30° l. S.

1896. *Var.* SOUDANENSIS, Sharpe, *Cat. B.* XIII, p. 298; *elegans, melba* et *citerior* (pt.), auct. plur. — Afrique N.-E. et équat.

1897. *Var.* AFFINIS, Ell., *Field Columb. Mus. Orn.* I, n° 2, p. 34. — Somaliland.

1368. HYPARGUS

Hypargus, Rchb. (1863).

7661. MARGARITATUS (Strickl.), *Ann. and Mag. N. H.*, 1844, p. 418, pl. 10; Des M., *Icon. Orn.*, pl. 64; Sharpe, *l. c.*, p. 275; *verreauxi*, Rchb., *Singv.*, p. 22, pl. 6, f. 49.	Colonie du Cap.
7662. NIVEIGUTTATUS (Peters), *J. f. O.*, 1868, p. 133; Fin. et Hartl., *Vög. Ostafr.*, p. 448; Shell., *P. Z. S.*, 1881, p. 558, pl. 52, f. 2.	Afrique E.
7663. DYBOWSKII (Oust.), *Naturaliste*, 1892, p. 231.	Haut-Congo.
7664. SCHLEGELI, Sharpe, *Ibis*, 1870, p. 482, pl. 14, ff. 2, 3; id., *l. c.*, p. 304.	De Sierra-Leone au Gabon.
7665. NITIDULUS (Hartl.), *Ibis*, 1865, p. 269; Sharpe, *l. c.*, p. 305; *hartlaubi*, Bianc., *Spec. Zool. Mosamb.* XVIII, p. 324, pl. 4, f. 2.	Du Mozambique au Natal.

1369. STICTOSPIZA

Stictospiza, Sharpe (1890).

7666. FORMOSA (Lath.), *Ind. Orn.* I, p. 441; Jerd., *B. Ind.* II, p. 361; Sharpe, *l. c.*, p. 287; *lateralis*, Bp.	Inde centr.

1370. AMADINA

Amadina, Sw. (1827); *Sporothlastes*, Cab. (1851).

7667. FASCIATA (Gm.); Vieill., *Ois. Ch.*, p. 90, pl. 58; Sw., *B. W. Afr.* I, p. 197, pl. 15; Sharpe, *l. c.*, p. 289; *detruncata*, Licht.	De Sénégambie à l'Afr. N.-E. jusqu'au Massaïland.
1898. *Var.* MARGINALIS, Sharpe, *Cat. B.* XIII, p. 290.	Afrique W.
7668. ERYTHROCEPHALA (Lin.); *Pl. Enl.* 309, f. 1; Smith, *Ill. Zool. S. Afr.*, pl. 69; Sharpe, *l. c.*; *brasiliana*, Bodd.; *maculosa*, Burch.; *reticulata*, Voigt; *argus*, Rchb.	Afrique S.

1371. STAGANOPLEURA

Staganopleura, Rchb. (1851).

7669. GUTTATA (Shaw), *Mus. Lever.*, p. 47, f. 2; Gould, *B. Austr.* III, pl. 86; ?*leucocephala*, Lath.; Vieill., *Ois. Ch.*, p. 50, pl. 26; *lathami*, Vig. et Horsf.	Australie S. et Nouv.-Galles du S.

1372. ZONÆGINTHUS

Zonæginthus, Cab. (1851).

7670. BELLUS (Lath.), *Ind. Orn., Suppl.* II, p. 46; Gould, *B. Austr.* III, pl. 78; *nitida*, Lath; Vieill., *Ois. Ch.*, p. 93, pl. 60. — Australie S. et Nouv.-Galles du S.

7671. OCULATUS (Quoy et G.), *Voy. de l'Astrol.* I, p. 211, pl. 18; *oculea*, Gould, *l. c.*, pl. 79. — Australie W. et S.-W.

1373. EMBLEMA

Emblema, Gould (1842).

7672. PICTA, Gould, *P. Z. S.*, 1842, p. 17; id., *B. Austr.* III, pl. 97. — Australie N. et centr.

1374. COCCOPYGIA

Coccopygia, Rchb. (1861).

7673. DUFRESNII (Vieill.), *N. Dict.* XII, p. 181; Sharpe, *l. c.*, p. 305; *erythronotus*, V.; *melanotis*, Tem., *Pl. col.* 221, f. 1; *melanogenys*, Sundev.; *neisna*, Licht. — Afrique S. jusqu'en Zambésie.

7674. QUARTINIA (Bp.), *Consp.* I, p. 461; Sharpe, *l. c.*, p. 307; *ernesti*, Heugl., *J. f. O.*, 1862, p. 29; id., *Orn. N.-O. Afr.*, p. 607, pl. 19, f. 2. — Afrique N.-E.

1899. *Var.* KILIMENSIS, Sharpe, *Cat. B.* XIII, p. 307. — Kilima Ndjaro.

1900. *Var.* SAVATIERI, Rochebr., *Faune Sénég. Ois.*, p. 252, pl. 21, f. 1. — Sénégambie.

1375. TÆNIOPYGIA

Tæniopygia, Rchb. (1861).

7675. CASTANOTIS (Gould), *P. Z. S.*, 1835, p. 105; id., *B. Austr.* III, pl. 87; Vieill., *Ois. Ch.*, pl. 3; Sharpe, *l. c.*, p. 311. — Australie.

1901. *Var.* INSULARIS (Wall.), *P. Z. S.*, 1863, p. 495; Sharpe, *l. c.*, p. 412. — Timor, Flores.

1376. STIZOPTERA

Stictoptera, Rchb. (1861, nec Guenée, 1852); *Stizoptera*, Oberh. (1899).

7676. BICHENOVII (Vig. et Horsf.), *Trans. Lin. Soc.*, 1827, p. 258; Gould, *B. Austr.* III, pl. 80; Sharpe, *l. c.*, p. 313. — Australie.

7677. ANNULOSA (Gould), *P. Z. S.*, 1839, p. 143; id., *l. c.*, pl. 81. — Australie N. et N.-W.

1377. SPORÆGINTHUS

Sporæginthus, Cab. (1851); *Amandava* et *Melpoda,* Rchb. (1861).

7678. AMANDAVA (Lin.); *Pl. Enl.* 115, f. 3; Vieill., *Ois. Ch.,* pl^s 1, 2; Sharpe, *l. c.,* p. 320; *punicea,* Horsf.; *punctata,* Blyth. — Inde, Indo-Chine, Malacca, Java, Bornéo.

7679. FLAVIDIVENTRIS (Wall.), *P. Z. S.*, 1863, pp. 486, 495; Sharpe, *l. c.*, p. 323; *amandava* et *punicea*, Oates; *burmanica,* Hume, *Str. F.*, 1876, p. 484. — Birmanie, Ténassérim, Flores, Timor.

7680. MARGARITÆ, Weld-Bl., *Bull. B. O. C.* X, p. 20; *Ibis,* 1900, p. 195; Grant, *Ibis,* 1900, p. 130, pl. 3, f. 1. — Abyssinie.

7681. SUBFLAVUS (Vieill.), *N. Dict.* XXX, p. 575; Sharpe, *l. c.,* p. 324; *sanguinolenta,* Tem., *Pl. col.* 221, f. 2; *mitchelli,* Rchb.; *miniatus,* Heugl.; *polyzona,* Butl., Feil. et Reid., *Zoolog.*, 1882, p. 300. — La majeure partie de l'Afrique, sauf le N.

7682. MELPODA (Vieill.), *N. Dict.* XII, p. 177; id., *Ois. Ch.,* p. 26, pl. 7; Sharpe, *l. c.*, p. 325; *lippa,* Licht.; Rchb., *Singv.*, pl. 7, ff. 62-64. — De Sénégambie à l'Angola.

1378. ESTRELDA

Estrelda, Sw. (1827); *Habropyga,* Cab. (1847); *Astrilda, Brunhilda,* Rchb. (1861); *Haplopyga,* Heugl.

7683. ASTRILD (Lin.); *Pl. enl.* 157, f. 2; Vieill., *Ois. Ch.,* p. 35, pl. 12; *astrilda,* Sharpe, *l. c.,* p. 391. — Afrique S.

1902. *Var.* RUBRIVENTRIS (Vieill.), *Enc. méth.* III, p. 992; id., *Ois. Ch.,* p. 36, pl. 13; Sharpe, *l. c.,* p. 393; *occidentalis,* Jard. et Fras.; *rufiventris,* Shell. — Afrique W.

1903. *Var.* MINOR (Cab.), *J. f. O.*, 1878, p. 229; *cærulescens,* Rüpp. (nec V.); *rubriventris,* Des M.; *astrild,* auct. plur. — Afrique E. et N.-E., H^t-Congo, Benguela.

7684. CAVENDISHI, Sharpe, *Ibis,* 1900, p. 110. — Mozambique.

7685. JAGOENSIS, Alex., *Ibis,* 1898, p. 85. — Iles du Cap Vert.

7686. RUFIBARBA et *buccalis* (Ehrenb.), *in Mus. Berol.;* Cab., *Mus. Hein.* I, p. 169; Sharpe, *l. c.,* p. 394. — Arabie S. et la côte d'Abyssinie.

7687. CINEREA (Vieill.), *N. Dict.* XII, p. 176; id., *Ois. Ch.,* p. 25, pl. 6; Rüpp., *Neue Wirb.,* p. 101; *troglodytes,* Licht.; *nigricauda,* Rchb., *Singv.,* p. 10, pl. 6, ff. 55, 56; *melanopygia,* Heugl. — Afrique du 15° l. N. au 10° l. S.

7688. RHODOPYGA, Sundev., *OEfv. K. Vet.-Akad. Förh. Stockh.*, 1850, p. 126; Sharpe, *l. c.*, p. 396; *rhodoptera,* Bp.; *frenata,* Cab.; *effrenata,* Licht.; *leucotis,* Heugl. — Afrique N.-E. et équatoriale.

7689. PALUDICOLA, Heugl., *J. f. O.*, 1863, p. 166, 1869, p. 9, pl. 1, f. 2; Sharpe, *l. c.*, p. 397; *palustris*, Heugl. — Du Nil Blanc à la région équator.
7690. ROSEICRISSA, Rchw., *J. f. O.*, 1892, p. 47. — Victoria-Nyansa.
1904. *Var.* MARWITZI, Rchw., *Orn. Monatsb.*, 1900, p. 40. — Afrique E. allem.
7691. OCHROGASTER, Salvad., *Boll. Mus. Torino*, XII, p. 4. — Abyssinie.
7692. ERYTHRONOTA (Vieill.), *N. Dict.* XII, p. 182; id., *Ois. Ch.*, p. 37, pl. 14; Gray, *Gen. B.* II, pl. 90, f. 1; Sharpe, *l. c.*, p. 397; *lipiniana*, Smith. — Afrique S.
7693. DELAMEREI, Sharpe, *Ibis*, 1900, p. 543. — Afrique E. angl.
7694. CHARMOSYNA (Rchw.), *J. f. O*, 1881, p. 333; Shell., *Ibis*, 1886, p. 330. — Berdera (Afr. E.)
1905. *Var.* NIGRIMENTUM, Salvad., *Ann. Mus. Civ. Genov.*, 1888, p. 281. — Choa.
7695. ATRICAPILLA, Verr., *Rev. et Mag. de Zool.*, 1851, p. 421; Shelley, *Ibis*, 1886, p. 330, pl. 9, f. 1; Sharpe, *l. c.*, p. 399. — Du Caméron au Gabon.
7696. NONNULA, Hartl., *J. f. O.*, 1863, p. 425; id., *Zool. Jahrb.* II, p. 321, pl. 13, f. 5; *tenerrima*, Rchw., *J. f. O.*, 1887, p. 307. — De l'Afrique équator. jusqu'au H^t-Congo.
7697. CÆRULESCENS (Vieill.), *N. Dict.* XII, p. 176; id., *Ois. Ch.*, p. 27, pl. 8; Sw., *B. W. Afr.* I, p. 195; Sharpe, *l. c.*, p. 284; *fimbriata*, Rchb. — Afrique W.
7698. CINEREOVINACEA, Souza, *Jorn. Lisb.*, 1889, p. 49. — Afrique S.
7699. PERREINI (Vieill.), *N. Dict.* XII, p. 179; Sharpe, *l. c.*, p. 285; *melanogastra*, Sw., *B. W. Afr.* I, p. 194. — Congo.
1906. *Var.* INCANA, Sundev., *OEfv. K. Vet.-Akad. Förh.*, 1850, p. 98; Sharpe, *l. c.*, p. 284; *natalensis*, Cab. — Du Mozambique au Natal (Afr. S.-E.)
1907. *Var.* POLIOGASTRA (Rchw.), *J. f. O.*, 1886, p. 121. — Inhambane (Mozamb.)
7700. THOMENSIS, Souza, *Jorn. Lisb.*, 1888, p. 155. — Ile St-Thomas.
7701. ? VIRIDIS (Vieill.), *N. Dict.* XII, p. 180; id., *Ois. Ch.*, p. 22, pl. 4. — Sénégambie.

1379. URÆGINTHUS

Granatina, Bp.? (1850, descr. nulla); *Uræginthus*, Cab. (1851); *Mariposa*, Rchb. (1861).

7702. PHOENICOTIS (Sw.), *B. W. Afr.* I, p. 192, pl. 14; Sharpe, *l. c.*, p. 400; *bengalus!* Lin.; *mariposa*, Less.; *cyanogastra*, Sharpe. — Afrique W., E. et N.-E.
7703. ANGOLENSIS (Lin.); Edw., *Nat. H. B.* III, pl. 131; Sharpe, *l. c.*, p. 402; *cyanogastra*, Daud. et auct. plur.; *phœnicotis* (pt.), auct. plur. — Afrique S.-E.
7704. CYANOCEPHALUS (Richm.), *Auk*, 1897, p. 157. — Kilima Ndjaro.
7705. GRANATINUS (Lin.); Vieill., *Ois. Ch.*, p. 40, pl^s 17, 18; Rchb., *Singv.*, p. 7, pl. 1, ff. 4, 5; Sharpe, *l. c.*, p. 403. — Afrique S. jusqu'à la Zambès. et l'Angola.

7706. IANTHINOGASTER, Rchw., *Orn. Centralbl*, 1879, p. 114; id., *J. f. O.*, 1879, p. 353, pl. 2, ff. 1, 2; Sharpe, *l. c.*, p. 404. — Afrique E.

7707. HAWKERI (Lort Phil.), *Ibis*, 1899, p. 303. — Somaliland.

1380. ÆGINTHA

Ægintha, Cab. (1851).

7708. TEMPORALIS (Lath.), *Ind. Orn. Suppl.* II, p. 48; Gould, *B. Austr.* III, pl. 82; Sharpe, *l. c.*, p. 372; *quinticolor*, Vieill., *Ois. Ch.*, p. 38, pl. 15. — Queensland et Nouv.-Galles du S. (Austr.)

1381. NEOCHMIA

Neochmia, Bp. (1850).

7709. PHAETON (Hombr. et Jacq.), *Ann. Sc. Nat.*, 1841, p. 314; id., *Voy. Pôle Sud*, pl. 22, f. 2; Gould, *B. Austr.* III, pl. 83; Sharpe, *l. c.*, p. 389. — Australie N.

1382. ERYTHRURA

Erythrura, Sw. (1837); *Amblynura*, Rchb. (1850); *Acalanthe*, Rchb. (1861); *Lobiospiza*, Hartl. et Fin. (1870).

7710. PRASINA (Sparrm.), *Mus. Carls.* II, pls 72, 73; *Pl. Enl.* 101, f. 2; Sharpe, *l. c.*, p. 381; *cyanopis* et *quadricolor*, Gm.; *sphæcura*, Tem., *Pl. col.* 96, ff. 1-3; *viridis*, Sw. — Ténassérim S., Malacca, Sumatra, Java, Bornéo.

7711. PSITTACEA (Gm.); Vieill., *Ois. Chant.*, p. 56, pl. 32; Sharpe, *l. c.*, p. 382; *pulchella*, Forst.; *paddoni*, Macgill. — Nouv.-Calédonie.

7712. PEALII, Hartl., *Arch. f. Naturg.*, 1852, pp. 104, 132; Cass., *U. S. Expl. Exp., Birds*, 1858, p. 138, pl. 8, f. 1; *prasina*, Peale, *U. S. Expl. Exp., Birds*, 1848, p. 116, pl. 31, f. 3. — Iles Fidji.

7713. CYANOVIRENS, Peale, *l. c.*, 1848, p. 117, pl. 31, f. 4; Cass., *l. c.*, 1858, p. 137, pl. 8, f. 2; Sharpe, *l. c.*, p. 384; *pucherani*, Bp.; *notabilis*, Hartl. et Fch., *P. Z. S.*, 1870, p. 817, pl. 49. — Iles Samoa.

7714. SERENA (Scl.), *Ibis*, 1881, p. 544, pl. 15, f. 1; Sharpe, *l. c.*, p. 385. — Ile Aneiteum (Nouv.-Hébrides).

7715. REGIA (Scl.), *Ibis*, 1881, p. 544, pl. 15, f. 2; Shpe, *l. c.* — Ile Api (Nouv.-Hébr.)

7716. TRICHROA (Kittl.), *Mém. Acad. St-Pétersb.*, 1835, p. 8, pl. 10; Rchb., *Singv.*, p. 33, pl. 11, f. 98; Bp., *Consp.*, p. 457; *kittlitzi*, Bp.; *phœnicura*, Bernst; *glauca*, Finsch, *Journ. Mus. Godef.* XII, p. 36. — Iles Carolines.

1908. *Var.* Modesta, Wall., *P. Z. S.*, 1862, p. 351. — Batj., Tern., Halmah.
1909. *Var.* Papuana, Hart., *Novit. Zool.* VII, p. 7. — Nouv.-Guinée.
1910. *Var.* Woodfordi, Hart., *l. c.* VII, p. 7. — Iles Salomon.
1911. *Var.* Cyaneifrons, Layard, *Ann. and Mag. N. H.*, 1878, p. 374. — Nouv.-Hébrides.
7717. tricolor (Vieill.), *N. Dict.* XII, p. 233; id., *Ois. Chant.*, p. 43, pl. 20; Sharpe, *l. c.*, p. 387. — Timor.
1912. *Var.* Forbesi, Sharpe, *Cat. B.* XIII, p. 387; *tricolor*, Scl.; *trichroa*, Forb. — Iles Ténimber.
7718. kleinschmidti (Finsch), *P. Z. S.*, 1878, p. 440, pl. 29; Sharpe, *l. c.* — Viti-Levu (Fidji).

1383. CHLORURA

Chlorura, Rchb. (1862).

7719. hyperythra, Rchb., *Singv.*, p. 33, pl. 11, f. 97; Sharpe, *l. c.*, p. 388. — Java.
7720. intermedia, Hart., *Novit. Zool.* III, p. 558. — Lombok.
7721. borneensis, Sharpe, *Ann. and Mag. N. H.*, 1889, p. 424; id., *l. c.*, p. 388. — Bornéo N.-W.
7722. brunneiventris, Grant, *Ibis*, 1894, pp. 518, 531. — Luçon.

1384. OREOSTRUTHUS

Oreospiza, De Vis (1897, nec Ridgw., 1896); *Oreostruthus*, De Vis (1898).

7723. fuliginosa (De Vis), *Ibis*, 1897, p. 389; 1898, p. 175. — Nouv.-Guinée angl.

1385. LOBOSPINGUS

Lobospingus, De Vis (1897).

7724. sigillifer, De Vis, *Ibis*, 1897, p. 389. — Nouv.-Guinée angl.

1386. POEPHILA

Poephila, Gould (1842); *Chloebia*, Rchb. (1861).

7725. acuticauda (Gould), *P. Z. S.*, 1839, p. 143; id., *B. Austr.* III, pl. 90; Sharpe, *l. c.*, p. 375. — Australie N. et N.-W.
1913. *Var.* Hecki, Heinr., *Orn. Monatsb.*, 1900, p. 23. — Australie (ubi?).
7726. cincta (Gould), *P. Z. S.*, 1836, p. 105; id., *B. Austr.* III, pl. 93. — Australie N.-E. et S.
7727. nigrotecta, Hart., *Ibis*, 1899, p. 647. — Cap York (Queensland).
7728. personata, Gould, *P. Z. S.*, 1842, p. 18; id., *B. Austr.* III, pl. 91. — Australie N. et N.-W.
7729. leucotis, Gould, *P. Z. S.*, 1846, p. 106; id., *l. c.*, pl. 92. — Australie N.

7730. ?ATROPYGIALIS, Diggles, *Queens. Phil. Soc.*, p. 876; Rams., *Tab. List. Austr. B.*, p. 10. — Golfe de Carpentarie.

7731. GOULDIÆ (Mitch.), *P. Z. S.*, 1844, p. 5; Gould, *B. Austr.* III, pl. 88; *mirabilis* (pt.), Des M., *Icon. Orn.*, pl. 3, f. 2. — Australie N. et N.-W.

7732. MIRABILIS, Des M. (pt.), *Icon. Orn.*, pl. 3, f. 1; Gould, *B. Austr.*, pl. 89; Sharpe, *Cat.*, p. 379. — Australie N. et N.-W.

7733. ?ARMITIANA, Rams., *Linn. Soc. N. S. W.*, 1878, pp. 70, 187. — Australie N.-W.

1387. BATHILDA

Bathilda, Rchb. (1861).

7734. RUFICAUDA (Gould), *P. Z. S.*, 1836, p. 106; id., *B. Austr.* III, pl. 84; Sharpe, *l. c.*, p. 374. — Queensland et Australie N. et N.-W.

1914. *Var.* CLARESCENS, Hart., *Novit. Zool.* VI, p. 427. — CapYork(Queensland).

1388. AIDEMOSYNE

Aidemosyne, *Euodice*, Rchb. (1861).

7735. MODESTA (Gould), *P. Z. S.*, 1836, p. 105; id., *B. Austr.* III, pl. 85; Rchb., *Singv.*, p. 14, pl. 3, ff. 23, 24; Sharpe, *l. c.*, p. 368. — Australie S. et S.-E.

7736. MALABARICA (Lin.); Rchb., *Singv.*, p. 47, pl. 16, f. 150; *cheet*, Syk.; Jard. et Sel., *Ill. Orn.*, pl. 34. — Afghanistan, Inde, Ceylan.

7737. CANTANS (Gm.); Vieill., *Ois. Chant.*, p. 88, pl. 57; Heugl., *Orn. N.-O. Afr.* I, p. 594; Sharpe, *l. c.*, p. 371. — Afrique W. et N.-E., jusqu'à Zanzibar et le S. de l'Arabie.

1389. UROLONCHA

Lonchura, Syk. (1832, nec Schön. 1801); *Uroloncha*, Cab. (1850); *Trichogramoptila*, Rchb. (1861).

7738. MOLUCCA (Lin.); *Pl. Enl.*, 139, f. 2 (nec f. 1); Rchb., *Singv.*, p. 38, pl. 14, ff. 118-120; Sharpe, *l. c.*, p. 367; *punctulata*, Bodd.; *variegata*, Vieill., *Ois. Chant.*, p. 82, pl. 51. — Moluques.

1915. *Var.* PROPINQUA, Sharpe, *l. c.*, p. 368; Mey. et Wg., *B. Cel.*, pp. 530, 531. — Céléb., Flores, Sumba, Sumbawa, Timor, Timorlaut.

1916. *Var.* KANGEANENSIS, Vorderm., *N. T. Ned. Ind.*, 1893, p. 199. — Iles Kangean.

7739. PECTORALIS (Jerd.), *B. Ind.* II, p. 355; Shpe, *l. c.*, p. 365. — Inde S.

1917. *Var.* KELAARTI (Blyth), *M. S.*; Jerd., *B. Ind.* II, p. 356; Legge, *B. Ceyl.*, p. 650, pl. 27, f. 2; *pectoralis* (pt.), auct. plur. — Ceylan.

7740. LEUCOSTICTA (D'Alb. et Salvad.), *Ann. Mus. Civ. Genov.,* 1879, p. 88; Salvad., *Orn. Pap.* II, p. 437; Sharpe, *l. c.*, p. 365. — Nouv.-Guinée S.-E.

7741. TRISTISSIMA (Wall.), *P. Z. S.*, 1865, p. 479; Salvad., *Orn. Pap.* II, p. 435; Sharpe, *l. c.*, p. 364. — Nouv.-Guinée.

7742. FUSCANS (Cass.), *Pr. Philad. Acad.*, 1852, p. 185; Salvad., *Ucc. Bornéo*, p. 268; Sharpe, *l. c.*, p. 364; *nigerrima* et *aterrima*, Cass., *l. c.* — Bornéo.

7743. LEUCOGASTROIDES (Horsf. et Moore), *Cat. B. E. I. Co. Mus.* II, p. 510; *melanopygia*, Rchb., *Singv.*, pp. 38, 48, pl. 17, ff. 153, 154. — Java, Sumatra.

7744. LEUCOGASTRA (Blyth), *J. A. S. Beng.* XV, p. 286; Salvad., *Ucc. Born.*, p. 267; Sharpe, *l. c.*, p. 362; *chrysura* et ?*melanictera*, Blyth. — Ténassérim S., Malacca, Bornéo.

1918. *Var.* EVERETTI (Tweed.), *Ann. and Mag. N. H.*, 1877, p. 96; id., *P. Z. S.*, 1877, pp. 699, 764, pl. 73, f. 2. — Philippines.

7745. FUMIGATA (Wald.), *Ann. and Mag. N. H.*, 1873, p. 488; Sharpe, *l. c.*, p. 361; *striata* et *monstriata*, Hume. — Iles Andaman.

7746. STRIATA (Lin.); *Pl. Enl.* 153, f. 1; Rchb., *Singv.*, p. 37, pl. 13, ff. 116-117; Legge, *B. Ceyl.*, p. 660; *leuconota*, Tem., *Pl. col.* 500, f. 1. — Inde centr. et S., Ceylan.

7747. SEMISTRIATA, Hume, *Str. F.*, 1874, p. 257, 1879, p. 107; Sharpe, *l. c.*, p. 361. — Iles Nicobar.

7748. ACUTICAUDA (Hodgs.), *Asiat. Research.* XIX, p. 153; id., *Icon. ined. Passeres*, pl. 283, ff. 1, 2, pl. 307, f. 3; Sharpe, *l. c.*, p. 356; *molucca* et *muscadina*, Bl. — Himalaya E., Indo-Chine W., Malacca et Sumatra.

1919. *Var.* SQUAMICOLLIS, Sharpe, *Cat. B.* XIII, p. 359; *acuticauda*, auct. plur. (pt.); Dav. et Oust., *Ois. Chine*, p. 343. — Chine, Formose, Haïnan.

7749. CANICEPS (Rchw.), *Orn. Centralbl.*, 1879, p. 139 (nec Salvad.); Fisch. et Rchw., *J. f. O.*, 1879, p. 352, pl. 2, f. 3. — Afrique E. équator.

1390. MUNIA

Munia, Hodgs. (1836); *Dermophrys*, Hodgs. (1841); *Donacola*, Gould (1842); *Oxycerca*, Gray (1842); *Maia*, Rchb. (1850); *Diachmura*, Rchb. (1861); *Donacicola*, Sund. (1872).

7750. PECTORALIS (Gould), *B. Austr.* III, pl. 95; Sharpe, *l. c.*, p. 354. — Australie N.-W.

7751. PUNCTULATA (Lin.); *Pl. Enl.* 139, f. 1; Sharpe, *l. c.*, p. 346; *undulata*, Müll.; *punctularia*, Gm.; *lineoventer*, Hodgs., *Icon. ined. Passeres*, pl. 307, f. 5. — Inde, Ceylan, Assam, Cachar.

1920. *Var.* SUBUNDULATA, Godw.-Aust., *P. Z. S.*, 1874, — Indo-Chine W.

p. 48; Sharpe, *l. c.*, p. 350; *superstriata*, *inglisi*, Hume; *punctularia* (pt.), auct. plur.

1921. *Var.* Topela, Swinh., *Ibis*, 1863, p. 380; Dav. et Oust., *Ois. Chine*, p. 343. — Chine S., Formose, Haïnan.

1922. *Var.* Nisoria (Tem.), *Pl. col.* 500, f. 2; Mey. et Wg., *B. Cel.*, p. 548; *punctularia*, *undulata* (pt.), auct. plur. — Malacca, Sum., Java, Lombock, Célèbes.

1923. *Var.* Cabanisi, Sharpe, *l. c.*, p. 353; *jagori*, Cab., *J. f. O.*, 1866, p. 14; 1872, p. 317 (nec *Dermophrys jagori*, Cab.) — Ile Luçon.

7752. pallida, Wall., *P. Z. S.*, 1863, pp. 486, 495; Sharpe, *l. c.*, p. 346. — Lombock, Flores, Célèbes S.

7753. subcastanea, Hart., *Novit. Zool.* VII, p. 161. — Célèbes W.

7754. flavipirymna (Gould), *P. Z. S.*, 1845, p. 80; id., *B. Austr.* III, pl. 96. — Australie N.

7755. caniceps, Salvad., *Ann. Mus. Civ. Genov.*, 1876, p. 38; id., *Orn. Pap.* II, p. 439; Sharpe, *l. c.*, p. 345. — Nouv.-Guinée S.-E.

7756. scratchleyana, Sharpe, *Ibis*, 1898, p. 613. — Nouv.-Guinée S.-E.

7757. hunsteini (Finsch), *Ibis*, 1886, p. 1, pl. 1 (*Donacicola hunsteini*); Sharpe, in *Gould's B. New Guin.* IV, pl. 26. — Nouv.-Irlande.

7758. nigerrima, Rothsch. et Hart., *Orn. Monatsb.* VII, p. 139. — Nouv.-Hanovre.

7759. grandis, Sharpe, *Linn. Soc. Journ. Zool.*, 1882, pp. 319, 442; id., in *Gould's B. New Guin.* IV, pl. 22; Salvad., *Orn. Pap.* III, p. 549. — Nouv.-Guinée S.-E.

7760. melæna, Scl., *P. Z. S.*, 1880, p. 66, pl. 7, f. 2; Salvad., *l. c.* II, p. 439. — Nouv.-Bretagne.

7761. forbesi, Scl., *P. Z. S.*, 1879, p. 449, pl. 37, f. 3; Salvad., *l. c.*, p. 438; Sharpe, in *Gould's B. New. Guin.* IV, pl. 23. — Nouv.-Irlande.

7762. spectabilis (Scl.), *P. Z. S.*, 1879, p. 449, pl. 37, f. 2; Salvad., *l. c.* II, p. 441, III, p. 549; Finsch, *Vög. der Südsee*, p. 14. — Nouv.-Bretagne.

7763. nigritorquis, Sharpe, *Ibis*, 1898, p. 613. — Nouv.-Guinée S.-E.

7764. nigriceps (Rams.), *Pr. Linn. Soc. N. S. W.*, 1877, p. 392; Salvad., *l. c.* II, p. 441; Sharpe, *B. New Guin.* IV, pl. 25. — Nouv.-Guinée S.-E.

7765. castaneithorax (Gould), *Syn. B. Austr.*, pt. II; id., *B. Austr.* III, pl. 94; *bivittata*, Rchb., *Singv.*, p. 28, pl. 8, f. 75. — Australie.

7766. sharpei (Madar.), *Ibis*, 1894, p. 548. — Nouv.-Guinée E.

7767. quinticolor (Vieill.), *N. Dict.* XIII, p. 538; id., *Ois. Ch.*, pl. 51; Rchb., *Singv.*, p. 48, pl. 17, f. 155; Sharpe, *l. c.*, p. 339. — Timor, Flores.

1924. *Var.* Wallacei, Sharpe, *Cat.*, p. 339; *quinticolor* — Lombock.

(pt.), Wall., *P. Z. S.*, 1863, p. 486; Fch., *New Guin.*, p. 176.

7768. FORMOSANA, Swinh., *Ibis*, 1865, p. 366; Dav. et Oust., *Ois. Chine*, p. 342; Sharpe, *l. c.*, p. 338. — Ile Formose, ? Luçon.

1925. *Var.* BRUNNEICEPS, Wald., *Tr. Z. S.* VIII, p. 73, pl. 9, f. 1; *atricapilla*, Salvad. (nec V.), *Ucc. Born.*, p. 265. — Bornéo, Célèbes, Togian, Labuan.

1926. *Var.* JAGORI, Martens, *J. f. O.*, 1866, p. 14; Salvad., *Orn. Pap.* II, p. 437; Mey. et Wg., *B. Cel.*, p. 544. — Philippines, Soulou, Halmahera.

1927. ? *Var.* MINUTA (Meyen), *N. Acta Acad. Caes. Leop. Car.* XVI, *Suppl.*, p. 86, pl. 22, f. 2; Martens, *J. f. O.*, 1866, p. 14 = *jagori?* — Luçon.

7769. ATRICAPILLA (Vieill.), *Ois. Chant.*, p. 84, pl. 53; Sharpe, *l. c.*, p. 334; *melanocephala*, Mc Clell.; Hodgs., *Icon. ined.*, *Passeres*, pl. 307, ff. 4, 5; *malacca*, *sinensis*, Gray; Dav. et Oust., *Ois. Chine*, p. 342. — Chine S.-W., Indo-Chine, Malacca.

1928. *Var.* RUBRONIGRA, Hodgs., *Asiat. Researches*, XIX, p. 153; Jerd., *B. Ind.* II, p. 253; Hume, *Str. F.*, 1879, p. 107. — Himalaya, Inde centr.

7770. MAJA (Lin.); *Pl. Enl.* 109, f. 1; Vieill., *Ois. Chant.*, p. 87, pl. 56; Rchb., *Singv.*, p. 40, pl. 15, ff. 130-32; *leucocephala*, Raffl. — Malacca, Sumatra, Java.

7771. FERRUGINOSA (Sparrm.), *Mus. Carls.*, pl[s] 90, 91; *maianoides*, Tem., *Pl. col.* 500, f. 3; *maja*, Horsf.; *ferruginea*, Gray. — Java, Bornéo.

7772. MALACCA (Lin.); *Pl. Enl.* 139, f. 3; Vieill., *Ois. Ch.*, p. 83, pl. 52; Rchb., *Singv.*, p. 39, pl. 14, ff. 121, 122; *braccata*, Licht.; *malaccensis*, Russ, *Stubenv.*, p. 169, pl. 6, f. 31. — Inde centr. et S., Ceylan.

1391. PADDA

Padda, Rchb. (1850); *Oryzornis*, Cab. (1851).

7773. ORYZIVORA (Lin.); *Pl. Enl.* 152, f. 1; Vieill., *Ois. Ch.*, p. 94, pl. 61; *javensis*, *calfat*, Gm.; *verecunda*, Rchb., *Singv.*, p. 41, pl. 15, f. 133; *leucotis*, Jerd., *B. Ind.* II, p. 359. — Malacca, Sum., Java (introd. dans divers pays de l'As. même sur la côte E. d'Afr.)

7774. FUSCATA (Vieill.), *Ois. Chant.*, p. 95, pl. 62; Rchb., *Singv.*, p. 43, pl. 15, f. 140; Sharpe, *Cat. B.*, p. 330. — Timor.

FAM. XLIV. — FRINGILLIDÆ (1)

SUBF. I. — FRINGILLINÆ

1592. FRINGILLA

Fringilla, Lin. 1766 ; *Cœlebs*, Cuv. 1800 ; *Struthus*, Boie 1828.

7775. CÆLEBS, Lin. ; Dress., *B. Eur.* IV, p. 5, pl. 182 ; Dubois, *Fne. ill. Vert. Belg.*, *Ois.* I, p. 584, pl. 133 ; *nobilis*, Schr. ; *spiza*, Pall. ; *hortensis*, *alpestris* et *minor*, Brm.	Europe, Asie S.-W.
7776. CANARIENSIS, Vieill., *N. Dict.* XII, p. 232 ; *tintillon*, Webb et Berth., *Orn. Canar.*, p. 21, pl. 4, f. 1 ; Dress., *B. Eur.* IV, p. 9, pl. 183, f. 1.	Iles Canaries.
1929. *Var.* MORELETI, Puch., *Rev. Mag. de Zool.*, 1859, p. 412, pl. 16 ; *tintillon*, Boc. (nec W. et B.	Iles Açores.
1930. *Var.* MADERENSIS, Sharpe, *Cat. B.* XII, p. 175.	Madeire.
7777. PALMÆ, Tristr., *Ann. and Mag. N. H.*, 1889, p. 489 ; id., *Ibis*, 1890, pl. 5 ; *cœrulescens*, Kg., *J. f. O.*, 1889, p. 182.	Ile Palma (Canaries).
7778. TEYDEA, Webb et Berth., *Orn. Canar.*, p. 20, pl. 1, ff. 1, 2 ; Dress., *B. Eur.* IV, p. 25, pl. 185.	Canaries.
7779. SPODIOGENYS, Bp., *Rev. Zool.*, 1841, p. 146 ; Dress., *B. Eur.* IV, p. 13, pl. 183, ff. 2, 3 ; *africana*, Levaill. jun., *Expl. Algér.*, pl. 7, ff. 1, 2.	Algérie.
1931. *Var.* KOENIGI, Rothsch. et Hart., *Orn. Mon.* I, p. 97.	Tunisie, Maroc.
7780. MONTIFRINGILLA, Lin. ; Dress., *B. Eur.* IV, p. 15, pl. 184 ; Dubois, *Fne. ill. Vert. Belg.* I, p. 589, pl. 136 ; *lulensis*, Lin. ; *flammea*, Beseke ; *septentrionalis*, *borealis* et *major*, Brm.	Europe, Asie N. et centr. jusqu'en Perse, Japon ; Algér.

1593. CANNABINA (2)

Linaria, Briss. 1760, nec Bot., 1752 ; *Cannabina*, Brm. 1828 ; *Linota*, Bp. (1838 ; *Acanthis*, Blyth. 1849, nec Bechst., 1805 ; *Ægiotus*, Cab. 1850 ; *Linacanthis*, Des M. 1854 ; *Agriospiza*, Sundev. 1872).

7781. FLAVIROSTRIS Lin. ; Dress., *B. Eur.* IV, p. 39, pl. 191 ; *montana*, Briss. ; Dubois, *Fne. ill.*, *Ois.* I, p. 602, pl. 139 ; *montium*, Gm. ; *media*, *microrhynchus*, Brm. (3).	Europe N. et centr.

(1) Voy. : Sharpe, *Cat. B. Brit. Mus.* XII (1888).

(2) Bechstein a créé le terme *Acanthis* pour les Chardonnerets, Tarins et Zizerins et non pour les Linottes comme l'a cru M. Sharpe. (Voy. Bechst., *Orn. Taschenb.*, p. 125.)

(3) La var. *Brewsteri*, Ridgw. (*Amer. Nat.*, 1872, p. 433), est un hybride.

7782. BREVIROSTRIS (Bp.), *Comp. List. B.*, p. 34; Dress., *l. c.* IV, p. 65, pl. 192; *pygmæ*, Gray; *flavirostris* (pt.), auct. plur.	Asie S.-W. et centr. jusqu'au Thibet et Cachemire.
7783. LINOTA (Gm.); Cab., *Mus. H.* I, p. 161; *cannabina*, Lin.; Dubois, *Fne. ill.*, *Ois.* I, p. 597, pl. 138; *argentoratensis*, Gm.; *vulgaris*, *linaria*, Rüpp.	Europe, Asie S.-W., Afrique N., Egypte.
1932. *Var.* FRINGILLIROSTRIS (Bp. et Schl.), *Mon. Loxiens*, p. 45, pl. 49; *bella*, Cab., *Mus. Hein.* I, p. 61; *cannabina* (pt.), auct. plur.; *sanguinea*, Hom. et Tancré.	Asie S.-W. jusqu'au Cachemire, Palestine, Arabie.
7784. LINARIA et *flammea* (Lin.); Dubois, *l. c.* I, p. 606, pl. 140; Wils., *Am. Orn.* IV, p. 42, pl. 30, f. 4; *vitis*, Müll.; *borealis*, Vieill.; *agrorum*, *betularum*, etc., Brm.; *canescens*, Gould, *B. Eur.* III, pl. 193; *fuscescens*, Coues; *brevirostris*, Holmgr.; *intermedius*, *innominatus*, Dyb.; *pallescens*, *ordinaria*, *parvirostris*, Stejn.	Europe sept., Sibérie, Amérique sept.; en hiver au S. jusqu'au 40° l. N.
1933. *Var.* HOLBOELLI (Brm.), *Vög. Deutschl.*, p. 280; Bp. et Schl., *Mon. Loxiens*, pl. 53; *alnorum*, *longirostris*, Brm.; *canescens*, Selys (nec Gould); *magnirostris*, Holmgr.; *brunnescens*, Hom., *J. f. O.*, 1879, p. 184.	Nord de l'Europe et de la Sibérie jusqu'au 72° l. N.
1934. *Var.* ROSTRATA (Coues), *Pr. Philad. Acad.*, 1861, p. 378; *lanceolata*, Selys; *groenlandica*, Bp.; *Rev. Mag. Zool.*, 1857, p. 55; *holboelli*, auct. plur. (nec Brm.)	Groenland et Amérique N.-E.
1935. *Var.* RUFESCENS (Vieill.), *Mem. R. Accad. Tor.*, 1816, p. 202; Dress., *B. Eur.* IV, p. 47, pl. 188; Dubois, *l. c.* I, p. 607, pl. 140[b]; *minor*, Leach; *linaria* (pt.), auct. plur.	Iles Britanniques, en hiver l'Europe occid.
1936. *Var.* HORNEMANNI (Holb.), *Naturl. Tidskr.* IV, p. 395; *borealis*, Tem. (nec V.); Audub., *B. Am.* III, p. 120, pl. 178; *canescens*, Bp. et Schl. (nec Gould), *Mon. Lox.*, pl. 51.	Islande, Groenland, Amérique N.-E.
1937. *Var.* EXILIPES (Coues), *Pr. Philad. Ac.*, 1861, p. 385; Newt., *Zool.*, 1877, p. 6; *borealis*, *linaria* et *canescens* (pt.), auct. plur.; *sibirica*, *pallescens*, Hom.	Nord de la Scandinavie, de la Russie, de la Sibérie et de l'Amérique.

1394. PROCARDUELIS

Procarduelis, Hodgs. (1844).

7785. NIPALENSIS (Hodgs.), *Asiat. Res.*, 1836, p. 157; id., *Icon. ined.*, *Passeres*, pl. 303, ff. 1, 2; Dav. et Oust., *Ois. Ch.*, p. 351; Sharpe, *Cat. B.*, p. 182; *saturata* et *fusca*, Blyth.	Himalaya, du Cachemire à la Chine occid.

7786. RUBESCENS, Blanf., *P. Z. S.*, 1871, p. 694, pl. 74; *mandellii*, Hume, *Str. F.*, 1873, pp. 14, 318. — Népaul, Sikkim.

1395. CARDUELIS

Carduelis, Briss. (1760); *Acanthis*, Bechst. (1803).

7787. ELEGANS, Steph. in *Shaw's Gen. Zool.* XIV, p. 30; Dress., *B. Eur.* III, p. 527, pl. 116; Dubois, *Fne. ill. Ois.* I, p. 613, pl. 141; *aurata*, Eyt.; *communis*, Blyth; *europœus*, Severtz.; *albigularis*, Madar., *Zeitschr. Ges. Orn.* I, p. 145, pl. 3 (aberr.) — Europe jusqu'au 64° 1/2 l. N., Afrique N., Egypte, Palestine, Canaries, Madeire.

1938. *Var.* MAJOR, Tacz., *P. Z. S.*, 1879, p. 672; Seeb., *Ibis*, 1882, pp. 424, 547. — Asie S.-W.

7788. CANICEPS, Vig., *P. Z. S.*, 1837, p. 23; Gould, *Cent. Him. B.*, pl. 33, f. 1; Sharpe, *l. c.*, p. 189; *orientalis*, Eversm.; Gould, *B. Asia*, V, pl. 17. — Du Sud de la Sibérie au N.-W. de l'Himalaya.

1396. CHRYSOMITRIS

Spinus (pt.), Koch (1816); *Chrysomitris*, Boie (1828); *Citrinella*, Bp. (1838); *Astragalinus*, *Hypacanthis*, Cab. (1851); *Pyrrhomitris*, Bp. (1850); *Melanomitris*, *Pseudomitris*, Cass. (1865); *Chloroptila*, Salvad. (1869).

7789. TRISTIS (Lin.); *Pl. Enl.* 202, f. 2; Wils., *Am. Orn.* I, p. 20, pl. 1, f. 2; Sharpe, *l. c.*, p. 195; *americanus*, Catesby. — Amérique du N. jusqu'au Mexique.

1939. *Var.* PALLIDA (Mearns), *Auk*, 1890, p. 244. — Arizona.

1940. *Var.* SALICAMANS, Grinn., *Auk*, 1897, p. 397. — Californie.

7790. YARRELLI (Audub.), *B. Amer.* III, p. 136, pl. 184; Sharpe, *l. c.*, p. 198; *hypoxantha*, Cab., *J. f. O.*, 1866, p. 160. — Brésil.

7791. SPINESCENS, Bp., *Consp.* I, p. 517; Shpe, *l. c.*, p. 199. — Colombie, Ecuador.

1941. *Var.* CAPITANEA (*capitaneus*), Bangs, *Pr. Soc. Wash.* XII, p. 178. — Sta-Marta (Col.)

7792. SCLATERI, Sharpe, *Cat. B. Br. Mus.* XII, p. 200; *icterica* (pt.), Scl. — Ecuador.

7793. ATRICEPS, Salv., *P. Z. S.*, 1863, p. 190; id. et Godm., *Biol. Centr.-Am.* I, p. 429, pl. 31, ff. 1, 2. — Guatémala.

7794. SPINOIDES (Vig.), *P. Z. S.*, 1831, p. 44; Gould, *Cent. Him. B.*, pl. 33, f. 2; Dav. et Oust., *Ois. Ch.*, p. 337. — Himalaya, du Cachem. à la Chine occid.

7795. AMBIGUA, Oust., *Bull. Mus. Paris*, 1896, p. 186. — Yun-nan.

7796. ?PISTACINA, Bp., *Consp.* I, p. 515 (ex Eversm. M. S.) — Sibérie.

7797. PSALTRIA (Say) in *Long's Exped.* II, p. 40; Bp., *Am. Orn.* I, p. 54, pl. 6, f. 3; Audub., *B. Am.*, pl. 400. — États-Unis W.

1942. *Var.* ARIZONÆ (Coues), *Pr. Philad. Acad.*, 1866, p. 82; Sharpe, *l. c.*, p. 206. — Arizona, Nouv.-Mex. et Mexique N.

1943. *Var.* MEXICANA (Sw.), *Phil. Mag.*, 1827, p. 435; Baird, Brew. et Ridgw., *H. N. Am. B.* I, p. 478, pl. 22, ff. 12, 13; *melanoxantha*, Licht.; *texensis*, Gir.; *columbianus*, Lawr. (nec Lafr.); *croceus*, Jouy.	Texas, Mexique, Amérique centr. jusqu'à Panama.
1944. *Var.* JOUYI, Ridgw., *Auk*, 1898, p. 320.	Yucatan.
1945. *Var.* COLUMBIANA (Lafr.), *Rev. Zool.*, 1843, p. 292; Tacz., *Orn. Pér.* III, p. 51; Salv. et Godm., *Biol. Centr.-Am.* I, p. 431.	Vénézuéla, Colombie, Ecuador, Pérou.
7798. XANTHOGASTRA, Du Bus, *Bull. Acad. R. Belg.*, 1855, I, p. 152; Salv. et Godm., *Biol. Centr.-Am.*, p. 430, pl. 31, f. 3; *bryanti*, Cass.	Costa-Rica, Colombie, Ecuad., Vénézuéla.
1946. *Var.* STEJNEGERI, Sharpe, *Cat. B.*, p. 210.	Bolivie.
7799. UROPYGIALIS, Scl., *Cat. Amer. B.*, p. 125; Tacz., *Orn. Pér.* III, p. 54.	Chili, Pérou S.
7800. ATRATA (d'Orb. et Lafr.), *Syn. Av.*, p. 83; d'Orb., *Voy. Am. mér.*, p. 364, pl. 48, f. 2; Tacz., *Orn. Pér.* III, p. 53.	De Mendoza à la Bolivie et Pérou.
7801. SPINUS (Lin.); Dress., *B. Eur.* III, p. 541, pl. 169; Dubois, *Fne. ill. Ois.* I, p. 617, pl. 142; *fasciata*, Müll.; *viridis*, Koch; *alnorum*, *medius*, etc., Brm.; *dybowskii*, Tacz.	Europe et Asie du 35° au 65° l. N., Japon, Afr. N.-W., Canar.
7802. BARBATA (Mol.), *Sagg. Hist. N. Chile*, p. 247; *stanleyi*, Audub. *B. Am.* III, p. 137, pl. 185; *campestris*, Gould (nec Spix); *marginalis*, Bp.; Cass., in *Gill. U. S. Astr. Exp.*, p. 181, pl. 17 (1855); *flavospecularis*, Hartl.; *noveboracensis*, Licht.	Chili, Patagonie, Malouines.
7803. ICTERICA (Licht.), *Verz. Doubl.*, p. 26; Sharpe, *l. c.*, p. 217; *magellanica*, Vieill., *N. Dict.* XII, p. 168; Audub., *B. Am.* III, p. 133, pl. 182; *campestris*, Spix, *Av. Bras.*, p. 48, pl. 61, f. 3; *barbata*, auct. plur. (nec Mol.); *notata*, auct. plur. (nec Du Bus).	Brésil, Argentine, Chili.
1947. *Var.* ALLENI (Ridgw.), *Auk*, 1899, p. 37.	Matto-Grosso (Brésil).
1948. *Var.* CAPITALIS, Cab., *J. f. O.*, 1866, p. 160; Sharpe (pt.), *l. c.*, p. 219; *barbata*, auct. plur. (nec Mol.)	Ecuador.
1949. *Var.* PERUANA (Berl. et Stolzm.), *P. Z. S.*, 1896, p. 352; capitalis (pt.), Sharpe.	Pérou.
1950. *Var.* BOLIVIANA, Sharpe, *Cat.*, p. 220; *magellanica*, d'Orb. et Lafr. (nec Vieill.)	Bolivie.
1951. *Var.* LONGIROSTRIS, Sharpe, *l. c.*, p. 220; *magellanica*, Vieill., *Ois. Chant.*, pl. 30 (nec *Dict.*)	Guyane.
7804. SIEMIRADZKII, Berl. et Tacz., *P. Z. S.*, 1883, p. 551, pl. 50.	Ecuador.
7805. OLIVACEA (Berl. et Stolzm.), *Spinus olivaceus*, *Ibis*, 1894, p. 387.	Pérou central.

7806. NOTATA (Du Bus), *Bull. Acad. R. Belg.*, 1847, II, p. 106; Bp., *Consp.* I, p. 516; Salv. et Godm., *Biol. Centr.-Am.* I, p. 428. — Mexique, Guatémala.

7807. FORRERI, Salv. et Godm., *Biol. Centr.-Am.* I, p. 429. — Mexique.

7808. LAWRENCII (Cass.), *Pr. Philad. Acad.*, 1850, p. 105, pl. 5; Ell., *New and Unfig. B. N. Am.*, pl. 8; Sharpe, *l. c.*, p. 223. — Californie, Arizona.

7809. CUCULLATA (Sw.), *Zool. Ill.* I, pl. 7; Sharpe, *l. c.*, p. 225; *cubæ*, Guér., *Mag. de Zool.*, 1835, pl. 44. — Vénéz., Trin. Introd. à Cuba et Porto-Rico.

7810. PINUS (Wils.), *Am. Orn.* II, p. 133, pl. 17, f. 1; Audub., *B. Am.* III, p. 125, pl. 180; *macroptera*, Du Bus, *Esq. Orn.*, pl. 23. — Amérique septentr., Mexique.

7811. THIBETANA, Hume, *Ibis*, 1872, p. 107; Sharpe, *l. c.*, p. 226, pl. 3. — Sikkim, Thibet W.

7812. RIETI, Oust., *N. Arch. Mus. Paris*, VI, 1894, p. 34. — Tatsien-lou.

7813. NIGRICEPS (Rüpp.), *Neue Wirb.*, p. 96, pl. 34, f. 2; Heugl., *Orn. N.-O. Afr.*, p. 646. — Abyssinie, Choa.

7814. CITRINELLOIDES (Rüpp.), *Neue Wirb.*, p. 95, pl. 34, f. 1; Heugl., *Orn. N.-O. Afr.*, p. 644. — Abyssinie, Afrique E.

7815. MELANOPS (Heugl.), *J. f. O.*, 1868, p. 92; id., *Orn. N.-O. Afr.*, p. 645. — Abyss., Choa, Massaïl.

7816. TOTTA (Sparrm.), *Mus. Carls.* I, pl. 18; Sharpe, *l. c.*, p. 231. — Afrique S.

7817. CITRINELLA (Lin.); *Pl. enl.* 658, f. 2; Dress., *B. Eur.* III, p. 535, pl^s 167, 168; *brumalis*, Scop.; *serinus* et *alpina*, Bp. — Europe centr. et mérid.

1397. CALLACANTHIS

Callacanthis, Rchb. (1850); *Burtonia*, Bp. (1850).

7818. BURTONI (Gould), *P. Z. S.*, 1837, p. 90; id., *B. Asia*, V, pl. 16; *erythrophrys*, Blyth, *J. A. S. Beng.* XV, p. 38. — Himalaya N.-W.

1398. LOXIMITRIS

Loximitris, Bryant (1866).

7819. DOMINICENSIS, Bryant, *Pr. Bost. Soc. N. H.*, 1866, p. 93; Cory, *B. of Haiti and S. Dom.*, p. 67. — St-Domingue.

1399. ACANTHIDOPS

Acanthidops, Ridgw. (1882).

7820. BAIRDI, Ridgw., *Pr. U. S. Nat. Mus.*, 1882, p. 335; Salv. et Godm., *Biol. Centr.-Am.* I, p. 433; Sharpe, *l. c.*, p. 234. — Costa-Rica.

1400. CHRYSOMITRIDOPS

Chrysomitridops, S. Wils. (1889).

7821. CÆRULEIROSTRIS, S. Wils., *P. Z. S.*, 1889, p. 445. — Kauai (Sandwich).

1401. LOXOPS

Loxops, Cab. (1847); *Hypoloxias*, Bp. (1850); *Byrseus*, Rchb. (1850).

7822. COCCINEA (Gm.); Gould, *Voy. « Sulphur », B.*, p. 41, pl. 22; Sharpe, *Cat. B.* X, p. 50. — Iles Sandwich.

7823. RUFA (Bloxam), in *Byron's Voy. « Blonde », App.*, p. 250; Rothsch., *Novit. Zool.* II, p. 54; *wolstenholmei*, Rothsch., *Ibis*, 1893, p. 570. — Ile Oahu (Sandwich).

7824. FLAMMEA, S. Wils., *P. Z. S.*, 1889, p. 445. — Molokai (Sandwich).

7825. OCHRACEA, Rothsch., *Ibis*, 1893, p. 570. — Ile Oahu (Sandwich).

7826. ROSEA (Dole), *Hawaian Alm.*, 1879, p. 44; Sharpe, *l. c.* X, p. 50. — Sandwich.

7827. AUREA (Dole), *l. c.*, p. 45; Finsch, *Ibis*, 1880, p. 80; Sharpe, *l. c.* — Sandwich.

1402. PINAROLOXIAS

Cactornis (pt.), Gould (1843); *Pinaroloxias*, Sharpe (1885).

7828. INORNATA (Gould), *P. Z. S.*, 1843, p. 104; id., *Voy. « Sulphur » B.*, p. 42, pl. 25; Sharpe, *l. c.* X, p. 52. — Ile Bow ou Harp (archip. Low).

1403. MONTIFRINGILLA

Montifringilla, Brm. (1828); *Chionospiza*, Kp. (1829); *Leucosticte*, Sw. (1831); *Orites*, Keys. et Bl. (1840, nec Mœhr., 1752); *Geospiza*, Glog. (1842, nec Gould, 1837); *Fringillauda*, Hodgs. (1844); *Pyrgilauda*, Verr. (1870); *Hypolia*, Ridgw. (1875); *Onychospiza*, Prjev. (1877); *Plectrofringilla*, Bogd. (1879).

7829. NIVALIS (Lin.); Bp. et Schl., *Monogr. Loxiens*, p. 40, pl. 46; Dress., *B. Eur.* III, p. 617, pl. 181; *saxatilis*, Koch; *fringilloides*, Boie; *glacialis*, Brm. — Montagnes de l'Europe mérid. jusqu'en Palestine.

7830. ALPICOLA (Pall.), *Zoogr. Rosso-Asiat.* II, p. 20; Blanf., *E. Persia*, II, p. 248; Radde, *Orn. Cauc.*, p. 171, pl. 8; *leucura*, Bp; *fringilloides*, Dress. — Caucase, Perse, Turk., Afghan. (Montag[nes]).

7831. ADAMSI, Moore, *MS.*; Adams, *P. Z. S.*, 1858, p. 482, 1859, p. 178, pl. 156; Gould, *B. Asia*, V, pl. 1; Dav. et Oust., *Ois. Chine*, p. 547. — Ladakh, Cachemire, Kansou, Thibet.

7832. MANDELLII, Hume, *Str. F.*, 1876, p. 488; Sharpe, *l. c.* XII, p. 262; *taczanowskii*, Pjev., in *Rowl. Orn. Misc.* II, p. 290, pl. 3. — Kansou, Thibet.

7833. RUFICOLLIS, Blanf., *Pr. As. S. Beng.*, 1871, p. 227; Gould, *B. Asia*, V, pl. 5; Prjev., in *Rowl. Orn. Misc.* II, p. 292, pl. 54, f. 2.	Sikkim, Thibet, Kansou, Kokonoor.
7834. BLANFORDI, Hume, *Str. F.*, 1876, p. 487; Sharpe, *l. c.*, p. 264, pl. 4.	Sikkim, Thibet.
7835. DAVIDIANA (Verr.), *N. Arch. Mus.*, *Bull.* VI, p. 40, VII, p. 62, pl. 1, f. 2; Dav. et Oust., *Ois. Chine*, p. 339, pl. 90; *ouratensis*, A. Dav., *MS.*	Mongolie chinoise.
7836. NEMORICOLA (Hodgs.), *Asiat. Research.*, 1836, p. 158; id., *Icon. ined.*, *Passeres*, pl. 288; Bp. et Schl., *Mon. Lox.*, pl. 47; Dav. et Oust., *Ois. Chine*, p. 334.	Himalaya E., Chine W.
1952. *Var.* ALTAICA (Eversm.), *Bull. Soc. Imp. Nat. Moscou*, XXI, p. 223; ?*murrayi*, Blyth; *sordida*, Stol., *J. A. S. Beng.*, 1868, p. 63; *pulverulentus*, Severtz.	De l'Altaï au Thibet et le N.-W. de l'Himalaya.
7837. BRANDTI (Bp.), *Consp.* I, p. 537; Sharpe, *l. c.*, p. 269; *hæmatopygia*, Gould, *P. Z. S.*, 1851, p. 114; id., *B. As.* V, pl. 3; *pamirensis*, Severtz.	Himalaya, de Sikkim au Cachem., Kashgar et Thian-Shan.
7838. ROBOROWSKII (Prjev.), *J. f. O.*, 1887, p. 281.	Thibet.
7839. ARCTOA (Pall.), *Zoogr. Rosso-As.* II, p. 11; Bp. et Schl., *Mon. Lox.*, p. 38, pls 44, 45; Gould, *B. As.* V, pl. 2; *gebleri*, Salvad., *P. Z. S.*, 1868, p. 580.	Sibérie E.
7840. GIGLIOLII (Salvad.), *P. Z. S.*, 1868, p. 579, pl. 44; Sharpe, *l. c.*, p. 273.	Région du Baikal.
7841. TEPHROCOTIS (Sw. et Rich.), *Faun. Bor.-Am.*, p. 265, pl. 50; Baird, Br. et Rid., *Hist. N. Am. B.* I, p. 504, pl. 23, f. 8.	Colombie angl. et Montagnes Rocheuses.
1953. *Var.* ATRATA (Ridgw.), *Bull. U. S. Geol. Surv.* I, p. 69; Sharpe, *l. c.*, p. 274.	Colorado, Utah.
1954. *Var.* AUSTRALIS (Allen), Ridgw., *Bull. Essex Inst.*, 1873, p. 182; Hensh., *Rep. Zool. Expl. 100 th Merid.*, p. 249, pls 5, 6; *tephrocotis*, auct. plur.	Colorado, Nouv.-Mex.
7842. GRISEINUCHA (Brandt), *Bull. Sc. Acad. St-Pétersb.*, 1842, p. 252; Bp. et Schl., *Mon. Loxiens*, p. 35, pl. 41; *griseogenys*, Gould; *pustulata*, Cab.; *speciosa*, Finsch.	Iles Aléoutiennes.
1955. *Var.* LITTORALIS (Baird), *Tr. Chicago Acad.* I, p. 318, pl. 28, f. 1; *campestris*, Baird; *tephrocotis, var. littoralis*, Coues.	De la Colombie angl. au Colorado.
7843. BRUNNEINUCHA (Brandt), *Bull. Sc. Acad. St-Pétersb.*, 1842, p. 252; Bp. et Schl., *Mon. Loxiens*, p. 36, pl. 42; Gould, *B. As.* V, pl. 4.	Japon, Kamtschatka, Sibérie E., Chine N.-E.

1404. RHODOPECHYS

Rhodopechys, Cab. (1851).

7844. SANGUINEA (Gould), *P. Z. S.*, 1837, p. 127; id., *B. Asia*, V, pl. 28; Dress., *B. Eur.* IV, p. 91, pl. 197; *phœnicoptera*, Bp.; *rhodopterus*, Licht. — Caucase, Perse, Asie Min., Palest., Arabie, Algérie.
7845. ALIENA, Whitak., *Ibis*, 1898, pp. 155, 601. — Maroc.

1405. RHYNCHOSTRUTHUS

Rhynchostruthus, Scl. et Hartl. (1881).

7846. SOCOTRANUS, Scl. et Hartl., *P. Z. S.*, 1881, p. 171; *riebecki*, Hartl., *P. Z. S.*, 1881, p. 954, pl. 72. — Ile Socotra.
7847. LOUISÆ, Phill., *Ibis*, 1897, p. 448, 1898, p. 398, pl. 8. — Somaliland.

1406. ERYTHROSPIZA

Erythrospiza, Bp. (1832-41); *Bucanetes*, Cab. (1851); *Rhodospiza*, Sharpe (1888).

7848. GITHAGINEA (Licht.), *Verz. Doubl.*, p. 24; Tem., *Pl. col.* 400; Bp. et Schl., *Mon. Lox.*, pl. 33; Dress., *B. Eur.* IV, p. 85, pl. 196; *payraudæi*, Aud.; *crassirostris*, Blyth. — Asie S.-W., Europe S., Afrique N. et N.-E.
7849. MONGOLICA (Swinh.), *P. Z. S.*, 1870, p. 447; Dav. et Oust., *Ois. Chine*, p. 349, pl. 97; *incarnata*, Severtz.; Gould, *B. Asia*, V, pl. 30. — De l'Afghanistan et le Turkest. jusqu'au N. de la Ch. et la Mong.
7850. OBSOLETA (Licht.), in *Eversm. Reise, Anh.*, p. 132; Bp. et Schl., *Mon. Lox.*, p. 28, pl. 32; Gould, *B. As.* V, pl. 29; Sharpe, *l. c.*, p. 282. — Asie S.-W. et centr.

1407. PETRONIA

Petronia, Kp. (1829); *Gymnorhis*, Hodgs. (1844); *Xanthodira*, Sundev. (1850); *Carpospiza*, v. Müll. (1854).

7851. STULTA (Gm.); Dress., *B. Eur.* III, p. 607, pl. 180, f. 2; Dubois, *Fne. ill. Ois.* I, p. 577, pl. 133; *petronia*, Lin.; *bononiensis* et *leucura*, Gm.; *rupestris*, etc., Brm.; *petronius*, Blyth; *sylvestris*, Jaub. et Lapom. — Europe centr. et S., Asie centr.
1956. *Var.* BREVIROSTRIS, Tacz., *J. f. O.*, 1874, p. 323. — Sibér. S.-E., Chine N.
1957. *Var.* PUTEICOLA (Festa), *Bol. Mus. Univ. Tor.*, 1894, p. 3; Erl., *J. f. O.*, 1899, p. 482, pl. 13, f. 1. — Palestine.
1958. *Var.* BARBARA, Erl., *J. f. O.*, 1899, p. 481, pl. 13, f. 2. — Afrique N.
1959. *Var.* MADEIRENSIS, Erl., *l. c.*, p. 482, pl. 13, f. 4. — Madeire, ? Canaries.

7852. BRACHYDACTYLA, Bp., *Consp.* I, p. 513; Dress., *B. Eur.* III, p. 611, pl. 180, f. 1; *lacteus* et *longipennis*, v. Müll.; *griseus*, Heugl. — Arabie, Palestine jusqu'en Perse.

7853. FLAVICOLLIS (Frankl.), *P. Z. S.*, 1831, p. 120; Sharpe, *l. c.*, p. 293; *flavirostris*, Hodgs., *Icon. ined.*, *Passeres*, pl. 287; *xanthosterna*, Bp. — Asie S.-E., Inde.

7854. DENTATA (Sundev.), *OEfv. k. Vet.-Ak. Förh. Stockh.*, 1850, p. 127; Heugl., *Orn. N.-O. Afr.* I, p. 625, pl. 21, f. 1; *nigripes*, Licht.; *lunatus*, *fazoglensis*, Heugl.; *albigularis*, Brm.; *canicapillus*, Bl. — Afrique N.-E.

7855. PYRGITA (Heugl.), *J. f. O.*, 1862, p. 30; id., *Orn. N.-O. Afr.* I, p. 627, pl. 21, f. 2; Shpe, *Cat.*, p. 296. — Afrique E. et N.-E.

7856. PETRONELLA (Licht.); Sharpe, *l. c.*, p. 297; *superciliaris*, Blyth, *J. A. S. Beng.* XIV, p. 553; *flavigularis*, Sundev.; *petronoides*, Cab.; *humilis*, Bp.; *flavigula*, Boc., *Orn. Angola*, p. 365. — Afrique S. jusque la Zambézie et le Damaraland.

1408. PASSER

Passer, Briss. (1760); *Pyrgita*, Cuv. (1817); *Pyrgitopsis*, *Corospiza*, *Auripasser*, Bp. (1850); *Chrysospiza*, Cab. (1851); *Salicipasser*, Bogd. (1879); *Sorella*, Hartl. (1880).

7857. MONTANUS (Lin.); Dubois, *Fne. ill. Vert. Belg. Ois.* I, p. 572, pl. 132; *hamburgia*, Gm.; *campestris*, Schr.; *montanina*, Pall.; *septentrionalis*, Brm.; *arboreus*, Blyth. — Europe et Asie centr. jusqu'au 65° l. N., Indo-Chine, Japon, Afrique N.-E.

1960. *Var.* MALACCENSIS, Dubois, *l. c.*, pp. 572-73 (1885). — Malacca, Java.

1961. *Var.* SATURATA (Stejn.), *Pr. U. S. Nat. Mus.* VIII, p. 19. — Iles Liu-Kiu (Japon).

1962. *Var.* DILUTA (Richm.), *Pr. U. S. Nat. Mus.* XVIII, p. 575. — Kashgar.

7858. DOMESTICUS (Lin.); Dubois, *l. c.* I, p. 565, pl. 131; *pagorum*, *rustica*, etc., Brm.; *pyrrhoptera*, Less.; *arboreus*, Licht.; *confucius*, *tingitanus*, Bp.; *pectoralis*, *cahirina*, Heugl. — Europe sept. et centr., Asie centr. jusqu'au 62° l. N., Afrique N. et N.-E.

1963. *Var.* INDICA, Jard. et Sel., *Ill. Orn.* III, p. 118; Seeb., *Ibis*, 1883, p. 8. — Inde, Ceylan.

7859. ITALIÆ (Vieill.), *N. Dict.* XII, p. 199; Dress., *B. Eur.* III, p. 585, pl. 176, f. 2; *cisalpina*, Tem.; *italicus*, K. et Bl. — Europe S., Palestine, Afrique N.-E.

1964. *Var.* HISPANIOLENSIS (Tem.), *Man. d'Orn.* (1820), p. 353; Dress., *B. Eur.* III, p. 593, pl. 177; *salicicola*, Vieill.; *salicaria*, *rueppellii*, Bp. — Europe S., Afrique N. et N.-E., Canaries, îles Cap Vert, Asie S.-W.

7860. PYRRHONOTUS, Blyth, *J. A. S. Beng.*, 1844, p. 946; Sharpe, *Cat.* XII, p. 316, pl. 5. — Sind.

7861. INSULARIS, Scl. et Hartl., *P. Z. S.*, 1881, p. 169, pl. 16. — Ile Socotra.

7862. HEMILEUCUS, Grant et Forb., *Bull. Liverp. Mus.* II, p. 3. — Ile Abd-el-Kuri.

7863. MOABITICUS, Tristr., *P. Z. S.*, 1864, p. 169; id., *Faun. and Flor. Palest.*, p. 68, pl. 9, ff. 3, 4. — Palestine.

7864. YATEI, Sharpe, *Cat. B.* XII, p. 322. — Afghanistan W.

7865. JAGOENSIS (Gould), *P. Z. S.*, 1837, p. 77; id., *Voy. « Beagle », B.*, p. 95, pl. 31; *erythrophrys*, Bp.; *brancoensis*, Oust., *Ann. Sc. Nat. Zool.*, 1883, art. 5, p. 2. — Iles du Cap Vert.

7866. MOTITENSIS, Smith, *Ill. Zool. S. Afr.*, pl. 114; Sharpe, *l. c.*, p. 324. — Afrique S. au 20° l. S.

1965. *Var.* RUFOCINCTA, Fisch. et Rchw., *J. f. O.*, 1884, p. 55; *motitensis* (pt.), Heugl. — Afrique E. et N.-E.

7867. SHELLEYI, Sharpe, *Ibis*, 1891, p. 256. — Lado (Afrique E.)

7868. CINNAMOMEUS (Gould), *P. Z. S.*, 1835, p. 185; Hume et Hend., *Lahore to Yark.* p. 252, pl. 25; Sharpe, *l. c.*, p. 325. — Himalaya, de l'Afghan. au S. de la Chine.

7869. CASTANOPTERUS, Blyth, *J. A. S. Beng.* XXIV, p. 302; Heugl., *Orn. N.-O. Afr.* I, p. 633; Shpe, *l. c.*, p. 328. — Afrique N.-E.

7870. RUTILANS, Tem., *Pl. col.* 488, f. 2; *russatus*, Tem. et Schl., *Faun. Jap.*, p. 90, pl. 50. — Chine, Japon, Formose.

7871. ASSIMILIS, Wald., *Ann. and Mag. N. H.*, 1870, p. 218; Oates, *B. Brit. Burm.* I, p. 350; Sharpe, *l. c.*, p. 329. — Birmanie.

7872. FLAVEOLUS, Blyth, *J. A. S. Beng.* XIII, p. 946; Oates, *l. c.*, p. 349; *jugiferus*, Bp., *Consp.* I, p. 508. — Indo-Chine.

7873. EMINI (Hartl.), *J. f. O.*, 1880, pp. 211, 325, 1881, pl. 1, ff. 3, 4. — Afrique N.-E.

7874. ARCUATUS (Gm.); *Pl. Enl.* 230, f. 1; Sharpe, *l. c.*, p. 333; *melanura*, Müll. — Afr. S. jusqu'au Transvaal et Benguela.

7875. SWAINSONI (Rüpp.), *Neue Wirb.*, p. 94, pl. 33, f. 2; Sharpe, *l. c.*, p. 334; *simplex*, auct. plur. (nec Licht.); *crassirostris*, Heugl., *J. f. O.*, 1867, p. 209. — Afrique E. et N.-E.

7876. DIFFUSUS (Smith), *Rep. S. Afr., Exped., App.*, p. 50; Sharpe, *l. c.*, p. 336; *gularis*, Less.; *simplex*, auct. plur. (nec Licht.); *spadicea*, Licht.; *occidentalis*, Shell., *Ibis*, 1883, p. 548. — Afr. S. jusqu'au Zanzibar et Angola, et de Sénégamb. au Niger.

1966. *Var.* THIERRYI, Rchw., *Orn. Monatsb.* VII, p. 190. — Mangu (Togo).

1967. *Var.* UGANDÆ, Rchw., *Orn. Monatsb.* VII, p. 190. — Uganda.

7877. AMMODENDRI, Severtz., *MS.*; Dode, *P. Z. S.*, 1871, p. 481; Gould, *B. Asia*, V, pl. 15; *stoliczkæ*, Hume. — Asie centr., du Turk. au pays des Ordos.

1968. *Var.* TIMIDA, Przev., in *Dedit.*, *J. f. O.*, 1886, p. 527. — Désert de Gobi.

7878. SIMPLEX (Licht.), *Verz. Doubl.*, p. 24; Tem., *Pl. col.* 358; Sharpe, *l. c.*, p. 339; *lichtensteini*, Heugl. — Déserts de l'Afrique N.-E.

1969. *Var.* SAHARÆ, Erl., *J. f. O.*, 1899, p. 472, pl. 14, ff. 1, 2, 4. — Sahara.

1970. *Var.* Zarudnyi, Pleske, *Ann. Mus. St-Pétersb.* I, p. 31. — Transcaspie.

7879. luteus (Licht.), *Verz. Doubl.*, p. 24; Tem., *Pl. col.* 365; Sharpe, *l. c.*, p. 340. — Afrique N.-E.

7880. euchlorus (Licht.), *MS.;* Bp., *Consp.* I, p. 519; Heugl., *Orn. N.-O. Afr.* I, p. 639; *albeola*, v. Müll.; *muelleri*, Bp. — Arabie.

1409. POLIOSPIZA

Poliospiza, Bp. (1850); ? *Tephrospiza,* Rchb. (1850).

7881. gularis (Smith), *Rep. S. Afr. Exp., App.*, p. 49; Sharpe, *l. c.*, p. 343; *humilis*, Licht, in Bp., *Consp.*, p. 377; *striaticeps,* Hartl. — Afrique S. jusqu'au Transvaal.

1971. *Var.* Reichardi, Rchw., *J. f. O.*, 1882, p. 209. — Kakoma (Afrique E.)

1972. *Var.* Flegeli, Hart., *J. f. O.*, 1886, p. 583. — Région du Niger.

7882. striatipectus, Sharpe, *Ibis,* 1891, p. 258. — Elgeyo (Afrique E.)

7883. tristriata (Rüpp.), *Neue Wirb.*, p. 97, pl. 35, f. 2; Heugl., *Orn. N.-O. Afr.* I, p. 642; Sharpe, *l. c.*, p. 345. — Afrique N.-E.

1973. *Var.* Pallidior, Phill., *Ibis,* 1898, p. 398. — Somaliland.

1974. *Var.* Canicapilla, Du Bus, *Bull. Acad. Sc. Brux.*, 1855, I, p. 151 (1); *tristriata* (pt.), auct. plur. — Sénégambie.

7884. rufobrunnea (Gray), *Ann. and Mag. N. H.*, 1882, p. 444; Sharpe, *l. c.*, p. 346, pl. 6; *rufilatus*, Hartl. — Ile des Princes (Afr. W.)

1410. CRITHOLOGUS

Alario (!), Bp. (1850); *Crithologus*, Cab. (1850).

7885. alario (Lin.); *Pl. Enl.* 204, f. 2; Sharpe, *l. c.*, p. 346; *ruficauda, bistrigata,* Sw.; *daubentoni,* Gray; *personata,* Licht.; *aurantia,* Gurn., in *Anderss. B. Dam.*, p. 175. — Afrique S., de Port Elizabeth au Damaraland.

1411. SERINUS

Serinus, Koch (1816); *Crithagra,* Sw. (1827); *Dryospiza,* Keys. et Bl. (1840); *Buserinus,* Bp. (1850); *Metoponia,* Bp. (1854); *Orægithus,* Cab. (1854).

7886. canicollis (Sw.), *An. in Menag.*, p. 317; Bp., *Consp.* I, p. 522; Sharpe, *l. c.*, p. 350; *cinereicollis,* C. Dub., *Orn. Gal.*, pl. 104. — Afrique S.

7887. flavivertex (Blanf.), *Geol. and Zool. Abyss.*, p. 414, pl. 7; Heugl., *Orn. N.-O. Afr.* I, p. 651; Sharpe, *l. c.*, p. 351. — Afrique N.-E., E. et S.-E.

(1) Diffère du *tristriata* par un bec plus robuste et par les couvertures des ailes bordées d'une teinte plus pâle (type au Musée de Bruxelles).

7888. PUNCTIGULA, Rchw., *Orn. Monatsb.*, 1898, p. 23. — Caméron.

7889. SULPHURATUS (Lin.); Jard. et Sel., *Ill. Orn.* III, pl. 109, f. 1; Sharpe, *l. c.*, p. 352. — Afrique S. et S.-E., du Cap au 28° l. S.

7890. FLAVIVENTRIS (Sw.), *Zool. Journ.*, 1828, p. 348; Sharpe, *l. c.*, p. 353; *butyracea*, Lin., *S. N.* I, p. 321 (nec *Loxia butyracea*, L.); *Pl. Enl.* 364, f. 1 (*nec* f. 2); *strigilata*, *flava*, Sw. — Afrique S.

7891. IMBERBIS (Cab.), *J. f. O.*, 1868, p. 412; *chloropsis*, Cab., in *von der Deck. Reise*, III, p. 30, pl. 9 (nec Bp.) — Afrique S. et E.

7892. BUTYRACEUS (Lin.), *S. N.* I, p. 304 (nec *Fringilla butyracea*, L.); Heugl., *Orn. N.-O. Afr.* I, p. 371; *ictera*, Bon. et V.; *icterus*, Bp.; *chrysopyga*, Sw., *B. W. Afr.* II, p. 206, pl. 17; *aurifrons*, *barbata*, Heugl.; *hartlaubi*, Bolle; *crassirostris* et *mossambica*, Peters. — Afrique W., S., E. et N.-E.

7893. HUILLENSIS, Sousa, *Jorn. Lisb.*, 1889, p. 40. — Huilla (Angola).

7894. CAPISTRATUS (Finsch.), *Vög. Ostafr.*, p. 458; Sharpe, *l. c.*, p. 359; *barbata*, Rchw. (nec Heugl.). — Congo W.

7895. DONALDSONI, Sharpe, *Ibis*, 1895, p. 486; id., *P. Z. S.*, 1895, pl. 27, f. 2. — Somaliland.

7896. ALBIGULARIS (Smith), *S.-Afr. Quart. Journ.*, 1833, p. 48; Sharpe, *l. c.*, p. 360; *selbyi*, Smith; *cinerea*, Sw.; *sulphurata* (*juv.*), Jard. et Sel., *Ill. Orn.* II, pl. 104, f. 2 (nec Lin.) — Afrique S.

7897. CROCOPYGIUS (Sharpe), *Ibis*, 1871, p. 101; id., *Cat. B.*, p. 360, pl. 8; *albigularis*, Monteiro, Boc. (nec Sm.) — Afrique S.-W.

7898. LEUCOPTERUS (Sharpe), *Ann. and Mag. N. H.*, 1871, p. 235; id., *Cat. B.* XII, p. 361, pl. 9. — Afrique S.

7899. RENDALLI (Tristr.), *Ibis*, 1895, p. 130. — Transvaal.

7900. SCOTOPS (Sundev.), *OEfv. K. Vet.-Ak. Förh. Stockh.*, 1850, p. 98; Sharpe, *Lay. B. S. Afr.*, pp. 487, 850; id., *Cat.*, p. 362. — Afrique S. jusqu'au Transvaal.

7901. WHYTII, Shell., *Ibis*, 1897, p. 528, pl. 11. — Nyassaland.

7902. STRIOLATUS (Rüpp.), *Neue Wirb.*, p. 99, pl. 37, f. 1; Heugl., *Orn. N.-O. Afr.* I, p. 653; Sharpe, *l. c.*, p. 363. — Afrique E. et N.-E.

1975. *Var.* AFFINIS (Richm.), *Auk*, 1897, p. 156. — Kilima Ndjaro.

7903. MELANOCHROUS, Rchw., *Orn. Monatsb.*, 1900, p. 122. — Ukinga (Afr. E. allem.)

7904. BURTONI (Gray), *Ann. and Mag. N. H.*, 1862, p. 444; Sharpe, *l. c.*, p. 364, pl. 7. — Caméron.

7905. ALBIFRONS, Sharpe, *Ibis*, 1891, p. 118; *kilimensis*, Richm. — Afrique équat. E.

7906. LEUCOPYGIUS (Sundev.), *OEfv. K. Vet.-Ak. Förh. Stockh.*, 1850, p. 127; Sharpe, *l. c.*, p. 366; ? *musica*, ? *angolensis*, Vieill.; *musica*, Bp.; Heugl., *Orn. N.-O. Afr.* I, p. 651. — Afrique N.-E. et Sennaar.

7907. XANTHOPYGIUS, Rüpp., *Neue Wirb.*, p. 96, pl. 35, f. 1; Heugl., *Orn. N.-O. Afr.* I, p. 641; Sharpe, *l. c.*, p. 365; *uropygialis*, Hempr. et Ehr. — Abyssinie, Choa, Arabie.

7908. FLAVIGULA, Salvad., *Ann. Mus. Civ. Gen.*, 1888, p. 272. — Afrique N.-E.

7909. DORSOSTRIATUS, Rchw., *J. f. O.*, 1887, p. 72. — Afrique E.

7910. REICHENOWI, Salvad., *Ann. Mus. Civ. Gen.*, 1888, p. 272; *fagani*, Sharpe, *Ibis*, 1897, p. 114. — Abyssinie, Choa.

7911. ANGOLENSIS (Gm.); Edw., *Nat. Hist. B.* III, pl. 129; Boc., *Orn. Angola*, p. 366; Sharpe, *l. c.*, p. 367; *tobaca*, Bon. et V.; *atrigularis*, Sm. — Afrique S. jusque l'Angola et le Massaïl.

7912. MACULICOLLIS, Sharpe, *Ibis*, 1895, p. 486; id., *P. Z. S.*, 1895, pl. 27, f. 1; ? *xantholæma*, Salvad., *Ann. Mus. Civ. Gen.*, 1896, p. 44. — Somaliland.

7913. HORTULANUS, Koch, *Syst. baier. Zool.*, p. 229; Dress., *B. Eur.* III, p. 549, pl. 172; Dubois, *Fne. ill. Vert. Belg. Ois.* I, p. 593, pl. 137; *serinus*, L.; *citrinella*, Bechst.; *flavescens*, Gould; *orientalis*, *islandicus*, etc., Brm.; *luteolus*, Homey. — Europe centr. et mér., Asie Min., Afrique N. du Maroc au Caire.

7914. CANARIA (Lin.); Bolle, *J. f. O.*, 1858, p. 125, pl. 1; Dress., *B. Eur.* III, p. 557, pl. 172. — Iles Madeire, Canaries et Açores.

7915. SYRIACA, Bp., *Consp.* I, p. 523; *aurifrons*, Tristr. (nec Blyth); *canonicus*, Dress., *B. Eur.* III, p. 558, pl. 171; Tristr., *Faun. et Fl. Pal.*, p. 65, pl. 9. — Syrie, Palestine.

7916. PECTORALIS, Murray, *Vert. Zool. Sind*, p. 190; Sharpe, *l. c.*, p. 372. — Sind.

7917. PUSILLUS (Pall.), *Zoogr. Rosso-Asiat.* II, p. 28; Dress., *B. Eur.* III, p. 561, pl. 173; *rubrifrons*, Hay; *aurifrons*, Blyth; Dubois, *Ois. Eur.*, pl. 101. — Du Caucase jusqu'à l'Himalaya N.-W., Asie Min.

1412. SYCALIS

Sicalis, Boie (1828); *Sycalis*, Cab. (1845).

7918. FLAVEOLA (Lin.); *Pl. Enl.* 321, f. 1; Pelz., *Orn. Bras.*, p. 231; *flava*, Müll.; *brasiliensis*, Gm.; Spix, *Av. Bras.* II, p. 47, pl. 61, ff. 1, 2; *aureipectus*, Bp., *C. R.* XXXVII, p. 917. — Amérique mérid. tropic., jusqu'au S. du Brésil.

1976. *Var.* JAMAICÆ, Sharpe, *Cat. B.* XII, p. 379; *brasiliensis*, Gosse, *B. Jam.*, p. 245, pl. 61 (nec Gm.) — Jamaïque.

7919. COLUMBIANA, Cab., *Mus. Hein.* I, p. 147; Pelz., *Orn. Bras.*, p. 231. — Vénézuéla, Amazoen.

1977. *Var.* BROWNI, Bangs, *Pr. Soc. Wash.* XII, p. 139. — Sta-Marta (Col.)

7920. PELZELNI, Sclat., *Ibis*, 1872, p. 42; Sharpe, *l. c.*, p. 380; *intermedia*, Cab., *J. f. O.*, 1883, p. 216; *brasiliensis*, auct. plur. (nec Gm.) — Brésil, Bolivie, Argentine.

7921. ARVENSIS (Kittl.), *Mém. Acad. St-Pétersb.* II, p. 134, pl. 4; Sharpe, *l. c.*, p. 382; *brevirostris*, Gould; — Amérique mérid., du 22° au 40° l. S.

luteiventris, Burm. (nec Meyen); *luteola*, auct. plur. (nec Sparrm.)

1978. *Var.* LUTEIVENTRIS (Meyen), *N. Acta Acad. Leop.* XVI, *Suppl.*, p. 87, pl. 12, f. 3; *arvensis* (pt.), Scl.; *luteola*, Berl. et Tacz.; *raimondi*, Tacz., *P. Z. S.*, 1874, p. 522. — Pérou, Ecuador, Colombie.

1979. *Var.* MINOR, Cab., *Schomb. Reis. Guiana*, III, p. 679; Pelz., *Orn. Bras.*, p. 232; Sharpe, *l. c.*, p. 384; *hilarii*, Bp. — Amazone, Vénézuéla, Guyane.

1980. *Var.* CHAPMANI, Ridgw., *Auk*, 1899, p. 37. — Bas-Amazone.

1981. *Var.* CHRYSOPS, Scl., *P. Z. S.*, 1861, p. 376; id., *Ibis*, 1872, p. 45, pl. 2, f. 1. — Mexique, Guatémala.

1413. GNATHOSPIZA

Gnathospiza, Tacz. (1877).

7922. RAIMONDI, Tacz., *P. Z. S.*, 1877, pp. 320, 750, pl. 35, f. 1; id., *Orn. Pér.* III, p. 6; *taczanowskii*, Sharpe, *l. c.*, p. 385. — Pérou, Ecuador.

1414. PYRRHOPLECTES

Pyrrhoplectes, Hodgs. (1844); *Pyrrhuloides*, Blyth (1844).

7923. EPAULETTA (Hodgs.), *Asiat. Research.* XIX, p. 166; id., *Icon. ined.*, *Passeres*, pl. 303, ff. 3, 4, pl. 304, f. 1, 2; Sharpe, *l. c.*, p. 386. — Himalaya, de Simla au Sikkim.

1415. CARPODACUS

Carpodacus, Kaup (1829); *Erythrothorax*, Brm. (1831); *Hæmorrhous*, Sw. (1837); *Pyrrhulinota* et *Propasser*, Hodgs. (1844); *Hæmatospiza*, Blyth (1844); *Phœnicospiza*, Blyth (1854).

7924. ERYTHRINUS (Pall.), *N. Comm. Acad. Sc. St-Pétersb.*, 1770, p. 587, pl. 23, f. 1; Dubois, *Fne. ill. Vert. Belg.*, *Ois.* I, p. 623, pl. 138; Dress., *B. Eur.* IV, p. 75, pl. 195; *cardinalis*, Beseke (nec L.); *rosea*, Vieill. (nec Pall.), *Ois. Chant.*, pl. 65; *erythræa*, End. et Sch.; *olivacea*, Raf.; *incerta*, Risso; *rubrifrons*, Brm.; *rosæcolor*, *sordida*, *roseata*, Hodgs.; *grebnitskii*, Stejn. — Europe N. et E., Asie (jusqu'au 70° l. N.)

7925. SIPAHI (Hodgs.), *Asiat. Research.* XIX, p. 151; id., *Ic. ined.*, *Passeres*, pl. 307, ff. 1, 2; Bp. et Schl., *Mon. Lox.*, p. 33, pls 39, 40; *boetonensis*, Blyth. — Himalaya centr. et E.

7926. RUBICILLA (Güld.), *N. Comm. Ac. Sc. St-Pétersb.*, 1775, p. 463, pl. 12; Dress., *B. Eur.* IV, p. 69, pl. 193; *caucasicus*, Pall., *Zoogr.* II, p. 13. — Caucase.

1982. *Var.* SEVERTZOVI, Sharpe, *P. Z. S.*, 1886, p. 354; id., *Cat. B.* XII, p. 400; *rubicilla* (pt.), auct. plur.; Bp. et Schl., *Mon. Lox.*, p. 23, pl. 26. — Sibérie, Turkestan, Cachemire N.

1983. *Var.* RUBICILLOIDES, Prjev., *Rowl. Orn. Misc.* II, p. 299, pl. 54; Sharpe, *l. c.*, p. 402. — Montagnes du Kan-su.

7927. STOLICZKÆ (Hume), *Str. F.*, 1874, p. 523; Sharpe, *l. c.*, p. 403. — Yarkand.

7928. SINAITICUS, Bp. et Schl., *Mon. Loxiens*, p. 17, pl. 18; *synoica*, Tem., *Pl. Col.* 375, ff. 1, 2; *sinaica*, Rüpp., *Neue Wirb.*, p. 101; *uropygialis*, Licht. — Presqu'île du Sinaï.

7929. TRIFASCIATUS, Verr., *Nouv. Arch. Mus.* VI, *Bull.*, p. 39, VIII, pl. 4, f. 3; Dav. et Oust., *Ois. Chine*, p. 353, pl. 93. — See-Tchouan W. (Ch.)

7930. GRANDIS, Blyth, *J. A. S. Beng.*, 1849, p. 810; *sophia*, Bp. et Schl., *Mon. Lox.*, p. 22, pl. 34; *rhodochlamys*, auct. plur. (nec Brandt); Gould, *B. As.* V, pl. 26. — Afghanistan et Himalaya, du Cachemire au Sikkim.

7931. RHODOCHLAMYS (Brandt), *Bull. Sc. Acad. St-Pétersb.*, 1843, p. 27; Bp. et Schl., *Mon. Loxiens*, p. 22, pl. 35; *rhodometopus*, Bidd., *Ibis*, 1881, p. 156. — Altaï jusqu'au Turkestan et Yarkand.

7932. ROSEUS (Pall.), *Reis. Russ. Reichs*, III, p. 699; Bp. et Schl., *l. c.*, p. 18, pl[s] 19, 20; Naum., *Vög. Deutschl.* IV, pl. 113, f. 3; Gould, *B. As.* V, pl. 23. — Sibérie E., Japon, Chine.

7933. PURPUREUS (Gm.); Wils., *Amer. Orn.* I, p. 119, pl. 7, f. 4, V, p. 87, pl. 4, f. 3; Audub., *B. Am.* III, p. 170, pl. 196. — États-Unis.

1984. *Var.* CALIFORNICA, Baird, *B. N. Am.*, p. 413, pl. 72, ff. 2, 3; Coop., *B. Calif.*, p. 154. — De la Californie à la Colombie angl.

7934. CASSINI, Baird, *Pr. Philad. Acad. N. Sc.*, 1854, p. 119; Baird, Br. et Rid., *H. N. Am. B.* I, p. 460, pl. 21, ff. 4, 5. — Amérique N.-W., Mexique N.

7935. RHODOCHROUS (Vig.), *P. Z. S.*, 1831, p. 23 (*rhodochroa*); Gould, *Cent. B. Him.*, pl. 31, f. 2; *pulcherrima*, Hodgs. (pt.), *Icon. ined.*, *Passeres*, pl. 301, ff. 465, 466 (nec f. 467). — Himalaya, du Cachemire au Népaul.

7936. VERREAUXI, David, *N. Arch. Mus.* VII, *Bull.*, p. 10; Dav. et Oust., *Ois. Chine*, p. 355. — Moupin (Chine).

7937. VINACEUS, Verr., *N. Arch. Mus.* VI, *Bull.*, p. 39, VIII, pl. 4, ff. 1, 2; Dav. et Oust., *Ois. Chine*, p. 356, pl. 96. — Chine W.

7938. RHODOPEPLUS (Vig.), *P. Z. S.*, 1831, p. 23; Gould, *Cent. B. Him.*, pl. 31, f. 1; Hodgs., *Icon. ined.*, *Passeres*, pl. 299, ff. 1, 2. — Himalaya, du Masuri au Sikkim.

7939. EDWARDSI, Verr., *N. Arch. Mus.* VI, *Bull.*, p. 39, VIII, pl. 3; Dav. et Oust., *Ois. Chine*, p. 355, pl. 94; *saturatus*, Blanf. — Himalaya, du Népaul à la Chine occid.

7940. FRONTALIS (Say), *Long's Exped. Rocky Mts.* II, p. 40; — États-Unis W.

Bp., *Am. Orn.*, p. 149, pl. 6, ff. 1, 2; Audub., *B. Am.* III, p. 175, pl. 197.

1985. *Var.* RHODOCOLPA, Cab., *Mus. Hein.* I, p. 166. — Californie.

1986. *Var.* CLEMENTIS, Mearns, *Auk*, 1898, p. 258. — Ile San Clemente (Cal.)

7941. MEXICANUS (P. L. S. Müll.), *S. N.*, *Suppl.*, p. 165; *Pl. enl.* 386, f. 1; *frontalis*, auct. plur. (nec Say); Bp. et Schl., *Mon. Lox.*, p. 15, pl. 16; *hæmorrhoa*, Licht.; *hæmorrhous*, Scl., *P. Z. S.*, 1856, p. 304. — Mexique.

1987. *Var.* ROSEIPECTUS, Sharpe, *Cat. B.* XII, p. 424; *frontalis*, Bp. et Schl., *Mon. Lox.*, pl. 17; *hæmorrhous* (pt.), Scl. — Mexique S.

1988. *Var.* AMPLA (*amplus*), Ridgw., *Bull. U. S. Geol. and Geogr. Surv. Terr.* II, p. 187; Sharpe, *l. c.*, p. 424. — Ile Guadelupe (Basse-Californie).

1989. *Var.* MCGREGORI, Ant., *Auk*, 1897, p. 165. — Basse-Californie.

7942. THURA, Bp. et Schl., *Mon. Lox.*, p. 21, pl. 23; Dav. et Oust., *Ois. Chine*, p. 357. — Himalaya, Thibet, Chine W.

7943. DUBIUS, Prjev., *Rowl. Orn. Misc.* II, p. 301, pl. 53; Dav. et Oust., *Ois. Chine*, p. 552; *frontalis*, auct. plur. (nec Say); *blythi*, Bidd., *Ibis*, 1882, p. 283, pl. 19. — Himalaya N.-W., Thibet, Chine W.

1990. *Var.* MINOR, Oust., *Nouv. Arch. Mus.* VII, 1894, p. 31. — Tatsien-lou (Chine).

7944. AMBIGUUS (Hume), *Str. F.*, 1874, p. 326; Sharpe, *l. c.*, p. 428, pl. 10. — Himalaya, du Masuri au Népaul.

7945. PULCHERRIMUS (Hodgs.), *Icon. ined.*, pl. 301, f. 467; *davidianus*, M.-Edw., *Nouv. Arch. Mus.*, 1864, *Bull.*, p. 19, pl. 2, f. 2; Dav. et Oust., *l. c.*, pl. 95. — Himalaya, de Kumaon au Sikkim et Chine occid.

1416. PYRRHOSPIZA

Pyrrhospiza, Hodgs. (1844); *Linurgus*, Rchb. (1850).

7946. PUNICEA, Hodgs., *J. A. S. Beng.*, 1844, p. 953; Bp. et Schl., *Mon. Lox.*, p. 25, pl[s] 27, 28; *subroseus* et *rubeculoides*, Hodgs.; *caucasica*, Gray. — Himalaya, du Népaul au Sikkim.

1991. *Var.* HUMEI, Sharpe, *Cat. B.* XII, p. 433; *punicea*, Bidd., *Ibis*, 1881, p. 85. — Ferghana, Him. N.-W.

1992. *Var.* LONGIROSTRIS, Prjev., *Rowl. Orn. Misc.* II, p. 304, pl. 54. — Kan-sou.

7947. OLIVACEA (Fras.), *P. Z. S.*, 1842, p. 144; id., *Zool. Typ.*, pl. 47; Sharpe, *l. c.*, p. 434. — Caméron, Fernando Po (Afr. W.

SUBF. II. — LOXIINÆ

1417. LOXIA

Loxia, Lin. (1766); *Crucirostra*, Leach (1816); *Curvirostra*, Brm. (1827).

7948. PYTIOPSITTACUS, Bechst., *Orn. Taschenb.*, p. 106; — Europe sept. et centr.

Dubois, *Fne. ill. Vert. Belg., Ois.* I, p. 644, pl. 147; *pinetorum*, B. Mey.; *subpytiopsittacus*, etc., Brm.

7949. CURVIROSTRA, Lin.; Dubois, *l. c.*, p. 639, pl. 146; Dress., *B. Eur.* IV, p. 127, pl. 203; *abietina*, B. Mey.; *europæa*, Leach; *media*, etc., Brm.; *balcarica*, von Hom., *J. f. O.*, 1862, p. 256; *albiventris*, Swinh., *P. Z. S.*, 1870, p. 437.
Europe, Asie N. et centr. jusqu'au N. de la Chine.

1993. *Var.* POLIOGYNA, Whitak., *Ibis*, 1898, p. 625; Erl., *J. f. O.*, 1899, pl. 15.
Tunisie.

1994. *Var.* HIMALAYANA, Hodgs., *J. A. S. Beng.*, 1842, p. 952; id., *Icon. ined.*, pl. 310, ff. 1, 2; Dav. et Oust., *Ois. Chine*, p. 360; *curvirostra* (pt.), Sharpe.
Himal. jusqu'en Chine.

1995. *Var.* JAPONICA, Ridgw., *Pr. Biol. Soc. Wash.*, 1885, p. 101; *curvirostra* (pt.), Sharpe.
Japon.

1996. *Var.* LUZONIENSIS (Grant), *Ibis*, 1894, p. 551.
Ile Luçon.

1997. *Var.* AMERICANA (Wils.), *Am. Orn.* IV, p. 44, pl. 31, ff. 1, 2; *curvirostra*, Forst.; *bendirei*, Ridgw.; *minor*, Brewst.
Amér., de la Californie au 62° l. N.

1998. *Var.* MEXICANA, Strickl., *Contr. Orn.*, 1851, p. 43; *curvirostra* (pt.), Sharpe; *stricklandi*, Ridgw.
Mexique, Guatémala (Montagnes).

7950. LEUCOPTERA, Gm.; Audub., *B. Amer.*, pl. 201; Bp. et Schl., *Mon. Loxiens*, p. 8, pl. 9; *falcirostra*, Lath.; *atrata*, v. Hom., *J. f. O.*, 1879, p. 179.
Amér. du N. à l'E. des M^gnes^ Roch., du 40° au Cercle polaire, Groenland, Alaska.

1999. *Var.* BIFASCIATA (Brm.), *Ornis*, 1827, p. 85; id., *Isis*, 1827, p. 714; Bp. et Schl., *Mon. Lox.*, p. 7, pl. 8; Dubois, *l. c.* I, p. 649, pl. 148; *tænioptera*, Glog.; *leucoptera* (pt.), auct. plur.; *rubrifasciata*, etc., Brm.
Europe sept., accid. centr. et W., Sibérie, Kamtschaka.

2000. *Var.* AMURENSIS, Dubois, *Bull. Mus. R. d'H. N. Belg.* I (1882), p. 85; id., *Fne.*, pp. 649-50.
Amour, Mandchourie.

1418. PSITTIROSTRA

Psittirostra, Tem. (1820); *Psittacirostra*, Tem. (1828).

7951. PSITTACEA (Gm.); Tem., *Man. d'Orn.* I, p. 70; Sharpe, *Cat. B.* X, p. 51; *sandvicensis*, Steph.; *icterocephala*, Tem., *Pl. col.* 457.
Iles Sandwich.

1419. LOXIOIDES

Loxioides, Oust. (1877).

7952. BAILLEUI, Oust., *Bull. Soc. Philom. Paris*, 1877, p. 99; Sclat., *Ibis*, 1879, p. 90, pl. 2.
Hawaï (Sandwich).

1420. RHODACANTHIS

Rhodacanthis, Rothsch. (1892).

7953. PALMERI, Rothsch., *Ann. and Mag. N. H.* X, p. 111. — Kona (Hawaï).
7954. FLAVICEPS, Rothsch., *l. c.* — Kona (Hawaï).

1421. CHLORIDOPS

Chloridops, S.-B. Wils. (1888).

7955. KONA, Wils., *P. Z. S.*, 1888, p. 218. — Kona (Hawaï).

1422. TELESPYZA

Telespiza, S.-B. Wils. (1890).

7956. CANTANS, S.-B. Wils., *Ibis*, 1890, p. 341, pl. 9; *flavissima*, Rothsch., *Ann. Mag. N. H.*, 1892, p. 111; id., *Ibis*, 1899, p. 644. — Midway, Laysan (Sandwich).

1423. PSEUDONESTOR

Pseudonestor, Rothsch. (1893).

7957. XANTHOPHRYS, Rothsch., *Ibis*, 1893, p. 438. — Mauai (Sandwich).

1424. PINICOLA

Pinicola, Vieill. (1807); *Strobilophaga*, Vieill. (1816); *Corythus*, Cuv. (1817); *Enucleator*, Brm. (1855).

7958. ENUCLEATOR (Lin.); Dress., *B. Eur.* IV, p. 3, pl. 201; Dubois, *l. c.* I, p. 634, pl. 145; *flamingo*, Sparrm.; *rubra*, V.; *psittacea*, Pall.; *angustirostris*, etc., Brm. — Europe et Asie bor., accid. centr.

2001. *Var.* KAMTSCHATKENSIS, Dybow., *Bull. Soc. Zool. de France*, VIII, p. 367; *enucleator* (pt.), Shpe. — Kamtschatka.
2002. *Var.* FLAMMULA, v. Homey., *J. f. O.*, 1880, p. 156; *kodiaca*, Ridgw., *Man. N. A. B.* (1887), p. 388; *alascensis*, Ridgw., *Auk*, 1898, p. 319; *enucleator* (pt.), Sharpe. — Alaska.
2003. *Var.* CANADENSIS, Cab., *Mus. Hein.* I, p. 167; Baird, *B. N. Amer.*, p. 410; *enucleator* (pt.), Sharpe. — Amérique arctique.
2004. *Var.* CALIFORNICA, Price, *Auk*, 1897, p. 182. — Californie.
2005. *Var.* MONTANA, Ridgw., *Auk*, 1898, p. 319. — Montagnes Rocheuses.

1425. PROPYRRHULA

Propyrrhula, Hodgs. (1844).

7959. SUBHIMALAYENSIS (Hodgs.), *Icon. ined.*, pl. 305, ff. 1, 2; Sharpe, *l. c.*, p. 462; *subhimachalus*, *subhemachalana*, Hodgs.; *subhemalacha*, Jerd., *B. Ind.* II, p. 396. — Himalaya, du Népaul au Sikkim.

1426. PYRRHULA

Pyrrhula, Briss. (1760).

7960. RUBICILLA, Pall., *Zoogr.* II, p. 7; *Lox. pyrrhula*, Lin.; *vulgaris*, Ménétr.; *major*, Brm.; Dress., *B. Eur.* IV, p. 97, pl. 198; *coccinea*, de Selys. — Europe sept. et Sibérie.

2006. *Var.* KAMTSCHATICA, Tacz., *Bull. Soc. Zool. de Fr.*, 1882, p. 395. — Kamtschatka.

2007. *Var.* EUROPÆA, Vieill., *N. Dict.* IV, p. 286; Dress., *B. Eur.* IV, p. 101, pl. 199; *rufa*, Koch; *vulgaris*, Tem.; *germanica*, Brm.; *pileata*, Macg.; *rubicilla*, auct. plur. (nec Pall.); Dubois, *l. c.* I, p. 627, pl. 144; *minor*, Schl. — Europe centr. et mérid.

7961. GRISEIVENTRIS, Lafr., *Rev. Zool.*, 1841, p. 240; Sharpe, *l. c.*, p. 449; *orientalis* (pt.), Tem. et Schl., *Fauna Jap.*, pl. 53, et auct. plur. — Japon, Askold, accid. Sibérie E. et Chine N.-E.

2008. *Var.* KURILENSIS, Sharpe, *Zool.*, 1886, p. 485; id., *Cat. B.* XII, p. 450, pl. 11. — Iles Kouriles.

2009. *Var.* ROSACEA, Seeb., *Ibis*, 1882, p. 371; *orientalis* (pt.), auct. plur.; Gould, *B. Asia*, V, pl. 35; *cineracea* (pt.), Dress.; *griseiventris*, Dav. et Oust., *Ois. Chine*, p. 348. — Sibérie E. et Japon.

7962. CASSINI, Baird, *Trans. Chicago Acad.*, 1889, p. 316, pl. 29; Tristr., *Ibis*, 1871, p. 231; *cineracea*, Cab.; *nepalensis*, Severtz. (nec Hodgs.); *cineracea pallida*, Seeb. — Sibérie E. jusqu'au Iénissöï, Turkestan.

7963. LEUCOGENYS, Grant, *Ibis*, 1895, p. 455, pl. 14. — Luçon N.

7964. MURINA, Godm., *Ibis*, 1866, p. 97, pl. 3; Dress., *B. Eur.* IV, p. 107, pl. 200; *coccinea*, Puch. (nec de Selys). — Açores.

7965. NIPALENSIS, Hodgs., *Asiat. Research.*, 1836, p. 155; id., *Icon. ined.*, pl. 309, ff. 1, 2; Sharpe, *l. c.*, p. 453. — Himalaya.

7966. ERITHACUS, Blyth, *Ibis*, 1862, p. 389; 1863, p. 441, pl. 10. — Sikkim, Kan-sou, See-Tchouan.

7967. AURANTIACA, Gould, *P. Z. S.*, 1857, p. 22; *aurantia*, Gould, *B. As.* V, pl. 34. — Cachemire.

7968. ERYTHROCEPHALA, Vig., *P. Z. S.*, 1831, p. 174; Gould, *Cent. Him. B.*, pl. 32; id., *B. Asia*, V, pl. 36. — Himalaya.

1427. URAGUS

Uragus, Keys. et Blas. (1840).

7969. SIBIRICUS (Pall.), *Reise Russ. Reichs*, II, *Anh.*, p. 711; Bp. et Schl., *Mon. Lox.*, plˢ 34, 35; Gould, *B. As.* V, pl. 27; *caudata*, Pall.; *longicauda*, Tem.	Asie centr. et N.-E. jusqu'au Turkest. et le N. de la Chine.
2010. *Var.* SANGUINOLENTA (Tem. et Schl.), *Faun. Jap.*, plˢ 54 et 54ᵇ; Bp. et Schl., *Mon. Lox.*, pl. 36; *sibiricus*, Radde (nec Pall.)	Sibérie E., Mandchourie, Japon, Kouriles.
7970. LEPIDUS, Dav. et Oust., *Ois. Chine*, p. 359; Sharpe, *l. c.*, p. 467.	Chine.

SUBF. III. — COCCOTHRAUSTINÆ

1428. GEOSPIZA

Geospiza, *Camarhynchus*, *Cactornis*, Gould (1837); *Platyspiza*, *Cactospiza*, Ridgw. (1896).

7971. MAGNIROSTRIS, Gould, *P. Z. S.*, 1837, p. 5; Darw., *Voy. Beagle, Birds*, p. 100, pl. 36; Sharpe, *l. c.*, p. 7.	Iles Chatham et Charles (Galapagos).
7972. STRENUA, Gould, *P. Z. S.*, 1837, p. 5; Darw., *l. c.*, pl. 37; *pachyrhyncha*, Ridgw., *Pr. U. S. Nat. Mus.*, 1895, p. 293.	Chatham, James, Indéfatigable, Bindloe, Tower (Galap.)
7973. DARWINI, Rothsch. et Hart., *Novit. Zool.* VI, p. 158.	Culpepper (Galap.)
7974. CONIROSTRIS (Ridgw.), *Pr. U. S. Nat. Mus.*, 1889, p. 106; *brevirostris* et *media*, Ridgw., *l. c.*, pp. 107, 108.	Charles, Hood. (Galapagos).
2011. *Var.* PROPINQUA, Ridgw., *Pr. U. S. Nat. Mus.*, 1894, p. 361.	Tower (Galap.)
7975. DUBIA, Gould, *P. Z. S.*, 1837, p. 6; Sharpe, *l. c.*, p. 9.	Chatham (Galap.)
2012. *Var.* ALBEMARLEI, Ridgw., *l. c.*, 1894, p. 362; *simillima*, Rothsch. et Hart.	Albemarle, Charles (Galap.)
2013. *Var.* BAURI, Ridgw., *l. c.*, 1894, p. 362.	Ile James (Galap.)
7976. FORTIS, Gould, *P. Z. S.*, 1837, p. 5; Darw., *Voy. Beagle, Birds*, p. 101, pl. 38; Sharpe, *l. c.*, p. 10; *nebulosa*, Gould.	Chath., James, Charl., Indéf., Jervis, Bindl.
2014. *Var.* FRATERCULA, Ridgw., *l. c.*, 1894, p. 363.	Abingdon, Bindloe.
7977. FULIGINOSA, Gould, *P. Z. S.*, 1837, p. 5; Sharpe, *l. c.*, p. 12; *parvula*, Gould, *l. c.*, p. 6; Darw., *l. c.*, p. 102, pl. 29; Sharpe, *l. c.*, p. 13.	Chath., James, Albemarle, Indéfatigable, Charles, Hood, etc.
2015. *Var.* MINOR, Rothsch. et Hart., *Novit. Zool.* VI, p. 162.	Bindloe, Abingdon.
7978. ACUTIROSTRIS, Ridgw., *Pr. U. S. Nat. Mus.*, 1894, p. 363.	Tower (Galap.)
7979. DENTIROSTRIS, Gould, *P. Z. S.*, 1837, p. 6; Sharpe, *l. c.*, p. 11.	Ile Charles.
7980. DIFFICILIS, Sharpe, *Cat. B.* XII, p. 12; *dentirostris*, Scl. et Salv. (nec Gould).	Abingdon.

7981. DEBILIROSTRIS, Ridgw., *P. U. S. Nat. Mus.*, 1894, p. 363. — Iles James (Galap.)

7982. SCANDENS (Gould), *P. Z. S.*, 1837, p. 7; Darw., *Voy. Beagle, Birds*, p. 104, pl. 42; Sharpe, *l. c.*, p. 19. — James (Galapagos).

2016. *Var.* INTERMEDIA, Ridgw., *l. c.*, 1894, p. 361; ?*assimilis*, Gould. — Ile Charles.

2017. *Var.* FATIGATA, Ridgw., *l. c.*, 1895, p. 293; *barringtoni*, Ridgw., *l. c.*, 1894, p. 361. — Indéfatig., Duncan, Albem., Barringt., etc.

2018. *Var.* ABINGDONI (Scl. et Salv.), *P. Z. S.*, 1870, pp. 323, 326; *assimilis* (pt.), Sharpe, *l. c.*, p. 18. — Ile Abingdon, Bindloe (Galapagos).

2019. *Var.* SEPTENTRIONALIS, Rothsch. et Hart., *Novit. Zool.* VI, p. 165. — Wenman, Culpepper.

7983. PALLIDA (Scl. et Salv.), *P. Z. S.*, 1870, p. 323, 327; Shpe, *l. c.*, p. 20; *hypoleuca* et *productus*, Ridgw. — Indéfat., Jervis, Dunc., James, Albemarle.

7984. CRASSIROSTRIS (Gould), *P. Z. S.*, 1837, p. 6; Darw., *Voy. Beagle, B.*, p. 103, pl. 41; Sharpe, *l. c.*, pp. 15, 16; *variegatus*, Scl. et Salv., *P. Z. S.*, 1870, p. 323; Salv., *Trans. Z. S.* IX, p. 489, pl. 85. — Abingdon, Bindloe, Charles.

7985. PSITTACULA (Gould), *P. Z. S.*, 1837, p. 6; Darw., *Voy. Beagle, B.*, p. 102, pl. 40; Sharpe, *l. c.*, p. 16; *rostratus* et *compressirostris*, Ridgw. — James, Indéfatigable, Jervis, Barrington, Duncan. (Galap.),

2020. *Var.* TOWNSENDI (Ridgw.), *P. U. S. Nat. Mus.*, 1889, p. 110. — Ile Charles.

2021. *Var.* AFFINIS (Ridgw.), *l. c.*, 1894, p. 365. — Albemarle, Narbor.

7986. INCERTA (Ridgw.), *l. c.*, 1895, p. 294. — Ile James (Galap.)

7987. HABELI (Scl. et Salv.), *P. Z. S.*, 1870, p. 323; Salv., *Trans. Z. S.* IX, p. 490, pl. 56; *bindloei*, Ridgw. — Abingdon, Bindloe.

7988. PAUPERA (Ridgw.), *l. c.*, 1889, p. 111. — Ile Charles.

7989. SALVINI (Ridgw.), *l. c.*, 1894, p. 364. — Chatham.

7990. PROSTHEMELAS (Scl. et Salv.), *P. Z. S.*, 1870, p. 323; Sharpe, *l. c.*, p. 17. — Indéfat., Albemarle, Charles, James, etc. (Galap.)

1429. COCORNIS

Cocornis, Towns. (1895).

7991. AGASSIZI, Towns., *Bull. Mus. Comp. Zool.* XXVII, p. 121. — Ile Cocos.

1430. LIGURINUS

Chloris, Moehr. (1752!); *Ligurinus*, Koch (1816); *Chlorospiza*, Bp. (1838).

7992. CHLORIS (Lin.); Dress., *B. Eur.* III, p. 567, pl. 174; Dubois, *Fne. ill. Vert. Belg.*, *Ois.* I, p. 581, pl. 134; *pinetorum*, *viridis*, etc., Brm.; *flavigaster*, Sw.; *aurantiiventris*, Cab. — Europe, Asie S.-W., Afrique N.

2022. *Var.* CHLOROTICA, Cab., *Mus. Hein.* I, p. 158; Tristr., *Ibis*, 1868, p. 206. — Syrie, Palest., Arabie.

7993. SINICUS (Lin.); Sharpe, *l. c.*, p. 26; *kawarahiba var. minor*, Tem. et Schl., *Fauna Jap.*, pl. 49.	Sibérie E., Chine, Japon.
2023. *Var.* KAWARAHIBA, Tem. et Schl., *l. c.*, pl. 48.	Japon.
2024. *Var.* KITTLITZI (Seeb.), *Ibis*, 1890, p. 101.	Iles Parry et Baily.

1431. EOPHONA

Eophona, Gould (1851).

7994. MELANURA (Gm.); Jard. et Sel., *Ill. Orn.* II, pl. 63; Gould, *B. As.* V, pl. 19; Dav. et Oust., *Ois. Chine*, p. 347, pl. 92.	Chine, Sibérie S.-E.
7995. PERSONATA (Tem. et Schl.), *Fauna Jap.*, pl. 52; Dav. et Oust., *l. c.*, p. 346, pl. 91.	Japon, Chine.
2025. *Var.* MAGNIROSTRIS, Hart., *Bull. B. O. C.* V, p. 38.	Sibérie E.

1432. CHAUNOPROCTUS

Chaunoproctus, Bp. (1850).

7996. FERREIROSTRIS (Vig.), *Zool. Journ.*, 1828, p. 354; Sharpe, *l. c.*, p. 31; *papa*, Kittl., *Mém. Acad. I. Sc. St-Pétersb.*, 1830, p. 239, pl. 15; Bp. et Schl., *Mon. Lox.*, p. 32, pl^s 37, 38.	Ile Bonin-Sima.

1433. HESPERIPHONA

Hesperiphona, Bp. (1850).

7997. VESPERTINA (Coop.), *Ann. Lyc. N. Y.*, 1825, p. 220; Audub., *B. Amer.* III, p. 217, pl. 207; *bonapartii*, Less., *Ill. Zool.*, pl. 31.	Amér. N.-W. jusqu'au lac Supérieur à l'E.
2026. *Var.* MONTANA, Baird, Br. et Ridg., *Hist. N. Am. B.* I, p. 449.	États-Unis S.-W.
2027. *Var.* MEXICANA, Chapm., *Auk*, 1897, p. 311.	Mexique.
7998. ABEILLII (Less.), *Rev. Zool.*, 1839, p. 41; *maculipennis*, Scl., *P. Z. S.*, 1860, p. 251, pl. 163; *abeillæi*, Scl. et Salv.; Sharpe, *l. c.*, p. 34.	Mexique, Guatémala.

1434. COCCOTHRAUSTES

Coccothraustes, Briss. (1760).

7999. VULGARIS, Pall., *Zoogr.* II, p. 12; Dress., *B. Eur.* III, p. 575, pl. 175; Dubois, *Fne. ill., Ois.* I, p. 651, pl^s 149, 150; *Lox. coccothraustes*, Lin.; *deformis*, Koch; *fagorum*, etc., Brm.; *atrigularis*, Macg.; *europæus*, Sw.	Europe jusqu'au 61° l. N.; Asie centr., Afrique N.

2028. *Var.* Japonica, Tem. et Schl., *Fauna Jap.*, pl. 51; *vulgaris* (pt.), auct. plur. (nec Pall.) — Sibérie E., Japon, Mongol., Thib., Chine N.
2029. *Var.* Humei, Sharpe, *P. Z. S.*, 1886, p. 97; id., *Cat. B.* XII, p. 40, pl. 1; *vulgaris* (pt.), Hume. — Punjab N.-W., ? Afghanistan.

1435. MYCEROBAS

Mycerobas, Cab. (1847); *Coccothraustes* (pt.), auct. plur.

8000. melanoxanthus (Hodgs.), *Icon. ined.*, *Passeres*, pl. 279, ff. 1, 2; Gray, *Gen. B.*, pl. 88; Sharpe, *l. c.*, p. 41; *fortirostris*, Lafr. — Himalaya jusqu'en Chine W.

1436. PYCNORHAMPHUS

Pycnorhamphus, Hume (1873); *Hesperiphona* (pt.), auct.

8001. icteroides (Vig.), *P. Z. S.*, 1830, p. 8; Gould, *Cent. B. Him.*, pl. 45; id., *B. Asia*, V, pl. 22 (nec fem.); Sharpe, *l. c.*, p. 44. — Himalaya.
8002. affinis (Blyth), *J. A. S. Beng.*, 1855, p. 179; Dav. et Oust., *Ois. Chine*, p. 345; Sharpe, *l. c.*, p. 46. — Himalaya E., Thibet, Chine W.
8003. carneipes (Hodgs.), *Icon. ined.*, *Passeres*, pl. 279[a], f. 2, pl. 280, ff. 1, 2; Gould, *B. Asia*, V, pl. 21; Sharpe, *l. c.*, p. 47; *speculigerus*, Brandt, *Bull. Ac. St-Pétersb.*, 1842, p. 11. — Altaï, Turkest., Afghanist., Himal. et Chine jusqu'au Kan-sou.

1437. PHEUCTICUS

Pheucticus, Rchb. (1850).

8004. chrysogaster (Less.), *Cent. Zool.*, pl. 67 (1830); Tacz., *Orn. du Pérou*, III, p. 3; *dorsigerus*, Jard. et Sel., *Ill. Orn.* IV, pl. 44. — Vénézuéla, Ecuador, Pérou.
2030. *Var.* Chrysopepla (Vig.), *P. Z. S.*, 1832, p. 4; Salv. et Godm., *Biol. Centr.-Amer.* I, p. 135; Sharpe, *l. c.*, p. 51. — Mexique W.
2031. *Var.* Aurantiaca (Salv. et Godm.), *Ibis*, 1891, p. 272. — Guatémala.
8005. ? magnirostris (Bp.), *P. Z. S.*, 1837, p. 120; *bonapartii*, Salvad. — Mexique?
8006. tibialis, Lawr., *Ann. Lyc. N. Y.*, 1866, p. 478; Salv. et Godm., *Biol. Centr.-Amer.*, *Aves*, I, p. 335; Sharpe, *l. c.*, p. 53. — Amér. centr. de Costa-Rica à Panama.
8007. aureiventris (d'Orb. et Lafr.), *Mag. de Zool.*, 1837, p. 84; d'Orb., *Voy. Am. mér.*, *Ois.*, p. 365, pl. 49, f. 2; Salv. et Godm., *l. c.* I, p. 334. — Bolivie, Matto-Grosso, Parag., Argent. N.
2032. *Var.* Uropygialis, Scl. et Salv., *P. Z. S.*, 1870, p. 840; Tacz., *Orn. Pér.* III, p. 2; Sharpe, *l. c.*, p. 55; *aureiventris* (pt.), Cab. (1850). — Colombie, Ecuador, Pérou.

8008. CRISSALIS, Scl. et Salv., *P. Z. S.*, 1877, p. 19; *aureiventris*, Scl. (1858-60); *hemichrysus*, Salv. et Godm., *l. c.*, p. 334. — Ecuador.

1438. HEDYMELES

Habia, Rchb. (1850, nec Less. 1831); *Hedymeles*, Cab. (1851); *Zamelodia*, Coues (1880).

8009. LUDOVICIANUS (Lin.); *Pl. Enl.* 153, f. 2; Audub., *B. Amer.* III, p. 209, pl. 205; *rubricollis*, Müll., Vieill., *Gal. Ois.*, pl. 58; *rosea*, Wils.; *rhodocampter*, Licht. — Canada, États-Unis à l'E. du Miss., Texas, Amér. centr., Col., Ecuad., Cuba, Jam.

8010. MELANOCEPHALUS (Sw.), *Phil. Mag.* I, p. 438; Audub., *B. Amer.* III, p. 214, pl. 206; *epopæa*, Licht.; *xanthomaschalis*, Wagl.; *guttatus*, Less. — États-Unis centr. et W., Mexique.

2033. *Var.* CAPITALIS, Baird, Br. et Ridg., *Hist. N. Am. B.* II, p. 70. — Californie.

1439. GUIRACA

Guiraca, Sw. (1827); *Coccoborus*, Sw. (1837).

8011. CÆRULEA (Lin.); Audub., *B. Amer.* III, p. 204, pl. 204; Sharpe, *l. c.*, p. 66. — États-Unis mér., Mex., Amér. centr., Cuba.

2034. *Var.* LAZULA (Less.), Ridgw., *Auk*, 1898, p. 322; *eurhyncha*, Coues, *Amer. Nat.* VIII, p. 563. — Nicaragua?

8012. PARELLINA (Licht.), in Bp., *Consp.* I, p. 502; Baird, *B. N. Amer.*, p. 502, pl. 56, f. 1; Sharpe, *l. c.*, p. 69. — Mexique, Yucatan N.

2035. *Var.* INDIGOTICA, Ridgw., *Man. N. Am. B.*, p. 447. — Mexique W.

8013. CHIAPENSIS, Nels., *Pr. Biol. Soc. Wash.* XII, p. 61. — Chiapas (Mexique).

8014. CYANEA (Lin.); Vieill., *Ois. Chant.*, pl. 64; Scl., *Cat. Am. B.*, p. 101; *brissonii*, Licht.; *minor*, Cab., *J. f. O.*, 1861, p. 4. — Amérique mérid. trop.

2036. *Var.* ARGENTINA, Sharpe, *Cat. B.* XII, p. 73. — République Argentine.

8015. CYANOIDES (Lafr.), *Rev. Zool.*, 1847, p. 74; Scl. et Salv., *P. Z. S.*, 1864, p. 352; Sharpe, *l. c.*, p. 73. — Vénézuéla E., Guyane, Bas-Amazone.

2037. *Var.* CYANESCENS (Ridgw.), *Auk*, 1898, p. 229; *cyanoides* (pt.), auct. plur. (nec Lafr.) — De Panama à l'Ecuador et Vénézuéla W.

2038. *Var.* SANCTÆ-MARTÆ (Bangs), *Pr. Biol. Soc. Wash.* XII, p. 139. — Santa-Marta (Col.)

8016. CONCRETA (Du Bus), *Bull. Acad. Brux.* XXII, 1855, p. 150; Scl., *P. Z. S.*, 1859, p. 378; Salv. et Godm., *Biol. Centr.-Amer.* I, p. 345. — Amérique centr. Mexique S.

8017. GLAUCOCÆRULEA (d'Orb.), *Voy. Am. mér.*, *Ois.*, pl. 50, f. 2; Sharpe, *l. c.*, p. 75. — Brésil, Argentine.

8018. ROTHSCHILDII, Bartl., *Ann. N. H.* VI, p. 168. — Guyane anglaise.

1440. ORYZOBORUS

Oryzoborus, Cab. (1851).

8019. TORRIDUS (Scop.), *Ann.* I, p. 140; Burm., *Th. Bras.* III, p. 238; *angolensis*, Lin.; *rufiventris*, Bon. et Vieill.; *nasuta*, Spix, *Av. Bras.* II, p. 45, pl. 58, ff. 1, 2; *magnirostris*, Sw. — Brésil, Amaz., Guyane, Vénéz., Ecuador.

2039. *Var.* MAJOR, Dubois, *Mém. Soc. Zool. de France*, 1894, p. 402. — ?

8020. CRASSIROSTRIS (Gm.); Scl., *Cat. Am. B.*, p. 102; Salv. et Godm., *Biol. Centr.-Am.* I, p. 348; *ater*, Cab.; *melas*, Scl. et Salv., *P. Z. S.*, 1867, p. 979; *occidentalis*, Scl. et Salv., *P. Z. S.*, 1879, p. 506 (nec Scl., 1860). — Amazone, Guyane, Vénézuéla, Colombie.

8021. MAXIMILIANI, Cab., *Mus. Hein.* I, p. 151; Burm., *Th. Bras.* III, p. 238; *crassirostris*, Max., *Beitr. Nat. Bras.* III, p. 564. — Brésil S.

8022. OCCIDENTALIS, Scl., *P. Z. S.*, 1860, p. 276; Sharpe, *l. c.*, p. 80. — Colombie, Ecuador.

2040. *Var.* NUTTINGI, Ridgw., *Pr. U. S. Nat. Mus.*, 1884, p. 401; ?*othello*, Bp., *Consp.* I, p. 498. — Nicaragua.

8023. FUNEREUS, Scl., *P. Z. S.*, 1859, p. 378; id., *Cat. Amer. B.*, p. 102; *æthiops*, Scl., *P. Z. S.*, 1860, pp. 88, 276; *salvini*, Ridgw. — Amér. centr., du Mex. à l'Ecuador.

8024. ATRIROSTRIS, Scl. et Salv., *P. Z. S.*, 1878, p. 136; Sharpe, *l. c.*, p. 81. — Pérou.

1441. LOXIGILLA

Loxigilla, Less. (1831); *Pyrrhulagra*, Bp. (1850); *Loxipasser*, Bryant (1866); *Scotospiza*, Sundev. (1869); *Melanospiza*, Ridgw. (1898).

8025. VIOLACEA (Lin.); Sharpe, *l. c.*, p. 83; *ruficollis*, Gm.; *superciliosa*, Vieill.; *aurantiicollis*, V., *Gal. Ois.* I, p. 62, pl. 53; *rufobarbata*, Hahn et K.; *affinis*, Ridgw. — Jamaïque, St-Domingue.

2041. *Var.* BAHAMENSIS, Ridgw., *Pr. U. S. Nat. Mus.*, 1878, p. 230; Cory, *B. Bahamas*, p. 69. — Iles Bahama.

8026. NOCTIS (Lin.); *Pl. Enl.* 201, f. 1; Scl., *Cat. Am. B.*, p. 102; *rufifarbata*, Jacq.; *martinicensis*, Gm.; *haitii*, Ric.; *robinsonii*, Gosse, *B. Jam.*, p. 239. — Petites Antilles.

2042. *Var.* SCLATERI, Allen, *Bull. Nutt. Orn. Club*, 1880, p. 166; *richardsoni*, Cory. — Ste-Lucie.

2043. *Var.* GRENADENSIS, Cory, *Cat. W. Ind. B.*, p. 130. — Grenade et St-Vincent.

2044. *Var.* DOMINICANA, Ridgw., *Auk*, 1898, p. 323. — Petites Antilles.

2045. *Var.* CRISSALIS, Ridgw., *Auk*, 1898, p. 323. — St-Vincent.

2046. *Var.* RIDGWAYI, Cory, *Cat. W. Ind. B.*, p. 150. Dominique et îles voisines au N.

2047. *Var.* CORVI, Ridgw., *Auk*, 1898, p. 323. St-Eustat., St-Christ.

2048. *Var.* BARBADENSIS, Cory, *Cat. W. Ind. B.*, p. 150. Barbade.

2049. *Var.* PROPINQUA, Lawr., *Pr. U. S. Nat. Mus.*, 1878, p. 58. Guyane.

8027. CHAZALIEI, Oust., *Bull. Soc. Zool. de Fr.*, 1895, p. 184. Barbade.

8028. ANOXANTHA (Gosse), *B. Jamaica*, p. 247, pl. 62; Scl., *P. Z. S.*, 1861, p. 74. Jamaïque.

8029. PORTORICENSIS (Daud.), *Traité*, II, p. 411; Cory, *B. W. Ind.*, p. 12; Sharpe, *l. c.*, p. 87. Porto-Rico.

2050. *Var.* GRANDIS, Lawr., *Pr. U. S. Nat. Mus.*, 1881, p. 204. Ile St-Christophe.

1142. NEORHYNCHUS

Callirhynchus, Bp. (1856, nec Less. 1842); *Neorhynchus*, Scl. (1869).

8030. NASESUS (Bp.), *Compt.-Rend.*, XLII, 1856, p. 822; Scl., *P. Z. S.*, 1869, p. 147, pl. 12. Pérou.

2051. *Var.* DEVRONIS (Verr.), *Rev. et Mag. de Zool.*, 1852, p. 315; *drovoni*, Bp.; *nasesus*, Berl. et Tacz., *P. Z. S.*, 1883, p. 550. Ecuador.

1143. PIEZORHINA

Piezorhina, Lafr. (1843).

8031. CINEREA, Lafr., *Mag. de Zool.*, 1843, pl. 20; Tacz., *Orn. Pér.* III, p. 23; Sharpe, *l. c.*, p. 89. Pérou.

1144. SPERMOPHILOPSIS

Drepanorhynchus, Dubois (1894, nec Fisch. et Rchw., 1884); *Spermophilopsis*, Rothsch. (1895).

8032. SCHISTACEUS (Dubois), *Mém. Soc. Zool. de France*, 1894, p. 400, pl. 10, f. 2. Brésil.

8033. FALCIROSTRIS (Tem.), *Pl. Col.* 2, f. 2; Dubois, *l. c.*, p. 401. Brésil.

8034. SUPERCILIARIS (Pelz.), *Orn. Bras.*, pp. 223, 330; Berl. et Iher., *Zeitschr. Ges. Orn.*, 1885, p. 122, pl. 7; Dubois, *l. c.*, pl. 10, f. 3; *euleri*, Cab. Brésil.

8035. ?FRONTALIS (Verr.), *N. Arch. Mus.* V, *Bull.*, p. 15, pl. 1, f. 1 (1869). ?

1145. SPERMOPHILA

Spermophila, Sw. (1827); *Sporophila*, Cab. (1844); *Gyrinorhynchus* (Rchb., 1850).

8036. ALBIGULARIS (Spix), *Av. Bras.* II, p. 46, pl. 60, ff. 1, 2; Sharpe, *l. c.*, p. 93. Brésil.

8037. HYPOLEUCA (Licht.), *Verz. Doubl.*, p. 26; Pelz., *Orn. Bras.*, pp. 225, 437; *cinereola*, Tem., *Pl. col.* 11, f. 1; *rufirostris*, Max.	Brésil.
8038. GRISEA (Gm.); Salv. et Godm., *Biol. Centr.-Amer.*, *Aves*, I, p. 356; *intermedia*, Cab.; *cinerea*, *schistacea*, Lawr.; *plumbea*, Scl. (nec Max.)	Guyane, Vénéz., Col., Trinidad, Panama.
8039. PLUMBEA (Max.), *Beitr. Naturg. Bras.* III, p. 579; Burm., *Th. Bras.* III, p. 242; *cinerea*, d'Orb. et Lafr., *Mag. de Zool.*, 1837, p. 87.	Brésil, Bolivie.
2052. *Var.* WHITELEYANA, Sharpe, *Cat. B.* XII, p. 98; *plumbea*, Salv., *Ibis*, 1885, p. 215.	Guyane anglaise.
2053. *Var.* COLUMBIANA, Sharpe, *l. c.*, p. 99; *plumbea*, Salv. et Godm., *Ibis*, 1880, p. 122.	Colombie.
8040. SIMPLEX, Tacz., *P. Z. S.*, 1874, pp. 132, 519; id., *Orn. Pér.* III, p. 16.	Pérou.
8041. OBSCURA, Tacz., *P. Z. S.*, 1874, p. 519; id., *Orn. Pér.* III, p. 17; *ornata* (fem.), Salv., *Ibis*, 1880, p. 353.	Du Pérou à l'Argentine W.
8042. PAUPER, Berl. et Tacz., *P. Z. S.*, 1883, p. 550; Tacz., *Orn. Pér.* III, p. 18; *obscura*, Tacz., *P. Z. S.*, 1880, p. 199.	Ecuador, Pérou.
8043. TELASCO (Less.), *Voy. Coq.* I, p. 663, pl. 15, f. 3; Tacz., *Orn. Pér.* III, p. 14; Sharpe, *l. c.*, p. 102; *alaudina*, d'Orb. et Lafr.	Pérou W., Ecuador.
8044. CASTANEIVENTRIS (Cab.), in *Schomb. Reis. Guian.* III, p. 679; Tacz., *l. c.* III, p. 12; Sharpe, *l. c.*, p. 108.	Guyane, Amazone, Colombie, Pérou.
8045. MINUTA (Lin.); *Pl. Enl.* 319, f. 3; Salv. et Godm., *Biol. Centr.-Am.*, *Aves*, I, p. 351; *fusciventer*, Bodd.	Panama, Col., Vénéz., Guyane, Trinidad, Tobago, Para.
8046. RICHARDSONI, Salv. et Godm., *Ibis*, 1891, p. 611.	Mexique S., Guatém.
8047. CINNAMOMEA (Lafr.), *Rev. Zool.*, 1839, p. 99; Pelz., *Orn. Bras.*, pp. 226, 438; Scl., *Ibis*, 1871, p. 20.	Brésil.
8048. HYPOXANTHA (Cab.), *Mus. Hein.* I, p. 150; Pelz., *l. c.*, p. 225; *minuta*, d'Orb. et Lafr. (nec Lin.)	Brésil.
8049. ?RUFICOLLIS (Licht.), in Cab., *Mus. Hein.* I, p. 150; Pelz., *l. c.*, p. 225.	Brésil.
8050. PALUSTRIS, Barr., *Bull. Nutt. Orn. Club*, 1881, p. 92; Sharpe, *l. c.*, p. 112, pl. 2.	République Argentine.
8051. PLUMBEICEPS, Salvad., *Boll. Mus. Torino*, X (1895), n° 208, p. 5.	Tucuman.
8052. NIGROAURANTIA (Bodd.), *Tabl. Pl. Enl.*, p. 12; *Pl. Enl.* 204, f. 1; Scl., *Ibis*, 1871, p. 4; *bourbonensis*, P. Müll.; *aurantia*, Gm.; *pyrrhomelas*, Bon. et Vieill.; *brevirostris*, Spix, *Av. Bras.* II, p. 47, pl. 59, ff. 1, 2; *capistrata*, Vig.; *fraterculus*, Cuv. (pt.); *rubiginosa*, Sw.	Brésil S.
8053. NIGRORUFA (d'Orb. et Lafr.), *Mag. de Zool.*, 1837	Bolivie, Brésil S.

(*Syn. Av.*, p. 87); Pelz., *l. c.*, p. 226; Scl., *Ibis*, 1871, p. 6, pl. 1, ff. 1, 2.

8054. PILEATA (Natt. *MS.*); Scl., *P. Z. S.*, 1864, p. 607; Sharpe, *l. c.*, p. 115; *fraterculus* (pt.), Cuv.; *mitrata*, Licht.; *alaudina*, Burm. (nec d'Orb.) — Brésil.

8055. COLLARIA (Lin.); Scl., *Ibis*, 1871, p. 9; *cucullata*, Bodd.; Pelz., *l. c.*, pp. 223, 437; ?*americana*, Gm.; *pectoralis*, Lath.; *atricapilla*, Max. — Brésil N., Guyane.

2054. *Var.* POLIONOTA, Sharpe, *l. c.*, p. 118; *collaria*, Burm. (*nec* Lin.); *atricapilla*, Pelz. (*nec* Max.) — Brésil.

8056. MELANOCEPHALA (Vieill.), *N. Dict.* XIII, p. 542; Sharpe, *l. c.*, p. 118; *lafresnayi*, Bp., *Consp.* I, p. 496. — Brésil S., Bolivie, Paraguay, Argentine.

8057. TORQUEOLA, Bp., *Consp.* I, p. 495; Salv. et Godm., *Biol. Centr.-Am.* I, p. 351; *ochropyga*, Licht.; *atriceps*, Gray. — Mexique.

8058. ALBITORQUIS, Sharpe, *Cat. B.* XII, p. 120. — Mexique.

8059. OPHTHALMICA, Scl., *P. Z. S.*, 1860, pp. 276, 293; Sharpe, *l. c.*, p. 120. — Ecuador.

8060. LINEATA (Gm.); Scl., *Cat. Am. B.*, p. 104; Pelz., *l. c.*, p. 438; *leucoptera*, Vieill.; *misya*, V., *Ois. Chant.*, pl. 46; *leucopterygia*, Spix, *Av. Bras.* II, p. 45, pl. 58, f. 3. — Guyane, Amazone.

8061. ÆQUATORIALIS, Salvad. et Festa, *Boll. Mus. Zool. Torino*, n° 357, X, p. 24. — Ecuador.

8062. MORELLETI, Bp., *Consp.* I, p. 497; Salv. et Godm., *Biol. Centr.-Am.* I, p. 352 (pt.); Shpe, *l. c.*, p. 123. — Yucat., Guatém., Honduras, ? Costa-Rica.

2055. *Var.* PARVA, Lawr., *Ann. N. Y. Acad. Sc.*, 1883, p. 381; Sharpe, *l. c.*, p. 124; *morelleti* (pt.), auct. plur. (nec Bp.) — Texas, Mexique.

2056. *Var.* LEUCOPSIS, Cab., *J. f. O.*, 1861, p. 5; Scl., *Ibis*, 1871, p. 20. — Costa-Rica.

8063. CÆRULESCENS (Bon. et Vieill.), *Encycl. méth.* III, p. 1023; *nigricollis*, Bon. et V., *l. c.*, p. 1027; *ornata*, Licht.; Pelz., *l. c.*, pp. 224, 438; *leucopogon*, Max.; *nigrogularis*, Gould. — Brésil S., Paraguay, Argentine, Bolivie.

8064. CABOCLINHO (Natt.), in Pelz., *Orn. Bras.*, pp. 224, 331; Scl., *Ibis*, 1871, p. 19. — Brés. (Rio-de-Janeiro).

8065. MELANOPS, Pelz., *l. c.*, pp. 224, 331; Scl., *Ibis*, 1871, p. 21. — Brésil.

8066. MELANOGASTER, Pelz., *l. c.*, pp. 225, 332; Scl., *Ibis*, 1871, p. 21. — Brésil.

8067. ARDESIACEA, Dubois, *Mém. Soc. Zool. de France*, 1894, p. 399, pl. 10, f. 1. — Brésil.

8068. GUTTURALIS (Licht.), *Verz. Doubl.*, p. 26; Tacz., *Orn. Pérou*, III, p. 13; ?*crispa*, Lin.; *ignobilis* et *plebeja*, Spix, *Av. Bras.*, p. 46, pl[s] 59, f. 3 et 60, f. 3; — Amérique mérid. trop.

melanocephala, Max.; *olivaceoflava*, Lafr.; *gutturalis pallida*, Berl.

8069. OCELLATA, Scl. et Salv., *P. Z. S.*, 1866, p. 181; id., *Ibis*, 1871, p. 14, pl. 2, f. 3. — Guyane, Vénézuéla, Colombie, Pérou.

8070. LINEOLA (Lin.); Pelz., *l. c.*, pp. 224, 438; *crispa*, P. Müll.; Vieill., *Ois. Ch.*, p. 76, pl. 47; *bouvronoides*, Less., *Tr. d'Orn.*, p. 450. — Guyane, Vénézuéla, Bahia.

2057. *Var.* TRINITATIS, Sharpe, *Cat. B.* XII, p. 132. — Trinidad.

2058. *Var.* AMAZONICA, Sharpe, *l. c.* — Amazone.

8071. AURITA, Bp., *Consp.* I, p. 497; Scl., *Ibis*, 1871, p. 14, pl. 2, ff. 1, 2; *hoffmanni*, Cab., *J. f. O.*, 1861, p. 6; *semicollaris, hicksi, fortipes* et *collaris*, Lawr. — Amérique centrale du Guatém. à Panama.

8072. LUCTUOSA, Lafr., *Rev. Zool.*, 1843, p. 291; Scl., *P. Z. S.*, 1855, p. 160; Tacz., *Orn. Pérou*, III, p. 10; Sharpe, *l. c.*, p. 135. — Colombie, Ecuador, Pérou, Bolivie.

8073. CORVINA, Scl., *P. Z. S.*, 1859, p. 379; Salv. et Godm., *Biol.* I, p. 353; *badiiventris*, Lawr.; Baird, *Trans. Chicago Acad.*, 1869, p. 319, pl. 28, f. 3. — Amérique centrale du Mex. au Costa-Rica.

8074. BICOLOR (d'Orb. et Lafr.), *Mag. de Zool.*, 1837 (*Syn. Av.*, p. 86); d'Orb., *Voy. Am. mér. Ois.*, pl. 50, f. 1; Sharpe, *l. c.*, p. 138. — Bolivie.

1146. CATAMENIA

Catamenia, Bp. (1850).

8075. INORNATA (Lafr.), *Rev. Zool.*, 1847, p. 75; Sharpe, *l. c.*, p. 104; *rufirostris*, Landb., *J. f. O.*, 1865, p. 404; *homochroa*, Berl. et Tacz. (nec Scl.) — Bolivie, Pérou.

2059. *Var.* ÆQUATORIALIS, Dubois, *Mém. Soc. Zool. de France*, 1894, p. 401. — Ecuador.

8076. HOMOCHROA, Scl., *P. Z. S.*, 1858, p. 552; Sharpe, *l. c.*, p. 105. — Pérou N., Ecuador.

8077. ANALIS (d'Orb.), *Voy. Am. mér.*, p. 364, pl. 48, f. 1; Tacz., *Orn. Pér.* III, p. 19. — Pérou, Bolivie, Argentine.

2060. *Var.* ANALOIDES (Lafr.), *Rev. Zool.*, 1847, p. 75; Tacz., *l. c.*, p. 20; *analis*, auct. plur. (nec d'Orb.) — Colombie, Ecuador, Pérou, Bolivie.

1147. DOLOSPINGUS

Dolospingus, Elliot (1871).

8078. NUCHALIS, Elliot, *Ibis*, 1871, p. 402, pl. 11. — Orinoco.

1148. MELOPYRRHA

Melopyrrha, Bp. (1853).

8079. NIGRA (Lin.); Vieill., *Gal. Ois.* I, p. 63, pl. 57; d'Orb., in *Ram. de la Sagra, Hist. nat. Cuba*, p. 87, pl. 18; *crenirostris*, Vieill., *Ois. Chant.*, p. 77.	Cuba.
8080. TAYLORI, Hart., *Novit. Zool.* III, p. 257.	Gr. Caïman.

1149. CATAMBLYRHYNCHUS

Catamblyrhynchus, Lafr. (1842); *Bustamentia*, Bp. (1844).

8081. DIADEMA, Lafr., *Rev. Zool.*, 1842, p. 301; id., *Mag. de Zool.*, 1843, pl. 34; Gray, *Gen. B.* II, pl. 93; *capitaurea*, Bp.	Colombie, Ecuador, Pérou N.
2061. *Var.* CITRINIFRONS, Berl. et Stolzm., *P. Z. S.*, 1896, p. 350.	Pérou central.

1150. PHONIPARA

Phonipara, Bp. (1850); *Euetheia*, Rchb. (1850).

8082. CANORA (Gm.); Brown, *Ill. Zool.*, pl. 24, f. 1; Sharpe, *l. c.*, p. 144.	Cuba.
8083. LEPIDA (Jacq.), *Beitr.*, p. 7, pl. 2; *olivacea*, Gm.; d'Orb., *Hist. nat. Cuba*, p. 24, pl. 15; *adoxa*, Gosse, *B. Jam.*, p. 253, pl. 65.	Grandes Antilles.
2062. *Var.* PUSILLA (Sw.), *Phil. Mag.*, 1827, p. 438; Scl., *P. Z. S.*, 1855, p. 159; *lepida*, Licht. (nec Jacq.); *intermedia*, Ridgw.	Mexique, Amér. centr., Colombie, Cozumel.
2063. *Var.* CORYI, Ridgw., *Auk*, 1898, p. 322.	Ile Caïman.
2064. *Var.* BRYANTI, Ridgw., *Auk*, 1898, p. 322.	Porto-Rico.
8084. BICOLOR (Lin.); A. et E. Newt., *Ibis*, 1859, pp. 147, 376, pl. 12, f. 2; *var. portoricensis*, Bryant; *zena*, Baird, Br. et Rid.; Mayn., *B. East. N. Am.*, p. 87, pl. 2.	Petites Antilles (? Vénéz., Colombie).
2065. *Var.* MARCHII, Baird, *Pr. Philad. Acad.*, 1863, p. 297; *bicolor*, Gosse (nec L.), *B. Jam.*, pl. 64.	Jamaïque, St-Domingue, etc.
2066. *Var.* SHARPEI (Hart.), *Bull. B. O. C.* VII, p. 37.	Arub., Curaç., Bonaire.
2067. *Var.* OMISSA (Jard.), *Ann. Nat. Hist.*, 1847, p. 322; Scl., *Cat. A. B.*, p. 106; *bicolor* (pt.), Sharpe.	Vénézuéla, Colombie?
8085. GRANDIOR (Cory), *Auk*, 1887, IV, p. 245.	Vieille-Providence.
8086. FULIGINOSA (Max.), *Beitr. Nat. Bras.* III, 1, p. 629; Cab., *J. f. O.*, 1874, p. 85; *unicolor*, Licht.; Pelz., *Orn. Bras.*, pp. 222, 329; *fumosa*, Lawr.; *phæoptila*, Salv. et Godm., *Ibis*, 1884, p. 445.	Guyane, Brésil.

1151. VOLATINIA

Volatinia, Rchb. (1850).

8087. JACARINI (Lin.); Vieill., *Ois. Chant.*, pl. 33; *jacarina*, Bp.; Burm., *Th. Bras.* III, p. 234; Tacz., *Orn. Pér.* III, p. 25.	Brésil, Bolivie, Pérou.
2068. *Var.* SPLENDENS (Vieill.), *N. Dict.* XII, p. 173; Bp, *Consp.* I, p. 474; Salv. et Godm., *Biol. Centr.-Am.* I, p. 357.	Amérique centr., Colombie, Ecuador.

1152. AMAUROSPIZA

Amaurospiza, Cab. (1861).

8088. CONCOLOR, Cab., *J. f. O.*, 1861, p. 3; Salv. et Godm., *Biol. Centr.-Am.* I, p. 350.	Costa-Rica, Panama.
2069. *Var.* ÆQUATORIALIS, Sharpe, *Cat. B.* XII, p. 157.	Ecuador.
8089. CÆRULATRA, Cab., *J. f. O.*, 1866, p. 306; *axillaris*, Sharpe, *l. c.*, p. 157.	Brésil.
8090. ?FRINGILLOIDES (Pelz.), *Orn. Bras.*, p. 329; ?*cærulatra*, fem.	Brésil.

1153. PYRRHULOXIA

Pyrrhuloxia, Bp. (1850).

8091. SINUATA (Bp.), *P. Z. S.*, 1837, p. 111; id., *Consp.* I, p. 500; Cass., *B. Calif.*, p. 204, pl. 33; *beckhami*, Ridgw, *Auk*, 1887, p. 347.	États-Unis S.-W., Mexique.
2070. *Var.* PENINSULA, Ridgw., *Auk*, 1887, p. 347.	Basse-Californie.
2071. *Var.* TEXANA, Ridgw., *Auk*, 1897, p. 73.	Texas.

1154. CARDINALIS

Cardinalis, Bp. (1837).

8092. RUBER (Scop.), *Ann.* I, p. 139; Stejn., *Auk*, 1884, p. 172; *cardinalis*, Lin.; Wils., *Am. Orn.* II, p. 38, pl. 11, ff. 1, 2; *virginianus*, Bp., *P. Z. S.*, 1837, p. 111.	États-Unis E.
2072. *Var.* COCCINEA, Baird, Br. et Ridgw., *Hist. N. Am. B.* II, p. 299; *virginianus* (pt.), auct. plur.; *saturatus*, Ridgw.	Mexique E., Honduras, Cozumel.
2073. *Var.* IGNEA, Baird, *Pr. Phil. Acad.*, 1859, p. 305; Ell., *New and Unfig. B. N. Am.*, pl. 4; *affinis* et *sinaloensis*, Nels.	Basse-Calif., Mexique N.-W.
2074. *Var.* SUPERBA, Ridgw., *Auk*, 1886, p. 334.	Arizona, Mexique W.

2075. *Var.* CARNEA (Less.), *Rev. Zool.*, 1842, p. 210; Salv. et Godm., *Biol.* I, p. 341. — Mexique W.
2076. *Var.* CANICAUDA, Chapm., *Bull. Am. Mus. N. H.* III, p. 323. — Texas.
2077. *Var.* YUCATANICA, Ridgw., *Man. N. Am. B.*, p. 443; *littoralis*, Nels. — Yucatan.
2078. *Var.* FLORIDANA, Ridgw., *Man. N. Am. B.*, p. 606. — Floride.
2079. *Var.* MARIÆ, Nels., *Pr. Biol. Soc. Washing.* XII, p. 10. — Iles Tres Marias.
8093. BERMUDIANUS, Bangs et Brad., *Auk*, 1901, p. 256. — Iles Bermudes.
8094. PHOENICEUS, Bp., *P. Z. S.*, 1837, p. 111; Scl. et Salv., *Exot. Orn.*, pl. 63. — Vénézuéla, Trinidad, Colombie.
2080. *Var.* ROBINSONI, Richm., *Auk*, 1895, p. 370. — Ile Margarita (Vénéz.)

1155. GUBERNATRIX

Gubernatrix, Less. (1837); *Lophocoryphus*, Gray (1840).

8095. CRISTATA (Vieill.), *N. Dict.* XIII, p. 531; Sharpe, *l. c.*, p. 815; *gubernatrix*, Tem., *Pl. col.*, 63, 64; *cristatella*, Bon. et Vieill. — Paraguay, Argentine, Patagonie N.

SUBF. IV. — EMBERIZINÆ

1156. UROCYNCHRAMUS

Urocynchramus, Prjev. (1877).

8096. PYLZOWI, Prjev., in *Rowl. Orn. Misc.* II, p. 309, pl. 7; Gould, *B. Asia*, V, pl. 32; Sharpe, *l. c.*, p. 472. — Chine W.

1157. EMBERIZA

Emberiza, Briss. (1760); *Cynchramus*, Boie (1826); *Citrinella, Orospina, Cia, Spina, Cirlus*, Kaup (1829); *Ocyris*, Hodgs. (1844); *Schœnicola*, Bp. (1850); *Glycispina, Polymitra, Hypocentor*, Cab. (1850); *Granativora, Onychospina, Buscarla*, Bp. (1857); *Hylæspiza*, Blas (1862); *Pyrrhulorhyncha*, Gigl. (1865).

8097. PALUSTRIS, Savi, *Orn. Tosc.* II, p. 91; Roux, *Orn. Prov.*, pl. 114bis; Gould, *B. Eur.* III, pl. 182; *intermedia* (Michah.), Bp., *Rev. crit.*, p. 164; *pyrrhuloides*, Bp. et auct. plur. (nec Pall.); *schœniclus* (pt.), Dress. — Europe mérid.
8098. PYRRHULOIDES, Pall., *Zoogr. Rosso-Asiat.* II, p. 49; Dress., *B. Eur.* IV, p. 249, pl. 222, ff. 2, 3; *caspia*, Ménétr.; *schœniclus*, *var. pyrrhuloides*, Seeb. — Astrakhan, Turkestan, Yarkand, Sibérie S.-W.
8099. PYRRHULINA (Swinh.), *Ibis*, 1876, p. 333, pl. 8, f. 2; Sharpe, *l. c.*, p. 475; *palustris*, Seeb., Blakist. (nec Savi). — Japon.

8100. SCHOENICLUS, Lin.; Dress., *B. Eur.* IV, p. 241, pl[s] 221, 222, f. 1; Dubois, *Fne ill. Vert. Belg., Ois.* I, p. 556, pl. 130; *arundinacea*, Gm.; *stagnatilis*, etc., Brm.; *schœnicola*, Hume; *tschusii*, Reis. et Olm. — Europe et Asie jusqu'au 70° l. N., Kamtsch., au S. jusqu'au 20° l. N.

8101. PASSERINA, Pall., *Reis. Russ. Reichs*, I, *App.*, p. 456; Seeb., *Ibis*, 1879, p. 39, pl. 1, f. 1; *pallasii*, Cab.; *polaris* et *var. minor*, Midd.; *canescens*, Swinh.; *alleonis*, Vian; *schœniclus*, *var. passerinus*, Seeb. — Sibérie E. jusqu'au Iénisséï, Turkestan, Mongolie, Chine N.

8102. YESSOENSIS (Swinh.), *Ibis*, 1874, p. 161; Seeb., *Ibis*, 1879, p. 39, pl. 1, f. 2; *minor*, Blakist. — Japon.

8103. PUSILLA, Pall., *Reis. Russ. Reichs*, III, p. 697; Dress., *B. Eur.* IV, p. 235, pl. 220; Dubois, *Fne ill., Ois.* I, p. 561, pl. 130[b]; *durazzii*, Bp., *Faun. Ital. Ucc.*, pl. 36, f. 1; *oinops*, Hodgs., *Icon ined., Passeres*, pl. 292, ff. 1, 2. — Europe N.-E., accid. centr., Asie du 70° l. N. à l'Himal. et jusqu'à l'Indo-Chine en hiver.

8104. RUSTICA, Pall., *Reis. Russ. Reichs*, III, p. 698; Tem. et Schl., *Faun. Jap.*, pl. 58; Dress., *B. Eur.* IV, p. 229, pl. 219; *provincialis*, Gm.; *lesbia*, Tem. (nec Gm.); *borealis*, Zett. — Nord de l'Europe et de l'Asie jusqu'en Chine, Japon.

8105. FUCATA, Pall., *Reise*, III, p. 698; Tem. et Schl., *F. J.*, pl. 57; Gould, *B. Asia*, V, pl. 9; *lesbia*, Gm. — Sibérie E., Japon, Chine, Indo-Chine, Himalaya, Inde.

8106. ELEGANS, Tem., *Pl. col.* 583; Tem. et Schl., *F. J.*, pl. 55; *elegantula*, Swinh., *P.Z.S.*, 1870, p. 134. — Sibérie E., Japon, Chine.

8107. CHRYSOPHRYS, Pall., *Reise*, III, Anh., p. 698; id., *Zoogr.* II, p. 46, pl. 48, f. 2; Dress., *B. Eur.* IV, p. 193, pl. 212; Dav. et Oust., *Ois. Ch.*, p. 325. — Sibérie E.

8108. FLAVIVENTRIS (Bon. et Vieill.), *Enc. méth.* II, p. 929; Sharpe, *l. c.*, p. 499 (pt.); *capensis*, Sw., *B. W. Afr.* I, p. 111, pl. 18. — Afrique S. jusqu'au 10° l. S.

2081. *Var.* FLAVIGASTRA, Rüpp., *Atlas*, p. 38, pl. 25; *quinquestriata*, Licht.; *xanthogastra*, *albicollis*, Pr. Würt. — Afrique N.-E.

2082. *Var.* AFFINIS (Pr. Würt.) in Heugl., *J. f. O.*, 1867, p. 277; *flaviventris* (pt.), auct. plur. — Afrique W. et N.-E.

8109. POLIOPLEURA (Salvad.), *Ann. Mus. Civ. Genov.*, 1888, p. 269. — Abyss., Choa, Somali.

8110. FORBESI (Hartl.), *Orn. Centralbl.*, 1882, p. 92; id., *J. f. O.*, 1882, p. 324. — Afrique équat.

8111. MAJOR (Bocage), *Orn. Angola*, p. 559 (1881); Cab., *J. f. O.*, 1880, p. 349, pl. 2, f. 2; *cabanisi*, Boc. (nec Rchw.), *l. c.*, p. 371. — Angola.

2083. *Var.* ORIENTALIS, Shell., *P. Z. S.*, 1882, p. 308; Sharpe, *l. c.*, p. 502. — Afrique E.

2084. *Var.* CABANISI (Rchw.), *J. f. O.*, 1875, p. 233, pl. 2, ff. 2, 3; *flaviventris*, Rchw. (nec V.), *J. f. O.*, 1875, p. 42. — Caméron et Afrique équat.

8112. MELANOCEPHALA, Scop., *Ann.* I, p. 142; Naum., *Vög. Deutschl.* IV, pl. 101, f. 2; Dress., *B. Eur.* IV, p. 151, pl. 206; *melanictera*, Güld.; *crocea*, Vieill., *Ois. Ch.*, pl. 27; *caucasicus*, Pall.; *granativora*, Mén.; *simillima*, Blyth; *atricapilla*, Brm. — Europe S.-E., Allemagne S., France, Asie S.-W. jusqu'à l'Inde centr.

8113. LUTEOLA, Sparrm., *Mus. Carls.* IV, pl. 93; Jerd., *B. Ind.* II, p. 378; Sharpe, *l. c.*, p. 506; *icterica*, Eversm., *Add. Pall. Zoogr.* II, pl. 10; Gray, *Gen. B.*, pl. 91; *brunneiceps*, Brandt. — Sibérie, Asie S.-W. et centr. jusqu'à l'Inde.

8114. AUREOLA, Pall., *Reis. Russ. Reichs*, II, p. 711; id., *Zoogr.*, pl. 50; Dress., *B. Eur.* IV, p. 223, pl. 218; *collaris*, Vieill.; *flavicollis*, Mc Clel.; *dolichonia*, Bp.; *selysii*, Verany; *flavogularis*, Blyth; *flavocollaris*, Gr. — Europe N., Sibérie, Asie centr., Chine jusqu'à Malacca.

8115. RUTILA, Pall., *Reis. Russ. Reichs*, III, p. 698; Tem. et Schl., *Faun. Jap.*, pl. 56[b]; Dav. et Oust., *Ois. Chine*, p. 331. — Sibérie E., Japon, Himal. S.-E., Chine, Indo-Chine.

8116. CITRINELLA, Lin.; Dress., *B. Eur.* IV, p. 171, pl. 209; Dubois, *Fne ill.*, *Ois.* I, p. 344, pl. 126; *sylvestris*, *major*, etc., Brm.; *brehmii*, Hom. — Europe, Sibérie W.

2085. *Var.* MOLESSONI, Poph., *Ibis*, 1901, p. 453, pl. 10, f. 1. — Jénisséï.

2086. *Var*, CORSICA, Kg., *Orn. Monatsb.* VII, p. 120. — Corse.

8117. SULPHURATA, Tem. et Schl., *Fauna Jap.*, p. 100, pl. 60; Dav. et Oust., *Ois. Chine*, p. 330; Sharpe, *l. c.*, p. 519. — Chine, Japon.

8118. PERSONATA, Tem., *Pl. Col.* 580; Tem. et Schl., *F. J.*, pl. 59[b]; Sharpe, *l. c.*, p. 521. — Japon, Chine.

8119. SPODOCEPHALA, Pall., *Reis. Russ. Reichs*, III, p. 698; Schr., *Reis. Amurl.*, p. 142, pl. 12, ff. 5-8; Dav. et Oust., *Ois. Chine*, p. 329; *sordida vel chlorocephala*, Hodgs.; *melanops*, Blyth. — Sibérie à l'E. du Jénisséï, Japon, Chine, Himal. E., Assam, Manipour.

8120. CIRLUS, Lin.; Dress., *B. Eur.* IV, p. 177, pl. 210; Dubois, *Fne. ill.*, *Ois.* I, p. 347, pl. 127; *elæathorax*, Bechst. — Europe mér. et centr., Asie Mineure.

8121. CINEREA, Strickl., *P. Z. S.*, 1832, p. 99; Gould, *B. Asia*, V, pl. 8; Dress., *B. Eur.* IV, p. 159, pl. 207; *cineracea*, Brm. — Asie Mineure jusqu'en Perse.

8122. HORTULANA, Lin.; Dress., *l. c.* IV, p. 185, pl. 211; Dubois, *l. c.* I, p. 353, pl. 129; *moelbyensis*, Sparrm.; *chlorocephala*, *badensis*, Gm.; *tunstalli*, Lath.; *pinguescens*, Brm.; *shah*, Bp. — Europe jusqu'au Cercle polaire, Asie W., Afrique N. et N.-E.

8123. BUCHANANI, Blyth, *J. A. S Beng.* XIII, p. 957; *huttoni*, Blyth, *l. c.* XVIII, p. 811; *cerrutii*, De Fil.; Gould, *B. Asia*, V, pl. 11. — Du Caucase à la Perse, Turkestan, Afghanistan, Inde W.

8124. CÆSIA, Cretz. in *Rüpp. Atlas*, p. 17, pl. 10, f. *b*; — Eur. S.-E., Caucase,

Gould, *B. Eur.* III, pl. 181; Dress., *l. c.* IV, p. 213, pl. 216; *rufibarba*, Nordm. — Afr. N.-E., Arabie.

8125. CIA, Lin.; Dress., *B. Eur.* IV, p. 205, pl. 214; Dubois, *l. c.* I, p. 550, pl. 128; *barbata*, Scop.; *lotharingica*, Gm.; *meridionalis*, Cab. — Eur. mérid., Asie Min. jusqu'en Afghanist.

2087. *Var.* STRACHEYI, Moore, *P. Z. S.*, 1855, p. 215, pl. 112; Sharpe, *l. c.*, p. 539; *cia*, auct. plur. (nec Lin.) — Beloutchistan E. et Cachemire.

8126. GODLEWSKII, Tacz., *J. f. O.*, 1874, p. 330; Sharpe, *Cat. B.* XII, p. 542, pl. 12; *gigliolii*, Dyb. (nec Swinh.) — Sibérie E. jusqu'au Kan-sou, Yarkand, Turkest., Cachem.

8127 CIOIDES, Brandt, *Bull. Acad. Sc. St-Pétersb.*, 1843, p. 363; Midd., *Sib. Reise*, p. 280; Sharpe, *l. c.*, p. 542; *cia* (pt.), Pall. (nec L.) — Sibérie.

2088. *Var.* CASTANEICEPS, Moore, *P. Z. S.*, 1855, p. 215; Sharpe, *l. c.*, p. 544; *gigliolii*, Swinh., *Ibis*, 1867, p. 393; *ciopsis*, Swinh. (nec Bp.) — Chine, Mongolie, Sibérie S.-E.

8128. CIOPSIS, Bp., *Consp.* I, p. 466; *cioides*, Tem. et Schl. (nec Brt.), *Fauna Jap.*, p. 59, pl. 58. — Japon.

2089. *Var.* IJIMA, Stejn., *P. U. S. Nat. Mus.* XVI, p. 637. — Tsushima (Japon).

8129. JANKOWSKII, Tacz., *Ibis*, 1888, p. 317, pl. 8. — Oussouri.

8130. TRISTRAMI, Swinh., *Pr. Z. S.*, 1870, p. 441; Dav. et Oust., *Ois. Ch.*, p. 326; *stracheyi*, Swinh. (1862-1865); *quinquelineata*, David. — Chine.

8131. STEWARTI, Blyth, *J. A. S. Beng.*, 1854, p. 215; *caniceps*, Gould, *B. Asia*, V, pl. 6; *buchanani*, Bp. (nec Blyth). — Inde N.-W., Afghan., Turkestan.

8132. LEUCOCEPHALA, Gm., *N. Comm. Ac. Sc. Imp. Petrov.*, 1770, p. 480, pl. 23, f. 3; Dress., *B. Eur.* IV, p. 217, pl. 217; *pityornis*, Pall.; Gould, *B. Eur.* III, pl. 180; *esclavonicus*, Degl.; *albida*, Blyth; *bonapartii*, Barth.; *himalayensis*, Tytl. — Sibérie, Asie centr. jusque vers le 28° l. N.; accid. Europe.

1158. MILIARIA

Emberiza (pt.), auct. plur.; *Miliaria*, Brm. (1828); *Crithophaga*, Cab. (1850).

8133. EUROPÆA, Sw., *Classif. B.* II, p. 290; Dubois, *Fne ill., Ois.* I, p. 540, pl. 125; *Emb. miliaria*, Lin.; Dress., *B. Eur.* IV, p. 163, pl. 208; *projer*, Müll.; *septentrionalis*, *minor*, etc., Brm, — Europe jusqu'au 62° l. N., Asie S.-W., Afrique N., Canaries, Egypte.

1159. FRINGILLARIA

Fringillaria, Sw. (1837); *Emberiza* (pt.), auct. plur.

8134. TAHAPISI (Smith), *Rep. S. Afr. Exp.*, 1836, *App.*, — Afrique S. et W. jus-

p. 48; Sharpe, *l. c.*, p. 558; *rufa*, Sw.; *capistrata*, Cab.; *septemstriata*, Boc. (nec Rüpp.) — qu'au Gabon.

8135. SEPTEMSTRIATA (Rüpp.), *Neue Wirb. Vög.*, p. 86, pl. 30, f. 2; Fch. et Hartl., *Vög. Ost-Afr.*, p. 460; Hartl., *Orn. W.-Afr.*, p. 152. — Afrique N.-E. et de Sénégambie au Niger.

8136. STRIOLATA (Licht.), *Verz. Doublet.*, p. 24; Rüpp., *Atlas*, p. 15, pl. 10, f. a; Dress., *B. Eur.* IV, p. 197, pl. 213. — Arabie, Palest., Asie S.-W. jusqu'à l'Inde centr.

8137. SAHARÆ (Levaill. jun.), *Expl. scient. de l'Algérie, Ois.*, pl. 9bis, f. 2 (*sahari*); Tristr., *Ibis*, 1859, p. 295. — Algérie, Maroc.

8138. IMPETUANI (Smith), *Rep. S. Afr. Exp.*, 1836, *App.*, p. 48; Hartl., *Orn. W.-Afr.*, p. 152; Sharpe, *l. c.*, p. 563; *anthoides*, Sw. — Afrique S. jusqu'au Transv. et Angola.

8139. CAPENSIS (Lin.); *Pl. Enl.* 664, f. 1; Hartl., *Orn. W.-Afr.*, p. 152; *caffrariensis*, Steph.; *erythroptera*, Tem.; *vittata*, Sw. — Afrique S. jusqu'au Transvaal.

8140. INSULARIS, Grant et Forb., *Bull. Liverp. Mus.* II, p. 2. — Sokotra.

8141. SOCOTRANA, Grant et Forb., *l. c.* II, p. 2. — Sokotra.

8142. VARIABILIS (Tem.), *Pl. col.* 583, f. 2; id. et Schl., *Faun. Jap.*, pl. 56; *musica*, Kittl. — Sibérie E., Kamtschat., Japon.

1160. MELOPHUS

Melophus, Sw. (1837).

8143. MELANICTERUS (Gm.); Bp., *Consp.* I, p. 470; *erythroptera*, Jard. et Sel., *Ill. Orn.*, pl. 132; *cristata*, Vig.; *lathami*, Gray; *subcrista*, Sik.; *nipalensis*, Hodgs., *Asiat. Research.* XIX, p. 157. — Himalaya, Inde, Chine, Indo-Chine.

1161. PLECTROPHANES

Plectrophanes, B. Mey. (1822); *Plectrophenax*, Stejn. (1882); *Rhyncophanes*, Baird (1858).

8144. NIVALIS (Lin.); Dress., *B. Eur.* IV, p. 261, pl. 225; Dubois, *Fne Ill.*, *Ois.* I, p. 536, pl[s] 124, 124[b]; *notata*, Müll.; *mustelina*, *montana*, *lotharingica* (pt.), Gm.; *glacialis*, Lath.; *borealis*, etc., Brm. — Zone boréale et centr. entre le 45° et le 80¼ l. N.

2090. *Var.* TOWNSENDI, Ridgw., *Man. N. Am. B.*, p. 403. — Alaska, Kamtschatka et îles voisines.

8145. HYPERBOREUS (Ridgw.), *Pr. U. S. Nat. Mus.*, 1884, p. 68; Sharpe, *l. c.*, p. 577. — Alaska.

8146. MACCOWNI, Lawr., *Ann. Lyc. N. Y.*, 1851, p. 122; Cass., *Ill. B. Calif.*, p. 228, pl. 39; Sharpe, *l. c.*, p. 589. — Amérique sept. au Sud jusqu'au Mexique.

1162. CALCARIUS

Calcarius, Bechst. (1803); *Centrophanes*, Kp. (1829); *Plectrophanes*, auct. plur.

8147.	LAPPONICUS (Lin.); Bechst., *Orn. Taschenb.*, p. 130; Dress., *l. c.*, p. 253, pl. 223; Dubois, *l. c.* I, p. 532, pl[s] 123 et 123[b]; *calcarata*, Pall.; *montanus*, Leach; *groenlandicus*, Brm.	Zone boréale entre le 48° et le 70° l. N.
2091.	*Var.* ALASCENSIS, Ridgw., *Auk*, 1898, p. 320.	Alaska, Iles Aléoutes.
2092.	*Var.* COLORATA, Ridgw., *l. c.*	Kamtschat., Sibérie E.
8148.	PICTUS (Sw. et Rich.), *Faun. bor. Am.*, *B.*, p. 250, pl. 49; Audub., *B. Am.* III, p. 52, pl. 153; *smithii*, Audub., *l. c.* VII, p. 337, pl. 487.	Amér. sept. jusqu'au Cercle arct.
8149.	ORNATUS (Towns.), *Journ. Phil. Acad.*, 1837, p. 189; Audub., *B. Am.* III, p. 53, pl. 154; *melanomus*, Baird, *B. N. Am.*, p. 436, pl. 74, f. 2.	Amérique sept. au S. jusqu'au Mexique.

1163. CHONDESTES

Chondestes, Sw. (1827).

8150.	GRAMMICA (Say), in *Long's Exp.* I, p. 139; Bp., *Am. Orn.* I, p. 47, pl. 5, f. 3; Audub., *B. Am.* III, p. 63, pl. 158; *grammaca*, Say et auct. plur.; *strigata*, Sw.	États-Unis, de l'Iowa et Illinois au Pacifique, Mexique, Guatém.

1164. CALAMOSPIZA

Calamospiza, Bp. (1838); *Corydallina*, Audub. (1839).

8151.	BICOLOR (Towns.), *Journ. Phil. Acad.*, 1837, p. 189; Audub., *B. Am.* III, p. 195, pl. 202; *melanocorys*, Stejn., *Auk*, 1885, p. 49.	États-Unis du Dakota et Kansas aux M[gnes] Roch., Mexique N., Basse-Californie.

1165. ZONOTRICHIA

Zonotrichia, Sw. (1831); *Brachyspiza*, Ridgw. (1898).

8152.	QUERULA (Nutt.), *Man.*, p. 555; Baird, Br. et Rid., *Hist. N. Am. B.* I, p. 577, pl. 26, f. 4; *harrisii*, Audub., *l. c.* VII, p. 331, pl. 484; *comata*, Max.	États-Unis, Canada jusqu'au 55° l. N.
8153.	ALBICOLLIS (Gm.); Wils., *Am. Orn.* III, p. 51, pl. 22, f. 2; *pennsylvanica*, Lath.; Audub., *l. c.* III, p. 153, pl. 191.	Amér. N.-E. jusqu'au 65° l. N., à l'Ouest jusqu'au Dakota.
8154.	CORONATA (Pall.), *Zoogr.* II, p. 44; Baird, Br. et Rid., *H. N. Am. B.* I, p. 573, pl 26, f. 1; *atricapilla*, Gm. (pt.); Audub., *l. c.* III, p. 162, pl. 193; *aurocapilla*, Nutt.; *galapagensis*, Bp.	Amér. N.-W. de l'Alaska à la Californie, Iles Aléoutes.

8155. VULCANI, Bouc., *P. Z. S.*, 1878, p. 57, pl. 4; Salv. et Godm., *Biol. Centr.-Am.* I, p. 371, pl. 26, f. 2. — Costa-Rica.

8156. LEUCOPHRYS (Forst.), *Phil. Trans.*, 1772, pp. 382, 426; Audub., *l. c.* III, p. 157, pl. 192; *gambelli*, auct. plur. (nec Nutt.); *Spizella maxima*, Bp. — Groenland et Amérique sept. à l'E. des M^gnes^ Roch. jusqu'au Mex.

2093. *Var.* INTERMEDIA, Ridgw., *Bull. Essex Inst.*, 1873, p. 198; Salv. et Godm., *Biol. Centr.-Am.* I, p. 370. — Alaska, Amér. N.-W. jusqu'au Mexique.

2094. *Var.* GAMBELLI (Nutt.), *Mon. Orn.* I, p. 556; Bp., *Consp.* I, p. 478; Sharpe, *l. c.*, p. 606; *nuttalli*, Ridgw., *Auk*, 1899, p. 36. — Côtes du Pacifique jusqu'en Californie (Amérique N.-W.)

8157. STRIGICEPS, Gould, *Voy. « Beagle »*, *Birds*, p. 92; Scl., *Ibis*, 1877, p. 47, pl. 1, f. 2; Sharpe, *l. c.*, p. 608. — Brésil S.

8158. WHITEI, Sharpe, *l. c.*, pl. 13; *strigiceps*, White (nec Gould), *P. Z. S.*, 1883, p. 38. — République Argentine.

8159. PILEATA (Bodd.); Scl., *P. Z. S.*, 1858, pp. 454, 552; Tacz., *Orn. Pérou*, III, p. 45; *capensis*, Müll.; *matutina*, Licht.; *ruficollis*, Spix, *Av. Bras.* II, p. 39, pl. 53, f. 3; *subtorquata*, Sw. — Du Vénézuéla à la République Argentine.

2095. *Var.* INSULARIS, Ridgw., *Auk*, 1898, p. 321. — Ile Curaçao.

2096. *Var.* PERUVIANA (Less.), *Rev. Zool.*, 1839, p. 45; *costaricensis*, Allen, *Bull. Am. Mus. N. H.* III, p. 374; *mortoni*, Audub. — Du Mexique S. au Pérou.

2097. *Var.* CHILENSIS (Meyen), *Reise*, III, p. 212; *pileata*, auct. plur. — Chili.

2098. *Var.* CANICAPILLA, Gould, *Voy. « Beagle »*, *Birds*, p. 91; Scl., *Ibis*, 1877, p. 47, pl. 1, f. 1; Sharpe, *l. c.*, p. 609; *australis*, Gray. — Patagonie.

1166. CYANOSPIZA

Passerina, Vieill. (1816 nec Lin.); *Spiza*, Bp. (1838 nec 1824); *Cyanospiza*, Baird (1858).

8160. CIRIS (Lin.); Wils., *Am. Orn.* III, p. 68, pl. 24, ff. 1, 2; Audub., *B. Amer.* III, p. 93, pl. 169; *mariposa*, Scop. — Ét.-Un. S., Am. centr., Cuba, Bahama.

8161. CYANEA (Lin.); Wils., *l. c.* I, p. 100, pl. 6, f. 5; Audub., *l. c.* III, p. 96, pl. 170; *cyanella*, Sparrm., *Mus. Carls.* II, pl^s^ 42, 43. — États-Unis E. jusqu'à l'Illinois au N., Am. centr., Bahama.

8162. AMOENA (Say) in *Long's Exp.* II, p. 47; Audub., *l. c.* III, p. 100, pl. 171; Baird, *B. N. Am.*, p. 504. — Amér. N.-W. de la Col. angl. au Mexique.

8163. ROSITÆ, Lawr., *Ann. Lyc. N. Y.*, 1874, p. 397; Salv. et Godm., *Biol. Centr.-Am.* I, p. 364, pl. 25. — Mexique S.

8164. LECLANCHERI (Lafr)., *Rev. Zool.*, 1840, p. 260; id., — Mexique W.

Mag. de Zool., 1841, *Ois.*, pl. 22; Salv. et Godm., *l. c.* I, p. 364.

8165. VERSICOLOR (Bp.), *P. Z. S.*, 1837, p. 120; Baird, *B. N. Am.*, p. 503, pl. 56, f. 2; *luxuosus*, Less.; *lazulina*, Licht. — Texas, Mexique, Guatémala.

2099. *Var.* PULCHRA (Ridgw.), *Man. N. Am. B.*, p. 448. — Basse-Calif., Mex. W.

1167. PORPHYROSPIZA

Porphyrospiza, Scl. et Salv. (1873).

8166. PULCHRA, Sharpe (nec Ridgw.), *Cat. B.* XII, p. 625; *cyanella*, Pelz., *Orn. Bras.*, p. 227 (nec Sparrm.); Scl. et Salv., *Nomencl.*, p. 30. — Brésil.

1168. HAPLOSPIZA

Haplospiza, Cab. (1850).

8167. UNICOLOR (Licht.) in Cab., *Mus. Hein.* I, p. 147; Berl. et Iher., *Zeitschr. ges. Orn.* II, p. 123, pl. 8, ff. 1, 2; *carbonaria*, Gray. — Brésil.

8168. NIVARIA, Bangs, *Pr. Biol. Soc. Wash.* XIII, p. 102. — Colombie.

8169. UNIFORMIS, Scl. et Salv., *Nomencl. Av. Neotr.*, pp. 29, 157; Salv. et Godm., *Biol. Centr.-Am.* I, p. 366, pl. 27, f. 1. — Mexique.

1169. AMPHISPIZA

Amphispiza, Coues (1874); *Poospiza*, auct. plur. (nec Cab.)

8170. BILINEATA (Cass.), *Pr. Philad. Acad.*, 1850, p. 104; id., *Ill. B. Calif.*, p. 150, pl. 23; Baird, *B. N. Am.*, p. 470; Coues, *B. N.-W.*, p. 234. — Texas S., Mexique N.-E.

2100. *Var.* DESERTICOLA, Ridgw., *Auk*, 1898, p. 229. — États-Unis S.-W.

2101. *Var.* GRISEA, Nels., *Pr. Biol. Soc. Wash.* XII, p. 61. — Mexique.

8171. BELLI (Cass.), *Pr. Phil. Acad.*, 1850, p. 104, pl. 4; Baird, *B. N. Am.*, p. 470; Sharpe, *l. c.*, p. 629. — Californie.

2102. *Var.* CINEREA, Towns., *P. U. S. Nat. Mus.*, 1890, p. 136. — Basse-Californie.

2103. *Var.* CLEMENTEÆ, Ridgw., *Auk*, 1898, p. 230. — Ile San Clemente (Cal.)

2104. *Var.* NEVADENSIS, Ridgw., *Bull. Essex Inst.*, 1873, p. 191; Sharpe, *l. c.*, p. 630. — Am. N.-W., de la Colomb. angl. au Mex.

8172. QUINQUESTRIATA (Scl. et Salv.), *P. Z. S.*, 1868, p. 323; Salv. et Godm., *Biol. Centr.-Am.* I, p. 368, pl. 27, f. 2. — Mexique.

1170. POOSPIZA

Poospiza, Cab. (1847).

8173. THORACICA (Nordm.) in *Erman's Reise*, p. 10, pl. 4, f. 1; Cab., *Arch. f. Nat.*, 1847, p. 350; Burm., *Th. Bras.* III, p. 217; *rufitorques*, Sw.; *rufigularis*, Less., *Rev. Zool.*, 1839, p. 42. — Brésil.

8174. BOLIVIANA, Sharpe, *Cat. B.* XII, p. 634, pl. 14. — Bolivie.

8175. CÆSAR, Scl. et Salv., *P. Z. S.*, 1869, p. 152, pl. 13; Tacz., *Orn. Pér.* III, p. 32. — Pérou.

8176. HYPOCHONDRIACA (d'Orb. et Lafr.), *Mag. de Zool.*, 1837, p. 80; d'Orb., *Voy. Am. mér.*, p. 361, pl. 45, f. 1; Sharpe, *l. c.*, p. 636. — Bolivie.

8177. ALTICOLA, Salv., *Novit. Zool.* II, p. 7. — Pérou.

8178. BONAPARTEI, Scl., *P. Z. S.*, 1867, p. 341, pl. 20; Tacz., *Orn. Pér.* III, p. 31; *hispaniolensis*, Bp.; *torquata*, Tacz., *P. Z. S.*, 1874, p. 520. — Pérou.

8179. MELANOLEUCA (d'Orb. et Lafr.), *Mag. de Zool.*, 1837, p. 82; Bp., *Consp.* I, p. 473; Burm., *Reise La-Plata*, II, p. 484. — République Argentine.

8180. CINEREA (Cuv.) in Bp., *Consp.* I, p. 473; Scl., *Cat. Am. B.*, p. 110; Pelz., *Orn. Bras.*, p. 439; *schistacea*, Cab.; Burm., *Th. Bras.* III, p. 218. — Brésil, Bolivie.

8181. PERSONATA (Sw.), *An. in Menag.*, p. 311; Gould, *Voy. « Beagle » B.*, p. 98, pl. 35; *nigrorufa*, Cab., *Arch. f. Nat.*, 1847, p. 350; *mesoleuca*, Licht. — Du Brésil S. jusqu'au N. de la Patagonie.

8182. WHITHEI, Scl., *P. Z. S.*, 1883, p. 43, pl. 9; Sharpe, *l. c.*, p. 641. — République Argentine.

8183. ERYTHROPHRYS, Scl., *Ibis*, 1881, p. 599, pl. 17, f. 1; Sharpe, *l. c.*, p. 642. — République Argentine.

8184. RUBECULA, Salv., *Novit. Zool.* II, p. 8. — Pérou.

8185. ORNATA, Scl. et Salv., *Nomencl.*, p. 30; Sharpe, *l. c.*, p. 643. — Argentine W.

8186. LATERALIS (Nordm.) in *Erman's Reise*, p. 10; Bp., *Consp.* I, p. 473; *superciliosa*, Sw.; *pyrrhopyga*, Licht. — Brésil S., Paraguay, Argentine.

8187. ASSIMILIS, Cab., *Mus. Hein.* I, p. 137; Pelz., *Orn. Bras.*, p. 439; *cabanisi*, Bp., *l. c.*, p. 473; Burm., *Th. Bras.* III, p. 216. — Argentine.

8188. TORQUATA (d'Orb. et Lafr.), *Mag. de Zool.*, 1837, p. 82; Bp., *l. c.*, p. 473; Burm., *Reise La-Plata St.* II, p. 484; Sharpe, *l. c.*, p. 645. — Argentine, Mendoza, Bolivie.

1171. COMPSOSPIZA

Compsospiza, Berl. (1893).

8189. GARLEPPI, Berl., *Ibis*, 1893, p. 208, pl. 6. — Bolivie.

1172. JUNCO

Junco, Wagl. (1831); *Struthus*, Bp. (1838, nec Boie); *Niphœa*, Audub. (1839).

8190. HIEMALIS (Lin.); Gould, *B. Eur.* III, pl. 190; Audub., *B. Am.* III, p. 88, pl. 167; *hudsonia*, Forst.; *nivalis*, Wils., *Am. Orn.* II, p. 129, pl. 16, f. 6. — États-Unis jusqu'à la Nouv.-Angleterre au N.

2105. *Var.* MONTANA, Ridgw., *Auk*, 1898, p. 321. — De la Col. angl. au Mex.

2106. *Var.* CAROLINENSIS, Brewst., *Auk*, 1886, p. 108. — Caroline W. (Mont[gnes]).

2107. *Var.* PINOSA, Loomis, *Auk*, 1893, p. 47, 1894, p. 265. — Baie Monterey (Calif.)

8191. AIKENI, Ridgw., *Pr. Bost. Soc. N. H.*, 1872, p. 201; Baird, Br. et Rid., *Hist. N. Am. B.* I, p. 584, pl. 26, f. 6; Sharpe, *l. c.*, p. 649. — Colorado.

8192. OREGONUS (Towns.), *Pr. Philad. Acad.*, 1837, p. 188; Audub., *l. c.* III, p. 91, pl. 168; *hudsonia*, Licht. (nec Forst.); *atrata*, Brandt, *Icon. Rosso-Asiat.*, pl. 2, f. 8; *hiemalis*, *var. oregonus*, Ridgw. — États-Unis W., de l'Alaska à l'Arizona et la Californie.

2108. *Var.* CONNECTENS, Coues, *Key N. Am. B.*, 2e ed., p. 378; *shufeldti*, Coal.; *thurberi*, Anth. — Nouv.-Mexique.

8193. ANNECTENS, Baird, in *Cooper's B. Calif.*, p. 564; Sharpe, *l. c.*, p. 651; *oregonus*, Merr. (nec Towns.); *oregonus*, *var. annectens*, Hensh.; *cinereus*, *var. caniceps* (pt.), Coues (1874); *hiemalis annectens*, Coues (1882); *ridgwayi*, Mearns. — Montagnes Rocheuses, de l'Idaho et Montana au Nouv.-Mexique et Arizona.

2109. *Var.* MEARNSI, Ridgw., *Auk*, 1897, p. 94. — Wyoming.

8194. TOWNSENDI, Anth., *Pr. Cal. Ac. Sc.* II, p. 76. — Basse-Californie.

8195. INSULARIS, Ridgw., *Bull. U. S. Geol. Surv.*, 1876, p. 188; Sharpe, *l. c.*, p. 652. — Ile Guadalupe (Californie).

2110. *Var.* BAIRDI, Ridgw., *Pr. U. S. Nat. Mus.* VI, 1883, p. 155; Sharpe, *l. c.*, p. 653. — Basse-Californie.

8196. CINEREUS (Sw.), *Phil. Mag.*, 1827, p. 435; Hensh., *Rep. Zool. Expl. 100th Merid.*, p. 271, pl. 10; Salv. et Godm., *Biol. Centr.-Am.* I, p. 373. — Mexique E. (Montagnes).

2111. *Var.* PALLIATA, Ridgw., *Auk*, 1885, p. 364. — Arizona (Montagnes).

8197. CANICEPS (Woodh.), *Pr. Philad. Acad.*, 1852, p. 202; Baird, *B. N. Amer.*, p. 468, pl. 72, f. 1; id., Br. et Rid., *H. N. Am. B.* I, p. 587, pl. 26, f. 3; *cinereus*, *var. caniceps*, Coues; *hiemalis*, *var. caniceps*, Ridgw. — Mont. Roch., depuis la Colombie angl. jusqu'au Nouv.-Mexique et Arizona.

8198. DORSALIS, Henry, *Pr. Philad. Acad.*, 1858, p. 117; Baird, *B. N. Am.*, p. 467, pl. 28, f. 1; *cinereus*, *var. caniceps* (pt.), Coues; *hiemalis dorsalis* et *cinereus dorsalis*, Hensh. — Nouv.-Mexique, Arizona E. (Mont[gnes]).

8199. ALTICOLA, Salv., *P. Z. S.*, 1863, p. 189; Salv. et Godm., *Biol. Centr.-Am.* I, p. 374, pl. 26, f. 1; *hiemalis*, *var. alticola* et *cinereus*, *var. alticola*, Ridgw. — Guatémala (Mont[gnes]).

8200. FULVESCENS, Nels., *Auk*, 1897, p. 61. — Chiapas (Mexique).

1173. SPIZELLA

Spizella, Bp. (1832); *Spinites*, Cab. (1850).

8201. MONTICOLA (Gm.); Baird, *B. N. Am.*, p. 472; *montana*, Forst. (nec Lin.); *arborea*, Wils., *Am. Orn.* II, p. 123, pl. 16, f. 3; *canadensis*, Sw. et Rich.; Audub., *B. Am.*, p. 83, pl. 166. — Amér. sept. à l'E. des Mont. Rocheuses, entre le 37° l. N. et le cercle polaire.

2112. *Var.* OCHRACEA, Brewst., *Bull. Nutt. Orn. Club*, VII, p. 228; Sharpe, *l. c.*, p. 659; *monticola* (pt.), auct. plur. — Amérique N.-W., du cercle polaire au S. des États-Unis W.

8202. SOCIALIS (Wils.), *Am. Orn.* II, p. 127, pl. 16, f. 5; Audub., *l. c.*, III, p. 80, pl. 165; *pallida*, Lemb. (nec Sw.); *var. arizonæ*, Coues; *domestica*, Coues. — Amérique septentr. du 62° l. N. au Mexique.

2113. *Var.* MEXICANA, Nels., *Auk*, 1899, p. 30. — Mex. S., Guatémala.

8203. PINETORUM, Salv., *P. Z. S.*, 1863, p. 189; Salv. et Godm., *Biol.* I, p. 378, pl. 36, f. 3. — Guatémala et île Ruatan.

8204. PUSILLA (Wils.), *l. c.* II, p. 121, pl. 16, f. 2; Audub., *l. c.* III, p. 77, pl. 164; ?*Mot. juncorum*, Gm. — Canada S., États-Unis E. jusqu'au Mex.

2114. *Var.* ARENACEA, Chadb., *Auk*, 1886, p. 248; Richm., *Auk*, 1897, p. 345, pl. 3. — Texas, Montana, Dakota.

2115. *Var.* WORTHENI, Ridgw., *Pr. U. S. Nat. Mus.*, 1884, p. 259. — Nouv.-Mex., Texas W.

8205. PUSIO (Licht.), *Preis Verz. Mex. Vög.*, p. 2; Sharpe, *l. c.*, p. 666; *pallida*, Sw.; Baird, Br. et Rid., *Hist. N. Am. B.* II, p. 11, pl. 27, f. 3; *shattuckii*, Audub., *l. c.* VIII, *App.*, p. 230, pl. 493. — États-Unis, de l'Illinois aux Mont. Roch. et du Saskatchéwan au Mexique, Cuba.

2116. *Var.* BREWERI, Cass., *Pr. Philad. Acad.*, 1856, p. 40; Baird, Br. et Rid., *l. c.* II, p. 13, pl. 27, f. 4; *pallida*, auct. plur. (nec Sw.); Audub., *l. c.* III, p. 71, pl. 161. — États-Unis S.-W. et Mexique.

8206. ATRIGULARIS (Cab.), *Mus. Hein.* I, p. 133; Baird, *Mex. Bound. Surv.* II, *Birds*, p. 16, pl. 17, f. 1; Salv. et Godm., *Biol.* I, p. 380; *evura*, Coues, *Ibis*, 1865, p. 118. — États-Unis S.-W., du Texas à la Californie, Mexique.

1174. POOCÆTES

Poocætes, Baird (1860); *Poœcetes*, Sharpe (1888).

8207. GRAMINEUS (Gm.); Audub., *l. c.* III, p. 65, pl. 159; Baird, *B. N. Am.*, p. 447; Baird, Br. et Rid., *Hist. N. Amer. B.* I, p. 545, pl. 23, f. 1. — Ontario et N^elle^-Écosse jusqu'au Missouri, Kentucky et Virg.

2117. *Var.* CONFINIS, Baird, *B. N. Am.*, p. 448; Sharpe, *l. c.*, p. 672; *gramineus* (pt.), auct. plur.; *affinis*, Mill., *Auk*, 1888, p. 404. — États-Unis W., Mexique.

1175. PASSERCULUS

Passerculus, Bp. (1838); *Centronyx*, Baird (1860).

8208. SANDWICHENSIS (Gm.); Baird, *B. N. Am.*, p. 444; Salv. et Godm., *Biol.* I, p. 380; *arctica*, Lath.; *chrysops*, Pall., *Zoogr.* II, p. 45, pl. 48, f. 1. — Amérique septentr.

2118. *Var.* SAVANNA (Wils.), *Amer. Orn.* III, p. 55, pl. 22, f. 3; Baird, *B. N. Am.*, p. 442; Audub., *l. c.* III, p. 68, pl. 160. — Amérique N.-E. jusqu'aux plaines du Missouri.

2119. *Var.* ANTHINA, Bp., *C. R.* XXVII, p. 919; Baird, *l. c.*, p. 445; Baird, Br. et Rid., *Hist. N. Am. B.* I, p. 539, pl. 24, f. 10. — Alaska, Californie (côtes).

2120. *Var.* ALAUDINA, Bp., *C. R.* XXXVII, p. 918; Baird, *l. c.*, p. 446. — Californie, Texas, Mexique N.

2121. *Var.* BRUNNESCENS (Butl.), *Auk*, 1888, p. 264. — Mexique, Guatémala.

8209. PRINCEPS, Mayn., *Amer. Nat.*, 1872, p. 637; Baird, Br. et Rid., *l. c.* I, p. 540; Sharpe, *l. c.*, p. 679. — Amérique N.-E., de la Nouv.-Écosse jusqu'à la Virginie.

8210. ROSTRATUS (Cass.), *Proc. Philad. Acad.*, 1852, p. 184; id., *Ill. B. Calif.*, p. 226, pl. 38; *guttatus*, Lawr. — De la Californie au N.-W. du Mexique.

2122. *Var.* HALOPTILA (Mcgr.), *Auk*, 1898, p. 265. — Basse-Californie.

8211. BAIRDI, Audub., *l. c.* VII, p. 359, pl. 500; Baird, Br. et Rid., *l. c.* I, p. 531, pl. 25, f. 3; *ochrocephalus*, Aitk., *Amer. Nat.*, 1873, p. 237. — États-Unis centr. et S.-W.

8212. ?GEOSPIZOPSIS, Bp., *C. R.* XXXVII, 1853, p. 921; Scl., *P. Z. S.*, 1856, p. 306 (1). — Colombie.

1176. AMMODROMUS

Ammodromus, Sw. (1827); *Coturniculus*, Bp. (1838).

8213. MARITIMUS (Wils.), *Am. Orn.* IV, p. 68, pl. 34, f. 2; Audub., *B. Amer.* III, p. 103, pl. 172; *macgillivrayi*, Audub., *l. c.*, p. 106, pl. 173. — États-Unis E., du Massachusetts au Rio Grande (côtes).

2123. *Var.* PENINSULÆ, Allen, *Auk*, 1888, p. 284. — Floride S.-W., Louisiane (côtes).

2124. *Var.* FISHERI, Chapm., *Auk*, 1899, p. 10, pl. 1, f. 1; *macgillivrayi*, Ridgw. — Texas, Floride.

2125. *Var.* NIGRESCENS, Ridgw., *Bull. Essex Inst.*, 1873, p. 198; Sharpe, *l. c.*, p. 685; *melanoleucus*, Mayn., *B. East N. Am.*, p. 119, pl. 5. — Lacs salés du S. de la Floride.

2126. *Var.* SENNETTI, Allen, *Auk*, 1888, p. 286; Chapm., *Auk*, 1899, p. 3, pl. 1, f. 2. — Texas.

(1) M. Sharpe rapporte cet oiseau au *Phrygilus unicolor* (*Cat.* XII, p. 792). Au Musée de Bruxelles se trouve le type du *P. geospizopsis* de Bonaparte, en deux exemplaires, et ceux-ci ne ressemblent nullement au *P. unicolor*.

8214. AUSTRALIS, Mayn., *Auk*, 1888, p. 398. — Floride, îles Bahama.

8215. CAUDACUTUS (Gm.); Wils., *l. c.* IV, p. 70, pl. 34, f. 3; Baird, Br. et Rid., *l. c.* I, p. 557, pl. 25, f. 7; *littoralis*, Nutt. — États-Unis E.

2127. *Var.* NELSONI, Allen, *Pr. Bost. Soc. N. H.*, 1875, p. 292. — Vallée du Mississippi.

2128. *Var.* SUBVIRGATA, Dwight, *Auk*, 1887, p. 233. — Du Canada à la Nouv.-Écosse.

2129. *Var.* BECKI, Ridgw., *Pr. U. S. Nat. Mus.*, 1891, p. 483. — Santa Clara (Calif.)

8216. SAVANNARUM (Gm.); Newt., *Handb. Jam.*, p. 104; *passerina*, Wils., *l. c.* III, p. 76, pl. 24, f. 5; Audub., *l. c.* III, p. 79, pl. 162; *bimaculatus*, Sw.; *tixicrus*, Gosse, *B. Jam.*, p. 242. — Canada S.-E., États-Unis E., Amérique centr. E. et Grandes Antilles.

2130. *Var.* PERPALLIDA, Coues, *Check-list N. Am. B.*, p. 52. — États-Unis W.

2131. *Var.* OBSCURA, Nels., *Auk*, 1897, p. 61. — Mex. E. (Vera Cruz).

8217. HENSLOWI (Audub.), *B. Am.*, pl. 70; id., *B. Am.* 8°, III, p. 75, pl. 143; Baird, *B. N. Am.*, p. 451; Sharpe, *l. c.*, p. 690. — États-Unis N.-E. jusqu'au S. de la Nouv.-Angleterre et l'Ontario.

2132. *Var.* OCCIDENTALIS, Brewst., *Auk*, 1885, p. 145. — Dakota.

8218. MANIMBE (Licht.), *Verz. Doubl.*, p. 25; Burm., *Th. Bras.* III, p. 228; *xanthornus*, Gould, *Voy. « Beagle » Birds*, pl. 30. — Col., Vénéz., Guyane, Bol., Argent., Brésil jusqu'au 35° l. S.

8219. PERUANUS (Bp.), *Consp.* I, p. 481; Scl., *P. Z. S.*, 1858, p. 455; Tacz., *Orn. Pérou*, III, p. 43. — Ecuador, Pérou, Bolivie.

8220. PETENICUS, Salv., *P. Z. S.*, 1863, p. 189; id. et Godm., *Biol. Centr.-Am.* I, p. 384, pl. 28, f. 2. — Guatémala.

8221. LECONTEI (Audub.), *B. Am.* VIII, p. 221, pl. 488; Baird, *B. N. Am.*, p. 452; Baird, Br. et Rid., *Hist. N. Am. B.* I, p. 552, pl. 25, f. 6. — De Manitoba au Texas, à l'E. jusqu'à l'Illinois, Carol. et Flor.

1177. MELOSPIZA

Melospiza et *Helospiza*, Baird (1860).

8222. GEORGIANA (Lath.), *Ind. Orn.* I, p. 460; Ridgw., *Pr. U. S. Nat. Mus.*, 1885, p. 355; *palustris*, Wils., *Am. Orn.* III, p. 49, pl. 22, f. 1; *caboti*, Baird, Br. et Rid., *l. c.* III, pl. 46, f. 9. — Labrad., Terre-Neuve et États-Unis E. jusqu'aux plaines.

8223. LINCOLNI (Audub.), *B. Am.*, pl. 193; id., *B. Am.* 8°, III, p. 116, pl. 117; Baird, *B. N. Am.*, p. 482; *zonarius*, Bp. — Amér. sept. du 52° l. N. jusqu'au Guatém.

2133. *Var.* STRIATA, Brew., *Auk*, 1889, p. 89. — Colombie anglaise.

8224. FASCIATA (Gm.); Ridgw., *Pr. U. S. Nat. Mus.*, 1881, — États-Unis E., de la

pp. 2, 180; *melodia*, Wils., *l. c.* II, p. 125, pl. 16, f. 4; Baird, *B. N. Am.*, p. 477. — région des lacs jusqu'en Virginie.

2134. *Var.* MONTANA, Hensh., *Auk*, 1884, p. 224; Salv. et Godm., *Biol.* I, p. 387. — Colorado, Utah, Nevada.

2135. *Var.* FALLAX (Baird), *Pr. Philad. Acad.*, 1854, p. 119; id., *B. N. Am.* (1860), p. 481, pl. 6, f. 2; *melodia* (pt.), Coues. — Nouv.-Mexique et Arizona.

2136. *Var.* JUDDI, Bishop., *Auk*, 1896, p. 132. — Dakota N.

2137. *Var.* MERRILLI, Brewst., *Auk*, 1896, p. 46. — Idaho.

2138. *Var.* HEERMANNI, Baird, *B. N. Am.* (1860), p. 478, pl. 70, f. 1; *gouldi* et *fallax*, Scl. (nec Baird). — Mexique.

2139. *Var.* COOPERI, Ridgw., *Auk*, 1899, p. 95. — Cal. S. et Basse-Cal. N.

2140. *Var.* SAMUELIS, Baird, *Pr. Bost. Soc. N. H.*, 1858, p. 381; *gouldi*, Baird, *B. N. Am.*, p. 479, pl. 71, f. 1; *pusillula*, Ridgw., *Auk*, 1899, p. 35; *ingersolli*, Mc Greg. — Californie.

2141. *Var.* RUFINA, Brandt, *Descr. Av. Ross.*, pl. 215; Baird, *B. N. Am.*, p. 480; *cinerea*, Audub. (nec Gm.), *B. Am.* III, p. 145, pl. 187; *guttata*, Gamb. — Amér. sept., côtes du Pacifique de la Californie à Sitka.

2142. *Var.* CAURINA, Ridgw., *Auk*, 1899, p. 36; *kenaiensis*, Ridgw. — Alaska.

2143. *Var.* RIVULARIA, Bryant, *Pr. Cal. Ac. Sc.* I, p. 197. — Basse-Californie.

2144. *Var.* GRAMINEA, Towns., *Pr. U. S. Nat. Mus.*, 1890, p. 139. — Ile Santa Barbara.

2145. *Var.* CLEMENTÆ, Towns., *l. c.* — Ile San Clemente (Cal.)

8225. CINEREA (Gm.); Bp., *Consp.* I, p. 478; Sharpe, *Cat. B.* XII, p. 707; *insignis*, Baird, *Trans. Chicago Acad.* I, p. 319, pl. 29, f. 2. — Iles Aléoutes et Prybilow, Alaska.

1178. HÆMOPHILA

Aimophila, Sw. (1837); *Peucæa*, Audub. (1839); *Hæmophila*, Cab. (1850); *Incaspiza, Plagiospiza* et *Rhynchospiza*, Ridgw. (1898).

8226. SUPERCILIOSA, Sw., *An. in Menag.*, p. 314; Salv. et Godm., *Biol. Centr.-Am.* I, p. 395, pl. 30, f. 1; Sharpe, *l. c.*, p. 722. — Mexique.

8227. ACUMINATA (Licht.), *Nomencl. Av. Neotr.*, p. 43; Salv. et Godm., *l. c.*, p. 397; *melanotis*, Lawr., *Ann. Lyc. N. Y.*, 1866, p. 473 (nec Bp.) — Mexique.

8228. LAWRENCEI, Salv. et Godm., *l. c.*, p. 397; *ruficauda*, Lawr. (nec Bp.) — Mexique W.

8229. RUFICAUDA (Bp.), *C. R.*, XXXVII, p. 918; Salv. et Godm., *l. c.*, p. 396, pl. 30, f. 2; ? *tolteca*, Müll., *Syst. Verz. Wirb. Mex.*, p. 50. — Guatémala, Nicaragua, Costa-Rica.

8230. RUFESCENS (Sw.), *Phil. Mag.*, 1827, p. 434; Salv. et et Godm., *l. c.*, p. 395, pl. 29, f. 2; *pyrgitoides*, Lafr.; *melanotis*, Bp. — Mexique, Guatémala.

2146. *Var.* PALLIDA, Nels. et Palm., *Auk*, 1894, p. 43. — Mexique S.-W.

2147. *Var.* SINALOA, Ridgw., *Auk*, 1899, p. 254. — Sierra Madre W. (Mex.)

2148. *Var.* MCLEODI et *cahooni*, Brewst., *Auk*, 1888, pp. 92, 93. — Mexique.

8231. SUMICHRASTI, Lawr., *Ann. Lyc. N. Y.*, 1871, p. 6; Salv. et Godm., *l. c.*, p. 395. — Mexique.

8232. STOLZMANNI, Tacz., *P. Z. S.*, 1877, p. 322, pl. 36, f. 2; id., *Orn. Pér.* III, p. 47. — Pérou.

8233. HUMERALIS, Cab., *Mus. Hein.* I, p. 132; Salv. et Godm., *l. c.*, p. 398, pl. 29, f. 1; *ferrariperazi*, Ridgw., *Auk*, 1886, p. 332. — Mexique.

8234. MYSTACALIS (Hartl.), *Rev. Zool.*, 1852, p. 3; Scl., *P. Z. S.*, 1856, p. 305; Salv. et Godm., *l. c.*, p. 399. — Mexique.

8235. PULCHRA, Scl., *Ibis*, 1886, p. 259, pl. 8; Sharpe, *l. c.*, p. 729. — Pérou.

8236. LÆTA, Salv., *Novit. Zool.* II, p. 8. — Pérou.

8237. PERSONATA, Salv., *Novit. Zool.* II, p. 8. — Pérou.

8238. ÆSTIVALIS (Licht.), *Verz. Doubl.*, p. 25; Cab. *Mus. Hein.* I, p. 132; Baird, Br. et Rid., *Hist. N. Am. B.* II, p. 39, pl. 28, f. 4; Sharpe, *l. c.*, p. 709. — Georgie S., Floride jusqu'au Mexique.

2149. *Var.* BACHMANI (Audub.), *B. Am.*, pl. 165; id., éd. 8°, III, p. 113, pl. 176; *illinoensis*, Ridgw., *Bull. Nutt. Orn. Club*, 1879, p. 219. — Du S. de la Caroline au Texas, et au N. jusqu'au 41° l. N.

2150. *Var.* ARIZONÆ, Ridgw., *Am. Nat.*, 1873, p. 615; Sharpe, *l. c.*, p. 710. — Arizona S. et Sonora.

2151. *Var.* BOTTERII (Scl.), *P. Z. S.*, 1857, p. 124; Salv. et Godm., *l. c.*, p. 389; *cassini*, Baird (nec Woodh.); *mexicanus*, Lawr. — Mexique.

2152. *Var.* SARTORII, Ridgw., *Auk*, 1898, p. 227. — De Vera-Cruz au N. du Nicaragua.

8239. CASSINI (Woodh.), *Pr. Philad. Acad.*, 1852, p. 60; Baird, Br. et Rid., *l. c.* II, p. 42, pl. 28, f. 5. — Du Kansas au Texas, Nouv.-Mex., Arizona et Mexique.

8240. RUFICEPS (Cass.), *Pr. Philad. Ac.*, 1852, p. 184; id., *Ill. Orn. Calif.*, p. 135, pl. 20; Baird, *B. N. Am.*, p. 486. — Californie.

2153. *Var.* HOMOCHLAMYS, Sharpe, *Cat. B.* XII, p. 713; *boucardi*, auct. plur. (nec Scl.) — Nouv.-Mexique S. et Arizona.

2154. *Var.* BOUCARDI (Scl.), *P. Z. S.*, 1859, p. 380; 1867, p. 1, pl. 1; Salv. et Godm., *l. c.*, p. 391; *eremœca*, Brown. — Mex. jusqu'au Texas.

2155. *Var.* AUSTRALIS (Nels.), *Auk*, 1897, p. 63. — Oaxaca (Mexique).

2156. *Var.* NOTOSTICTA (Scl. et Salv.), *P. Z. S.*, 1868, — Mexique.

p. 322; Salv. et Godm., *l. c.*, p. 393, pl. 28, f. 1; *fusca*, Nels.

2157. *Var.* SORORIA, Ridgw., *Auk*, 1898, p. 226. — Basse-Californie S.

2158. *Var.* SCOTTI (Senn.), *Auk*, 1888, p. 41. — Arizona.

8241. MEGARHYNCHA (Salv. et Godm.), *Ibis*, 1889, p. 238. — Mexique.

8242. CARPALIS (Coues), *Amer. Nat.*, 1873, p. 322; Sharpe, *l. c.*, p. 715. — Arizona.

1179. PASSERELLA

Passerella, Sw. (1837).

8243. ILIACA (Merr.), *Beitr. besond. Gesch. Vög.* II, p. 40, pl. 10; Audub., *B. Amer.* III, p. 139, pl. 185; *rufa*, Wils., *Am. Orn.* III, p. 53, pl. 22, f. 4; *obscura*, Verrill. — Amér. sept., à l'E. des Mont. Roch., jusqu'aux côtes arctiques, au S. jusqu'au 38° l. N.

2159. *Var.* FULIGINOSA, Ridgw., *Auk*, 1899, p. 36. — Col. angl., Vancouver.

2160. *Var.* INSULARIS, Ridgw., *Auk*, 1900, p. 30. — De l'Alaska à la Calif.

2161. *Var.* ANNECTENS, Ridgw., *Auk*, 1900, p. 30. — Côtes de l'Alaska à la Californie.

8244. UNALASCHENSIS (Gm.); Bp., *Consp.* I, p. 477; *townsendi*, Audub., *l. c.* III, p. 43, pl. 187; Baird, *B. N. Am.*, p. 489; *iliaca*, *var. townsendi*, Coues. — Amér. N.-W., de l'île Kadjack à la Calif.

2162. *Var.* SCHISTACEA, Baird, *B. N. Am.*, p. 490, pl. 69, f. 3; *townsendi*, *var. schistacea*, Baird, Br. et Rid., *Hist. N. Am. B.* II, p. 56, pl. 27, f. 9. — Mont. Roch. des États-Unis, à l'E. jusqu'au Kansas, à l'Ouest jusqu'à la Californie.

2163. *Var.* MEGARHYNCHA, Baird, *B. N. Am.*, p. 925; id., Br. et Rid., *l. c.* II, p. 57, pl. 28, f. 10; Sharpe, *l. c.*, p. 720; *stephensi*, Anth. — Sierra Nevada, Californie.

1180. CHAMÆOSPIZA

Chamæospiza, Scl. (1858).

8245. TORQUATA (Du Bus), *Bull. Acad. Brux.*, 1847, II, p. 105; id., *Esq. Orn.*, pl. 36; Scl., *P. Z. S.*, 1858, p. 304; *ocai*, Lawr. — Mexique.

2164. *Var.* NIGRESCENS, Salv. et Godm., *Ibis*, 1889, p. 381. — Patzcuaro (Mexique).

2165. *Var.* ALTICOLA, Salv. et Godm., *Ibis*, 1889, p. 381. — Sierra Nev. de Colima.

1181. PYRGISOMA

Pyrgisoma, Bp. (1850); *Melozone*, Rchb. (1850); *Kieneria*, Bp. (1855).

8246. RUBRICATUM (Licht.), in Cab., *Mus. Hein.* I, p. 140; Scl. et Salv., *Exot. Orn.*, p. 127, pl. 64, f. 1; Salv. et Godm., *Biol. Centr.-Am.* I, p. 402. — Mexique.

8247. KIENERI, Bp., *Consp.* I, p. 486; Scl. et Salv., *Exot. Orn.*, p. 130, pl. 65, f. 2. — Mexique?

8248. BIARCUATUM (Prév. et Des M.), *Voy. Venus*, V, p. 216, pl. 6; Salv. et Godm., *l. c.*, p. 401. — Guatémala.

8249. CABANISI, Scl. et Salv., *P. Z. S.*, 1868, p. 324; id., *Exot. Orn.*, p. 129, pl. 65, f. 1; *biarcuatum* et *kieneri* (pt.), auct. plur. — Costa-Rica.

8250. OCCIPITALE, Salv., *Ibis*, 1878, p. 446; id. et Godm., *Biol.* I, p. 404; *torquata*, Scl. et Salv., 1860 (nec Du Bus); *leucote*, Salv. (nec Cab.); Scl. et Salv., *Exot. Orn.*, p. 128, pl. 64, f. 2. — Guatémala.

8251. LEUCOTE (Cab.), *J. f. O.*, 1860, p. 413; Scl. et Salv., *P. Z. S.*, 1868, p. 326; id., *Exot. Orn.*, p. 128 (pt.); Salv. et Godm., *Biol.* I, p. 403. — Nicaragua, Costa-Rica.

8252. NATIONI, Scl., *P. Z. S.*, 1881, p. 485, pl. 46; Tacz., *Orn. Pér.* II, p. 533; *mystacalis*, Tacz., *P. Z. S.*, 1874, p. 521 (nec *Buar. mystacalis*, Tacz.) — Pérou.

1182. SALTATRICULA

Saltatricula, Burm. (1861).

8253. MULTICOLOR, Burm., *J. f. O.*, 1860, p. 254; id., *Reise La Plata-St.* II, p. 481; Sharpe, *l. c.*, p. 737. — Argentine W.

1183. ATLAPETES

Atlapetes, Wagl. (1831); *Chlorura*, Scl. (1862); *Oreospiza*, Ridgw. (1896).

8254. CHLORURUS (Towns.), in Audub., *Orn. Biogr.* V, p. 336; Salv. et Godm., *Biol.* I, p. 415; Sharpe, *l. c.*, p. 738; *blandingiana*, Gamb.; *rufipileus*, Lafr., *Rev. Zool.*, 1848, p. 176. — Plateau central des États-Unis, du 45° l. N. envir., jusqu'à la Calif. à l'Ouest et le Mexique au S.

8255. PILEATUS, Wagl., *Isis*, 1831, p. 526; Salv. et Godm., *l. c.* I, p. 405; Sharpe, *l. c.*, p. 740. — Mexique.

2166. *Var.* DILUTA (*dilutus*), Ridgw., *Auk*, 1898, p. 228. — Chihuahua (Mexique).

1184. PIPILO

Pipilo, Vieill. (1816).

8256. ERYTHROPHTHALMUS (Lin.); Vieill., *Gal. Ois.* I, p. 109, pl. 80; Audub., *B. Am.* III, p. 167, pl. 195; *ater*, Vieill. — États-Unis E. et centr., Canada S.

2167. *Var.* ALLENI, Coues, *Amer. Nat.*, 1871, p. 366. — Floride.

8257. MACULATUS, Sw., *Phil. Mag.*, 1827, p. 434; Jard. et Sel., *Ill. Orn.* I, pl[s] 31, 32; Salv. et Godm., *l. c.* I, p. 408; *oregonus*, Salv. (nec Bell). — Mexique, Guatémala.

2168. *Var.* ARCTICA, Sw. et Rich., *Faun. Bor.-Am. B.*, p. 26, pl[s] 51, 52; Baird, *B. N. Am.*, p. 514; Sharpe, *l. c.*, p. 748; *subarcticus*, Baird. — États-Unis centr. à l'E. des Mont. Roch., au S. jusqu'au Texas.

2169. *Var.* MEGALONYX, Baird, *B. N. Am.*, p. 515, pl. 73; Salv. et Godm., *l. c.*, p. 409; Coues, *Key N. Am. B.*, p. 152. — Montagnes Rocheuses des États-Unis.

2170. *Var.* CLEMENTÆ, Grinn., *Auk*, 1897, p. 294. — Ile San Clemente (Cal.)

2171. *Var.* ATRATA, Ridgw., *Auk*, 1899, p. 254; = *magnirostris?* — Californie.

2172. *Var.* MAGNIROSTRIS, Brewst., *Auk*, 1891, p. 146. — Basse-Californie.

2173. *Var.* OREGONA, Bell., *Ann. Lyc. N. Y.*, 1852, p. 6; Audub., *l. c.* III, p. 164, pl. 194; Sharpe, *l. c.*, p. 749. — Côtes occid. des États-Unis.

2174. *Var.* CONSOBRINA, Ridgw., *Bull. U. S. Geol. Surv.*, 1878, p. 189. — Ile Guadalupe (Calif.)

2175. *Var.* SUBMACULATA, Ridgw., *Auk*, 1886, p. 332. — Mexique S.

2176. *Var.* CARMANI, Lawr., *Ann. Lyc. N. Y.*, 1871, p. 7; Salv. et Godm., *Biol.* I, p. 407. — Ile Socorro (Mex. W.)

2177. *Var.* ORIZABÆ, Cox, *Auk*, 1894, p. 161. — Orizaba (Mexique).

8258. MACRONYX, Sw., *Phil. Mag.*, 1827, p. 434; Salv. et Godm., *Biol.* I, p. 406. — Mexique.

2178. *Var.* COMPLEXA, Ridgw., *Auk*, 1886, p. 332. — Puebla (Mexique).

8259. VIRESCENS, Hartl., *J. f. O.*, 1863, p. 228; Sharpe, *l.c.*, p. 752; *chlorosoma*, Baird, Br. et Rid., *Hist. N. Am. B.* II, p. 105. — Mexique.

8260. FUSCUS, Sw., *Phil. Mag.*, 1827, p. 434; Salv. et Godm., *Biol.* I, p. 409. — Mexique.

2179. *Var.* POTOSINA, Ridgw., *Auk*, 1899, p. 254. — Mexique centr.

2180. *Var.* SENICULA, Anth., *Auk*, 1895, p. 111. — Basse-Californie.

2181. *Var.* CRISSALIS (Vig.), in *Beech. Voy. « Blossom »*, p. 19; Baird, Br. et Ridgw., *l. c.* II, p. 122, pl. 31, f. 8; *fuscus*, Cass., *Ill. B. Calif.*, p. 124, pl. 17; = ?*carolæ*, Mc Greg., *Bull. Coop. Orn. Cl.* I, p. 11. — Californie.

2182. *Var.* INTERMEDIA, Nels., *Pr. Biol. Soc. Washington*, XIII, p. 27. — Mexique N.-W.

2183. *Var.* MESOLEUCA, Baird, *Pr. Philad. Acad.*, 1854, p. 119; id., Br. et Ridgw., *l. c.* II, p. 125, pl. 31, f. 10. — États-Unis S.-W.

2184. *Var.* ALBIGULA, Baird, *Pr. Philad. Acad.*, 1859, p. 305; id., Br. et Rid., *l. c.* II, p. 127, pl. 31, f. 11. — Basse-Californie.

8261. RUTILUS (Licht.), *Preis Verz. Mex. Vög.*, p. 2; Cab., *J. f. O.*, 1863, p. 57; Salv. et Godm., *l. c.* I, p. 410; *albicollis*, Scl., *P. Z. S.*, 1858, p. 304. — Mexique.

8262. ABERTI, Baird, in *Stansb. Rep. Exped. Gt. Salt Lake*, — Nouv.-Mex., Arizona,

p. 325; id., Br. et Rid., *l. c.* II, p. 128, pl. 31, f. 7; Sharpe, *l. c.*, p. 756. — Colorado, Utah.

1185. EMBERNAGRA

Embernagra, Less. (1831); *Limnospiza*, Cab. (1850); *Arremonops*, Ridgw. (1896).

8263. PLATENSIS (Gm.); d'Orb., *Voy. Am. mér. Ois.*, p. 284; Burm., *Th. Bras.* III, p. 224; *decumana*, Licht.; *dumetorum*, Less.; ?*fabialatu*, Less.; *poliocephalus*, Gray; *viridis*, Bp.; *minor*, Cab. — Brésil S., Uruguay, Argentine jusqu'à La Plata.

8264. OLIVASCENS (d'Orb. et Lafr.), *Mag. de Zool.*, 1837, p. 75; Sharpe, *l. c.*, p. 759; *longicauda*, Strickl.; *viridis*, Burm., *J. f. O.*, 1860, p. 256. — Bolivie, Argentine W.

8265. RUFIVIRGATA, Lawr., *Ann. Lyc. N. Y.*, 1851, p. 112, pl. 5, f. 2; Baird, *Mex. Bound. Surv.* II, *Birds*, p. 16, pl. 17, f. 2. — Texas et Mexique N.

2185. *Var.* CRASSIROSTRIS, Ridgw., *Pr. U. S. Nat. Mus.*, 1878, p. 249; Salv. et Godm., *Biol.* I, p. 412. — Mexique S.

8266. SUPERCILIOSA, Salv., *P. Z. S.*, 1864, p. 582; Salv. et Godm., *l. c.*, p. 412; *rufivirgata* (pt.), Lawr. — Mex. S., Costa-Rica.

2186. *Var.* SINALOÆ, Nels., *Pr. Biol. Soc. Washington*, 1899, p. 28. — Mexique N.-W.

8267. STRIATICEPS, Lafr., *Rev. Zool.*, 1852, p. 61; Salv. et Godm., *l. c.*, p. 414; *conirostris*, Scl. (1856, nec Bp.) — Amér. centr. du Nicaragua à Panama.

2187. *Var.* RICHMONDI Ridgw.), *Auk*, 1898, p. 228; *striaticeps*, auct. plur. (nec Lafr.) — De l'Honduras au Véragua.

2188. *Var.* CONIROSTRIS (Bp.), *Consp.* I, p. 488; Scl., *P. Z. S.*, 1855, p. 154. — Colombie.

2189. *Var.* CANENS, Bangs., *Pr. Biol. Soc. Washingt.* XII, p. 140. — Santa Marta (Colomb.)

2190. *Var.* VENEZUELENSIS (Ridgw.), *Auk*, 1898, p. 228. — Vénézuéla.

2191. *Var.* CHRYSOMA, Scl., *P. Z. S.*, 1860, p. 275; id., *Cat. Amer. B.*, p. 117, pl. 11; *striaticeps*, Berl. et Tacz. — Ecuador.

2192. *Var.* CHLORONOTA, Salv., *P. Z. S.*, 1861, p. 202; Salv. et Godm., *Biol.* I, p. 413. — Yucatan, Guatémala, Honduras anglais.

2193. *Var.* VERTICALIS, Ridgw., *Pr. U. S. Nat. Mus.*, 1878, p. 249; Salv. et Godm., *Biol.*, p. 414; *rufivirgata* (pt.), Lawr. (1868). — Yucatan.

1186. CORYPHOSPIZA

Leptonyx, Sw. (1837, nec 1832); *Coryphospiza*, Gray (1840); *Donacospiza*, Cab. (1850).

8268. ALBIFRONS (Vieill.), *N. Dict.* XI, p. 276; Sharpe, *l. c.*, — Brésil S., Uruguay,

p. 766; *longicaudatus*, Gould, *Voy. « Beagle » Birds*, p. 90, pl. 29; *oxyrhyncha*, Natt.; Pelz., *Orn. Bras.*, p. 229. — Argentine E.

8269. MELANOTIS (Tem.), *Pl. col.* 114, f. 1; Burm., *Thiere Bras.*, III, p. 226. — Brésil S.

1187. TARDIVOLA

Emberizoides (!) Tem. (1824); *Tardivola*, Sw. (1837).

8270. MACRURA (Gm.); Scl., *Cat. Am. B.*, p. 118; Cab., *Mus. Hein.* I, p. 135; *sphenura*, Vieill. — Colombie, Vénézuéla, Guyane.

2194. *Var.* HERBICOLA (Vieill.), *N. Dict.* XI, p. 192; *marginalis*, Tem., *Pl. col.* 114, f. 2; *fringillaris*, Licht.; *macrurus* et *sphenurus* (pt.), auct. plur. — Brésil, Bolivie.

1188. SPIZA

Spiza, Bp. (1824); *Euspiza*, Bp. (1832); *Euspina*, Cab. (1850).

8271. AMERICANA (Gm.); Baird, Br. et Rid., *H. N. Am. B.* II, p. 65, pl. 28, f. 11; Ridgw., *Pr. U. S. Nat. Mus.*, 1881, pp. 3, 182; Salv. et Godm., *Biol.* I, p. 416; *flavicollis*, Gm.; *nigricollis*, Nordm. — États-Unis à l'E. des Mont. Roch., Amér. centr., Colombie, Vénézuéla, Guyane.

8272. ?TOWNSENDI (Audub.), *B. N. Am.*, pl. 400, f. 4 (1). — Pennsylvanie.

1189. PSEUDOCHLORIS

Orospina, Cab. (1883, nec Kaup, 1829); *Sycalis* (pt.), auct.; *Pseudochloris*, Sharpe (1888).

8273. LUTEA (d'Orb. et Lafr.), *Mag. de Zool.*, 1837, p. 74; Scl., *Ibis*, 1872, p. 46, pl. 2, f. 2; Tacz., *Orn. Pér.* III, p. 56; *chloris*, Cab.; *chloropsis*, Bp. — Pérou, Bolivie, Argentine W.

8274. LUTEOCEPHALA (d'Orb. et Lafr.), *Mag. de Zool.*, 1837, p. 74; d'Orb., *Voy. Am. mér., Ois.*, p. 360, pl. 44, f. 2; Sharpe, *l. c.*, p. 776. — Bolivie.

8275. UROPYGIALIS (d'Orb. et Lafr.), *Mag. de Zool.*, 1837, p. 75; Scl., *Ibis*, 1872, p. 47; Tacz., *Orn. Pér.* III, p. 58; *pentlandi*, Bp. — Bolivie.

8276. SHARPEI, Berl. et Stolzm., *Ibis*, 1894, p. 386. — Pérou.

8277. AUREIVENTRIS (Philip. et Landb.), *Arch. f. Naturg.*, 1864, p. 49; Scl., *Ibis*, 1867, p. 323, 1872, p. 47; Sharpe, *l. c.*, p. 777. — Chili, Bolivie, Argentine W.

8278. MENDOZÆ, Sharpe, *Cat. B.* XII, p. 778. — Mendoza (Argentine).

8279. CITRINA (Pelz.), *Orn. Bras.*, pp. 232, 333; Scl., *Ibis*, 1872, p. 48; ?*xanthorrhoa*, Bp. — Brésil, Guyane, Colombie.

(1) On ne connaît qu'un unique exemplaire, qui n'est probablement qu'une aberration ou un hybride. Le Dr Coues pense que c'est un hybride du *S. americana* et du *Guiraca cærulea*.

8280. PRATENSIS (Cab.), *J. f. O.*, 1883, p. 108, pl. 1, f. 1. Tucuman (Argentine).
8281. LEBRUNI, Oust., *Miss. sc. Cap Horn, Ois.*, p. 98. Patagonie.

1190. NESOSPIZA

Nesospiza, Cab. (1873).

8282. ACUNHÆ, Cab., *J. f. O.*, 1873, p. 154; Scl., *Rep. Zool. Coll. Voy.* « *Challenger* », II, *Birds*, p. 112, pl. 24; *brasiliensis*, Carm. (nec Gm.) Ile Tristan d'Acunha.

1191. PHRYGILUS

Phrygilus, Cab. (1844); *Rhopospina*, Cab. (1850); *Melanodera*, Bp. (1850); *Geospizopsis*, Bp. (1856); *Corydospiza*, Sund. (1872).

8283. GAYI (Eyd. et Gerv.), *Mag. de Zool.*, 1834, *Ois.*, pl. 23; Bp., *Consp.* I, p. 477; *formosa*, Gould, *Voy.* « *Beagle* » *B.* III, p. 93; Bp., *l. c.* Chili, Patagonie.

8284. ALDUNATEI (Gay), *Faun. Chilen.* I, p. 356; Scl., *Ibis*, 1869, p. 283; *gayi*, auct. plur. (nec Eyd. et Gerv.) Chili, Argentine W., Patagonie.

2195. *Var.* CANICEPS, Burm., *J. f. O.*, 1861, p. 158; id., *Reise La Plata-St.* II, p. 487; Sharpe, *l.c.*, p. 784. Argentine, Patagonie.

2196. *Var.* PUNENSIS, Ridgw., *Pr. U. S. Nat. Mus.*, 1887, p. 434; *gayi*, auct. plur. (nec E. et G.); Tacz., *Orn. Pér.* III, p. 32. Pérou.

2197. *Var.* SATURATA, Sharpe, *Cat. B.* XII, p. 785; *gayi*, d'Orb. et Lafr.; *atriceps*, Scl. et Salv. (nec d'Orb.); Tacz., *Orn. Pér.* III, p. 34. Bolivie, Pérou W.

8285. CHLORONOTUS, Berl. et Stolzm., *P. Z. S.*, 1896, p. 350. Pérou centr.

8286. ATRICEPS (d'Orb. et Lafr.), *Mag. de Zool.*, 1837, p. 76; d'Orb., *Voy. Am. mér.*, *Ois.*, p. 363, pl. 47, f. 2; Scl., *Cat. Am. B.*, p. 110. Bolivie, Pérou.

8287. MELANODERUS (Quoy et Gaim.), *Voy.* « *Uranie* », *Zool.* I, p. 100; Gould, *Voy.* « *Beagle* », *B.*, p. 95, pl. 32; Scl., *P. Z. S.*, 1860, p. 385; *typica*, Bp. Patagonie, îles Malouines.

8288. PRINCETONIANUS, Scott, *Ibis*, 1900, p. 540. Patagonie.

8289. XANTHOGRAMMUS (Gray), *Voy.* « *Beagle* », *B.*, p. 196, pl. 23; Scl., *P. Z. S.*, 1860, p. 385; Sharpe, *l. c.*, p. 789. Chili, Patagonie; Malouines.

8290. FRUTICETI (Kittl.), *Kupfert. Vög.*, p. 18, pl. 23, f. 1; Burm., *La Plata Reis.* II, p. 487; Scl., *Cat. Am. B.*, p. 111; Tacz., *Orn. Pér.* III, p. 37; *erythrorhyncha*, Less.; *luctuosa*, Eyd. et Gerv. Pérou, Chili, Bolivie, Argentine, Patagonie (Andes).

8291. CORACINUS, Scl., *P. Z. S.*, 1891, p. 133, pl. 13. Chili.

8292. CARBONARIUS (d'Orb. et Lafr.), *Mag. de Zool.*, 1837, p. 79; d'Orb., *Voy.*, *Zool.*, p. 361, pl. 15, f. 2; Burm., *La Plata Reis.* II, p. 487. Bolivie, Argentine W.

8293. UNICOLOR (d'Orb. et Lafr.), *Mag. de Zool.*, 1837, p. 79; Cab., *Arch. f. Naturg.*, 1844, p. 290; Jard., *Contr. Orn.*, 1849, p. 44, pl. 20; *rusticus*, Cab., *l. c.*; *plumbea*, Philip. — Vénézuéla, Colombie, Ecuador jusqu'à Magellan (Andes).

8294. ALAUDINUS (Kittl.), *Kupfert. Vög.*, p. 18, pl. 23, f. 2; Bp., *Consp.* I, p. 476; Tacz., *Orn. Pér.* III, p. 35; *guttata*, Meyen. — Ecuador, Pérou, Chili (Andes).

8295. PLEBEIUS, Cab., *Arch. f. Naturg.*, 1844, p. 290; id., in *Tsch. Fauna Per.*, *Aves*, p. 219, pl. 19, f. 1; Tacz., *l. c.*, p. 39. — Ecuador, Pérou, Bolivie, Argentine W.

8296. OCULARIS, Scl., *P. Z. S.*, 1858, pp. 454, 552, pl. 45; Tacz., *l. c.*, p. 40. — Ecuador, Pérou.

8297. ERYTHRONOTUS (Philip. et Landb.), *Arch. f. Naturg.*, 1863, p. 121; Scl., *Ibis*, 1872, p. 48; Tacz., *l. c.*, p. 62; *dorsalis*, Cab. — Tucuman jusqu'aux Andes du S. du Pérou.

1192. IDIOPSAR

Idiopsar, Cass. (1866).

8298. BRACHYURUS, Cass., *Pr. Philad. Acad.*, 1866, p. 414; Sclat., *Ibis*, 1884, p. 240, pl. 7. — La Paz (Bolivie).

1193. SPODIORNIS

Spodiornis, Sclat. (1866).

8299. JARDINEI, Scl., *P. Z. S.*, 1866, p. 323; Sharpe, *l. c.*, p. 798. — Colombie, Ecuador.

8300. JELSKII, Tacz., *Ornith. Pérou*, III, p. 42; Sharpe, *l. c.* — Pérou.

1194. XENOSPINGUS

Xenospingus, Cab. (1867).

8301. CONCOLOR (d'Ord. et Lafr.), *Mag. de Zool.*, 1837, p. 20; d'Orb., *Voy. Zool.*, p. 216, pl. 18, f. 1; Cab., *J. f. O.*, 1867, p. 349; Tacz., *l. c.*, p. 26. — Pérou, Bolivie.

1195. DIUCA

Diuca, Rchb. (1850); *Hedyglossa*, Cab. (1850).

8302. GRISEA (Less.), *L'Inst.*, 1834, p. 316; Scl., *Cat. Am. B.*, p. 111; *diuca*, Mol., *Sagg. Hist. Nat. Chili*, p. 249; Eyd. et Gerv., *Mag. de Zool.*, 1836, p. 18, pl. 69; *cincreus*, Peale; *vera*, Burm. — Chili.

2198. *Var.* MINOR, Bp., *Consp.* I, p. 476; Sharpe, *l. c.*, p. 801. — Patagonie.

8303. SPECULIFERA (d'Orb. et Lafr.), *l. c.*, p. 78; d'Orb., *Voy., Zool.*, p. 362, pl. 46, f. 1; Tacz., *Orn. Pér.* III, p. 41. — Pérou, Bolivie.

1196. CORYPHOSPINGUS

Lophospiza, Bp. (1850, nec Kp.); *Coryphospingus*, Cab. (1850); *Lophospingus*, Cab. (1878); *Schistospiza*, Sharpe (1888).

8304. CUCULLATUS (P. L. S. Müll.), *Syst. Nat., Anh.*, p. 166 (1776); *cristata* (Gm.); Cab., *Mus. Hein.* I, p. 145; *araguira*, Vieill., *Ois. Chant.*, pl. 28; *rubescens*, Sw. — Guyane, Brésil, Bolivie, Pérou.

8305. CRISTATELLUS (Spix), *Av. Bras.* II, p. 40, pl. 53, f. 1; *pileata*, Max., *Beitr. Naturg. Bras.* III, p. 605; Burm., *Thiere Bras.* III, p. 214; *ornata*, Less.; *ruficapilla*, Gray. — Brésil, Vénézuéla, Colombie.

8306. GRISEOCRISTATUS (d'Orb. et Lafr.), *l. c.*, p. 79; d'Orb., *Voy., Zool.*, p. 363, pl. 67, f. 1; Scl., *Cat. Am. B.*, p. 162; Sharpe, *l. c.*, p. 806. — Bolivie.

8307. PUSILLUS (Burm.), *J. f. O.*, 1863, p. 254; Salv., *Ibis*, 1880, p. 354, pl. 9, f. 1; Cab., *J. f. O.*, 1878, p. 195. — République Argentine.

1197. TIARIS

Tiaris, Sw. (1827).

8308. ORNATA (Max.), *Reis. Bras.* II, p. 191; Tem., *Pl. col.* 208; Sw., *Zool. Journ.*, 1827, p. 351; Burm., *Thiere Bras.* III, p. 257. — Brésil.

1198. RHODOSPINGUS

Coryphospingus (pt.), auct.; *Rhodospingus*, Sharpe (1888).

8309. CRUENTUS (Less.), *Rev. Zool.*, 1844, p. 435; Sharpe, *Cat. B.* XII, p. 808, pl. 15, f. 1. — Ecuador, Pérou.

2199. *Var.* MENTALIS, Sharpe, *l. c.*, p. 809, pl. 15, f. 2. — Ile Puna (Golfe de Guayaquil).

1199. PAROARIA

Paroaria, Bp. (1832); *Calyptrophorus*, Cab. (1847); *Coccopsis*, Rchb. (1850).

8310. CUCULLATA (Lath.), *Ind. Orn.* I, p. 378; Vieill., *Ois. Chant.*, p. 102, pl. 70; Sharpe, *l. c.*, p. 809, pl. 16, f. 1. — Bolivie, Argentine, Brésil S.

8311. DOMINICANA (Lin.); Burm., *Th. Bras.* III, p. 211; *larvata*, Bodd.; Sharpe, *l. c.*, p. 811, pl. 16, f. 2. — Brésil.

8312. NIGROGENYS (Lafr.), *Rev. Zool.*, 1846, p. 273; Sharpe, *l. c.*, p. 814, pl. 16, f. 3; *nigroaurita*, Cass., *Journ. Phil. Ac.* I, p. 296, pl. 41, f. 3. — Guyane, Vénézuéla, Trinidad.

8313. GULARIS (Lin.); d'Orb., *Voy.*, *Ois.*, p. 279; Sharpe, *l. c.*, p. 813, pl. 16, f. 4. — Guyane, Amazone, Pérou.
8314. CAPITATA (d'Orb. et Lafr.), *l. c.*, p. 29; d'Orb., *Voy.*, *Ois.*, p. 278, pl. 19, f. 2; Sharpe, *l. c.*, p. 812, pl. 16, f. 5. — Brésil, Paraguay, Argentine.
2200. *Var.* CERVICALIS, Scl., *Cat. Am. B.*, p. 108; Sharpe, *l. c.*, p. 814, pl. 16, f. 6. — Brésil, Bolivie.

FAM. XLV. — TANAGRIDÆ (1)

SUBF. I. — PITYLINÆ

1200. PITYLUS

Pitylus, Cuv. (1829); *Cissurus*, *Periporphyrus*, *Caryothraustes*, Rchb. (1850).

8315. GROSSUS (Lin.); *Pl. Enl.* 154; Cab., in *Schomb. Guiana*, III, p. 677; Tacz., *Orn. Pér.* II, p. 548; Salv. et Godm., *Biol. Centr.-Am.* I, p. 331. — Du Nicarag. à la Col. et jusqu'au Pérou, Vénéz., Guyane, Amaz.
8316. FULIGINOSUS (Daud.), *Orn.* II, p. 372; Scl., *P. Z. S.*, 1856, p. 64; *cærulescens*, Vieill.; *gnatho*, Licht.; *atrochalibeus*, Jard. et Sel., *Ill. Orn.* I, pl. 3; *psittacina*, Spix, *Av. Bras.* II, p. 44, pl. 57, f. 2; *erythrorhynchus*, Sw. — Brésil S. et E.
8317. ERYTHROMELAS (Gm.); Vieill., *Gal. Ois.* I, p. 70, pl. 59; Scl., *P. Z. S.*, 1856, p. 65. — Guyane, Bas-Amazone.
8318. CELÆNO (Licht.), *Preis-Verz.*, p. 2; Scl., *P. Z. S.*, 1856, p. 65; Salv. et Godm., *Biol.* I, p. 332, pl. 24; *atro-purpuratus* (mas.), *atro-olivaceus* (fem.), Lafr.; *mexicana*, Less. — Mexique.
8319. VIRIDIS (Vieill.), *Enc. méth.*, p. 1017; Scl., *P. Z. S.*, 1856, p. 65; *canadensis!* Lin.; *cayanensis*, Bp.; *personatus*, Less. — Guyane, Bas-Amazone.
8320. BRASILIENSIS (Cab.), *Mus. Hein.* I, p. 144; Scl., *P. Z. S.*, 1856, p. 66; *viridis*, Max. (nec V.); *cayanensis*, Licht. (nec Bp.) — Brésil S. et E.
8321. POLIOGASTER, Du Bus, *Bull. Acad. Brux.* XIV, 2, p. 105; id., *Esq. Orn.*, pl. 22; Salv. et Godm., *Biol.* I, p. 333; *flavocinereus*, Cass.; *episcopus*, Bp. — Mexique S. et Guatémala.
2201. *Var.* SCAPULARIS, Ridgw., *Pr. U. S. Nat. Mus.*, 1887, p. 586. — De l'Honduras à Panama.
8322. HUMERALIS, Lawr., *Ann. Lyc. N. Y.* VIII, p. 467; Scl. et Salv., *Exot. Orn.*, p. 167, pl. 84; Scl., *Cat.*, p. 307. — Colombie, Ecuador.

(1) Voy.: Sclater, *Cat. Birds Brit. Mus.* XI, pp. 50-307 (1886).

1201. SCHISTOCHLAMYS

Schistochlamys, Rchb. (1850); *Orchesticus* (pt.), auct. plur.

8323. CAPISTRATA (Max.), *Reise Bras.* II, p. 500; Spix, *Av. Bras.* II, p. 41, pl. 54, f. 1; Scl., *l. c.*, p. 301; *leucophæa*, Licht. — Brésil E. et S.

8324. ATRA (Gm.); *Pl. Enl.* 714, f. 2; Cab., *Mus. Hein.* I, p. 141; *melanopis*, Lath.; *olivina*, Scl., *P. Z. S.*, 1864, p. 307, 1873, p. 186, pl. 21 (juv.) — Amérique mérid. trop. jusqu'au 23° l. S. environ.

1202. CISSOPIS

Cissopis, Vieill. (1816); *Bethylus*, Cuv. (1817).

8325. LEVERIANA (Gm.); Scl., *Cat. B.* XI, p. 299; *picatus*, Lath.; *collurio*, Daud.; *medius*, Bp.; Scl., *P.Z.S.*, 1856, p. 79; *bicolor*, Lafr. et d'Orb.; *minor*, Tsch.; Tacz., *Orn. Pér.* II, p. 536. — Amérique mérid. trop. jusque vers le 20° l. S. (excl. Brésil).

2202. *Var.* MAJOR, Cab., *Mus. Hein.* I, p. 144; Scl., *l. c.*, p. 300; *picatus*, Max.; *leverianus* (pt.), auct. plur. — Brésil E. et S.

1203. OREOTHRAUPIS

Oreothraupis, Scl. (1856).

8326. ARREMONOPS (Jard.), *Edinb. N. Phil. Journ.*, 1855, p. 119; Scl., *P. Z. S.*, 1855, p. 84, pl. 92, 1856, p. 80. — Ecuador.

1204. ORCHESTICUS

Orchesticus, Cab. (1851).

8327. ABEILLEI (Less.), *Rev. Zool.*, 1839, p. 40; Scl., *P. Z. S.*, 1856, p. 66; Pelz., *Orn. Bras.*, p. 220; *occipitalis*, Natt. — Brésil S. et E.

1205. LAMPROSPIZA

Lamprospiza, Cab. (1847).

8328. MELANOLEUCA (Vieill.), *N. Dict.* XIV, p. 105; Scl., *Tan. Cat. Sp.*, p. 4; Pelz., *Orn. Bras.*, p. 218; *duplicata*, Lath; *habia*, Less., *Cent. Zool.*, p. 186, pl. 59. — Guyane franç., Bas-Amazone.

1206. SALTATOR

Saltator, Vieill. (1816); *Stelgidostomus*, Ridgw. (1898).

8329. ATRICEPS, Less., *Cent. Zool.*, p. 208, pl. 69; Bp., — Mexique S., Amérique

Consp. I, p 488; Salv. et Godm., *Biol.* I, p. 325; *giganteus*, Bp.; *raptor*, Cabot, *Bost. Journ.* V, p. 90, pl. 12; *gnatho*, Licht.	centrale jusqu'à Panama.
8330. MAGNOIDES, Lafr., *Rev. Zool.*, 1844, p. 41; Salv. et Godm., *l. c.*, p. 327; *gigantodes*, Cab.; *magnus*, Lawr. (nec Gm.); *intermedius*, Lawr.	Mexique S., Amérique centrale jusqu'à Panama.
8331. MAGNUS (Gm.); *Pl. Enl.* 205; Bp., *Consp.* I, p. 489; Tacz., *Orn. Pér.* II, p. 539; *cayanus*, Bodd.	Amér. mérid. jusqu'au S. du Brésil.
8332. ATRIPENNIS, Scl., *Pr. Ac. Sc. Philad.*, 1856, p. 261; id., *Cat.*, p. 286.	Ecuador, Colombie.
8333. SIMILIS, Lafr. et d'Orb., *Mag. de Zool.*, 1837, p. 36; d'Orb., *Voy.*, *Ois.*, p. 290, pl. 28, f. 2; Pelz., *Orn. Bras.*, p. 218; *superciliaris*, Max. (nec Spix); *gutturalis*, Licht.	Brésil E. et S., Argentine N.-E.
8334. MAXILLOSUS, Cab., *Mus. Hein.* I, p. 142; Scl., *Cat.*, p. 287; *superciliaris*, Licht. (nec Spix); *gularis*, Lafr.	Brésil, Uruguay.
8335. GRANDIS (Licht.), *Preis-Verz.*, p. 2; Scl., *P. Z. S.*, 1856, p. 72; Salv. et Godm., *Biol.* I, p. 328; *rufiventris*, Vig.; *vigorsi*, Gray; *icterophrys*, Lafr., *Rev. Zool.*, 1844, p. 41.	Mexique S., Yucatan, Amér. centr. jusqu'au Costa-Rica.
2203. *Var.* PLUMBEICEPS, Lawr., *Ann. Lyc. N. Y.* VIII, p. 477.	Mexique W.
8336. OLIVASCENS, Cab., in *Schomb. Guian.* III, p. 676; Pelz., *Orn. Bras.*, p. 218; *icterophrys*, Léot.; *plumbeus*, Bp.	Guyane, Vénézuéla, Trinid., Colomb. N.
8337. CÆRULESCENS, Vieill., *N. Dict.* XIV, p. 105; Burm., *La Plata Reise*, II, p. 480; Scl., *Cat.*, p. 290.	Paraguay, Uruguay, Argentine, Bolivie.
8338. SUPERCILIARIS (Spix), *Av. Bras.* II, p. 44, pl. 57; Cab., *Mus. Hein.* I, p. 142; Tacz., *Orn. Pér.* II, p. 541; *cærulescens*, Tsch.; *muta*, Licht.; *azaræ*, d'Orb.; *albicollis*, Tacz.	Amazone, Pérou, Ecuador.
8339. ORENOCENSIS, Lafr., *Rev. Zool.*, 1846, p. 274; Scl., *Cat.*, p. 291; *genalis*, Licht.	Vénézuéla.
8340. AURANTIIROSTRIS, Vieill., *N. Dict.* XIV, p. 183; Burm., *La Plata Reise*, II, p. 481; Scl., *Cat.*, p. 292.	Parag., Urug., Argent. au N. des Pampas.
8341. ALBOCILIARIS (Phil. et Landb.), *Arch. f. Nat.*, 1863, p. 122; *laticlavius*, Scl. et Salv., *P. Z. S.*, 1869, p. 151; Tacz., *Orn. Pér.* II, p. 545.	Bolivie, Pérou.
8342. ICTEROPYGUS, Du Bus, *Esq. Orn.*, pl. 13 (*icteropyga*).	Mexique.
8343. ATRICOLLIS, Vieill., *N. Dict.* XIV, p. 104; Spix, *Av. Bras.* II, p. 43, pl. 56, f. 2; *validus*, Vieill.; *jugularis*, Licht.; *sordidus*, Less.	Brésil S. et E., Paraguay, Bolivie.
8344. RUFIVENTRIS, Lafr. et d'Orb., *Mag. de Zool.*, 1837, p. 35; d'Orb., *Voy. Ois.*, p. 289, pl. 28, f. 1; Scl., *Cat.*, p. 293.	Bolivie.

8345. FLAVIDICOLLIS, Scl., *P. Z. S.*, 1860, p. 274; Tacz., *Orn. Pér.* II, p. 543; *olivascens* (pt.), Scl. (juv.)	Ecuador W.
8346. ALBICOLLIS, Vieill., *N. Dict.* XIV, p. 107; Salv. et Godm., *Biol.* I, p. 330; *maculipectus* et *striatipectus*, Lafr., *R. Z.*, 1847, p. 73; *isthmicus*, Scl., *P. Z. S.*, 1861, p. 130.	Véragua, Panama, Col., Vénéz., Trin., Ecuador, Pérou.
8347. IMMACULATUS, Berl. et Stolzm., *P. Z. S.*, 1892, p. 375; *similis*, Tsch. (nec Lafr.); *albicollis*, Tacz. (nec V.); *superciliaris*, Tacz. (nec Spix).	Pérou centr.
8348. GUADALUPENSIS, Lafr., *Rev. Zool.*, 1844, p. 167; Scl., *Cat.*, p. 295; *martinicensis*, Bp., *Consp.* I, p. 489.	Guadeloupe, Martinique, Ste-Lucie (Antil.

1207. PSITTOSPIZA

Psittospiza, Bp. (1850); *Chlorornis*, Rchb. (1850).

8349. RIEFFERI (Boiss.), *Rev. Zool.*, 1840, p. 4; Gray, *Gen. B.* II, pl. 89; Scl., *P. Z. S.*, 1856, p. 78; *prasina*, Less.	Colombie, Ecuador.
2204. *Var.* ELEGANS (Tsch.), *Arch. f. Naturg.*, 1844, 1, p. 288; Scl. et Salv., *P. Z. S.*, 1879, p. 603; Tacz., *Orn. Pér.* II, p. 538.	Pérou, Bolivie.

1208. CONOTHRAUPIS

Conothraupis, Tacz. (1880).

8350. SPECULIGERA (Gould), *P. Z. S.*, 1855, p. 69; Tacz., *P. Z. S.*, 1880, p. 198, pl. 21; id., *Orn. Pér.* II, p. 546.	Pérou E.

1209. DIUCOPIS

Diucopis, Bp. (1850).

8351. FASCIATA (Licht.), *Doubl.*, p. 32; Bp., *Consp.* I, p. 491; *axillaris*, Spix, *Av. Bras.* II, p. 41, pl. 54, f. 2.	Brésil E. et S.

1210. ARREMON

Arremon, Vieill. (1816).

8352. SILENS (Bodd.), *Tabl. d. Pl. enl.*, p. 46; *Pl. enl.* 742; Bp., *Consp.* I, p. 487; Pelz., *Orn. Bras.*, p. 216; *torquatus*, Vieill.; id., *Gal. Ois.*, p. 105, pl. 78.	Trinidad, Guyane, Bas-Amazone, Brésil.
2205. *Var.* ORBIGNII, Scl., *P. Z. S.*, 1856, p. 81; Scl., *Cat.*, p 274; *silens* (pt.), auct. plur. (nec Bodd.)	Bolivie, Argentine.
8353. FLAVIROSTRIS, Sw., *An. in Menag.*, p. 347; Bp., *Consp.* I, p. 488; Scl., *Cat.*, p. 274.	Cametá (Brésil).
8354. DEVILLEI, Scl., *P. Z. S.*, 1856, p. 81; Des M., in *Casteln. Voy. Ois.*, p. 69, pl. 20, f. 2.	Goyas (Brésil).

8355. SPECTABILIS, Scl., *P. Z. S.*, 1854, p. 114, pl. 67; Berl. et Tacz., *P. Z. S.*, 1883, p. 548; *erythrorhynchus*, Scl., *P. Z. S.*, 1855, p. 83, pl. 89. — Colombie, Ecuador, Pérou.

8356. AURANTIIROSTRIS, Lafr., *Rev. Zool.*, 1847, p. 72; Des M., *Icon. Orn.*, pl. 55; *rufi-dorsalis*, Cass., *Pr. Ac. Sc. Philad.*, 1865, p. 170. — Mexique S., Amérique centr.

2206. *Var.* SATURATA, Cherr., *Pr. U. S. Nat. Mus.*, 1891, pp. 343-45. — Costa-Rica.

8357. NIGRIROSTRIS, Scl., *Cat. B.* XI, p. 276. — Pérou S.

8358. SEMITORQUATUS, Sw., *An. in Menag.*, p. 357; Scl., *P. Z. S.*, 1856, p. 82; Pelz., *Orn. Bras.*, p. 217; *interrupta*, Natt., *MS.* — Brésil S.

8359. AXILLARIS, Scl., *P. Z. S.*, 1854, p. 97; id., *Cat.*, p. 277. — Colombie.

8360. NIGRICEPS, Tacz., *P. Z. S.*, 1880, p. 196; id., *Orn. Pér.* II, p. 535. — Callacate (Pérou).

8361. WUCHERERI, Scl. et Salv., *Nomencl.*, pp. 25, 157; Scl., *Cat. B.* XI, pl. 17. — Bahia (Brésil).

8362. POLIONOTUS, Bp., *Consp.* I, p. 488; Pelz., *Orn. Bras.*, p. 217. — Cuyaba (Brésil).

8363. ABEILLEI, Less., *Rev. Zool.*, 1844, p. 435; Tacz., *Orn. Pér.* II, p. 534; Scl., *Cat.*, p. 278. — Ecuador W.

8364. SCHLEGELI, Bp., *Consp.* I, p. 488; Scl., *Cat.*, p. 279. — Col. et Vénéz. (côtes).

1211. NESOSPINGUS

Nesospingus, Scl. (1885).

8365. SPECULIFERUS (Lawr.), *Ibis*, 1875, p. 383, pl. 9, f. 1; Scl., *Ibis*, 1885, p. 273; id., *Cat.*, p. 272. — Porto-Rico.

1212. BUARREMON

Buarremon, *Chrysopoga*, Bp. (1850); *Lysurus*, *Pselliophorus*, Ridgw. (1898).

8366. TORQUATUS (d'Orb. et Lafr.), *Mag. de Zool.*, 1837, p. 34; Bp., *Consp.* I, p. 483; *affinis*, d'Orb., *Voy., Ois.*, p. 282, pl. 27, f. 1. — Bolivie.

8367. POLIOPHRYS, Berl. et Stolzm., *P. Z. S.*, 1896, p. 347; *torquatus*, Tacz., *Orn. Pér.* II, p. 530 (nec d'Orb.) — Pérou centr.

8368. BASILICUS, Bangs, *Pr. Biol. Soc. Washington*, 1898, p. 159. — Colombie.

8369. PHÆOPLEURUS, Scl., *P. Z. S.*, 1856, p. 85; id., *Cat.*, p. 256. — Vénézuéla.

8370. ASSIMILIS (Boiss.), *Rev. Zool.*, 1840, p. 67; Bp., *Consp.* I, p. 484; Tacz., *Orn. Pér.* II, p. 531; Salv. et Godm., *Biol.* I, p. 318. — Du Costa-Rica au Pérou et Vénézuéla.

8371. VIRENTICEPS, Bp., *Compt.-Rend.* XLI, p. 657 ; Scl., *P.Z.S.*, 1856, p. 85; Salv. et Godm., *Biol.* I, p. 319. — Mexique.

8372. BORELLI, Salvad., *Boll. Mus. Torino*, XII, 1897, p. 6. — San-Lorenzo.

8373. BRUNNEINUCHA (Lafr.), *Rev. Zool.*, 1839, p. 97 ; Bp., *Consp.* I, p. 484 ; Tacz., *Orn. Pér.* II, p. 529 ; Salv. et Godm., *Biol.* I, p. 319 ; *frontalis*, Tsch., *Arch. f. Nat.*, 1844, p. 289 ; id., *F. P.*, p. 212 ; *xanthogenys*, Cab. — Mexique S., Amérique centr., Colombie, Ecuador, Pérou, Vénézuéla.

8374. INORNATUS, Scl. et Salv., *Ibis*, 1879, p. 427 ; Scl., *Cat.*, p. 259 ; *brunneinuchus*, Scl., *P. Z. S.*, 1859, p. 138 (nec Lafr.). — Ecuador.

8375. ATRICAPILLUS, Lawr., *Ann. Lyc. N. Y.*, 1874, p. 396 ; Scl., *Cat.*, p. 259. — Colombie.

8376. GUTTURALIS (Lafr.), *Rev. Zool.*, 1843, p. 98 ; Bp., *Consp.* I, p. 484 ; Salv. et Godm., *Biol.* I, p. 320 ; *Chr. typica*, Bp. ; *chrysopogon*, Scl. ; *albinucha* (pt.), Scl. et Salv. (1860). — Guatémala, Amérique centr., Colombie.

8377. ALBINUCHA (d'Orb. et Lafr.), *Rev. Zool.*, 1838, p. 165 ; Bp., *Consp.* I, p. 484 ; Salv. et Godm., *l. c.*, p. 321 ; *vitellinus*, Licht. ; *mexicana*, Less. — Mexique S., Colombie (pas observé dans l'Amérique centr.)

8378. MELANOCEPHALUS, Salv. et Godm., *Ibis*, 1880, p. 121 ; Scl., *Cat.*, p. 261. — Sierra-Nevada (Santa-Marta).

8379. LEUCOPIS, Scl. et Salv., *P. Z. S.*, 1878, p. 439 ; Scl., *Cat.*, p. 261, pl. 14. — Ecuador.

8380. CASTANEICEPS, Scl., *P. Z. S.*, 1859, p. 441 ; id., *Cat.*, p. 261. — Colombie, Ecuador.

8381. CRASSIROSTRIS, Cass., *Pr. Ac. Sc. Phil.*, 1865, p. 170 ; Salv., *P. Z. S.*, 1867, p. 140, pl. 14 ; Salv. et Godm., *Biol.* I, p. 323. — Costa-Rica, Véragua.

8382. TIBIALIS (Lawr.), *Ann. Lyc. N. Y.* VIII, p. 41 ; Salv. et Godm., *Biol.* I, p. 322, pl. 23, f. 2. — Costa-Rica, Véragua.

1213. PIPILOPSIS

Pipilopsis, Bp. (1850) ; *Carenochrous*, Scl. (1856).

8383. MELANOLÆMUS (Scl. et Salv.), *Ibis*, 1879, p. 425, pl. 10, f. 2 ; Tacz., *Orn. Pér.* II, p. 526. — Pérou S.

8384. RUFINUCHA (d'Orb. et Lafr.), *Mag. de Zool.*, 1837, p. 35 ; d'Orb., *Voy. Ois.*, p. 283, pl. 27, f. 2 ; Scl., *Cat.*, p. 263. — Bolivie.

8385. MELANOPS (Scl. et Salv.), *P. Z. S.*, 1876, p. 253 ; Scl., *Cat.*, p. 263 ; *rufinuchus*, Scl., *Cat. Am. B.*, p. 91. — Bolivie.

8386. LATINUCHA (Du Bus), *Bull. Acad. Brux.* XXII, 1, p. 154 ; Scl. et Salv., *Ibis*, 1879, p. 427, pl. 10, f. 1 ; Tacz., *Orn. Pér.* II, p. 524 ; *specularis*, Tacz., *P. Z. S.*, 1879, p. 228. — Pérou, Ecuador E.

8387. SPODIONOTUS (Scl. et Salv.), *Ibis*, 1879, p. 425; Scl., *Cat.*, p. 264; *latinuchus* (pt.), Scl. (1856-60). — Ecuador W.

8388. COMPTUS (Scl. et Salv.), *Ibis*, 1879, p. 426; Scl., *Cat.*, pl. 15. — Ecuador E.

8389. ELÆOPRORUS (Scl. et Salv.), *P. Z. S.*, 1879, p. 504; id., *Ibis*, 1879, p. 427. — Antioquia (Colombie).

8390. SIMPLEX (Berl.), *Ibis*, 1888, p. 128. — Colombie.

8391. ALBIFRENATUS (Boiss.), *Rev. Zool.*, 1840, p. 68; Bp., *Consp.* I, p. 484; *mystacalis*, Scl., *Rev. Mag. de Zool.*, 1852, p. 8; id., *Contr. Orn.*, 1852, p. 131, pl. 99. — Colombie.

8392. MERIDÆ (Scl. et Salv.), *P. Z. S.*, 1870, p. 785; Scl., *Cat.*, p. 266. — Mérida (Vénézuéla).

8393. LEUCOPTERUS (Jard.), *Edinb. N. Phil. Journ.* n. s. III, p. 92; Scl., *P. Z. S.*, 1855, p. 214, pl. 109. — Ecuador.

8394. DRESSERI (Tacz.), *P. Z. S.*, 1883, p. 70; id., *Orn. Pér.* II, p. 528. — Naucho (Pérou).

8395. SEEBOHMI (Tacz.), *P. Z. S.*, 1883, p. 70; id., *Orn. Pér.* II, p. 527. — Cajatambo (Pérou).

8396. SCHISTACEUS (Boiss.), *Rev. Zool.*, 1840, p. 69; Scl., *P. Z. S.*, 1855, p. 155; id., *Cat.*, p. 267. — Colombie, Ecuador E.

8397. TACZANOWSKII (Scl. et Salv.), *P. Z. S.*, 1875, p. 236, pl. 35, f. 2; Tacz., *Orn. Pér.* II, p. 526; *mystacalis*, Tacz. (nec Scl.) — Pérou.

8398. CASTANEIFRONS (Scl. et Salv.), *P. Z. S.*, 1875, p. 235, pl. 35, f. 1; *schistaceus*, Scl. et Salv. (1870, nec Boiss.) — Andes de Mérida (Vénézuéla).

8399. PALLIDINUCHA (Boiss.), *Rev. Zool.*, 1840, p. 68; Scl., *Cat.*, p. 268; *sordidus*, Lawr. (juv.) — Colombie, Ecuador.

8400. TRICOLOR (Tacz.), *P. Z. S.*, 1874, p. 516, pl. 65; id., *Orn. Pér.* II, p. 525; Scl., *Cat.*, pl. 16; *rufinucha*, Tsch. (nec d'Orb. et Lafr.) — Pérou centr.

8401. BARONI (Salv.), *Novit. Zool.* II, p. 5, pl. 1, f. 1. — Pérou.

8402. SEMIRUFUS (Boiss.), *Rev. Zool.*, 1840, p. 69; Scl., *P. Z. S.*, 1855, p. 155; id., *Cat.*, p. 269. — Colombie, Vénézuéla.

8403. RUFIGENIS (Salv.), *Novit. Zool.* II, p. 5, pl. 1, f. 2. — Pérou.

8404. PERSONATUS (Cab.), *Schomb. Reis. Guian.* III, p. 678; Bp., *Consp.* I, p. 485; Scl., *Cat.*, p. 270. — Guyane anglaise.

8405. FULVICEPS (Lafr. et d'Orb.), *Mag. de Zool.*, 1837, p. 77; d'Orb., *Voy.*, *Ois.*, p. 362, pl. 46, f. 2; Tacz., *Orn. Pér.* II, p. 532. — Bolivie, Pérou.

8406. CITRINELLUS (Cab.), *J. f. O.*, 1883, p. 109, pl. 1, f. 2. — Tucuman (Argentine).

1214. PEZOPETES

Pezopetes, Cab. (1860).

8407. CAPITALIS, Cab., *J. f. O.*, 1860, p. 415; Salv. et Godm., *Biol. Cent.-Am.*, I, p. 322, pl. 23, f. 1. — Costa-Rica, Chiriqui.

1215. MICROSPINGUS

Microspingus, Tacz. (1874).

8408. TRIFASCIATUS, Tacz., *P. Z. S.*, 1874, p. 132, pl. 19, f. 1; id., *Orn. Pér.* II, p. 523; Scl., *Cat.*, p. 252. — Pérou, Bolivie.

1216. UROTHRAUPIS

Urothraupis, Berl. et Tacz. (1885).

8409. STOLZMANNI, Berl. et Tacz., *P. Z. S.*, 1885, p. 83, pl. 8. — Ecuador E. (Andes).

1217. CHLOROSPINGUS

Chlorospingus et *Hemispingus*, Cab. (1851); *Dacnidea*, Tacz. (1874); *Pseudospingus*, Berl. et Stolzm. (1896).

8410. OPHTHALMICUS (Du Bus), *Bull. Acad. Brux.*, 1847, pt. 2, p. 106; Scl., *P. Z. S.*, 1856, pp. 89, 302; Salv. et Godm., *Biol.* I, p. 314; *leucophrys*, Cab., *Mus. Hein.* I, p. 139. — Mexique S.

8411. ALBIFRONS, Salv. et Godm., *Ibis*, 1889, p. 237. — Sierra Madre (Mex.)

8412. ALBITEMPORALIS (Lafr.), *Rev. Zool.*, 1848, p. 12; Tacz., *Orn. Pér.* II, p. 513; Scl., *Cat.*, p. 239; *flaviventris*, Scl., *P. Z. S.*, 1856, p. 91. — Costa-Rica, Véragua, Col., Bolivie, Pérou.

2207. *Var.* VENEZUELANA, Berl., *Orn. Monatsb.* I, p. 11. — Mérida (Vénézuéla).

8413. OLIVACEUS (Bp.), *Consp.* I, p. 473; Salv. et Godm., *Biol.* I, p. 315; Scl., *Cat.*, p. 240. — Vera-Paz, Guatémala.

8414. POSTOCULARIS, Cab., *J. f. O.*, 1866, p. 163; Salv. et Godm., *l. c.*, p. 314. — Guatémala (Volcans).

8415. SIGNATUS, Tacz. et Berl., *P. Z. S.*, 1885, p. 82; Scl., *Cat.*, p. 241. — Ecuador.

8416. PUNCTULATUS, Scl. et Salv., *P. Z. S.*, 1869, p. 440; Salv. et Godm., *Biol.* I, p. 316, pl. 22, f. 1. — Véragua.

8417. PILEATUS, Salv., *P. Z. S.*, 1864, p. 581; Salv. et Godm., *l. c.*, pl. 22, f. 2. — Costa-Rica, Chiriqui.

2208. *Var.* ATRICEPS, Nels., *Auk*, 1897, p. 65. — Mexique S.

8418. FLAVIPECTUS (Lafr.), *Rev. Zool.*, 1840, p. 227; Scl., *Cat.*, p. 242. — Colombie, Ecuador.

8419. CANIGULARIS (Lafr.), *Rev. Zool.*, 1848, p. 11; Scl., *l. c.*; *veneris*, Bp. — Colombie, Ecuador.

8420. OLIVACEICEPS, Underw., *Ibis*, 1898, p. 612. — Costa-Rica.

8421. PHÆOCEPHALUS, Scl. et Salv., *P. Z. S.*, 1877, p. 521, pl. 52, f. 2. — Ecuador W.

8422. FLAVIGULARIS (Scl.), *Rev. Zool.*, 1852, p. 8; id., *Contr. Orn.*, 1852, p. 131, pl. 98; id., *P. Z. S.*, 1855, p. 155; Tacz., *Orn. Pér.* II, p. 514. — Colombie, Ecuador, Pérou, Bolivie.

2209. *Var.* PARVIROSTRIS, Chapm., *Bull. Amer. Mus. N. H.*, 1901, p. 227. — Inca Mine (Pérou).

8423. HYPOPHÆUS, Scl. et Salv., *P. Z. S.*, 1868, p. 389 ; Salv. et Godm., *Biol.* I, p. 317, pl. 22, f. 3. — Véragua.

8424. FLAVOVIRENS (Lawr.), *Ann. Lyc. N. Y.*, 1867, p. 467 ; Scl., *Ibis*, 1885, p. 274. — Ecuador.

8425. SEMIFUSCUS, Scl. et Salv., *Nomencl.*, pp. 24, 157 ; Scl., *Cat.*, p. 244. — Ecuador.

8426. CINEREOCEPHALUS, Tacz., *P. Z. S.*, 1874, pp. 132, 516 ; Scl., *l. c.* — Pérou centr.

8427. ATRIPILEUS (Lafr.), *Rev. Zool.*, 1842, p. 335 ; Scl., *P. Z. S.*, 1855, p. 155 ; id., *Cat.*, p. 245. — Colombie, Ecuador.

8428. AURICULARIS, Cab., *J. f. O.*, 1873, p. 318 ; Tacz., *Orn. Pér.* II, p. 519. — Pérou.

8429. FRONTALIS (Tsch.), *Arch. f. Naturg.*, 1844, p. 284 ; id., *Faun. Per.*, pp. 28, 194, pl. 13, f. 1 ; Tacz., *Orn. Pér.* II, p. 517. — Pérou.

8430. CALOPHRYS, Scl. et Salv., *P. Z. S.*, 1876, p. 354 ; Scl., *Cat.*, p. 245. — Bolivie.

8431. RUBRIROSTRIS (Lafr.), *Rev. Zool.*, 1840, p. 227 ; Scl., *P. Z. S.*, 1855, p. 155 ; id., *Cat.*, p. 246. — Colombie, Ecuador.

8432. CHRYSOGASTER, Tacz., *P. Z. S.*, 1874, p. 517 ; id., *Orn. Pér.* II, p. 515. — Pérou.

8433. LEOTAUDI, Chapm., *Auk*, 1893, p. 342. — Trinidad.

8434. SUPERCILIARIS (Lafr.), *Rev. Zool.*, 1840, p. 227 ; Scl., *P. Z. S.*, 1855, p. 155 ; Tacz., *Orn. Pér.* II, p. 517 ; *leucophrys*, Lafr. — Colombie, Ecuador, Pérou.

2210. *Var.* NIGRIFRONS, Lawr., *Ibis*, 1875, p. 384. — Ecuador W.

2211. *Var.* CANIPILEUS, Chapm., *Bull. Am. Mus. N. H.*, 1899, p. 153. — Vénézuéla.

2212. *Var.* REYI, Berl., *Ibis*, 1885, p. 288. — Mérida (Vénézuéla).

8435. CHRYSOPHRYS, Scl. et Salv., *P. Z. S.*, 1875, p. 235 ; Scl., *Cat.*, p. 247 ; *xanthophrys*, Scl. et Salv., *P. Z. S.*, 1870, p. 780 (nec Scl.) — Mérida (Vénézuéla).

8436. IGNOBILIS (Scl.), *P. Z. S.*, 1861, p. 379 ; Scl. et Salv., *P. Z. S.*, 1870, p. 784 ; *oleagineus*, Scl., *P. Z. S.*, 1862, p. 110 ; Tacz., *Orn. Pér.* II, p. 516. — Vénézuéla, Colombie, Ecuador, Pérou.

8437. VERTICALIS (Lafr.), *Rev. Zool.*, 1840, p. 227 ; Scl., *P. Z. S.*, 1855, p. 155 ; *lichtensteini*, Scl., *P. Z. S.*, 1856, p. 30 (juv.) — Colombie, Ecuador.

8438. XANTHOPHTHALMUS, Tacz., *P. Z. S.*, 1874, p. 510 ; id., *Orn. Pér.* II, p. 522. — Pérou N. et centr.

8439. LEUCOGASTER, Tacz., *P. Z. S.*, 1874, p. 131, pl. 19, f. 2 ; id., *Orn. Pér.* II, p. 518 ; *albiventris*, Tacz., *P. Z. S.*, 1874, p. 510. — Pérou.

8440. CASTANEICOLLIS, Scl., *P. Z. S.*, 1858, p. 293 ; id., *Cat.* — Pérou, Bolivie.

Am. B., p. 90, pl. 10 ; Tacz., *Orn. Pér.* II, p. 520.

8441. GOERINGI, Scl. et Salv., *P. Z. S.*, 1870, p. 784, pl. 46, f. 1 ; Scl., *Cat.*, p. 250. — Mérida (Vénézuéla).

8442. MELANOTIS, Scl., *P. Z. S.*, 1854, p. 157, pl. 68 ; id., *Cat.*, p. 250. — Colombie.

8443. OCHRACEUS, Berl. et Tacz., *P. Z. S.*, 1884, p. 291, pl. 24, f. 1. — Ecuador W.

8444. BERLEPSCHI, Tacz., *P. Z. S.*, 1880, p. 195 ; id., *Orn. Pér.* II, p. 521. — Pérou centr.

SUBF. II. — PHŒNICOPHILINÆ

1218. PHOENICOPHILUS

Phœnicophilus, Strickl. (1851).

8445. PALMARUM (Lin.) ; Vieill., *Ois. Am. mérid.* II, p. 16, pl^s 69, 70 ; Strickl., *Contr. Orn.*, 1851, p. 104 ; Scl., *Cat.*, p. 234. — St-Domingue.

8446. POLIOCEPHALUS (Bp.), *Rev. Mag. de Zool.*, 1851, p. 78 ; Strickl, *l. c.*, p. 104 ; *palmarum* (fem.), Scl., *P. Z. S.*, 1856, p. 84 ; *dominicensis*, Cory ; id., *B. San Dom.*, p. 58, pl. 8. — St-Domingue W.

1219. CALYPTOPHILUS

Calyptophilus, Cory (1884).

8447. FRUGIVORUS, Cory, *Journ. Bost. Zool. Soc.* II, p. 45 ; id., *Auk*, 1884, p. 3 ; id., *B. San Dom.*, p. 59, pl. 9 ; Scl., *Cat.*, p. 235. — St-Domingue.

SUBF. III. — LAMPROTINÆ

1220. LAMPROTES

Lamprotes, Sw. (1837) ; *Tanagra* (pt.), auct. plur.

8448. LORICATUS (Licht.), *Doubl.*, p. 31 ; Scl., *P. Z. S.*, 1856, p. 121 ; *rubricollis* et *rubrigularis*, Spix, *Av. Bras.* II, p. 43, pl. 56, f. 1 ; *bonariensis*, Max., *Beitr.* III, p. 530. — Brésil S. et E.

1221. SERICOSSYPHA

Sericossypha, Less. (1844).

8449. ALBOCRISTATA (Lafr.), *Rev. Zool.*, 1843, p. 132 ; id., *Mag. de Zool.*, 1844, pl. 50 ; Tacz., *Orn. Pér.* II, p. 387 ; *sumptuosa*, Less., *Echo M. S.*, 1844, p. 382. — Colombie, Ecuador, Pérou.

SUBF. IV. — TANAGRINÆ

1222. THLYPOPSIS

Thlypopsis, Cab. 1851 ; *Nemosia* (pt.), auct. plur.

8450. SORDIDA (d'Orb. et Lafr.), *Mag. de Zool.*, 1837, p. 28; d'Orb., *Voy.*, *Ois.*, p. 261, pl. 18, f. 2; Scl., *Cat.*, p. 228; *fulvescens*, Strickl.; *blanda*, Licht.; *fulviceps*, Burm., *Th. Bras.* III, p. 139. — Brésil S. et Bolivie.

2213. *Var.* AMAZONUM, Scl., *Cat. B.* XI, p. 229; *sordida* et *fulvescens* (pt.), auct. plur. — Pérou, Bolivie et Brésil W.

8451. CHRYSOPIS (Scl. et Salv.), *P. Z. S.*, 1880, p. 155; Scl., *Cat.*, p. 229. — Ecuador E. et Pérou.

8452. FULVICEPS, Cab., *Mus. Hein.* I, p. 138; id., *J. f. O.*, 1866, p. 232; *ruficeps*, Lafr., *Rev. Zool.*, 1848, p. 173 (nec 1837). — Vénézuéla.

8453. INORNATA (Tacz.), *P. Z. S.*, 1879, p. 228; id., *Orn. Pér.* II, p. 509; Scl., *Cat.*, p. 230, pl. 13, f. 2. — Pérou.

8454. ORNATA (Scl.), *P. Z. S.*, 1859, p. 138; id., *Cat.*, pl. 13, f. 1. — Ecuador, Pérou N.

2214. *Var.* MACROPTERYX, Berl. et Stolzm., *P. Z. S.*, 1896, p. 343. — Pérou centr.

8455. PECTORALIS (Tacz.), *Orn. Pér.* II, p. 508. — Pérou centr.

8456. RUFICEPS (d'Orb. et Lafr.), *Mag. de Zool.*, 1837, p. 29; d'Orb., *Voy. Ois.*, p. 216, pl. 13, f. 1; Scl., *l. c.*, p. 231. — Bolivie, Tucuman (Argentine).

1223. NEMOSIA

Nemosia, Vieill. (1816); *Hemithraupis*, Cab. (1851).

8457. PILEATA (Bodd.), *Tabl. d. Pl. Enl.*, p. 45; *Pl. Enl.* 720, f. 2; Vieill., *N. Dict.* XXII, p. 490; Desm., *Tang.*, pl. 41; Burm., *Th. Bras.* III, p. 138; *cyanoleucus* et *cæruleus*, Max. — Colombie, Vénézuéla, Guyane, Brésil, Paraguay, Bolivie.

8458. ROUREI, Cab., *J. f. O.*, 1870, p. 459, 1872, pl. 1, f. 1; Scl., *Cat.*, p. 224. — Brésil S., E.

8459. GUIRA (Lin.); *Pl. Enl.* 720, f. 1; Bp., *Consp.* I, p. 236; Pelz., *Orn. Bras.*, p. 213; Tacz., *Orn. Pér.* II, p. 510; *nigrigula*, Bodd.; *nigricollis*, Gm.; *guirina*, *nigrigularis*, Scl. — Amérique mérid. jusque vers le 25° l. S.

8460. RUFICAPILLA, Vieill., *N. Dict.* XXII, p. 493; id., *Gal. Ois.*, *Suppl.*, pl. 5; Burm., *Th. Bras.* III, p. 161; Pelz., *Orn. Bras.*, p. 213; *ruficeps*, Max. — Brésil S., E.

8461. FUSCICAPILLA, Dubois, *Mém. Soc. Zool. de France*, VII, p. 403. — Brésil.

8462. FLAVICOLLIS, Vieill., *N. Dict.* XXII, p. 491 ; id., *Gal. Ois.*, p. 99, pl. 75 ; Burm., *l. c.*, p. 160 ; *speculifera,* Tem., *Pl. col.* 36 ; *melanoxantha,* Licht. ; *auricollis,* Scl., *P. Z. S.,* 1856, p. 111. — Guyane, Brésil, Bolivie.

2215. *Var.* INSIGNIS, Scl., *P. Z. S.,* 1856, p. 110 ; Pelz., *l. c.,* p. 215. — Brésil S.

8463. PERUANA (Bp.), *Rev. Mag. de Zool.*, 1851, p. 173 ; Scl., *P. Z. S.,* 1856, p. 111 ; Tacz., *Orn. Pér.* II, p. 512. — Colombie, Ht-Amaz., Pérou, Bolivie.

8464. ALBIGULARIS, Scl., *P. Z. S.*, 1855, p. 109, pl. 99 ; id., *Cat. B.*, p. 227, pl. 12. — Colombie.

8465. ROSENBERGI, Rotsch., *Ibis,* 1898, p. 146 ; id., *Novit. Zool.* V, pl. 2, f. 1. — Ecuador N.

1224. PYRRHOCOMA

Pyrrhocoma, Cab. (1851).

8466. RUFICEPS (Strickl.), *Ann. N. H.,* 1844, p. 419 ; Des M., *Voy. Casteln. Ois.*, p. 69, pl. 20, f. 2 ; Cab., *Mus. H.* I, p. 138 ; Pelz., *Orn. Bras.,* p. 216. — Brésil S., E.

1225. CYPSNAGRA

Cypsnagra, Less. (1831) ; *Leucopygia,* Sw. (1837).

8467. RUFICOLLIS (Licht.), *Doubl.,* p. 30 ; Burm., *Th. Bras.* III, p. 162 ; Pelz., *Orn. Bras.,* p. 214 ; *hirundinacea,* Less. ; *fumigata,* Tem. — Brésil S., Bolivie E.

1226. TRICHOTHRAUPIS

Trichothraupis, Cab. (1851).

8468. QUADRICOLOR (Vieill.), *N. Dict.* XXXII, p. 359 ; Cab., *Mus. H.* I, p. 23 ; Burm., *Th. Bras.* III, p. 164 ; *melanops,* Vieill. ; *auricapilla*, Spix, *Av. Bras.* II, p. 39, pl. 52 ; *galeata*, Licht. ; *suchii*, Sw. — Brésil S., Paraguay, Argentine.

1227. EUCOMETIS

Eucometis, Scl. (1856).

8469. PENICILLATA (Spix), *Av. Bras.* II, p. 36, pl. 49, f. 1 ; Scl., *P. Z. S.*, 1856, p. 117 ; Pelz., *Orn. Bras.* p. 212 ; Tacz., *Orn. Pér.* II, p. 500. — Guyane fr., Amazone, Colombie, Ecuador W., Pérou E.

8470. ALBICOLLIS (d'Orb. et Lafr.), *Mag. de Zool.*, 1837, p. 33 ; d'Orb., *Voy.*, p. 265, pl. 26, f. 2 ; Scl., *P. Z. S.,* 1856, p. 117 ; Pelz., *Orn. Bras.*, p. 212. — Bolivie, Brésil W.

8471. CRISTATA (Du Bus), *Bull. Acad. Brux.* XXXII, 1855, p. 154; Scl., *P. Z. S.*, 1856, p. 118; Salv. et Godm., *Biol.* I, p. 306. — Panama, Colombie.

2216. *Var.* AFFINIS, Berl., *Auk*, 1888, p. 453. — Vénézuéla.

8472. SPODOCEPHALA (Bp.), *Compt.-Rend.* XXXIX, p. 922; Salv. et Godm., *Biol.* I, p. 307, pl. 20, f. 2. — Mexique.

2217. *Var.* PALLIDA, Berl., *Auk*, 1888, p. 451. — Yucatan, Guatémala.

2218. *Var.* STICTOTHORAX, Berl., *Auk*, 1888, p. 451. — Amérique centr.

8473. CASSINI (Lawr.), *Ann. Lyc. N. Y.* VII, p. 297; Scl. et Salv., *P. Z. S.*, 1864, p. 351, pl. 30; Salv. et Godm., *l. c.*, p. 307. — De Costa-Rica à la Colombie.

8474. OLEAGINEA, Salv., *Ibis*, 1886, p. 500. — Guyane anglaise.

1228. MALACOTHRAUPIS

Malacothraupis, Scl. et Salv. (1876).

8475. DENTATA, Scl. et Salv., *P. Z. S.*, 1876, p. 353, pl. 31; Scl., *Cat.*, p. 216. — Bolivie.

8476. CASTANEICEPS, Chapm., *Bull. Amer. Mus. N. H.*, 1901, p. 225. — Inca Mine (Pérou).

1229. CREURGOPS

Creurgops, Scl. (1858).

8477. VERTICALIS, Scl., *P. Z. S.*, 1858, p. 73, pl. 132; Tacz., *Orn. Pér.* II, p. 501; Scl., *Cat.*, p. 215. — Colombie, Ecuador, Pérou.

1230. TACHYPHONUS

Tachyphonus et *Pyrrota*, Vieill. (1816); *Camarophagus*, Boie (1826); *Heterospingus*, Ridgw. (1898).

8478. MELALEUCUS (Sparrm.), *Mus. Carls.*, n° XXXI; Salv. et Godm., *l. c.* I, p. 309; Tacz., *Orn. Pér.* II, p. 504; *rufa*, Bodd.; *leucopterus*, Gm.; Vieill., *Gal. Ois.*, p. 113, pl. 82; *nigerrima*, Gm.; Desm., *Tang.*, pl^s 45, 46; *valerii*, Verr.; *beauperthuyi*, Bp. — Costa Rica, Panama et Amérique mérid. jusqu'au S. du Brésil et du Pérou.

8479. LUCTUOSUS, d'Orb. et Lafr., *Mag. de Zool.*, 1837, p. 29; d'Orb., *Voy., Ois.*, p. 263, pl. 20, ff. 1, 2; Salv. et Godm., *l. c.*, p. 310; *tenuirostris*, Bp.; *albispecularis*, Léot., *Ois. Trin.*, p. 300. — Nicarag., Costa Rica et Amér. mér. jusqu'au Pérou, la Bolivie et Brésil W.

8480. PHOENICEUS, Sw., *An. in Menag.*, p. 311; Scl. et Salv., *Exot. Orn.*, p. 65, pl. 33; *saucius*, Strickl.; *leucocampter*, Licht. — Guyane, Vénézuéla, Amazone, Pérou E.

8481. XANTHOPYGIUS, Scl., *P. Z. S.*, 1854, p. 158, pl. 69 (fem.), 1855, p. 83, pl. 90 (mas.); id., *Cat.*, p. 209; *auritus*, Du Bus; *rubrifrons, propinquus*, Lawr. — Costa Rica, Panama, Colombie.

8482. CHRYSOMELAS, Scl. et Salv., *P. Z. S.*, 1869, p. 440, pl. 32; Salv. et Godm., *l. c.*, p. 311, pl. 21, f. 1. — Véragua.

8483. CRISTATUS (Gm.); Desm., *Tang.*, plˢ 47, 48; Scl., *Cat.*, p. 210; *vieilloti*, Lafr.; *gubernatrix*, Tem.; *cristatellus*, Scl. — Guyane française, Colombie, Amazone.

2219. *Var.* INTERCEDENS, Berl., *Ibis*, 1880, p. 113. — Guyane anglaise.

2220. *Var.* BRASILIENSIS, Scl., *Cat. B.* XI, p. 211; *cristatus*, Burm., *Th. Bras.* III, p. 165; *brunnea*, Spix (fem.) — Brésil.

8484. SURINAMUS (Lin.); *Pl. Enl.* 301, f. 2; Pelz., *Orn.* p. 213; *martialis*, Tem.; *desmaresti*, Sw.; *ochropygos*, Cab.; *cristatus* (pt.), Bp. — Guyane, Bas-Amazone.

2221. *Var.* NAPENSIS, Lawr., *Ann. Lyc. N. Y.* VIII, p. 42; Tacz., *Orn. Pér.* II, p. 503. — Colombie, Rio Négro, Haut-Amazone.

8485. NATTERERI, Pelz., *Orn. Bras.*, p. 214; Scl., *Ibis*, 1885, p. 272, pl. 6, f. 1. — Matto-Grosso (Brésil).

8486. RUFIVENTER (Spix), *Av. Bras.* II, p. 37, pl. 50, f. 1; Strickl., *Contr. Orn.*, 1850, p. 49, pl. 50; Tacz., *Orn. Pér.* II, p. 503. — Haut-Amazone, Pérou, Bolivie.

8487. CORONATUS (Vieill.), *N. Dict.* XXXIV, p. 535; Cab., *Mus. H.* I, p. 22; Burm., *Th. Bras.* III, p. 166; *coryphœus*, Licht.; *vigorsi*, Sw.; Jard. et Sel., *Ill. Orn.*, pl. 36, f. 1. — Brésil S., E.

8488 NITIDISSIMUS, Salv., *P. Z. S.*, 1870, p. 188; Salv. et Godm., *Biol.* I, p. 312, pl. 21, ff. 2, 3; *axillaris*, Lawr.; *luctuosus*, Cass. — Costa Rica, Véragua.

8489. DELATTREI, Lafr., *Rev. Zool.*, 1847, p. 72; Scl. et Salv., *Exot. Orn.* 67, pl. 34; Salv. et Godm., *l. c.*, p. 312; *brunneus*, Lawr. — Costa Rica, Véragua, Colombie, Ecuador N.

1231. LANIO

Lanio, Vieill. (1816); *Pogonothraupis*, Cab.

8490. AURANTIUS, Lafr., *Rev. Zool.*, 1846, p. 402; Du Bus, *Esq. Orn.*, pl. 21; Scl. et Salv., *Exot. Orn.*, p. 61, pl. 31. — Mexique S., Belize, Guatémala, Honduras.

8491. LEUCOTHORAX, Salv., *P. Z. S.*, 1864, p. 581; Scl. et Salv., *Exot. Orn.*, p. 63 (pt.), pl. 32 (fem.); Scl., *Cat.*, p. 203. — Nicaragua, Costa Rica.

2222. *Var.* MELANOPYGIA, Ridgw., *Pr. U. S. Nat. Mus.*, 1883, p. 412; Salv. et Godm., *l. c.*, p. 305; *leucothorax*, Salv. (pt.); Scl. et Salv., *Exot. Orn.*, p. 63 (pt.), pl. 32 (mas.) — Costa Rica, Véragua.

8492. ATRICAPILLUS (Gm.); Vieill., *N. Dict.* XVII, p. 305; id., *Gal. Ois.*, p. 223, pl. 138; Sclat., *Cat.*, p. 204. — Guyane, Colombie Ecuador.

8493. VERSICOLOR (d'Orb. et Lafr.), *Mag. de Zool.*, 1837, — Bolivie, Pérou S.

p. 28; d'Orb., *Voy.*, p. 262, pl. 19, f. 1; Tacz., *Orn. Pér.* II, p. 500.

8494. LAWRENCEI, Scl., *Ibis*, 1885, p. 272, pl. 6, f. 2; id., *Cat.*, p. 205; *atricapillus* (pt.), Lawr. — Trinidad.

1232. PHOENICOTHRAUPIS

Phœnicothraupis, Cab. (1850).

8495. RUBICA (Vieill.), *N. Dict.* XIV, p. 107; Cab., *Mus. H.* I, p. 24; *flammiceps*, Tem., *Pl. col.* 177; *porphyrio*, Licht.; C. Dub., *Orn. Gal.*, p. 66, pl. 41. — Bolivie, Brésil, Paraguay, Argentine.

2223. *Var.* VINACEA, Lawr., *Pr. Ac. Phil.*, 1867, p. 94; Salv. et Godm., *l. c.*, p. 301; *rubica* (pt.), Scl., *P. Z. S.*, 1867, p. 139. — Costa Rica, Véragua, Panama.

8496. RUBICOIDES (Lafr.), *Rev. Zool.*, 1844, p. 41; Cab., *Mus. H.* I, p. 24; Salv. et Godm., *l. c.*, p. 300; *ignicapilla* et *quajacina*, Licht. — Mexique S., Guatémala, Honduras.

2224. *Var.* AFFINIS, Nels., *Auk*, 1897, p. 66. — Oaxaca (Mexique).

2225. *Var.* ROSEA, Nels., *Pr. Biol. Soc. Washington*, 1898, p. 60. — Mexique W.

8497. RUBRA (Vieill.), *N. Dict.* XXXII, p. 559; Scl., *P. Z. S.*, 1856, p. 120; id., *Cat.*, p. 198; *rubica*, Scl. (pt. ex Trinid.) — Vénézuéla, Trinidad.

8498. RHODINOLÆMA, Salv. et Godm., *Biol.* I, p. 300; *rubica* (pt.), auct. plur.; *peruvianus*, Tacz., *Orn. Pér.* II, p. 498. — Ecuador W., Pérou.

8499. FUSCICAUDA, Cab., *J. f. O.*, 1861, p. 86; Salv. et Godm., *l. c.*, p. 302; *erythrolæma*, Scl., *Cat. Am. B.*, p. 83; *rubicoides* (pt.), Lawr. — Nicaragua, Costa Rica, Panama, Colombie N.

2226. *Var.* SALVINI, Berl., *Ibis*, 1883, p. 487; Salv. et Godm., *l. c.*, p. 303; *rubicoides*, Bouc. — Mexique S., Yucatan, Hondur., Guatém.

2227. *Var.* LITTORALIS, Nels., *Auk*, 1901, p. 48. — Tabasco (Mexique).

2228. *Var.* INSULARIS, Salv., *Ibis*, 1888, p. 259. — Iles Meco et Mugeres (Yucatan).

8500. CRISTATA, Lawr., *Ann. Lyc. N. Y.* XI, p. 70; Scl., *Cat.*, p. 201. — Colombie.

8501. GUTTURALIS, Scl., *Ann. N. H.*, 1854, p. 25; id., *Cat.*, p. 201, pl. 11. — Colombie.

1233. CHLOROTHRAUPIS

Chlorothraupis, Ridgw. (1883); *Phœnicothraupis* (pt.), auct. plur.

8502. CARMIOLI (Lawr.), *Ann. Lyc. N. Y.* IX, p. 100; Tacz., *Orn. Pér.* II, p. 499; Salv. et Godm., *Biol.* I, p. 299, pl. 20, f. 1. — Nicaragua, Costa Rica, Pérou.

8503. STOLZMANNI (Berl. et Tacz.), *P. Z. S.*, 1883, p. 546. — Ecuador W.

8504. OLIVACEA (Cass.), *Pr. Ac. Sc. Philad.*, 1860, p. 140, 1864, p. 287, pl. 2; Salv. et Godm., *l. c.*, p. 298. — Panama, Colombie, Ecuador.

1234. ORTHOGONYS

Orthogonys, Strickl. (1844); *Cyanicterus*, Bp. (1850); *Callithraupis*, Berl. (1879).

8505. CYANICTERUS (Vieill.), *N. Dict.* XXVIII, p. 290; id, *Gal. Ois.*, p. 112, pl. 81; *icteropus*, *chloricterus*, Vieill.; Puch., *Arch. Mus. Par.* VII, p. 378, pl. 22; *venustus*, Bp.; Scl., *Cat.*, p. 193. — Guyane.

8506. VIRIDIS (Spix), *Av. Bras.* II, p. 36, pl. 48, f. 2; Strickl., *Ann. N. H.*, 1844, p. 421; Scl., *Cat.*, p. 194; *vegeta*, Licht. — Brésil S. et E.

1235. PYRANGA

Piranga, Vieill. (1807); *Pyranga*, Vieill. (1816); *Phœnisoma*, Sw. (1837); *Phœnicosoma*, Cab. (1850).

8507. ÆSTIVA (Gm.); Desm., *Tang.*, pl[s] 32, 33; Vieill., *N. Dict.* XXVIII, p. 291; Wils., *Am. Orn.* I, p. 95, pl. 6, ff. 3, 4; *Musc. rubra*, Lin.; *mississipensis*, Gm.; *coccinea*, Bodd.; *variegata*, Lath. — États-Unis, Amérique centr., Antilles, Colombie, Ecuador, Pérou.

2229. *Var.* COOPERI, Ridgw., *Pr. Ac. Sc. Philad.*, 1869, p. 130; Salv. et Godm., *Biol.* I, p. 290. — Colorado, Rio Grande, Mexique W.

8508. TESTACEA, Scl. et Salv., *P. Z. S.*, 1868, p. 388; Salv. et Godm., *Biol.* I, p. 292, pl. 19, ff. 1, 2; *hepatica*, Salv. (1867); *azaræ*, Tsch. — Du Nicaragua à la Colombie et jusqu'en Bolivie.

2230. *Var.* HÆMALEA, Salv. et Godm., *Ibis*, 1883, p. 205; *azaræ*, Cab.; *hepatica*, Léot., *Ois. Trin.*, p. 291. — Guyane, Vénézuéla et Trinidad.

2231. *Var.* FIGLINA, Salv. et Godm., *Biol.* I, p. 293; *saira var. testacea*, Baird, Br. et Rid., *N. A. B.* I, p. 434. — Guatémala et Belize.

2232. *Var.* TSCHUDII, Berl. et Stolzm., *P. Z. S.*, 1892, p. 375; *azaræ*, Tacz. (nec d'Orb.) — Pérou.

8509. FACETA, Bangs, *Pr. Biol. Soc. Washington*, XII, 1898, p. 141. — Sta Marta (Colombie).

8510. SAIRA (Spix), *Av. Bras.* II, pl. 48, f. 1 (fem.); Scl., *P. Z. S.*, 1856, p. 124; *mississipensis*, Licht. (nec Gm.); *coccinea*, Burm., *Th. Bras.* III, p. 171 (nec Bodd.); *azaræ*, Cab. (nec d'Orb.) — Brésil E. et S.

8511. AZARÆ, d'Orb., *Voy.*, *Ois.*, p. 264; Scl., *Cat. B.* XI, p. 186; *ruber* et *flavus*, Vieill.; *coccynea*, Burm., *La Plata Reise* II, p. 479. — Bolivie, Paraguay, Uruguay, Argentine.

8512. HEPATICA, Sw., *Phil. Mag.*, 1827, p. 438; Salv. et Godm., *Biol.* I, p. 291; Scl., *Cat.*, p. 186. — Arizona, Mexique, Guatémala.

8513. FLAMMEA, Ridgw., *Man. N. Am. B.*, p. 457. — Iles Tres Marias.

8514. ROSEIGULARIS, Cabot, *Bost. Journ. N. H.* V, p. 416; Scl., *Ibis*, 1873, p. 125, pl. 3; Salv. et Godm., *l. c.*, p. 293. — Yucatan, Cozumel.

8515. RUBRA (Lin., nec *Musc. rubra*, L.); Desm., *Tang.*, pl. 34; Vieill., *Ois. Am. sept.* I, p. 4, pl. 1, f. 12; Salv. et Godm., *l. c.*, p. 287. — États-Unis E., Antilles, Am. centr. jusqu'au Pérou et Bolivie.

8516. ERYTHROMELÆNA, Scl. (ex Licht.), *P. Z. S.*, 1856, pp. 126, 303; Salv. et Godm., *l. c.*, p. 295; *erythromelas*, Licht., *Preis-Verz.* (1831), n° 69; *leucoptera*, Trud.; *bivittata*, Lafr. — Mexique S., Amérique centr. jusqu'à Panama.

8517. ARDENS (Tsch.), *Arch. f. Naturg.*, 1844, 1, p. 287; Scl., *P. Z. S.*, 1856, p. 126; *bivittata*, Tsch., *F. P.*, p. 207; *erythromelas*, Scl. (1855). — Guyane anglaise, Vénézuéla, Colombie, Ecuador, Pérou.

2233. *Var.* LATIFASCIATA, Ridgw., *Man. N. Am. B.*, p. 457. — Costa Rica, Véragua.

8518. BIDENTATA, Sw., *Phil. Mag.*, 1827, p. 428; Salv. et Godm., *l. c.*, p. 296; Scl. *Cat.*, p. 190. — Mexique S., W., Tres Marias.

2234. *Var.* SANGUINOLENTA, Lafr., *Rev. Zool.*, 1839, p. 97; Nels., *Auk*, 1898, pp. 157-59; *bidentata* (pt.), auct. plur. (nec Sw.) — Vera Cruz, Amérique centr. jusqu'à Chiriqui.

8519. LUDOVICIANA (Wils.), *Am. Orn.* III, p. 27, pl. 20, f. 1; Bp., *P. Z. S.*, 1837, p. 117; Salv. et Godm., *l. c.*, p. 297; *columbiana*, Jard.; *erythropis*, Vieill. — Amérique N.-W., Mexique, Guatémala.

8520. RUBRICEPS, Gray, *Gen. B.* II, p. 364, pl. 89; Tacz., *Orn. Pér.* II, p. 496; Scl., *Cat.*, p. 192; *pyrrhocephala*, Mass. — Colombie, Ecuador, Pérou.

8521. ERYTHROCEPHALA (Sw.), *Phil. Mag.*, 1827, p. 437; Bp., *Rev. et Mag. de Zool.*, 1851, p. 178; *cucullata*, Du Bus. — Mexique.

1236. CALOCHÆTES

Euchætes, Scl. (1858, nec Dejean, 1834); *Calochætes*, Scl. (1879).

8522. COCCINEUS, Scl., *P. Z. S.*, 1858, p. 73, pl. 132, f. 1; id., *Ibis*, 1879, p. 388; id., *Cat.*, p. 180. — Ecuador E.

1237. PHLOGOTHRAUPIS

Phlogothraupis, Scl. et Salv. (1873).

8523. SANGUINOLENTA (Less.), *Cent. Zool.*, p. 107, pl. 39; Scl. et Salv., *Nomencl.*, p. 21; Salv. et Godm., *Biol. Centr.-Am.* I, p. 285. — Amér. centr., du S. du Mex. au Costa-Rica.

1238. RHAMPHOCOELUS

Ramphocelus, Desm. (1805); *Ramphopis,* Vieill. (1816); *Jacapa,* Bp. (1851); *Rhamphocœlus,* Scl. (1886).

8524. BRASILIUS (Lin.); Desm., *Tang.*, pl^s 28, 29; C. Dubois, *Orn. Gal.*, pl. 124; Bp., *Consp.* I, p. 242; *coccineus,* Vieill.; id., *Gal. Ois.* I, pl. 79. — Brésil S., E.

8525. DORSALIS, Scl., *P. Z. S.*, 1854, p. 97; id., *Cat. B.*, p. 171; *ephippialis*, Scl., *P. Z. S.*, 1861, p. 130. — Parana (Brésil S.)

8526. NIGROGULARIS (Spix), *Av. Bras.* II, p. 35, pl. 47; Sw., *Orn. Dr.*, pl. 17; Bp., *P. Z. S.*, 1837, p. 121; Tacz., *Orn. Pér.* II, p. 494; *ignescens,* Less., *Cent. Zool.,* pl. 24. — Haut-Amazone, Ecuador W.

8527. DIMIDIATUS, Lafr., *Mag. de Zool.*, 1837, pl. 81; Salv. et Godm., *Biol. Centr.-Am.* I, p. 283; Scl., *Cat.*, p. 172. — Véragua, Colombie, Vénézuéla.

8528. LUCIANI, Lafr., *Rev. Zool.*, 1838, p. 54; id., *Mag. de Zool.*, 1839, pl. 2; Tacz, *Orn. Pér.* II, p. 494; Salv. et Godm., *Biol.* I, p. 284; *melanogaster*, Sw. — Pérou, Colombie, Panama.

8529. UROPYGIALIS, Bp., *Rev. et Mag. de Zool.*, 1851, p. 178; Salv. et Godm., *l. c.*, p. 284, pl. 18, f. 2; Scl., *Cat.*, p. 173; *affinis,* Less. — Guatémala.

8530. FESTÆ, Salvad., *Boll. Mus. Torino* XI, n° 249. — Chiriqui.

8531. JACAPA (Lin.); Desm., *Tang.*, pl^s 30, 31; *albirostris,* Bodd.; *purpureus,* Vieill.; *atro-coccineus,* Sw., *Orn. Dr.*, pl. 20; *unicolor,* Scl. — Colombie, Ecuador, Pérou N., Brésil, Guyane.

2235. *Var.* MAGNIROSTRIS, Lafr., *Rev. et Mag. de Zool.*, 1853, p. 243; *venezuelensis,* Lafr., *l. c.* — Vénézuéla, Trinidad.

2236. *Var.* CONNECTENS, Berl. et Stolzm., *P. Z. S.*, 1896, p. 344. — Pérou centr. et S.

8532. ATROSERICEUS, d'Orb. et Lafr., *Mag. de Zool.*, 1837, p. 34; d'Orb., *Voy.*, p. 280, pl. 26, f. 1; Tacz., *Orn. Pér.* II, p. 493; *aterrimus*, Lafr. (juv.) — Bolivie, Pérou S.

2237. *Var.* CAPITALIS, Allen, *Bull. Am. Mus. N. H.* IV, p. 51. — Vénézuéla.

8533. COSTARICENSIS, Cherr., *Auk*, 1891, p. 62. — Costa-Rica.

8534. PASSERINII, Bp., *Antologia,* 1831, n° 130, p. 3; Salv. et Godm., *Biol.* I, p. 281; Scl., *Cat.,* p. 176. — Mexique S. et Amérique centr.

8535. FLAMMIGERUS (Jard. et Scl.), *Ill. Orn.* III, 1835, pl. 131; Scl., *P. Z. S.*, 1855, p. 157; id., *Cat.*, p. 177; *varians, var.* 3, Lafr. — Colombie.

8536. DUNSTALLI, Rothsch., *Novit. Zool.* II, p. 481. — Amérique centr.

8537. CHRYSONOTUS, Lafr., *Rev. et Mag. de Zool.*, 1853, p. 246; Scl., *Cat.*, p. 177; *varians, var.* 2, Lafr. — Colombie.

8538. ICTERONOTUS, Bp., *P. Z. S.*, 1837, p. 121; Du Bus, *Esq. Orn.*, pl. 15; Salv. et Godm., *Biol.* I, p. 282; *varians, var.* 1, Lafr. — Véragua, Colombie W., Ecuador W.

8539. INEXPECTATUS, Rothsch., *Ibis*, 1897, p. 266. — Panama.
8540. CHRYSOPTERUS, Bouc., *Humm. Birds*, I, p. 53. — Panama.

1239. SPINDALIS

Spindalis, Jard. et Selb. (1836); *Spizampelis*, Bryant (1866).

8541. NIGRICEPHALA (Jam.), *Ed. N. Phil. Journ.*, 1835, p. 213; Gosse, *Ill. B. Jam.*, pl. 56; Bp., *Consp.* I, p. 240; *bilineatus*, Jard. et Sel., *Ill. Orn.*, 1836, pl. 9; *zena*, Gosse; *zenoides*, Des M., *Ic. Orn.*, pl. 40. — Jamaïque.
8542. PORTORICENSIS, Bryant, *Bost. Soc. N. H.*, 1866, p. 252; Gundl., *J. f. O.*, 1874, p. 311; Scl., *Cat.*, p. 167. — Porto-Rico.
8543. MULTICOLOR (Vieill.), *Enc. méth.*, p. 775; id., *Gal. Ois.* I, p. 100, pl. 76; Bp., *Consp.* I, p. 240; Scl., *Cat.*, p. 167; *dominicensis*, Bryant. — St-Domingue.
8544 PRETREI (Less.), *Rev. Zool.*, 1839, p. 103; id., *Cent. Zool.*, p. 122, pl. 45; *zena*, d'Orb., in *La Sagra, Cuba, Zool.*, p. 74, pl. 11 (nec Lin.) — Cuba.
8545. SALVINI, Cory, *Auk*, 1886, p. 499. — Grand-Cayman.
8546. BENEDICTI, Ridgw., *Pr. Biol. Soc. Washington*, 1875; Scl., *Cat.*, p. 168; *exsul*, Salv., *Ibis*, 1885, p. 189, pl. 5. — Ile Cozumel (Yucatan).
8547. ZENA (Lin.); Cory, *B. of Bahamas*, p. 92, pl.; Scl., *l. c.*, p. 169; *bahamensis*, Briss.; Catesby, *Car.* I, pl. 42. — Iles Bahama.
2238. *Var.* TOWNSENDI, Ridgw., *Pr. U. S. Nat. Mus.*, 1887, p. 3. — Abaco (Bahama).
2239. *Var.* STEJNEGERI, Cory, *Auk*, 1891, p. 348. — Ile Eleuthera (Baham.

1240. TANAGRA

Tanagra, Lin. (1766); *Thraupis*, Boie (1826); *Sporathraupis* et *Hemithraupis*, Ridgw. (1898).

8548. EPISCOPUS, Lin.; Desm., *Tang.*, pl. 15; Pelz., *Orn. Bras.*, p. 208; *glauca*, Gray; *serioptera*, Sw., *An. in Men.*, p. 315. — Guyane, Brésil N.
2240. *Var.* LEUCOPTERA, Gray, in Scl., *Cat Am. B.*, p. 74. — Colombie.
8549. COELESTIS, Spix, *Av. Bras.* II, p. 42, pl. 55, f. 2; Tacz., *Orn. Pérou*, II, p. 485; *episcopus* (pt.), Scl. et Salv. — Pérou, Ecuador.
2241. *Var.* MAJOR, Berl. et Stolzm., *P. Z. S.*, 1896, p. 343. — Pérou centr. et N.
8550. SCLATERI, Berl., *Ibis*, 1880, p. 112; Scl., *Cat.*, p. 155; *glauca*, Léot., *Ois. Trin.*, p. 293; *glaucocolpa*, Scl. (err.); *cana*, Finsch (nec Sw.) — Trinidad.
8551. BERLEPSCHI, de Dalm., *Mém. Soc. Zool. de France*, 1900, p. 136. — Ile Tobago.

8552. CANA, Sw., *Orn. Dr.*, pl. 37; Salv. et Godm., *Biol. Centr.-Am.* I, p. 277; Tacz., *Orn. Pér.* II, p. 486; *sayaca*, Bp.; *cyanoptera*, Tacz. (nec V.); *diaconus*, Less. et auct. plur. — Mex. S., Amér. centr., Colombie, Vénéz., Ecuador, Pérou N.

8553. CYANOPTERA (Vieill.), *N. Dict.* XIV, p. 104; Bp., *Rev. et Mag. de Zool.*, 1851, p. 170; *sayaca*, Max. Wied (nec Lin.), *Beitr.* III, p. 484; *virens*, Strickl.; *episcopus*, d'Orb.; Sw., *Orn. Dr.*, pl. 39; *inornata*, Sw, *l. c.*, pl. 40 (juv.); *argentata*, Gray; *prælatus*, Less. — Brésil S., Paraguay, Bolivie, Argentine N., Uruguay.

8554. SAYACA, Lin.; Pelz., *Orn. Bras.*, p. 208; Cab., *J. f. O.*, 1866, p. 305; *cœlestis*, Sw. (nec Spix), *Orn. Dr.*, pl. 41; *swainsoni*, Gray. — Brésil E.

8555. GLAUCOCOLPA (Cab.), *Mus. Hein.* I, p. 28; Finsch, *P. Z. S.*, 1870, p. 580; Scl., *Cat. B.*, p. 159; *cyanilia*, Bp., *C. R.* XXXVIII, p. 383. — Vénézuéla.

8556. PALMARUM, Max. Wied, *Reise*, II, p. 76; Desm., *Tang.*, pl. 16 (fem.); *olivascens*, Licht.; Sw., *Orn. Dr.*, pl. 38; *violilavata*, Berl. et Tacz. — Brésil E.

2242. *Var.* MELANOPTERA, Hartl., *MS.*, Scl., *P. Z. S.*, 1856, p. 235; Berl., *J. f. O.*, 1873, p. 243. — Costa-Rica, Colombie, Vénézuéla, Guyane, Ecuad., Pérou, Bol.

8557. ORNATA, Sparrm., *Mus. Carls.*, pl. 95; Sw., *Orn. Dr.*, pl. 42; Burm., *Th. Bras.* III, p. 174; *archiepiscopus*, Desm., *Tang.*, pl[s] 17, 18. — Brésil S., E.

8558. ABBAS, Licht., *Preis-Verz.*, p. 2, n° 70; Scl., *P. Z. S.*, 1856, pp. 235, 303; *vicarius*, Less., *Cent. Zool.*, pl. 68. — Mex. S., Guatémala, Belize, Honduras.

8559. CYANOCEPHALA (d'Orb. et Lafr.), *Mag. de Zool.*, 1837, p. 32; Gray, *Gen. B.* II, p. 364; Tacz., *Orn. Pér.* II, p. 490; *maximiliani*, d'Orb., *Voy.*, pl. 23, f. 2. — Ecuador, Bolivie, Pérou (Andes).

2243. *Var.* AURICRISSA, Scl., *P. Z. S.*, 1855, p. 227, 1856, p. 236. — Colombie (Andes).

2244. *Var.* SUBCINEREA, Scl., *P. Z. S.*, 1861, p. 129; id., *Cat.*, p. 163. — Vénézuéla, Trinidad.

8560. OLIVICYANEA, Lafr., *Rev. Zool.*, 1843, p. 69; Scl., *Cat. B.*, p. 163. — Vénézuéla, Colombie (Andes).

8561. STRIATA, Gm.; d'Orb., *Voy.*, p. 273; Tacz., *Orn. Pér.* II, p. 489; *bonariensis*, Gm.; *chrysogaster*, Cuv.; *darwini*, Gr., *Voy.* « *Beagle* » III, pl. 34. — Brésil S., Bolivie, Paraguay, Uruguay, Argentine.

8562. DARWINI, Bp., *P. Z. S.*, 1837, p. 121; Tacz., *Orn. Pér.* II, p. 488; *frugilegus*, Tsch.; id., *Faun. Per.*, p. 204, pl. 17, f. 1; *striata*, Darw. (pt.) — Bolivie, Pérou, Ecuador W.

1241. DUBUSIA

Dubusia, Bp. (1850).

8563. TÆNIATA (Boiss.), *Rev. Zool.*, 1840, p. 67 ; Scl., *P. Z. S.*, 1855, p. 157 ; *selysia*, Bp. (juv.) — Colombie, Ecuador

8564. STICTOCEPHALA, Berl. et Stolzm., *Ibis*, 1894, p. 386 ; *P. Z. S.*, 1896, pl. 13. — Pérou centr.

1242. COMPSOCOMA

Compsocoma, Cab. (1850).

8565. VICTORINI (Lafr.), *Rev. Zool.*, 1842, p. 336 ; Cab., *Mus. Hein.* I, p. 140 ; Sclat., *Cat.*, p. 150. — Colombie, Ecuador E.

8566. SUMPTUOSA (Less.), *Tr. d'Orn.*, p. 463 ; Puch., *Arch. Mus. Par.* VII, p. 379, pl. 25 ; Scl., *Cat.*, p. 151 ; *elegans*, Less. ; *flavinucha*, Tsch. — Vénézuéla, Colombie, Ecuador E., Pérou.

2245. *Var.* CYANOPTERA, Cab., *J. f. O.*, 1866, p. 235. — Ecuador W.

8567. FLAVINUCHA (Lafr. et d'Orb.), *Mag. de Zool.*, 1837, p. 29 ; d'Orb., *Voy.*, p. 279, pl. 21 ; Scl., *Cat.*, p. 152. — Bolivie.

8568. NOTABILIS (Jard.), *Edinb. N. Phil. Journ.* n. s. II, p. 119 ; Scl., *P. Z. S.*, 1855, p. 84, pl. 91 ; id., *Cat.*, p. 152. — Ecuador W.

1243. BUTHRAUPIS

Buthraupis, Cab. (1850).

8569. MONTANA (Lafr. et d'Orb.), *Mag. de Zool.*, 1837, p. 32 ; d'Orb., *Voy.*, p. 275, pl. 23, f. 1 ; Scl., *Cat.*, p. 148. — Bolivie (Andes).

8570. CUCULLATA (Jard.), *Ill. Orn.*, 1841, pl. 43 ; Scl., *Cat.*, p. 148 ; *montana*, Less. (nec Lafr.) ; *gigas*, Bp., *Rev. et Mag. de Zool.*, 1851, p. 171. — Colombie.

2246. *Var.* INTERMEDIA, Berl. et Stolzm., *P. Z. S.*, 1896, p. 342. — Ecuador.

2247. *Var.* CYANONOTA, Berl. et Stolzm., *P. Z. S.*, 1896, p. 342. — Pérou centr.

8571. CHLORONOTA, Scl., *P. Z. S.*, 1854, p. 97, pl. 64 ; id., *Cat.*, p. 148. — Ecuador W.

8572. EXIMIA (Boiss.), *Rev. Zool.*, 1840, p. 66 ; Scl., *Cat.*, p. 149. — Colombie.

8573. ARCÆI, Scl. et Salv., *P. Z. S.*, 1869, p. 439, pl. 31 ; Salv. et Godm., *Biol. Centr.-Am.* I, p. 276. — Véragua.

2248. *Var.* CÆRULEIGULARIS, Ridgw., *Pr. U. S. Nat. Mus.*, 1893, p. 609. — Costa-Rica.

8574. EDWARDSI, Elliot, *N. Arch. Mus.* I, *Bull.*, p. 77, pl. 4, f. 2. — Ecuador W.

8575. ROTHSCHILDI, Berl., *Ibis*, 1898, p. 143 ; Hart., *Novit. Zool.* V, pl. 2, f. 2. — Ecuador N.-W.

1244. POECILOTHRAUPIS

Pœcilothraupis, Cab. (1850); *Anisognathus*, Rchb. (1850).

8576. LUNULATA (Du Bus), *Bull. Ac. Brux.*, 1839, I, p. 439; id., *Esq. Orn.*, pl. 4; Scl., *P. Z. S.*, 1856, p. 241; *constantii*, Boiss.; *erythrotis*, Jard. et Scl., *Ill. Orn.*, 1840, pl. 56; *igniventris*, Tsch. — Colombie.

2249. *Var.* ATRICRISSA, Cab., *J. f. O.*, 1866, p. 165. — Ecuador.

2250. *Var.* IGNICRISSA, Cab., *J. f. O.*, 1873, p. 317; Tacz., *l. c.*, p. 482. — Pérou N.

8577. IGNIVENTRIS (d'Orb. et Lafr.), *Mag. de Zool.*, 1837, p. 32; d'Orb., *Voy.*, p. 275, pl. 25, f. 2; Tacz., *Orn. Pér.* II, p. 482. — Bolivie, Pérou S.

8578. LACRYMOSA (Du Bus), *Esq. Orn.*, pl. 10; Cab., *J. f. O.*, 1873, p. 317; Tacz., *l. c.*, p. 481; Sclat., *Cat.*, p. 147. — Pérou centr. et S.

8579. PALPEBROSA (Lafr.), *Rev. Zool.*, 1847, p. 71; Cab., *J. f. O.*, 1893, p. 317; Scl., *Cat.*, p. 146; *lacrymosa* (pt.), auct. plur. — Colombie, Ecuador, Pérou N.

2251. *Var.* MELANOPS, Berl., *Orn. Monatsb.* I, p. 11; *lacrymosa* (pt.), Scl. et Salv., *P. Z. S.*, 1870, p. 780; *palpebrosa* (pt.), Scl., *Cat.*, p. 146. — Vénézuéla W.

8580. MELANOGENYS, Salv. et Godm., *Ibis*, 1880, p. 120, pl. 3. — Sierra Nevada (Col.)

1245. STEPHANOPHORUS

Stephanophorus, Strickl. (1841).

8581. LEUCOCEPHALUS (Vieill.), *N. Dict.* XXXII, p. 408; *diademata*, Mikan; Tem., *Pl. Col.* 243; *cærulea*, Vieill., *Gal. Ois.* I, p. 61, pl. 54; Strickl., *P. Z. S.*, 1841, p. 31. — Brésil S., Paraguay, Uruguay, Argentine N.

1246. DELOTHRAUPIS

Pipridea (pt.), Scl. (1855); *Delothraupis*, Scl. (1886).

8582. CASTANEIVENTRIS (Scl.), *Contr. Orn.*, 1851, p. 61; id., *Cat.* XI, p. 142; Tacz., *Orn. Pér.* II, p. 451. — Bolivie, Pérou.

1247. IRIDORNIS

Iridosornis, Less. (1844); *Pœcilornis*, Hartl. (1844); *Euthraupis*, Cab. (1850); *Iridornis*, Scl. (1855).

8583. DUBUSIA (Bp.), *Consp.* I, p. 239; Strickl., *Contr. Orn.*, 1852, p. 127, pl. 94; Scl., *P. Z. S.*, 1855, p. 157; *rufivertex*, Lafr., *Rev. Zool.*, 1842, p. 335. — Colombie, Ecuador.

8584. REINHARDTI, Scl., *Ibis*, 1865, p. 495, pl. 11; Tacz., *Orn. Pér.* II, p. 477. — Pérou centr.

8585. JELSKII, Cab., *J. f. O.*, 1873, p. 316, pl. 5, f. 1; Tacz., *l. c.*, p. 478. — Pérou, Bolivie.

8586. PORPHYROCEPHALA, Scl., *P. Z. S.*, 1855, p. 227, pl. 110; id., *Cat.*, p. 141. — Ecuador, Colombie.

8587. ANALIS (Tsch.), *Arch. f. Naturg.*, 1844, 1, p. 287; id., *Faun. Per.*, p. 205, pl. 18, f. 1; Scl., *P. Z. S.*, 1855, p. 227; Tacz., *l. c.*, p. 479. — Pérou.

1248. PSEUDODACNIS

Pseudodacnis, Scl. (1886).

8588. HARTLAUBI (Scl.), *P. Z. S.*, 1854, p. 251; Cab., *J. f. O.*, 1861, p. 88; Scl., *Ibis*, 1863, p. 312; id., *Cat.*, p. 138. — Colombie.

1249. CALLISTE (1)

Calliste, Boie (1826); *Aglaia*, Sw. (1827); *Calospiza*, Gray (1840); *Gyrola*, Rchb. (1850); *Tatao, Chrysothraupis, Ixothraupis, Chalcothraupis*, Bp. (1851); *Euschemon, Euprepiste*, Scl. (1851).

8589. TATAO (Lin.); Burm., *Th. Bras.* III, p. 187; Scl., *Mon. Tan. Call.*, p. 1, pl. 1, f. 1; *paradisea*, Sw. — Guyane, Bas-Amazone, Rio-Négro.

2252. *Var.* COELICOLOR, Scl., *Contr. Orn.*, 1851, p. 51; id., *Mon.*, pl. 1, f. 2. — Colombie, Pérou N.-E.

8590. YENI (d'Orb. et Lafr.), *Mag. de Zool.*, 1837, p. 31; d'Orb., *Voy.*, p. 270, pl. 24, f. 2; Scl., *l. c.*, pl. 2; *chilensis*, Vig. — Bolivie, Pérou, Haut-Amazône, Ecuador.

8591. FASTUOSA (Less.), *Cent. Zool.*, p. 184, pl. 58; Scl., *Mon.*, p. 9, pl. 4. — Pr. Pernambouc (Brés.)

8592. TRICOLOR (Gm.); Tem., *Pl. Col.* 215, f. 1 (fem.); Scl., *l. c.*, p. 7, pl. 3; *tatao*, Neuw. — Brésil E.

8593. FESTIVA (Shaw), *Nat. Misc.*, pl. 537; Scl., *l. c.*, p. 11, pl. 5; *cyanocephala*, Vieill.; Tem., *Pl. Col.* 215, f. 2 (fem.); *trichroa*, Licht.; *rubricollis*, Neuw. — Brésil E.

8594. CYANEIVENTRIS (Vieill.), *N. Dict.* XXXII, p. 426; Scl., *l. c.*, p. 13, pl. 6; *elegans*, Neuw.; *citrinella*, Tem., *Pl. Col.* 42, f. 2. — Brésil E.

8595. THORACICA (Tem.), *Pl. Col.* 42, f. 1; Scl., *l. c.*, p. 15, pl. 7. — Brésil S., E.

8596. GOULDI, Scl., *P. Z. S.*, 1885, p. 849; id., *Cat. B.* XI, p. 102. — Brésil S., E.

8597. SCHRANKI (Spix), *Av. Bras.* II, p. 38, pl. 31; d'Orb., *Voy.*, p. 270, pl. 24, f. 1; Scl., *l. c.*, p. 17, pl. 8; *melanotis*, Sw. (fem.) — Ht-Amazone, Bolivie, Pérou, Ecuador E.

(1) Voy. aussi : P.-L. Sclater, *A Monograph of the Tanagrine genus Calliste*, London, 1857.

8598. FLORIDA, Scl. et Salv., *P. Z. S.*, 1869, p. 416, pl. 28; Salv. et Godm., *Biol. Centr.-Am.* I, p. 267, pl. 17, f. 1; Scl., *Cat.*, p. 103. — Costa-Rica, Véragua.

8599. PUNCTATA (Lin.); Bp., *Consp.* I, p. 234; Scl., *l. c.*, p. 19, pl. 9; id., *Cat.*, p. 104; Tacz., *Orn. Pérou*, II, p. 460. — Guyane, Rio-Négro.

2253. *Var.* PUNCTULATA, Scl. et Salv., *P. Z. S.*, 1876, p. 353. — Bolivie, Ecuador.

8600. GUTTATA (Cab.), *Mus. Hein.* I, p. 26; Scl., *l. c.*, p. 21, pl. 10; *punctata*, Cab., *Schomb. G.* III, p. 669 (nec L.); *guttulata*, Bp.; *chrysophrys*, Scl., *Contr. Orn.*, 1851, p. 24, pl. 69, f. 2. — Guyane angl., Vénézuéla, Trinidad, Colombie N., Panama, Costa-Rica.

8601. XANTHOGASTRA, Scl., *Contr. Orn.*, 1851, pp. 23, 55; id., *l. c.*, p. 23, pl. 11; Tacz., *Orn. Pér.* II, p. 461; *chrysogaster*, Bp. — Guyane, Col., Ecuador E., Ht-Amazone.

2254. *Var.* ROSTRATA, Berl. et Stolzm., *P. Z. S.*, 1896, p. 339. — Pérou centr.

8602. GRAMINEA (Spix), *Av. Bras.* II, p. 40, pl. 53, f. 2 (fem.); Scl., *Mon.*, p. 25, pl. 12; *virescens*, Scl., *Contr. Orn.*, 1851, pl. 69, f. 1; *pusilla*, Bp. — Guyane française, Bas-Amazone.

8603. RUFIGULARIS (Bp.), *C. R.* XXXII, p. 77 (*rufigula*); Scl., *l. c.*, p. 27, pl. 13. — Ecuador.

8604. AURULENTA (Lafr.), *Rev. Zool.*, 1843, p. 290; Scl., *l. c.*, p. 30, pl. 14, f. 2. — Colombie, Ecuador.

2255. *Var.* SCLATERI, Lafr., *Rev. et Mag. de Zool.*, 1854, p. 207; Scl., *l. c.*, pl. 14, f. 1. — Colombie centr.

8605. PULCHRA (Tsch.), *Arch. f. Nat.*, 1844, I, p. 285; id., *F. P.*, p. 200, pl. 18, f. 2; Scl., *l. c.*, p. 33, pl. 15. — Pérou, Bolivie.

2256. *Var.* ÆQUATORIALIS, Tacz. et Berl., *P. Z. S.*, 1885, p. 77. — Ecuador.

8606. ARTHUSI (Less.), *Ill. Zool.*, pl. 9 (*arthus*); Scl., *l. c.*, p. 35, pl. 16; id., *Cat.*, p. 109. — Vénézuéla, Ecuador E.

8607. ICTEROCEPHALA, Bp., *C. R.* XXXII, p. 76; Scl., *Contr. Orn.*, 1851, p. 53, pl. 70, f. 1; id., *Mon.*, p. 37, pl. 17; *frantzii*, Cab., *J. f. O.*, 1861, p. 87. — Ecuador, Colombie, Vérag., Costa-Rica.

8608. VITRIOLINA (Cab.), *Mus. Hein.* I, p. 28; Scl., *l. c.*, p. 39, pl. 18; *ruficapilla*, Scl., *Contr. Orn.*, 1851, p. 61. — Colombie, Ecuador.

8609. CAYANA (Lin.); Bp., *Consp.* I, p. 234; Scl., *l. c.*, p. 41, pl. 19; ? *autumnalis*, Lin.; *chrysonota*, Scl., *Contr. Orn.*, 1850, pl. 51; *cyanolaima*, Bp. — Guyane, Vénézuéla, Colombie, Pérou E.

8610. CUCULLATA (Sw.), *Orn. Dr.*, pl. 7; Scl., *l. c.*, p. 45, pl. 20. — Vénézuéla.

2257. *Var.* VERSICOLOR, Lawr., *Ann. N. Y. Ac. Sc.*, 1878, p. 152; id., *P. U. S. Nat. Mus.* I, pp. 190, 269; Scl., *Cat.*, p. 113. — Iles St-Vincent et Grenada (Ptes Antilles).

8611. FLAVA (Gm.); Bp., *Consp.* I, p. 234; Scl., *Mon.*, p. 47, pl. 21; *formosa* et *chloroptera*, Vieill. — Brésil E. et S.

8612. MARGARITÆ, Allen, *Bull. Am. Mus. Nat. Hist.* III, p. 351. — Matto-Gros. (Brés. W.)

8613. PRETIOSA (Cab.), *Mus. Hein.* I, p. 27; Scl., *l. c.*, p. 50, pl. 22; *cayana*, Lafr. et d'Orb. (nec L.); *gyrola*, Neuw. (nec L.); Dubois, *Orn. Gal.*, p. 134, pl. 87, f. A.; *castanonota*, Scl. (nec Sw.) — Brésil S. et Paraguay.

8614. MELANONOTA (Sw.), *Orn. Dr.*, plᵉ 31, 43; Scl., *Mon.*, p. 51, pl. 23; *peruviana*, Desm., *Tang.*, pl. 11; *gyrola*, C. Dub., *Orn. Gal.*, pl. 87, f. B. — Brésil S.

8615. GYROLA (Lin.); Bp., *Consp.* I, p. 234; Scl., *l. c.*, p. 55, pl. 25; *chrysoptera*, Sw. — Guyane.

8616. LAVINIA, Cass., *Pr. Ac. Sc. Phil.*, 1858, p. 178, 1860, p. 142, pl. 1, f. 1; Salv. et Godm., *Biol. Centr.-Am.* I, p. 271; Scl., *Cat.*, p. 116. — Du Nicaragua à l'isth. de Darien.

8617. GYROLOIDES (Lafr.), *Rev. Zool.*, 1847, p. 277; Scl., *Mon.*, p. 57, pl. 26; *gyrola* (pt.), auct. ant.; *peruviana*, Sw.; *cyanoventris*, Gray. — Du Costa-Rica jusqu'au Pérou, Bolivie et Rio-Négro.

8618. ALBERTINÆ, Pelz., *Ibis*, 1877, p. 337. — Vallée de la Madeira.

8619. DESMARESTI, Gray, *Gen. B.* II, p. 366; Scl., *Mon.*, p. 59, pl. 27; *gyrola*, Sw. (nec L.), *Zool. Ill.*, pl. 28; *viridissima*, Lafr., *Rev. Zool.*, 1847, p. 277. — Vénézuéla, Trinidad, Colombie N.

8620. BRASILIENSIS (Lin.); Burm., *Th. Bras.* III, p. 180; Scl., *Mon. Call.*, p. 61, pl. 28; *barbadensis*, Kuhl; *albiventris*, Gray. — Brésil S. et E.

8621. FLAVIVENTRIS (Vieill.), *N. Dict.* XXXII, p. 410; Scl., *Mon.*, p. 63, pl. 29; id., *Cat.*, p. 120; *mexicana*, Lin.; *cayanensis*, Bp. — Guyane, Bas-Amazone, Rio-Négro.

2258. *Var.* VIEILLOTI, Scl., *P. Z. S.*, 1856, p. 257; id., *Mon.*, p. 65; *mexicana*, Bp. — Trinidad, Vénézuéla.

2259. *Var.* BOLIVIANA (Bp.), *C. R.* XXXII, p. 80; Scl., *Mon. Call.*, p. 67, pl. 30; Tacz., *Orn. Pér.* II, p. 464; *flaviventris* (pt.), auct. plur. — Colombie, Ecuador E., Pérou, Bolivie.

8622. INORNATA, Gould, *P. Z. S.*, 1855, p. 158; Scl., *Mon.*, p. 103, pl. 45. — Véragua, Panama et Colombie.

8623. NIGROVIRIDIS (Lafr.), *Rev. Zool.*, 1843, p. 69; id., *Mag. de Zool.*, 1843, pl. 43; Scl., *Mon.*, p. 77. — Colombie, Ecuador.

2260. *Var.* CYANESCENS, Scl., *P. Z. S.*, 1856, p. 260; id., *l. c.*, p. 79, pl. 35. — Vénézuéla.

2261. *Var.* BERLEPSCHI, Tacz., *Orn. Pérou*, II, p. 469. — Pérou.

8624. CABANISI, Scl., *Ibis*, 1868, p. 71, pl. 3; id., *Cat.*, p. 123; *sclateri*, Cab. (nec Lafr.), *J. f. O.*, 1866, p. 163. — Costa-Cucu (Guatém.)

8625. DOWI, Salv., *P. Z. S.*, 1863, p. 168; Scl., *Ibis*, 1863, p. 451, pl. 12; Salv. et Godm., *Biol. Centr.-Am.* I, p. 272. — Costa-Rica, Véragua.

8626. LARVATA, Du Bus, *Esq. Orn.*, pl. 9; Scl., *Mon.*, p. 81, pl. 36. — Mexique S., Guatémala, Honduras.

2262. *Var.* Franciscæ, Scl., *P. Z. S.*, 1856, pp. 142, 261; *fanny*, Lafr., *Rev. Zool.*, 1847, p. 72; Des M., *Icon. Orn.*, pl. 56, f. 1. — Amérique centr. du Nicarag. à Panama.

8627. nigrocincta (Bp.), *P. Z. S.*, 1837, p. 121; Scl, *Mon.*, p. 85, pl. 37; *thalassina*, Strickl.; *wilsoni*, Lafr.; Des M., *Ic. Orn.*, pl. 56, f. 2; *larvata*, Cass. (nec Du Bus). — De la Col. au Pérou et Bol., Ht-Amaz., Rio-Négro, Guyane angl.

8628. cyaneicollis (Lafr. et d'Orb.), *Mag. de Zool.*, 1837, p. 33; d'Orb., *Voy.*, *Ois.*, p. 271, pl. 25, f. 1; Scl., *Mon.*, p. 87, pl. 38. — Bolivie, Pérou centr., Ecuador W.

2263. *Var.* Cæruleocephala (Sw.), *An. in Menag.*, p. 356; Bp., *Consp.* I, p. 235; Tacz. et Berl., *P. Z. S.*, 1885, p. 79. — Pérou E., Ecuador E.

2264. *Var.* Granadensis, Berl., *J. f. O.*, 1884, p. 290. — Colombie.

2265. *Var.* Hannahiæ, Cass., *Pr. Ac. Sc. Philad.*, 1864, p. 287, pl. 1, f. 2; Berl., *J. f. O.*, 1884, p. 290. — Vénézuéla.

8629. cyanopygia, Scl., *P. Z. S.*, 1883, p. 653; *cyaneicollis* (pt.), Scl., *P. Z. S.*, 1858, p. 452, 1860, p. 292. — Ecuador W.

8630. ruficervix (Prév. et Des M.), *Voy.* « *Venus* » *Ois.*, p. 212, pl. 5, f. 1; Scl., *Mon.*, p. 71, pl. 32; *rufivertex*, Pr. et Des M.; *leucotis*, Scl. — Colombie, Ecuad. W., Pérou N.

2266. *Var.* Taylori, Tacz. et Berl., *P. Z. S.*, 1885, p. 78. — Ecuador E.

8631. fulvicervix, Scl. et Salv., *P. Z. S.*, 1876, p. 354, pl. 30, f. 1; Tacz., *Orn. Pér.* II, p. 465; *ruficervix*, Tacz. (1874). — Bolivie.

8632. labradorides (Boiss.), *Rev. Zool.*, 1840, p. 67; Pr. et Des M., *Voy.* « *Venus* », p. 213, *Ois.*, pl. V, f. 2; Scl., *Mon.*, p. 89, pl. 39. — Colombie, Ecuador.

8633. cyanotis, Scl., *P. Z. S.*, 1858, p. 294; id., *Ibis*, 1876, p. 408, pl. 12, f. 2; id., *Cat. B.*, p. 131. — Bolivie, Pérou S.

8634. melanotis, Scl., *Ibis*, 1876, p. 408, pl. 12, f. 1; Tacz., *Orn. Pér.* II, p. 473. — Ecuador E., Pérou N., E.

8635. rufigenis, Scl., *P. Z. S.*, 1856, p. 311; id., *Mon.*, p. 91, pl. 40. — Vénézuéla.

8636. parzudakii (Lafr.), *Rev. Zool.*, 1843, p. 97; id., *Mag. de Zool.*, 1843, pl. 41; Scl., *Mon.*, p. 93, pl. 41. — Colombie, Ecuador E., Pérou.

8637. lunigera, Scl., *Contr. Orn.*, 1851, p. 65, pl. 70, f. 2; id., *Mon.*, p. 95, pl. 42. — Ecuador W.

8638. xanthocephala (Tsch.), *Arch. f. Naturg.*, 1844, 1, p. 285; id., *Faun. Pér.*, p. 200, pl. 17, f. 2; Scl., *Mon.*, p. 99, pl. 44, f. 1; *lamprotis*, Scl. — Pérou, Bolivie.

2267. *Var.* Venusta, Scl., *P. Z. S.*, 1854, p. 248; id., *Mon.*, p. 101, pl. 44, f. 2; *xanthocephala* (pt.), Scl. (1851), Tacz. (1879). — Colombie, Ecuad. W., Pérou N.

8639. chrysotis, Du Bus, *Esq. Orn.*, pl. 7; Scl., *Mon.*, p. 97, pl. 43; Tacz., *Orn. Pér.* II, p. 475. — Ecuador E., Pérou N.

8640. CYANOPTERA (Sw.), *Orn. Dr.*, pl. 8; Scl., *Mon.*, p. 53, pl. 24; *argentea*, Lafr., *Rev. Zool.*, 1843, p. 69 (nec Tsch.) — Vénéz., Colombie N.

2268. *Var.* WHITELYI, Salv. et Godm., *Ibis*, 1884, p. 445, pl. 13. — Guyane anglaise.

8641. ATRICAPILLA (Lafr.), *Rev. Zool.*, 1843, p. 290; Scl., *Mon.*, p. 73, pl. 33; *heinei*, Cab. (juv.) — Colombie, Vénézuéla.

8642. ARGENTEA (Tsch.), *Arch. f. Naturg.*, 1844, p. 285; id., *Faun. Per.*, p. 199, pl. 14, f. 2; Scl., *Mon.*, p. 75, pl. 34. — Pérou, Ecuador.

2269. *Var.* VIRIDICOLLIS, Tacz., *Orn. Pér.* II, p. 468. — Pérou S.

8643. ARGYROPHENGES, Scl. et Salv., *P. Z. S.*, 1876, p. 354, pl. 30, f. 2; Tacz., *Orn. Pér.* II, p. 468; Scl., *Cat.*, p. 137. — Pérou, Bolivie.

1250. PROCNOPIS

Procnopis, Cab. (1844); *Diva*, Scl. (1854).

8644. VASSORI (Boiss.), *Rev. Zool.*, 1840, p. 4; id., *Mag. de Zool.*, 1841, pl. 25; Tacz., *Orn. Pér.* II, p. 454; *diva*, Less. — Vénézuéla, Colombie, Ecuador, Pérou.

8645. BRANICKII (Tacz.), *P. Z. S.*, 1882, p. 10, pl. 1, f. 2; id., *Orn. Pér.* II, p. 455; Scl., *Cat.*, p. 94. — Pérou N.-E.

8646. ATROCÆRULEA, Tsch., *Arch. f. Naturg.*, 1844, I, p. 285; id., *Faun. Per.*, p. 199, pl. 13, f. 2; Scl., *Monogr. Tan. Call.*, pl. 31. — Pérou, Bolivie.

1251. PIPRIDEA

Pipræidea, Sw. (1827); *Procnopis*, Bp. (1851, nec Cab., 1844); *Pipridea*, Scl. (1886).

8647. MELANONOTA (Vieill.), *N. Dict.* XXXII, p. 407; *vittata*, Tem., *Pl. Col.* 48; *cyanea*, Sw. — Bolivie, Brésil S., E., Paraguay.

2270. *Var.* VENEZUELENSIS, Scl., *P. Z. S.*, 1856, p. 265; Tacz. et Berl., *P. Z. S.*, 1884, p. 289. — Vénézuéla, Ecuador, Pérou.

1252. CHLOROCHRYSA

Chlorochrysa et *Calliparæa*, Bp. (1851).

8648. CALLIPARÆA (Tsch.), *Arch. f. Naturg.*, 1844, I, p. 286; Scl., *Contr. Orn.* 1851, p. 99, pl. 73, f. 1; *calliria*, Scl., *Cat.*, p. 90. — Pérou.

2271. *Var.* FULGENTISSIMA, Chapm., *Bull. Amer. Mus. N. H.*, 1901, p. 225. — Inca Mine (Pérou).

2272. *Var.* BOURCIERI, Bp., *C. R.* XXXII, p. 76; Berl. et Tacz., *P. Z. S.*, 1883, p. 77; *dubusii*, C. Dubois, *Arch. Cosm.*, 1867, p. 118, pl. 7. — Colombie, Ecuador.

8649. HEDWIGÆ, Berl. et Solzm., *Ibis*, 1901, p. 716, pl. 15. Pérou S.-E.

8650. PHOENICOTIS (Bp.), *C. R.* XXXII, p. 76; Scl., *Contr. Orn.*, 1851, p. 100, pl. 73, f. 2; *sodiroi*, Pelz., *Verh. Z.-B. Ges. Wien*, 1878, p. 19. Ecuador W.

8651. NITIDISSIMA, Scl., *P. Z. S.*, 1873, p. 728; id., *Ibis*, 1875, p. 466, pl. 10. Antioquia (Colombie).

1253. TANAGRELLA

Tanagrella, Sw. (1837); *Hypothlypis*, Cab. (1848).

8652. VELIA (Lin.); *Pl. Enl.* 669, f. 3; Bp., *Consp.* I, p. 236; Scl., *Contr. Orn.*, 1851, p. 97; id., *Cat.*, p. 87; *varia*, Steph.; *iridina*, Cab. (nec Hartl.) Guyane.

8653. IRIDINA (Hartl.), *Rev. Zool.*, 1841, p. 305; Tacz., *Orn. Pér.* II, p. 453; *elegantissima*, Verr., *Rev. et Mag. de Zool.*, 1853, p. 195. Colombie, Ecuador, Pérou, Rio-Négro.

8654. CYANOMELAS (Neuw.), *Beitr.* III, p. 453; Scl., *Contr. Orn.*, 1851, p. 97; *velia* (pt.), Gm.; *multicolor* et *tenuirostris*, Sw.; *cyanomelæna*, Scl. Brésil S., E.

8655. CALLOPHRYS (Cab.), *Schomb. Guin.* III, p. 668; Bp., *C. R.*, XXXII, p. 77; Scl., *Contr. Orn.*, 1851, p. 98, pl. 74; id., *Cat.*, p. 89. Ecuador, Pérou.

SUBF. V. — PROCNIATINÆ

1254. PROCNIAS

Procnias, Illig. (1811); *Tersa*, Vieill. (1816); *Tersina*, Vieill. (1819).

8656. TERSA (Lin.); Bp., *Consp.* I, p. 232; *ventralis*, Ill.; Tem., *Pl. col.* 5; *cærulea*, Vieill., *Gal. Ois.* II, pl. 119; *hirundinacea*, Sw., *Zool. Ill.*, ser. I, pl. 21. Brésil.

2273. *Var.* OCCIDENTALIS, Scl., *P. Z. S.*, 1854, p. 240; Tacz., *Orn. Pérou*, II, p. 437; *cærulea occidentalis*, Berl. Guyane, Vénéz., Col., Ecuad., Pérou, Bol.

SUBF. VI. — EUPHONIINÆ

1255. CHLOROPHONIA

Chlorophonia, Bp. (1851); *Triglyphidia*, Rchb. (1851); *Acrocompsa*, Cab. (1861).

8657. VIRIDIS (Vieill.), *N. Dict.* XXXII, p. 426; Tem., *Pl. col.* 36, f. 3; Scl. et Salv., *Exot. Orn.*, p. 81; *chlorocapilla*, Shaw. Brésil S., E.

8658. LONGIPENNIS (Du Bus), *Bull. Acad. Brux.*, 1855, I, p. 156 ; Scl. et Salv., *Exot. Orn*, p. 82, pl. 41, f. 2. — Colombie, Ecuador.

8659. TORREJONI, Tacz., *P. Z. S.*, 1882, p. 9, pl. 1, f. 1 ; *viridis*, Tacz. (1879). — Colombie, Pérou, Bolivie.

8660. FRONTALIS, Scl., *Contr. Orn.*, 1851, p. 89 ; id., *P. Z. S.*, 1856, p. 270 ; Scl. et Salv., *Exot. Orn.* p. 81, pl. 41, f. 1. — Vénézuéla, Sierra-Névada (Colombie).

8661. RORAIMÆ, Salv. et Godm., *Ibis*, 1884, p. 444 ; Sclat., *Cat. B.* XI, p. 56, pl. 6, f. 1. — Guyane anglaise.

8662. FLAVIROSTRIS, Scl., *P. Z. S.*, 1861, p. 129 ; id., *Cat. B.*, p. 56, pl. 6, f. 2. — Ecuador.

8663. PRETREI (Lafr.), *Rev. Zool.*, 1843, p. 97 ; id., *Mag. de Zool.*, 1843, *Ois.*, pl. 42 (mas.) ; *pyrrhophrys*, Scl., *Contr. Orn.*, 1851, p. 89, pl. 75, f. 2 (fem.) — Colombie et Andes de Mérida (Vénézuéla).

8664. OCCIPITALIS (Du Bus), *Esq. Orn.*, pl. 14 (fem.) ; Bp., *Rev. Zool.*, 1851, p. 138 ; Scl. et Salv., *Exot. Orn.*, p. 83, pl. 42 (1). — Mexique S., Guatémala.

8665. CALLOPHRYS (Cab.), *J. f. O.*, 1860, p. 331, 1861, p. 88 ; Salv. et Godm., *Biol. C.-A.*, *Aves*, I, p. 254. — Costa-Rica, Véragua.

1256. HYPOPHÆA

Ypophæa, Bp. (1854) ; *Hypophæa*, Cab. (1861).

8666. CHALYBEA (Mik.), *Faun. et Fl. Bras.*, pl. 3, ff. 1, 2 ; Scl., *Contr. Orn.*, 1851, p. 83 ; *ænea*, Sund., *Vet.-Akad. Handl.*, 1834, p. 309, pl. 11, f. 4 ; *pardalotes*, Less. — Brésil S., E.

1257. PYRRHUPHONIA

Pyrrhuphonia, Bp. (1850).

8667. JAMAICA (Lin.) ; Gosse, *B. Jam.*, p. 238 ; id., *Ill. Orn. Jam.*, pl. 59 ; *cinerea*, Lafr. ; *jamaicensis*, Scl., *P. Z. S.*, 1856, p. 280. — Jamaïque.

1258. EUPHONIA

Euphonia, Desm. (1805) ; *Cyanophonia*, Bp. (1851) ; *Acroleptes* et *Iliolopha*, Bp. (1854) ; *Phonasca*, Cab. (1860).

8668. MUSICA (Gm.) ; *Pl. Enl.* 809, f. 1 ; Scl., *Contr. Orn.*, 1851, p. 82 ; id., *Cat.*, p. 59 ; *cæruleocephala*, Sw. — St-Domingue.

(1) J'ai lieu de croire que l'*E. cyanodorsalis*, décrit et figuré par mon père (*Rev. et Mag. de Zool*, 1859, p. 49, pl. 2) est une simple variété accidentelle ou aberration du *Chlor. occipitalis*. Je ne sais ce que le type est devenu.

8669. INSIGNIS, Scl. et Salv., *P. Z. S.*, 1877, p. 521, pl. 52, f. 1; Scl., *Cat.*, p. 60. — Jima (Ecuador).

8670. SCLATERI, Bp., *M. S.*; Sundev., *OEfv. Vet.-Ak. Förh.*, 1869, p. 596; Desm., *Tang.*, pl[s] 19, 20; *musica*, Bp., *Rev. Zool.*, 1851, p. 138; *flavifrons*, Scl. (nec Sparrm.); *bryanti*, Baird. — Porto-Rico.

8671. NIGRICOLLIS (Vieill.), *N. Dict.* XXXII, p. 412; Scl., *Contr. Orn.*, 1851, p. 83, pl. 75, f. 1; *musica*, Neuw.; *cyanocephala*, *aureata*, Vieill.; *chrysogastra*, Cuv. — Amér. mérid., de Col., Vénéz. et Guyane jusqu'au 25° l. S.

8672. ELEGANTISSIMA (Bp.), *P. Z. S.*, 1837, p. 112; id., *Consp.* I, p. 232; Du Bus, *Esq. Orn.*, pl. 8; *cœlestis*, Less.; *galericulata*, Gir., *B. Tex.*, pl. 5, f. 2; *tibicen*, Licht. — Du S. du Mexique à Panama.

8673. FLAVIFRONS (Sparrm.), *Mus. Carls.* IV, n° 92; Sundev., *OEfv. Vet.-Ak.*, 1869, p. 583; Scl, *Cat.*, p. 63. — Petites Antilles.

8674. CHLOROTICA (Lin.); Licht., *Verz. Doubl.*, p. 29; Sundev., *Vet.-Ak. Handl.*, 1833, pl. 10, ff. 2, 3; Scl., *Cat. B.*, p. 64; *violacea*, Gm. — Guyane.

2274. *Var.* VIOLACEICOLLIS, Cab., *J. f. O.*, 1865, p. 409, 1878, p. 195. — Brésil, Paraguay.

2275. *Var.* SERRIROSTRIS, d'Orb. et Lafr., *Mag. de Zool.*, 1837, p. 30; d'Orb., *Voy.*, p. 267, pl. 21, f. 2. — Bolivie.

2276. *Var.* TACZANOWSKII, Scl., *Cat.*, p. 65; *serrirostris*, Tacz., *Orn. Pér.* II, p. 440 (nec d'Orb.) — Pérou.

8675. AFFINIS (Less.), *Rev. Zool.*, 1842, p. 175; Scl., *P. Z. S.*, 1856, pp. 274, 303; Salv. et Godm., *Biol. Centr.-Am.*, *Aves*, I, p. 257. — Amér. centr. du S. du Mex. au Costa-Rica.

8676. TRINITATIS, Strickl., *Contr. Orn.*, 1851, p. 72; Scl., *Cat.*, p. 66. — Colombie N., Vénézuéla, Trinidad.

8677. XANTHOGASTRA, Sundev., *Vet.-Akad. Handl.* 1833, p. 310, pl. 10, f. 1; Scl., *Cat.*, p. 67; *brevirostris*, Bp.; *ochrascens*, Pelz., *Orn. Bras.*, p. 328. — Brés., Guyane, Vénéz., Col., Ecuad., Pérou.

2277. *Var.* BRUNNEIFRONS, Chapm., *Bull. Amer. Mus. N. H.*, 1901, p. 226. — Inca Mine (Pérou).

8678. RUFICEPS, Lafr. et d'Orb., *Mag. de Zool.*, 1837, p. 30; d'Orb., *Voy.*, p. 268, pl. 22, f. 2; Scl., *l. c.*, p. 68. — Bolivie, Vénézuéla.

8679. LUTEICAPILLA (Cab.), *J. f. O.*, 1860, p. 332; Salv. et Godm., *Biol. Centr.-Am.*, *Aves*, p. 260, pl. 16, f. 1. — Costa-Rica, Véragua.

8680. GRACILIS (Cab.), *J. f. O.*, 1860, p. 333; Salv. et Godm., *l. c.*, p. 259, pl. 16, f. 3. — Costa-Rica, Véragua.

8681. CONCINNA, Scl., *P. Z. S.*, 1854, p. 98, pl. 65, f. 2; id., *Cat.*, p. 69, pl. 7. — Colombie.

8682. FINSCHI, Scl. et Salv., *P. Z. S.*, 1877, p. 19; Scl., *Cat.*, p. 70, pl. 8, f. 1; *concinna*, Pelz. (nec Scl.), *Orn. Bras.*, p. 203. — Guyane, Rio-Brancho.

8683. SATURATA (Cab.), *J. f. O.*, 1860, p. 336; Scl., *l. c.*, pl. 8, f. 2; Tacz., *Orn. Pér.* II, p. 443. — Ecuador W., Pérou.

8684. MINUTA, Cab. in *Schomb. Guian.* III, p. 671; Salv. et Godm., *Biol. Centr.-Am.* I, p. 258; ?*olivacea*, Desm., *Tang.*, pl. 27; *strictifrons*, Strickl.; *pumila*, Bp.; *humilis*, Cab.; *leucopyga*, Natt. — Guyane, Bas-Amaz., Ecuad., Colombie et Amér. centr. jusqu'au Guatémala.

8685. GODMANI, Brewst., *Auk*, 1889, p. 90. — Mexique W.

8686. ANNÆ, Cass., *Pr. Ac. Sc. Philad.*, 1865, p. 172; Salv. et Godm., *Biol. Centr.-Am.* I, p. 265; *rufivertex*, Salv., *P. Z. S.*, 1866, p. 71, pl. 7. — Costa-Rica, Véragua.

8687. FULVICRISSA, Scl., *P. Z. S.*, 1856, p. 276; Salv. et Godm., *Biol. Centr.-Am.* I, p. 264, pl. 16, f. 2; *gouldi*, Lawr. (nec Scl.) — Colombie N., Panama.

8688. VIOLACEA (Lin.); Cab., *Schomb. Guian.* III, p. 671; Scl., *l. c.*, p. 74; ?*brachyptera*, Cab.; *purpurea*, Lawr. — Guyane, Trinidad, Bas-Amazone.

2278. *Var.* MINOR, Licht., *Doubl.*, p. 29; *lichtensteini*, Cab., *J. f. O.*, 1860, p. 331. — Brésil S., E.

8689. HIRUNDINACEA, Bp., *P. Z. S.*, 1837, p. 117; Salv. et Godm., *l. c.*, p. 261; Scl., *l. c.*, p. 75. — Du S. du Mexique au Costa-Rica.

2279. *Var.* GNATHO (Cab.), *J. f. O.*, 1860, p. 335, 1861, p. 90. — Costa-Rica.

8690. LANIIROSTRIS, Lafr. et d'Orb., *Mag. de Zool.*, 1837, p. 30; d'Orb., *Voy.*, p. 266, pl. 23, f. 1; *crassirostris*, Scl., *P. Z. S.*, 1856, p. 277. — Du Véragua au Pérou, Ht-Amazone, Bolivie, Vénézuéla.

8691. HYPOXANTHA, Berl. et Tacz., *P. Z. S.*, 1883, p. 554; Tacz., *Orn. Pér.* II, p. 445; *crassirostris* (pt.), Scl. — Ecuador W., Pérou N.-W.

8692. MELANURA, Scl., *Contr. Orn.*, 1851, p. 86; id., *Cat.*, p. 78, pl. 9. — Ht-Amazone, Colomb.

8693. RUFIVENTRIS (Vieill.), *N. Dict.* XXXII, p. 426; Bp., *Consp.*, p. 233; *bicolor*, Strickl., *Contr. Orn.*, 1850, p. 48, pl. 49, f. 2; *chrysogaster*, Cuv. — Ht-Amazone, Rio-Négro.

8694. VITTATA, Scl., *P. Z. S.*, 1861, p. 129; id., *Cat.*, p. 80, pl. 10. — Brésil.

8695. PECTORALIS (Lath.), *Ind. Orn. Suppl.*, p. 57; Bp., *Consp.*, p. 233; *rufiventris*, Licht.; *chlorocyanea*, Vieill.; *umbilicalis*, Less. — Brésil S., E.

8696. CAYANA (Lin.); Bp., *l. c.*; Scl., *Contr. Orn.*, 1851, p. 88; *cayennensis*, Gm.; Cab., *Schomb. Guian.* III, p. 671. — Guyane, Bas-Amazone.

8697. GOULDI, Scl., *P. Z. S.*, 1857, p. 66, pl. 124; Salv. et Godm., *Biol.* I, p. 263. — Du S. du Mexique au Costa-Rica.

8698. MESOCHRYSA, Salvad., *Atti R. Accad. Sc. Tor.*, 1873, p. 193; *chalcopasta*, Scl. et Salv., *Nomencl.*, pp. 18, 157; Tacz., *Orn. Pér.* II, p. 449. — Colombie, Ecuador, Pérou.

8699. CHRYSOPASTA, Scl. et Salv., *P. Z. S.*, 1869, p. 438, pl. 30, ff. 1, 2; Tacz., *l. c.*, p. 448. — Amazone, Bolivie, Pérou, Colombie.

8700. PLUMBEA, Du Bus, *Bull. Acad. Brux.*, 1855, I, p. 156; Scl., *Cat.*, p. 83; *poliocephala*, Natt. — Bas-Amazone, Guyane anglaise.

FAM. XLVI. — DICÆIDÆ (1)

SUBF. I. — PARDALOTINÆ

1259. OREOCHARIS

Oreocharis, Salvad. (1875); *Chloromyias*, Oust. (1880.)

8701. ARFAKI (Mey.), *Sitz. Isis Dresd.*, 1875, April; Gould, *B. New Guin.* IV, pl. 13; *sticloptera*, Salvad., *Ann. Mus. Civ. Gen.*, 1875, p. 939; id., *Orn. Pap.* II, p. 289; *laglaizei*, Oust. — Nouv.-Guinée.

1260. PARDALOTUS

Pardalotus, Vieill. (1816).

8702. ORNATUS, Tem., *Pl. col.* 394, f. 1; Sharpe, *Cat.* X, p. 55; *striatus*, auct. plur. (nec Gm.); Gould, *B. Austr.* II, pl. 38. — Australie, au S. du 20° l. S.

2280. *Var.* ASSIMILIS, Rams., *Pr. Linn. Soc. N. S. W.*, 1878, p. 180. — Australie E. et centr. au S. du 20° l. S.

8703. AFFINIS, Gould, *P. Z. S.*, 1837, p. 25; id., *B. Austr.* II, pl. 39; ? *striata*, Gm. — Australie S., S.-E. et Tasmanie.

8704. PUNCTATUS (Shaw et Nod.), *Nat. Misc.* IV, pl. 111; Tem., *Pl. Col.* 78; Gould, *Op. cit.* II, pl. 35. — Australie, sauf le N.

8705. XANTHOPYGIUS, M'Coy, *Ann. Mag. N. H.*, 1867, p. 184; Gould, *Op. cit.*, *Suppl.*, pl. 8; Sharpe, *Cat.*, p. 59. — Australie W., S. et S.-E.

8706. RUBRICATUS, Gould, *P. Z. S.*, 1837, p. 149; id., *Op. cit.* II, pl. 36; Sharpe, *l. c.*, p. 60. — Austr. centr., Nouv.-Galles du S., etc.

8707. MELANOCEPHALUS, Gould, *P. Z. S.*, 1837, p. 149; Diggles, *Orn. Austr.*, pl. 30, f. 4; *uropygialis*, Gr. (nec Gd.) — Australie E. et centr.

8708. UROPYGIALIS, Gould, *P. Z. S.*, 1839, p. 143; id., *Op. cit.* II, pl. 41; Diggles, *Op. cit.*, pl. 30, f. 5; *uropygiale*, H. et Jacq. — Australie N.

8709. QUADRAGINTUS, Gould, *P. Z. S.*, 1837, p. 148; id., *Op. cit.* II, pl. 37. — Tasmanie.

1261. PRIONOCHILUS

Prionochilus, Strickl. (1841); *Pachyglossa*, Hodgs. (1843); *Piprisoma*, Blyth (1844); *Anaimos*, Rchb. (1853); *Acmonorhynchus*, Oates (1855).

8710. PERCUSSUS (Tem.), *Pl. Col.* 394, f. 2; Sharpe, *Cat.* X, p. 65. — Java.

(1) Voy.: Sharpe, *Cat. Birds Brit. Mus.* X, pp. 10-84 (part., 1885).

2281. *Var.* IGNICAPILLA (Eyton), *P. Z. S.*, 1839, p. 105; *percussus*, auct. plur.; Oates, *B. Brit. Burm.* I, p. 339. — Malacca, Sumatra, Bornéo.

8711. XANTHOPYGIUS, Salvad., *Atti R. Accad. Torin.*, 1868, p. 416; id., *Ucc. Borneo*, p. 162; Sharpe, *l. c.*, p. 66. — Bornéo.

8712. JOHANNÆ, Sharpe, *Ibis*, 1888, p. 201, pl. 4, f. 1; *plateni*, W. Blas., *Ornis*, 1888, p. 313. — Palawan, Paragua.

8713. THORACICUS (Tem.), *Pl. Col.* 600, ff. 1, 2; Strickl., *P. Z. S.*, 1841, p. 29; Sharpe, *l. c.*, p. 67. — Malacca, Bornéo.

8714. MACULATUS (Tem.), *Pl. Col.* 600, f. 3; Strickl, *P. Z. S.*, 1841, p. 29; Oates, *B. Brit. Burma*, I, p. 340. — Ténassér. S., Malacca, Sumatra, Bornéo.

8715. QUADRICOLOR, Tweedd., *P. Z. S.*, 1877, p. 762, pl. 77, f. 2. — Panaon (Philippines).

8716. AUREOLIMBATUS, Wall., *P. Z. S.*, 1865, p. 477, pl. 29, f. 1; Mey. et Wg., *B. Cel.* II, p. 449. — Célèbes.

8717. SANGHIRENSIS, Salvad., *Ann. Mus. Civ. Gen.*, 1876, p. 59; Mey. et Wg., *B. Cel.* II, p. 451, pl. 27, f. 1. — Sanghir.

8718. MELANOXANTHUS (Hodgs.), *Icon. ined.*, *Passeres*, pl. 38; Sclat., *Ibis*, 1874, p. 3, pl. 1, f. 3. — Népaul, Sikkim.

8719. VINCENS, Sclat., *P. Z. S.*, 1872, p. 729; id., *Ibis*, 1874, p. 2, pl. 1, ff. 1, 2; Legge, *B. Ceyl.*, p. 577, pl. 26, ff. 1, 2. — Ceylan.

8720. SQUALIDUS (Burt.), *P. Z. S.*, 1836, p. 113; Sharpe, *Cat.*, p. 73; *agilis*, Tick.; Beav., *Ibis*, 1867, p. 430, pl. 10; *vireoides*, Jerd. — Inde, Ceylan, Birmanie, Ténassérim.

8721. MODESTUS, Hume, *Str. F.*, 1875, p. 298; Oat., *B. Br. Burm.* I, p. 340; Sharpe, *l. c.*, p. 74. — Ténassérim, Pégou.

8722. OBSOLETUS (Müll. et Schl.), *Verh. Nat. Gesch. Land- en Volk.*, 1839-44, p. 174; Sharpe, *P. Z. S.*, 1879, p. 343, pl. 30, f. 2. — Timor, Flores.

8723. ANNÆ (Büttik.), *Web. Reise Ned. O.-Indie*, p. 301, pl. 18, f. 4. — Flores, Sumbawa.

8724. OLIVACEUS, Tweed., *Ann. and Mag. N. H.*, 1877, p. 536; id., *P. Z. S.*, 1878, p. 111, pl. 8, f. 3. — Dinagat (Philippines).

8725. SAMARENSIS, Steere, *List of B. and Mam. Philipp.*, p. 22. — Samar, Leyte.

8726. ÆRUGINOSUS, Bourns et Worc., *Occ. Pap. Minnes. Ac.* I, pp. 18-20. — Cebu (Philippines).

8727. BICOLOR, Bourns et Worc., *Op. cit.* — Mindanao (Philipp.)

8728. INEXPECTATUS, Hart., *Novit. Zool.* II, p. 64. — Luçon, Mindoro.

8729. EVERETTI, Sharpe, *Ibis*, 1877, p. 16, 1879, p. 343, pl. 30, f. 1. — Bornéo W., Labuan.

1262. UROCHARIS

Urocharis, Salvad. (1880).

8730. LONGICAUDA, Salvad., *Ann. Mus. Civ. Gen.*, 1875, p. 942, 1880, p. 69; id., *Orn. Pap. Mol.* II, p. 286. — Monts Arfak (Nouv.-Guinée).

1263. MELANOCHARIS

Melanocharis, Sclat. (1858).

8731. NIGRA (Less.), *Voy. Coq.*, *Zool.* I, p. 673; id., *Cent. Zool.*, p. 83, pl. 27; Scl., *Pr. Linn. Soc.*, 1858, p. 157; Salvad., *Orn. Pap.* II, p. 283. — Nouv.-Guinée, Waigiou, Mysol.

8732. CHLOROPTERA, Salvad., *Ann. Mus. Civ. Gen.*, 1875, p. 987; id., *Orn. Pap.* II, p. 284; *niger*, Gr. — Nouv.-Guinée S.-E., Arou.

8733. BICOLOR, Rams., *Pr. Linn. Soc. N. S. W.* III, 1879, p. 277; Salvad., *Orn. Pap.* II, p. 283; *unicolor*, Rams., *l. c.*, IV, p. 98. — Nouv.-Guinée S.-E.

8734. UNICOLOR, Salvad., *Ann. Mus. Civ. Gen.*, 1878, p. 333; id., *Orn. Pap.* II, p, 282; *major* (pt.), Mey. — Iles Jobi et Miosnom.

8735. STRIATIVENTRIS, Salvad., *Ann. Mus. Civ. Gen.* XIV, p. 150. — Moroka (Nouv.-Guin. S.-E.)

1264. PRISTORHAMPHUS

Pristorhamphus, Finsch (1875).

8736. VERSTERI, Finsch, *P. Z. S.*, 1875, p. 642; Salvad., *l. c.* II, p. 286. — Monts Arfak (Nouv.-Guinée).

1265. RHAMPHOCHARIS

Rhamphocharis, Salvad. (1875).

8737. CRASSIROSTRIS, Salvad., *Ann. Mus. Civ. Gen.*, 1875, p. 943; id., *Orn. Pap.* II, p. 288; Sharpe, *Cat.*, p. 84. — Nouv.-Guinée N.-W.

SUBF. II. — DICÆINÆ

1266. DICÆUM

Dicœum, Cuv. (1817); *Myazanthe*, Hodgs. (1843); *Microchelidon*, Rchb. (1853).

8738. FLAMMEUM (Sparrm.), *Mus. Carls.*, pl. 98; Levail., *Ois. d'Afr.* III, pl. 136; *rubescens*, Vieill.; *rubrocana*, Tem., *Pl. Col.* 108, ff. 2, 3; *rubricosum*, Cuv. — Java, Madura, Bornéo.

8739. CRUENTATUM (Lin.); Strickl., *Ann. Mag. N. H.*, 1844, p. 38; *coccinea*, Scop.; *erythronotus*, Lath.; Audeb. et Vieill., *Ois. dorés*, II, p. 57, pl. 55; *ignita*, Begb.; *coccineum*, Gray. — Himalaya S.-E., Chine S., Indo-Chine, Malacca, Sumatra, Java.

2282. *Var.* NIGRIMENTUM, Salvad., *Ucc. Borneo*, p. 165; Sharpe, *Cat.*, p. 17; *coccineum* et *cruentatum* (pt.), auct. plur. — Malacca, Bornéo.

2283. *Var.* HOSEI, Sharpe, *Ibis*, 1897, p. 449. — Célèbes N.

2284. *Var.* PRYERI, Sharpe, *P. Z. S.*, 1881, p. 795; id., *Cat.*, p. 18. — Bornéo N.-E.

8740. SUMATRANUM, Cab., *J. f. O.*, 1878, p. 101; Sharpe, *l. c.* — Sumatra.

8741. IGNIFERUM, Wall., *P. Z. S.*, 1863, p. 494; Finsch, *Neu-Guin.*, p. 163. — Flores.

8742. HIRUNDINACEUM (Shaw et Nod.), *Nat. Misc.* IV, pl. 114; Gould, *B. Austr.* II, pl. 34; *desmaresti*, Leach; *atrogaster*, Less.; *pardalotus*, Lafr., *Mag. de Zool.*, 1833, pl. 14. — Australie, Tasmanie.

8743. IGNICOLLE, Gray, *P. Z. S.*, 1858, p. 173; Salvad., *Orn. Pap.* II, p. 278. — Iles Arou.

8744. KEIENSE, Salvad., *Ann. Mus. Civ. Gen.*, 1874, p. 314; id., *Orn. Pap.* II, p. 279. — Iles Kei (Moluques).

8745. FULGIDUM, Sclat., *P. Z. S.*, 1883, p. 56; Sharpe, *l. c.*, p. 22. — Iles Ténimber.

8746. CELEBICUM, Müll. et Schl., *Verh. Nat. Gesch. Land- en Volk.*, p. 182; Mey. et Wg., *B. Cel.*, pl. 25, ff. 1, 2; *leclancheri*, Lafr., *Rev. Zool.*, 1845, p. 94. — Célèbes.

8747. NEHRKORNI, W. Blas.; Schal., *J. f. O.*, 1886, p. 399; Mey. et Wg., *B. Cel.*, p. 447, pl. 25, f. 4. — Célèbes N.

8748. SANGHIRENSE, Salvad., *Ann. Mus. Civ. Gen.* IX, 1876, p. 58; Mey. et Wg., *B. Cel.*, pl. 25, f. 3. — Sanghir.

8749. TALAUTENSE, Mey. et Wg., *Abh. Mus. Dresd.*, 1894-95, n° 9, p. 5; id., *B. Cel.*, p. 445. — Ile Talaut.

8750. SULAENSE, Sharpe, *P. Z. S.*, 1883, p. 579; id., *Cat.*, p. 24; *celebicum*, Wall. (nec M. et Schl.) — Iles Soula.

8751. MONTICOLUM, Sharpe, *Ibis*, 1887, p. 452, 1890, pl. 8, ff. 2, 3. — Bornéo N.

8752. SANGUINOLENTUM, Tem., *Pl. Col.* 478, f. 2; Sharpe, *l. c.*, p. 25. — Java.

8753. MACKLOTI, Müll. et Schl., *Verh. Nat. Gesch. Land- en Volk.*, p. 162; Finsch, *Neu-Guin.*, p. 163; Sharpe, *l. c.*, p. 25. — Timor, Savu.

2285. *Var.* NEGLECTA (*neglectum*), Hart., *Novit. Zool.* IV, p. 264. — Lombock.

8754. WILHELMINÆ, Büttik., *Notes Leyd. Mus.* XIV, p. 199. — Sumba.

8755. SPLENDIDUM, Büttik., *Notes Leyd. Mus.* XV, p. 180. — Macassar (Célèbes).

8756. SALVADORII, Mey., *Vög. etc. Ostind. Arch.*, p. 83 (1884); Sharpe, *l. c.*, p. 26. — Babbar (Moluques).

8757. RUBROCORONATUM, Sharpe, *Nature*, 1876, p. 339; id., *Cat.* X, p. 26, pl. 1, f. 1. — Nouv.-Guinée S.-E.

2286. *Var.* PULCHRIA, Sharpe, *P. Z. S.*, 1883, p. 579; id., *l. c.*, pl. 1, f. 2. — Monts Astrolabes (Nouv.-Guinée).

8758. NITIDUM, Tristr., *Ibis*, 1889, p. 555. — Ile Sudest.

8759. RUBRIGULARE, D'Alb. et Salv., *Ann. Mus. Civ. Gen.*, 1879, p. 74; Salvad., *Orn. Pap.* etc. II, p. 277. — Nouv.-Guinée S.-E.

8760. ALBO-PUNCTATUM, D'Alb. et Salvad., *l. c.*, 1879, p. 75; Salvad., *l. c.* II, p. 278. — Nouv.-Guinée S.-E.

8761. SCHISTACEICEPS, Gray, *P. Z. S.*, 1860, p. 349; Finsch, *Neu-Guin.*, p. 163; Salvad., *l. c.* II, p. 272. — Halmahera, Batjan, Morty (Moluques).

8762. VULNERATUM, Wall., *P. Z. S.*, 1863, p. 32; Finsch, *Neu-Guin.*, p. 163; Salvad., *l. c.* II, p. 271. — Céram, Amboine, Manuvolka.

8763. PECTORALE, Müll. et Schl., *Verh. Nat. Gesch. Land- en Volk.*, p. 162; Finsch, *Neu-Guin.*, p. 163; Salvad., *l. c.* II, p. 273. — Nouv.-Guinée, Salwati, Mysol, Waigiou, Batanta.

8764. ÆNEUM, Jacq. et Puch., *Voy. Pôle Sud, Zool.* II, p. 97, pl. 22, f. 4; Salvad., *l. c.* II, p. 280; Gould, *B. New-Guin.* XVII, pl.; *erythrothorax*, Rams. (1879, nec Less.) — Iles Salomon.

8765. ERYTHROTHORAX, Less., *Voy. Coq., Zool.*, p. 672, pl. 30, ff. 1, 2; Finsch, *Neu-Guin.*, p. 163; Salvad., *l. c.* II, p. 272. — Ile Bourou.

8766. LAYARDORUM, Salvad., *Ann. Mus. Civ. Gen.*, 1880, p. 67; id., *Orn. Pap.* II, p. 272; *erythrothorax*, Rams. (1876, nec Less.) — Nouv.-Bretagne.

8767. EXIMIUM, Scl., *P. Z. S.*, 1877, p. 102, pl. 14, f. 2; Salvad., *l. c.*, p. 280. — Nouv.-Irlande.

8768. GEELVINKIANUM, Mey., *Sitz. K. Akad. Wien*, 1874, p. 120; Gould, *B. New Guin.* IX, pl.; *jobiensis*, Salvad. — Ile Jobi (baie de Geelvink).

2287. *Var.* MYSORIENSIS, Salvad., *Ann. Mus. Civ. Gen.*, 1875, p. 945; id., *l. c.*, p. 275; *geelvinkianum* (pt.), Mey. — Ile Mysori (baie de Geelvink).

2288. *Var.* MAFORENSIS, Salvad., *Ann. Mus. Civ. Gen.*, 1875, p. 944; id., *l. c.*, p. 275; *geelvinkianum* (pt.), Mey. — Ile Mafoor (baie de Geelvink).

8769. TRISTRAMI, Sharpe, *P. Z. S.*, 1883, p. 579; id., *Cat.*, p. 34. — San Cristoval (Salomon).

8770. RETROCINCTUM, Gould, *Ann. and Mag. N. H.*, 1872, p. 114; id., *B. As.*, part. XXVII, pl.; Sharpe, *l. c.*, p. 35. — Ile Luçon.

8771. HÆMATOSTICTUM, Sharpe, *Nature*, 1876, p. 297; id., *Cat.*, p. 35. — Guimaras, Panay, Negros (Philippines).

8772. PALLIDIOR, Bourns et Worc., *Occ. Pap. Minnes. Ac.* I, pp. 18-20. — Cebu.

8773. SIBUYANICUM, Bourns et Worc., *Op. cit.* — Sibuyan.

8774. INTERMEDIUM, Bourns et Worc., *Op. cit.* — Tablas.

8775. ASSIMILE, Bourns et Worc., *Op. cit.* — Soulou.

8776. RUBRIVENTER, Less., *Traité*, p. 303; *Pl. Enl.* 707, f. 2; *papuensis!* (Gm.); *schistaceum*, Tweed.; *retrocinctum*, Gould (fem.); id., *B. Asia*, part. XXVII (fig. infér.) — Luçon, Dinagat, Mindanao, Cebu, Marinduque, Basilan.

8777. FLAVIVENTER, Mey., *J. f. O.*, 1894, p. 91. — Cebu.

8778. HYPOLEUCUM, Sharpe, *Nature*, 1876, p. 298; id., *Ibis*, 1894, pl. 7, f. 3. — Malamaui, Basilan, Soulou.

8779. MINDANENSE, Tweedd., *P. Z. S.*, 1877, p. 547; id., *Rep. Voy. « Challenger », Birds*, p. 20, pl. 5, f. 1. — Mindanao.

8780. TRIGONOSTIGMA (Scop.); Gray, *Gen. B.* I, p. 100; Sharpe, *l. c.*, p. 38; *cantillans*, Lath.; Tem., *Pl. Col.* 478, f. 3; *croceoventre*, Vig. — Bengal N.-E., Indo-Chine W., Malacca, Sum., Bornéo, Java.

8781. SIBUTUENSE, Sharpe, *Ibis*, 1894, pp. 122, 251, pl. 7, ff. 1, 2. — Ile Sibutu.

8782. DORSALE, Sharpe, *Nature*, 1876, p. 298; Gould, *B. Asia*, pl.; Sharpe, *Cat.*, p. 40. — Cebu, Panay, Negros, Masbate.

8783. XANTHOPYGIUM, Tweed., *Ann. and Mag. N. H.*, 1877, p. 96; id., *P. Z. S.*, 1877, p. 698, pl. 73, f. 1. — Luçon, Mindoro.

8784. CINEREIGULARE, Tweed., *P. Z. S.*, 1877, p. 829; Sharpe, *Cat.*, p. 40. — Mindanao, Samar, Leyte.

8785. BESTI, Steere, *List. Philipp. B.*, p. 22 (1890). — Siquijor.

8786. LUZONIENSE, Grant, *Ibis*, 1894, p. 515. — Luçon N.

8787. IGNIPECTUS (Hodgs.), *Icon. ined.*, *Passeres*, pl. 36, n° 393; Dav. et Oust., *Ois. Chine*, p. 84; Oat., *B. Brit. Burm.* I, p. 337. — Himalaya, Bengal N.-E., Chine S., Indo-Chine W.

8788. CYANONOTUM, Styan, *Ibis*, 1893, p. 470. — Formose.

8789. PYGMÆUM (Kittl.), *Mém. prés. Acad. St-Pétersbourg*, II, 1833, pp. 1, 2, pl. 2; Gray, *Gen. B.* I, p. 100; Sharpe, *Cat.*, p. 43. — Philippines.

8790. CHRYSORRHOEUM, Tem., *Pl. Col.* 478, f. 1; Jerd., *B. Ind.* I, p. 374; *chrysochlore*, Blyth. — Himal. E., Indo-Chine, Malacca, Sumatra, Bornéo, Java.

8791. CONCOLOR, Jerd., *Madr. Journ.*, 1840, p. 227; id., *Ill. Ind. Orn.*, pl. 39; Sharpe, *l. c.*, p. 45. — Inde S. (Montagnes).

8792. OBSCURUM, Grant, *Ibis*, 1894, pp. 515, 551. — Luçon N.

8793. INORNATUM (Hodgs.), *Icon. ined.*, *Passeres*, pl. 37, n° 395; Sharpe, *l. c.*, p. 45; *olivaceum*, Wald., *Ann. and Mag. N. H.*, 1875, p. 401. — Himalaya E., Indo-Chine, Sumatra.

8794. VIRESCENS, Hume, *Str. F.*, 1873, p. 482; Sharpe, *l. c.*, p. 46. — Iles Andaman.

8795. MINULLUM, Swinh., *Ibis*, 1870, p. 240; Dav. et Oust., *Ois. Chine*, p. 83. — Ile Haïnan.

8796. EVERETTI, Tweed., *Ann. and Mag. N. H.*, 1877, p. 537; id., *P. Z. S.*, 1878, p. 111; *modestum*, Tweed., *P. Z. S.*, 1878, p. 380. — Dinagat, Panaon, Samar (Philippines).

8797. ERYTHRORHYNCHUM (Lath.); Bl. et Wald., *B. Burm.*, p. 143; *minima*, Tick.; *minimum*, auct. plur.; *tickelliæ*, Blyth. — Ceylan, Inde centr., Beng., Himal. E., Indo-Chine W.

FAM. XLVII. — CERTHIIDÆ (1)

SUBF. I. — SITTINÆ

1267. SITTA

Sitta, Briss. (1760); *Sittella*, Rafin. (1815).

8798. EUROPÆA, Lin.; Dress., *B. Eur.* III, p. 169, pl. 118; *advena* et *septentrionalis*, Brm.; *uralensis*, Licht.; *asiatica*, Gould, *B. Eur.* III, pl. 236; *sericea*, Tem.; *suecica* et *sibirica*, Brm. — Nord de l'Europe et de l'Asie.

2289. *Var.* ALBIFRONS, Tacz., *Bull. Soc. Zool. de France*, 1882, p. 385. — Kamtschatka.

2290. *Var.* ROSEILIA, Bp., *Consp. Av.* I, p. 227; Blak., *Ibis*, 1862, p. 322; *clara*, Stejn., *Pr. U. S. Nat. Mus.*, 1886, p. 392. — Japon N.

2291. *Var.* NAGAENSIS, Godw.-Aust., *P. Z. S.*, 1874, p. 44. — Bengal N.-E.

8799. CÆSIA, Mey. et W., *Deutsch. Vogelk.* I, p. 128; Dubois, *Fne. ill., Ois.* I, p. 666, pl. 153; *europæa*, auct. plur. (nec Lin.); *pinetorum*, *foliorum*, Brm.; *affinis*, Blyth. — Europe centr. et S., Asie Mineure, Afrique N., Canaries.

2292. *Var.* CAUCASICA, Rchw., *Orn. Monatsb.*, 1901, p. 53. — Caucase.

2293. *Var.* SINENSIS, Verr., *N. Arch. Mus., Bull.* VI, p. 34, VII, p. 28, IX, pl. 4; Dav. et Oust., *Ois. Chine*, p. 90. — Chine.

2294. *Var.* MONTIUM, La Touche, *Ibis*, 1899, p. 404. — Fokien (Chine).

2295. *Var.* AMURENSIS, Swinh., *P. Z. S.*, 1871, p. 350; Dav. et Oust., *Ois. Chine*, p. 90. — Amourland.

8800. ECKLONI, Przew., *Reis. in Tibet*, p. 207. — Thibet.

8801. YUNNANENSIS, Grant, *Ibis*, 1900, p. 371. — Yunnan S.

8802. HIMALAYENSIS, Jard. et Sel., *Ill. Orn.* III, pl. 144; Gad., *Cat. B.*, p. 349; *himalayana*, Blyth; *nipalensis*, Hodgs. — Himalaya.

8803. NEGLECTA, Wald., *Ann. and Mag. N. H.*, 1870, p. 218; Oat., *B. Brit. Burm.*, p. 131. — Birmanie, Ténassérim.

8804. NEUMAYERI, Michah., *Isis*, 1830, p. 814; Dress., *B. Eur.* III, p. 183, pl. 120; *rupestris*, Cantr.; *saxatilis*, Schinz; *rufescens*, Gould, *B. Eur.* III, pl. 235. — Espagne, Europe S.-E., Asie Mineure, Caucase.

2296. *Var.* SYRIACA, Ehr. in Tem., *Man. d'Orn.* III, p. 286; Hellm., *J. f. O.*, 1901, p. 185; *neumayeri* (pt.), Gad. — Syrie, Palestine.

(1) Voy.: H. Gadow, *Cat. B. Brit. Mus.*, VIII, pp. 323-366 (1883).

2297. *Var.* TEPHRONOTA, Sharpe, *Ann. and Mag. N. H.*, 1872, p. 450; Hellm., *J. f. O.*, 1901, p. 186; *rupicola*, Blanf.; id., *East. Pers.* II, p. 225, pl. 15, f. 2 (juv.)	Perse, Turkestan, Béloutchistan, Afghanistan.
8805. MAGNA, W. Rams., *P. Z. S.*, 1876, p. 677, pl. 63; Rip., *Ibis*, 1897, p. 3, pl. 1.	Birmanie.
8806. KRUEPERI, Pelz., *Sitz. K. Ak. Wiss. Wien*, 1863, I, p. 149; Scl., *Ibis*, 1865, p. 310, pl. 7; Dress., *B. Eur.* III, p. 189, pl. 121.	Asie Mineure, Syrie.
8807. WHITEHEADI, Sharpe, *P. Z. S.*, 1884, p. 233, pl. 36.	Corse.
8808. CASTANEOVENTRIS, Frankl., *P. Z. S.*, 1831, p. 121; Jard. et Sel., *Ill. Orn.* III, pl. 145; Gould, *B. Asia*, I, pl. 9; *castanea*, Less.; *ferrugineoventris*, Gould.	Inde, Afghanistan.
8809. CINNAMOMEOVENTRIS, Blyth, *J. A. S. Beng.* XI, p. 459; Cab., *Mus. H.* I, p. 93; Gould, *B. Asia*, I, pl. 8.	Himalaya, Birmanie.
2298. ? *Var.* CASHMIRENSIS, Brooks, *Pr. A. S. B.*, 1871, p. 209; W. Rams., *Ibis*, 1880, p. 51; *cinnamomeiventris*, Rams., *Ibis*, 1879, p. 447.	Cachemire, Afghanistan.
8810. LEUCOPSIS, Gould, *P. Z. S.*, 1849, p. 113; id., *B. Asia*, I, pl. 10; Gad., *Cat.*, p. 352.	Himalaya N.-W.
8811. PRZEWALSKII, Berez. et Bianchi, *Aves Exped. Potanini*, 1891, p. 119; id., *J. f. O.*, 1897, p. 74 (trad.)	Kan-sou.
8812. CAROLINENSIS, Wils., *Am. Orn.*, pl. 2, f. 3; Audub., *B. Amer.* IV, p. 175, pl. 114; *melanocephala*, Vieill., *Gal. Ois.*, p. 280, pl. 171.	États-Unis et Canada S. (parties orientales).
2299. *Var.* ATKINSI, Scott, *Auk*, 1890, p. 118.	Floride.
2300. *Var.* ACULEATA, Cass., *Pr. Phil. Acad.*, 1856, p. 254; Baird, *B. N. Amer.*, p. 375; *carolinensis* (pt.), auct. plur.	États-Unis W. et Colombie anglaise.
2301. *Var.* LAGUNÆ, Brewst., *Auk*, 1891, p. 149.	Basse-Californie.
2302. *Var.* MEXICANA, Nels. et Palm., *Auk*, 1894, p. 45.	Mexique.
8813. CANADENSIS, Briss.; Audub., *B. Amer.* IV, p. 179, pl. 248; *varia*, Wils., *Am. Orn.*, pl. 2, f. 4; *stulta*, Vieill.	Amérique du Nord.
8814. VILLOSA, Verr., *Nouv. Arch. Mus. Bull.* I, p. 78, pl. 5, f. 1; Dav. et Oust., *Ois. Chine*, p. 91, pl. 13.	Chine N.
8815. PYGMÆA, Vig., *Zool. Beech. Voy.*, p. 25, pl. 4; Audub., *B. Amer.* IV, p. 184, pl. 250.	États-Unis W. et centr., Mexique.
2303. *Var.* LEUCONUCHA, Anth., *Pr. Cal. Ac. Sc.* II, p. 77.	Basse-Californie.
8816. PUSILLA, Lath., *Ind. Orn.* I, p. 263; Audub., *B. Amer.* IV, p. 181, pl. 249; Baird, *B. N. Am.*, p. 377.	États-Unis du S.
2304. *Var.* CANICEPS, Bangs, *Auk*, 1898, p. 180.	Floride.

1268. DENDROPHILA

Dendrophila, Sw. (1837); *Calisitta*, Rchb. (1851).

8817. AZUREA (Less.), *Tr. d'Orn.*, p. 316; Gad., *Cat.*, p. 357;	Java, Timor.

flavipes, Sw., *An. in Menag.* III, p. 323; Gray, *Gen. B.* I, pl. 45; *gymnophrys*, Kuhl.; *gymnopsis*, Schl.

8818. FORMOSA (Blyth), *J. A. S. Beng.*, 1843, p. 938; Jerd., *B. Ind.* I, p. 387; Gad., *Cat.*, p. 357. — Sikkim.

8819. FRONTALIS (Sw.), *Zool. Ill.* I, pl. 2; id., *Class. B.* II, p. 318; Legge, *B. Ceyl.*, p. 560; *velata*, Tem., *Pl. Col.* 72; *corallina*, Hodgs. — Himal., Inde, Ceylan, Indo-Chine, Java, Palawan, Balabac, Paragua.

8820. CORALLIPES, Sharpe, *Ibis*, 1888, p. 479. — Bornéo N.

8821. OENOCHLAMYS, Sharpe, *Tr. Linn. Soc., Zool.*, 1876, I, p. 338, pl. 53, f. 3; Gad., *Cat.*, p. 359. — Guimaras, Panay (Philippines).

8822. MESOLEUCA, Grant, *Ibis*, 1894, pp. 512, 550. — Luçon N.

8823. LILACEA, Whiteh., *Ibis*, 1897, p. 451. — Samar, Leyte, Basilan.

1269. NEOSITTA

Sittella, Sw. (1837 nec Rafin. 1815); *Neops*, Vieill. (1819 nec 1816); *Neositta*, Hellm. (1901).

8824. CHRYSOPTERA (Lath.), *Ind. Orn., Suppl.*, p. 32; Sw., *Class. B.* II, p. 317; Gould, *B. Austr.* IV, pl. 101; Gad., *Cat.*, p. 360. — Australie E., S.-E. et S.

8825. LEUCOCEPHALA (Gould), *P. Z. S.*, 1837, p. 152; id., *B. Austr.* IV, pl. 102. — Australie N.-E. et Nouv.-Galles du S.

8826. ALBATA (Rams.), *P. Z. S.*, 1877, p. 351; Gould, *B. N. Guin.* pl. XI; *leucocephala*, Rams. (1875). — Port Denison et baie de Rockingham.

8827. PILEATA (Gould), *P. Z. S.*, 1837, p. 159; id., *B. Austr.* IV, pl. 104; *melanocephala*, Gould (fem.) — Australie W. et S.

2305. *Var.* TENUIROSTRIS (Gould), *Handb. B. Austr.*, p. 610. — Australie S. centr.

8828. LEUCOPTERA (Gould), *P. Z. S.*, 1839, p. 144; id., *B. Austr.* IV, pl. 103. — Australie N.

8829. STRIATA (Gould), *Ann. and Mag. N. H.*, ser. 4, IV, p. 110; id., *Suppl.*, *B. Austr.*, pl. 54; *leucoptera* (juv.), Rams. — Australie N. et N.-E.

8830. PAPUENSIS (Schl.), *N. T. D.* IV, p. 47; Sharpe, *Zool. Rec.* VIII, p. 63; Salvad., *Orn. Pap.* II, p. 242. — Nouv.-Guinée N., W.

8831. ALBIFRONS (Rams.), *Pr. Linn. Soc. N. S. W.* VIII, p. 24. — Nouv.-Guinée S.-E.

8832. GRISEICEPS (De Vis), *Rep. Orn. Coll.*, 1894, p. 4. — Nouv.-Guinée S.-E.

1270. DAPHOENOSITTA

Daphœnositta, De Vis (1897).

8833. MIRANDA, De Vis, *Ibis*, 1897, p. 380; Salvad., *Ibis*, 1898, p, 208, pl. 4. — Monts Scratchley (Nouv.-Guinée).

1271. HYPOSITTA

Hypherpes, A. Newt. (1863 nec Chaud.); *Hypositta*, A. Newt. (1881).

8834. CORALLIROSTRIS, A. Newt., *P. Z. S.*, 1863, p. 85, pl. 13, 1881, p. 438; M.-Edw. et Grand., *H. N. Madag.*, pl. 121 — Madagascar.

SUBF. II. — CERTHIINÆ

1272. CERTHIA

Certhia, Lin. (1758).

8835. FAMILIARIS (Lin.); Naum., *Vög. Deutschl.*, pl. 140, ff. 1-4; *septentrionalis*, Brm.; *scolopacina*, Ström.; *costæ*, Bail. — Europe jusqu'au 62° l. Nord., Afrique N.

2306. *Var.* BRACHYDACTYLA, Brm., *Vög. Deutschl.*, p. 209; *familiaris*, auct. plur.; Dubois, *Fne. ill. Vert. Belg.*, *Ois.* I, p. 656, pl. 151; *major* et *minor*, Frisch. — Europe centr. W. (1).

2307. *Var.* HARTERTI, Hellm., *J. f. O.*, 1901, p. 189. — Asie Mineure.

2308. *Var.* SCANDULACA, Pall., *Zoogr. Rosso-As.* I, p. 432; *nattereri*, Bp.; *familiaris* (pt.), auct. plur.; *fasciata*, Dav. — Europe E., Asie centr. jusqu'au 55° l. N., Japon N.

2309. *Var.* BRITANNICA, Ridgw., in Gad., *Cat. B.*, p. 324; *familiaris* (pt.), auct.; Dress., *B. Eur.*, pl. 122. — Iles Britanniques.

2310. *Var.* JAPONICA, Hart., *Nov. Zool.* IV, p. 139. — Nippon (Japon).

2311. *Var.* AMERICANA, Bp., *Comp. List.*, p. 11; Baird, *B. N. Am.*, p. 372; *fusca*, Barton (nec Gm.); *familiaris*, Wils., *Am. Orn.* I, p. 122, pl. 8, f. 1. — Amérique N.-E.

2312. *Var.* OCCIDENTALIS, Ridgw., *Man. N. Amer. B.*, p. 558. — De l'Alaska à la Californie.

2313. *Var.* MONTANA, Ridgw., *l. c.*; Hart., *Nov. Zool.* IV, p. 139. — Montagnes Rocheuses.

2314. *Var.* ALBESCENS, Berl., *Auk*, 1888, p. 450; *mexicana* (pt.), Glog. et auct. plur. — Mexique N.-W., Arizona.

2315. *Var.* ALTICOLA, Mill., *Auk*, 1895, p. 186; *mexicana* (pt.), auct. plur. — Mexique centr. et S., Guatémala.

8836. HIMALAYANA, Vig., *P. Z. S.*, 1831, p. 174; Gould, *B. Asia*, II, pl. 17; *vittacauda*, James; *asiatica*, Sw. — Himalaya jusqu'au S.-W. de la Chine.

2316. *Var.* TÆNIURA, Severtz., *Turk. Jevotn.*, p. 66; Dress., *Ibis*, 1875, p. 176; Gadow, *Cat.*, p. 327. — Turkestan, Afghanistan et Himalaya jusqu'à l'Assam.

(1) Les auteurs ayant généralement confondu les différentes formes de Grimpereaux européens, il est fort difficile d'établir exactement la synonymie et la distribution géographique de celles-ci. (Voy. aussi : Hartert, *Novit. Zool.* IV, p. 138.)

8837. DISCOLOR, Blyth, *Journ. A. S. Beng.*, 1845, p. 580; Jerd., *B. Ind.* I, p. 381; *nipalensis* (pt.), Gould, *B. Asia*, II, pl. 16 (fig. inf.). — Sikkim, Népaul.

2317. *Var.* STOLICZKÆ, Brooks, *J. A. S. Beng.*, 1873, p. 256; *Str. F.*, 1877, pp. 73-79. — Sikkim, Boutan.

8838. NIPALENSIS, Hodgs., *Icon. ined.*, *Passeres*, nos 289, 598; Gould, *B. Asia*, II, pl. 16 (fig. sup.); *mandellii*, Brooks, *l. c.* — Himalaya du Népaul au Boutan et Assam.

2318. *Var.* HODGSONI, Brooks, *J. A. S. B.*, 1872, p. 74. — Cachemire.

1273. SALPORNIS

Salpornis, Gray (1847); *Hylypsornis*, Boc. (1878).

8839. SPILONOTA, Frankl., *P. Z. S.*, 1831, p. 121; Gray, *P. Z. S.*, 1847, p. 7; Jerd., *B. Ind.* I, p. 382; Gad., *Cat.*, p. 330. — Inde centr.

8840. SALVADORII (Boc.), *Jorn. Acad. Lisb.*, 1878, pp. 198, 211; id., *Orn. Ang.*, p. 289, pl. 10, f. 2. — Afrique S.-W. et S.-E.

2319. *Var.* EMINI, Hartl., *P. Z. S.*, 1884, p. 415, pl. 37. — Afrique équatoriale E.

1274. TICHODROMA

Tichodroma, Illig. (1811); *Petrodroma* (pt.), Vieill. (1816).

8841. MURARIA (Lin.); Illig., *Prodr.*, p. 211; Dress., *B. Eur.* III, p. 207, pl. 123; Dubois, *Fne. ill. Vert. Belg., Ois.* I, p. 660, pl. 152; *alpina*, Koch; *phœnicoptera*, Tem.; *europæa*, Steph.; *subhimalayana* et *nepalensis*, Hodgs.; *hoffmeisteri*, Rchb. — Région alpine de l'Europe centr. et mér., du N. de l'Afrique, de l'Abyssinie et de l'Asie centr.

1275. CLIMACTERIS

Climacteris, Tem. (1820).

8842. MELANURA, Gould, *P. Z. S.*, 1842, p. 138; id., *B. Austr.*, pl. 97; Gad., *Cat. B.* VIII, p. 334. — Australie N.

8843. MELANONOTA, Gould, *P. Z. S.*, 1846, p. 107; id., *B. Austr.*, pl. 96; Gad., *l. c.*, p. 334. — Golfe Carpentarie, Port Darling et Port Essington.

8844. PLACENS, Sclat., *P. Z. S.*, 1873, p. 693; Salvad., *Orn. Pap.* II, p. 241. — Nouv.-Guinée N. W.

8845. RUFA, Gould, *P.Z.S.*, 1840, p. 149; id., *B. Austr.*, pl. 94. — Australie W.

8846. LEUCOPHÆA (Lath.); Strickl., *Ann. and Mag. N. H.*, 1843, p. 336; *picumnus*, Illig.; Tem., *Pl. Col.* 281, f. 1; Gould, *B. Austr.*, pl. 98; *ocularis*, Gould. — Australie E. et S.

8847. SCANDENS, Tem., *Pl. Col.* 281, f. 2; Gould, *B. Austr.*, pl. 93; ?*bailloni*, Vieill. — Queensland, Nouv.-Galles du S., Australie S., Tasmanie.

8848. ERYTHROPS, Gould, *P. Z. S.*, 1840, p. 148; id., *B. Austr.*, pl. 95; *affinis*, Blyth. — Nouv.-Galles du S. jusqu'à la Wide-Bay.
8849. SUPERCILIOSA, North, *Ibis*, 1895, p. 341; id., *Horn Exp. Centr. Austr.* II, *Zool. Aves*, p. 96, pl. 7, f. 2. — Australie centr. et S.-W.
8850. PYRRHONOTA, Gould, *P. Z. S.*, 1867, p. 976. — Austr. S.-E., S., Tasm.
2320. *Var.* WEISKEI, Rchw., *Orn. Monatsb.*, 1900, p. 187. — Queensland N.

1276. RHABDORNIS

Rhabdornis, Rchb. (1851).

8851. MYSTACALIS (Tem.), *Pl. Col.* 335, f. 2; Rchb., *Handb. spec. Orn. Scans.*, n° 640, pl. 566; *striolata*, Kittl., *Kupf. Vög.*, pl. 6, f. 2. — Luçon, Dinagat, Mindanao (Philippines).
8852. MINOR, Grant, *Ibis*, 1897, pp. 234, 254. — Samar.
8853. INORNATUS, Grant, *Ibis*, 1897, pp. 235, 254, pl. 6, f. 2. — Samar.

FAM. XLVIII. — CŒREBIDÆ (1)

SUBF. I. — DIGLOSSINÆ

1277. DIGLOSSA

Diglossa, Wagl. (1832); *Serrirostrum*, d'Orb. et Lafr. (1837); *Agrilorhinus*, Bp. (1838); *Uncirostrum*, Lafr. (1839); *Campylops*, Licht. (1854); *Tephrodiglossa*, *Pyrrhodiglossa*, *Cyanodiglossa* et *Melanodiglossa*, Cass. (1864).

8854. BARITULA, Wagl., *Isis*, 1832, p. 281; Gray, *Gen. B.* I, pl. 42; Salv. et Godm., *Biol. Centr.-Am.* I, p. 242; *hamulus*, Licht.; *sittaceus*, Bp.; *brelayi*, Lafr.; *olivaceus*, Fras. — Mexique S., Guatémala.
8855. SITTOIDES (d'Orb. et Lafr.), *Mag. Zool.*, 1837, p. 25; d'Orb., *Voy. Ois.*, p. 374, pl. 58, f. 3; Tacz., *Orn. Pér.* I, p. 417; *similis*, Lafr.; *hyperythra*, Cab.; *d'orbignii*, Boiss. — Vénézuéla, Colombie, Ecuador, Pérou, Bolivie.
8856. GLORIOSA, Scl. et Salv., *P. Z. S.*, 1870, p. 784, pl. 46, f. 1. — Andes de Mérida (Vén.)
8857. BRUNNEIVENTRIS, Lafr., *Rev. Zool.*, 1846, p. 318; Des M., *Icon. Orn.*, pl. 43; Tacz., *Orn. Pér.* I, p. 420. — Andes de Boliv., Pérou, Ecuad. et Colombie.
8858. PECTORALIS, Cab., *J. f. O.*, 1873, p. 318; Scl., *Ibis*, 1875, p. 212, pl. 4. — Pérou (Andes).
8859. MYSTACALIS, Lafr., *Rev. Zool.*, 1846, p. 318; Scl., *Cat. B.* XI, p. 6, pl. 1; *mystacea*, Gray, *Gen. B.* I, pl. 42, f. 1. — Bolivie (Andes).
8860. CARBONARIA (d'Orb. et Lafr.), *Mag. de Zool.*, 1837, p. 25; d'Orb., *Voy., Ois.*, p. 375, pl. 58, f. 1; Bridg., *P. Z. S.*, 1847, p. 29. — Bolivie (Andes).

(1) Voy.: Sclater, *Cat. Birds Brit. Mus.* XI, pp. 1-48 (1886).

8861. MAJOR, Cab., in *Schomb. Guian.* III, p. 676; Scl., *l. c.*, p. 7. — Guyane anglaise.

8862. LAFRESNAYI (Boiss.), *Rev. Zool.*, 1840, p. 4; Scl., *P. Z. S.*, 1855, p. 138; *bonapartii*, Fras.; *intermedia*, Cab. — Colombie, Ecuador (Andes).

2321. ? *Var.* HUMERALIS, Fras., *P. Z. S.*, 1840, p. 22; Cab., *Mus. H.* I, p. 27. — Colombie, Ecuador.

8863. ATERRIMA, Lafr., *Rev. Zool.*, 1846, p. 319; Tacz., *Orn. Pér.* I, p. 419. — Pérou, Ecuador, Colombie.

8864. NOCTICOLOR, Bangs, *Pr. Biol. Soc. Wash.* XII, p. 180. — Macotama (Colombie).

8865. ALBILATERALIS, Lafr., *Rev. Zool.*, 1843, p. 99; Scl., *Ibis*, 1875, p. 216, pl. 5; Tacz., *Orn. Pér.* I, p. 418. — Vénéz., Col., Ecuad., Pérou (Andes).

8866. PLUMBEA, Cab., *J. f. O.*, 1860, p. 411; Salv. et Godm., *Biol.* I, p. 243, pl. 15*a*, ff. 1, 2. — Costa-Rica, Véragua.

8867. PERSONATA (Fras.), *P. Z. S.*, 1840, p. 23; Hartl., *Syst. Verz.*, p. 19; Tacz., *Orn. Pér.* I, p. 421; *cyaneum*, Lafr.; *melanops*, Tsch. — Colombie, Ecuad., Pérou, Bolivie (Andes).

8868. INDIGOTICA, Scl., *Ann. and Mag. N. H.*, 1856, p. 467. — Ecuador (Andes).

8869. GLAUCA, Scl. et Salv., *P. Z. S.*, 1876, p. 253. — Bolivie (Andes).

1278. DIGLOSSOPIS

Diglossopis, Scl. (1856).

8870. CÆRULESCENS, Scl., *Ann. and Mag. N. H.*, 1856, p. 467; Tacz., *Orn. Pér.* I, p. 422. — Vénézuéla, Colombie, Ecuador (Andes).

2322. *Var.* PALLIDA, Berl. et Stolzm., *P. Z. S.*, 1896, p. 334. — Pérou.

SUBF. II. — DACNIDINÆ

1279. OREOMANES

Oreomanes, Scl. (1860).

8871. FRASERI, Scl., *P. Z. S.*, 1860, p. 75, pl. 159; id., *Cat.*, p. 12. — Ecuador (Andes).

1280. CONIROSTRUM

Conirostrum, d'Orb. et Lafr. (1837).

8872. SITTICOLOR, Lafr., *Rev. Zool.*, 1840, p. 102; Gray, *Gen. B.* I, pl. 34; Tacz., *Orn. Pér.* I, p. 423; *bicolor*, Less. — Colombie, Ecuador, Pérou N.

2323. *Var.* INTERMEDIA, Berl., *Ornith. Monatsb.* I, p. 11. — Mérida (Vénézuéla).

8873. CYANEUM, Tacz., *P. Z. S.*, 1874, p. 512; id., *Orn. Pér.* I, p. 423. — Pérou centr. et Bolivie.

8874. RUFUM, Lafr., *Mag. de Zool.*, 1843, pl. 35; Sclat., *Cat.*, p. 14; *rufo-cinerea*, Bp. — Colombie (Andes).

8875. FERRUGINEIVENTRE, Scl., *P. Z. S.*, 1855, p. 74, pl. 85. — Bol., Pérou S. (Andes).

8876. FRASERI, Scl., *P. Z. S.*, 1858, p. 452; id., *Cat.*, p. 15, pl. 2, f. 1. — Ecuador W.

8877. CINEREUM, d'Orb. et Lafr., *Mag. de Zool.*, 1837, p. 25; d'Orb., *Voy.*, *Ois.*, p. 374, pl. 49, f. 1; Tacz., *Orn. Pér.* I, p. 425. — Bolivie, Pérou (Andes).

2324. *Var.* LITTORALIS, Berl. et Stolzm., *P. Z. S.*, 1896, p. 336. — Littoral du Pérou.

8878. ALBIFRONS, Lafr., *Rev. Zool.*, 1842, p. 301; id., *Mag. de Zool.*, 1843, pl. 35; Scl., *l. c.*, p. 16; *cæruleifrons*, Lafr. (fem.) — Colombie, Ecuador (Andes).

8879. ATROCYANEUM, Lafr., *Rev. Zool.*, 1848, p. 9; Tacz., *Orn. Pér.* I, p. 426. — Ecuador, Bolivie, Pérou.

1281. XENODACNIS

Xenodacnis, Cab. (1873).

8880. PARINA, Cab., *J. f. O.*, 1873, p. 312, pl. 4, ff. 1, 2; Tacz., *l. c.*, p. 434. — Pérou central.

1282. HEMIDACNIS

Hemidacnis, Scl. (1862).

8881. ALBIVENTRIS (Scl.), *Rev. et Mag. de Zool.*, 1852, p. 8; id., *Contr. Orn.*, 1852, p. 131, pl. 100, f. 1; id., *Cat. Am. B.*, p. 50. — Colombie, Ecuador, Pérou E.

1283. DACNIS

Dacnis, Cuv. (1817); *Cyanodacnis*, *Polidacnis*, *Eudacnis* et *Ateleodacnis*, Cass. (1864).

8882. CAYANA (Lin.); *Pl. Enl.* 578, f. 1, 669, f. 1; Strickl., *Contr. Orn.*, 1851, p. 15; *cyanomelas* et *cyanocephala*, Gm.; *bicolor*, Beckl., *N. Mém. Soc. Mosc.* I, p. 378, pl. 23; *cærulea*, Max.; *cyanater*, Less.; *nigripes*, Cass. — Amérique mérid. E. jusqu'au S. du Brésil et la Bolivie.

2325. *Var.* GLAUCOGULARIS, Berl. et Stolzm., *P. Z. S.*, 1896, p. 336. — Col., Ecuad., Pérou.

2326. *Var.* ULTRAMARINA, Lawr., *Pr. Ac. Sc. Philad.*, 1864, p. 106; Salv. et Godm., *Biol.* I, p. 244. — Amér. centr. du Nicaragua à Panama.

8883. COEREBICOLOR, Scl., *Contr. Orn.*, 1851, p. 106; id., *Cat.*, p. 21, pl. 3. — Colombie (Andes).

2327. *Var.* Napæa, Bangs, *Pr. Biol. Soc. Washingt.* XII, p. 143. — Sta-Marta (Colombie).

8884. nigripes, Pelz., *Sitz. Acad. Wien.*, 1856, p. 154, pl. 1, ff. 1, 2; id., *Orn. Bras.*, p. 25; Scl., *Cat.*, p. 21. — Brésil S., E.

8885. angelica, De Fil., *Atti sesta Riun. Sc. It.*, 1845, p. 404; Tacz., *Orn. Pér.* I, p. 429; *cayana* (pl.), auct. plur.; Vieill., *Gal. Ois.*, pl. 165; *melanotis*, Strickl.; *archangelica*, Bp. — Amérique mérid. au N. de l'Amazone, Pérou E. et Bolivie.

8888. egregia, Scl., *P. Z. S.*, 1854, p. 252; id., *Cat. Am. B.*, p. 51, pl. 7. — Colombie.

2328. *Var.* Æquatorialis, Berl., *J. f. O.*, 1873, p. 69. — Ecuador W.

8887. viguieri, Salv. et Godm., *Biol. Centr.-Am.* I, p. 246, pl. 15 *a*, f. 3. — Isthme Darien.

8888. flaviventris, d'Orb. et Lafr., *Mag. de Zool.*, 1837, p. 21; Pelz., *Orn. Bras.*, p. 25; Tacz., *Orn. Pér.* I, p. 431. — Ecuador, Pérou E., Bolivie.

8889. berlepschi, Hart., *B. O. C.* XI, p. 37; id., *Nov. Zool.* VIII, p. 371, pl. 5, ff. 1, 2. — Ecuador N.-W.

8890. venusta, Lawr., *Ann. Lyc. N. Y.* VII, p. 464; Scl., *Ibis*, 1863, p. 315, pl. 7. — De Costa-Rica à la Colombie centr.

8891. pulcherrima, Sclat., *Rev. et Mag. de Zool.*, 1853, p. 480; id., *Cat. Am. B.*, p. 51, pl. 8. — Colombie.

2329. *Var.* Aureinucha, Ridgw., *Pr. U. S. Nat. Mus.*, 1878, p. 484. — Ecuador.

2330. *Var.* Stigmatura (Berl. et Stolzm.), *P. Z. S.*, 1896, p. 338; *pulcherrima*, Tacz., *Orn. Pér.* I, p. 432. — Pérou centr.

8892. leucogenys, Lafr., *Rev. et Mag. de Zool.*, 1852, p. 470; Scl., *Ibis*, 1863, p. 317; id., *Cat. B.*, p. 25. — Colombie centr.

8893. analis, d'Orb. et Lafr., *Mag. de Zool.*, 1837, p. 21; Tacz., *Orn. Pér.* I, p. 432; *brevipennis*, Gir. (fem.); *modesta*, Cab. (fem.) — Guyane, Amazone, Pérou, Bolivie.

8894. speciosa (Max.), *Beitr.* III, p. 708; Scl., *Contr. Orn.*, 1852, p. 101; Burm., *Th. Bras.* III, p. 117; Pelz., *Orn. Bras.*, p. 26. — Brésil S. et E.

8895. plumbea (Lath.), *Ind. Orn.* II, p. 553; Tsch., *Faun. Per.*, p. 236; *bicolor*, Vieill., *Ois. Am. sept.* II, p. 32, pl. 90. — Vénézuéla, Trinidad, Brésil, Pérou E.

8896. salmoni, Scl., *Cat. B. Br. Mus.* XI, p. 27, pl. 2, f. 2 (fem.) — Antioquia.

1284. CERTHIDEA

Certhidea, Gould (1837).

8897. olivacea, Gould, *P. Z. S.*, 1837, p. 7; id., *Zool. Voy. Beagle*, III, p. 106, pl. 44; Scl., *Cat.*, p. 28; — Iles James, Jervis, Indéfat., Albemarle *salvini* et *albemarlei*, Ridgw., *Pr. U. S. Nat. Mus.*, 1894, pp. 358, 360. — (Galapagos).

2331. *Var.* LUTEOLA, Ridgw., *Pr. U. S. Nat. Mus.*, 1894, p. 360. — Ile Chatham (Galap.)

2332. *Var.* RIDGWAYI, Rothsch. et Hart., *Novit. Zool.* VI, p. 149. — Ile Charles (Galap.)

2333. *Var.* BECKI, Rothsch., *Ibis*, 1898, p. 437. — Ile Wenman (Galap.)

2334. *Var.* DROWNEI, Rothsch., *Ibis*, 1898, p. 438. — Ile Culpepper (Galap.)

2335. *Var.* MENTALIS, Ridgw., *Pr. U. S. Nat. Mus.*, 1894, p. 359. — Ile Tower (Galap.)

8898. FUSCA, Scl. et Salv., *P. Z. S.*, 1870, p. 324; Scl., *Cat. B.*, p. 28. — Iles Abingdon, Bindloe (Galapagos).

8899. CINERASCENS, Ridgw., *Pr. U. S. Nat. Mus.*, 1889, p. 105. — Ile Hood (Galapagos).

2336. *Var.* BIFASCIATA, Ridgw., *Pr. U. S. Nat. Mus.*, 1894, p. 359. — Ile Barrington (Galap.)

SUBF. III. — GLOSSIPTILINÆ

1285. GLOSSIPTILA

Neornis, Hartl. (1846, nec Hodgs., 1844); *Glossiptila*, Scl. (1856).

8900. RUFICOLLIS (Gm.); Gosse, *B. Jam.*, p. 236, *Ill.*, pl. 58; Scl., *P. Z. S.*, 1856, p. 269; ?*campestris*, Lin.; *rufigularis*, Lafr.; *cærulea*, Hartl. — Jamaïque.

SUBF. IV. — CŒREBINÆ

1286. CHLOROPHANES

Chlorophanes, Rchb. (1853).

8901. SPIZA (Lin.); *Pl. Enl.* 578, f. 2, 682, f. 1; Dubois, *Orn. Gal.*, pl. 117; Cass., *Pr. Ac. Sc. Phil.*, 1864, p. 267; *atricapilla*, Vieill.; Tacz., *Orn. Pér.* I, p. 435; *mitrata*, Licht.; *melanopus*, Cass. — Amér. mérid. jusqu'au S. du Brésil, la Bolivie et le Pérou.

2337. *Var.* EXSUL, Berl. et Tacz., *P. Z. S.*, 1883, p. 543. — Ecuad. W., Pér. N.-W.

2338. *Var.* GUATEMALENSIS, Scl., *P. Z. S.*, 1861, p. 129. — Du Guatém. à Panama.

2339. *Var.* CÆRULESCENS, Cass., *Pr. Ac. Sc. Philad.*, 1864, p. 267; Scl., *Cat.*, p. 30. — Colombie, Ecuador E., Pérou N.-E.

8902. PURPURASCENS, Scl. et Salv., *Nomencl.*, pp. 16, 167; Scl., *Cat.* XI, p. 31, pl. 4. — Vénézuéla.

1287. ARBELORHINA

Cœreba, auct. (nec Vieill., 1807); *Arbelorhina*, Cab. (1847); *Cyanerpes*, Oberh. (1899).

8903. CYANEA (Lin.); Aud. et Vieill., *Ois. dorés*, II, p. 87, — Amér. mérid. jusqu'au

pl^{s} 41, 42, 43; Vieill., *Gal. Ois.*, pl. 176; ?*flavipes*, Gm.; ? *cyanogastra*, Lath. — S. du Brésil et Bolivie.

2340. *Var.* Carneipes (Scl.), *P. Z. S.*, 1859, p. 376. — Amérique centr.

2341. *Var.* Brevipes, Cab., *Mus. Hein.* I, p. 96; *eximia*, Cab., *l. c.*; Oberh., *Auk*, 1899, p. 33. — Colombie N.-E., Vénéz., Cuba, Tobago.

8904. cærulea (Lin.); Aud. et Vieill., *Ois. dorés*, II, p. 93, pl^{s} 44, 45, 46; *ochrochlora*, Gm.; *surinamensis*, Lath.; *brevirostris*, Cab.; *microrhyncha*, Berl. — Amérique mérid. trop.

2342. *Var.* Longirostris, Cab., *Mus. Hein.* I, p. 96; Finsch, *P. Z. S.*, 1870, p. 561; Oberh., *Auk*, 1899, p. 34. — Vénézuéla E., Trinidad.

8905. lucida (Scl. et Salv.), *Ibis*, 1859, p. 14; Salv. et Godm., *Biol.* I, p. 249. — Amérique centr.

8906. nitida (Hartl.), *Rev. Zool.*, 1847, p. 84; Strickl., *Contr. Orn.*, 1850, p. 147, pl. 66, f. 1; Tacz., *Orn. Pér.* I, p. 439. — Colombie et Haut-Amazone.

1288. COEREBA (1)

Cœreba, Vieill. (1807); *Certhiola*, Sundev. (1835) et auct. plur.

8907. bahamensis (Briss.); Rchb., *Handb.*, p. 253; Scl., *Cat.*, p. 37; *flaveola*, Baird, *B. N. Am.*, p. 924, pl. 83, f. 3; *bairdi*, Cab., *J. f. O.*, 1865, p. 412. — Iles Bahama.

8908. caboti (Baird), *Am. Nat.* VII, p. 612; id., *B. N. Am.*, p. 427; Salv. et Godm., *Biol. Centr.-Am.* I, p. 251. — Ile Cozumel (Yucatan).

8909. tricolor (Ridgw.), *Pr. U. S. Nat. Mus.*, 1884, p. 178. — Ile Vieille-Providence.

8910. mexicana (Scl.), *P. Z. S.*, 1856, p. 286; id., *Cat.*, p. 38; *luteola* (pt.), auct. plur.; *peruviana*, Cab., *J. f. O.*, 1865, p. 413. — Mex. S., Amér. centr.

2343. *Var.* Columbiana (Cab.), *J. f. O.*, 1865, p. 412; *mexicana* (pt.), Scl. — Colombie centr.

2344. *Var.* Intermedia (Salvad. et Festa), *Boll. Mus. Zool. Torino*, 1899, n° 357, p. 13. — Ecuador.

2345. *Var.* Magnirostris (Tacz.), *P. Z. S.*, 1880, p. 193; id., *Orn. Pér.* I, p. 441. — Pérou.

8911. flaveola (Lin.); Gosse, *B. Jam.*, p. 84, *Ill.*, pl. 16; Baird, *B. N. Am.*, p. 427; Scl., *Cat.*, p. 43. — Jamaïque.

2346. *Var.* Newtoni (Baird), *B. N. Am.*, p. 427; *sanctithomæ*, Newt.; *bartholemica*, Finsch. — Ile Ste-Croix (Antilles).

2347. *Var.* Saccharina (Lawr.), *Ann. N. Y. Ac. Sc.* I, p. 150; Scl., *Cat.*, p. 42. — Ile St-Vincent (Antill.)

(1) M. Oberholser fait remarquer avec raison, que M. Ridgway a reconnu que le type du genre *Cœreba*, de Vieillot, est le *Certhia flaveola*, Lin. (Vieill., *Ois. Am. sept.* II, p. 70, 1807). C'est donc à tort que les auteurs ont appliqué ce terme aux oiseaux du genre précédent. Dès 1892, le Comte von Berlepsch a cependant désigné les Certhioles sous le nom de *Cœreba*.

2348. *Var.* GODMANI (Cory), *Auk*, 1889, p. 219. — Ile Grenada (Antilles).
2349. *Var.* BARTHOLEMICA (Sparrm.), *Mus. Carls.*, pl. 57; Rch., *Handb.*, p. 253; Baird, *N. Am. B.* I, p. 428. — Ile St-Bartholemi.
2350. *Var.* PORTORICENSIS (Bryant), *Pr. Bost. Soc. N. H.*, 1866, p. 252; Baird, *l. c.*, p. 427; *flaveola*, Tayl. (nec Lin.) — Porto-Rico.
2351. *Var.* SANCTI-THOMÆ (Ridgw.), *Pr. U. S. Nat. Mus.*, 1885, p. 29; *portoricensis* (pt.), Finsch. — Ile St-Thomas (Antill.)
2352. *Var.* LUTEOLA (Cab.), *Mus. Hein.* I, p. 96; Scl., *Cat.*, p. 40; *flaveola*, Léot., *Ois. Trin.*, p. 126. — Trinidad, Vénézuéla, Colombie N.
2353. *Var.* BANANIVORA (Gm.); Baird, *N. Am. B.*, p. 427; *clusiæ*, Hartl., *Naum.*, 1852, p. 56. — St-Domingue.
8912. DOMINICANA (Taylor), *Ibis*, 1864, p. 167; Scl., *Cat.*, p. 44, pl. 5, f. 2; *frontalis*, Baird, *Am. Nat.* VII, p. 612. — Dominica, Montserrat, Antigoa, Barbuda.
2354. ? *Var.* SUNDEVALLI (Ridgw.), *Pr. U. S. Nat. Mus.*, 1885, p. 26. — Dominica, Guadeloupe.
8913. CHLOROPYGA (Cab.), *Mus. Hein.* I, p. 97; Scl., *l. c.*, p. 44; *flavicola*, Licht.; *flaveola* (pt.), auct. plur.; *guianensis*, Cab., *l. c.*; *majuscula*, Cab., *J. f. O.*, 1865, p. 413. — Guyane, Bas-Amazone, Brésil, Bolivie.
8914. BARBADENSIS (Baird), *Am. Nat.* VII, p. 612; id., *N. Am. B.*, p. 428; *martinicana*, Scl. (nec Rchb.) — Barbados.
8915. UROPYGIALIS, Berl., *J. f. O.*, 1892, p. 77. — Ile Curaçao (Antilles).
8916. MARTINICANA (Briss.); Rchb., *Handb.*, p. 252; Baird, *N. Am. B.*, p. 428; Scl., *Cat.*, p. 46, pl. 5, f. 1; *albigula*, Bp.; *finschi*, Ridgw. — Martinique, Ste-Lucie, Dominica (Antilles).
8917. ATRATA (Lawr.), *Ann. N. Y. Acad. Sc.* I, p. 150; Scl., *Cat.*, p. 47; ? *aterrimum*, Less., Tr., p. 303. — Ile St-Vincent (Antill.)
2355. *Var.* WELLSI (Cory), *Auk*, 1889, p. 219. — Ile Grenada (Antilles).

FAM. XLIX. — DREPANIDÆ (1)

1289. DREPANIS

Drepanis, Tem. (1820); *Falcator*, Tem. (1822); *Drepanorhamphus*, Rothsch. (1900).

8918. PACIFICA (Gm.); Audeb. et Vieill., *Ois. dorés*, pl. 63; Sharpe, *Cat. B.*, p. 5; *Vestiaria hoho*, Less. — Hawaï (Sandw.)
8919. FUNEREA, A. Newt., *P. Z. S.*, 1893, p. 690. — Molokai (Sandw.)

(1) Voy.: Sharpe, *Cat. Birds Brit. Mus.* X, pp. 3-10 (1885); W. Rothschild, *The Avifauna of Laysan and the neighbouring Islands*; R. Perkins, *An Introduction to the Study of the Drepanidæ* (*Ibis*, 1901, pp. 562-585).

1290. VESTIARIA

Vestiaria, Flem. (1822).

8920. COCCINEA (Merr.); Audeb. et Vieill., *Ois. dorés*, pl. 52; Sharpe, *l. c.*, p. 6; *Certhia vestiaria*, Lath; Vieill., *Gal. Ois.*, pl. 181; *evi*, Less. — Iles Sandwich.

1291. PALMERIA

Palmeria, Rothsch. (1893).

8921. DOLEI (Wils.), *P. Z. S.*, 1891, p. 166; *mirabilis*, Rothsch., *Ibis*, 1893, p. 113. — Maui, Molokai (Sandwich).

1292. HIMATIONE

Himatione, Cab. (1850).

8922. SANGUINEA (Gm.); Aud. et Vieill., *Ois. dorés*, II, pl. 66; Cab., *Mus. Hein.* I, p. 99; Sharpe, *l. c.*, p. 8; *byronensis*, Blox. — Iles Sandwich.

8923. FRAITHII, Rothsch., *Ann. and Mag. N. H.*, 1892, p. 109. — Laysan (Sandwich.)

1293. CHLORODREPANIS

Chlorodrepanis, Perk. (1899).

8924. VIRENS (Gm.); Audeb. et Vieill., *Ois. dorés*, II, plˢ 67, 68; Sharpe, *l. c.*, p. 9; *flava*, Blox. — Hawaï (Sandwich).

2356. *Var.* PARVA (Stejn.), *Pr. U. S. Nat. Mus.*, 1887, p. 94. — Kauai (Sandwich).

2357. *Var.* STEJNEGERI (Wils.), *P. Z. S.*, 1889, p. 446; *chloris*, Stejn. (nec Cab.) — Kauai, Molokai.

8925. CHLORIS (Cab.), *Mus. Hein.* I, p. 99; Wils., *P. Z. S.*, 1889, p. 446; id., *Ibis*, 1890, p. 185. — Oahu, Lanai, Molokai.

1294. OREOMYZA

Oreomyza, Stejn. (1887).

8926. BAIRDI, Stejn., *Pr. U. S. Nat. Mus.*, 1887, p. 99. — Kauai (Sandwich).

2358. *Var.* WILSONI, Stejn., *Op. cit.*, 1889, p. 386. — Kauai.

8927. MACULATA (Cab.), *Mus. Hein.* I, p. 100; Wils., *Ibis*, 1890, p. 186. — Oahu (Sandwich).

8928. MONTANA (Wils.), *P. Z. S.*, 1889, p. 446; id., *Ibis*, 1890, p. 186. — Lanai (Sandwich).

8929. NEWTONI (Rothsch.), *Ibis*, 1893, p. 443. — Mauai (Sandwich).

8930. PERKINSI, Rothsch., *Avif. of Laysan*, pt. III, 1900. — Hawaï (Sandwich).

8931. NANA (Wils.), *Ann. and Mag. N. H.*, 1891, p. 460. — Hawaï.

1295. CIRIDOPS (1)

Ciridops, Wils. et Evan. (1893).

8932. ANNA (Dole); *Fringilla anna*, Dole, *Hawai Alman.*, 1879, p. 49; id., *Ibis*, 1880, p. 241 ; S. Wils. et Evan, *Aves Haw.*, pt. IV, pl.; Rothsch., *Avif. Lays.*, p. 183. — Hawaï.

1296. HEMIGNATHUS

Hemignathus, Licht. (1838) ; *Heterorhynchus*, Lafr. (1839).

8933. OBSCURUS (Gm.); Audeb. et Vieill., *Ois. dorés*, II, pl. 53; Sharpe, *Cat.*, p. 4 (pt.); Wils., *Ibis*, 1890, p. 189. — Hawaï (Sandwich).

8934. LICHTENSTEINI, S. Wils., *Ann. and Mag. N. H.*, 1889, p. 401 ; id., *Ibis*, 1890, p. 190; *obscurus*, Licht., *Abh. K. Akad. Berlin*, 1838, p. 449, pl. 5, f. 1 (nec Gm.) — Oahu (Sandwich).

8935. LANAIENSIS, Rothsch., *Avif. Laysan*, pl. — Lanai (Sandwich).

8936. ELLISIANUS, Gray, *Cat. B. Trop. Isl. Pacif. Oc.*, p. 9; *obscurus* (pt.), Sharpe, *Cat.*, p. 4. — Oahu (Sandwich).

8937. PROCERUS, Cab., *J. f. O.*, 1889, p. 331 ; *obscurus*, Stejn. (nec Gm., nec Licht.); *stejnegeri*, S. Wils., *Ann. and Mag. N. H.*, 1889, p. 400; *Ibis*, 1890, p. 190, pl. 6, f. 2. — Kauai (Sandwich).

8938. WILSONI (Rothsch.), *Ibis*, 1893, p. 443. — Mauai (Sandwich).

8939. OLIVACEUS (Lafr.), *Mag. de Zool.*, 1839, pl. 10; Prev. et Des M., *Voy. Venus*, pl. 1 ; *lucida*, Gray (nec Licht.); *V. heterorhynchus*, Less., *Rev. Zool.*, 1842, p. 209. — Hawaï.

8940. LUCIDUS, Licht., *Abh. Akad. Berlin*, 1838, p. 451, pl. 5, ff. 2, 3; Sharpe, *l. c.*, p. 5. — Oahu (Sandwich)

8941. HANAPEPE, Wils., *Ann. and Mag. N. H.*, 1889, p. 401 ; id., *Ibis*, 1890, p. 192, pl. 6, f. 1. — Kauai.

8942. AFFINIS, Rothsch., *Ibis*, 1893, p. 112. — Mauai.

1297. VIRIDONIA

Viridonia, Rothsch. (1892).

8943. SAGITTIROSTRIS, Rothsch., *Ann. and Mag. N. H.*, 1892, p. 112. — Hawaï.

(1) Quelques auteurs récents ont réuni, dans la famille des Drépanidés, des conirostres et des ténuirostres se rapprochant par d'autres caractères que celui fourni par le bec. Je n'ai pas admis cette manière de voir et j'ai placé les conirostres (*Chrysomitridops*, *Loxops*, *Psittirostra*, *Loxioides*, *Rhodocanthis*, *Chloridops*, *Telespyza* et *Pseudonestor*) dans la famille des Fringillidés. (Voy. pp. 594, 605 et 606). La véritable place du *Ciridops anna* est près des *Loxops*.

FAM. L. — NECTARINIIDÆ (1)

1298. NEODREPANIS

Neodrepanis, Sharpe (1875).

8944. CORUSCANS, Sharpe, *P. Z. S.*, 1875, p. 76; Shell., *Mon. Nect.*, p. 1, pl. 1; id., *B. Afr.* II, p. 12. — Madagascar.

1299. HEDYDIPNA

Hedydipna, Platydipna, Cab. (1850); *Nectarinia* (pt.), auct. plur.

8945. METALLICA (Licht.), *Verz. Doubl.*, p. 15; Shell., *Mon. Nect.*, p. 3, pl. 2; id., *B. Afr.* II, p. 15. — Afrique N.-E.

8946. MUELLERI (Lor. et Hellm.), *Orn. Mon.*, 1901, p. 38. — Arabie S.

8947. PLATYURA (Vieill.), *N. Dict.* XXXI, p. 501 (*platura*); Shell., *Mon.*, p. 7, pl. 3; *cyanopygos*, Licht.; *sylviella*, Tem.; *platyura*, Cab. — De Sénégambie jusqu'au Nil et le Nyam-Nyam au S.

1300. NECTARINIA

Nectarinia, Illig. (1811); *Panæola*, Cab. (1850); *Drepanorhynchus*, Fisch. et Rchw. (1884, nec Dubois).

8948. FAMOSA (Lin.); Shell., *Mon.*, p. 13, pl. 5; *pella* (pt.) et *capensis*, Müll.; *tabacina*, Lath.; *formosa*, Bp. — Afrique S. jusqu'au Namaqua et Limpopo.

2359. *Var.* CUPREONITENS, Shell., *Mon.*, p. 17, pl. 6, f. 1; Gad., *Cat. B.* IX, p. 6; *famosa* (pt.), auct. plur. (nec Lin.); *subfamosa*, Salvad; *æneigularis*, Sharpe. — De l'Abyssinie au Zambèze et Sénégambie.

8949. JOHNSTONI, Shell., *P. Z. S.*, 1885, p. 227, pl. 14; Rchw., *Vög. Deutsch. O. Afr.*, p. 213; *deckeni*, v. Höhn. — Kilima Ndjaro, Kenia (Montagnes).

8950. THOMENSIS, Boc., *Journ. Sc. Lisb.*, 1889, p. 143. — Ile St-Thomas (Afr. W.)

8951. PULCHELLA (Lin.); Aud. et Vieill., *Ois. dorés*, II, p. 62, pl. 40; Shell., *Mon.*, p. 9, pl. 4; *caudatus*, Vieill.; *melampogon*, Licht., *Verz. Doubl.*, p. 15. — Afr. trop. de l'Équateur au 16° l. N.

8952. MELANOGASTRA, Fisch. et Rchw., *J. f. O.*, 1884, p. 181; Rchw., *Vög. Deutsch. O. Afr.*, p. 212; Shell., *B. Afr.* II, p. 25, pl. 1, f. 2. — Victoria Nyanza et contrées voisines au S. de l'Équateur.

8953. TACAZZE (Stanl.) in *Salt's Trav. Abyss.*, *App.*, p. 58; Rüpp., *Neue Wirb.*, p. 89, pl. 31, f. 3; Shell., *Mon.*, p. 19, pl. 7; *tacazziana*, Finsch.; *jacksoni*, Neum., *Orn. Mon.*, 1899, p. 24. — Massaïland, Uganda, Choa, Abyssinie.

(1) Voy.: Shelley, *A Monograph of the Nectariniidæ* (1876-80); Gadow, *Cat. Birds Brit. Mus.* IX, pp. 1-126 (1884).

2360. *Var.* Bocagei, Shell., *Mon.*, p. 21, pl. 6, f. 2; *tacazze*, Boc., *Journ. Sc. Lisb.*, 1878, pp. 196, 269. — Benguela, Angola.

8954. kilimensis, Shell., *P. Z. S.*, 1884, p. 555; id., *Birds Afr.* II, p. 28, pl. 1, f. 1; *filiola*, Hartl.; *gadowi*, Bocage. — Afr. centr. E., de la Zambézie jusqu'au delà de l'Équateur.

8955. reichenowi (Fisch.), *J. f. O.*, 1884, p. 56; Shell., *P. Z. S.*, 1884, p. 556, pl. 51. — Kilima Ndjaro, Massaïland.

1301. ANTHOBAPHES

Anthobaphes, Cab. (1850); *Anthrobaphes*, Bp. (1854).

8956. violaceus (Lin.); Shell., *Mon. Nect.*, p. 23, pl. 8; ?*cinerea*, Müll.; ?*aurantia*, Gm.; *crocata*, Shaw. — Colonie du Cap au S. de l'Orange.

1302. CHALCOSTETHA

Chalcostetha, Cab. (1850).

8957. insignis (Jard.), *Mon. Sun-Birds*, p. 274; Shell., *Mon. Nect.*, p. 87, pl. 30; *pectoralis*, Tem., *Pl. Col.* 138, f. 3 (nec Horsf.); *calcostetha*, Jard.; *macklotii*, Bp.; *insperata*, Hume; *porphyrolæma*, Brügg. — Cochin-Chine, Siam, Ténassér., Malacca, Iles de la Sonde, Célèbes.

1303. ÆTHOPYGA

Æthopyga, Cab. (1850); *Urodrepanis*, Shell. (1876); *Eudrepanis*, Sharpe (1877).

8958. saturata (Hodgs.), *Ind. Rev.*, 1837, p. 273; Shell., *Mon. Nect.*, p. 35, pl. 11; *assamensis*, Mc Clel.; *hodgsoni*, Jard., *Mon. Sun-Birds*, p. 240, pl. 28. — Himalaya, Assam.

8959. anomala, Richm., *P. U. S. Nat. Mus.*, 1900, p. 319. — Bas-Siam.

8960. temmincki (S. Müll.), *Nat. Gesch. Land- en Volkenk.*, 1843, p. 173; Shell., *Mon. Nect.*, p. 47, pl. 16, f. 1; Gad., *Cat.*, p. 16. — Malacca, Sumatra, Bornéo.

8961. eximia (Horsf.), *Trans. Linn. Soc.*, 1820, p. 168; Shell., *l. c.*, p. 27, pl. 9; *kuhli*, Tem., *Pl. col.* 376, ff. 1, 2. — Java.

8962. vigorsi (Syk.), *P. Z. S.*, 1832, p. 98; Shell., *l. c.*, p. 71, pl. 23; *concolor*, Syk. — Inde (Montagnes).

8963. seheriæ (Tick.), *J. A. S. Beng.*, 1833, p. 577; Shell., *l. c.*, pl. 22; *miles*, Hodgs.; *goalpariensis*, Royle, *Ill. Him. Bot.* II, p. 78, pl. 7, f. 1; *labecula*, Mc Clel.; *mystacalis* (pt.), Blyth. — Himalaya.

2361. *Var.* Cara, Hume, *Str. F.*, 1874, p. 473 (note); Shell., *l. c.*, p. 63, pl. 21; *mystacalis* (pt.), Bl.; *lathami*, Hume, *l. c.* — Assam, Ténassérim, Birmanie.

8964. SIPARAJA (Raffl.), *Tr. Linn. Soc.*, 1820, p. 299; Shell., *l. c.*, pl. 19; *mystacalis* (pt.), Bl. et auct. plur. (nec Tem.); *lathami*, Jard.; *eupogon*, Cab.; *chalcopogon*, Rchb. — Malacca, Sumatra, Java, Bornéo.

2362. *Var.* NICOBARICA, Hume, *Str. F.*, 1873, p. 412; Shell., *l. c.*, p. 61, pl. 20. — Iles Nicobar.

2363. *Var.* NIASENSIS, Hart., *Orn. Monatsb.* VI, p. 92. — Ile Nias.

8965. MYSTACALIS (Tem.), *Pl. Col.* 126, f. 3; Shell., *l. c.*, pl. 16, f. 2; *lodoisiæ*, Salvad., *Ibis*, 1865, p. 548. — Java.

8966. FLAVOSTRIATA (Wall.), *P. Z. S.*, 1865, p. 478, pl. 19, f. 2; Shell., *l. c.*, pl. 18; *beccarii*, Salvad., *Ann. Mus. Civ. Gen.*, 1875, p. 659. — Célèbes.

8967. MAGNIFICA, Sharpe, *Nature*, 1876, p. 297; Shell., *l. c.*, pl. 17. — Ile Negros (Philipp.)

8968. IGNICAUDA (Hodgs.), *Ind. Rev.*, 1837, p. 273; Shell., *l. c.*, pl. 15; *rubricaudata*, Blyth; *phœnicura*, Jard.; *epimacurus*, Hodgs. — Népaul, Assam.

8969. NIPALENSIS (Hodgs.), *Ind. Rev.*, 1837, p. 273; Jard., *Mon. Sun-Birds*, pl. 27; Shell., *l. c.*, pl. 10, f. 1. — Népaul, Sikkim et Boutan jusqu'aux monts Kasia.

2364. *Var.* HORSFIELDI (Blyth), *J. A. S. Beng.*, 1842, p. 107; Shell., *l. c.*, pl. 10, f. 2. — Himalaya centr. W.

8970. SANGUINIPECTUS, Wald., *Ann. and Mag. N. H.*, 1875, p. 400; Shell., *l. c.*, pl. 12; *waldeni*, Hume, *Str. F.*, 1877, p. 51. — Birmanie, Ténassérim.

8971. WRAYI, Sharpe, *P. Z. S.*, 1887, p. 440, pl. 38, f. 2. — Pérak (Malacca).

8972. GOULDIÆ (Vig.), *P. Z. S.*, 1831, p. 44; Gould, *Cent. Him. B.*, pl. 56; Shell., *l. c.*, pl. 14; ?*subflavus*, Vieill. — Himalaya centr. et E.

8973. DABRYI (Verr.), *Rev. et Mag. de Zool.*, 1867, p. 173, pl. 15; Shell., *l. c.*, pl. 13; *debrii*, Wald. — Birmanie, Chine W.

8974. SHELLEYI, Sharpe, *Nature*, 1876, p. 297; Shell., *l. c.*, pl[s] 24 et 29, f. 1. — Palawan (Philippines).

8975. BELLA, Tweed., *Ann. and Mag. N. H.*, 1877, p. 537; Shell., *l. c.*, pl. 25. — Surigao (Mindanao N.)

8976. FLAVIPECTUS, Grant, *Ibis*, 1894, pp. 513, 550; *minuta*, B. et Worc. — Luçon N., Mindoro.

8977. LATOUCHEI, Slat., *Ibis*, 1891, p. 43, pl. 1. — Chine S.-E.

8978. CHRISTINÆ, Swinh., *Ann. and Mag. N. H.*, 1869, p. 436; Wald., *Ibis*, 1870, p. 36, pl. 1, f. 1; Shell., *l. c.*, pl. 25. — Haïnan.

8979. AROLASI, Bourns et Worc., *Occ. Pap. Minnes. Ac.* I, p. 17. — Tawi-Tawi (Soulou).

8980. BONITA, Bourns et Worc., *Occ. Pap. Minnes. Ac.* I, p. 18. — Negr., Cébu, Masbate

8981. DUYVENBODEI (Schl.), *Ned. Tijdschr. Dierk.* IV, p. 14; Shell., *l. c.*, pl. 27; Salvad., *Atti R. Acc. Torino*, 1877, p. 316. — Ile Sanghir.

8982. PULCHERRIMA, Sharpe, *Nature*, 1876, p. 297; Shell., *l. c.*, pl. 28: *dubia*, Tweed., *P. Z. S.*, 1878, p. 112; Shell., *l. c.*, pl. 29, f. 2. — Dinagat, Basilan (Philippines).

8983. JEFFERYI, Grant, *Ibis*, 1894, pp. 513, 550. — Luçon N.

1304. CINNYRIS

Cinnyris, Cuv. (1817); *Arachnechthra*, Cab. (1850); *Chromatophora*, *Aidemonia*, *Angaladiana*, Rchb. (1854).

8984. CUPREUS (Shaw), *Gen. Zool.* VIII, p. 201; Shell., *Monogr. Nect.*, pl. 58; *rubrofusca*, Shaw; *aurata*, Bechst.; *nibarus*, *tricolor*, Vieill.; *nigrogaster*, Bon. et V.; *erythronotus*, Sw., *B. W. Afr.* II, p. 130, pl. 15; *porphyrolæma*, Heugl.; *chalcea*, Hartl.; *fulgens*, Würt. — Afrique tropicale du 16° l. N. au 18° l. S.

8985. PURPUREIVENTRIS, Rchw., *Orn. Monatsb.* I, p. 61; id., *J. f. O.*, 1894, p. 102, pl. 1, f. 2. — Afrique centr.

8986. NOTATUS (P. L. S. Müll.), *S. N. Anh.*, p. 99; Shell., *l. c.*, pl. 59; *angaladiana*, Shaw; M.-Edw. et Grand., *Madag.*, *Ois.* II, pl^{s} 106, 107; *lotenius*, Vieill.; *madagascariensis*, Quoy et Gaim. — Madagascar.

2365. *Var.* NESOPHILA, Shell., *B. B. O. C.*, 1892, p. 5; id., *Ibis*, 1893, p. 118; id., *B. Afr.* II, p. 41, pl. 2, f. 2. — Grande-Comore.

8987. SUPERBUS (Shaw), *Gen. Zool.* VIII, p. 193; Shell., *Mon. Nect.*, pl. 60; *sugnimbindu*, Bechst.; *sanguineus*, Less. — Afr. W., de la Côte-d'Or à l'Angola.

8988. JOHANNÆ, Verr., *Rev. et Mag. de Zool.*, 1851, p. 314; Shell., *l. c.*, pl. 61; *fasciata*, Jard. et Fras., *Contr. Orn.*, 1852, p. 59. — Afrique W., de Sierra-Leone au Congo.

8989. SPLENDIDUS (Shaw), *Gen. Zool.* VIII, p. 191, pl. 26; Shell., *l. c.*, pl. 62; ?*coccinigastra*, Lath.; *nitida*, *sericea*, Bechst.; *bombicinus*, *splendens*, Vieill.; *lucidus*, Less. — Sénégal, Gabon jusqu'au Nyam-Nyam.

8990. ABESSINICUS (Hempr. et Ehr.), *Symb. Phys.* I, *Aves*, pl. 4; Shell., *l. c.*, pl. 63; *purpurata*, Kittl.; *gularis*, Rüpp., *Neue Wirb.*, p. 88, pl. 31, f. 2; *lucida*, Licht. — Somaliland, Abyssinie, Kordofan (Afrique N.-E.)

8991. NECTARINIOIDES, Richm., *Auk*, 1897, p. 158; Shell., *B. Afr.* II, p. 48. — Kilima Ndjaro (Afr. E.)

8992. BIFASCIATUS (Shaw), *Gen. Zool.* VIII, p. 198; Shell., *l. c.*, pl. 66; *nitens*, Vieill.; *jardinei*, Verr. in Hartl., *Orn. W. Afr.*, p. 47. — Afrique W. du Gabon au fleuve Cunéné.

2366. *Var.* MICRORHYNCHA, Shell., *Mon. Nect.*, p. 219, pl. 67; *jardinei*, auct. plur. (nec Verr.) — Afrique E., du Zambèze à l'Équateur.

2367. *Var.* Mariquensis, Smith, *App. Rep. Exped. S. Afr.*, p. 53 (1836); Shell., *l. c.*, pl. 65; *bifasciata*, auct. plur. (nec Shaw). — Afr., au S. du Cunéné et du Zambèze jusqu'au 29° l. S.

2368. *Var.* Osiris (Finsch), *Tr. Z. S.* VII, p. 30; Shell., *l. c.*, pl. 64, f. 1; *jardinei* (pt.), Blanf.; *suahelica*, Rchw.; *hawkeri*, Neum. — Abyssinie et Bogosland du 5° l. S. au 16° l. N.

2369. *Var.* Erythroceria, Heugl., *J. f. O.*, 1864, p. 261; Shell., *l. c.*, pl. 64, f. 2; *erythrocerca*, Heugl.; *gonzenbachii*, Ant., *Cat. descr. Ucc.*, p. 35. — Région du Nil Blanc, Victoria Nyanza.

8993. comorensis, Peters, *J. f. O.*, 1864, p. 161; Shell., *l. c.*, p. 221, pl. 68. — Anjouan (Comores).

8994. shelleyi, Alex., *Ibis*, 1899, p. 556, pl. 11. — Zambézie N.

8995. bouvieri, Shell., *Mon. Nect.*, p. 227, pl. 70. — Congo W.

8996. osea, Bp., *C. R.* XLII, pt. 2, p. 765 (1856); Shell., *l. c.*, p. 223, pl. 69. — Palestine.

8997. leucogaster, Vieill., *N. Dict.* XXXI, p. 515; *thoracicus*, Less.; *talatala*, Smith; Shell., *l. c.*, pl. 71; *anderssoni*, Str. et Scl. — Du Zambèze au Damara à l'Ouest et au Natal au S.

2370. *Var.* Albiventris (Strickl.), *Contr. Orn.*, 1852, p. 42, pl. 86; Shell., *l. c.*, pl. 73. — Ile Manda, Somaliland (Afrique E.)

8998. oustaleti (Bocage), *Jorn. Lisboa*, 1878, p. 254; Shell., *l. c.*, p. 231, pl. 72, f. 1. — Benguéla, Mossamedes.

8999. venustus (Shaw), *Nat. Misc.* X, pl. 369; Shell., *l. c.*, pl. 74, ff. 1, 3; *quinticolor*, Bechst.; *pusillus*, Sw.; *parvula*, Jard. — De Sénégambie au Gabon.

9000. affinis, Rüpp., *Neue Wirb.*, p. 87, pl. 31, f. 1; Shell., *l. c.*, pl. 74, f. 2; *fazoglensis*, Finsch; *heuglini*, Shell. — Choa, Abyssinie, Kordofan.

2371. *Var.* Stierlingi, Rchw., *Orn. Mon.*, 1899, p. 171. — Uhehe.

2372. *Var.* Niassæ, Rchw., *l. c.* — Nyassaland.

2373. *Var.* Kuanzæ, Rchw., *l. c.*, p. 192; *angolensis*, Rchw., *l. c.*, p. 171 (nec Less.) — Angola.

9001. cyanescens, Rchw., *l. c.*, p. 171. — Zanzibar, Mpapua.

9002. falkensteini, Fisch. et Rchw., *J. f. O.*, 1884, p. 56; Shell., *B. Afr.* II, p. 66, pl. 3, f. 1. — Lac Naiwascha, Loita, Kil. Ndjaro, Sotik.

2374. *Var.* Igneiventris, Rchw., *Orn. Mon.*, 1899, p. 171. — Karagwe (Afr. trop. E.)

9003. coquereli (Verr.), *J. f. O.*, 1860, p. 90; Shell., *l. c.*, pl. 75. — Mayotte (Comores).

9004. souimanga (Gm.); Bp., *Consp.* I, p. 407; Shell., *l. c.*, pl. 76; *madagascariensis*, Lath. — Madagascar.

9005. aldabrensis, Ridgw., *Pr. U. S. Nat. Mus.*, 1894, p. 372. — Ile Aldabra (Afr. E.)

9006. abbotti, Ridgw., *Pr. U. S. Nat. Mus.*, 1894, p. 372; Shell., *B. Afr.* II, p. 72. — Ile de l'Assomption (Afrique E.)

9007. afer (Lin.); Shell., *l. c.*, p. 249, pl. 77; *viridis* et *canora*, Scop.; *scarlatina*, Sparrm.; *pectoralis* et *smaragdinus*, Vieill.; *erythrogastra*, Shaw. — Afrique S., du Natal au Zambèze.

2375. *Var.* LUDOVICENSIS (Bocage), *Jorn. Lisb.*, 1868, p. 41; *intermedia*, Bocage, *l. c.*, 1880, p. 236; *erikssoni*, Trim., *P. Z. S.*, 1882, p. 451, pl. 32. — De l'Angola au Damara et Zambézie N.

2376. *Var.* STUHLMANI, Rchw., *Orn. Mon.*, 1893, p. 61. — Afrique centr.

9008. CHALIBEUS (Lin.); Aud. et Vieill., *Ois. dorés*, II, pl. 26; Shell., *Op. cit.*, pl. 78; *capensis*, Less. — Afrique S. jusqu'au Transvaal.

9009. SUBALARIS, Rchw., *Orn. Monatsb.*, 1899, p. 170. — Pondoland.

9010. MEDIOCRIS, Shell., *P. Z. S.*, 1885, p. 228; id., *B. Afr.* II, p. 79, pl. 3, f. 2. — Du Kilima Ndjaro à Sotik.

9011. FULLEBORNI, Rchw., *Orn. Monatsb.*, 1899, p. 7. — Afrique E. allem.

9012. PREUSSI, Rchw., *J. f. O.*, 1892, p. 190; Shell., *B. Afr.* II, p. 81. — Caméron.

9013. REICHENOWI, Sharpe, *Ibis*, 1891, pp. 444, 593, pl. 12, f. 1; *ansorgii*, Hart., in *Ansorge's « Under the Afr. Sun »*, *App.*, p. 350, pl. 2, f. 1. — Région du Victoria-Nyanza.

9014. CHLOROPYGIUS (Jard.), *Ann. N. H.*, 1842, p. 188; Bp., *Consp. Av.* I, p. 407; Shell., *Mon. Nect.*, p. 237, pl. 79. — Côte-d'Or, Niger.

2377. *Var.* ORPHOGASTRA, Rchw., *Orn. Mon.*, 1899, p. 169. — Bukoba, îles Soweh et Sesse, Sotik.

2378. *Var.* LUEHDERI, Rchw., *l. c.* — Camér., Gabon, Loang.

9015. MINULLUS, Rchw., *l. c.*, p. 170. — Caméron.

9016. REGIUS, Rchw., *Orn. Mon.*, 1893, p. 32 (*regia*); id., *J. f. O.*, 1894, pl. 1, f. 1; Shell., *B. Afr.* II, p. 86. — Afrique centr. E.

9017. ASIATICUS (Lath.), *Ind. Orn.* I, p. 288; Shell., *Mon. Nect.*, p. 181, pl. 57; ? *currucaria*, Lin.; *chrysoptera*, *mahrattensis*, Lath.; *nitens*, Herm.; *saccharina*, Shaw; *cincta*, Bechst.; *virescens*, Vieill.; *cyaneus*, *indicus*, Bon. et V.; *iodeus*, Less.; *orientalis*, Fr.; *epauletta*, *strigula*, Hodgs.; *intermedia*, Hume; *edeni*, Anders. — Inde, Ceylan, Indo-Chine W.

2379. *Var.* BREVIROSTRIS (Blanf.), *Ibis*, 1873, p. 86; id., *Eastern Persia*, II, p. 220, pl. 14. — Beloutchistan, Perse S.

9018. LOTENIUS (Lin.); Shell., *l. c.*, p. 177, pl. 56; *polita*, Sparrm.; ? *falcata*, Gm.; *omnicolor*, Gm.; *purpurata*, Shaw; ? *falcatus*, Vieill.; ? *macassariensis*, Aud. et V. — Inde S. et Ceylan.

1305. LEPTOCOMA

Leptocoma, Cab. (1850); *Nectarophila*, Rchb. (1854).

9019. HASSELTI (Tem.), *Pl. Col.* 376, f. 3; Shell., *l. c.*, pl. 42; *brasiliana!* Gm.; *ruber*, Less.; *phayrei*, Blyth. — Indo-Chine W., Malac., îles de la Sonde.

9020. HENKEI (Mey.), *Zeitschr. f. Ges. Orn.*, 1884, p. 207, pl. 7; *whiteheadi*, Grant, *B. O. C.*, 1894, p. 1; id., *Ibis*, 1894, p. 514, pl. 14, f. 1. — Luçon N.

9021. GRAYI (Wall.), *P. Z. S.*, 1865, p. 479; Wald., *Ibis*, 1870, p. 42, pl. 1, f. 2; Shell., *l. c.*, pl. 31. — Célèbes.

9022. ZEYLONICA (Lin.); Cab., *Mus. H.* I, p. 104; Shell., *l. c.*, pl. 45; *lepida*, Sparrm.; *flaviventris*, Herm.; *dubia*, Shaw; *sola*, Vieill.; *nigroalbus*, *solaris*, Less. — Inde et Ceylan.

9023. JULIÆ (Tweed.), *P. Z. S.*, 1877, pp. 535, 547; Shell., *l. c.*, pl. 44. — Basilan, Malanipa, Mindanao (Philipp.)

9024. GUIMARENSIS (Steere), *List Philip. Birds*, p. 22. — Guimaras (Philipp.)

9025. SPERATA (Lin.); Shell., *l. c.*, pl. 43; *jugularis*, Müll.; *chalibea*, Scop.; *affinis*, Shaw; *pusilla*, Bechst.; *coccinigastra*, Tem., *Pl. Col.* 388, f. 3; *expectata*, Licht. — Philippines.

9026. MINIMA (Syk.), *P. Z. S.*, 1832, p. 99; Shell., *l. c.*, pl. 46; *minuta*, Jard., *Sun-birds*, pp. 224, 265. — Inde S.-W. et Ceylan.

1306. HERMOTIMIA

Hermotimia, Rchb. (1854).

9027. ASPASIÆ (Less.), *Voy. Coq., Zool.* I, p. 676, pl. 30, f. 4; Shell., *l. c.*, pl. 37, f. 1; *sericeus*, Less.; *amasia*, Müll.; *chlorocephala*, Salvad.; *mysorensis*, Mey.; Shell., *l. c.*, pl. 40, f. 2; *jobiensis*, Mey.; *cornelia*, Salvad.; Shell., *l. c.*, pl. 38. — Nouv.-Guinée, îles Arou, Salwatti, Jobi, Mysol, Amboine.

2380. *Var.* MAFORENSIS (Mey.), *Sitz. k. Ak. Wien.*, 1874, p. 419; Shell., *l. c.*, pl. 40, f. 1. — Ile Mafoor.

2381. *Var.* ASPASIOIDES (Gray), *P. Z. S.*, 1860, p. 348; Shell., *l. c.*, pl. 37, f. 2; *amasia*, Fch.; *goramensis*, Salvad. — Nouv.-Guinée S.-E., Nouv.-Bretagne.

2382. *Var.* CORINNÆ, Salvad., *Atti R. Acc. Torino*, 1878, p. 532; Shell., *l. c.*, p. 117, pl. 39; *aspasia* (pt.), auct. plur. — Ile Duc-York.

2383. *Var.* CHRISTIANÆ (Tristr.), *Ibis*, 1889, p. 555. — Ile St-Aignan.

2384. *Var.* AURICEPS (Gray), *P. Z. S.*, 1860, p. 348; Shell., *l. c.*, pl. 34; *porphyrolæma*, Brügg.; *morotensis*, Shell. — Ternate, Batjan, Morty, Soula.

2385. *Var.* PORPHYROLÆMA (Wall.), *P. Z. S.*, 1865, p. 479; Shell., *l. c.*, pl. 32, f. 1. — Célèbes.

2386. *Var.* SCAPULATA, Mey. et Wg., *Abh. Mus. Dresd.*, 1896, n° 2, p. 16; id., *B. Cel.*, p. 466. — Célèbes E.

2387. *Var.* PROSERPINÆ (Wall.), *P. Z. S.*, 1863, p. 32; Shell., *l. c.*, pl. 36. — Bourou.

2388. *Var.* NIGRISCAPULARIS, Salvad., *Ann. Mus. Civ. Gen.*, 1875, p. 937 (pl.); Shell., *l. c.*, pl. 35, f. 1. — Ile Miosnom.

2389. *Var.* SALVADORII (Shell.), *l. c.*, p. 105, pl. 35, f. 2; *nigriscapularis* (pt.), Salvad. — Ile Jobi.

9028. SANGHIRENSIS (Mey.), *Sitz. k. Ak. Wiss. Wien.*, 1874, — Ile Sanghir.

p. 124; Salvad., *Atti R. Acc. Tor.*, 1874, p. 233, pl. 1, f. 2; Shell., *l. c.*, pl. 32, f. 2 et pl. 33.	
9029. TALAUTENSIS, Mey., *J. f. O.*, 1894, p. 244; Mey. et Wg., *B. Cel.*, p. 470, pl. 27.	Ile Talaut.
9030. THERESÆ, Salvad., *Atti R. Acc. Tor.*, 1874, pp. 208, 214, pl. 1, f. 1; Shell., *l. c.*, pl. 41.	Ile Key.

1307. CHALCOMITRA

Chalcomitra, Carmelita, Rchb. 1854).

9031. SENEGALENSIS (Lin.); Shell., *l. c.*, p. 267, pl. 83; *discolor*, Vieill.	Afrique N.-W.
2390. *Var.* ACIK (Antin.), *J. f. O.*, 1866, p. 205; Shell., *l. c.*, pl. 82; Heugl., *Orn. N.-O. Afr.* I, p. 230; *lamperti*, Rchw.	Afrique centr. E. du 10° l. N. au 6° l. S.
2391. *Var.* ÆQUATORIALIS (Rchw.), *Orn. Monatsb.*, 1899, p. 171.	Victoria Nyanza.
9032. GUTTURALIS (Lin.); Shell., *l. c.*, pl. 81; *natalensis*, Jard., *Mon. Sun-B.*, pp. 193, 236, pl. 12; *discolor*, Bianc.; *bianconii*, Hartl.; *inæstimata*, Hart.	Afrique E. du Natal au S. du Somaliland.
2392. *Var.* SATURATIOR (Rchw.), *Orn. Mon.*, 1899, p. 171.	Angola.
2393. *Var.* DAMARENSIS (Rchw.), *Orn. Mon.*, 1899, p. 171.	Damaras.
9033. CRUENTATA (Rüpp.), *Syst. Uebers.*, pp. 26, 28, pl. 9; Shell., *l. c.*, pl. 80; *proteus*, Rüpp.; *scioana*, Salvad.	Abyssinie, Choa.
9034. HUNTERI (Shell.), *P. Z. S.*, 1889, p. 365, pl. 41, f. 2; id., *B. Afr.* II, p. 102.	Teita (Somaliland).
9035. AMETHYSTINA (Shaw), *Gen. Zool.* VIII, p. 195; Shell., *l. c.*, pl. 84; *aurifrontalis*, Bechst.; *auratifrons*, Vieill.; *aurifrons*, Licht.	Afrique S.-E. du Limpopo au Zambèze.
2394. *Var.* DEMINUTA, Cab., *J. f. O.*, 1880, p. 419; *amethystina* (pt.), auct. plur.; *bradshawi*, Sharpe.	Afrique S.-E. du 2° au 20° l. S., Angola.
9036. KIRKII (Shell.), *Mon. Nect.*, p. 273, pl. 25; id., *B. Afr.* II, p. 107.	Afr. E. au S. du Pangani jusqu'au Zamb.
2395. *Var.* KALCKREUTHI, Cab., *J. f. O.*, 1878, pp. 205, 227; Rchw., *Orn. Mon.*, 1899, p. 172; *kirkii* (pt.), Gad., Shell.	Mombas, Ukamba (au N. du Pangani).
9037. FULIGINOSA (Shaw), *Gen. Zool.* VIII, p. 222; Shell., *l. c.*, pl. 86; *maculata*, Shaw; *aureus*, Less.; *scapulatus*, Rochebr.	Afrique W. de Sénégambie au Congo.
9038. ANGOLENSIS (Less.), *Tr. d'Orn.*, p. 295; Shell., *l. c.*, pl. 87; ?*rubescens*, Vieill.; *strangeri*, Jard.	Afrique centr. et W. du Caméron à Fernando-Po et Angola.
9039. ADELBERTI (Gerv.), *Mag. de Zool.*, 1834, pl. 19; Shell., *l. c.*, pl. 88; *eboensis*, Jard.; *angolensis*, Sharpe (nec Less.)	Afr. N.-W. de la Sénégamb. à la Côte-d'Or.

2396. *Var.* CASTANEIVENTRIS (Madar.), *Ornis*, 1889, p. 149, pl. 3. — Région du Niger.

1308. ELÆOCERTHIA

Elæocerthia, Rchb. (1854); *Adelinus*, Bp. (1854).

9040. FUSCA (Vieill.), *N. Dict.* XXXI, p. 506; Shell., *l. c.*, pl. 89. — Afrique S.-W. au S. du 20° l. S.

9041. VERREAUXI (Smith), *S. Afr. Quart. Journ.*, 1831, p. 13; id., *Ill. Zool. S. Afr.*, pl. 57; Shell., *l. c.*, pl. 90. — Afrique S.-E., du Natal au Zambèze.

2397. *Var.* FISCHERI (Rchw.), *J. f. O.*, 1880, p. 142; id., *Vög. Deutsch-O.-Afr.*, p. 210. — Afrique E., du Mozambique à l'Equateur.

9042. THOMENSIS (Bocage), *Jorn. Lisb.*, 1889, p. 143; Shell., *B. Afr.* II, p. 119, pl. 5, f. 2. — Ile St-Thomas (Afr. W.)

1309. CYANOMITRA

Cyanomitra, *Leucochloridia*, Rchb. (1854).

9043. BALFOURI (Scl. et Hartl.), *P. Z. S.*, 1881, p. 169, pl. 15, f. 2; Shell., *B. Afr.* II, p. 122. — Ile Socotra (Afr. N.-E.)

9044. OLIVACEA (Smith), *Ill. S. Afr. Zool.*, dans le texte de la pl. 57; Shell., *Mon. Nect.*, pl. 91; *olivacina*, Pet., *J. f. O.*, 1881, p. 50. — Afrique E. du Natal au Zanzibar.

9045. OBSCURA (Jard.), *Mon. Sun-B.*, p. 253; Shell., *l. c.*, pl. 92; *fraseri*, Dohrn. — Afrique W. de Sierra-Leone à l'Angola.

2398. *Var.* RAGAZZII, Salvad., *Ann. Mus. Gen.*, 1888, p. 247. — Choa.

2399. *Var.* NEGLECTA, Neum., *J. f. O.*, 1900, p. 297. — Kibuesi (Afr. E.)

9046. VERTICALIS (Lath.); Shell., *l. c.*, pl. 97; *cyanocephala*, Shaw; *dubia*, Bechst; *chloronotus*, Sw., *B. W. Afr.* II, pl. 16; *bohndorffi*, Rchw., *J. f. O.*, 1887, p. 214; *viridisplendens*, Rchw., *J. f. O.*, 1892, p. 54. — Afrique W. du Sénégal à l'Angola, et Afr. équator. jusqu'au Massaïland.

9047. CYANOLÆMA (Jard.), *Contr. Orn.*, 1851, p. 154; Shell., *l. c.*, pl. 95; id., *B. Afr.* II, p. 130. — De Sierra-Leone à l'Angola.

9048. DUSSUMIERI (Hartl.), *J. f. O.*, 1860, p. 340; Shell., *l. c.*, pl. 93; *seychellensis*, Hartl., *Orn. Mad.*, p. 35. — Iles Seychelles.

9049. HUMBLOTI (M.-Edw. et Oust.), *Comptes-Rend.* CI (1885), p. 220; id., *N. Arch. Mus.* X, 1888, p. 245, pl. 4; Shell., *B. Afr.* II, p. 133. — Grande-Comore.

9050. NEWTONI (Bocage), *Jorn. Lisb.*, 1887, p. 250; Shell., *B. Afr.* II, p. 134, pl. 5, f. 1. — Ile St-Thomas (Afr. W.)

9051. HARTLAUBI (Verr.), in Hartl., *Orn. W. Afr.*, p. 50; Shell., *Mon. Nect.*, pl. 94; id., *B. Afr.* II, p. 135. — Ile Principe (Afr. W.)

9052. REICHENBACHI (Hartl.), *Orn. W. Afr.*, p. 50; Shell., *Mon.*, pl. 96. — Afrique équat. W.

2400. *Var.* ORITIS (Rchw.), *J. f. O.*, 1892, pp. 190, 225. — Caméron.

1310. CYRTOSTOMUS

Cyrtostomus, Cab. (1850).

9053. SOLARIS (Tem.), *Pl. Col.* 347, f. 3; Shell., *l. c.*, pl. 54. — Timor, Flores.

9054. FLAMMAXILLARIS (Blyth), *J. A. S. Beng.*, 1845, p. 557; Shell., *l. c.*, pl. 51. — Indo-Chine, Malacca.

2401. *Var.* ANDAMANICA (Hume), *Str. F.*, 1873, p. 404; Shell., *l. c.*, pl. 50; *frenata*, Ball (nec Müll.) — Iles Andaman et Nicobar.

9055. JUGULARIS (Lin.); Shell., *l. c.*, pl. 48; ?*philippina*, Lin.; *tricollaris* (P. Müll.); *quadricolor*, Scop.; *gularis*, Sparrm.; *currucaria*, Lath.; *zeilonicus*, Cuv.; *sperata*, Meyen. — Philippines.

2402. *Var.* OBSCURIOR, Grant., *Ibis*, 1894, p. 514. — Luçon N.

9056. FRENATA (S. Müll.), *Nat. Gesch. Land- en Volkenk.*, 1843, p. 173; Shell., *l. c.*, pl. 49; *flavigastra*, *australis*, Gould; *eximia*, Gray. — Moluques, îles Papous, Australie N.-E.

2403. *Var.* SALEYERENSIS (Hart.), *Nov. Zool.* IV, p. 156. — Ile Saleyer.

2404. *Var.* PLATENI, Blas., *Zeit. Ges. Orn.*, 1885, p. 289, pl. 12; *meyeri*, Hartl., *l. c.* — Célèbes.

2405. *Var.* DISSENTIENS (Hart.), *Nov. Zool.* III, p. 132. — Monts Bonthain.

9057. MELANOCEPHALUS (Rams.), *Nature*, 1879, p. 125; *dubia*, Rams., *Pr. Lin. Soc. N. S. W.* IV, p. 83 (nec auct. plur.) — Iles Salomon.

9058. AURORA, Tweed., *P. Z. S.*, 1878, p. 620; Shell., *l. c.*, pl. 47, f. 1. — Palawan, Paragua (Philippines).

9059. FLAGRANS (Oust.), *l'Institut*, 1876, p. 108; Shell., *l. c.*, pl. 47, f. 2; *excellens*, Grant, *Ibis*, 1895, p. 255. — Luçon (Philippines).

9060. PECTORALIS (Horsf.), *Tr. Linn. Soc.*, 1820, p. 167; Shell., *l. c.*, pl. 53; *eximia*, Tem., *Pl. col.* 138, ff. 1, 2; *ornatus*, *luteoventris*, Less. — Malac., Sumatra, Java, Lombock, Flores, Labuan, Nicob., etc.

9061. BUTTIKOFERI (Hart.), *Nov. Zool.* III, p. 581. — Sumba.

9062. RHIZOPHORÆ (Swinh.), *Ann. and Mag. N. H.*, 1869, p. 436; Dav. et Oust., *Ois. Chine*, p. 82; Shell., *l. c.*, pl. 52. — Haïnan.

9063. ZENOBIA, Less., *Voy. Coq.*, *Zool.* I, p. 670, pl. 30; Shell., *l. c.*, pl. 55; ?*cirrhata*, Lath.; *clementiæ*, Less. — Iles Key, Céram, Amboine, Bourou.

9064. TEYSMANNI (Büttik.), *Notes Leyd. Mus.* XV, 1893, p. 179; Mey. et Wg., *B. Cel.*, p. 462, pl. 26, ff. 1, 2. — Macassar (Célèbes).

1311. ANTHREPTES

Anthreptes, Sw. (1837); *Cinnyricinclus*, Less. (1840); *Anthodiæta*, *Chalcoparia*, *Anthothreptes*, Cab. (1850); *Mangusia*, Bp. (1850); *Euchloridia*, *Hypogramma*, Rchb. (1854); *Tephrolæma*, Heine (1860); *Arachnophila*, Salvad. (1874).

9065. HYPOGRAMMICA (S. Müll.), *Nat. Gesch. Land- en Volk.*, — Ténassérim, Malacca,

p. 173; Shell., *l. c.*, pl. 98; *macularia* et *nuchalis*, Blyth. — Sumatra, Bornéo.

9066. FRASERI, Jard. et Sel., *Ill. Orn.*, 1842, pl. 52; Shell., *l. c.*, pl. 99; id., *B. Afr.* II, p. 141. — Caméron, Gabon, Fernando-Po.

2406. *Var.* IDIA, Oberh., *Pr. U. S. Nat. Mus.*, 1900, p. 33. — Libéria.

9067. SIMPLEX (S. Müll.), *Nat. Gesch. Land- en Volk.*, p. 173 (1843); Shell., *l. c.*, pl. 100; *frontalis*, Blyth; *xanthochlora*, Hume. — Bornéo.

9068. LONGUEMARII (Less.), *Ill. Zool.*, pl. 23; Shell., *l. c.*, pl. 108; *leucosoma*, Sw., *B. W. Afr.* II, p. 146, pl. 17. — Afr. W. (de Sénégamb. au Beng.) et centr.

9069. ORIENTALIS, Hartl., *Abh. Nat. Ver. Bremen*, 1881, p. 109; Shell., *B. Afr.* II, p. 145, pl. 4, f. 2. — Afrique équator. E.

9070. ANCHIETÆ (Bocage), *Jorn. Lisb.*, 1878, p. 1; Shell., *Mon.*, pl. 106. — Benguéla au lac Nyasa.

9071. AURANTIA, Verr., *Rev. et Mag. de Zool.*, 1851, p. 417; Shell., *l. c.*, pl. 109. — Caméron, Gabon, Congo.

9072. COLLARIS (Vieill.), *N. Dict.* XXXI, p. 502; Shell., *l. c.*, pl. 110; *metallicus*, Less.; *gamtocensis*, Verr. — Afrique S. jusqu'au Zambèze.

2407. *Var.* HYPODILA (Jard.), *Contr. Orn.*, 1851, p. 153; Shell., *l. c.*, pl. 111; *subcollaris*, Rchb.; *zambeziana*, Sharpe; Shell., *l. c.*, p. 343, pl. 111, f. 3; *collaris* (pt.), auct. plur. — Afrique équator.

9073. RECTIROSTRIS (Shaw), *Gen. Zool.* VIII, p. 246; Shell., *l. c.*, pl. 107, ff. 2, 3; *elegans*, Vieill.; *phæothorax*, Hartl; *fantensis*, Sharpe. — Afrique W. de la Gambie au fleuve Volta.

9074. TEPHROLÆMA (Jard. et Fras.), *Contr. Orn.*, 1851, p. 154; Shell., *l. c.*, pl. 72, f. 2; *resplendens*, Heine, *J. f. O.*, 1860, p. 137. — Afrique W. du Niger à l'Angola.

9075. GABONICA (Hartl.), *J. f. O.*, 1861, pp. 13, 109; Shell., *B. Afr.* II, p. 158; *alboterminata*, Rchw., *J. f. O.*, 1874, p. 103; *rectirostris*, Shell. (pt.), *l. c.*, pl. 107, f. 1 (la supér.); *tephrolæma* (pt.), Gad. — Afrique W. de la Gambie au Congo.

9076. SINGALENSIS (Gm.); *phœnicotis*, Tem., *Pl. Col.* 108, f. 1, 388, f. 2; Shell., *l. c.*, pl. 105. — Du Boutan à Malacca, îles de la Sonde.

9077. MALACCENSIS (Scop.); Shell., *l. c.*, pl. 101, f. 2; *lepida*, Lath.; Tem., *Pl. Col.* 126, ff. 1, 2; *javanica*, Horsf.; *ruficollis*, Vieill.; *celebensis*, Shell., *l. c.*, pl. 103, ff. 2, 3; *rhodolæma*, Shell., *l. c.*, pl. 101, f. 1. — Malacca, îles de la Sonde, Paragua, Mindanao, Basilan.

2408. *Var.* CHLOROGASTRA, Sharpe, *Trans. Linn. Soc.*, 1877, *Zool.*, p. 342; Shell., *l. c.*, pl. 103, f. 1. — Négros, Masbate, Célèbes, Flores.

9078. GRISEIGULARIS, Tweed., *P. Z. S.*, 1877, p. 817; Shell., *l. c.*, pl. 104. — Philippines.

9079. MEEKI, Hart., *Novit. Zool.* III, p. 239. — Ile Fergusson.

1312. ARACHNOTHERA

Arachnothera, Tem. (1826); *Arachnoraphis*, *Arachnocestra*, Rchb. (1854).

9080. MAGNA (Hodgs.), *Ind. Rev.*, 1837, p. 272; Shell., *Monogr. Nect.*, pl. 112, f. 1; *inornata*, Horsf. (nec Tem.); *chrysopus*, Hodgs. — Du Népaul à la Birmanie et l'Assam.

2409. *Var.* AURATA, Blyth, *J. A. S. Beng.*, 1855, p. 478; Shell., *l. c.*, pl. 112, f. 2; *magna* (pt.), Wald. — Birmanie, Pégou, Ténassérim N.

9081. AFFINIS (Horsf.), *Trans. Lin. Soc.*, 1820, p. 166; Shell., *l. c.*, pl. 113, f. 2; *inornata*, Tem., *Pl. Col.* 84, f. 2; ?*literata*, Licht. — Java, Sumatra.

2410. *Var.* MODESTA (Eyt.), *P. Z. S.*, 1839, p. 105; Shell., *l. c.*, pl. 113, f. 1; *latirostris*, Blyth. — Malacca, Bornéo, Sumatra W.

2411. *Var.* EVERETTI (Sharpe), *Ibis*, 1893, p. 561. — Bornéo N.

9082. JULIÆ, Sharpe, *Ibis*, 1887, p. 451, pl. 14, 1889, p. 424. — Bornéo N.

9083. LONGIROSTRIS (Lath.); Tem., *Pl. Col.* 84. f. 1; Shell., *l. c.*, pl. 114; *cinereicollis*, Vieill.; *longirostratus*, Less.; *affinis*, auct. plur. (nec Horsf.); *pusilla*, Bl. — Inde, du Bengale à Malacca, iles de la Sonde, Célèbes.

2412. *Var.* FLAMMIFERA, Tweed., *P. Z. S.*, 1878, p. 343; Shell., *l. c.*, pl. 115. — Basilan, Samar, Leyte (Philippines).

9084. DILUTIOR, Sharpe, *Nature*, 1876, p. 296; Shell., *l. c.*, pl. 116. — Palawan (Philippines).

9085. CHRYSOGENYS, Tem., *Pl. Col.* 388, f. 1; Shell., *l. c.*, pl. 117; *longirostra*, Horsf. (nec Lath.); *flavigenis*, Sw. — Malacca, iles de la Sonde.

2413. *Var.* CLARÆ, W. Blas., *J. f. O.*, 1890, p. 148. — Mindanao.

9086. ROBUSTA, Müll. et Schl., *Verh. Nat. Gesch.*, 1846, p. 68, pl. 11, f. 1; Shell., *l. c.*, pl. 118; *armata*, Müll. et Schl., *l. c.*, pl. 11, f. 2; *uropygialis*, Gray. — Malacca, Java, Bornéo.

9087. CRASSIROSTRIS (Rchb.), *Handb.*, *Scansoriæ*, p. 314, pl. 592, f. 4016; Shell., *l. c.*, pl. 119: *temmincki*, Horsf. — Malacca, Sumatra, Bornéo.

9088. FLAVIGASTRA (Eyt.), *P. Z. S.*, 1839, p. 105: Shell., *l. c.*, pl. 120; *latirostris*, Rchb.; *eytonii*, Salvad.; *simillima*, Hume; *flaviventris*, Gad., *Cat. B.* IX, p. 109. — Malacca, Sumatra, Bornéo.

9089. CONCOLOR, Snellem., *Mid.-Sumatra, Aves*, pl. 1. — Sumatra.

FAM. LI. — ZOSTEROPIDÆ (1)

1313. ZOSTEROPS (2)

Zosterops, Vig. et Horsf. (1827); *Speirops*, Rchb. (1852); *Malacirops*, *Cyclopterops*, *Oreosterops*, Bp. (1854); *Parinia*, Hartl. (1857); *Zosteropisylvia*, Pr. Würt. (1867); *Tephras*, Hartl. (1868); *Chlorocharis*, Sharpe (1888).

(1) Voy.: Sharpe, *Cat. Birds Brit. Mus.* IX, pp. 146-203 (1884); O. Finsch, *Zosteropidæ*, in: *Das Thierreich* (1901).

(2) Le *Zost. glaucura*, Rchb., *Handb. Orn. Merop.*, p. 95, pl 462, f. 3304; Audeb. et V., *Ois.*

9090. JAPONICA, Tem. et Schl., *Faun. Jap.*, p. 57, pl. 22; Sharpe, *Cat. B.* IX, p. 160; Finsch, *Zoster.*, p. 11. — Japon.

9091. MONTANA, Bp., *Consp.* I, p. 398; Fsch., *l. c.*; *chlorates*, Hartl., *J. f. O.*, 1865, p. 23; Sharpe, *l. c.*, p. 191. — Sumatra.

9092. GOULDI, Bp., *Consp.* I, p. 398; *chloronotus*, Gould (nec Vieill.), *P. Z. S.*, 1840, p. 165; id., *B. Austr.* IV, pl. 82. — Australie W.

9093. PALLIDA, Sw., *An. in Menag.*, p. 294; Sharpe, *l. c.*, p. 160; Shell., *B. Afr.* II, p. 187, pl. 7, f. 2; *lateralis*, Sund. (nec Lath.); *sundevalli*, Hartl., *J. f. O.*, 1865, p. 8. — Afrique S. du Cap jusqu'à l'Orange.

9094. ERYTHROPLEURA, Swinh., *Ibis*, 1863, pp. 204, 298; Gould, *B. Asia*, II, pl. 35; Dav. et Oust., *Ois. Chine*, p. 85, pl. 12; *chloronotus*, Schr. (nec Vieill.); *japonicus*, Swinh. (1861, nec T. et S.) — Chine.

9095. EXPLORATOR, Layard, *P. Z. S.*, 1875, p. 29; Finsch, *Rep. Voy. Chall.* II, p. 48, pl. 14, f. 2; id., *Zost.*, p. 13. — Iles Fidji.

9096. XANTHOCHROA, Gray, *P. Z. S.*, 1859, p. 161; id., in *Brenchl., Cruise Curaçoa*, p. 366, pl. 7, f. 2; Sharpe, *l. c.*, p. 174. — Nouv.-Calédonie.

9097. CEYLONENSIS, Holdsw., *P. Z. S.*, 1872, p. 459, pl. 20, f. 2; Shpe, *l. c.*, p. 173; *annulosus*, Kel. (nec Sw.) — Ceylan.

9098. ANNULOSA, Sw., *Zool. Ill.* III, pl. 164; Finsch., *l. c.*, p. 14; *flavigula*, Sw.; *capensis*, Sundev.; Shpe, *l. c.*, p. 171; *madagascariensis*, Cab. (nec Gm.); *levaillanti*, Rchb. — Afrique S.

2414. *Var.* ATMOREI, Sharpe, *Lay. B. S. Afr.*, p. 326; *poliogaster*, Sharpe, *Cat. B.*, p. 169 (pt.); *capensis*, Shell., *B. Afr.* II, p. 188 (pt.) — Afrique S.

9099. ABYSSINICA, Guér., *Rev. Zool.*, 1843, p. 162; id. et Lafr., in *Fer. et Gal. Voy. Abyss.* III, p. 222, pl. 9, f. 2; Sharpe, *l. c.*, p. 168; *madagascariensis*, Prév. et Des M. (nec Gm.) — Afrique N.-E. du Bogosland au Somaliland, île Socotra.

9100. POLIOGASTRA, Heugl., *Ibis*, 1861, p. 357, pl. 13; Sharpe, *l. c.*, p. 169 (pt.); *euryophthalma*, Heugl. (*descr. nulla*); *flavigula*, Blanf. (nec Sw.) — Abyssinie.

9101. ANJUANENSIS, E. Newt., *P. Z. S.*, 1877, p. 297, pl. 33, f. 1; *prætermissa*, Tristr., *Ibis*, 1887, p. 370, pl. 11, f. 1. — Anjouan (Comores).

2415. *Var.* COMORENSIS, Shell., *B. Afr.* II, p. 196, pl. 9, f. 1. — Grande Comore.

dorés, II, p. 121, pl. 83; et le *Zost. obscura*, Rchb., *l. c.*, p. 92, pl. 461, f. 3299; Hombr. et Jacq., *Voy. Pôle Sud, Ois.*, pl. 20, f. 6, sont des oiseaux dont il n'est pas possible de reconnaître l'espèce, mais qui n'appartiennent pas au genre *Zosterops*.

9102 MADERASPATANA (Lin.); Fch., *l. c.*, p. 15; *madagascariensis*, Gm.; M.-Edw. et Grand., *Hist. Madag. Ois.*, pl. 113, f. 2; *leucops*, Vieill.; *tristis*, Hart.; *madag. gloriosæ*, Ridgw. — Madagascar, îles Nossi-Bé et Glorioso.

9103. NOVÆGUINEÆ, Salvad., *Ann. Mus. Civ. Genov.*, 1878, p. 341; id., *Orn. Pap.* II, p. 367. — Nouv.-Guin., îles Arou, Céram, Amboine.

9104. CITRINELLA, Bp., *Consp.* I, p. 398; Shpe, *l. c.*, p. 168. — Timor.

9105. NEGLECTA, Seeb., *B. B. O. C.*, 1893, p. XXVI; id., *Ibis*, 1893, p. 219; Finsch, *l. c.*, p. 16; *citrinella* (pt.), Hart. — Java, Tim., Rotti, Allor, Savu, Flores, Sumba, Sumbawa, Lombok.

9106. PALPEBROSA (Tem.), *Pl. Col.* 293, f. 3; Sharpe, *l. c.*, p. 165 (pt.); *maderaspatenus*, Jerd. — Inde, Indo-Chine W., Ceylan.

2416. *Var.* NICOBARICA, Blyth, *J. A. S. Beng.*, 1845, p. 563; Finsch., *l. c.*, p. 17; *nicobariensis*, Hume; *palpebrosa* (pt.), Shpe. — Iles Andaman et Nicobar.

2417. *Var.* MESOXANTHA, Salvad., *Ann. Mus. Civ. Genov.*, 1889, p. 396. — Pégou N.-E.

9107. AURIVENTER, Hume, *Str. Feath.*, 1878, p. 519; Rob., *Bull. Liverp. Mus.* II, p. 47, pl. 1, f. 2; Fch., *l. c.*, p. 17; *lateralis*, Hartl. (nec Lath.); *buxtoni*, Nichols. — Iles de la Sonde, Malacca, Ténassérim.

9108. SALVADORII, Mey. et Wg., *J. f. O.*, 1894, p. 115; Finsch., *l. c.*, p. 18; *incerta*, Salvad. (nec Mey.) — Ile Engano (Sumatra S.-W.)

9109. ALDABRENSIS, Ridgw., *Pr. U.S. Nat. Mus.*, 1894, p. 371. — Ile Aldabra (Afr. E.)

9110. SARASINORUM, Mey. et Wg., *J. f. O.*, 1894, p. 114; id., *B. Cel.* II, p. 491, pl. 31; Fch., *l. c.*, p. 18. — Célèbes N.

9111. EVERETTI, Tweed., *P. Z. S.*, 1877, p. 762; Fch., *l. c.*, p. 19. — Cébu (Philippines).

2418. *Var.* BASILANICA, Steere, *List Philip. B.*, p. 21 (1890); Fch., *l. c*, p. 19; *everetti* (pt.), auct. plur. — Basil., Leyte, Dinagat, Mindanao, Samar, Tawi-Tawi.

9112. SIQUIJORENSIS, Bourns et Worc., *Pap. Minnes. Ac.*, 1894, p. 21; Grant, *Ibis*, 1896, p. 551; Fch., *l. c.*, p. 19. — Siquijor, Négros (Philippines).

9113. BABELO, Mey. et Wg., *Abh. Mus. Dresd.*, 1894-95, n° 9, p. 6; id., *B. Cel.*, p. 495, pl. 30; Fch., *l. c.*, p. 20. — Célèbes N.

9114. SIMPLEX, Swinh., *Ibis*, 1861, p. 331; Gould, *B. Asia* II, pl. 34; Dav. et Oust., *Ois. Chine*, p. 85; *palpebrosa* (pt.), Sharpe; *var. loochooensis*, Tristr. — Chine, Hainan, Formose.

2419. *Var.* MUSSOTI, Oust., *Ann. Sc. nat.*, 1891, p. 288. — Setchuan (Chine).

9115. STEJNEGERI, Seeb., *Ibis*, 1891, p. 273; Fch., *l. c.*, p. 20. — Iles du S. du Japon.

9116. SUBROSEA, Swinh., *P. Z. S.*, 1870, p. 132; Dav. et Oust., *Ois. Chine*, p. 21. — Chine.

9117. GRISEIVENTRIS, Scl., *P. Z. S.*, 1883, p. 199; Robins., *Bull. Liverp. Mus.* II, p. 48, pl. 1, f. 3; *letticnsis*, Fch., *Not. Leyd. Mus.* XX, p. 136. — Iles Ténimber, Kisser Wetter, Babber, Letti.

9118. ANOMALA, Mey. et Wg., *Abh. Mus. Dresd.*, 1896-97, — Célèbes S.

nº 1, p. 12; id., *B. Cel.*, p. 494, pl. 30; Fch., *l. c.*, p. 21.

9119. METCALFEI, Tristr., *Ibis*, 1894, p. 29, pl. 3, f. 1. — Bugotu (îles Salomon).

9120. ALBIVENTRIS, Rchb., *Handb. Orn. Merop.*, p. 92, pl. 461, f. 3298; Homb. et Jacq., *Voy. Pôle Sud, Ois*, pl. 19, f. 3; Shpe, *Cat.* IX, p. 164; *flavogularis*, Mast.; *luteus*, Forb. (nec Gould). — Australie N. et îles voisines.

9121. MINOR, Mey.; *Z. albiventer minor*, Mey., *Sitz. K. Akad. Wien*, 1874, p. 115; *aureigula*, Salvad., *Ann. Mus. Genov.*, 1878, p. 340; id., *Orn. Pap.* II, p. 368. — Ile Jobi.

9122. CRISSALIS, Sharpe, *Cat. B.* IX, p. 165; Fch., *l. c.*, p. 22. — Nouv.-Guinée S.-E.

9123. BASSETTI, Sharpe, *Ann. and Mag. N. H.*, 1894, p. 37. — Ile Dammer.

9124. GRAYI, Wall., *P. Z. S.*, 1863, p. 494; Sharpe, *l. c.*, p. 162; *citrinella*, Wall. (1857), et auct. plur. (nec Müll.) — Iles Key et Arou.

9125. WALLACEI, Finsch, *Zost.*, p. 23 (1901); *aureifrons*, Wall., *P. Z. S.*, 1863, p. 493 (nec Heuglin, 1862); Sharpe, *l. c.*, p. 159. — Sumbawa, Flores, Sumba, Lomblem.

9126. NATALIS, List., *P. Z. S.*, 1888, p. 518, pl. 27; Shpe, in *Andrews, Monogr. Christm. Isl.*, p. 49, pl. 6. — Ile Christmas (Java W.)

9127. MYSORENSIS, Mey., *Sitz. K. Ak. Wien*, 1874, p. 116; Salvad., *Orn. Pap.* II, p. 365; Shpe, *l. c.*, p. 201. — Ile Mysory (Nouv.-Guinée).

9128. HYPOLAIS, Hartl. et Fch., *P. Z. S.*, 1872, p. 95; Shpe, *l. c.*, p. 186. — Ile Uap (Carolines).

9129. OLEAGINEA, Hartl. et Fch., *P. Z. S.*, 1872, p. 95; Shpe, *l. c.*, p. 187. — Ile Uap (Carolines).

9130. FLAVA (Horsf.), *Tr. Linn. Soc.* XIII, p. 170; Hartl., *Verz. Samml. Bremen*, p. 37; Shpe, *l. c.*, p. 179 (pt.) — Java, Bornéo.

9131. MEYENI, Bp., *Consp.* I, p. 398; *Dic. flavum*, Kittl., *Kupfert. Vög.*, p. 15, pl. 19, f. 2 (nec Horsf.); *flava*, Meyen. — Luçon (Philippines).

9132. SIAMENSIS, Blyth, *Ibis*, 1867, p. 34; Wald., *Ibis*, 1876, p. 350, pl. 10, f. 1; Sharpe, *l. c.*, p. 180. — Siam, Birmanie, Pégou, Ténassérim.

9133. AUSTENI, Wald., in *Blyth B. Burm.*, p. 111. — Birmanie (Karenée).

9134. SENEGALENSIS, Bp., *Consp.* I, p. 399; Sharpe, *l. c.*, p. 181; *flava*, Sw., *B. W. Afr.* II, p. 45, pl. 3 (nec Horsf.); *citrina*, Hartl.; *aurifrons*, Heugl. (nec Tem.); *icterovirens*, Pr. Würt.; *pallescens*, Heugl.; *tenella* et *heuglini*, Hartl.; *demeryi* et *obsoleta*, Büttik., *Not. Leyd. Mus.* XII, pp. 202-3. — Afrique W. et N.-E.

2420. *Var.* FLAVILATERALIS, Rchw., *J. f. O.*, 1892, p. 192; id., *Vög. D. O.-Afr.*, p. 208, f. 93; *kirki*, Shell. (1888, nec 1879); *senegalensis*, Neum. (nec Bp.); Shell., *B. Afr.* II, p. 173. — Afrique E. allem.

2421. *Var.* JUBAENSIS, Erl., *Orn. Monatsb.*, 1901, p. 182. — Vallée du Juba (Afr. N.-E.)

2422. *Var.* SUPERCILIOSA, Rchw., *J. f. O.*, 1892, p. 193; Fch., *l. c.*, p. 25; *senegalensis* (pt.), Shell., *B. Afr.* II, p. 173. — Afr. équat. (Wadelai).

2423. *Var.* ANDERSSONI, Shell., *B. B. O. C.*, 1892, p. v; id., *Ibis*, 1893, p. 118; id., *B. Afr.* II, p. 177, pl. 7, f. 1; *senegalensis* (pt.), auct. plur. (nec Bp.) — Benguéla, Damaras, Nyassal., Mashonal.

9135. LUTEA, Gould, *B. Austr.* IV, pl. 83; Shpe, *l. c.*, p. 183. — Australie N.

9136. RENDOVÆ, Tristr., *Ibis*, 1882, p. 135; *ugiensis*, Rams. — Rendova, Ugi (Salom.)

9137. PARVULA, Rchb., *Hand. Orn. Merop.*, p. 92, pl. 461, f. 3297; Hombr. et Jac., *Voy. Pôle Sud*, pl. 19, f. 4; *melanura*, Tem., *MS.*; *flava* (pt.), Sharpe, *l. c.*, p. 179; *gallio*, Sharpe, *l. c.*, p. 185; *unica*, Hart., *Nov. Zool.* IV, p. 520. — Bornéo, Java, Flores.

9138. KIRKI, Shell., *P. Z. S.*, 1879, p. 676; Sharpe, *l. c.*, p. 182; *angasiziæ*, M.-Edw. et Oust., *C. R. Ac. Sc.* CI, p. 221. — Grande Comore.

9139. MOURONIENSIS, M.-Edw. et Oust., *C. R. Ac. Sc.* CI, p. 221; id., *N. Arch. Mus.*, sér. 2, X, p. 247, pl. 5, f. 2. — Grande Comore.

9140. MAYOTTENSIS, Poll., *P. Z. S.*, 1866, p. 422; Schl. et Poll., *Faun. Madag.*, *Ois.*, p. 73, pl. 19, f. 2; *flavifrons*, Schl. (nec Gm.) — Ile Mayotte (Comores).

9141. SEMIFLAVA, E. Newt., *Ibis*, 1867, pp. 354, 359; Sharpe, *l. c.*, p. 190. — Seychelles.

9142. CHLORIS, Bp., *Consp.* I, p. 398; *rufifrons* et *brunneicauda*, Salvad.; Sharpe, *l. c.*, pp. 184, 190; id., *B. New Guin.* III, pl. 59. — Banda, Céram-Laut, Gisser, Key, Arou (Moluques).

9143. SUMBAWENSIS, Guill., *P. Z. S.*, 1885, p. 508. — Ile Sumbawa.

9144. INTERMEDIA, Wall., *P. Z. S.*, 1863, p. 493; Wald., *Tr. Z. S.* VIII, p. 72, pl. 9, f. 2. — Célèbes, Lombok, Sumbawa, Flores N.

9145. BURUENSIS, Salvad., *Ann. Mus. Civ. Genov.*, 1878, p. 341; id., *Orn. Pap.* II, p. 371; Shpe, *l. c.*, p. 184. — Ile Bourou (Mol.)

2424. *Var.* OBSTINATA, Hart., *Nov. Zool.* VII, p. 238; Fch., *Zost.*, p. 28; *intermedia* (pt.), Salvad., Sharpe. — Batjan, Ternate.

9146. CUICUI, De Vis, *Ibis*, 1897, p. 384. — Nouv.-Guinée angl.

9147. LÆTA, De Vis, *Ibis*, 1897, p. 385. — Nouv.-Guinée angl.

9148. GRISEOTINCTA, Gray, *P. Z. S.*, 1858, p. 175; Salvad., *Orn. Pap.* II, p. 371; Sharpe, *l. c.*, p. 189. — Louisiades.

9149. LONGIROSTRIS, Rams., *Pr. Linn. Soc. N. S. W.*, 1879, p. 288; Salvad., *Orn. Pap.* II, p. 372; Sharpe, *l. c.*, p. 189. — Ile Rogia (arch. Moresby), île Nissan (Salomon).

9150. PALLIDIPES, De Vis, *Rep. Brit. New. Guin.*, 1888-89, p. 60; id., *Ibis*, 1891, p. 35; Salvad., *Orn. Pap.* III, p. 233. — Ile Rossel (Louisiades).

9151. AIGNANI, Hart., *Novit. Zool.* VI, 1899, p. 210.	Ile St-Aignan.
9152. FLAVIFRONS (Gm.), *S. N.* II, p. 944; Gray, in *Brenchl. Cruise of Curaçoa*, p. 366, pl. 7, f. 1; Sharpe, *l. c.*, p. 187; *heteroclita*, Forst.	Nouv.-Hébrides.
9153. MACGILLIVRAYI, Sharpe, *Ibis*, 1900, p. 345; Finsch, *Zost.*, p. 30.	Mallikollo, Epi (Nouv.-Hébrides).
9154. MINUTA, Layard, *Ibis*, 1878, p. 259; Tristr., *Ibis*, 1879, p. 186, pl. 4, f. 1; Sharpe, *l. c.*, p. 192.	Iles Lifu, Maré (Loyalty).
9155. SEMPERI, Hartl. et Fch., *P. Z. S.*, 1868, p. 117; Finsch, *Journ. Mus. Godeffr.* VIII, p. 16, pl. 4, f. 1; Sharpe, *l. c.*, p. 183.	Palau, Ponapé (Carol.), Rota (Marian.)
2425. *Var.* OWSTONI, Hart., *Novit. Zool.* VII, p. 2.	Carolines (Ruk).
9156. LUZONICA, Grant, *Ibis*, 1895, pp. 257, 453.	Luçon S. (Philipp.)
9157. AUREILORIS, Grant, *Ibis*, 1895, p. 453.	Luçon N., Mindoro.
9158. INNOMINATA, Finsch, *Zost.*, p. 31 (1901).	Luçon.
9159. NIGRORUM, Tweed., *P. Z. S.*, 1878, p. 286; Sharpe, *l. c.*, p. 186.	Négros, Panay (Philippines).
9160. VIRENS, Sund., *Öfv. Ak. Förh.*, 1850, p. 104; Sharpe, *l. c.*, p. 182; Shell., *B. Afr.* II, p. 179, pl. 7, f. 3.	Afr. S. et S.-E. jusqu'au lac Nyassa.
9161. STENOCRICOTA, Rchw., *J. f. O.*, 1892, p. 191.	Caméron (Afr. W).
9162. STIERLINGI, Rchw., *J. f. O.*, 1899, p. 418.	Uhehe (Afr. E. all.)
9163. KIKUYUENSIS, Shpe, *Ibis*, 1891, pp. 444, 594, pl. 12, f. 1.	Kikuyu (Afr. E.)
2426. *Var.* JACKSONI, Neum., *Orn. Monatsb.*, 1899, p. 23; *kikuyuensis* (pt.), Sharpe.	Elgon, Nandi, Guasso Massaï (Afr. E.)
2427. *Var.* SCOTTI, Neum., *Orn. Monatsb.*, 1899, p. 24.	Ruwenzori (Afr. E.)
9164. EURYCRICOTA, Fisch. et Rchw., *J. f. O.*, 1884, p. 55; *perspicillata*, Shell., *P. Z. S.*, 1889, p. 366, pl. 41, f. 1.	Massaïland, Kilima Ndjaro (Afr. E.)
2428. *Var.* STUHLMANNI, Rchw., *J. f. O.*, 1892, pp. 54, 192; *senegalensis* (pt.), Shell., *B. Afr.* II, pp. 173, 176.	Victoria-Nyanza (Afr. E.)
9165. KAFFENSIS, Neum., *Orn. Monatsb.*, 1902, p. 10.	Kaffa (Afr. S.)
9166. SUPERCILIARIS, Hart., *Novit. Zool.* IV, pp. 172, 520, pl. 3, f. 1.	Flores.
9167. ATRIFRONS, Wall., *P. Z. S.*, 1863, p. 493; Wald., *Tr. Z. S.* VIII, p. 72, pl. 9, f. 3; *nigrifrons*, Hartl.; *subatrifrons*, Mey. et Wg.	Célèbes N., Peling, Iles Soula et Arou.
9168. NEHRKORNI, W. Blas., *Ornis*, 1888, p. 593, pl. 4, f. 1; Mey. et Wg., *B. Celebes*, p. 490, pl. 31.	Iles Sangir.
9169. CHRYSOLÆMA, Salvad., *Ann. Mus. Civ. Gen.*, 1875, p. 954; id., *Orn. Pap.* II, p. 368; Shpe, *Cat.*, p. 177.	Monts Arfak (Nouv.-Guinée).
9170. SHARPEI, Finsch, *Zost.*, p. 34 (1901); *frontalis*, Salvad. (nec Rchb.)	Iles Arou.
9171. DELICATULA, Sharpe, *Journ. Linn. Soc. Zool.* XVI, p. 318; id., *B. New Guin.* III, pl. 62.	Monts Astrolabes (Nouv.-Guinée).
9172. ATRICAPILLA, Salvad., *Ann. Mus. Civ. Gen.*, 1879,	Sumatra (monts Singa-

p. 215; Fch., *Zost.*, p. 35; *clara*, Sharpe, *Ibis*, 1888, p. 479, 1890, p. 287, pl. 8, f. 3. — lang), Bornéo (Kina-Balu).

9173. HYPOXANTHA, Salvad., *Atti R. Accad. Torino*, 1881, p. 623; Sharpe, *Cat.*, p. 178; Fch., *l. c.*, p. 35. — Iles Bismarck.

9174. FUSCICAPILLA, Salvad., *Ann. Mus. Civ. Gen.*, 1875, p. 955; id., *Orn. Pap.* II, p. 372; Shpe, *l. c.*, p. 178. — Monts Arfak (Nouv.-Guinée).

9175. UROPYGIALIS, Salvad., *Ann. Mus. Civ. Gen.*, 1874, p. 78; id., *Orn. Pap.* II, p. 373; Sharpe, *B. New Guin.*, pt. III, pl. 58. — Iles Kei.

9176. OLIVACEA (Lin.); Sharpe, *Cat.*, p. 192; *hæsitata*, Hartl., *Orn. Beitr. Madag.*, p. 41; Schl. et Pol., *Faune Madag.* II, p. 73, pl. 19, f. 3. — Ile de la Réunion.

9177. LUGUBRIS, Hartl., *Rev. Zool.*, 1848, p. 109; id., *Abh. Ver. Hamb.* II, p. 49, pl. 2; Shell., *B. Afr.* II, p. 201. — Ile St-Thomé (Afr. W.)

9178. ATRICEPS, Gray, *P. Z. S.*, 1860, p. 350; Shpe, *l. c.*, p. 200. — Ile Batjan (Moluques).

9179. FUSCIFRONS, Salvad., *Ann. Mus. Civ. Gen.*, 1878, p. 339; Sharpe, *Cat.*, pp. 201-202; id., *B. New Guin.*, pt. II, pl. 60; *hypoleuca*, Salvad. — Batjan, Nouv.-Guinée.

9180. MEEKI, Hart., *Novit. Zool.* V, 1898, p. 528. — Ile Sudest.

9181. FICEDULINA, Hartl., *P. Z. S.*, 1866, p. 327; Sharpe, *l. c.*, p. 203; Shell., *B. Afr.* II, p. 185, pl. 8, f. 1. — Ile Principe (Afr. W.)

9182. CONSPICILLATA (Kittl.), *Kupfert. Vög.*, p. 15, pl. 19, f. 1; id., *Mém. Acad. St-Pétersb.* II, pl. 4; Sharpe, *l. c.*, p. 187. — Gouam (Mariannes).

2429. *Var.* SAYPANI, *var.* nov. (1); *conspicillata*, Finsch, *Zost.*, p. 37 (pt.) — Saypan (Mariannes).

9183. JAVANICA (Horsf.), *Tr. Linn. Soc.* XIII, p. 156; Sharpe, *l. c.*, p. 196. — Java.

9184. FRONTALIS, Rchb., *Handb. Orn. Merop.*, p. 94, pl. 463, f. 3307 (1852, nec Salvad., 1878); Fch., *l. c.*, p. 38; *javanica*, auct. plur. (nec Horsf.); *fallax*, Sharpe, *Cat.*, p. 197. — Java.

9185. INCERTA, Mey., *Zeitschr. Ges. Orn.*, 1884, p. 209. — ?

9186. ARABS, Lor. et Hellm., *Orn. Monatsb.*, 1901, p. 31. — Arabie S.

9187. CHLORONOTA (Vieill.); *chloronothos*, Vieill., *N. Dict.* IX, p. 408; Aud. et Vieill., *Ois. dorés*, II, pl. 28; Sharpe, *l. c.*, p. 193; *borbonica* (pt.), Rchb.; *curvirostris*, Sw.; *mauritanica*, Schl. et Pol. (nec Gm.), *Faune Madag.* II, p. 74, pl. 19, f. 4; *chlorophæa*, Hartl. — Ile Maurice.

9188. MELANOPS, Gray, *Cat. B. Trop. Isl. Pacif. Oc.*, p. 15; Sharpe, *l. c.*, p. 198. — Ile Lifu (Loyalty).

9189. GRISEOVIRESCENS, Boc., *Journ. Ac. Lisboa*, 1893, p. 18; Shell., *B. Afr.* II, p. 186; Finsch, *l. c.*, p. 39. — Ile Anno-Bom (Afr. W.)

(1) Diffère des sujets de Gouam par le devant de la tête d'une teinte plus jaune, la tête et les côtés du cou plus gris.

9190. LATERALIS (Lath.), *Ind. Orn. Suppl.*, p. LV; Finsch, *Zost.*, p. 39; *S. annulosa, var.* β, Sw., *Zool. Ill.* III, pl. 165; *dorsalis*, Vig. et Horsf.; Gould, *B. Austr.* IV, pl. 81; *westernensis*, Quoy et G., *Voy. Astrol.* I, p. 215, pl. 11, f. 4; *cærulescens*, auct. plur. (nec Lath.); Shpe, *l. c.*, pp. 152, 155 (1).	Australie, Tasmanie, Nouv.-Zélande, île Chatham.
2430. *Var.* TEPHROPLEURA, Gould, *P. Z. S.*, 1855, p. 166; id., *B. Austr. Suppl.*, pl. 49; *westernensis* (pt.), Sharpe, *l. c.*, p. 155-58.	Ile du Lord-Howe (Australie E.)
2431. *Var.* VEGETA, Hart., *Novit. Zool.* VI, p 425.	Cap York (Austr. N.)
9191. FLAVICEPS, Peale, *U. S. Expl. Exp.*, p. 95, pl. 25, f. 5 (1848); Fch. et Hartl., *Fauna Centralpolyn.*, p. 52, pl. 6; *westernensis* (pt.), Shpe, *l. c.*, p. 156; *griseonota*, Gray; *cærulescens, var. kandavensis*, Rams.; *vatensis*, Tristr.; ?*ambigua*, Sw.	Iles Fidji, Nouv.-Hébrides, Nouv.-Calédonie.
9192. RAMSAYI, Mast., *Pr. Linn. Soc. N. S. W.*, 1877, p. 56; Sharpe, *l. c.*, pp. 156, 158; Finsch, *Zost.*, p. 41.	Iles des Palmes (Queensland).
9193. STRENUA, Gould, *P. Z. S.*, 1855, p. 166; id., *B. Austr. Suppl.*, pl. 48; Sharpe, *l. c.*, p. 155.	Ile Lord-Howe (Austr. E.)
9194. INORNATA, Layard, *Ibis*, 1878, p. 259; Tristr., *Ibis*, 1879, p. 186, pl. 4, f. 2.	Iles Loyalty.
9195. ALBOGULARIS, Gould, *P. Z. S.*, 1836, p. 75; id., *B. Austr. Suppl.*, pl. 46.	Ile Norfolk.
9196. TENUIROSTRIS, Gould, *P. Z. S.*, 1836, p. 76; id., *B. Austr. Suppl.*, pl. 47; Fsch., *l. c.*, p. 42.	Ile Norfolk.
9197. SALOMONENSIS, Finsch, *Zost.*, p. 42 (1901); *Teph. olivaceus*, Rams. (nec Lin.); *Z. ramsayi*, Salvad. (nec Mast.)	Iles Salomon.
9198. SANCTÆ-CRUCIS, Tristr., *Ibis*, 1894, p. 31; Fch., *l. c.*, p. 42.	Ile Sta-Cruz (Nouv.-Hébrides).
9199. GULLIVERI, Casteln. et Rams., *Pr. Linn. Soc. N. S. W.*, 1877, p. 383; Sharpe, *Cat.*, p. 188; Finsch., *l. c.*, p. 43.	Australie N.
9200. SQUAMIFRONS, Shpe, *Ibis*, 1892, p. 323; Fch., *l. c.*, p. 43.	Bornéo (Mont.)
9201. MELANOCEPHALA, Gray, *Ann. Mag. N. H.*, 1862, p. 444; Sharpe, *l. c.*, p. 200; Shell., *P. Z. S.*, 1887, p. 125, pl. 14, f. 1.	Caméron (Afr. W.)
9202. LEUCOPHÆA (Hartl.), *Orn. W.-Afr.*, p. 71; Sharpe, *l. c.*, p. 200; Shell., *B. Afr.* II, p. 203, pl. 8, f. 2.	Ile Principe et Gabon.
9203. BORBONICA (Gm.); Schl. et Pol., *Faune Madag., Ois.*, p. 74, pl. 19, f. 6; Sharpe, *l. c.*, p. 195.	Ile Réunion ou Bourbon.

(1) Les *Z. lateralis, dorsalis* et *cærulescens* représentent l'oiseau en plumage d'automne et d'hiver, tandis que les *Z. annulosa* et *westernensis* le représentent en plumage du printemps et d'été (North). — Notez que le *Certhia cærulescens*, Lath., n'est pas un *Zosterops*. (Voy. : Lath., *Ind. Orn. Suppl.*, p. XXXVIII, n° 15.)

9204. NEWTONI, Hartl., *Vög. Madag.*, p. 97; Shell., *B. Afr.* II, p. 206, pl. 9, f. 2; *borbonica* (pt.), Sharpe. — Ile Réunion.

9205. MAURITIANA (Gm.); *Pl. Enl.* 705, f. 1; Shpe, *l. c.*, p. 194; *cinerea*, Sw. (nec Kittl.); *borbonica* (pt.), Rchb.; Schl. et Pol., *Faune Madag.*, p. 74, pl. 19, f. 5. — Ile Maurice.

9206. MODESTA, E. Newt., *Ibis*, 1867, pp. 345, 359; Sharpe, *l. c.*, p. 194; Shell., *B. Afr.* II, p. 199, pl. 6, f. 1. — Ile Mahé (Seychelles).

9207. HOVARUM, Tristr., *Ibis*, 1887, pp. 235, 371, pl. 11, f. 2. — Madagascar.

9208. CINEREA (Kittl.), *Kupfert. Vög.*, pl. 8, f. 2; id., *Mém. Ac. St-Pétersb.* II, p. 4, pl. 5; Sharpe, *Cat.*, p. 198: *kittlitzi*, Finsch, *J. f. O.*, 1880, p. 300. — Ile Kusaie ou Ualan (Carolines).

9209. FINSCHI (Hartl.), *P. Z. S.*, 1868, pp. 6, 117, pl. 3; Sharpe, *l. c.*, p. 197. — Ile Pelew (Carolines).

9210. PONAPENSIS, Finsch, *P. Z. S.*, 1875, p. 643; id., *Journ. Mus. Godeffr.*, Heft XII, p. 27, pl. 2, f. 1; Sharpe, *l. c.*, p. 198. — Ile Ponapé (Carolines).

9211. RUKI (Hart.), *B. B. O. C.*, 1897, p. 5; id., *Ibis*, 1898, p. 144. — Ile Ruk (Carolines).

9212. EMILIÆ (Sharpe), *Ibis*, 1888, p. 392, pl. 11, f. 1; Fch., *l. c.*, p. 46. — Bornéo N.

9213. ? RUFILATA, Hartl., *J. f. O.*, 1865, p. 29. — ?

1314. PSEUDOZOSTEROPS

Heleia, Hartl. (1865, nec Hübn., 1816); *Helaia*, Gray (1869); *Hylophila*, Müll. (1835, nec Hübn., 1816); *Pseudozosterops*, Finsch (1901).

9214. MULLERI (Hartl.), *J. f. O.*, 1865, p. 26; Sharpe, *l. c.*, p. 202; Fch., *l. c.*, p. 47; *frontalis*, Müll. (nec Rchb.) — Timor.

9215. SQUAMICEPS (Hart.), *Novit. Zool.* III, 1896, p. 70; Mey. et Wig., *B. Celebes*, p. 485, pl. 29; Fch., *l. c.*, p. 47. — Célèbes S.

9216. CRASSIROSTRIS (Hart.), *Novit. Zool.* IV, 1897, pp. 172, 519, pl. 3, f. 2; Fch., *l. c.*, p. 48. — Flores.

1315. LOPHOZOSTEROPS

Lophozosterops, Hart. (1896).

9217. DOHERTYI, Hart., *Novit. Zool.* III, pp. 568, 575; Rothsch., *Novit. Zool.* IV, p. 169, pl. 2, f. 1; Fch., *l. c.*, p. 48. — Sumbawa, Satonda.

9218. SUBCRISTA, Hart., *Novit. Zool.* IV, pp. 171, 521; Fch., *l. c.* — Flores S.

FAM. LII. — MELIPHAGIDÆ (1)

SUBF. I. — MELITHREPTINÆ

1316. MELITHREPTUS

Melithreptus, Vieill. (1816); *Hæmatops*, Gould (1836); *Gymnophrys*, *Eidopsarus*, Sw. (1837); *Idopsarus*, Agas. (1846).

9219. LUNULATUS (Shaw), *Gen. Zool.* VIII, p. 224; Gould, *B. Austr.* IV, pl. 72; *atricapilla*, Tem., *Pl. Col.* 335, f. 1; *torquata*, Sw.; *chloropsis*, Gould, *l. c.*, pl. 73. — Australie.

2432. *Var.* ALBIGULARIS, Gould, *P. Z. S.*, 1847, p. 220; id., *B. Austr.* IV, pl. 74. — Australie N., Nouv.-Guinée S.

9220. GULARIS, Gould, *P. Z. S.*, 1836, p. 144; id., *B. Austr.* IV, pl. 71. — Australie S.-E.

2433. *Var.* LÆTIOR, Gould, *Ann. Mag. N. H.*, 1875, p. 287. — Australie centr.

9221. VALIDIROSTRIS, Gould, *P. Z. S.*, 1836, p. 144; id., *B. Austr.*, pl. 70; ? *virescens*, Wagl.; *bicinctus*, Sw. — Tasmanie.

9222. BREVIROSTRIS, Vig. et Horsf., *Linn. Trans.* XV, p. 315; Gad., *Cat.* IX, p. 207. — Australie.

9223. MELANOCEPHALUS, Gould, *P. Z. S.*, 1845, p. 62; id., *B. Austr.* IV, pl. 75; *atricapilla*, Jard. et Sel., *Ill. Orn.*, pl. 134, f. 1 (nec Tem.); *affinis*, Less. — Tasmanie.

1317. PLECTRORHYNCHUS

Plectorhyncha, Gould (1837, nec Lacép.); *Plectrorhynchus*, Wiegm. (1838); *Plectorhamphus*, Gray (1840); *Plectrorhamphus*, Strickl. (1841).

9224. LANCEOLATUS (Gould), *P. Z. S.*, 1837, p. 153; id., *B. Austr.* IV, pl. 47. — Australie.

SUBF. II. — MYZOMELINÆ

1318. MYZOMELA

Myzomela, Vig. et Horsf. (1826); *Phylidonyris*, Less. (1831, pt.); *Cosmeteira*, Rchb. (1852); *Cissomela*, Bp. (1854).

9225. ERYTHROMELAS, Salvad., *Atti R. Ac. Sc. Tor.*, 1881, p. 624; id., *Orn. Pap.* III, p. 541; *guentheri*, Gad., *Cat. B.* IX, p. 129, pl. 3. — Nouv.-Bretagne.

9226. RUBRATRA (Less.), *rubrater*, Less., *Voy. Coq. Zool.*, p. 678; Kittl., *Kupfert. Vög.*, pl. 8, f. 1; *major*, Bp.; *sanguinolenta*, Gray (pt., nec Lath.) — Iles Carolines.

(1) Voy.: Gadow, *Cat. Birds Brit. Mus.* IX, pp. 204-290 (1884).

9227. CARDINALIS (Gm.); Lath., *Gen. Syn.* I, 2, p. 733, pl. 33, f. 2; Gad., *l. c.*, p. 130; ?*pusilla,* Gray. — Nouv.-Hébrides.

2434. *Var.* SPLENDIDA, Tristr., *Ibis*, 1879, p. 191. — Tanna (Nouv.-Hébr.)

2435. *Var.* NIGRIVENTRIS, Peale, *U. S. Expl. Exp.*, 1848, p. 150, pl. 41, f. 2; Hartl. et Fch., *Orn Centralpolyn.*, p. 56, pl. 7, ff. 3, 4; *arnouxi*, Verr. in Bp., *C. R.* XXXVIII, p. 263. — Iles Samoa.

9228. PULCHERRIMA, Rams., *Pr. Linn. Soc. N. S. W.*, 1881, p. 179; Gad., *l. c.*, p. 131. — Ugi (iles Salomon).

9229. SANGUINOLENTA (Lath.); Gould, *B. Austr.* IV, pl. 63; *dibapha, erythropygia,* Lath.; *australasiæ,* Leach. — Australie.

2436. *Var.* CALEDONICA, Forb., *P. Z. S.*, 1879, p. 260; Gad., *l. c.*, p. 132. — Nouv.-Calédonie.

9230. CHLOROPTERA, Wald., *Ann. and Mag. N. H.*, 1872, p. 399; Forb., *P. Z. S.*, 1879, p. 260, pl. 24, f. 1. — Célèbes.

9231. BOIEI, S. Müll., Verh., *Land- en Volk.*, p. 172; id. et Schl., *Verh. Zool.*, *Aves*, p. 66, pl. 10, ff. 1, 2; Salvad., *Orn. Pap.* II, p. 299. — Ile Banda (Moluques).

9232. LIFUENSIS, Layard, *Ibis,* 1878, p. 258; Gad., *l. c.*, p. 133. — Iles Loyalty.

9233. RUBROCUCULLATA, Tristr., *Ibis*, 1889, p. 228. — St-Aignan (Louisiad.)

9234. ERYTHROCEPHALA, Gould, *P. Z. S.*, 1839, p. 144; id., *B. Austr.* IV, pl. 64; Salvad., *Orn. Pap.* II, p. 300. — Australie N., Nouv.-Guinée S.

2437. *Var.* INFUSCATA, Salvad., *MS.*; Forbes, *P. Z. S.*, 1879, p. 263; Salvad., *Orn. Pap.* II, p. 301; *erythrocephala* (pt.), auct. plur. — Iles Arou.

9235. ADOLPHINÆ, Salvad., *Ann. Mus. Civ. Gen.*, 1875, p. 976; Forb., *P. Z. S.*, 1879, p. 261, pl. 24, f. 3. — M^ts Arfak (Nouv.-Guinée).

9236. ANNABELLÆ, Sclat., *P. Z. S.*, 1883, p. 56; Gad., *l. c.*, p. 134. — Timorlaut, Babber.

9237. FORBESI, Rams., *Pr. Linn. Soc. N. S. W.*, 1880, p. 469; Salvad., *Orn. Pap.* II, p. 293; Gad., *l. c.*, p. 135. — Ile Woodlark (Papous).

9238. VULNERATA (S. Müll.), *Nat. Gesch. Land- en Volk.*, p. 172; id., *Verh. Zool.*, *Aves*, pl. 10, ff. 3, 4; Gad., *l. c.*, p. 135. — Timor.

9239. LAFARGEI, Hombr. et Jacq., *Voy. Pôle Sud*, III, p. 98, pl. 22, f. 5; Forb., *P. Z. S.*, 1879, p. 264; Hart., *Ibis*, 1898, p. 287. — Bougainville ou Guadalcanar (Salomon).

9240. JUGULARIS, Peale, *U. S. Expl. Exp.*, p. 151, pl. 41, f. 2 (1848); Cass., *U. S. Expl. Exp.* (1858), p. 176, pl. 12, f. 2; Gad., *l. c.*, p. 136; *solitaria,* Hombr. et Jacq., *l. c.*, p. 99, pl. 22, f. 6. — Iles Fidji.

241. ROSENBERGI, Schl., *Ned. Tijdschr. Dierk.* IV, p. 38; Rosenb., *Reist. Geelvink Baai*, p. 138, pl. 16, f. 2; Gould, *B. N.-Guin.*, pt. X, pl. 8. — Nouv.-Guinée.

9242. CHERMESINA, Gray, *Gen. B.* I, pl. 38; Forb., *P. Z. S.*, 1879, p. 273, pl. 23, f. 1; Gad., *l. c.*, p. 137. — Carol., Nouv.-Hébr. et Rotumah (Fidji).
9243. NIGRA, Gould, *B. Austr.* IV, pl. 66; Forb., *l. c.*, p. 275. — Australie.
9244. PECTORALIS, Gould, *P. Z. S.*, 1840, p. 170; id., *B. Austr.* IV, pl. 65. — Australie N.
9245. NIGRITA, Gray, *P. Z. S.*, 1858, p. 173; Salvad., *Orn. Pap.* II, p. 291; *nigri*, Fch.; *erythrocephala*, Mey. (1874, nec Gould); *meyeri*, *pluto*, Salvad. — Nouv.-Guin. W., Arou, Dorei, Jobi, Mios-non.
2438. *Var.* RAMSAYI, Finsch, *Zeitschr. f. Ges. Orn.*, 1886, p. 21. — Nouv.-Irlande.
2439. *Var.* LOUISIADENSIS, Hart., *Novit. Zool.* V, p. 527. — Louisiades.
2440. *Var.* PAMMELÆNA, Scl., *P. Z. S.*, 1877, p. 553; Salvad., *Orn. Pap.* II, p. 293. — Iles de l'Amirauté.
2441. *Var.* TRISTRAMI, Rams., *Pr. Linn. Soc. N. S. W.*, 1882, p. 27. — Iles Salomon.
9246. SHARPEI, Grant, *P. Z. S.*, 1888, p. 197, pl. 10, f. 3. — Guadalcanar (Salom.)
9247. ALBIGULA, Hart., *Ibis*, 1899, p. 301; id., *Nov. Zool.* VII, pl. 4, f. 1. — Ile Rossel (Louisiades).
9248. PALLIDIOR, Hart., *Ibis*, 1899, p. 302. — St-Aignan (Louisiad[es]).
9249. CRUENTATA, Mey., *Sitz. K. Ak. Wiss. Wien*, 1874, pp. 202, 206; Gould, *B. N.-Guin.*, pt. V, pl. 13; Salvad., *Orn. Pap.* II, p. 296. — Monts Arfak (Nouv.-Guinée).
2442. *Var.* COCCINEA, Rams., *Pr. Linn. Soc. N. S. W.*, 1877, p. 106; Salvad., *l. c.*, p. 296. — Ile du Duc York.
2443. *Var.* ERYTHRINA, Rams., *l. c.*, 1877, p. 107; Salvad., *l. c.*, p. 297; *cruentata* (pt.), Gad. — Nouv.-Irlande, Nouv.-Bretagne.
9250. WAKOLOENSIS, Forb., *P. Z. S.*, 1883, p. 116; Gad., *l. c.*, p. 141. — Wakolo (Bourou).
9251. SCLATERI, Forb., *P. Z. S.*, 1879, p. 265, pl. 25, f. 2; Salvad., *l. c.*, p. 298. — Nouv.-Bretagne.
9252. EQUES (Less.), *Voy. Coq.*, p. 679, pl. 31, f. 1; Forb., *P. Z. S.*, 1879, p. 267; Salvad., *l. c.*, p. 301; *minima*, Wald. (fem.) — Nouv.-Guinée, Dorey, Mysol.
9253. SIMPLEX, Gray, *P. Z. S.*, 1860, p. 349; Salvad., *l. c.*, p. 304. — Moluques.
2444. *Var.* RUBROTINCTA, Salvad., *Ann. Mus. Civ. Gen.*, 1878, p. 344; Forb., *l. c.*, p. 269. — Ile Obi.
2445. *Var.* RUBROBRUNNEA, Mey., *Sitzb. K. Ak. Wien*, 1874, p. 203; Forb., *l. c.*, p. 269, pl. 24, f. 2. — Ile Misori.
9254. CINERACEA, Scl., *P. Z. S.*, 1879, p. 448, pl. 37, f. 1. — Nouv.-Bretagne.
9255. OBSCURA, Gould, *P. Z. S.*, 1842, p. 136; id., *B. Austr.*, pl. 67; *fumata*, S. Müll.; *concolor*, Tem. — Australie N., Nouv.-Guinée, Arou.

1319. ACANTHORHYNCHUS

Acanthorhynchus, Gould (1837); *Leptoglossus*, Sw. (1837).

9256. TENUIROSTRIS (Lath.); Gould, *B. Austr.* IV, pl. 61; — Australie E. et Tasma-

Gad., *l. c.*, p. 144; ? *dubius*, Gd.; *cucullatus*, Sw. — nie.

9257. SUPERCILIOSUS, Gould, *P. Z. S.*, 1837, p. 24; id., *B. Austr.* IV, pl. 62. — Australie W. et S.-W.

SUBF. III. — MELIPHAGINÆ

1320. GLYCYPHILA

Gliciphila, Sw. (1837); *Clycyphila*, Agass. (1846).

9258. FULVIFRONS (Lewin), *B. New S. W.*, pl. 22; Gould, *B. Austr.* IV, pl. 28; ? *melanops*, Lath.; *melivora*, Shaw; *albiventris*, Steph.; *rubrifrons*, Less. — Australie et Tasmanie.

9259. ALBIFRONS, Gould, *P. Z. S.*, 1840, p. 160; id., *B. Austr.* IV, pl. 29. — Australie.

9260. FASCIATA, Gould, *P. Z. S.*, 1842, p. 137; id., *B. Austr.* IV, pl. 30; *pectoralis*, Gray. — Australie.

9261. NOTABILIS, Sharpe, *Ibis*, 1900, pp. 344, 365. — Vanua Lava (N.-Hébr.)

9262. UNDULATA (Sparrm.), *Mus. Carls.* I, pl. 34; Gad., *Cat. B.* IX, 212; *fasciata*, auct. plur. (nec Gould). — Nouv.-Calédonie.

9263. ? FUSCA (Gm.); Vieill., *N. Dict.* XIV, p. 304, XXVI, p. 107; Aud. et Vieill., *Ois. dorés*, II, pl. 65. — ?

9264. MODESTA (Gray), *P. Z. S.*, 1858, pp. 174, 190; Salvad., *Orn. Pap.* II, p. 307; *subfasciata*, Rams.; Gould, *B. New Guin.*, pt. III, pl. 13. — Nouv.-Guinée, Arou, Cap York.

9265. NISORIA (S. Müll.), in Salvad., *Ann. Mus. Civ. Gen.*, 1878, p. 335; id., *Orn. Pap.* II, p. 309. — Nouv.-Guinée.

9266. INCANA (Lath.), *Ind. Orn.* I, p. 296; Gad., *l. c.*, p. 216; *chlorophæa*, Forst.; *modesta*, Gray (1859, non 1858); id., *Cruise of the « Curaçoa »*, pl. 4, f. 1; *caledonica*, Gray. — Nouv.-Calédonie.

2446. *Var.* FLAVOTINCTA, Gray, *Ann. Mag. N. H.*, 1870, p. 331; Lay., *Ibis*, 1878, pp. 270, 280. — Nouv.-Hébrides.

2447. *Var.* SATELLES, Tristr., *Ibis*, 1879, p. 185. — Ile Lifu (Loyalty).

9267. POLIOTIS, Gray, *P. Z. S.*, 1859, p. 160; Gad., *l. c.*, p. 217. — Iles Loyalty.

1321. GLYCYCHÆRA

Glycichæra, Salvad. (1878); *Glycychæra*, Salvad. (1881).

9268. FALLAX, Salvad., *Ann. Mus. Civ. Gen.*, 1878, p. 335; id., *Orn. Pap.* II, p. 310; Gad., *l. c.*, p. 213; *whitei*, Rams., *P. Z. S.*, 1882, p. 357. — Nouv.-Guinée, Arou.

2448. *Var.* POLIOCEPHALA, Salvad., *Op. cit.*, 1878, p. 335; id., *l. c.*, p. 311. — Nouv.-Guinée, Andai.

1322. OEDISTOMA

OEdistoma, Salvad. (1875).

9269. PYGMÆUM, Salvad., *Ann. Mus. Civ. Gen.*, 1875, p. 592; id., *Orn. Pap.* II, p. 312; Gad., *l. c.*, p. 293. — Nouv.-Guinée N.-W.

1323. MELILESTES

Melilestes, Salvad. (1875); *Melidipnus*, Cab. et Rchw. (1876).

9270. MEGARHYNCHUS (Gray), *P. Z. S.*, 1858, pp. 174, 190; Salvad., *Orn. Pap.* II, p. 313; *vagans*, Bernst.; *rostrata*, Wal.; *megalorhynchus*, Gad., *Cat. B.* IX, p. 248, pl. 5. — Arou, Nouv.-Guinée, Salwati, Waigiou, Mysol.

9271. NOVÆ-GUINEÆ (Less.), *Voy. Coq. Zool.* I, p. 677; Salvad., *Orn. Pap.* II, p. 315; Müll. et Schl., *Nat. Gesch. Zool.*, p. 70, pl. 9, f. 3. — Arou, Nouv.-Guinée, Waigiou, Salwati, Mysol.

9272. ILIOLOPHUS, Salvad., *Ann. Mus. Civ. Gen.*, 1875, p. 591; id., *Orn. Pap.* II, p. 316; Gad., *l. c.*, p. 111, pl. 1, f. 2. — Miosnom, Jobi.

2449. *Var.* AFFINIS, Salvad., *Ann. Mus. Civ. Gen.*, 1875, p. 952; id., *Orn. Pap.* II, p. 317; *iliolophus* (pt.), Gad. — Nouv.-Guinée, Waigiou.

2450. *Var.* FERGUSSONIS, Hart., *Novit. Zool.* III, p. 237. — Ile Fergusson.

9273. POLIOPTERUS, Sharpe, *Journ. Linn. Soc. Zool.*, 1882, p. 318; Salvad., *Orn. Pap.* III, p. 543; Gad., *l. c.*, p. 111, pl. 1, f. 1. — Nouv.-Guinée S.-E.

9274. CELEBENSIS, Mey. et Wg., *Abh. Mus. Dresd.*, 1894-95, n°4, p. 2, n°8, p. 12; id., *B. Cel.*, p. 481, pl. 28, f. 2. — Célèbes N.

2451. *Var.* MERIDIONALIS, Mey. et Wg., *Abh. Mus. Dresd.*, 1896, n° 1, p. 11; id., *B. Cel.*, p. 482. — Célèbes S.

1324. STIGMATOPS

Stigmatops, Gould (1865).

9275. OCULARIS (Gould), *P. Z. S.*, 1837, p. 154; id., *B. Austr.* IV, pl. 31; *Ptilotis limbata*, S. Müll.; Gad., *l. c.*, pp. 213, 236, pl. 7, f. 2 (fem.) — Australie, Nouv.-Guinée, Arou, Timor, Lombock, Bali.

2452. *Var.* SUBOCULARIS (Gould), *P. Z. S.*, 1837, p. 154; Gad., *l. c.*, p. 214. — Australie N.-W.

9276. ALBO-AURICULARIS, Rams., *Pr. Linn. Soc. N. S. W.*, 1878, pp. 75, 285; Salvad., *Orn. Pap.* II, p. 324. — Nouv.-Guinée S.-E.

9277. ARGENTAURIS (Finsch), *Abh. Naturw. Ver. Brem.*, 1870, p. 364; Salvad., *l. c.*, p. 324. — Waigiou, ? Nouv.-Guinée.

9278. CHLORIS, Salvad., *Ann. Mus. Civ. Gen.*, 1878, p. 337; id., *Orn. Pap.* II, p. 325. — Guebeh, Mysol, Dammar.

9279. SQUAMATA, Salvad., *Ann. Mus. Civ. Gen.*, 1878, p. 337; id., *l. c.*, p. 326; *kebirensis*, Mey., *Zeit. Ges. Orn.*, 1884, p. 218. — Koor, Babber, Damma, Dammer.

2453. *Var.* SALVADORII, Mey., *Zeitschr. Ges. Orn.*, 1884, p. 217. — Timorlaut.

9280. NOTABILIS, Finsch, *Notes Leyd. Mus.*, 1898, p. 130, 1900, p. 271, pl. 4, f. 4. — Ile Wetter.

9281. BLASII, Salvad., *Orn. Pap.* III, pp. 543, 566; *boiei*, Blas. et Nehrk. (nec S. Müll.), *Verh. Z. B. Ges. Wien*, 1881, p. 425. — Amboine.

1325. ENTOMOPHILA

Entomophila, Gould (1837); *Conopophila*, Rchb. (1852).

9282. PICTA, Gould, *P. Z. S.*, 1838, p. 154; id., *B. Austr.* IV, pl. 50; Gad., *l. c.*, p. 219. — Nouv.-Galles du Sud.

9283. RUFIGULARIS, Gould, *P. Z. S.*, 1842, p. 137; id., *l. c.*, pl. 52; Gad., *l. c.* — Australie N.

9284. ALBIGULARIS, Gould, *P. Z. S.*, 1842, p. 137; id., *l. c.*, pl. 51; Gad., *l. c.* — Nouv.-Guinée, Arou, Australie N.

1326. CERTHIONYX

Certhionyx, Less. (1831); *Melicophila*, Gould (1848); *Lithotentha*, Cab. (1851).

9285. LEUCOMELAS (Cuv.) in Less., *Tr. Orn.*, p. 306; *variegatus*, Less., *l. c.*; *picata*, Gray; Gould, *B. Austr.* IV, pl. 49. — Australie S. et W.

1327. NENEBA

Neneba, De Vis (1897).

9286. PRASINA, De Vis, *Ibis*, 1897, p. 384. — Nouv.-Guinée angl.

1328. MELIPHAGA

Meliphaga, Lewin (1808); *Zanthomiza*, Sw. (1837); *Xanthomyza*, Rchb. (1852).

9287. PHRYGIA (Lath.); Gould, *B. Austr.* IV, pl. 48; Gad., *l. c.*, p. 221. — Australie S. et S.-E.

1329. PTILOTIS

Ptilotis, Sw. (1837); *Lichenostomus*, Cab. (1851); *Stomioptera*, *Foulehaio*, *Xanthotis*, Rchb. (1851).

9288. CARUNCULATA (Gm.); Audeb. et Vieill., *Ois. dorés*, II, p. 131, pl[s] 69, 70; Peale, *U. S. Expl.*, 1844, p. 144, pl. 42, f. 2; *musicus*, Vieill.; *tabuensis*, Steph; *analoga*, Godeffr. — Iles Samoa, Tonga, et Fidji.

9289. PROCERIOR, Fch. et Hartl., *Faun. Centralpolyn.*, p. 62, pl. 5, f. 3; Fch., *Voy. H. M. S. « Challenger »*, *Zool.* II, p. 46, pl. 12, f. 2. — Ovalau, Viti Levu, Kandavu, Vatu Lele (Fidji).

2454. *Var.* FLAVO-AURITA, Lay., *Ibis*, 1876, p. 148; *carunculata* (pt.), Gad. — Ile Fortuna.

2455. *Var.* TAVIUNENSIS, Wiglesw., *Abh. Mus. Dresd.*, 1890-91, n° 6, p. 34; *similis*, Lay. (nec Jacq. et Puch.); *carunculata* (pt.), Gad. — Taviuni (Fidji).

2456. *Var.* BUAENSIS, Wiglesw., *l. c.* — Vanua Levu, Mathuata.

9290. ANALOGA, Rchb., *Handb. Merop.*, p. 103, f. 3332; Hombr. et Jacq., *Voy. Pôle Sud*, III, pl. 17, f. 2; *similis*, Jacq. et Puch. — Iles Arou, Nouv.-Guinée.

2457. *Var.* NOTATA, Gould, *Ann. Mag. N. H.*, 1867, p. 269; id., *B. Austr. Suppl.*, pl. 41. — Queensland N.

2458. *Var.* AURICULATA, S. Müll., *Mus. Lugd.*; Scl., *Pr. Linn. Soc.*, 1858, p. 157. — Mysol, Dorey, Waigiou.

2459. *Var.* FLAVIRICTA, Salvad., *Ann. Mus. Civ. Gen.*, 1880, p. 76; id., *Orn. Pap.* II, p. 332. — Nouv.-Guinée S.-E.

9291. GRACILIS, Gould, *P. Z. S.*, 1866, p. 227; Le Souëf, *Ibis*, 1898, p. 56, pl. 1. — Australie N.

9292. ALBONOTATA, Salvad., *Ann. Mus. Civ. Gen.*, 1876, p. 35; *montana*, id., *l. c.*, 1880, p. 77; id., *Orn. Pap.* II, p. 333. — Nouv.-Guinée.

9293. CARTERI, Campb., *Rep. Austral. Ass.* VII, p. 3. — Australie N.-W.

9294. LEILAVALENSIS, North, *Rec. Austr. Mus.* III, 1899, p. 106. — Queensland N.

9295. FUSCA, Gould, *Syn. B. Austr.*, pt. II; id., *B. Austr.* IV, pl. 44. — Australie E.

9296. LEWINI, Sw., *Classif. B.* II, p. 326; Gad., *Cat. B.*, p. 229; ? *xanthotis*, Shaw; *chrysotis*, Lew. (nec Lath.); Gould, *B. Austr.* IV, pl. 32. — Australie E.

9297. PROVOCATOR, Lay., *P. Z. S.*, 1875, p. 28; Fch., *Rep. Voy. Chall.* II, p. 47, pl. 13; *xanthophrys*, Fch. — Kandavu (Fidji).

9298. FRENATA, Rams., *P. Z. S.*, 1874, p. 603; Gould, *B. New Guin.*, pt. II, pl. — Australie N.-E.

9299. SUBFRENATA, Salvad., *Ann. Mus. Civ. Gen.*, 1875, p. 77; id., *Orn. Pap.* II, p. 337; Gad., *l. c.*, p. 231. — Nouv.-Guinée N.-W.

9300. SALVADORII, Hart., *Novit. Zool.* III, p. 531; *lacrimans*, De V. — Mts Stanley (N.-Guin).

9301. PERSTRIATA, De Vis, *Rep. Brit. New Guin.*, 1898, *App.*, p. 86. — Nouv.-Guinée S.-E.

9302. PIPERATA, De Vis, *Op. cit.* — Nouv.-Guinée S.-E.

9303. FLAVOSTRIATA, Gould, *P. Z. S.*, 1875, p. 316; Gad., *l. c.*, p. 232. — Australie N.-E.

9304. MACLEAYANA, Rams., *Pr. Linn. Soc. N. S. W.*, 1876, p. 9; Rob. et Lav., *Ibis*, 1900, p. 633. — Queensland N.

9305. MACULATA (Tem.), *Pl. Col.* 29, f. 1; Gad., *l. c.*, p. 232. — Timor.

9306. POLYGRAMMA, Gray, *P. Z. S.*, 1861, p. 429; Gad., *l. c.*, p. 233, pl. 6; *poikilosternus*, Mey.; *pœcilosternus*, Salvad. — Nouv.-Guin., Salwati, Waigiou, Mysol.

9307. RETICULATA (Tem.), *Pl. Col.* 29, f. 2; Gad., *l. c.*, p. 233. — Timor.

9308. SONORA, Gould, *P. Z. S.*, 1840, p. 160; id., *B. Austr.* IV, pl. 33. — Australie.

9309. VERSICOLOR, Gould, *P. Z. S.*, 1842, p. 136; id., *B. Austr.* IV, pl. 34. — Austr. N.-E., Nouv.-Guinée S.-E.

2460. *Var.* STRIOLATA, Müll., *Mus. Leyd.* et auct. plur.; *sonoroides*, Gray, *P. Z. S.*, 1861, p. 428; Salvad., *Orn. Pap.* II, p. 335; *melanophrys*, Scl., *P. Z. S.*, 1873, p. 693. — Nouv.-Guin., Salwati, Waigiou, Mysol, Batanta.

9310. CHRYSOPS (Lath.); Gould, *B. Austr.* IV, pl. 45; *gilvicapillus*, Vieill.; *trivirgata*, Verr. — Australie S. et E.

9311. CHRYSOTIS (Less.), *Voy. Coq. Zool.* I, p. 645, pl. 21; Salvad., *Orn. Pap.* II. p. 347; *flaviventer*, Less.; *flaviventris*, Rchb. — Nouv.-Guin., Salwati, Mysol.

2461. *Var.* VISI, Hart., *Novit. Zool.* III, p. 15. — Nouv.-Guinée S.

2462. *Var.* FILIGERA, Gould, *P. Z. S.*, 1850, p. 278, pl. 34; id., *B. Austr.*, *Suppl.*, pl. 42. — Australie N. et N.-E., Arou, N.-Guinée S.

2463. *Var.* RUBIENSIS, Mey., *Zeitschr. f. Ges. Orn.*, 1884, p. 289. — Ile Rubi.

2464. *Var.* SPILOGASTRA, Grant, *Ibis*, 1896, p. 251. — Nouv.-Guinée W.

2465. *Var.* FUSCIVENTRIS (Salvad.), *Ann. Mus. Civ. Gen.*, 1875, p. 947; id., *Orn. Pap.* II, p. 348. — Batanta, Waigiou.

9312. MEYERI (Salvad.), *Ann. Mus. Civ. Gen.*, 1875, p. 947; id., *Orn. Pap.* II, p. 349; *pyrrhotis*, Mey. (nec Less.) — Ile Jobi.

9313. SIBISIBINA, De Vis, *Ibis*, 1897, p. 381. — Nouv.-Guinée S.-E.

9314. FLAVIGULA et *flavicollis* (Vieill.), *N. Dict.* XIV, p. 325; Gould, *B. Austr.* IV, pl. 35; *flavigularis*, Gad. — Australie S., S.-E. et Tasmanie.

9315. FASCIOGULARIS, Gould, *P. Z. S.*, 1851, p. 285; id., *B. Austr.* IV, pl. 40. — Australie E.

9316. DIOPS, Salvad., *Ann. Mus. Civ. Gen.* XIX, 1899, p. 381. — Nouv.-Guinée S.-E.

9317. KEARTLANDI, North, *Ibis*, 1895, p. 340; id., *Horn Exp. centr., Austr.* II, *Aves*, pl. 6, f. 1. — Australie centr. et W.

9318. LEUCOTIS (Lath.); Tem., *Pl. Col.* 435; Gould, *l. c.* IV, pl. 36; Jard. et Sel., *Ill. Orn.*, pl. 35, f. 2. — Austr. W., S. et S.-E.

9319. COCKERELLI, Gould, *Ann. Mag. N. H.*, 1869, p. 109; id., *l. c.*, *Suppl.*, pl. 43. — Australie N.

9320. AURICOMIS (Lath.); Sw., *Zool. Ill.* III, pl. 43; Gould, *l. c.*, IV, pl. 37; *mystacea*, *novæ-hollandiæ*, Lath.; *auriculata*, Shaw; *erythrotis*, Vieill. — Australie E., du 20° l. S. à Victoria.

9321. CASSIDIX, Jard., *P. Z. S.*, 1866, p. 538; Gould, *l. c.*, *Suppl.*, pl. 39; *leadbeateri*, M'Coy. — Victoria et Australie centr. et S.

9322. CRATITIA, Gould, *P. Z. S.*, 1840, p. 160; id., *l. c.* IV, pl. 38; *occidentalis*, Cab., *Mus. H.* I, p. 119. — Australie S. et W.

9323. PENICILLATA, Gould, *P. Z. S.*, 1836, p. 143; id., *l. c.*, IV, pl. 43. — Australie S. et E.

9324. ORNATA, Gould, *P. Z. S.*, 1838, p. 24; id., *l. c.*, pl. 39. — Austr. W., S. et Victor.

9325. PLUMULA, Gould, *P. Z. S.*, 1840, p. 150; id., *l. c.*, pl. 40. — Australie W. et S.

9326. FLAVESCENS, Gould, *P. Z. S.*, 1839, p. 144; id., *l. c.*, pl. 41. — Australie N., Nouv.-Guinée S.-E.

2466. *Var.* GERMANA, Rams., *Pr. Linn. Soc. N. S. W.*, 1878, pp. 2, 39, 285; Salvad., *Orn. Pap.* II, p. 336; Gad., *l. c.*, p. 246. — Nouv.-Guinée S.

9327. FLAVA, Gould, *P. Z. S.*, 1842, p. 136; id., *l. c.*, pl. 42. — Australie N. et N.-E.

9328. CINEREA, Scl., *P. Z. S.*, 1873, p. 693; Salvad., *Orn. Pap.* II, p. 338. — Nouv.-Guinée N.-W.

9329. OBSCURA, De Vis, *Ibis*, 1897, p. 383. — Nouv.-Guinée S.-E.

9330. MARMORATA, Sharpe, *Journ. Linn. Soc., Zool.*, 1882, p. 438; Gad., *Cat. B.* IX, p. 247, pl. 4. — Nouv.-Guinée S.-E.

9331. GUISEI, De Vis, *Rep. Orn. Coll.*, 1894, p. 5. — Nouv.-Guinée S.-E.

9332. VIRESCENS, Wall., *P. Z. S.*, 1863, p. 494; Gad., *l. c.*, p. 248, pl. 7, f. 1; *Arachn. simplex*, Gray (nec Müll.) — Lombock.

9333. UNICOLOR, Gould, *P. Z. S.*, 1842, p. 136; id., *l. c.*, pl. 46. — Australie N.

9334. FULVOCINEREA, Fch. et Mey., *Zeitschr. Ges. Orn.*, 1886, p. 24, pl. 5, f. 1. — Nouv.-Guinée S.-E.

9335. PROXIMA, Madar., *Ornith. Monatsb.*, 1900, p. 3. — Nouv.-Guinée N.-E.

9336. PLUMBEA, Salvad., *Ann. Mus. Civ. Gen.*, 1894, p. 151. — Moroka (Nouv.-Guin.)

9337. ERYTHROPLEURA, Salvad., *Ann. Mus. Civ. Gen.*, 1875, p. 949; id., *Orn. Pap.* II, p. 337. — Nouv.-Guinée N.-W.

9338. IXOIDES, Salvad., *Ann. Mus. Civ. Gen.*, 1878, p. 338; id., *Orn. Pap.* II, p. 339. — Nouv.-Guinée.

9339. ARUENSIS, Sharpe, *Rep. Voy. Alert. B.*, p. 19. — Iles Arou.

9340. PRÆCIPUA, Hart., *Novit. Zool.* IV, p. 376. — M[ts] Musgrave et Scratchley (N.-Guin.)

1330. CLEPTORNIS

Cleptornis, Oust. (1889).

9341. MARCHEI, Oust., *Le Natural.*, 1889, p. 260; id., *N. Arch. Mus. Paris.* VII, p. 202, pl. 7. — Iles Marianne.

1331. SARGANURA

Sarganura, De Vis (1898).

9342. MACULICEPS, De Vis, *Rep. Brit. New Guin.*, 1898, *App.*, p. 87. — Nouv.-Guinée S.-E.

1332. POGONORNIS

Pogonornis, Gray (1846).

9343. CINCTA (Du Bus), *Bull. Ac. Sc. Brux.*, 1839, p. 295; — Nouv.-Zélande.

Gray, *Gen. B.* I, p. 123, pl. 39, f. 4; Gad., *l. c.*, p. 251; *auritus*, Lafr., *Rev. Zool.*, 1839, p. 257.

1333. MELIORNIS

Phylidonyris (pt.), Less. (1831); *Meliornis*, Gray (1840); *Lichmera*, Cab. (1850); *Melisympotes*, Rchb. (1852).

9344. AUSTRALASIANA (Shaw), *Gen. Zool.* VIII, p. 226; Gould, *B. Austr.* IV, pl. 27; *pyrrhoptera*, Lath.; *melanoleucus*, Vieill.; *inornata*, Gould. — Australie S., Tasmanie.

9345. NOVÆ-HOLLANDIÆ (Lath.), *Ind. Orn.*, p. 296; Gould, *B. Austr.* IV, pl. 23; *balgonera*, Steph.; *barbata*, Sw. — Australie E., S. et Tasmanie.

2467. *Var.* LONGIROSTRIS (Gould), *P. Z. S.*, 1846, p. 83; id., *B. Austr.* IV, pl. 24. — Australie W.

9346. SERICEA (Gould), *P. Z. S.*, 1837, p. 144; id., *B. Austr.* IV, pl. 25; *sericeola*, Gould (fem.) — Australie S.-E.

9347. MYSTACALIS (Gould), *P. Z. S.*, 1840, p. 161; id., *B. Austr.* IV, pl. 26. — Australie W.

9348. SCHISTACEA, De Vis, *Ibis*, 1897, p. 381. — Nouv.-Guinée S.-E.

1334. ANTHORNIS

Anthomiza, Sw. (1837); *Anthornis*, Gray (1841).

9349. MELANURA (Sparm.), *Mus. Carls.*, pl. 5; *sannio*, Gm.; *dumerilii*, Less., *Voy. Coq. Zool.* I, p. 644, pl. 21, f. 2; *cæruleocephala*, Sw.; *olivacea*, Forst.; *ruficeps*, Pelz., *Verh. Z. B. Gesel. Wien*, 1867, p. 316. — Nouv.-Zélande.

9350. MELANOCEPHALA, Gray, in *Dieff. Trav.* II, *App.*, p. 188; Rchb., *Handb. Mer.*, pl. 465, f. 3409; Gad., *l. c.*, p. 256; *auriocula*, Bull. — Ile Chatham.

1335. PROSTHEMADERA

Prosthemadera, Gray (1840).

9351. NOVÆ-ZEELANDIÆ (Gm.); Bull., *B. New Zeal.*, p. 87, pl. 11; Levaill., *Ois. d'Afr.* II, pl. 92; *circinnatus*, Lath.; *crispicollis*, Daud.; *concinnata*, Gray. — Nouv.-Zélande et îles Auckland.

1336. MANORHINA

Manorhina, Vieill. (1818); *Myzantha*, Vig. et Horsf. (1826).

9352. MELANOPHRYS (Lath.), *Ind. Orn.*, *Suppl.*, p. 42; Gould, *B. Austr.* IV, pl. 80; *viridis*, Vieill.; id., *Gal. Ois.*, pl. 149; *flavirostris*, Vig. et Horsf. — Queensl., Nouv.-Galles du S., Victoria.

9353. GARRULA (Lath.), *l. c.*, p. 24; Gould, *l. c.*, pl. 76; *melanocephala*, Lath. — Austr. E., S., Tasman.

9354. OBSCURA (Gould), *P. Z. S.*, 1840, p. 159; id., *l. c.*, pl. 77. — Australie W.

9355. FLAVIGULA (Gould), *P. Z. S.*, 1839, p. 143; id., *l. c.*, pl. 79. — Australie S. et S.-E.

2468. *Var.* LUTEA (Gould), *P. Z. S.*, 1839, p. 144; id., *l. c.*, pl. 78. — Australie W.

1337. ANTHOCHÆRA

Creadion (pt.), Bon. et Vieill. (1823); *Anthochæra*, Vig. et Horsf. (1826); *Acanthochæra*, Gad. (1884).

9356. CARUNCULATA (Lath.), *Ind. Orn.* I, p. 276; Gould, *l. c.*, pl. 55; *paradoxus*, Lath.; *lewini*, Vig. et Horsf. — Australie E., S. et Tasmanie.

9357. INAURIS, Gould, *B. Austr.* IV, pl. 54; *carunculata*, V. et H. (nec Lath.); Vieill., *Gal. Ois.*, pl. 94. — Tasmanie.

1338. ANELLOBIA

Anellobia, Cab. (1850); *Melichæra*, Rchb. (1852).

9358. MELLIVORA (Lath.), *Ind. Orn.*, *Suppl.*, p. 37; Gould, *l. c.*, pl. 56; Cab., *Mus. Hein.* I, p. 120; *chrysopterus*, Lath. — Australie E., S. et Tasmanie.

9359. LUNULATA (Gould), *P. Z. S.*, 1837, p. 153; id., *l. c.*, pl. 57; Gad., *l. c.*, p. 265. — Australie W.

1339. ACANTHOGENYS

Acanthogenys, Gould (1837).

9360. RUFIGULARIS, Gould, *P. Z. S.*, 1837, p. 153; id., *l. c.*, pl. 53. — Austr. W., S. et S.-E.

9361. FLAVICANTHUS, Campb., *Victorian Natural.* XVI, p. 3. — Australie N.-W.

1340. MYZA

Myza, Mey. et Wig. (1895.)

9362. SARASINORUM, Mey. et Wg., *Abh. Mus. Dresd.*, 1895, n° 8, p. 11; id., *B. Cel.*, p. 483, pl. 28, f. 1. — Célèbes N.

1341. LEPTORNIS

Leptornis, Hombr. et Jacq. (1853); *Philedon* (pt.), Rchb. (1852).

9363. SAMOENSIS (Hombr. et Jacq.), *Ann. Sc. Nat. Paris*, 1841, p. 314; Cass., *U. S. Expl. Exp.*, 1858, p. 172, pl. 11, f. 2; *olivacea*, Peale; *sylvestris*, Hombr. et Jacq., *Voy. Pôle S., Ois.*, pl. 17, f. 1. — Iles Samoa.

9364. AUBRYANUS, Verr. et Des M., *Rev. et Mag. de Zool.*, 1860, p. 432; Gray, in *Brenchl. Cruise*, p. 364, pl. 4. — Nouv.-Calédonie.
9365. VIRIDIS (Lay.), *P. Z. S.*, 1875, pp. 150, 432; Salvad., *Ibis*, 1876, p. 507; Gad., *l. c.*, p. 268. — Iles Fidji.

1342. CHÆTOPTILA

Chætoptila, Sclat. (1868).

9366. ANGUSTIPLUMA (Peale), *U. S. Expl. Exped.*, pl. 11, f. 1; Rothsch., *Avif. Laysan*, pl. 71. — Hawaï (éteint).

1343. ENTOMYZA

Entomyza, Sw. (1837).

9367. CYANOTIS (Lath.), *Ind. Orn., Suppl.*, p. 29; Gould, *l. c.* IV, pl. 68; *cyaneus*, Lath.; *cyanops*, Lew. — Australie N.-E.
2469. *Var.* HARTERTI, Rob. et Lav., *Ibis*, 1900, p. 635. — Queensland N.
9368. ALBIPENNIS, Gould, *P. Z. S.*, 1840, p. 169; id., *l. c.* IV, pl. 69. — Australie N.

1344. TROPIDORHYNCHUS

Tropidorhynchus, Vig. et Horsf. (1826).

9369. CORNICULATUS (Lath.), *Ind. Orn.* I, p. 276; Vig. et Horsf., *Tr. Lin. Soc.* XV, p. 324; Gould, *B. Austr.* IV, pl. 58; *monachus*, Lath. — Australie E.
9370. ARGENTICEPS, Gould, *P. Z. S.*, 1839, p. 144; id., *B. Austr.* IV, pl. 59; *monachus*, V. et H. — Australie N.
9371. BUCEROIDES (Sw.), *An. in Meng.*, p. 325; Gray, *Gen. B.* I, p. 125; Gould, *B. Austr.*, *Suppl.*, pl. 44. — Australie N. et N.-E.
9372. TIMORIENSIS, S. Müll., *Verh. Land- en Volk.*, p. 153; Gad., *l. c.*, p. 273. — Iles Timor et Wetter.
9373. NEGLECTUS, Bütt., *Notes Leyd. Mus.*, 1891, p. 213; *timoriensis* (pt.), auct. plur. — Lombock, Flores, Sumbawa.
9374. NOVÆ-GUINEÆ, S. Müll., *Op. cit.*, p. 153; Salvad., *Orn. Pap.* II, p. 357; *monachus*, Q. et G. (nec Lath.); *mitratus*, S. Müll.; *corniculatus*, auct. plur. (nec Lath.); *marginatus*, Gray. — Nouv.-Guinée, Waigiou, Batanta, Salwati, Mysol.
2470. *Var.* ARUENSIS, Mey., *Zeitschr. Ges. Orn.*, 1884, p. 216. — Iles Arou.
2471. *Var.* SUBTUBEROSA, Hart., *Novit. Zool.* III, p. 238 (*subtuberosus*). — Ile Fergusson.
9375. JOBIENSIS, Mey., *Sitz. Ak. Wiss. Wien*, 1874, p. 113; Salvad., *Orn. Pap.* II, p. 356. — Ile Jobi.

1345. PHILEMON

Philemon, Vieill. (1816); *Philedon*, Cuv. (1817); *Philemonopsis, Meliarchus*, Salvad. (1880).

9376. INORNATUS (Gray), *Gen. B.* I, p. 125; Gad., *l. c.*, p. 275; *vulturinus*, Jacq. et Puch., *Voy. Pôle S.* III, p. 88, pl. 18, f. 1; *cineraceus*, Müll. — Timor.

9377. KISSERENSIS, Mey., *S. B. Ges. Isis*, 1884, p. 41. — Ile Kisser.

9378. MOLUCCENSIS (Gm.); Tem., *Pl. Col.* I, p. 72; Salvad., *Orn. Pap.* II, p. 352; *cinereus*, Vieill.; *bouruensis*, Wall. (nec Gray). — Iles Bourou et Key.

9379. LESSONI (Gray), *P. Z. S.*, 1859, p. 161; *diemenensis*, Less.; Pucher., *Arch. du Mus.*, 1855, pl. 21; *vulturinus*, Scl. — Nouv.-Calédonie, îles Loyalty.

9380. CITREOGULARIS (Gould), *P. Z. S.*, 1836, p. 143; id., *B. Austr.* IV, pl. 60. — Australie.

2472. *Var.* OCCIDENTALIS, Rams., *Pr. Linn. Soc. N. S. W.* II, p. 676. — Australie N.-W.

2473. *Var.* SORDIDA (Gould), *B. Austr.* I, *Introd.*, p. 58; Gad., *l. c.*, p. 277. — Presqu'île Cobourg.

9381. COCKERELLI, Sclat., *P. Z. S.*, 1877, p. 104; Gad., *l. c.*, p. 278, pl. 2. — Nouv.-Bretagne.

9382. ALBITORQUES, Sclat., *P. Z. S.*, 1877, p. 553; Salvad., *Orn. Pap.* II, p. 354. — Iles de l'Amirauté.

9383. SCLATERI, Gray, *Ann. and Mag. N. H.*, 1870, p. 327; id., in *Brenchley's Cruise, Birds*, p. 362, pl. 5; Salvad., *l. c.*, p. 322. — Iles Salomon.

9384. FUSCICAPILLUS (Wall.), *Ibis*, 1862, p. 351; Salvad., *l. c.*, p. 354. — Morty, Halmahera, Batjan.

9385. PLUMIGENIS (Gray), *P. Z. S.*, 1858, pp. 174, 191; Salvad., *l. c.*, p. 353. — Iles Key.

2474. *Var.* TIMORLAOENSIS, Mey., *S. B. Ges. Isis*, 1884, p. 41; *plumigenis* (pt.), Gad., *l. c.*, p. 279. — Timorlaut.

9386. SUBCORNICULATUS (Hombr. et Jacq.), *Ann. Sc. Nat.*, 1841, p. 314; id., *Voy. Pôle S.* III, p. 87, pl. 16, f. 1; Salvad., *l. c.*, p. 355; *subcornutus*, Tem. — Céram.

9387. MEYERI, Salvad., *Ann. Mus. Civ. Gen.*, 1878, p. 339; id., *Orn. Pap.* II, p. 350; *inornatus*, Mey. (nec Gray.) — Nouv.-Guinée.

9388. PHILIPPINENSIS, Steere, *List of Philipp. B.*, p. 21. — Samar (Philippines).

1346. MELITOGRAIS

Melitograis, Sundev. (1872).

9289. GILOLENSIS (Bp.), *Consp. Av.* I, p. 390; Salvad., *Orn. Pap.* II, p. 349; *senex*, Gray; *striata*, Sundev. — Halmahera, Batjan.

1347. PROMEROPS

Promerops, Briss. (1760); *Ptiloturus*, Sw. (1837, nec Boie); *Ptilurus*, Strickl. (1841).

9390. CAFER (Lin.); *Pl. Enl.* 516, 637; Audeb. et Vieill., *Ois. dorés*, I, p. 13, pl. 4; *caffra*, Gm.; *longicaudatus*, Vieill.; *griseus*, Bon. et Vieill.; *capensis*, Less. — Afrique S.

9391. GURNEYI, J. Verr., *P. Z. S.*, 1871, p. 135, pl. 8; Gad., *l. c.*, p. 284; *cafer*, Gurn. (nec Lin.) — Natal, Transvaal.

1348. MOHO

Gracula, Merr. (1786, nec Lin.); *Moho*, Less. (1831); *Acrulocercus*, Cab. (1847); *Mohoa*, Rchb. (1850).

9392. NOBILIS (Merr.), *Av. Icon.*, p. 8, pl. 2; Gad., *Cat. B.* IX, p. 284; *niger*, Gm.; *fasciculatus*, Lath.; Tem., *Pl. Col.* 471; *pacificus*, Licht. — Iles Sandwich.

9393. APICALIS, Gould, *P. Z. S.*, 1860, p. 381; Gad., *l. c.*, p. 285; Rothsch., *Avif. Laysan*, pt. III, pl. 73. — Iles Sandwich.

9394. BISHOPI (Rothsch.), *Ibis*, 1893, p. 442; id., *l. c.*, pt. III, pl. 74. — Molokai (Sandwich).

9395. BRACCATUS, Cass., *Pr. Ac. Philad.*, 1855, p. 440; Scl., *Ibis*, 1879, p. 92; Rothsch., *l. c.*, pt. III, pl. 75; *nobilis* (pt.), Gad., *l. c.* — Iles Sandwich.

1349. MELIDECTES

Melidectes, Sclat. (1873).

9396. TORQUATUS, Scl., *P. Z. S.*, 1873, p. 694, pl. 55; Gould, *B. New Guin.*, pt. IV, pl. 7; Salvad., *Orn. Pap.* II, p. 319. — Nouv.-Guinée.

2475. *Var.* EMILII, Fch. et Mey., *Zeitschr. f. Ges. Orn.* III, p. 22, pl. 4, f. 2; *Melirr. ornatus*, De Vis. — Nouv.-Guinée S.-E.

1350. TIMELIOPSIS

Euthyrhynchus, Schleg. (1871, nec Dallas, 1851); *Timeliopsis*, Salvad. (1875).

9397. GRISEIGULA (Schl.), *Ned. Tijdschr. Dierk.* IV, p. 39; Salvad., *Orn. Pap.* II, p. 341; *trachycoma*, Salvad. — Nouv.-Guinée.

9398. FLAVIGULA (Schl.), *l. c.*, p. 40; Salvad., *l. c.*, p. 341. — Nouv.-Guinée N.-W.

9399. FULVIGULA (Schl.), *l. c.*, p. 40; Salvad., *l. c.*, p. 342. — Mts Arfak (Nouv.-Guin.)

2476. *Var.* MEYERI (Salvad.), *Ann. Mus. Civ. Gen.*, 1896, p. 97; *fulvigula* (pt.), Mey. — Nouv.-Guinée S.-E.

9400. FULVIVENTRIS (Rams.), *Pr. Linn. Soc. N. S. W.*, 1882, p. 718; Salvad., *l. c.* III, p. 545; Gad., *l. c.*, p. 288. — Nouv.-Guinée S.-E.

1351. MELIPOTES

Melipotes, Sclat. (1873).

9401. GYMNOPS, Scl., *P. Z. S.*, 1873, p. 695, pl. 56; Salvad., *l. c.* II, p. 317. — Nouv.-Guinée N.-W.

9402. FUMIGATUS, Fch. et Mey., *Zeitschr. Ges. Orn.*, 1886, p. 22; *atriceps*, Grant, *Ibis*, 1896, p. 258. — Nouv.-Guinée S.-E.

9403. MACULATA, De Vis, *Ann. Rep. Brit. New Guin.*, 1890-91, *App.* cc, p. 94. — Nouv.-Guinée S.-E.

1352. MELIRRHOPHETES

Melirrhophetes, Mey. (1874).

9404. LEUCOSTEPHES, Mey., *Sitzber. Ak. Wiss. Wien*, 1874, p. 110; Salvad., *l. c.* II, p. 320; Gould, *B. New Guin.*, pt. IV, pl. 5. — Nouv.-Guinée.

9405. BELFORDI, De Vis, *Rep. Brit. New Guin., App.*, p. 111. — Nouv.-Guinée S.-E.

9406. FUSCUS (De Vis), *Ibis*, 1897, p. 383; Hart., *Novit. Zool.* IV, p. 369. — Nouv.-Guinée S.-E.

9407. OCHROMELAS, Mey., *Sitzb. Ak. Wiss. Wien*, 1874, p. 111; Gould, *B. New Guin.*, pt. IV, pl. 4; Salvad., *l. c.* II, p. 321. — Monts Arfak (Nouv.-Guinée).

9408. BATESI, Sharpe, *Gould's B. New Guin.*, pt. XXII, pl.; *ochromelas* (pt.), Salvad.; *collaris*, De Vis. — Nouv.-Guinée S.-E.

1353. PYCNOPYGIUS

Pycnopygius, Salvad. (1880).

9409. STICTOCEPHALUS, Salvad., *Ann. Mus. Civ. Gen.*, 1876, p. 34; id., *Orn. Pap.* II, p. 340; *bernsteinii*, Fch., *MS*. — Nouv.-Guinée, Salwatti.

FAM. LIII. — FALCULIDÆ

1354. FALCULIA

Falculia, Is. Géoff. St-Hil. (1836).

9410. PALLIATA, Is. Géoff. St-Hil., *Mag. de Zool.*, 1836, pl^{s} 49, 50; Sharpe, *Cat. B.* III, p. 145; Miln.-Edw. et Grand., *Hist. Madag. Ois.*, p. 303, pl. 117. — Madagascar.

SUBORD. IV. — PSEUDOSCINES (1)

FAM. I. — ATRICHIIDÆ

1335. ATRICHIA

Atrichia, Gould (1844).

9411. CLAMOSA, Gould, *P. Z. S.*, 1844, p. 2; id., *B. Austr.* pl. 34; Sharpe, *Cat. B.* XIII, p. 659. — Australie W. et S.-W.

9412. RUFESCENS, Rams., *P. Z. S.*, 1866, p. 438; Gould, *B. Austr., Suppl.*, pl. 26; Sharpe, *l. c.*, p. 660. — Australie E.

FAM. II. — ORTHONYXIDÆ

1336. ORTHONYX

Orthonyx, Temm. (1820).

9413. SPINICAUDA, Tem., *Pl. Col.* 428, 429; Gould, *B. Austr.* IV, pl. 99; Sharpe, *Cat.* VII, p. 329; *temminckii*, Vig. et Horsf.; *maculatus*, Steph. — Australie S.-E.

9414. SPALDINGI, Rams., *P. Z. S.*, 1868, p. 386; Gould, *B. Austr., Suppl.*, pl. 53; Sharpe, *l. c.*, p. 329. — Australie N.-E.

9415. NOVÆ-GUINEÆ, Mey., *Sitz. k. Ak. Wiss. Wien*, LXIX, pp. 74, 83; Salvad., *Orn. Pap.* II, p. 240; Sharpe, *l. c.*, p. 672; *spinicauda* (pt.), Schl. — Nouv.-Guinée N.-W.

FAM. III. — MENURIDÆ

1337. MENURA

Menura, Davies (1800); *Parkinsonius*, Bechst. (1811).

9416. SUPERBA, Davies, *Tr. Linn. Soc.*, 1800, p. 207, pl. 22; Gould, *B. Austr.* III, pl. 14; *novæ-hollandiæ*, Lath.; *parkinsoniana*, Shaw et Nod.; *lyra*, Shaw; *mirabilis*, Bechst.; *vulgaris*, Flem.; *paradisea*, Sw. — Nouv.-Galles du S. (Australie.)

2477. *Var.* VICTORIÆ, Gould, *P. Z. S.*, 1862, p. 23. — Victoria, Australie S.

9417. ALBERTI, Gould, *Pr. Linn. Soc.*, 1850, p. 67; id., *B. Austr., Suppl.*, pl. 19. — Australie E.

(1) Voy. : Sharpe, *Cat. Birds Brit. Mus.* VII, p. 329, XIII, pp. 659-663 (1890).

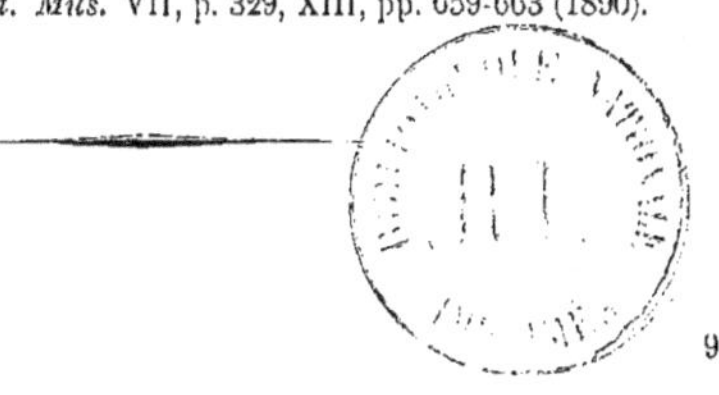

PL. I.

TIGA BORNEONENSIS

A. A. Dubois, ad nat. del. et lith.

J. E. Goossens. Chromolith.

PL. II.

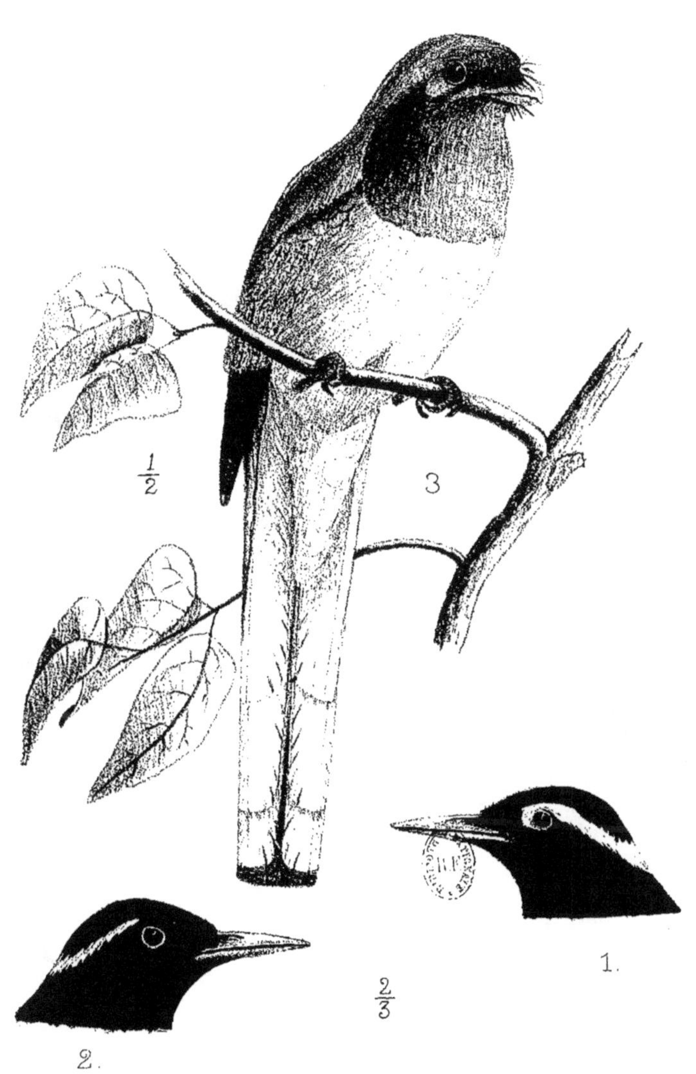

1. MELANERPES CRUENTATUS _ 2. M. HARGITTI
3. HAPALODERMA RUFIVENTRE

..Dubois, ad nat. del. et lith

J. E. Goossens, Chromolith.

PL. III.

A. [illegible]

J. F. Goossens Chromolith

1. [illegible] 2. SCYTALOPUS ANALIS.
3. HYPOCNEMIS NAEVIOIDES.

PL. V.

1, 2. THAMNOPHILUS TORQUATUS, 3. DENDROCOLAPTES SANCTI-THOMAE

a s ad nat. del. et lith. J. F. Goossens, Chromolith.

PL. V7

1. PICOLAPTES ALBOLINEATUS. 2. DENDRORNIS GUTTATA.

Dubois ad nat. del. et lith.

J. E. Goossens, Chromo

Pl. VII

1 GEOSITTA [illegible] 2. G. ISABELLINA

[illegible] ad nat. del. et lith. J. E. Goossens Chromolith.

PL. V.

ad nat. del. et lith.

CYANOLYCA YUCATANICA
1 ADULTE. 2, JEUNE

Dubois ad nat. del et lith. J. E. Goossens, Chromolith.

PL. X.

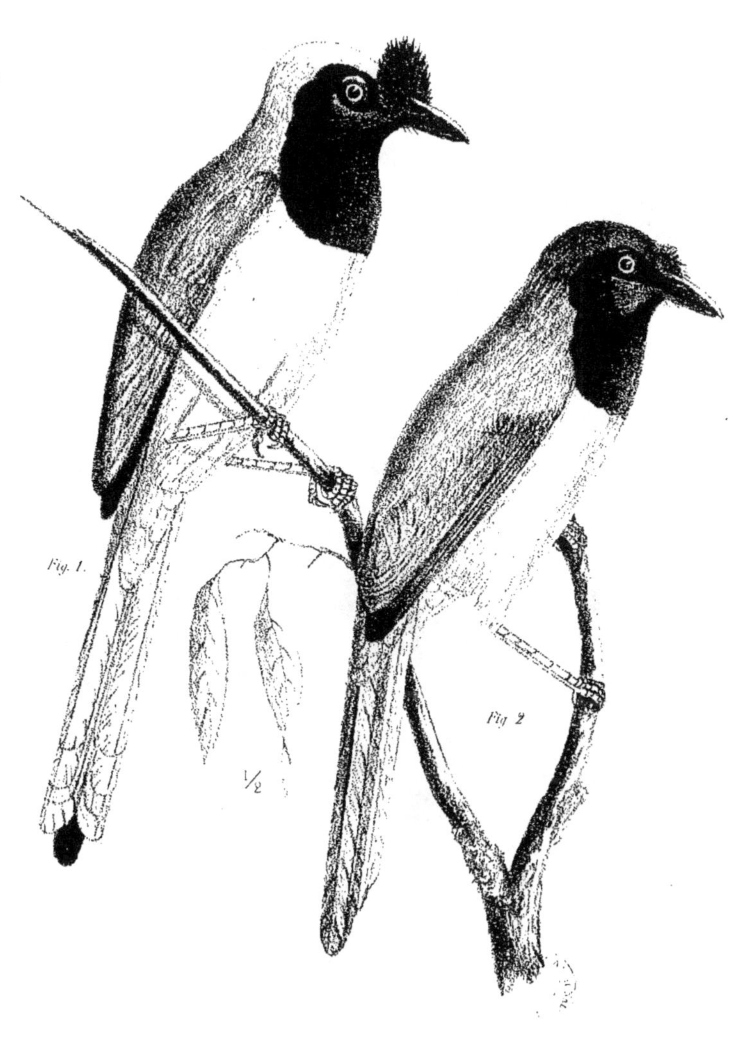

1. XANTHOURA CYANODORSALIS 2 X. CÆRULEOCEPHALA

Dubois ad nat. del et lith

J. E. Goossens, Chromolith.

..bois ad nat. del. et lith.

J. E. Goossens, Chromolith.

1 GRACULA SINENSIS 2 PENDULINUS VIRESCENS

Dubois ad nat. del. et lith.

J. E. Goossens Chromolith.

1. PENDULINUS DUBUSI. 2. ORECCHARIS ARFAKI

SYNOPSIS AVIUM

NOUVEAU

MANUEL D'ORNITHOLOGIE

PAR

Alphonse DUBOIS

DOCTEUR EN SCIENCES,
CONSERVATEUR AU MUSÉE ROYAL D'HISTOIRE NATURELLE DE BELGIQUE,
CHEVALIER DE L'ORDRE DE LÉOPOLD,
MEMBRE HONORAIRE, CORRESPONDANT OU EFFECTIF DE PLUSIEURS SOCIÉTÉS SAVANTES,
ETC., ETC.

Fascicule I

PSITTACI, SCANSORES, PICI

BRUXELLES
H. LAMERTIN, éditeur
20, RUE DU MARCHÉ-AU-BOIS

1899

MODE DE PUBLICATION

Le *Synopsis avium* paraîtra par fascicules trimestriels composés de 96 pages d'impression. L'ouvrage complet se composera d'environ sept fascicules, accompagnés de quelques planches coloriées représentant des espèces nouvelles ou non encore figurées; une planche remplacera une feuille de texte (16 pages). Le prix du fascicule est de 6 francs; après la publication du troisième fascicule, le prix sera porté, *pour les nouveaux souscripteurs seulement*, à 9 francs.

Le souscripteur s'engage pour l'ouvrage complet; il ne sera pas vendu de fascicule isolé.

FORM OF PUBLICATION

The *Synopsis avium* will appear in quarterly numbers, composed of 96 pages. The complete work will consist of about 7 numbers, illustrated by several coloured plates representing new or hitherto unfigured species; one plate will replace a sheet of text (16 pages).

The price per number is fixed at 6 francs (4 s. 10 d. = 1 dollar 20 cents); but after the issue of the 3d number it will be raised, *for new subscribers only*, to 9 francs (7 s. 2 d. = 1 dollar 80 cents).

PUBLICATIONS-BEDINGUNGEN

Die *Synopsis avium* wird in vierteljährigen Heften von 96 Seiten erscheinen. Das vollständige Werk umfasst ungefähr sieben Hefte mit einigen Farbentafeln von neuen oder noch nicht abgebildeten Arten; jede Tafel ersetzt einen Bogen Text (16 Seiten).

Der Preis des Heftes beträgt 6 Fr. (Mark 4,80); nach dem Erscheinen des dritten Heftes erhöht sich der Preis, aber *bloss für die neuen Abonnenten*, auf 9 Fr. (Mark 7,20).

ON SOUSCRIT à

BRUXELLES, chez l'éditeur, M. **H. Lamertin**, 20, rue du Marché-au-Bois.
AMSTERDAM, chez MM. **Feikema, Caarelsen & Cie**.
BERLIN, chez M. **R. Friedländer & Sohn**, Carlstr. 11, N. W.
LONDRES, chez MM. **William & Norgate**, 14, Henrietta street.
MADRID, chez M. **Romo y Fussel**.
MILAN, chez M. **Ulrico Hœpli**, 37, Corso Vittorio Emanuele.
OXFORD, chez M. **James Parker & Cie**, 27, Broad street.
PARIS, chez M. **P. Klincksieck**, 52, rue des Écoles.
NEW-YORK, chez M. **G.-E. Stechert**, 9 East 16th street.

SYNOPSIS AVIUM

NOUVEAU MANUEL D'ORNITHOLOGIE

PAR

Alphonse DUBOIS

Docteur en sciences,
Conservateur au Musée Royal d'Histoire naturelle de Belgique,
Chevalier de l'Ordre de Léopold,
Membre honoraire, correspondant ou effectif de plusieurs Sociétés savantes,
etc., etc.

Fascicule II

PICI, HETERODACTYLÆ, AMPHIBOLÆ,
ANISODACTYLÆ, MACROCHIRES

Pl. II

BRUXELLES
H. LAMERTIN, éditeur
20, rue du Marché-au-Bois

1900

MODE DE PUBLICATION

Le *Synopsis avium* paraîtra par fascicules trimestriels composés de 96 pages d'impression. L'ouvrage complet se composera d'environ sept fascicules, accompagnés de quelques planches coloriées représentant des espèces nouvelles ou non encore figurées; une planche remplacera une feuille de texte (16 pages). Le prix du fascicule est de 6 francs; après la publication du troisième fascicule, le prix sera porté, *pour les nouveaux souscripteurs seulement*, à 9 francs.

Le souscripteur s'engage pour l'ouvrage complet; il ne sera pas vendu de fascicule isolé.

FORM OF PUBLICATION

The *Synopsis avium* will appear in quarterly numbers, composed of 96 pages. The complete work will consist of about 7 numbers, illustrated by several coloured plates representing new or hitherto unfigured species; one plate will replace a sheet of text (16 pages).

The price per number is fixed at 6 francs (4 s. 10 d. = 1 dollar 20 cents); but after the issue of the 3d number it will be raised, *for new subscribers only*, to 9 francs (7 s. 2 d. = 1 dollar 80 cents).

PUBLICATIONS-BEDINGUNGEN

Die *Synopsis avium* wird in vierteljährigen Heften von 96 Seiten erscheinen. Das vollständige Werk umfasst ungefähr sieben Hefte mit einigen Farbentafeln von neuen oder noch nicht abgebildeten Arten; jede Tafel ersetzt einen Bogen Text (16 Seiten).

Der Preis des Heftes beträgt 6 Fr. (Mark 4,80); nach dem Erscheinen des dritten Heftes erhöht sich der Preis, aber *bloss für die neuen Abonnenten*, auf 9 Fr. (Mark 7,20).

ON SOUSCRIT À

BRUXELLES, chez l'éditeur, M. **H. Lamertin**, 20, rue du Marché-au-Bois.
AMSTERDAM, chez MM. **Feikema, Caarelsen & Cie**.
BERLIN, chez M. **R. Friedländer & Sohn**, Carlstr. 11, N. W.
LONDRES, chez MM. **William & Norgate**, 14, Henrietta street.
MADRID, chez M. **Romo y Fussel**.
MILAN, chez M. **Ulrico Hoepli**, 37, Corso Vittorio Emanuele.
OXFORD, chez M. **James Parker & Cie**, 27, Broad street.
PARIS, chez M. **P. Klincksieck**, 52, rue des Écoles.
NEW YORK, chez M. **G.-E. Stechert**, 9, East 16th street.

AVIS

Les espèces et variétés nouvelles d'oiseaux qui seront décrites pendant le cours de la publication du *Synopsis*, seront indiquées dans un supplément qui paraîtra avec le dernier fascicule. Il en sera de même pour les espèces qui pourraient avoir été omises dans la liste générale.

Les titres, préface et tables alphabétiques se trouveront également dans le dernier fascicule.

Publications de M. Alph. DUBOIS

en vente à la librairie de Henri LAMERTIN,
20, rue du Marché-au-Bois, à Bruxelles.

Faune illustrée des Vertébrés de la Belgique, *Oiseaux.* — 4 vol. in 4° avec 427 pl. coloriées à la main et cartes (1876-1893). — *Il ne reste que deux exemplaires, dont les 2 ou 5 planches manquantes sont remplacées par des aquarelles peintes par l'auteur* . . . fr. 400

Le même ouvrage, avec cartes mais sans atlas, 2 vol. in-4° . . . 75

Les Lépidoptères de la Belgique, leurs chenilles et leurs chrysalides, décrits et figurés d'après nature sur l'une des plantes nourricières. 3 vol. in-4° avec 431 pl. coloriées à la main (1861-1884) . 278

Revue des derniers systèmes ornithologiques et nouvelle Classification proposée pour les Oiseaux. Broch. in-8°, Paris, 1891 . . . . 1 25

Histoire populaire des animaux utiles de la Belgique. Nouvelle édition illustrée, revue et augmentée, — 1 vol. in-12, Bruxelles, 1889 . . . . 1 75

Les Animaux nuisibles de la Belgique *(Vertébrés).* — 1 vol. in-12, illustré. *Avec la liste de tous les Vertébrés observés en Belgique.* Bruxelles 1893 . . . . . .

Tableau synoptique des oiseaux insectivores qu'il est défendu de prendre en tout temps. — Nouveau tirage en chromo . . . 2

Revue critique des oiseaux de la famille des Bucérotidés. broch. in-8°, avec 2 pl. col., Bruxelles, 1884 . . .

Manuel de zoologie, *conforme aux progrès de la science,* 1 vol. in-12, avec 177 gravures intercalées dans le texte. Bruxelles 1882 .

Aperçu du Règne animal ou premières notions de zoologie, 1 vol. in-12, avec 166 gravures. (Ouvrage adopté pour l'Enseignement moyen.) — Bruxelles 1882 3

Conspectus systematicus et geographicus avium Europæarum. broch. in-8°, Bruxelles 1871 2

Archives cosmologiques. *Revue des sciences naturelles.* 1 vol. in-8°, avec 13 pl. — Bruxelles 1867 8

Traité d'Entomologie horticole, agricole et forestière. 1 vol. in-8°, avec 4 pl. col. *(Ouvrage couronné.)* — Gand, 1865 *(Épuisé.)*

Aug. Lameere, **Manuel de la Faune de Belgique** (Animaux non insectes). Tome I, in-18 avec figures dans le texte. Bruxelles, 1895. 5 50

Paraîtra prochainement : Tome II (Insectes).

Bruxelles. — Polleunis & Ceuterick, imprimeurs, rue des Ursulines, 37.

SYNOPSIS AVIUM

NOUVEAU
MANUEL D'ORNITHOLOGIE

PAR

Alphonse DUBOIS

DOCTEUR EN SCIENCES,
CONSERVATEUR AU MUSÉE ROYAL D'HISTOIRE NATURELLE DE BELGIQUE,
CHEVALIER DE L'ORDRE DE LÉOPOLD,
MEMBRE HONORAIRE, CORRESPONDANT OU EFFECTIF DE PLUSIEURS SOCIÉTÉS SAVANTES,
ETC., ETC.

Fascicule III

MACROCHIRES, TRACHEOPHONÆ, OLIGOMYODÆ

Pls III et IV

BRUXELLES
H. LAMERTIN, éditeur
20, RUE DU MARCHÉ-AU-BOIS

1900

AVIS

A la demande de plusieurs libraires de l'étranger, nous avons décidé de n'augmenter le prix du *Synopsis avium*, qu'au moment de la mise en vente de la dernière partie. Le prix du fascicule restera donc fixé à 6 francs pour tous les abonnés qui se feront inscrire avant la fin de la publication.

Les espèces et variétés nouvelles d'oiseaux qui seront décrites pendant le cours de la publication du *Synopsis*, seront indiquées dans un supplément qui paraîtra avec le dernier fascicule. Il en sera de même pour les espèces qui pourraient avoir été omises dans la liste générale.

Les titres, préface et tables alphabétiques se trouveront également dans le dernier fascicule.

AVIS

Les espèces et variétés nouvelles d'oiseaux qui seront décrites pendant le cours de la publication du *Synopsis*, seront indiquées dans un supplément qui paraîtra avec le dernier fascicule. Il en sera de même pour les espèces qui pourraient avoir été omises dans la liste générale.

Les titres, préface et tables alphabétiques se trouveront également dans le dernier fascicule.

Publications de M. Alph. DUBOIS

en vente à la librairie de Henri LAMERTIN, 20, rue du Marché-au-Bois, à Bruxelles.

Faune illustrée des Vertébrés de la Belgique, *Oiseaux.* — 4 vol. in 4° avec 427 pl. coloriées à la main et cartes (1876-1893). — *Il ne reste que deux exemplaires, dont les 2 ou 5 planches manquantes sont remplacées par des aquarelles peintes par l'auteur* . . . fr. 400

Le même ouvrage, avec cartes mais sans atlas, 2 vol. in-4° . . . 75

Les Lépidoptères de la Belgique, leurs chenilles et leurs chrysalides, décrits et figurés d'après nature sur l'une des plantes nourricières. 3 vol. in-4° avec 431 pl. coloriées à la main (1861-1884) . . 275

Revue des derniers systèmes ornithologiques et nouvelle Classification proposée pour les Oiseaux. Broch. in-8°, Paris, 1891 . . . 1 25

Histoire populaire des animaux utiles de la Belgique. Nouvelle édition illustrée, revue et augmentée, — 1 vol. in-12, Bruxelles, 1889 . . . 1 75

Les Animaux nuisibles de la Belgique *(Vertébrés).* — 1 vol. in-12, illustré. *Avec la liste de tous les Vertébrés observés en Belgique,* Bruxelles 1893 . . . 2

Tableau synoptique des oiseaux insectivores qu'il est défendu de prendre en tout temps. — Nouveau tirage en chromo . . . 2 50

Revue critique des oiseaux de la famille des Bucérotidés, broch. in-8°, avec 2 pl. col., Bruxelles, 1884 . . . 2

Manuel de zoologie, *conforme aux progrès de la science,* 1 vol. in-12, avec 177 gravures intercalées dans le texte. Bruxelles 1882 . . . 6

Aperçu du Règne animal ou premières notions de zoologie, 1 vol. in-12, avec 166 gravures. (Ouvrage adopté pour l'Enseignement moyen.) — Bruxelles 1882 . . . 3

Conspectus systematicus et geographicus avium Europæarum, broch. in-8°, Bruxelles 1871 . . . 2

Archives cosmologiques. *Revue des sciences naturelles.* 1 vol. in-8°, avec 13 pl. — Bruxelles 1867 . . . 8

Traité d'Entomologie horticole, agricole et forestière. 1 vol. in-8°, avec 4 pl. col. *(Ouvrage couronné.)* — Gand, 1865 *(Épuisé.)*

Aug. Lameere, **Manuel de la Faune de Belgique** (Animaux non insectes). Tome I, in-18 avec figures dans le texte. Bruxelles, 1895. . . 5 50

Paraîtra prochainement : Tome II (Insectes).

Bruxelles. — Polleunis & Ceuterick, imprimeurs, rue des Ursulines, 37.

SYNOPSIS AVIUM

NOUVEAU
MANUEL D'ORNITHOLOGIE

PAR

Alphonse DUBOIS

Docteur en sciences,
Conservateur au Musée Royal d'Histoire naturelle de Belgique,
Chevalier de l'Ordre de Léopold,
Membre honoraire, correspondant ou effectif de plusieurs Sociétés savantes,
etc., etc.

Fascicule IV

TYRANNIDÆ, HIRUNDINIDÆ, AMPELIDÆ, PARAMYTHIIDÆ, MUSCICAPIDÆ

Pls V et VI

BRUXELLES
H. LAMERTIN, éditeur
20, rue du Marché-au-Bois

1900

AVIS

A la demande de plusieurs libraires de l'étranger, nous avons décidé de n'augmenter le prix du *Synopsis avium,* qu'au moment de la mise en vente de la dernière partie. Le prix du fascicule restera donc fixé à 6 francs pour tous les abonnés qui se feront inscrire avant la fin de la publication.

Les espèces et variétés nouvelles d'oiseaux qui seront décrites pendant le cours de la publication du *Synopsis*, seront indiquées dans un supplément qui paraîtra avec le dernier fascicule. Il en sera de même pour les espèces qui pourraient avoir été omises dans la liste générale.

Les titres, préface et tables alphabétiques se trouveront également dans le dernier fascicule.

ON SOUSCRIT à

BRUXELLES, chez l'éditeur, M. **H. Lamertin**, 20, rue du Marché-au-Bois
AMSTERDAM, chez MM. **Feikema, Caarelsen & Cie.**
BERLIN, chez M. **R. Friedländer & Sohn**, Carlstr. 11, N. W.
LONDRES, chez MM. **William & Norgate**, 14, Henrietta street.
MADRID, chez M. **Romo y Fussel.**
MILAN, chez M. **Ulrico Hœpli**, 37, Corso Vittorio Emanuele.
OXFORD, chez M. **James Parker & Cie**, 27, Broad street.
PARIS, chez M. **P. Klincksieck**, 52, rue des Écoles.
NEW-YORK, chez M. **G.-E. Stechert**, 9 East 16th street.

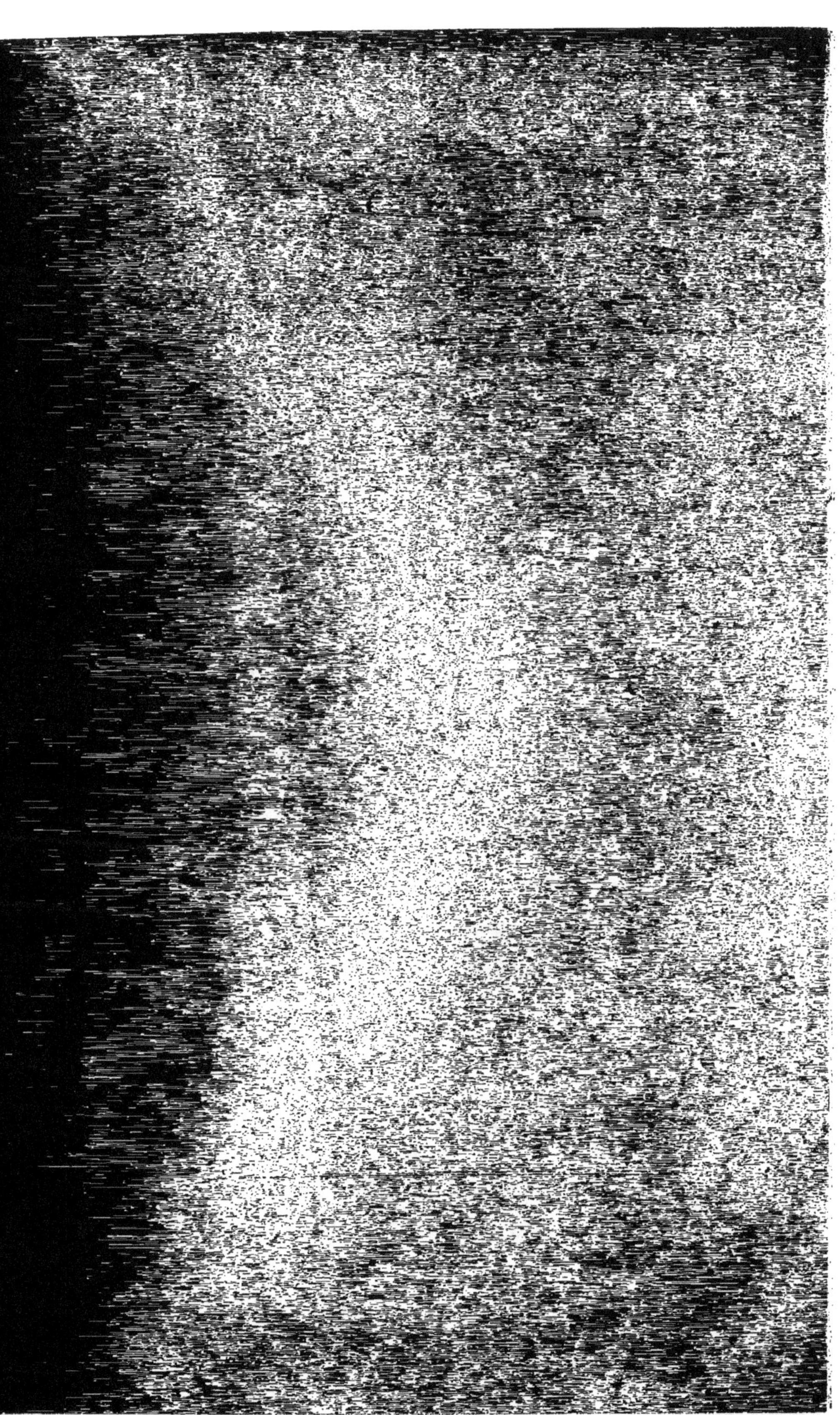

Publications de M. Alph. DUBOIS

en vente à la librairie de Henri LAMERTIN,
20, rue du Marché-au-Bois, à Bruxelles.

Faune illustrée des Vertébrés de la Belgique, *Oiseaux.* — 4 vol in 4° avec 427 pl. coloriées à la main et cartes (1876-1893). — *Il ne reste que deux exemplaires, dont les 2 ou 5 planches manquantes sont remplacées par des aquarelles peintes par l'auteur* . . . fr. 400

Le même ouvrage, avec cartes mais sans atlas, 2 vol. in-4° . . . 75

Les Lépidoptères de la Belgique, leurs chenilles et leurs chrysalides, décrits et figurés d'après nature sur l'une des plantes nourricières. 3 vol. in-4° avec 431 pl. coloriées à la main (1861-1884) . . . 275

Revue des derniers systèmes ornithologiques et nouvelle Classification proposée pour les Oiseaux. Broch. in-8°, Paris, 1891 . . . 1 25

Histoire populaire des animaux utiles de la Belgique. Nouvelle édition illustrée, revue et augmentée, — 1 vol. in-12, Bruxelles, 1889 . . . 1 75

Les Animaux nuisibles de la Belgique *(Vertébrés).* — 1 vol. in-12, illustré. *Avec la liste de tous les Vertébrés observés en Belgique.* Bruxelles 1893 . . . 2

Tableau synoptique des oiseaux insectivores qu'il est défendu de prendre en tout temps. — Nouveau tirage en chromo . . . 2 50

Revue critique des oiseaux de la famille des Bucérotidés. broch. in-8°, avec 2 pl. col., Bruxelles, 1884 . . . 2

Manuel de zoologie, *conforme aux progrès de la science*, 1 vol. in-12, avec 177 gravures intercalées dans le texte. Bruxelles 1882 . . . 6

Aperçu du Règne animal ou premières notions de zoologie, 1 vol. in-12, avec 166 gravures. (Ouvrage adopté pour l'Enseignement moyen.) — Bruxelles 1882 . . . 3

Conspectus systematicus et geographicus avium Europæarum. broch. in-8°, Bruxelles 1871 . . . 2

Archives cosmologiques. *Revue des sciences naturelles.* 1 vol. in-8°, avec 13 pl. — Bruxelles 1867 . . . 8

Traité d'Entomologie horticole, agricole et forestière. 1 vol. in-8°, avec 4 pl. col. *(Ouvrage couronné.)* — Gand, 1865 *(Épuisé.)*

Aug. Lameere, **Manuel de la Faune de Belgique** (Animaux non insectes). Tome I, in-18 avec figures dans le texte. Bruxelles, 1895. . . . 5 50

Paraîtra prochainement : Tome II (Insectes).

Bruxelles. — Polleunis & Ceuterick, imprimeurs, rue des Ursulines, 37.

SYNOPSIS AVIUM

NOUVEAU MANUEL D'ORNITHOLOGIE

PAR

Alphonse DUBOIS

DOCTEUR EN SCIENCES,
CONSERVATEUR AU MUSÉE ROYAL D'HISTOIRE NATURELLE DE BELGIQUE,
CHEVALIER DE L'ORDRE DE LÉOPOLD,
MEMBRE HONORAIRE, CORRESPONDANT OU EFFECTIF DE PLUSIEURS SOCIÉTÉS SAVANTES,
ETC., ETC.

Fascicule V

**MUSCICAPIDÆ, CAMPOPHAGIDÆ,
PYCNONOTIDÆ, PHYLLORNITHIDÆ, CRATEROPIDÆ,
TIMELIIDÆ**

Pl. VII

BRUXELLES
H. LAMERTIN, éditeur
20, RUE DU MARCHÉ-AU-BOIS

1900

AVIS

A la demande de plusieurs libraires de l'étranger, nous avons décidé de n'augmenter le prix du *Synopsis avium*, qu'au moment de la mise en vente de la dernière partie. Le prix du fascicule restera donc fixé à 6 francs pour tous les abonnés qui se feront inscrire avant la fin de la publication.

Les espèces et variétés nouvelles d'oiseaux qui seront décrites pendant le cours de la publication du *Synopsis*, seront indiquées dans un supplément qui paraîtra avec le dernier fascicule. Il en sera de même pour les espèces qui pourraient avoir été omises dans la liste générale.

Les titres, préface et tables alphabétiques se trouveront également dans le dernier fascicule.

SYNOPSIS AVIUM

NOUVEAU MANUEL D'ORNITHOLOGIE

PAR

Alphonse DUBOIS

DOCTEUR EN SCIENCES,
CONSERVATEUR AU MUSÉE ROYAL D'HISTOIRE NATURELLE DE BELGIQUE,
CHEVALIER DE L'ORDRE DE LÉOPOLD,
MEMBRE HONORAIRE, CORRESPONDANT OU EFFECTIF DE PLUSIEURS SOCIÉTÉS SAVANTES,
ETC., ETC.

Fascicule VI

SYLVIADÆ, TURDIDÆ, MIMIDÆ, CINCLIDÆ,
TROGLODYTIDÆ, MNIOTILTIDÆ, MOTACILLIDÆ

Pl. VIII

BRUXELLES
H. LAMERTIN, éditeur
20, RUE DU MARCHÉ-AU-BOIS

1901

AVIS

A la demande de plusieurs libraires de l'étranger, nous avons décidé de n'augmenter le prix du *Synopsis avium*, qu'au moment de la mise en vente **de la dernière partie**. Le prix du fascicule restera donc fixé à 6 francs pour tous les abonnés qui se feront inscrire avant la fin de la publication.

Les espèces et variétés nouvelles d'oiseaux qui seront décrites pendant le cours de la publication du *Synopsis*, seront indiquées dans un supplément qui paraîtra avec le dernier fascicule. Il en sera de même pour les espèces qui pourraient avoir été omises dans la liste générale.

Les titres, préface et tables alphabétiques se trouveront également dans le dernier fascicule.

ON SOUSCRIT à

BRUXELLES, chez l'éditeur, M. **H. Lamertin**, 20, rue du Marché-au-Bois.

AMSTERDAM, chez MM. **Feikema, Caarelsen & Cie.**

BERLIN, chez M. **R. Friedländer & Sohn**, Carlstr. 11, N. W

LONDRES, chez MM. **William & Norgate**, 14, Henrietta street.

MADRID, chez M. **Romo y Fussel**.

MILAN, chez M. **Ulrico Hœpli**, 37, Corso Vittorio Emanuele.

OXFORD, chez M. **James Parker & Cie**, 27, Broad street.

PARIS, chez M. **P. Klincksieck**, 3, rue Corneille.

NEW-YORK, chez M. **G.-E. Stechert**, 9 East 16th street.

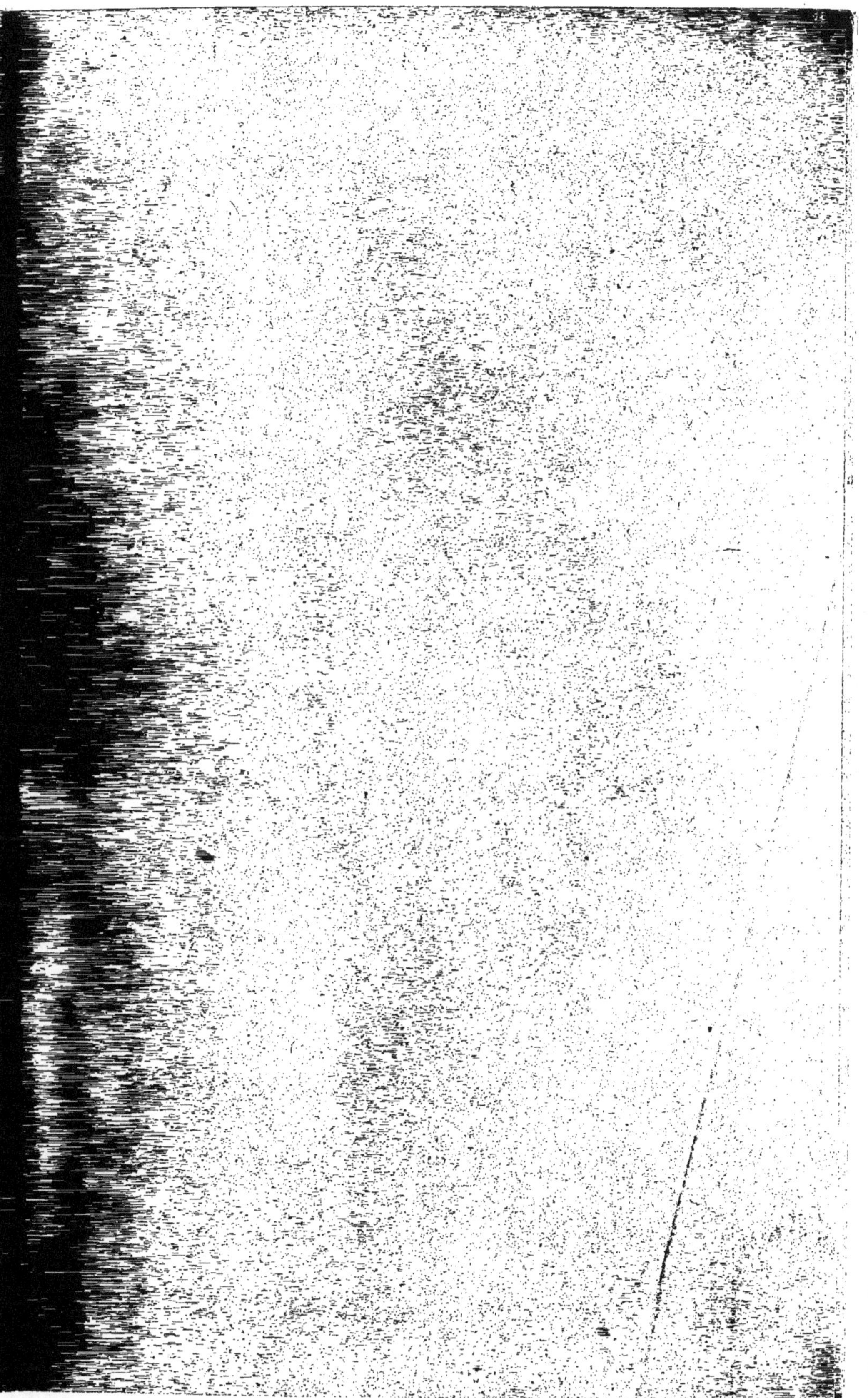

Publications de M. Alph. DUBOIS

en vente à la librairie de Henri LAMERTIN,
20, rue du Marché-au-Bois, à Bruxelles.

Bruxelles. — Polleunis & Ceuterick, imprimeurs, rue des Ursulines, 37.

SYNOPSIS AVIUM

NOUVEAU

MANUEL D'ORNITHOLOGIE

PAR

Alphonse **DUBOIS**

Docteur en sciences,
Conservateur au Musée Royal d'Histoire naturelle de Belgique,
Chevalier de l'Ordre de Léopold,
Membre du Comité international et permanent d'Ornithologie,
de la Commission permanente d'étude des Collections du Musée du Congo,
Membre honoraire, correspondant ou effectif de plusieurs Sociétés savantes.

Fascicule VII

**ALAUDIDÆ, PARIDÆ, VIREONIDÆ, LANIIDÆ,
PRIONOPIDÆ, VANGIDÆ, CORVIDÆ, PARADISEIDÆ, ORIOLIDÆ**

Pl. IX

BRUXELLES
H. LAMERTIN, éditeur
20, rue du Marché-au-Bois

1901

AVIS

Afin de satisfaire à la juste demande de plusieurs Ornithologistes, l'auteur a augmenté les références, ce qui facilitera à chacun les recherches pour la détermination des oiseaux. Mais cela nous oblige à dépasser le nombre des fascicules indiqué dans le prospectus, d'autant plus que celui des espèces s'accroît continuellement.

Le *Synopsis avium* sera donc divisé en deux parties : La première ira jusqu'à la fin des Passereaux; la seconde comprendra tous les oiseaux Ptilopaides, ainsi que les tables alphabétiques des genres, des espèces et des variétés, y compris les synonymes.

Nous ne doutons nullement que les abonnés approuveront le développement donné à notre publication, qui devient ainsi un ouvrage indispensable à tous ceux qui s'occupent d'ornithologie.

Le prix du fascicule restera fixé à 6 francs pour tous les abonnés qui se feront inscrire avant la fin de la publication.

SYNOPSIS AVIUM

NOUVEAU MANUEL D'ORNITHOLOGIE

PAR

Alphonse DUBOIS

Docteur en sciences,
Conservateur au Musée Royal d'Histoire naturelle de Belgique,
Chevalier de l'Ordre de Léopold,
Membre du Comité international et permanent d'Ornithologie,
de la Commission permanente d'étude des Collections du Musée du Congo,
Membre honoraire, correspondant ou effectif de plusieurs Sociétés savantes.

Fascicule VIII

DICRURIDÆ, ARTAMIDÆ, STURNIDÆ, ICTERIDÆ, PLOCEIDÆ, FRINGILLIDÆ (1re part.)

Pl. X

BRUXELLES
H. LAMERTIN, éditeur
20, rue du Marché-au-Bois

1901

AVIS

Afin de satisfaire à la juste demande de plusieurs Ornithologistes, l'auteur a augmenté les références, ce qui facilitera à chacun les recherches pour la détermination des oiseaux. Mais cela nous oblige à dépasser le nombre des fascicules indiqué dans le prospectus, d'autant plus que celui des espèces s'accroît continuellement.

Le *Synopsis avium* sera donc divisé en deux parties : La première ira jusqu'à la fin des Passereaux; la seconde comprendra tous les oiseaux Ptilopaides, ainsi que les tables alphabétiques des genres, des espèces et des variétés, y compris les synonymes.

Nous ne doutons nullement que les abonnés approuveront le développement donné à notre publication, qui devient ainsi un ouvrage indispensable à tous ceux qui s'occupent d'Ornithologie.

Le prix du fascicule restera fixé à 6 francs pour tous les abonnés qui se feront inscrire avant la fin de la publication.

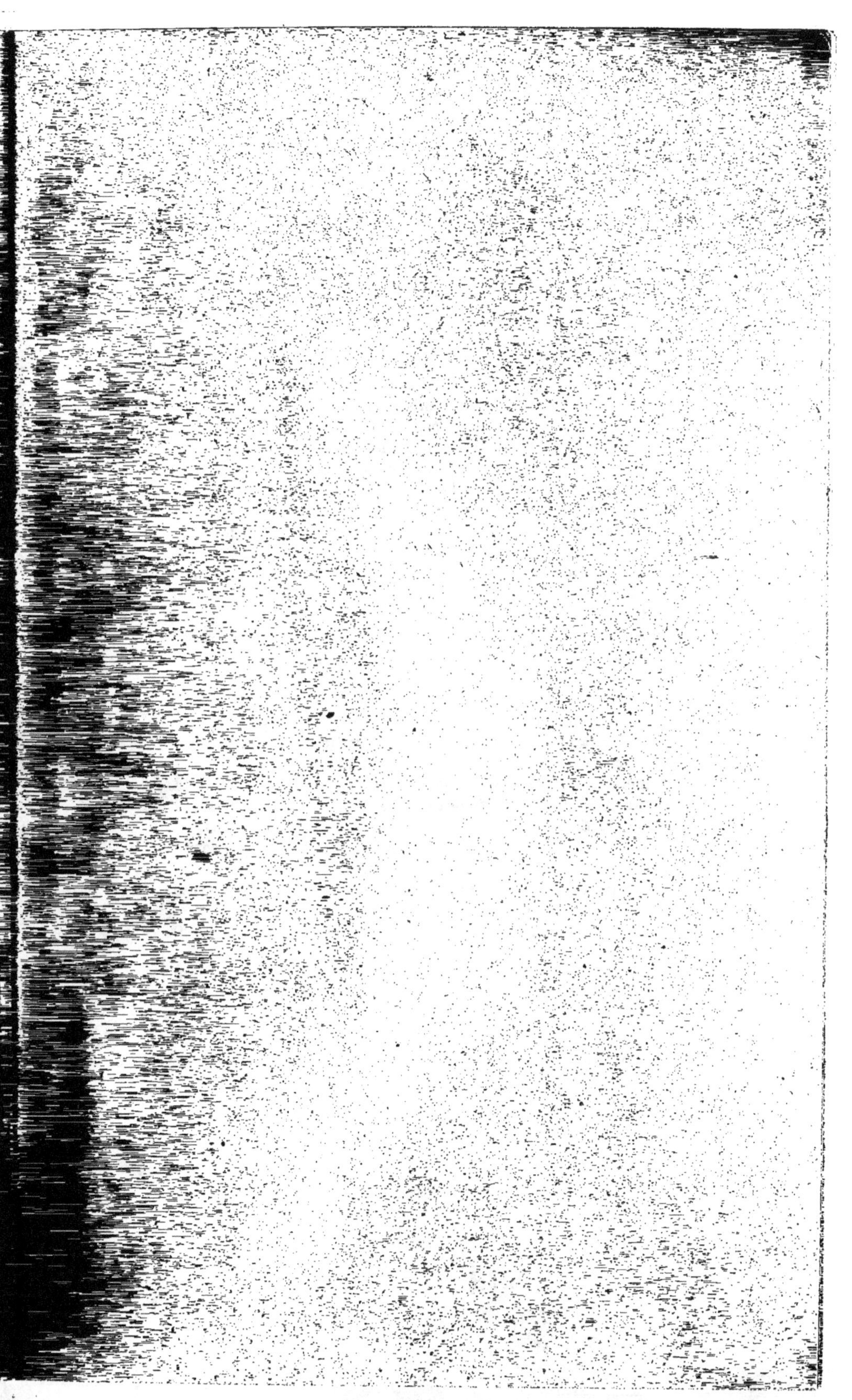

Publications de M. Alph. DUBOIS

en vente à la librairie de Henri LAMERTIN,
20, rue du Marché-au-Bois, à Bruxelles.

Faune illustrée des Vertébrés de la Belgique, *Oiseaux.* — 4 vol. in 4° avec 427 pl. coloriées à la main et cartes (1876-1893). — *Il ne reste que deux exemplaires, dont les 2 ou 5 planches manquantes sont remplacées par des aquarelles peintes par l'auteur* . . . fr. 400

Le même ouvrage, avec cartes mais sans atlas, 2 vol. in-4° . . . 75

Les Lépidoptères de la Belgique, leurs chenilles et leurs chrysalides, décrits et figurés d'après nature sur l'une des plantes nourricières. 3 vol. in-4° avec 431 pl. coloriées à la main (1861-1884) . . . 275

Revue des derniers systèmes ornithologiques et nouvelle Classification proposée pour les Oiseaux. Broch. in-8°, Paris, 1891 . . . 1 25

Histoire populaire des animaux utiles de la Belgique. Nouvelle édition illustrée, revue et augmentée, — 1 vol. in-12, Bruxelles, 1889 . . . 1 75

Les Animaux nuisibles de la Belgique *(Vertébrés).* — 1 vol. in-12, illustré. *Avec la liste de tous les Vertébrés observés en Belgique.* Bruxelles 1893 . . . 2

Tableau synoptique des oiseaux insectivores qu'il est défendu de prendre en tout temps. — Nouveau tirage en chromo . . . 2 50

Revue critique des oiseaux de la famille des Bucérotidés. broch. in-8°, avec 2 pl. col., Bruxelles, 1884 . . . 2

Manuel de zoologie, *conforme aux progrès de la science,* 1 vol. in-12, avec 177 gravures intercalées dans le texte. Bruxelles 1882 . . . 6

Aperçu du Règne animal ou premières notions de zoologie, 1 vol. in-12, avec 166 gravures. (Ouvrage adopté pour l'Enseignement moyen.) — Bruxelles 1882 . . . 3

Conspectus systematicus et geographicus avium Europæarum. broch. in-8°, Bruxelles 1871 . . . 2

Archives cosmologiques. *Revue des sciences naturelles.* 1 vol. in-8°, avec 13 pl. — Bruxelles 1867 . . . 8

Traité d'Entomologie horticole, agricole et forestière. 1 vol. in-8°, avec 4 pl. col. *(Ouvrage couronné.)* — Gand, 1865 *(Épuisé.)*

Aug. Lameere, **Manuel de la Faune de Belgique** (Animaux non insectes). Tome I, in-18 avec figures dans le texte. Bruxelles, 1895. . . . 5 50

Paraîtra prochainement : Tome II (Insectes).

Bruxelles. — Polleunis & Ceuterick, imprimeurs, rue des Ursulines, 37.

SYNOPSIS AVIUM

NOUVEAU MANUEL D'ORNITHOLOGIE

PAR

Alphonse DUBOIS

DOCTEUR EN SCIENCES,
CONSERVATEUR AU MUSÉE ROYAL D'HISTOIRE NATURELLE DE BELGIQUE,
CHEVALIER DE L'ORDRE DE LÉOPOLD,
MEMBRE DU COMITÉ INTERNATIONAL ET PERMANENT D'ORNITHOLOGIE,
DE LA COMMISSION PERMANENTE D'ÉTUDE DES COLLECTIONS DU MUSÉE DU CONGO,
MEMBRE HONORAIRE, CORRESPONDANT OU EFFECTIF DE PLUSIEURS SOCIÉTÉS SAVANTES.

Fascicule IX

FRINGILLIDÆ, TANAGRIDÆ, DICÆIDÆ
CERTHIIDÆ, CŒREBIDÆ (1re part.)

Pl. XI

BRUXELLES
H. LAMERTIN, éditeur
20, RUE DU MARCHÉ-AU-BOIS

1901

AVIS

Afin de satisfaire à la juste demande de plusieurs Ornithologistes, l'auteur a augmenté les références, ce qui facilitera à chacun les recherches pour la détermination des oiseaux. Mais cela nous oblige à dépasser le nombre des fascicules indiqué dans le prospectus, d'autant plus que celui des espèces s'accroît continuellement.

Le *Synopsis avium* sera donc divisé en deux parties : La première ira jusqu'à la fin des Passereaux; la seconde comprendra les Pigeons et tous les oiseaux Ptilopaides, ainsi que les tables alphabétiques des genres, des espèces et des variétés.

Nous ne doutons nullement que les abonnés approuveront le développement donné à notre publication, qui devient ainsi un ouvrage indispensable à tous ceux qui s'occupent d'Ornithologie.

Le prix du fascicule restera fixé à 6 francs pour tous les abonnés qui se feront inscrire avant la fin de la publication.

ON SOUSCRIT à

BRUXELLES, chez l'éditeur, M. **H. Lamertin**, 20, rue du Marché-au-Bois.
AMSTERDAM, chez MM. **Feikema, Caarelsen & Cie**.
BERLIN, chez M. **R. Friedländer & Sohn**, Carlstr. 11, N. W.
LONDRES, chez MM. **William & Norgate**, 14, Henrietta street.
MADRID, chez M. **Romo y Fussel**.
MILAN, chez M. **Ulrico Hœpli**, 37, Corso Vittorio Emanuele.
OXFORD, chez M. **James Parker & Cie**, 27, Broad street.
PARIS, chez M. **P. Klincksieck**, 3, rue Corneille.
NEW-YORK, chez M **G.-E. Stechert**, 9 East 16th street.

SYNOPSIS AVIUM

NOUVEAU
MANUEL D'ORNITHOLOGIE

PAR

Alphonse DUBOIS

Docteur en sciences naturelles,
Conservateur au Musée Royal d'Histoire naturelle de Belgique,
Chevalier de l'Ordre de Léopold,
Membre du Comité international et permanent d'Ornithologie,
de la Commission permanente d'étude des collections du Musée de l'État Indépendant du Congo,
Membre honoraire, correspondant ou effectif de plusieurs Sociétés savantes.

Fascicule X

CŒREBIDÆ, DREPANIDÆ, NECTARINIDÆ, ZOSTEROPIDÆ,
MELIPHAGIDÆ, FALCULIDÆ, PSEUDOSCINES.

Pl. XII

BRUXELLES
H. LAMERTIN, éditeur
20, RUE DU MARCHÉ-AU-BOIS

1902

AVIS POUR LA RELIURE

Ce fascicule X termine la première partie du *Synopsis avium*, qui peut donc être reliée.

Dans le fascicule XI nous donnerons, en plus des 80 pages convenues, les 24 pages qui manquent au présent, afin d'éviter que les relieurs ne mettent dans le volume I les premières feuilles du second, vu que la pagination continue.

Le prix du fascicule restera fixé à 6 francs pour tous les abonnés qui se feront inscrire avant la fin de la publication.

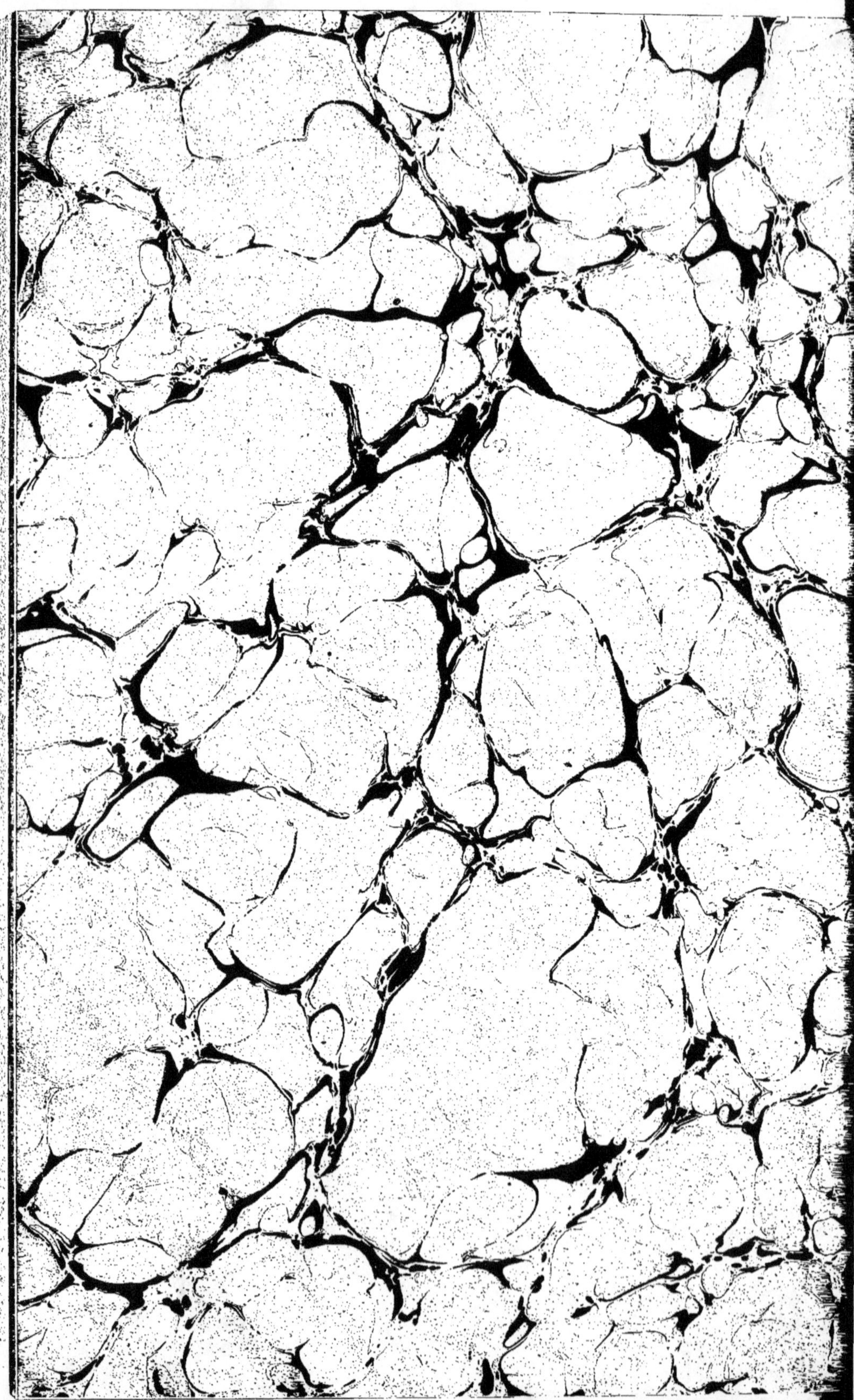

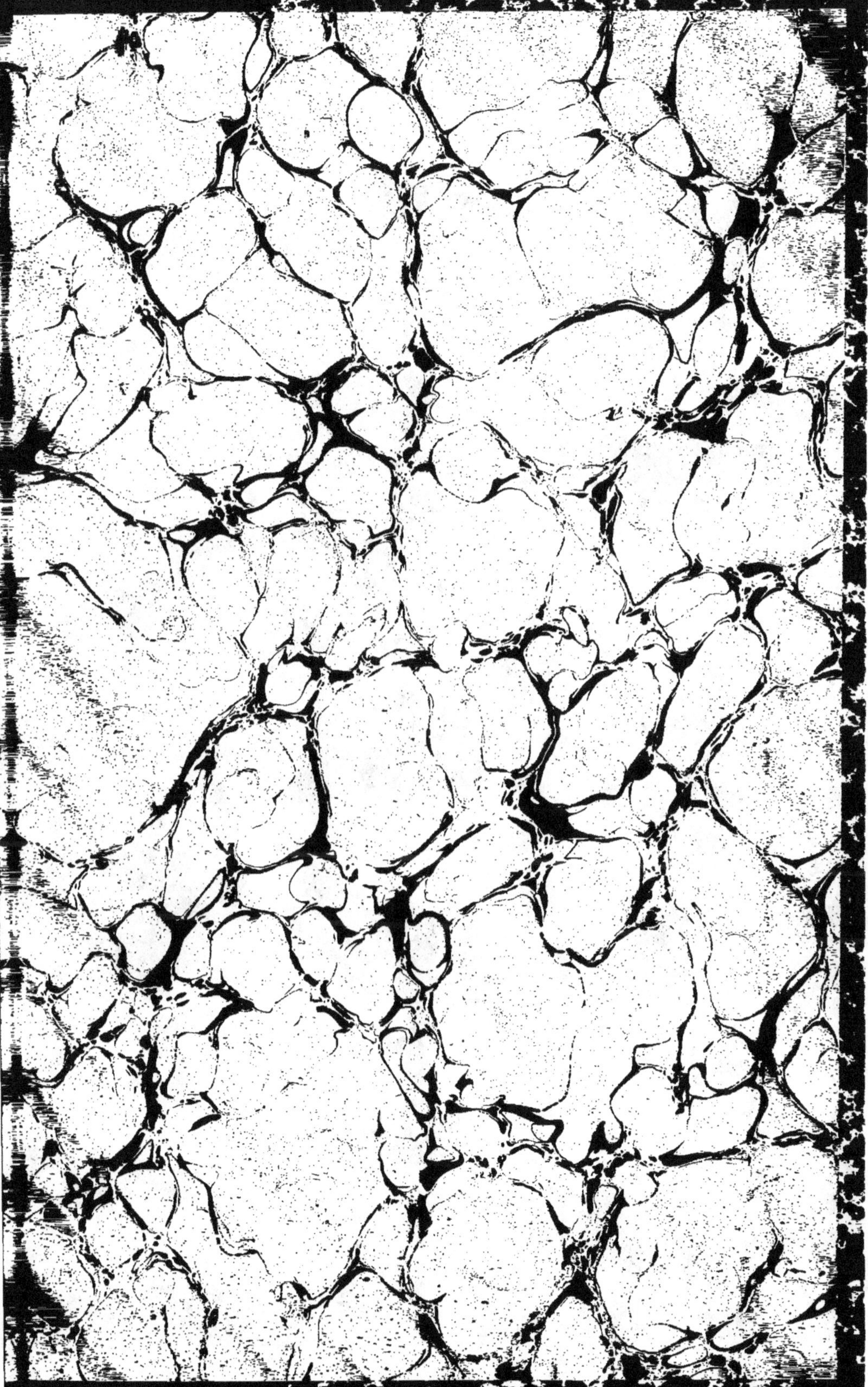

www.ingramcontent.com/pod-product-compliance
Lightning Source LLC
Chambersburg PA
CBHW061940220326
41599CB00014BA/1722

* 9 7 8 2 0 1 9 5 6 6 5 9 3 *